化学工业出版社“十四五”普通高等教育规划教材

无机及分析化学教程

张剑 主编
费会 陈浩 副主编

化学工业出版社
·北京·

内容简介

本书将“无机化学”与“分析化学”的基本内容进行重新编排、组织与设计，形成了一个和谐关联的新体系，充分体现了轻工、食品类专业特色。本书内容包括：化学原理（热力学、动力学），物质结构（原子与分子），误差与数据处理，四大化学平衡（酸碱平衡、沉淀溶解平衡、氧化还原平衡、配位平衡）以及与之相对应的容量分析、重量分析、电位分析，元素化学，吸光光度法及应用，常用分离技术等。本书围绕教学综合改革和课堂教学方法创新，深入推进信息技术与教育教学深度融合，以学生为中心，利用二维码等现代网络教学技术将纸质教材与配套电子资源深度融合，便于学生自主学习、自我管理、自我发展，帮助学生掌握无机与分析化学知识。

本书可作为普通高等学校应用化学、材料科学、化学工程、轻化工程、高分子材料与物理、环境科学、环境工程、食品科学与工程、食品安全监测、动物生产、动物药学、水产养殖、生命科学、制药工程、药学、给排水工程、海洋科学等专业的本科教材，也可供相关专业选用和其他工程技术人员参考。

图书在版编目（CIP）数据

无机及分析化学教程/张剑主编；费会，陈浩副主编．--北京：化学工业出版社，2024.8．--（化学工业出版社“十四五”普通高等教育规划教材）．-- ISBN 978-7-122-29040-3

Ⅰ．O61；O65

中国国家版本馆 CIP 数据核字第 2024H98T66 号

责任编辑：李　琰　　　　装帧设计：韩　飞
责任校对：田睿涵

出版发行：化学工业出版社
（北京市东城区青年湖南街 13 号　邮政编码 100011）
印　　装：大厂聚鑫印刷有限责任公司
787mm×1092mm　1/16　印张 30　彩插 1　字数 748 千字
2024 年 10 月北京第 1 版第 1 次印刷

购书咨询：010-64518888　　售后服务：010-64518899
网　　址：http：//www. cip. com. cn
凡购买本书，如有缺损质量问题，本社销售中心负责调换。

定　　价：88.00 元

前言

《无机及分析化学教程》分为化学原理（化学热力学、化学动力学）、物质结构（原子与分子结构）、误差与数据处理四大化学平衡与之对应的四大滴定分析体系、元素及其性质、吸光光度法、常用分离技术等几部分，内容侧重于基础知识和基本概念的学习与掌握、元素性质、分析方法的基本原理和应用。学生通过系统地学习该课程，能掌握基础化学的理论，并能结合元素的基本性质熟练运用各种分析方法。

为了更好地为化学及相关专业，如：环境科学与工程类、食品科学与工程类、生命科学类、动物生产类、农林院校及医学院校的各专业学生服务，更好地适应本科教学的发展和新世纪人才培养的需要，本书的基本思路和框架结构如下：四大化学平衡及相应的四大滴定分析体系按照酸碱-沉淀-氧化还原-配位的顺序编写，将元素、简单仪器分析与应用、常用分离技术置于上述章节之后，每章均附有习题，框架结构更趋合理，同时，利用二维码等技术将纸质教材与配套电子资源深度融合，便于学生自主学习、自我管理、自我发展，利于学生在较短学时内掌握无机及分析化学知识。

本书由张剑任主编，费会和陈浩任副主编。参加编写工作的有张剑（第7、10、11、12、13、14章、内容简介、前言、附录），费会（第1、2、3、4、8章），陈浩（第5、6、9章）。张剑负责全书的统稿工作。在本书的编写过程中，编者参考了已出版的有关教材，主要参考书列于书后，在此说明并致谢。

本书的出版得到了武汉轻工大学教材建设基金资助项目支持，在编写过程中，还得到了武汉轻工大学教务处以及化学与环境工程学院的各级领导、基础化学教研室广大教师的大力支持，在此一并致谢。

由于编者水平有限，疏漏和不足在所难免，恳请使用本教材的师生提出宝贵的修改建议。

编者

2024 年 5 月于汉口常青花园

目录

第 1 章

扫码查看重难点

化学热力学基础

在化学反应过程中不仅有物质的转化，同时还伴随着能量的变化。研究化学反应过程中能量转换规律的学科称为化学热力学，主要解决化学反应中能量的变化，化学反应的方向和限度等问题。化学热力学研究的是体系的宏观性质，是从反应体系的宏观能量变化来认识物质及化学变化的规律性，其研究的结论是大量分子的平均行为，不涉及个别分子的个体行为。化学热力学在研究化学反应过程时，只考虑反应的起始状态和最终状态，而不考虑反应的具体过程，也不考虑反应速率及与之有关的问题。

1.1 化学反应中的计量关系

化学热力学是研究化学反应中能量变化的学科，因此需要掌握化学反应的计量和相应的表达方法。

1.1.1 溶液的标度

1. 物质的量

物质的量是表征物质所含粒子数目多少的物理量，是国际单位制中 7 个基本物理量之一，其符号为 n，单位为摩尔（mol，简称摩）。阿伏伽德罗常数（N_A）的数值等于 0.012kg ^{12}C 所含的碳原子数目（6.022×10^{23} 个）。物质的量表示物质所含微粒数（N）与阿伏伽德罗常数（N_A）之比，即

$$n=N/N_A$$

物质的量把微观粒子与宏观可称量物质联系起来。满足上述关系的粒子是构成物质的基

本粒子（如分子、原子、离子、质子、中子、电子）或它们的特定组合。例如：1mol H_2 表示有 N_A 个氢分子；2mol C 表示有 $2N_A$ 个碳原子；3mol Na^+ 表示有 $3N_A$ 个钠离子；4mol（$H_2+\frac{1}{2}O_2$）表示有 $4N_A$ 个（$H_2+\frac{1}{2}O_2$）的特定组合体，其中含有 $4N_A$ 个氢分子和 $2N_A$ 个氧分子。可见，在使用摩尔表示粒子的物质的量时，应该给出基本单元，否则示意不明。

例 1-1 计算 5.3g 无水碳酸钠的物质的量：（1）以 Na_2CO_3 为基本单元；（2）以 $\frac{1}{2}Na_2CO_3$ 为基本单元。

解：

（1）$m_{Na_2CO_3}=5.3g$，$M_{Na_2CO_3}=106g\cdot mol^{-1}$，则 $n_{Na_2CO_3}=5.3\div106=0.05(mol)$

（2）$m_{\frac{1}{2}Na_2CO_3}=5.3g$，$M_{\frac{1}{2}Na_2CO_3}=\frac{1}{2}M_{Na_2CO_3}=53(g\cdot mol^{-1})$，

则 $n_{\frac{1}{2}Na_2CO_3}=5.3\div53=0.10(mol)$

可见，针对同一物质，基本单元不同，物质的量不同。

2. 溶液组成的标度

（1）物质的量浓度（c_B）

用单位体积溶液里所含溶质的物质的量表示溶液组成的物理量，称为溶质的物质的量浓度。例如，溶液中某溶质 B 的物质的量浓度可表示为溶质 B 的物质的量（n_B）除以溶液的体积（V），用符号 c_B 表示，一般使用的单位为 $mol\cdot L^{-1}$。即

$$c_B=n_B/V$$

注意：在使用物质的量浓度时，必须指明物质 B 的基本单元，例如 $c_{HCl}=0.10mol\cdot L^{-1}$，$c_{Ca^{2+}}=1.0mol\cdot L^{-1}$，$c_{KMnO_4}=0.20mol\cdot L^{-1}$ 等。

浓度是物质的量浓度的简称，其它溶液组分含量的表示法中，若使用浓度二字时，前面应有特定的定语，如质量浓度、质量摩尔浓度等。

（2）质量摩尔浓度（b_B）

每千克溶剂中溶解的溶质的物质的量，称为溶质的质量摩尔浓度。例如，溶液中某溶质 B 的质量摩尔浓度可表示为溶质 B 的物质的量除以溶剂 A 的质量，单位为 $mol\cdot kg^{-1}$，符号为 b_B。即

$$b_B=n_B/m_A$$

式中，m 为溶剂的质量，kg；n_B 是溶质 B 的物质的量，mol。

（3）质量分数（w_B）

溶液中溶质 B 的质量分数是溶质 B 的质量 m_B 与溶液总质量 m 之比，符号是 w_B，量纲为 1。即：

$$w_B=m_B/m$$

例如，100g NaCl 溶液中含 10g NaCl，质量分数可表示为 $w_{NaCl}=10\%$。

（4）物质的量分数（x_B）

在混合物中，B 的物质的量（n_B）与混合物的物质的量（n）之比，称为 B 的物质的量

分数（x_B），又称 B 的摩尔分数，量纲为 1。溶液中各组分的摩尔分数之和等于 1。若溶液由溶质 B 和溶剂 A 组成，则溶质 B 和溶剂 A 的摩尔分数分别为：

$$x_B=\frac{n_B}{n_A+n_B}; \qquad x_A=\frac{n_A}{n_A+n_B}$$

例 1-2 已知浓硫酸的密度 ρ 为 $1.84\text{g}\cdot\text{mL}^{-1}$，其质量分数为 98%，1L 浓硫酸中含有的 $n_{H_2SO_4}$、$c_{H_2SO_4}$ 各为多少？

解： $n_{H_2SO_4}=1.84\times1000\times0.98/98.08=18.4(\text{mol})$

$c_{H_2SO_4}=18.4/1=18.4(\text{mol}\cdot\text{L}^{-1})$

例 1-3 在 100mL 水中溶解 17.1g 蔗糖（$C_{12}H_{22}O_{11}$），溶液的密度为 $1.0638\text{g}\cdot\text{mL}^{-1}$，求蔗糖的物质的量浓度、质量摩尔浓度。

解： $M_{蔗糖}=342\text{g}\cdot\text{mL}^{-1}$；$n_{蔗糖}=17.1/342=0.05\text{mol}$；

$V=(100+17.1)/1.0638=110.0(\text{mL})=0.11\text{L}$

（1）$c_{蔗糖}=0.05/0.11=0.45(\text{mol}\cdot\text{L}^{-1})$

（2）$b_{蔗糖}=0.05/0.1=0.5(\text{mol}\cdot\text{kg}^{-1})$

1.1.2 气体的计量

1. 理想气体

理想气体只是一种理想模型，实际并不存在。理想气体微观模型的基本要点：气体分子的大小与气体分子间的距离相比较，可以忽略不计；气体分子运动服从经典力学规律，每个分子都可看作完全弹性的小球，气体分子与器壁之间的碰撞属于弹性碰撞；除碰撞的瞬间外，由于气体分子间的平均距离相当大，分子间相互作用力可忽略不计。实际气体只有在高温、低压下才接近于理想气体，才能按理想气体处理。

2. 理想气体状态方程

体积、物质的量、压力和温度是描述或计量气体常用到的物理量。其中，压力是描述大量气体分子对器壁不断碰撞的物理量，温度则是气体内部分子无规则运动的宏观表现。当系统的状态一定时，系统中的这些气体性质都有确定值，且存在着某种数学关系。在理想气体条件下，温度、压力和体积间的关系遵循理想气体状态方程：

$$pV=nRT$$

式中，p 为气体压力，Pa；V 为气体体积，m^3；T 为气体的温度，K；R 为摩尔气体常数，根据实验测得 1mol 气体在标准状况下的体积为 0.0241m^3，可导出 R 值为：

$$R=\frac{pV}{RT}=(101.325\times10^3\times0.0241)/(1\times273.15)=8.314(\text{Pa}\cdot\text{m}^3\cdot\text{mol}^{-1}\cdot\text{K}^{-1})$$

3. 理想气体分压定律（道尔顿分压定律）

由两种或两种以上的气体混合组成的体系称为混合气体。组成混合气体的每种气体，称为该混合气体的组分气体。某一组分气体在相同温度下占有与混合气体相同体积时所产生的压力，叫做该组分气体的分压，而混合气体的总压力等于其中各组分气体分压之和，数学表达式为：

$$p = p_1 + p_2 + p_3 + \cdots + p_i = \sum_{B} p_B$$

根据理想气体状态方程，某一组分气体物质的量（n_B）与其产生的压力（p_B）成正比：

$$p_B = n_B RT/V$$

混合气体总的物质的量（n）与总压力（p）成正比：

$$p = nRT/V$$

两式相比，得到：

$$\frac{p_B}{p} = \frac{n_B}{n} = x_B$$

或表示为：

$$p_B = p x_B$$

1.1.3 化学反应的计量

1. 化学反应计量式

根据质量守恒定律，用规定的化学符号和化学式来表示化学反应的式子，称为化学反应方程式或化学反应计量式。

对任一反应，可写成：　$a\text{A} + d\text{D} = e\text{E} + f\text{F}$

也可写为：$0 = a\text{A} + d\text{D} - e\text{E} - f\text{F}$

或简化成：$0 = \sum_{B} \nu_B \text{B}$

上式即为化学反应计量式的标准缩写式，B 代表反应物或产物；ν_B 为物种 B 的化学计量数，可以是整数或分数。按照规定，反应物的化学计量数为负值，而生成物的化学计量数为正值。例如，合成氨反应：$N_2 + 3H_2 = 2NH_3$，其中 -1，-3，2 分别为对应于该反应方程式中物质 N_2、H_2、NH_3 的化学计量数，表明反应中每消耗 1mol N_2 和 3mol H_2，必生成 2mol NH_3。

2. 反应进度

反应进度表示反应进行的程度或物质变化进展的程度，常用符号 ξ 表示，其定义为：

$$\xi = \frac{n_B(\xi) - n_B(0)}{\nu_B}$$

式中，$n_B(0)$ 为反应起始时刻，即反应进度 $\xi = 0$ 时，物种 B 的物质的量；$n_B(\xi)$ 为反应进行到 t 时刻，即反应进度 $\xi = \xi$ 时物种 B 的物质的量。显然反应进度 ξ 的单位为 mol。

例如：反应	$N_2(g)$	$+3H_2(g)$	$\longrightarrow 2NH_3(g)$	ξ
t_0 时　n_B/mol	3.0	10.0	0	0
t_1 时　n_B/mol	2.0	7.0	2.0	ξ_1

$$\xi_1 = \frac{\Delta n_1(N_2)}{\nu(N_2)} = \frac{(2.0 - 3.0)\text{mol}}{-1} = 1.0$$

$$\xi_1=\frac{\Delta n_1(H_2)}{\nu(H_2)}=\frac{(7.0-10.0)mol}{-3}=1.0$$

$$\xi_1=\frac{\Delta n_1(NH_3)}{\nu(NH_3)}=\frac{(2.0-0)mol}{2}=1.0$$

用反应进度表示反应的程度，好处是用任何物质表示反应进展的程度，其数值都相同。$\xi=1.0$mol 时，表明反应按反应的计量式发生了一个单元的反应，称为进行了 1mol 的反应。即表示 1.0mol N_2 和 3.0mol 的 H_2 反应并生成了 2.0mol 的 NH_3。反应进度 ξ 是与化学反应计量式相匹配的，若反应方程式中的化学计量数改变，或者说反应方程式的写法不一样时，反应进度 ξ 也不同。例如：

$$N_2+3H_2 = 2NH_3$$

$$1/2N_2+3/2H_2 = NH_3$$

当反应进度同为 $\xi=1$mol 时，上式中：1mol N_2 与 3mol H_2 反应生成 2mol NH_3；下式中：0.5mol N_2 与 1.5mol H_2 反应生成 1mol NH_3。故当涉及反应进度时，必须指明化学反应方程式。

1.2 化学热力学的基本概念和术语

1.2.1 系统与环境

进行热力学研究时，必须首先确定研究对象，把要研究的对象从周围的物体中划分出来的，这种划分可以是实际的，也可以是想象的。这种被选定的研究对象称为系统，也称为体系，其可以包括相应物质与空间。严格来说，除体系以外，与体系有相互作用的一切物质都称为环境，不过，我们往往只将与体系密切相关的那部分物质作为环境。例如，研究 $CuSO_4$ 溶液和 NaOH 溶液之间的反应时，可以把混合液看作系统，混合液周围的如烧瓶及其上方空气等物质可以看作环境。

根据系统与环境之间物质和能量等方面的交换情况，可将系统分成 3 种类型：

(1) 敞开系统（open system)。体系与环境之间既有物质交换，也有能量交换。

(2) 封闭系统（closed system)。体系与环境之间没有物质交换，但有能量交换。

(3) 孤立系统（isolated system)。体系与环境之间既没有物质交换，也没有能量交换。

例如，$FeCl_3$ 溶液和 NaOH 溶液之间的反应，如果在一个敞口烧杯中进行，选择混合液和敞口烧杯一起作为系统，那就是一个敞开系统；如果反应在一个密闭烧瓶中进行，选混合液和密闭烧瓶为系统，就是封闭系统；假设反应在一完全封闭绝热的容器中进行，选混合液和完全封闭绝热的容器为系统，则可看成是孤立系统。事实上，真正的孤立系统在地球上是不存在的，因为没有理想的材料可以将系统和环境间的热量交换以及重力、磁力作用完全隔绝。

1.2.2 状态与状态函数

热力学研究的系统是大量微观粒子组成的宏观集合体，通常可以用一些宏观可测的物理量，如压力、体积、温度、密度、焓、熵等，来描述系统的宏观性质。系统的这些性质可以分为两类：

（1）广度性质（或容量性质），其数值与系统的量成正比，具有加和性，整个体系的广度性质是系统中各部分这种性质的总和。如体积、质量、热力学能等。

（2）强度性质，其数值决定于体系自身的特性，不具有加和性。如温度、压力、密度等。

系统的状态是体系宏观物化性质的综合表现，可分为热力学平衡态和热力学非平衡态。当系统和环境或系统内部各部分同时达到热平衡、力学平衡、相平衡、化学平衡时，系统的各种性质不随时间变化，则系统就处于热力学平衡态。当系统处于这种热力学平衡态时，系统性质都有确定值，且存在着某种数学关系。因此，只要确定系统的某些性质，其它性质也随之而定。这样，系统的一些性质就可以表示成系统其它性质的函数，即系统的性质由其状态而定。若系统的状态一定，系统的性质也一定。反之，系统的性质都确定了，则系统的状态也确定了。由于系统的一些性质与系统的状态之间存在这种一一对应的函数关系，因而可以用系统的一些性质来描述系统所处的状态。

热力学中将描述系统状态的系统性质称为状态函数。描述系统的状态不一定要用该系统的全部状态函数，而用它的某几个状态函数就行，因为这些状态函数间往往有一定的联系。例如，要描述一理想气体所处的状态，只需知道 T、p、V，因为根据理想气体的状态方程 $pV=nRT$，此理想气体的物质的量 n 也就确定了。状态函数是状态的单值函数，只取决于所处的状态，而与环境和系统是如何达到目前状态的历史无关。若系统的状态变化时，它的一系列状态函数也随之发生变化，变化前的状态称为始态，变化后的状态称为终态。状态函数的变化值只取决于始态与终态，而与变化所经历的途径无关。这种状态函数的特性在数学上具有全微分的特性，可以按照全微分的关系来处理。状态函数的集合（和、差、积、商）也是状态函数。

1.2.3 过程与途径

在一定的环境条件下，系统的某些性质发生改变，即体系的状态发生变化称系统发生了一个热力学过程，简称过程。如气体的压缩与膨胀、液体的蒸发与凝固以及化学反应等都是热力学过程。

常见的过程有以下几种。

等温过程：系统从状态 1 变化到状态 2，只强调始态与终态的温度相同，且等于环境温度，而对过程中的温度不作任何要求，即 $T_{始}=T_{终}=T_{环}$。

等压过程：系统从状态 1 变化到状态 2，只强调始态与终态的压力相同，且等于环境压力，而对过程中的压力不作任何要求，即 $p_{始}=p_{终}=p_{环}$。

恒容过程：系统从状态 1 变化到状态 2，在变化过程中体积保持不变，即 $V_{始}=V_{终}$。

绝热过程：系统在变化过程中，与环境不交换热量，这个过程称为绝热过程。如系统和环境之间用绝热壁隔开，或变化过程太快，系统来不及和环境交换热量的过程，可近似看作绝热过程。

化学变化过程：如果系统内发生化学变化过程，系统的化学组成、分子的种类和数目，甚至聚集态，都可能改变。

系统由同一始态到达同一终态可以经由不同的方式，称为途径（见图 1-1）。途径也可以说是系统由始态到终态所经历的具体路线。

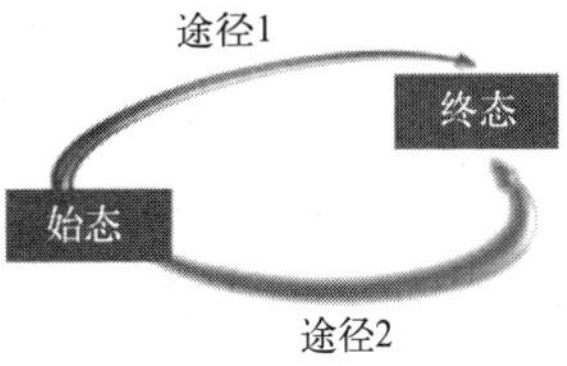

图 1-1 途径示意图

1.3 热力学第一定律

1.3.1 热

热的本质是大量粒子（分子，原子）的无规则运动，粒子运动越激烈，温度越高。热力学中把系统和环境之间因温差而传递的能量称为热，符号为 Q，单位为焦耳（J）。热是一种传递的能量，不是系统自身的性质，不具备状态函数的特征。因此，不能说系统的某一状态有多少热，只能讲系统从环境吸收了多少热或释放给环境多少热。热的数值与变化具体途径有关，在始态和终态相同时，由于变化途径不同，体系与环境之间传递的热也可能不同，因此计算热的数值时一定要与具体的变化途径相联系。通常，体系从环境吸收的热量为正值，$Q>0$；反之，体系向环境放出的热量为负值。有各种形式的热，在一定温度下聚集状态发生变化时，系统与环境交换的热，称为相变热（如熔化热、凝聚热、蒸发热、升华热等）；在等温条件下发生化学反应时，系统与环境交换的热，称为化学反应热。

1.3.2 功

除热以外，系统与环境间以其它形式传递的能量称为功，符号为 W，单位为焦耳（J）。环境对体系做功，$W>0$（表示体系能量增加）；体系对环境做功，$W<0$（表示体系能量减少）。功也不是状态函数，其数值与具体变化途径有关，所以计算功时，一定要与具体的途径相联系。常见的功有膨胀功、表面功、电功、机械功等。在热力学中，把因体系体积变化而对环境做的功或环境对体系做的功称为膨胀功，也称为体积功，用 W_e 表示。如图 1-2，活塞移动 L 的距离，则筒内气体反抗恒外压所做的体积功 W_e 为：

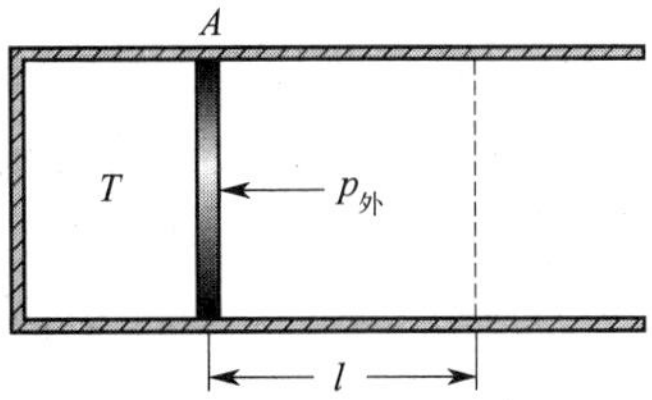

图 1-2 膨胀功示意图

$$W_e=-F\times L=-p_{外}\times A\times L=-p_{外}\ \Delta V=-p_{外}(V_2-V_1)$$

应该特别强调的是，热和功都是系统和环境之间传递的能量，它们只在系统变化时才表现出来。没有过程，系统的状态没有变化，系统和环境之间无法交换能量，也就没有功和热。

例 1-4 一理想气体体系初始压力为 400kPa，体积为 4L，温度为 298K，试计算：(1) 该气体体系在恒温下反抗外压 100kPa 膨胀到 16L，所做的体积功。(2) 如果体系在恒温下分两次膨胀：先反抗外压 200kPa 膨胀到 8L，再反抗外压 100kPa，膨胀到 16L，所做的体积功。

解：(1) 反抗外压 $p_{外}=100\text{kPa}$，一次膨胀到 16L，所做的体积功：

$$W_e = -p_{外} \Delta V = -100 \times (16-4) = -1200(J)$$

（2）体系恒温下分两次膨胀：先反抗外压 $p_{外(1)} = 200kPa$，膨胀到 8L；再反抗外压 $p_{外(2)} = 100kPa$，膨胀到 16L。所做的体积功：

$$W_e = -p_{外} \Delta V = -200 \times (8-4) - 100 \times (16-8) = -1600(J)$$

例 1-5 在 100kPa 和 298K 时，16.3g Zn 按下式与足量盐酸作用：$Zn + 2HCl = ZnCl_2 + H_2$。试计算：（1）反应生成的 H_2 逸入大气中，所做的体积功；（2）若反应生成的 H_2 逸入真空中，所做的体积功。

解：（1）根据反应方程式，将生成 0.25mol H_2，若反应生成的 H_2 逸入大气中，则体积功可由状态方程求出：

$$W_e = -p_{外} \Delta V \approx -pV = -nRT = -0.25 \times 8.314 \times 298 = -0.62(kJ)$$

（2）若反应生成的 H_2 逸入真空中，$p_{外} = 0$，则 $W_e = 0$。

1.3.3 热力学能和热力学第一定律

自然界的一切物质都具有能量，能量有各种形式，并且可以从一种形式转化为另一种形式，在转化过程中，能量的总量不变。一般系统的能量包括以下三个部分：（1）动能，是系统整体运动所决定的能量；（2）势能，是体系在某一外力场中的位置所决定的能量；（3）热力学能，又称为内能，是体系内部所储藏的一切能量形式的总和，常用符号 U 表示。

在研究静止的系统时，如不考虑外力场的作用，此时系统的总能量为热力学能。系统的热力学能包括了系统中各种运动形式所具有的能量（粒子的平动能、转动能、振动能、电子能、核能，以及分子之间的位能等），是体系自身的性质。热力学能 U 与 T、p、V 一样，在一定状态下，其值一定，因此是状态函数。

热力学第一定律认为：自然界的一切物质都具有能量。能量既不能消灭，也不能创造。能量存在各种各样的形式，不同的能量形式之间可以相互转化，能量在不同的物体之间可以相互传递，而在转化和传递过程中能量总值保持不变。

对于封闭系统，体系和环境之间只有热和功的交换。状态变化时，体系的热力学能（U）将发生变化。若变化过程中体系从环境吸热使体系由始态（U_1）变化至终态（U_2），同时体系对环境做功，按能量守恒与转化定律，体系的热力学能变（ΔU）等于体系从环境吸收的热（Q）和体系对环境所做的功（W）之和，即：

$$\Delta U = U_2 - U_1 = Q + W$$

上式称为热力学第一定律的数学表达式。也可以用另一种文字方式表达热力学第一定律：想制造一种永动机，既不依靠外界供给能量，本身的能量也不减少，却不断地对外做功，是不可能的。

系统的热力学能包括了系统中的各种粒子运动形式的能量，由于系统中的粒子无限可分，运动形式无穷无尽，至今我们仍无法确定一个系统热力学能的数值。但是值得庆幸的是，热力学并不需要知道其大小，重要的是要知道内能变化值 ΔU 及其主要以什么形式表现出来，因为 ΔU 的大小也是体系与环境之间所传递的能量大小，可以通过变化过程中的 Q

和 W 来确定。

例 1-6　某系统从始态变到终态，从环境吸热 200J，同时对环境做功 300J，求系统和环境的热力学能变。

解：系统吸热 200J，则 $Q_{系统}=200J$；系统对环境做功 300J，则 $W_{系统}=-300J$。

故 $\Delta U=Q_{系统}+W_{系统}=200+(-300)=-100(J)$

例 1-7　设有 1mol 理想气体，由 487.8K、20L 的始态，反抗恒外压 101.325kPa 迅速膨胀至 101.325kPa、414.6K 的状态。因膨胀迅速，体系与环境来不及进行热交换。试计算 W、Q 及体系的热力学能变 ΔU。

解：按题意，此过程可认为是绝热膨胀，故 $Q=0$

根据理想气体状态方程式可得：$V_2=nRT/p_2=(1\times8.314\times414.6)/101.325=34.02(L)$

故 $W=-p_{外}\Delta V=-101.325\times(34.02-20)=-1420.58(J)$

$\Delta U=Q+W=0+(-1420.58)=-1420.58(J)$

1.4　热化学

化学反应常伴随着气体的产生或消失，常以热和体积功的形式与环境进行能量交换。但一般情况下，反应过程中的体积功在数量上与热相比是很小的，故化学反应的能量交换以热为主，研究化学反应有关热变化的科学称为热化学。

1.4.1　等容反应热和等压反应热

化学反应的热效应，简称反应热，是指在仅做体积功的条件下，当一个化学反应发生后，若使产物的温度回到反应物的起始温度，整个过程中体系与环境所交换的热量。等容过程中化学反应的热效应称为等容反应热，用 Q_V 表示；等压过程中化学反应的热效应称为等压反应热，用 Q_P 表示。

自然界中，一般的过程，包括一般的化学反应，往往只涉及体积功，很少做非体积功。根据热力学第一定律

$$\Delta U=Q+W=Q-p_{外}\Delta V$$

在等容条件下，即 $\Delta V=0$ 或 $V_2=V_1$，$p_{外}\Delta V=0$

$$\Delta U=Q_V-p_{外}\Delta V$$

整理后得：

$$\Delta U=Q_V$$

上式表明，在只考虑体积功的条件下，体系在等容过程中与环境所交换的热（Q_V）在数值上等于体系的热力学能变（ΔU）。

在等压条件下，则 $p_e=p_s=p_1=p_2$，根据热力学第一定律得：

$$\Delta U=Q+W=Q_p-p\Delta V$$

$$U_2-U_1=Q_p-p(V_2-V_1)$$
$$Q_p=(U_2+p_2V_2)-(U_1+p_1V_1)$$

因为 p 和 V 是系统的状态函数，所以 $U+pV$ 也是一个状态函数。因此，为了使用方便，定义 $H=U+pV$，其中，H 称为焓。

则：$H_2=U_2+p_2V_2$，$H_1=U_1+p_1V_1$

整理后得：$Q_p=\Delta H=H_2-H_1$

上式中 ΔH 为焓变，表示系统变化前后焓的改变量；上式表明，在仅做体积功条件下，体系在等压过程中与环境所交换的热在数值上等于体系的焓变。

焓（H）是为了使用方便而定义的热力学函数，由于 U、pV 均为状态函数，故焓也为状态函数，其数值大小只取决于系统的始、终状态，与变化的途径无关。焓是一个具有能量量纲的抽象的热力学函数，其本身物理意义并不像热力学能（U）那样明确。此外，由于体系热力学能（U）的绝对值不能确定，所以焓（H）的绝对值也无法确定。由于许多化学反应都是在仅做体积功的等压条件下进行，其化学反应的热效应 Q_p 等于焓变（ΔH）。因此在化学热力学中，常用焓变（ΔH）来直接表示等压反应热而很少用等压反应热 Q_p。

根据焓（H）的定义式 $H=U+pV$ 得：$\Delta H=\Delta U+\Delta(pV)$。当体系仅做体积功（非体积功为 0）时，$Q_V=\Delta U$，$Q_p=\Delta H$，则 $Q_p=Q_V+\Delta(pV)$。如果系统是固体或液体等凝聚态，因 $\Delta(pV)$ 变化很小，可忽略不计，则近似有 $Q_p\approx Q_V$。如果系统是有气体参加的反应，忽略凝聚态的体积变化，则 $Q_p=Q_V+\Delta nRT$。Δn 为反应前后气体的物质的量变化，即 Δn 等于生成物气体的物质的量－反应物气体的物质的量。

例 1-8 在 298.15K 和 100kPa 下，1mol 乙醇完全燃烧放出 1367kJ 的热量，$C_2H_5OH(l)+3O_2(g)=\!=\!=2CO_2(g)+3H_2O(l)$，求该反应的 ΔH 和 ΔU。

解：该反应在恒温恒压下进行，所以 $Q_p=\Delta H=-1367\text{kJ}$

$\Delta U=\Delta H-\Delta nRT=(-1367)\text{kJ}-(-1)\text{mol}\times 8.314\times 10^{-3}\text{kJ}\cdot\text{mol}^{-1}\cdot\text{K}^{-1}\times 298.15\text{K}=1364\text{kJ}$

1.4.2 反应的焓变和热力学方程式

1. 反应的焓变

在等温、等压且只做体积功时，化学反应的热效应为等压热 Q_p。其数值等于反应的焓变，即 $Q_p=\Delta_r H$，下标 r 代表反应（reaction）。反应的焓变 $\Delta_r H$，泛指某化学反应过程中焓的改变量，其大小显然与反应进度 ξ 有关。$\xi=1.0\text{mol}$ 时，按给定的反应方程式进行反应而引起反应系统的焓变，称为这一反应的摩尔焓变，用符号 $\Delta_r H_m$ 表示。即

$$\Delta_r H_m=\frac{\Delta_r H}{\xi}=\frac{\nu_B\Delta_r H}{\Delta n}$$

式中，下标“m”表示是按给定的反应方程式，反应进度为 1mol 的焓变。

另外，焓是一个状态函数，反应的焓变 $\Delta_r H$ 与各物质所处的物态、温度、压力等因素有关。为了比较不同化学反应焓变的大小，需要选定一个共同的标准态。根据国家标准，热力学的标准压力 $p^{\ominus}$，各物质的标准态为：

气体物质的标准态：标准压力 $p^{\ominus}$ 下表现出理想气体性质的纯气体状态。

液体或固体的标准态：标准压力 $p^{\ominus}$ 下的纯液体或纯固体的状态。

溶液中溶质 B 的标准态：标准压力 $p^{\ominus}$ 下，溶质浓度为 $1.0\mathrm{mol\cdot L^{-1}}$ 或 $1.0\mathrm{mol\cdot kg^{-1}}$ 的状态。

因此，标准压力下，各反应物和生成物都处于标准态，反应进度为 1mol 的焓变称为这一反应的标准摩尔反应焓，用符号 $\Delta_r H_m^{\ominus}$ 表示。

此符号中的上标"$^{\ominus}$"表示标准态，下标"m"表示反应进度 $\xi=1\mathrm{mol}$，下标"r"表示化学反应（reaction）。标准态明确指定了标准压力 $p^{\ominus}$ 为 100kPa，但未指定温度。因从附录 1 上查到的热力学常数是在 298.15K 下的数据，本书也以 298.15K 为参考温度。

2. 热化学方程式

热化学（反应）方程式是用来表示化学反应与化学反应的热效应的反应方程式。例如：

$$CaCO_3(s) = CO_2(g) + CaO(s) \qquad \Delta_r H_m^{\ominus}(298.15\mathrm{K}) = 179.3\mathrm{kJ\cdot mol^{-1}}$$

$$H_2(g) + O_2(g) = H_2O(l) \qquad \Delta_r H_m^{\ominus}(298.15\mathrm{K}) = -286\mathrm{kJ\cdot mol^{-1}}$$

书写热化学方程式注意事项：

（1）先写出化学反应计量式，即配平的化学方程式，再写出相应的反应热。

（2）书写热化学方程式时，要注明反应体系的温度及压力。同一化学反应在不同温度下进行时，其反应热是不同的。压力对反应热也有影响，但影响不大。如 $\Delta_r H_m^{\ominus}$（298.15K）表示反应在 298.15K、各反应物的压力均为 100kPa。

（3）反应热数值与方程式的写法有关，同一化学反应的不同化学反应计量式，其反应热是不同的。例如：

$$H_2(g) + O_2(g) = H_2O(l) \qquad \Delta_r H_m^{\ominus}(298.15\mathrm{K}) = -286\mathrm{kJ\cdot mol^{-1}}$$

$$2H_2(g) + O_2(g) = 2H_2O(l) \qquad \Delta_r H_m^{\ominus}(298.15\mathrm{K}) = -572\mathrm{kJ\cdot mol^{-1}}$$

（4）标明参与反应的各种物质的聚集状态：用 g、l 和 s 分别表示气态、液态和固态，用 aq 表示水溶液（aqueous solution）。若固体有不同晶型，还要指明晶型的类型，如碳有石墨和金刚石，硫有 S（单斜）、S（斜方）等。

1.4.3　盖斯定律

1840 年，俄国科学家盖斯（Hess）在多年从事热化学研究和反应热的测量实验基础上总结出：在恒温恒压或恒温恒容条件下，一个化学反应不管是一步完成还是多步完成，其反应总的热效应相同。由于化学反应一般都在恒压或恒容条件下进行，而恒压反应热 $Q_p=\Delta H$，恒容反应热 $Q_V=\Delta U$，H 和 U 都是状态函数，其 ΔH 和 ΔU 只取决于始态和终态，与所经历的途径无关。因此，赫斯定律应该更准确地表述为：在不做非体积功、恒压或恒容条件下，任何一个化学反应不管是一步完成还是分几步完成，其反应热只取决于体系的始态和终态，而与反应所经历的途径无关。如：

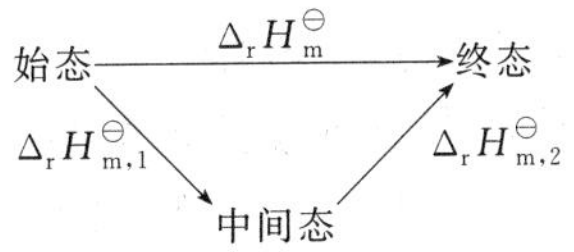

则有 $\Delta_r H_m^{\ominus}=\Delta_r H_{m,1}^{\ominus}+\Delta_r H_{m,2}^{\ominus}$

实际上，盖斯定律适用于所有的状态函数。盖斯定律是热化学计算的基础，用该定律可求一些难以测量的反应的热效应。

盖斯定律的推论，一个反应如果是另外两个或更多个反应之和，则该总反应的恒压反应热必然是各分步反应的恒压反应热之和。用此推论就能使化学方程式像代数方程式一样进行加减消元运算，并根据某些已经测出的反应热数据来计算难以直接测定的另一些化学反应的热效应。

例 1-9 已知 298.15K 下，反应的焓变值：

$$C(s)+1/2O_2(g)\longrightarrow CO(g) \qquad \Delta H_1=-110.54kJ\cdot mol^{-1}$$

$$CO(g)+1/2O_2(g)\longrightarrow CO_2(g) \quad \Delta H_2=-282.97kJ\cdot mol^{-1}$$

求下列反应 $C(s)+O_2(g)\longrightarrow CO_2(g)$ 的焓变值 $\Delta_r H$。

解： $\Delta_r H=\Delta H_1+\Delta H_2$

$$=-110.54kJ\cdot mol^{-1}+(-282.97kJ\cdot mol^{-1})=-393.51kJ\cdot mol^{-1}$$

例 1-10 已知 298.15K 时以下各反应的焓变值：

(1) $C(石墨,s)+O_2(g)\longrightarrow CO_2(g)$ $\qquad \Delta H_1=-393.5kJ\cdot mol^{-1}$

(2) $H_2(g)+1/2O_2(g)\longrightarrow H_2O(l)$ $\qquad \Delta H_2=-285.83kJ\cdot mol^{-1}$

(3) $C_3H_8(g)+5O_2(g)\longrightarrow 3CO_2(g)+4H_2O(l)$ $\qquad \Delta H_3=-2220.07kJ\cdot mol^{-1}$

计算下列反应 $3C(石墨,s)+4H_2(g)\longrightarrow C_3H_8(g)$ 的焓变值 ΔH。

解： $\Delta H=3\Delta H_1+4\Delta H_2-\Delta H_3=-103.75kJ\cdot mol^{-1}$

1.4.4 反应焓变的计算

1. 由标准生成焓计算反应焓变

在给定温度及标准压力下，由元素的指定单质生成 1mol 某物质 B 时的热效应称为该物质的标准摩尔生成焓，简称生成焓（也叫生成热），用符号 $\Delta_f H_m^{\ominus}$（B，T）表示，下标“f”表示生成（formation），B 表示此物质，T 表示反应温度。

例如，在 298.15K 时，有如下反应：

$$H_2(g,p^{\ominus})+\frac{1}{2}O_2(g,p^{\ominus})=\!=\!=H_2O(l,p^{\ominus}) \qquad \Delta_r H_m^{\ominus}(298.15K)=285.8kJ\cdot mol^{-1}$$

则 $\Delta_f H_m^{\ominus}$（H_2O，l，298.15K）$=285.8kJ\cdot mol^{-1}$。

根据标准摩尔生成焓的定义，指定单质多为常温下最稳定的单质，其标准摩尔生成焓为 0。例如，在常温下，碳的指定单质是石墨而非金刚石，S 最稳定的单质是正交硫，Br_2 最稳定的单质是液态，Cl_2 最稳定的单质是气态等。但指定单质有时不是最稳定单质，如 Sn 的指定单质是白锡，而不是最稳定的灰锡，P 的指定单质是白磷而不是黑磷。物质焓的绝对值无法测定，生成焓是一种相对值，有些是实验测定的，有些则是间接计算的。当知道了各种物质的生成焓，就可以容易地计算许多化学反应的焓变。

一些常见物质的标准摩尔生成焓列入热力学数据表 1，可用来计算相关化学反应的标准摩尔焓变。例如，对化学计量方程如下所示的任意化学反应：

$$aA+dD = eE+fF$$

该反应的标准摩尔反应焓变等于生成物的标准生成焓的总和减去反应物的标准生成焓的总和，其计算式为：

$$\Delta_r H_m^\ominus(T)=[e\Delta_f H_m^\ominus(E,T)+f\Delta_f H_m^\ominus(F,T)]_{产物}-[a\Delta_f H_m^\ominus(A,T)+d\Delta_f H_m^\ominus(D,T)]_{反应物}$$

或 $$\Delta_r H_m^\ominus(298.15K)=\sum_B \nu_B \Delta_f H_m^\ominus(B,T)$$

即利用 $\Delta_f H_m^\ominus$（B，T）计算任意化学反应热效应的公式，式中 ν_B 为化学计量数。

例 1-11 计算 298.15K 下，$4NH_3(g)+5O_2(g) \longrightarrow 4NO(g)+6H_2O(g)$ 的热效应。

已知：$\Delta_f H_m^\ominus(NH_3,g)=-46.11kJ \cdot mol^{-1}$，$\Delta_f H_m^\ominus(NO,g)=90.25kJ \cdot mol^{-1}$，$\Delta_f H_m^\ominus(H_2O,g)=-241.82kJ \cdot mol^{-1}$。

解：$\Delta_r H_m^\ominus=6\Delta_f H_m^\ominus(H_2O,g)+4\Delta_f H_m^\ominus(NO,g)-4\Delta_f H_m^\ominus(NH_3,g)=-905.48kJ \cdot mol^{-1}$

例 1-12 计算等压反应：$2Al(s)+Fe_2O_3(s) \longrightarrow Al_2O_3(s)+2Fe(s)$ 的标准反应热，并判断此反应是吸热还是放热反应？

解：查表可得： $2Al(s)+Fe_2O_3(s) \longrightarrow Al_2O_3(s)+2Fe(s)$

$\Delta_f H_m^\ominus/kJ \cdot mol^{-1}$ 0 −824.2 −1675.7 0

则，$\Delta_r H_m^\ominus=\Delta_f H_m^\ominus(Al_2O_3,s)+2\Delta_f H_m^\ominus(Fe,s)-2\Delta_f H_m^\ominus(Al,s)-\Delta_f H_m^\ominus(Fe_2O_3,s)$

$=-851.5kJ \cdot mol^{-1}$

由于 $\Delta_r H_m^\ominus<0$，此反应为放热反应。

2. 由标准燃烧焓计算反应焓变

在指定温度及标准态下，1mol 可燃物质完全燃烧（或完全氧化）所放出的热称为该物质的标准燃烧热，符号为 $\Delta_c H_m^\ominus$（B，p，T），单位为 $kJ \cdot mol^{-1}$。这里“完全燃烧”或“完全氧化”是指将可燃物中的 C、H、S、P、N 及 Cl 等元素完全氧化为 $CO_2(g)$、$H_2O(l)$、$SO_2(g)$、P_2O_5（s）、$N_2O(g)$、HCl（aq）等指定产物；可燃物中的金属则变成指定产物金属的游离态。这些指定的反应产物的标准燃烧热为零。如：甲醇的燃烧反应

$$CH_3OH(l)+O_2(g) \longrightarrow CO_2(g)+2H_2O \quad \Delta_c H_m^\ominus(CH_3OH,l,298.15K)=-440.68kJ \cdot mol^{-1}$$

附录1列出了一些常见物质标准摩尔燃烧焓，根据盖斯定律可计算相关化学反应的标准摩尔焓变。例如，对化学计量方程如下所示的任意化学反应：

$$aA+dD = eE+fF$$

该反应的标准摩尔焓变可表示为：

$$\Delta_r H_m^\ominus(298.15K)=\sum_B \nu_B \Delta_c H_m^\ominus(B,p,298.15K)$$

上式表明，任意反应的标准反应热等于其反应物的标准燃烧热之和减去产物的标准燃烧热之和。

例 1-13 在 298.15K 时，有酯化反应 $(COOH)_2(s)+2CH_3OH(l) = (COOCH_3)_2(s)+2H_2O(l)$，计算酯化反应的标准摩尔反应焓变。已知 $\Delta_c H_m^\ominus[(COOH)_2,s,298.15K]=-120.2kJ \cdot mol^{-1}$，$\Delta_c H_m^\ominus(CH_3OH,l,298.15K)=-726.5kJ \cdot mol^{-1}$，$\Delta_c H_m^\ominus((COOCH_3)_2,s,298.15K)=-1678kJ \cdot mol^{-1}$。

解： $\Delta_r H_m^{\ominus}(298.15K) = \sum_B \nu_B \Delta_c H_m^{\ominus}(B, p, 298.15K)$

$= \Delta_c H_m^{\ominus}[(COOH)_2, s, 298.15K] + 2\Delta_c H_m^{\ominus}(CH_3OH, l, 298.15K) - \Delta_c H_m^{\ominus}(COOCH_3)_2, s, 298.15K)$

$= -120.2 + 2\times(-726.5) + 1678 = 104.8(kJ \cdot mol^{-1})$

3. 由键焓数据估算化学反应的焓变

对于某些无法直接测量或用生成焓和燃烧焓数据求算的反应热，可利用键焓数据估算。因为化学变化过程参与反应的各原子的部分外层电子之间的结合方式的改变，或者说发生了化学键的改组，总是会引起热效应。以此为线索，提出反映化学键强度属性的键焓的概念，用以计算反应过程的焓变。

键焓是通过热化学和光谱学数据所得出的各种化合物中断裂同一种化学键（通常指共价键）的离解能之平均值，常用符号 D 表示。如甲烷（CH_4）分子中有四个 C—H 键，在通过实验来测定具体的一个 C—H 键断裂时发现，四个键依次断裂后，每次形成的中间物种都不同，每次断裂一个 C—H 键时的离解能也不同。

键离解能（bond dissociation enthalpy）：在气相中化学键断裂时的标准摩尔反应热，常以 $\Delta_b H_m^{\ominus}$ 表示。

如：$CH_4(g)$ 的各级离解反应和相应的键离解能如下：

$$CH_4(g) \longrightarrow CH_3(g) + H(g) \qquad \Delta_b H_m^{\ominus} = 438.5kJ \cdot mol^{-1}$$
$$CH_3(g) \longrightarrow CH_2(g) + H(g) \qquad \Delta_b H_m^{\ominus} = 462.6kJ \cdot mol^{-1}$$
$$CH_2(g) \longrightarrow CH(g) + H(g) \qquad \Delta_b H_m^{\ominus} = 423.4kJ \cdot mol^{-1}$$
$$CH(g) \longrightarrow C(g) + H(g) \qquad \Delta_b H_m^{\ominus} = 338.8kJ \cdot mol^{-1}$$

因此，$CH_4(g)$ 分子中 C—H 键的键焓为：

$$D(C—H) = (438.5 + 462.6 + 423.4 + 338.8)/4 = 415.8(kJ \cdot mol^{-1})$$

用键焓可以估算气相反应的标准摩尔反应热。按照键离解能的概念，一个气相反应可分成键的离解和形成两步进行：

（1）使所有反应物的气态分子的键都断开成为气态原子，而打破一根键应该吸热，即这一步的反应热等于所有键焓之和；

（2）由气态原子形成产物的气态分子，形成一根键则应该放热，即其反应热是所有键焓之和的负值。如果反应过程中有相转变，还必须考虑相变热。

根据盖斯定律，化学反应的焓变则为两步反应热（焓变）之和，即生成物成键时所放出的热量和反应物断键时所吸收的热量的代数和，即有：

$$\Delta_r H_m^{\ominus} = \Delta_r H_{m,1}^{\ominus} + \Delta_r H_{m,2}^{\ominus} = \sum D(\text{断键}) - \sum D(\text{成键})$$
$$= \sum D(\text{反应物}) - \sum D(\text{产物})$$

例 1-14 乙烷分解为乙烯和氢，试由键焓估计该反应的标准摩尔反应热。已知 D(C—C)＝342kJ·mol^{-1}，D(C—H)＝416kJ·mol^{-1}，D(C═C)＝613kJ·mol^{-1}，D(H—H)＝435.9kJ·mol^{-1}。

解： 乙烷分解反应：$CH_3-CH_3(g) \longrightarrow CH_2=CH_2(g) + H_2(g)$

则该反应的标准摩尔反应热为：

$$\begin{aligned}\Delta_r H_m^{\ominus} &= \sum D(\text{反应物}) - \sum D(\text{生成物}) \\ &= [D(\text{C—C}) + 6\times D(\text{C—H})] - [D(\text{C═C}) + 4\times D(\text{C—H}) + D(\text{H—H})] \\ &= (342+6\times416)-(613+4\times416+435.9) \\ &= 125.1(\text{kJ}\cdot\text{mol}^{-1})\end{aligned}$$

1.5　化学反应自发性及其判据

1.5.1　化学反应自发性

实际上，自然界中有些过程是自发进行的，有些则不是。例如，水向低处流是自发的，而向高处流则需要通过输入能量。我们逐渐变老，不会返老还童。热量可以自发地从高温区传向低温区，反之，则不可能自动由低温区传向高温区。气体可以自发充满整个容器空间，而不可能自动收缩到某个角落。这种不需要任何外力推动就能自动进行的反应或过程叫自发反应或自发过程。自发过程都有一定的方向性，是不可逆的，它的逆过程却不会自动发生。水的自发流动过程的方向和限度，可以用始态和终态的水位差进行判断：根据水位差的大小可知是正向流动，还是反向流动，还是不流动即达到平衡。热的流动可以通过始态和终态的温差来判断，或者说用温差作为判据。考虑到自发过程都具有对外做功能力，可以用有无做功能力作为过程自发性的判断依据。

在化学热力学研究中，需要考察物理变化和化学变化的方向性。19 世纪 70 年代，法国的贝特罗和丹麦的汤姆斯，主张用焓变来判断化学反应自发进行的方向，认为“只有放热反应才能自发进行”。因为高能态的体系是不稳定的，而一般化学反应的能量交换以热为主。经过化学反应，将一部分能量以热的形式释放给环境，使高能态的反应物变成低能态的产物，体系才会更稳定。

事实上，放热反应也的确大都是自发反应。由此可见，自然界中能量降低的趋势是化学反应自发的一种重要推动力。但也有反例，存在一些能自发进行的吸热反应。例如：

(1) KNO_3 溶于水的过程既吸热又自发。

(2) 碳酸钙的分解反应 $CaCO_3(s) \xlongequal{} CaO(s) + CO_2(g)$，在高温（大约 840℃以上）也是自发进行的，可它是吸热反应。

因此，焓变是影响反应自发性的重要因素，但是单凭焓变还是不能对化学反应的方向做出可靠的判断。

1.5.2　化学反应自发性与熵

人们通过大量的研究、观察发现，自发过程还有一个显著的特点：在自发进行的过程中，能量和物质趋向于变得更加无序，或更加混乱。例如：

(1) 在冰的晶体结构中，水分子有规则地排列在确定的位置上，各分子间有一定的距离，处于较为有序的状态。当温度超过 0℃时，冰自发地融化为水，这种有序结构被破坏了，水分子的运动变得较为自由，每个水分子没有确定的位置，分子间的距离也不固定。从整体来说，系统处于较为无序的状态（即混乱度增大）。水吸热又变为水蒸气，水分子的运动变得更自由，分子间的作用力很弱，水分子的分布比液相中更混乱。因此，物质从固态→液态→气态的变化过程中，组成物质的微观粒子的混乱度逐渐增加。

（2）KNO_3 固体中 K^+ 和 NO_3^- 的排布是相对有序的，其内部离子基本上只在晶格点阵上振动。溶于水后，K^+ 和 NO_3^- 在水溶液中因它们的热运动而使混乱度大增。

（3）$Ba(OH)_2$ 晶体与 NH_4Cl 溶液的反应、$CaCO_3$ 的高温分解等都有液相中的离子数或气相中分子数的增加，因而使系统的混乱度增大。

可见，在适当条件下，系统的混乱度增加，能使反应自动进行。即系统有趋向于最大混乱度的倾向。因此，也可以用无序度或混乱度的增加来判断自发过程的方向。

为了定量表述系统某一状态的混乱度，人们引入了熵的概念。熵是定量描述体系混乱度大小的物理量，也是一种热力学状态函数，用符号 S 表示，单位是 $J \cdot K^{-1}$。显然，混乱度与体系中可能存在的微观状态数目（Ω）有关，即有：

$$S = f(\Omega)$$

体系中可能存在的微观状态数越多，体系的外在表现就越混乱，熵也就越大。Boltzmann 用统计热力学方法证明 S 和 Ω 呈以下对数关系，即

$$S = k\ln\Omega$$

式中，k 为玻尔兹曼常数，Ω 为热力学概率（混乱度），即某一宏观状态对应的微观状态数。系统的微观状态数目（Ω）越大，系统的混乱度越大，熵值（S）越大。玻耳兹曼将宏观物理量熵和微观物理量排列状态数联系起来，为热力学与统计力学架起了一座桥梁，揭示了熵的本质，奠定了统计热力学的基础。

1.5.3 规定熵

熵的绝对值是不知道的。在统计热力学中用玻尔兹曼公式计算的熵称为统计熵，也不是熵的绝对值。人们就人为地规定一些参考点作为熵的零点，以此来计算熵的数值。显然，计算方法不同，所得到的熵值也会存在差异。

1906 年能斯特研究发现，体系的混乱度或熵与温度有关。温度越低，微粒的运动速率越慢，自由活动的范围也越小，混乱度就减小，熵值也减小。当温度降低到绝对零度时，理想晶体内分子的各种运动都将停止，物质微观粒子处于完全整齐有序的状态。后来，普朗克和路易斯根据一系列低温实验事实和推测，总结出一个经验定律：在绝对零度时，一切纯物质的完整晶体的熵值 S_0 为零。

即 $S(0K) = k\ln 1 = 0$

以上表述称为热力学第三定律。所谓完整晶体是晶体内部无任何缺陷，由于热运动几乎停止，质点排列完全有序，且只有一种排列方式。

以 0K 时任何完整晶体熵值为相对标准，计算某物质在温度 T 时的熵值，称该物质的规定熵，计算通式为：

$$S_T = S_{0K} + \int_{0K}^{T} \frac{C_p}{T} dT$$

式中，S_{0K} 为物质 0K 时熵值，通常将其近似等于零，后面的积分项一般用图解积分的方法处理。

在标准状态下，1mol 纯物质在温度（T）时的规定熵叫做该物质的标准摩尔熵，用符号 $S_m^\ominus$ 表示，单位为 $J\cdot mol^{-1}\cdot K^{-1}$。

1.5.4　化学反应熵变的计算

熵是系统的状态函数，属广度性质，熵变只取决于系统的始态与终态，与变化途径无关。当反应物和产物都处于标准状态时，反应进度为 1mol 时的熵变称为反应的标准摩尔熵变，用 $\Delta_r S_m^\ominus$（T）表示。如果化学反应在 298K 和标准状态下进行，利用附录 1 里标准摩尔熵值（$S_m^\ominus$），可计算化学反应的标准摩尔熵变。

如化学计量方程如下所示的任意化学反应

$$aA+dD = eE+fF$$

若反应在 298.15K 和标准压力下进行，则标准摩尔熵变 $\Delta_r S_m^\ominus$（298.15K）为

$$\Delta_r S_m^\ominus(298.15K)=\sum_B \nu_B S_m^\ominus(B, 298.15K)$$

例 1-15　试计算 $CaCO_3$ 分解反应的标准摩尔熵变 $\Delta_r S_m^\ominus$（298.15K）。

解：

	$CaCO_3(s)$	$=CaO(s)$	$+CO_2(g)$
$S_m^\ominus(298.15K)/J\cdot mol^{-1}\cdot K^{-1}$	92.9	39.75	213.74

则：$\Delta_r S_m^\ominus(298.15K)=(39.75+213.74)-92.9=160.59(J\cdot mol^{-1}\cdot K^{-1})$

例 1-16　铁的氧化反应：$4Fe(s)+3O_2(g) = 2Fe_2O_3(s)$，Fe(s)、$O_2(g)$、$Fe_2O_3(s)$ 在 298.15K 下的 $S_m^\ominus$ 分别为 $27.28J\cdot mol^{-1}\cdot K^{-1}$，$205.14J\cdot mol^{-1}\cdot K^{-1}$，$87.40J\cdot mol^{-1}\cdot K^{-1}$。试计算在 298.15K 下该反应的标准摩尔熵变 $\Delta_r S_m^\ominus$（298.15K）。

解：

	$4Fe(s)$	$+3O_2(g)$	$=2Fe_2O_3(s)$
$S_m^\ominus(298.15K)/J\cdot mol^{-1}\cdot K^{-1}$	27.28	205.14	87.40

则：$\Delta_r S_m^\ominus(298.15K)=2\times87.40-(4\times27.28+3\times205.14)=-549.74(J\cdot mol^{-1}\cdot K^{-1})$

1.5.5　化学反应自发性的熵判据

在热力学体系中，体系能量的变化是通过与环境交换热或功来实现的。对于与环境之间既无物质的交换也无能量的交换的孤立系统来说，推动体系内化学反应自发进行的因素就只有一个，那就是熵增加。因此，引入熵的概念后，热力学第二定律又可表述为：孤立系统内，任何变化都不可能使熵的总值减少，这也称为熵增加原理。熵增加原理的数学表达式为：

$$\Delta S_{孤立}\geqslant 0$$

式中，$\Delta S_{孤立}$ 表示孤立体系的熵变。如果变化是不可逆过程，则 $\Delta S_{孤立}>0$；如果变化

过程是可逆的，$\Delta S_{孤立}=0$。总之，熵有增无减。上式就是孤立系统中过程能否自发或处于平衡的判断依据，简称熵判据。

真正的孤立系统是不存在的，但如果把系统与环境加在一起，就构成了一个大的孤立系统，其熵变用 $\Delta S_{孤立}$ 表示，则根据熵增加原理得：

$$\Delta S_{孤立}=(\Delta S_{系统}+\Delta S_{环境})\geqslant 0$$

上式称为化学反应自发性的熵判据，但应用起来很不方便，既要计算系统的熵变又要计算环境的熵变。而环境熵变的计算式为

$$\Delta S_{环境}=\frac{-Q_{系统}}{T_{环境}}$$

式中，$Q_{系统}$ 为系统的热，$T_{环境}$ 为环境的温度。

1.5.6 化学反应方向和吉布斯自由能

前已述及，单凭焓变不足以判断反应自发进行的方向。例如，KNO_3 溶于水的过程为自发进行的吸热反应，也是一个混乱度增加的熵增过程。熵变是影响反应自发性的一个重要因素，但是只用系统的熵变判断变化的自发性也是不全面的，例如在－10℃的液态水会自动结冰变成固态，由液态变固态是熵减的过程，但它是放热过程，焓变为负值。因此，只有综合考虑化学反应的焓变和熵变，才能判定过程是否自发。当然，熵增原理也可作为系统自发性的判据，但需同时考虑体系和环境的熵变。如果能找到一个不用考虑环境因素，只需考虑体系本身的情况，就可以对化学反应的自发性进行判定则更为方便。为此，1876—1878 年，美国科学家吉布斯（J. W. Gibbs）在前人研究的基础上，引入了新的热力学函数，作为在一般条件下过程或反应自发方向的判据。

1. 吉布斯自由能

在恒压等温条件下，由孤立系统熵判据公式可得：

$$\Delta S_{孤立}=(\Delta S_{系统}+\Delta S_{环境})=\Delta S_{系统}-\frac{\Delta H_{系统}}{T}\geqslant 0$$

即：$\Delta_r H-T\Delta S_r\leqslant 0$

由于等温（$dT=0$）条件下，微分式可表示为：

$$dH-d(TS)=dH-(TdS+SdT)=d(H-TS)\leqslant 0$$

则可得：$d(H-TS)\leqslant 0$

现定义一个新的热力学函数——吉布斯自由能，用符号 G 表示，即：

$$G=H-TS$$

式中，$H-TS$ 由状态函数 H、T、S 组合而成，故这一组合值 G 也是系统的状态函数。

2. 吉布斯自由能判据

将 $G=H-TS$ 代入 $d(H-TS)\leqslant 0$，得：

$$dG\leqslant 0 \text{ 或 } \Delta G\leqslant 0$$

这表明，在等温恒压、不做非体积功的条件下，封闭系统内发生的自发变化总是向着吉

布斯自由能(G) 减小的方向进行，直到体系的 G 最小为止（最小自由能原理）。

化学反应自发性及方向的判据：当化学反应在等温恒压、不做非体积功（$W'=0$）时进行时，则有 $\Delta_r G_{T,p}<0$，反应可正向自发进行（不可逆过程）；

$\Delta_r G_{T,p}=0$，反应处于平衡态（可逆过程）；

$\Delta_r G_{T,p}>0$，反应不可正向自发进行。

$\Delta_r G_{T,p}$ 越负，表明该化学反应自发的趋势就越大，反之亦然。此外，还要加以说明的是，$\Delta_r G_{T,p}$ 的大小和符号只是反映了反应自发进行的可能性大小，与反应实际进行的速度无关。

3. 吉布斯-亥姆霍兹公式

根据定义 $G=H-TS$，则在等温恒压条件下，状态变化的吉布斯自由能变 $\Delta G_{T,p}$ 为：

$$\Delta G_{T,p}=\Delta H_T-T\Delta S_T$$

该式就是著名的吉布斯-亥姆霍兹公式。此公式把影响过程自发或化学反应自发的两个因素：能量变化（这里表现为恒压过程热或恒压反应热 ΔH）与混乱度变化量度（即过程熵变或反应熵变 ΔS）完美地统一起来了。

根据吉布斯自由能判据：$\Delta G_{T,p}=\Delta H_T-T\Delta S_T\leqslant 0$，在不同温度下过程自发或反应自发进行的方向取决于 ΔH 和 $T\Delta S$ 值的相对大小。

$\Delta H<0$，$\Delta S>0$　即放热、熵增过程或反应，任何温度下均有 $\Delta G<0$，正向总是自发。

$\Delta H>0$，$\Delta S<0$　即吸热、熵减过程或反应，由于两个因素都对反应自发进行不利，在任何温度都有 $\Delta G>0$，正向总是不自发。

$\Delta H<0$，$\Delta S<0$　即放热、熵减过程，低温有利于正向自发。

$\Delta H>0$，$\Delta S>0$　即吸热、熵增过程，高温有利于正向自发。

4. 转变温度

从前面的分析可知，当 ΔH 和 ΔS 这两个因素都有利或不利于反应自发进行时，通过调节温度（T）来改变反应自发性是不可能的。只有 ΔH 和 ΔS 这两个因素对自发性的影响相反时，才可能通过改变温度，来改变反应自发进行的方向。而 $\Delta G=0$ 时的温度，即反应平衡时的温度，称为转变温度（$T_{转变}$）。

$$\Delta G=\Delta H-T\Delta S=0 \qquad T_{转变}=\Delta H/\Delta S$$

在放热、熵减少情况下，这个温度是反应能正向自发的最高温度；在吸热、熵增加情况下，这个温度是反应能正向自发的最低温度。

5. $\Delta_r G_m$ 计算

(1) 由吉布斯-亥姆霍兹公式计算

对于任意一等温恒压、不做非体积功的化学反应：

$$aA+dD = eE+fF$$

根据吉布斯-亥姆霍兹公式，若恒压条件为标准压力 $p^{\ominus}$，则为反应的标准自由能变，即：$\Delta_r G_m^{\ominus}(T)=\Delta_r H_m^{\ominus}(T)-T\Delta_r S_m^{\ominus}(T)$

其中：$\Delta_r H_m^{\ominus}(298.15\text{K})=\sum_B \nu_B \Delta_f H_m^{\ominus}(\text{B},p,298.15\text{K})$

$$\Delta_r S_m^{\ominus}(298.15\text{K})=\sum_B \nu_B S_m^{\ominus}(\text{B},p,298.15\text{K})$$

例 1-17 已知 $\Delta_f H_m^\ominus[C_6H_6(l), 298.15K] = 49.10kJ \cdot mol^{-1}$，$\Delta_f H_m^\ominus[C_2H_2(g), 298.15K] = 226.73kJ \cdot mol^{-1}$；$S_m^\ominus[C_6H_6(l), 298.15K] = 173.40J \cdot mol^{-1} \cdot K^{-1}$，$S_m^\ominus[C_2H_2(g), 298.15K] = 200.94J \cdot mol^{-1} \cdot K^{-1}$。
试判断：反应 $C_6H_6(l) \xlongequal{} 3C_2H_2(g)$ 在 298.15K，标准态下正向能否自发？并估算最低反应温度。

解：根据吉布斯-亥姆霍兹公式：

$$\Delta_r G_m^\ominus(T) = \Delta_r H_m^\ominus(T) - T\Delta_r S_m^\ominus(T)$$

根据题意得：

$$\begin{aligned}\Delta_r H_m^\ominus(298.15K) &= 3\Delta_f H_m^\ominus[C_2H_2(g), 298.15K] - \Delta_f H_m^\ominus[C_6H_6(l), 298.15K]\\ &= 3\times 226.73kJ \cdot mol^{-1} - 1\times 49.10kJ \cdot mol^{-1} = 631.09(kJ \cdot mol^{-1})\end{aligned}$$

$$\begin{aligned}\Delta_r S_m^\ominus(298.15K) &= 3S_m^\ominus[C_2H_2(g), 298.15K] - S_m^\ominus[C_6H_6(l), 298.15K]\\ &= 3\times 200.94J \cdot mol^{-1} \cdot K^{-1} - 1\times 173.40J \cdot mol^{-1} \cdot K^{-1}\\ &= 429.42(J \cdot mol^{-1} \cdot K^{-1})\end{aligned}$$

$$\begin{aligned}\Delta_r G_m^\ominus(298.15K) &= \Delta_r H_m^\ominus(298.15K) - T\Delta_r S_m^\ominus(298.15K)\\ &= 631.09 - 298.15\times 429.42\times 10^{-3}\\ &= 503.06(kJ \cdot mol^{-1})\end{aligned}$$

即：$\Delta_r G_m^\ominus(298.15K) > 0$，故正向反应不自发。

例 1-18 已知 298.15K 时，$\Delta_f H_m^\ominus[NH_3(g)] = -46.11kJ \cdot mol^{-1}$；$S_m^\ominus[N_2(g)] = 191.50J \cdot mol^{-1} \cdot K^{-1}$，$S_m^\ominus[H_2(g)] = 130.57J \cdot mol^{-1} \cdot K^{-1}$，$S_m^\ominus[NH_3(g)] = 192.34J \cdot mol^{-1} \cdot K^{-1}$。试判断反应 $N_2(g) + 3H_2(g) \xlongequal{} 2NH_3(g)$ 在 298.15K、标准态下正向能否自发进行？并估算最高反应温度。

解：

根据 $\Delta_r H_m^\ominus(298.15K) = \sum_B \nu_B \Delta_f H_m^\ominus(B, 298.15K)$

$$\begin{aligned}\text{则 } \Delta_r H_m^\ominus(298.15K) &= 2\Delta_f H_m^\ominus(NH_3) - [\Delta_f H_m^\ominus(N_2) + 3\Delta_f H_m^\ominus(H_2)]\\ &= 2\times(-46.11) - (0 + 3\times 0)\\ &= -92.22(kJ \cdot mol^{-1})\end{aligned}$$

又因为 $\Delta_r S_m^\ominus(298.15K) = \sum_B \nu_B S_m^\ominus(B, 298.15K)$

$$\begin{aligned}\text{则 } \Delta_r S_m^\ominus(298.15K) &= 2S_m^\ominus(NH_3) - [S_m^\ominus(N_2) + 3S_m^\ominus(H_2)]\\ &= 2\times 192.34 - (191.50 + 3\times 130.57)\\ &= -198.53(J \cdot mol^{-1} \cdot K^{-1})\end{aligned}$$

根据吉布斯-亥姆霍兹公式：

$$\begin{aligned}\Delta_r G_m^\ominus(298.15K) &= \Delta_r H_m^\ominus(298.15K) - T\Delta_r S_m^\ominus(298.15K)\\ &= (-92.22) - 298.15\times(-198.53\times 10^{-3})\\ &= -33.03(kJ \cdot mol^{-1})\end{aligned}$$

即 $\Delta_r G_m^\ominus(298.15K)<0$，故正向反应可自发进行。

若使 $\Delta_r G_m^\ominus=\Delta_r H_m^\ominus-T\Delta_r S_m^\ominus<0$，则正向自发。

又 $\Delta_r H_m^\ominus$、$\Delta_r S_m^\ominus$ 随温度变化不大，则 $\Delta_r G_m^\ominus(T)\approx\Delta_r H_m^\ominus(298.15K)-T\Delta_r S_m^\ominus(298.15K)$

即：$-92.22-T(-198.53\times10^{-3})<0$

则：$T<-92.22\div(-198.53\times10^{-3})=464.51K$

故：最高反应温度为 464.51K。

(2) 由标准摩尔生成吉布斯自由能（$\Delta_f G_m^\ominus$）的计算 $\Delta_r G_m$

在标准态下，由指定单质（或称稳定单质）生成 1mol 纯物质时反应的吉布斯自由能变，叫做标准摩尔生成吉布斯自由能，符号 $\Delta_f G_m^\ominus$，单位为 $kJ\cdot mol^{-1}$。在指定温度（298.15K）和标准状态下，元素最稳定单质的标准摩尔生成吉布斯自由能为零。

由于吉布斯自由能（G）是状态函数，所以标准吉布斯自由能变（$\Delta_r G$）只取决于系统的始、终状态，与变化的途径无关。因此，如果化学反应在 298.15K 和标准状态下进行，利用附录 1 中标准摩尔生成吉布斯自由能（$\Delta_f G_m^\ominus$），就可计算该化学反应的标准吉布斯自由能变。

例如，对于任一化学反应

$$aA+dD=eE+fF$$

在 298.15K、不做非体积功条件下，上述反应的标准吉布斯自由能变为：

$$\Delta_r G_m^\ominus(298.15K)=[(e\Delta_f G_m^\ominus(E)+f\Delta_f G_m^\ominus(F)]_{产物}-[a\Delta_f G_m^\ominus(A)+d\Delta_f G_m^\ominus(D)]_{反应物}$$
$$=\sum_B \nu_B\Delta_f G_m^\ominus(B,298.15K)$$

计算任一温度 T 时反应的标准吉布斯自由能变，仍要利用吉布斯-亥姆霍兹公式：

$$\Delta_r G_m^\ominus(T)\approx\Delta_r H_m^\ominus(298.15K)-T\Delta_r S_m^\ominus(298.15K)$$

例 1-19　已知 298.15K 时 $NH_3(g)$ 的标准摩尔生成吉布斯自由能 $\Delta_f G_m^\ominus$ 为 $-16.45kJ\cdot mol^{-1}$。计算反应：$N_2(g)+3H_2(g)=\!=\!=2NH_3(g)$ 的 $\Delta_r G_m^\ominus$ (298.15K)。

解：根据合成氨的反应方程式

$$\Delta_r G_m^\ominus(298.15K)=2\Delta_f G_m^\ominus(NH_3)-[\Delta_f G_m^\ominus(N_2)+3\Delta_f G_m^\ominus(H_2)]$$
$$=2\times(-16.45)-0$$
$$=-32.90(kJ\cdot mol^{-1})$$

例 1-20　求 298.15K 标准状态下反应

$Cl_2(g)+2HBr(g)=\!=\!=Br_2(l)+2HCl(g)$ 的 $\Delta_r G_m^\ominus$ (298.15K)，并判断反应的自发性。

解：从附录 1 查得：

$\Delta_f G_m^\ominus(HBr,g)=-53.43kJ\cdot mol^{-1}$，$\Delta_f G_m^\ominus(HCl,g)=-95.30kJ\cdot mol^{-1}$，

$\Delta_f G_m^\ominus(Cl_2,g)=0$，$\Delta_f G_m^\ominus(Br_2,l)=0$。

$$\Delta_r G_m^\ominus(298.15K)=2\Delta_f G_m^\ominus(HCl)-\Delta_f G_m^\ominus(Br_2,l)-2\Delta_f G_m^\ominus(HBr)-\Delta_f G_m^\ominus(Cl_2,g)$$
$$=2\times(-95.30)+0-2\times(-53.45)-0=-83.70(kJ\cdot mol^{-1})<0$$

即 $\Delta_r G_m^\ominus(298.15K)<0$，故正向反应可自发进行。

习 题

扫码查看习题答案

1-1 选择题

1. 一化学反应系统在等温定容条件下发生一变化，可通过两条不同的途径完成：(1) 放热 10kJ，做功 50kJ；(2) 放热 Q，不做功，则（　　）

A. $Q=-60\text{kJ}$　　B. $Q=-10\text{kJ}$　　C. $Q=-40\text{kJ}$　　D. $Q_V=-10\text{kJ}$

2. 在 298.15K，下列反应中 $\Delta_r H_m^{\ominus}$ 与 $\Delta_r G_m^{\ominus}$ 最接近的是（　　）

A. $CCl_4(g)+2H_2O(g)$ ══ $CO_2(g)+4HCl(g)$

B. $CaO(s)+CO_2(g)$ ══ $CaCO_3(s)$

C. $Cu^{2+}(aq)+Zn(s)$ ══ $Cu(s)+Zn^{2+}(aq)$

D. $Na(s)+H_2O(l)$ ══ $Na^+(aq)+\frac{1}{2}H_2(g)+OH^-(aq)$

3. 已知反应 $2H_2(g)+O_2(g)$ ══ $2H_2O(g)$ 的 $\Delta_r H_m^{\ominus}-483.63\text{kJ}\cdot\text{mol}^{-1}$，下列叙述正确的是（　　）

A. $\Delta_f H_m^{\ominus}$ $(H_2O, g)=-483.63\text{kJ}\cdot\text{mol}^{-1}$

B. $\Delta_r H_m^{\ominus}=-483.63\text{kJ}\cdot\text{mol}^{-1}$ 表示 $\Delta\xi=1\text{mol}$ 时系统的焓变

C. $\Delta_r H_m^{\ominus}=-483.63\text{kJ}\cdot\text{mol}^{-1}$ 表示生成 1mol $H_2O(g)$ 时系统的焓变

D. $\Delta_r H_m^{\ominus}=-483.63\text{kJ}\cdot\text{mol}^{-1}$ 表示该反应为吸热反应

4. 下列反应可以表示 $\Delta_f G_m^{\ominus}(CO_2,g)=-394.38\text{kJ}\cdot\text{mol}^{-1}$ 的是（　　）

A. C(石墨,s)$+O_2(g)$ ══ $CO_2(g)$；　　B. C(金刚石,s)$+O_2(g)$ ══ $CO_2(g)$

C. C(石墨,s)$+O_2(l)$ ══ $CO_2(l)$　　D. C(石墨,s)$+O_2(g)$ ══ $CO_2(l)$

5. 反应 $MgCO_3(s) \rightleftharpoons MgO(s)+CO_2(g)$ 在高温下正向反应自发进行，其逆反应在 298.15K 时自发，近似判断逆反应的 $\Delta_r H_m^{\ominus}$ 与 $\Delta_r S_m^{\ominus}$ 是（　　）

A. $\Delta_r H_m^{\ominus}>0$，$\Delta_r S_m^{\ominus}>0$　　B. $\Delta_r H_m^{\ominus}<0$，$\Delta_r S_m^{\ominus}>0$

C. $\Delta_r H_m^{\ominus}>0$，$\Delta_r S_m^{\ominus}<0$　　D. $\Delta_r H_m^{\ominus}<0$，$\Delta_r S_m^{\ominus}<0$

1-2 填空题

1. 系统状态函数的特点是：状态函数仅取决于__________；状态函数的变化只与__________有关，而与变化的__________无关。

2. 反应进度 ξ 的单位是__________；反应计量式中反应物 B 的化学计量数 ν_B 的值规定为__________。

3. 正、逆反应的 $\Delta_r H_m^{\ominus}$，其__________相等，__________相反；反应的 $\Delta_r H_m^{\ominus}$ 与反应式的__________有关。

4. 标准状态是在指温度 T 和标准压力下该物质的状态。其中标准压力 $p^{\ominus}=$__________；尽管标准状态没有指定温度，但为了便于比较，IUPAC 推荐选择__________为参考温度。

5. 根据吉布斯-亥姆霍兹方程：$\Delta_r G_m^{\ominus}(T)=\Delta_r H_m^{\ominus}(T)-T\Delta_r S_m^{\ominus}(T)$。若忽略温度对

$\Delta_r H_m^\ominus$ 和 $\Delta_r S_m^\ominus$ 的影响，则可得到该式的近似式：__________。

6. 若将合成氨反应的化学计量方程式分别写成 $N_2(g)+3H_2(g)$ ══ $2NH_3(g)$ 和 $1/2N_2(g)+3/2H_2(g)$ ══ $NH_3(g)$，二者的 $\Delta_r H_m^\ominus$ 和 $\Delta_r G_m^\ominus$ __________（填是、否）相同？两者间的关系为__________。

1-3　计算题

1. 由附录 1 查出 298.15K 时有关的 $\Delta_f H_m^\ominus$ 数值，计算下列反应的 $\Delta_r H_m^\ominus$。已知：$\Delta_f H_m^\ominus(N_2H_4,l)=50.63kJ\cdot mol^{-1}$。

① $N_2H_4(l)+O_2(g)$ ══ $N_2(g)+2H_2O(l)$；　$\Delta_r H_{m,1}=-622.33kJ\cdot mol^{-1}$

② $H_2O(l)+1/2O_2(g)$ ══ $H_2O_2(g)$；　$\Delta_r H_{m,2}=-149.74kJ\cdot mol^{-1}$

③ $H_2O_2(g)$ ══ $H_2O_2(l)$　$\Delta_r H_{m,3}=-51.50kJ\cdot mol^{-1}$

不查表，根据上述 3 个反应的 $\Delta_r H_m^\ominus$，计算反应 $N_2H_4(l)+2H_2O_2(l)$ ══ $N_2(g)+4H_2O(l)$ 的 $\Delta_r H_m^\ominus$。

2. 甘氨酸二肽氧化反应为

$$3O_2(g)+C_4H_8N_2O_3(s) = H_2NCONH_2(s)+3CO_2(g)+2H_2O(l)$$

已知：$\Delta_f H_m^\ominus(C_4H_8N_2O_3,s)=-745.25kJ\cdot mol^{-1}$，$\Delta_f H_m^\ominus(H_2NCONH_2,s)=-333.17kJ\cdot mol^{-1}$

计算：①298.15K 时，甘氨酸二肽氧化反应的标准摩尔焓含。②298.15K 及标准状态下，1g 固体甘氨酸二肽氧化时放热多少？

3. 关于生命起源的各种理论中，总要涉及动植物体内的一些复杂的化合物能否自发地由简单化合物转化得来。例如，298.15K 及标准状态下，计算下列反应的 $\Delta_r G_m^\ominus$，判断尿素能否由二氧化碳和氨自发反应得来。反应：$CO_2(g)+2NH_3(g)$ ══ $(NH_2)_2CO(s)+H_2O(l)$

已知：$\Delta_f G_m^\ominus[(NH_2)_2CO,s]=-197.15kJ\cdot mol^{-1}$。

4. 一定压下苯和氧反应：$C_6H_6(l)+15/2O_2(g)$ ══ $6CO_2(g)+3H_2O(l)$
在 298.15K 和标准状态下，0.25mol 液态苯与氧反应放热 816.91kJ，求 1mol 液态苯和氧完全反应时焓变和热力学能变。

5. 已知下列反应的标准摩尔焓变

① C(石墨,s)$+O_2(g)$ ══ $CO_2(g)$　$\Delta_r H_{m,1}^\ominus=-393.51kJ\cdot mol^{-1}$

② $H_2(g)+1/2O_2(g)$ ══ $H_2O(l)$　$\Delta_r H_{m,2}^\ominus=-285.85kJ\cdot mol^{-1}$

③ $CH_3COOCH_3(l)+7/2O_2(g)$ ══ $3CO_2(g)+3H_2O(l)$　$\Delta_r H_{m,3}^\ominus=-1788.2kJ\cdot mol^{-1}$

计算乙酸甲酯（CH_3COOCH_3，l）的标准摩尔生成焓。

6. 葡萄糖在酵母菌等的作用下，经过下列发酵反应生成乙醇：$C_6H_{12}O_6(s)\longrightarrow$ 葡萄糖-6-磷酸 $\longrightarrow$ 果糖-6-磷酸 $\longrightarrow$ 甘油醛-3-磷酸 $\longrightarrow 2CH_3CH_2OH(l)+2CO_2(g)$。查附录 1，计算标准状态和 298.15K 时全发酵过程的标准摩尔焓 $\Delta_r H_m^\ominus$。[各物质的溶解热可忽略，已知葡萄糖的 $\Delta_f H_m^\ominus(C_6H_{12}O_6,s)=-1274.4kJ\cdot mol^{-1}$]

7. 液态乙醇的燃烧反应：$C_2H_5OH(l)+3O_2(g)$ ══ $2CO_2(g)+3H_2O(l)$
利用附录 1 提供的数据，计算 298.15K 和标准状态时，92g 液态乙醇完全燃烧放出的热量。

8. 大力神火箭发动机采用液态 N_2H_4 和气体 N_2O_4 作燃料，反应产生的大量热量和气体推动火箭升高。反应为 $2N_2H_4(l)+N_2O_4(g)$ ══ $3N_2(g)+4H_2O(g)$

利用有关数据，计算反应在 298.15K 时的标准摩尔焓 $\Delta_r H_m^\ominus$。若该反应的热能完全转变为使 100kg 重物垂直升高的位能，试求此重物可达到的高度。已知：$\Delta_r H_m^\ominus(N_2H_4, l) = 50.63kJ \cdot mol^{-1}$。

9. 植物体在光合作用中合成葡萄糖的反应可近似表示为

$$6CO_2(g) + 6H_2O(l) = C_6H_{12}O_6(s) + 6O_2(g)$$

计算该反应的标准摩尔吉布斯自由能变，并判断反应在 298.15K 及标准状态下能否自发进行？已知葡萄糖的 $\Delta_f G_m^\ominus(C_6H_{12}O_6, s) = -910.5kJ \cdot mol^{-1}$。

10. 查附录 1 数据计算 25℃时反应 $C_2H_4(g) + H_2(g) = C_2H_6(g)$ 的 $\Delta_r G_m^\ominus$，指出该反应在 298.15K 和 100kPa 下的反应方向。

11. 将空气中的单质氮变成各种含氮化合物的反应叫固氮反应。查教材附表 1 中的 $\Delta_f G_m^\ominus$ 数值，计算下列三种固氮反应的 $\Delta_r G_m^\ominus$，从热力学角度判断选择哪个反应最好。

① $N_2(g) + O_2(g) = 2NO(g)$

② $2N_2(g) + O_2(g) = 2N_2O(g)$

③ $N_2(g) + 3H_2(g) = 2NH_3(g)$

12. 查教材附录 1 数据计算说明在标准状态时，下述反应能自发进行的温度。

① $N_2(g) + O_2(g) = 2NO(g)$

② $NH_4HCO_3(s) = NH_3(g) + CO_2(g) + H_2O(g)$

③ $2NH_3(g) + 3O_2(g) = NO_2(g) + NO(g) + 3H_2O(g)$

已知：$\Delta_f H_m^\ominus(NH_4HCO_3, s) = -849.4kJ \cdot mol^{-1}$；$S_m^\ominus(NH_4HCO_3, s) = 121J \cdot mol^{-1} \cdot K^{-1}$。

13. 固体 $AgNO_3$ 的分解反应为 $AgNO_3(s) = Ag(s) + NO_2(g) + 1/2O_2(g)$，查教材附录 1 计算标准状态下 $AgNO_3(s)$ 分解的温度。若要防止 $AgNO_3$ 分解，保存时应采取什么措施？

扫码查看重难点

第 2 章

化学反应速率和化学平衡

2.1 化学反应速率

热力学解决了化学反应中能量的变化、化学反应的方向以及限度等问题。但是热力学考虑的是化学反应中始态与终态的差别，对于化学反应的过程等细节（如化学反应的快慢以及影响化学反应速率的因素等问题）无从知晓。要了解上述细节，需要深入开展化学动力学研究。

例如：氢气和氧气生成水的反应

$$H_2(g)+1/2O_2(g)=\!=\!=H_2O(l) \quad \Delta_r G_m=-237.19kJ \cdot mol^{-1}$$

从热力学数据可以判断，在标准状态下，该反应自发向正向进行的趋势很大，几乎可以反应完全。但是通过热力学没法判断反应需要多长时间，有哪几种可能进行的反应途径。实际上，常温常压无催化剂的条件下，将 1mol H_2 和 0.5mol O_2 放在一起，无论经历多长时间，都见不到水的生成。动力学研究发现，点火或升温至 1000K 以上，H_2 与 O_2 作用生成水的反应可瞬间完成；如果采用适当催化剂，H_2 与 O_2 也能在较温和条件下完成反应，并能将其化学能转化为电能。显然，开展这些动力学研究具有非常重要的战略意义和现实意义。

化学动力学与热力学不可分割。如通过热力学研究发现某一反应可以发生，只是反应太慢，可以通过动力学研究，选择合适的反应温度及催化剂，可以提高反应速率。如果通过热力学研究发现某反应在所处条件下不可行，那么进行动力学研究毫无价值。

化学动力学主要研究化学反应的速率及其影响因素，如浓度、温度、催化剂等。开展化学动力学的研究无论是在理论上还是生产实践中都具有重要意义。例如，在石油炼制和有机合成等化工生成中需要找出最慢的关键步骤并加以改进，就有可能使整个反应加快，从而提高生成效率。而有的反应速率太快，以至于有爆炸的危险，就应该设法控制该反应的温度和浓度，确保安全生产。

2.1.1 化学反应速率

化学反应速率是用来衡量化学反应进行快慢程度的物理量。常用单位时间内反应物浓度减少的量或生成物浓度增加的量来表示。浓度单位通常用 mol・L^{-1}，时间单位可以用秒（s）、分（min）、小时（h）、天（d）、年（y）。反应速率可用平均速率（$\bar{v}$）和瞬时速率（v）表示。

1. 平均速率（$\bar{v}$）

一段时间内某一反应物浓度的减少或者生成物浓度的增加的平均值，叫平均反应速率（$\bar{v}$）。例如：对于化学反应：

$$a\text{A}+b\text{B}=\!=\!=c\text{C}+d\text{D}$$

平均反应速率表示为：

$$\bar{v}=\frac{1}{\nu_{\text{Y}}}\frac{\Delta c_{\text{Y}}}{\Delta t}=-\frac{1}{a}\frac{\Delta c_{\text{A}}}{\Delta t}=-\frac{1}{b}\frac{\Delta c_{\text{B}}}{\Delta t}=\frac{1}{c}\frac{\Delta c_{\text{C}}}{\Delta t}=\frac{1}{d}\frac{\Delta c_{\text{D}}}{\Delta t}$$

式中，Δt 为时间间隔，Δc_{Y} 是时间间隔内反应物或生成物浓度的变化值。为了使平均反应速率（$\bar{v}$）为正值，如以反应物浓度变化量表示反应速率，由于反应物浓度随时间延长而减少，Δc 为负值，浓度变化率前加负号，$\bar{v}$ 就成为正值。若以生成物浓度变化量表示反应速率，由于生成物浓度随时间而增加，Δc 为正值，则浓度变化率前取正号。

2. 瞬时反应速率（v）

平均反应速率（$\bar{v}$）只能近似地反映反应速率，并不能表示在某一瞬间反应进行的快慢。但是绝大多数化学反应并非等速进行，而是随浓度变化。为了准确表示某时刻 t 的反应速率，需用 t 时刻的瞬时反应速率（v）表示。瞬时反应速率（v）可以看成在时间间隔无限小时的浓度变化与时间间隔的比值。时间间隔越短，平均反应速率越趋近于瞬时反应速率。因此，只有瞬时反应速率才代表化学反应某一时刻的真实反应速率。我们通常所说的反应速率，是指瞬时反应速率。

对于化学反应：$a\text{A}+b\text{B}=\!=\!=c\text{C}+d\text{D}$

瞬时反应速率表示为：

$$v=\lim_{\Delta t\to 0}\frac{1}{\nu_{\text{Y}}}\frac{\Delta c_{\text{Y}}}{\Delta t}=\frac{1}{\nu_{\text{Y}}}\frac{\text{d}c_{\text{Y}}}{\text{d}t}$$

即

$$v=\frac{1}{\nu_{\text{Y}}}\frac{\text{d}c_{\text{Y}}}{\text{d}t}=-\frac{1}{a}\frac{\text{d}c_{\text{A}}}{\text{d}t}=-\frac{1}{b}\frac{\text{d}c_{\text{B}}}{\text{d}t}=\frac{1}{c}\frac{\text{d}c_{\text{C}}}{\text{d}t}=\frac{1}{d}\frac{\text{d}c_{\text{D}}}{\text{d}t}$$

式中，$\frac{\text{d}c_{\text{Y}}}{\text{d}t}$ 为导数，它的几何意义为 c-t 曲线上某点的斜率（见图 2-1）。

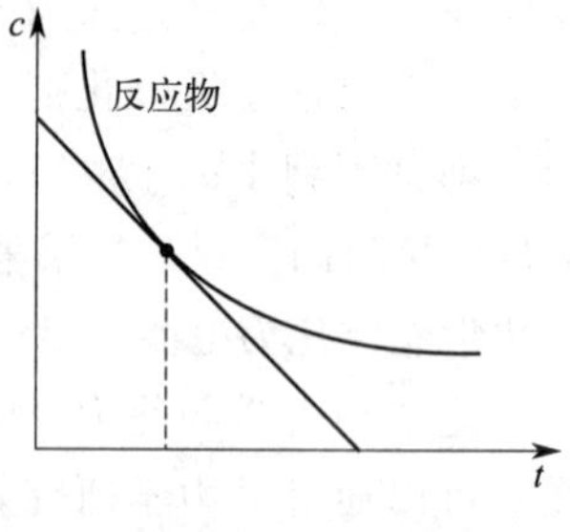

图 2-1 c-t 曲线

根据瞬时反应速率的定义，其求解在理论上有两种方法，一个是微分法，另一个是作图法，在实际中后者更常用。作图法求瞬时速率的主要步骤：①在一定条件下，测定某反应混合物浓度随时间变化的若干组数据；②以浓度（c）为纵坐标，时间（t）为横坐标，作 c-t 曲线；③作曲线上任意点（t 时刻）的切线，求斜率（用作图法，量出线段长，求出比值）。

例 2-1　N_2O_5 的分解反应：$2N_2O_5(g) \longrightarrow 4NO_2(g)+O_2(g)$，在 340K 测得实验数据如下：

t/min	0	1	2	3	4	5
$c_{N_2O_5}$/mol·L^{-1}	1.00	0.70	0.50	0.35	0.25	0.17

求反应在 2min 内的平均速率及 1min 时的瞬时速率。

解：

(1) 平均反应速率 $\bar{v}=-\frac{1}{2}\times\frac{dc_{N_2O_5}}{dt}=-\frac{(0.50-1.00)}{2\times2}=$ 0.12mol·L^{-1}·min^{-1}

(2) 根据表里实验数据，作 c-t 曲线图（见图 2-2）

作 c-t 曲线上 1min 时的切线，其斜率 $k=(-0.8125)\div3.656=-0.22$；则 1min 时的瞬时速率为：

$$v=\frac{1}{\nu_B}\frac{dc_B}{dt}=-\frac{1}{2}\times(-0.22)=0.11(\text{mol}\cdot\text{L}^{-1}\cdot\text{min}^{-1})$$

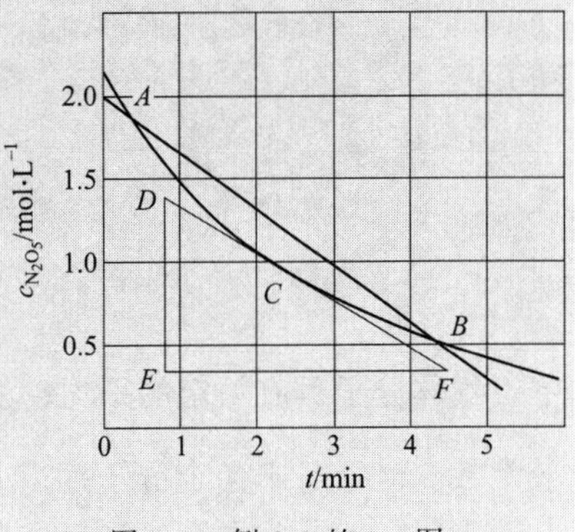

图 2-2　例 2-1 的 c-t 图

2.1.2　反应速率理论简介

由于化学反应十分复杂，温度、浓度、压力等影响因素过多，导致动力学理论发展比热力学要迟得多，尚处在一个不断发展和完善的阶段，很难归纳出一个普适的理论。目前，有代表性的动力学理论有有效碰撞理论、过渡状态理论和单分子反应理论等。这些理论一般适用于基元反应。

1. 有效碰撞理论

1918 年，路易斯以气体分子运动论为基础，提出了反应速率的碰撞理论。该理论假定：反应物分子是刚性球体，反应物分子间的相互碰撞是反应进行的先决条件，反应速率与反应物分子的碰撞次数正比，但并非所有的碰撞都能发生反应。

例如，基元反应：

$$NO_2(g)+CO(g)=\!=\!=NO(g)+CO_2(g)$$

其反应速率（v）和反应物分子碰撞次数（Z）的关系为：$v\propto Z$

而碰撞次数又与反应物浓度、单位浓度下的碰撞频率（Z_0）有关：$Z=Z_0c_{NO_2}c_{CO}$

则 $v\propto Z_0c_{NO_2}c_{CO}$。

但是理论计算结果与实际的反应情况相差甚远。例如，温度 973K，1.0×10^{-3}mol·L^{-1} HI 发生分解反应：$2HI(g)=\!=\!=H_2(g)+I_2(g)$。理论计算的分子碰撞总次数为 3.5×10^{28}L^{-1}·s^{-1}，理论反应速率为 5.8×10^{4}mol·L^{-1}·s^{-1}，然而实测反应速率为 1.2×10^{-8}mol·L^{-1}·s^{-1}。说明分子在碰撞的过程中，仅有相当少的碰撞才能发生化学反应。将能发生化学反应的碰撞称为有效碰撞（图 2-3）。

有效碰撞的条件之一：发生碰撞的分子需具备足够高的能量，能克服分子相互接近时电子云之间和原子核之间的排斥力，能发生有效碰撞的反应物分子称为活化分子。在一定温度

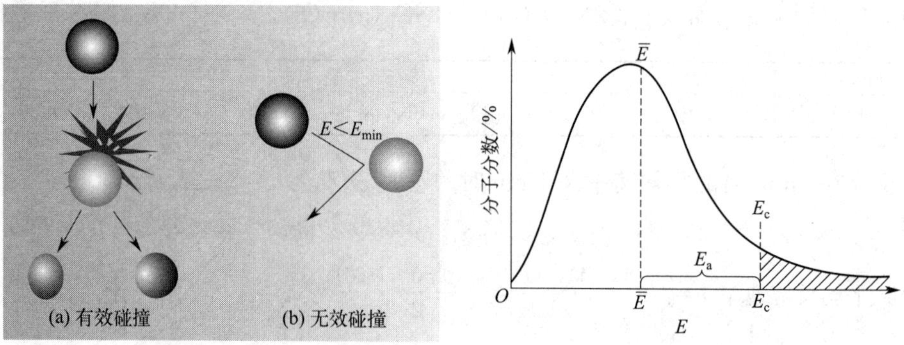

图 2-3　有效碰撞示意图和反应分子能量分布图

下，气体分子具有一定的平均动能 E_m。对单原子分子而言，$E_m=\frac{3}{2}kT$，其中 k 为玻尔兹曼常数。但是对于各个分子而言，它们的动能并不一样，在某一温度下，其能量分布见图 2-1。图中 E_c 为临界能，是反应物分子发生有效碰撞所必须具备的最低能量。能量等于或大于临界能的分子，为活化分子；能量低于临界能的分子，为普通分子，又称非活化分子。E_a 为活化能，是指将 1mol 平均能量的分子转化为能发生有效碰撞的临界能量分子所需的能量，即 $E_a=E_m-E_c$。活化分子组在全部分子中所占有的比例以及活化分子组所完成的碰撞数占碰撞总数的比例，都符合马克斯韦尔-玻耳兹曼分布。

$$f=\mathrm{e}^{-\frac{E_a}{RT}}$$

式中，f 为能量因子，是指能量满足要求的碰撞占总碰撞次数的分数。因此结合能量因子，反应速率则可表示为：

$$v\propto Z\mathrm{e}^{-\frac{E_a}{RT}}\propto Z_0c_Ac_Be^{-\frac{E_a}{RT}}$$

可见，活化能是重要的动力学参数，也是化学反应的阻力。活化能越高，活化分子数越少，反应速率越慢；活化能越低，活化分子数越多，反应速率越快。对于不同的化学反应，其活化能数值不同，可以通过实验和计算得到。例如：

$$2SO_2(g)+O_2(g)=\!=\!=2SO_3(g)\qquad E_a=251\mathrm{kJ\cdot mol^{-1}}$$

$$N_2(g)+3H_2(g)=\!=\!=2NH_3(g)\qquad E_a=175.5\mathrm{kJ\cdot mol^{-1}}$$

$$HCl+NaOH=\!=\!=NaCl+H_2O\quad E_a\approx 20\mathrm{kJ\cdot mol^{-1}}$$

大多数化学反应的活化能 E_a 为 62～250kJ·mol^{-1}；活化能 E_a 小于 62kJ·mol^{-1}，化学反应速率极快，如酸碱中和反应；活化能 E_a 大于 420kJ·mol^{-1}，化学反应速率极慢。

有效碰撞的条件之二：活化分子间必须以合适的空间取向发生碰撞，才能发生反应。例如，反应 $NO_2(g)+CO(g)=\!=\!=NO(g)+CO_2(g)$

其中 CO 中的 C 原子和 NO_2 中的 O 原子迎头相碰反应才有可能发生，其他方位的碰撞均为无效碰撞（图 2-4）。

显然反应物分子只能通过狭窄的“窗口”接近，发生有效碰撞的机会自然小多了。令 p 为取向因子，其相当于活化分子有效碰撞频率。

因此，结合取向因子，反应速率则可表示为：

$$v=pZ\mathrm{e}^{-\frac{E_a}{RT}}=pZ_0c_Ac_B\mathrm{e}^{-\frac{E_a}{RT}}$$

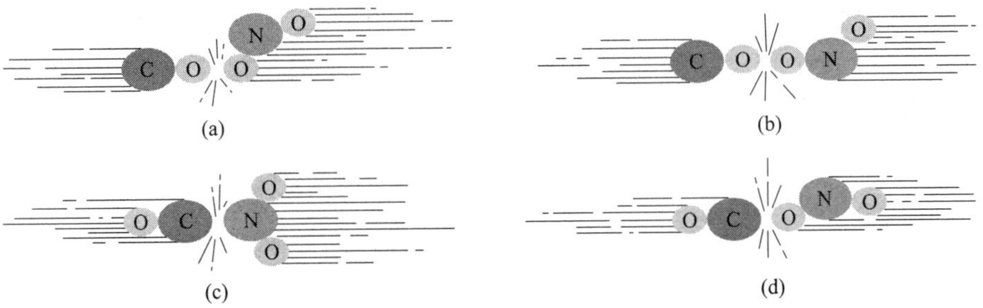

图 2-4　有效碰撞的空间取向示意图（a、b、c 为无效碰撞；d 为有效碰撞）

令 $k=pZ_0\,e^{-\frac{E_a}{RT}}$，则 $v=kc_Ac_B$。

碰撞理论成功地解决某些反应体系的速率计算问题。例如，当温度一定，某反应的活化能也一定时，浓度增大，分子总数增加，尽管活化分子的百分数不变，但活化分子总数随之增多，反应速率增大；当浓度一定，若某反应的活化能也一定时，温度升高，尽管分子的总数不变，但活化分子百分数增多，活化分子总数随之增多，反应速率增大。有效碰撞理论为人们深入研究化学反应速率与活化能的关系提供了理论依据。但碰撞理论简单地把反应分子均看为刚性球体，它并未从不同分子内部结构的差异来揭示活化能的物理意义，不能说明反应过程及其能量的变化。

2. 过渡状态理论

1930 年，爱林（H. Eying）、佩尔采（H. Pelzer）等在统计力学和量子力学的基础上提出了过渡状态理论（transitionstate theory）。过渡状态理论的基本观点：化学反应不是通过反应物分子的简单碰撞完成的，反应物分子在相互接近时必须先经过一个中间过渡状态，即从反应物到生成物之间形成了势能较高的活化络合物，活化络合物所处的状态叫过渡状态。活化络合物具有较高的势能，很不稳定，易分解为产物分子。例如图 2-5 所示。

反应过程中有化学键的重新排布和能量的重新分配。由稳定的反应物分子过渡到活化络合物的过程叫做活化过程。活化过程中所吸收的能量就是活化能。例如，反应 $NO_2+CO \xlongequal{} NO+CO_2$ 过程中能量变化见图 2-6。

$$A+B-C \longrightarrow [A..\cdot B..\cdot C]^{*} \longrightarrow A-B+C$$

反应物（始态）　　活化络合物（过渡状态）　　产物（终态）

图 2-5　过渡状态理论的反应示意图

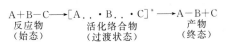

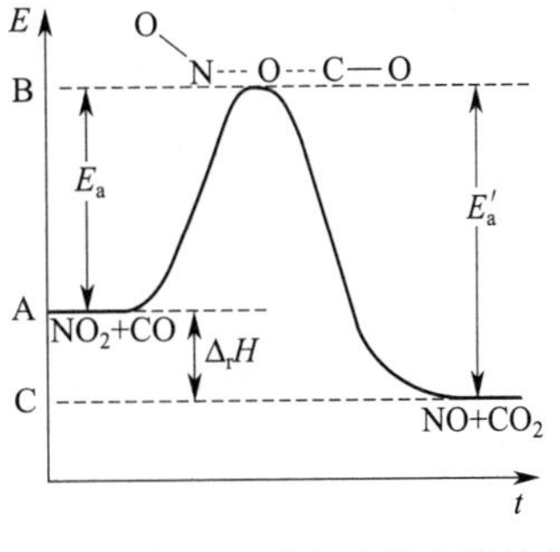

图 2-6　NO_2 和 CO 反应过程中能量变化图

E_A 为反应物（始态）平均能量，E_C 为生成物（终态）平均能量，E_B 为活化络合物（过渡状态）平均能量。反应物要形成活化络合物，它的能量必须比反应物的平均能量高出 E_a。E_a 就是反应的活化能，就是反应物所具有的平均能量与活化络合物所具有的能量之差。如果反应逆向进行，即 $NO+CO_2 \longrightarrow NO_2+CO$，也是要先形成相同的活化络合物，

然后再分解为产物 NO_2+CO，不过逆反应的活化能为 E'_a。正反应的进程可概括为：反应物体系能量升高，吸收能量 E_a；反应物分子相互靠近，形成活化络合物；活化络合物分解成产物，释放能量 E'_a，可表示为：

$$(1)\ NO_2+CO \longrightarrow \overset{O}{\diagdown}N\cdots O\cdots C—O \quad \Delta_r H_1=E_a$$

$$(2)\ \overset{O}{\diagdown}N\cdots O\cdots C—O \longrightarrow NO+CO_2 \quad \Delta_r H_2=-E'_a$$

由盖斯定律：(1)+(2)，即得 $NO_2+CO \xlongequal{} NO+CO_2$，则反应的热效应（热力学能的变化）等于反应物所具有的平均能量与产物所具有的能量之差，也等于正逆反应活化能之差，即 $\Delta_r H_m^{\ominus}=E_C-E_A=E_a-E'_a$。当产物的平均能量低于反应物时，这个反应就是放热反应。反之，若产物的平均能量高于反应物，这个反应就是吸热反应。

由以上讨论可知，反应物分子必须具有足够的能量才能爬过一个能垒变为产物分子，这个能垒就是反应的活化能。反应的活化能愈大，能垒愈高，能越过能垒的反应物分子比例愈少，反应速率就愈小。如果反应的活化能愈小，能垒就愈低，则反应速率就愈大。而反应的热效应（热力学能的变化）等于正逆反应活化能之差，即 $\Delta_r H_m^{\ominus}=E_a-E'_a$。

2.1.3 影响反应速率的因素

反应物的性质是决定化学反应速率大小的主要因素。如在常温下，K、Na 可以与水剧烈反应（反应速率快），而 Mg 与水反应缓慢，它们的反应速率的快慢是由 K、Na、Mg 的化学性质决定。对于同一个化学反应，当外界条件（如浓度、压力、温度、催化剂等）改变时，化学反应速率会随之变化。例如，在一定温度下，活化分子占总分子总数的百分数是一定的，增大反应物浓度时，活化分子数也相应增大，因此化学反应速率也会随之变化。

1. 反应物浓度对反应速率的影响

(1) 基元反应和复杂反应

反应物分子在碰撞中一步直接转化为产物分子，这种反应称为基元反应（basic unit reaction）。从微观角度讲，基元反应相当于反应的基本单元。由一个基元反应构成的化学反应称为简单反应。由两个或两个以上基元反应组成的化学反应称为复杂反应（complex reaction）。例如，N_2O_5 的分解反应为

$$2N_2O_5 \xlongequal{} 4NO_2+O_2$$

经研究表明，该反应则是由以下三个基元反应组成的复杂反应。

$$N_2O_5 \xrightarrow{慢} N_2O_3+O_2 \qquad (1)$$

$$N_2O_3 \xrightarrow{快} NO_2+NO \qquad (2)$$

$$N_2O_5+NO \xrightarrow{快} 3NO_2 \qquad (3)$$

罗列复杂反应包括的所有基元反应，表示反应物转变成产物实际所经历的过程，称为反应机理（或反应历程）。其中，反应最慢的基元反应称为控速步骤。常遇到的化学反应绝大多数是非基元反应，基元反应甚少。因此研究复杂反应的反应机理，确定反应历程，清楚其中的基

元步骤，特别是控速步骤，深入地揭示反应速率的本质，这在理论上和实践中都有重要意义。

（2）速率方程

速率方程，又称动力学方程，是表明反应物浓度与反应速率之间定量关系的数学表达式，也可以是表明浓度等参数与时间的关系的数学表达式。速率方程可表示为微分形式，也可以表示成积分形式，其具体形式随反应的不同而不同。

例如，对于任意反应：

$$aA + dD \longrightarrow eE + fF$$

其速率方程可表示为：

$$v = k(c_A)^a(c_D)^d$$

式中 c_A、c_D 为反应物 A 和 D 在某一时刻的浓度；k 为反应速率系数，反映了反应的快慢程度，其数值相当于各反应物均处于单位浓度时的反应速率。对同一反应，反应速率系数与温度和催化剂有关，与反应物浓度无关。一定温度和催化剂下，k 有定值，因此又称为反应速率常数。

（3）质量作用定律

一定温度时，基元反应的反应速率与各反应物浓度的幂乘积成正比，其中各浓度项的幂指数等于反应方程式中的化学计量数，这个规律称为质量作用定律。

即基元反应

$$aA + dD \longrightarrow eE + fF$$

速率方程为：

$$v = \frac{1}{\nu_B} \times \frac{dc_B}{dt} = k(c_A)^a(c_D)^d$$

质量作用定律的表达式，又称为基元反应的速率方程。速率方程中，c_A、c_D 表示某时刻反应物 A 和 D 的浓度；v 是反应物浓度为 c_A、c_D 时的反应瞬时速率；k 是速率常数，在反应过程中不随浓度变化，k 是温度的函数，温度不同，k 值不同。

质量作用定律揭示了瞬时反应速率与该瞬间反应物浓度的关系，为确定基元反应的速率方程提供了理论依据。值得注意的是，质量作用定律只适用于基元反应，对于非基元反应，其速率方程不能依据质量作用定律直接书写，而是要由实验确定。此外，书写基元反应的速率方程时，纯固态或纯液态反应物的浓度不写入速率方程式，因为纯物质的浓度可看作是常数；对气体反应物应用分压替代浓度。如：$C(s) + O_2(g) \longrightarrow CO_2(g)$ 的速率方程 $v = kp(O_2)/p^{\ominus}$。

例 2-2　写出下列基元反应的速率方程。

$$SO_2Cl_2 \longrightarrow SO_2 + Cl_2 \tag{1}$$

$$2NO_2 \longrightarrow 2NO + O_2 \tag{2}$$

$$NO_2 + CO \longrightarrow NO + CO_2 \tag{3}$$

解：（1）$v = kc_{SO_2Cl_2}$

（2）$v = k(c_{NO_2})^2$

（3）$v = kc_{NO_2}c_{CO}$

（4）复杂反应的速率方程

复杂反应由两个或两个以上基元反应组成，其化学反应方程式表示反应按照所给出的计量关系进行，在微观上并没有表示出反应物经过怎样的途径、哪些具体步骤才变为产物。其速率方程中反应物浓度项的幂指数与相应化学方程式中的计量系数有可能不一致，因此其速率方程不能根据质量作用定律直接确定，而是要由实验确定。

例如：$2NO+2H_2 \longrightarrow N_2+2H_2O$

其反应机理是：

① $2NO \longrightarrow N_2O_2$ （快）（基元反应）

② $N_2O_2+H_2 \longrightarrow N_2O+H_2O$ （慢）（基元反应）

③ $N_2O+H_2 \longrightarrow N_2+H_2O$ （快）（基元反应）

实验测得反应速率方程为：$v=k(c_{NO})2c_{H_2}$，其中反应物浓度项的幂指数与相应化学方程式中的计量系数不同，所以其速率方程不能由质量作用定律直接确定。

对于已知反应机理的复杂反应，可以找出控速步骤。由于控速步骤决定了整个反应的快慢，因此可以根据定速步骤书写速率方程式。

例如 $2NO+O_2 = 2NO_2$ 的反应机理为：

① $2NO \longrightarrow N_2O_2$ （快）（基元反应）

② $N_2O_2 \longrightarrow NO$ （快）（基元反应）

③ $N_2O_2+O_2 \longrightarrow 2NO_2$ （慢）（基元反应）

由于反应③为整个反应的控速步骤，决定了总反应的速率，可以推导出该复杂反应的速率方程：$v=k(c_{NO})^2c_{O_2}$。而且其实测速率方程也为：$v=k(c_{NO})^2c_{O_2}$，与推导出的速率方程相一致。

对于未知反应历程的复杂反应，其速率方程也可以由实验确定。例如，对于任意反应

$$aA+bB = eE+fF$$

速率方程均可表示：$v=kc_A^{\alpha}c_B^{\beta}$，式中浓度项幂指数（α，β）以及速率常数（$k$）可以根据实验数据来求解，从而确定速率方程。

例 2-3 反应 $2NO(g)+2H_2(g) = N_2(g)+2H_2O(g)$，298.15K 时将 NO、$H_2$ 溶液按不同比例混合，得到下列实验数据：

$c_{NO}/mol \cdot L^{-1}$	0.10	0.20	0.10
$c_{H_2}/mol \cdot L^{-1}$	0.10	0.10	0.20
$v/mol \cdot L^{-1} \cdot s^{-1}$	0.012	0.024	0.048

求该反应的速率方程式和速率常数 k。

解：设速率方程式为：$v=kc_{NO}^{\alpha}c_{H_2}^{\beta}$

$$0.012=k(0.1)^{\alpha}(0.1)^{\beta} \quad (1)$$

$$0.024=k(0.2)^{\alpha}(0.1)^{\beta} \quad (2)$$

$$0.048=k(0.1)^{\alpha}(0.2)^{\beta} \quad (3)$$

将等式（2）除以等式（1）：$0.024/0.012=2\alpha$，则可得：$\alpha=1$。

将等式（3）除以等式（1）：$0.048/0.012=2\beta$，则可得：$\beta=2$。

将 α，β 带入设定的速率方程式，可得速率方程：$v=kc_{NO}c_{H_2}^2$

将表中任意一组实验数据代入求得的速率方程，可得 $k=1.2mol^{-2} \cdot L^2 \cdot s^{-1}$

（5）反应级数

速率方程式中，某反应物浓度的幂指数（α 或 β）称为该反应物的级数，全部反应物级数的加和（$\alpha+\beta$），称为该反应的级数，用符号 n 表示。通常所说的反应级数，是指该反应的级数。例如，对于任意反应

$$a\mathrm{A}+d\mathrm{D}=\!=\!=e\mathrm{E}+f\mathrm{F}$$

其速率方程式为：$v=k(c_\mathrm{A})^a(c_\mathrm{D})^d$

式中，a、d 分别是反应物 A 和 D 的级数，而 $a+d$ 则是该反应的级数。若 $a+d=1$，称为一级反应；若 $a+d=2$，称为二级反应。

反应级数表示反应速率与物质的量浓度的关系。级数绝对值越大，表示反应物浓度对反应速率影响越大；级数绝对值越小，表示反应物浓度对反应速率影响越小。零级反应表示反应速率与反应物浓度无关。基元反应中反应级数与其计量系数一致，可以通过质量作用定律直接确定。而非基元反应的反应级数是由实验测定的，可以是正数、负数、整数、分数或零，有的反应甚至无法用简单的数字来表示。不同反应级数，其速率常数的单位不同。例如

零级反应：$v=kc_\mathrm{A}^0$　　　　k 的单位为 $\mathrm{mol \cdot L^{-1} \cdot s^{-1}}$

一级反应：$v=kc_\mathrm{A}^1$；　　　　k 的单位为 $\mathrm{s^{-1}}$

二级反应：$v=kc_\mathrm{A}^2$　　　　k 的单位为 $\mathrm{mol^{-1} \cdot L \cdot s^{-1}}$

3/2 级反应：$v=kc_\mathrm{A}^{1.5}$　　　　k 的单位为 $\mathrm{mol^{-1/2} \cdot L^{1/2} \cdot s^{-1}}$

2. 压力对反应速率的影响

当其它条件不变时，对于有气体参加的化学反应，增大压力，化学反应速率加快；减小压力，化学反应速率减慢。压力的变化对固体、液体或溶液的体积影响很小，可认为改变压力对它们的化学反应速率无影响。改变气体的压力，实际上是改变气体物质的量浓度，从而改变化学反应速率。因此在解决有关反应速率问题时，应转换思维，将压力变化转化成浓度的变化来考虑。

例如，对于气体反应体系，有以下几种情况：（1）温度一定时，增加气体反应体系的压力，则其体积缩小，反应物浓度增大，反应速率加快。（2）体积一定时，充入气体反应物，则反应物浓度增大，导致反应速率加快，若充入“惰性气体”，尽管体系总压力增大，但各物质浓度不变，反应速率不变。（“惰性气体”是指与该反应无关的性质稳定的气体，并不是专指稀有气体）。

3. 温度对化学反应速率的影响

温度对反应速率的影响是很明显的。食物夏季易变质，需放在冰箱中；压力锅将温度升到 400K，食物易于煮熟。当其它条件不变时，升高温度，反应物获得能量，分子的平均能量升高，有效碰撞增加，可以增大化学反应速率，反之降低温度，可以减慢化学反应速率。

（1）范特霍夫规则

荷兰科学家范特霍夫（Van't Hoff）根据大量实验数据，提出：反应物浓度一定时，温度每升高 10℃，化学反应速率通常增大 2～4 倍，这被称作范特霍夫规则。即：

$$\frac{k_{t+10}}{k_t}=\gamma$$

式中，γ 称为化学反应的温度因子，温度的范围不大时，γ 一般等于 2～4。同一反应低

温时 γ 较大，高温时 γ 较小。该近似规律虽然比较粗糙，但在设计反应器时作为估算还是很有用。

例 2-4 酸奶在 4℃时保质期为 7 天，估计在常温下可保存多久。

解： 取每升高 10K，速率增加的下限为 2 倍。反应温度从 277K 降低到 298K，温度升高了 21K，化学反应速率增大 2^2 倍。即

$$\frac{k(298\mathrm{K})}{k(277\mathrm{K})} \approx 2^2 = 4$$

$$t(298\mathrm{K}) = \frac{7}{4} = 1.75\mathrm{d}$$

例 2-5 保持浓度、压力等条件一定，只改变温度。一反应在 390K 时，完全反应需要 10min，试估算 290K 时完全反应所需的时间。

解： 若取范特霍夫规则的下限，即升高 10℃，化学反应速率增大 2 倍。则反应温度从 390K 降低到 290K，温度降低了 100K，化学反应速率下降 2^{10} 倍，反应时间增加 2^{10} 倍，

即 $10\mathrm{min} \times 2^{10} = 10\mathrm{min} \times 1024 = 10240\mathrm{min} \approx 171\mathrm{h} \approx 7\mathrm{d}$

由此可见，温度对化学反应速率的影响是很显著的。因此，在工业生产中，要综合考虑生产效率、能耗和生产安全等与温度相关因素，不能随意改变温度。

（2）阿仑尼乌斯经验方程式

温度对反应速率的影响，主要体现在对速率常数（k）的影响上。1889 年阿仑尼乌斯（Arrhenius）根据大量的实验数据，在范特霍夫规则的基础上提出了速率常数（k）与温度（T）的关系的经验方程式，称为阿仑尼乌斯方程：

$$k = A\mathrm{e}^{-\frac{E_a}{RT}} \text{或} \ln k = -\frac{E_a}{RT} + \ln A$$

式中，k 是速率常数；E_a 为活化能；R 是摩尔气体常数；T 是绝对温度；A 为频率因子，是反应特有的常数。阿仑尼乌斯方程式把速率常数 k、活化能 E_a 和温度 T 三者联系起来。此关系式说明，对某一反应，活化能 E_a 一定时，温度升高，$\mathrm{e}^{-\frac{E_a}{RT}}$ 增大，则速率常数 k 值增大，反应速率加快。对同一反应，在低温区升高温度，速率常数 k 值增大倍数比在高温区升高相同温度时 k 的倍数大，因此对低温反应慢的反应可以通过加热以提高反应速率。当温度一定时，活化能 E_a 值越小，则 $\mathrm{e}^{-\frac{E_a}{RT}}$ 越大，速率常数 k 值愈大，反应速率愈快，反之，活化能 E_a 愈大，反应速率愈慢。反应速率随温度的变化率取决于活化能 E_a 的大小，升高相同的温度，活化能 E_a 越大，速率常数 k 值对温度的变化越敏感，增大的倍数越多；活化能 E_a 越小，速率常数 k 值增大的倍数越少。由此可见，在工业生产中，如果相同的反应物同时进行多个平行反应，可以升高温度加快活化能大的反应，而抑制活化能低的反应；降低温度可以促进活化能低的反应，而抑制活化能大的反应。

（3）阿仑尼乌斯方程的应用

若反应在 T_1 及 T_2 时速率常数分别为 k_1、k_2，因 E_a 随 T 变化改变很小，可把 E_a 看成与 T 基本无关的常数，故有

$$\lg k_1 = \frac{E_a}{2.303RT_1} + \lg A$$

$$\lg k_2 = \frac{E_a}{2.303RT_2} + \lg A$$

由上式可得：

$$\lg \frac{k_2}{k_1} = \frac{E_a}{2.303R} \times \left(\frac{T_2 - T_1}{T_2 T_1}\right)$$

综上，如果已知两个温度下的速率常数，就能求出反应的活化能；如已知反应的活化能和某一温度下的速率常数就能求得另一温度下的速率常数。该公式在用实验测定活化能或相关计算中经常会用到。

例 2-6　已知某反应在 35℃时的反应速率是 25℃时的两倍，试求该反应的活化能。

解：根据 Arrhenius 公式得：

$$\lg \frac{k_2}{k_1} = \frac{E_a}{2.303R} \times \left(\frac{T_2 - T_1}{T_2 T_1}\right)$$

$$\lg 2 = \frac{E_a}{2.303 \times 8.314} \times \left(\frac{308.15 - 298.15}{308.15 \times 298.15}\right)$$

$$E_a = 528.9\text{kJ} \cdot \text{mol}^{-1}$$

例 2-7　已知反应 $NO_2(g) = 2NO(g) + O_2(g)$，$E_a = 1.14 \times 10^5 \text{J} \cdot \text{mol}^{-1}$，600K 时速度常数 $k_1 = 0.75\text{mol}^{-1} \cdot \text{L} \cdot \text{s}^{-1}$，求 700K 时速度常数 k_2。

解：

$$\lg \frac{k_2}{k_1} = \frac{E_a}{2.303R} \times \left(\frac{T_2 - T_1}{T_2 T_1}\right) = \frac{1.14 \times 10^5}{2.303 \times 8.314} \times \frac{700 - 600}{700 \times 600}$$

$$k_2 = 19.6\text{mol}^{-1} \cdot \text{L} \cdot \text{s}^{-1}$$

例题 2-8　已知两个反应活化能分别为 $104.6\text{kJ} \cdot \text{mol}^{-1}$ 和 $125.5\text{kJ} \cdot \text{mol}^{-1}$，温度为 10℃时，速率常数分别为 $2.0 \times 10^{-4}\text{s}^{-1}$ 和 $1.0 \times 10^{-4}\text{s}^{-1}$，求当温度升高 10℃后，反应速率常数各为多少。

解：

$$\lg \frac{k_2}{k_1} = \frac{E_a}{2.303R} \times \left(\frac{T_2 - T_1}{T_2 T_1}\right)$$

对于第一个反应：

$$\lg \frac{k_2}{2.0 \times 10^{-4}} = \frac{104.6 \times 10^3}{2.303 \times 8.314} \times \frac{10}{283.15 \times 293.15}$$

解得：$k_2 = 9.12 \times 10^{-4}\text{s}^{-1}$

对于第二个反应：

$$\lg \frac{k_2}{1.0 \times 10^{-4}} = \frac{125.5 \times 10^3}{2.303 \times 8.314} \times \frac{10}{283.15 \times 293.15}$$

解得：$k_2 = 6.12 \times 10^{-4}\text{s}^{-1}$

结果显示，活化能较大的反应速率常数受温度的影响较大。

4. 催化剂对化学反应速率的影响

（1）催化剂

凡能改变化学反应速率、但本身的组成和质量在反应前后保持不变的物质称为催化剂（catalyst）。有催化剂存在的化学反应叫做催化反应。催化剂对化学反应的催化能力一般叫做催化剂的活性，简称为催化活性。催化活性的表示方法常用在指定条件下，单位时间、单位质量（或单位体积）的催化剂能生成产物的质量来表示。根据催化剂对反应速率的影响结果，可将催化剂分为正催化剂和负催化剂。能增加反应速率的催化剂称为正催化剂，而减慢反应速率的催化剂称为负催化剂。一般提到的催化剂都是正催化剂，其在工业生产中起着重要的作用。特别是，化工生产和石油炼制等相关工业生产中，90%以上的反应都用到了催化剂。如氮气和氢气制备氨气的反应，使用了铁催化剂；硫酸制备过程中关键的反应，使用五氧化二钒、金属铂等催化剂。此外，工业生产中还大量使用助催化剂，即其自身无催化作用，但是可以帮助催化剂提高催化性能。例如：合成 NH_3 中的 Fe 粉催化剂，加入助催化剂 Al_2O_3 可使催化剂表面积增大；加入助催化剂 K_2O 可使催化剂表面电子云密度增大。二者均可提高 Fe 催化剂的催化活性。

（2）催化作用理论

催化剂具有高效性，少量的催化剂就可使反应速率发生极大的变化，其效能远远超过浓度、温度对反应速率的影响。催化剂之所以能加快反应速率，一般认为，催化剂改变了原来的反应历程，降低了反应的活化能。因速率常数与活化能呈指数关系，活化能发生较小的变化，反应的速率常数就会发生大幅度的变化，导致化学反应速率大幅度改变。

例如，反应：

$$A + B = AB \qquad E_a$$

在没有催化剂时，反应的活化能为 E_a；加入催化剂 Z 后，反应历程改变为：

$$(1)\quad A + Z = AZ \qquad E_1$$

$$(2)\quad AZ + B = AB + Z \qquad E_2$$

有催化剂参加的反应历程中活化能分别为 E_1 和 E_2。由于 E_1 和 E_2 均比 E_a 要小，即催化剂使活化能降低，活化分子百分数相应增多，故反应速率加快。催化反应过程中能量变化见图 2-7。

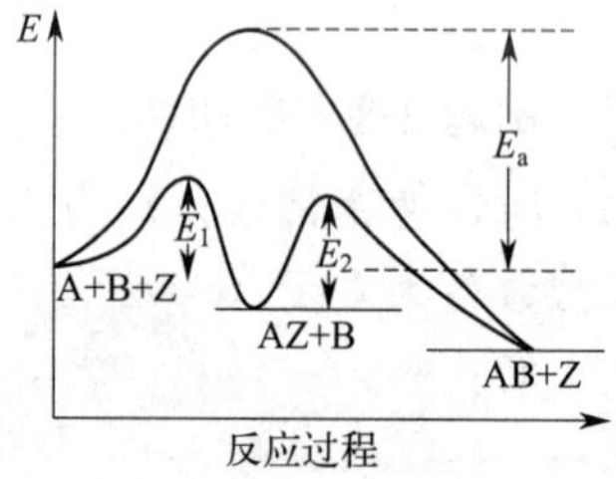

图 2-7 催化反应过程中能量变化图

例如，合成氨反应：

$$N_2 + 3H_2 = 2NH_3 \qquad E_a = 326.4\text{kJ}\cdot\text{mol}^{-1}$$

加入 Fe 催化剂后，反应机理：

$$N_2 + 2Fe = 2N\text{-}Fe$$

$$H_2 + 2Fe = 2H\text{-}Fe$$

$$N\text{-}Fe + H\text{-}Fe = Fe_2NH$$

$$Fe_2NH + H\text{-}Fe = Fe_3NH_2$$

$$Fe_3NH_2 + H\text{-}Fe = Fe_4NH_3$$

$$Fe_4NH_3 = 4Fe + NH_3$$

无催化剂时，活化能 E_a 为 $326.4\text{kJ}\cdot\text{mol}^{-1}$；有催化剂时每一步活化能都较小，活化能 E_a 为 $175.5\text{kJ}\cdot\text{mol}^{-1}$，即加入催化剂后反应的活化能明显降低，因此加快了反应速率。

在 773K，有催化剂时的反应速率常数是无催化剂时的 1.57×10^{10} 倍，即 $k_{catalyst}/k(773K)=1.57\times10^{10}$。

由图 2-7 可知，加入催化剂后不仅正反应的活化能减小了，而且逆反应的活化能也降低了，并且催化剂使正逆反应活化能降低的数值相等，因此催化剂只能相同倍数地改变正、逆反应速率，不影响化学平衡，只能缩短到达化学平衡的时间。例如，合成氨反应：

$$N_2+3H_2 \xlongequal{} 2NH_3$$

在一定条件下，正反应速率等于逆反应速率，达到化学平衡。加入催化剂后，正、逆反应速率增加但增加相同倍数，正、逆反应速率依然相等，反应还处于平衡状态。此外，催化剂不改变反应的始态及终态，也不改变体系的热力学状态，因此催化剂不能改变反应的吉布斯自由能变（$\Delta_r G_m$），只能加速热力学认为可能进行的反应，不改变反应方向及产量；对于热力学认为不能发生的化学反应，使用催化剂是徒劳的。

（3）催化反应的特点

① 均相催化和非均相催化

按照反应物和催化剂所处的相态，催化反应可分为均相催化反应和非均相催化反应。均相催化反应：反应物和催化剂处于同一相内的催化反应。例如，以 H^+ 作催化剂的脂类的水解：

$$CH_3COOC_2H_5+H_2O \xrightarrow{H^+} CH_3COOH+C_2H_5OH$$

以 I^- 为催化剂的 H_2O_2 的分解反应：

$$2H_2O_2(l) \xlongequal{} 2H_2O(l)+O_2(g)$$

非均相催化反应又叫多相催化反应，是催化剂和反应物处于不同相的催化反应。多相催化反应中，反应物一般是气体或液体，催化剂往往是固体。催化反应发生在固体表面。故又称表面催化反应。例如：以铁为催化剂的氨的合成反应

$$N_2+3H_2 \underset{}{\overset{Fe}{\rightleftharpoons}} 2NH_3$$

以金属镍（Ni）为催化剂的乙烯的加氢反应 $C_2H_4+H_2 \xlongequal{} C_2H_6$（见图 2-8）。

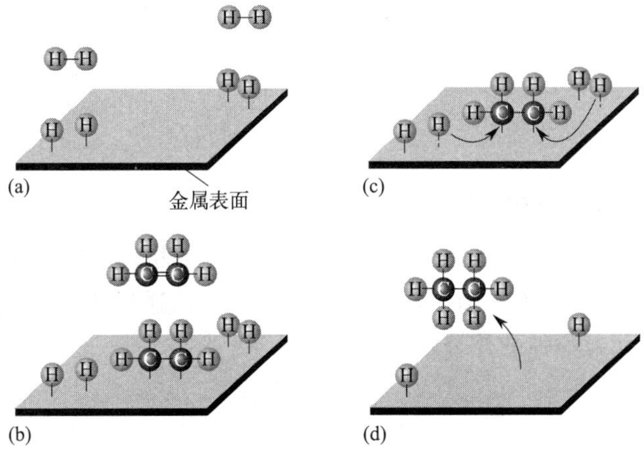

图 2-8 乙烯在金属镍表面的加氢反应

② 选择性

催化剂具有选择性，每种催化剂都有其使用的范围，只能催化某一类或某几个反应，有

时甚至只能催化某一个反应；不同的反应要用不同的催化剂。例如，SO_2 的氧化反应：$2SO_2+O_2 = 2SO_3$，需要使用特定的催化剂 V_2O_5 或 Pt；而酯化反应需要使用浓硫酸或活性铝等酸性催化剂。另外，对于同一个反应，催化剂不同时，产物可能不同。例如：在一定条件下，同样是 CO 和 H_2 反应，选择 $CuO\text{-}ZnO\text{-}Cr_2O_3$ 为催化剂，产物为 CH_3OH；而以 Ni 和 Al_2O_3 为催化剂时，则得到 CH_4 和 H_2O。

例如：无催化剂时 $KClO_3$ 的分解反应为：$KClO_3 = 3KClO_4+KCl$

而以 MnO_2 为催化剂时：$2KClO_3 = 2KCl+O_2$。

因此，在选择催化剂时，务必要根据不同的反应选择适宜的催化剂，既要催化剂活性高，又要有好的选择性，以便得到较多的目标产物。

例 2-9 在 25℃时，H_2O_2 分解反应的活化能 $75.3kJ\cdot mol^{-1}$，该温度下，用 Pt 作为催化剂，活化能降为 $49.0kJ\cdot mol^{-1}$。求催化剂加入前后反应速率的变化情况。

解： 根据阿仑尼乌斯方程

$$k=Ae^{-\frac{E_a}{RT}}$$

$$\ln k=-\frac{E_a}{RT}+\ln A$$

将（k_1，E_{a_1}）和（k_2，E_{a_2}）代入上述方程，整理后得到

$$\ln\frac{k_2}{k_1}=\frac{E_{a_1}-E_{a_2}}{RT}=\frac{(75.3-49.0)\times10^3}{8.314\times298}=10.61$$

$$\frac{k_2}{k_1}=4.1\times10^4$$

即加入催化剂后，反应速率增至原来的 4.1×10^4 倍。

2.2 化学平衡

2.2.1 化学平衡

1. 可逆反应和不可逆反应

在各种化学反应中，就计量而言反应的完全程度各不相同。有的反应进行得相当“彻底”，反应物几乎能全部转化为产物，在同样条件下，它的逆反应几乎不能进行。这类反应叫做不可逆反应。例如氯酸钾的热分解反应

$$KClO_3 \xrightarrow[\triangle]{MnO_2} KCl+O_2$$

$KClO_3$ 在加热条件下可以完全分解为 KCl 和 O_2，但在相同条件下 KCl 和 O_2 几乎不反应生成 $KClO_3$。

有的反应不能完全转化为产物，同样条件下，它的逆反应也能进行到一定程度。在相同条件下，既能向正反应方向进行，同时又能向逆反应方向进行的化学反应，称为可逆反应。

大多数化学反应是可逆的。例如，在一定温度下，将氢气和碘蒸气按一定体积比装入密闭容器中发生反应，生成气态的碘化氢：

$$H_2(g)+I_2(g)=\!=\!=2HI(g)$$

实验表明，在反应“完成”后，反应体系中同时存在 $H_2(g)$、$I_2(g)$ 和 HI(g) 三种组分，即反应物并没有完全转化为生成物。这是因为在 $H_2(g)$ 和 $I_2(g)$ 生成 HI(g) 的同时，一部分 HI(g) 又分解为 $H_2(g)$ 和 $I_2(g)$：

$$2HI(g)=\!=\!=H_2(g)+I_2(g)$$

上述两个反应同时发生且方向相反，可以用下列形式表示：

$$H_2(g)+I_2(g)\rightleftharpoons 2HI(g)$$

化学中，在表示反应的可逆性时，化学反应方程式中的等号“=”用双箭号“$\rightleftharpoons$”代替。例如四氧化二氮的分解反应是可逆反应，其化学反应方程式可写成

$$N_2O_4\rightleftharpoons 2NO_2$$

2. 化学平衡

根据吉布斯自由能变（Δ_rG_m）可以判断一个化学反应能否自发发生。但是，即便是自发进行的化学反应，也只能进行到一定限度。因为一般化学反应都是可逆进行的，即正向和反向反应同时进行。当反应进行到一定程度，正向反应速率和逆向反应速率相等，反应物和生成物的浓度就不再变化，这种表面静止的状态就叫做化学平衡状态，简称为化学平衡。化学平衡是一定条件下该反应所能达到的最大限度，处在平衡状态的物质浓度称为平衡浓度。

例如在 $N_2(g)+3H_2(g)\rightleftharpoons 2NH_3(g)$ 过程中，开始密闭容器中只有 N_2 和 H_2，N_2 和 H_2 反应速率变化见图 2-9。

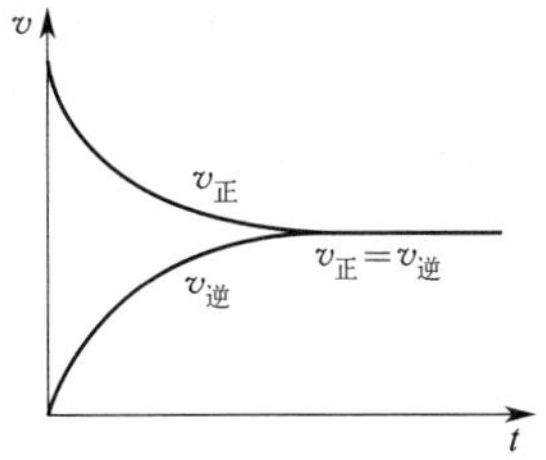

图 2-9　化学平衡示意图

随着反应的进行，反应物 N_2 和 H_2 的浓度不断降低，其反应速率也不断减小；同时，产物 NH_3 的浓度不断增大，逆反应的反应速率也随之不断增大。当正反应速率和逆反应速率相等时，容器中 N_2、H_2 和 NH_3 的浓度不再发生变化，反应达到化学平衡。

化学平衡是一种动态平衡。化学反应达到平衡时，从表观上看，反应物和生成物的浓度或压力不再发生变化，看不到正反应和逆反应的进行，似乎反应已经停止。但并非反应处于静止状态，微观上正反应和逆反应还是不断地进行着，只不过正反应速率等于逆反应速率，但正反应速率和逆反应速率并不等于零，是动态平衡状态。

化学平衡是一种相对平衡。当外界条件（如浓度、压力、温度）改变时，使 $\Delta_rG_m\neq 0$，原有的平衡状态被破坏，正反应速率和逆反应速率不相等，化学反应又继续进行，但随着反应再次进行，正、逆反应速率又逐渐趋于一致，最后又建立起新的平衡。

2.2.2　标准平衡常数

1. 经验平衡常数

理论和大量实验数据证明，在一定温度下，对于任何可逆反应

$$aA(aq)+bB(aq)\rightleftharpoons eE(aq)+fF(aq)$$

若反应是在理想溶液中进行，当反应在温度 T 达到平衡时，反应物和产物的浓度都不再随时间的变化而变化，并且平衡时产物浓度幂的乘积与反应物浓度幂的乘积之比值是一常数。该常数用符号 K_c 表示，称为该反应在温度 T 的浓度平衡常数。即

$$K_c=\frac{(c_E)^e(c_F)^f}{(c_A)^a(c_D)^d}$$

例，在 $N_2O_4(g)\rightleftharpoons 2NO_2(g)$ 反应体系中各物质浓度变化如下：

次序	物质	起始浓度	浓度变化	平衡浓度	$[NO_2]^2/[N_2O_4]$
1	N_2O_4	0.100	−0.06	0.04	0.37
	NO_2	0	0.12	0.12	
2	N_2O_4	0	0.014	0.014	0.37
	NO_2	0.100	−0.028	0.072	
3	N_2O_4	0.100	−0.03	0.070	0.37
	NO_2	0.100	0.06	0.16	

在一定的温度下达到平衡时，其生成物和反应物的平衡浓度按 $K=\frac{[NO_2]^2}{[N_2O_4]}$ 计算，K 值大小与反应物的起始浓度无关，仅是温度的函数。不管起始状态如何，在一定的温度下 K 均为常数。

对于气相反应，在等温等容下，根据 $pV=nRT$，$p=nRT/V=cRT$，$c=p/(RT)$，可得气体分压与其浓度成正比。用平衡时气体的分压来代替浓度，可得

$$K_c=\frac{(p_E/RT)^e(p_F/RT)^f}{(p_A/RT)^a(p_D/RT)^d}=\frac{(p_E)^e(p_F)^f}{(p_A)^a(p_D)^d}(RT)^{-(e+f-a-d)}$$

因为反应达平衡时，产物和反应物的分压亦不随时间而变化，因此此时各生成物分压的幂乘积与各反应物分压的幂乘积的比值 $[(p_E)^e(p_F)^f]/[(p_A)^a(p_D)^d]$ 也为常数并令其等于 K_p，即

$$K_p=\frac{(p_E)^e(p_F)^f}{(p_A)^a(p_D)^d}$$

式中，K_p 称为分压平衡常数。若令 $\Delta n=a+d-e-f$，显然有 $K_p=K_c(RT)^{\Delta n}$。

浓度平衡常数 K_c 和压力平衡常数 K_p 都是由实验测定得出的，因此又将它们合称为实验平衡常数或经验平衡常数。经验平衡常数的大小表示化学反应的程度（也称为反应限度）。对同一类型的反应，反应的经验平衡常数越大，表明反应达到平衡时产物的浓度越大、反应物的浓度越小，即正向进行的程度越大。经验平衡常数的大小，不能预示反应达平衡所需的时间。

由于经验平衡常数表达式中各物质的浓度（或分压）都有单位，当反应前后非固体（或溶剂）的化学计量数不相等时，平衡常数也有单位。而且分压采用不同单位时，所得平衡常数的数值和单位也会不同，再加上同一化学反应既可以用浓度平衡常数来表示，也可以用分压平衡常数来表示，很容易引起混淆，需要引入标准平衡常数的概念。

2. 标准平衡常数

一定温度下化学反应达平衡时，各生成物的相对平衡浓度（或分压）以系数为方次的乘

积，与各反应物的相对平衡浓度（分压）以系数为方次的乘积之比为一个常数，称为标准平衡常数，用 $K^{\ominus}$ 表示。

标准平衡常数，是一个量纲为 1 的量，可看成经验平衡常数无量纲处理的结果。计算经验平衡常数时，用相对平衡浓度（分压）替换实测平衡浓度（分压），即得标准平衡常数 $K^{\ominus}$。经验平衡常数和标准平衡常数从来源和量纲看似有区别，但其物理意义可以用相对压力予以统一，均表示化学反应的限度，所以在实际工作中往往并不严格区分二者。

（1）理想气体气相反应的标准平衡常数

一定温度下理想气体气相反应体系达到平衡时，标准平衡常数其可表示为各生成物的相对分压（$p/p^{\ominus}$）幂的乘积与各反应物的相对分压（$p/p^{\ominus}$）幂的乘积的比值，其中各浓度项的幂次是反应式中相应物质的化学计量数。

例如，对于任意理想气体气相反应：

$$a\mathrm{A}+d\mathrm{D}\rightleftharpoons e\mathrm{E}+f\mathrm{F}$$

在等温等压和不做非体积功下，标准平衡常数 $K^{\ominus}$ 为：

$$K^{\ominus}=\frac{(p_{\mathrm{E}}/p^{\ominus})^{e}(p_{\mathrm{F}}/p^{\ominus})^{f}}{(p_{\mathrm{A}}/p^{\ominus})^{a}(p_{\mathrm{D}}/p^{\ominus})^{d}}=\prod_{\mathrm{B}}[p_{\mathrm{B}}/p^{\ominus}]^{b}$$

式中，p_{B} 为平衡时各气相组分 B 的分压；$p^{\ominus}$ 为标准压力，100kPa；$[p_{\mathrm{B}}/p^{\ominus}]$ 为平衡时气相组分 B 的相对分压。因为气相组分 B 的相对分压 $[p_{\mathrm{B}}/p^{\ominus}]$ 的量纲是“1”，所以标准平衡常数 $K^{\ominus}$ 的量纲也是“1”。

例如，反应

$$2\mathrm{SO_2(g)}+\mathrm{O_2(g)}\rightleftharpoons 2\mathrm{SO_3(g)}$$

其标准平衡常数可表示为：

$$K^{\ominus}=\frac{(p_{\mathrm{SO_3}}/p^{\ominus})^{2}}{(p_{\mathrm{SO_2}}/p^{\ominus})^{2}(p_{\mathrm{O_2}}/p^{\ominus})^{1}}$$

（2）非理想气体气相反应的标准平衡常数

非理想气体分子间存在着明显的分子间力，分子自身占有一定的体积。由于分子间力的影响，分子的运动受到牵制，这势必使反应物分子间的碰撞动能减小，反应速率减小。从总的效果看，分子间力的存在使气体压力（或浓度）对反应速率的影响打了折扣，也就是说，对反应速率产生影响的是气体的“有效压力”，化学中把“有效压力”叫做气体的逸度（f）。逸度与压力之间用逸度系数（γ）联系起来，即

$$f=\gamma p$$

逸度系数（γ）可以通过实验求得。在压力较低范围内 $\gamma<1$。在 $p\rightarrow0$ 时，$\gamma\rightarrow1$，即低压气体接近理想气体的行为。在压力较高的范围内 $\gamma>1$，这是由于在较高压力时，分子间的距离较近，分子自身体积对气体性质的影响起了主导作用。但不管怎样，在非理想气体的化学反应中，在讨论压力对反应的影响时，用逸度代替压力才更接近实际。因此对非理想气体的平衡常数表达式，式中的压力项应替换为逸度才能反映化学反应在平衡时的情况。即

$$K^{\ominus}=\frac{(\gamma_{\mathrm{E}}p_{\mathrm{E}}/p^{\ominus})^{e}(\gamma_{\mathrm{F}}p_{\mathrm{F}}/p^{\ominus})^{f}}{(\gamma_{\mathrm{A}}p_{\mathrm{A}}/p^{\ominus})^{a}(\gamma_{\mathrm{D}}p_{\mathrm{D}}/p^{\ominus})^{d}}=\prod_{\mathrm{B}}[\gamma_{\mathrm{B}}p_{\mathrm{B}}/p^{\ominus}]^{b}$$

(3) 理想溶液中反应的标准平衡常数

理想溶液中的标准平衡常数可表示为各生成物的相对浓度（$c_B/c^{\ominus}$）幂的乘积与各反应物的相对浓度（$c_B/c^{\ominus}$）幂的乘积的比值。例如，对于理想溶液中反应：

$$aA+dD \rightleftharpoons gG+hH$$

在等温等压和不做非体积功下，根据标准平衡常数 $K^{\ominus}$ 的定义式，得

$$K^{\ominus}=\frac{(c_H/c^{\ominus})^h(c_G/c^{\ominus})^g}{(c_A/c^{\ominus})^a(c_D/c^{\ominus})^d}=\prod_B[c_B/c^{\ominus}]^b$$

上式为理想气体气相反应的标准平衡常数的计算式，它是温度的函数，是量纲为一的量。式中，c_B 为平衡时各组分 B 的浓度；$c^{\ominus}$ 为标准浓度，$1mol \cdot L^{-1}$；$c_B/c^{\ominus}$ 为平衡时各组分 B 的相对浓度。

(4) 非理想溶液中反应的标准平衡常数

在非理想溶液中，由于分子间存在明显的分子间力，若反应物或产物是离子，则这种力更显著，反应物和产物在反应中的“有效浓度”偏离实际浓度，因此在非理想溶液中进行的反应，其标准平衡常数表达式中的浓度项应为活度（a_B），即

$$K^{\ominus}=\frac{(a_H)^h(a_G)^g}{(a_A)^a(a_D)^d}$$

(5) 复相反应的标准平衡常数

如果在一个反应系统，既有气体物质又有凝聚态（指固态或液态）物质参与，则此类反应叫复相反应，它们的平衡叫复相平衡。此时，因为在化学热力学中，定义纯固态物质和纯液态物质的相对浓度等于“1”，因此固相和纯液态物质的浓度项不必写入平衡常数式。

例如，反应

$$Fe(s)+2HCl(aq) \rightleftharpoons FeCl_2(aq)+H_2(g)$$

若反应是在理想状态下进行，活度系数和逸度系数均为 1。其标准平衡常数表达式为

$$K^{\ominus}=\frac{[c_{FeCl_2}/c^{\ominus}][p_{H_2}/p^{\ominus}]}{[c_{HCl}/c^{\ominus}]^2}$$

$K^{\ominus}$ 是复相反应的标准平衡常数，在平衡常数表达式中因物质所取的标准态不同（溶液中的离子取 $c^{\ominus}$ 做标准态，气体取 $p^{\ominus}$ 做标准态），所以在此情况下得到的标准平衡常数又称为杂平衡常数。

注意，因为已定义 $c=1mol \cdot L^{-1}$，所以 $c_B/c^{\ominus}$ 在数值上与 c 相同，在实际工作中为了书写简便，有时把上式写成

$$K^{\ominus}=\frac{[c_{FeCl_2}][p_{H_2}/p^{\ominus}]}{[c_{HCl}]^2}$$

但在使用这样的公式时，在概念上不能模糊，这只是为了书写简便而已。标准平衡常数表达式中的压力项 $p/p^{\ominus}$ 不能简化为 p，因为 $p^{\ominus}=100kPa$ 并不等于 1kPa。

另外，平衡常数表示式要与化学方程式相对应，并注明温度。平衡体系的化学方程式可以有不同的写法，标准平衡常数的表示也随之不同。

例如，化学方程式：

(1) $N_2(g)+3H_2(g) \rightleftharpoons 2NH_3(g)$

(2) $1/2N_2(g)+3/2H_2(g) \rightleftharpoons NH_3(g)$

以上两个化学方程式均表示氨的合成，显然由于物质间计量关系不同，它们的标准平衡常数的写法也不同。即 $K_1^\ominus \neq K_2^\ominus$，$K_1^\ominus = (K_2^\ominus)^2$。

$$K_1^\ominus = \frac{(p_{NH_3}/p^\ominus)^2}{(p_{N_2}/p^\ominus)\times(p_{H_2}/p^\ominus)^3}$$

$$K_2^\ominus = \frac{(p_{NH_3}/p^\ominus)}{(p_{N_2}/p^\ominus)^{1/2}\times(p_{H_2}/p^\ominus)^{3/2}}$$

例 2-10 书写以下反应的标准平衡常数表达式

(1) $Fe_3O_4(s)+4H_2(g) \rightleftharpoons 3Fe(s)+4H_2O(g)$

(2) $Cr_2O_7^{2-}(aq)+H_2O(l) \rightleftharpoons 2CrO_4^{2-}(aq)+2H^+(aq)$

解：(1) 固体物质如 $Fe_3O_4(s)$ 和 $Fe(s)$ 不必写入平衡常数表达式，则

$$K^\ominus = \frac{(p_{H_2O}/p^\ominus)^4}{(p_{H_2}/p^\ominus)^4}$$

(2) H_2O 为溶剂，不必写入平衡常数式，则

$$K^\ominus = (c^2_{CrO_4^{2-}} c^2_{H^+})/c_{Cr_2O_7^{2-}}$$

2.2.3 多重平衡规则

通常遇到的化学反应系统中，往往同时存在多个化学反应，并且有的物质同时参加多个化学反应，使得几个反应之间存在一定的联系。当整个反应体系达到平衡时，各个反应也分别同时达到了平衡。由于某物质要同时满足几个平衡的要求，就使得互相关联的几个平衡相互制约，这种情况叫做多重平衡，或称同时平衡。在多重平衡体系中，几个互相关联的化学反应的平衡常数之间存在着一定的关系。如果某反应是由几个反应相加而成，则该反应的标准平衡常数（$K^\ominus$）等于各分反应的标准平衡常数（$K^\ominus$）之积，若某反应是由几个反应相减而成，则该反应的标准平衡常数（$K^\ominus$）等于各分反应的标准平衡常数（$K^\ominus$）相除。这种关系称为多重平衡规则。

例 2-11 已知

(1) $2C+O_2 \rightleftharpoons 2CO$ $K_1^\ominus = 1.6\times10^{48}$

(2) $C+O_2 \rightleftharpoons CO_2$ $K_2^\ominus = 1.4\times10^{69}$

求反应 (3) $2CO+O_2 \rightleftharpoons 2CO_2$ 的 $K_3^\ominus$。

解：上述三个反应的关系为：反应(3)=反应(2)×2−反应(1)

则标准平衡常数的关系为：

$$K_3^\ominus = \frac{[K_2^\ominus]^2}{K_1^\ominus} = 1.2\times10^{90}$$

2.2.4 依据平衡常数的计算

例 2-12 将 1.5mol H_2 和 1.5mol I_2 充入某容器中，使其在 793K 达平衡，经分析平衡系统中含 HI 2.4mol，求下列反应在该温度下的 $K^{\ominus}$。

解：

(1) 写出化学反应方程式，各物质起始和平衡时的浓度（分压或物质的量）

	H_2 +	I_2 $\rightleftharpoons$	2HI
起始时物质的量	1.5	1.5	0
平衡时物质的量	0.3	0.3	2.4

(2) 根据 $p=nRT/V$ 将各物质的物质的量换算成分压；写出平衡常数表达式，将各物质的分压，分别代入到平衡常数表达式中。

$$K^{\ominus}=\frac{[p_{HI}/p^{\ominus}]^2}{[p_{H_2}/p^{\ominus}][p_{I_2}/p^{\ominus}]}=\frac{[n_{HI}RT/p^{\ominus}V]^2}{[n_{H_2}RT/(p^{\ominus}V)][n_{I_2}RT/(p^{\ominus}V)]}=\frac{[n_{HI}]^2}{[n_{H_2}][n_{I_2}]}=\frac{2.4^2}{0.3\times0.3}=64$$

例 2-13 已知反应 $CO(g)+H_2O(g)\rightleftharpoons CO_2(g)+H_2(g)$，在 1123K 时，测得标准平衡常数 $K^{\ominus}=1.0$。现将 2.0mol CO 和 3.0mol $H_2O(g)$ 混合，并在该温度下达平衡，试计算 CO 的转化率。

解： 设平衡时 CO 的浓度为 $(2.0-x)\text{mol}\cdot\text{L}^{-1}$，则平衡时 H_2O 的浓度为 $(3.0-x)\text{mol}\cdot\text{L}^{-1}$。

(1) 写出化学反应方程式，各物质起始和平衡时的浓度：

	CO(g) +	$H_2O(g)$ $\rightleftharpoons$	$CO_2(g)$ +	$H_2(g)$
起始浓度/$\text{mol}\cdot\text{L}^{-1}$	2.0	3.0	0	0
平衡浓度/$\text{mol}\cdot\text{L}^{-1}$	$2.0-x$	$3.0-x$	x	x

(2) 写出平衡常数表达式；将各物质的浓度分别代入到平衡常数表达式中。

$$K^{\ominus}=\frac{[c_{H_2}/c^{\ominus}][c_{CO_2}/c^{\ominus}]}{[c_{CO}/c^{\ominus}][c_{H_2O}/c^{\ominus}]}=\frac{x^2}{(2.0-x)(3.0-x)}=1$$

解方程，得 $x=1.2\text{mol}\cdot\text{L}^{-1}$

反应物 CO 的平衡转化率 $\alpha=\frac{(\text{反应物起始浓度}-\text{反应物平衡浓度})}{(\text{反应物起始浓度})}\times100\%$

$$\alpha=\frac{1.2}{2.0}\times100\%=60\%$$

2.2.5 化学反应的方向和限度

在生产实践和科学研究中，人们对化学反应关心三个问题。第一，化学反应能不能发生的问题，即化学反应能不能按我们指定的反应方向自发进行。第二，化学反应速率的问题。

第三，化学反应的限度问题，即化学反应在宏观上进行到什么程度达到平衡。Gibbs 自由能变 $\Delta_r G$ 是化学反应方向的判据。对于指定的体系，在一定温度下，$\Delta_r G^{\ominus}$ 有定值。$\Delta_r G^{\ominus}$ 可以用来判断化学反应在标准态时能否自发进行，但是通常遇到的反应体系都是非标准态。对于非标准态，应该用 $\Delta_r G$ 来判断反应的方向。G 是状态函数，其变化值（$\Delta_r G$）与起始反应物和生成物的量相关。而同一反应，物质浓度不同，反应的 $\Delta_r G$ 也不同。因此在计算反应自由能变时，必须考虑反应物和生成物的起始浓度。某一反应在温度 T 时，任意状态的 $\Delta_r G$ 和标准状态的 $\Delta_r G^{\ominus}$ 以及参与反应各物质浓度之间的关系用范特霍夫等温式（也叫作化学反应的等温式）来描述。

1. 化学反应等温式

封闭体系、等温、不做非体积功，任意状态的 1mol 气体 B 的 Gibbs 自由能为：

$$G_B = G_B^{\ominus} + RT\ln(c_B/c^{\ominus})$$

对于气相反应：

$$aA + bB \longrightarrow dD + eE$$

则反应的 Gibbs 自由能变为：

$$\Delta_r G = [dG_D^{\ominus} + dRT\ln(c_D/c^{\ominus})] + [eG_E^{\ominus} + eRT\ln(c_E/c^{\ominus})] - [aG_A^{\ominus} + aRT\ln(c_A/c^{\ominus})] - [bG_B^{\ominus} + bRT\ln(c_B/c^{\ominus})]$$

由于 $\Delta G^{\ominus} = dG_D^{\ominus} + eG_E^{\ominus} - aG_A^{\ominus} - bG_B^{\ominus}$，并令 $Q = [(c_E/c^{\ominus})^e (c_D/c^{\ominus})^d]/[(c_A/c^{\ominus})^a (c_B/c^{\ominus})^b]$

则有：$\Delta_r G = \Delta G^{\ominus} + RT\ln Q$

上式就是范特霍夫化学反应等温式。式中，$\Delta_r G$ 是任意状态下化学反应的 Gibbs 自由能变；$\Delta G^{\ominus}$ 为标准态下 Gibbs 自由能变；Q 为反应体系的相对浓度商，简称为反应商。反应商 Q 的表达式与标准平衡常数 $K^{\ominus}$ 表达式的数学形式完全相同，但两者的意义不同。化学反应处于任意状态下时，产物浓度幂的乘积与反应物浓度幂的乘积之比值叫反应商 Q；而标准平衡常数是指反应达到平衡时产物浓度幂的乘积和反应物浓度幂的乘积的比值。也即标准平衡常数 $K^{\ominus}$ 可表示为反应达平衡时的反应商。

尽管范特霍夫化学反应等温式在导出过程中用到理想气体体系，由热力学已经证明，该等温式也适用于溶液体系。因此，根据范特霍夫化学反应等温式，只要求得 $\Delta G^{\ominus}$ 值，并代入反应体系的相对浓度商 Q，就能算得 $\Delta_r G$。再根据 $\Delta_r G$ 值的正负，就可以判断非标准态下化学反应的方向和限度。

2. 化学反应等温式的应用

可以根据 $\Delta G^{\ominus}$ 粗估反应方向。

当体系处于平衡状态时，反应商 $Q = K^{\ominus}$，$\Delta_r G = \Delta G^{\ominus} + RT\ln Q = 0$

则 $\Delta G^{\ominus} = -RT\ln Q = -RT\ln K^{\ominus}$

上式表明标准平衡常数（$K^{\ominus}$）与标准 Gibbs 自由能变（$\Delta G^{\ominus}$）的相互关系。由于 $K^{\ominus}$ 表示化学反应限度，根据标准平衡常数（$K^{\ominus}$）与标准 Gibbs 自由能变（$\Delta G^{\ominus}$）的关系，可以用 $\Delta G^{\ominus}$ 粗估不同条件下反应的自发方向。

将 $\Delta G^{\ominus} = -RT\ln K^{\ominus}$ 代入下式

$$\Delta_r G = \Delta G^{\ominus} + RT\ln Q$$

得到：

$$\Delta_r G = RT\ln Q/K^{\ominus}$$

当 $Q>K^{\ominus}$ 时，$\Delta_r G>0$，化学反应正向非自发，逆向自发。

当 $Q<K^{\ominus}$ 时，$\Delta_r G<0$，化学反应正向自发，逆向非自发。

当 $Q=K^{\ominus}$ 时，$\Delta_r G=0$，化学反应处于平衡状态。

一般地，

当 $\Delta G^{\ominus}>40\text{kJ}\cdot\text{mol}^{-1}$ 时，反应限度相当小，可认为不能进行；

当 $\Delta G^{\ominus}<-40\text{kJ}\cdot\text{mol}^{-1}$ 时，反应限度相当大，可认为能自发进行；

当 $\Delta G^{\ominus}$ 介于两者之间时，反应方向则需结合反应条件进行具体分析。

例 2-14 计算 100kPa 下，反应 $CO(g)+H_2O(g)$══$CO_2(g)+H_2(g)$ 在 298K 及 850K 时的标准平衡常数 $K^{\ominus}$。

解：

	$CO(g)$	+	$H_2O(g)$	══	$CO_2(g)$	+	$H_2(g)$
$\Delta_f H_m^{\ominus}/\text{kJ}\cdot\text{mol}^{-1}$	−110.53		−241.82		−393.51		0
$S_m^{\ominus}/\text{J}\cdot\text{K}^{-1}\cdot\text{mol}^{-1}$	197.67		188.83		213.74		130.68

$\Delta_r H_m^{\ominus}=-393.51+0-(-110.53)-(-241.82)=-41.16\text{kJ}\cdot\text{mol}^{-1}$

$\Delta_r S_m^{\ominus}=213.74+130.68-197.67-188.83=-42.08\text{J}\cdot\text{mol}^{-1}\cdot\text{K}^{-1}$

298K 时：$\Delta_r G_m^{\ominus}=\Delta_r H_m^{\ominus}-T\Delta_r S_m^{\ominus}=-41.16\times10^3-298\times(-42.08)=-28620(\text{J}\cdot\text{mol}^{-1})$

又 $\Delta_r G_m^{\ominus}=-RT\ln K^{\ominus}$

$\lg K^{\ominus}=-(-28620)\div(2.303\times8.314\times298)=5.02$，则 $K^{\ominus}=1.05\times10^5$

由于 $\Delta_r H_m^{\ominus}$ 和 $\Delta_r S_m^{\ominus}$ 随温度变化值不大，

在 850K 时，

$\Delta_r G_m^{\ominus}=\Delta_r H_m^{\ominus}-T\Delta_r S_m^{\ominus}=-41.16\times10^3-850\times(-42.08)=-5392(\text{J}\cdot\text{mol}^{-1})$

$\lg K^{\ominus}=-(-5392)/(2.303\times8.314\times850)=0.3313$，则 $K^{\ominus}=2.14$。

例 2-15 根据标准摩尔生成吉布斯自由能等相关热力学数据试估 298K 和 673K 时合成氨反应：$N_2(g)+3H_2(g)$══$2NH_3(g)$ 的自发反应方向。

解：

① $\Delta_r G_m^{\ominus}=2\Delta_f G_m^{\ominus}[NH_3(g)]-\Delta_f G_m^{\ominus}[N_2(g)]-3\Delta_f G_m^{\ominus}[H_2(g)]=-43\text{kJ}\cdot\text{mol}^{-1}$

由 $\Delta_r G_m^{\ominus}=-RT\ln K^{\ominus}$ 可得，

$$K^{\ominus}=\frac{(p_{NH_3}/p^{\ominus})^2}{(p_{N_2}/p^{\ominus})^1(p_{H_2}/p^{\ominus})^3}=6.2\times10^5$$

由于 298K 时 $\Delta_r G_m^{\ominus}$ 是负值，$K^{\ominus}$ 值很大，表明正向的合成氨反应能自发进行，并且转化率高，反应进行得比较彻底。

② $\Delta_r H_m^{\ominus}(298\text{K})=-92.2\text{kJ}\cdot\text{mol}^{-1}$，

$\Delta_r S_m^{\ominus}(298\text{K})=-0.199\text{kJ}\cdot\text{mol}^{-1}\cdot\text{K}^{-1}$

假设在该温度区间内，$\Delta_r H_m^{\ominus}$ 和 $\Delta_r S_m^{\ominus}$ 不随温度变化，则有：

$\Delta_r G_m^{\ominus}=\Delta_r H_m^{\ominus}(298\text{K})-T\Delta_r S_m^{\ominus}(298\text{K})=41.7\text{kJ}\cdot\text{mol}^{-1}$

由 $\Delta G^{\ominus}=-RT\ln K^{\ominus}$ 可得，

$$K_1^{\ominus}=\frac{(p_{NH_3}/p^{\ominus})^2}{(p_{N_2}/p^{\ominus})^1(p_{H_2}/p^{\ominus})^3}=5.8\times10^{-4}$$

由于 673K 时 $\Delta G^{\ominus}$ 是正值，$K^{\ominus}$ 值很小，表明 673K 合成氨反应已经不能发生了。

2.2.6　化学平衡的移动

任何化学平衡都是在一定温度、压力、浓度条件下的暂时的动态平衡。一旦反应条件发生变化，原有的平衡状态就被破坏，而向另一新的平衡状态转化。因环境条件改变使反应从一个平衡状态向另一个平衡状态过渡的过程称为化学平衡移动。平衡移动的结果是系统中各物质的浓度或分压发生了变化。影响化学平衡的因素是浓度、温度和压力，因此可积极控制实验条件（如浓度、温度和压力），使平衡向期望的方向移动。这些因素对化学平衡的影响，可以用勒夏特列原理进行判断，即假如改变平衡系统的条件之一，如温度、压力或浓度，平衡就向减弱这个改变的方向移动。但是对于复杂的反应过程，只能用吉布斯自由能变 $\Delta_r G$ 来判断。

1. 浓度对化学平衡的影响

根据范特霍夫化学反应等温式，封闭体系、等温、不做非体积功的条件下，对于任意反应，其吉布斯自由能变有

$$\Delta_r G=\Delta G^{\ominus}+RT\ln Q=-RT\ln K^{\ominus}+RT\ln Q=RT\ln(Q/K^{\ominus})$$

然而化学反应的标准平衡常数 $K^{\ominus}$ 是一个不随浓度变化的恒量，而反应商 Q 值则随浓度不同而变化。因此浓度的变化可能导致体系的 $\Delta_r G$ 发生变化，从而会导致反应进行的方向发生变化。由 $Q/K^{\ominus}$ 值即可判断化学平衡移动的方向。即：当体系处于平衡状态时，反应商 $Q=K^{\ominus}$，$\Delta_r G=0$。

（1）此时若增加反应物浓度或减小产物浓度都会使 Q 值减小，又因为平衡常数 $K^{\ominus}$ 是温度的函数，在一定温度下平衡常数不会发生变化，因此 $Q<K^{\ominus}$，$\Delta_r G<0$。显然平衡这时要发生正向移动。即反应按反应式从左向右进行，反应物浓度逐渐降低，产物浓度逐渐增大，反应商 Q 逐渐增大，最后当 $Q=K^{\ominus}$ 时反应在新的平衡点达到新的平衡。

（2）此时减少反应物浓度或增加产物浓度，使 $Q>K^{\ominus}$，$\Delta_r G>0$，平衡这时要发生逆向移动。即反应按反应式从右向左进行，产物浓度逐渐降低，反应物浓度逐渐增大，反应商 Q 逐渐减小，最后当 $Q=K^{\ominus}$ 时反应在新的平衡点达到新的平衡。

例如：713K 时反应：$H_2(g)+I_2(g)\!=\!=\!=2HI(g)$，其标准平衡常数 $K^{\ominus}$ 为 50.3，其反应物初始浓度如下所示。

	1	2	3	4
$c_{H_2}/mol\cdot L^{-1}$	1.00	1.00	0.22	0.22
$c_{I_2}/mol\cdot L^{-1}$	1.00	1.00	0.22	0.22
$c_{HI}/mol\cdot L^{-1}$	1.00	0.001	1.56	2.56
$Q=[HI]^2/[H_2][I_2]$	1.00	1.0×10^{-6}	50.3	135
Q 与 $K^{\ominus}$ 比较	$Q<K^{\ominus}$	$Q<K^{\ominus}$	$Q=K^{\ominus}$	$Q>K^{\ominus}$
自发方向	正向	正向	平衡	逆向

从上可见，状态 3 起始浓度 $c_{H_2}=c_{I_2}=0.22\text{mol}\cdot\text{L}^{-1}$，$c_{HI}=1.56\text{mol}\cdot\text{L}^{-1}$。此时，$Q=K^{\ominus}$，体系处于平衡状态。

状态 4 相当于向状态 3 加入一定量 HI，使 HI 的总浓度 $1.56\text{mol}\cdot\text{L}^{-1}$ 变为 $2.56\text{mol}\cdot\text{L}^{-1}$。使得 $Q>K^{\ominus}$，逆向反应自发进行。即增大生成物浓度，平衡向逆反应方向移动。

状态 1：相当于向状态 3 加入一定量 H_2 和 I_2，使 H_2 和 I_2 的浓度均由 $0.22\text{mol}\cdot\text{L}^{-1}$ 升高到 $1.00\text{mol}\cdot\text{L}^{-1}$，使得 $Q<K^{\ominus}$，正向反应自发进行。即增大反应浓度，平衡向正反应方向移动。

由此可见，增大反应物浓度，平衡向正反应方向移动；增大生成物浓度，平衡向逆反应方向移动。$Q/K^{\ominus}$ 值不仅决定反应进行的方向，而且也表明了起始状态和平衡状态之间的差距，也就预示了平衡移动的多少。

例 2-16 在 673K 时，1.0 升容器内合成氨反应达到平衡，此时 N_2、H_2、NH_3 三种气体的平衡浓度分别为：$c_{N_2}=1.0\text{mol}\cdot\text{L}^{-1}$，$c_{H_2}=0.50\text{mol}\cdot\text{L}^{-1}$，$c_{NH_3}=0.50\text{mol}\cdot\text{L}^{-1}$。此时向该容器内添加 0.20mol N_2，待反应体系重新达到平衡时，体系中 NH_3 的浓度是多少?

解：673K 时，反应

$$N_2(g) + 3H_2(g) \rightleftharpoons 2NH_3(g)$$

平衡浓度 $c/\text{mol}\cdot\text{L}^{-1}$：　1.0　　0.50　　0.50

$$K^{\ominus}=\frac{[c_{NH_3}/c^{\ominus}]^2}{[c_{N_2}/c^{\ominus}][c_{H_2}/c^{\ominus}]^3}=\frac{0.5^2}{1.0\times0.5^3}=2.0$$

所以

设加入 0.20mol N_2，反应要向右进行，反应

$$N_2(g) + 3H_2(g) \rightleftharpoons 2NH_3(g)$$

加入 H_2 后达平衡时的浓度 $c/\text{mol}\cdot\text{L}^{-1}$　1.0+0.20　　0.50　　x

将平衡浓度代入平衡常数表达式

$$K^{\ominus}=\frac{[c_{NH_3}/c^{\ominus}]^2}{[c_{N_2}/c^{\ominus}][c_{H_2}/c^{\ominus}]^3}=\frac{x^2}{1.2\times0.5^3}=2.0$$

解方程得：$x=0.54\text{mol}\cdot\text{L}^{-1}$

即：向 1.0 升容器中加入 0.2mol N_2 后，反应重新达到平衡时体系中 NH_3 的浓度为 $0.54\text{mol}\cdot\text{L}^{-1}$。

2. 压力对化学平衡的影响

压力不会影响反应的标准平衡常数 $K^{\ominus}$ 值，对固相和液相反应的平衡几乎不产生影响，对气体参与的反应平衡可能产生影响，这要看反应过程中气体分子数有无变化。对于反应过程中气体分子数无变化的反应，改变压力不影响其化学平衡；而对于反应过程中气体分子数有变化的反应，改变压力会使其化学平衡发生移动。

一定温度下，气相反应 $b\mathrm{B(g)}+d\mathrm{D(g)}=\!=\!=y\mathrm{Y(g)}+z\mathrm{Z(g)}$

达平衡时，体系中反应物和产物的分压、浓度、摩尔分数均不再随时间的变化而变化。其压力平衡常数表达式是

$$K_p^{\ominus}=\frac{(p_{\mathrm{Y}}/p^{\ominus})^y(p_z/p^{\ominus})^z}{(p_{\mathrm{B}}/p^{\ominus})^b(p_{\mathrm{D}}/p^{\ominus})^d}=\frac{(p_{总}x_{\mathrm{Y}}/p^{\ominus})^y(p_{总}x_{\mathrm{Z}}/p^{\ominus})^z}{(p_{总}x_{\mathrm{B}}/p^{\ominus})^b(p_{总}x_{\mathrm{D}}/p^{\ominus})^d}=\frac{{x_{\mathrm{Y}}}^y\cdot {x_{\mathrm{Z}}}^z}{{x_{\mathrm{B}}}^b\times {x_{\mathrm{D}}}^d}\times(p_{总}/p^{\ominus})^{(y+z-b-d)}$$

在反应达平衡时，反应物和产物的摩尔分数不再随时间的变化而变化，因此各生成物摩尔分数幂乘积与各反应物摩尔分数幂乘积的比值，是一常数，称为摩尔分数平衡常数 $K_x^{\ominus}$，即

$$K_x^{\ominus}=\frac{{x_{\mathrm{Y}}}^y\cdot {x_{\mathrm{Z}}}^z}{{x_{\mathrm{B}}}^b\times {x_{\mathrm{D}}}^d}$$

若令 $\Delta n=y+z-b-d$，$K_p^{\ominus}$ 与 $K_x^{\ominus}$ 之间的关系为：

$$K_p^{\ominus}=K_x^{\ominus}\cdot p^{\Delta n}$$

注意，此处的 Δn 是指气体分子数的变化量。可见对于 $\Delta n\neq 0$ 的反应，摩尔分数平衡常数 $K_x^{\ominus}$ 不仅是温度的函数而且还与压力有关。对于 $\Delta n>0$ 的反应，在一定温度下达到平衡时，反应商 $Q_x=K_x^{\ominus}$。此时若增大体系的压力，又因为 $K_p^{\ominus}$ 不随压力变化而变化，所以 $K_x^{\ominus}$ 变小。然而增大压力的瞬间 Q_x 并没有变化，使得 $Q_x>K_x^{\ominus}$，化学平衡被破坏，平衡要按反应式向左进行，产物的摩尔分数 x 减小，生成物的摩尔分数 x 增大，使 Q_x 减小至与 $K_x^{\ominus}$ 再次相等。对 $\Delta n<0$ 的反应，若增大系统的压力，$K_x^{\ominus}$ 则增大，而增大压力的瞬间 Q_x 没变化，使得 $Q_x<K_x^{\ominus}$，破坏了化学平衡，平衡要按反应式向右进行，产物的摩尔分数 x 增大，生成物的摩尔分数 x 减小，使 Q_x 增大至与 $K_x^{\ominus}$ 再次相等。

总之，对于气体分子数无变化（$\Delta n=0$）的反应，改变压力不影响化学平衡。因为增大或减小压力对生成物和反应物的分压产生的影响是等效的，所以对平衡的位置没有影响。对气体分子数有变化（$\Delta n\neq 0$）的反应，增大体系的压力，平衡向气体分子数减少的反应方向移动。平衡的移动程度可以通过平衡常数进行计算。

例 2-17 已知在 325K 与 100kPa 时，反应中 N_2O_4 的摩尔分解率为 50.2%。若保持温度不变，压力增加为 1000kPa，N_2O_4 的分解率多少？

解： 设有 1mol N_2O_4，它的分解率为 α，则

$$N_2O_4(g)=\!=\!=2NO_2(g)$$

	$N_2O_4(g)$	$2NO_2(g)$
开始 n	1.00	1.00
平衡 n	$1.0-\alpha$	2α

达到平衡状态时 $n=(1-\alpha)+2\alpha=1+\alpha$

设平衡状态总压力为 p，那么 N_2O_4 的分压力 $p_{N_2O_4}=p\times(1-\alpha)/(1+\alpha)$，而 NO_2 的分压力 $p_{NO_2}=p\times 2\alpha/(1+\alpha)$。

将各物质的分压代入平衡常数 K_p 的表达式，即得

$$K_p^{\ominus}=(p_{NO_2})^2/p_{N_2O_4}=[p\times 2\alpha/(1+\alpha)]^2/[p\times(1-\alpha)/(1+\alpha)]=p\times\frac{4\alpha^2}{(1-\alpha^2)}$$

将压力 $p=100\text{kPa}$ 以及转化率 $\alpha=0.502$ 等已知条件代入上式，可得

$$K_p^{\ominus} = 1.35$$

由于 $K_p^{\ominus}$ 不随压力变化，将 $K_p^{\ominus} = 1.35$，压力 $p = 1000\text{kPa}$ 等条件代入平衡常数 $K_p^{\ominus}$ 的表达式，可求算压力 $p = 1000\text{kPa}$ 时的转化率 α，即

$$1000 \times \frac{4\alpha^2}{(1-\alpha^2)} = 1.35, \alpha = 0.183$$

计算结果显示，1000kPa 时 N_2O_4 的分解率为 18.1%，比 100kPa 时的分解率小得多。亦即：压力由 100kPa 增加到 1000kPa 时，反应向 NO_2 聚合成 N_2O_4 的方向移动。由此可见，增大压力平衡向气体计量系数减小（或气体体积缩小）的方向移动。

惰性气体是指不参与反应的气体。惰性气体的加入，不影响标准平衡常数 $K^{\ominus}$ 值，也不影响固相和液相反应的平衡，只影响气相反应的组成，从而对气相反应的平衡可能产生影响。在等温等容条件下，向气相反应的平衡系统加入惰性气体，系统的总压变大，但系统中各气态物质的分压不变，平衡不移动。在等温等压条件下，向平衡系统加入惰性气体，发生反应的气体分压减小，平衡向生成气体物质的量多的方向移动。反应前后气体分子数无变化的反应，无论是在等温等容条件下，还是等温等容条件下向系统内充入惰性气体，平衡均不发生移动。

例 2-18　分析以下三个反应

① $CaCO_3(s) = CaO(s) + CO_2(g)$

② $N_2(g) + 3H_2(g) = 2NH_3(g)$

③ $H_2(g) + I_2(g) = 2HI(g)$

通过等温压缩增加系统总压，化学平衡将如何移动？若恒压下加入惰性气体，上述三个反应的化学平衡又将如何移动？

解：（1）增加系统总压时，

反应①：因生成物气体的分压增大，平衡向逆反应方向移动；

反应②：因体系的 $\Delta n < 0$，增加系统总压，有利于向气体分子数减小的方向移动，平衡向正反应方向移动；

反应③：因产物与反应物气体物质的量相等，平衡不移动。

（2）恒压下充入惰性气体时，

反应①：因产物的气体的浓度减少，平衡向正反应方向移动。

反应②：在恒压下加入惰性气体，相当于各气体组分的分压减少，平衡有利于向气体分子数增大的方向移动，平衡向逆反应方向移动。

反应③：因产物、反应物气体物质的量相等，平衡不移动。

3. 温度对化学平衡的影响

当系统处于平衡状态时，反应商 $Q = K^{\ominus}$，$\Delta_r G = 0$。此时若改变反应的温度，因为平衡常数是温度的函数，$K^{\ominus}$ 发生了变化。又因改变温度的瞬间反应商 Q 没有变化。所以此时 $Q \neq K^{\ominus}$。因此化学平衡被破坏，平衡发生移动，移动的结果是再一次使 $Q = K^{\ominus}$。

对于温度对平衡常数 K 的影响，可以根据范特霍夫方程推导得到，即

$$\Delta G^{\ominus} = -RT\ln K^{\ominus}$$

$$\Delta_r G_m^{\ominus} = \Delta_r H_m^{\ominus} - T\Delta_r S_m^{\ominus}$$

则可以得到

$$\ln K^{\ominus} = -\frac{\Delta_r H_m^{\ominus}}{RT} + \frac{\Delta_r S_m^{\ominus}}{R}$$

若任意反应在温度为 T_1 时平衡常数为 $K_1^{\ominus}$；温度为 T_2 时平衡常数为 $K_2^{\ominus}$，代入上式推导得：

$$\ln \frac{K_2^{\ominus}}{K_1^{\ominus}} = \frac{\Delta_r H_m^{\ominus}}{R}\left(\frac{1}{T_1} - \frac{1}{T_2}\right) = \frac{\Delta_r H_m^{\ominus}(T_2 - T_1)}{RT_1T_2}$$

对于放热反应（即 $\Delta_r H_m^{\ominus} < 0$），当平衡体系的温度由 T_1 升高到 T_2，平衡常数 $K_2^{\ominus} < K_1^{\ominus} = Q$。即升高温度使平衡常数减小，$Q > K^{\ominus}$，平衡逆向移动。直至再一次达平衡时 $Q = K^{\ominus}$。因为正反应是放热反应，其逆反应就是吸热反应，因此，升高温度使平衡向吸热方向移动。

同理，降低温度使平衡向放热反应方向移动。

综上所述，系统处于平衡状态时，平衡常数 $K^{\ominus} = Q$。若改变温度，平衡常数 K 将发生变化，而 Q 在温度改变的瞬时不会变化。

对于放热反应（即 $\Delta_r H_m^{\ominus} < 0$），若升高温度，则 $K^{\ominus}$ 减小，使 $Q > K^{\ominus}$，平衡左移；若降低温度，$K^{\ominus}$ 则增大，使 $Q > K^{\ominus}$，平衡右移。

对于吸热反应（即 $\Delta_r H_m^{\ominus} > 0$），若升高温度，则 $K^{\ominus}$ 增大，使 $Q > K^{\ominus}$，平衡右移；若降低温度，$K^{\ominus}$ 则减小，使 $Q > K^{\ominus}$，平衡左移。

例 2-19 判断下列反应当温度降低时，平衡向哪个方向移动？

(1) $N_2O_4(g) \xlongequal{} 2NO_2$ $\Delta_r H_m^{\ominus} = 57.9\text{kJ} \cdot \text{mol}^{-1}$

(2) $N_2(g) + 3H_2(g) \xlongequal{} 2NH_3(g)$ $\Delta_r H_m^{\ominus} = -92.4\text{kJ} \cdot \text{mol}^{-1}$

答： 因反应（1）$\Delta_r H_m^{\ominus}$ 为正值，其正反应是吸热反应，逆反应是放热反应。降低温度有利于平衡向放热反应方向移动，即平衡按反应式由右向左移动。

因反应（2）$\Delta_r H_m^{\ominus}$ 是负值，正反应是放热反应，所以降低温度有利于平衡向放热反应方向移动，即按反应式由左向右移动。

4. 催化剂对化学平衡的影响

催化剂只能改变（降低）化学反应的活化能 E_a，不改变反应的热效应 $\Delta_r H_m^{\ominus}$，不改变平衡常数 $K^{\ominus}$ 和 $\Delta_r G_m^{\ominus}$ 的数值，即催化剂只能改变平衡到达的时间，不能使平衡发生移动，催化剂有利于缩短反应时间，提高生产效益。

综合上述因素对化学平衡移动的影响，法国人 Le Chatelier（勒夏特列）在 1884 年归纳、总结出一条关于化学平衡移动的规律：体系达平衡后，改变平衡状态的任一条件（浓度、压力、温度），平衡向减弱这种改变的方向移动。如：平衡体系的压力降低，平衡将向增加压力的方向移动；若降低平衡体系的温度，则平衡向放热方向移动。该原理只适用于已达到平衡状态的体系，对于非平衡体系不适用。

习 题

扫码查看习题答案

2-1 选择题

1. 对反应 $2SO_2(g)+O_2(g)\xrightarrow{\text{催化剂}}2SO_3(g)$，下列几种速率表达式之间关系正确的是（　　）。

A. $\frac{dc_{SO_2}}{dt}=\frac{dc_{O_2}}{dt}$　　B. $\frac{dc_{SO_2}}{dt}=\frac{dc_{SO_3}}{2dt}$

C. $\frac{dc_{SO_3}}{2dt}=\frac{dc_{O_2}}{dt}$　　D. $\frac{dc_{SO_3}}{2dt}=-\frac{dc_{O_2}}{dt}$

2. 由实验测定，反应 $H_2(g)+Cl_2(g)=2HCl(g)$ 的速率方程为 $v=kc_{H_2}[c_{Cl_2}]^{0.5}$，在其他条件不变的情况下，将每一反应物浓度加倍，此时反应速率为（　　）。

A. $2v$　　B. $4v$　　C. $2.8v$　　D. $2.5v$

3. 测得某反应正反应的活化能 $E_{a,正}=70kJ\cdot mol^{-1}$，逆反应的活化能 $E_{a,逆}=20kJ\cdot mol^{-1}$，此反应的反应热为（　　）

A. $50kJ\cdot mol^{-1}$　　B. $-50kJ\cdot mol^{-1}$　　C. $90kJ\cdot mol^{-1}$　　D. $-45kJ\cdot mol^{-1}$

4. 在 298K 时，反应 $2H_2O_2=2H_2O+O_2$，未加催化剂前活化能 $E_a=71kJ\cdot mol^{-1}$，加入 Fe^{3+} 作催化剂后，活化能降到 $42kJ\cdot mol^{-1}$，加入催化剂后反应速率为原来的（　　）倍。

A. 29　　B. 1×10^3　　C. 1.2×10^5　　D. 5×10^2

5. 某反应的速率常数为 $2.15L^2\cdot mol^{-2}\cdot min^{-1}$，该反应为（　　）。

A. 零级反应　　B. 一级反应　　C. 二级反应　　D. 三级反应

6. 已知反应 $2NO(g)+Cl_2(g)=2NOCl(g)$ 的速率方程为 $v=k[NO]^2[Cl_2]$。则该反应（　　）

A. 一定是复杂反应　　B. 一定是基元反应　　C. 无法判断

7. 已知反应 $N_2(g)+O_2(g)=2NO(g)$ 的 $\Delta_r H_m^\ominus>0$，当升高温度时，$K^\ominus$ 将（　　）。

A. 减小　　B. 增大　　C. 不变　　D. 无法判断

8. 已知反应 $2SO_2(g)+O_2(g)\rightleftharpoons2SO_3(g)$ 平衡常数为 $K_1^\ominus$，$SO_2(g)+O_2(g)\rightleftharpoons SO_3(g)$ 平衡常数为 $K_2^\ominus$。则 $K_1^\ominus$ 和 $K_2^\ominus$ 的关系为（　　）

A. $K_1^\ominus=K_2^\ominus$　　B. $K_1^\ominus=\sqrt{K_2^\ominus}$　　C. $K_2^\ominus=\sqrt{K_1^\ominus}$　　D. $2K_1^\ominus=K_2^\ominus$

9. 反应 $2MnO_4^-+5C_2O_4^{2-}+16H^+=2Mn^{2+}+10CO_2+8H_2O$ 的 $\Delta_r H_m^\ominus<0$，欲使 $KMnO_4$ 褪色加快，可采取的措施最好的是（　　）。

A. 升高温度　　B. 降低温度　　C. 加酸　　D. 增加 $C_2O_4^{2-}$ 浓度

10. 设有可逆反应 $aA(g)+bB(g)\rightleftharpoons dD(g)+eE(g)$ $\Delta_r H_m^\ominus>0$，且 $a+b>d+e$，要提高 A 和 B 的转化率，应采取的措施是（　　）。

A. 高温低压　　B. 高温高压　　C. 低温低压　　D. 低温高压

2-2 填空题

1. 已知反应 $2NO(g)+2H_2(g)=N_2(g)+2H_2O(g)$ 的反应历程为

① $2NO(g)+H_2(g)=N_2(g)+H_2O_2(g)$（慢反应）

② $H_2O_2(g)+H_2(g)=2H_2O(g)$（快反应）

该反应为__________反应。此两步反应均称为__________反应，而反应①为总反应的__________，总反应的速率方程近似为__________，此反应为__________级反应。

2. 已知基元反应 $CO(g)+NO_2(g)=CO_2(g)+NO(g)$，该反应的速率方程为__________；此速率方程为__________定律的数学表达式，此反应对 NO_2 是__________级反应，总反应是__________级反应。

3. 催化剂可以提高反应速率主要是因为催化剂参与了反应，__________了活化能。

4. 增加反应物浓度，反应速率加快的主要原因是__________增加，提高温度，反应速率加快的主要原因是__________增加。

5. 增加反应物的量或降低生成物的量，__________，所以平衡向正反应方向移动；对放热反应，提高温度，__________，所以平衡向逆反应方向移动。

6. 对于气相反应，当 Δn __________时，增加压力时，平衡不移动；当 Δn __________时，增加压力时，平衡向正反应方向移动；当 Δn __________ 0 时，增加压力时，平衡向逆反应方向移动。

7. 在气相平衡 $PCl_5(g)\rightleftharpoons PCl_3(g)+Cl_2(g)$ 系统中，如果保持温度、体积不变，充入惰性气体，平衡将__________移动；如果保持温度、压力不变，充入惰性气体，平衡将向__________移动。

8. 化学平衡状态的主要特征是__________；温度一定时，改变浓度、压力可使平衡发生移动，但 $K^{\ominus}$ 值__________，如温度改变使化学平衡发生移动，此时 $K^{\ominus}$ 值__________。

9. 某化学反应在 298K 时的速率常数为 $1.1\times10^{-4}s^{-1}$，在 323K 时的速率常数为 $5.5\times10^{-2}s^{-1}$。则该反应的活化能是__________，303K 时的速率常数为__________。

2-3　简答题

1. 根据阿仑尼乌斯指数式 $k=A\cdot e^{-\frac{E_a}{RT}}$，对一切化学反应，升高温度，反应速率均加快吗？反应速率常数的大小与浓度、温度、催化剂等因素有什么关系？

2. 反应速率方程和反应级数能否根据化学反应方程式直接得出？次氯酸根和碘离子在碱性介质中发生下述反应：$ClO^-+I^-\xrightarrow{OH^-}IO^-+Cl^-$，其反应历程如下：

① $ClO^-+H_2O=HClO+OH^-$　　（快反应）

② $I^-+HClO=HIO+Cl^-$　　（慢反应）

③ $HIO+OH^-=H_2O+IO^-$　　（快反应）

试证明 $v=kc(I^-)c(ClO^-)[c(OH^-)]^{-1}$。

3. 写出下列反应的平衡常数 $K^{\ominus}$ 的表示式

① $CH_4(g)+2O_2(g)\rightleftharpoons CO_2(g)+2H_2O(l)$

② $MgCO_3(s)\rightleftharpoons MgO(s)+CO_2(g)$

③ $NO(g)+\frac{1}{2}O_2(g)\rightleftharpoons NO_2(g)$

④ $2MnO_4^-(aq)+5H_2O_2(aq)+6H^+(aq)\rightleftharpoons 2Mn^{2+}(aq)+5O_2(g)+8H_2O(l)$

2-4　计算

1. $A(g)\longrightarrow B(g)$ 为二级反应。当 A 浓度为 $0.050mol\cdot L^{-1}$ 时，其反应速率为 $1.2mol\cdot$

$L^{-1} \cdot min^{-1}$。

① 写出该反应的速率方程。

② 计算速率常数。

③ 在温度不变时，欲使反应速率加倍，A 的浓度应为多大？

2. 在 1073K 时，测得反应 $2NO(g)+2H_2(g)=N_2(g)+2H_2O(g)$ 的反应物的初始浓度和 N_2 的生成速率如下：

实验序号	初始浓度/$(mol \cdot L^{-1})$		生成 N_2 的初始速率 / $mol \cdot L^{-1} \cdot s^{-1}$
	c_{NO}	c_{H_2}	
1	2.00×10^{-3}	6.00×10^{-3}	1.92×10^{-3}
2	1.00×10^{-3}	6.00×10^{-3}	0.48×10^{-3}
3	2.00×10^{-3}	3.00×10^{-3}	0.96×10^{-3}

① 写出该反应的速率方程并指出反应级数；

② 计算该反应在 1073K 时的速率常数；

③ 当 $c_{NO}=4.00\times10^{-3}mol \cdot L^{-1}$，$c_{H_2}=4.00\times10^{-3}mol \cdot L^{-1}$ 时，计算该反应在 1073K 时的反应速率。

3. 已知反应 $N_2O_5(g)=N_2O_4(g)+\frac{1}{2}O_2(g)$

在 298K 时的速率常数为 $3.46\times10^5 s^{-1}$，在 338K 时的速率常数为 $4.87\times10^7 s^{-1}$，求该反应的活化能和反应在 318K 时的速率常数。

4. 在 301K 时，鲜牛奶大约 4h 变酸，但在 278K 的冰箱中可保持 48h，假定反应速率与牛奶变酸的时间成反比，求牛奶变酸的活化能。

5. 已知反应 $2H_2O_2=2H_2O+O_2$ 的活化能 $E_a=71kJ \cdot mol^{-1}$，在过氧化氢酶的催化下，活化能降为 $8.4kJ \cdot mol^{-1}$。试计算 298K 时，在酶的催化下，H_2O_2 的分解速率为原来的多少倍？

6. 在 791K 时，反应 $CH_3CHO=CH_4+CO$ 的活化能为 $190kJ \cdot mol^{-1}$，加入 I_2 作催化剂约使反应速率增大 4×10^3 倍，计算反应在有 I_2 存在时的活化能。

7. 已知下列反应在 1362K 时的平衡常数：

① $H_2(g)+\frac{1}{2}S_2(g)=H_2S(g)$ $\quad K_1^{\ominus}=0.80$

② $3H_2(g)+SO_2(g)\rightleftharpoons H_2S(g)+2H_2O(g)$ $\quad K_2^{\ominus}=1.8\times10^4$

计算反应③ $4H_2(g)+2SO_2(g)\rightleftharpoons S_2(g)+4H_2O(g)$在 1362K 时的平衡常数 $K^{\ominus}$。

8. 在 800K 下，某体积为 1L 的密闭容器中进行如下反应

$$2SO_2(g)+O_2(g)\rightleftharpoons 2SO_3(g)$$

$SO_2(g)$ 的起始量为 $0.4mol \cdot L^{-1}$，$O_2(g)$ 的起始量为 $1.0mol \cdot L^{-1}$，当 80%的 SO_2 转化为 SO_3 时反应达平衡，求平衡时三种气体的浓度及平衡常数。

9. 在 523K 下，PCl_5 按下式分解 $PCl_5(g) \rightleftharpoons PCl_3(g) + Cl_2(g)$，将 0.7mol 的 PCl_5 置于 2L 密闭容器中，当有 0.5mol PCl_5 分解时，体系达到平衡，计算 523K 时反应的 $K^{\ominus}$ 及 PCl_5 分解率。

10. 反应 $C(s)+CO_2(g)\rightleftharpoons 2CO(g)$

在 1773K 时 $K_1^{\ominus}=2.1\times10^3$，1273K 时 $K_2^{\ominus}=1.6\times10^2$，计算：

① 反应的 $\Delta_r H_m^{\ominus}$，并说明该反应是吸热反应还是放热反应；

② 计算 1773K 时反应的 $\Delta_r G_m^{\ominus}$；

③ 计算反应的 $\Delta_r S_m^{\ominus}$。

11. 在 763K 时反应 $H_2(g)+I_2(g) \rightleftharpoons 2HI(g)$ $K^{\ominus}=45.9$，H_2、I_2、HI 按下列起始浓度混合，反应将向何方向进行？

实验序号	c_{H_2}/mol·L^{-1}	c_{I_2}/mol·L^{-1}	c_{HI}/mol·L^{-1}
1	0.060	0.400	2.00
2	0.096	0.300	0.500
3	0.086	0.263	1.02

12. Ag_2O 遇热分解 $2Ag_2O(s) \rightleftharpoons 4Ag(s)+O_2(g)$，298K 时，$Ag_2O$ 的 $\Delta_f H_m^{\ominus}=-30.59$kJ·mol^{-1}，$\Delta_f G_m^{\ominus}=-10.82$kJ·mol^{-1}。求：

① 298K 时，$Ag_2O(s)$-Ag 体系的 p_{O_2}；

② Ag_2O 的热分解温度，已知在分解温度时 $p_{O_2}=100$kPa。

扫码查看重难点

第3章 原子结构与元素周期律

3.1 原子的组成

分子是构成物质的最小单元，而原子是构成分子的基本单元。在1881年汤姆逊发现电子、1900年卢瑟福发现质子的基础上，卢瑟福在1911年提出了有核原子模型（也称行星式模型），正确回答了原子的组成问题。其基本论点如下：原子由原子核和核外电子组成，原子核带正电荷，并位于原子中心，电子带负电，在原子核周围空间高速运动，整个原子是电中性的。随着现代科学技术的发展，1932年查德威克又在原子核内发现了与质子质量相当但是呈电中性的中子，证明了原子核是由质子（正电荷）和中子（电中性）组成。

原子组成微粒的质量关系：原子核集中了原子全部（99.9%以上）质量，而体积仅为原子体积的$1/10^{12\sim15}$，所以原子核的密度高达$1\times10^{13}\,g\cdot cm^{-3}$（一般物质的密度只有$1\times10^{10}\,g\cdot cm^{-3}$数量级）。根据爱因斯坦（Einstein）的质能方程可以算出，原子核内蕴藏着异常巨大的潜能。原子正是通过其巨大质量的核和核电荷对化学反应施加影响。因此，原子核的性质决定了原子的种类和性质。

原子组成微粒的电荷关系：根据原子及其内部微粒的电荷关系，英国人莫斯莱（Moseley）研究证明：原子核内的质子数和核外的电子数都恰好等于原子序数，即：

$$原子序数(Z)=核内质子数=核电荷数=核外电子数$$

也就是说，质子数相同的原子属于同种元素。但质子数相同的原子，中子数不一定相同，这意味着同种元素中可能含有不同的原子。

3.2　原子核外电子的运动状态

3.2.1　核外电子的量子化特征

物质在性质上的不同是由物质内部结构引起的。研究原子光谱是了解原子性质和结构的最重要手段之一。在化学反应中，原子核并不发生变化，只有核外电子的运动状态发生变化。原子核外电子的分布规律和运动状态等问题的解决，以及近代原子结构理论的确立是从氢原子光谱实验开始的。

1. 原子光谱

任何一种元素的气态原子在高温火焰、电火花的作用下均能发光，经三棱镜分光后可以得到一种由一系列线条构成的特征的线性光谱。不同种类的原子所发射的光谱不同，同种类原子发射的光谱相同。

氢原子光谱是最简单的原子光谱，将氢气在高压下激发，氢原子在电场的激发下发光，光线经狭缝，再通过棱镜可得氢原子光谱，如图 3-1 所示。

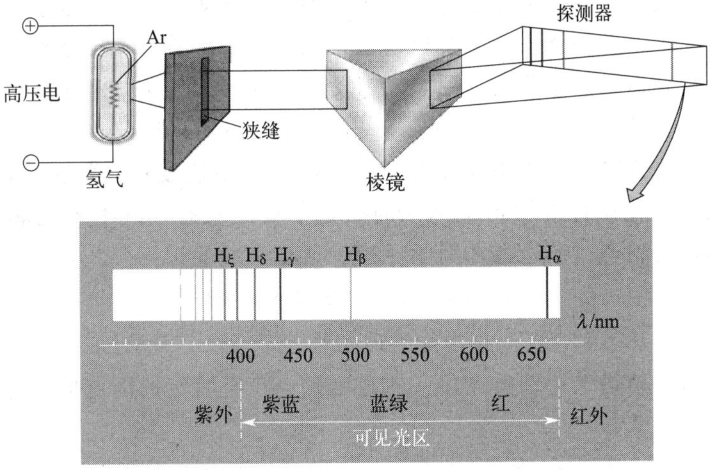

图 3-1　可见光区氢原子光谱

氢原子光谱是不连续的，在可见光范围只看到四条不同的谱线，分别为红色（656.3nm）、青色（486.1nm）、蓝紫色（434.0nm）、紫色（410.2nm）。然而这些谱线符合下列规律：

$$\frac{1}{\lambda}=1.097373\times10^{7}\left(\frac{1}{2^{2}}-\frac{1}{n^{2}}\right)$$

当 $n=3$、4、5、6 时，由上式可算出上述四条谱线的波长。

2. 普朗克量子论

无反射能力的物体称（绝对）黑体，黑体向四周辐射的能量称为辐射能。按照经典理论的观点，谐振子的能量和它的振幅平方成正比，振子的振幅是连续变化的，因而振子的能量也是连续变化的。然而，根据物理量连续变化的这种传统观念，总是不能圆满解释黑体辐射实验曲线。

为此，1900 年，普朗克（M. Planck）首先提出了著名的、当时被誉为物理学上一次革命的量子化理论。普朗克认为：如果某一物理量的变化是不连续的，而是以某一最小单位作跳跃式的增减，这一物理量就是量子化的，其变化的最小单位就叫做这一物理量的量子。

在黑体辐射（或吸收）能量的过程中，能量的变化是不连续的，而是最小能量单元的整数倍：

$$E_n = nE \qquad n=1,2,3,\cdots,\text{正整数}$$

能量的这种不连续性，称（能量）量子化，最小能量单元称为（能）量子。由于它与黑体辐射的频率成正比，相当于一个光子的能量，又称为光量子：

$$E = h\nu$$

式中，E 为光子的能量；ν 为光的频率；h 为普朗克常量，其值为 $6.626\times10^{34}\,\text{J}\cdot\text{s}^{-1}$。量子化的概念只在微观领域里才有意义，量子化是微观领域的重要特征。在宏观世界中，以一个光子的能量为单位去计算能量是没有意义的。

3. 玻尔理论

1913 年，丹麦物理学家玻尔（Bohr）在卢瑟福原子结构的“行星式模型”基础上，引入了普朗克的量子化概念，比较满意地解释了氢原子光谱规律，玻尔理论的要点如下：

(1) 核外电子不是在任意轨道上绕核运动，而是在一些符合一定条件的特定轨道上（有确定的半径和能量）运动。这些轨道的角动量 p，必须等于 $h/(2\pi)$ 的整倍数。即

$$p = mvr = nh/(2\pi) \quad n=1,2,3,\cdots,\text{正整数。}$$

式中，n 称为量子数；m 为电子质量；v 为电子运动速度；r 为电子运动轨道的半径。电子在这些符合量子化条件的轨道上运动时，处于稳定状态，既不吸收能量，也不放出能量，这些轨道叫定态轨道。结合经典力学原理，轨道半径的计算公式：

$$r_n = a_0 n^2 \quad n=1,2,3,\cdots,\text{正整数}$$

其中，$a_0 = 52.9\text{pm} = 52.9\times10^{-12}\text{m}$，称为玻尔半径。

(2) 电子在这些轨道上运动时，每一轨道上的电子有特定的能量值，称为能级。氢原子核外电子能量计算公式：

$$E_n = -R_H/n^2 \qquad n=1,2,3,\cdots,\text{正整数}$$

其中，$R_H = 13.6\text{eV} = 2.179\times10^{-18}\text{J}$。

这些轨道能量不连续，每一轨道对应不同 n 值，n 值越大，轨道半径越大，电子能量也高。能量最低的轨道称为基态原子轨道，离核较远、能量较高的轨道称为激发态原子轨道。

(3) 通常原子中的电子尽可能在离核最近、能量最低的轨道上运动，这时原子处于能量较低的状态称为基态。当原子通过光照、受热或受到辐射时，核外电子获得能量可以跃迁到离核较远（能量较高）的轨道上去，这时原子处于能量较高的状态称为激发态。激发态的电子不稳定，它会发生辐射放出特定频率的光子，直接或逐级回到能量最低的基态。电子由一个能级改变到另一个能级时称为跃迁，电子跃迁所吸收或辐射的光子能量等于跃迁后的能级 E_2 与跃迁前能级 E_1 的差值，

$$E_{\text{辐射}} = \Delta E = E_2 - E_1 = -R_H[(1/n_2)^2 - (1/n_1)^2]$$

由 $E_{辐射}=h\nu$ 可以计算光谱的频率（ν）。由 $\lambda=c/\nu$ 可以计算光的波长（λ），其中 c 为光速，$c\approx3\times10^{8}\,m\cdot s^{-1}$。

玻尔理论的贡献：玻尔理论提出能级的概念，引入量子化条件，成功地解释了氢原子的稳定性和氢原子的线状光谱。原子在正常状态下，核外电子运动处于能量最低的基态，此时电子既不吸收能量，也不释放能量，因而不会落到原子核上，从而导致原子湮灭，所以原子可以稳定存在。当氢原子受到激发而跃迁时，电子跃迁所吸收或辐射的能量光子的能量等于电子跃迁前后两轨道的能级差，轨道的能量是不连续的，能级差与光子特定频率相对应，所发出或吸收的光也是不连续的特定频率。

玻尔理论的缺陷：该模型是建立在“量子化假设加经典物理学”基础上，将电子看成经典力学中的粒子，认为电子是在一些固定的轨道上运动，因而没有完全脱离宏观物体运动规律的框架，没能充分反映微观粒子的特性和运动规律。不能圆满解释除氢原子以外的多电子原子线状光谱的规律性，无法解释原子光谱的精细结构（用更精密的分光仪来研究氢原子的线状光谱时，发现原来的每条谱线是由几条更细的谱线组成）。

3.2.2 微观粒子的波粒二象性

1. 光的波粒二象性

1680 年，牛顿（I. Newton）提出了光的粒子说；1690 年，惠更斯（C. Huygens）提出了光的波动说，它们都能解释光的折射和反射现象。19 世纪，人们发现了光的干涉和衍射，使用粒子说难以解释该现象，波动说一度占据上风。1905 年爱因斯坦受普朗克量子假说启发，提出了光子学说，认为光既是一种波，也有粒子性。光子学说的要点：光不仅在黑体表面交换能量时，是一份一份进行的，是不连续的，而且在空间传播时，也是不连续的，是一份一份地进行的。光波是一个个不可分割的粒子聚集而成的整体。其最小单位是光量子，简称光子（photon）。一个光子的能量 $E=h\nu$，结合相对论中的质能定律 $E=mc^2$，可以推导出光子的频率（ν）、波长（λ）和能量（E）、动量（p）之间的关系：

$$p=\frac{h}{\lambda}$$

$$m=\frac{E}{c^2}=\frac{h\nu}{c^2}$$

上述等式显示，光不仅具有频率（ν）、波长（λ）等波动性的特征，也具有能量、动量、质量等微粒性的特征。光的这种双重属性被称为光的波粒二象性。波粒二象性是光的属性，在一定的条件下，波动性比较明显，例如光在空间传播过程中发生的干涉、衍射现象就突出表现了光的波动性；在另一种条件下，粒子性比较明显，如光与实物接触进行能量交换时，就突出地表现出光的粒子性，发生光的吸收、发射、光电效应时就是如此。

2. 核外电子的波粒二象性

德布罗意（L. V. De Broglie）早在 1924 年提出：波粒二象性不只是光才有的特性，而是一切微观粒子共有的本性。并提出德布罗意关系式：

$$\lambda=\frac{h}{p}=\frac{h}{mv}$$

计算发现：只有当实物粒子的德布罗意波长大于或等于其直径时，才既能显示波动性，又能显示粒子性，即具有波粒二象性；对于波长小于直径的那些粒子，粒子性掩盖了波动性，即只显示粒子性。波粒二象性是微观粒子的特性。

例 3-1 一颗直径为 10^{-2}m、质量为 10g 的子弹以 $1000\text{m}\cdot\text{s}^{-1}$ 的速度运行。又已知电子的直径为 2.8×10^{-15}m，质量为 9.11×10^{-31}kg，在 100V 电场加速，根据其动能可求出电子的运动速率为 $5.93\times10^{7}\text{m}\cdot\text{s}^{-1}$。分别计算飞行的子弹和高速旋转的电子的物质波的波长，并讨论它们的运动是否具有波动性。

解：根据公式 $\lambda=h/(mv)$，几种粒子的波动性如下：

粒子	m/kg	d/m	$v/\text{m}\cdot\text{s}^{-1}$	λ/m	波动性
电子	9.11×10^{-31}	2.8×10^{-15}	5.93×10^{7}	7.3×10^{-11}	显著
子弹	10^{-2}	10^{-2}	10^{3}	6.6×10^{-35}	没有

1927 年，美国物理学家戴维逊（C. J. Davisson）和英国物理学家汤姆森（G. P. Thomson）分别获得了金属晶体的电子衍射图。当把电子束射向金属晶体镍的箔片时，在屏幕上获得了明暗交替的衍射环，说明电子运动与光相似，具有波动性，因而证实了电子的波粒二象性。同时，大量事实进一步证明了微观粒子如质子、中子等也具波粒二象性，因而人们确信波粒二象性也是微粒的本质属性之一。

德布罗意关系式的内涵：所谓微观粒子的波动性，是指粒子的运动在某种条件下，会产生干涉和衍射等波动现象，但不意味着物理量在介质中的传播（否则就是经典波）；所谓微观粒子的粒子性，是指在与物质相互作用时，能显示能量、质量和动量等粒子属性，但它不存在沿一定轨道运动的观点（否则是经典粒子）。

3.2.3 微观粒子运动的统计性

根据经典力学，对于运动中的宏观物体，我们可以准确测定其运动速度和位置。但对于微观粒子，由于波粒二象性特征，经典力学的描述方法已不再适用。1927 年，德国物理学家海森堡（W. K. Heisenberg）提出微观粒子的运动符合不确定性原理（uncertainty principle)，又称测不准原理：

$$\Delta x\cdot\Delta p\geqslant\frac{h}{4\pi}$$

式中，Δx 为微观粒子的位置测定误差；Δp 为其动量不确定量。

由此可知，电子的空间坐标运动速度的不确定量存在着一种相互制约的关系。必须指出，这里讨论的不确定量不是因为测量技术不够精确，而是由于微观粒子的波粒二象性导致其运动具有内在固有的不可测定性。玻尔理论认为氢原子中电子的位置和速度都可精确计算，违反了测不准原理。对于微观粒子的运动，虽然不能同时准确地测出单个粒子的位置和动量，但它在空间某个区域内出现的机会的多少，却是符合统计性规律的。例如，从电子衍射的环纹看，明纹就是电子出现机会多的区域，而暗纹就是电子出现机会少的区域。所以说电子的运动可以用统计性的规律去进行研究。这就是说，宏观物体的运动具有确定的轨道，服从经典力学，而微观物体的运动不具有确定的轨道，只有一定的空间概率分布，服从量子力学，其分界线就是测不准原理。

3.2.4 薛定谔方程与波函数

由于电子等微观粒子具有波粒二象性，是物质波，受不确定关系的限制，微观粒子的运动不能用经典力学，而应该用量子力学的方法进行处理。奥地利物理学家薛定谔（Schrödinger）根据德布罗意关于物质波的观点，将经典光波方程改造后提出薛定谔方程，其形式如下：

$$\frac{\partial^2 \psi}{\partial x^2}+\frac{\partial^2 \psi}{\partial y^2}+\frac{\partial^2 \psi}{\partial z^2}=-\frac{8\pi^2 m}{h^2}(E-V)\psi(x,y,z)$$

式中，ψ 为电子运动状态的波函数；m 为电子的质量；h 为普朗克常数；E 为系统的总能量，它等于势能与动能之和；V 是系统的总势能，表示原子核对电子的吸引能。

薛定谔方程的意义为，在量子力学中是用波函数和与其对应的能量来描述微观粒子的运动状态的。对于一个质量为 m，在势能等于 V 的势场中运动的微粒来说，有一个与微粒运动状态相联系的波函数 ψ，该波函数服从上述薛定谔方程。此方程的每一个合理的解 ψ 表示微粒运动的某一定态，与此相对应的 E 就是微粒在这-定态的能量。

波函数 ψ 可用直角坐标表示为 ψ（x、y、z），也常变换为球坐标表示为 ψ（r、θ、φ）。如在直角坐标系空间中的任一点可以用坐标 ψ（x、y、z）来描述那样，在球坐标中任一点 P 可以用 ψ（r、θ、φ）来描述。设原子核位于坐标原点 O 上，P 为核外电子的位置，r 为从 P 点到球坐标原点 O 的距离（即电子离核的距离），θ 为 z 轴与 OP 间的夹角，φ 为 OP 在 xOy 平面上的投影 OP' 和 x 轴的夹角，两种坐标的关系如图 3-2 所示。

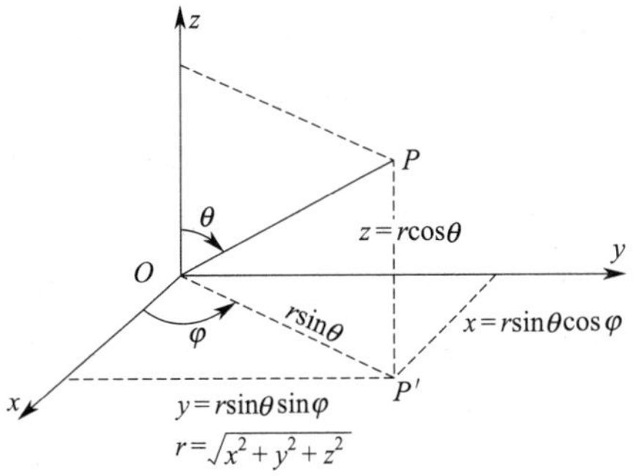

图 3-2　波函数直角坐标和球坐标的变换

虽然薛定谔方程建立了描述电子运动的波动方程，但其求解过程非常复杂，在这个方程中同时包含了两个需要求解的未知量：波函数 ψ 和能量 E，这在三维直角坐标中是无法求解的。后来人们发现，球标波函数可以通过分离变量变为两个函数的乘积 $\psi=R(r)\cdot Y$（θ、φ）。因此，在求解薛定谔方程时，先将波函数由直角坐标变换为球坐标，再分离变量，即将薛定谔方程变成方程 $R(r)$、Y（θ、φ）。为了保证解的合理性，解方程 $R(r)$ 时，应引入两个参数 n（主量子数）和 l（角量子数），且满足 $n=1$，2，3，…；$l=0$，1，2，…，$n-1$。解方程 Y（θ、φ）时引进参数 l（称为角量子，$l=0$，1，2，…，$n-1$）和参数 m（称为磁量子数，$m=0$，±1，±2，…，$\pm l$）；由解得的 $R(r)$、Y（θ、φ）即可求得波函数 ψ（r、θ、φ），从而可以解出不同 n、l、m 时的波函数 ψ 和对应的能量 E。

可见，薛定谔方程有无穷个解，只有符合某些条件的才是合理的解，每个合理的解都要受到三个量子数 n、l、m 的限定。ψ 的每个解（原子轨道）都有一定的能量 E 与之相对应。ψ 的每个解都可表示成两部分函数的乘积，即：$\psi=R(r)\cdot Y$（θ、φ），式中 $R(r)$ 只随半径 r 变化，称作径向波函数，由 n 和 l 决定；Y（θ、φ）只随角度 θ、φ 变化，称之为角度波函数，由 l 和 m 决定。

氢原子的若干波函数见表 3-1。

表 3-1　氢原子的若干波函数（a_0 为玻尔半径）

轨道	$\psi(r,\theta,\varphi)$	$R(r)$	$Y(\theta,\varphi)$
1s	$\sqrt{\dfrac{1}{\pi a_0^3}}\mathrm{e}^{-r/a_0}$	$2\sqrt{\dfrac{1}{a_0^3}}\mathrm{e}^{-r/a_0}$	$\sqrt{\dfrac{1}{4\pi}}$
2s	$\dfrac{1}{4}\sqrt{\dfrac{1}{2\pi a_0^3}}\left(2-\dfrac{r}{a_0}\right)\mathrm{e}^{-r/2a_0}$	$\sqrt{\dfrac{1}{8\pi a_0^3}}\left(2-\dfrac{r}{a_0}\right)\mathrm{e}^{-r/2a_0}$	$\sqrt{\dfrac{1}{4\pi}}$
$2\mathrm{p}_z$	$\dfrac{1}{4}\sqrt{\dfrac{1}{2\pi a_0^3}}\left(\dfrac{r}{a_0}\right)\mathrm{e}^{-r/2a_0}\cos\theta$	$\sqrt{\dfrac{1}{24a_0^3}}\left(\dfrac{r}{a_0}\right)\mathrm{e}^{-r/2a_0}$	$\sqrt{\dfrac{3}{4\pi}}\cos\theta$
$2\mathrm{p}_x$	$\dfrac{1}{4}\sqrt{\dfrac{1}{2\pi a_0^3}}\left(\dfrac{r}{a_0}\right)\mathrm{e}^{-r/2a_0}\sin\theta\cos\varphi$	$\sqrt{\dfrac{1}{24a_0^3}}\left(\dfrac{r}{a_0}\right)\mathrm{e}^{-r/2a_0}$	$\sqrt{\dfrac{3}{4\pi}}\sin\theta\cos\varphi$
$2\mathrm{p}_y$	$\dfrac{1}{4}\sqrt{\dfrac{1}{2\pi a_0^3}}\left(\dfrac{r}{a_0}\right)\mathrm{e}^{-r/2a_0}\sin\theta\sin\varphi$	$\sqrt{\dfrac{1}{24a_0^3}}\left(\dfrac{r}{a_0}\right)\mathrm{e}^{-r/2a_0}$	$\sqrt{\dfrac{3}{4\pi}}\sin\theta\sin\varphi$

3.2.5　原子轨道与电子云

原子中电子的波函数 ψ 是描述电子云运动状态的数学表达式，其空间图像可以形象地理解为电子运动的空间范围，俗称“原子轨道”。但微观粒子的运动根本不存在实际轨道，这里只是借用轨道这个术语。

$|\psi|^2$ 的空间图像表示核外空间某处单位体积内电子出现的概率，称为概率密度。概率密度 $|\psi|^2$ 仍然是非常复杂的函数式，为了形象地表示核外电子运动的概率分布情况，化学上惯用小黑点分布的疏密表示电子出现概率密度的相对大小。小黑点较密的地方，表示概率密度较大，单位体积内电子出现的机会多。用这种方法来描述电子在核外出现的概率密度分布所得的空间图像称为电子云。

通常用图解的方法直观地理解轨道函数 ψ（r、θ、φ）和电子云 $|\psi|^2$（r、θ、φ）的分布情况，分别称为原子轨道图和电子云图。

1. 角度分布图

在球形坐标系中，将 ψ（r、θ、φ）分解为径向分布函数 $R(r)$ 和角度分布函数 Y（θ、φ）。将角度函数 Y（θ、φ）对角度（θ、φ）作图，得原子轨道的角度分布图（Y 图）；Y^2（θ、φ）对角度（θ、φ）作图，得电子云的角度分布图（Y^2 图）。几种电子的原子轨道和电子云的角度分布图示于图 3-3 中。

波函数（原子轨道）与电子云的角度分布图的区别与联系：

① 由于角度波函数 Y 只与量子数 l、m 有关，而与主量子数 n 无关。因此，对于 l、m 相同而 n 不同的状态，波函数和电子云的角度分布图都分别是相同的。

② 由于 Y（p_z）值有正负值，故它的图上对应位置分别标注了正负号，该符号可用于判断共价键的方向性。而 Y^2（p_z）值都是正值，故它的图形无正负号之分。

③ 由于 Y^2（p_z）值小于对应的 Y（p_z）值，所以电子云的角度分布图比波函数的角度分布图“瘦”些。

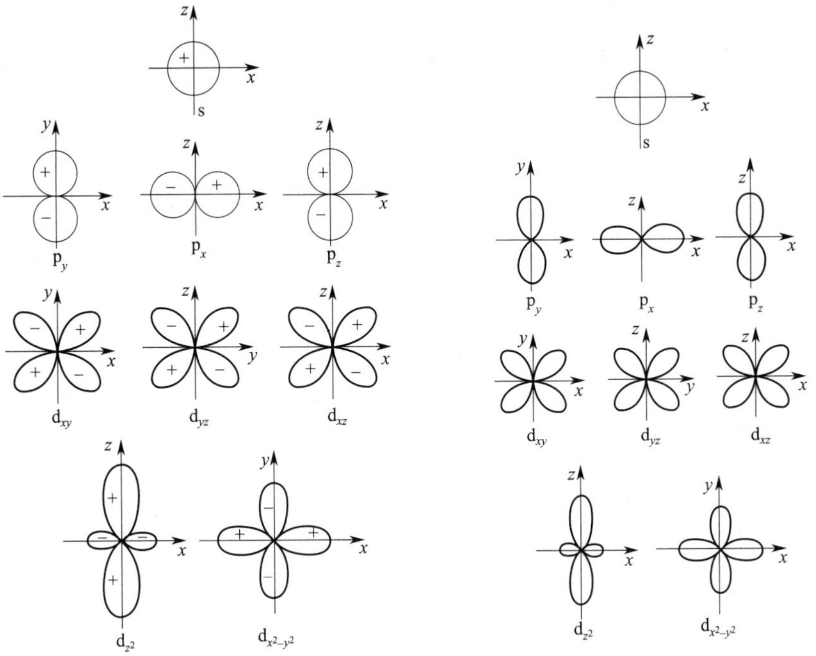

图 3-3 几种电子的原子轨道（左图）和电子云（右图）的角度分布图

例 3-2 绘制 $2p_z$ 原子轨道的角度分布图。

解： 在解薛定谔方程时取量子数 $n=2$，$l=1$，$m=0$，解得 $2p_z$ 原子轨道的波函数 $\psi_{2,1,0}$，然后分离变量，得角度函数

$$Y_{p_z}=\sqrt{\frac{3}{4\pi}}\cdot\cos\theta$$

然后 θ 依次取值 0°、30°、60°、90°、120°、150°、180°，计算出相应角度函数 Y（表 3-2）；

表 3-2 不同 θ 角的 Y 值（令 $\sqrt{\frac{3}{4\pi}}=c$）

θ	0°	30°	60°	90°	120°	150°	180°
$\cos\theta$	1	$\frac{\sqrt{3}}{2}$	$\frac{1}{2}$	0	$-\frac{1}{2}$	$-\frac{\sqrt{3}}{2}$	-1
Y	$1.00c$	$0.87c$	$0.50c$	0	$-0.50c$	$-0.87c$	$-1.00c$

在直角坐标系中，以角度函数 Y 对 θ 作图，即可得到 $2p_z$ 原子轨道的角度分布图（图 3-4）：

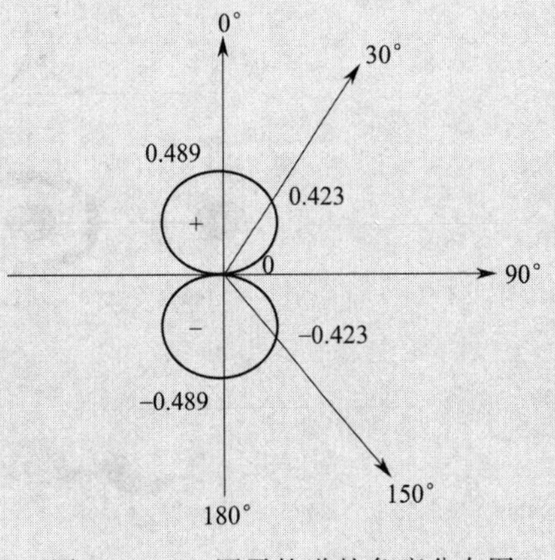

图 3-4 $2p_z$ 原子轨道的角度分布图

2. 电子云径向分布图

将径向波函数 $R(r)$ 对半径（r）作图，得原子轨道的径向分布图（R 图）；将 Y 图和 R 图叠加得原子轨道图形。对于电子云径向分布图，考虑一个在一个以原子核为球心、半径为 r、单位厚度为 dr 的极薄的球壳夹层，其体积为 $4\pi r^2 dr$，该处的概率密度为 $R^2(r)$，这个球壳夹层内电子出现的概率为 $4\pi r^2 dr\cdot R^2(r)$。将 $4\pi r^2 dr\cdot R^2(r)$ 除以厚度 dr，即得单

位厚度球壳夹层内电子出现的概率 $4\pi r^2\mathrm{d}r\cdot R^2(r)$。令 $D(r)=4\pi r^2\mathrm{d}r\cdot R^2(r)$，$D(r)$ 是 r 的函数，称为电子云径向分布函数。则函数 $D(r)$ 对半径 r 作图，得电子云的径向分布图（D 图）。图 3-5 为氢原子的电子云径向分布图。

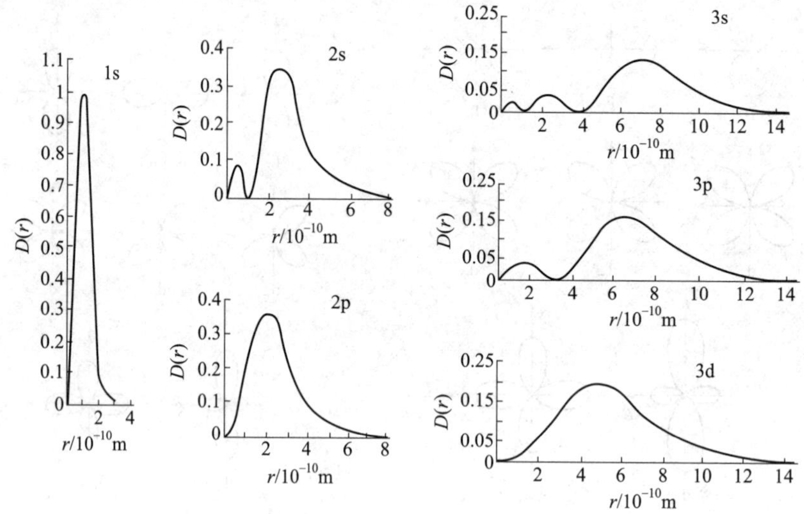

图 3-5　氢原子电子云径向分布图

电子云径向分布函数图（D 图）的特点：

（1）随着主量子数的增大，最大概率半径增大。

（2）曲线的峰数等于 $n-l$。n 一定时 l 值越大，峰数越少。将电子云径向分布图（D 图）与电子云的角度分布图（Y^2 图）叠加，便得到电子云图，几种电子的电子云图示于图 3-6。

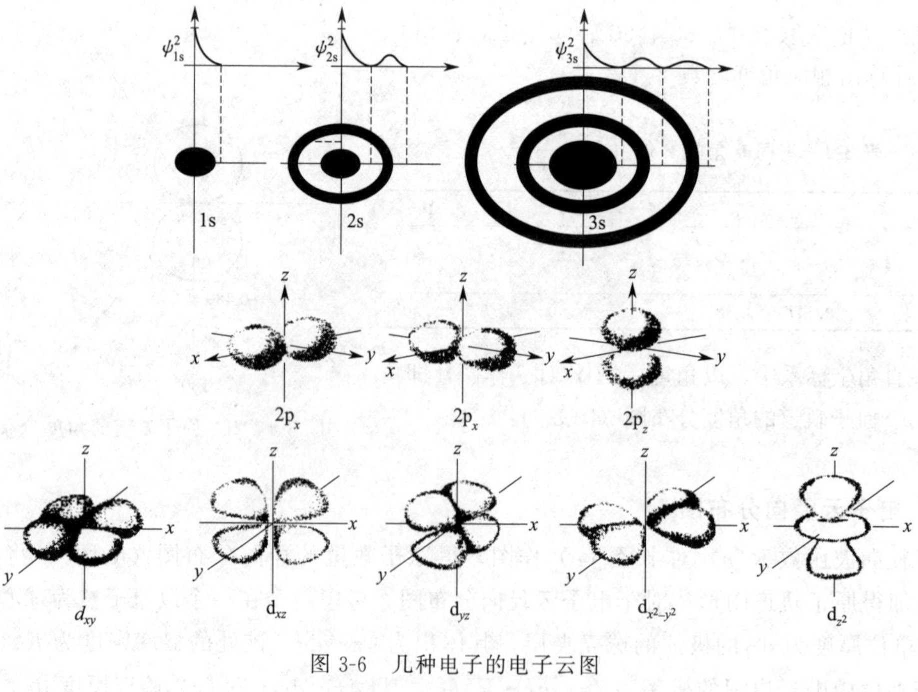

图 3-6　几种电子的电子云图

3.2.6　四个量子数

薛定谔方程合理的解受到三个量子数 n、l、m 的限制，当 n、l、m 三个量子数取一定的值时，就确定了一个波函数，即确定了一个原子轨道。

1. 主量子数（n）

主量子数（n）是波函数径向部分参数，表示电子出现最大概率区域离核的远近和原子轨道能量的高低。n 的取值可取从 1 开始的正整数，即 $n=1$，2，3，…。n 也表示电子层，n 值越小，表示电子出现概率最大的区域离核越近，是离核越近的电子层；n 值越大，表示电子出现概率最大的区域离核越远，是离核越远的电子层。在光谱学上用一套大写字母表示电子层，其对应关系为：

主量子数(n)	1	2	3	4	5	6	7
电子层：	第一层	第二层	第三层	第四层	第五层	第六层	第七层
电子层符号：	K	L	M	N	O	P	Q

由于电子的能量与离核的距离直接有关，电子处在不同的电子层．其能量也就不同。主量子数 n 是决定电子能量高低的主要因素。n 值越小，电子的能量越低。随着 n 值的增大，电子的能量也相应地升高。对于氢原子来说．电子的能量完全取决于 n 值的大小，与电子亚层无关。

$$E_n=-2.179\times10^{-18}(1/n^2)(\mathrm{J})=-13.6(1/n^2)(\mathrm{eV})$$

对于多原子来说，电子能量除了主要与 n 有关以外，还与电子亚层有关。

2. 角量子数（l）

轨道角动量量子数（l），简称角量子数，是波函数径向部分和角度部分的参数。同一电子层内电子的运动状态和能量还会稍有不同，所以原子轨道的形状也不同，即同一电子层还可以分为几个不同的亚层。角量子数 l 是用来表示电子所处的亚层和相应原子轨道形状的参数，l 取值受 n 的限制，对给定的 n，l 取 0 到（$n-1$）的正整数，共有 n 个值，即 $l=0$，1，2，…，$n-1$，目前发现的元素原子的亚层数最高仅为 4。l 取值与 n 的对应关系如表 3-3。

表 3-3　l 和 n 的对应关系

n	1	2	3	4
l	0	0,1	0,1,2	0,1,2,3

每个 l 值代表 1 个电子“亚层”，不同亚层的原子轨道形状不同。如 $l=0$ 为 s 亚层，电子云图像是球形；$l=1$ 代表 p 亚层，电子云图像为两个对称的椭球（哑铃形）；$l=2$ 代表 d 亚层，电子云图像为花瓣形。l 值与其对应的光谱符号和形状的对应关系如表 3-4。

表 3-4　l 值与其对应的光谱符号和形状的对应关系

l	0	1	2	3
亚层符号	s	p	d	f
原子轨道或电子云形状	球形	哑铃形	花瓣形	花瓣形

通常亚层用 n 值和亚层符号的结合来表示，如 1s，2s，2p，3s，3p，3d…。多电子原子轨道的能量与 n、l 有关，同一电子层，l 值越大，该电子亚层的能级越高，如 $E_{ns}<E_{np}<E_{nd}$。

3. 磁量子数（m）

磁量子数（m）是波函数角度部分的参数。原子轨道不仅形状不同，同一种形状还有不同的伸展方向，所以在原子精细光谱图中会看到更多的分裂线。一种伸展方向代表一个轨道，所以同一亚层在空间伸展方向不同，也可以有一个或多个原子轨道。磁量子数 m 是描述原子轨道在空间的伸展方向的量子数。m 的值受 l 的限制，对给定的 l，$m=0$，±1，±2，…，$\pm l$，共有（$2l+1$）个，每一个 m 值代表一个具有某种空间取向的原子轨道。l 相同时，m 不同的轨道在能量上完全相同，这些轨道称为简并轨道或等价轨道。m 值与 l 的对应关系见表 3-5。

表 3-5　m 值与 l 值的对应关系

l	m	空间运动状态数
0	0	s 轨道，一种
1	+1，0，−1	p 轨道，三种
2	+2，+1，0，−1，−2	d 轨道，五种
3	+3，+2，+1，0，−1，−2，−3	f 轨道，七种

4. 自旋量子数（m_s）

主量子数、角量子数、磁量子数决定了一个原子轨道，是解薛定谔方程需要引入的。人们在用高分辨率的光谱仪研究光谱时发现，每一条光谱都由两条非常接近的光谱线组成。为了解释这一现象，1925 年乌伦贝克（G. Uhlenbeck）和哥德斯密特（S. Goudsmit）根据前人实验提出了电子自旋的概念，认为电子除绕核运动外，还有绕自身的轴旋转的运动，称自旋。为了描述核外电子的自旋状态，需要引入第四个量子数（自旋量子数 m_s）。电子在空间的自旋状态有两种，用自旋量子数 $m_s=+1/2$ 和 $m_s=-1/2$ 这两个数值表示，其中每一个值表示电子的一种自旋方向（如顺时针或逆时针方向）。

由以上四个量子数来描述电子在原子核外的运动状态，一组量子数（n、l、m、m_s）可分别表示一个电子所处的电子层、电子亚层、空间伸展方向和自旋方向：n 决定电子及它所处轨道的能量和离核的远近，l 决定原子轨道的形状（电子亚层），n 与 l 共同决定多电子原子轨道的能量，m 决定原子轨道在空间的伸展方向。n、l、m 共同决定一个原子轨道，即轨道所处的电子层、亚层和空间伸展方向。m_s 表示电子自旋方向，n、l、m、m_s 决定电子的运动状态，即电子所在的原子轨道及电子的自旋方向。由于一个原子轨道最多只能容纳自旋方向相反的两个电子，所以每个电子层最多容纳的电子总数为 $2n^2$ 个。4 个量子数和原子轨道间的相互关系，列于表 3-6。

表 3-6　量子数和原子轨道间的相互关系

n	l	亚层符号	m	轨道数	m_s	电子最大容量
1	0	1s	0	1	±1/2	2
2	0	2s	0	1 } 4	±1/2	2 } 8
	1	2p	0，±1	3	±1/2	6
3	0	3s	0	1 } 9	±1/2	2 } 18
	1	3p	0，±1	3	±1/2	6
	2	3d	0，±1，±2	5	±1/2	8
4	0	4s	0	1 } 16	±1/2	2 } 32
	1	4p	0，±1	3	±1/2	6
	2	4d	0，±1，±2	5	±1/2	10
	3	4f	0，±1，±2，±3	7	±1/2	14

3.3 多电子原子的结构及核外电子的排布

3.3.1 多电子原子轨道的能级

氢原子轨道的能级只取决于主量子数，但对于多电子原子，电子不仅受到原子核的吸引而且还存在电子之间的排斥，使得原子轨道能级关系较为复杂，其薛定谔方程很难精确求解，所以采用氢原子轨道求解的方法来近似处理多电子原子中电子的运动状态，得到多电子原子的近似能级。

1. 屏蔽效应

在多电子原子中，电子间的排斥作用与原子核对电子的吸引作用相反，相当于其它电子屏蔽了原子核，从而抵消了核的部分正电荷对电子的吸引力。对某个电子 i 来说，它既受到核的吸引，又受到其余电子的排斥，这种排斥作用称为屏蔽效应。其它电子抵消核电荷越多，对电子 i 的屏蔽作用越强。抵消了的核电荷称为屏蔽常数 σ，它反映了电子间的排斥作用。余下的能吸引电子 i 的核电荷称为有效电荷，以 Z' 表示，

$$Z'=Z-\sigma$$

以 Z' 代替 Z，近似计算多电子原子中电子 i 的能量：

$$E=-R\times\frac{Z'^2}{n^2}=-R\times\frac{(Z-\sigma)^2}{n^2}$$

多电子原子中电子 i 的能量与 n、Z、σ 有关，屏蔽常数 σ 的大小既与电子 i 所处的状态有关，也与原子中其它电子的数目和状态有关。

对于不同电子层中的电子，屏蔽常数是不同的：

（1）外层电子对内层电子不产生屏蔽作用，外层电子对内层电子屏蔽常数 $\sigma=0$。

（2）同层电子间的屏蔽常数 $\sigma=0.35$，但是 1s 电子间屏蔽常数 $\sigma=0.30$。

（3）$n-1$ 层电子对 n 层电子的屏蔽常数 $\sigma=0.85$，$n-2$ 层以及更内层的电子对 n 层电子的屏蔽常数 $\sigma=1.00$。

例 3-3 计算铜原子中 4s 电子的 σ 及电子能级。

解：铜原子核外 29 个电子，电子排布为：$1s^2 2s^2 2p^6 3s^2 3p^6 3d^{10} 4s^1$。根据被屏蔽电子在 n 电子层上，则（$n-1$）电子层中的每个电子对被屏蔽的电子的 $\sigma=0.85$，而（$n-2$）层以及更内层的每个电子对被屏蔽电子的 $\sigma=1.00$。

$$\sigma=0.85\times18+1.00\times10=25.30$$

4s 电子能级：

$$E=-R\times\frac{(Z-\sigma)^2}{n^2}=2.18\times10^{-18}\times\frac{(29-25.30)^2}{4^2}=-1.86\times10^{-18}\text{J}$$

2. 穿透效应

n 相同（同层）而 l 不同的轨道，其电子云的径向分布情况不同，l 越小的轨道，其峰数越多（峰数$=n-1$），部分电子穿过内层而靠核更近，这种现象称为穿透作用。由于穿透

作用而引起电子能量降低的现象称为穿透效应。电子通过穿透效应能够回避其他电子对它的屏蔽作用，所感受到的有效核电荷 Z' 值越高，使能量降低。

例如，由 4s 和 3d 的电子云的径向分布图（图 3-7）可知，虽然 4s 电子的最大概率峰比 3d 的离核远得多，本应有 $E_{4s}>E_{3d}$，但由于 4s 电子的内层的小概率峰出现在离核较近处，对降低能量起很大的作用，因而 E_{4s} 在近似能级图中比 E_{3d} 小一些。

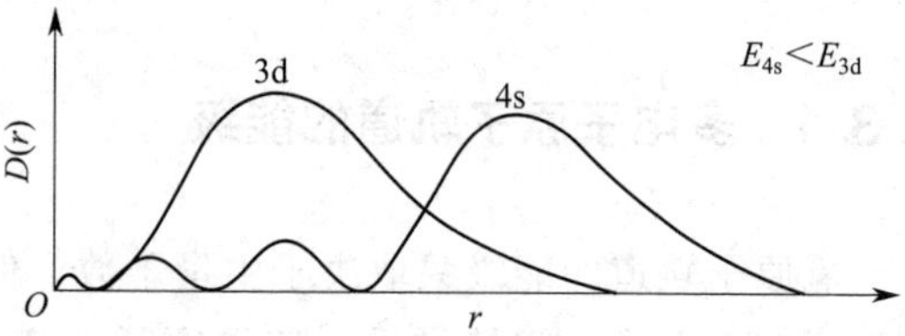

图 3-7　4s 和 3d 的电子云的径向分布图

一般来说，在同一原子中，原子轨道的角量子数 l 相同，主量子数 n 不同时，主量子数 n 越大，径向分布函数图的主峰离核越远，轨道能量越高；另一方面，主量子数 n 越大，已填入的内层轨道上的电子数就越多，外层电子受到屏蔽效应越大，有效核电荷越小，轨道能量越高：

$$E_{1s}<E_{2s}<E_{3s}<E_{4s}<\cdots$$
$$E_{2p}<E_{3p}<E_{4p}<\cdots$$

原子轨道的主量子数 n 相同，角量子数 l 不同时，角量子数 l 越小，径向分布函数图 $D(r)$ 的小峰的数量越多，电子穿透能力越强，电子云深入内层的概率越大，内层对它的屏蔽作用变小，轨道能量就愈低：

$$E_{3d}>E_{3p}>E_{3s}$$

原子轨道的主量子数 n 和角量子数 l 均不相同时，一般主量子数 n 越大，能级越高。但也有反常现象，如 $E_{4s}<E_{3d}$，这一现象称为能级交错。

3.3.2　近似能级图与近似能级公式

1. 鲍林原子轨道近似能级图

美国著名化学家鲍林（L. Pauling）根据光谱实验数据和量子力学计算得出，氢原子和类氢原子各个轨道的能量只与主量子数 n 相关；多电子原子各轨道的能量既与主量子数 n 相关，也角量子数 l 相关。鲍林确定了多电子原子中原子轨道能量的高低，将能量相近的能级划为一组，称为能级组，并排列于图 3-8，即鲍林原子轨道近似能级图。

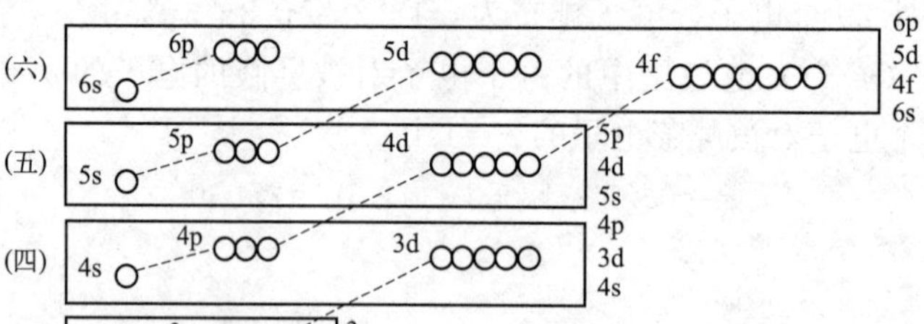

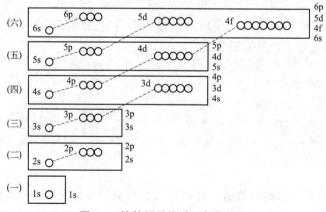

图 3-8　鲍林原子轨道近似能级图

对鲍林原子轨道近似能级图的几点解释：

（1）每一“○”代表一原子轨道，每一方框代表一能级组，同时在元素周期表中代表一周期，能级组的划分是造成元素周期表中元素划分为周期的本质原因。近似能级图中各原子轨道是按能量由低到高的顺序排列的，而不是按各轨道离原子核的远近排列，与玻尔理论不同。

（2）能级组内各轨道能量相近，不同能级组之间能量差别较大。三层以上的电子层中出现能级交错现象，对核外电子排布的影响很大。这是因为多电子原子轨道的能量同时取决于主量子数 n 和角量子数 l，将（$n+0.7\times l$）值中整数部分相同的原子轨道划为同一个能级组。

例如，4s、4p 和 3d 轨道划为同一个能级组：

4s　($n+0.7\times l$)＝4

3d　($n+0.7\times l$)＝3＋1.4＝4.4

4p　($n+0.7\times l$)＝4＋0.7＝4.7

其整数部分相同，归于同一能级组，但轨道的能量高低顺序为 $E_{4s}<E_{3d}<E_{4p}$。

（3）图 3-8 由光谱实验结合量子化学理论计算得到，为一近似图示。一般来讲，空轨道的能量排列符合此图，但真实原子中当各轨道填充电子之后，原子轨道的能量高低与此图相差较大，因此图 3-8 往往只是在填充电子时有用。

2. 科顿的原子轨道能级图

实际上，原子核外电子能量与原子序数有关。1962 年，美国无机化学家科顿（F. A. Cotton）根据原子结构的理论研究和实验结果，提出了轨道能量与元素原子序数的关系，见图 3-9。

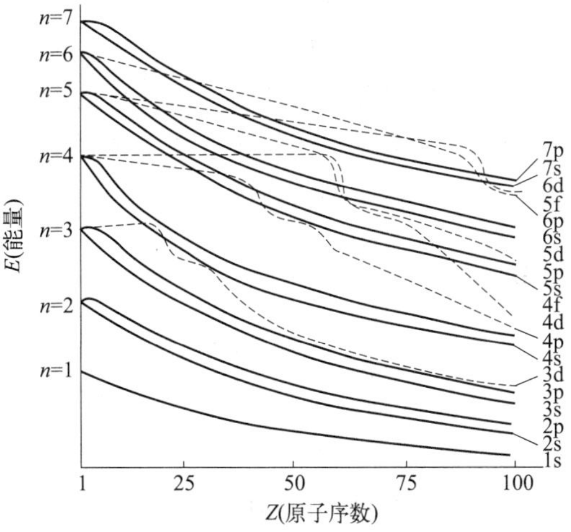

图 3-9　科顿原子轨道能级图

由图 3-9 可以清晰地看出：

（1）原子序数为 1 的氢元素，其原子轨道的能量只与主量子数 n 有关。

（2）原子轨道的能量随原子序数的增大而降低。随着原子序数的增加，核电荷数增加，核电子数增加，核对电子的吸引力增强，各原子轨道的离核距离减小，轨道能量降低。但不同轨道能量的下降幅度不同。例如 s、p 轨道能量是平缓下降，d、f 轨道能量却出现跳跃式降低，开始下降比较缓慢，甚至变化不大，但当原子序数增加至轨道上出现 d、f 电子时，d、f 轨道能量急剧下降。

（3）原子轨道有能级交错现象，如 4s 和 3d 轨道能量有交错。图 3-9 指出原子序数为 19、20 的 K 与 Ca，其 $E_{4s}<E_{3d}$。这可以解释为 4s 电子的穿透效应明显，导致了轨道能量的降低。但在原子序数为 21 的 Sc（恰恰在此处 3d 轨道开始填充电子），又变为 $E_{4s}>E_{3d}$，这是因 3d 电子的屏蔽效应超过了 4s 电子的钻穿效应对轨道能量的影响。第五和第六能级组中，能级交错现象更为复杂，一些元素的原子轨道能级排列次序比较特殊。

3.3.3 核外电子的排布规律

原子核外电子排布方式称为电子组态。基态原子的电子排布遵守下列三条规律：

1. 泡利（Pauli）不相容原理

同一原子中没有四个量子数完全相同的电子。即：同一原子中不可能有运动状态完全相同的 2 个电子，一个原子轨道最多排自旋方向相反的 2 个电子。由于 s、p、d、f 各亚层原子轨道数分别为 1、3、5、7，所以 s、p、d、f 各亚层最多容纳 2、6、10、14 个电子。每个电子层原子轨道的总数为 n^2 个，因此各电子层中电子的最大容量为 $2n^2$。

2. 能量最低原理

在不违背泡利不相容原理的前提下，核外电子总是尽可能地分布在能量最低的轨道上，使整个原子能量处于最低状态。即原子电子排布时，应当按照近似能级图的顺序，总是先占据能量最低的轨道。当低能量轨道占满后，才排入高能量的轨道，以使整个原子能量最低。例如：^{1}H 电子排布式：$1s^1$；^{2}He 电子排布式：$1s^2$；^{19}K：电子排布式 $1s^2 2s^2 2p^6 3s^2 3p^6 3s^1$。

3. 洪特（Hund）规则

两个电子在同一轨道，之间存在的排斥力比分散在不同轨道时的排斥力大。为使能量最低，电子在能量相同的轨道（简并轨道）上排布时，总是尽可能以自旋相同的方向，分占不同的轨道，因为这样的排布方式总能量最低。例如：C、N、O 的电子排布式，p 亚层上的电子尽可能分占不同的轨道。

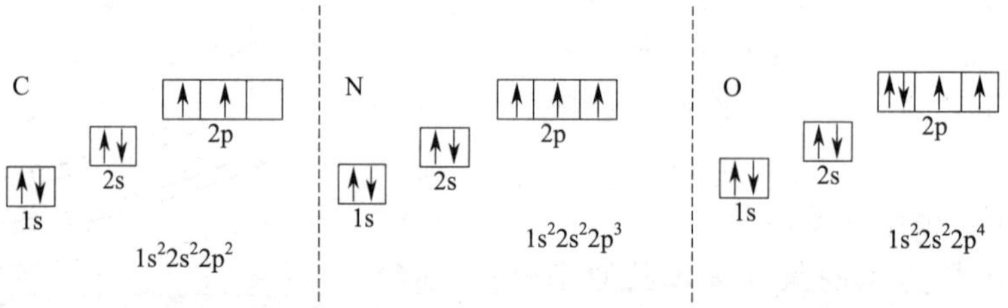

还需要注意洪特规则的特例：在一个亚层中，半充满状态（p^3、d^5、f^7）和全充满状态（p^6、d^{10}、f^{14}）时能量最低（原子核外电子的电荷在空间的分布呈球形对称，有利于降低原子的能量）。例如，^{24}Cr 核外电子排布式为：$1s^2 2s^2 2p^6 3s^2 3p^6 3d^4 4s^2$，但考虑洪特规则，实际的排布式为：$1s^2 2s^2 2p^6 3s^2 3p^6 3d^5 4s^1$。$^{29}Cu$ 核外电子排布式为：$1s^2 2s^2 2p^6 3s^2 3p^6 3d^9 4s^2$，但考虑洪特规则，实际的排布式为：$1s^2 2s^2 2p^6 3s^2 3p^6 3d^{10} 4s^1$。

根据原子轨道的近似能级图及核外电子排布的三条基本原则，可以得到任何一个元素基态原子的电子排布。电子在核外的排布情况，常称为电子层构型或电子层结构，简称电子构型。通常表示电子构型有两种方法，一种是轨道表示法，它用一个圆圈或一个小方格表示一个原子轨道，在它们的下面或上面注明该轨道的能级，用向上或向下的箭头表示电子的自旋状态。另一种表示电子构型的方法是在亚层（能级）符号的右上角用数字注明排列的电子数，例如 $3s^2$、$2p^6$、$3d^5$ 等。有时又为避免电子结构过长，通常把内层已达到稀有气体的电子层写成“原子芯（原子实）”，并以稀有气体符号加方括号表示。例如：^{3}Li 原子的电子排布式 $1s^2 2s^1$，可以简化为：[He] $2s^1$；^{20}Ca 原子的电子排布式 $1s^2 2s^2 2p^6 3s^2 3p^6 4s^2$，可以简化为：[Ar] $4s^2$。

3.4 元素周期律

3.4.1 原子核外电子层结构的周期性

元素的性质是其原子结构的反映。元素周期性是指元素的性质随着核电荷数的递增而呈现周期性变化的规律。随着原子序数的增大，原子的电子层结构呈周期性的变化。鲍林原子轨道近似能级图中的能级组有 7 个，因而元素表被划分成 7 个周期。元素所在的周期数等于能级组号数，也等于该元素原子的电子层数和该元素基态原子最外层电子的主量子数。

周期号数＝能级组号数＝电子层数＝最大主量子数 n

目前共有 7 个能级组，对应 7 个周期（表 3-7）：第一周期（1s 组）；第二周期（2s2p 组）；第三周期（3s3p 组）；第四周期（4s3d4p 组）；第五周期（5s4d5p 组）；第六周期（6s4f5d6p 组）；第七周期（7s5f6d7p 组）。每周期的元素个数等于该能级组中轨道所容纳的电子总数。第一周期只有 2 个元素，称为超短周期；第二、第三周期各含有 8 个元素，称为短周期；第四、第五周期各含有 18 个元素，称为长周期；第六、七周期含有 32 个元素，称为超长周期。

表 3-7　原子电子层结构的周期性

周期	能级组号	轨道	轨道个数	元素个数
一	1	1s	1	2
二	2	2s2p	4	8
三	3	3s3p	4	8
四	4	4s3d4p	9	18
五	5	5s4d5p	9	18
六	6	6s4f5d6p	16	32
七	7	7s5f6d7p	16	32

每周期元素的电子层结构出现周期性的变化，将含有相同的价电子层结构的元素归为同一列。周期表中的元素共有 18 列，划分成 16 个族：8 个主族，占 8 列（第 1、2、13～18 列）；8 个副族占 10 列（第 3～12 列）。族的序号使用大写的罗马数字，主族用 A 表示，副族用 B 表示，如ⅠA 族、ⅡB 族等。

主族元素的电子最后填入 ns 或 np 亚层，其价层电子构型为 $ns^{1-2}np^{0-6}$。主族元素除最外层外，里面各层均是充满的，最外层的电子为价电子。元素的最高可能氧化数取决于最外层电子数。最外层电子数等于族序数，也等于最高可能氧化数。例如：^{16}S 的电子排布为 $1s^2 2s^2 2p^6 3s^2 3p^4$，是第三周期第ⅥA，最高氧化数＋6。稀有气体元素因其化学惰性不易成键，将其称为 0 族，也有人称为ⅧA 族。在同一主族中，虽然不同元素的电子层数不同，但是它们最外层电子数相同，所以它们的化学性质非常相似。例如，第一主族元素电子层结构为 ns^1，非常容易失去最外层电子，因此第一主族元素都具有很强的金属性。又如第七主族元素电子层结构为 ns^2np^5，非常容易得到一个电子而形成稳定结构，因此第七主族元素都具有很强的非金属性。

副族元素的电子最后主要依次填充在 $(n-1)$d 或 $(n-2)$f 亚层，其价层电子构型为 $(n-1)d^{1-10}ns^{0-2}$ 或 $(n-2)f^{1-14}$ $(n-1)d^{0-2}ns^2$。由于副族元素最外电子层通常只有 1～2 个电子，非常容易失去最外层电子，因此副族元素都具有很强的金属性。副族元素除最外层电子外，次外层 d 电子及外数第三层 f 电子也可以部分或全部参加化学反应，它们都称为价电子，所以氧化数由 ns、$(n-1)d$、$(n-2)f$ 电子数目决定。ⅢB～ⅦB 族元素价电子数等于族序数。例如：^{25}Mn 电子排布为 $1s^22s^22p^63s^23p^53d^54s^2$，价层电子组态为 $3d^54s^2$，价电子数为 7，是ⅦB 族，最外层主量子数为 4，第四周期，最高正价为＋7。ⅠB-ⅡB 族 $(n-1)d$ 亚层已经充满，最外层电子数等于族序数。由于周期表第 8、第 9、第 10 列中同周期的元素性质相近，而将其归为一族，称为ⅧB 族。ⅧB 族最后 1 个电子填在 $(n-1)d$ 亚层上，价层电子组态为 $(n-1)d^{6-10}ns^{0-2}$，价层电子为 8～10，其氧化数不等于族数。

根据元素价层电子构型的不同，原子周期表分为五个区域：s 区、p 区、d 区、ds 区、f 区，见图 3-10。

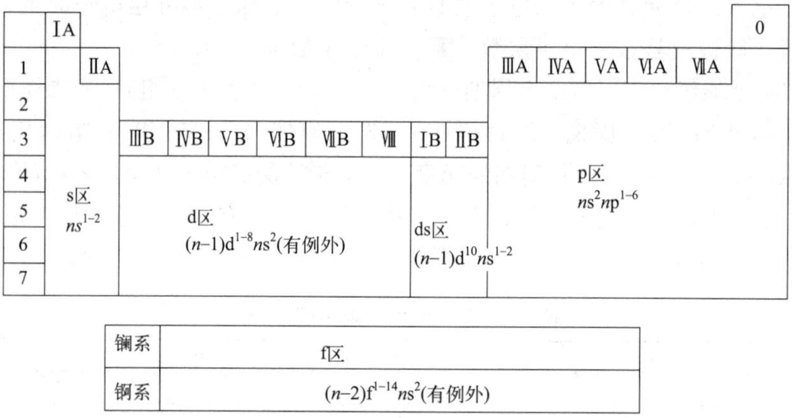

图 3-10　元素的分区

s 区元素价层电子构型为 ns^{1-2}，主要是ⅠA-ⅡA 族，亦即碱金属，碱土金属。由于 s 区元素在外层只有 1～2 个电子，非常容易失去最外层电子形成阳离子，因此 s 区元素都是具有较强金属性。d 区元素价层电子构型为 $(n-1)d^{1-8}ns^2$，主要是ⅢB--ⅧB 族。由于 d 区元素的电子最后主要依次填充在内层 $(n-1)d$ 亚层中，因此 d 区元素又称为过渡元素。ds 区元素价层电子构型为 $(n-1)d^{10}ns^{1-2}$，主要是ⅠB-ⅡB，它们的最外层电子数等于族序数。例如 ^{29}Cu 的电子排布：$1s^22s^22p^63s^23p^63d^{10}4s^1$，最外层只有一个电子，为ⅠB 族。f 区为镧系元素和锕系元素，在周期表ⅢB 族第六、七周期，它们的电子最后主要依次填充在 $(n-2)f$ 亚层中，其价层电子构型分别为 $4f^{1-14}5d^{0-4}6s^2$ 和 $5f^{1-14}6d^{0-2}7s^2$。

例 3-4　已知某元素的原子序数是 25，写出该元素原子的电子结构式，并指出该元素的名称、符号以及所属的周期和族。

解： 根据原子序数为 25，可知该元素的原子核外有 25 个电子，其排态为 [Ar] $3d^5 4s^2$，属 d 区过渡元素。最高能级组数为 4，其中有 7 个电子，故该元素是第四周期ⅦB 族的锰，元素符号为 Mn。

例 3-5　已知某元素在周期表中位于第五周期、ⅥA 族位置上。试写出该元素的基态原子的电子结构式、名称、符号和原子序数。

解： 元素位于第五周期，故电子的最高能级组是第五能级组，即 5s5p，元素是ⅥA 族，故最外层电子数应为 6，故有 $5s^25p^4$，这对 4d 一定是全充满的。电子结构式为 [Kr] $4d^{10}5s^25p^4$，元素名称是碲，符导 Te，核外共有 52 个电子，原子序数是 52。

3.4.2　元素性质的周期性

物质的性质是由其结构决定的。由于原子的电子层结构随核电荷的递增呈周期性变化，则元素的某些性质呈周期性变化，如原子半径、电离能、电子亲和能、电负性。

1. 原子半径（r）

（1）原子半径的类型

原子总是以化学键的形式存在于化合物或单质中，在化学键的形成过程中总会发生一定程度的重叠；而不同的化学键，其重叠的情况不同，所以不可能给出任何情况下均适用的原子半径。通常原子半径是根据原子与原子之间作用力的性质来定义的，分为共价半径（r_C）、金属半径（r_M）和范德华半径（r_V）。

两个原子组成共价单键时，键合双原子的核间距之半，即共价键键长的一半，称为原子的共价半径（图 3-11）。同种元素的共价半径在不同条件下基本不变。例如：C—C 的键长 154pm，C 的共价半径 77pm，Cl—Cl 键长为 198pm，Cl 共价半径为 99pm。

金属晶体中原子轨道的重叠较小，常把金属原子视为刚性球体，把金属晶体中相邻原子核同距的一半，称为该原子的金属半径（图 3-11）。对于同一种元素的原子，其金属半径比共价半径大 10%～15%。如：金属钠中，钠原子的金属半径是 186pm；钠原子形成气态双原子分子时，共价半径是 154pm。

在稀有气体形成的晶体中，两个原子之间只靠分子间作用力连接时，两个原子的核间距离的一半，称为该原子的范德华半径（图 3-12）。通常，不属于同一分子的最接近的两个原子核间距的一半，也称为该原子的范德华半径。由于分子间作用力比较弱，对于同一元素的原子，其范德华半径比共价半径要大很多。

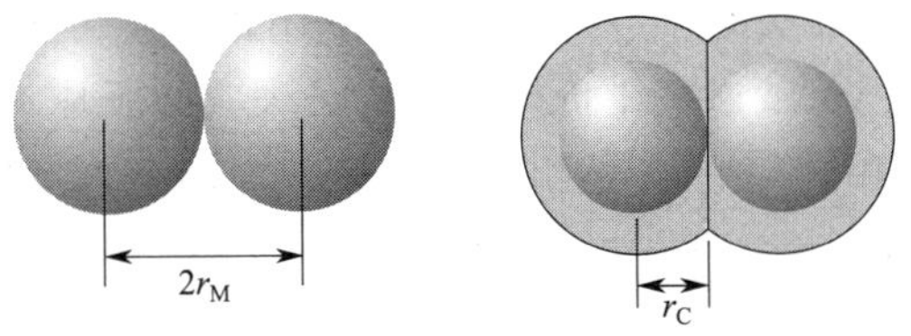

图 3-11　金属半径（左图）和共价半径（右图）模拟图

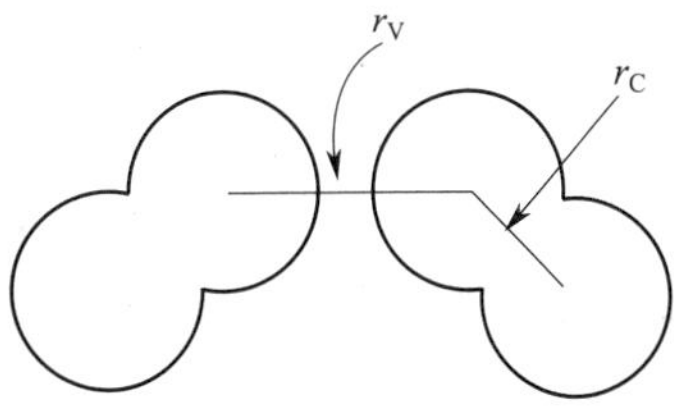

图 3-12　范德华半径模拟图

在使用原子半径数据做比较时，应采用同一套数据。一般是以共价半径作为原子半径，但稀有气体的原子半径为范德华半径。

（2）原子半径的周期性变化

原子半径的大小主要取决于核外电子层数和有效核电荷。层数越多，半径越大；有效核电荷越大，半径越小。不同元素原子半径图见图 3-13。

同一周期中，核外电子层数相同，原子半径的大小主要取决于有效核电荷。有效核电荷数 Z' 越大，对最外层电子的吸引力就越大，相应的原子半径越小。从左到右，主族元素因为有效核电荷 Z' 递增明显，原子半径减小规律显著；而副族元素原子半径的减小缓慢，这是因为副族元素的电子最后主要填充在次外层（$n-1$）d 中，对外层电子的屏蔽作用增大，

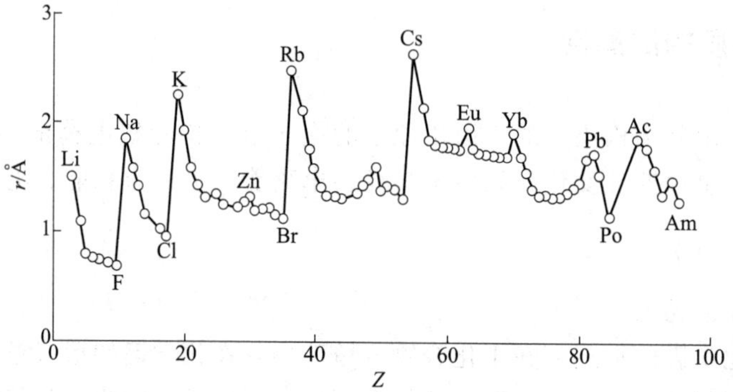

图 3-13　不同元素原子半径图

使有效核电荷递增不明显。对于镧系元素，它们的电子最后主要填充在（$n-2$）f 亚层中，对原子核屏蔽作用更大。从左到右，随核电荷的增加，它们的原子半径减小的幅度更小，即镧系收缩。

同族元素从上到下，核外电子层数递增，最外层电子的能量增大，促使元素原子半径增大；同时核电荷也随之增加，促使元素原子半径减小。但是，由于内层电子对外层电子较大的屏蔽作用使得核电荷数增加不明显，核外电子层数对元素原子半径的增大作用起主要作用，因此同族元素从上到下，元素原子半径增大。通常主族元素原子半径增幅显著，副族元素原子半径略有增大。特别是镧系元素同族元素从上到下原子半径基本相等，这是由镧系收缩所致。

2. 电离能（I）

（1）电离能的概念

电离能又称电离势，是指基态气相原子失去最外层电子成为带正电荷的气态阳离子所需要的最低能量，用 I 表示。基态气相原子失去最外层的一个电子成为带一个正电荷的气态正离子所需要的最低能量称为第一电离能，用I_1 表示。由+1 价气态正离子失去电子成为+2 价气态正离子所需要的能量称为第二电离能，用I_2 表示。再相继失去第三、四个电子所需最低能量依次称为第三电离能、第四电离能（I_3、I_4）……。例如：

$$Mg(g)-e^- \longrightarrow Mg^+(g) \qquad I_1=738kJ \cdot mol^{-1}$$

$$Mg^+(g)-e^- \longrightarrow Mg^{2+}(g) \qquad I_2=1451kJ \cdot mol^{-1}$$

电离能一般是金属元素的常数，电离能大小反映了原子失去电子的难易。元素的第一电离能越小，表示其越容易失去电子，即该金属的金属性越强。所以，第一电离能是元素的金属活泼性的衡量尺度，各元素第一电离能数值示于图 3-14 中。

（2）第一电离能的周期性变化

电离能的大小取决于原子的有效核电荷、原子半径以及原子的电子层结构。

在同一主族中，从上到下，电离能一般随着电子层数的增加而递减，这是因为元素的原子半径明显增大，而有效核电荷增加不明显，外层电子能量升高，易被电离，故电离能逐渐减小。副族元素在第四、第五周期从上到下原子半径略有增大，它们的第一电离能稍有减小；然而第五、第六周期副族元素从上到下原子半径几乎相等，又由于原子的有效核电荷的增大，它们的第一电离能反而增大。

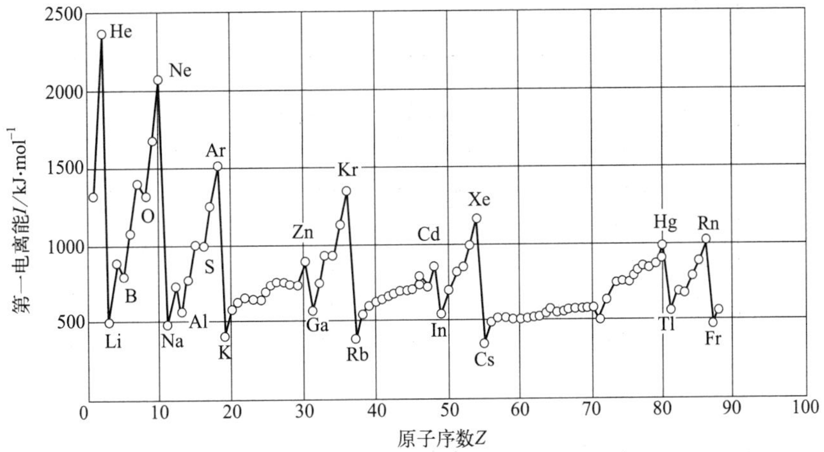

图 3-14　元素第一电离能随原子序数变化图

在同一周期中，从左到右，随着原子序数的增加，有效核电荷增大，元素原子半径减小，促使元素第一电离能逐渐递增。通常，主族元素失去电子由易变难，电离能明显增加；副族元素电离能增高缓慢。增加的幅度随周期数的增加而减小，并且这种递增趋势并非单调递增而是曲折上升。例如：Be 和 N 的电离能均比它们左右相邻元素的电离能大。比较它们的价层电子结构发现，价层中具有半充满或全充满电子构型的元素往往具有较大的电离能。这是由于半充满或全充满电子壳层的能量较低，体系稳定。

3. 电子亲和能（A）

（1）电子亲和能的概念

一个基态的气态原子得到一个电子形成气态负离子所放出的能量，称为该元素的电子亲和能（A_1）。例如：

$$F(g)+e^- = F^-(g) \qquad A_1=\Delta_r H_m^{\ominus}=-327.9kJ \cdot mol^{-1}$$

同理，电子亲和能也有第二电子亲和能（A_2）和第三电子亲和能（A_3）的概念。一般地，一个基态的气态原子获得第一个电子形成负一价阴离子时，总是放热，故元素的第一电子亲和能（A_1）都为正值；负一价阴离子再获得一个电子而形成－2 价阴离子时，则总是吸热的，因此元素的第二电子亲和能（A_2）总为负值（静电斥力）。例如：

$$O(g)+e^- = O^-(g) \qquad A_1=-141kJ \cdot mol^{-1}$$

$$O^-(g)+e^- = O^{2-}(g) \qquad A_2=844kJ \cdot mol^{-1}$$

电子亲和能反映了原子得电子的倾向，其值越负（绝对值越大），说明原子得到电子转变为负离子的倾向越大，获得电子能力越强，非金属性越强。各元素电子亲和能数值示于图 3-15。

（2）第一电子亲和能的周期性变化

① 同周期元素的电子亲和能的变化

电子亲和能取决于原子的有效核电荷、原子半径以及原子的电子层结构。对于同一周期的主族元素，随原子序数递增，原子半径减少，电子亲和能的绝对值逐渐增大。当原子的电子壳层为全充满（如稀有气体的 ns^2np^6 构型）或半充满（如 N 元素的 $2s^22p^3$ 构型）时，它们较难获得电子，导致其电子亲和能的绝对值明显减小。

② 同族元素电子亲和能的变化

H							He
−72.7							+48.2
Li	Be	B	C	N	O	F	Ne
−59.6	+48.2	−26.7	−121.9	+6.75	−141.0(844.2)	−328.0	+115.8
Na	Mg	Al	Si	P	S	Cl	Ar
−52.9	+38.6	−42.5	−133.6	−72.1	−200.4(531.6)	−349.0	+96.5
K	Ca	Ga	Ge	As	Se	Br	Kr
−48.4	+28.9	−28.9	−115.8	−78.2	−195.0	−324.7	+96.5
Rb	Sr	In	Sn	Sb	Te	I	Xe
−46.9	+28.9	−28.9	−115.8	−103.2	−190.2	−295.1	+77.2

图 3-15　各元素电子亲和能数值

同族元素电子亲和能一般随原子半径减小而增大。这是因为原子半径减小，核电荷对电子的吸引力就增强，原子则易结合外来电子而放出能量。但每一族开头的元素，电子亲和能的绝对值并非都是最大的，例：A_1(O)＜A_1(S)、A_1(F)＜A_1(Cl)、A_1(B)＜A_1(Al)。因为第二周期原子半径比第三周期小得多，电子云密度大，电子间斥力强，反而不利于接受电子。

4. 电负性

（1）电负性的概念

电离能和电子亲和能都只从某一方面反映了原子争夺电子的能力。有些原子在形成化合物时，既不是完全失去电子，也不是完全得到电子，因此不能仅仅从电离能来衡量元素的金属性或用电子亲和能来衡量元素的非金属性。为了解决这个问题，1932 年鲍林（Pauling）首先提出电负性的概念（χ）。元素电负性是指原子在分子中吸引成键电子的能力，常用 χ 表示。电负性反映原子得失电子的能力，是综合考虑电离能和电子亲和能的结果。电负性越大，元素原子吸引电子能力越强，即元素原子越易得到电子，越难失去电子；电负性越小，元素原子吸引电子能力越弱，即元素原子越难得到电子，越易失去电子。鲍林以最活泼非金属元素原子 χ(F)＝4.0 为基础，计算其它元素原子的电负性值。鲍林的电负性数值示于图 3-16。

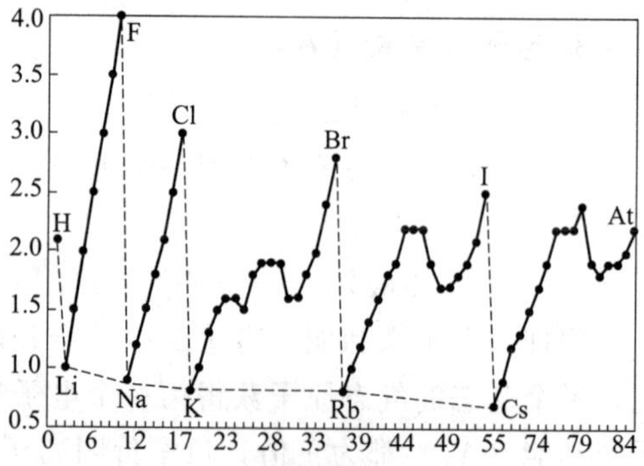

图 3-16　鲍林的电负性数

（2）电负性的周期性变化

电负性越大，表明该元素原子吸引电子能力越强。

主族元素，同一周期，从左到右，元素原子的电负性增大，元素的金属性逐渐减弱，非金属性逐渐增强；同一族，自上而下，元素原子的电负性减小，元素的金属性逐渐增强，非金属性逐渐减弱。

副族元素，同一周期自左至右电负性略有增加。ⅢB～ⅤB，同一副族，自上而下，元素原子的电负性减小，金属性增强；ⅥB～ⅡB，同一副族，自上而下，元素原子的电负性增大，金属性减弱。

（3）电负性的应用

根据电负性的大小，可衡量元素的金属性和非金属性。非金属元素的电负性（2.0 以上）大于金属元素（2.0 以下），但不能把电负性 2.0 作为划分金属和非金属的绝对界限。

根据电负性的大小，可判断氧化物的酸碱性，元素的电负性数值愈小，其氧化物的碱性愈强，电负性数值愈大，其氧化物的酸性愈强。元素的电负性与酸碱性关系见表 3-8。

表 3-8　元素的电负性与酸碱性关系

电负性(χ)	<1.1	1.1～1.6	1.6～1.9	1.9～2.5	2.5～3.0	3.0～4.0
酸碱性	强碱性	碱性	两性	酸性	强酸性	超强酸

根据电负性的大小，可判断分子的极性和键型。即根据键合原子的电负性差值（$\Delta\chi$），可以判断分子的极性和键型。通常，键合原子的电负性差值 $\Delta\chi=0$，则该化学键为非极性共价键，如同核双原子分子 H_2、Cl_2 中的化学键；键合原子的电负性差值 $\Delta\chi<1.7$，则该化学键为极性共价键，如异核双原子分子 HCl、HBr 中的化学键；键合原子的电负性差值 $\Delta\chi>1.7$，则该化学键为离子键，如离子型化合物（离子晶体）NaCl、KCl 的化学键。

习　题

扫码查看习题答案

3-1　选择题

1. 下列说法不正确的是（　　）

A. 氢原子中，电子的能量只取决于主量子数 n

B. 多电子原子中，电子的能量不仅与 n 有关，还与 l 有关

C. 波函数由四个量子数确定

D. ψ 是薛定格方程的合理解，称为波函数

2. 下列波函数符号错误的是（　　）

A. ψ_{100}　　B. ψ_{210}　　C. ψ_{110}　　D. ψ_{300}

3. 2p 轨道的磁量子数取值正确的是（　　）

A. 1，2　　B. 0，1，2　　C. 1，2，3　　D. 0，+1，−1

4. 基态某原子中能量最高的电子是（　　）

A. 3，2，+1，+1/2　　B. 3，0，0，+1/2

C. 3，1，0，+1/2　　D. 2，1，0，−1/2

5. 某元素原子激发态的电子结构式为 [Ar] $3d^3 4s^2 4p^2$，则该元素在周期表中位于（　　）

A. d 区ⅦB 族　　B. p 区ⅣA 族　　C. s 区ⅡA 族　　D. p 区ⅣB 族

6. 下列元素电离能、电子亲和能及电负性大小的比较中，不正确的是（　　）

A. 第一电离能：O>S>Se>Te　　B. 第一电子亲和能：O>S>Se>Te

C. 电负性：Zn>Cd>Hg　　D. 电负性：Si>Al>Mg>Na

3-2　填空题

1. 下列各电子结构式中，表示基态原子的是__________，表示激发态原子的是__________，表示错误的是__________。

(1) $1s^2 2s^1$　　(2) $1s^2 2s^2 2d^1$　　(3) $1s^2 2s^1 2p^2$

(4) $1s^2 2s^2 2p^1 3s^1$　　(5) $1s^2 2s^4 2p^2$　　(6) $1s^2 2s^2 2p^6 3s^2 3p^6 3d^1$

2. 下列各组量子数中，________组代表基态 Al 原子最易失去的电子，________组代表 Al 原子最难失去的电子。

(1) 1，0，0，−1/2　　(2) 2，1，1，−1/2　　(3) 3，0，0，+1/2

(4) 3，1，1，−1/2　　(5) 2，0，0，+1/2

3. 符合下列每一种情况的各是哪一族或哪一元素？

(1) 最外层有 6 个 p 电子________；

(2) $n=4$，$l=0$ 轨道上的两个电子和 $n=3$、$l=2$ 轨道上的 5 个电子是价电子________；

(3) 3d 轨道全充满，4s 轨道只有一个电子________；

(4) +3 价离子的电子构型与氩原子实［Ar］相同________；

(5) 在前六周期元素（稀有气体元素除外）中，原子半径最大________；

(6) 在各周期中，第一电离能 I_1 最高的一族元素________；

(7) 电负性相差最大的两个元素________；

(8) +1 价离子最外层有 18 个电子________。

4. 指出下列各能级对应的 n 和 l 值，每一能级包含的轨道各有多少？

(1) 2p　$n=$________，$l=$________，有________条轨道；

(2) 4f　$n=$________，$l=$________，有________条轨道；

(3) 6s　$n=$________，$l=$________，有________条轨道；

(4) 5d　$n=$________，$l=$________，有________条轨道。

5. 写出下列各种情况的合理量子数。

(1) $n=$________，$l=2$，$m=0$，$m_s=+1/2$

(2) $n=3$，$l=$________，$m=1$，$m_s=-1/2$

(3) $n=4$，$l=3$，$m=0$，$m_s=$________

(4) $n=2$，$l=0$，$m=$________，$m_s=+1/2$

(5) $n=1$，$l=$________，$m=$________，$m_s=$________。

6. 某一多电子原子中具有下列各套量子数的电子，各电子能量由低到高的顺序为（若能量相同，则排在一起）________。

	n	l	m	m_s
(1)	3	2	1	+1/2
(2)	4	3	2	−1/2
(3)	2	0	0	+1/2
(4)	3	2	0	+1/2
(5)	1	0	0	−1/2
(6)	3	1	1	+1/2

7. 试用 s、p、d、f 符号来表示下列各元素原子的电子结构：

(1) ^{18}Ar　　(2) ^{26}Fe

(3) ^{53}I　　(4) ^{47}Ag

8. 根据下列原子的价电子层结构填表。

价电子层结构		区	周期	族	最高正氧化态	电负性
①	$4s^1$					
②	$3s^2 3p^5$					
③	$3d^2 4s^2$					
④	$5d^{10} 6s^2$					

9. 已知甲元素是第三周期 p 区元素，其最低氧化态为－1，乙元素是第四周期 d 区元素，其最高氧化态为＋4。试填下表：

元素	外层电子构型	族	金属或非金属	电负性相对高低
甲				
乙				

3-3 简答题

1. 指出下列各组中错误的量子数并写出正确的。

（1）3，0，－2，＋1/2　（2）2，－1，0，－1/2　（3）1，0，0，0

（4）2，2，－1，－1/2　（5）2，2，2，2

2. 元素 Ti 的电子构型是 [Ar] $3d^2 4s^2$，试问这 22 个电子

（1）属于哪几个电子层？哪几个亚层？

（2）填充了几个能级组的多少个能级？

（3）占据着多少个原子轨道？

（4）其中单电子轨道有几个？

（5）价电子数有几个？

3. 第五周期某元素，其原子失去最外层仅有的 2 个电子，在 $l=2$ 的轨道内电子全充满，试推断该元素的原子序数、电子结构，并指出位于周期表中哪一族？是什么元素？

4. 指出符合下列各特征元素的名称：

（1）具有 $1s^2 2s^2 2p^6 3s^2 3p^6 3d^8 4s^2$ 电子层结构的元素；

（2）碱金属族中原子半径最大的元素；

（3）ⅡA 族中第一电离能最大的元素；

（4）ⅦA 族中具有最大电子亲和能的元素；

（5）＋2 价离子具有 [Ar] $3d^5$ 结构的元素；

5. 有 A、B 两元素，A 原子的 M 层和 N 层电子数分别比 B 原子同层电子数少 7 个和 4 个，写出 A、B 原子的名称和电子构型，并说明推理过程。

扫码查看重难点

第4章 分子结构

分子是保持物质化学性质的最小微粒，也是化学反应的最小单元。分子的性质除取决于其化学组成（如分子中原子的种类、数目）外，还取决于其内在结构，即分子结构。分子结构包括：(1) 分子中相邻原子间的相互作用力，即化学键；(2) 分子中原子在空间的排布方式，即分子的空间结构；(3) 分子间存在的一种较弱的相互作用力，即范德华力、氢键等。因此，弄清楚化学键和分子的空间结构等问题对于理解化学反应及其变化规律，指导物质的合成均有重要的意义。

除稀有气体外，其他物质都能通过原子之间相互结合形成分子。在原子结合成分子的过程中，必然要涉及化学键的问题。分子中相邻原子间强烈作用力称为化学键。化学键与分子的空间结构紧密地联系在一起，化学键是本质，分子的空间结构则是表现形式。根据原子间作用力的性质不同，化学键可分为离子键、共价键和金属键。本章将在原子结构的基础上，讨论化学键的形成，了解分子的空间结构，介绍各类化学键构成的晶体，同时，对分子间力与氢键也作简单介绍。

4.1 离子键和离子晶体

1916 年，德国科学家柯塞尔在对原子结构及元素周期表的研究基础上，提出相同的 8 电子稳定的电子层结构（除了 He 为 $1s^2$）是稀有气体稳定的根本原因。柯塞尔结合当时发现的许多化合物（如 NaCl、KCl、CsCl 等）在通常状态下以晶体的形式存在，表现出较高的熔沸点、较高的硬度，易溶于水、在熔融状态或水溶液中能够导电等特点，提出了离子键理论，认为原子与原子之间由于价电子的转移分别形成与稀有气体相同电子层结构的正、负离子，然后形成的正、负离子靠库仑引力结合形成离子键。柯塞尔的离子键理论成功地解释了 NaCl、$CaCl_2$、CaO 等化合物的形成，促使现代离子键理论的建立。

4.1.1　离子键的形成

当电负性小的活泼金属原子与电负性大的活泼非金属原子相遇时，它们都有达到稳定稀有气体结构的倾向，由于两个原子的电负性相差较大，因此原子间发生电子的转移。活泼金属钠原子失去最外层电子，而成为带正电荷的离子；活泼的非金属原子易获得电子而形成带负电荷的离子。带正电荷的离子和带负电荷的离子通过静电引力而相互靠拢，当它们充分接近，还存在外层之间和原子核之间的相互排斥作用。只有当正负离子接近平衡距离 r_0 时，吸引作用与排斥作用达到暂时的平衡，这时正负离子处于平衡位置附近振动，体系能量达到最低点，正负离子形成了稳定的化学键，即离子键（见图 4-1）。

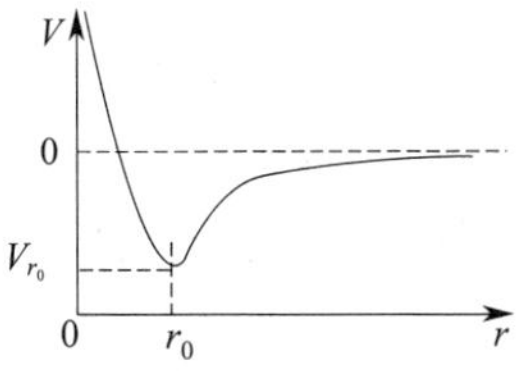

图 4-1　离子键的形成示意图

4.1.2　离子键的本质和特点

1. 离子键的本质

离子键的本质是正负离子间的静电作用力，电荷分布呈球形对称。离子的电荷越大，离子间的距离减小，则离子键越强。

$$f=\frac{q^{+}q^{-}}{R^{2}}$$

离子键的形成条件是成键原子的电负性差值较大。成键原子电负性差值越大，电子易从活泼金属转移到活泼非金属上，越容易形成正负离子，形成的离子键的趋势更显著。但是由于离子之间的强烈相互吸引，已失去或得到的电子有回归的趋势，且吸引越强烈，回归的趋势也就越大，因此离子键中有一定共价键成分，共价键中也有离子性，只是主次不同而已。即使是电负性相差最大的金属和非金属原子结合的离子键，其离子键的成分也不是百分之百。因此，大多数离子型化合物中都包含一定量的共价键成分。通常，成键原子间电负性差值大于 1.7 时，化合物中离子键成分将大于 50%，它们之间形成离子键；随着成键原子间电负性差值的减少，离子键成分也在逐渐减少，相应的共价键成分增加。当电负性差值小于 1.7 时，化合物中离子键成分将小于 50%，则它们形成共价键。

2. 离子键没有方向性

离子键的本质是阴、阳离子间的静电作用，无论是一个阳离子还是一个阴离子，都可以近似地看成是一个带电的球体，在周围空间形成均匀分布的电场，因而在其周围空间的任何方位上都能与带相反电荷的离子产生静电引力，因此离子键没有（固定）方向性。

3. 离子键没有饱和性

只要是正负离子之间，则彼此吸引。每个离子尽可能多地吸引异号离子，只是这种作用可能随着距离的增加而减弱。至于离子吸引异号离子的数目多少则取决于晶体的结构、离子的相对大小以及离子的电子层结构。

4.1.3 离子的三个特征

1. 电荷

离子的电荷数就是原子失去或得到电子的数目，而失去或得到电子的数目与相应原子本身的性质和电子层结构有关。离子所带电荷的多少是决定离子和离子型化合物性质的主要因素之一。通常电离能越大的原子越不容易失去电子而形成高价的正离子，而电子亲和能越大的原子却越容易获得电子形成高价负离子。同一元素的原子和离子之间，以及同一元素的带不同电荷的离子之间，其性质明显不同。

2. 电子构型

离子的电子层构型是指离子的电子层结构，主要是外层电子层结构，其除取决于原子本身的性质和电子层构型外，还与其相互作用的其他原子或分子有关。不同原子可形成相同电子构型的离子，而当同一种原子处于不同价态时，会形成不同电子构型的离子。一般简单的负离子最外层都具有 8 电子的稳定结构，而正离子情况比较复杂。例如：

(1) 2 电子构型，即 $1s^2$ 电子结构，如第二周期元素生成的稳定正离子：Li^+、Be^{2+}。这种结构的离子半径很小，对负离子的电子云有较强的吸引力，生成的化合物中共价成分较大，接近极性共价化合物的性质。

(2) 8 电子构型，即 ns^2np^6 电子结构，如除第一、二周期外其他 s 区元素形成的正离子：Na^+、K^+、Mg^{2+}、Ca^{2+}。这类离子半径相对较大，多生成典型的离子型化合物。

(3) 18 电子构型，即 $ns^2np^6nd^{10}$ 电子结构，如 ds 区元素及部分 p 区元素可形成的 Zn^{2+}、Hg^{2+}、Cu^{2+}、Ag^+ 等离子。

(4) 18+2 电子构型，即 $(n-1)s^2(n-1)p^6(n-1)d^{10}ns^2$ 电子结构（次外层为 18 电子，最外层为 2 电子），如部分 p 区元素，形成 Pb^{2+}、Sn^{2+}、Sb^{3+}、Bi^{3+}、Ti^+ 等离子。ns 电子是指 5s 或 6s 电子。其中 6s 电子的电子云可以钻穿到 4f 和 5d 电子云之内，在这些电子的屏蔽下，比较稳定，难以失去。因此，这种结构的离子都是比较稳定的。

(5) 9～17 电子构型，即 $ns^2np^6nd^{1-9}$ 电子结构（最外层电子为 9～17 的不饱和结构）；如 d 区过渡金属元素形成的 Fe^{2+}、Cr^{3+}、Mn^{2+}、Co^{2+} 等离子。这类离子含有较多的未电离价电子，对离子的性质（如颜色、形成配位键的能力等）有较大的影响，导致大多这类离子具有特征的颜色，且大多可形成多种配合物。

离子的电子层构型同离子的作用力，即离子键的强度有密切关系。

3. 半径

离子间吸引作用和排斥作用达到平衡时，正负离子间保持一定的平衡距离（即正负离子核间距），核间距为两个离子的半径之和，这样的半径看作有效离子半径，简称为离子半径，如图 4-2。

正负离子核间距可以通过 X 射线测定。1926 年，哥德希密特用光学方法测定，测得了 F^- 和 O^{2-} 的半径，分别为 133pm 和 132pm。以此为标准，结合不同离子化合物的 X 射线衍射数据，得到了一系列离子半径，这种半径为哥德希密特

图 4-2 离子半径示意图

半径。1927 年，Pauling 把最外层电子到核的距离，定义为离子半径。并利用有效核电荷等数据，求出一套离子半径数值，被称为 Pauling 半径。

$$r=\frac{C_n}{Z-\sigma}$$

式中，Z 为核电数；σ 为屏蔽常数；C_n 为取决于最外电子层主量子数 n 的一个常数，同时考虑配位数。一般的离子半径的数据为 Pauling 半径，是以配位数为 6 的 NaCl 晶体为标准，而晶体构型不同、配位数不同，应作一定的校正。

对于主族元素，同一周期离子半径与核电荷和核外电子数有关，自左至右，随原子序数的增加，正离子的电荷数增大，离子半径减小，例如 $Na^+>Mg^{2+}>Al^{3+}$；负离子的电荷数减小，离子半径减小，例如 $P^{3-}>S^{2-}>Cl^-$。同一主族元素的离子，所带电荷相同时，离子半径随原子序数的增大而增大，例如 $Li^+<Na^+<K^+<Rb^+<Cs^+$。同一元素中，高价离子半径小于低价离子的半径。负离子的半径较大，约为 130～250pm，正离子的半径较小，约为 10～170pm。周期表中相邻两主族左上方和右下方两元素的正离子的半径近似相等（即对角线原则）。例如：Li^+ 和 Mg^{2+}，Na^+ 和 Ca^{2+}。由于镧系和锕系收缩，与原子半径一样，相同正价的镧系和锕系阳离子的半径随原子序数的增加而减小。对于其他副族元素，离子半径没有简单的变化规律。

4.1.4　离子晶体

1. 离子晶体的概念

正负离子通过离子键结合形成的晶体称为离子晶体。组成离子晶体的正负离子在空间呈现有规则的排列，有一定的晶格类型，且隔一定距离重复出现，有明显的周期性，这种排列情况在结晶学上称为结晶格子，简称晶格。由于正、负离子间有很强的离子键，所以离子晶体有较高的熔点和较大的硬度，但比较脆，且离子电荷愈高，半径愈小，熔点也愈高。在离子晶体中，离子不能自由移动，只能在结点附近振动，因此不导电。而在熔融状态或水溶液中，离子可以自由移动，就能导电，具有优良的导电性。

2. 晶体的类型

立方晶系 AB 型离子晶体常见的三种典型的结构类型 CsCl 型、NaCl 型和 ZnS 型见图 4-3。

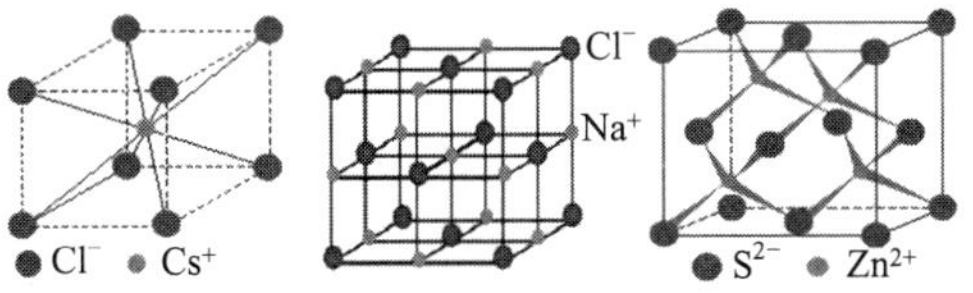

图 4-3　几种晶体的结构示意图

（1）CsCl 型

CsCl 的晶胞是简单立方体，每个 Cs^+ 周围有 8 个 Cl^-，每个 Cl^- 周围有 8 个 Cs^+。晶胞中离子的个数：1 个 Cs^+；Cl^- 的个数为 $8\times(1/8)=1$ 个。原子比为 1∶1，配位比为

8∶8，配位数为 8。异号离子间的距离 $d=\frac{\sqrt{3}}{2}a=0.8a$ 。如 TiCl、CsBr、CsI 等离子晶体。

（2）NaCl 型

NaCl 的晶胞也是立方体，是面心立方晶格，每个 Na^+ 周围有 6 个 Cl^- ，每个 Cl^- 周围有 6 个 Na^+ 。晶胞中离子的个数：Na^+ 的个数为 12×(1/4)+1=4 个；Cl^- 的个数为 8×(1/8)+6×(1/2)=4 个。异号离子间距离 $d=0.5a$，离子配位比为 6∶6，原子比 1∶1，配位数为 6。如 KI、LiF、NaBr、MgO、CaS 等离子晶体。

（3）ZnS 型

ZnS 晶体属于立方面心晶格。在 ZnS 晶胞中，晶胞结构较复杂，每个 Zn^{2+} 周围有 4 个 S^{2-} ，每个 S^{2-} 周围有 4 个 Zn^{2+} 。晶胞中离子的个数：Zn^{2+} 的个数为 4 个；S^{2-} 的个数为 6×(1/2)+8×(1/8)=4 个。配位比为 4∶4，配位数为 4。异号离子间距离 $d=\frac{\sqrt{3}}{4}a=0.433a$ ，如 ZnO、HgS、CuCl、CuBr 等离子晶体。

3. 影响晶体构型的因素

离子晶体一般采用晶体最稳定，体系能量最低的晶体结构，而这种结构与以下两个因素有关，即：正负离子的半径比的大小和离子极化等。

（1）离子半径的影响

在形成离子晶体时，正、负离子总是采用最紧密堆积，从而使空隙最小，这样的结构才最稳定。在堆积的过程中，最好是正负离子相互接触，负负离子相互接触。一般情况下，负离子较大，正离子较小。例如配位数为 6 的 NaCl 型离子晶体，为面心立方结构，见图 4-4(a)。

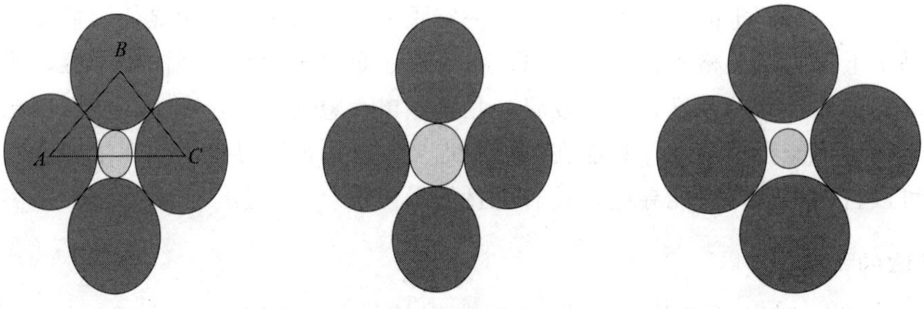

图 4-4 不同正负离子半径比时的晶体结构

正负离子半径比为：

$$\frac{AB}{AC}=\sin45°=0.707,\text{又}\frac{AC}{AB}=\frac{2r^-+2r^+}{2r^-},\text{则}\frac{r^+}{r^-}=0.414$$

可见，当 $r^+/r^-=0.414$ 时，正、负离子以及负、负离子之间正好接触，是最稳定的结构。当 $r^+/r^->0.414$[图 4-4(b)]时，正负离子接触，而负负离子不能接触；正离子半径继续增大，它有可能接触更多的负离子，因此有可能使配位数为 8。当 $r^+/r^-<0.414$[见图 4.4(c)]，则出现阴离子同号相切、异号相离的不稳定状态，使晶体中离子的配位数下降，因此可能使配位数为 4。例如，在 MgO 离子晶体中，Mg^{2+} 的离子半径为 65pm；O^{2-} 的离子半径为 140pm，则$r^+/r^-=65\div140=0.464$，正负离子半径比表明 MgO 离子晶体应

为 NaCl 型晶体（表 4-1），这与实际相吻合。

表 4-1　AB 型化合物离子半径比与配位数和晶体类型的关系

r^+/r^-	配位数	晶体类型	实例
0.225～0.414	4	ZnS 型	ZnS、ZnO、BeS、BeO、CuCl、CuBr
0.414～0.732	6	NaCl 型	NaCl、KCl、NaBr、LiF、CaO、MgO、CaS、BaS
0.732～1	8	CsCl 型	CsCl、CsBr、CsI、TiCl

正负离子的半径比与配位数晶体构型的关系应注意的问题：

针对离子化合物中离子的任一配位数来说，都有一定的正负离子半径比值，而且对任一配位数来说，都有一个最小和最大的半径比值，低于极限比值，负离子之间将相互接触使它不能稳定存在，高于极限比值，正离子之间相互接触，也不能稳定存在。

当一个化合物的正负离子半径比处于接近极限值时，则该化合物可能同时具有两种晶体构型。

离子晶体的构型除了与正负离子的半径比有关外，还与离子的电子层构型、离子的数目等因素有关，也与外界条件有关。

离子型化合物的正负离子半径比规则只能应用于离子型晶体，不能用它来判断共价型化合物的结构。

(2) 离子极化对晶体构型的影响

当带有相反电荷的离子相互接近时，离子间除存在库仑引力外，还能在相反电荷的作用下使原子核外的电子运动发生变形，偏离原来的球形分布，这种现象叫做离子极化。异号离子本身电子运动发生变形的性质叫做离子的变形性（即可极化性）。它们之间的相互作用如图 4-5 所示。

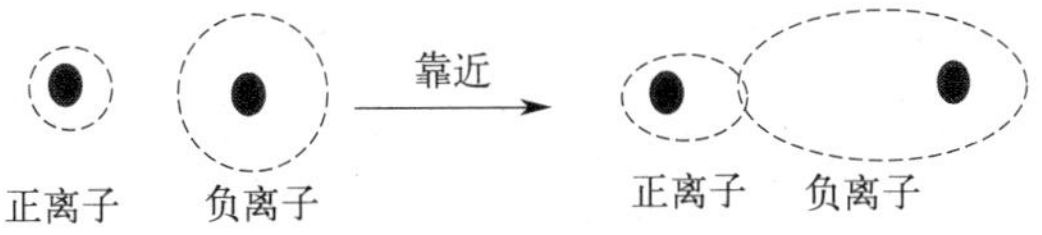

图 4-5　离子极化示意图

对于正离子来说，极化作用占主导（个别离子半径较小的阴离子如 F^- 也具有极化作用），而对负离子来说，变形性占主导。不论是正离子还是负离子，大部分是由原子核和电子组成，所以它们同时具有极化作用和变形性两种性质。即：作为电场，能使周围异电荷离子发生极化而变形，即有极化力；作为被极化的对象，它本身又有变形性。

① 离子的极化力

离子的极化力和离子的电荷、半径以及外电子层的结构有关。离子的电荷愈大，半径愈小，所产生的电场强度愈大，离子的极化力愈大，例如：

$$Na^+ < Mg^{2+} < Al^{3+}$$

如果电荷相当，半径相近，则离子的极化力决定于电子结构，有如下规律：

18 电子构型≈(18+2)电子构型≈2 电子构型>(9～17)电子构型>8 电子构型

② 离子的变形性

离子的变形性主要取决于离子半径。离子半径大，核电荷对电子云的吸引力较弱，因此离子的变形性大。例如：

$$I^- > Br^- > Cl^- > F^-$$

离子的电荷相等、半径相当时，电子结构决定离子的变形性，有如下规律：

18 电子构型≈(18+2)电子构型≈2 电子构型>(9～17)电子构型>8 电子构型

注意：对于 18、(18+2)、2 等电子构型的正离子，极化力和变形性都较大。

③ 离子极化对离子晶体的影响

a. 对键型的影响

如果离子晶体中没有极化作用，则离子之间仅仅靠离子键结合在实际的离子晶体中，由于离子极化的存在，离子的电子云变形并互相重叠，在原有的离子键上附加一些共价键的成分。离子极化愈强，共价键的成分愈多，这说明离子极化使离子晶体的键型从离子键向共价键过渡（见图 4-6）。

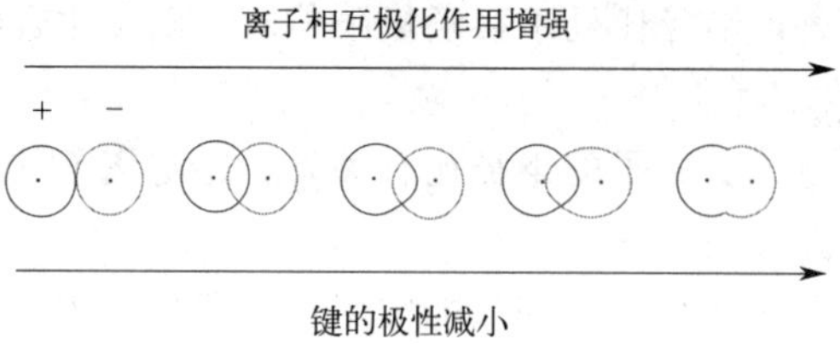

图 4-6　离子极化对键型的影响

例如：NaCl、$MgCl_2$、CuCl、ZnS 等，随着阳离子的极化力逐渐增强，化学键分别为离子键、离子键、过渡键和共价键；再如：AgF、AgCl、AgBr、AgI 等，随着阴离子的变形性越来越强，他们的化学键依此为离子键、过渡键、共价键、共价键。

b. 晶型的转变

由于离子极化，正离子部分电子云钻入负离子的电子云，离子的电子云相互重叠，共价键的成分增加；键长也同时缩短，使正负离子半径比r^+/r^-变小，离子的配位数向变小的方向变化。如图 4-7(a) 为没有离子极化，晶体中离子在平衡位置振动；图 4-7(b) 为离子极化不强，晶体中离子在平衡位置的振动稍有影响，但晶体构型不变；图 4-7(c) 为离子极化强，晶体中离子在平衡位置的振动影响较大，晶体构型发生改变；例如：从 AgF 到 AgI，由于 AgI 是 18e 电子构型，极化作用较强，离子的配位数由 NaCl 型的 6 变为 ZnS 型的 4。

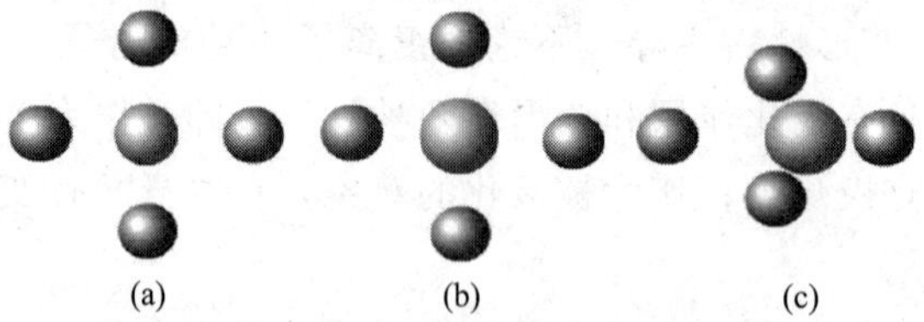

图 4-7　离子极化对晶型影响示意图

c. 化合物的溶解度

键型的过渡引起离子晶体在水中溶解度的变化，离子晶体大都溶于水，当离子晶体由于离子极化转化为共价为主的化合物时，它在水中的溶解度就会降低。例如 AgF 易溶于水，而 AgCl、AgI 则难溶于水。

d. 晶体的熔点

键型的改变也使晶体的熔点发生变化，由于离子晶体的熔点与共价键构成的分子所组成的晶体相比，有较高的熔点。所以，离子极化使得晶体的熔点降低。例如：NaCl 的熔点为 801℃，而 AgI 的熔点只有 405℃。

e. 化合物的颜色

离子极化还会导致化合物的颜色加深。例如，AgCl、AgBr、AgI，由于离子极化的增强，颜色由白色转变为黄色。在化合物中，由于阴、阳离子相互极化，电子能级改变，致使激发态和基态间的能量差变小。所以，只要吸收可见光部分的能量即可引起激发，从而呈现颜色。极化作用愈强，激发态和基态能量差愈小，化合物的颜色就愈深。

4. 晶格能

(1) 晶格能的概念

晶格能是衡量离子键强度的物理量，是指互相远离的气态正、负离子结合生成 1mol 离子晶体时所释放的能量，用 U 表示。

$$Na^+(g)+Cl^-(g)=\!=\!=NaCl(s) \qquad U=-\Delta_r H_m^{\ominus}$$

晶格能的数据是指在 0K 和 100kPa 条件下上述过程的能量变化。如果上述过程是在 298K 和 101325Pa 条件下进行时，则释放的能量为晶格焓。晶格能 U 越大，则形成离子键得到离子晶体时放出的能量越多，离子键越强，离子晶体越稳定，熔点越高，硬度越大，如表 4-2。

表 4-2 几种离子键晶体的晶格能和熔点

晶体	NaI	NaBr	NaCl	NaF	CaO	MgO
晶格能/kJ·mol^{-1}	692	740	780	920	3513	3890
熔点/℃	660	747	801	996	2570	2852

(2) 晶格能的计算

晶格能可以衡量离子键的强弱，其大小取决于离子电荷和离子半径。离子电荷越高、半径越小，离子键越强。但是晶格能的绝对值难以用实验直接测量，玻恩-哈伯设计了一个热力学循环过程，从已知的热力学数据出发，利用 Hess 定律间接计算晶格能（见图 4-8）。

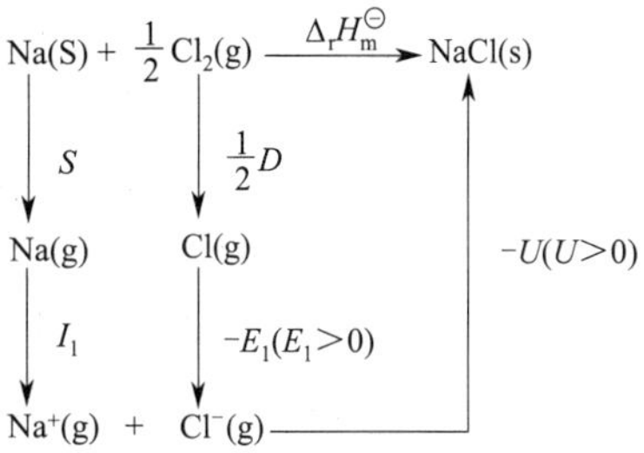

图 4-8 Hess 定律计算晶格能

S 为 1mol 固态金属钠升华为气态钠原子的升华能；I_1 为 1mol 气态钠原子电离成 1mol 气态钠离子的解离能；D 为 0.5mol 氯气分子离解为 1mol 气态氯原子的电离能；E_1 为 1mol 气态氯原子结合电子，形成 1mol 气态氯离子的电子亲和能；U 为 1mol 气态钠离子和 1mol 气态氯离子结合生成 1mol 固态 NaCl 释放出的能量，即晶格能。根据能量守恒定律，生成焓应等于各分步能量变化的总和。即：

$$\Delta_f H_m^{\ominus}=S+\frac{1}{2}D+I_1+(-E_1)+(-U)$$

则可得：

$$U=S+\frac{1}{2}D+I_1+(-E_1)-\Delta_f H_m^{\ominus}=109+121+496-349-(-411)=788(kJ\cdot mol^{-1})$$

4.2 共价键理论

针对同种元素的原子以及电负性相近的原子间不能通过电子转移形成化学键，1916 年，美国科学家路易斯（Lewis）提出了原子间共用电子对成键的概念，认为分子中的原子可以各提供电子组成共用电子对，通过共用电子对形成共价键。成键后，提供电子的原子一般都达到稀有气体原子的电子层结构，外围电子数=2 或 8。

路易斯的共价键理论成功地解释了由相同原子组成的分子（H_2、O_2 等）以及由性质相近的不同原子组成的分子（HCl、H_2O 等），初步揭示了共价键与离子键的本质区别。但有局限：无法解释电子配对成键原因，不能阐明共价键的形成本质；不能解释共价键的方向性、饱和性以及分子的磁性；无法解释许多共价化合物分子中中心原子最外层电子数不是稀有气体结构，但仍能稳定存在，如 BF_3、SF_6、PCl_5。1927 年海特勒（Heitler）和伦敦（London）用量子力学处理 H_2 分子结构，揭示了共价键的本质，即：组成分子的两原子的未成对电子自旋相反，成对偶合形成共价键。

4.2.1 现代价键理论

1. 氢分子的形成

计算表明，若两个氢原子的单电子以相同自旋的方式靠近，将会产生排斥作用；并且两氢原子间的距离 r 越小，排斥力越大。如图 4-9 中直线部分（——），体系能量升高，甚至高于两个单独存在的氢原子之和。这种不稳定的状态称为氢分子排斥态，不形成化学键。

但两个氢原子的单电子以自旋相反的方式靠近时，电子不仅受到自己原子核的吸引，还受到另外一个原子核的吸引。如图 4-9 中点划线（—·—·），体系能量降低，低于两个单独存在的氢原子之和。当两氢原子间的距离 $r=r_0$ 时，体系能量达到最低点。这种稳定的状态称为氢分子基态，可以形成化学键。

为什么自旋相反的单电子能配对成键？为什么基态分子中核间电子云能密集？

当两个氢原子相距很远时，相互间的吸引和排斥可忽略。这时系统的能量等于两个独立的氢原子能量之和（作为能量的相对零点）。当两个氢原子从远处接近时，体系的总能量会发出变化，会出现两种状态：基态和排斥态（见图 4-10）。

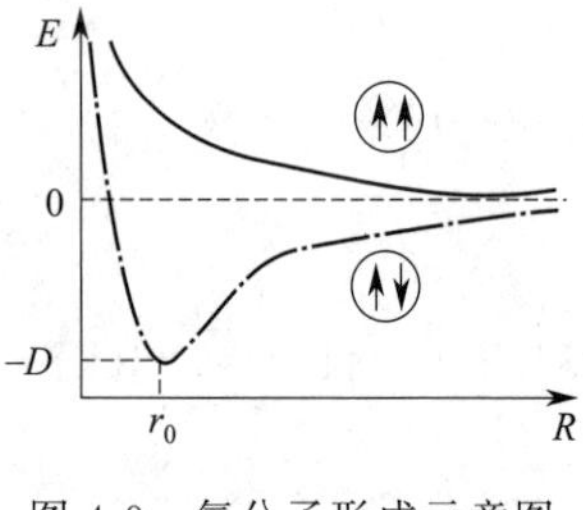

图 4-9　氢分子形成示意图

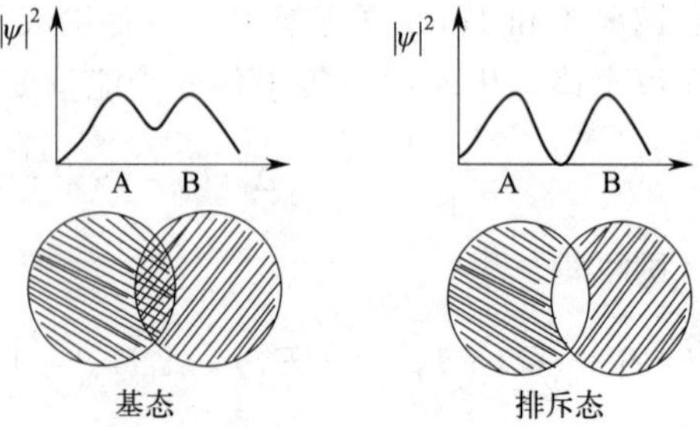

图 4-10　基态和排斥态示意图

当相互靠近的两个氢原子中的单电子自旋方向相同时，核间形成一个电子概率密度稀疏的区域，系统能量升高，不能形成氢分子（见排斥态）。然而两个氢原子电子以自旋相反的方式相互靠近时，原子轨道互相重叠，核间形成一个电子概率密度较大的区域。系统能量降低，形成氢分子（见基态）。从电子云的观点考虑，可认为氢原子的 1s 轨道在两核间重叠，使电子在两核间出现的概率大，形成负电区。两核对核间负电区的吸引，降低两核间正电排斥，使体系势能降低，形成共价键。

综上所述：量子力学对 H_2 分子的处理表明，H_2 分子的形成是两个氢原子 1s 轨道重叠的结果。共价键的本性是电中性的，但这种结合力是两核间电子云密集区对两核的吸引力（成键电子在两核间出现的概率大），而不是正负离子间的库仑引力。把 H_2 分子的研究结果推广到其他体系，可归纳出现代价键理论。

2. 共价键的形成及特点

（1）共价键的本质

当相互靠近的两个原子中的单电子自旋相反时，它们的原子轨道发生了重叠而形成负电区域；重叠负电区域对原子核的吸引，降低两核间正电排斥，使体系能量降低而成键，因此共价键结合力的本质是重叠负电区域和原子核间吸引力，但不是正负离子间的库仑引力，结合力的大小取决于原子轨道重叠的多少。形成共价键时，组成原子的电子云发生了很大的变化，事实上，共用电子是绕两原子核运动的，只不过这对电子在两核之间出现的概率较大。

（2）共价键的形成条件

两原子接近时，只有自旋方向相反的未成对电子（即单电子）可以相互配对（两原子轨道有效重叠）使电子云密集于两核间，系统能量降低，形成稳定共价键。这称为电子配对原理。

成键电子的两原子轨道尽可能达到最大重叠。轨道重叠程度愈大，两核间电子的概率密度愈密集，系统能量降低愈多，形成的共价键愈稳定。这称为原子轨道最大重叠原理。

原子轨道重叠的对称性原则：只有当原子轨道对称性相同的部分重叠，原子间的概率密度才会增大，形成化学键。即：当两原子轨道以对称性相同的部分（即“＋”与“＋”，“－”与“－”）重叠。

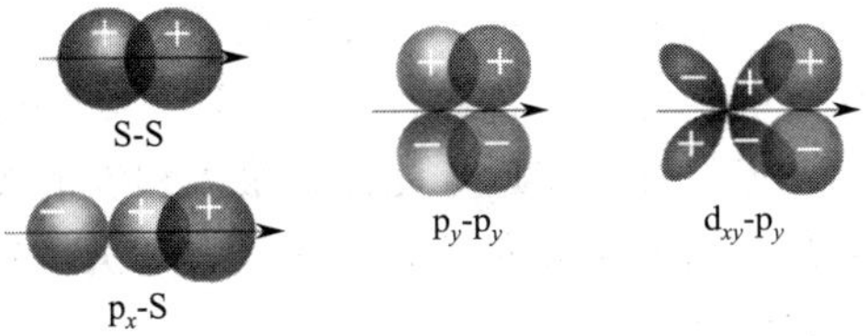

当两原子轨道以对称性不同的部分（即“＋”与“－”）重叠，原子间的概率密度几乎等于零，难以成键。

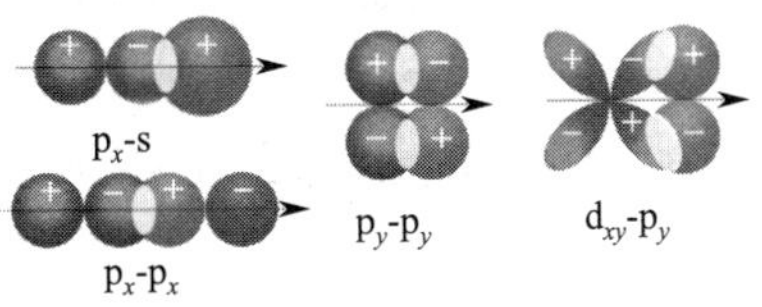

（3）共价键的特点

① 共价键的饱和性

所谓饱和性是指每个原子成键的总数或以单键连接的原子数目是一定的。这是因为两原子接近时，只有自旋相反的单电子才可以配对，使两原子轨道有效重叠，形成稳定的共价键。而每个原子能提供的轨道和单电子数目是一定的，并且自旋方向相反的单电子配对形成共价键后，就不能再和其它原子中的单电子配对。所以，每个原子所能形成共价键的数目取决于该原子中的单电子数目。原子有几个未成对的价电子，一般只能和几个自旋方向相反的电子配对成键。

例如：两个氮原子各有三个未成对电子，它们可以配对形成氮氮三键。

$$N \quad \text{⬆⬆⬆} \, 2p$$
$$N \quad \text{⬇⬇⬇} \, 2p \qquad N_2 \qquad :N\!\!\equiv\!\!N:$$

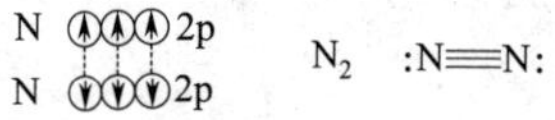

在特定的条件下，有的成对的价电子能被拆开为单电子参与成键。例如 S 原子基态时只有两个单电子，但是在光照或受热后 3s 和 3p 轨道上的成对电子跃迁到 3d 轨道，这时有 6 个单电子，可以与 6 个 F 原子形成 6 个共价键。

$$S \quad \text{⬆⬇} \, \text{⬆⬇ ⬆ ⬆} \, \text{○○○○○} \quad \rightarrow \quad \text{⬆} \, \text{⬆ ⬆ ⬆} \, \text{⬆ ⬆ ○○○}$$
$$\quad\ \ 3s \quad\ 3p \qquad\ 3d \qquad\qquad 3s \quad\ 3p \qquad 3d$$

$$[\cdot \ddot{S} \cdot] + 6\,[\,: \ddot{F} :] \rightarrow \begin{array}{c} F \quad F \\ | \quad | \\ F - S - F \\ | \quad | \\ F \quad F \end{array}$$

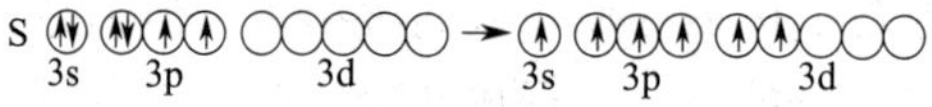

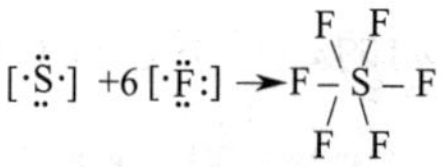

例 4-1： 为什么 H、Cl 原子可以形成 H_2、HCl、Cl_2 等分子，而不能形成 H_3、H_2Cl、Cl_3 分子？

答： H、Cl 原子的未成对电子为 1，可以形成的价键数目是 1，因此 H、Cl 原子可以和另外一个原子形成诸如 H_2、HCl、Cl_2 等双原子分子，而不能和另外两个原子形成诸如 H_3、H_2Cl、Cl_3 等三原子分子。

② 共价键的方向性

所谓共价键的方向性是指一个原子与周围原子形成共价键有一定的角度。这是因为共价键的形成将尽可能沿着原子轨道最大程度重叠的方向进行。重叠越多，核间电子云密集，形成共价键越牢固。然而，成键电子的原子轨道（如 p、d、f 等轨道）在空间都有一定的形状和取向。两原子轨道只有沿一定的方向靠近才能达到最大程度的重叠，才能形成稳定的共价键。因此，由于各原子轨道在空间分布方向是固定的，为了满足轨道的最大程度重叠，原子间形成的共价键必然要具有方向性。

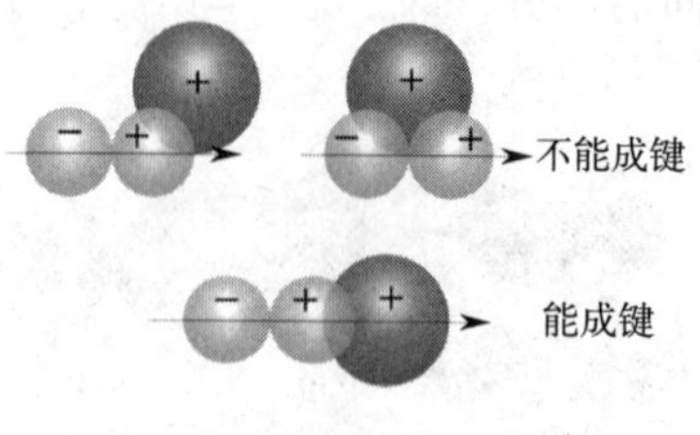

3. 共价键的类型

共价键是原子轨道相互重叠的结果，根据重叠的方式和重叠部分的对称性，可将共价键划分为σ、π键等两种不同类型的共价键。

（1）σ键

两原子轨道沿键轴（即成键原子核连线）方向进行同号重叠（头碰头重叠），所形成的键称为σ键。形成σ键的电子，称为σ电子。σ键原子轨道重叠部分是沿着键轴呈圆柱形对称，最大程度重叠，键能大，稳定性高。如下所示，由s轨道和s轨道，p_x轨道和s轨道，p_x轨道和p_x轨道等形成σ键，均沿着键轴呈圆柱形对称。

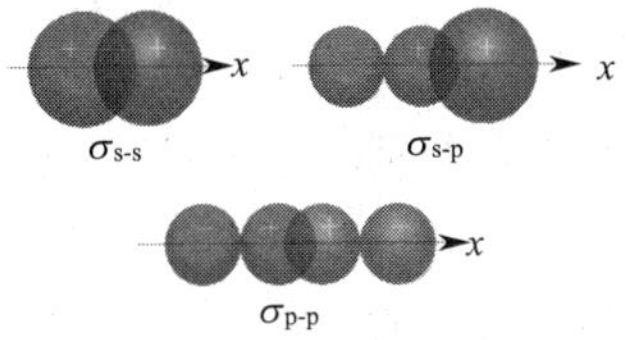

（2）π键

两原子轨道沿键轴方向在键轴两侧平行同号重叠（肩并肩重叠），所形成的键称为π键。形成π键的电子，称为π电子。π键原子轨道重叠部分对等地分布在包括键轴在内的对称面两侧，呈镜面反对称。例如：p_z轨道和p_z轨道形成的π键，对xy平面具有反对称性，即重叠部分对xy平面的上、下两侧，形状相同、符号相反。由两个p轨道重叠形成的π键叫p—pπ键。由p轨道与d轨道重叠形成的π键叫p—dπ键。

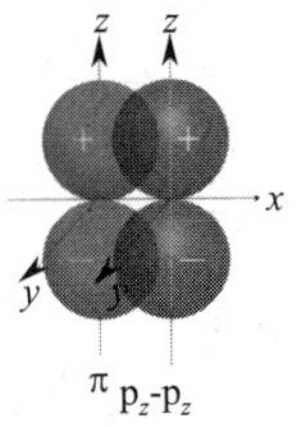

由于π键的原子轨道重叠程度小于σ键，所以π键的键能通常小于σ键，稳定性也较低，活动性较高，是化学反应的积极参加者。π键易断开，不能单独存在，只能与σ键共存于具有双键或叁键的分子中。σ键比π键牢固，σ键是构成分子的骨架，能单独存在于两原子间，以共价结合的两原子间一定并且只能有一个σ键。例如：共价单键为σ键；共价双键为1个σ键，1个π键；共价叁键为1个σ，2个π键。

4. 键参数

化学键的性质在理论上可由量子力学计算作定量的讨论，也可以通过表征键性质的某些物理量来描述，如：键长、键角和键能等，这些物理量统称为键参数。

（1）键能（E）

在100kPa、298K，将1mol理想气体AB分子解离成为理想气体A原子和B原子，这一过程的标准摩尔反应焓变称作键能，又称作键焓，单位为$kJ \cdot mol^{-1}$，它表示键的牢固程度。

对于双原子分子，在上述条件下，将1mol理想气态分子离解为理想气态原子所需要的能量称为离解能（D），这时离解能就是键能。例如：

$$H_2(g) \longrightarrow 2H(g) \qquad D_{H—H} = E_{H—H} = 436.00 kJ \cdot mol^{-1}$$

$$N_2(g) \longrightarrow 2N(g) \qquad D_{H—H} = E_{H—H} = 941.69 kJ \cdot mol^{-1}$$

但对于多原子分子来讲，要使成键原子的键全部断裂，使其成为单个原子，需要多次离解。所以，同一种键的键能并不等于离解能。此时的键能应为离解能的平均值。例如：水分子有两个同样的 O—H 键断开，当一个 O—H 断开后，余下的部分可能有电子的重新排布，因此两步分解所需能量不同：

$$H_2O(g) \longrightarrow HO(g) + H(g) \quad \Delta H_1 = 501.87 kJ \cdot mol^{-1}$$

$$HO(g) \longrightarrow O(g) + H(g) \quad \Delta H_2 = 433.38 kJ \cdot mol^{-1}$$

可取两步的平均值为两个等价的 O—H 键的键能值。

$$E_{O-H} = (501.87 + 433.38) \div 2 = 467.62 kJ \cdot mol^{-1}$$

同样的键在不同的分子中，键能有差别，但一般来说差别不大。可以取不同分子中键能的平均值，作为平均键能。平均键能常简称为键能。键能愈大，化学键愈牢固，由这种键构成的分子也就愈稳定。注意，多重键的键能不等于相应单键键能的简单倍数。这是因为单键一般是指双原子之间的普通 σ 键，而多重键有 σ 键和 π 键。例如：C—C 单键的键能是 $345.6 kJ \cdot mol^{-1}$，而 C≡C 的键能是 $835.1 kJ \cdot mol^{-1}$，不等于 $3 \times 345.6 kJ \cdot mol^{-1}$。

键能的大小体现了共价键的强弱，对估算化学反应中的能量变化很有实用价值。同主族元素的同类键（如 H—F、H—Cl、H—Br、H—I）的键能从上到下减小。但 F—F 键能明显反常，竟然比 Cl—Cl 甚至 Br—Br 的键能还小。有人认为，这主要是由于氟原子过小，一个原子的电子对另一原子的电子会因形成分子而互相排斥。

（2）键长（L）

分子中两成键原子核间的平均距离称为键长或键距，用符号 L 表示，单位为 pm。例如：氢分子中两个核间距为 76pm，所以 H—H 的键长为 76pm。键长除了表示原子在空间的相对位置外，还能表示化学键的强度，键长愈长，化学键的强度愈弱；键长愈短，化学键愈强。同一族元素的单质或同一类型的化合物的双原子分子，键长随原子序数的增加而增大；两个相同原子之间形成的不同化学键，其键数越多，则键长越短，键能就越大，键就越牢固。通常 A═B 的键长约为 A—B 键长的 85%～90%，A≡B 的键长约为 A—B 键长的 75%～80%。键长可用实验方法测定，也可进行量子化学理论计算，但复杂分子中键长的计算很困难，主要由实验测定。同一种键长，例如羰基 C═O 的键长，随分子不同而异，通常是一种统计平均值。键长的大小与原子的大小、原子核电荷以及化学键的性质等因素有关，表 4-3 列出了一些常见化学键的键常数。

表 4-3 常见化学键的键常数

共价键	键长/pm	键能/$kJ \cdot mol^{-1}$	共价键	键长/pm	键能/$kJ \cdot mol^{-1}$
H—H	76	436.00	Cl—Cl	198.8	239.7
H—F	91.8	565±4	Br—Br	228.4	190.16
H—Cl	127.4	431.2	I—I	266.6	148.95
H—Br	140.8	362.3	C—C	154	345.6
H—I	160.8	294.6	C═C	134	602±21
F—F	141.8	154.8	C≡C	120	835.1

（3）键角

键角是指多原子分子中原子核的连线的夹角，也是描述共价键的重要参数，是反映分子空间结构的重要因素之一。如果知道了一个分子的键角数据，那么也就知道了这个分子的几何构型。例如，H_2S 分子中 H－S－H 的键角为 93.3°，决定了 H_2S 分子为“V”形构型。

又如 CO_2 子中 O—C—O 的键角为 180°，则 CO_2 分子为直线形。键角一般利用分子的振动光谱等实验测定，也可以根据波函数定性估算。键角的大小严重影响分子的许多性质，从而影响其溶解性、熔沸点等。表 4-4 列出了四种分子的键长、键角以及分子构型。

表 4-4 常见化学物的分子构型

分子式	键长/pm	键角/(°)	分子构型
H_2S	134	93.3	V形
CO_2	116.2	180	直线形
NH_3	101	107	三角锥形
CH_4	109	109.5	正四面体

（4）键的极性

成键原子间电负性的差异、原子核外电子数的不同以及电荷分布的不均匀等，都会使成键原子间正、负电荷中心发生偏离，所以共价键会出现两种情况——极性共价键和非极性共价键。显然，成键原子相同，它们的电子对均匀对称，正负电荷中心重合，形成的是非极性共价键。相反，如果成键原子不相同，则由于它们的电子对不均匀而发生偏移，造成正、负电荷中心的不重合，形成的是极性共价键。电负性差值越大，键的极性越大。几种键极性大小的一般规律：离子键＞极性共价键＞非极性共价键。电负性与键性的关系见表 4-5。

表 4-5 电负性与键性关系

电负性	键性
0	非极性键
0～1.7	极性键
＞1.7	离子键

4.2.2 杂化轨道理论

价键理论继承了路易斯共享电子对的概念，比较简明地阐述了共价键的形成过程和本质，并成功地解释了共价键的方向性和饱和性等特点，但在解释分子的空间构型方向却遇到了一些困难。例如，实验测定结果表明：CH_4 分子是正四面体构型，C 位于四面体的中心，4 个 H 原子占据四面体的 4 个顶点，分子中形成了 4 个稳定的 C—H 键，H—C—H 的键角为 109.5°，4 个键的强度相同，键能均为 $411kJ \cdot mol^{-1}$。但是根据价键理论，由于 C 原子的电子层结构为：$1s^2 2s^2 2p_x^1 2p_y^1$，只有 2 个未成对电子，所以它只能与 2 个 H 原子形成 2 个共价键。如果考虑将 C 原子的 1 个 2s 电子激发到 $2p_z$ 轨道上去，则有 4 个成单电子（1 个 2s 电子和 3 个 2p 电子)，它可与 4 个 H 原子的 1s 电子配对形成 4 个 C—H 键。但由于 C 原子的 2s 电子和 2p 电子的能量不同，且 3 个 p 轨道相互垂直，那么这 4 个 C—H 键应当不是等同的，这与实验事实不符。因此，为了解释多原子分子的空间结构，Pauling 于 1931 年在价键理论的基础上提出了杂化轨道理论。

1. 杂化轨道的概念

杂化轨道理论认为：原子轨道在成键的过程中并不是一成不变的。同一原子中的几个能量相近的原子轨道，在成键过程中可重新线性组合，形成相同数目的新的原子轨道，而改变了原来原子轨道的状态（能量和状态)，这一过程称为杂化（hybridization)。形成的新的轨道叫杂化原子轨道（hybridatomic orbital），简称杂化轨道。

原子轨道在杂化过程中，必须满足轨道数目守恒原则、能量相近原则以及最大重叠原则等原则才能有效地组成杂化轨道。

（1）能量相近原则：杂化只能发生在能级接近的轨道之间，如主量子数相同的 s、p、d 轨道之间，或 $(n-1)$d 与 ns、np 之间，能量也是相近的。亚层符号按能级升高的顺序排列，例如 d^2sp^3 和 sp^3d^2 代表不同杂化轨道。

（2）轨道数目守恒原则：杂化轨道的数目等于参与杂化的原子轨道的总数。

（3）轨道能量重新分配原则：原子轨道在杂化前能量各不相同，但杂化后的杂化轨道能量相等。

（4）最大重叠原则：杂化轨道成键时，要满足原子轨道最大重叠原理。一般杂化轨道成键能力比各原子轨道的成键能力强，各种不同类型杂化轨道的成键能力大小次序为：

$$sp < sp^2 < sp^3 < dsp^2 < sp^3d < sp^3d^2$$

（5）杂化轨道成键时，要满足化学键间最小排斥原理。杂化轨道之间存在斥力，各杂化轨道之间尽可能远离使得斥力最小化．故原子轨道杂化后，其角度分布发生了变化。杂化轨道之间力图在空间取得最大夹角分布，使杂化轨道构成一定的几何构型。当杂化轨道与配位原子结合，分子就具有相同的空间构型。杂化轨道类型不同，成键时键角不同，分子的空间结构也不同。

2. 杂化轨道的类型

原子轨道的杂化只有在形成分子的过程中才会发生；形成分子时，通常存在激发、杂化、轨道重叠等过程。根据参加杂化的原子轨道不同，杂化类型可分成：sp，sp^2，sp^3，spd……

（1）sp 杂化轨道：1 个 ns 轨道和 1 个 np 轨道杂化得到两个等同的 sp 杂化轨道。每个杂化轨道含有 0.5s 和 0.5p 的成分，两条杂化轨道呈直线形分布，互成 180°角。例如：$BeCl_2$ 分子形成时，中心原子 Be 的 1 个 2s 轨道和 1 个 2p 轨道发生杂化（见图 4-11），得到一组新的杂化轨道（即两个 sp 杂化轨道）。

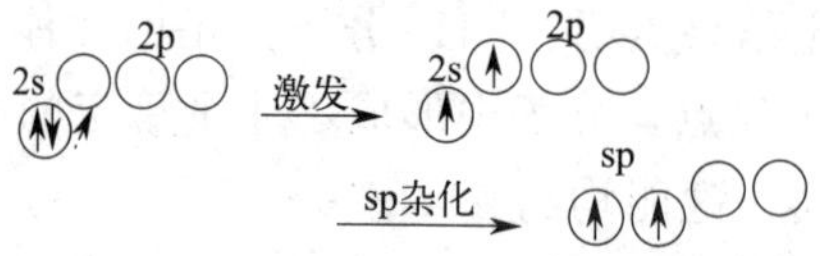

图 4-11　$BeCl_2$ 分子中 Be 原子的 sp 杂化轨道示意图

中心原子 Be 的 2 个 sp 杂化轨道分别与 Cl 原子的 3p 轨道重叠，形成两个 σ 键，生成 $BeCl_2$ 分子。由于 sp 杂化轨道呈直线形分布，杂化轨道间的夹角为 180°，所以 $BeCl_2$ 分子的几何构型为直线形（图 4-12）。

图 4-12　$BeCl_2$ 分子的轨道重叠图（左）和分子构型示意图（右）

（2）sp^2 杂化轨道：由 1 个 ns 轨道与 2 个 np 轨道杂化得到 3 个等同的 sp^2 杂化轨道。每个杂化轨道含有 (1/3)s 和 (2/3)p 的成分。3 个杂化轨道处于同一平面，呈三角形分布，互成 120°角。例如：在 BF_3 分子形成中，中心原子 B 原子基态时价层电子排布：$2s^2 2p^1$，激发时 1 个 2s 电子跃迁到 2p 轨道，激发态时价层电子排布：$2s^1 2p^2$。然后单电子占据的 1 个 2s 轨道与 2 个 2p 轨道发生 sp^2 杂化，得到 3 个杂化轨道（见图 4-13）。

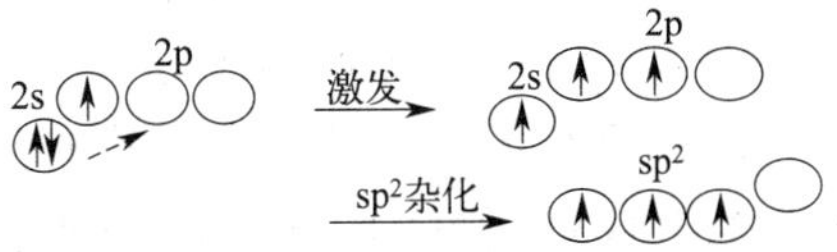

图 4-13 BF_3 分子中 B 原子的 sp^2 杂化轨道示意图

中心原子 B 的 3 个 sp^2 杂化轨道分别与三个 F 原子的 2p 轨道重叠，形成 3 个 σ 键，生成 BF_3 分子。由于 sp^2 杂化轨道呈三角形分布，轨道间的夹角为 120°，所以 BF_3 分子的几何构型为平面三角形（图 4-14），键角互为 120°。

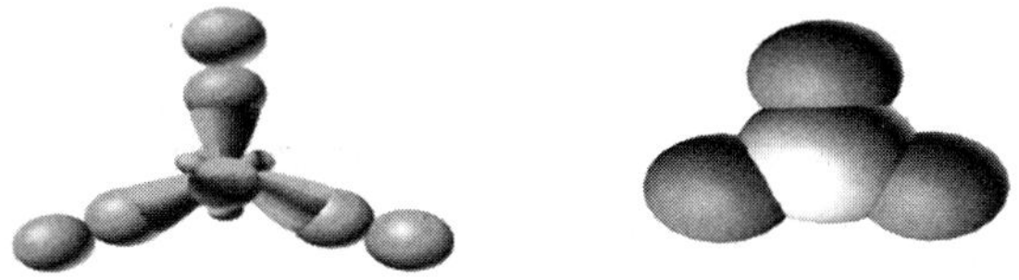

图 4-14 BF_3 分子的轨道重叠图（左）和分子构型示意图（右）

（3）sp^3 杂化轨道：由 1 个 ns 轨道和 3 个 np 轨道杂化得到 4 个等同的 sp^3 杂化轨道。每个杂化轨道含有（1/4）s 和（3/4）p 的成分，sp^3 杂化轨道分别指向四面体的 4 个顶角，4 个轨道彼此间的夹角为 109.5°。例如，在 CH_4 分子形成中，中心原子 C 原子基态时价层电子排布为 $2s^2 2p^2$，激发时一个 2s 电子跃迁到空的 2p 轨道，形成 4 个单电子分别占据 1 个 2s 轨道和 3 个 2p 轨道的激发态。然后，单电子占据的 4 个轨道发生杂化，得到 4 个杂化轨道（见图 4-15）。

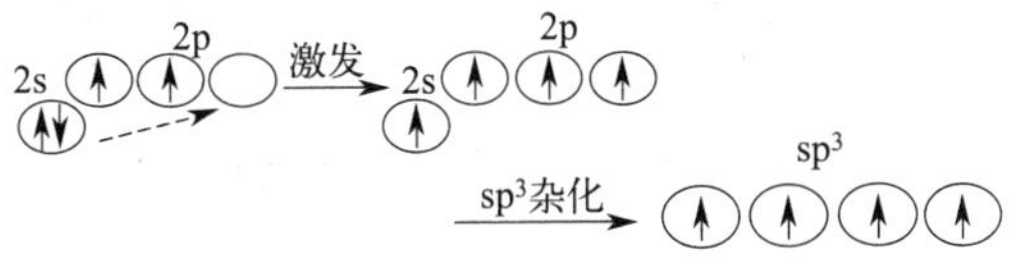

图 4-15 CH_4 分子中 C 原子的 sp^3 杂化轨道示意图

中心原子 C 原子的 4 个 sp^3 杂化轨道呈四面体分布，互成 109.5°，分别与四个氢原子的 1s 轨道重叠，形成 4 个 σ 键，生成 CH_4 分子。因 H 原子是沿着杂化轨道伸展方向重叠，因此甲烷的空间构型为正四面体（图 4-16）。

图 4-16 CH_4 分子的轨道重叠图（左）和分子构型示意图（右）

除了 CH_4 外、CCl_4、CH_3Cl、NH_3、H_2O 等都采取 sp^3 杂化类型。其中，CH_4、CCl_4 等分子中，与中心原子键合的是同一种原子，分子呈高度对称的正四面体构型，其中的 4 个

sp^3 杂化轨道自然没有差别，这种杂化类型叫做等性杂化。

然而，CH_3Cl、NH_3、H_2O 等分子中，中心原子的 4 个 sp^3 杂化轨道用于构建不同的 σ 轨道，如 CH_3Cl 中 C—H 键和 C—Cl 键的键长、键能都不相同，显然有差别，4 个 σ 键的键角也有差别，又如 NH_3 和 H_2O 的中心原子的 4 个杂化轨道分别用于 σ 键和孤对电子对，这样的 4 个杂化轨道显然有差别，这种杂化类型叫做不等性杂化。

例如，在 NH_3 分子中，中心原子 N 原子的外层电子排布为 $1s^2 2s^2 2p_x^1 2p_y^1 2p_z^1$。按照电子配对理论，它能利用 3 个 p 轨道成键，键角 90°。但是实验测得的 H—N—H 键角为 107.3°，接近正四面体构型 109.5°。因此，NH_3 分子中，中心原子 N 原子的 1 个 2s 轨道和 3 个 2p 轨道进行 sp^3 杂化，得到四个杂化轨道（图 4-17）。

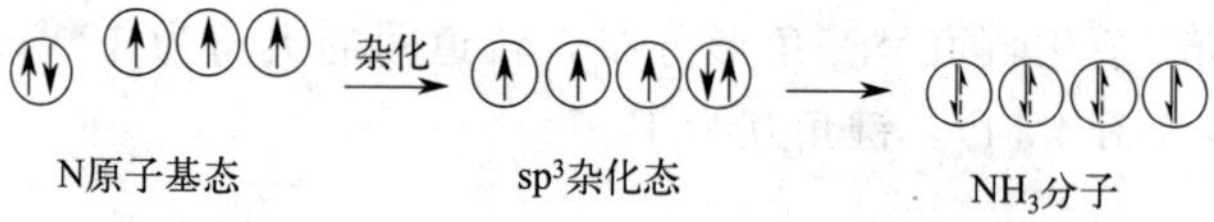

图 4-17　NH_3 分子中 N 原子的 sp^3 杂化轨道示意图

N 原子中已成对的电子，称为孤对电子。4 个杂化轨道中有 1 个被孤电子对占据，其余三个轨道被三个单电子占据，与三个 H 原子分别形成三个 N—H 键。孤对电子因为未参与成键作用，电子云密集于 N 原子周围，因此孤对电子所占据的杂化轨道含有较多的 2s 轨道成分，其它杂化轨道含有较多的 2p 轨道成分。并且孤对电子的电子云对 N—H 键电子云的斥力较强，使 3 个 N—H 键之间的夹角由 109.5°减小至 107.3°，因此 NH_3 分子呈三角锥的空间构型（图 4-18）。

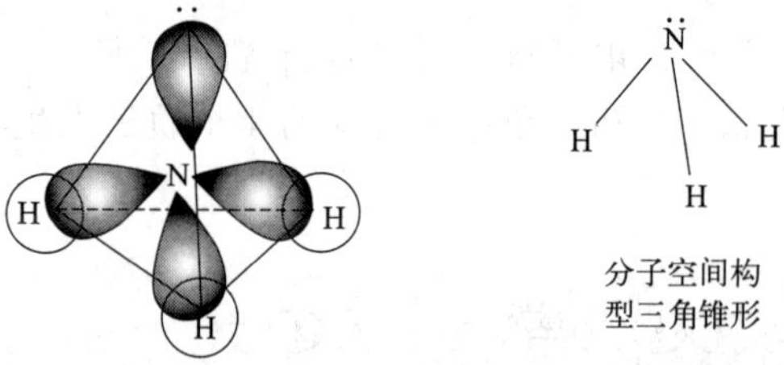

图 4-18　NH_3 分子的分子构型示意图

例如，H_2O 分子中，中心原子 O 原子的外层电子排布为 $1s^2 2s^2 2p_x^2 2p_y^1 2p_z^1$，有 $2s^2 2p_x^2$ 两对孤对电子。实验测得的 H_2O 分子中 H—O—H 键角为 104.5°，几何构型是 V 形。根据杂化轨道理论，水分子也属于 sp^3 杂化，如图所示，其中心原子 O 原子的一个 2s 轨道和 3 个 2p 轨道进行了 sp^3 杂化，得到四个杂化轨道（图 4-19）。

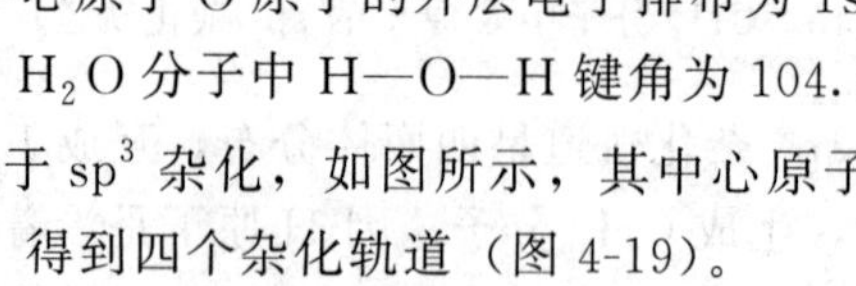

图 4-19　H_2O 分子中 O 原子的 sp^3 杂化轨道示意图

只是所得的 4 个杂化轨道有两个分别被两对孤电子对占据，其余两个轨道被两个单电子占据。两个单电子分别与两个 H 原子形成两个 s-sp^3 σ 共价键。因孤对电子的电子云对 O—H 键电子云的斥力较强，使 H—O—H 键角由 109.5°变小到 104.5°，因此 H_2O 分子的几何构型是 V 形（图 4-20）。

（4）dsp 型杂化轨道和 spd 型杂化轨道

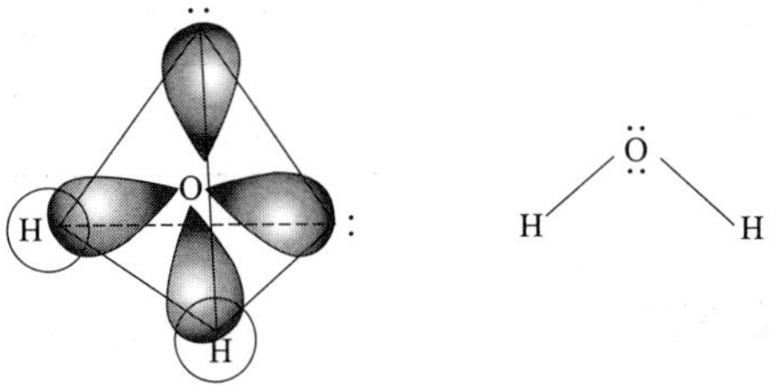

图 4-20 H_2O 分子的分子构型示意图

杂化轨道除 sp 型外，还有 dsp 型［利用（$n-1$）d、ns、np 轨道］和 spd 型（利用 ns、np、nd 轨道）。其中，sp^3d 杂化为 1 个 ns 轨道，3 个 np 轨道和 1 个 nd 轨道发生杂化，形成 5 个 sp^3d 杂化轨道。例如：在 PCl_5 分子形成中，中心原子 P 原子基态时价层电子排布为 $3s^2 3p^3$，激发后一个 3s 电子跃迁到 3d 轨道，价层电子排布为 $3s^1 3p^3 3d^1$。然后单电子占据的 1 个 3s 轨道、3 个 3p 轨道和 1 个 3d 轨道发生杂化，形成 5 个 sp^3d 杂化轨道（图 4-21），分别与五个 Cl 原子的 3p 轨道重叠，形成 5 个 σ 键，生成 PCl_5 分子。由于 sp^3d 杂化轨道呈三角双锥分布，所以 PCl_5 分子的几何构型为三角双锥。

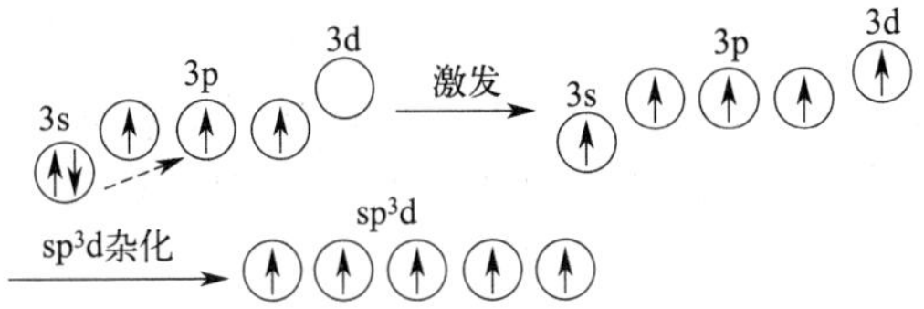

图 4-21 PCl_5 分子中 p 原子的 sp^3d 杂化轨道示意图

sp^3d^2 杂化类型是中心原子的 1 个 ns 轨道，3 个 np 轨道和 2 个 nd 轨道等 6 个轨道进行了杂化，得到 6 个 sp^3d^2 杂化轨道。例如，在 SF_6 分子形成中，中心原子 S 原子基态时价层电子排布为 $3s^2 3p^4$，激发后价层电子排布为 $3s^1 3p^3 3d^2$。然后 1 个 3s 轨道，3 个 3p 轨道和 2 个 3d 轨道等六个不同的轨道发生杂化，形成六个等同的 sp^3d^2 杂化轨道（图 4-22），分别与六个 F 原子的 2p 轨道重叠，形成 6 个 σ 键，生成 SF_6 分子。由于 sp^3d^2 杂化轨道呈八面体分布，所以分子的几何构型为八面体。

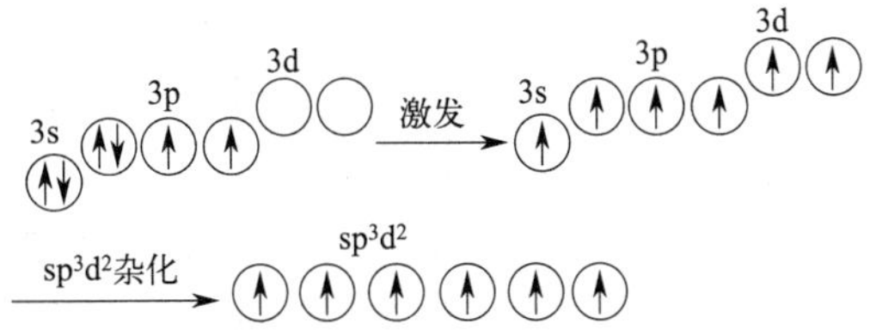

图 4-22 SF_6 分子中 S 原子的 sp^3d^2 杂化轨道示意图

表 4-6 为上述杂化轨道与分子空间构型。

表 4-6 杂化轨道和分子空间构型

杂化轨道	杂化轨道数目	键角/(°)	分子空间构型	实例
sp	2	180	直线形	$BeCl_2$、CO_2
sp^2	3	120	平面三角形	BF_3、$AlCl_3$
sp^3	4	109.5	四面体	CH_4、CCl_4

续表

杂化轨道	杂化轨道数目	键角/(°)	分子空间构型	实例
sp^3d	5	90,120	三角双锥	PCl_5
sp^3d^2	6	90	八面体	SF_6、SiF_6^{2-}.

4.2.3 价层电子对互斥理论

分子的立体结构通常是指其原子在空间的排布，决定了分子许多重要性质，例如分子中化学键的类型、分子的极性、分子之间的作用力大小、分子在晶体里的排列方式等。然而价键理论未能描述分子的立体结构，杂化轨道理论虽然可以解释许多已知分子的立体结构，但难以确定未知分子的构型。最近几十年来，西奇威克（Sidgwick）和吉列斯比(R. J. Gillespie）等提出了一种简单的模型，用来判断某一个分子或离子的立体结构，即价层电子对互斥理论（valence shell electron pair repulsion，简称 VSEPR 理论）。

1. 价层电子对互斥理论的基本要点

（1）共价分子或离子分子中，中心原子价层电子对（包括成键电子对和未成键的孤对电子对）之间存在排斥力，将使分子中的原子处于尽可能远的相对位置上，以使彼此之间斥力最小，分子体系能量最低。若一个中心原子和几个配位原子形成分子，分子的几何结构取决于中心原子价电子层中电子对（包括成键电子对和未成键的孤对电子对）的互相排斥作用，分子的几何构型总是采取电子对相互排斥最小的那种结构。例如，AX_mL_n 分子或离子（A 为中心原子，X 为配位原子，L 为孤对电子）的几何构型取决于中心原子 A 的价层电子对数（VPN），$VPN=m+n$。就只含单键的 AX_mL_n 分子而言，AX_mL_n 分子的几何构型与价层电子对数（VPN）的排布方式如表 4-7 所示。

表 4-7 AX_mL_n 分子的几何构型与价层电子对（VP）的排布方式

A 的价层电子对数 VPN	电子对的空间排布	成键电子对数 m	孤对电子数 n	分子类型 AX_mL_n	分子的几何构型	实例
2	直线形	2	0	AX_2	 直线形	$BeCl_2$,CO_2
3	平面三角形	3	0	AX_3	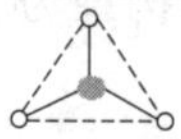 平面三角形	BF_3,SO_3,NO_3^-
		2	1	AX_2L	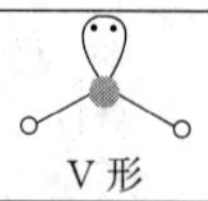 V 形	$SnCl_2$,O_3,NO_2,NO_2^-
4	四面体	4	0	AX_4	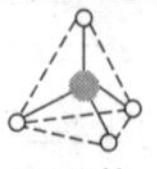 四面体	CH_4,CCl_4、SO_4^{2-}、PO_4^{3-}
		3	1	AX_3L	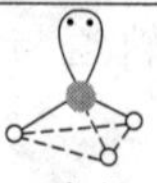 三角锥	NH_3,NF_3,ClO_3^-
		2	2	AX_2L_2	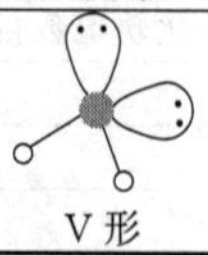 V 形	H_2O,H_2S,SCl_2

续表

A 的价层电子对数 VPN	电子对的空间排布	成键电子对数 m	孤对电子数 n	分子类型 AX_mL_n	分子的几何构型	实例
5	三角双锥	5	0	AX_5	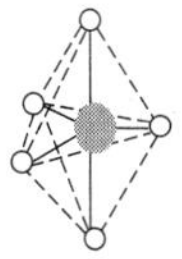 三角双锥	PCl_5，AsF_5
		4	1	AX_4L	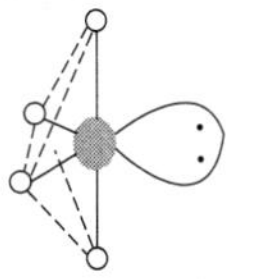 变形四面体（跷跷板形）	SF_4，$TeCl_4$
		3	2	AX_3L_2	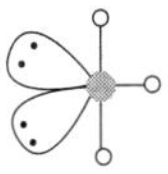 T 形	ClF_3，BrF_3
		2	3	AX_2L_3	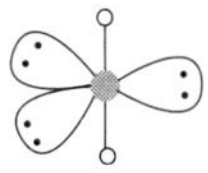 直线形	XeF_2，I_3^-
6	正八面体	6	0	AX_6	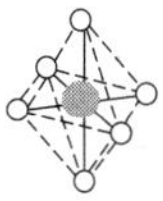 八面体	SF_6，AlF_6^{3-}
		5	1	AX_5L	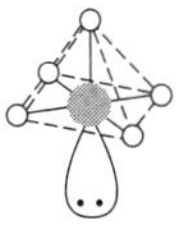 四方锥	ClF_5，IF_5
		4	2	AX_4L_2	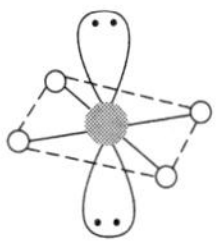 平面正方形	XeF_4，ICl_4^-

（2）价层电子对相互排斥作用的大小，取决于电子对之间的夹角和电子对的成键情况。

①电子对之间的夹角越小，排斥力越大；价层电子对间斥力大小顺序为 l-l≫l-b＞b-b（l 为孤对电子对；b 为键合电子对）；t-t＞t-d＞d-d＞d-s＞s-s（t 为叁键，d 为双键，s 为单键）。

②$X_w-X_w>X_w-X_s>X_s-X_s$（X 代表配位原子的电负性，下标 w 为弱，s 为强）。如：OF_2、H_2O 分子的键角分别为 103.2°和 104.5°。

③ 中心原子的电负性增大时，键角将增大。如：NH_3、PH_3、AsH_3、SbH_3 分子的键角分别为 107.3°、93.3°、91.8°、91.3°。

2. 判断分子或离子空间构型的步骤

（1）确定中心原子价层电子对数

价层电子对数=(中心原子价电子数+配位原子提供的电子数－离子电荷代数值)/2

① 中心原子的价电子数等于它的族数。

② 作配位原子时，卤素原子和 H 原子各提供一个价电子，氧族元素的原子提供的价电子数为 0。

③ 作为中心原子时，卤素原子按提供 7 个电子计算，氧族元素的原子按提供 6 个电子计算。

例 4-2：求 PO_4^{3-}，NH_4^+，CCl_4，NO_2，ICl_2^-，OCl_2 分子或离子中心原子的价层电子对数。

	价层电子总数	价层电子对数
PO_4^{3-}	$n=5+3=8$	4
NH_4^+	$n=5+4-1=8$	4
CCl_4	$n=8$	4
NO_2	$n=5$	2.5
ICl_2^-	$n=10$	5
OCl_2	$n=8$	4

（2）根据中心原子 A 的价层电子对数，找出对应的理想构型。画出结构图，把配位原子排布在中心原子 A 的周围，每一对电子连接一个配位原子，剩下的未结合的电子对便是孤对电子对。

（3）根据孤对电子对、成键电子对之间相互排斥力的大小，确定排斥力最小的稳定结构。

（4）通常所说的分子立体构型是指分子中的原子在空间的排布，不包括孤对电子对。a. 如果中心原子周围只有成键电子对，则每一个电子对连接一个配位原子，电子对在空间斥力最小的排布方式，即为分子稳定的几何构型。

b. 如果价电子对中含有孤对电子，则分子的几何构型不同于价电子对的排布方式。因此得到 VSEPR 模型后要略去孤对电子对，才得到分子立体构型。

例 4-3：试预测 ClF_3 分子立体构型。

解：ClF_3 分子中，中心原子 Cl 有 7 个价电子，每个配位原子 F 提供一个电子，使得中心原子 Cl 价层电子数为 10，则其价层电子对为 5。价层电子对排布式为三种不同结构，如图 4-23。

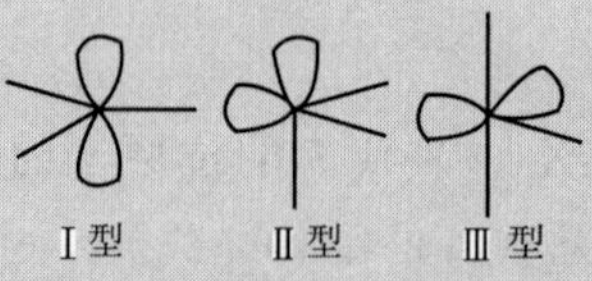

图 4-23　ClF_3 分子的三种不同结构

即 5 对价层电子对分别占据三角双锥的 5 个顶角，其中 2 个顶角为孤对电子，剩下三个顶角配上 3 个氟原子。

为了确定哪一种结构是最为可能的结构，这三种结构的电子排斥作用列入表 4-8。

表 4-8　三种结构的排斥作用

方向角90°	作用对数目		
	Ⅰ	Ⅱ	Ⅲ
l-l	0	1	0
l-b	6	3	4
b-b	0	2	2

由于 l-l≫l-b>b-b(l 为孤对电子对；b 为键合电子对)。结构（Ⅱ）存在强的孤对电子-孤对电子（l-l）排斥作用，所以不予考虑。而对于键合电子对-孤对电子（l-b）排斥作用，结构（Ⅲ）的数目较少。因此 ClF_3 分子立体构型为结构（Ⅲ）。

4.2.4　分子轨道理论

价键理论缺乏对分子整体的认识（仅考虑外层或价层电子的成键情况），也不能解释 O_2 的磁性及 H_2^+ 能够存在。1932 年美国化学家 Mulliken 和德国化学家 Hund 提出了一种新的共价键理论——分子轨道理论。该理论注意了分子的整体性，可以较好地说明多原子分子的结构。目前，该理论在现代共价键理论中占有很重要的地位。

1. 分子轨道理论

分子轨道理论认为：原子形成分子后，电子不再认为定域在个别原子内，而是在整个分子空间范围内运动。每一个电子的运动状态都可以用一个波函数 Ψ 来描述，这个波函数 Ψ 称为分子轨道（用 MO 表示）。$|\Psi|^2$ 表示电子在空间各处出现的概率密度。分子轨道（MO）可以通过相应的原子轨道（AO）线性组合而成。有几个原子轨道相组合就形成几个分子轨道。若组合得到的分子轨道的能量比组合前的原子轨道能量之和低，所得分子轨道叫做成键轨道；若组合得到的分子轨道的能量比组合前的原子轨道能量之和高，所得分子轨道叫做反键轨道；若组合得到的分子轨道的能量跟组合前的原子轨道能量没有明显差别，所得分子轨道就叫做非键轨道。成键分子轨道和反键分子轨道波函数示意图见图 4-24。

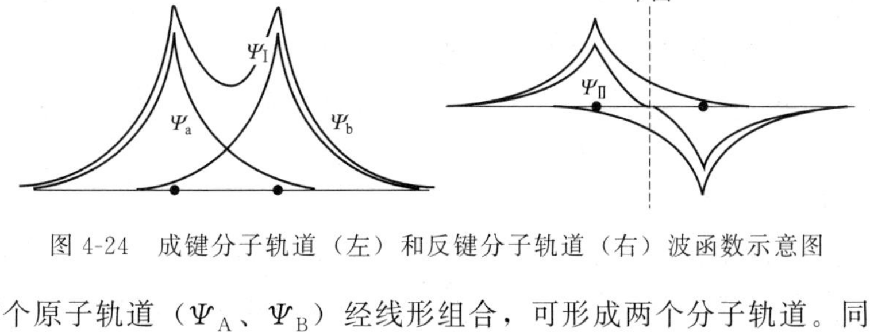

图 4-24　成键分子轨道（左）和反键分子轨道（右）波函数示意图

例如：两个原子轨道（Ψ_A、Ψ_B）经线形组合，可形成两个分子轨道。同相位的两个原子轨道（Ψ_A、Ψ_B）的波函数叠加可得到成键分子轨道波函数 Ψ：

$$\Psi=N(\Psi_A+\Psi_B)$$ （波函数同号重叠）

成键分子轨道中两核间电子云密度增大，能量降低。

异相位的两个原子轨道（Ψ_A、Ψ_B）的波函数叠加可得到反键分子轨道波函数 Ψ^*：

$$\Psi=N(\Psi_A-\Psi_B)$$ （波函数异号重叠）

反键分子轨道中两核之间有一电子云密度为零的节面，能量升高。

2. 分子轨道的形成

（1）分子轨道的形成原则

原子轨道在组成分子轨道时，必须满足对称性匹配原则、能量近似原则以及最大重叠原则等三原则才能有效地组成分子轨道。

对称性匹配原则：只有两个原子轨道的对称性匹配，它们才有可能组成分子轨道。对原子轨道的角度分布图进行旋转和反映两种对称性操作后，若其空间位置、形状和波瓣符号均未改变，称为对旋转和反映操作对称。旋转是绕键轴旋转 180°。反映是对包含键轴的某一平面（xy 面或 xz 面）进行反映，即照镜子。两个原子轨道对旋转、反映两种对称操作均为对称或者反对称，则二者进行对称性匹配，能组合成分子轨道。

能量近似原则：原子轨道之间的能量相差越小，组成分子轨道的成键能力越强。当参与组成分子轨道的原子轨道之间能量相差太大时，不能有效地组成分子轨道。例如：1s 与 1s，2s 与 2s，它们之间可以组合；1s 与 2s 能量相差大，不能有效地组成分子轨道。

最大重叠原则：原子轨道发生重叠时，在可能范围内重叠程度越大，成键轨道能量下降得越多，成键效应就越强。例如，氟的 $2p_z$ 轨道顺着分子中原子核的连线向氢的 1s 轨道“头碰头”地靠拢而达到最大重叠。

（2）分子轨道的形成和类型

根据对称性匹配原则、能量近似原则以及最大重叠原则等三原则，通常 s-s，s-p，p-p，p-d 等原子轨道组合可以组成分子轨道。组成的分子轨道按电子云图像的形状又分为 σ 轨道和 π 轨道。其中，分子轨道绕键轴旋转 180°，若形状和符号均未发生变化，叫做 σ 轨道，σ 轨道对键轴呈圆柱形对称。分子轨道绕键轴旋转 180°，若形状不变，符号发生变化，叫做 π 轨道，它们有一个通过键轴与纸面垂直的对称平面。σ 轨道和 π 轨道又有成键轨道和反键轨道之分。反键轨道的符号上常添加“*”标记，以与成键轨道区别。例如，以 x 轴为键轴，s-s，s-p_x，p_x-p_x 等原子轨道组成的分子轨道，绕键轴旋转，轨道形状和符号不变，为 σ 轨道；而 p_y-p_y，p_z-p_z 组成的分子轨道的符号改变，为 π 轨道。

① s-s 原子轨道的组合

如 H_2 形成过程中（见图 4-25），2 个氢原子各贡献 1 个 1s 轨道相加和相减，就形成 2 个分子轨道，相加得到的分子轨道能量较低的叫 σ 成键轨道，即为 σ_{1s} 分子轨道；能量较高的叫 σ^* 反键轨道，即为 σ_{1s}^* 分子轨道。H_2 的分子轨道能级图中 AO 为原子轨道，MO 为分子轨道，虚线表示组合：

② s-p 原子轨道的组合

如 HF 分子的形成过程中（见图 4-26），氢的 1s 轨道和氟的 $2p_z$ 轨道相加和相减，相加得到成键轨道，相减得到反键轨道；氟的其余原子轨道（包括内层 1s）基本维持原来的能量，为非键轨道；HF 的分子轨道能级图（氟的内层 1s 轨道能量太低，没有画出来）中 AO 为原子轨道，MO 为分子轨道，虚线表示组合。

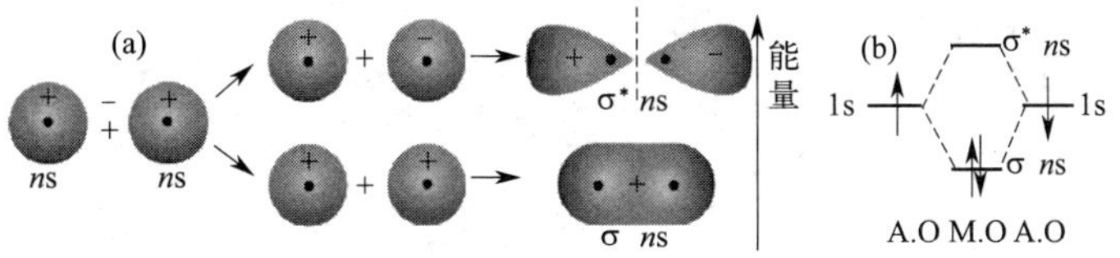

图 4-25　H_2 分子轨道波函数图像（a）和轨道能级图（b）

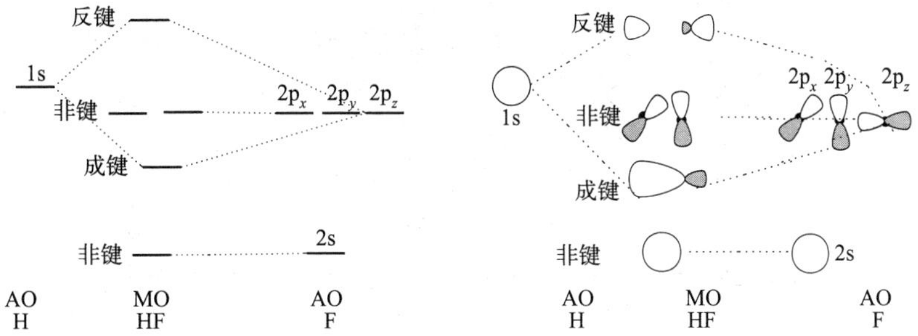

图 4-26　HF 分子轨道能级图（左）和分子轨道波函数图像（右）

③ p-p 原子轨道的组合

p-p 原子轨道的组合有两种方式：(1) 2 个 np_x 轨道相加和相减形成 2 个分子轨道，相加得到的分子轨道能量较低的叫 σ 成键轨道，即为 $\sigma_{p_x\text{-}p_x}$ 分子轨道；能量较高的叫 σ^* 反键轨道，即为 $\sigma^*_{p_x\text{-}p_x}$ 分子轨道；(2) 2 个 np_y 或 2 个 np_z 轨道相加和相减形成 2 个分子轨道，相加得到的分子轨道能量较低的叫 π 成键轨道，即为 $\pi_{p_y\text{-}p_y}$ 或 $\pi_{p_z\text{-}p_z}$ 分子轨道；能量较高的叫 π^* 反键轨道，即为 $\pi^*_{p_y\text{-}p_y}$ 或 $\pi^*_{p_z\text{-}p_z}$ 分子轨道。分子轨道能级图（见图 4-27），图中 AO 为原子轨道，MO 为分子轨道，虚线表示组合：

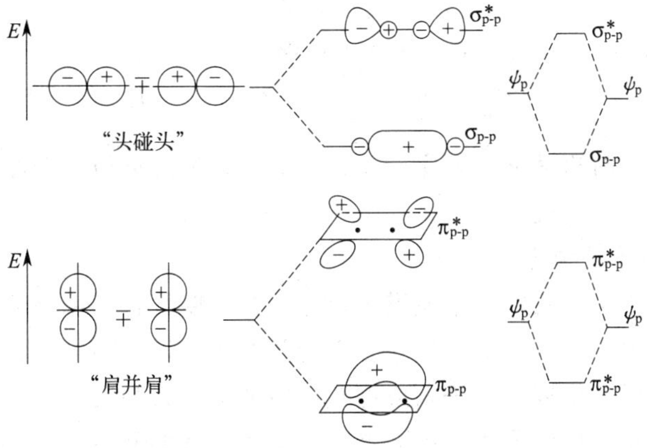

图 4-27　p-p 原子轨道形成分子轨道波函数图像（左）和轨道能级图（右）

④ 其它原子轨道组合形成分子轨道（见图 4-28）：

3. 分子轨道能级图及其应用

(1) 分子轨道能级图

每种分子的每个分子轨道都有确定的能量，不同种分子的分子轨道能量是不同的，可通

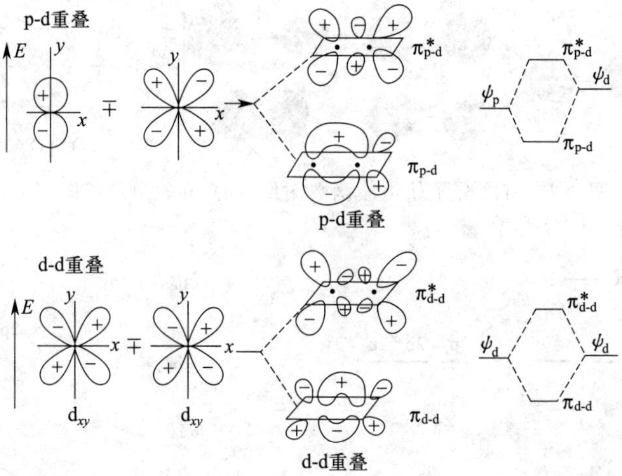

图 4-28　其它原子轨道形成分子轨道波函数和轨道能级图

过光谱实验确定。分子轨道能级的影响因素：参与组合的原子轨道自身的能量高低；原子轨道之间重叠的程度；由原子轨道组成分子轨道时，成键和反键轨道与原子轨道能量差基本相同。考虑原子轨道种类对轨道能量的影响，对二周期元素的同核双原子分子能级顺序可根据它们的 2s 和 2p 原子轨道的能量差异，得出两种不同的分子轨道能级图。

对于第二周期后部元素的同核双原子分子（例如：O_2、F_2），其 2s 和 2p 原子轨道的能量相差较大，不会发生重叠作用，它们同核双原子分子轨道 π_{2p} 的能量大于分子轨道 σ_{2p} 的能量，此时它们的同核双原子分子的能级顺序为：

$$E_{\sigma_{1s}} < E_{\sigma_{1s}^*} < E_{\sigma_{2s}} < E_{\sigma_{2s}^*} < E_{\sigma_{2p_x}} < E_{\pi_{2p_y}} = E_{\pi_{2p_z}} < E_{\pi_{2p_y}^*} = E_{\pi_{2p_z}^*} < E_{\sigma_{2p_x}^*}$$

对于第二周期前部元素的同核双原子分子（例如：B_2、C_2、N_2），由于它们的 2s 和 2p 原子轨道的能量相差较小（即接近），会发生重叠作用，使同核双原子分子轨道 π_{2p} 的能量小于分子轨道 σ_{2p} 的能量，从而造成分子轨道能级顺序的改变：

$$E_{\sigma_{1s}} < E_{\sigma_{1s}^*} < E_{\sigma_{2s}} < E_{\sigma_{2s}^*} < E_{\pi_{2p_y}} = E_{\pi_{2p_z}} < E_{\sigma_{2p_x}} < E_{\pi_{2p_y}^*} = E_{\pi_{2p_z}^*} < E_{\sigma_{2p_x}^*}$$

根据两种不同分子轨道的能级顺序，排列出分子轨道的近似能级图见图 4-29。

（2）分子轨道能级图的应用

① 分子轨道中电子的填充

电子在分子轨道中填充跟在原子轨道里填充一样，要符合能量最低原理、泡利不相容原理和洪特规则。当形成分子时，原来处在分立的各原子轨道上的电子将按这三个原则填入分子轨道，但最终能否成键则取决于进入成键轨道中的电子数和反键轨道中的电子数。

例如：氢分子是最简单的分子。当 2 个氢原子各贡献 1 个 1s 轨道相加和相减，就形成 2 个分子轨道，相加得到的分子轨道能量较低的叫 σ 成键轨道（电子云在核间更密集，表明电子在核间出现的概率升高，使两个氢原子核拉得更紧了，因而体系能量降低），能量较高的叫σ^* 反键轨道（电子云因波函数相减在核间的密度下降，电子云密度较大的区域反而在氢分子的外侧，因而能量升高了）。（基态）氢分子的 2 个电子填入 σ 成键轨道，而σ^* 反键轨道是能量最低的未占有轨道，跟形成分子前的 2 个 1s 轨道相比，体系能量下降了，因而形成了稳定的分子。图 4-30 是 H_2 分子成键的能级图。

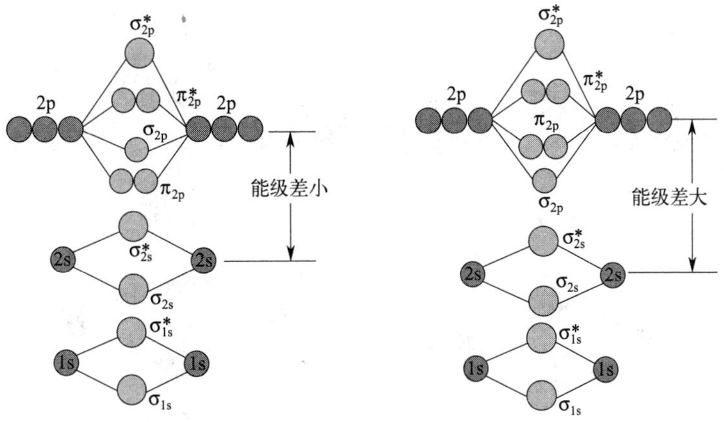

图 4-29　第二周期前部元素（左）和后部元素（右）的同核双原子分子轨道的近似能级图

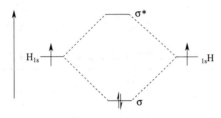

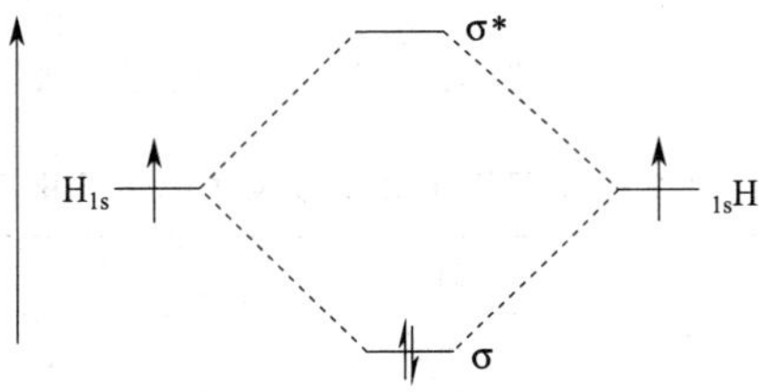

图 4-30　H_2 分子能级图

例如，F 的电子排布为 $1s^22s^22p^5$，则 F_2 分子共有 18 个电子，共占据 9 个分子轨道，可按上述三原理（或规则）将电子先后填入相应的分子轨道，最低未占有轨道是能量最高的反键轨道σ^*_{2p}，分子轨道式为：F_2：$[(\sigma_{1s})^2(\sigma^*_{1s})^2(\sigma_{2s})^2(\sigma^*_{2s})^2(\sigma_{2p})^2(\pi_{2p})^4(\pi^*_{2p})^4]$，轨道能级图见图 4-31。当 σ_{1s} 和 σ^*_{1s} 分子轨道中各充满两个电子时，则可用 KK 来表示内层。即上式可写成 F_2：$[KK(\sigma_{2s})^2(\sigma^*_{2s})^2(\sigma_{2p})^2(\pi_{2p})^4(\pi^*_{2p})^4]$。

例如，N 的电子排布为 $1s^22s^22p^3$，则 N_2 分子共有 14 个电子，共占据 7 个分子轨道，可按上述三原理（或规则）将电子先后填入相应的分子轨道，分子轨道式为 14 电子构型：$[(\sigma_{1s})^2(\sigma^*_{1s})^2(\sigma_{2s})^2(\sigma^*_{2s})^2(\pi_{2p})^4(\sigma_{2p})^2]$，轨道能级图见图 4-31。

其中 8 个内层电子$(\sigma_{1s})^2(\sigma^*_{1s})^2(\sigma_{2s})^2(\sigma^*_{2s})^2$ 分别为成键和反键，总能量抵消。对成键起作用的是 π_{2p} 轨道上的 4 个 π 电子和 σ_{2p} 轨道上 2 个 σ 电子，即 N_2 分子中形成了 2 个 π 键和 1 个 σ 键，亦即氮氮三键，这与价键理论相一致。

② 分子的稳定性和键级

在分子轨道理论中，用“键级”（bond order）表示键的牢固程度。键级的定义是：

键级＝(成键轨道上的电子数－反键轨道上的电子数)÷2＝(净成键电子数)÷2

键级可以是整数，也可以是分数。一般说来，键级越大，键越牢固，分子越稳定。键级越小（反键数越多），键长越大，分子越不稳定。若成键轨道中的电子数超过了反键轨道中的电子数，则能形成共价键，反之不能。若成键轨道中的电子数正好等于反键轨道中的电子数，则降低的能量与升高的能量正好抵消。说明这些轨道上的电子对形成共价键无贡献，原子不可能结合成分子，即分子不能存在。

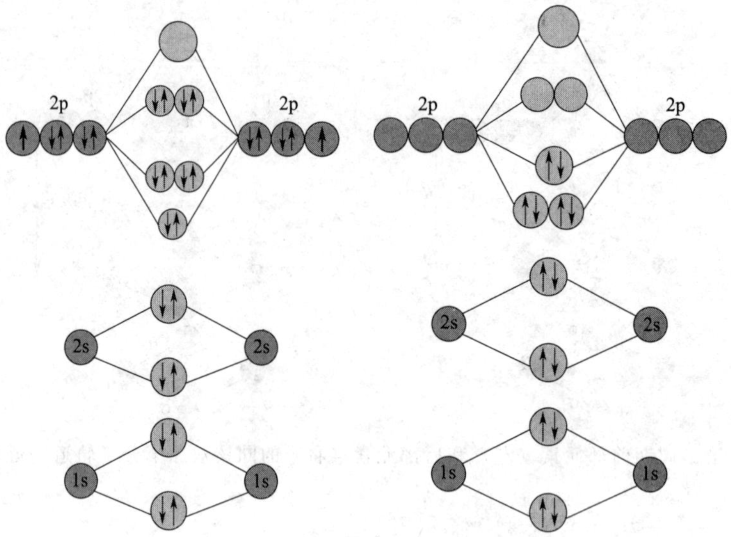

图 4-31　F_2 分子能级图（左）和N_2 分子能级图（右）

表 4-9　一些双原子分子或离子的电子排布

分子	He_2	H_2^+	H_2	N_2
键级	0	0.5	1	3
键能/kJ·mol^{-1}	0	256	436	946

分子轨道理论很好地解释了 H_2^+ 离子的存在（表 4-9）。在这个离子中，σ成键轨道里只有 1 个电子，键级等于 0.5，仍可存在。这说明，量子化学的化学键理论并不受路易斯电子配对说的束缚，只要形成分子体系能量降低，就可形成分子，并非必须电子“配对”。H_2^+ 分子能级图见图 4-32。

③ 预言分子的磁性

顺磁性是指具有未成对电子的分子在磁场中顺磁场方向排列的性质。具有此性质的物质，为顺磁性物质。反磁性是指无未成对电子的分子在磁场中无顺磁场方向排列的性质。具有此性质的物质，为反磁性物质。例如，实验事实指出 O_2 分子具有顺磁性。顺磁性是一种微弱的磁性，当存在外加磁场时，有顺磁性的物质将力求更多的磁力线通过它。有顺磁性的物质靠近外加磁场，就会向磁场方向移动。例如，把一块磁铁伸向液态氧，液态氧会被磁铁吸起。研究证明，顺磁性是由分子中存在未成对电子引起的。这就是说，O_2 分子里有未成对电子。

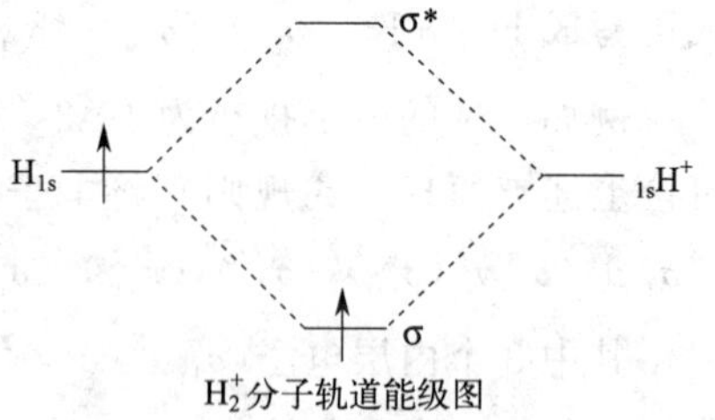

图 4-32　H_2^+ 分子能级图

O_2 分子共有 16 个电子，共占据 8 个分子轨道，可上述三原理（或规则）将电子先后填入相应的分子轨道，分子轨道式为：$[KK(\sigma_{2s})^2(\sigma_{2s}^*)^2(\sigma_{2p})^2(\pi_{2p})^4(\pi_{2p}^*)^2]$。$O_2$ 分子轨道能级图与分子轨道电子云图像见图 4-33，在两个反键轨道 π_{2p}^* 中各有一个单电子。

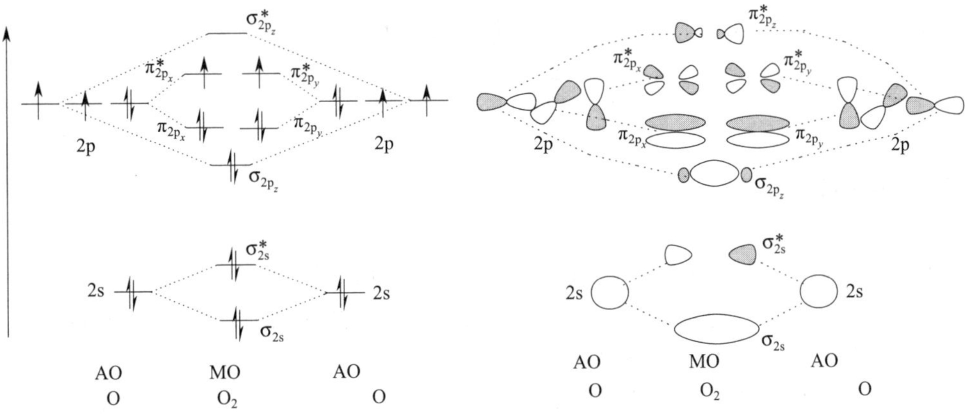

图 4-33　O_2 分子轨道能级图与分子轨道电子云图像

4.3　分子间作用力和氢键

4.3.1　非极性分子与极性分子

共价键有非极性键与极性键之分。由共价键构建的分子有非极性分子与极性分子之分。分子的正电重心和负电重心不重合，则为极性分子，其极性的大小可以用偶极矩（μ）来度量。偶极矩是偶极子两极（带相同电量的正电端和负电端）的电量和偶极子两极的距离（即偶极长）的乘积。若正电（或负电）重心上的电荷的电量为 q，正负电重心之间的距离为 d，则偶极矩 $\mu=q\cdot d$。偶极矩的示意图见图 4-34。

偶极矩以德拜（D）为单位。一个电子的电荷 $q=1.602\times10^{-19}$C，原子间距离的数量级为 10^{-10}m，故 μ 的数量级在 10^{-30}C·m 范围。规定 1D=3.33×10^{-30}C·m。偶极矩 $\mu=0$ 的共价键叫做非极性共价键；偶极矩 $\mu\neq0$ 的共价键叫做极性共价键。偶极矩 $\mu=0$ 的分子叫做非极性分子；偶极矩 $\mu\neq0$ 的分子叫做极性分子。极性分子的偶极矩为永久偶极。表 4-10 列出了一些分子的偶极矩。

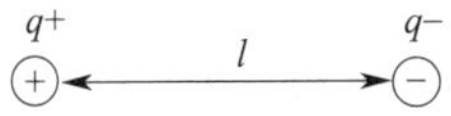

图 4-34　偶极矩的示意图

表 4-10　一些分子的偶极矩

分子	偶极矩 μ/D	分子	偶极矩 μ/D
H_2	0	HI	0.38
F_2	0	H_2O	1.85
P_4	0	H_2S	1.10
S_8	0	NH_3	1.48
O_2	0	SO_2	1.60
O_3	0.54	CH_4	0
HF	1.92	HCN	2.98
HCl	1.08	NF_3	0.24
HBr	0.78	LiH	5.88

同核双原子分子的实测偶极矩都等于零，是非极性分子。异核双原子分子 HF、HCl、

HBr、HI的极性依次增大。多原子分子的几何构型决定了分子的偶极矩是否等于零，因此，测定偶极矩可用来判别分子的几何构型。一种简单的方法是：如果在分子中能找到2个轴，绕轴旋转180°，分子能重合，则此分子是非极性分子。

4.3.2 分子间作用力

除化学键（共价键、离子键、金属键）外，分子与分子之间，某些较大分子的基团之间，或小分子与大分子内的基团之间，还存在着各种各样的作用力，总称分子间作用力。相对于化学键，分子间作用力是一类弱作用力。

化学键键能数量级达10^2kJ·mol^{-1}，甚至10^3kJ·mol^{-1}，而分子间力的能量只有几个到几十个kJ·mol^{-1}的数量级，比化学键小1～2个数量级。相对于化学键，大多数分子间力又是短程作用力，只有当分子或基团（为简洁起见下面统称“分子”）距离很近时才显现出来。范德华力和氢键是两类最常见的分子间力。

1. 范德华力

范德华力最早是由范德华研究实际气体对理想气体状态方程的偏差时提出来的，大家知道，理想气体是以假设分子没有体积也没有任何作用力为基础确立的概念，当气体密度很小(体积很大、压力很小)、温度不低时，实际气体的行为相当于理想气体。事实上，实际气体分子有相互作用力。

这种分子间的作用力就被后人称为范德华力。范德华力普遍地存在于固、液、气态任何微粒之间。微粒相离稍远，就可忽略；范德华力没有方向性和饱和性，不受微粒之间的方向与个数的限制。后来又有人将范德华力分解为三种不同来源的作用力：色散力、诱导力和取向力。

（1）色散力

非极性分子在无外电场作用时，由于运动、碰撞，原子核和电子的相对位置变化，其正负电荷重心可有瞬间的不重合；极性分子也会由于上述原因改变正负电重心。这种由于分子在一瞬间正负电重心不重合而造成的偶极叫瞬时偶极。分子相互靠拢时，它们的瞬时偶极矩之间会产生吸引力，这就是色散力（见图4-35）。

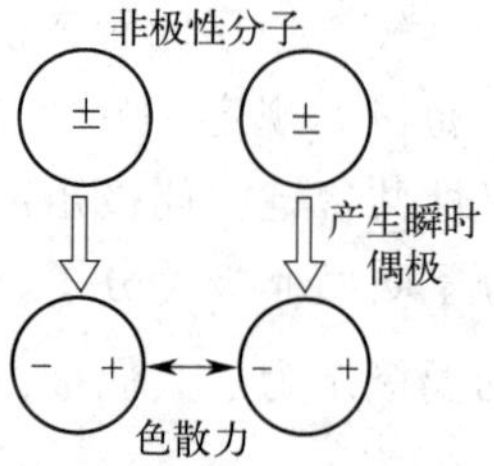

图4-35 色散力的示意图

色散力不仅是所有分子都有的最普遍存在的范德华力，而且是构成范德华力的最主要部分。

色散力没有方向，分子的瞬时偶极矩的矢量方向时刻在变动之中，瞬时偶极矩的大小也始终在变动之中。分子越大、分子内电子越多，分子刚性越差，分子里的电子云越松散，越容易变形，色散力就越大。衡量分子变形性的物理量叫做极化率。分子极化率越大，变形性越大，色散力就越大。例如，HCl、HBr、HI的色散力依次增大，分别为16.83kJ·mol^{-1}、21.94kJ·mol^{-1}、25.87kJ·mol^{-1}，而Ar、CO、H_2O的色散力只有8.50kJ·mol^{-1}、8.75kJ·mol^{-1}、9.00kJ·mol^{-1}。

（2）取向力

极性分子的偶极矩称为固有偶极。取向力又叫定向力，是极性分子与极性分子之间的固有偶极与固有偶极之间的静电引力。取向力只有在极性分子与极性分子之间才存在（见图 4-36）。分子偶极矩越大，取向力越大。例如，HCl、HBr、HI 的偶极矩依次减小，因而其取向力分别为 3.31kJ·mol^{-1}、0.69kJ·mol^{-1}、0.025kJ·mol^{-1}，依次减小。对大多数极性分子，取向力仅占其范德华力构成中的很小份额，只有少数强极性分子例外。

（3）诱导力

非极性分子在外电场的作用下，可以变成具有一定偶极矩的极性分子。而极性分子在外电场作用下，其偶极也可以增大。在电场的影响下产生的偶极称为诱导偶极。在极性分子的固有偶极诱导下，临近它的分子会产生诱导偶极，分子间的诱导偶极与固有偶极之间的吸引力称为诱导力（见图 4-37）。

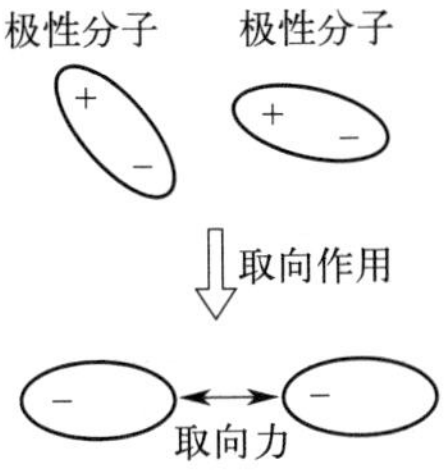

图 4-36 取向力的示意图

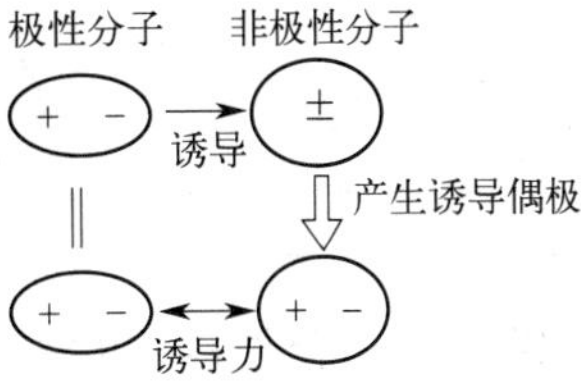

图 4-37 诱导力的示意图

诱导偶极矩强度大小和固有偶极的偶极矩大小成正比，和分子的变形性也成正比。所谓分子的变形性，即分子正负电荷重心的可分程度，分子越大，电子越多，变形性越大。极化率越大，分子越容易变形，在同一固有偶极作用下产生的诱导偶极矩就越大。同理，极化率相同的分子在偶极矩较大的分子作用下产生的诱导力也较大。如放射性稀有气体氡（致癌物）在 20℃水中溶解度为 230cm^3·L^{-1}。而氦在同样条件下的溶解度却只有 8.61cm^3·L^{-1}。又如，水中溶解的氧气（20℃溶解 30.8cm^3·L^{-1}）比氮气多得多，跟空气里氮氧比正相反，也可归结为 O_2 的极化率比 N_2 的极化率大得多。

分子间范德华力有如下特点：

它是永存于分子间（或原子间）的一种作用力；范德华力本质上是静电引力，无方向性和饱和性；范德华力大小从几十到几百个 kJ·mol^{-1}，比化学键键能小 10～100 倍；范德华力作用范围只有几百个 pm，达到气态时分子间力很小，稀薄气体可近似为理想气体。一般的分子，色散力是主要的。只有强极性分子，取向力才是主要的。

2. 氢键

（1）氢键的概念

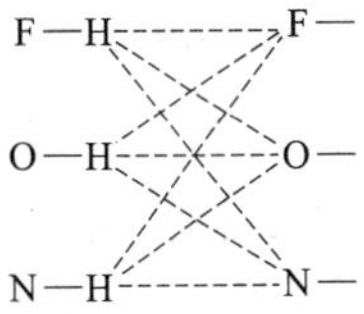

图 4-38 氢键的示意图

氢键是已经以共价键与其他原子键合的氢原子与另一个原子之间产生的分子间作用力，是除范德华力外的另一种常见分子间作用力。通常，发生氢键作用的氢原子两边的原子必须是强电负性原子。氢键一般用 X—H…Y 表示，X、Y 代表 F、O、N 等电负性大而半径小且有孤对电子的原子（见图 4-38）。

例如：HF 分子中，F 的电负性相当大，原子半径 r 相当小，电子对偏向 F，而 H 几乎成了质子。这种 H 与其它 HF 分子中电负性相当大、原子半径小的 F 原子相互接近时，产生一种特殊的分子间力就是氢键，表示为 F—H…F—H。

(2) 氢键的形成及特点

氢键的形成有两个条件：存在电负性大、原子半径 r 小的原子（F、O、N），并且电负性大且原子半径 r 小的原子（F、O、N）要连有 H 原子。

氢键具有方向性和饱和性：X—H…Y 要在一直线上，这样 X 离 Y 最远，带负电的 X、Y 原子间斥力最小，故氢键具有方向性；X—H…Y 上的氢原子不可能再与第二个 Y 原子形成第二个氢键，故氢键具有饱和性。

氢键的强度用键能表示，是指 X—H…Y 拆开为 X—H 和 Y 所需能量。氢键键长指 X—H…Y 中 X 到 Y 的距离。氢键的强度介于化学键和分子间作用力之间，其大小和 H 原子两侧原子的电负性有关，见表 4-11 中氢键的键能数据。

表 4-11　某些氢键的键能数据

氢键	F—H…F	O—H…O	N—H…N
键能 $E/kJ \cdot mol^{-1}$	28.0	18.8	5.4

(3) 氢键对于化合物性质的影响

分子间存在氢键时，大大地增加了分子间的结合力，故物质的熔点、沸点将升高（见图 4-39）。H_2O 分子间、HF 分子间氢键很强，以至于分子发生缔合。经常以 $(H_2O)_2$、$(H_2O)_3$ 和 $(HF)_2$、$(HF)_3$ 形式存在。而其中 $(H_2O)_2$ 的排列最紧密，且 4℃时 $(H_2O)_2$ 比例最大，故 4℃时水的密度最大。

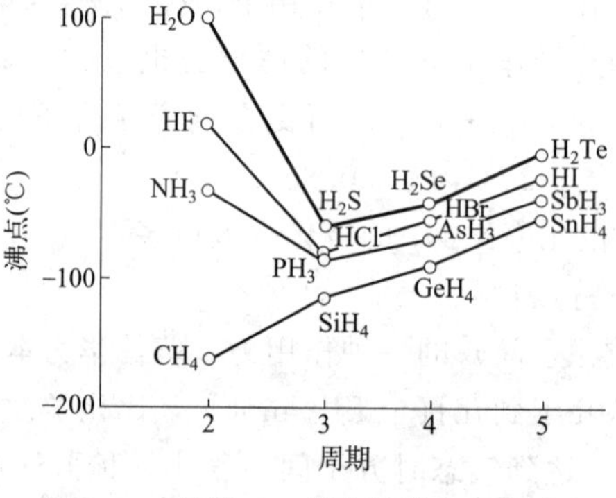

图 4-39　氢键对一些分子沸点的影响

氢键影响氟化氢酸性。其他卤化氢分子在水溶液表现酸性，只是它们与水分子反应生成的“游离的” H_3O^+ 和 X^- 的能力的反映，但对于 HF，由于反应产物 H_3O^+ 可与另一反应产物 F^- 以氢键缔合为 [^+H_2O—H…F]，酸式电离产物 F^- 还会与未电离的 HF 分子以氢键缔合为 $[F—H…F]^-$（图 4-40），大大降低了 HF 酸式电离生成“游离” H_3O^+ 和 F^- 的能力；同浓度的 HX 水溶液相互比较，HF 分子因氢键缔合成相对不自由的分子，比起其他 HX，“游离”的分子要少得多，这种效应相当于 HX 的有效浓度降低了，自然也使 HF 发生酸式电离的能力降低。

氢键不仅出现在分子间，也可出现在分子内（见图 4-41）。如：邻硝基苯酚中羟基上的氢原子可与硝基上的氧原子形成分子内氢键；间硝基苯酚和对硝基苯酚则没有这种分子内氢

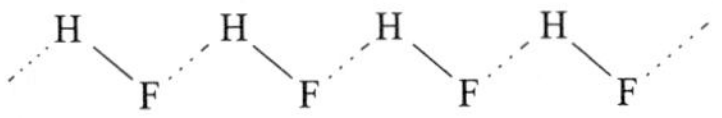

图 4-40　HF 分子的氢键示意图

键，只有分子间氢键。可以形成分子内氢键时，势必削弱分子间氢键的形成。故有分子内氢键的化合物的沸点、熔点不是很高。

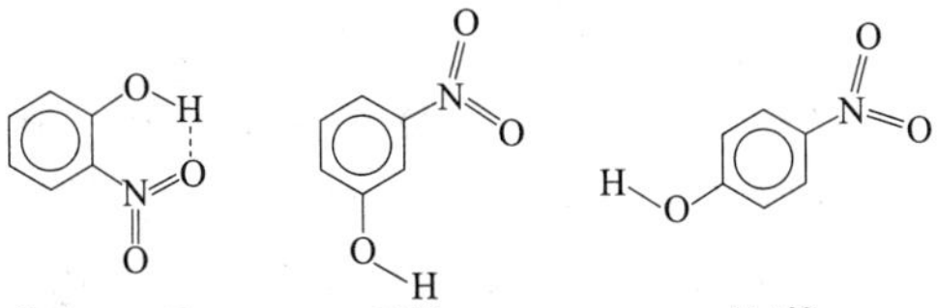

熔点：45℃　　96℃　　114℃

图 4-41　分子内氢键和分子间氢键

习　题

4-1　选择题

扫码查看习题答案

1. 下列分子中，中心原子采用 sp^3 不等性杂化的是（　　）

A. $BeCl_2$　　B. H_2S　　C. CCl_4　　D. BF_3

2. 下列说法不正确的是（　　）

A. 所有不同类原子间的键至少具有弱极性

B. 色散力不仅存在于非极性分子中

C. 原子形成共价键数目等于游离的气态原子的未成对电子数

D. 共价键的极性是由成键元素的电负性差造成的

3. 下列各物质化学键中只存在 σ 键的是（　　）

A. CH_2O　　B. PH_3　　C. C_2H_4　　D. N_2

4. 下列各物质化学键中同时存在 σ 键和 π 键的是（　　）

A. SiO_2　　B. H_2S　　C. H_2　　D. C_2H_2

5. 下列物质的分子间只存在色散力的是（　　）

A. SiH_4　　B. NH_3　　C. H_2S　　D. CH_3OH

6. 下列晶体熔化时只需克服色散力的是（　　）

A. CH_3COOH　　B. $CH_3CH_2OCH_2CH_3$

C. SiO_2　　D. CS_2

4-2　填空题

1. PF_3 的偶极矩 $\mu=3.44\times10^{-30}$ C·m，而 BF_3 的偶极矩 $\mu=0$，这是由于 PF_3 的分子构型为______，是______性分子，而 BF_3 的分子构型为______型，是______性分子。

2. PH_3 的偶极矩 $\mu=1.84\times10^{-30}$ C·m，小于 PF_3 的偶极矩 $\mu=3.44\times10^{-30}$ C·m，这是因为______。

3. H_2O、H_2S、H_2Se 三物质，分子间取向力按____________顺序递增，色散力按____________顺序递增，沸点按_________________顺序递增。

4. 指出下列各物质中每个碳原子所采用的杂化轨道。CH_4—，C_2H_2—，C_2H_4—，CH_3OH—，CH_2O—。

4-3 简答题

1. 指出下列分子中存在的σ键和π键的数目：C_2H_2，PH_3，CO_2，N_2，SiH_4。

2. 预测下列各组物质熔点、沸点的高低，并说明理由。

(1) 乙醇，二甲醚　　(2) 甲醇，乙醇，丙醇

(3) 乙醇，丙三醇　　(4) HF、HCl

3. 指出下列各组化合物中，哪个化合物的价键极性最大？哪个最小？

(1) NaCl、$MgCl_2$、$AlCl_3$、$SiCl_4$、PCl_5

(2) LiF、NaF、KF、RbF

(3) HF、HCl、HBr、HI

4. 下列分子中哪些有极性，哪些无极性？从分子构型角度加以说明。

(1) CS_2　　(2) BF_3　　(3) NF_3

(4) $CHCl_3$　　(5) SiH_4　　(6) OF_2

5. 指出下列分子间存在哪种作用力（包括氢键）？

(1) H_2-H_2　　(2) H_2O-HBr　　(3) I_2-CCl_4

(4) CH_3COOH-CH_3COOH　　(5) H_2O-NH_3

(6) C_3H_8-CCl_4　　(7) CH_3CH_2OH-H_2O

(8) H_2O-CO_2

6. 据 1998 年《化学进展》介绍，我国科学家在高压、700℃和催化剂作用下，实施 $CCl_4 + 4Na \longrightarrow C + 4NaCl$ 的反应，制成了金刚石，这个实验是从简单的杂化理论出发指导化学实践的成功范例。请推测这一实验的设计理念。

扫码查看重难点

第5章 误差与数据处理

在实际的分析过程中，由于受到多种因素的影响，例如实验方法、实验仪器、实验环境、试剂以及分析者个人等，测量得到的结果不可能和真实值完全一样，误差的产生不可避免。因此，有必要了解误差的来源和相关规律，从而能够采取针对性措施减少误差的出现。同时，一个复杂的分析过程通常包括若干步骤，误差会在每一步的分析测量中传递和积累。所以还需要知道如何应用数理统计方面的知识来正确地处理数据，以及采用恰当的方式准确地表示分析的结果。

5.1 测量误差

误差指的是测量值与真实值之间的差别。本节中将介绍有关误差的一些基本知识。

5.1.1 绝对误差和相对误差

待测系统中某一物理量本身具有的客观存在的真实数值，称为该物理量的真值（true value），用 μ 表示。真值通常存在下列几种情况：

（1）理论真值。通常化合物都具有确定的理论组成，例如对于水来说，氢原子和氧原子数目之比为 2∶1，这个比值就属于理论真值。

（2）约定真值。在 2018 年的第 26 届国际计量大会上，所有七个基本物理量单位全部实现了由物理常数定义，而不再与实物关联。例如在热力学温度上，规定水的三相点的温度为 273.15K，这里的 273.15K 就是计量学约定真值。除计量学约定真值外，也可用多次测量的平均值作为真值，这个真值也是约定真值。

(3) 相对真值。测量仪器可按精度不同分为若干等级，高等级仪器的测量值即为相对真值。

测量值与真值之差称为绝对误差E_a(absolute error)。若以x表示测量值，则绝对误差：$E_a=x-\mu$。需要注意的是，绝对误差既分正负，通常也有单位。当测量值大于真值时，绝对误差为正，称为正误差；当测量值小于真值时，绝对误差为负，称为负误差。

绝对误差与真值的比值称为相对误差E_r(relative error)，即$E_r=E_a/\mu$。相对误差是一个量纲为1的数，通常表示为百分数（%）或千分数（‰）的形式。一般来说，定量分析的结果用相对误差衡量比绝对误差更为合适一些。例如，用分析天平称量时，若两次称取的样品质量分别为0.0215g和0.4325g，尽管两者的绝对误差都是0.0001g，但是后者的相对误差（1/4325）显然小于前者（1/215），后一次称量更为准确。对于常量化学定量分析（具体定义见6.6节），一般允许的相对误差为3‰，而对于微量分析，可放宽到1%或更大。

另外需要注意的是，当真值中的0与某个分割点对应时，比如海拔高度（以平均海平面的高度作为零点，这是一个人为规定的分割点）、电极电势（标准氢电极的电极电势为零，这也是一个人为规定的分割点）等，这时计算相对误差是没有意义的。

5.1.2 系统误差和偶然误差

按照误差产生的原因和性质，可以把误差分为系统误差（systematic error）和偶然误差（accidental error）两大类。

1. 系统误差

也称为可测或可定误差（determinate error），是由某种确定原因引起的，测量中可以重复地以固定的方向（正或负）和大小出现的误差。具体来说，通常又可分为以下几类：

(1) 方法误差。由分析方法不完善所造成的误差。例如滴定分析中由于滴定终点和化学计量点不一致所带来的终点误差。

(2) 仪器误差。由分析仪器本身不够精确所造成的误差。例如使用未经校正的容量瓶、移液管、砝码、天平等所带来的误差。

(3) 试剂误差。由试剂不纯所造成的误差。例如滴定分析中使用的水的质量不合格，含有微量的待测组分或对测定有干扰的杂质所带来的误差。

(4) 主观误差。由操作人员主观原因造成的误差，也称为操作误差。例如，不同的人对颜色的辨别能力或敏感度不同，由此所带来的对终点颜色判断的不同所带来的误差。

系统误差的核心特点是具有可重复性。因此可以通过各种对照实验的方法予以消除。例如，选用公认的标准方法与所采用的方法进行比较，绘制校正曲线，可以消除方法误差；实验前对使用的仪器进行校正，可以消除仪器误差；使用已知含量的标准试样，按照同样的分析步骤和条件进行实验，绘制校正曲线，可以消除试剂误差等系统误差。另外，空白试验法也是一种常用的消除试剂误差的方法，即先在不加试样的情况下，按照同样的分析步骤和条件进行实验，所得结果称为空白值，分析试样时，再从结果中对此空白值予以扣除。

2. 偶然误差

也称为不可测误差（undeterminate error）或随机误差（random error 或 stochastic error)，是由某些难以控制、无法避免的偶然因素所造成的误差。例如室温、气压、湿度等的偶然波动对测量的影响，滴定管读数时估读的不确定性等。偶然误差的数值可大可小，可正可负，具有原因不明、数值不定、不可复现等特点。偶然误差的分布服从统计规律，可以通过增加测定次数取平均值的方法有效地降低偶然误差的大小，但不能完全消除。

应该指出，系统误差和偶然误差的划分并不是绝对的，有时很难区分。如人眼对滴定终点颜色判断所造成的误差，虽然一般将其划分为系统误差，但也不可避免地具有一定的偶然性；再比如同一仪器对同一系统的多次测量结果也未必是完全相同的，存在一定的偶然因素。

在分析化学中，除了上述两类误差外，还有过失误差。过失误差是工作中违反操作章程，出现各种差错所造成的误差。例如溶液溅失、过滤时穿滤、读错记错读数等。过失误差应该尽量避免，当确定测量结果中存在过失误差时，该测量结果应当舍弃不用，若不确定且数据异常时，可以通过统计方法进行检验，再决定是否舍弃，详见 5.2.4 节。

5.1.3　准确度和精密度

准确度（accuracy）表示测定值与真值的接近程度，测定值与真值之间的差别越小，则分析结果的准确度越高，因此准确度的高低可以用前面讲过的误差来衡量：误差越小，测定结果与真值越接近，准确度越高；反之，误差越大，测定结果与真值的差别越大，准确度越低。

精密度（precision）指的是多次平行测定值之间互相接近的程度。这里的平行测定指的是采用完全相同的流程，对同一试样进行的多次测定。显然若测定的准确度很高，这意味着误差很小，每次测量结果都跟唯一的真实值非常接近，那么这些测量结果之间也必然非常接近，精密度一定也很高；若精密度很差，则虽然求平均值之后也有可能跟真值很接近，但这时只是大的正负误差凑巧相互抵消得来的，分析结果并不可靠。因此，精密度是保证准确度的先决条件，精密度差，准确度一定不好；精密度高，则表示测量的重现性很高，偶然误差小，如果系统误差也很小的话，则可以保证高准确度。

5.2　分析数据的统计处理

统计学是对数据通过搜索、整理、分析、描述等手段，达到推断所测对象的本质，甚至预测对象未来的一门综合性科学。在统计学中，所研究的整个群体或集合称为总体（population)，但由于各种因素的影响，往往不能对整个总体都进行研究，而是只能从总体中选取一部分个体进行研究，这些被选取的个体称为样本（sample)。统计学的一个重要任务就是利用样本来推断总体的特性。对于分析测试来说，总体是一定条件下无限多次测定数据所构成的集合，样本则是随机从总体中抽出的一组测定值，样本中所含测定值的数目称为样本的大小或样本容量。这一节里简单介绍定量分析的数据处理中需要用到的统计学知识，更为系统和详尽的内容请参阅统计学的相关书籍。

5.2.1 数据的集中趋势和分散程度的表示

1. 数据集中趋势的表示

通常用平均值或中位数来表示一组数据的集中趋势。

（1）平均值（mean）。平均值$\bar{x}$即一组数据的算术平均值，计算公式如下：

$$\bar{x}=\frac{x_1+x_2+\cdots+x_n}{n}=\frac{1}{n}\sum_{i=1}^{n}x_i$$

（2）中位数（median）。中位数$\tilde{x}$是所测数据按大小次序排列后，居于中间位置的数据。当测量次数n为奇数时，$\tilde{x}$是排序后处于正中间位置的数据；当n为偶数时，$\tilde{x}$是最居中的两个数据的平均值。即若数据x_1，…，x_n已经按照大小次序排列好，则有：

$$\tilde{x}=\begin{cases}x_{(n+1)/2} & \text{当 } n \text{ 为奇数时}\\ (x_{n/2}+x_{n/2+1})/2 & \text{当 } n \text{ 为偶数时}\end{cases}$$

相比于平均值，中位数的优点是不受个别极端数据（偏大或偏小）的影响，因此在某些场合更为适用。

2. 数据分散程度的表示

通常用平均偏差或标准偏差表示一组数据的分散程度。

（1）平均偏差。平均偏差$\bar{d}$（average deviation）又称算术平均偏差，其计算公式为：

$$\bar{d}=\frac{\sum_i|d_i|}{n}=\frac{\sum_i|x_i-\bar{x}|}{n}$$

其中$d_i=x_i-\bar{x}$，是单次测量值与平均值的偏差。注意计算平均偏差时需要先对d_i取绝对值之后再平均，否则由于$\sum_i d_i$必然等于0，计算就没有意义了。

（2）标准偏差。样本的标准偏差s（standard deviation）的计算公式为：

$$s=\sqrt{\frac{\sum_i(x_i-\bar{x})^2}{n-1}} \tag{5-1}$$

下面通过一道例题来熟悉一下平均值、中位数、平均偏差和标准偏差的计算。

例 5-1　分别计算下列两组数据的平均值$\bar{x}$、中位数$\tilde{x}$、平均偏差$\bar{d}$和标准偏差s：

（1）+0.12，−0.69，+0.15，+0.51，−0.14，−0.04，+0.30，−0.21

（2）+0.19，+0.26，−0.25，−0.27，+0.32，−0.28，+0.31，−0.28

解：对于第一组数据：$\bar{x}=\frac{0.12-0.69+0.15+0.51-0.14-0.04+0.30-0.21}{8}=0$

按照大小次序重排后次序为：−0.69，−0.21，−0.14，−0.04，+0.12，+0.15，+0.30，+0.51。因此$\tilde{x}=\frac{-0.04+0.12}{2}=0.04$

$$\bar{d}=\frac{\sum_i|x_i-\bar{x}|}{n}=\frac{\sum_i|x_i|}{n}=\frac{0.12+0.69+0.15+0.51+0.14+0.04+0.30+0.21}{8}=0.27$$

$$s=\sqrt{\frac{\sum_i (x_i-\overline{x})^2}{n-1}}=\sqrt{\frac{\sum_i x_i^2}{n-1}}$$

$$=\sqrt{\frac{0.12^2+0.69^2+0.15^2+0.51^2+0.14^2+0.04^2+0.30^2+0.21^2}{8-1}}=0.36$$

对于第二组数据，同理可得：$\overline{x}=0$，$\tilde{x}=-0.03$，$\overline{d}=0.27$，$s=0.29$。

从上述例题中可以看出，虽然两组数据的平均值和平均偏差都相等，但是标准偏差不相等，第二组较小，而从数据分布来看，第二组比第一组更为集中，这说明相比平均偏差，标准偏差可以更加灵敏地反映出大偏差的存在，因而能更好地反映测量结果的精密度。

另外，平均偏差和标准偏差在量纲上都与原测量数据保持一致，也可以将其除以平均值，得到量纲为 1 的相对值，分别称为相对平均偏差和相对标准偏差（relative standard deviation，RSD），后者也称为变异系数（coefficient of variation，CV）。

5.2.2 偶然误差的分布

统计学原理指出，偶然误差服从正态分布的规律。正态分布的概率密度函数的形式如下：

$$N(\mu,\sigma)=f(x)=\frac{1}{\sigma\sqrt{2\pi}}e^{-\frac{(x-\mu)^2}{2\sigma^2}}$$

$f(x)$ 称为概率密度，即多次测量值时，测得数值为 x 时的概率密度。如果需要得到概率值，则需要对概率密度进行积分，例如测量值出现在区间 (x_1, x_2) 的概率为：$p=\int_{x_1}^{x_2} f(x)\mathrm{d}x$ 。μ 和 σ 是正态分布的两个参数，其中 μ 是总体均值，即无限次测定所得数据的平均值，σ 是总体标准偏差，计算公式如下：

$$\sigma=\sqrt{\frac{\sum_i (x_i-\overline{x})^2}{n}} \tag{5-2}$$

注意总体标准偏差 σ 和样本的标准偏差 s 的计算公式非常类似，但并不完全相同。统计学上可以证明，按照式(5-1) 计算的标准偏差 s 的数学期望（即无限次抽样时的平均值）正好等于按照式(5-2) 计算的总体标准偏差 σ。

正态分布的函数图像如图 5-1 所示，曲线的形态上呈一个单峰，峰值所对应的横坐标值等于总体均值 μ，峰宽与总体标准偏差 σ 有关，σ 越大，峰宽越宽。

对于所有的正态分布，可以通过变换 $u=\frac{\pm|x-\mu|}{\sigma}$ 将其变为标准正态分布：

$$\phi(u)=\frac{1}{\sqrt{2\pi}}e^{-\frac{u^2}{2}}$$

其函数图像如图 5-2 所示。

从上述图像可以看出，正态分布具有以下规律：

(1) 分布曲线关于 $x=\mu$ 是对称的。对于偶然误差的分布来说，这意味着大小相等的正误差和负误差出现的概率是相等的；

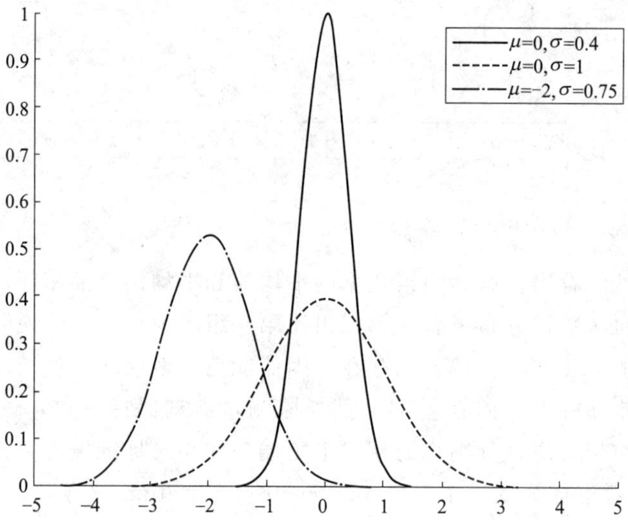

图 5-1　正态分布曲线

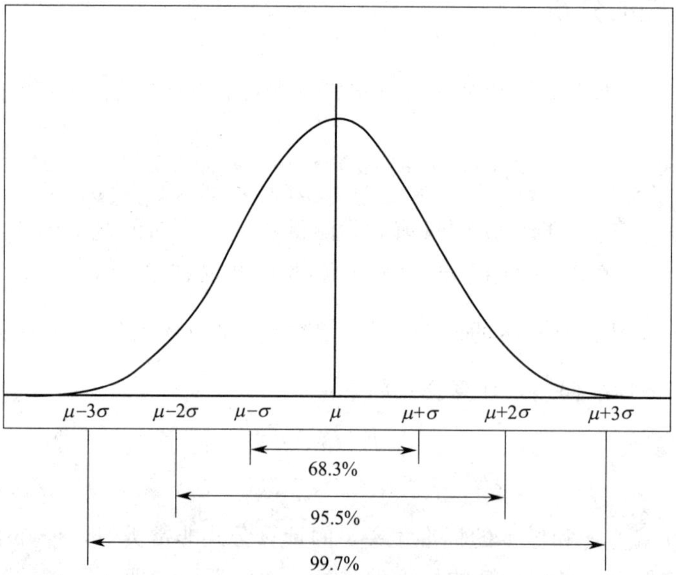

图 5-2　标准正态分布曲线

（2）小误差出现的概率大，大误差出现的概率小，很大的误差也有机会出现，但出现的概率几乎为零。

5.2.3　置信度与置信区间

如前所述，偶然误差服从正态分布，因此虽然大误差出现的概率小，但是无论多大的误差都有机会出现，因此对于有限次测量的结果，需要借助统计语言才能精准地表达测定的准确程度。例如，对于正态分布来说，对概率密度函数进行积分可得，测量值出现在$(\mu-\sigma,\ \mu+\sigma)$范围内的概率为 68.3%。因此，进行单次测量后（测量值为 x），总体平均值

μ 出现在 $(x-\sigma, x+\sigma)$ 范围内的概率也是 68.3%，即有 68.3% 的把握认为 $\mu \in (x-\sigma, x+\sigma)$。在统计里面，也将其表述为当置信度 P（confidence level）为 68.3%的时候，μ 的置信区间（confidence intervals）为 $(x-\sigma, x+\sigma)$。同样地，对概率密度函数进行积分可得，测量值出现在 $(\mu-2\sigma, \mu+2\sigma)$ 范围内的概率为 95.5%，出现在 $(\mu-3\sigma, \mu+3\sigma)$ 范围内的概率为 99.7%，即当置信度 $P=95.5\%$ 的时候，μ 的置信区间为 $(x-2\sigma, x+2\sigma)$，当置信度 $P=99.7\%$ 的时候，μ 的置信区间为 $(x-3\sigma, x+3\sigma)$。显然，若要求置信度 $P=100\%$，则置信区间将无限大，这样做是没有意义的。对于分析中的数据处理，当需要计算置信区间时，置信度 P 通常取 90%、95%或 99%、此外，统计中也经常使用显著性水平 α 的概念，即数据落到置信区间以外的概率，显然 $\alpha=1-P$。

对于正态分布，统计学上还可以证明，多次测量的平均值具有更高的精密度，即总体标准偏差或标准偏差更小，具体关系为：

$$\sigma_n=\frac{\sigma}{\sqrt{n}}, s_n=\frac{s}{\sqrt{n}}$$

其中 σ_n 和 s_n 分别表示取 n 次测量的平均值计算的总体标准偏差或标准偏差。这就是增加测定次数可以减小偶然误差的原理，但过分增加测定次数也不合理，实际工作中取 4～6 次即可。

另外，实际测量时，σ 的真值往往是不知道的，因此计算置信区间时，若直接用几次测定数据的标准偏差 s 代替总体标准偏差 σ，则必然会引起误差。为解决这一问题，英国化学家和统计学家 W. S. Gossett 于 1908 年提出了 t 分布法。具体地，统计量 t 值的定义为：

$$t_{P,\mathrm{f}}=\frac{\overline{x}-\mu}{s_n}=\frac{\overline{x}-\mu}{s}\sqrt{n}$$

故：

$$\mu=x\pm\frac{ts}{\sqrt{n}} \tag{5-3}$$

上式中 t 的下标表明该统计量与置信度 P 和自由度 f（$f=n-1$）有关。不同置信度 P 和自由度 f 所对应的 t 值已经由统计学家计算得到，其常用值列于表 5-1 中。这样实际测量时，先查表得到相应的 t 值，再利用式(5-3) 即可算出置信区间。

表 5-1　t 值表

自由度 f	置信度 P		
	90%	95%	99%
1	6.31	12.71	63.66
2	2.92	4.30	9.92
3	2.35	3.18	5.84
4	2.13	2.78	4.60
5	2.02	2.57	4.03
6	1.94	2.45	3.71
7	1.90	2.36	3.50
8	1.86	2.31	3.35
9	1.83	2.26	3.25
10	1.81	2.23	3.17
20	1.72	2.09	2.84
∞	1.64	1.96	2.58

例 5-2 分析铁矿中铁的质量分数得到如下数据：37.45，37.20，37.50，37.30，37.25（%），求置信度分别为 90%和 95%时平均值 μ 的置信区间。

解：$\overline{x}=\dfrac{37.45+37.20+37.50+37.30+37.25}{6}\%=37.34\%, s=\sqrt{\dfrac{\sum\limits_i(x_i-\overline{x})^2}{n-1}}=0.13\%$

查表得 $t_{0.90,4}=2.13$，因此置信度 $P=90\%$时，平均值 μ 的置信区间为：

$$\left(\overline{x}\pm\frac{ts}{\sqrt{n}}\right)=\left(37.34\pm\frac{2.13\times0.13}{\sqrt{5}}\right)\%=(37.34\pm0.12)\%$$

查表得 $t_{0.95,4}=2.78$，因此置信度 $P=95\%$时，平均值 μ 的置信区间为：

$$\left(\overline{x}\pm\frac{ts}{\sqrt{n}}\right)=\left(37.34\pm\frac{2.78\times0.13}{\sqrt{5}}\right)\%=(37.34\pm0.16)\%$$

5.2.4 显著性检验

统计学中，显著性检验（significance test）指的是在某假设的前提下，计算某事件出现的概率，进而判断该事件的出现是否合理的方法。在对分析数据的统计处理中，常见的需要进行显著性检验的问题有：

（1）平均值与标准值的比较。对于已知标准值的样品，采用某测试方法进行多次测量后，可采用显著性检验的方法比较该方法所得平均值与标准值是否一致，进而判断该方法是否存在系统误差；

（2）两组平均值的比较。对于同一样品，采用两种不同的测试方法各自进行多次测量后，可采用显著性检验的方法比较两方法的测量结果是否一致。

（3）异常值的检出。对于分析中得到的异常数据，当不能确定数据获得过程中是否存在过失时，可采用显著性检验的方法判断该数据异常是否由偶然误差所引起的，进而决定能否舍弃该可疑数据。

由于篇幅所限，本书中只介绍第三个问题的处理方法。对于异常值的检出，常用的方法是 Q 检验法。在一定的置信度 P 下，当测定次数为 n 时，Q 检验法的具体步骤如下：

（1）将测试值按大小次序排列；

（2）计算最大数值和最小数值之差 R（也称为极差）；

（3）计算可疑数据与其最邻近数据之差 d；

（4）计算 Q 值：$Q_{计}=d/R$，若该值大于 Q 值表（见表 5-2）中的数值，则可疑数据为异常值，应予舍弃，否则不能舍弃，应予保留。

表 5-2 Q 值表

测定次数 n	3	4	5	6	7	8	9	10
$Q_{0.90}$	0.94	0.76	0.64	0.56	0.51	0.47	0.44	0.41
$Q_{0.95}$	0.97	0.84	0.73	0.64	0.59	0.54	0.51	0.49

例 5-3　在甲基红平衡常数的测定实验中，某同学 5 次测定得到的甲基红的 $pK_a^\ominus$ 分别为：4.95，5.10，4.89，5.05 和 5.40。试判断 5.40 这个数值是否应当舍弃（置信度 $P=90\%$）？

解： 该组数据极差 $R=5.40-4.89=0.51$，可疑数据 5.40 与最邻近数据之差 $d=5.40-5.10=0.30$，$Q_{计}=d/R=0.30/0.51=0.59$，查表可知当 $n=5$，$P=90\%$时$Q_{表}=0.64$，$Q_{计}<Q_{表}$，该数值不能被舍弃，应予以保留。

5.3　有效数字及其运算规则

5.3.1　有效数字

有效数字（significant figure）是实际上能测到的数字，由所有能准确测准的数字和最后一位不完全确定的数字组成，它们共同构成了有效数字的位数。如分析天平一般称量时绝对误差为±0.0002g，若读数为 0.2354g，则读数中“0.235”是准确的，只有最后 1 位的“4”是不完全确定的，有±2 的误差，该读数的有效数字有 4 位。

在确定有效数字的位数时，需要注意以下几点：

（1）数据分析中遇到的常数、倍数、次数、分数关系，可视为无限多位有效数字。当遇到自然数时，需要根据其来源进行判断，若其为测量所得，则需按照正常方式计算有效数字，若其为倍数、次数等，应视为具有无限多位有效数字。例如水中氢元素和氧元素的原子个数之比为 2∶1，在进行计算时若用到这一比值其有效数字应视为无限多位；又如某人质量为 54kg，显然这一数值是通过测量所得，只有两位有效数字。

（2）正确认识数字“0”的作用。当“0”出现在所有其他数字的前面时，只起定位作用，不计入有效数字；当“0”出现在其他数字的后面时，“0”对数据的准确度是有贡献的，需要计入有效数字。例如，当称量数据表示为 0.5g 时，表示是由台秤称量的，绝对误差为±0.2g，当表示为 0.5000g 时，表示是由分析天平称量的，绝对误差为±0.0002g，准确程度显然不同，因此前者只有 1 位有效数字，而后者具有 4 位有效数字。

（3）有效数字的位数应与仪器的精确度相一致。例如容量瓶、移液管、滴定管都是容量仪器，准确度为±0.02mL，因此若以 mL 为单位记录数据时需要记录到小数点后第二位，同样地，量筒一般准确度不超过±0.1mL，因为记录数据时不能记录到 0.01mL。另外需要注意的是，改变记录数据的单位时不能改变有效数字的位数。例如台秤称量的质量为 0.5g 的试样，若以 mg 为单位，不能表示为 500mg，而应该以指数形式表示，即 0.5×10^3 mg。

（4）对于取对数之后得到的数值，如 pH、p*M* 和 lg*K* 等，其整数部分代表的是该数据的数量级，因此计算有效数字时只计算小数点后的数字位数。例如，pH=10.42 只有 2 位有效数字，而不是 4 位。

5.3.2 运算规则

在对分析所得数据进行处理以获得最终结果的过程中，需要对测量数据进行适当的数学运算。运算中必须运用有效数字的运算规则，使所得结果在准确度上既没有被夸大，也没有被损失。这里面的关键在于对于计算结果的有效数字的合理取舍上，下面将分别就加减法和乘除法的情况分别进行讨论。

（1）加减法。加减法中传递的是各个数值的绝对误差，即结果的绝对误差应与各个数值中绝对误差最大的那个数相一致。例如，在进行运算 20.37＋5.432＋120.1 时，三个数据的准确度依次分别是±0.01，±0.001 和±0.1，因此最终结果的准确度为±0.1，计算结果应当保留到小数点后一位。

（2）乘除法。乘除法中传递的是各个数值的相对误差，即结果的相对误差应与各个数值中相对误差最大的那个数相一致。数据的相对误差跟其有效数字有关，当数据有效数字为 n 位时，相对误差在 10^{-n-1} 到 10^{-n} 之间，因此计算时一般根据所有数据中有效数字最少的那个数来确定最终结果的有效数字。当数字的首位≥8 时，可多计一位有效数字。例如，对于计算 0.0983×28.12÷25.00，结果应保留 4 位有效数字，即为 0.1106，但对于计算 0.0983×22.12÷25.00，结果应表示为 0.0870。

另外，将计算结果保留为指定的小数点后位数或有效数字位数，称为有效数字的修约（也称规约）。修约需要遵循修约规则，即“四舍六入五成双”的规则。具体来说，当下一位小于等于 4 时，应当被舍去；当下一位大于等于 6 时，应当被进位，当下一位等于 5 时，若再下面的数位上有数字不为零，则应当被进位，若再下面的数位上的数字均为零，则修约的结果应确保修约后的末位数字是偶数。例如，当要求修约到 0.1 时，3.251 应当被修约为 3.3，而 3.250 则应当被修约为 3.3。

对于修约的次序问题，即先修约再计算，还是先计算再修约的问题。一般遵循以下原则：

（1）当使用计算器时，只需要在最后一步进行修约即可；

（2）手工计算时，为合理地减小计算量，可以先修约，但需要多保留一位有效数字，对于计算过程中的中间结果，同样可以遵循该原则，多保留一位有效数字即可。

习　题

扫码查看习题答案

5-1　选择题

1. 以下情况产生的误差属于系统误差的是（　　）

A. 指示剂的变色点与计量点不一致　　B. 称样时砝码记错

C. 滴定管的读数最后一位估测不准　　D. 称量完成后发现砝码破损

2. 测定结果的精密度很高，说明（　　）

A. 系统误差大　　B. 系统误差小　　C. 偶然误差大　　D. 偶然误差小

3. 在定量分析中，精密度与准确度之间的关系是（ ）

A. 精密度高，准确度必然高　　B. 准确度高，精密度必然高

C. 精密度是保证准确度的前提　　D. 准确度是保证精密度的前提

4. 当对某一试样进行测定时，若分析结果的精密度好，但准确度不高，可能的原因是（ ）

A. 操作过程中溶液溅失　　B. 使用未校正的容量仪器

C. 称样时某些记录有错　　D. 试样不均匀

5. 不能消除或减免系统误差的方法是（ ）

A. 进行对照试验　B. 进行空白试验　C. 增加测定次数　D. 校准仪器误差

6. 以下方法中，哪种方法可以减小分析测定中的偶然误差（ ）

A. 进行对照试验　B. 进行空白试验　C. 进行仪器校正　D. 增加测定次数

7. 由方法本身引起的系统误差，可以用下列何种方法加以消除（ ）

A. 加入回收法　　B. 空白试验

C. 对分析结果加以校正　　D. 进行仪器校正

8. 关于提高分析准确度的方法，以下描述正确的是（ ）

A. 增加平行测定次数可减少系统误差

B. 做空白实验可估计试剂不纯带来的误差

C. 回收实验可判断分析过程是否存在偶然误差

D. 对仪器进行校准可减免偶然误差

9. 下面数值中有效数字为四位的是（ ）

A. CaO%＝30.79　B. pH＝11.69　C. V＝9.98mL　D. 1000

10. x＝0.3123×48.32×(121.25－112.10)/0.2845 的计算结果应取几位有效数字（ ）

A. 1　B. 2　C. 3　D. 4

11. 用25mL移液管移出的溶液体积应记为（ ）

A. 25mL　B. 25.0mL　C. 25.00mL　D. 25.000mL

12. 甲乙两人同时分析一试剂中的含硫量，每次采用试样3.5g，分析结果的报告为：甲0.042%，乙0.04199%，则下面叙述正确的是（ ）

A. 甲的报告精确度高　　B. 乙的报告精确度高

C. 甲的报告比较合理　　D. 乙的报告比较合理

13. 下列有关置信区间的定义中，正确的是（ ）

A. 以真值为中心的某一区间包括测定结果的平均值的概率

B. 在一定置信度时，以测量值的平均值为中心的包括真值在内的可靠范围

C. 真值落在某一可靠区间的概率

D. 在一定置信度时，以真值为中心的可靠范围

14. 四位同学用重量法同时分析纯 $BaCl_2 \cdot 2H_2O$ 试剂中 Ba 的百分含量，已知 $M_{BaCl_2 \cdot 2H_2O}$＝244.3g·mol^{-1}，M_{Ba}＝137.3g·mol^{-1}。每人各测定三次，所得结果及标准偏差如下，其中结果最好的是（ ）

A. $\overline{x}$＝55.42%，s＝1.5%　　B. $\overline{x}$＝56.15%，s＝2.1%

C. $\overline{x}$＝56.14%，s＝0.21%　　D. $\overline{x}$＝55.10%，s＝0.20%

15. 下列表述中最能说明偶然误差小的是（ ）

A. 精密度高　　　　　　　　　　　B. 多次测量结果的平均值与已知标准值一致

C. 标准偏差大　　　　　　　　　　D. 仔细校正所用的天平、容量仪器等

16. 从精密度就可判断分析结果可靠的前提是（　　）

A. 随机误差小　　B. 系统误差小　　C. 平均偏差小　　D. 相对偏差小

5-2　填空题

1. 准确度表示____，准确度的高低用____来衡量；而精密度表示____，即数据之间的离散程度，精密度的高低用____来衡量。

2. 用氧化还原滴定法测得 $FeSO_4 \cdot 7H_2O$ 中铁的含量为 20.01%，20.03%，20.04%，20.05%。则这组测量值的平均值为____；中位数为____；单次测量结果的平均偏差____；相对平均偏差____；

3. 分析测定中系统误差特点是____、____和____。

4. 在分析过程中，下列情况各造成何种（系统、随机）误差（或过失）。

（1）称量过程中天平零点略有变动；________。

（2）过滤沉淀时出现穿滤现象；________。

（3）读取滴定管最后一位时，估测不准；________。

（4）蒸馏水中含有微量杂质；________。

5. 下列数据中个包含几位有效数字？

（1）0.0376g，______；　（2）1000.0m，______；　（3）10000，______；

（4）$0.2180\text{mol} \cdot \text{L}^{-1}$，______；（5）89kg，______；　（6）1/6，______；

（7）π，______；　（8）pH=12.03，______；

（9）$\lg K^{\ominus}_{ZnY}=16.50$，______；　（10）$K^{\ominus}_{a}=1.75\times10^{-5}$，______；

6. 对少量实验数据，决定其平均值置信区间范围的因素是______、______和______。

5-3　简答题

1. 提高分析结果准确度可采取哪些方法？所采取的方法中哪些是消除系统误差的？哪些是减少偶然误差的？

2. 某分析天平的称量误差为±0.0001g，如果称取样品 0.05g，相对误差是多少？如果称取样品 1g，相对误差又是多少？说明了什么问题？

3. 滴定管的读数误差为±0.01mL，如果滴定时用去滴定剂 2.50mL，相对误差是多少？如果滴定时用去滴定剂 25.00mL，相对误差又是多少？说明了什么问题？

4. 偶然误差的分布有什么特点？

5-4　计算题

1. 测定纯碳酸钙中钙的百分含量，得以下结果：

39.87，39.68，39.77，39.63，39.68，39.71，39.92，39.55。

（1）用 Q 检验（置信度 90%），哪些结果应弃去？

（2）平均值应报多少？（已知 $Q_{0.90,8}=0.47$）

2. 某试样中含铁量平行测定 5 次，结果为 39.10%，39.12%，39.19%，39.17%，39.22%。（1）求置信度为 95% 时平均值的置信区间。（2）如果要使置信度为 95% 置信区间为±0.05，至少应平行测定多少次？

第6章

扫码查看重难点

酸碱平衡与酸碱滴定法

6.1 酸碱理论

酸（acid）和碱（base）是化学中最重要的基本概念之一。人类对酸和碱的了解和认识已经积累了至少有300多年的时间，经历了一个从浅显到深刻、从表面到本质的过程。随着对物质属性、组成以及结构认知的加深，酸和碱的定义也在不断地被丰富和拓展。在这里，选择了三种具有代表性的酸碱理论进行介绍，在无机化学中最常使用的是质子理论，而在有机化学中则电子理论的使用更为普遍。

6.1.1 电离理论

19世纪后期，阿仑尼乌斯（Arrhenius）提出了酸碱的电离理论。他认为，凡是在水溶液中能电离出氢离子（H^+）的物质就是酸，能电离出氢氧根（OH^-）的物质就是碱，酸碱中和反应的实质是酸电离出来的H^+和碱电离出来的OH^-化合生成水，例如：

$$酸：HAc = H^+ + Ac^-$$

$$碱：NaOH = Na^+ + OH^-$$

$$酸碱中和反应：HAc + NaOH = NaAc + H_2O$$

另外，阿仑尼乌斯还根据电离的完全程度定义了酸碱的强弱：在水溶液中完全电离的称为强酸强碱，部分电离的称为弱酸弱碱。如上述例子中的HAc部分电离，是弱酸；而NaOH完全电离，是强碱。

电离理论从化学组成上揭示了酸和碱的本质，是近代酸碱理论的开始，是人类对酸碱的认识从现象到本质，从宏观到微观的一次飞跃，阿仑尼乌斯也凭借在这方面的贡献获得了

1903 年的诺贝尔化学奖。但是电离理论也有很大的局限性：首先它把酸碱限于水溶液中，不适用于非水溶液体系；其次也不能解释有些物质在组成上并不含有 H^+ 或者 OH^-，但其水溶液却有明显的酸碱性的事实，如 $CuCl_2$ 溶液呈酸性、Na_2CO_3 溶液呈碱性等。

6.1.2 质子理论

针对电离理论的不足，人们又相继提出了酸碱溶剂理论、质子理论、电子理论和软硬酸碱理论。

1. 基本概念

1923 年，丹麦化学家布朗斯特（Brønsted）和英国化学家劳瑞（Lowry）同时独立地提出了质子理论。该理论认为：凡是能给出质子（H^+，proton）的物质都是酸，相应地，作为酸的对立面，凡是能接受质子的物质都是碱。例如：

$$\begin{array}{ccc} \text{酸} & & \text{碱} \\ HAc & \rightleftharpoons & H^+ + Ac^- \\ NH_4^+ & \rightleftharpoons & H^+ + NH_3 \\ HCO_3^- & \rightleftharpoons & H^+ + CO_3^{2-} \\ H_2O & \rightleftharpoons & H^+ + OH^- \end{array}$$

应注意到反应都具有可逆性，即：当上述反应正向进行时，最左边的物质给出质子，是酸；而当反应逆向进行时，最右边的物质接受质子，是碱。因此酸和碱的关系可以表示为下式：

$$\text{酸} \rightleftharpoons H^+ + \text{碱} \tag{6-1}$$

从上式可以看出，酸和碱总是成对出现的。把酸给出质子后变成的碱称为该酸的共轭碱，同样地，碱接受质子后变成的酸称为该碱的共轭酸。这种能通过发生一个质子得失而相互转化的一对酸碱，称为共轭酸碱对。共轭酸碱对间的质子得失反应（式 6-1），称为酸碱半反应。

对于以上基本概念，需要注意以下几点：

(1) 酸既可以是中性分子（HAc），也可以是阳离子（NH_4^+）或阴离子（HCO_3^-），对碱亦然。

(2) 有些物质可以既具有酸的性质（给出质子），也具有碱的性质（接受质子），这类物质称为两性物质。比如 $H_2PO_4^-$，既可以作为酸给出一个质子变成 HPO_4^{2-}，也可以作为碱接受一个质子变成 H_3PO_4。另外值得注意的是，水（H_2O）既可以接受质子变成 H_3O^+，也可以给出质子变成 OH^-，因此水也是两性物质。

2. 酸碱反应的实质

按照质子理论的观点，既然酸有质子可以给出，碱可以接受质子，那么当酸碱同时出现的时候，就有可能发生质子从酸传递到碱的转移反应，即发生了酸碱反应。换句话说，酸碱反应的实质是发生了质子的转移。此外，在进行详细介绍之前，还有一点需要注意，这些反应都是在水溶液中进行的，而质子作为一个半径很小、电荷密度很高的带电离子，不可能在水溶液中单独存在，只能以水合离子 H_3O^+ 的形式存在，在书写完整的反应时一定要注意这一点。同样的，带电离子在水溶液中也都以水合离子的形式存在，书写时可以在离子后面加(aq)强调该离子处于水合离子状态，如 Na^+ (aq)，但习惯上一般省略不写，仍写作 Na^+。

（1）酸碱的电离

以 HAc 的电离为例，当考虑到 H^+ 不能单独存在的问题之后，完整的 HAc 电离反应应该是下列这两个酸碱半反应的总和：

$$HAc \Longrightarrow H^+ + Ac^-$$

$$H_2O + H^+ \Longrightarrow H_3O^+$$

因此，HAc 的总电离反应为：

$$HAc + H_2O \Longrightarrow H_3O^+ + Ac^-$$

显然，HAc 的电离是质子从酸 HAc 传递到碱 H_2O 的质子转移反应。同样地，氨水（NH_3，很多书上也写作 $NH_3 \cdot H_2O$，这主要是为了强调 NH_3 处于水合状态）的电离则是下列这两个酸碱半反应的总和：

$$H_2O \Longrightarrow H^+ + OH^-$$

$$NH_3 + H^+ \Longrightarrow NH_4^+$$

氨水的总电离反应为： $NH_3 + H_2O \Longrightarrow OH^- + NH_4^+$

即氨水的电离同样也是质子从酸 H_2O 传递到碱 NH_3 的质子转移反应。

（2）水的电离

同样地，由于水溶液中 H^+ 不能单独存在，完整的水的电离反应是下述两个酸碱半反应的总和：

$$H_2O + H^+ \Longrightarrow H_3O^+$$

$$H_2O \Longrightarrow H^+ + OH^-$$

即总反应为：

$$H_2O + H_2O \Longrightarrow H_3O^+ + OH^- \tag{6-2}$$

从质子理论的角度来看，这个反应是其中一个水分子作为酸把质子传递给了另一个水分子，因此也称为水的质子自递反应。这个反应的平衡常数称为水的质子自递常数，也称为水的离子积常数，用 $K_w^{\ominus}$ 表示，即当反应达到平衡时有：

$$K_w^{\ominus} = ([H_3O^+]/c^{\ominus})([OH^-]/c^{\ominus})$$

由于 $c^{\ominus} = 1mol \cdot L^{-1}$，而摩尔浓度的常用单位一般就是 $mol \cdot L^{-1}$，因此如前所述，在进行平衡计算时，$c/c^{\ominus}$ 常简写为 c。另外水合质子 H_3O^+ 通常简写为 H^+，因此上式常写为：

$$K_w^{\ominus} = [H_3O^+][OH^-] = [H^+][OH^-]$$

注意这时浓度的单位是 $mol \cdot L^{-1}$。本书中，当进行浓度相关的平衡计算时，会在最终的计算结果后加（$mol \cdot L^{-1}$）予以提醒。在室温（25℃）下，$K_w^{\ominus} = 1.0 \times 10^{-14}$，即此时纯水中 H^+ 和 OH^- 的浓度均为 $1.0 \times 10^{-7} mol \cdot L^{-1}$，$pH = -lg[H^+] = 7.00$。

（3）酸碱中和反应

对于强酸和强碱的中和反应，从离子的角度来说，发生的反应都是：

$$H_3O^+ + OH^- \Longrightarrow H_2O + H_2O$$

即水的质子自递反应[式(6-2)]的逆反应。这显然也是一个质子转移反应，酸 H_3O^+ 把质子传递给了碱 OH^-。

对于强酸和弱碱的反应，如 HCl 与 NH_3，从离子角度来看，发生的反应为：$H_3O^+ + NH_3 \longrightarrow H_2O + NH_4^+$。这仍然是一个质子转移反应，酸 H_3O^+ 把质子传递给了碱 NH_3。

对于强碱和弱酸，以及弱碱和弱碱的反应，结果仍然不变，例如：

强碱和弱酸：$OH^- + HAc \longrightarrow H_2O + Ac^-$ 弱酸 HAc 把质子传递给了碱 OH^-。

弱碱和弱酸：$NH_3 + HAc \longrightarrow NH_4^+ + Ac^-$ 弱酸 HAc 把质子传递给了碱 NH_3。

(4) 盐的水解

在电离理论中，盐的水解跟盐电离出的离子与水电离出来的 H^+ 或 OH^- 结合生成弱电解质有关。例如 NH_4Cl 的水溶液呈酸性，原因是 NH_4Cl 电离出来的 NH_4^+ 会跟 H_2O 电离出来的 OH^- 反应，水的电离平衡发生移动，当达到新的平衡时，$[H^+] > [OH^-]$，溶液呈酸性。即：

$$H_2O \longrightarrow H^+ + OH^-$$
$$NH_4^+ + OH^- \longrightarrow NH_3 + H_2O$$
$$\text{总反应：} NH_4^+ \longrightarrow NH_3 + H^+$$

而从质子理论的角度来看，上述反应就是弱酸 NH_4^+ 把质子传递给了碱 H_2O，与前面所提到的弱酸 HAc 的电离并无区别。同样地，对于强碱弱酸盐 Na_2CO_3 的水解，从质子理论的角度来看，CO_3^{2-} 可以接受两个质子先后变为 HCO_3^- 和 H_2CO_3，即：

$$CO_3^{2-} + H_2O \longrightarrow HCO_3^- + OH^-$$
$$HCO_3^- + H_2O \longrightarrow H_2CO_3 + OH^-$$

因此 CO_3^{2-} 就是一个二元碱，其水解跟弱碱氨水的电离也没有区别。注意，这样的观点在后续会很有用，比如在进行 pH 计算时，可以使用统一的公式进行计算，而不需要区分溶液中到底是发生了酸碱的电离还是盐的水解。

6.1.3 电子理论

相比电离理论，质子理论大大扩大了酸碱概念的使用范围，但仍局限于含氢的物质（酸）或能与氢离子反应的物质（碱）。美国化学家路易斯（Lewis）于 1923 年提出的电子理论则将酸碱的范围进一步扩大。在酸碱的电子理论中，关注的对象从带正电的质子变成了带负电的电子对，即酸的定义从能给出质子变成了能接受电子对，而碱的定义从能接受质子变成了能给出电子对。具体地，酸是电子对的接受体，需要有能接受电子对的空轨道，而碱是电子对的给与体，需要有未成键的孤对电子。相应地，酸碱反应的实质是酸和碱之间共享电子对，形成配位共价键，生成酸碱配合物。

从上述定义可以看出，质子理论中所有的碱（也称 Brønsted 碱）都是电子理论中的碱（也称 Lewis 碱），因为需要有未成键的孤对电子才能接受质子，但是质子理论中的酸（也称 Brønsted 酸）不一定是电子理论中的酸（也称 Lewis 酸），例如 HAc 是 Brønsted 酸，但并不是 Lewis 酸，而是 Lewis 酸 H^+ 和 Lewis 碱 Ac^- 反应而得到的酸碱配合物。一般来说，阳离子和缺电子化合物都是 Lewis 酸，阴离子和有孤对电子的分子都是 Lewis 碱。酸碱的电子理论在有机化学中使用较为普遍，但与质子理论中可以用解离平衡常数（具体概念见下节）定量地比较酸碱的强弱程度不同，电子理论中酸碱的强弱没有一个定量的标度，这是这一理论的主要缺点。

6.2 酸碱平衡及移动

6.2.1 酸碱的解离平衡常数

如前所述，酸碱在水中的解离可看成酸碱与水之间发生的质子转移反应。若以 HA 为一元酸的通式，则其解离反应为：

$$HA+H_2O \rightleftharpoons A^-+H_3O^+ \tag{6-3}$$

通常用 $K_a^\ominus$（下标 a 代表酸，acid）表示上述的标准平衡常数，亦称为解离平衡常数，则按照第二章中学习的化学平衡的知识，有：

$$K_a^\ominus=\frac{[H_3O^+][A^-]}{[HA]}$$

相应地，对于该一元酸 HA 的共轭碱 A^-，它的解离反应为：

$$A^-+H_2O \rightleftharpoons HA+OH^-$$

其标准平衡常数 $K_b^\ominus$（下标 b 代表碱，base）为：

$$K_b^\ominus=\frac{[OH^-][HA]}{[A^-]}$$

共轭酸碱对的 $K_a^\ominus$ 和 $K_b^\ominus$ 之间存在下面的关联：

$$K_a^\ominus K_b^\ominus=\frac{[H_3O^+][A^-]}{[HA]}\frac{[OH^-][HA]}{[A^-]}=[H_3O^+][OH^-]=K_w^\ominus$$

对于多元酸碱，需要通过下标来区别是第几步解离反应。举例来说，若以 H_2A 作为二元酸的通式，则有两个解离平衡常数：$K_{a_1}^\ominus$，$K_{a_2}^\ominus$。它们所对应的反应分别为：

$$H_2A+H_2O \rightleftharpoons HA^-+H_3O^+ \qquad K_{a_1}^\ominus$$

$$HA^-+H_2O \rightleftharpoons A^{2-}+H_3O^+ \qquad K_{a_2}^\ominus$$

若从 A^{2-} 的角度来看，它可以接受两个质子，是一个二元碱。相应地，同样存在两个解离平衡常数：$K_{b_1}^\ominus$，$K_{b_2}^\ominus$。它们所对应的反应分别为：

$$A^{2-}+H_2O \rightleftharpoons HA^-+OH^- \qquad K_{b_1}^\ominus$$

$$HA^-+H_2O \rightleftharpoons H_2A+OH^- \qquad K_{b_2}^\ominus$$

显然，这时共轭酸碱对之间的关系为：

$$K_{a_1}^\ominus K_{b_2}^\ominus=K_{a_2}^\ominus K_{b_1}^\ominus=K_w^\ominus$$

需要注意的是，与 $K_{a_1}^\ominus$ 有关联的不是 $K_{b_1}^\ominus$，而是 $K_{b_2}^\ominus$。对样的，对于 n 元酸，有：

$$K_{a_1}^\ominus K_{b_n}^\ominus=K_{a_2}^\ominus K_{b_{n-1}}^\ominus=\cdots=K_{a_n}^\ominus K_{b_1}^\ominus=K_w^\ominus$$

例 6-1　已知 H_3PO_4 的三级解离常数分别为 6.9×10^{-3}、6.2×10^{-8} 和 4.8×10^{-13}，求 PO_4^{3-} 作为三元碱的三级解离常数 $K_{b_1}^\ominus$、$K_{b_2}^\ominus$ 和 $K_{b_3}^\ominus$。

解：根据共轭酸碱对之间解离常数之间的关系有：

$$K_{b_1}^{\ominus}=\frac{K_w^{\ominus}}{K_{a_3}^{\ominus}}=\frac{1\times10^{-14}}{4.8\times10^{-13}}=2.1\times10^{-2}$$

$$K_{b_2}^{\ominus}=\frac{K_w^{\ominus}}{K_{a_2}^{\ominus}}=\frac{1\times10^{-14}}{6.2\times10^{-8}}=1.6\times10^{-7}$$

$$K_{b_3}^{\ominus}=\frac{K_w^{\ominus}}{K_{a_1}^{\ominus}}=\frac{1\times10^{-14}}{6.9\times10^{-3}}=1.4\times10^{-12}$$

6.2.2 酸碱的强弱

在电离理论中，可以用溶液中的 H^+ 或 OH^- 的浓度来比较溶液酸碱性的强弱。解离平衡常数 $K_a^{\ominus}$ 的数值大小可以定量地代表酸的强弱，$K_a^{\ominus}$ 越大，酸的解离反应进行得越完全，给质子的能力也越强，酸的酸性越强。对于碱有同样的结果，$K_b^{\ominus}$ 越大，碱的解离反应进行得越完全，接收质子的能力也越强，碱的碱性越强。水溶液中一些常见酸碱的解离常数列于附录 2 中，另外由于解离常数的数值覆盖多个数量级，且多数较小，因此收录数据时常用其负对数 $pK_a^{\ominus}$ 或 $pK_b^{\ominus}$ 来表示，即：$pK_a^{\ominus}=-\lg K_a^{\ominus}$，$pK_b^{\ominus}=-\lg K_b^{\ominus}$。

还可以从另一个角度理解通过解离平衡常数的大小定量地代表酸碱的强弱。当溶液中酸 HA 和 HB 共存时，考虑以下反应：

$$HA+B^-=\!=\!=HB+A^-$$

则该反应的平衡常数为：$K^{\ominus}=\frac{[HB][A^-]}{[HA][B^-]}=\frac{[H_3O^+][A^-]}{[HA]}\times\frac{[HB]}{[H_3O^+][B^-]}$

$$=\frac{K_a^{\ominus}(HA)}{K_a^{\ominus}(HB)}$$

显然，若 $K_a^{\ominus}(HA)>K_a^{\ominus}(HB)$，则上述反应的平衡常数大于 1，反应更倾向于生成弱酸 HB，若 $K_a^{\ominus}(HA)\gg K_a^{\ominus}(HB)$，则生成弱酸 HB 的反应可以进行得很完全，这就是中学化学中所说的强酸制弱酸，强碱制弱碱也是相同的道理。

前已述及水 H_2O 是一种常见的两性物质，因此在水溶液中，比水作为碱时，与此共轭酸 H_3O^+ 更强的酸 HA 会发生下述反应：

$$HA+H_2O=\!=\!=A^-+H_3O^+$$

此即前面所说的酸的解离反应[式(6-3)]，但这里 HA 是比 H_3O^+ 更强的酸，意味着该反应的平衡常数较大，反应正向进行得较为完全，因此水溶液中 HA 的浓度不可能太高。这一现象也可以换一种方式进行表述，即水溶液中最强的酸是 H_3O^+，而比 H_3O^+ 更强的酸都会发生上述反应而被拉平到 H_3O^+ 的强度。同样地，水溶液中最强的碱是 OH^-，比 OH^- 更强的碱也会被拉平到 OH^- 的强度。

另外，在水溶液中，由于共轭酸碱对的 $K_a^{\ominus}$ 和 $K_b^{\ominus}$ 的乘积等于常数 $K_w^{\ominus}$，因此 $K_a^{\ominus}$ 越大，即酸的酸性越强，则 $K_b^{\ominus}$ 越小，其共轭碱的碱性越弱，反之亦然。利用这一规律，可以判断一些不太熟悉的酸碱物质的强弱，如对于 Ac^-、Cl^-、$H_2PO_4^-$ 的碱性强弱，显然其共轭酸的强弱次序为：$HCl > H_3PO_4 > HAc$，因此这几个碱的碱性强弱次序为：$Ac^- > H_2PO_4^- > Cl^-$。

最后还有一点需要指出的是，质子理论中的酸碱概念并不局限于水溶液中，在非水溶液中，能给出质子的仍然是酸，能接受质子的仍然是碱。例如，此时酸的解离反应可以写成如下的通式：

$$HA + Sol = A^- + Sol\text{-}H^+$$

这里 Sol 指的是溶剂（solvate）。显然在不同的溶剂中，带电离子（如上式中的 A^- 和 H^+）与溶剂的相互作用（这一相互作用也称为溶剂化效应）不同，因此同一个酸在不同溶剂中的 $pK_a^\ominus$ 的数值也不一样，不同溶剂中酸或碱的强弱次序也有可能发生变化。

6.2.3 酸碱平衡的移动

对于酸碱在水溶液中的解离平衡，若条件发生变化，平衡将发生移动。由于实验条件通常为常温常压，因此主要关注浓度的变化对平衡的影响。

1. 稀释定律

首先讨论将溶液稀释之后对平衡的影响。为讨论方便，先给出电解质的解离度 α 的概念：

$$\alpha = \frac{\text{解离部分的电解质浓度}}{\text{解离前电解质的总浓度}}$$

即 α 是电解质解离反应的平衡转化率。对于强电解质，$\alpha = 1$，对于弱电解质，$\alpha < 1$。接下来，考察弱酸 HA 的解离反应：

$$HA + H_2O = A^- + H_3O^+$$

从定性角度来说，稀释时会在溶液中加入水，即增加上述解离反应中的反应物，根据第二章中所学的平衡移动的普遍规律，增加反应物浓度，平衡正向移动，显然弱酸 HA 的解离度 α 会增大。从定量角度来说，在本章 6.4.2 中会学到，该溶液中的 $[H_3O^+] = \sqrt{cK_a^\ominus}$，其中 c 为酸 HA 的总浓度。而根据计量关系，此时溶液中的 H_3O^+ 浓度就是解离部分的电解质浓度，于是按照解离度的定义有：

$$\alpha = \frac{\sqrt{cK_a^\ominus}}{c} = \sqrt{\frac{K_a^\ominus}{c}} \tag{6-4}$$

从式(6-4) 可以看出，当对弱酸 HA 的水溶液加水进行稀释时，总浓度 c 下降，但是解离度 α 反而增加，这就是稀释定律。同时需要注意的是，尽管稀释时解离度 α 增加了，但是由于总浓度 c 下降得更快，因此溶液中解离出来的离子的浓度为 $c\alpha = \sqrt{cK_a^\ominus}$ 仍然是下降的。

2. 同离子效应

生成物浓度的改变显然会导致平衡移动。如式(6-3) 中，若增加 A^- 浓度，比如加入易溶强电解质 MA(这里 M 代指金属 metal，下同)，则平衡会逆向移动，导致酸 HA 解离度下降，溶液中 H_3O^+ 浓度降低，溶液 pH 上升。这种在弱电解质（包括但不限于弱酸和弱碱）

溶液中，加入含有相同离子的强电解质后，使得原弱电解质的解离度下降的现象，称为同离子效应。

例 6-2 计算 $0.10mol\cdot L^{-1}$ HAc 溶液中 HAc 的解离度。若向其中加入少量浓盐酸，使得溶液中 $[H_3O^+]=0.10mol\cdot L^{-1}$，计算此时溶液中 HAc 的解离度。

解：查表得 HAc 的 $K_a^\ominus=1.75\times10^{-5}$，应用式(6-4) 可得溶液中 HAc 的解离度为：

$$\alpha=\sqrt{\frac{K_a^\ominus}{c}}=\sqrt{\frac{1.75\times10^{-5}}{0.1}}=1.3\%。$$

加入浓 HCl 之后，设有 $x\,mol\cdot L^{-1}$ 的 HAc 解离，则：

$$[Ac^-]=x,[HAc]=0.1-x,[H_3O^+]=0.10(单位均为\ mol\cdot L^{-1})$$

于是有：$K_a^\ominus=\dfrac{[H_3O^+][Ac^-]}{[HAc]}$

$$\frac{0.1x}{0.1-x}=1.75\times10^{-5}$$

$$x=1.75\times10^{-5}$$

此时 HAc 的解离度为：$\alpha=\dfrac{x}{c}=\dfrac{1.75\times10^{-5}}{0.1}=0.018\%$

相比未加入 HCl 的时候，解离度下降了接近两个数量级。

3. 盐效应

盐效应指的是在弱电解质溶液中加入一定量的强电解质之后，会导致弱电解质的解离度增大的现象。在解释盐效应之前，先介绍一个新的概念：离子活度。在第二章中，重点学习了平衡时浓度或者分压的计算，计算的基础则是反应达到平衡时通过浓度或者分压计算得到的反应商应该等于反应的标准平衡常数。但严格来说这是不对的，在后续的物理化学课程中我们会学到，上述理论只有对于理想系统才成立，如理想气体系统、理想液态混合物系统、理想稀溶液系统等，而对于实际的非理想系统，达到平衡时，通过浓度或者分压计算得到的反应商并不等于该反应的标准平衡常数，只有将离子的实际浓度替换为离子的活度，气体的实际分压替换为气体的逸度时，反应商才与标准平衡常数相等。

对于基元反应：$aA+bB\!=\!=\!=cC+dD$。通过平衡时正逆反应速度相等可以得出平衡常数的概念，即：

$$\left.\begin{aligned}v_+=k_+[A]^a[B]^b\\v_-=k_-[C]^c[D]^d\end{aligned}\right\}\Rightarrow\frac{[C]^c[D]^d}{[A]^a[B]^b}=\frac{k_+}{k_-}=K$$

但基元反应的反应速率与反应物浓度之间的关系式其实是有条件的，我们期望用浓度的乘积来代表反应物分子间相互碰撞的总次数，但这只在反应物分子间不存在相互作用的时候才成立。而对于溶液内离子间的反应，显然离子之间存在很强的库仑相互作用。1923 年，德国物理学家德拜（Debye）和德国化学家休克尔（Hückel）提出了“离子氛”的概念，他们认为，溶液中每一个离子周围都吸引着一定数量的带相反电荷的离子，形成了所谓的“离子氛”，从而使离子在溶液中运动受到影响。一般来说，形成“离子氛”后，离子的移动速度相比单独的离子减慢，与其他离子间的碰撞次数也会减少，溶液中离子浓度越高，离子自身所带的电荷数越高，影响也就越显著，因此反应速率公式中离子的浓度需要修正为离子的活度 a(activity)，即离子不形成“离子氛”，可以自由运动时的等效浓度。

对于活度 a 和浓度 c 之间的关系，在引入活度系数 $\gamma \equiv a/c$ 后，有：

$$a=\gamma c \tag{6-5}$$

德拜-休克尔在上述模型的基础上，根据电磁学理论和分子运动论，推导发现稀溶液中离子的活度系数为：

$$\lg\gamma_{\pm}=-A\left|z_{+}z_{-}\right|\sqrt{I}$$

式中，I 为离子强度，计算方法如下：

$$I=\frac{1}{2}\sum_{i=1}^{n}c_i z_i^2$$

式中，c_i 和 z_i 分别是溶液中第 i 种离子的浓度和电荷数；A 是与温度相关的常数，在常温（25℃）时为 0.512。表 6-1 中列出了不同离子强度时不同价态离子的平均活度系数，可以看出，离子强度越大，活度系数越小，相同离子强度的条件下，离子所带电荷数越多，活度系数也越小，这与之前的定性分析是一致的。

表 6-1　不同价态离子在不同离子强度时的平均活度系数 γ

离子	离子强度/mol·L^{-1}				
	0.001	0.005	0.01	0.05	0.1
一价离子	0.96	0.95	0.93	0.85	0.80
二价离子	0.86	0.74	0.65	0.56	0.46
三价离子	0.72	0.62	0.52	0.28	0.20
四价离子	0.54	0.43	0.32	0.11	0.06

当加入强电解质之后，溶液的离子强度增加，原有弱电解质解离出来的离子的活度系数降低，离子活度也降低，从而反应商 Q 减小，平衡正向移动，解离度增大。

需要注意的是，当发生同离子效应的时候，盐效应也同时存在，但从表 6-1 中可以看出，与发生同离子效应时解离度一般会发生数量级上的变化不同（见例 6-1），离子活度系数的变化幅度一般相对减小，即盐效应远弱于同离子效应。

最后需要说明的是，对于所有在溶液中进行的反应，当进行平衡计算时，都应当使用离子的活度而不是浓度，两者之间差了一个比例系数即活度系数 γ，但本书中一般不考虑活度系数的影响，除非特别说明，仍然直接使用离子的浓度进行平衡计算和讨论。

6.3　分布系数和分布曲线

由于解离反应的存在，溶液中酸碱以多种存在形式共存，并在一定条件下达到平衡。例如对于一元酸 HA，在水中总是存在两种形式：HA 和 A^-。这一节中将关注溶液中这些不同存在形式的浓度的相对比例问题。用分布系数 δ 表示某种存在形式的浓度占比，即其浓度与所有可能存在形式的浓度的总和（也称为总浓度）之比，例如：

$$\delta_{HA}=\frac{[HA]}{[HA]+[A^-]},\delta_{A^-}=\frac{[A^-]}{[HA]+[A^-]}。$$

这里的$[HA]+[A^-]$即为总浓度。显然同一个酸或碱的不同存在形式的分布系数是归一的，即它们的分布系数之和为1，如对上面的例子有：$\delta_{HA}+\delta_{A^-}=1$。

6.3.1 一元酸的分布系数和分布曲线

如前所述，一元酸HA在水溶液中有两种存在形式：A^- 和HA。

$$HA+H_2O \rightleftharpoons A^-+H_3O^+ \qquad K_a^{\ominus}=\frac{[H_3O^+][A^-]}{[HA]}$$

于是有：$[A^-]/[HA]=K_a^{\ominus}/[H_3O^+]$，即溶液中 $[A^-]$ 和 $[HA]$ 所占权重分别为 $K_a^{\ominus}$ 和 $[H_3O^+]$。代入分布系数的表达式有：

$$\delta_{HA}=\frac{[H_3O^+]}{[H_3O^+]+K_a^{\ominus}} \tag{6-6a}$$

$$\delta_{A^-}=\frac{K_a^{\ominus}}{[H_3O^+]+K_a^{\ominus}} \tag{6-6b}$$

这一结果表明，温度一定时，$K_a^{\ominus}$ 为常数，分布系数的数值只跟溶液中 H_3O^+ 的浓度有关，因此，以溶液的pH为横坐标，以分布系数为纵坐标作图，即该酸的分布曲线。图6-1为弱酸HAc的分布曲线，从图中可以看出：

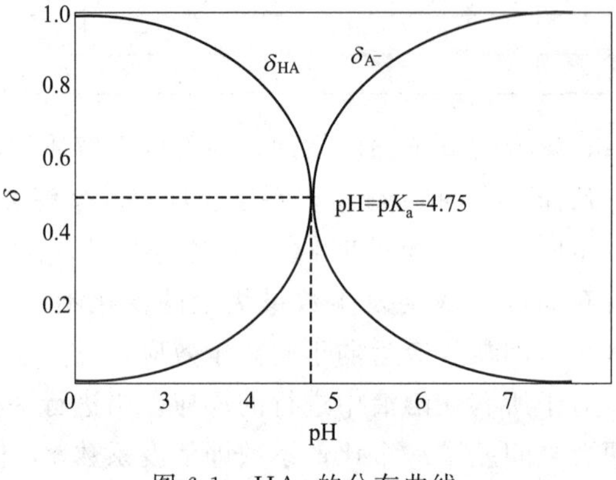

图6-1 HAc的分布曲线

(1) δ_{HAc} 和 δ_{Ac^-} 的分布曲线在图中有一个交点，交点的横坐标为 $pK_a^{\ominus}$，即当溶液 $pH=pK_a^{\ominus}$ 时，$\delta_{HAc}=\delta_{Ac^-}=0.5$；

(2) δ_{HAc} 随pH增加单调减少，δ_{Ac^-} 随pH增加单调增加。于是以 $pK_a^{\ominus}$ 为界，分布曲线可分为两个区域，当 $pH<pK_a^{\ominus}$ 时，$\delta_{HAc}>\delta_{Ac^-}$，溶液中酸型（HAc）是主要存在形式，而当 $pH>pK_a^{\ominus}$ 时，$\delta_{HAc}<\delta_{Ac^-}$，溶液中碱型（$Ac^-$）是主要存在形式。

6.3.2 二元酸的分布系数和分布曲线

对于二元酸 H_2A，在水溶液中有三种存在形式：A^{2-}、HA^- 和 H_2A。

$$H_2A+H_2O \rightleftharpoons HA^- +H_3O^+ \qquad K^{\ominus}_{a_1}=\frac{[H_3O^+][HA^-]}{[H_2A]}$$

$$HA^- +H_2O \rightleftharpoons A^{2-}+H_3O^+ \qquad K^{\ominus}_{a_2}=\frac{[H_3O^+][A^{2-}]}{[HA^-]}$$

于是有：$\frac{[HA^-]}{[H_2A]}=\frac{K^{\ominus}_{a1}}{[H_3O^+]}=\frac{K^{\ominus}_{a_1}[H_3O^+]}{[H_3O^+]^2}$，$\frac{[A^{2-}]}{[HA^-]}=\frac{K^{\ominus}_{a2}}{[H_3O^+]}$故有$\frac{[A^{2-}]}{[H_2A]}=\frac{K^{\ominus}_{a_1}K^{\ominus}_{a_2}}{[H_3O^+]^2}$，因此$[A^{2-}]:[HA^-]:[H_2A]=K^{\ominus}_{a_1}K^{\ominus}_{a_2}:K^{\ominus}_{a_1}[H_3O^+]:[H_3O^+]^2$，即溶液中$[A^{2-}]$、$[HA^-]$和$[H_2A]$所占权重分别为$K^{\ominus}_{a_1}K^{\ominus}_{a_2}$、$K^{\ominus}_{a_1}[H_3O^+]$和$[H_3O^+]^2$。代入分布系数的表达式有：

$$\delta_{H_2A}=\frac{[H_3O^+]^2}{[H_3O^+]^2+[H_3O^+]K^{\ominus}_{a_1}+K^{\ominus}_{a_1}K^{\ominus}_{a_2}} \tag{6-7a}$$

$$\delta_{HA^-}=\frac{[H_3O^+]K^{\ominus}_{a_1}}{[H_3O^+]^2+[H_3O^+]K^{\ominus}_{a_1}+K^{\ominus}_{a_1}K^{\ominus}_{a_2}} \tag{6-7b}$$

$$\delta_{A^{2-}}=\frac{K^{\ominus}_{a_1}K^{\ominus}_{a_2}}{[H_3O^+]^2+[H_3O^+]K^{\ominus}_{a_1}+K^{\ominus}_{a_1}K^{\ominus}_{a_2}} \tag{6-7c}$$

显然当温度一定时，各分布系数的数值仍然只跟溶液中H_3O^+的浓度有关。图6-2所示为二元酸草酸（$H_2C_2O_4$）的分布曲线图，从图中可以看出：

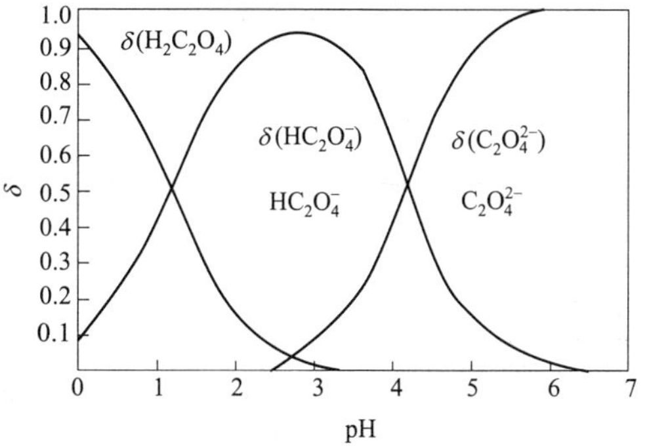

图6-2 草酸（$H_2C_2O_4$）的分布曲线

（1）$\delta_{H_2C_2O_4}$和$\delta_{HC_2O_4^-}$的分布曲线在图中有一个交点，交点的横坐标为$pK^{\ominus}_{a_1}$，即当溶液$pH=pK^{\ominus}_{a_1}$时，$\delta_{H_2C_2O_4}=\delta_{HC_2O_4^-}$；类似地，$\delta_{HC_2O_4^-}$和$\delta_{C_2O_4^{2-}}$的分布曲线在图中交点的横坐标为$pK^{\ominus}_{a_2}$，即当溶液$pH=pK^{\ominus}_{a_2}$时，$\delta_{HC_2O_4^-}=\delta_{C_2O_4^{2-}}$；

（2）跟一元酸类似，以$pK^{\ominus}_{a_1}$和$pK^{\ominus}_{a_2}$为界，可以分为三个区域：当$pH<pK^{\ominus}_{a_1}$时，$\delta_{H_2C_2O_4}$最大，溶液中主要存在形式是$H_2C_2O_4$；当$pK^{\ominus}_{a_1}<pH<pK^{\ominus}_{a_2}$时，$\delta_{HC_2O_4^-}$最大，溶液中主要存在形式是$HC_2O_4^-$；当$pH>pK^{\ominus}_{a_2}$时，$\delta_{C_2O_4^{2-}}$最大，溶液中主要存在形式是$C_2O_4^{2-}$；

（3）与$\delta_{H_2C_2O_4}$和$\delta_{C_2O_4^{2-}}$都是单调曲线不同，$\delta_{HC_2O_4^-}$的分布曲线是一个单峰，且不难得

出，当 $pH=(pK_{a_1}^{\ominus}+pK_{a_2}^{\ominus})/2$ 时，$\delta_{HC_2O_4^-}$ 取到最大值 $\frac{1}{1+2\sqrt{\frac{K_{a_2}^{\ominus}}{K_{a_1}^{\ominus}}}}=0.943$，此时 $\delta_{H_2C_2O_4}=\delta_{C_2O_4^{2-}}=0.028$。

6.3.3 多元酸的分布系数和分布曲线

对于三元酸 H_3A，在水溶液中有四种存在形式：A^{3-}、HA^{2-}、H_2A^- 和 H_3A。这四种存在形式在溶液中的浓度占比分别为：$K_{a_1}^{\ominus}K_{a_2}^{\ominus}K_{a_3}^{\ominus}$、$K_{a_1}^{\ominus}K_{a_2}^{\ominus}[H_3O^+]$、$K_{a_1}^{\ominus}[H_3O^+]^2$ 和 $[H_3O^+]^3$。即温度一定时，各分布系数的数值仍然只跟溶液中 H_3O^+ 的浓度有关，具体表达式如下：

$$\delta_{H_3A}=\frac{[H_3O^+]^3}{[H_3O^+]^3+[H_3O^+]^2K_{a_1}^{\ominus}+[H_3O^+]K_{a_1}^{\ominus}K_{a_2}^{\ominus}+K_{a_1}^{\ominus}K_{a_2}^{\ominus}K_{a_3}^{\ominus}} \tag{6-8a}$$

$$\delta_{H_2A^-}=\frac{[H_3O^+]^2K_{a_1}^{\ominus}}{[H_3O^+]^3+[H_3O^+]^2K_{a_1}^{\ominus}+[H_3O^+]K_{a_1}^{\ominus}K_{a_2}^{\ominus}+K_{a_1}^{\ominus}K_{a_2}^{\ominus}K_{a_3}^{\ominus}} \tag{6-8b}$$

$$\delta_{HA^{2-}}=\frac{[H_3O^+]K_{a_1}^{\ominus}K_{a_2}^{\ominus}}{[H_3O^+]^3+[H_3O^+]^2K_{a_1}^{\ominus}+[H_3O^+]K_{a_1}^{\ominus}K_{a_2}^{\ominus}+K_{a_1}^{\ominus}K_{a_2}^{\ominus}K_{a_3}^{\ominus}} \tag{6-8c}$$

$$\delta_{A^{3-}}=\frac{K_{a_1}^{\ominus}K_{a_2}^{\ominus}K_{a_3}^{\ominus}}{[H_3O^+]^3+[H_3O^+]^2K_{a_1}^{\ominus}+[H_3O^+]K_{a_1}^{\ominus}K_{a_2}^{\ominus}+K_{a_1}^{\ominus}K_{a_2}^{\ominus}K_{a_3}^{\ominus}} \tag{6-8d}$$

图 6-3 所示为三元酸磷酸（H_3PO_4）的分布曲线图。类似地，有如下结论：

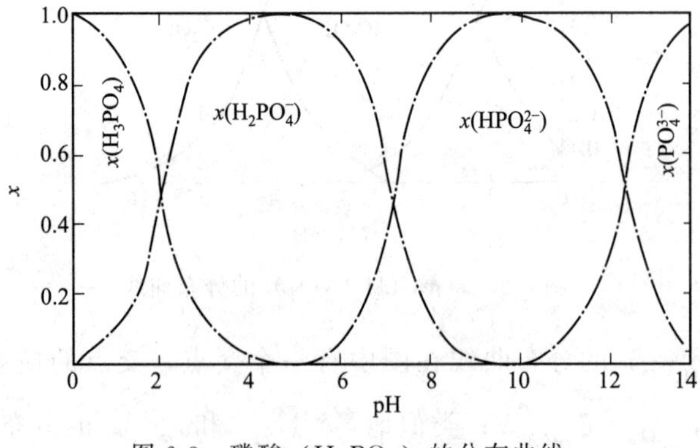

图 6-3　磷酸（H_3PO_4）的分布曲线

（1）$\delta_{H_3PO_4}$ 和 $\delta_{H_2PO_4^-}$ 的分布曲线在图中有一个交点，交点的横坐标为 $pK_{a_1}^{\ominus}$，即当溶液 $pH=pK_{a_1}^{\ominus}$ 时，$\delta_{H_3PO_4}=\delta_{H_2PO_4^-}$；类似地，$pH=pK_{a_2}^{\ominus}$ 时，$\delta_{H_2PO_4^-}=\delta_{HPO_4^{2-}}$；$pH=pK_{a_3}^{\ominus}$ 时，$\delta_{HPO_4^{2-}}=\delta_{PO_4^{3-}}$；

（2）$pK_{a_1}^{\ominus}$，$pK_{a_2}^{\ominus}$ 和 $pK_{a_3}^{\ominus}$ 把 pH 分成了三个区域：当 $pH<pK_{a_1}^{\ominus}$ 时，溶液中主要存在形式是 H_3PO_4；当 $pK_{a_1}^{\ominus}<pH<pK_{a_2}^{\ominus}$ 时，溶液中主要存在形式是 $H_2PO_4^-$；当 $pK_{a_2}^{\ominus}<pH$

$<pK_{a_3}^{\ominus}$ 时，溶液中主要存在形式是 HPO_4^{2-}；当 $pH>pK_{a_3}^{\ominus}$ 时，溶液中主要存在形式是 PO_4^{3-}；

(3) $\delta_{H_2PO_4^-}$ 和 $\delta_{HPO_4^{2-}}$ 的分布曲线是一个单峰，当 $pH=(pK_{a_1}^{\ominus}+pK_{a_2}^{\ominus})/2$ 时，$\delta_{H_2PO_4^-}$ 取到最大值 $\dfrac{1}{1+2\sqrt{\dfrac{K_{a_2}^{\ominus}}{K_{a_1}^{\ominus}}}}=0.994$；当 $pH=(pK_{a_2}^{\ominus}+pK_{a_3}^{\ominus})/2$ 时，$\delta_{HPO_4^{2-}}$ 取到最大值 $\dfrac{1}{1+2\sqrt{\dfrac{K_{a_3}^{\ominus}}{K_{a_2}^{\ominus}}}}=0.994$。

6.4 pH 的计算

水溶液中发生的各种化学反应一般都与溶液的 pH（即氢离子浓度）密切相关，因此在事先知道溶液的组成或配制方法的情况下，计算溶液的 pH 值具有重要的理论和现实意义。下面从酸碱平衡的基本原理出发，利用质子条件式列方程求解溶液 pH。

6.4.1 质子条件式

质子条件式（proton balance equation，PBE）指的是根据溶液中由于发生质子转移而存在的各物质浓度间的严格数量关系。简单来说，在质子转移反应中，得质子的数目必然等于失质子的数目，因此可以建立起浓度之间的关联，即质子条件式。对于质子条件式的书写，一般采用零水准法。

例 6-3　写出一元弱酸 HA 水溶液的质子条件式。

解： 首先需要确定体系中的零水准。顾名思义，零水准指的是发生酸碱反应的起点。上述溶液中存在 $HA\text{-}A^-$ 和 $OH^-\text{-}H_2O\text{-}H_3O^+$ 这两个系列的酸碱反应，第一个系列中 HA 可以看成反应的起点，即 A^- 为 HA 发生质子转移的结果，第二个系列中的起点则是 H_2O，OH^- 和 H_3O^+ 都可以看成 H_2O 发生质子转移的结果。这一结果可以表示如下：

零水准	HA	H_2O
得质子产物		H_3O^+
失质子产物	A^-	OH^-

根据得失质子的数量相等，即可写出下面的质子条件式：

$$[H_3O^+]=[A^-]+[OH^-] \tag{6-9}$$

例 6-4　写出二元弱酸 H_2A 水溶液的质子条件式。

解：溶液中存在 H_2A-HA^--A^{2-} 和 OH^--H_2O-H_3O^+ 这两个系列的酸碱反应，它们的起点分别为 H_2A 和 H_2O，这样可以得到下面的结果：

零水准	H_2A	H_2O
得质子产物		H_3O^+
失质子产物	HA^-，A^{2-}	OH^-

根据得失质子的数量相等，即可写出下面的质子条件式：

$$[H_3O^+]=[HA^-]+2[A^{2-}]+[OH^-] \tag{6-10}$$

这里需要注意的是，从 H_2A 出发需要转移 2 个质子才能得到 A^{2-}，因此质子条件式中 $[A^{2-}]$ 前需要加系数 2。

例 6-5 写出 KH_2PO_4 水溶液的质子条件式。

解：溶液中存在 H_3PO_4-$H_2PO_4^-$-HPO_4^{2-}-PO_4^{3-} 和 OH^--H_2O-H_3O^+ 这两个系列的酸碱反应，它们的起点分别为 $H_2PO_4^-$ 和 H_2O，这样可以得到下面的结果：

零水准	$H_2PO_4^-$	H_2O
得质子产物	H_3PO_4	H_3O^+
失质子产物	HPO_4^{2-}，PO_4^{3-}	OH^-

故质子条件式为：$[H_3O^+]+[H_3PO_4]=[HPO_4^{2-}]+2[PO_4^{3-}]+[OH^-]$

例 6-6 写出 NH_4Ac 水溶液的质子条件式。

解：溶液中存在 NH_4^+-NH_3，HAc-Ac^- 和 OH^--H_2O-H_3O^+ 这三个系列的酸碱反应，它们的起点分别为 NH_4^+、Ac^- 和 H_2O，这样可以得到下面的结果：

零水准	NH_4^+	Ac^-	H_2O
得质子产物		HAc	H_3O^+
失质子产物	NH_3		OH^-

故质子条件式为：$[H_3O^+]+[HAc]=[NH_3]+[OH^-]$

如前所述，该方法的基本依据是发生质子转移反应时，得失质子的数量一定相等。但得（或失）质子的数量对应的是溶液中酸（或碱）的浓度的变化，那为什么在最终的质子条件式中并不存在浓度的变化项呢？这里面的关键在于零水准的选取，通过合理选择一系列参考物，可以使得溶液中其他酸碱物质的起始浓度为零，因此在根据计量关系计算时，浓度的变化就正好等于溶液中该物质的平衡浓度。但这样的选择并不总是存在，比如对于混合后的共轭酸碱对 HAc-NaAc，若 HAc 的起始浓度为c_{HAc}，NaAc 的起始浓度为c_{Ac^-}，则无论选择 HAc 还是 NaAc 作为参考物，都不可能使得另外一种物质的起始浓度为零，但是我们仍然可以按照反应的计量关系写出质子条件式。例如，选择 HAc 和 H_2O 为参考物，则有：

零水准	HAc	H_2O
得质子产物		H_3O^+

失质子产物	Ac^-	OH^-

根据得失质子的数量相等，仍然有：$[H_3O^+]=\Delta[Ac^-]+[OH^-]$，这里 $\Delta[Ac^-]=[Ac^-]-c_{Ac^-}$，于是有：

$$[Ac^-]=c_{Ac^-}+[H_3O^+]-[OH^-] \tag{6-11a}$$

此即该溶液的质子条件式。当然也可以选择 Ac^- 和 H_2O 为参考物，则有：

零水准	Ac^-	H_2O
得质子产物	HAc	H_3O^+
失质子产物		OH^-

根据得失质子的数量相等有：$[H_3O^+]+\Delta[HAc]=[OH^-]$，这里 $\Delta[HAc]=[HAc]-c_{HAc}$，于是有：

$$[HAc]=c_{HAc}-[H_3O^+]+[OH^-] \tag{6-11b}$$

乍一看这两个式子有点不太一样，但是根据物料守恒有：$[Ac^-]+[HAc]=c_{Ac^-}+c_{HAc}$，因此两者是一致的。

6.4.2 常见溶液的 pH 计算

从质子条件式出发，可以很容易地列出仅含有$[H_3O^+]$这唯一一个未知数的方程，求解这个方程即可获得溶液中的$[H_3O^+]$，进而算出溶液的 pH 值。具体来说，因为 H_2O 一定是其中一个零水准，因此质子条件式中必然包含$[H_3O^+]$，同时$[OH^-]$可用 $K_w^{\ominus}/[H_3O^+]$替代，而对于质子条件式中所包含的溶液中的其他酸碱物质，则都可以写成总浓度与其分布系数 δ 的乘积，总浓度是已知的，当温度一定时分布系数 δ 只与溶液中的$[H_3O^+]$有关，因而质子条件式是只有唯一一个未知数$[H_3O^+]$的一元方程，求解该方程即可求得溶液中的$[H_3O^+]$。

需要指出的是，原则上溶液中平衡浓度的准确求解必须考虑活度系数的问题，而上述的 pH 计算路线中完全忽略了这一点。原因在于活度系数本身非常复杂，尽管有一些近似理论，如前面提到的德拜-休克尔理论，但准确数值目前仍然只能依靠实验获得。因此，在求解方程时，过分追求解的精度是没有意义的。一般来说，解方程的误差控制在±5%以内即可。

1. 一元弱酸弱碱溶液

根据例 6-3，对于一元弱酸 HA 的水溶液，其质子条件式为：

$$[H_3O^+]=[A^-]+[OH^-]$$

将下述两式代入上式：

$$[OH^-]=K_w^{\ominus}/[H_3O^+]$$

$$[A^-]=c\delta_{A^-}=\frac{cK_a^{\ominus}}{[H_3O^+]+K_a^{\ominus}}$$

式中，c 为 HA 的总浓度，于是有：$[H_3O^+]=\dfrac{cK_a^{\ominus}}{[H_3O^+]+K_a^{\ominus}}+\dfrac{K_w^{\ominus}}{[H_3O^+]}$

上式等号两边同时乘以$[H_3O^+]([H_3O^+]+K_a^\ominus)$，再整理后可得下式：

$$[H_3O^+]^3+K_a^\ominus[H_3O^+]^2-(cK_a^\ominus+K_w^\ominus)[H_3O^+]-K_a^\ominus K_w^\ominus=0 \tag{6-12a}$$

显然这是一个关于$[H_3O^+]$的一元三次方程，尽管一元三次方程存在求根公式，但是直接求解还是过于麻烦，一般会对其进行近似处理。

在进行近似处理之前，再回到最初的质子条件式：$[H_3O^+]=[A^-]+[OH^-]$。该式也可以理解为水中的H_3O^+存在两个来源，一个是来自一元弱酸HA的解离，这部分对H_3O^+浓度的贡献是$[A^-]$，另一个则是来自水的质子自递反应，这部分的贡献是$[OH^-]$。对于$[A^-]$，直接根据解离常数的表达式$K_a^\ominus=\dfrac{[H_3O^+][A^-]}{[HA]}$，将其表示为：$[A^-]=\dfrac{K_a^\ominus[HA]}{[H_3O^+]}$，而对于$[OH^-]$，仍然表示为$[OH^-]=\dfrac{K_w^\ominus}{[H_3O^+]}$，则有：

$$[H_3O^+]=\frac{K_a^\ominus[HA]}{[H_3O^+]}+\frac{K_w^\ominus}{[H_3O^+]}$$

即：

$$[H_3O^+]=\sqrt{K_a^\ominus[HA]+K_w^\ominus} \tag{6-12b}$$

到目前为止，并没有进行任何近似处理，因此式(6-12b) 也称为一元弱酸溶液pH计算的精确公式。

接下来，进行一些近似处理。首先，水的离子积常数$K_w^\ominus=1.0\times10^{-14}$，数值非常小，因此$K_a^\ominus[HA]+K_w^\ominus\approx K_a^\ominus[HA]$，即水自身的电离可以忽略不计，$[H_3O^+]\approx[A^-]$，于是有：$[HA]=c-[A^-]\approx c-[H_3O^+]$，代入式(6-12b)，有：

$$[H_3O^+]=\sqrt{K_a^\ominus[HA]}=\sqrt{K_a^\ominus(c-[H_3O^+])} \tag{6-13a}$$

这是一个关于$[H_3O^+]$的一元二次方程，可以很容易解得：

$$[H_3O^+]=\frac{\sqrt{K_a^{\ominus 2}+4cK_a^\ominus}-K_a^\ominus}{2} \tag{6-13b}$$

式(6-13b) 也称为一元弱酸溶液pH计算的近似公式。按照计算精度5%的要求，$K_a^\ominus[HA]+K_w^\ominus\approx K_a^\ominus[HA]$的成立条件为：$K_a^\ominus[HA]\geqslant 20K_w^\ominus$。再考虑到弱酸的解离度一般比较小，即$[HA]\approx c$，于是可得出近似公式的使用条件为：$cK_a^\ominus\geqslant 20K_w^\ominus$。

在近似式(6-13a) 的基础上，如果继续做近似：$c-[H_3O^+]\approx c$，可得到

$$[H_3O^+]=\sqrt{cK_a^\ominus} \tag{6-14}$$

这也是一元弱酸溶液pH计算的最简公式。同样按照计算精度±5%的要求，$c-[H_3O^+]\approx c$的成立条件为：$c\geqslant 20[H_3O^+]$，代入最简式$[H_3O^+]=\sqrt{cK_a^\ominus}$，再化简可得：$c/K_a^\ominus\geqslant 400$。因此在满足近似式条件$cK_a^\ominus\geqslant 20K_w^\ominus$的基础上，再满足条件$c/K_a^\ominus\geqslant 400$，即可使用最简式$[H_3O^+]=\sqrt{cK_a^\ominus}$进行计算。

需要说明的是，关于近似公式和最简公式的使用，不仅可以在使用前通过上述条件进行检验，也可以在使用后进行验证。比如近似公式中忽略了水的电离，因此只要计算得出的$[H_3O^+]\geqslant 20[OH^-]$，即$[H_3O^+]\geqslant 4.5\times10^{-7}\,mol\cdot L^{-1}$，则近似自然成立。同样地，对于最简式，要求$c-[H_3O^+]\approx c$，因此只要计算得到的$[H_3O^+]\leqslant\dfrac{c}{20}$，则上述近似也自然

成立。实际计算时，更多的是采用后面这种方法。

最后，关于一元弱碱水溶液 pH 值的计算，将上述各公式中的 $[H_3O^+]$ 替换为 $[OH^-]$，$K_a^\ominus$ 替换为 $K_b^\ominus$ 后，即可用相同的方法进行计算，即：

$$[OH^-]=\sqrt{K_b^\ominus[A^-]}=\sqrt{K_b^\ominus(c-[OH^-])} \tag{6-15a}$$

$$[OH^-]=\frac{\sqrt{K_b^{\ominus 2}+4cK_b^\ominus}-K_b^\ominus}{2} \tag{6-15b}$$

$$[OH^-]=\sqrt{cK_b^\ominus} \tag{6-16}$$

例 6-7 请分别计算 0.10mol·L^{-1} 的 HAc 和氨水溶液的 pH 值。

解： 先直接应用最简式进行计算：

对于 HAc 溶液：$[H_3O^+]=\sqrt{cK_a^\ominus}=\sqrt{0.1\times1.75\times10^{-5}}=1.32\times10^{-3}(\text{mol}\cdot\text{L}^{-1})$，pH=2.88。显然 $[H_3O^+]\geqslant20[OH^-]$，$[H_3O^+]\leqslant\frac{c}{20}$，近似成立。

对于氨水溶液：$[OH^-]=\sqrt{cK_b^\ominus}=\sqrt{0.1\times1.8\times10^{-5}}=1.34\times10^{-3}(\text{mol}\cdot\text{L}^{-1})$，pOH=11.13。显然 $[OH^-]\geqslant20[H_3O^+]$，$[OH^-]\leqslant\frac{c}{20}$，近似成立。

2. 多元弱酸弱碱溶液

根据例 6-4，对于二元弱酸 H_2A 的水溶液，其质子条件式为：

$$[H_3O^+]=[HA^-]+2[A^{2-}]+[OH^-]$$

按照同样的思路，代入 δ_{HA^-} 和 $\delta_{A^{2-}}$ 的表达式(6-7a) 和式(6-7b)，整理之后会发现将得到一个关于 $[H_3O^+]$ 的一元四次方程 (6-17)。同样地，一元四次方程的求解过于复杂，一般会做一些近似以简化计算。

$$[H_3O^+]^4+K_{a_1}^\ominus[H_3O^+]^3+(K_{a_1}^\ominus K_{a_2}^\ominus-cK_{a_1}^\ominus-K_w^\ominus)[H_3O^+]^2-K_{a_1}^\ominus(2cK_{a_2}^\ominus+K_w^\ominus)[H_3O^+]-K_{a_1}^\ominus K_{a_2}^\ominus K_w^\ominus=0$$

与一元酸类似，此时水中的 H_3O^+ 存在三个来源：①二元酸 H_2A 的第一步解离；②二元酸 H_2A 的第二步解离；③水的解离。显然，在近似处理中，先忽略水的解离，其次忽略二元酸的第二步解离，结果是只考虑了二元酸的第一步解离，因此计算方法与一元酸的计算方法是完全一致的，可以同样使用一元酸 pH 计算的近似公式和最简公式进行计算。

接下来我们来推导一下近似条件。首先，一元酸的近似公式中同样忽略了水的解离，因此这一步的近似条件是一致的，即 $cK_{a_1}^\ominus\geqslant20K_w^\ominus$ 或计算得到的 $[H_3O^+]\geqslant4.5\times10^{-7}\text{mol}\cdot\text{L}^{-1}$ 即可。其次，对于二元酸的第二步电离，从反应方程式可得其平衡常数表达式为：

$$HA^-+H_2O \rightleftharpoons A^{2-}+H_3O^+ \qquad K_{a_2}^\ominus=\frac{[H_3O^+][A^{2-}]}{[HA^-]}$$

于是：$\frac{[A^{2-}]}{[HA^-]}=\frac{K_{a_2}^\ominus}{[H_3O^+]}$，即只要 $\frac{K_{a_2}^\ominus}{[H_3O^+]}\leqslant0.05$，则第二步电离可忽略，大多数情况下，这一条件可以得到满足。但某些有机多元酸，如酒石酸等，它们的 $K_{a_1}^\ominus$ 和 $K_{a_2}^\ominus$ 之间

的差别不是很大，因此当酸的总浓度较小时，第一步电离出来的氢离子也很少，此时第二步电离不能忽略，需要根据精确公式进行求解。

对于多元酸，经过同样的分析可以发现，其除第一步电离外产生的 H_3O^+ 一般情况下都可以忽略不计，即可以直接将多元酸看作一元酸，使用近似公式(6-13b) 或最简公式(6-14) 计算即可。类似地，对于二元碱或多元碱，通常也可以直接把它们看作一元碱，使用式(6-15b) 或式(6-16) 进行计算。

3. 弱酸混合溶液

对于一元弱酸 HA 和 HB 的混合溶液，先写出它的质子条件式：

$$[H_3O^+]=[A^-]+[B^-]+[OH^-]$$

根据解离常数 $K_a^\ominus$ 的表达式，有：

$$[A^-]=\frac{[HA]K_a^\ominus(HA)}{[H_3O^+]},[B^-]=\frac{[HB]K_a^\ominus(HB)}{[H_3O^+]}$$

代入得：
$$[H_3O^+]=\sqrt{[HA]K_a^\ominus(HA)+[HB]K_a^\ominus(HB)+K_w^\ominus}$$

这就是弱酸混合溶液 pH 计算的精确公式。同样的，忽略水的电离并考虑到弱酸的解离度较小，则有：

$$[H_3O^+]=\sqrt{c_{HA}K_a^\ominus(HA)+c_{HB}K_a^\ominus(HB)}$$

若 $c_{HA}K_a^\ominus(HA)\geqslant 20c_{HB}K_a^\ominus(HB)$，则有：$[H_3O^+]=\sqrt{c_{HA}K_a^\ominus(HA)}$，这是一元弱酸混合溶液 pH 计算的最简公式。对于多元弱酸混合的情况，一般也可以先将多元酸近似看成一元酸，然后使用上述公式求解。

4. 强酸溶液

对于一元强酸 HA 溶液，质子条件式跟一元弱酸溶液是一致的：

$$[H_3O^+]=[A^-]+[OH^-]$$

HA 是强酸，所以 $[A^-]=c_{HA}=c$，于是：

$$[H_3O^+]=c+\frac{K_w^\ominus}{[H_3O^+]}\Rightarrow[H_3O^+]^2-c[H_3O^+]-K_w^\ominus=0$$

这是一个关于 $[H_3O^+]$ 的一元二次方程。一般情况下，水的电离可以忽略，即有 $[H_3O^+]=c$。但当 c 极小时，水的电离不能忽略，此时有：

$$[H_3O^+]=\frac{c+\sqrt{c^2+4K_w^\ominus}}{2}$$

上式的使用条件为：$c\leqslant 20\frac{K_w^\ominus}{[H_3O^+]}$ 即 $c\leqslant 4.5\times10^{-7}\,mol\cdot L^{-1}$

5. 两性物质溶液

常见的两性物质溶液有酸式盐和弱酸弱碱盐，下面分别进行讨论：

(1) 酸式盐

对于二元酸 H_2A 的酸式盐 NaHA，其水溶液的质子条件式为：

$$[H_3O^+]+[H_2A]=[A^{2-}]+[OH^-]$$

根据解离常数的表达式 $K_{a_1}^{\ominus}=\dfrac{[H_3O^+][HA^-]}{[H_2A]}$和 $K_{a_2}^{\ominus}=\dfrac{[H_3O^+][A^{2-}]}{[HA^-]}$，有：

$$[H_3O^+]+[H_3O^+]\frac{[HA^-]}{K_{a_1}^{\ominus}}=\frac{[HA^-]K_{a_2}^{\ominus}}{[H_3O^+]}+\frac{K_w^{\ominus}}{[H_3O^+]}$$

$$[H_3O^+]=\sqrt{\frac{[HA^-]K_{a_2}^{\ominus}+K_w^{\ominus}}{1+\dfrac{[HA^-]}{K_{a_1}^{\ominus}}}}$$

这是酸式盐 NaHA 溶液 pH 计算的精确公式。接下来，进行一些合理近似，首先忽略水的电离，则有：

$$[H_3O^+]\approx\sqrt{\frac{[HA^-]K_{a_2}^{\ominus}}{1+\dfrac{[HA^-]}{K_{a_1}^{\ominus}}}}$$

再注意到一般有：$\dfrac{[HA^-]}{K_{a_1}^{\ominus}}\gg 1$，于是有：

$$[H_3O^+]\approx\sqrt{K_{a_1}^{\ominus}K_{a_2}^{\ominus}}\tag{6-17a}$$

或

$$pH=(pK_{a_1}^{\ominus}+pK_{a_2}^{\ominus})/2\tag{6-17b}$$

综合上述分析过程，可得式(6-17b) 的使用条件为：$K_{a_2}^{\ominus}[HA^-]\geqslant 20K_w^{\ominus}$ 且 $[HA^-]\geqslant 20K_{a_1}^{\ominus}$。一般 HA^- 的酸式解离和碱式解离的程度都很小，即有：$[HA^-]\approx c$，因此上述条件也可写为：$cK_{a_2}^{\ominus}\geqslant 20K_w^{\ominus}$，$c\geqslant 20K_{a_1}^{\ominus}$。

对于多元酸的酸式盐，其溶液的 pH 计算可以使用同样的办法，即 pH 为两个 $pK_a^{\ominus}$ 的平均值。但需要注意的是多元酸有不止两个 $pK_a^{\ominus}$，计算时需要使用的是与该酸式盐的酸式解离和碱式解离相关联的那两个 $pK_a^{\ominus}$。例如，对于 NaH_2PO_4 溶液，磷酸的三个 $pK_a^{\ominus}$ 中与 $H_2PO_4^-$ 有关的是 $pK_{a_1}^{\ominus}$ 和 $pK_{a_2}^{\ominus}$，因此该溶液的 $pH=(pK_{a_1}^{\ominus}+pK_{a_2}^{\ominus})/2$；而对于 Na_2HPO_4 溶液，3 个 $pK_a^{\ominus}$ 中与 HPO_4^{2-} 有关的是 $pK_{a_2}^{\ominus}$ 和 $pK_{a_3}^{\ominus}$，因此该溶液的 $pH=(pK_{a_2}^{\ominus}+pK_{a_3}^{\ominus})/2$。

例 6-8　计算 $0.10mol\cdot L^{-1}$ 的邻苯二甲酸氢钾（KHP）溶液的 pH 值。

解： 邻苯二甲酸氢钾是邻苯二甲酸的酸式盐，因此溶液的 pH 为

$$pH=(pK_{a_1}^{\ominus}+pK_{a_2}^{\ominus})/2=(2.95+5.41)/2=4.18$$

(2) 弱酸弱碱盐

对于弱酸弱碱盐，也可视为弱酸和弱碱的混合溶液。对于一元弱酸 HA 和一元弱碱 B^- 的混合溶液，其质子条件式为：

$$[H_3O^+]+[HB]=[A^-]+[OH^-]$$

代入解离常数的表达式有：

$$[H_3O^+]+[H_3O^+]\frac{[B^-]}{K_a^{\ominus}(HB)}=\frac{[HA]K_a^{\ominus}(HA)}{[H_3O^+]}+\frac{K_w^{\ominus}}{[H_3O^+]}$$

$$[H_3O^+]=\sqrt{\frac{[HA]K_a^{\ominus}(HA)+K_w^{\ominus}}{1+\dfrac{[B^-]}{K_a^{\ominus}(HB)}}}$$

按照同样的近似处理方法有：

$$[H_3O^+]\approx\sqrt{\frac{[HA]K_a^{\ominus}(HA)}{1+\dfrac{[B^-]}{K_a^{\ominus}(HB)}}}\approx\sqrt{\frac{[HA]K_a^{\ominus}(HA)}{\dfrac{[B^-]}{K_a^{\ominus}(HB)}}}\approx\sqrt{\frac{c_{HA}K_a^{\ominus}(HA)}{\dfrac{c_{B^-}}{K_a^{\ominus}(HB)}}}=\sqrt{\frac{c_{HA}}{c_{B^-}}K_a^{\ominus}(HA)K_a^{\ominus}(HB)}$$

对于弱酸或弱碱不是一元的情况，由于第二步及以后的电离一般可以忽略，因此可以仍然使用上述公式进行计算。

例 6-9 计算 0.10mol·L^{-1} 的$(NH_4)_2CO_3$ 溶液的 pH 值。

解： 直接代公式 $[H_3O^+]=\sqrt{\frac{c_{HA}}{c_{B^-}}K_a^{\ominus}(HA)K_a^{\ominus}(HB)}$ 计算即可，注意此时 HA 指的是 NH_4^+，B^- 指的是 CO_3^{2-}，因此有：

$$[H_3O^+]=\sqrt{\frac{0.2}{0.1}\times\frac{1\times10^{-14}}{1.8\times10^{-5}}\times5.6\times10^{-11}}=2.5\times10^{-10}(\text{mol}\cdot\text{L}^{-1}),\text{pH}=9.60$$

6. 共轭酸碱溶液

对于弱酸（HA，浓度为c_a）及其共轭碱（A^-，浓度为c_b）所构成的混合溶液，根据之前对 HAc-Ac^- 溶液的讨论，类似的有：$[A^-]=c_b+[H_3O^+]-[OH^-]$，$[HA]=c_a-[H_3O^+]+[OH^-]$。代入解离常数的表达式 $K_a^{\ominus}=\frac{[H_3O^+][A^-]}{[HA]}$有：

$$[H_3O^+]=\frac{[HA]}{[A^-]}K_a^{\ominus}=\frac{c_a-[H_3O^+]+[OH^-]}{c_b+[H_3O^+]-[OH^-]}K_a^{\ominus}$$

这是共轭酸碱溶液 pH 计算的精确公式。实际情况中，一般$[H_3O^+]$和$[OH^-]$都远小于c_a 和c_b，此时有：

$$[H_3O^+]=\frac{c_a}{c_b}K_a^{\ominus}\qquad(6\text{-}18a)$$

$$\text{pH}=\text{p}K_a^{\ominus}-\lg\frac{c_a}{c_b}\qquad(6\text{-}18b)$$

也可写作

$$\text{pOH}=14-\text{pH}=14-\text{p}K_a^{\ominus}-\lg\frac{c_b}{c_a}=\text{p}K_b^{\ominus}-\lg\frac{c_b}{c_a}\qquad(6\text{-}18c)$$

上式即共轭酸碱溶液 pH 计算的最简公式。

例 6-10　计算浓度均为 0.10mol·L^{-1} 的 HAc 和 NaAc 溶液等体积混合后溶液的 pH。

解： 显然混合后的溶液为共轭酸碱溶液，且共轭酸碱的浓度相等，直接使用公式(6-18b）可得：$pH=pK_{a_1}^{\ominus}-\lg\dfrac{c_a}{c_b}=pK_{a_1}^{\ominus}=4.75$。

最后需要说明的是，对于 pH 值的计算，虽然从溶液的质子条件式出发，构建并求解方程的方法是普遍适用的，但通常我们所面对的问题都直接是或者可以转化为上面详细分析过的这些问题，因此可以直接应用上面得到的公式进行计算。例如例 6-11。

例 6-11　现有 20.00mL 0.10mol·L^{-1} 的 H_3PO_4 溶液，计算分别进行下列操作后溶液的 pH 值：(1) 加入 20.00m L0.10mol·L^{-1} 的 NaOH 溶液；(2) 加入 30.00mL 0.10 mol·L^{-1} 的 NaOH 溶液。

解：（1）此时溶液为 0.05mol·L^{-1} 的 NaH_2PO_4 溶液，这是一个酸式盐溶液，其 pH $=(pK_{a_1}^{\ominus}+pK_{a_2}^{\ominus})/2=(2.16+7.21)/2=4.69$；

（2）此时溶液组成为 NaH_2PO_4-Na_2HPO_4 共轭酸碱溶液，且共轭酸碱的浓度相等，因此 $pH=pK_{a_2}^{\ominus}-\lg\dfrac{c_a}{c_b}=pK_{a_2}^{\ominus}=7.21$。

6.5　缓冲溶液

在进入本节学习之前，先来做两个练习：

例 6-12　计算在 100mL 纯水中加入 1 滴（0.05mL）1mol·L^{-1} 的 HCl 溶液后的 pH 变化情况。

解： 加入 HCl 前，溶液呈中性，pH=7.00

加入 HCl 后，溶液的 H_3O^+ 主要由加入的 HCl 提供，因此：

$$[H_3O^+]=\frac{n_{HCl}}{V}=\frac{0.05\times10^{-3}L\times1mol\cdot L^{-1}}{0.1L}=5\times10^{-4}mol\cdot L^{-1},pH=3.30$$

即加入 1 滴 1mol·L^{-1} 的 HCl 后，溶液的 pH 从 7.00 变到了 3.30，减小了 3.70 个 pH 单位。

例 6-13　计算在 100mL0.01mol·L^{-1}NaOH 溶液中加入 1 滴（0.05mL）1mol·L^{-1} 的 HCl 溶液后的 pH 变化情况。

解： 加入 HCl 前，溶液呈碱性，$[OH^-]=0.01mol\cdot L^{-1}$，pOH=2.00，pH=12.00

加入 HCl 后，溶液中有少量的 OH^- 被中和，此时有：

$$[OH^-]=\frac{n_{NaOH}-n_{HCl}}{V}=\frac{0.1L\times0.01mol\cdot L^{-1}-0.05\times10^{-3}L\times1mol\cdot L^{-1}}{0.1L}$$

$$=9.5\times10^{-3}mol\cdot L^{-1}$$

$$pOH=2.02,pH=11.98$$

即加入1滴1mol·L^{-1}的HCl后，溶液的pH从12.00变到了11.98，仅仅减小了0.02个pH单位。

从上述计算中可以发现，对于某些溶液，加入少量强酸或强碱，其pH就发生剧烈变化，而对于另外一些溶液，则pH变化很小。把这种能抵抗外来少量强酸强碱的影响，而保持自身的pH值基本不变的溶液称为缓冲溶液，这样的溶液一般也具有抗稀释的作用。从上述的例子中可以看出，强酸（pH＜2）或强碱（pH＞12）溶液本身就是缓冲溶液，但它们的抗稀释能力较弱，且能提供缓冲的pH范围也较小，因此更多地使用弱酸及其共轭碱、弱碱及其共轭酸或两性物质组成缓冲溶液。

6.5.1 缓冲溶液的缓冲原理

对于H_3O^+或OH^-本身浓度不高的溶液，其抵抗外来少量强酸强碱的关键在于溶液中有物质能够与外来的H_3O^+或OH^-反应，从而避免引起溶液中H_3O^+或OH^-浓度的直接变化。例如，在由共轭酸碱对HAc-Ac^-组成的缓冲溶液中，当加入少量强酸（H_3O^+）时，H_3O^+会与溶液中的Ac^-发生如下反应：

$$Ac^- + H_3O^+ \longrightarrow HAc + H_2O$$

该反应是酸HAc解离反应的逆反应，由于HAc是弱酸，解离常数$K_a^\ominus \ll 1$，因此该反应的平衡常数较大，反应进行得比较完全，即加入的H_3O^+绝大多数会与Ac^-反应生成HAc，导致溶液中H_3O^+浓度基本不变。

同样地，当加入少量强碱（OH^-）时，其中绝大多数的OH^-会与HAc反应生成Ac^-，从而使得溶液中H_3O^+浓度仍然基本上保持不变。具体反应如下：

$$HAc + OH^- \longrightarrow Ac^- + H_2O$$

对于酸式盐溶液来说，也存在类似的情况。如对于NaHA溶液，当加入少量强酸（H_3O^+）时，加入的H_3O^+会与溶液中的HA^-发生反应生成H_2A，而加入少量强碱（OH^-）时，加入的OH^-也会与溶液中的HA^-发生反应生成A^{2-}，从而保持溶液中H_3O^+浓度基本不变。

6.5.2 缓冲指数和缓冲范围

原则上来说，无论什么溶液，当加入少量强酸或强碱后，其pH一定会发生变化。但是其中有些溶液的pH变化较小，这就是我们所说的缓冲溶液。因此，缓冲溶液的缓冲能力可以用下式来定量描述：$\beta = \mathrm{d}b/\mathrm{dpH} = -\mathrm{d}a/\mathrm{dpH}$。这里的$\beta$是溶液的缓冲指数，即使1L溶液的pH增加dpH时所需要加入的强碱的物质的量db(mol)，或使得1L溶液的pH减少dpH时所需要加入的强酸的物质的量da(mol)。显然缓冲指数β越大，溶液的缓冲能力越强。

对于共轭酸碱对HA-A^-组成的缓冲溶液，根据上节内容，该缓冲溶液的pH计算公式为：$\mathrm{pH} = \mathrm{p}K_a^\ominus - \lg\dfrac{c_a}{c_b}$，两边同时求微分有：$\mathrm{dpH} = -\dfrac{1}{2.303}\left(\dfrac{\mathrm{d}c_a}{c_a} - \dfrac{\mathrm{d}c_b}{c_b}\right)$。当1L该溶液加入

da mol 强酸时，显然酸 HA 的浓度增加 da，碱 A^- 的浓度减少 da，即 $dc_a = da$，$dc_b = -da$，于是有：

$$dpH = -\frac{1}{2.303}\left(\frac{1}{c_a}+\frac{1}{c_b}\right)da \text{ 即 } \beta = -\frac{da}{dpH} = \frac{2.303 c_a c_b}{c_a + c_b} \tag{6-19a}$$

也可以改写为：

$$\beta = 2.303(c_a + c_b) \times \frac{c_a}{c_a + c_b} \times \frac{c_b}{c_a + c_b} = 2.303 c \delta_{HA} \delta_{A^-} \tag{6-19b}$$

从式(6-19b) 可以看出，共轭酸碱对的总浓度 $c = c_a + c_b$ 越大，溶液的缓冲指数 β 也越大。从式(6-19a) 可以看出，若 c 一定，则当 $c_a = c_b = c/2$ 时，缓冲指数 β 取到最大值：$\beta_{max} = 0.58c$，此时缓冲溶液的 $pH = pK_a^\ominus$。而当 $c_a : c_b = 10:1$ 或 $c_a : c_b = 1:10$ 时，缓冲指数 β 仅为的 β_{max} 的 1/3，此时溶液的 pH 值分别为 $pK_a^\ominus - 1$ 和 $pK_a^\ominus + 1$，若 c_a 和 c_b 的浓度差异再进一步拉大，则缓冲指数 β 会更小，因此一般认为该共轭酸碱对构成的缓冲溶液的有效缓冲范围为 $pK_a^\ominus - 1 \sim pK_a^\ominus + 1$。

6.5.3 缓冲溶液的相关计算

1. 计算缓冲溶液的 pH 值

缓冲溶液的配制方法是已知的，因此直接使用式(6-18b) 和式(6-18c) 即可算出缓冲溶液的 pH 值。

例 6-14 配制氨性缓冲溶液时，先称取 20g 固体 NH_4Cl 加水溶解，再加入 25mL 浓度为 $15mol \cdot L^{-1}$ 的浓氨水，最后加入蒸馏水使得溶液总体积为 1L。计算该缓冲溶液的 pH 值。

解：

$$pH = pK_a^\ominus - \lg\frac{c_a}{c_b} = 14 - pK_b^\ominus - \lg\frac{n_a}{n_b} = 14 - 4.75 - \lg\frac{20g/(53.49g \cdot mol^{-1})}{25 \times 10^{-3}L \times 15mol \cdot L^{-1}} = 9.25$$

2. 确定缓冲溶液的配制方法

需要根据给定的 pH 值确定缓冲溶液的配制方法，仍然利用式(6-18b) 和式(6-18c) 得出。

例 6-15 欲配制 pH=4.00 的 HAc-NaAc 缓冲溶液 100mL，且缓冲溶液中 $[Ac^-] = 0.4mol \cdot L^{-1}$，需要浓度为 $17.5mol \cdot L^{-1}$ 的冰醋酸和浓度为 $1mol \cdot L^{-1}$ 的 NaAc 溶液各多少毫升?

解： 由式(6-18b) 有：$pH = pK_a^\ominus - \lg\frac{c_a}{c_b} \Rightarrow \lg\frac{c_a}{c_b} = pK_a^\ominus - pH = 4.76 - 4.00 = 0.76$

代入 $c_b = 0.4mol \cdot L^{-1}$，可得 $c_a = 2.3mol \cdot L^{-1}$。

因此需要的冰醋酸体积为：$\frac{0.1L \times 2.3mol \cdot L^{-1}}{17.5mol \cdot L^{-1}} = 0.013L = 13mL$

需要的 NaAc 溶液体积为：$\frac{0.1L \times 0.4mol \cdot L^{-1}}{1mol \cdot L^{-1}} = 0.04L = 40mL$

6.5.4 缓冲溶液的分类和选择

根据用途的不同，可以得缓冲溶液分为标准缓冲溶液和普通缓冲溶液。

1. 标准缓冲溶液

标准缓冲溶液主要用于酸度计（也称 pH 计）的校正。酸度计使用前需要进行校正，对于高精度的酸度计，需要使用 pH 基准标准物质（旧称“一级 pH 基准试剂”）按照规定方法配制的 pH 基准缓冲溶液（旧称“一级 pH 标准缓冲溶液”，pH 不确定度为±0.005）进行校正，表 6-2 中给出了现行国家标准中所规定的六种 pH 基准缓冲溶液的相关信息。对于普通酸度计，需要使用 pH 基准试剂按照规定方法配制的 pH 基准缓冲溶液（pH 不确定度为±0.01）进行校正。

表 6-2 六种 pH 基准缓冲溶液的组成和在 25℃ 时的 pH 值

溶液代号	标准物质的名称	溶液的质量摩尔浓度/$mol \cdot kg^{-1}$	pH 值
B1	四草酸氢钾	0.05	1.680
B3	酒石酸氢钾	25℃饱和	3.559
B4	邻苯二甲酸氢钾	0.05	4.003
B6	磷酸氢二钠	0.025	6.864
	磷酸二氢钾	0.025	
B9	四硼酸钠	0.01	9.182
B12	氢氧化钙	25℃饱和	12.460

需要指出的是，由于需要考虑离子活度的影响，因此标准缓冲溶液的 pH 值不能通过计算获得，而需要通过实验确定。同时溶液的 pH 值受温度影响，如上面的缓冲溶液 B9（四硼酸钠），当温度从 25℃升高到 60℃时，溶液的 pH 会从 9.182 变化到 8.968，因此在使用标准缓冲溶液对酸度计进行标定时，需要进行温度补偿。

2. 普通缓冲溶液

普通缓冲溶液用于实验室或生产过程中发生化学反应时酸度的控制，避免由于酸度的剧烈变化造成反应方向的变化或副产物的大量生成。生物体中所发生的化学反应常常也受酸度的影响，因此各种体液往往都是缓冲溶液，比如人体血液通过 $NaHCO_3/H_2CO_3$、Na_2HPO_4/NaH_2PO_4 等缓冲体系将 pH 维持在 7.35～7.45 之间，一旦超出这个范围，就会引发酸中毒或者碱中毒，甚至发生生命危险。

单一共轭酸碱对所能提供的缓冲范围较窄（只有两个 2 个 pH 单位，即 $pK_a^{\ominus}-1$ 到 $pK_a^{\ominus}+1$），但有时需要溶液能在较广泛 pH 范围内都具有缓冲作用，这时可采用多元弱酸和多元弱碱组成的缓冲体系。例如，柠檬酸（$pK_{a_1}^{\ominus}=3.13$，$pK_{a_2}^{\ominus}=4.76$，$pK_{a_3}^{\ominus}=6.40$）和磷酸氢二钠（磷酸的 $pK_{a_1}^{\ominus}=2.12$，$pK_{a_2}^{\ominus}=7.20$，$pK_{a_3}^{\ominus}=12.32$）的混合溶液在 pH 2～8 范围内都具有一定的缓冲能力。

3. 缓冲溶液的选择

缓冲溶液的选择主要考虑以下两个方面：

（1）组成缓冲溶液的所有组分对将要进行的正常的化学反应都不发生干扰；

（2）缓冲溶液的缓冲范围和缓冲能力能够满足酸度控制的要求。对于通常使用的单一共轭酸碱对所形成的缓冲溶液，$pK_a^{\ominus}$ 应尽量与所需控制的 pH 一致（相差不超过 1 个 pH 单位），且具有一定的总浓度（一般在 0.01～1mol·L^{-1} 之间）。表 6-3 列出了一些常用缓冲溶液体系，可供选择时参考。

表 6-3 常用缓冲溶液体系

缓冲体系	共轭酸碱对形式	$pK_a^{\ominus}$
氨基乙酸-HCl	$^{+}NH_3CH_2COOH$-$^{+}NH_3CH_2COO^-$	2.35
甲酸-NaOH	$HCOOH$-$HCOO^-$	3.76
HAc-NaAc	HAc-Ac^-	4.74
六亚甲基四胺-HCl	$(CH_2)_6N_4H^+$-$(CH_2)_6N_4$	5.15
NaH_2PO_4-Na_2HPO_4	$H_2PO_4^-$-HPO_4^{2-}	7.20
$Na_2B_4O_7$	H_3BO_3-$H_2BO_3^-$	9.24
NH_4Cl-NH_3	NH_4^+-NH_3	9.26
$NaHCO_3$-Na_2CO_3	HCO_3^--CO_3^{2-}	10.25
Na_2HPO_4-Na_3PO_4	HPO_4^{2-}-PO_4^{3-}	12.36

习 题

扫码查看习题答案

6-1A 选择题

1. pH=9 的缓冲溶液，应选用下列何种弱酸（弱碱）和其共轭碱（共轭酸）来配制（　　）

A. NH_2OH（$K_b^{\ominus}=9.1\times10^{-9}$）　　B. $NH_3\cdot H_2O$（$K_b^{\ominus}=1.8\times10^{-5}$）

C. HAc（$K_a^{\ominus}=1.8\times10^{-5}$）　　D. HCOOH（$K_a^{\ominus}=1.8\times10^{-4}$）

2. 在 HAc 稀溶液中，加入少量 NaAc 晶体，结果是溶液（　　）

A. pH 增大　　B. pH 减小　　C. H^+ 浓度增大　　D. H^+ 浓度减小

3. 等量的酸和碱中和，得到溶液的 pH 应是（　　）

A. 呈酸性　　B. 呈碱性

C. 呈中性　　D. 视酸碱相对强弱而定

4. 将 1mol·L^{-1} NH_3 和 0.1mol·L^{-1} NH_4Cl 两种溶液按下列体积比（$V_{NH_3}:V_{NH_4Cl}$）混合，缓冲能力最强的是（　　）

A. 1∶1　　B. 10∶1　　C. 2∶1　　D. 1∶10

5. 在氨水中加入 NH_4Cl 后，NH_3 的 α 和 pH 变化是（　　）

A. α 和 pH 都增大　　B. α 减小，pH 增大

C. α 增大，pH 减小　　D. α 和 pH 都减小

6. 某弱酸 HA 的 $K_a^{\ominus}=2\times10^{-5}$，则 A^- 的 $K_b^{\ominus}$ 为（　　）

A. 5×10^{-6}　　B. 5×10^{-3}　　C. 5×10^{-10}　　D. 2×10^{-5}

7. 将不足量的 HCl 加到 $NH_3\cdot H_2O$ 中，或将不足量的 NaOH 加到 HAc 中，这种溶液

往往是（ ）

A. 酸碱完全中和的溶液　　B. 缓冲溶液

C. 酸和碱的混合溶液　　D. 单一酸或单一碱的溶液

8. 将 pH＝4.0 的强酸溶液与 pH＝12.0 的强碱溶液等体积混合，则混合溶液的 pH 为（ ）

A. 9.00　　B. 8.00　　C. 11.69　　D. 12.00

9. 用纯水将下列溶液稀释 10 倍时，其中 pH 值变化最小的是（ ），其中 pH 值变化最大的是（ ）

A. $c_{NH_3}=1.0mol\cdot L^{-1}$ 的氨水溶液

B. $c_{HAc}=1.0mol\cdot L^{-1}$ 的 HAc 溶液

C. $c_{HCl}=1.0mol\cdot L^{-1}$ 的盐酸溶液

D. $1.0mol\cdot L^{-1}$ HAc＋$1.0mol\cdot L^{-1}$NaAc 溶液

10. 在水溶液中能大量共存的一组物质是（ ）

A. H_3PO_4 和 PO_4^{3-}　　B. $H_2PO_4^-$ 和 PO_4^{3-}

C. HPO_4^{2-} 和 PO_4^{3-}　　D. H_3PO_4 和 HPO_4^{2-}

11. 已知一元弱酸 HB 浓度为 $0.10mol\cdot L^{-1}$，pH＝3.00，则 $0.10mol\cdot L^{-1}$ 的共轭碱 NaB 的 pH 为（ ）

A. 11.00　　B. 9.00　　C. 8.50　　D. 9.50

12. pH＝7.00 的 H_3AsO_4（$pK_{a_1}^{\ominus}=2.20$，$pK_{a_2}^{\ominus}=7.00$，$pK_{a_3}^{\ominus}=11.50$）溶液，有关组分平衡浓度的关系是（ ）

A. $[H_3AsO_4]=[H_2AsO_4^-]$　　B. $[H_2AsO_4^-]=[HAsO_4^{2-}]$

C. $[HAsO_4^{2-}]>[H_2AsO_4^-]$　　D. $[H_3AsO_4]>[HAsO_4^{2-}]$

13. $0.1mol\cdot L^{-1}H_3PO_4$ 溶液中，下述关系错误的是（ ）

A. $[H_3O^+]>0.1mol\cdot L^{-1}$　　B. $[OH^-]>[PO_4^{3-}]$

C. $[H_2PO_4^-]>[HPO_4^{2-}]$　　D. $[H_3PO_4]<0.1mol\cdot L^{-1}$

14. 在 H_3PO_4 溶液（已知 H_3PO_4 的 $pK_{a_1}^{\ominus}=2.16$，$pK_{a_2}^{\ominus}=7.21$，$pK_{a_3}^{\ominus}=12.32$），HPO_4^{2-} 的浓度为最大时，对应的 pH 为（ ）

A. 4.68　　B. 7.21　　C. 9.76　　D. 12.32

15. HAc-Ac^-缓冲溶液中 $[HAc]>[Ac^-]$，则该缓冲溶液抵抗外来酸碱的能力为（ ）

A. 抗酸能力＞抗碱能力　　B. 抗碱能力＞抗酸能力

C. 抗酸抗碱能力相同　　D. 无法判断

6-2A 填空题

1. Na_2CO_3 水溶液的碱性比同浓度 Na_2S 溶液的碱性____，因为 H_2S 的____比 H_2CO_3 的____更小。

2. 在氨溶液中，加入 NH_4Cl，则氨的 α________，溶液的 pH________，这一作用称为______。

3. 对二元弱酸 H_2A，其逐级解离常数为 $K_{a_1}^{\ominus}$、$K_{a_2}^{\ominus}$，当 $K_{a_2}^{\ominus}$ 很小时，那么 $c_{A^{2-}}=$____。

4. 已知 $CH_3CH_2CH_2COONa$ 的 $K_b^{\ominus}=7.69\times10^{-10}$，它的共轭酸是______，该酸的

$K_a^{\ominus}=$______。

5. 已知 HCN、HAc、HNO_2 的 $pK_a^{\ominus}$ 分别为 9.37、4.75、3.37，它们对应的相同浓度的钠盐水溶液的 pH 顺序是____________。

6. 根据酸碱质子理论，______是酸，________是碱，共轭酸碱对的 $K_a^{\ominus}$ 和 $K_b^{\ominus}$ 关系是______。

7. 根据酸碱质子理论，CO_3^{2-} 是____，其共轭____是____；$H_2PO_4^-$ 是______，它的共轭酸是______，它的共轭碱是______；$Fe(H_2O)_6^{3+}$ 的共轭碱是__________。在水溶液中能够存在的最强碱是______，最强酸是________，如果以液氨为溶剂，液氨溶液中的最强碱是__________，最强酸是________。

8. 0.10mol·L^{-1} Na_3PO_4 溶液中的全部物种有________________________________。该溶液的 pH______7（填“大于”“小于”或“等于”），c_{Na^+}______$3c_{PO_4^{3-}}$。

9. 在 0.10mol·L^{-1} 的 HAc 溶液中，浓度最大的组分是______，浓度最小的组分是______。加入少量的 $NH_4Ac(s)$ 后，HAc 的解离度将______，溶液的离子强度将________。

10. 已知 $NH_3 \cdot H_2O$ 的 $K_b^{\ominus}=1.8\times10^{-5}$，$NH_4^+$ 的 $K_a^{\ominus}=5.6\times10^{-10}$，则水的离子积常数为__________。

11. 今欲用 H_3PO_4 和 NaOH 来配制 pH 为 7.2 的缓冲溶液，则 H_3PO_4 和 NaOH 的物质的量之比 $n_{H_3PO_4}:n_{NaOH}$ 应是______。

12. 写出质子条件式

(1) $(NH_4)_2CO_3$ 水溶液________________________________；

(2) $NH_4H_2PO_4$ 水溶液________________________________；

(3) H_2S 水溶液____。

13. 在邻苯二甲酸溶液中，加入适量 KOH 溶液，可能组成的两个缓冲对是__________________和________________。

6-3A 简答题

1. HCl 的酸性比 HAc 强很多，在同浓度 HCl 和 HAc 溶液中，哪一个的 $[H_3O^+]$ 较高？中和等体积的同浓度 HCl 和 HAc 溶液，所需相同浓度的 NaOH 溶液的体积有何关系？

2. 为什么弱酸及其共轭碱所组成的混合溶液具有控制溶液 pH 的能力？如果希望把溶液控制在强酸性（pH≤2）或强碱性（pH≥12），应该如何操作？

6-4A 计算题

1. 计算下列各溶液的 pH：

(1) 20.0mL 0.10mol·L^{-1} HCl 和 20.0mL 0.10mol·L^{-1} NH_3(aq)混合；

(2) 20.0mL 0.10mol·L^{-1} HCl 和 20.0mL 0.20mol·L^{-1} NH_3(aq)混合；

(3) 20.0mL 0.20mol·L^{-1} HAc 和 20.0mL 0.10mol·L^{-1} NaOH 溶液混合；

(4) 300.0mL 0.500mol·L^{-1} H_3PO_4 和 250.0mL 0.300mol·L^{-1} NaOH 溶液混合。

2. 今有 1.00L 0.500mol·L^{-1} $NH_3\cdot H_2O$，若配制成 pH=9.6 的缓冲溶液，问需要 0.500mol·L^{-1} HCl 溶液多少升？平衡时 c_{NH_3}、$c_{NH_4^+}$ 各为多少？

3. 今欲配制 pH=7.50 的磷酸缓冲溶液 1L，要求在 15mL 此缓冲溶液中加入 5mL 0.1mol·L^{-1} HCl 后，pH=7.10。问应取 0.5mol·L^{-1} H_3PO_4 和 0.5mol·L^{-1} NaOH 各

多少毫升？（已知 H_3PO_4 的 $pK_{a_1}^{\ominus}=2.16$，$pK_{a_2}^{\ominus}=7.21$，$pK_{a_3}^{\ominus}=12.32$）。

4. 某一弱酸 HA 水溶液，pH=2.37，此溶液中的 HA 被 NaOH 中和一半时，溶液 pH =3.85。求（1）弱酸的解离常数；（2）弱酸的初始浓度。

5. 欲配制 1LpH=5.00、HAc 浓度为 $0.20mol \cdot L^{-1}$ 的缓冲溶液，需 $1.0mol \cdot L^{-1}$ 的 HAc 和 NaAc 溶液各多少毫升？

6.6 分析方法的分类

分析化学是研究如何测定物质的组成、含量和结构的一门科学，是化学的一个重要分支。下面讲解分析方法的分类。

6.6.1 定性分析、定量分析和结构分析

根据分析任务的不同，可以将分析方法分为定性分析、定量分析和结构分析：定性分析（qualitative analysis）的任务是鉴定试样的组成情况，即包含哪些元素、原子团和化合物；定量分析（quantitative analysis）的任务则是进一步确定试样中各种成分的含量；结构分析（structure analysis）的任务是研究物质的分子结构和晶体结构。

6.6.2 化学分析和仪器分析

根据测定原理的不同，可以将分析方法分为化学分析和仪器分析。以物质的化学反应为基础的分析方法称为化学分析（chemical analysis）法，又称经典分析法，主要有滴定分析法和重量分析法。以物质的物理或物理化学性质为基础的分析方法称为物理和物理化学分析法，由于分析过程中需要特殊的仪器，所以一般称为仪器分析（instrumental analysis）法。仪器分析的种类很多，常见的有光谱分析、电化学分析、热分析、色谱分析、质谱分析、核磁共振分析等。

6.6.3 常量分析、半常量分析、微量分析和痕量分析

根据待测试样用量的不同，可以将分析方法分为常量分析、半常量分析、微量分析和痕量分析。根据待测试样中被分析的组分含量的不同，可以将分析方法分为常量组分分析、微量组分分析和痕量组分分析。具体情况如表 6-4 和表 6-5 所示。

表 6-4　分析方法按试样量分类

分析方法	试样用量	试液体积
常量分析	>0.1g	>10mL
半常量分析	0.01～0.1g	1～10mL
微量分析	0.1～10mg	0.01～1mL
痕量分析	<0.1mg	<0.01mL

表 6-5　分析方法按被测组分含量分类

分析方法	被测组分含量	分析方法	被测组分含量
常量组分分析	＞1％	痕量组分分析	＜0.01％
微量组分分析	0.01％～1％		

6.6.4　无机分析和有机分析

根据分析对象的不同，可以将分析方法分为无机分析和有机分析。无机分析（inorganic analysis）的对象是无机物，有机分析（organic analysis）的对象是有机物。由于分析对象不同，两者对分析的要求和使用的方法也多有不同。如无机物所包含的元素种类繁多，因此元素分析很重要，而有机物中包含的元素种类很少，但结构复杂，故官能团分析和结构分析更为重要。

6.7　滴定分析法概述

滴定分析（titrimetric methods）法是传统化学分析中最重要的定量分析方法，目前仍然有着广泛的应用。进行滴定分析时，首先需要将待测试样制备成溶液并置于容器中（通常为锥形瓶），控制适宜的反应条件，再将另一种已知准确浓度的溶液（即标准溶液，standard solution）由滴定管（装入滴定管中的溶液称为滴定剂，titrant）滴加到被测物质的溶液中，两者按照一定的化学反应方程式进行反应直到反应结束，这一操作过程称为滴定（titration）。待测物质按照计量关系恰好反应完的那一刻称为反应的化学计量点（stoichiometric point，缩写为 sp）。滴定结束后，根据标准溶液的浓度、用量和反应的计量关系，即可算出待测组分的含量。需要注意的是，当滴定到达计量点时，一般溶液在外观上并无明显变化，因此需要寻找合适的方法进行判断。最常用的是指示剂法，即在反应过程中加入适量的指示剂，通过计量点前后溶液颜色的变化来判断终点，此时溶液颜色发生变化的那一刻称为滴定终点（end point，缩写为 ep）。此外，也可以使用仪器来指示滴定反应的终点。滴定终点一般与化学计量点并不完全一致，由此引起的测定结果的误差称为滴定误差（titration error），也称为终点误差（end point error）。

当滴定分析法用于常量分析时，一般对结果准确度的要求是在千分之一这一量级。由于误差会在各个环节间传递和积累，因此在测定的每一个步骤中都需要考虑到精度的要求，例如称量一般应控制在 0.2g 以上，以避免称量误差过大；滴定剂用量应控制在 20mL 以上，以避免溶液体积的读数误差过大。当然，滴定分析中更加核心的问题是如何使得终点误差满足分析要求，这也是本书中要重点讨论的问题。

6.7.1　滴定分析法对反应的要求

滴定分析法对于化学反应的要求主要体现在准确性和可操作性两个方面，具体来说有以下三点。

（1）被测物质与标准溶液之间的反应需要按照一定的化学计量关系定量完成。按照对滴定分析准确度的要求，通常要求反应的完全程度达到 99.9％以上，这样滴定曲线才会在化学计量点前后存在明显突跃，进而有可能采用指示剂法或仪器法准确指示终点。

（2）反应速度要快。滴定操作要求滴定剂能够迅速跟待测物质完成反应，在必要的情况下，可以通过加热或添加催化剂的方式来加速反应。

（3）有合适的方法确定终点。指示剂法和仪器法都可使用，为了保证准确性，终点误差一般需控制在±0.1%以内。考虑到操作的简便性，应优先采用指示剂法。

6.7.2 滴定分析法的分类

根据反应类型和滴定方式的不同，滴定分析法有不同的分类方式。

从滴定反应的类型出发，可以分为酸碱滴定法、沉淀滴定法、氧化还原滴定法和配位滴定法。同类型反应可以使用相同的方法进行滴定方面的研究，如判断能否准确滴定、如何选择合适的指示剂等，因此在学习时，通常按滴定反应的类型进行分类，先学习该类型反应的基本化学原理，再进一步了解它在滴定分析法中的具体应用，本书也遵循这一次序。

此外，还可以从滴定方式出发将其分为直接滴定法、返滴定法、置换滴定法和间接滴定法。

（1）直接滴定法。凡是符合上一小节中所有三个条件的反应，就可以直接使用标准溶液对待测溶液进行滴定，这种滴定方式称为直接滴定。直接滴定法是最常用和最基本的滴定方法，具有简便、快速和准确度高等优点。某些不能同时满足上述所有要求的反应，在符合一定条件的前提下，还可以采用下述滴定方式进行测定。

（2）返滴定法。若先加入过量的一定量的标准溶液A，待其与待测溶液反应完全后，再用另一种标准溶液B滴定过量的标准溶液A，这种滴定方式称为返滴定。当待测物质与标准溶液的反应速率较慢，或直接滴定没有合适的指示剂时，可考虑采用返滴定法。例如，用EDTA法测定Al^{3+}时，如果采用直接滴定的方式，则反应缺乏合适的指示剂，且Al^{3+}与EDTA的反应较慢，这时可以先向待测溶液中加入一定量的EDTA标准溶液，然后用Zn^{2+}标准溶液去滴定过量的EDTA，即可算出溶液中Al^{3+}的含量。需要注意的是，返滴定法不能提高反应的完全程度。

（3）置换滴定法。对于那些不能按照确定的化学计量关系定量完成的反应，可考虑置换滴定法，即先让待测物质与某种试剂反应，使它被定量地置换为另一种物质，然后再用标准溶液进行滴定。例如用EDTA法测定Ag^+时，Ag^+-EDTA络合物的稳定性较差，不能满足直接滴定的要求，但如果先加入过量的$[Ni(CN)_4]^{2-}$，则Ag^+可以定量地置换出Ni^{2+}，Ni^{2+}-EDTA络合物非常稳定，可以直接滴定，从而得到被置换出的Ni^{2+}含量，进而算出待测溶液中的Ag^+含量。

（4）间接滴定法。不能与标准溶液直接反应的物质，有时可以借助其他化学反应间接滴定。例如，Ca^{2+}不能直接用氧化还原法滴定，但是被草酸根（$C_2O_4^{2-}$）完全沉淀为草酸钙（CaC_2O_4）后，将沉淀过滤洗涤后再用H_2SO_4溶解，即可使用$KMnO_4$标准溶液通过氧化还原滴定法测定溶液中的$H_2C_2O_4$的含量，从而间接得到原溶液中Ca^{2+}的含量。

6.7.3 标准溶液和基准物质

标准溶液是已知准确浓度的溶液，在滴定分析中通常装在滴定管中，作为滴定剂使用。根据滴定分析时的精度要求，标准物质浓度的准确度一般需要达到4位有效数字。为保证标准溶液的精度，有以下两种配制方法。

1. 直接配制法

使用分析天平准确称取一定量的基准物质（primary standard substance，详细介绍见本节稍后部分），溶解后转移至容量瓶稀释定容并摇匀即可。根据称取的基准物质的质量 m 和容量瓶的体积 V，使用公式 $c=\frac{m}{MV}$（式中 M 是基准物质的摩尔质量）即可计算出该标准溶液的准确浓度。由于基准物质种类的限制，只有少数标准溶液可以通过直接法配制，比如重铬酸钾（$K_2Cr_2O_7$）标准溶液。

2. 间接配置法（也称标定法）

大多数的标准溶液都是通过间接法配制的，即先将试剂大致配制成所需浓度的溶液，然后再用分析方法准确测定其浓度，这一测定过程称为标定。标定通常仍然采用滴定分析的方法，利用基准物质或另一种标准溶液与待标定溶液之间的定量的化学反应进行测定。例如，配制 HCl 标准溶液时，常用硼砂作为基准物质进行标定，即准确称量一定量的硼砂，溶解后以待标定的盐酸溶液作为滴定剂进行滴定，这样根据称取的硼砂的质量和滴定时所消耗的滴定剂体积就可以算出该标准溶液的准确浓度。

用于直接配制或标定标准溶液的基准物质必须符合下列条件。

（1）物质的组成与化学式完全相符。对于含有结晶水的物质，如 $H_2C_2O_4\cdot 2H_2O$，结晶水的含量也应与化学式相符。

（2）试剂的纯度足够高。主成分的含量应在 99.9%以上，且所含杂质对滴定反应的准确度没有影响。

（3）试剂稳定，易于保持。例如，不易吸收空气中的水分和 CO_2，不易被空气氧化，加热干燥时不易分解等。

（4）具有较大的摩尔质量。这是为了减少称量误差。

另外需要注意的是，基准物质在使用前需要进行适当的干燥处理，表 6-6 中列出了滴定分析中常用的基准物质及其干燥条件。

表 6-6　滴定分析常用基准物质

标定对象	名称	化学式	干燥后组成	干燥条件
酸	碳酸氢钠	$NaHCO_3$	Na_2CO_3	270～300℃
	十水合碳酸钠	$Na_2CO_3\cdot 10H_2O$	Na_2CO_3	270～300℃
	硼砂	$Na_2B_4O_7\cdot 10H_2O$	$Na_2B_4O_7\cdot 10H_2O$	放在装有 NaCl 和蔗糖饱和溶液的干燥器中
碱	二水合草酸	$H_2C_2O_4\cdot 2H_2O$	$H_2C_2O_4\cdot 2H_2O$	室温空气干燥
	邻苯二甲酸氢钾	$KHC_8H_4O_4$	$KHC_8H_4O_4$	110℃
还原剂	重铬酸钾	$K_2Cr_2O_7$	$K_2Cr_2O_7$	130℃
	溴酸钾	$KBrO_3$	$KBrO_3$	180℃
	碘酸钾	KIO_3	KIO_3	180℃
	铜	Cu	Cu	室温干燥器中保存
氧化剂	三氧化二砷	As_2O_3	As_2O_3	硫酸干燥器中保存
	草酸钠	$Na_2C_2O_4$	$Na_2C_2O_4$	105℃
EDTA	碳酸钙	$CaCO_3$	$CaCO_3$	110℃
	锌	Zn	Zn	室温干燥器中保存
	氧化锌	ZnO	ZnO	800℃
$AgNO_3$	氯化钠	NaCl	NaCl	500℃
氯化物	硝酸银	$AgNO_3$	$AgNO_3$	硫酸干燥器中保存

6.7.4 滴定分析结果的计算

滴定分析结果的计算是一类重要的基本计算，无论滴定过程多么复杂，计算依据始终是化学反应中的计量关系。具体来说，若在某直接滴定法中，以物质 A 滴定物质 B，两者发生的反应为：

$$aA+bB \longrightarrow cC+dD$$

根据在第一章中已经介绍过的反应进度的概念，有：

$$\xi=\frac{\Delta n_A}{\nu_A}=\frac{\Delta n_B}{\nu_B}=\frac{\Delta n_C}{\nu_C}=\frac{\Delta n_D}{\nu_D}$$

因此有：$\Delta n_A : \Delta n_B = a : b$，在滴定分析结果的计算中这一关系通常也写作 $aA \sim bB$。当滴定到达化学计量点时，溶液中的B完全反应，这样根据滴定剂 A 的浓度和用量以及上述计量关系即可算出溶液中 B 的物质的量，进而得到溶液中 B 的浓度或者样品中 B 的含量等。

例如，在 NaOH 滴定草酸（$H_2C_2O_4$）的反应中，有 $2NaOH \sim 1H_2C_2O_4$，即每 1 分子的 $H_2C_2O_4$ 需要消耗 2 分子的 NaOH。这样当达到计量点时有：$2n_{NaOH}=n_{H_2C_2O_4}$。此时若知道滴定剂 NaOH 的浓度，则有：$n_{H_2C_2O_4}=2n_{NaOH}=2c_{NaOH}V_{NaOH}$，这样即可算出溶液中草酸的物质的量，进而算出草酸的浓度。同样地，如果知道溶液中草酸的物质的量，比如根据称取的基准物草酸的质量 m 进行计算：$n_{H_2C_2O_4}=\frac{m}{M}$（$M$ 为草酸的摩尔质量），则根据上述关系可算出滴定剂 NaOH 的浓度$c_{NaOH}=\frac{n_{NaOH}}{V_{NaOH}}=\frac{n_{H_2C_2O_4}}{2V_{NaOH}}$，这就是间接法中使用基准物质进行标定的基本原理。

例 6-16 标定 NaOH 标准溶液时，称取基准物邻苯二甲酸氢钾（KHP）0.5347g，到达滴定终点时 NaOH 溶液用量为 25.78mL，求 NaOH 溶液的浓度。

解：邻苯二甲酸氢钾与 NaOH 反应时，计量关系为：1NaOH～1KHP（具体反应式见 6.10.1 节），因此有：

$$c_{NaOH}V_{NaOH}=n_{NaOH}=n_{KHP}=\frac{m_{KHP}}{M_{KHP}}$$

$$c_{NaOH}=\frac{m_{KHP}}{V_{NaOH}M_{KHP}}=\frac{0.5347\text{g}}{25.78\times10^{-3}\text{L}\times204.2\text{g}\cdot\text{mol}^{-1}}=0.1016\text{mol}\cdot\text{L}^{-1}$$

对于非直接滴定法的情况，计算会复杂一些，但关键仍然是计量关系。

例 6-17 在碘量法测铜含量的实验中，称取的样品质量为 0.5427g，溶解后加入过量 KI，用 $0.1021\text{mol}\cdot\text{L}^{-1}$ 的 $Na_2S_2O_3$ 标准溶液滴定至终点，此时消耗的体积为 24.47mL。求试样中铜的质量分数。

解：上述滴定过程中涉及的反应如下（相关化学知识我们会在第 8 章中进行学习）：

$$2Cu^{2+}+4I^- \longrightarrow 2CuI+I_2$$

$$I_2+2S_2O_3^{2-} \longrightarrow 2I^-+S_4O_6^{2-}$$

因此该测定过程中的计量关系为 $2Cu^{2+} \sim 1I_2 \sim 2S_2O_3^{2-}$，即 $1Cu^{2+} \sim 1S_2O_3^{2-}$，

于是有：

$$n_{Cu^{2+}}=n_{S_2O_3^{2-}}=c_{S_2O_3^{2-}}V_{S_2O_3^{2-}}=0.1021\text{mol}\cdot\text{L}^{-1}\times24.47\times10^{-3}\text{L}=2.498\times10^{-3}\text{mol}$$

$$w_{Cu^{2+}}=\frac{m_{Cu^{2+}}}{m}=\frac{n_{Cu^{2+}}M_{Cu}}{m}=\frac{2.498\times10^{-3}\text{mol}\times63.54\text{g}\cdot\text{mol}^{-1}}{0.5427\text{g}}=29.25\%$$

例 6-18　称取含铝试样 0.2367g，溶解后转移至 250mL 容量瓶定容后，移取 25.00mL 于锥形瓶中，再用移液管准确加入 25.00mL 的 EDTA 标准溶液（浓度为 0.01031mol・L^{-1}），过量的 EDTA 溶液用标准锌溶液（0.01012mol・L^{-1}）回滴，消耗了 12.25mL，求样品中铝的含量。

解：这一个典型的返滴定的例子，EDTA 与金属离子配位时都是 1∶1 的计量关系，因此有：

$$n_{Al}=n_{EDTA}-n_{Zn}=0.1031\text{mol}\cdot\text{L}^{-1}\times25.00\times10^{-3}\text{L}-0.1012\text{mol}\cdot\text{L}^{-1}\times12.25\times10^{-3}\text{L}$$
$$=1.338\times10^{-4}\text{mol}$$

$$w_{Al}=\frac{m_{Al}}{m}=\frac{n_{Al}M_{Al}}{m}\times\frac{250.00}{25.00}=\frac{1.338\times10^{-4}\text{mol}\times26.98\text{g}\cdot\text{mol}^{-1}}{0.2367\text{g}}\times\frac{250.00}{25.00}=15.25\%$$

需要注意的是，对于滴定分析的最终计算结果，若以物质的量浓度形式表示的话，一般需要有 4 位有效数字，以质量分数形式表示的话，需要准确到 0.01%。计算过程中应当遵从有效数字运算规则，不得随意增减结果的有效数字。对于计算中需要使用的原子量或分子量数据，应当查表取得，不能使用近似值，以免造成不应有的误差。

6.8 酸碱指示剂

6.8.1 酸碱指示剂及其变色原理

在滴定分析中，可用其颜色的变化来指示滴定终点的物质称为指示剂（indicator）。具体地，酸碱滴定中的指示剂称为酸碱指示剂。酸碱滴定中，在化学计量点前后溶液的 pH 值存在一个突跃，这就要求当 pH 值发生变化时，酸碱指示剂的颜色也会随之变化。这样的物质在之前的中学化学学习中已经接触过一些，比如石蕊、酚酞等。下面我们进一步学习其变色原理。

酸碱指示剂通常是一种有机弱酸或弱碱，且溶液中它的酸式形式（HIn）和碱式形式（In^-）颜色不同。酸碱指示剂在水溶液中存在下述解离平衡：

$$HIn+H_2O\rightleftharpoons In^-+H_3O^+$$

根据第六章中所学的分布系数的知识，HIn 或 In^- 的存在比例取决于溶液的 pH 值。因此当溶液的 pH 发生变化时，溶液的颜色也会相应地发生变化，比如当 pH 升高时，溶液会从最开始的酸式色，逐渐变化为酸式色和碱式色的混合色，最终变为碱式色，这就是酸碱指示剂的变色原理。

举例来说，甲基橙在水中存在下列的解离平衡：

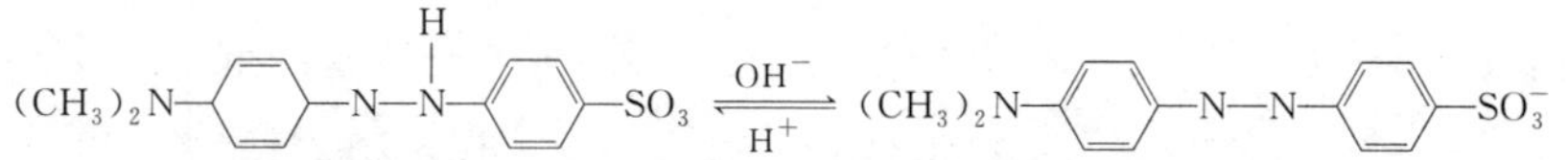

红色(醌式)　　$pK_a=3.4$　　黄色(偶氮式)

当溶液的 pH 较低时，甲基橙主要以酸式（醌式）存在，溶液呈红色；而当溶液的 pH 较高时，甲基橙主要以碱式（偶氮式）存在，此时溶液呈黄色。

6.8.2 酸碱指示剂的变色范围

根据分布系数的知识，当溶液的 pH 大于该有机弱酸的 $pK_a^{\ominus}$ 时，指示剂在溶液中的主要存在形式为 In^-，应当呈碱式色，而当溶液的 pH 小于该有机弱酸的 $pK_a^{\ominus}$ 时，指示剂在溶液中的主要存在形式为 HIn，应当呈酸式色。因此酸碱指示剂的 $pK_a^{\ominus}$ 也称为它的理论变色点。

但是，当 pH 在 $pK_a^{\ominus}$ 附近时，HIn 或者 In^- 的浓度只是略高或略低一点，因此看到的应该是酸式色和碱式色的混合色。具体地，对于指示剂的解离平衡，其平衡常数表达式为：

$$K_a^{\ominus}=\frac{[H_3O^+][In^-]}{[HIn]}$$

于是有：$pH=pK_a^{\ominus}+\lg\frac{[In^-]}{[HIn]}$。对于人眼来说，一般认为当两种颜色互相混合时，若数量差距超过了一个数量级，则只能分辨出数量较多的那种颜色。这样，当溶液中 $[In^-]:[HIn]\geqslant10$ 时，人眼只能看到碱式色，此时溶液的 $pH\geqslant pK_a^{\ominus}+1$；当溶液中 $[In^-]:[HIn]\leqslant0.1$ 时，人眼只能看到酸式色，此时溶液的 $pH\leqslant pK_a^{\ominus}-1$；当溶液中 $0.1<[In^-]:[HIn]<10$ 时，人眼看到的是混合色，此时溶液的 pH 处于 $pK_a^{\ominus}-1$ 到 $pK_a^{\ominus}+1$ 之间。需要注意的是，只要 $pH\geqslant pK_a^{\ominus}+1$ 或 $pH\leqslant pK_a^{\ominus}-1$，则无论 pH 如何变化，溶液始终呈酸式色或碱式色不变，而只有当 pH 处于 $pK_a^{\ominus}\pm1$ 这个范围内时，溶液的颜色才会发生变化，从 $pK_a^{\ominus}-1$ 时的酸式色逐渐变化到 $pK_a^{\ominus}+1$ 时的碱式色，因此 $pK_a^{\ominus}\pm1$ 也称为酸碱指示剂的理论变色范围。

实际上，由于对不同颜色的敏感程度不一样，人眼所能察觉的变色范围跟理论变色范围并不完全一致。比如上面例子中的酚酞，$pK_a^{\ominus}=9.1$，理论变色范围是 8.1～10.1，但在实验中，人眼看到溶液颜色发生变化时所对应的 pH 范围为 8.0～9.6，原因在于人眼对于红色特别敏感。同样地，甲基橙的 $pK_a^{\ominus}=3.4$，理论变色范围 2.4～4.4，但甲基橙的酸式色是红色，碱式色是黄色，人眼对黄色非常不敏感，因此实验得到的甲基橙的实际变色范围是 3.1～4.4，这意味着黄色的碱式甲基红的浓度需要达到红色的酸式甲基红的浓度的一半时，人眼才能察觉到溶液中碱式甲基红的存在。

另外还可以将两种指示剂，或将指示剂与某种惰性染料按照一定比例混合，利用两种颜色的互补作用使得指示剂变色敏锐或变色范围变窄，这样得到的指示剂称为混合指示剂，表 6-7 中列出了一些常见的酸碱指示剂。

表 6-7 常用酸碱指示剂

指示剂	变色点	颜色		变色范围	配制方法
		酸色	碱色		
百里酚蓝（第一次变色）	1.7	红	黄	1.2～2.8	0.1g 溶于 100mL 20%乙醇
甲基黄	3.3	红	黄	2.9～4.0	0.1g 溶于 100mL 90%乙醇
甲基橙	3.4	红	黄	3.1～4.4	0.05g 溶于 100mL 水
溴酚蓝	4.1	黄	蓝紫	3.0～4.6	0.1g 溶于 100mL 20%乙醇
溴甲酚绿	4.9	黄	蓝	3.8～5.4	0.1g 溶于 100mL 20%乙醇
甲基红	5.0	红	黄	4.4～6.2	0.1g 溶于 100mL 60%乙醇
溴百里酚蓝	7.3	黄	蓝	6.0～7.6	0.1g 溶于 100mL 20%乙醇
中性红	7.4	红	黄橙	6.8～8.0	0.1g 溶于 100mL 60%乙醇
酚红	8.0	黄	红	6.4～8.2	0.1g 溶于 100mL 60%乙醇
百里酚蓝（第二次变色）	8.9	黄	蓝	8.0～9.6	0.1g 溶于 100mL 20%乙醇
酚酞	9.1	无	红	8.0～9.8	0.1g 溶于 100mL 90%乙醇
百里酚酞	10.0	无	蓝	9.4～10.6	0.1g 溶于 100mL 90%乙醇
混合指示剂					
甲基黄-亚甲基蓝	3.25	蓝紫	绿	3.2～3.4	1 份 0.1%甲基黄乙醇溶液+1 份 0.1%亚甲基蓝乙醇溶液
甲基红-溴甲酚绿	5.1	紫红	蓝绿	5.0～5.2 5.1 为灰色	1 份 0.2%甲基红乙醇溶液+3 份 0.1%溴甲酚绿乙醇溶液
亚甲基蓝-甲基黄	7.0	蓝紫	绿	7.0～7.2	1 份 0.1%亚甲基蓝乙醇溶液+1 份 0.1%甲基黄乙醇溶液
甲基绿-酚酞	8.9	绿	紫	8.8～9.0	2 份 0.1%甲基绿乙醇溶液+1 份 0.1%酚酞乙醇溶液

6.9 滴定曲线

当进行酸碱滴定时，随着滴定剂（酸或碱）的加入，溶液的 pH 也会随之变化。若以滴定剂的加入量为横坐标，以溶液的 pH 值为纵坐标，这样得到的曲线称为滴定曲线。通过分析滴定曲线，可以揭示各类酸碱滴定中溶液 pH 的变化规律及影响因素，进而为指示剂的选择提供依据。滴定曲线既可以基于实验数据绘制，也可以通过理论计算获得。在本节中，主要通过理论计算的方式，对几种基本类型的酸碱滴定的滴定曲线进行详细阐述。

6.9.1 强酸（强碱）的滴定

强酸（如 HCl、HNO_3、$HClO_4$ 等）和强碱（如 NaOH、KOH 等）相互滴定时，由于它们在溶液中全部电离，因此溶液中实际发生的反应均为下述反应：

$$H_3O^+ + OH^- \longrightarrow H_2O + H_2O$$

这一反应是水的质子自递反应的逆反应，平衡常数很大（$K^\ominus = 1/K_w^\ominus = 1\times10^{14}$），反应进行得很完全。接下来，以 NaOH 滴定 HCl 为例，采用计算的方法绘制滴定曲线。设待滴定的 HCl 浓度$c_a=0.1000\text{mol}\cdot\text{L}^{-1}=c$，体积$V_a=20.00\text{mL}$，滴定剂 NaOH 的浓度$c_b=0.1000\text{mol}\cdot\text{L}^{-1}=c$。那么，现在的任务是根据加入的滴定剂的体积$V_b$(mL)，计算溶液的 pH 变化情况。具体地，可以把滴定过程分成下列四个阶段分别讨论：

1. 滴定开始前，即$V_b=0$时。这时溶液的氢离子浓度就等于盐酸的原始浓度，即：

$$[H_3O^+]=c_a=0.1000\text{mol}\cdot\text{L}^{-1},\text{pH}=1$$

2. 滴定开始至化学计量点前，即$V_b<V_a$时。这时随着滴定剂的不断加入，溶液中的 H_3O^+ 被加入的 OH^- 不断中和，溶液中的 H_3O^+ 数量等于过量的 HCl 的数量（水的电离可忽略），即：

$$n_{H_3O^+}=c_aV_a-c_bV_b=c(V_a-V_b)$$

$$c_{H_3O^+}=\frac{n_{H_3O^+}}{V}=\frac{V_a-V_b}{V_a+V_b}c \tag{6-20}$$

3. 化学计量点，即$V_b=V_a$时。显然这时 HCl 被完全中和，溶液呈中性，即：

$$[H_3O^+]=1\times10^{-7}\text{mol}\cdot\text{L}^{-1},\text{pH}=7$$

4. 化学计量点后，即$V_b>V_a$时。这时滴定剂过量，溶液中的 OH^- 的数量等于过量的 NaOH 的数量（水的电离同样可忽略），即：

$$n_{OH^-}=c_bV_b-c_aV_a=c(V_b-V_a)$$

$$c_{OH^-}=\frac{n_{OH^-}}{V}=\frac{V_b-V_a}{V_a+V_b}c \tag{6-21}$$

根据上述推导，可以计算出加入不同体积滴定剂时溶液的 pH 值，具体结果如表 6-8 所示，进而可绘制出该滴定过程的滴定曲线，如图 6-4 所示。

表 6-8　NaOH 滴定 HCl 过程中溶液 pH 的变化

($c_{NaOH}=c_{HCl}=0.1000\text{mol}\cdot\text{L}^{-1},V_{HCl}=20.00\text{mL}$)

加入的 NaOH		剩余的 HCl	过量的 NaOH	pH
V/mL	%	V/mL		
0.00	0.00	20.00		1.00
10.00	50.00	10.00		1.48
18.00	90.00	2.00		2.28
19.80	99.00	0.20		3.30
19.96	99.80	0.04		4.00
19.98	99.90	0.02		4.30
20.00	100.00	0.00		7.00
20.02	100.10		0.02	9.70
20.04	100.20		0.04	10.00
20.20	101.00		0.20	10.70
22.00	110.00		2.00	11.68
30.00	150.00		10.00	12.30
40.00	200.00		20.00	12.52

从图 6-4 中可以看出，在滴定过程的大部分时间里，溶液的 pH 变化较为平缓。例如从滴定开始到加入 19.80mL NaOH 溶液时，溶液的酸度仅仅改变了 2.30 个 pH 单位（1.00→3.30）。但是，当滴定进行到化学计量点附近时，溶液的 pH 值存在一个剧烈变化，例如当加入的 NaOH 溶液体积从 19.98mL（化学计量点前 0.1%）变化到 20.02mL（化学计量点

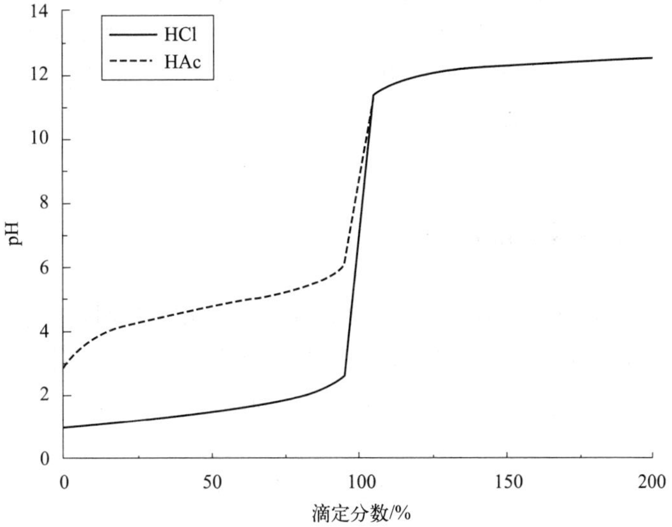

图 6-4　NaOH 滴定 HCl 或 HAc 的滴定曲线

($c_{NaOH}=c_{HCl}=c_{HAc}=0.1000mol \cdot L^{-1}$, $V_{HCl}=V_{HAc}=20.00mL$)

后 0.1%）时，溶液的 pH 由 4.30 急剧变化到 9.70，增大了 5.40 个 pH 单位。一般地，在滴定分析中，当滴定进行到化学计量点前后 0.1%（即滴定分析允许误差）范围内时，溶液中的某个状态量（如酸碱滴定中的 pH）发生急剧变化的现象称之为滴定突跃，突跃所在的范围称为滴定突跃范围。

接下来探讨一下滴定分析中的误差问题。在酸碱滴定过程中，pH 的变化是单调的。还是以 NaOH 滴定 HCl 为例，随着滴定的进行，溶液的 pH 逐渐升高。显然，只要到达滴定终点时，溶液的 pH 值落在滴定突跃的 pH 范围 4.30～9.70 内，那么终点误差一定小于 0.1%。因此，只要采用的酸碱指示剂的变色范围跟上述滴定突跃范围有重叠，就可以利用这个指示剂准确地指示滴定的终点。例如前面提到的酚酞，其变色范围是 8.0～9.6，当溶液颜色由无色变为粉色，达到滴定终点时，溶液的 pH 处于 8.0～9.6，终点误差小于 0.1%。再如前面提到的甲基橙，变色范围是 3.1～4.4，当溶液颜色恰好变为黄色，达到滴定终点时，溶液的 pH 为 4.4，终点误差也小于 0.1%。从上面的例子也可以看出，选择指示剂时，指示剂的变色范围并不需要包含在滴定突跃范围以内，而是只需要跟滴定突跃范围有重叠即可，即酚酞或甲基橙都可以作为上述滴定分析的指示剂。

通过以上分析可知，滴定突跃的范围是指示剂选择的依据。那么，滴定突跃范围又与哪些因素有关呢？回顾一下之前的计算过程，利用式(6-20) 可得滴定点前 0.1%时溶液的氢离子浓度为：$c_{H_3O^+}=\dfrac{V_a-V_b}{V_a+V_b}c=\dfrac{V_a-0.999V_a}{V_a+0.999V_a}c=5\times10^{-4}c$，对应的 pH=3.30−lg$c$，利用式(6-21) 可得滴定点后 0.1%时溶液的氢氧根浓度为：$c_{OH^-}=\dfrac{V_b-V_a}{V_a+V_b}c=\dfrac{1.001V_a-V_a}{V_a+1.001V_a}c=5\times10^{-4}c$，对应的 pOH=3.30−lg$c$，pH=10.70+lg$c$。显然，滴定突跃范围只跟酸碱的浓度有关，浓度越大，滴定突跃越大。浓度每增大一个数量级，滴定突跃范围的上限向上、下限向下各自扩展 1 个 pH 单位，滴定突跃的总范围扩大 2 个 pH 单位，反之亦然。例如，用 $0.01mol \cdot L^{-1}$ 的 NaOH 溶液滴定同浓度的 HCl 溶液时，滴定突跃范围减小到 5.30～8.70，这时就不能使用甲基橙作为指示剂来指示终点了。需要指出的是，若对分析结果准确度的要求不同，则滴定突跃范围不同，对指示剂的选择结果也不同。例如若允许误差为1%，则$0.01mol \cdot L^{-1}$的NaOH滴定同浓度的HCl溶液时，滴定突跃范围为4.30～9.70，此时选择甲基橙作为指示剂也是适宜的。

6.9.2 一元弱酸（弱碱）的滴定

先讨论一元弱酸被强碱滴定的情况。以NaOH滴定HAc为例，仍然采用理论计算的方法绘制滴定曲线。设待滴定的HAc浓度$c_a=0.1000mol \cdot L^{-1}=c$，体积$V_a=20.00mL$，滴定剂NaOH的浓度$c_b=0.1000mol \cdot L^{-1}=c$，加入的滴定剂体积为$V_b$(mL)。同样地，可以把滴定过程分成下列四个阶段分别讨论：

1. 滴定开始前，即$V_b=0$时。此时溶液是$0.1000mol \cdot L^{-1}$的HAc溶液：

$$[H_3O^+]=\sqrt{cK_a^\ominus}=\sqrt{0.1000\times1.76\times10^{-5}}=1.36\times10^{-3}mol \cdot L^{-1}$$

$$pH=2.88$$

2. 滴定开始至化学计量点前，即$V_b<V_a$时。这时溶液中的HAc被加入的OH^-不断中和，溶液中存在$HAc-Ac^-$缓冲体系：$pH=pK_a^\ominus-\lg\frac{[HAc]}{[Ac^-]}$，而：

$$[HAc]=\frac{c(V_a-V_b)}{V_a+V_b} \qquad [Ac^-]=\frac{cV_b}{V_a+V_b}$$

因此：$pH=pK_a^\ominus+\lg\frac{V_b}{V_a-V_b}$

3. 化学计量点，即$V_b=V_a$时。此时溶液是$0.0500mol \cdot L^{-1}$的NaAc溶液：

$$[OH^-]=\sqrt{cK_b^\ominus}=\sqrt{0.0500\times\frac{1.00\times10^{-14}}{1.76\times10^{-5}}}=5.33\times10^{-6}mol \cdot L^{-1}$$

$$pOH=5.27 \qquad pH=8.73$$

4. 化学计量点后，即$V_b>V_a$时。这时滴定剂过量，溶液中的OH^-的数量等于过量的NaOH的数量（弱碱NaAc的电离可忽略）：

$$c_{OH^-}=\frac{n_{OH^-}}{V}=\frac{V_b-V_a}{V_a+V_b}c$$

根据上述推导，可以计算出加入不同滴定剂体积时溶液的pH值，具体结果如表6-9所示，进而可绘制出该滴定过程的滴定曲线，如图6-5所示。

表6-9 NaOH滴定HAc过程中溶液pH的变化

($c_{NaOH}=c_{HAc}=0.1000mol \cdot L^{-1}$, $V_{HAc}=20.00mL$)

加入的NaOH		剩余的HAc	过量的NaOH	pH
V/mL	%	V/mL		
0.00	0.00	20.00		2.88
10.00	50.00	10.00		4.75
18.00	90.00	2.00		5.70
19.80	99.00	0.20		6.75

续表

加入的 NaOH		剩余的 HAc	过量的 NaOH	pH
V/mL	%	V/mL		
19.96	99.80	0.04		7.45
19.98	99.90	0.02		7.75
20.00	100.00	0.00		8.73
20.02	100.10		0.02	9.70
20.04	100.20		0.04	10.00
20.20	101.00		0.20	10.70
22.00	110.00		2.00	11.68
30.00	150.00		10.00	12.30
40.00	200.00		20.00	12.52

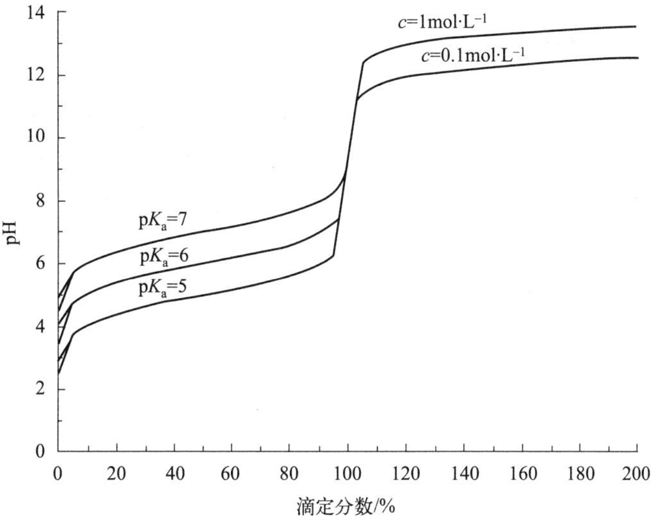

图 6-5 不同浓度 NaOH 滴定不同弱酸时的滴定曲线

将上述结果与上一节中强碱滴定强酸的结果进行比较可以发现，滴定曲线只有在最后一个阶段，即化学计量点之后是一致的，但在前三个阶段则不相同。滴定开始时，由于 HAc 是弱酸，电离不完全，因此氢离子浓度较低，起始的 pH 较高；化学计量点之前，两个体系的 pH 计算方法不同，滴定弱酸时的 pH 始终较高，对于化学计量点前 0.1%的情况，计算结果为：$pH=pK_a^{\ominus}+\lg\dfrac{V_b}{V_a-V_b}=pK_a^{\ominus}+\lg\dfrac{0.999V_a}{V_a-0.999V_a}=pK_a^{\ominus}+3$，即滴定突跃范围的下限不再跟酸碱的浓度有关，而是与弱酸的强弱有关；化学计量点时，pH＝8.72，溶液呈弱碱性。最终该滴定过程的滴定突跃范围为 pH 7.75～9.70，小于滴定同浓度强酸时的滴定突跃范围 pH 4.30～9.70。在指示剂的选择上，那些在酸性区变色的指示剂，如甲基橙、甲基红等，显然是不适宜的。此外，需要说明的是，虽然指示剂的选择原则是要与滴定突跃范围有重叠，但由于滴定突跃范围的计算较为复杂，所以通常根据化学计量点的 pH 进行选择：如果指示剂的理论变色点与化学计量点的 pH 比较接近，那么选择该指示剂是适宜的。

另外，从上述分析中还可以看到，滴定弱酸时的滴定突跃范围除了跟酸的浓度 c 有关外，还跟酸的强弱 $K_a^{\ominus}$ 有关。具体地，如图 6-5 所示，浓度 c 每提高 1 个数量级，滴定突跃范围的上限往上扩展 1 个 pH 单位，酸的强度 $K_a^{\ominus}$ 每提高 1 个数量级，滴定突跃范围的下限往下扩展 1 个 pH 单位。综合起来，滴定突跃的范围跟 c 与 $K_a^\ominus$ 的乘积有关，一般认为只有当$cK_a^\ominus \geqslant 10^{-8}$ 时，酸碱滴定才存在足够的滴定突跃范围（ΔpH＞0.6），此时才有可能借助指示剂的颜色变化把终点误差控制在±0.2%以内。即一元弱酸能被强碱准确滴定的条件为：$cK_a^\ominus \geqslant 10^{-8}$。

对于强酸滴定弱碱，跟上述情况是完全类似的：化学计量点前溶液中存在弱碱及其共轭酸的缓冲体系；化学计量点时为强酸弱碱盐的溶液，呈酸性；化学计量点后溶液的氢离子浓度主要来源于过量的强酸。由于化学计量点呈弱酸性，所以在指示剂的选择上，碱性范围内变色的酚酞、百里酚酞都不适合。在滴定突跃范围上，弱碱的强度$K_b^\ominus$ 和浓度 c 都有影响。类似地，一元弱碱能被强酸准确滴定的条件为：$cK_b^\ominus \geqslant 10^{-8}$。

6.9.3 多元弱酸（弱碱）的滴定

多元酸在水溶液中的解离是分步的，因此当用强碱进行滴定时，滴定曲线上可能会出现多个滴定突跃。图 6-6 给出了用 NaOH 滴定磷酸的滴定曲线，从图上可以看出，在 pH＝4.66 和 pH＝9.94 附近分别存在两个滴定突跃，因此在滴定时可以分别选择甲基红或酚酞作为指示剂，相应地，它们指示的滴定终点分别对应于第一化学计量点和第二化学计量点。其中第一化学计量点对应于反应 $NaOH + H_3PO_4 \longrightarrow NaH_2PO_4 + H_2O$，第二化学计量点对应于反应 $NaOH + NaH_2PO_4 \longrightarrow Na_2HPO_4 + H_2O$。

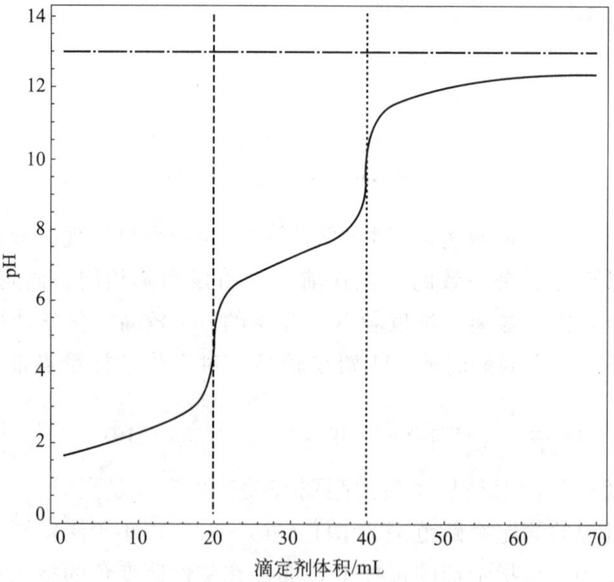

图 6-6　NaOH 滴定H_3PO_4 时的滴定曲线

（$c_{NaOH} = c_{H_3PO_4} = 0.1000 mol \cdot L^{-1}, V_{H_3PO_4} = 20.00 mL$）

需要注意的是，对于多元酸的滴定，如果终点误差仍然以±0.2%作为标准的话，那么滴定突跃范围往往过小（ΔpH＜0.6），不可能通过指示剂的颜色变化来指示终点。事实上，多元酸的每一步解离在滴定过程中都有可能对应于一个滴定突跃，但其第 i 步解离（不妨记其平衡常数为$K_i^\ominus$，依此类推）是否真的存在突跃需要满足以下两个条件：①这一步解离本身不能太弱，这里的判断标准跟一元弱酸能被强碱准确滴定的条件是一致的，即要求$cK_i^{\ominus} \geqslant 10^{-8}$；②若存在下一步解离，则下一步解离不会对当前的滴定造成干扰。显然，若前后两步解离的平衡常数相差不大，则滴定时两步中和反应会同时进行，互相形成干扰。具体地，第$i+1$步解离的存在对终点误差的影响大致为$\sqrt{\dfrac{K_{i+1}^{\ominus}}{K_i^{\ominus}}}$，即若$K_i^{\ominus}/K_{i+1}^{\ominus} \geqslant 10^4$，则对第$i$步解离进行滴定的误差可达到1%左右；若$K_i^{\ominus}/K_{i+1}^{\ominus} \geqslant 10^5$，则对第$i$步解离进行滴定的误差可达到0.5%左右；若$K_i^{\ominus}/K_{i+1}^{\ominus} \geqslant 10^6$，则对第$i$步解离进行滴定的误差可达到0.1%左右。由于多元酸各级解离常数的差别一般不会太大，因此对多元酸分步滴定的准确度不能要求太高。通常要求$cK_i^{\ominus} \geqslant 10^{-8}$，且$K_i^{\ominus}/K_{i+1}^{\ominus} \geqslant 10^4$即可，此时滴定的准确度为1%。

举例来说，磷酸的三级解离常数分别为：$pK_{a_1}^{\ominus}=2.12$，$pK_{a_2}^{\ominus}=7.21$，$pK_{a_3}^{\ominus}=12.32$。显然磷酸的第一步和第二步解离都满足上述的两个条件，第三步解离不满足条件①，因此滴定磷酸时存在两个滴定突跃，准确度可以达到0.5%。又如，草酸的两级解离常数分别为：$pK_{a_1}^{\ominus}=1.25$，$pK_{a_2}^{\ominus}=4.27$，因此第一步解离不满足条件②，不存在单独的滴定突跃；第二步解离满足条件①，且草酸不存在第三步解离，无须判断条件②。故滴定草酸时只存在一个滴定突跃。

对于多元碱的情况，与多元酸完全类似。例如用HCl滴定Na_2CO_3时，H_2CO_3的两级解离常数分别为：$pK_{a_1}^{\ominus}=6.38$，$pK_{a_2}^{\ominus}=10.25$，因此CO_3^{2-}可看作二元碱，解离常数分别为：$pK_{b_1}^{\ominus}=14-pK_{a_2}^{\ominus}=3.75$，$pK_{b_2}^{\ominus}=14-pK_{a_1}^{\ominus}=7.62$。显然两步解离都满足条件①，第一步解离勉强满足条件②，因此滴定Na_2CO_3时，若对准确度的要求不高（1%左右），则可认为存在两个滴定突跃，这也是实际的滴定应用中，双指示剂法测定混合碱含量这一方法的基础；若对准确度的要求很高（0.1%），则只存在一个滴定突跃，这就是可以用无水碳酸钠作为基准物质去标定盐酸标准溶液的原因。

6.10　应用实例

6.10.1　酸碱标准溶液的配制与标定

酸碱滴定法中最常用的标准溶液是HCl和NaOH溶液。HCl和NaOH都不是基准物质，因此需要通过间接法进行配制。配制时浓度通常控制在$0.10mol \cdot L^{-1}$左右。若浓度太大，消耗试剂及所需样品太多，造成浪费；若浓度太小，会使得滴定突跃变小，滴定分析结果的准确度不足。

1. HCl标准溶液的配制与标定

HCl标准溶液一般用浓盐酸采用间接法配制。浓盐酸的浓度为$12mol \cdot L^{-1}$左右，因此如需配制$0.10mol \cdot L^{-1}$左右的HCl标准溶液，可以先将浓盐酸稀释120倍左右，然后再进行标定。标定时常用的基准物质是无水碳酸钠和硼砂。

碳酸钠容易提纯，价格也较为便宜，但吸湿性强。使用前必须在270～300℃下干燥至恒量，然后放置于干燥器中保存备用。另外也可从分析纯的 $NaHCO_3$ 出发，在 270～300℃下焙烧得到。标定时，若只将 CO_3^{2-} 滴定到 HCO_3^-，则由于 CO_3^{2-} 的 $K_{b_1}^\ominus$ 和 $K_{b_2}^\ominus$ 差别不大，因此准确度不高，难以满足标定时对准确度的要求，故需要进一步滴定到 H_2CO_3（CO_2+H_2O），此时通常用甲基红-溴甲酚绿混合指示剂指示终点，当溶液由绿色变为红色时，需加热除去 CO_2（这时溶液颜色又变回绿色）后，继续滴定至红色，重复此操作直到加热后颜色不变为止。

使用硼砂（$Na_2B_4O_7 \cdot 10H_2O$）时需要防止它在空气中风化（失去结晶水），因此需要保存在相对湿度为 60%的恒湿器中。标定时，发生下述反应：

$$Na_2B_4O_7+2HCl+5H_2O \xlongequal{} 4H_3BO_3+2NaCl$$

化学计量点时溶液 pH 在 5 左右，因此可选用甲基红为指示剂，溶液颜色由黄色变为橙色，即为滴定终点。相比于无水碳酸钠，硼砂具有称量误差小（因为其自身摩尔质量较大）、滴定终点容易确定等优点，是进行 HCl 标准溶液的标定时更为理想的选择。

2. NaOH 标准溶液的配制与标定

固体 NaOH 容易吸潮，容易跟空气中的 CO_2 反应生成 Na_2CO_3，提纯也比较麻烦，试剂中常含有各种杂质，因此 NaOH 标准溶液需要采用间接法配制，即先称取一定量固体 NaOH 配成大致浓度的溶液，然后进行标定。标定时最常用的基准物质是邻苯二甲酸氢钾（摩尔质量较大，称量误差小），也可以采用草酸（$H_2C_2O_4 \cdot 2H_2O$）、KHC_2O_4、苯甲酸等。

邻苯二甲酸氢钾（KHP）是一种两性物质，标定时发生下列反应：

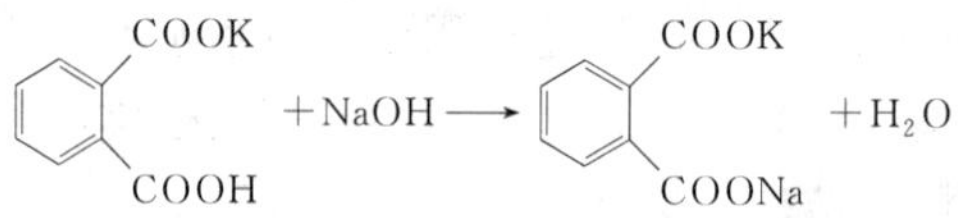

化学计量点时溶液 pH 在 9 左右，可选用酚酞作为指示剂，溶液颜色由无色变为粉红时到达滴定终点。

另外需要注意的是，当配制的 NaOH 标准溶液中含有 CO_3^{2-} 时，则若标定条件和使用条件不一致，如标定时 CO_3^{2-} 被滴定到 HCO_3^-，而使用时被滴定到 H_2CO_3，就会引起一定的误差。因此最好配制不含 CO_3^{2-} 的标准溶液。一种常用的方法是，先配成饱和的 NaOH 溶液（浓度约 $19mol \cdot L^{-1}$），因为 Na_2CO_3 在饱和的 NaOH 溶液中溶解度很小，因此直接取上层清液，用煮沸除去 CO_2 的蒸馏水稀释至所需浓度即可。

6.10.2 应用实例

1. 混合碱的测定

三酸二碱是最重要的基础化工原料，其中的二碱指的是烧碱（NaOH）和纯碱（Na_2CO_3）。NaOH 容易吸收空气中的 CO_2 生成 Na_2CO_3，Na_2CO_3 也会跟 CO_2 进一步反应生成 $NaHCO_3$，因此混合碱指的是 NaOH 与 Na_2CO_3 或 Na_2CO_3 与 $NaHCO_3$ 的混合物，通常采用双指示剂法确定其组成和含量。

在双指示剂法中，准确称取一定量试样（质量为m_s），溶解后先以酚酞为指示剂，用HCl标准溶液滴定至红色褪去，此时消耗的HCl体积为V_1，滴定到达第一化学计量点。然后再以甲基橙为指示剂，继续用HCl标准溶液滴定至溶液颜色由黄色变为橙色，此时又消耗了V_2体积的HCl，滴定到达第二化学计量点，实验结束。根据V_1和V_2的用量情况，即可确定该混合碱的组成和含量。

具体来说，在第一化学计量点时，混合碱中的NaOH完全被中和成NaCl，Na_2CO_3被中和到$NaHCO_3$，在第二化学计量点时，混合碱中的$NaHCO_3$被进一步中和到H_2CO_3（CO_2+H_2O），需要注意的是这一步中被中和的$NaHCO_3$既有混合碱本身所含有的，也有在第一步滴定中通过Na_2CO_3所生成的，即有：

$$c_{HCl}V_1 = n_{NaOH} + n_{Na_2CO_3}$$

$$c_{HCl}V_2 = n'_{NaHCO_3} = n_{NaHCO_3} + n_{Na_2CO_3}$$

求解上述方程即可得到混合碱的组成和含量，注意求解时需要根据V_1和V_2的相对大小和是否为零分别进行讨论，结果如表6-10所示。

表6-10 双指示剂法测定混合碱含量

	组成	含量计算
$V_1>V_2>0$	NaOH，Na_2CO_3	$n_{NaOH}=c_{HCl}(V_1-V_2)$ $n_{Na_2CO_3}=c_{HCl}V_2$
$V_2>V_1>0$	$NaHCO_3$，Na_2CO_3	$n_{NaHCO_3}=c_{HCl}(V_2-V_1)$ $n_{Na_2CO_3}=c_{HCl}V_1$
$V_1=V_2=0$	Na_2CO_3	$n_{Na_2CO_3}=c_{HCl}V_1$
$V_1=0,V_2>0$	$NaHCO_3$	$n_{NaHCO_3}=c_{HCl}V_2$
$V_2=0,V_1>0$	NaOH	$n_{NaOH}=c_{HCl}V_1$

需要说明的是，由于CO_3^{2-}的$K_{b_1}^{\ominus}$和$K_{b_2}^{\ominus}$差别不太大，因此双指示剂法测定的准确度不高，只有1%左右，若对测定结果准确度要求较高，可以采用氯化钡法，有兴趣的同学可以自行查询相关资料。

2. 铵盐和有机物中氮的测定

铵盐是由铵离子（NH_4^+）和酸根构成的离子化合物，NH_4^+的酸性太弱（$pK_a^{\ominus}=9.25$），不满足直接滴定的条件。可向含有铵盐的试样中加入过量浓碱，并加热蒸馏使得NH_4^+转化为NH_3释放出来，再以硼酸（H_3BO_3）溶液吸收，然后用盐酸标准溶液滴定即可。硼酸的酸性很弱（$pK_a^{\ominus}=9.24$），因此其共轭碱$H_2BO_3^-$的碱性足够强（$pK_b^{\ominus}=4.76$），可以被盐酸准确滴定，指示剂可采用甲基红。相关反应如下：

$$NH_4^+ + OH^- = NH_3 + H_2O$$

$$NH_3 + H_3BO_3 = NH_4H_2BO_3$$

$$NH_4H_2BO_3 + HCl = H_3BO_3 + NH_4Cl$$

对于天然含氮有机物，可以在$CuSO_4$催化下，与浓硫酸共热，此时有机物中的氮元素被转化为NH_4^+，再按照上述方法即可测得有机样品的含氮量，该方法称为克氏定氮法。一般有机样品中氮元素的主要来源是蛋白质，而蛋白质中含氮量通常在16%左右，因此将克氏定氮法测得的含氮量乘系数6.25，便可得到该样品的蛋白质含量。但若样品中氮元素还有其他来源，则上述方法得到的蛋白质含量显然是不准的，曾经的三鹿奶粉事件中，不法分子用三聚氰胺对牛奶进行掺假，就是钻了这个空子，最终酿成了严重的后果。

除蒸馏法之外，也可采用甲醛法测定。甲醛与 NH_4^+ 定量发生下述反应：

$$4NH_4^+ + 6HCHO \xlongequal{} (CH_2)_6N_4H^+ + 3H^+ + 6H_2O$$

反应产物 $(CH_2)_6N_4H^+$ 虽然也是弱酸，但是 $pK_a^\ominus = 5.13$，可以被 NaOH 标准溶液准确滴定。因此反应的总体结果是 4 分子的 NH_4^+ 置换成了 3 分子的强酸 H^+ 再加 1 分子的酸性更强一点的弱酸 $(CH_2)_6N_4H^+$，总的计量关系是 $1NH_4^+ \sim 1NaOH$。化学计量点时溶液为弱碱性，应选酚酞为指示剂。该法常用于无机铵盐的测定。

3. 硼酸（H_3BO_3）的测定

硼酸的酸性很弱（$pK_a^\ominus = 9.24$），不能被标准碱溶液直接滴定。可以向硼酸溶液中加入多元醇（如乙二醇、丙三醇、甘露醇等），反应生成酸性较强的络合酸（$pK_a^\ominus \approx 6$），然后即可用 NaOH 标准溶液滴定。反应中的计量关系为：$1H_3BO_3 \sim 1$ 络合酸 $\sim 1NaOH$，以丙三醇（甘油）为例，反应方程式如下：

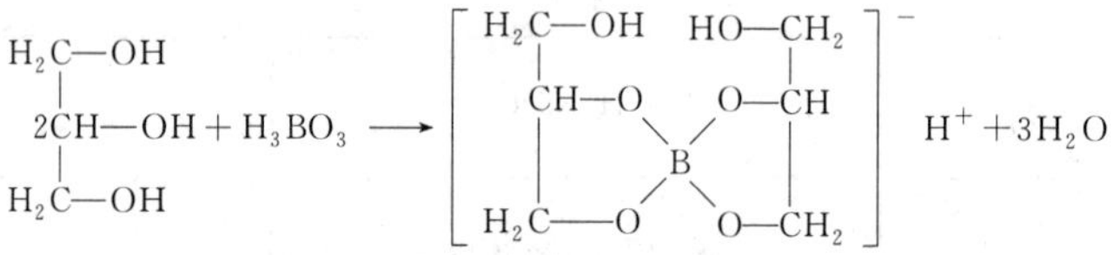

扫码查看习题答案

习　题

6-1B　选择题

1. 以酚酞为指示剂，中和 10.00mL0.1000mol·L^{-1} H_3PO_4 溶液，需用 0.1000mol·L^{-1} NaOH 溶液的体积（单位：mL）为（　　）

A. 5.00　　B. 30.00　　C. 10.00　　D. 20.00

2. 以下试剂不能作为基准物质的是（　　）

A. $K_2Cr_2O_7$　　B. $Na_2CO_3 \cdot 10H_2O$　　C. $MgSO_4 \cdot 7H_2O$　　D. NaCl

3. 现有一含有 H_3PO_4 和 NaH_2PO_4 的溶液，用 NaOH 标准溶液滴定至甲基橙变色，滴定体积为 a（mL），同一试液若改用百里酚酞作指示剂，滴定体积为 b（mL），则 a、b 的关系是（　）

A. $a > b$　　B. $b = 2a$　　C. $b > 2a$　　D. $a = b$

4. 用同一 NaOH 标准溶液分别滴定体积相等的 H_2SO_4 和 HAc 溶液，消耗的体积相等，说明 H_2SO_4 和 HAc 两溶液的（　）

A. 氢离子浓度相等　　B. H_2SO_4 和 HAc 两溶液的浓度相等

C. H_2SO_4 的浓度是 HAc 的 1/2　　D. H_2SO_4 和 HAc 的电离度相等

5. 以甲基橙为指示剂，能用 NaOH 标准溶液直接测定的酸是（　　）

A. $H_2C_2O_4$　　B. H_3PO_4　　C. HAc　　D. HCl

6. 关于酸碱指示剂，下列说法错误的是（　　）

A. 指示剂本身是有机弱酸或弱碱

B. 指示剂的变色范围越窄越好

C. HIn 与 In^- 的颜色差异越大越好

D. 指示剂的变色范围必须全部落在滴定突跃范围之内

7. 酯类与过量 NaOH 在加热条件下发生皂化反应，例如：$CH_3COOC_2H_5 + NaOH = CH_3COONa + C_2H_5OH$，多余的碱以标准酸溶液滴定。可选用的指示剂为（　　）

A. 甲基橙　　B. 甲基红　　C. 酚酞　　D. A、B、C 都不是

8. 下列各种弱酸、弱碱，能用酸碱滴定法直接滴定的是（　　）

A. $0.01mol \cdot L^{-1} CH_2ClCOOH$（$K_a^{\ominus}=1.4\times10^{-3}$）

B. $1mol \cdot L^{-1} H_3BO_3$（$K_a^{\ominus}=5.7\times10^{-10}$）

C. $0.1mol \cdot L^{-1}$ $(CH_2)_6N_4$（$K_b^{\ominus}=1.4\times10^{-9}$）

D. $0.1mol \cdot L^{-1}$ $C_6H_5NH_2$（$K_b^{\ominus}=4.6\times10^{-10}$）

9. 已知邻苯二甲酸氢钾的分子量为 204.2，用它来标定 $0.1mol \cdot L^{-1}$ 的 NaOH 溶液，宜称取邻苯二甲酸氢钾（　　）

A. 0.25g 左右　　B. 1g 左右　　C. 0.45g 左右　　D. 0.1g 左右

10. 用 HCl 标准溶液滴定暴露在空气中的 NaOH 溶液的总碱量时，必须采用的指示剂为（　　）

A. 酚酞（8.0～10.0）　　B. 中性红（6.8～8.0）

C. 溴百里酚酞（6.7～7.6）　　D. 甲基橙（3.1～4.4）

11. 用 $0.01mol \cdot L^{-1}$ NaOH 标准溶液滴定 $0.1mol \cdot L^{-1}$ 的 HA（$pK_a^{\ominus}\approx4$）溶液，应选用的指示剂为（　　）

A. 甲基橙（3.1～4.4）　　B. 中性红（6.8～8.0）

C. 酚酞（8.0～10.0）　　D. 百里酚蓝（9.4～10.6）

12. 用 $0.2mol \cdot L^{-1}$ HCl 滴定 Na_2CO_3 至第一化学计量点，此时可选用的指示剂是（　　）

A. 甲基橙　　B. 甲基红　　C. 酚酞　　D. 中性红（6.8～8.0）

13. 以邻苯二甲酸氢钾为基准物质，标定 NaOH 溶液浓度，滴定前，碱式滴定管内的气泡未赶出，滴定过程中气泡消失，则会导致（　　）

A. 滴定体积减小　　B. 对测定结果无影响

C. NaOH 浓度偏大　　D. NaOH 浓度偏小

14. 已知浓度的 NaOH 标准溶液放置时吸收少量的 CO_2，用它标定盐酸时，不考虑终点误差，对标定出的盐酸的浓度影响是（　　）

A. 偏高　　B. 偏低　　C. 决定滴定时所用的指示剂　　D. 无影响

15. 用 HCl 溶液滴定 NaOH 和 Na_2CO_3 混合液，以酚酞作指示剂，消耗 HCl V_1mL，继续用甲基橙为指示剂滴定，又消耗 HCl V_2mL，V_2 与 V_1 的关系是（　　）

A. $V_1>V_2$　　B. $V_1=V_2$　　C. $2V_1=V_2$　　D. $V_1=2V_2$

16. 今有 $0.2mol \cdot L^{-1}$ 二元弱酸 H_2B 溶液 30.00mL，加入 $0.2mol \cdot L^{-1}$ NaOH 溶液 15.00mL 时溶液的 pH=4.70，当加入 30.00mL $0.2mol \cdot L^{-1}$ NaOH 溶液时，达到第一化学计量点时 pH=7.20，则 H_2B 的 $pK_{a_2}^{\ominus}$ 是（　　）

A. 9.70　　B. 9.30　　C. 9.40　　D. 9.00

6-2B 填空题

1. 当溶液的 $pH=pK_{HIn}^{\ominus}$ 时，称为酸碱指示剂的____；而 $pH=pK_{HIn}^{\ominus}\pm1$ 时称为指示剂的________。

2. 适合滴定分析的化学反应要满足的条件是：(1) __________；(2) __________；(3) ________；

3. 将 0.5050g MgO 试样溶于 25.00mL 0.09257mol·L^{-1} H_2SO_4 溶液中，再用 0.1112mol·L^{-1}NaOH 溶液滴定，用去 24.30mL。由此计算出 MgO 的含量为______，这种滴定方式称________法。

4. 一元酸（碱）能准确滴定的判据是________________。

5. 采用酸碱滴定法测定硼酸时，首先向硼酸溶液中加入________，生成________，用______标准溶液滴定，可选择______作指示剂。

6. 甲基橙的变色范围为 3.1～4.4，甲基橙的 $pK_a^{\ominus}=3.4$，则其相应的浓度比值（$[In^-]/[HIn]$）为______。

7. 在滴定分析中所用的标准溶液浓度不宜过大，其原因是________；用 0.1000mol·L^{-1} HCl 标准溶液滴定同浓度的 NaOH 溶液时，最佳的指示剂为________。

8. 标定 HCl 溶液时，常使用硼砂作标定剂，硼砂的化学式为____________，滴定反应为______，滴定时使用的指示剂是______，终点颜色变化由______到______色。

9. 酸碱滴定曲线是以______为横坐标，以______为纵坐标绘制的，表示__________，影响弱酸（碱）滴定突跃范围大小的因素有________________。

10. HCl 滴定 Na_2CO_3 时，以甲基橙为指示剂，则 Na_2CO_3 与 HCl 的摩尔比是______；若以酚酞为指示剂，Na_2CO_3 与 HCl 的摩尔比是______。

11. 用部分风化的 $Na_2B_4O_7\cdot10H_2O$ 作基准物标定 HCl 溶液的浓度，则标定结果______。

12. 用 0.20mol·L^{-1}NaOH 溶液滴定 0.10mol·L^{-1} 的酒石酸溶液时，在滴定曲线上将出现______个突跃。

13. 采用蒸馏法测定蛋白质中含氮量，产生的 NH_3 用______吸收，过量的______用______标准溶液回滴。

14. 以下基准物质使用前的处理方法是（请填 A，B，C，D）

(1) Na_2CO_3__________； (2) $H_2C_2O_4\cdot2H_2O$________；

(3) $Na_2B_4O_7\cdot10H_2O$______； (4) NaCl______________

A. 500℃下灼烧 B. 室温下空气干燥

C. 置于相对湿度 60%恒湿器 D. 在约 300℃下灼烧

6-3B 简答题

1. 在酸碱滴定法中，一般都采用强酸强碱溶液作滴定剂，为什么不采用弱酸或弱碱作滴定剂？滴定剂的浓度大约为多少？为什么浓度不能太低？

2. 通常情况下，标定 NaOH 溶液和用此 NaOH 标准溶液进行测定，应尽可能采用同一指示剂在相同条件下进行，为什么？

3. 下列弱酸、弱碱能否用酸碱滴定法直接滴定？如果可以，化学计量点的 pH 为多少？应选什么作指示剂？假设酸碱标准溶液及各弱酸、弱碱的始浓度为 0.10mol·L^{-1}。

（1）NH_4Cl　　（2）邻苯二甲酸氢钾（$K^{\ominus}_{a_1}=1.1\times10^{-3}$，$K^{\ominus}_{a_2}=3.9\times10^{-6}$）

6-4B　计算题

1. 称取含有 $CaCO_3$ 的样品 0.2000g，溶于过量的 40.00mL 0.1000mol·L^{-1} 的 HCl 溶液中，充分反应后，过量的 HCl 溶液需 0.1021mol·L^{-1} 的 NaOH 溶液 3.05mL 滴定至终点。求样品中w_{CaCO_3}。

2. 工业用 NaOH 常含有 Na_2CO_3，今取试样 0.8000g，溶于新煮沸除去 CO_2 的水中，用酚酞作指示剂，用 0.3000mol·L^{-1} 的 HCl 溶液滴至红色消失，需 30.50mL，再加入甲基橙作指示剂，用上述 HCl 溶液继续滴至橙色，消耗 2.50mL，求试样中w_{NaOH}和$w_{Na_2CO_3}$。

3. 有一不纯的硼砂 1.0000g，用 0.1000mol·L^{-1} 的 HCl 25.00mL 恰好中和，求硼砂中 $Na_2B_4O_7\cdot10H_2O$ 和 B 的质量百分数（已知杂质不与 HCl 反应，$M_{Na_2B_4O_7\cdot10H_2O}=381.37g\cdot mol^{-1}$，$M_B=10.811g\cdot mol^{-1}$）。

4. 某一稀的 HNO_3 与 NH_4NO_3 的混合溶液，用酸碱滴定法测定其中 HNO_3 和 NH_4NO_3 的浓度。取试液 25.00mL，先以甲基红为指示剂，需耗用 18.00mL 0.1000mol·L^{-1} 的 NaOH 标准溶液。然后加入一定量已中和至中性的 20% 甲醛试剂，使溶液中的 NH_4^+ 发生下列反应：$4NH_4^+ + 6HCHO = (CH_2)_6N_4H^+ + 3H^+ + 6H_2O$。再加入酚酞指示剂，仍以同浓度 NaOH 标准溶液滴定，又消耗 NaOH 16.80mL。计算试样中 HNO_3 及 NH_4NO_3 的浓度（已知：NH_3 的 $K^{\ominus}_b=1.8\times10^{-5}$，$(CH_2)_6N_4$ 的 $K^{\ominus}_b=1.35\times10^{-9}$）。

5. 为了测定某一有机二元酸的分子量，称取该纯有机酸 0.6500g，滴加 0.3050mol·L^{-1} 的 NaOH 溶液 48.00mL，再用 0.2250mol·L^{-1} 的 HCl 溶液 18.00mL 回滴过量的 NaOH 溶液（此时有机酸完全被中和），计算有机酸的分子量。

第 7 章

扫码查看重难点

沉淀溶解平衡、沉淀滴定法和重量分析法

沉淀溶解平衡涉及许多重要的离子反应，在实际工作中，常利用沉淀（precipitation）的生成或溶解（dissolution）进行物质的制备、分离、纯化以及定性鉴定与定量分析等。只有掌握影响沉淀生成与溶解平衡的相关因素，才能有效地控制沉淀反应的进行；只有理解沉淀的形成机理，才能有针对性地控制沉淀反应条件，获得高纯度的沉淀产品，实现沉淀与母液有效分离，得到准确的评估结果。

7.1　沉淀的生成与溶解平衡及其影响因素

严格来讲，绝对不溶于水的物质是不存在的。物质在水中的溶解度大小用溶解度（solubility）来衡量。根据物质在水中溶解度的大小，将其分为以下 4 类。溶解度 $s<0.01g\cdot(100g\ H_2O)^{-1}$ 的物质称为难溶物质（简称难溶物）；溶解度 $s=0.01\sim0.1g\cdot(100g\ H_2O)^{-1}$ 的物质称为微溶物；溶解度 $s=0.1\sim1g\cdot(100g\ H_2O)^{-1}$ 的物质称为可溶物；溶解度 $s>1g\cdot(100g\ H_2O)^{-1}$ 的物质称为易溶物。

影响物质溶解度的因素很多，如晶格能、离子水合能、温度和酸度等，溶解度的变化范围很宽。下面主要介绍难溶强电解质的沉淀生成与溶解平衡特性。

7.1.1　溶度积与溶解度

难溶强电解质的生成与溶解是一个可逆过程。例如：向 $BaCO_3$ 固体中加入水，受水分子溶剂化的作用，Ba^{2+} 和 CO_3^{2-} 进入溶液形成水合离子，该过程是难溶电解质的溶解过程。同时，已溶解的部分 Ba^{2+} 和 CO_3^{2-} 在溶剂中做布朗运动，可能结合生成 $BaCO_3$ 固体，该过

程称为沉淀。在给定的温度条件下，当沉淀生成与溶解的速率相等时，就达到了动态平衡，称为沉淀溶解平衡。其平衡式可表示为：

$$BaCO_3(s) \rightleftharpoons Ba^{2+}(aq) + CO_3^{2-}(aq)$$

在标准态下，上述反应的平衡常数可表示为：

$$K^{\ominus}_{sp,BaCO_3} = [Ba^{2+}][CO_3^{2-}]$$

一般地，对于难溶强电解质 A_mB_n，其沉淀溶解平衡的通式及平衡常数可表示为：

$$A_mB_n(s) \rightleftharpoons mA^{n+} + nB^{m-}$$

$$K^{\ominus}_{sp,A_mB_n} = [A^{n+}]^m[B^{m-}]^n \tag{7-1}$$

式(7-1) 表明，在一定温度和标准状态下，难溶物的饱和溶液中，以反应系数为指数的离子浓度的乘积为一常数 $K^{\ominus}_{sp}$。此平衡常数称为该难溶物质的溶度积常数（solubility product constant，简称溶度积），是用来表征难溶物溶解能力的特性常数。

原则上讲，$K^{\ominus}_{sp}$ 应称为活度积常数，可表示为 $K^{\ominus}_{ap}$，即：

$$K^{\ominus}_{ap} = (a_{A^{n+}})^m(a_{B^{m-}})^n = (\gamma_{A^{n+}}[A^{n+}])^m(\gamma_{B^{m-}}[B^{m-}])^n$$

由于难溶物的溶解度均很小，在水溶液中的离子浓度很低，因此，活度系数接近于 1，计算溶度积常数时一般不考虑活度系数的影响。

与其他平衡常数相同，$K^{\ominus}_{sp}$ 也是温度的函数，可以通过热力学数据［标准吉布斯自由能变（$\Delta_r G^{\ominus}_m$）］计算得到，也可以通过设计原电池求得。本书附录 3 列出了常温下某些难溶电解质的溶度积常数 $K^{\ominus}_{sp}$，近似计算时可直接引用。

根据溶度积常数的表达式，难溶强电解质的溶度积与溶解度之间可以相互换算，请注意，难溶强电解质的溶解度单位必须采用 $mol \cdot L^{-1}$。

对于 AB 型难溶强电解质，设其溶解度为 s，则在水溶液中的沉淀溶解平衡为：

$$AB(s) \rightleftharpoons A^{n+} + B^{n-}$$

平衡浓度/$mol \cdot L^{-1}$　　　s　　s

$$K^{\ominus}_{sp,AB} = [A^{n+}][B^{n-}] = s^2$$

$$s = \sqrt{K^{\ominus}_{sp,AB}} \tag{7-2a}$$

例如，已知 $BaSO_4$ 在 298.15K 时的溶度积为 1.07×10^{-10}，则 $BaSO_4$ 在 298.15K 时的溶解度

$$s = \sqrt{K^{\ominus}_{sp,BaSO_4}} = \sqrt{1.07 \times 10^{-10}} = 1.03 \times 10^{-5} mol \cdot L^{-1}$$

对于 A_2B（或 AB_2）型难溶强电解质，设其溶解度为 s，则在水溶液中的沉淀溶解平衡为：

$$A_2B(s) \rightleftharpoons 2A^{+} + B^{2-}$$

$$K^{\ominus}_{sp,A_2B} = [A^{+}]^2[B^{2-}] = (2s)^2 \times s = 4s^3$$

$$s = \sqrt[3]{\frac{K^{\ominus}_{sp,A_2B}}{4}} \tag{7-2b}$$

对于 A_3B（或 AB_3）型难溶强电解质

$$A_3B(s) \rightleftharpoons 3A^{+} + B^{3-}$$

$$K^{\ominus}_{sp,A_3B}=[A^+]^3[B^{3-}]=(3s)^3\times s=27s^4$$

$$s=\sqrt[4]{\frac{K^{\ominus}_{sp,A_3B}}{27}} \tag{7-2c}$$

显然，不同类型的难溶强电解质的溶度积与溶解度之间的关系不同。

对于相同类型难溶电解质的溶解度，通过比较溶度积的大小可以直接判断，如 AgCl、AgBr 和 AgI 的溶度积常数分别为 $K^{\ominus}_{sp,AgCl}=1.77\times10^{-10}$、$K^{\ominus}_{sp,AgBr}=5.35\times10^{-13}$、$K^{\ominus}_{sp,AgI}=8.52\times10^{-17}$，其溶解度大小顺序为 AgCl＞AgBr＞AgI。

不同类型电解质的溶解度大小，需要通过计算才能比较它们的溶解度大小。

例 7-1 试比较 AgCl 和 Ag_2CrO_4 在纯水中的溶解度大小。已知 $K^{\ominus}_{sp,AgCl}=1.77\times10^{-10}$，$K^{\ominus}_{sp,Ag_2CrO_4}=1.12\times10^{-12}$。

解： AgCl 和 Ag_2CrO_4 的溶解度的计算如下：

AgCl 的溶解度

$$s=\sqrt{K^{\ominus}_{sp,AgCl}}=\sqrt{1.77\times10^{-10}}=1.33\times10^{-5}\,mol\cdot L^{-1}$$

Ag_2CrO_4 的溶解度

$$s=\sqrt[3]{K^{\ominus}_{sp,Ag_2CrO_4}/4}=\sqrt[3]{1.12\times10^{-12}/4}=6.54\times10^{-5}\,mol\cdot L^{-1}$$

计算结果表明，尽管 $K^{\ominus}_{sp,Ag_2CrO_4}<K^{\ominus}_{sp,AgCl}$，但是，$Ag_2CrO_4$ 的溶解度大于 AgCl 的溶解度，这是莫尔法测定水体中 Cl^- 选用 K_2CrO_4 为指示剂指示滴定终点的原因。

7.1.2 溶度积规则

在一定条件下，沉淀能否生成或溶解，可通过溶度积规则判断。化学反应自发进行的吉布斯自由能变化判据如下：

当 $\Delta_r G_m<0$ 时，反应正向进行；

当 $\Delta_r G_m>0$ 时，反应逆向进行；

当 $\Delta_r G_m=0$ 时，反应处于平衡状态。

由热力学理论知

$$\Delta_r G_m=\Delta_r G^{\ominus}_m+RT\text{In}Q=-RT\text{In}K^{\ominus}+RT\text{In}Q \tag{7-3}$$

式中，Q 为反应商。若将式(7-3) 应用于沉淀溶解平衡中，则 Q 为离子积，$K^{\ominus}$ 为 $K^{\ominus}_{sp}$，即可得如下判据：

(1) 当 $Q<K^{\ominus}_{sp}$ 时，$\Delta_r G_m<0$，反应正向进行，生成的沉淀会溶解。

(2) 当 $Q=K^{\ominus}_{sp}$ 时，$\Delta_r G_m=0$，反应处于沉淀溶解平衡状态。

(3) 当 $Q>K^{\ominus}_{sp}$ 时，$\Delta_r G_m>0$，反应逆向进行，将有沉淀析出。

以上规律称为溶度积规则，运用此规则可以判断在一定条件下某溶液中是否有沉淀生成或溶解。

7.1.3 影响沉淀溶解平衡的因素

与其他化学平衡一样，改变沉淀溶解平衡的条件，平衡会发生移动。影响沉淀的生成与溶解的因素主要有同离子效应、盐效应、酸效应、配位效应等。

1. 同离子效应

向沉淀溶解平衡体系中加入与体系相同离子的易溶电解质，平衡向生成沉淀的方向移动，难溶电解质的溶解度降低，该现象称为同离子效应（common ion effect）。

例 7-2　计算 $BaSO_4$ 在纯水和 $0.0010mol\cdot L^{-1}Na_2SO_4$ 溶液中的溶解度。已知：$K^{\ominus}_{sp,BaSO_4}=1.07\times10^{-10}$。

解：$BaSO_4$ 在纯水中溶解度为

$$s=\sqrt{K^{\ominus}_{sp,BaSO_4}}=\sqrt{1.07\times10^{-10}}=1.03\times10^{-5}mol\cdot L^{-1}$$

设 $BaSO_4$ 在 $0.0010mol\cdot L^{-1}$ Na_2SO_4 溶液中的溶解度为 $x\,mol\cdot L^{-1}$，则存在下列平衡关系

$$BaSO_4(s) \rightleftharpoons Ba^{2+}+SO_4^{2-}$$

平衡浓度/$mol\cdot L^{-1}$　　　　x　　$x+0.0010$

由于 $K^{\ominus}_{sp,BaSO_4}$ 很小，所以 x 很小，则 $x+0.0010\approx0.0010$

由溶度积定义　　$K^{\ominus}_{sp,BaSO_4}=x(x+0.0010)\approx0.0010x$

$$x=1.07\times10^{-10}/0.0010=1.07\times10^{-7}(mol\cdot L^{-1})$$

这表明平衡体系中增加了 SO_4^{2-} 浓度后，减小了 $BaSO_4$ 的溶解度。

2. 盐效应

向沉淀溶解平衡体系中加入其他易溶电解质，增大了体系中的离子强度，导致离解出的离子难以重新聚集，沉淀的溶解度增大，该现象称为盐效应（salt effect）。

如图 7-1 所示，向 AgCl 和 $BaSO_4$ 中加入 KNO_3 溶液，观察到 AgCl 和 $BaSO_4$ 的溶解度都随溶液中 KNO_3 浓度的增加而增大，纵坐标为不同 KNO_3 浓度时的溶解度 s 与在纯水中溶解度 s^0 的比值。由于高价离子的活度系数受离子强度的影响较大，盐效应对 $BaSO_4$ 的溶解度的影响比对 AgCl 大。

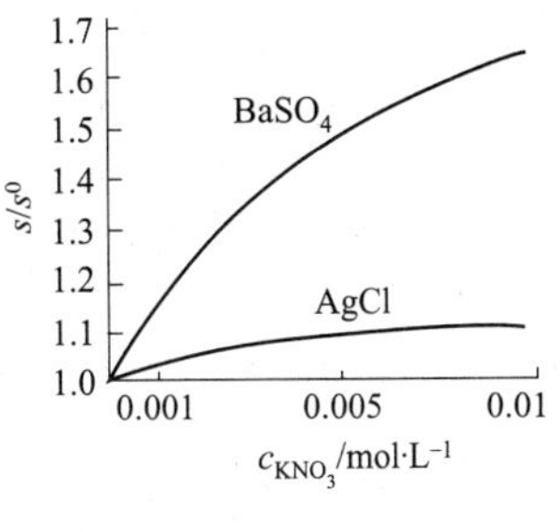

图 7-1　AgCl 和 $BaSO_4$ 在不同浓度 KNO_3 溶液中的溶解度

需要注意的是，向难溶电解质的饱和溶液中加入含有相同离子的强电解质时，会同时出现同离子效应和盐效应。这种情况下，通常只考虑同离子效应，而忽略盐效应。然而，进行沉淀操作时，既要考虑同离子效应能使沉淀更完全，也要兼顾盐效应使沉淀溶解度增大的影响。

3. 酸效应

溶液酸度对沉淀溶解度的影响称为酸效应（acidic effect）。酸效应对弱酸盐难溶化合物如硫化物、碳酸盐、草酸盐、铬酸盐、磷酸盐等的溶解度有较大影响。当溶液酸度较高时，弱酸根结合溶液中的 H^+ 生成相应的共轭酸，使平衡发生移动，沉淀的溶解度增大。例如，难溶电解质 $CaC_2O_4(s)$ 在一定 pH 的溶液中存在如下平衡关系：

$$CaC_2O_4(s) \rightleftharpoons Ca^{2+} + C_2O_4^{2-}$$
$$\downarrow H^+$$
$$HC_2O_4^- \xrightarrow{H^+} H_2C_2O_4$$

酸效应对难溶化合物的溶解度影响大小，用酸效应系数 α_H 来表示，α_H 值越大，对难溶化合物的溶解度影响也越大。弱酸根 A 的酸效应系数是指 A 离子的总浓度与游离浓度的比值。例如，难溶盐 $CaC_2O_4(s)$ 的沉淀溶解平衡中 $C_2O_4^{2-}$ 的酸效应系数为

$$\alpha_H = \frac{[C_2O_4^{2-}]_{总}}{[C_2O_4^{2-}]} = \frac{[C_2O_4^{2-}]+[HC_2O_4^-]+[H_2C_2O_4]}{[C_2O_4^{2-}]} = 1 + \frac{[H^+]}{K_{a_2}^{\ominus}} + \frac{[H^+]^2}{K_{a_2}^{\ominus}K_{a_1}^{\ominus}}$$

设 CaC_2O_4 在某一酸度下的溶解度为 s，则 $s=[Ca^{2+}]=[C_2O_4^{2-}]$，由溶度积常数的定义式

$$K_{sp}^{\ominus} = [Ca^{2+}][C_2O_4^{2-}] = [Ca^{2+}]\frac{[C_2O_4^{2-}]_{总}}{\alpha_H} = \frac{s^2}{\alpha_H}$$

$$s = \sqrt{K_{sp}^{\ominus} \times \alpha_H} \tag{7-4}$$

例 7-3 计算 CaC_2O_4 在下列情况下的溶解度：(1) 在纯水中；(2) 溶液的平衡酸度分别为 pH=4 和 pH=2.00。已知：CaC_2O_4 的溶度积常数 $K_{sp}^{\ominus}=2.34\times10^{-9}$，$H_2C_2O_4$ 的溶度积常数 $K_{a_1}^{\ominus}=5.6\times10^{-2}$、$K_{a_2}^{\ominus}=5.1\times10^{-5}$。

解：(1) 在纯水中

$$s=\sqrt{K_{sp}^{\ominus}}=\sqrt{2.34\times10^{-9}}=4.84\times10^{-5}(mol\cdot L^{-1})$$

(2) pH=4.00 时

$$\alpha_H = 1+\frac{[H^+]}{K_{a_2}^{\ominus}}+\frac{[H^+]^2}{K_{a_2}^{\ominus}K_{a_1}^{\ominus}} = 1+\frac{10^{-4}}{5.1\times10^{-5}}+\frac{(10^{-4})^2}{5.1\times10^{-5}\times5.6\times10^{-2}}=2.96$$

$$s=\sqrt{K_{sp}^{\ominus}\times\alpha_H}=8.32\times10^{-5}(mol\cdot L^{-1})$$

(3) 同理，当 pH=2.00 时

$$\alpha_H = 1+\frac{[H^+]}{K_{a_2}^{\ominus}}+\frac{[H^+]^2}{K_{a_2}^{\ominus}K_{a_1}^{\ominus}} = 1+\frac{10^{-2}}{5.1\times10^{-5}}+\frac{(10^{-2})^2}{5.1\times10^{-5}\times5.6\times10^{-2}}=232$$

$$s=\sqrt{K_{sp}^{\ominus}\times\alpha_H}=7.37\times10^{-4}(mol\cdot L^{-1})$$

可见，酸效应的存在增大了沉淀的溶解度。酸效应系数越大，难溶盐的溶解度也越大。

4. 配位效应

若沉淀剂本身具有一定的配位能力，或存在其他配位剂，能与被沉淀的金属离子形成配离子，增大沉淀的溶解度，甚至使沉淀完全溶解，该现象称为配位效应（complexation effect）。配位效应对沉淀溶解度的影响，与配位剂的浓度及配合物的稳定性有关。配位剂的浓度越大，形成的

配合物越稳定，沉淀的溶解度也就越大。例如，以 $(NH_4)_2CO_3$ 为沉淀剂，制备碱式碳酸锌时，应关注游离 NH_3 与 Zn^{2+} 形成 $[Zn(NH_3)_4]^{2+}$ 配离子使沉淀溶解的问题。

图 7-2 描述使用 NaCl 溶液沉淀 Ag^+ 时 AgCl 的溶解度与溶液中 Cl^- 浓度的关系。当溶液中 Cl^- 浓度增至 $0.036mol \cdot L^{-1}$ 以上时，AgCl 的溶解度出现增大的趋势，其原因是形成了 $[AgCl_2]^-$、$[AgCl_3]^{2-}$ 配离子，推动平衡向沉淀溶解的方向移动。

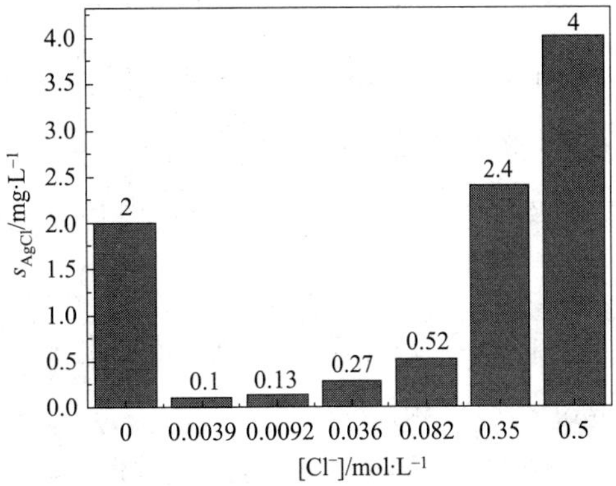

图 7-2　AgCl 的溶解度与 Cl^- 浓度的关系

可见，进行沉淀反应时，如果沉淀剂本身就是配合剂，就同时存在同离子效应和配合效应，如果沉淀剂适当过量，同离子效应起主导作用，向生成沉淀的方向移动；但是，如果沉淀剂添加量过多，配合效应起主导作用，生成的沉淀会溶解。

5. 其他影响因素

（1）本身性质

难溶电解质本身的性质是决定其溶解度的最主要因素。

（2）温度

大多数难溶盐电解质的溶解是吸热过程，其溶解度随温度的升高而增大。

（3）溶剂的影响

无机物沉淀大多为离子型沉淀，它们在极性较小的有机溶剂中的溶解度比在极性较大的水中的溶解度小。例如，向 $CaSO_4$ 溶液中加入适量的乙醇，会大幅降低 $CaSO_4$ 的溶解度。

（4）沉淀粒度

同一种沉淀的质量相同时，颗粒越小，总比表面积越大，与溶剂分子作用的机会越大，易进入溶液。因此，小颗粒沉淀的溶解度大于大颗粒沉淀的溶解度。形成沉淀后，需要将沉淀和母液静置一段时间，该过程称为陈化。通过陈化，小晶体逐渐转化为大晶体，利于沉淀的过滤与洗涤。

（5）沉淀结构

一些沉淀在初生态时和放置一段时间后的溶解度存在较大差异，这是由于放置前后沉淀的结构发生了变化。例如，初生态的 CoS 为 α 型沉淀，经静置后转为 β 型沉淀，α 型沉淀和 β 型沉淀的 $K_{sp}^{\ominus}$ 分别是 40×10^{-21} 和 2.0×10^{-25}，显然初生态的溶解度更大一些。

7.2　溶度积规则的应用

7.2.1　判断沉淀的生成

根据溶度积规则，在难溶电解质溶液中，如果 $Q>K_{sp}^{\ominus}$ 时，溶液中将有沉淀生成。一般认为，若残留于溶液中的某种离子浓度低于 $1.0\times10^{-5}\text{mol}\cdot\text{L}^{-1}$，可以认为该种离子已沉淀完全。

例 7-4 将 20mL $1.0\text{mol}\cdot\text{L}^{-1}$ Na_2SO_4 溶液与等体积同浓度的溶液混合，是否有 $CaSO_4$ 沉淀生成？已知 $K^{\ominus}_{sp,CaSO_4}=7.10\times10^{-5}$。

解：混合后离子未发生反应时构成沉淀的离子浓度均为 $0.5\text{mol}\cdot\text{L}^{-1}$，其离子积为

$$[Ca^{2+}][SO_4^{2-}]=0.5^2=0.25>K^{\ominus}_{sp,CaSO_4}$$

因此，溶液中有 $CaSO_4$ 沉淀生成。设达到沉淀平衡时，剩余 $[Ca^{2+}]=[SO_4^{2-}]=x\text{mol}\cdot\text{L}^{-1}$，则

$$[Ca^{2+}][SO_4^{2-}]=x^2=K^{\ominus}_{sp,CaSO_4}=7.10\times10^{-5}$$

$$x=\sqrt{7.10\times10^{-5}}=8.43\times10^{-3}\text{mol}\cdot\text{L}^{-1}$$

因此，沉淀完成后，溶液中残余的 Ca^{2+} 和 SO_4^{2-} 浓度均为 $8.43\times10^{-3}\text{mol}\cdot\text{L}^{-1}$。

例 7-5 室温下，向 $0.01\text{mol}\cdot\text{L}^{-1}$ Zn^{2+} 的酸性溶液中通入 H_2S 至饱和，若要将 Zn^{2+} 完全转化为 ZnS 沉淀，溶液的 pH 值应不低于多少？已知 H_2S 的 $K^{\ominus}_{a_1}=8.9\times10^{-8}$，$K^{\ominus}_{a_2}=1.2\times10^{-13}$，饱和 H_2S 的浓度为 $0.1\text{mol}\cdot\text{L}^{-1}$，ZnS 的 $K^{\ominus}_{sp}=2.93\times10^{-25}$。

解：若 Zn^{2+} 在溶液中的浓度不超过 $10^{-5}\text{mol}\cdot\text{L}^{-1}$，认为已沉淀完全。因此，溶液中剩余的 $[S^{2-}]$ 至少不低于

$$[S^{2-}]=\frac{K^{\ominus}_{sp}}{[Zn^{2+}]}=\frac{2.93\times10^{-25}}{10^{-5}}=2.93\times10^{-20}\text{mol}\cdot\text{L}^{-1}$$

溶液中 $[S^{2-}]$ 为 $2.93\times10^{-20}\text{mol}\cdot\text{L}^{-1}$ 时，对应溶液中的 $[H^+]$ 为：

$$[H^+]^2=\frac{[H_2S]K^{\ominus}_{a_1}K^{\ominus}_{a_2}}{[S^{2-}]}=\frac{0.1\times8.9\times10^{-8}\times1.2\times10^{-13}}{2.93\times10^{-20}}=0.03645$$

$$[H^+]=0.191\text{mol}\cdot\text{L}^{-1}$$

$$pH=0.72$$

即溶液中的 pH≥0.72。

例 7-6 在 $0.01\text{mol}\cdot\text{L}^{-1}$ 的 $FeCl_3$ 溶液中，欲产生 $Fe(OH)_3$ 沉淀，溶液的 pH 最小为多少？若使 $Fe(OH)_3$ 沉淀完全，溶液的 pH 至少不低于多少？已知 $K^{\ominus}_{sp,Fe(OH)_3}=2.64\times10^{-39}$。

解：$Fe(OH)_3$ 沉淀在溶液中存在如下平衡：

$$Fe(OH)_3(s)\rightleftharpoons Fe^{3+}+3OH^-$$

根据溶度积规则，欲产生 $Fe(OH)_3$ 沉淀，至少应满足：

$$Q=[Fe^{3+}][OH^-]^3\geqslant K^{\ominus}_{sp}$$

$$[OH^-]\geqslant\sqrt[3]{\frac{K^{\ominus}_{sp}}{[Fe^{3+}]}}=\sqrt[3]{\frac{2.64\times10^{-39}}{0.01}}=6.42\times10^{-13}\text{mol}\cdot\text{L}^{-1}$$

$$pOH=-\lg[OH^-]=12.19$$

$$pH=14-12.19=1.81$$

即 pH 应不低于 1.81，否则无 $Fe(OH)_3$ 沉淀生成。

欲使 $Fe(OH)_3$ 沉淀完全，则沉淀后溶液中 $[Fe^{3+}] \leqslant 1\times10^{-5}mol\cdot L^{-1}$，此时

$$[OH^-] \geqslant \sqrt[3]{\frac{K_{sp}^{\ominus}}{[Fe^{3+}]}}=\sqrt[3]{\frac{2.64\times10^{-39}}{1\times10^{-5}}}=6.42\times10^{-12}mol\cdot L^{-1}$$

$$pOH=-lg[OH^-]=11.19$$

$$pH=14-11.19=2.81$$

即 $Fe(OH)_3$ 沉淀完全时，$pH \geqslant 2.81$。实际工作中，为了便于用 pH 试纸观察，通常将溶液的酸度控制在 $pH=3$。

对于难溶金属氢氧化物，从开始产生沉淀到沉淀完全有一个 pH 范围，控制酸度对沉淀的生成与沉淀完全起着决定作用。硫化物的沉淀也与溶液的酸度密切相关，控制溶液的酸度可以实现多种金属离子选择性分离。用沉淀反应分离溶液中的某种离子时，欲使离子沉淀完全，一般可采用以下几种措施。

① 选择合适的沉淀剂，使沉淀的溶解度尽可能小。例如，Ca^{2+} 可以沉淀为 $CaSO_4$ 和 CaC_2O_4，它们的 $K_{sp}^{\ominus}$ 分别为 7.10×10^{-5} 和 2.34×10^{-9}，同属于 AB 型难溶电解质。因此，选用 $C_2O_4^{2-}$ 作为 Ca^{2+} 的沉淀剂，能使 Ca^{2+} 沉淀更完全。

② 加入适当过量的沉淀剂。加入过量的沉淀剂使沉淀更完全。但沉淀剂的用量不是越多越好，否则，会出现诸如盐效应、配位效应等。通常情况下，如果沉淀剂不是易挥发组分，以过量 20%～30%为宜；若沉淀剂是易挥发性组分，则沉淀剂过量 50%～100%较为合理。

③ 对于某些离子的沉淀，还需控制溶液的酸度，以确保沉淀完全。在化学试剂生产中，控制 Fe^{3+} 的含量是衡量产品质量的重要标志之一，要除去 Fe^{3+}，一般将溶液的酸度控制在 $pH \geqslant 3$，以确保 Fe^{3+} 完全转化为 $Fe(OH)_3$ 沉淀。

7.2.2 判断沉淀的溶解

根据溶度积规则，沉淀溶解的必要条件是 $Q<K_{sp}^{\ominus}$。因此，通过有效地降低沉淀平衡体系中相关离子的浓度，满足 $Q<K_{sp}^{\ominus}$，沉淀平衡将会向沉淀溶解的方向移动，常用的溶解沉淀的方法主要有以下几种。

(1) 酸碱溶解法

利用酸或碱与难溶电解质的组分离子反应，生成可溶性弱电解质，使沉淀平衡向溶解的方向移动。如，要溶解 $CaCO_3$ 沉淀，可向沉淀平衡体系中加入盐酸或硝酸，H^+ 与 CO_3^{2-} 结合成 HCO_3^-、H_2CO_3，降低了溶解在水溶液中的 CO_3^{2-} 浓度，使 $Q<K_{sp}^{\ominus}$，推动平衡向沉淀溶解方向移动。同理，要溶解 $Mg(OH)_2$、$Fe(OH)_3$、$Al(OH)_3$ 等金属氢氧化物，加入酸后，H^+ 与 OH^- 结合成 H_2O，从而促进金属氢氧化物的水解。再如，向难溶金属硫化物中加入酸后生成 HS^-、H_2S，促进沉淀的溶解。

$$CaCO_3+2H^+ = Ca^{2+}+CO_2+H_2O$$

$$FeS(s)+2H^+ \longrightarrow Fe^{2+}+H_2S\uparrow$$

$$Al(OH)_3(s)+3H^+ \longrightarrow Al^{3+}+3H_2O$$

某些溶度积较大的氢氧化物如 $Mg(OH)_2$、$Mn(OH)_2$ 可溶于铵盐中，是由于生成弱碱 $NH_3 \cdot H_2O$。例如：

$$Mg(OH)_2+2NH_4^+ \longrightarrow Mg^{2+}+2NH_3 \cdot H_2O$$

两性金属氢氧化物沉淀如 $Zn(OH)_2$ 和 $Al(OH)_3$ 还可溶于强碱溶液中，如 $Zn(OH)_2$ 沉淀溶于强碱中的反应为

$$Zn(OH)_2(s)+2OH^- \longrightarrow Zn(OH)_4^{2-}$$

(2) 氧化还原溶解法

一些溶度积常数很小的金属硫化物，如 CuS 等，向其加入非氧化性的强酸如 HCl 或 H_2SO_4，不会令其溶解。若利用氧化性的酸如 HNO_3 等，通过氧化还原反应，将 S^{2-} 氧化成单质硫，可以促进 CuS 向生成 Cu^{2+} 和 S 单质的方向移动，导致沉淀溶解。

$$3CuS(s)+8HNO_3 \xlongequal{} 3Cu(NO_3)_2+3S\downarrow+2NO\uparrow+4H_2O$$

(3) 配位溶解法

许多难溶电解质解离出的金属离子能与外加试剂中的阴离子生成更稳定的配合物，在含有配体的溶液中发生溶解，从而达到溶解沉淀的目的。例如：

$$AgCl(s)+2NH_3 \cdot H_2O \longrightarrow [Ag(NH_3)_2]^+ +Cl^- +2H_2O$$

$$AgBr(s)+2S_2O_3^{2-} \longrightarrow [Ag(S_2O_3)_2]^{3-}+Br^-$$

$$AgI(s)+2CN^- \longrightarrow [Ag(CN)_2]^- +I^-$$

$$HgI_2+2I^- \rightleftharpoons [HgI_4]^{2-}$$

有些溶度积非常小的硫化物，如 HgS（$K^\ominus_{sp,HgS}=6.44\times10^{-53}$），单纯用 HNO_3 降低 S^{2-} 浓度尚不足以使其溶解。为了达到溶解目的，需要使用王水。HNO_3 将 S^{2-} 氧化成单质硫，HCl 中的 Cl^- 与 Hg^{2+} 结合成［$HgCl_4^{2-}$］配离子，降低 Hg^{2+} 浓度，使 $Q<K^\ominus_{sp}$，HgS 沉淀溶解。化学方程式如下：

$$3HgS(s)+12HCl+2HNO_3 \xlongequal{} 3H_2[HgCl_4]+3S\downarrow+2NO\uparrow+4H_2O$$

例 7-7 分别计算 25℃时 FeS 和 ZnS 在 $0.50mol \cdot L^{-1}$ HCl 溶液中的溶解度。已知 $K^\ominus_{sp,FeS}=1.59\times10^{-19}$，$K^\ominus_{sp,ZnS}=2.93\times10^{-25}$，$H_2S$ 的 $K_{a_1}=8.9\times10^{-8}$，$K_{a_2}=1.2\times10^{-13}$，饱和 H_2S 溶液中$[H_2S]=0.1mol \cdot L^{-1}$。

解： FeS 和 ZnS 在酸性水溶液中的溶解反应可写成

$$MS(s)+2H^+(aq) \xlongequal{} M^{2+}(aq)+H_2S(aq)$$

$$K^\ominus=\frac{[M^{2+}][H_2S][S^{2-}]}{[H^+]^2\times[S^{2-}]}=\frac{K^\ominus_{sp,MS}}{K^\ominus_{a_1}K^\ominus_{a_2}}$$

溶解后生成的［H_2S］的最大值为 $0.1mol \cdot L^{-1}$，若生成更多的 H_2S，会以气体形式逸出。

(1) 对于 FeS

$$K_1^\ominus=\frac{K^\ominus_{sp,FeS}}{K^\ominus_{a_1}K^\ominus_{a_2}}=\frac{1.59\times10^{-19}}{8.9\times10^{-8}\times1.2\times10^{-13}}=15$$

平衡常数较大，估计 FeS 溶解度较大，从反应计量关系推测溶解度理应大于 0.1mol · L^{-1}，而 H_2S 平衡浓度只能定为 0.1mol · L^{-1}。设 FeS 溶解度为 x mol · L^{-1}，则

$$FeS(s)+2H^+ \rightleftharpoons Fe^{2+}+H_2S$$

初始浓度/mol · L^{-1}	0.50		
平衡浓度/mol · L^{-1}	$0.50-2x$	x	0.1

$$\frac{0.1x}{(0.5-2x)^2}=15$$

求得　$x=0.23\text{mol}\cdot L^{-1}$

显然，计算结果 0.23mol · L^{-1} > 0.1mol · L^{-1}，与假定结果相符。

故 FeS 在 0.50mol · L^{-1} HCl 溶液中的溶解度为 0.23mol · L^{-1}。

（2）对于 ZnS

$$K_2^{\ominus}=\frac{K_{sp,ZnS}^{\ominus}}{K_{a_1}^{\ominus}K_{a_2}^{\ominus}}=\frac{2.93\times10^{-25}}{8.9\times10^{-8}\times1.2\times10^{-13}}=2.74\times10^{-5}$$

该平衡常数很小，故不能按 FeS 在 0.50mol · L^{-1} HCl 溶液中的溶解度的计算方法运算。设 ZnS 溶解度为 y mol · L^{-1}，H_2S 的浓度也为 y mol · L^{-1}

$$ZnS(s)+2H^+ \rightleftharpoons Zn^{2+}+H_2S$$

初始浓度/mol · L^{-1}	0.50		
平衡浓度/mol · L^{-1}	$0.50-2y$	y	y

$$\frac{y^2}{(0.5-2y)^2}=2.74\times10^{-5}$$

即
$$\frac{y}{0.5-2y}=5.23\times10^{-2}$$

解得 $y=0.0237\text{mol}\cdot L^{-1}$

即 ZnS 在 0.50mol · L^{-1} HCl 溶液中的溶解度为 0.0237mol · L^{-1}。

7.2.3　沉淀的转化

借助外加试剂的加入，使沉淀由一种难溶电解质转化为另一种难溶电解质的过程称为沉淀的转化。例如，锅炉水垢的主要成分为 $CaCO_3$ 和 $CaSO_4$，在除垢过程中，用盐酸洗涤可除去 $CaCO_3$，但 $CaSO_4$ 无法除去。一种解决的方法是先用 Na_2CO_3 溶液浸泡，将 $CaSO_4$ 转化为溶度积更小的 $CaCO_3$ 沉淀，放出含 SO_4^{2-} 的溶液后，再用盐酸清洗 $CaCO_3$ 沉淀物。

$$CaSO_4+CO_3^{2-} \longrightarrow CaCO_3+SO_4^{2-}$$

$CaSO_4$ 转化为 $CaCO_3$ 的平衡常数为

$$K^{\ominus}=\frac{[SO_4^{2-}]}{[CO_3^{2-}]}=\frac{K_{sp,CaSO_4}^{\ominus}}{K_{sp,CaCO_3}^{\ominus}}=\frac{7.10\times10^{-5}}{4.96\times10^{-9}}=1.43\times10^4$$

可见，用 Na_2CO_3 将 $CaSO_4$ 转化成 $CaCO_3$ 的沉淀相当彻底。

沉淀能否转化以及转化的程度取决于两种沉淀溶度积的相对大小。当沉淀类型相同时，$K_{sp}^{\ominus}$ 大的沉淀转化成 $K_{sp}^{\ominus}$ 小的沉淀较容易，而且两者 $K_{sp}^{\ominus}$ 相差越大，转化越完全。然而，将 $K_{sp}^{\ominus}$ 小的沉淀转化为 $K_{sp}^{\ominus}$ 大的沉淀就相当困难。例如，将 $BaSO_4$ 转化为 $BaCO_3$ 的反应

$$BaSO_4 + CO_3^{2-} \longrightarrow BaCO_3 + SO_4^{2-}$$

$$K^{\ominus} = \frac{[SO_4^{2-}]}{[CO_3^{2-}]} = \frac{K_{sp,BaSO_4}^{\ominus}}{K_{sp,BaCO_3}^{\ominus}} = \frac{1.07\times10^{-10}}{2.58\times10^{-9}} = 4.15\times10^{-2}$$

由于该转化的平衡常数很小，因此，欲使 $BaSO_4$ 沉淀转化为 $BaCO_3$ 沉淀非常困难。

7.2.4 分步沉淀

在实际工作中，一个体系往往同时含有多种离子，而这些离子均能与加入的同一沉淀剂作用，生成难溶电解质。由于各种离子与同一沉淀剂形成的难溶电解质的溶度积存在差异，析出的沉淀有先后顺序。随着沉淀剂的加入，优先满足 $Q > K_{sp}^{\ominus}$ 的难溶电解质先析出；随着进一步增大沉淀剂的用量，第二个满足反应商 $Q > K_{sp}^{\ominus}$ 的离子被析出，这就是所谓的分步沉淀。

例如，溶液中含有浓度分别为 $0.0010\text{mol}\cdot\text{L}^{-1}$ I^- 和 $0.010\text{mol}\cdot\text{L}^{-1}$ Cl^-，若逐滴加入 $AgNO_3$ 溶液，根据溶度积规则，AgCl 和 AgI 开始沉淀时所需要的 Ag^+ 的浓度分别为：

AgCl 开始沉淀时

$$[Ag^+] = \frac{K_{sp,AgCl}^{\ominus}}{[Cl^-]} = \frac{1.77\times10^{-10}}{0.010} = 1.77\times10^{-8}\text{mol}\cdot\text{L}^{-1}$$

AgI 开始沉淀时

$$[Ag^+] = \frac{K_{sp,AgI}^{\ominus}}{[I^-]} = \frac{8.51\times10^{-17}}{0.0010} = 8.51\times10^{-14}\text{mol}\cdot\text{L}^{-1}$$

显然，I^- 开始沉淀所需要的 Ag^+ 浓度比沉淀 Cl^- 所需要的 Ag^+ 浓度低得多。因此，先析出 AgI 黄色沉淀，随着继续加入 $AgNO_3$ 溶液，溶液中的 I^- 浓度逐渐减小，当体系中 Ag^+ 浓度达到 AgCl 开始沉淀所需的 Ag^+ 浓度时，便析出白色的 AgCl 沉淀。在开始析出 AgCl 沉淀的瞬间，溶液中 Ag^+ 浓度应同时满足以下两个关系式：

$$[Ag^+] = \frac{K_{sp,AgCl}^{\ominus}}{[Cl^-]_{始}} \text{与} [Ag^+] = \frac{K_{sp,AgI}^{\ominus}}{[I^-]_{余}}$$

$$\frac{K_{sp,AgCl}^{\ominus}}{[Cl^-]_{始}} = \frac{K_{sp,AgI}^{\ominus}}{[I^-]_{余}}$$

由于初始 $[Cl^-] = 0.010\text{mol}\cdot\text{L}^{-1}$，所以开始生成 AgCl 沉淀时，剩余的 $[I^-]$ 为

$$[I^-]_{余} = \frac{K_{sp,AgI}^{\ominus}\times[Cl^-]_{始}}{K_{sp,AgCl}^{\ominus}} = \frac{8.51\times10^{-17}\times0.010}{1.77\times10^{-10}} = 4.81\times10^{-9}\text{mol}\cdot\text{L}^{-1}$$

可见，当 Cl^- 开始沉淀时，I^- 已从 $1.0\times10^{-3}\text{mol}\cdot\text{L}^{-1}$ 降至 $4.81\times10^{-9}\text{mol}\cdot\text{L}^{-1}$，显然，$I^-$ 早已沉淀完全。

利用分步沉淀可以实现金属离子分离。对于等浓度同类型的难溶强电解质，溶度积小者

先沉淀，溶度积相差越大，分离效果越好。然而，对于不同类型的沉淀，则需要通过计算以确定沉淀的先后次序与分离效果。例如，用 $AgNO_3$ 沉淀浓度均为 0.010mol·L^{-1} 的 Cl^- 和 CrO_4^{2-}，开始析出的是 AgCl 沉淀。这是因为 AgCl 沉淀的溶解度（1.33×10^{-5}mol·L^{-1}）比 Ag_2CrO_4 沉淀的溶解度（6.54×10^{-5}mol·L^{-1}）小。

分步沉淀多用于硫化物和氢氧化物的分离，下面分别举例予以说明。

例 7-8　已知某溶液中含有 0.01mol·L^{-1} Zn^{2+} 和 0.01mol·L^{-1} Mn^{2+}，向此溶液中通入 H_2S 使之饱和，哪种沉淀先析出？为了使 Zn^{2+} 沉淀完全，溶液中 H^+ 浓度不得低于多少？此时是否能析出 MnS 沉淀？已知 $K^\ominus_{sp,MnS}=4.65\times10^{-14}$，$K^\ominus_{sp,ZnS}=2.93\times10^{-25}$，$H_2S$ 的 $K^\ominus_{a_1}=8.9\times10^{-8}$，$K^\ominus_{a_2}=1.2\times10^{-13}$，饱和 H_2S 溶液中 $[H_2S]=0.1$mol·L^{-1}。

解： 因为 ZnS 和 MnS 的沉淀类型均为 1∶1 型化合物，且 Mn^{2+} 和 Zn^{2+} 浓度相等，而 $K^\ominus_{sp,ZnS}=2.93\times10^{-25}$，$K^\ominus_{sp,MnS}=4.65\times10^{-14}$，$K^\ominus_{sp,ZnS}\ll K^\ominus_{sp,MnS}$ 所以先析出 ZnS 沉淀。

根据方程式：

$$Zn^{2+}+H_2S \xlongequal{} ZnS+2H^+$$

$$K^\ominus=\frac{[H^+]^2}{[Zn^{2+}][H_2S]}=\frac{K^\ominus_{a_1}K^\ominus_{a_2}}{K^\ominus_{sp,ZnS}}$$

要使 Zn^{2+} 沉淀完全，应满足 $[Zn^{2+}]\leqslant1\times10^{-5}$mol·L^{-1}，故溶液中 $[H^+]$ 应满足：

$$[H^+]\leqslant\sqrt{\frac{K^\ominus_{a_1}K^\ominus_{a_2}[H_2S][Zn^{2+}]}{K^\ominus_{sp,ZnS}}}=\sqrt{\frac{8.9\times10^{-8}\times1.2\times10^{-13}\times0.1\times1.0\times10^{-5}}{2.93\times10^{-25}}}$$

$$=0.191\text{mol}\cdot\text{L}^{-1}$$

$$pH\geqslant0.72$$

即要使 Zn^{2+} 沉淀完全，pH 应大于 0.72。

欲使 Mn^{2+} 不产生 MnS 沉淀，应满足：

$$[H^+]>\sqrt{\frac{K^\ominus_{a_1}K^\ominus_{a_2}[H_2S][Mn^{2+}]}{K^\ominus_{sp,MnS}}}=\sqrt{\frac{8.9\times10^{-8}\times1.2\times10^{-13}\times0.1\times0.01}{6.45\times10^{-14}}}$$

$$=1.29\times10^{-5}\text{mol}\cdot\text{L}^{-1}$$

$$pH<4.82$$

即要使 Mn^{2+} 不产生沉淀，pH 应低于 4.82。

可见，只需将溶液的 pH 控制在 0.72～4.82，即可保证 Zn^{2+} 沉淀完全，而不析出 Mn^{2+} 沉淀，实现两种离子分离。

例 7-9　若溶液中含有 0.010mol·L^{-1} 的 Fe^{3+} 和 0.010mol·L^{-1} 的 Zn^{2+}，欲用形成氢氧化物的方法分离 Fe^{3+} 和 Zn^{2+}，试计算分离两种离子的 pH 范围。已知：$K^\ominus_{sp,Fe(OH)_3}=2.64\times10^{-39}$，$K^\ominus_{sp,Zn(OH)_2}=7.71\times10^{-17}$。

解： 开始生成 $Fe(OH)_3$ 沉淀时，有

$$[OH^-]=\sqrt[3]{K^{\ominus}_{sp,Fe(OH)_3}}=\sqrt[3]{\frac{2.64\times10^{-39}}{0.010}}=6.42\times10^{-13}\,mol\cdot L^{-1}\quad pH=1.81$$

Fe^{3+} 沉淀完全时，$[Fe^{3+}]\leqslant1.0\times10^{-5}\,mol\cdot L^{-1}$，应满足

$$[OH^-]\geqslant\sqrt[3]{\frac{K^{\ominus}_{sp,Fe(OH)_3}}{[Fe^{3+}]}}=\sqrt[3]{\frac{2.64\times10^{-39}}{1.0\times10^{-5}}}=6.42\times10^{-12}\,mol\cdot L^{-1}$$

即：$pH\geqslant2.81$

欲使 Zn^{2+} 不产生 $Zn(OH)_2$ 沉淀，应满足

$$[OH^-]\leqslant\sqrt{\frac{K^{\ominus}_{sp,Zn(OH)_2}}{[Zn^{2+}]}}=\sqrt{\frac{7.71\times10^{-17}}{0.010}}=8.78\times10^{-8}\,mol\cdot L^{-1}$$

$$pH\leqslant6.94$$

因此，为了实现 Fe^{3+} 和 Zn^{2+} 完全分离，只需将溶液的酸度控制在 pH2.81～6.94，即可使 Fe^{3+} 沉淀完全，而 Zn^{2+} 保留在母液中。

7.3 沉淀滴定法

基于沉淀反应而进行的滴定分析方法为沉淀滴定法。适用于沉淀滴定分析的沉淀过程应满足如下要求：①形成的沉淀组成恒定，溶解度小。②反应定量进行且速度快。③有合适的指示剂或可用其他可行的方法指示滴定终点。

尽管沉淀反应很多，但能用于沉淀滴定的反应非常少。目前应用较多的是银量法，利用生成 AgCl、AgBr、AgI、AgCN 和 AgSCN 的沉淀反应，测定 Cl^-、Br^-、I^-、CN^-、SCN^- 和 Ag^+ 等离子含量。银量法又分为莫尔（Mohr）法、福尔哈德（Volhard）法和法扬斯（Fajans）法。银量法确定终点的方法有电位法和指示剂法。本节介绍使用指示剂确定终点的方法。

7.3.1 莫尔法

以 K_2CrO_4 为指示剂，以 $AgNO_3$ 标准溶液为滴定剂，测定试样中的 Cl^- 或 Br^- 的银量法称为莫尔法（Mohr method）。

1. 基本原理

在含有 Cl^- 或 Br^- 的近中性或弱碱性（pH 6～7.5）溶液中，以 K_2CrO_4 为指示剂，以 $AgNO_3$ 标准溶液为滴定剂，测定 Cl^- 或 Br^- 含量。其反应如下：

$$Ag^+ + Cl^- \rightleftharpoons AgCl\downarrow（白色）\quad K^{\ominus}_{sp,AgCl}=1.77\times10^{-10}$$

或 $$Ag^+ + Br^- \rightleftharpoons AgBr\downarrow（浅黄）\quad K^{\ominus}_{sp,AgBr}=5.35\times10^{-13}$$

$$2Ag^+ + CrO_4^{2-} \rightleftharpoons Ag_2CrO_4\downarrow（砖红色）\quad K^{\ominus}_{sp,Ag_2CrO_4}=1.12\times10^{-12}$$

根据分步滴定原理，由于 AgCl（或 AgBr）的溶解度比 Ag_2CrO_4 的溶解度小，在滴定过程中，随着 $AgNO_3$ 的不断加入，先析出 AgCl（或 AgBr）沉淀，定量沉淀后，过量 1 滴 $AgNO_3$ 标准溶液与 K_2CrO_4 生成砖红色的 Ag_2CrO_4 沉淀，指示滴点终点。

2. 滴定条件

（1）指示剂用量

根据溶度积原理，从理论上算出到达化学计量点时所需 CrO_4^{2-} 浓度：

$$[Ag^+]_{sp}=[Cl^-]_{sp}=\sqrt{K^{\ominus}_{sp,AgCl}}=\sqrt{1.77\times10^{-10}}=1.33\times10^{-5}\,mol\cdot L^{-1}$$

$$[CrO_4^{2-}]=\frac{K^{\ominus}_{sp,Ag_2CrO_4}}{[Ag^+]^2}=\frac{1.1\times10^{-12}}{(1.33\times10^{-5})^2}=6.33\times10^{-3}\,mol\cdot L^{-1}$$

K_2CrO_4 本身显黄色，浓度过高时，溶液的黄色较深，影响砖红色终点判断，实际操作过程中，K_2CrO_4 浓度为 $5.0\times10^{-3}\,mol\cdot L^{-1}$。显然，与理论值相比，$K_2CrO_4$ 浓度有所降低，需要多滴加一点 $AgNO_3$ 溶液析出 Ag_2CrO_4 沉淀，产生正误差。但这种滴定误差对分析结果的影响是可以忽略的。

（2）滴定酸度

适宜的滴定酸度为 pH＝6.0～7.5。如果酸度偏高，CrO_4^{2-} 与 H^+ 发生如下反应：

$$2H^+ + 2CrO_4^{2-} \rightleftharpoons 2HCrO_4^- \rightleftharpoons Cr_2O_7^{2-} + H_2O$$

降低了 CrO_4^{2-} 的浓度，影响 Ag_2CrO_4 沉淀的生成，因此，溶液酸度不得高于 pH 6.0。在强碱性溶液中，Ag^+ 沉淀为 Ag_2O

$$2Ag^+ + 2OH^- \rightleftharpoons 2AgOH \rightleftharpoons Ag_2O\downarrow + H_2O$$

这要求滴定时溶液的 pH 不宜过高。如果待测试样的酸度存在过高或过低现象，可滴加 1 滴酚酞指示剂，用稀 NaOH 溶液或稀 HNO_3 溶液将溶液调至微红色，再用稀 HNO_3 回滴至红色刚好褪去。Ag^+ 与 NH_3 易结合成 $[Ag(NH_3)_2]^+$，因此，在分析含有铵盐试样（如酱油）中的 Cl^- 时，酸度应控制在 pH＝6.5～7.2。

（3）干扰

莫尔法的选择性较差，凡是能与 Ag^+ 生成微溶化合物或形成配合物（如：PO_4^{3-}、$C_2O_4^{2-}$、AsO_4^{3-}、CO_3^{2-}、S^{2-}、NH_3、EDTA、$S_2O_3^{2-}$），能与滴定剂 CrO_4^{2-} 作用的阳离子（如 Ba^{2+}、Pb^{2+}、Hg^{2+} 等）都干扰测定。另外，在中性或弱酸性溶液中能发生水解的离子，如：Fe^{3+}、Al^{3+}、Bi^{3+}、Sn^{4+} 等，也干扰测定。

（4）适宜分析对象

莫尔法适用于 Cl^-、Br^- 的测定，对 I^- 和 SCN^- 的测定不适用。这是因为 AgI 或 Ag-SCN 沉淀强烈吸附 I^- 或 SCN^-，使终点提前，而且终点变色也不敏锐。

（5）滴定操作

滴定时必须剧烈摇动溶液，以降低沉淀对待测离子的吸附。

7.3.2 福尔哈德法

以铁铵矾 $[NH_4Fe(SO_4)_2\cdot12H_2O]$ 为指示剂的银量法称为福尔哈德法。本法分为直接法和返滴法两种。

1. 原理

在含有 Ag^+ 的酸性溶液中，以铁铵矾为指示剂，用 NH_4SCN 标准溶液滴定。当定量析出 AgSCN 沉淀后，稍过量的 NH_4SCN 溶液与 Fe^{3+} 生成红色配合物指示滴定终点。其反应如下：

$$Ag^+ + SCN^- \Longrightarrow AgSCN \downarrow \qquad\qquad K_{sp,AgSCN}^{\ominus} = 1.03 \times 10^{-12}$$

$$Fe^{3+} + SCN^- \Longrightarrow [Fe(SCN)]^{2+}（血红色） \qquad K^{\ominus} = 138$$

用 NH_4SCN 标准溶液可以直接测定 Ag^+。实验证明，能观察到红色的 $[Fe(SCN)]^{2+}$ 的最低浓度为 $6.0 \times 10^{-6} mol \cdot L^{-1}$，在实际操作过程中维持 $[Fe^{3+}] \approx 0.15 mol \cdot L^{-1}$。

在分析上具有更大意义的是用返滴法测定卤化物含量。其测定原理见图 7-3。

$$\left.\begin{matrix} X^- \\ H^+ \end{matrix}\right\} \xrightarrow{AgNO_3（过量）} \left\{\begin{matrix} AgX \\ Ag^+ \\ H^+ \ Fe^{3+} \end{matrix}\right\} \xrightarrow{NH_4SCN} \left\{\begin{matrix} AgSCN \\ H^+ \ Fe^{3+} \end{matrix}\right\} \xrightarrow[（过量一滴）]{NH_4SCN} \underset{终点}{Fe(SCN)^{2+}（红色）}$$

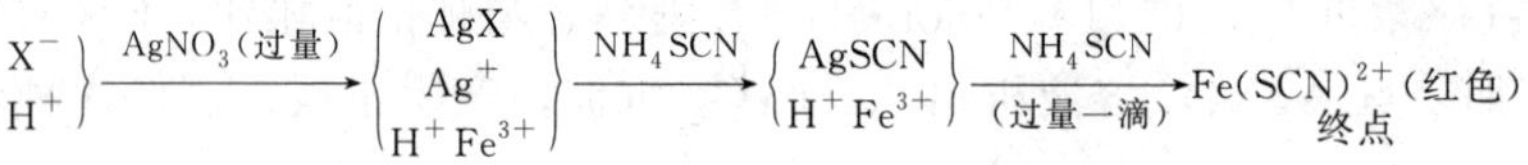

图 7-3 返滴定法测定卤化物的原理

在含卤离子的酸性溶液中，先加入一定过量的 $AgNO_3$ 标准溶液，再以铁铵矾为指示剂，用 NH_4SCN 标准溶液滴定过量的 $AgNO_3$。

$$Ag^+ + X^- \Longrightarrow AgX \downarrow$$

$$Ag^+（剩余） + SCN^- \Longrightarrow AgSCN \downarrow$$

$$Fe^{3+} + SCN^- \Longrightarrow [Fe(SCN)]^{2+}（红色）$$

2. 滴定条件

（1）滴定酸度

滴定时，溶液的酸度一般控制在 $0.3 \sim 1.0 mol \cdot L^{-1}$，若酸度过低，$Fe^{3+}$ 水解成 $[Fe(OH)]^{2+}$、$[Fe(OH)_2]^+$ 等深色配合物，甚至出现 $Fe(OH)_3$ 沉淀，影响终点判断。滴定介质在稀 HNO_3 中进行，许多弱酸盐（如 PO_4^{3-}、CO_3^{2-}、AsO_4^{3-}、S^{2-} 等）不干扰卤素离子的测定，因此，该法选择性高。

（2）指示剂用量

通过理论计算，产生 $[Fe(SCN)]^{2+}$ 的 Fe^{3+} 最低浓度为 $0.04 mol \cdot L^{-1}$，但实际上，如此高浓度的 Fe^{3+} 使溶液呈较深的黄色，影响终点判断。在实际操作中选用 Fe^{3+} 的浓度为 $0.015 mol \cdot L^{-1}$ 左右，颜色变化明显，滴定误差较小。

（3）吸附与沉淀转换引起误差

直接法测定 Ag^+ 时，生成的 AgSCN 沉淀强烈地吸附 Ag^+，使终点提前，结果偏低。因此，在滴定时，应剧烈摇动溶液，释放被吸附的 Ag^+。

返滴法测定 Cl^- 时，经常遇到终点判断的问题。这是由于 AgSCN 的溶解度比 AgCl 小，因此，用 NH_4SCN 标准溶液返滴定剩余的 Ag^+ 达到化学计量点后，稍过量的 SCN^- 与 AgCl 沉淀发生沉淀转化反应

$$AgCl + SCN^- \Longrightarrow AgSCN \downarrow + Cl^-$$

随着不断地摇动溶液，反应不断向生成 AgSCN 方向进行，终点的红色逐渐消失，甚至

得不到稳定的终点。为了避免上述现象发生，可采用以下两种措施：

① 向试样溶液中加入一定量过量的 $AgNO_3$ 标准溶液，将溶液加热煮沸，使 AgCl 沉淀凝聚，经陈化后滤去沉淀，沉淀用 1∶300 稀 HNO_3 洗涤，将洗涤液并入滤液，然后用 NH_4SCN 标准溶液回滴滤液中的 $AgNO_3$。

② 加入一定量过量的 $AgNO_3$ 标准溶液，生成 AgCl 沉淀后，加入硝基苯或 1,2-二氯乙烷 1～2mL，不断用力摇动，使 AgCl 沉淀表面覆盖一层有机物，阻止沉淀与滴定剂接触，避免 SCN^- 与生成的 AgCl 沉淀发生沉淀转化。

用返滴定法测定 I^- 和 Br^- 时，由于 AgI 和 AgBr 沉淀的溶解度均比 AgSCN 沉淀小，因此不发生沉淀转化。但是，测定 I^- 时，需先加入定量过量的 $AgNO_3$ 标准溶液使 I^- 转化为 AgI 沉淀，再加指示剂，否则，铁铵矾将 I^- 氧化成单质 I_2。PO_4^{3-}、CN^-、$C_2O_4^{2-}$、S^{2-}、CrO_4^{2-} 的测定与 Cl^- 的定量方法类似，需采用改良后的福尔哈德法。

（4）干扰

凡能与 SCN^- 发生反应的物质（如强氧化剂、NO_2^-、Cu^{2+}、汞盐）均影响测定结果，应事先除去。

7.3.3　法扬斯法

用吸附指示剂指示终点的银量法称为法扬斯法。

1. 基本原理

吸附指示剂是一类有机染料，它们的阴离子在溶液中被带正电荷的胶体微粒吸附后，发生结构变化，变化前后的染料颜色存在明显差异，据此指示滴定终点。以荧光黄为指示剂，$AgNO_3$ 标准溶液滴定试样中的 Cl^- 为例。

荧光黄是一种有机弱酸，用 HFln 表示，在溶液中解离为黄绿色的阴离子 Fln^-。化学计量点前，溶液中 Cl^- 过量，AgCl 胶粒吸附与之结构相近的 Cl^- 后带负电荷，Fln^- 与吸附 Cl^- 后的 AgCl 胶粒的电性相同，不被吸附，溶液呈黄绿色。化学计量点后，过量一滴 $AgNO_3$ 溶液中的 Ag^+ 优先被 AgCl 胶粒吸附，使胶体带正电荷。根据异性电荷相互吸引的原理，带正电荷的 AgCl 胶粒强烈地吸附 Fln^-，在 AgCl 胶体表面形成了一种粉红色的荧光黄银配合物，使溶液颜色由黄绿色转为粉红色，指示滴定终点。荧光黄指示剂指示终点的原理见图 7-4。

$$\left.\begin{array}{c} X^- \\ HFln \xrightleftharpoons{} H^+ + Fln^- \\ (A\,色) \end{array}\right\} \xrightarrow{AgNO_3} \left\{\begin{array}{c} AgX \cdot X^- \\ \langle 至化学计量点 \rangle \\ Fln^- \end{array}\right. \xrightarrow{AgNO_3(过量一滴)} \left\{\begin{array}{c} AgX \cdot Ag^+ \cdot Fln^- \\ (B\,色) \end{array}\right.$$

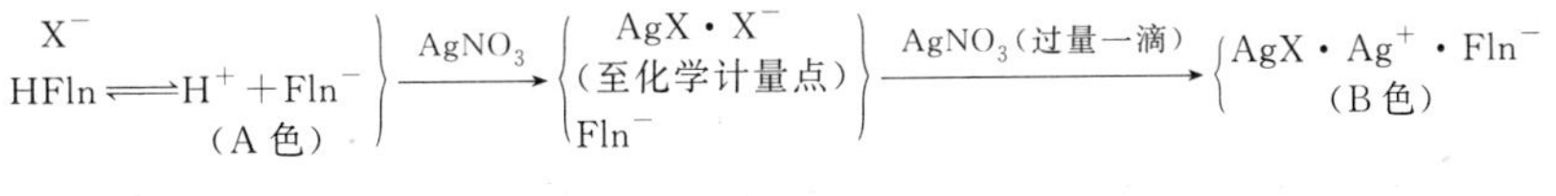

图 7-4　荧光黄指示剂指示终点的原理

有关化学反应方程式如下：

化学计量点前，Cl^- 过量：$AgCl \cdot Cl^- + Fln^-$（黄绿色）

化学计量点后，Ag^+ 过量一滴：$AgCl \cdot Ag^+ + Fln^- \rightarrow AgCl \cdot Ag^+ \cdot Fln^-$（粉红色）

2. 滴定条件

为了使终点变色敏锐，使用吸附指示剂应注意以下几点。

（1）吸附表面积的影响

指示剂的颜色变化发生在沉淀胶粒表面，欲使终点变色明显，应尽可能使卤化银沉淀呈胶体状态，拥有较大的比表面积。为此，常加入淀粉、糊精等高分子化合物以分散沉淀，使卤化银维持胶体状态。

（2）合适的溶液酸度和浓度

由于常用的吸附指示剂多为有机弱酸，其 $K_a^{\ominus}$ 值不同，指示剂适用的酸度范围不同，为使指示剂呈阴离子状态，必须控制适当的酸度。例如，荧光黄指示剂的 $K_a^{\ominus}\approx10^{-7}$，只能在中性或弱碱性（pH＝7.0～10.0）溶液中使用，若溶液 pH＜7.0，荧光黄大部分以 HFln 分子形式存在，不被 $AgCl\cdot Ag^+$ 吸附，无法指示终点；再如，二氯荧光黄的 $K_a^{\ominus}=10^{-4}$，可以在 pH＝4.0～10.0 使用；曙红的 $K_a^{\ominus}=10^{-2}$，能在溶液 pH＝3.0～10.0 指示滴定终点。

合适的卤离子浓度是保证准确滴定的重要条件之一。若卤离子的浓度太低，生成胶体量少，很难观察到终点。例如，以荧光黄为指示剂，用 $AgNO_3$ 滴定 Cl^- 时，要求 Cl^- 浓度不得低于 $0.005mol\cdot L^{-1}$；测定 Br^-、I^-、SCN^- 等离子的灵敏度较高，浓度不低于 $0.001mol\cdot L^{-1}$。

（3）避光滴定

卤化银沉淀对光敏感，见光分解析出银单质，使沉淀转为灰黑色，影响终点判断。因此，滴定过程中应避免强光照射。

（4）胶体吸附能力适当

胶体微粒吸附指示剂的吸附能力应略低于对待测离子的吸附能力，否则，化学计量点前就变色了，终点提前。但是，胶体微粒对待测离子的吸附能力也不能太弱，否则，滴定终点延迟。卤化银对卤离子以及常见的几种吸附指示剂吸附能力大小顺序如下：

I^-＞二甲基二碘荧光黄＞Br^-＞曙红＞Cl^-＞荧光黄

因此，滴定 Cl^- 时，不能选用曙红为指示剂，因为卤化银对曙红的吸附能力比对 Cl^- 吸附能力强，优先吸附曙红，无法指示终点。现将几种常用的吸附指示剂及其应用范围列于表 7-1。

表 7-1　几种常用的吸附指示剂及其应用范围

指示剂名称	待测离子	滴定剂	酸度范围
荧光黄	Cl^-、Br^-、I^-	$AgNO_3$	pH＝7.0～10.0
二氯荧光黄	Cl^-、Br^-、I^-	$AgNO_3$	pH＝4.0～10.0
曙红	Br^-、I^-、SCN^-	$AgNO_3$	pH＝2.0～10.0
甲基紫	Ag^+	NaCl	酸性溶液
溴甲酚绿	SCN^-	$AgNO_3$	pH＝4.0～5.0
二甲基二碘荧光黄	I^-	$AgNO_3$	中性溶液
罗丹明 6G	Ag^+	NaBr	稀 HNO_3

7.3.4 银量法的应用

常用银量法进行芒硝中氯化钠含量的测定。

(1) $AgNO_3$ 标准溶液的配制与标定

由于 $AgNO_3$ 在干燥或保存过程中，可能发生部分分解，因此，应先配一个近似浓度，再用 NaCl 基准物质标定其准确浓度。NaCl 易吸潮，使用前，需在 500～600℃ 干燥处理 2 小时以上，冷至 50～70℃ 左右，置于干燥器中进一步冷至室温，备用。标定 $AgNO_3$ 溶液所选用的指示剂应与测定试样所用的指示剂相同，以减少分析方法带来的系统误差。

(2) 莫尔法测定芒硝中的 NaCl

准确称取芒硝试样，用适量蒸馏水溶解，经快速滤纸滤去水中不溶物后，得到待测试样溶液。

准确移取适量的待测试样溶液，将其调至中性，加入 $50g \cdot L^{-1}$ K_2CrO_4 指示剂 1～2mL，用已标定好的 $AgNO_3$ 标准溶液滴定至溶液呈微红色。

7.4 重量分析法

重量分析法 (gravimetric analysis) 是通过采用适当的方法将待测组分与其他组分分离，再用称量的方法分析该组分含量的一种方法。

7.4.1 重量分析法及其分类

根据分离方法的不同，重量分析法可分为气化法、电解法和沉淀法三类。

气化法又称挥发法，通过加热或其他方式使试样中被测组分气化逸出，再根据气体逸出前、后试样质量之差计算被测组分的含量；或通过吸收剂吸收逸出的气体组分，称量吸附气体前后吸收剂质量的差值计算被测组分含量。例如，欲测定氯化钡晶体 ($BaCl_2 \cdot 2H_2O$) 中结晶水的含量，可先称取一定量试样，通过热处理将试样中水分挥发，根据试样处理前后的质量差值，计算试样的水分含量；也可以用吸湿剂（如高氯酸镁）吸收逸出的水分，计算吸收剂质量的增值求出结晶水的数量。

电解法是利用电解的方法使被测金属离子在电极上还原析出，然后称量，电极增加的质量即为被测金属的质量。

沉淀法以沉淀反应为基础，将被测组分转变为溶解度小的沉淀，然后对沉淀作适当处理，将沉淀转化为称量形式，进而求出待测组分的含量。例如，测定试液中 SO_4^{2-} 含量，通过加入过量的 $BaCl_2$ 溶液使试液中的 SO_4^{2-} 定量转化为 $BaSO_4$ 沉淀，再经过滤、洗涤、干燥、称量等一系列操作，算出试液中 SO_4^{2-} 的含量。

在上述几种方法中，以沉淀法应用较多，本节讨论沉淀法。

7.4.2 重量分析法的特点

重量分析法是通过电子天平称取试样质量，计算待测组分含量的一种分析方法。由于重量分析法的全部数据来源于电子天平称量，不需要基准物，因此，相对误差≤0.1%，测定准确度高。目前，重量分析法主要用于含量不太低的硅、磷、硫以及第六周期部分过渡元素的精确分析。另外，在容量仪器校正、科学研究、基准物的分析中，也常以重量分析为标准。重量分析的不足之处在于：操作较繁琐，耗时耗力，不适于实时监控在线分析，也不适合低含量组分的评估。

7.4.3 沉淀重量法对沉淀的要求

试样制成溶液后，加入适量的沉淀剂，使待测组分沉淀，该沉淀称为沉淀形式（precipitin form）。沉淀经过滤、洗涤、烘干或灼烧，转化成称量形式（weighing form）后再称量，根据称量形式的化学式计算待测组分含量。沉淀形式与称量形式可能相同，也可能不同。例如，在测定 SiO_2 含量时，沉淀形式是 $SiO_2 \cdot nH_2O$，灼烧后所得称量形式为 SiO_2。在有些情况下，沉淀形式和称量形式是相同的。例如，分析土壤中 SO_4^{2-} 含量，以 $BaCl_2$ 为沉淀剂，生成 $BaSO_4$ 的沉淀，由于 $BaSO_4$ 在灼烧过程中不发生质量变化，因此沉淀形式和称量形式相同。

为了得到准确的分析结果，沉淀重量分析不仅对沉淀形式和称量形式给出了明确规定，同时，也对沉淀剂提出了明确要求。

1. 对沉淀形式的要求

① 沉淀的溶解度尽可能小，确保待测组分沉淀完全，一般情况下，沉淀溶解的损失应小于电子天平的称量误差（0.2mg）。

② 沉淀纯净，尽量避免混入杂质。

③ 沉淀易于过滤、洗涤。为此，应尽量获得粗大的晶形沉淀。对于无定形沉淀，应掌握好沉淀条件，改善沉淀的性质。

④ 沉淀易转化为称量形式。

2. 对称量形式的要求

① 化学组成恒定，应与化学式完全一致。

② 性质稳定。称量形式应不受空气中水分、CO_2 和 O_2 等影响，在干燥或灼烧过程中不发生分解。

③ 摩尔质量大。称量形式的摩尔质量尽可能大。若待测组分在称量形式中的质量分数偏小，可以适当增加称量形式的质量，减小称量误差，提高分析结果的准确度。

3. 对沉淀剂的要求

① 沉淀剂应具有一定的挥发性，方便过量的沉淀剂在干燥或灼烧过程中除去，提高称量形式质量的准确性。

② 沉淀剂应具有一定的特效性，或创造条件使其具有特效性，这要求沉淀剂不与其他组分产生沉淀，仅与待测组分产生沉淀，这样可省去分离干扰组分的步骤。

③ 沉淀剂的溶解度要大，以减少沉淀对沉淀剂的吸附，获得纯度更高的沉淀。

从对沉淀剂的要求看，与无机沉淀剂相比，许多有机沉淀剂具有明显的优越性。有机沉淀剂选择性高，组成固定，称量形式的摩尔质量较大，能形成溶解度较小的粗晶沉淀，利于过滤与洗涤，在多数情况下沉淀通过烘干即可，不必进一步灼烧。因此，在分离沉淀的过程中，有机沉淀剂的应用越来越受到关注。

7.4.4　影响沉淀纯净的因素

重量分析要求沉淀越纯净越好。但是，完全纯净的沉淀是不存在的。影响沉淀纯净的因素可分为共沉淀和后沉淀两大类。

1. 共沉淀

在进行沉淀反应时，溶液中某些原本不应沉淀的组分也随着沉淀的沉降被带下来，与沉淀混杂，该现象称为共沉淀（co-precipitation）。共沉淀的产生源于表面吸附、形成混晶和包藏等。其中表面吸附是其主要来源。

（1）表面吸附

表面吸附是指沉淀表面吸附了某些杂质引起的共沉淀，主要源于沉淀晶体表面（尤其在边、角、棱上）的离子电荷作用力未达到完全平衡，存在较大的静电引力，将溶液中带异性电荷的离子吸引到沉淀表面，形成第一吸附层。为了维持电中性，第一吸附层外面需吸引溶液中带相反电荷的抗衡离子，形成第二吸附层（又称扩散层）。第一吸附层和第二吸附层共同组成了包围沉淀颗粒表面的双电层。沉淀对杂质离子的表面吸附遵循如下规则：

① 第一吸附层优先吸附构晶离子，其次吸附与构晶离子大小相近、电荷相同的离子。

② 第二吸附层是吸附带电荷高的离子。其次吸附能与构晶离子形成溶解度或解离度较小的化合物的离子。如，$BaSO_4$ 重量法测定水泥中 SO_4^{2-} 的含量，用 HCl 将试样处理成试液，然后，以 $BaCl_2$ 为沉淀剂将 SO_4^{2-} 转化为 $BaSO_4$ 的沉淀。试液中含有 Ba^{2+}、H^+、Cl^- 等离子，沉淀表面的 SO_4^{2-} 因静电引力优先吸附过量的构晶离子 Ba^{2+}，形成第一吸附层，使沉淀表面带正电荷；然后 Ba^{2+} 又吸引溶液中带负电荷的抗衡离子 Cl^-，形成第二吸附层。因吸附作用，$BaSO_4$ 沉淀表面吸附了一层 $BaCl_2$ 分子的共沉淀。除 Cl^- 外，若溶液中的阴离子还存在 NO_3^-，因为 $Ba(NO_3)_2$ 的溶解度比 $BaCl_2$ 小，根据吸附规律，$BaSO_4$ 沉淀优先吸附 Ba^{2+}，再吸附的是 NO_3^- 而不是 Cl^-，因此，形成的吸附杂质是 $Ba(NO_3)_2$。

再如，向含有 Ba^{2+}、Fe^{3+}、Fe^{2+}、Cl^- 的溶液中加入过量稀 H_2SO_4，产生 $BaSO_4$ 沉淀。$BaSO_4$ 沉淀表面优先吸附构晶离子 SO_4^{2-}，形成第一吸附层，然后吸附与 SO_4^{2-} 所带电荷相反的高价阳离子 Fe^{3+}，而非 Fe^{2+}，形成第二吸附层，因此，$BaSO_4$ 沉淀表面吸附的杂质为 $Fe_2(SO_4)_3$。

（2）混晶和包藏

当杂质离子与构晶离子半径相近，晶体结构相似时，可能取代晶体中的构晶离子，生成混晶共沉淀（mixed crystal precipitation）。如，$BaSO_4$ 和 $PbSO_4$；$BaSO_4$ 和 $BaCrO_4$；ZnS 和 CdS；$MgNH_4PO_4$ 和 $MgNH_4AsO_4$；AgCl 和 AgBr 等，均能生成混晶，产生共沉淀。因生成混晶而引起的共沉淀现象，杂质深入到沉淀的晶格内，即使改变沉淀条件、洗涤、陈化，甚至再沉淀等，都不可能得到好的纯化沉淀效果。为了避免混晶的生成，应事先将这类杂质分离除去。

在沉淀过程中，由于加入的沉淀剂太快，沉淀生长快，沉淀表面吸附的杂质来不及离开就被随后生成的沉淀所覆盖，使杂质或母液包藏在沉淀内部的现象称为包藏（occlusion）。包藏的杂质使晶体生长速度变慢，是造成晶形沉淀沾污的主要原因。对于因包藏而引起的共沉淀，可以改变沉淀条件，如放慢加入沉淀剂的速度、延长陈化时间、或重结晶。

2. 后沉淀

在沉淀过程中，一种原本难以析出沉淀的组分，或者形成稳定的过饱和溶液不能单独沉淀的物质，在另一种组分沉淀之后被“诱导”沉淀下来的现象称为后沉淀（post-precipitation）。例如，在 Mg^{2+} 存在下沉淀 CaC_2O_4 时，析出 CaC_2O_4 沉淀时并无 MgC_2O_4 沉淀析出。但如果将 CaC_2O_4 沉淀长时间静置在含 Mg^{2+} 的母液中，CaC_2O_4 的表面上就会析出较多的 MgC_2O_4。其原因可解释为：由于 CaC_2O_4 沉淀在母液中长时间放置，CaC_2O_4 沉淀表面选择性地吸附构晶离子 $C_2O_4^{2-}$，使沉淀表面上的 $C_2O_4^{2-}$ 浓度大大增加，当 $C_2O_4^{2-}$ 浓度和 Mg^{2+} 浓度的乘积大于 MgC_2O_4 沉淀的溶度积时，就会在 CaC_2O_4 沉淀表面析出 MgC_2O_4 沉淀。因此，减少后沉淀的主要措施是缩短沉淀在母液中的陈化时间。

3. 共沉淀和后沉淀对分析结果的影响

在沉淀重量法中，共沉淀和后沉淀现象对重量分析结果可能产生正误差、负误差或无误差，误差的大小取决于杂质的性质与含量。例如：$BaSO_4$ 沉淀中包藏 $BaCl_2$，若测定 Ba^{2+}，由于 $BaCl_2$ 的分子量比 $BaSO_4$ 小，称量的沉淀质量减少，产生负误差；若测定 SO_4^{2-}，由于 SO_4^{2-} 引入外来的 $BaCl_2$ 杂质，称量的沉淀质量增加，产生正误差。若 $BaSO_4$ 沉淀中包藏 H_2SO_4，在灼烧沉淀的过程中，H_2SO_4 分解成 SO_3 而挥发，不影响 Ba^{2+} 的测定结果；若采用微波加热法得到称量形式，则 H_2SO_4 不被分解，对 Ba^{2+} 的测定产生正误差。

4. 获得纯净沉淀的措施

欲获得纯净沉淀，可以采用如下措施：①选用合适的沉淀方法和分析程序。若试样中同时存在含量相差很大的两种离子需要进行沉淀分离，应该先将含量少的离子沉淀下来，反之，含量少的离子在含量高的离子生成沉淀过程中会因共沉淀而损失。②降低易被吸附离子的浓度。对于易被吸附的杂质离子，有必要先分离除去或加以掩蔽。将待测试样在稀溶液中进行沉淀，以减小杂质离子共沉淀。如果试样中含有较多杂质或一些高价态离子，应先对样品进行预处理，减少杂质。对于高价态离子，可采用掩蔽或分离的方法进行处理。③针对不同类型的沉淀，选用的沉淀条件应适当。④完成沉淀分离后，选择恰当的洗涤剂洗涤。⑤必要时进行二次沉淀，即将沉淀过滤、洗涤、溶解后，再进行一次沉淀。再沉淀可极大地降低杂质浓度，减少共沉淀现象发生。

7.4.5 沉淀的形成与沉淀条件的选择

为了获得粗大而纯净且易于过滤和洗涤的沉淀，必须了解沉淀的形成过程和选择条件。

1. 沉淀的类型与形成过程

（1）沉淀的类型

依据沉淀颗粒的物理性质的差异，将沉淀分为以下三种类型：①晶形沉淀（crystalline precipitate)。如：$BaSO_4$、CaC_2O_4、$MgNH_4PO_4$ 等；②无定形沉淀（amorphous precipitation)，又称非晶形沉淀。如：$Fe_2O_3 \cdot nH_2O$、$Al_2O_3 \cdot nH_2O$、$SiO_2 \cdot nH_2O$ 等；③凝乳状沉淀（curdy precipitate)，介于晶形沉淀和非晶形沉淀二者之间。如：AgCl 等。这三种类型的沉淀之间的最大差别在于颗粒大小不同。晶形沉淀的颗粒粒径最大，为 0.1～1μm。无定形沉淀颗粒粒径最小，＜0.02μm；凝乳状沉淀的粒径大小介于晶形沉淀和无定形沉淀二者之间，为 0.02～0.1μm。

晶形沉淀颗粒较大，内部排列规则，结构紧密，沉淀体积小，易于沉降至容器底部，沉淀易于过滤洗涤。无定形沉淀由许多松散聚集在一起的微小颗粒组成，内部颗粒排列杂乱无章，还含有大量数目不等的水分子，是一种结构松散且不易沉降的絮状沉淀，过滤、洗涤较为困难。

在沉淀重量法中，希望获得颗粒大且易于沉降的沉淀，然而，生成的沉淀类型不仅取决于沉淀的性质，还与沉淀形成时的条件以及沉淀后的处理有关。

（2）沉淀的形成过程

沉淀的形成过程是一个较为复杂的过程，图 7-5 概述性地描述了其形成过程。

$$\text{构晶离子}\xrightarrow{\text{成核作用}}\text{晶核}\xrightarrow{\text{成长过程}}\text{沉淀微粒}\text{——}\begin{cases}\text{晶形沉淀}(v\ \text{定向} > v\ \text{聚集})\\ \text{无定型沉淀}(v\ \text{定向} < v\ \text{聚集})\end{cases}$$

图 7-5　沉淀的形成过程

向试液中加入沉淀剂，当溶液成为过饱和溶液时，即形成沉淀的构晶离子的浓度积大于沉淀的溶度积，构晶离子由于静电作用而缔合，自发形成晶核。溶液中的构晶离子向晶核表面扩散并沉积在晶核上，晶核逐渐长大形成沉淀微粒。这种由离子形成晶核再进一步聚集成沉淀微粒的速度称为聚集速度。在聚集的同时，构晶离子又按一定的顺序排列于晶格中的速度称为定向速度。如果聚集速度大，定向速度小，构晶离子很快聚集起来形成沉淀微粒，却来不及进行晶格排列，得到无定形沉淀。反之，如果定向速度大，而聚集速度小，也就是说，构晶离子以较慢的速率聚集成沉淀，晶格排列有足够的时间进行，就得到晶形沉淀。聚集速度主要由沉淀时的条件决定，其中最主要的条件是溶液中生成沉淀物的过饱和度。聚集速度与溶液的相对过饱和度成正比。可用如下经验公式表示：

$$v = K\,\frac{Q-s}{s} \tag{7-5}$$

式中，v 为形成沉淀的初始聚集速度；Q 为加入沉淀剂瞬间生成沉淀物的浓度；s 为沉淀物的溶解度；$Q-s$ 为沉淀物的过饱和度；$\frac{Q-s}{s}$ 为沉淀物的相对过饱和度；K 为比例常数，与沉淀物的性质、温度、溶液中存在的其他物质有关。

从式(7-5) 可知，聚集速度与溶液的相对过饱和度有关，相对过饱和度越大，聚集速度越大。要使聚集速度放缓，就应减小相对过饱和度。而相对过饱和度是由沉淀物的溶解度和加入的沉淀剂瞬间生成沉淀物的浓度决定。若沉淀的溶解度大，加入的沉淀剂瞬间生成沉淀物的浓度不太大，相对过饱和度就小，获得晶形沉淀的可能性就越大；反之，沉淀的溶解度越小，瞬间生成沉淀物的浓度就越大，获得无定形沉淀的可能性大。

定向速度主要由沉淀物本身的性质决定。一般极性强的盐类（如 $BaSO_4$、CaC_2O_4、$MgNH_4PO_4$ 等）定向速度较大，易形成晶形沉淀；而难溶酸（如 $SiO_2 \cdot nH_2O$）、硫化物、氢氧化物，尤其是高价金属离子的氢氧化物（如 $Fe_2O_3 \cdot nH_2O$、$Al_2O_3 \cdot nH_2O$ 等）的定向速度较小，易形成无定形沉淀。

形成沉淀的类型不是绝对的，改变同一沉淀的沉淀条件可以改变沉淀的类型。例如，就 $BaSO_4$ 而言，在稀溶液中进行的沉淀操作能得到晶形沉淀，然而，在较浓的溶液（如 0.75～3.0mol·L^{-1}）中析出的沉淀，为无定形沉淀。

2. 沉淀条件的选择

聚集速度和定向速度的相对大小直接影响沉淀的类型，其中，聚集速度主要由沉淀条件决定。在重量分析中，晶形沉淀是理想的沉淀类型，但是沉淀类型主要取决于沉淀的自身性质。尽管某些特定条件可改变沉淀的类型，但实际操作起来相对要困难得多。因此，通常情况下不改变沉淀的类型，只是针对不同的沉淀类型选择恰当的沉淀条件，得到重量分析所要求的沉淀。

（1）晶形沉淀的沉淀条件

对晶形沉淀而言，应重点考虑怎样获得粒度较大方便过滤、洗涤的纯净沉淀。因晶形沉淀的溶解度相对较大，在实际操作中应防止溶解损失。晶形沉淀的沉淀条件可用“稀、热、慢、搅、陈、冷过滤”概括。

① 稀：沉淀必须在稀溶液中进行，加入的沉淀剂也要求稀，这样可以降低溶液中沉淀物的相对过饱和度和稀溶液中杂质的浓度，达到减少表面吸附和共沉淀的效果，利于得到粒度较大的沉淀。

② 热：沉淀应在热溶液中进行。一般情况下，生成的沉淀和沉淀剂在热溶液中的溶解度都呈增大的趋势。因此，被沉淀的试样溶液应先加热至 80～100℃，然后逐滴滴加沉淀剂，这样溶液中沉淀的溶解度有所增大，降低了相对过饱和度，同时，又能减少沉淀对杂质的吸附，防止形成胶体。

③ 慢：加入沉淀剂的速度要慢，以防晶核的生长速度过快，不利于晶体定向生长。

④ 搅：加入沉淀剂时要不断搅拌，避免局部过饱和度过大，形成更多的晶核。

⑤ 陈：沉淀完毕后，将沉淀和母液静置一段时间，这一过程称为沉淀的陈化（aging）。陈化既可以使小晶体逐渐转变成较大晶体，又能使晶体变得更加完整和纯净，进而获得大而纯的晶体。在陈化过程中，小晶体的比表面更大，与溶剂和其他溶质接触的机会更多，因此，比大晶体具有更大的溶解度。在大、小晶体共存的同一溶液中，大晶体达到饱和时，小晶体仍处于不饱和状态，因此，小晶体会不断地溶解。当溶解至一定程度，小晶体达到饱和，此时大晶体为过饱和，于是，溶液中的构晶离子就不断地沉积在大晶体上，直至饱和为止。此时，小晶体又处于不饱和溶液，继续溶解。如此反复进行下去，最终导致小晶体向大晶体的转化，获得颗粒较大的晶体。晶体的转化过程中，随着小晶体的不断溶解，小晶体原来吸附与吸留的杂质返回到溶液中，进行有序的晶格排列，将有缺陷的晶体晶格进一步补充完整。因此，通过陈化，沉淀变得纯净与完整。陈化如果在室温下进行，可能需要耗时 8～10h，若在加热并搅拌下进行，陈化时间可缩短至 1 小时左右。

⑥ 冷过滤：沉淀的过滤若在热溶液中进行，会造成沉淀的溶解损失，因此，当完成沉

淀操作时，应将溶液冷却下来，再过滤。

（2）无定形沉淀的沉淀条件

无定形沉淀结构松散、体积庞大，含水分较多，不仅对杂质的吸附和吸留多，而且难于过滤、洗涤，甚至形成溶胶。因此，无定形沉淀的沉淀条件应考虑减少含水量，减少杂质的吸附和吸留，防止溶胶的形成。其沉淀条件可概括为“浓、热、快、搅、电解质、不陈化、再沉淀”。

① 浓：沉淀应在较浓的溶液中进行。溶液浓度大，离子的水合程度小，能获得结构相对紧密的沉淀。

② 热：沉淀应在热溶液中进行，不仅可以减少离子的水化程度，促进沉淀微粒的凝聚，防止形成胶体，还可以减少沉淀的表面吸附。

③ 快：沉淀剂的加入速度可适当快些，沉淀产生的速度快，得到的沉淀含水量少。

④ 搅：沉淀过程中应不断搅拌，减少沉淀的吸附与吸留。沉淀完毕用热水稀释，充分搅拌，将吸附的杂质转移到溶液中。

⑤ 电解质：沉淀时加入适量的强电解质，既可防止形成溶胶，又能破坏胶体，促进沉淀凝聚。

⑥ 不陈化：沉淀完毕后，应趁热过滤，不能陈化。一经陈化，就会逐渐失去水分，使沉淀黏结，给过滤和洗涤带来困难。

⑦ 再沉淀：必要时无定形沉淀可以进行再沉淀，以降低杂质含量。

（3）均相沉淀法

在试样溶液中加入某种试剂，改变溶液的条件，使沉淀剂在整个溶液中慢慢产生，使沉淀缓慢、均匀地析出，这种沉淀形成的方法称为均相沉淀法。该法可防止局部过浓，得到颗粒粗大、吸附杂质少、易于过滤和洗涤的晶形沉淀。

例如，沉淀 Ca^{2+} 时，若直接加入沉淀剂 $(NH_4)_2C_2O_4$，得到 CaC_2O_4 细晶沉淀。若先用 HCl 将试样酸化，再加入 $(NH_4)_2C_2O_4$，沉淀剂的主要存在形式为 $HC_2O_4^-$ 和 $H_2C_2O_4$，不产生 CaC_2O_4 沉淀。加入尿素并加热煮沸，尿素受热分解产生 NH_3

$$CO(NH_2)_2 + H_2O \xrightarrow{\triangle} 2NH_3 + CO_2\uparrow$$

NH_3 中和溶液中的 H^+，$C_2O_4^{2-}$ 浓度逐渐增大，直至 pH 4～4.5 时，析出粗大而又纯净的 CaC_2O_4 沉淀。

除用尿素外，也可以利用六亚甲基四胺或乙酰胺的水溶液，改变溶液的 pH。实验室中经常通过滴加氨水的方法控制溶液的酸度，达到控制 $C_2O_4^{2-}$ 浓度的目的。

均相沉淀法还可以其他反应（如：利用酯类或其他有机化合物水解、配合物水解、氧化还原反应等方式）达到缓慢地合成所需沉淀剂的效果。例如，沉淀剂磷酸根（PO_4^{3-}）可通过磷酸三甲酯[$(CH_3O)_3P=O$]水解得到。

7.4.6 沉淀称量前的处理

如何获得完全、纯净且易于分离的沉淀是重量分析的首要关注问题，同时，沉淀后的过滤、洗涤、烘干或灼烧等各项操作也直接影响分析结果的准确度。

1. 过滤和洗涤

重量分析的过滤方法有常压过滤和减压过滤两种。常压过滤使用长颈玻璃漏斗，用无灰滤纸过滤。滤纸分快速、中速、慢速3种。对于非晶形沉淀，如$Fe(OH)_3$、$Al(OH)_3$等，应选用疏松的快速滤纸，以防过滤时间过长；对于晶形沉淀如$MgNH_4PO_4 \cdot 6H_2O$，用较紧密的中速滤纸；对于颗粒较细的沉淀如$BaSO_4$，选用最紧密的慢速滤纸。

减压过滤选用玻璃砂芯漏斗，它的砂芯滤板是用玻璃粉末在高温下烧结而成，按微孔细度分为G_1～G_6（1号～6号）6个等级，滤孔逐渐减小，其中，G_3相当于中速滤纸，用于过滤粗晶形沉淀；G_4、G_5相当于慢速滤纸，用于过滤细晶形沉淀。

洗涤是为了除去沉淀表面吸附的杂质以及混杂在沉淀中的母液。洗涤时应尽量减少因溶解带来的沉淀损失，避免形成溶胶。因此，洗液的选择应恰当。洗液的选择原则是：对于溶解度小且不易形成溶胶的沉淀，选用少量蒸馏水洗涤。对于溶解度较大的晶形沉淀，用沉淀剂的稀溶液洗涤后，再用少量蒸馏水洗涤。不过，要求选用的沉淀剂在烘干与灼烧时能除去，如用$(NH_4)_2C_2O_4$稀溶液洗涤CaC_2O_4沉淀。对于溶解度小且又可能分散成溶胶的沉淀，采用易挥发的电解质稀溶液洗涤，如用稀NH_4NO_3溶液洗涤$Al(OH)_3$沉淀。对于溶解度受温度影响不大的沉淀，宜选用热水洗涤，以防形成胶体。

洗涤的原则是“少量多次”。在加入新的洗涤液开始下一次洗涤前，前次的洗涤液应尽可能流尽。洗涤沉淀通常采用倾泻法，用热洗涤液不间断地洗涤。

2. 烘干或灼烧

烘干是为了除去沉淀中的水分和可挥发的物质，将沉淀形式转化为称量形式。烘干或灼烧的温度和时间因沉淀的不同而异。如丁二酮肟合镍，经110～120℃处理40～60min，冷却后即可称量；磷钼酸喹啉需在130℃处理45min。沉淀以及盛放沉淀所用的器皿如玻璃砂芯漏斗均要烘干至恒量（两次称量的绝对误差小于0.2mg）。

灼烧除了可除去沉淀中的水分和挥发物外，还可将沉淀形式在高温下转化为称量形式。灼烧温度与时间因沉淀的不同而异，如$MgNH_4PO_4 \cdot 6H_2O$经1100℃灼烧成焦磷酸镁（MgP_2O_7）；$ZnC_2O_4 \cdot 2H_2O$在350～420℃灼烧60min以上，得到ZnO粉末的称量形式。

沉淀常用瓷坩埚盛放，应预先将灼烧用的瓷坩埚与盖在灼烧沉淀的相同条件下灼烧至恒量，然后用无灰滤纸将沉淀包好，置于已烧至恒量的坩埚中，先将滤纸烘干并灰化，再灼烧至恒量。灼烧过程以及随后的冷却过程耗时较长。近年来，采用微波炉干燥$BaSO_4$的处理结果较为理想，大大缩短了重量分析的时间。

7.4.7 重量分析的结果计算与应用实例

1. 重量分析中的换算因子

重量分析是依据称量形式的质量计算待测组分的含量。待测组分在原试样中的含量按式（7-6）计算：

$$w_A = \frac{m_A}{m_s} = \frac{m_{称} \times M_A / M_{称}}{m_s} \tag{7-6}$$

式中，w_A为待测组分A占试样的质量分数；m_A为试样中待测组分A的质量，g；m_s

为待分析试样的质量，g；$m_{称}$为称量形式的质量，g；M_A、$M_{称}$分别为待测组分和称量形式的摩尔质量，g·mol^{-1}。

例 7-10　测定磁铁矿中铁含量时，称取试样 0.2585g，经过溶解与氧化，Fe^{3+} 沉淀为 $Fe(OH)_3$，灼烧后 Fe_2O_3 的质量为 0.2470g。求试样中 Fe 及 Fe_3O_4 的质量分数。

解：试样中铁的质量分数为：

$$w_{Fe}=\frac{m_A}{m_s}=\frac{m_{称}\times M_A/M_{称}}{m_s}=\frac{m_{Fe_2O_3}\times 2M_{Fe}/M_{Fe_2O_3}}{m_s}$$

$$=\frac{0.2470\times 2\times 55.85/159.7}{0.2585}=0.6683=66.83\%$$

试样中四氧化三铁的质量分数为：

$$w_{Fe_3O_4}=\frac{m_A}{m_s}=\frac{m_{称}\times M_A/M_{称}}{m_s}=\frac{m_{Fe_2O_3}\times 2M_{Fe_3O_4}/3M_{Fe_2O_3}}{m_s}$$

$$=\frac{0.2470\times(2\times 231.5)/(3\times 159.7)}{0.2585}=0.9234=92.34\%$$

例 7-11　称取一硅酸盐试样 0.5000g，经分解后得 NaCl 及 KCl 混合物的质量 0.1803g。将此混合物完全溶于水，用 $AgNO_3$ 溶液沉淀 Cl^-，得到沉淀的质量 0.3904g。求此样品中 Na_2O 和 K_2O 的质量分数各为多少？

解：设 NaCl 和 KCl 的质量分别为m_{NaCl} 和m_{KCl}，则

$$m_{NaCl}+m_{KCl}=0.1803 \tag{1}$$

将氯化物的质量换算为相应的 AgCl 沉淀的质量，得到下式

$$m_{NaCl}\frac{M_{AgCl}}{M_{NaCl}}+m_{KCl}\frac{M_{AgCl}}{M_{KCl}}=0.3904$$

即

$$2.451m_{NaCl}+1.922m_{KCl}=0.3904 \tag{2}$$

联立式(1) 和式(2) 解方程，得

$$m_{NaCl}=0.0828\quad m_{KCl}=0.0975$$

再由 NaCl 和 KCl 的质量计算 Na_2O、K_2O 的质量分数：

$$w_{Na_2O}=\frac{0.0828\times\dfrac{M_{Na_2O}}{2M_{NaCl}}}{0.5000}=0.0876=8.76\%$$

$$w_{K_2O}=\frac{0.0975\times\dfrac{M_{K_2O}}{2M_{KCl}}}{0.5000}=0.1234=12.34\%$$

在称量形式中均含有被测组分，当二者形式不同，需要引入换算因子进行计算。若称量形式不含被测组分，依据已知条件找出二者的关系，可计算出待测组分含量。

2. 重量分析应用实例

［**实例 1**］　四苯硼酸钠沉淀法测定钾

四苯硼酸钠是测定钾的良好沉淀剂，与 K^+ 反应生成白色的四苯硼酸钾［$KB(C_6H_5)_4$］沉淀。四苯硼酸钾的摩尔质量为 358g·mol^{-1}。

四苯硼酸钾是离子型化合物，具有溶解度小、组成稳定、热稳定性好（最低分解温度265℃）、经烘干后可直接称量等优点。

反应为
$$K^+ + B(C_6H_5)_4^- \rightleftharpoons KB(C_6H_5)_4 \downarrow$$

计算
$$w_K = \frac{m_{KB(C_6H_5)_4} \times 39/358}{m_{试}}$$

四苯硼酸钠也能与 NH_4^+、Rb^+、Tl^+、Ag^+ 等离子生成沉淀，但一般试样中的 Rb^+、Tl^+、Ag^+ 的含量极微，因此，常用四苯硼酸钠测定钾。

［实例 2］ 钢铁中 Ni^{2+} 的测定

在重量法中，丁二酮肟是测定镍选择性较高的有机沉淀剂。丁二酮肟的分子式为 $C_4H_8O_2N_2$，摩尔质量 116.2g·mol^{-1}，是一种二元弱酸，在氨性溶液中能与 Ni^{2+} 作用，生成溶解度非常小（$K_{sp}^{\ominus} = 2.0 \times 10^{-24}$）的鲜红色丁二酮肟合镍［$Ni(C_4H_7O_2N_2)_2$］沉淀，丁二酮肟合镍的结构式见图 7-6。

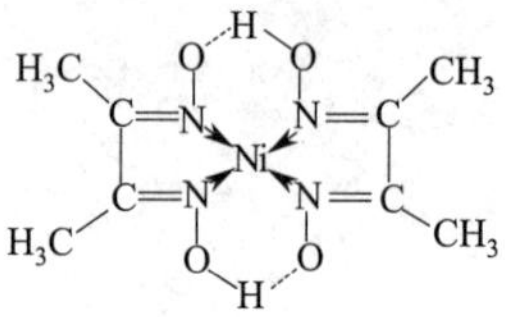

图 7-6 丁二酮肟合镍的结构式

沉淀经过滤、洗涤，在 120℃左右烘干至恒重，得到丁二酮肟合镍沉淀的质量，进而算出镍的质量分数。

由于 Fe^{3+}、Al^{3+} 等离子也与氨水作用生成沉淀，干扰 Ni^{2+} 的沉淀，因此，常用柠檬酸或酒石酸掩蔽 Fe^{3+}、Al^{3+} 等离子；若试样中钙的含量较高，酒石酸钙的溶解度小，不宜用酒石酸掩蔽，这时宜采用柠檬酸为掩蔽剂；少量铜、砷、锑的存在不干扰分析结果。

［实例 3］ 磷钼酸喹啉重量法测定磷

磷肥中含有多种磷的化合物、其中可溶于水的有：H_3PO_4 和 $Ca(H_2PO_4)_2$ 等成分，统称水溶磷。通常需要测定水溶磷的磷肥有过磷酸钙和重过磷酸钙等。水溶磷的测定是用水提取磷肥试样中能溶于水的磷化合物，然后，经稀硝酸酸化，使其与喹啉和钼酸钠作用，生成黄色磷钼酸喹啉沉淀，沉淀经过滤、洗涤后，于 180℃烘干至恒量。反应式如下：

$$H_3PO_4 + 12MoO_4^{2-} + 24H^+ = H_3(PO_4 \cdot 12MoO_3) \cdot H_2O + 11H_2O$$

$$H_3(PO_4 \cdot 12MoO_3) \cdot H_2O + 3C_9H_7N = (C_9H_7N)_3H_3(PO_4 \cdot 12MoO_3) \cdot H_2O \downarrow$$

由试样质量和所得到的沉淀质量，算出水溶磷含量。

［实例 4］ 8-羟基喹啉沉淀法测定铝

8-羟基喹啉（8-Hydroxyquinoline）是一种白色或淡黄色结晶性粉末，分子量 145.158，不溶于水、乙醚，可溶于乙醇、丙酮、氯仿、苯、无机酸，是重量法测定铝的理想沉淀剂。

在 pH＝4～5 的醋酸缓冲溶液中，8-羟基喹啉将 Al^{3+} 沉淀为 8-羟基喹啉铝（分子量459.43，分子式［$Al(C_9H_6ON)_3$］），用 EDTA 和 KCN 掩蔽 Fe(Ⅲ)、Cu(Ⅱ) 等元素。8-羟基喹啉铝是晶形沉淀，化学稳定性好，经 120～150℃干燥后即可称量。8-羟基喹啉与 Al^{3+} 作用的反应式见图 7-7。

计算
$$w_{Al} = \frac{m_{[Al(C_9H_6ON)_3]} \times 24/459.43}{m_{试样}}$$

8-羟基喹啉测定铝的选择性差。目前已合成出选择性较高的 8-羟基喹啉衍生物，如 2-甲基-8-羟基喹啉，在 pH5.5 时可沉淀 Zn^{2+}；在 pH9.0 时可沉淀 Mg^{2+}，而 Al^{3+} 的存在不干

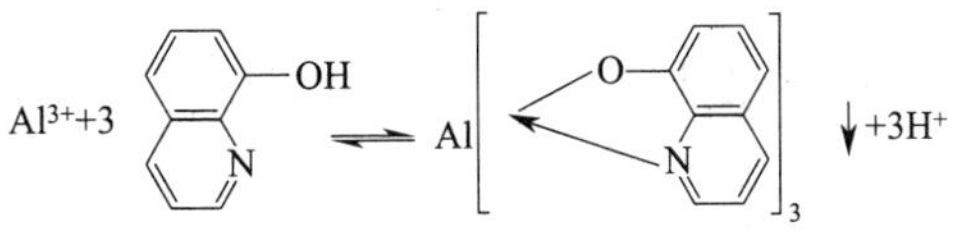

图 7-7　8-羟基喹啉与Al^{3+}作用的反应式

扰上述沉淀反应进行。

扫码查看习题答案

习　题

7-1　选择题

1. 难溶电解质 AB_2 的 $s=1.0\times10^{-3}mol\cdot L^{-1}$，其 $K_{sp}^{\ominus}$ 是（　　）

A. 1.0×10^{-6}　　B. 1.0×10^{-9}　　C. 4.0×10^{-6}　　D. 4.0×10^{-9}

2. 某难溶电解质 s 和 $K_{sp}^{\ominus}$ 的关系是 $K_{sp}^{\ominus}=4s^3$，它的分子式可能是（　　）

A. AB　　B. A_2B_3　　C. A_3B_2　　D. A_2B

3. 向饱和的 $BaSO_4$ 溶液中，加入适量的 NaCl，则 $BaSO_4$ 的溶解度（　　）

A. 增大　　B. 不变　　C. 减小　　D. 无法确定

4. 已知 $Mg(OH)_2$ 的 $K_{sp}^{\ominus}=1.8\times10^{-11}$，将 $Mg(OH)_2$ 置于 $0.01mol\cdot L^{-1}$ NaOH 溶液里，Mg^{2+} 浓度是（　　）

A. $1.8\times10^{-9}mol\cdot L^{-1}$　　B. $4.2\times10^{-6}mol\cdot L^{-1}$

C. $1.8\times10^{-7}mol\cdot L^{-1}$　　D. $1.0\times10^{-4}mol\cdot L^{-1}$

5. 已知 $K_{sp,PbS}^{\ominus}=3.1\times10^{-28}$，$K_{sp,PbCrO_4}^{\ominus}=1.77\times10^{-14}$，在相同浓度的 Na_2S 和 K_2CrO_4 混合稀溶液中，滴加稀 $Pb(NO_3)_2$ 溶液，则（　　）

A. PbS 先沉淀　　B. $PbCrO_4$ 先沉淀

C. 两种沉淀同时出现　　D. 两种沉淀都不产生

6. 已知 $K_{sp,AgCl}^{\ominus}=1.56\times10^{-10}$，$K_{sp,Ag_2CrO_4}^{\ominus}=2.0\times10^{-12}$，在相同浓度的 K_2CrO_4 和 NaCl 混合稀溶液中，逐滴滴加稀 $AgNO_3$ 溶液，则（　　）

A. AgCl 先沉淀　　B. Ag_2CrO_4 先沉淀

C. 两种沉淀同时出现　　D. 不产生沉淀

7. 分别向沉淀物 $PbSO_4$（$K_{sp}^{\ominus}=1.6\times10^{-8}$）和 $PbCO_3$（$K_{sp}^{\ominus}=7.4\times10^{-14}$）中加入适量的稀 HNO_3，它们的溶解情况是（　　）

A. 两者都不溶　　B. 两者全溶

C. $PbSO_4$ 溶、$PbCO_3$ 不溶　　D. $PbSO_4$ 不溶、$PbCO_3$ 溶

8. 已知 $Mg(OH)_2$ 的 $K_{sp}^{\ominus}=1.8\times10^{-11}$，$Mg(OH)_2$ 可溶于（　　）

A. H_2O　　B. 浓$(NH_4)_2SO_4$ 溶液

C. NaOH 溶液　　D. Na_2SO_4 溶液

9. 已知 $K_{sp,Ag_2SO_4}^{\ominus}=1.2\times10^{-5}$，$K_{sp,AgCl}^{\ominus}=1.8\times10^{-10}$，$K_{sp,BaSO_4}^{\ominus}=1.1\times10^{-10}$。将等体积的 $0.0020mol\cdot L^{-1}$ 的 Ag_2SO_4 与 $2.0\times10^{-6}mol\cdot L^{-1}$ 的 $BaCl_2$ 溶液混合，将（　　）

A. 只生成 $BaSO_4$ 沉淀　　B. 只生成 AgCl 沉淀

C. 同时生成 $BaSO_4$ 和 AgCl 沉淀　　D. 有 Ag_2SO_4 沉淀

10. 在含有 Pb^{2+} 和 Cd^{2+} 的溶液中，通入 H_2S 气体，生成 PbS 和 CdS 沉淀时，溶液中 $[Pb^{2+}]/[Cd^{2+}]$ 为（　　）

A. $K^{\ominus}_{sp,PbS} \cdot K^{\ominus}_{sp,PbS}$　　B. $K^{\ominus}_{sp,CdS}/K^{\ominus}_{sp,PbS}$

C. $K^{\ominus}_{sp,PbS}/K^{\ominus}_{sp,CdS}$　　D. $\sqrt{K^{\ominus}_{sp,PbS} \cdot K^{\ominus}_{sp,CdS}}$

11. 溶液中 $FeCl_2$ 和 $CuCl_2$ 的浓度均为 $0.1mol \cdot L^{-1}$，向其中通入 H_2S 气体至饱和（$0.1mol \cdot L^{-1}$），试通过计算判断沉淀生成情况属于哪一种（　　）。已知 $K^{\ominus}_{sp,FeS}=6.3\times10^{-18}$，$K^{\ominus}_{sp,CuS}=6.3\times10^{-36}$，$H_2S$ 的 $K^{\ominus}_{a_1}=8.9\times10^{-8}$，$K^{\ominus}_{a_2}=1.2\times10^{-13}$。

A. 先生成 CuS，后生成 FeS 沉淀　　B. 先生成 FeS，后生成 CuS

C. 只生成 CuS 沉淀，不生成 FeS 沉淀　　D. 只生成 FeS 沉淀，不生成 CuS 沉淀

12. $BaSO_4$ 的 $K^{\ominus}_{sp}=1.8\times10^{-10}$，将它置于 $0.01mol \cdot L^{-1}$ Na_2SO_4 溶液中，其溶解度是（　　）

A. 不变　　B. $1.08\times10^{-5} mol \cdot L^{-1}$

C. $1.08\times10^{-12} mol \cdot L^{-1}$　　D. $1.08\times10^{-8} mol \cdot L^{-1}$

13. 在 pH＝0.5 时，使用银量法测定 $CaCl_2$ 中的 Cl^-，合适的指示剂是（　　）

A. K_2CrO_4　　B. 铁铵矾　　C. 荧光黄　　D. 溴甲酚绿

14. 当 pH＝4 时，用莫尔法滴定 Cl^-，分析结果将（　　）

A. 偏高　　B. 偏低　　C. 正确　　D. 时高时低

15. 以下银量法需要用返滴定方式的是（　　）

A. 莫尔法测定 Cl^-　　B. 吸附指示剂法测 Cl^-

C. 福尔哈德法测 Cl^-　　D. $AgNO_3$ 测定 CN^-，生成 $Ag(CN)_2^-$ 指示终点

16. 某吸附指示剂的 $pK^{\ominus}_a=5.0$，以银量法测定卤素离子时，pH 应控制在（　　）

A. pH＜5.0　　B. pH＞5.0

C. 5.0＜pH＜10.0　　D. pH＞10.0

17. 莫尔法不适于使用 NaCl 标准溶液直接滴定 Ag^+ 的原因是（　　）

A. AgCl 的溶解度太大　　B. AgCl 强烈吸附 Ag^+

C. Ag^+ 容易水解　　D. Ag_2CrO_4 转化为 AgCl 的速率太慢

18. 在沉淀滴定的佛尔哈德法中，指示剂能够指示滴定终点是因为（　　）

A. 生成 Ag_2CrO_4 沉淀　　B. 指示剂吸附在卤化银沉淀上

C. Fe^{3+} 生成有色配合物　　D. 黄色 Fe^{3+} 被还原为几乎无色的 Fe^{2+}

19. 福尔哈德法是用铁铵矾 $NH_4Fe(SO_4)_2 \cdot 12H_2O$ 作指示剂，根据 Fe^{3+} 的特性，此滴定要求溶液是（　　）

A. 酸性　　B. 中性　　C. 弱碱性　　D. 碱性

20. 莫尔法能用于 Cl^- 和 Br^- 的测定，其条件是（　　）

A. 酸性条件　　B. 中性和弱碱性条件

C. 碱性条件　　D. 无固定条件

21. 用莫尔法测定 NH_4Cl 中的 Cl^-，pH 应控制在 6.5～10.5，若酸度过高，则（　　）

A. AgCl 沉淀不完全　　B. AgCl 沉淀吸附 Cl^- 增强

C. Ag_2CrO_4 沉淀不易形成　　D. 形成 Ag_2O 沉淀

22. 莫尔法不适用于碘化物中 I^- 的测定，是由于（　　）

A. AgI 溶解度太小　　B. AgI 吸附能力太强

C. AgI 的沉淀速率太慢　　D. 没有合适的指示剂

23. 法扬司法测定的介质条件为（　　）

A. 稀硝酸介质　　B. 弱酸性或中性

C. 与指示剂的 $pK_a^{\ominus}$ 有关　　D. 没有什么限制

24. 用沉淀滴定法测定银，下列方式适宜的是（　　）

A. 莫尔法直接滴定　　B. 莫尔法间接滴定

C. 福尔哈德法直接滴定　　D. 福尔哈德法间接滴定

25. 下列试样中的氯，在不另加试剂的情况下，可用莫尔法直接测定的是（　　）

A. $FeCl_3$　　B. $BaCl_2$

C. $NaCl+Na_2S$　　D. $NaCl+Na_2SO_4$

26. 下列条件适于福尔哈德法的是（　　）

A. pH 6.5～10　　B. 以 K_2CrO_4 为指示剂

C. 滴定酸度为 $0.3\sim1.0mol\cdot L^{-1}$　　D. 以荧光黄为指示剂

7-2　填空题

1. Q 称为______，$K_{sp}^{\ominus}$ 称为______，二者的不同点是 Q 是难溶电解质溶液在______的离子浓度乘积，$K_{sp}^{\ominus}$ 是难溶电解质溶液在______的离子浓度乘积。

2. 溶度积原理是：$Q>K_{sp}^{\ominus}$______________；$Q<K_{sp}^{\ominus}$______________。

3. 难溶电解质 A_3B_2 在水中的 $s=1.0\times10^{-6}mol\cdot L^{-1}$，则 $c_{A^{2+}}=$________$mol\cdot L^{-1}$，$c_{B^{3-}}$______$mol\cdot L^{-1}$，$K_{sp}^{\ominus}=$__________。

4. 难溶电解质 A_nB_m 的沉淀溶解平衡方程式是______________，溶度积的表达式是 $K_{sp}^{\ominus}=$____________________。

5. 要使溶液中某离子尽量沉淀完全，加入沉淀剂一般应过量__________，但不要______________，以免________________。

6. 已知 $K_{sp,Ag_2CrO_4}^{\ominus}=1.1\times10^{-12}$，$K_{sp,PbCrO_4}^{\ominus}=2.8\times10^{-13}$，$K_{sp,CaCrO_4}^{\ominus}=7.1\times10^{-4}$。向浓度均为 $0.10mol\cdot L^{-1}$ 的 Ag^+、Pb^{2+}、Ca^{2+} 的混合溶液中滴加 K_2CrO_4 稀溶液，则出现沉淀的次序为__________，__________，__________。又已知 $K_{sp,PbI_2}^{\ominus}=8.4\times10^{-9}$，若将 $PbCrO_4$ 沉淀转化为 PbI_2 沉淀，转化反应的离子方程式为__________________________，其标准平衡常数 $K^{\ominus}=$____________。

7. $MgNH_4PO_4$ 在室温下的溶解度为 $6.3\times10^{-5}mol\cdot L^{-1}$，则 $K_{sp,MgNH_4PO_4}^{\ominus}=$__________。

8. 往试管中加入 2.0mL $0.1mol\cdot L^{-1}$ $MgCl_2$ 溶液，滴入数滴浓氨水，观察有____________生成，再向试管中加入少量 NH_4Cl 固体摇动，则发生________________，最后一步离子方程式为______________________。

9. 现有 $BaSO_4$ 多相离子平衡系统，如果加入 $BaCl_2$ 溶液，主要是________效应，溶解度__________，如果加入 NaCl 溶液，主要是__________，溶解度____________。

10. $PbSO_4$(s) 转化为 PbS(s) 的离子方程式为 $PbSO_4(s) + S^{2-}(aq) \rightleftharpoons PbS(s) + SO_4^{2-}(aq)$，转化平衡常数为________________。

11. 沉淀滴定莫尔法测定 Cl^- 时，指示剂是________，终点颜色变化是__________。

12. 沉淀滴定福尔哈德法的指示剂是__________，滴定剂是____________。

13. 福尔哈德法测 Cl^- 时，为保护 AgCl 沉淀不被溶解，常加入的有机试剂是____________。

14. 莫尔法测定 NH_4Cl 中 Cl^- 含量，若 pH>7.5 会形成______________，导致测定结果偏______。

15. 判断在下列情况下，测定结果是偏高、偏低、还是无影响。

(1) 以莫尔法用 NaCl 标定 $AgNO_3$ 浓度时。________

(2) 法扬斯法中，当用荧光黄为指示剂时的 pH=6.0。________

(3) pH=4.0 时，用莫尔法测定 Cl^-。________

(4) 用法扬司法测定 Cl^- 时，用曙红作指示剂。________

(5) 用福尔哈德法测定 Cl^- 时，没有加硝基苯。________

16. 以法扬司法测定卤化物，确定终点的指示剂属于__________，它指示终点的原理是基于______________________________。

17. 法扬司法测定氯的含量时，在某荧光指示剂中加入淀粉的目的是______________。

18. 实验证明，在较低浓度的 Na_2SO_4 存在下，$PbSO_4$ 的溶解度降低，但当 Na_2SO_4 的浓度高于 $0.2mol \cdot L^{-1}$ 时，$PbSO_4$ 的溶解度却增大，这是因为____________________。

7-3 简答题

1. 解释下列现象

(1) AgCl 在纯水中的溶解度比在稀盐酸中的溶解度大。

(2) $BaSO_4$ 在硝酸中的溶解度比在纯水中的溶解度大。

(3) PbS 在盐酸中的溶解度比在纯水中的溶解度大。

(4) Ag_2S 易溶于硝酸但难溶于硫酸。

(5) HgS 难溶于硝酸但易溶于王水。

2. 在粗食盐提纯中，为除去所含的 SO_4^{2-}，应加入何种沉淀试剂？过量的沉淀试剂又如何处理，以避免 NaCl 中引入新的杂质？已知 $K^{\ominus}_{sp,BaC_2O_4}=1.6\times10^{-7}$，$K^{\ominus}_{sp,BaCO_3}=2.58\times10^{-9}$，$K^{\ominus}_{sp,BaSO_4}=1.07\times10^{-10}$，$K^{\ominus}_{sp,CaSO_4}=7.10\times10^{-5}$，$K^{\ominus}_{sp,CaCO_3}=4.96\times10^{-9}$。

3. 什么叫分步沉淀？在浓度均为 $0.1mol \cdot L^{-1}$ 的 NaCl 和 KI 混合溶液中，逐滴加入 $AgNO_3$ 溶液，首先生成的沉淀是什么物质？($K^{\ominus}_{sp,AgCl}=1.8\times10^{-10}$，$K^{\ominus}_{sp,AgI}=8.3\times10^{-17}$)

4. 在下列各种情况下，分析结果是准确的，还是偏低或偏高，为什么？

(1) 若试液中含有铵盐，在 pH≈10 时，用莫尔法滴定 Cl^-。

(2) 用福尔哈德法测定 I^- 时，先加铁铵矾指示剂，然后加入过量 $AgNO_3$ 标准溶液。

5. 用银量法测定下列物质时，各应选哪种方法确定终点较为合适？

(1) $BaCl_2$；　(2) KCl；　(3) NH_4Cl；

(4) KSCN；　(5) Na_2CO_3+NaCl；　(6) NaBr

7-4 计算题

1. 已知 $K^{\ominus}_{sp,CaF_2}=2.7\times10^{-11}$，求其在：(1) 纯水中；(2) $0.10mol \cdot L^{-1}$ NaF；(3) 0.20mol・

L^{-1} $CaCl_2$ 溶液中的溶解度。

2. 某溶液含有 Pb^{2+} 和 Ba^{2+}，浓度分别为 0.01mol·L^{-1} 和 0.1mol·L^{-1}，加入 K_2CrO_4 溶液后，哪种离子先沉淀？已知 $K^{\ominus}_{sp,PbCrO_4}=2.8\times10^{-13}$，$K^{\ominus}_{sp,BaCrO_4}=1.2\times10^{-10}$。

3. 含有 0.10mol·L^{-1} Fe^{3+} 和 0.10mol·L^{-1} Mg^{2+} 的溶液，用 NaOH 使两种离子分离，即 Fe^{3+} 沉淀，而 Mg^{2+} 留在溶液中，NaOH 用量控制在什么范围内合适？已知 $K^{\ominus}_{sp,Fe(OH)_3}=2.64\times10^{-39}$，$K^{\ominus}_{sp,Mg(OH)_2}=5.61\times10^{-12}$。

4. 已知某溶液中含有 0.01mol·L^{-1} Ni^{2+} 和 0.01mol·L^{-1} Cd^{2+}，向此溶液中通入 H_2S 并使之饱和，先析出哪种沉淀？为了使 Cd^{2+} 沉淀完全，问溶液中 H^+ 浓度应不高于多少？此时是否能析出 NiS 沉淀？已知 $K^{\ominus}_{sp,NiS}=1.07\times10^{-21}$，$K^{\ominus}_{sp,CdS}=1.4\times10^{-29}$，$H_2S$ 的 $K^{\ominus}_{a_1}=8.9\times10^{-8}$，$K^{\ominus}_{a_2}=1.2\times10^{-13}$。

5. 一溶液含有 Ca^{2+} 和 Ba^{2+}，浓度均为 0.1mol·L^{-1}，缓慢加入 Na_2SO_4，何种沉淀先生成？开始沉淀时 SO_4^{2-} 浓度是多少？能否用此方法分离 Ca^{2+} 和 Ba^{2+}？$CaSO_4$ 开始沉淀瞬间，Ba^{2+} 浓度是多少？已知 $K^{\ominus}_{sp,CaSO_4}=7.1\times10^{-5}$，$K^{\ominus}_{sp,BaSO_4}=1.07\times10^{-10}$。

6. 向 25.00mL $BaCl_2$ 溶液中加入 40.00mL 0.1020mol·L^{-1} $AgNO_3$ 溶液，过量的 $AgNO_3$ 标准溶液用 0.09800mol·L^{-1} NH_4SCN 标准溶液返滴定，用去 15.00mL。求 250.0mL 试样中含有多少克 $BaCl_2$？已知 $M(BaCl_2)=208.2g\cdot mol^{-1}$。

7. 溶解 0.5000g 不纯的 $SrCl_2$，除 Cl^- 外，不含其他能与 Ag^+ 产生沉淀的物质，溶解后加入纯 $AgNO_3$ 1.734g，过量的 $AgNO_3$ 用 0.2800mol·L^{-1} NH_4SCN 标准溶液返滴定，用去 25.50mL。计算试样中 $SrCl_2$ 的质量分数。已知 $M(SrCl_2)=158.52g\cdot mol^{-1}$、$M(AgNO_3)=169.87g\cdot mol^{-1}$。

8. 在沉淀滴定中，采用莫尔法测定溶液中的 Cl^-，以 $AgNO_3$ 为滴定剂，K_2CrO_4 为指示剂，已知 $K^{\ominus}_{sp,AgCl}=1.77\times10^{-10}$，$K^{\ominus}_{sp,Ag_2CrO_4}=1.12\times10^{-12}$。

(1) 通过计算说明，滴定过程中，是先出现 AgCl 沉淀还是 Ag_2CrO_4 沉淀？

(2) 如果被测水样中 Cl^- 浓度为 0.01mol·L^{-1}，滴定至终点时 $[Ag^+]=3.0\times10^{-5}$ mol·L^{-1}，计算滴定误差。

第8章

扫码查看重难点

氧化还原平衡与氧化还原滴定法

化学反应一般可以分为两大类：一类是参加反应的各种物质在反应前后没有电子的得失，如酸碱反应、沉淀反应及配位反应等；另一类是参加反应的各种物质在反应前后有电子的得失或电子对的偏移，这一类反应就是氧化还原反应（redox reaction）。氧化还原反应是一类普遍存在且与生产实际和日常生活密切相关的化学反应，对于制备新物质、获取化学热能和电能都有重要的意义。

8.1 氧化还原反应的基本概念

8.1.1 氧化数

为了描述某一指定元素的原子在氧化还原反应中得失电子或电子偏移的状态，需引入元素的氧化数（又称氧化值，oxidation number）的概念。国际纯粹和应用化学联合会（IUPAC）规定：氧化数是指某元素一个原子的表观电荷数（apparent charge number），这个电荷数的确定，是假定把每一个化学键中的电子指定给电负性更大的原子而求得。

1. 氧化值确定的一般规则

（1）在单质中（如 Cu、H_2、O_2 等），由于成键原子的电负性相同，没有发生电子的转移或电子对的偏移，故元素的氧化数为零。

（2）在离子型化合物中，离子所带的电荷数即是其氧化数。如在 NaCl 中，Na 的氧化数为+1，氯的氧化数为-1。

（3）在共价化合物中，将共用电子全部归电负性大的原子时，各元素的原子所带的电荷数称为该元素的氧化数。如在 HCl 中，Cl 的氧化数为-1，H 的氧化数为+1；在 CO 中，

O 的氧化数为－2，C 的氧化数为＋4。

(4) 中性分子中各元素原子的氧化数之代数和为零；多原子离子中各元素原子的氧化数之代数和等于离子的电荷数。如在 Al_2O_3 中：$2\times(+3)+3\times(-2)=0$；在 MnO_4^- 中：$7+4\times(-2)=-1$。

2. 常见元素的氧化数

(1) 氧在一般化合物中的氧化数为－2；在过氧化物（如 H_2O_2、Na_2O_2 等）中为－1；在超氧化合物（如 KO_2）中为 $-\frac{1}{2}$；在 OF_2 中为＋2。

(2) 氢在化合物中的氧化数一般为＋1，仅在与活泼金属生成的离子型氢化物（如 NaH、CaH_2）中为－1。

(3) 所有卤化物中卤素的氧化数为－1；碱金属、碱土金属在化合物中的氧化数分别为＋1、＋2。

例 8-1 求 NH_4^+ 中 N 的氧化值。

解： 已知 H 的氧化值为＋1。设 N 的氧化值为 x。

根据多原子离子中各元素氧化值代数和等于离子的总电荷数的规则，可以列出：

$$x+(+1)\times4=+1$$

$$x=-3$$

所以 N 的氧化值为－3。

例 8-2 求 Fe_3O_4 中 Fe 的氧化值。

解： 已知 O 的氧化值为－2。设 Fe 的氧化值为 x，则

$$3x+4\times(-2)=0$$

$$x=+\frac{8}{3}$$

所以 Fe 的氧化值为 $+\frac{8}{3}$。由此可知，氧化值可以是整数，也有可能是分数或小数。

3. 氧化数与化合价的区别和联系

氧化数与化合价（chemical valence）有一定的区别和联系。氧化数是一个有一定人为性的、经验性的概念，用以表示元素在化合状态时的表观电荷数，可以是整数，也有可能是分数或小数。化合价则代表一种元素的原子在化合物中形成的化学键的数目，是一种微观真实值，只能取正整数。例如，在共价化合物 CH_4、CH_3Cl、CH_2Cl_2、$CHCl_3$ 和 CCl_4 中，碳的共价数为 4，但其氧化值则分别为－4、－2、0、＋2 和＋4。

8.1.2 氧化还原反应

1. 氧化剂和还原剂

根据氧化值的概念，凡化学反应中，反应前后元素的原子氧化值发生了变化的一类反应称为氧化还原反应，氧化值升高的过程称为氧化，氧化值降低的过程称为还原。反应中氧化

值升高的物质是还原剂（reducing agent），氧化值降低的物质是氧化剂（oxidizing agent）。还原剂使另一种物质还原，本身被氧化，它的反应产物叫做氧化产物；氧化剂使另一种物质氧化，本身被还原，它的反应产物叫做还原产物。例如，在下列反应

$$NaClO+2FeSO_4+H_2SO_4 \longequal NaCl+Fe_2(SO_4)_3+H_2O$$

其中 NaClO 是氧化剂，Cl 的氧化数从+1 降低到−1，它本身被还原，生成还原产物 NaCl；$FeSO_4$ 是还原剂，Fe 的氧化数从+2 升高到+3，它本身被氧化，生成氧化产物 $Fe_2(SO_4)_3$；虽然 H_2SO_4 也参加了反应，但没有氧化数的变化，通常把这类物质称为介质。

2. 氧化还原反应分类

（1）将氧化数的变化发生在不同物质中不同元素上的反应称为一般的氧化还原反应，如 CuO 与 H_2 的反应。

（2）将氧化数的变化发生在同一物质内不同元素上的反应称为自身氧化还原反应，如 $2KClO_3 = 2KCl+3O_2$，$KClO_3$ 中氯的氧化数由+5 降为−1，氧的氧化数由−2 升为 0，$KClO_3$ 即是氧化剂又是还原剂。

（3）将氧化数的变化发生在同一物质内同一元素上的反应称为歧化反应。如 Cu^+ 在水溶液中的反应：$2Cu^+ = Cu+Cu^{2+}$。

3. 氧化还原电对

在氧化还原反应中，氧化剂在反应过程中氧化数降低，其产物具有较低的氧化数，具有弱还原性，是一个弱还原剂；还原剂在反应过程中氧化数升高，其产物具有较高的氧化数，具有弱氧化性，是一个弱氧化剂。氧化剂与其还原产物、还原剂与其氧化产物这样的一对物质称为氧化还原电对，简称电对。在电对中，氧化数高的物质称为氧化态，如 Zn^{2+}、Cu^{2+}；氧化数低的物质称为还原态，如 Zn、Cu。书写电对时，氧化态在左侧，还原态在右侧，中间用“/”隔开，即用“氧化态/还原态”表示。例如：

$$Cu^{2+}+Zn = Zn^{2+}+Cu$$

在上述氧化还原反应中，就构成了 Cu^{2+}/Cu（氧化态/还原态）和 Zn^{2+}/Zn（氧化态/还原态）两个共轭的氧化还原电对。

任何一种物质的氧化态和还原态都可以组成氧化还原电对，而每个电对构成相应的氧化还原半反应，写成通式是：

$$\text{氧化态}+ne^- = \text{还原态}$$

$$\text{或 } Ox+ne^- = Red$$

式中，n 为半反应中转移的电子数，如：

$$Cu^{2+}+2e^- = Cu$$

$$Zn^{2+}+2e^- = Zn$$

氧化还原电对是氧化还原反应的精髓，是氧化还原反应相关计算的基础。利用氧化还原半反应写氧化还原电对时，要尊重反应事实。例如

$$AgCl+e^- = Ag+Cl^-$$

包含的氧化还原电对是 AgCl/Ag，而不能写成 Ag^+/Ag。再如

$$Fe(OH)_3 + e^- \longequal Fe(OH)_2 + OH^-$$

包含的氧化还原电对是 $Fe(OH)_3/Fe(OH)_2$，而不能写成 Fe^{3+}/Fe^{2+}。在氧化还原反应中，还可能伴随有酸碱反应、沉淀反应和配位反应等，这些影响必须在氧化还原半反应中表示出来。例如，电对 MnO_4^-/Mn^{2+} 的半反应为

$$MnO_4^- + 8H^+ + 5e^- = Mn^{2+} + 4H_2O$$

氧化态的氧化能力与还原态的还原能力存在与共轭酸碱强弱相似的关系，即氧化态的氧化能力越强，对应还原态的还原能力越弱；氧化态的氧化能力越弱，对应还原态的还原能力越强。例如，Sn^{4+}/Sn^{2+} 电对中，Sn^{2+} 是强还原剂，Sn^{4+} 则是弱氧化剂。同一物质在不同的电对中可表现出不同的氧化还原性质。例如，Fe^{2+} 在 Fe^{3+}/Fe^{2+} 电对中为还原态，反应中为还原剂；而在 Fe^{2+}/Fe 电对中为氧化态，反应中为氧化剂。这说明物质的氧化还原能力的大小是相对的。

4. 氧化还原反应方程式的配平

氧化还原反应往往比较复杂，反应方程式很难用目视法配平。配平这类反应方程式最常用的有半反应法（也叫离子-电子法）、氧化值法等，这里仅介绍半反应法。

任何氧化还原反应都可以看作由两个半反应组成，一个半反应代表氧化，另一个半反应代表还原。例如钠与氯直接化合生成 NaCl 的反应及相关的两个半反应如下：

$$2Na + Cl_2(g) = 2NaCl$$

氧化半反应　$2Na = 2Na^+ + 2e^-$

还原半反应　$Cl_2 + 2e^- = 2Cl^-$

这样的方程式称为离子-电子方程式。

半反应法中，根据对应的氧化剂或还原剂的半反应方程式进行配平，应满足电荷守恒和质量守恒。即：反应过程中氧化剂所夺得的电子数等于还原剂失去的电子数；(2) 根据质量守恒定律，反应前后各元素的原子总数相等。

现以 H_2O_2 在酸性介质中氧化 I^- 为例说明配平步骤。

第一步，根据实验事实或反应规律先将反应物、生成物写成一个没有配平的离子反应方程式。

$$H_2O_2 + I^- \longrightarrow H_2O + I_2$$

第二步，将上述反应分解为两个半反应，分别加以配平，使每一半反应的原子数和电荷数相等。

$2I^- - 2e^- = I_2$　　　　氧化半反应

$H_2O_2 + 2H^+ + 2e^- = 2H_2O$　　　　还原半反应

对于 H_2O_2 被还原为 H_2O 来说，需要去掉一个 O 原子，为此可在反应式的左边加上 2 个 H^+（因为反应在酸性介质中进行），使所去掉的 O 原子变成 H_2O，再根据离子电荷数可确定所得到的电子数为 2，则：

$$H_2O_2 + 2H^+ + 2e^- = 2H_2O$$

在半反应方程式中，如果反应物和生成物内所含的氧原子数目不同，可以根据介质的酸碱性，分别在半反应方程式中加 H^+、OH^- 或 H_2O，并利用水的电离平衡使反应式两边的氧原子数目相等。不同介质条件下配平氧原子的经验规则见表 8-1。

表 8-1 配平氧原子的经验规则

介质条件	比较方程式两边氧原子数	配平时左边应加入物质	生成物
酸性	左边 O 多	H^+	H_2O
	左边 O 少	H_2O	H^+
碱性	左边 O 多	H_2O	OH^-
	左边 O 少	OH^-	H_2O
中性（或弱碱性）	左边 O 多	H_2O	OH^-
	左边 O 少	H_2O(中性)	H^+
		OH^-(弱碱)	H_2O

第三步，根据氧化剂得到的电子数和还原剂失去的电子数必须相等的原则，算出两个半反应得失电子的最小公倍数后，使两个半反应涉及的电子得失数的绝对值相等，将两个半反应方程式相加，就得到配平了的离子反应方程式。

$$H_2O_2 + 2H^+ + 2e^- = 2H_2O$$

$$+)\qquad 2I^- - 2e^- = I_2$$

$$H_2O_2 + 2I^- + 2H^+ = 2H_2O + I_2$$

由此可见，用离子-电子法配平，可直接产生离子方程式。

8.2 原电池与电极电势

8.2.1 原电池

把一块锌放入 $CuSO_4$ 溶液中，锌开始溶解，而铜从溶液中析出。反应的离子方程式为：

$$Zn(s) + Cu^{2+}(aq) = Zn^{2+}(aq) + Cu(s)$$

这是一个可自发进行的氧化还原反应，由于氧化剂与还原剂直接接触，电子直接从还原剂转移到氧化剂，无法产生电流。要将氧化还原反应的化学能转化为电能，必须使氧化剂和还原剂之间的电子转移通过一定的外电路，做定向运动，这就要求反应过程中氧化剂和还原剂不能直接接触，因此需要一种特殊的装置来实现上述过程。

如果在两个烧杯中分别放入 $ZnSO_4$ 和 $CuSO_4$ 溶液，在盛有 $ZnSO_4$ 溶液的烧杯中放入 Zn 片，在盛有 $CuSO_4$ 溶液的烧杯中放入 Cu 片，将两个烧杯的溶液用一个充满电解质溶液（一般用饱和 KCl 溶液，为使溶液不致流出，常用琼脂与 KCl 饱和溶液制成胶冻。胶冻的组成大部分是水，离子可在其中自由移动）的倒置 U 形管作桥梁（称为盐桥，salt bridge），以连通两杯溶液，如图 8-1 所示。这时如果用一个灵敏电流计（A）将两金属片连接起来，可以观察到：

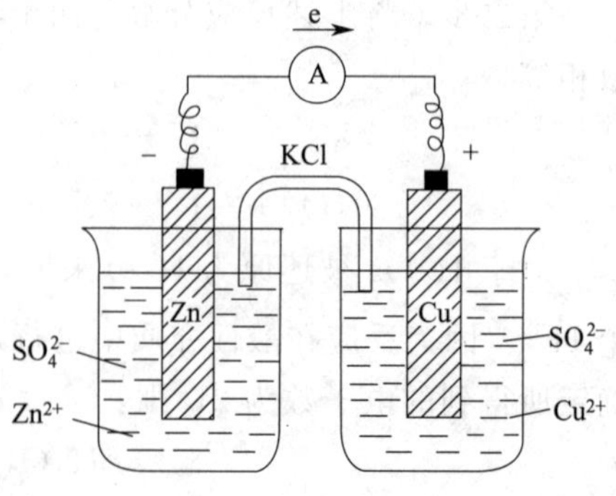

图 8-1 铜锌原电池

- 电流表指针发生偏移，说明有电流发生。
- 在铜片上有金属铜沉积上去，而锌片被溶解。

• 取出盐桥，电流表指针回至零点；放入盐桥时，电流表指针又发生偏移。说明盐桥使整个装置构成通路，这种借助于氧化还原反应的装置，叫做原电池（primary cell）。

在原电池中，组成原电池的导体（如铜片和锌片）称为电极，同时规定电子流出的电极称为负极（negative electrode），负极上发生氧化反应；电子进入的电极称为正极（positive electrode），正极上发生还原反应。例如，在 Cu-Zn 原电池中：

负极（Zn）：$Zn(s)-2e^- = Zn^{2+}(aq)$　　发生氧化反应

正极（Cu）：$Cu^{2+}(aq)+2e^- = Cu(s)$　　发生还原反应

Cu-Zn 原电池的电池反应为：

$$Zn(s)+Cu^{2+}(aq) = Zn^{2+}(aq)+Cu(s)$$

在 Cu-Zn 原电池中进行的电池反应，和 Zn 置换 Cu^{2+} 的化学反应是一样的。只是原电池装置中，氧化剂和还原剂不直接接触，氧化、还原反应同时分别在两个不同的区域内进行，电子不是直接从还原剂转移给氧化剂，而是经导线进行传递，这正是原电池利用氧化还原反应能产生电流的原因所在。

上述原电池可以用下列电池符号表示：

$$(-)Zn|ZnSO_4(c_1) \| CuSO_4(c_2)|Cu(+)$$

习惯上把负极（−）写在左边，正极（+）写在右边。其中“|”表示金属和溶液两相之间的接触界面，“‖”表示盐桥，c 表示溶液的浓度，当溶液浓度为 $1mol \cdot L^{-1}$ 时，可不写。每一个“半电池（或电极）”又都是由同一种元素不同氧化值的两种物质所构成。一种是处于低氧化值的可作为还原剂的物质（称为还原态物质），例如锌半电池中的 Zn、铜半电池中的 Cu；另一种是处于高氧化值的可作氧化剂的物质（称为氧化态物质），例如锌半电池中的 Zn^{2+}、铜半电池中的 Cu^{2+}。

这种由同一种元素的氧化态物质和其对应的还原态物质所构成的整体，称为氧化还原电对（oxidation-reduction couples）。氧化还原电对习惯上用符号［氧化态］/［还原态］来表示，如氧化还原电对可写成 Cu^{2+}/Cu、Zn^{2+}/Zn 和 $Cr_2O_7^{2-}/Cr^{3+}$，非金属单质及其相应的离子，也可以构成氧化还原电对，例如 H^+/H_2 和 O_2/OH^-。在用 Fe^{3+}/Fe^{2+}、Cl_2/Cl^-、O_2/OH^- 等电对作为半电池时，需要引入金属铂或其他惰性导体。以氢电极为例，可表示为 $H^+(c)|H_2|Pt$。氧化还原电对可分为以下 4 类。

(1) 金属-离子电对：$M | M^{n+}$。如 $Cu|Cu^{2+}$，$Zn|Zn^{2+}$，等。

(2) 金属-金属难溶盐-阴离子电对。如 $Ag|AgCl|Cl^-$（饱和）；$Hg|Hg_2Cl_2|Cl^-$（饱和）；$Pb|PbSO_4|SO_4^{2-}$（饱和）等。

(3) 气体-离子电对。这类电对无导电金属，作为半电池时，应引入惰性电极 Pt。如 Pt，$H_2(p)|H^+(c)$；Pt，$Cl_2(p)|Cl^-(c)$

(4) 均相电对。该类电对的氧化态和还原态均为液态，作为半电池时，需要引入惰性电极。如 $Pt|MnO_4^-(c_1)$，$Mn^{2+}(c_2)$，$H^+(c_3)$；$Pt|Fe^{3+}(c_1)$，$Fe^{2+}(c_2)$等。

氧化态物质和还原态物质在一定条件下，可以互相转化

$$氧化态(Ox)+ne^- \rightleftharpoons 还原态(Red)$$

式中，n 表示互相转化时得失电子数。这种表示氧化态物质和还原态物质之间相互转化的关系式，称为半电池反应或电极反应。电极反应包括参加反应的所有物质，不仅仅是有氧化值变化的物质。如电对 $Cr_2O_7^{2-}/Cr^{3+}$，对应的电极反应为：

$$Cr_2O_7^{2-}+6e^-+14H^+ \rlap{=}{=\!=} Cr^{3+}+7H_2O$$

例 8-3 将下列氧化还原反应设计成原电池，并写出它的原电池符号。

$$(1)Sn^{2+}+Hg_2Cl_2 = Sn^{4+}+2Hg+2Cl^-$$

$$(2)Fe^{2+}(0.10mol\cdot L^{-1})+Cl_2(100kPa) = Fe^{3+}(0.10mol\cdot L^{-1})+2Cl^-(2.0mol\cdot L^{-1})$$

解：(1) 氧化反应（负极） $Sn^{2+}-2e^- \longrightarrow Sn^{4+}$

还原反应（正极） $Hg_2Cl_2+2e^- \longrightarrow 2Hg+2Cl^-$

原电池符号：

$$(-)Pt|Sn^{2+}(c_1),Sn^{4+}(c_2)\parallel Cl^-(c_3)|Hg_2Cl_2,Hg(+)$$

(2) 氧化反应（负极） $Fe^{2+}-e^- = Fe^{3+}$

还原反应（正极） $Cl_2+2e^- = 2Cl^-$

原电池符号：

$$(-)Pt|Fe^{2+}(0.10mol\cdot L^{-1}),Fe^{3+}(0.1mol\cdot L^{-1})\parallel Cl^-(2.0mol\cdot L^{-1})|Cl_2(100kPa)|Pt(+)$$

8.2.2 电极电势

在 Cu-Zn 原电池中，把两个电极用导线连接后就有电流产生，可见两个电极之间存在一定的电势差，即构成原电池的两个电极的电势是不相等的。那么电极的电势是怎样产生的呢？

早在 1889 年，德国化学家能斯特（H W. Nernst）提出了双电层理论，可以用来说明金属和其盐溶液之间的电势差，以及原电池产生电流的机理。按照能斯特的理论，金属晶体是由金属原子、金属离子和自由电子所组成，因此，如果把金属放在其盐溶液中，与电解质在水中的溶解过程相似，在金属与其盐溶液的接触界面上就会发生两个不同的过程；一个是金属表面的阳离子受极性水分子的吸引而进入溶液的过程；另一个是溶液中的水合金属离子在金属表面，受到自由电子的吸引而重新沉积在金属表面的过程。当这两种方向相反的过程进行的速率相等时，即达到动态平衡：

$$M(s) \rightleftharpoons M^{n+}(aq)+ne^-$$

不难理解，金属越活泼或溶液中金属离子浓度越小，金属溶解的趋势就越大于溶液中金属离子沉积到金属表面的趋势，达到平衡时金属表面因聚集了金属溶解时留下的自由电子而带负电荷，溶液则因金属离子进入溶液而带正电荷，这样，由于正、负电荷相互吸引，在金属与其盐溶液的接触界面处就建立起由带负电荷的电子和带正电荷的金属离子所构成的双电层[图 8-2(a)]。相反，如果金属越不活泼或溶液中金属离子浓度越大，金属溶解的趋势就越小于金属离子沉淀的趋势，达到平衡时金属表面因聚集了金属离子而带正电荷，而溶液则由于金属离子沉积在金属片上带

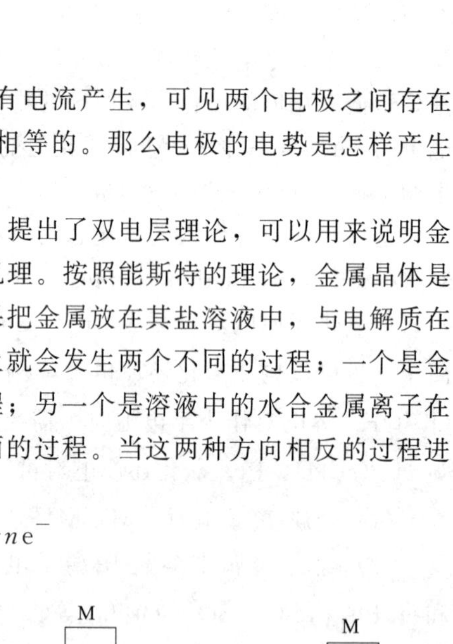

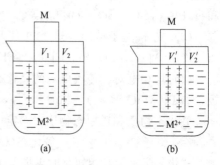

(a) 电势差 $E=V_2-V_1$ (b) 电势差 $E=V_2'-V_1'$

图 8-2 金属的双电层结构

负电荷，这样，也构成了相应的双电层[图 8-2(b)]。这种双电层之间存在一定的电势差。

金属与其盐溶液接触界面之间的电势差，实际上就是该金属与其溶液中相应金属离子所组成的氧化还原电对的电极电势，简称为该金属的电极电势。可以预料，氧化还原电对不同，对应的电解质溶液的浓度不同，它们对应的电极电势就不同。因此，若将两种不同电极电势的氧化还原电对以原电池的方式连接起来，则在两极之间就存在一定的电势差，因而就产生了电流。

8.2.3 标准电极电势

1. 标准氢电极

事实上，电极电势的绝对值还无法测定，只能选定某一电对的电极电势作为参比标准，将其他电对的电极电势与它比较而求出各电对平衡电势的相对值，犹如海拔高度是把海平面的高度作为比较标准一样。通常选作标准的是标准氢电极（图 8-3）。

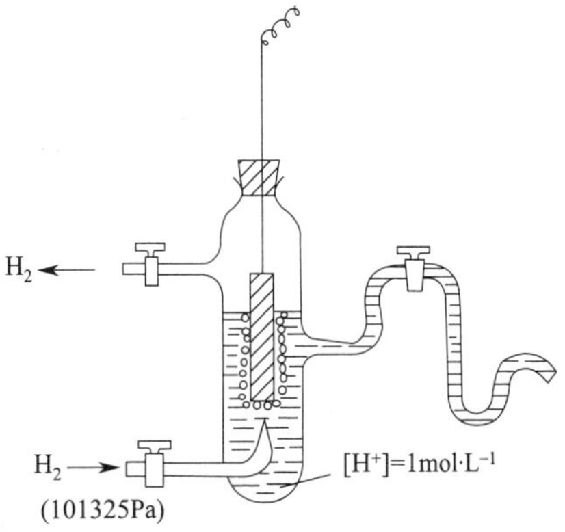

图 8-3　标准氢电极

其电极可表示为：

$$Pt|H_2(100kPa)|H^+(1mol\cdot L^{-1})$$

标准氢电极（standard hydrogen electrode, SHE）是将铂片镀上一层蓬松的铂（称铂黑），并把它浸入 H^+ 浓度为 $1mol\cdot L^{-1}$ 的稀硫酸溶液中，在 298.15K 时不断通入压力为 100kPa 的纯氢气流，这时氢被铂黑所吸收，此时被氢饱和了的铂片就像由氢气构成的电极一样。铂片在标准氢电极中只是作为电子的导体和氢气的载体，并未参加反应。H_2 电极与溶液中的 H^+ 建立了如下平衡：

$$H_2(g) \rightleftharpoons 2H^+(aq)+2e^-$$

这样，在标准氢电极和具有上述浓度的 H^+ 之间的电极电势称为标准氢电极的电极电势，人们规定它为零，即$\varphi^{\ominus}(H^+/H_2)=0.0000V$。

用标准氢电极与其它的电极组成原电池，测得该原电池的电动势，就可以计算各种电极的电极电势。如果参加电极反应的物质均处在标准态，这时的电极称为标准电极，对应的电极电势称为标准电极电势，用$\varphi^{\ominus}$表示。

所谓的标准态是指组成电极的离子浓度均为 $1mol\cdot L^{-1}$，气体的分压为 100kPa，液体和固体都是纯净物质。尽管温度可以任意指定，但通常默认为 298.15K。如果组成原电池的两个电极均为标准电极，这时的电池称为标准电池，对应的电动势用 $E^{\ominus}$ 表示。

$$E^{\ominus}=\varphi_{+}^{\ominus}-\varphi_{-}^{\ominus}$$

标准氢电极要求氢气纯度很高，压力稳定，并且铂在溶液中易吸附其他组分而中毒，失去活性。因此，实际上常用易于制备、使用方便而且电极电势稳定的甘汞电极（图 8-4）等作为电极电势的对比参考，称为参比电极（reference electrode）。

2. 甘汞电极

甘汞电极（calomel electrode）是金属汞和 Hg_2Cl_2 及 KCl 溶液组成的电极，其构造如

图 8-4 所示。内玻璃管中封接一根铂丝，铂丝插入纯汞中（厚度为 0.5～1cm），下置一层甘汞（Hg_2Cl_2）和汞的糊状物，外玻璃管中装入 KCl 溶液，即构成甘汞电极。电极下端与待测溶液接触部分是熔结陶瓷芯或玻璃砂芯等多孔物质或一毛细管通道。

甘汞电极可以写成　$Hg,Hg_2Cl_2(s)|KCl$

电极反应为　$Hg_2Cl_2(s)+2e^- \longrightarrow 2Hg(l)+2Cl^-(aq)$

当温度一定时，不同浓度的 KCl 溶液使甘汞电极的电势具有不同的恒定值，如表 8-2 所示。

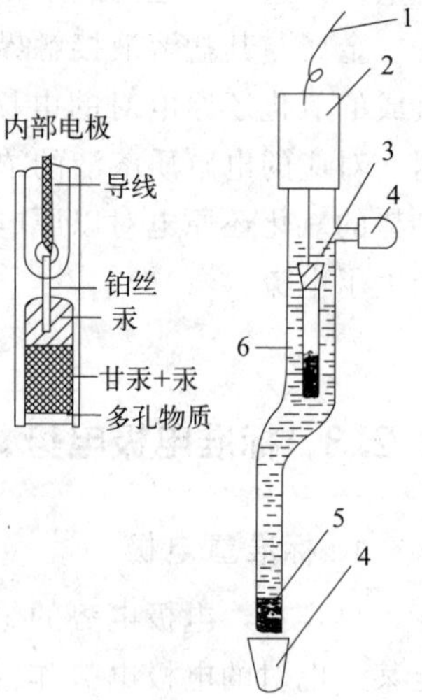

1—导线；2—绝缘体；
3—内部电极；4—橡皮帽；
5—多孔物质；6—饱和 KCl 溶液

图 8-4　甘汞电极

表 8-2　甘汞电极的电极电势

KCl 浓度	饱和	$1mol \cdot L^{-1}$	$0.1mol \cdot L^{-1}$
电极电势 φ/V	+0.2445	+0.2830	+0.3356

3. 标准电极电势的测定

电极的标准电极电势可通过实验方法测得。

例如，欲测定铜电极的标准电极电势，则应组成下列电池：

$$(-)Pt|H_2(100kPa)|H^+(1mol \cdot L^{-1}) \| Cu^{2+}(1mol \cdot L^{-1})|Cu(+)$$

测定时，根据电势计指针偏转方向，可知电流是由铜电极通过导线流向氢电极（电子由氢电极流向铜电极）。所以氢电极是负极，铜电极为正极。测得此电池的电动势（$E^\ominus$）为 0.337V。则

$$E^\ominus=\varphi_+^\ominus-\varphi_-^\ominus=\varphi^\ominus(Cu^{2+}/Cu)-\varphi^\ominus(H^+/H_2)=0.337V$$

因为　$\varphi^\ominus(H^+/H_2)=0.0000V$

所以　$\varphi^\ominus(Cu^{2+}/Cu)=0.337V$

用类似的方法可以测得一系列电对的标准电极电势，书后附表 4 列出了 298.15K 时一些氧化还原电对的标准电极电势。它们是按元素分区的形式进行整理的，该表称为标准电极电势表。

根据物质的氧化还原能力，对照标准电极电势表，可以看出电极电势代数值越小，电对所对应的还原态物质还原能力越强，氧化态物质氧化能力越弱；电极电势代数值越大，电对所对应的还原态物质还原能力越弱，氧化态物质氧化能力越强。因此，电极电势是表示氧化还原电对所对应的氧化态物质或还原态物质得失电子能力（即氧化还原能力）相对大小的一个物理量。使用标准电极电势表时应注意以下几点：

（1）本书采用 1953 年国际纯粹和应用化学联合会（IUPAC）所规定的还原电势，即认为 Zn 比 H_2 更容易失去电子，$\varphi^\ominus(Zn^{2+}/Zn)$ 为负值。

（2）电极电势是强度性质，没有加合性。即不论半电池反应式的系数乘以或除以任何实数，$\varphi^\ominus$ 值均不改变。

（3）$\varphi^\ominus$ 是水溶液体系的标准电极电势，对于非标准态，非水溶液体系，不能用 $\varphi^\ominus$ 比较物质氧化还原能力。

8.2.4 原电池电动势的计算

根据热力学原理，在恒温恒压条件下，反应体系吉布斯函数变的降低值等于体系所能作的最大有用功，即$-\Delta G = W_{max}$。而一个能自发进行的氧化还原反应，可以设计成一个原电池，在恒温、恒压条件下，电池所作的最大有用功即为电功。电功（$W_{电}$）等于电动势（E）与通过的电量（Q）的乘积。

$$W_{电} = E \cdot Q = E \cdot n\mathrm{F}$$

$$\Delta G = -E \cdot Q = -nEF \tag{8-1}$$

式中，F为法拉第（Faraday）常数，其值等于$96485\mathrm{C \cdot mol^{-1}}$；$n$为电池反应中转移电子数。在标准态下

$$\Delta G^{\ominus} = -E^{\ominus} \cdot Q = -nFE^{\ominus}$$

$$\Delta G^{\ominus} = -nFE^{\ominus} = -nF[\varphi_{+}^{\ominus} - \varphi_{-}^{\ominus}] \tag{8-2}$$

则，$\varphi_{+}^{\ominus} = \varphi_{-}^{\ominus} - \dfrac{\Delta G^{\ominus}}{nF}$

由式(8-2)可以看出，如果知道了参加电池反应物质的$\Delta G^{\ominus}$，即可计算出该电极的标准电极电势。这就为理论上确定电极电势提供了依据。

例 8-4 若把下列反应设计成电池，求电池的电动势$E^{\ominus}$及反应的$\Delta G^{\ominus}$。

$$Cr_2O_7^{2-} + 6Cl^- + 14H^+ \xlongequal{} 2Cr^{3+} + 3Cl_2 + 7H_2O$$

解： 正极的电极反应

$$Cr_2O_7^{2-} + 14H^+ + 6e^- \xlongequal{} 2Cr^{3+} + 7H_2O \qquad \varphi_{+}^{\ominus} = 1.33\mathrm{V}$$

负极的电极反应

$$2Cl^- - 2e^- \xlongequal{} Cl_2 \qquad \varphi_{-}^{\ominus} = 1.36\mathrm{V}$$

$$E^{\ominus} = \varphi_{+}^{\ominus} - \varphi_{-}^{\ominus} = 1.33\mathrm{V} - 1.36\mathrm{V} = -0.03\mathrm{V}$$

$$\Delta_r G_m^{\ominus} = -nFE^{\ominus} = -6 \times 96500\mathrm{C \cdot mol^{-1}} \times (-0.03\mathrm{V}) = 2 \times 10^4 \mathrm{J \cdot mol^{-1}}$$

例 8-5 利用热力学函数数据计算$\varphi^{\ominus}(Zn^{2+}/Zn)$的值。

解： 利用式(8-2)求算$\varphi^{\ominus}(Zn^{2+}/Zn)$。为此，把电对$Zn^{2+}/Zn$与另一电对（最好选择$H^+/H_2$）组成原电池。电池反应式为

$$Zn + 2H^+ \xlongequal{} Zn^{2+} + H_2$$

$$\Delta_f G^{\ominus}/(\mathrm{kJ \cdot mol^{-1}}) \quad 0 \quad 0 \quad -147 \quad 0$$

则 $$\Delta_f G_m^{\ominus} = -147\mathrm{kJ \cdot mol^{-1}}$$

$$\Delta_r G_m^{\ominus} = -nFE^{\ominus} = -nF(\varphi_{+}^{\ominus} - \varphi_{-}^{\ominus}) = -nF[E^{\ominus}(H^+/H_2) - E^{\ominus}(Zn^{2+}/Zn)]$$

$$= -147\mathrm{kJ \cdot mol^{-1}}$$

$$E^{\ominus}(H^+/H_2) = 0\mathrm{V}$$

得： $E^{\ominus}(Zn^{2+}/Zn) = \Delta_r G_m^{\ominus}/(nF) = -147 \times 10^3/(2 \times 96485) = -0.762\mathrm{V}$

可见电极电势可利用热力学函数求得，并非一定要用测量原电池电动势的方法得到。

8.2.5 能斯特方程式

电极电势的高低，不仅取决于电对本性，还与反应温度、氧化态物质和还原态物质的浓度、压力等有关。离子浓度对电极电势的影响可从热力学进行推导。

对于一个任意给定的电极，其电极反应的通式为：

$$a\ 氧化型 + n\mathrm{e}^- \rightleftharpoons b\ 还原型$$

$$\varphi = \varphi^{\ominus} + \frac{RT}{nF}\lg\frac{[氧化型]^a}{[还原型]^b} \tag{8-3}$$

式中，R 为气体常数；F 为法拉第常数；T 为热力学温度；n 为电极反应得失的电子数。在温度为 298.15K 时，将各常数值代入式(8-3)，其相应的浓度对电极电势的影响的通式为

$$\varphi = \varphi^{\ominus} + \frac{0.0592}{n}\lg\frac{[氧化型]^a}{[还原型]^b} \tag{8-4}$$

此方程式称为电极电势的能斯特方程式，简称能斯特方程式。

应用能斯特方程式时，应注意以下问题：

(1) 如果组成电对的物质为固体或纯液体时，其浓度不列入方程式中。如果是气体，则用分压 $p/p^{\ominus}$ 表示。

(2) 如果氧化型或还原型的一侧有 H^+ 或 OH^- 参与，则在电极反应的电位表达式中应列入进行计算。

例如：

$$Zn^{2+}(aq) + 2e^- = Zn$$

$$\varphi = \varphi^{\ominus}(Zn^{2+}/Zn) + \frac{0.0592}{2}\lg[Zn^{2+}]$$

$$Br_2(l) + 2e^- = 2Br^-(aq)$$

$$\varphi = \varphi^{\ominus}(Br_2/Br^-) + \frac{0.0592}{2}\lg\frac{1}{[Br^-]^2}$$

$$2H^+ + 2e^- = H_2(g)$$

$$\varphi(H^+/H_2) = \varphi^{\ominus}(H^+/H_2) + \frac{0.0592}{2}\lg\frac{[H^+]^2}{[p_{H_2}/p^{\ominus}]}$$

例 8-6 当 Cl^- 浓度为 0.100mol·L^{-1}，p_{Cl_2} = 303.9kPa 时，求组成电对的电极电势。

解：

$$Cl_2(g) + 2e^- = 2Cl^-(aq)$$

由附表 4 查得 $\varphi^{\ominus}(Cl_2/Cl^-) = 1.359V$

$$\varphi(Cl_2/Cl^-) = \varphi^{\ominus}(Cl_2/Cl^-) + \frac{0.0592}{2}\lg\frac{[p_{Cl_2}/p^{\ominus}]}{[Cl^-]^2} = 1.43V$$

(3) 如果在电极反应中，除氧化态、还原态物质外，还有参加电极反应的其他物质如 H^+、OH^- 存在，则应把这些物质的浓度也表示在能斯特方程式中。

例 8-7　已知电极反应　$NO_3^-(aq)+4H^+(aq)+3e^- \rightleftharpoons NO(g)+2H_2O(l)$

$\varphi^\ominus(NO_3^-/NO)=0.96V$。

求 $c_{NO_3^-}=1.0mol\cdot L^{-1}$，$p_{NO}=100kPa$，$c_{H^+}=1.0\times10^{-7}mol\cdot L^{-1}$ 时的 φ (NO_3^-/NO)。

解：

$$\varphi(NO_3^-/NO)=\varphi^\ominus(NO_3^-/NO)+\frac{0.0592}{3}\lg\frac{[NO_3^-][H^+]^4}{[p_{NO}/p^\ominus]}$$

$$=0.96+\frac{0.0592}{3}\lg\frac{1.0\times(1.0\times10^{-7})^4}{100/100}$$

$$=0.96-0.55=0.41(V)$$

可见，NO_3^- 的氧化能力随酸度的降低而降低。所以，浓 HNO_3 氧化能力很强，而中性的硝酸盐（KNO_3）溶液氧化能力很弱。

例 8-8　298K 时，在 Fe^{3+}、Fe^{2+} 的混合溶液中加入 NaOH 时，有 $Fe(OH)_3$、$Fe(OH)_2$ 沉淀生成（假设无其它反应发生）。当沉淀反应达到平衡，并保持 $c_{OH^-}=1.0mol\cdot L^{-1}$ 时，求 $\varphi(Fe^{3+}/Fe^{2+})$。

解：

$$Fe^{3+}(aq)+e^- \rightleftharpoons Fe^{2+}(aq)$$

加 NaOH 时发生如下反应：

$$Fe^{3+}(aq)+3OH^-(aq) \rightleftharpoons Fe(OH)_3(s)\quad(1)\quad K_1^\ominus=\frac{1}{K^\ominus_{sp,Fe(OH)_3}}=\frac{1}{[Fe^{3+}][OH^-]^3}$$

$$Fe^{2+}(aq)+2OH^-(aq) \rightleftharpoons Fe(OH)_2(s)\quad(2)\quad K_2^\ominus=\frac{1}{K^\ominus_{sp,Fe(OH)_2}}=\frac{1}{[Fe^{2+}][OH^-]^2}$$

平衡时，

$$c_{OH^-}=1.0mol\cdot L^{-1}$$

则

$$[Fe^{3+}]=\frac{K^\ominus_{sp,Fe(OH)_3}}{[OH^-]^3}=K^\ominus_{sp,Fe(OH)_3}$$

$$[Fe^{2+}]=\frac{K^\ominus_{sp,Fe(OH)_2}}{[OH^-]^2}=K^\ominus_{sp,Fe(OH)_2}$$

$$\varphi(Fe^{3+}/Fe^{2+})=\varphi^\ominus(Fe^{3+}/Fe^{2+})+0.0592\lg\frac{[Fe^{3+}]}{[Fe^{2+}]}$$

$$=\varphi^\ominus(Fe^{3+}/Fe^{2+})+0.0592\lg\frac{K^\ominus_{sp,Fe(OH)_3}}{K^\ominus_{sp,Fe(OH)_2}}=0.771+0.0592\lg\frac{2.6\times10^{-39}}{4.9\times10^{-17}}=-0.54(V)$$

根据标准电极电势的定义，$c_{OH^-}=1.0mol\cdot L^{-1}$ 时，$\varphi(Fe^{3+}/Fe^{2+})$ 对应的电位就是电极反应 $Fe(OH)_3+e^- \rightleftharpoons Fe(OH)_2+OH^-$ 的标准电极电势 $\varphi^\ominus\{Fe(OH)_3/Fe(OH)_2\}$。即

$$\varphi^\ominus\{Fe(OH)_3/Fe(OH)_2\}=\varphi^\ominus(Fe^{3+}/Fe^{2+})+0.0592\lg\frac{K^\ominus_{sp,Fe(OH)_3}}{K^\ominus_{sp,Fe(OH)_2}}$$

从以上例子可知，氧化态还原态物质浓度的改变对电极电势影响较大，如果电对的氧化态生成沉淀，则电极电势变小，如果还原态生成沉淀，则电极电势变大。若二者同时生成沉淀时，$K_{sp}^{\ominus}$（氧化态）$<K_{sp}^{\ominus}$（还原态），则电极电势变小；反之，变大。另外介质的酸碱性对含氧酸盐氧化性的影响较大，一般来说，含氧酸盐在酸性介质中表现出较强的氧化性。

8.2.6 条件电极电势

严格地说，式(8-4) 中氧化态和还原态的浓度应以活度表示，而标准电极电势是指在一定温度下（通常为 298.15K)，氧化还原半反应中各组分都处于标准状态，即离子或分子的活度等于 $1\text{mol}\cdot\text{L}^{-1}$ 或活度比为 1 时（若反应中有气体参加，则分压为 100kPa）的电极电势。

在应用能斯特方程式时，还应考虑离子强度和氧化态或还原态的存在形式对电极电势的影响。通常知道的是溶液中的浓度而不是活度，为简化起见，往往忽略溶液中离子强度的影响，以浓度代替活度来进行计算，但实际工作中，溶液的离子强度通常较大，其影响不可忽略。另外，当氧化态或还原态与溶液中其它组分发生副反应（例如形成沉淀和生成配合物）时，电对的氧化态和还原态的存在形式也往往随着改变，从而引起电极电势的变化。

因此，用能斯特方程式计算有关电对的电极电势时，如果采用该电对的标准电极电势，则计算的结果与实际情况就会相差较大。例如，计算 HCl 溶液中 Fe(Ⅲ)/Fe(Ⅱ)体系的电极电势时，由能斯特方程式得到

$$\varphi=\varphi(Fe^{3+}/Fe^{2+})=\varphi^{\ominus}(Fe^{3+}/Fe^{2+})+0.0592\lg\frac{a_{Fe^{3+}}}{a_{Fe^{2+}}}$$

$$=\varphi^{\ominus}(Fe^{3+}/Fe^{2+})+0.0592\lg\frac{c_{Fe^{3+}}\gamma_{Fe^{3+}}}{c_{Fe^{2+}}\gamma_{Fe^{2+}}} \tag{8-5}$$

Fe^{3+} 易与 H_2O、Cl^- 等发生如下副反应：

$$Fe^{3+}+H_2O = [Fe(OH)]^{2+}+H^+ \xrightarrow{H_2O} [Fe(OH)_2]^{+}+H^+ \cdots\cdots$$

$$Fe^{3+}+Cl^- = [FeCl]^{2+} \xrightarrow{Cl^-} [FeCl_2]^{+} \cdots\cdots$$

因此除 Fe^{3+}、Fe^{2+} 外，还存在 $[Fe(OH)]^{2+}$、$[Fe(OH)_2]^{+}$、$[FeCl]^{2+}$、$[FeCl_2]^{+}$、$[Fe(OH)]^{+}$、$Fe(OH)_2$、$[FeCl]^{+}$、$[FeCl_2]$ ……存在形式，若用 $c'_{Fe^{3+}}$ 表示溶液中 Fe^{3+} 的总浓度，$c_{Fe^{3+}}$ 为 Fe^{3+} 的平衡浓度，则

$$c'_{Fe^{3+}}=c_{Fe^{3+}}+c_{[Fe(OH)]^{2+}}+c_{[FeCl]^{2+}}+\cdots\cdots$$

定义 $\alpha_{Fe^{3+}}$ 称为 Fe^{3+} 的副反应系数

令

$$\alpha_{Fe^{3+}}=\frac{c'_{Fe^{3+}}}{c_{Fe^{3+}}} \tag{8-6}$$

同样定义 $\alpha_{Fe^{2+}}$ 为 Fe^{2+} 的副反应系数

$$\alpha_{Fe^{2+}}=\frac{c'_{Fe^{2+}}}{c_{Fe^{2+}}} \tag{8-7}$$

将式(8-6) 和式(8-7) 代入式(8-5) 得

$$\varphi(Fe^{3+}/Fe^{2+})=\varphi^{\ominus}(Fe^{3+}/Fe^{2+})+0.0592\lg\frac{\alpha_{Fe^{2+}}c'_{Fe^{3+}}\gamma_{Fe^{3+}}}{\alpha_{Fe^{3+}}c'_{Fe^{2+}}\gamma_{Fe^{2+}}} \tag{8-8}$$

式(8-8)是考虑了上述两个因素后的能斯特方程式的表示式。但是当溶液的离子强度很大(实际情况常如此)时，副反应很多时，γ 和 α 值不易求得。因此式(8-8)的应用是很复杂的。为此，将式(8-8)改写为：

$$\varphi(Fe^{3+}/Fe^{2+})=\varphi^{\ominus}(Fe^{3+}/Fe^{2+})+0.0592\lg\frac{\alpha_{Fe^{2+}}\gamma_{Fe^{3+}}}{\alpha_{Fe^{3+}}\gamma_{Fe^{2+}}}+0.0592\lg\frac{[Fe^{3+}]'}{[Fe^{2+}]'} \quad (8\text{-}9)$$

当$c'_{Fe^{3+}}=c'_{Fe^{2+}}=1mol\cdot L^{-1}$时，

$$\varphi(Fe^{3+}/Fe^{2+})=\varphi^{\ominus}(Fe^{3+}/Fe^{2+})+0.0592\lg\frac{\alpha_{Fe^{2+}}\gamma_{Fe^{3+}}}{\alpha_{Fe^{3+}}\gamma_{Fe^{2+}}}$$

上式中 γ 及 α 在特定条件下是一固定值，因而上式应为一常数，以$\varphi^{\ominus\prime}$表示之

$$\varphi^{\ominus\prime}(Fe^{3+}/Fe^{2+})=\varphi^{\ominus}(Fe^{3+}/Fe^{2+})+0.0592\lg\frac{\alpha_{Fe^{2+}}\gamma_{Fe^{3+}}}{\alpha_{Fe^{3+}}\gamma_{Fe^{2+}}}$$

$\varphi^{\ominus\prime}$称为条件电极电势（conditional potential）。它是在特定条件下，氧化态和还原态的总浓度均为 $1mol\cdot L^{-1}$ 或它们的浓度比为 1 时的实际电极电势，它在条件不变时为一常数，此时式(8-8)可写作

$$\varphi(Fe^{3+}/Fe^{2+})=\varphi^{\ominus}(Fe^{3+}/Fe^{2+})+\frac{0.0592}{2}\lg\frac{[Fe^{3+}]}{[Fe^{2+}]}$$

对于电极反应 $Ox+ne^{-}$ ══ Red

$$\varphi=\varphi^{\ominus}+\frac{0.0592}{n}\lg\frac{[Ox]}{[Red]}$$ ❶

条件电极电势的大小，反映了在外界因素影响下，氧化还原电对的实际氧化还原能力。因此，应用条件电极电势比用标准电极电势能更准确地判断氧化还原反应的方向、次序和反应完成的程度。附录 4 列出了部分氧化还原半反应的条件电极电势，在处理有关氧化还原反应的电势计算时，采用条件电极电势是较为合理的。但由于条件电极电势的数据目前还较少，如没有相同条件下的条件电势，可采用条件相近的条件电势数据，对于没有条件电势的氧化还原电对，则只能采用标准电势。

例 8-9 计算 KI 浓度为 $1mol\cdot L^{-1}$ 时，Cu^{2+}/Cu^{+}电对的条件电极电势（忽略离子强度的影响）。

$$2Cu^{2+}(aq)+4I^{-}(aq) \longrightarrow 2CuI\downarrow(s)+I_2(s)$$

解： 已知$\varphi^{\ominus}(Cu^{2+}/Cu^{+})=0.16V$ $K^{\ominus}_{sp}(CuI)=1.1\times10^{-12}$

$$\varphi(Cu^{2+}/Cu^{+})=\varphi^{\ominus}(Cu^{2+}/Cu^{+})+0.0592\lg\frac{[Cu^{2+}]}{[Cu^{+}]}$$

$$=\varphi^{\ominus}(Cu^{2+}/Cu^{+})+0.0592\lg\frac{[Cu^{2+}][I^{-}]}{[Cu^{+}][I^{-}]}$$

$$=\varphi^{\ominus}(Cu^{2+}/Cu^{+})+0.0592\lg\frac{[Cu^{2+}][I^{-}]}{K^{\ominus}_{sp}(CuI)}$$

若 Cu^{2+} 未发生副反应，令$c_{Cu^{2+}}=c_{I^{-}}=1mol\cdot L^{-1}$

---

❶ c'_{ox}和 c'_{Red}分别表示氧化态和还原态的总浓度。

则 $\varphi^{\ominus\prime}(Cu^{2+}/Cu^{+})=\varphi^{\ominus}(Cu^{2+}/Cu^{+})+0.0592\lg\frac{1}{K^{\ominus}_{sp,CuI}}$

$$=0.16-0.0592\lg(1.1\times10^{-12})=0.87(V)$$

此时$\varphi^{\ominus\prime}(Cu^{2+}/Cu^{+})>\varphi^{\ominus}(I_2/I^{-})$，因此 Cu^{2+} 能够氧化 I^{-}。说明当 KI 浓度为 $1mol\cdot L^{-1}$ 时，Cu^{2+}/Cu^{+}电对的条件电极电势增大了。

8.3 电极电势的应用

电极电势的应用是多方面的。除了比较氧化剂和还原剂的相对强弱以外，电极电势主要有下列应用。

8.3.1 计算原电池的电动势

在组成原电池的两个半电池中，电极电势代数值较大的一个半电池是原电池的正极，代数值较小的一个半电池是原电池的负极。原电池的电动势等于正极的电极电势减去负极的电极电势：

$$E=\varphi_{+}-\varphi_{-}$$

例 8-10 计算下列原电池的电动势，并指出正、负极

$$Zn|Zn^{2+}(0.100mol\cdot L^{-1})\|Cu^{2+}(2.00mol\cdot L^{-1})|Cu$$

解： 先计算两极的电极电势

$$\varphi(Zn^{2+}/Zn)=\varphi^{\ominus}(Zn^{2+}/Zn)+\frac{0.0592}{2}\lg[Zn^{2+}]$$

$$=-0.763+\frac{0.0592}{2}\lg(0.100)=-0.793(V)\text{(作负极)}$$

$$\varphi(Cu^{2+}/Cu)=\varphi^{\ominus}(Cu^{2+}/Cu)+\frac{0.0592}{2}\lg[Cu^{2+}]$$

$$=0.3419+\frac{0.0592}{2}\lg2.00=0.351(V)\text{(作正极)}$$

故

$$E=\varphi_{+}-\varphi_{-}=0.351-(-0.793)=1.14(V)$$

8.3.2 判断氧化还原反应进行的方向

恒温恒压下，氧化还原反应进行的方向可由反应的自由能变化来判断。

根据 $\Delta_r G_m=-nFE=-nF(\varphi_{+}-\varphi_{-})$有：

自由能$\Delta_r G_m<0$， 则电动势 $E>0$， 即 $\varphi_{+}>\varphi_{-}$， 反应正向进行；

$\Delta_r G_m = 0$， 则电动势 $E = 0$， 即 $\varphi_+ = \varphi_-$， 反应处于平衡；

$\Delta_r G_m > 0$， 则电动势 $E < 0$， 即 $\varphi_+ < \varphi_-$， 反应逆向进行。

如果是在标准状态下，则可用 $\varphi^\ominus$ 或 $E^\ominus$ 进行判断。

所以，在氧化还原反应组成的原电池中，反应物中的氧化剂电对作正极，还原剂电对电极作负极，比较两电极的电极电势值的相对大小即可判断氧化还原反应的方向。例如：

$$2Fe^{3+}(aq) + Sn^{2+}(aq) \longrightarrow 2Fe^{2+}(aq) + Sn^{4+}(aq)$$

在标准状态下，反应是从左向右进行还是从右向左进行？可查标准电势数据：

$$\varphi^\ominus(Sn^{4+}/Sn^{2+}) = 0.151V, \quad \varphi^\ominus(Fe^{3+}/Fe^{2+}) = 0.771V$$

反应物中 Fe^{3+} 是氧化剂作正极，两者相比，$\varphi^\ominus(Fe^{3+}/Fe^{2+}) > \varphi^\ominus(Sn^{4+}/Sn^{2+})$，这说明反应中应该是 Sn^{2+} 给出电子，而 Fe^{3+} 接受电子，所以反应是自发地由右向有进行。

由于电极电势 φ 的大小不仅与$\varphi^\ominus$有关，还与参加反应的物质的浓度、酸度有关，因此，如果有关物质的浓度不是 $1mol \cdot L^{-1}$ 时，则须按能斯特方程分别算出氧化剂和还原剂的电势，然后根据计算出的电势，判断反应进行的方向。大多数情况下，可以直接用$\varphi^\ominus$值来判断，因为一般情况下，$\varphi^\ominus$值在 φ 中占主要部分，当 $E^\ominus > 0.2V$ 时，一般不会因浓度变化而使 $E^\ominus$ 值改变符号。而 $E^\ominus < 0.2V$ 时，离子浓度改变时，氧化还原反应的方向常因参加反应物质的浓度和酸度的变化而有可能产生逆转。

例 8-11 判断下列反应能否自发进行

$$Pb^{2+}(aq)(0.10mol \cdot L^{-1}) + Sn(s) \longrightarrow Pb(s) + Sn^{2+}(aq)(1.0mol \cdot L^{-1})$$

解：先计算 $E^\ominus$

由附表查得 $Pb^{2+} + 2e^- \longrightarrow Pb$ $\quad \varphi^\ominus(Pb^{2+}/Pb) = -0.1262V$

$Sn^{2+} + 2e^- \longrightarrow Sn$ $\quad \varphi^\ominus(Sn^{2+}/Sn) = -0.1375V$

在标准状态下，Pb^{2+} 为氧化剂，Sn^{2+} 为较强还原剂，因此

$$E^\ominus = \varphi^\ominus(Pb^{2+}/Pb) - \varphi^\ominus(Sn^{2+}/Sn) = -0.1262 - (-0.1375) = 0.0113V$$

从标准电动势 $E^\ominus$ 来看，虽大于零，但数值很小（$E^\ominus < 0.2V$），所以浓度改变很可能改变 E 值符号，在这种情况下，必须计算 E 值，才能判别反应进行的方向。

$$E = \{\varphi^\ominus(Pb^{2+}/Pb) + \frac{0.0592}{2}\lg[Pb^{2+}]\} - \{\varphi^\ominus(Sn^{2+}/Sn) + \frac{0.0592}{2}\lg[Sn^{2+}]\}$$

$$= E^\ominus + \frac{0.0592}{2}\lg\frac{[Pb^{2+}]}{[Sn^{2+}]} = 0.0113 + \frac{0.0592}{2}\lg\frac{0.10}{1.0}$$

$$= 0.0113 - 0.030 = -0.019(V) < 0$$

因此上述反应不能按正方向自发进行，即反应自发向逆方向进行。

不少氧化还原反应有 H^+ 和 OH^- 参加，因此溶液的酸度对氧化还原电对的电极电势有影响，从而有可能影响反应的方向。例如碘离子与砷酸的反应为：

$$H_3AsO_4 + 2I^- + 2H^+ \longrightarrow HAsO_2 + I_2 + 2H_2O$$

其氧化还原半反应为：

$$H_3AsO_4 + 2H^+ + 2e^- \longrightarrow HAsO_2 + 2H_2O \quad \varphi^\ominus(H_3AsO_4/HAsO_2) = +0.56V$$

$$I_2 + 2e^- \longrightarrow 2I^- \quad \varphi^\ominus(I_2/I^-) = +0.5355V$$

从标准电极电势来看，I_2 不能氧化 $HAsO_2$；相反，H_3AsO_4 能氧化 I^-。但 $H_3AsO_4/HAsO_2$ 电对的半反应中有 H^+ 参加，故溶液的酸度对电极电势的影响很大。如果在溶液中

加入 $NaHCO_3$ 使 pH≈8，即 c_{H^+} 由标准状态时的 $1mol \cdot L^{-1}$ 降至 $10^{-8} mol \cdot L^{-1}$，而其他物质的浓度仍为 $1mol \cdot L^{-1}$，忽略离子强度的影响，则

$$\varphi(H_3AsO_4/HAsO_2)=\varphi^{\ominus}(H_3AsO_4/HAsO_2)+\frac{0.0592}{2}\lg\frac{[H_3AsO_4][H^+]^2}{[HAsO_2]}$$
$$=0.56+\frac{0.0592}{2}\lg(10^{-8})^2=0.088(V)$$

而 $\varphi^{\ominus}(I_2/I^-)$ 不受 c_{H^+} 的影响。这时 $\varphi(I_2/I^-)>\varphi(H_3AsO_4/HAsO_2)$，反应自右向左进行，$I_2$ 能氧化 $HAsO_2$。应注意到，由于此反应的两个电极的标准电极电势相差不大，又有 H^+ 离子参加反应，所以只要适当改变酸度，就能改变反应的方向。

生产实践中，有时对一个复杂反应体系中的某一（或某些）组分要进行选择性的氧化或还原处理，而要求体系中其他组分不发生氧化还原反应，这就要对各组分有关电对的电极电势进行考查和比较，从而选择合适的氧化剂或还原剂。

例 8-12 在含 Cl^-、Br^-、I^- 三种离子的混合溶液中，欲使 I^- 氧化为 I_2，而不使 Br^-、Cl^- 氧化，在常用的氧化剂 $Fe_2(SO_4)_3$ 和 $KMnO_4$ 中，选择哪一种能满足上述要求？

解： 由附表 4 查得：

$$\varphi^{\ominus}(I_2/I^-)=0.5355V, \varphi^{\ominus}(Br_2/Br^-)=1.087V, \varphi^{\ominus}(Cl_2/Cl^-)=1.358V$$
$$\varphi^{\ominus}(Fe^{3+}/Fe^{2+})=0.771V, \varphi^{\ominus}(MnO_4^-/Mn^{2+})=1.507V$$

从上述各电对的 $\varphi^{\ominus}$ 值可以看出：

$$\varphi^{\ominus}(I_2/I^-)<\varphi^{\ominus}(Fe^{3+}/Fe^{2+})<\varphi^{\ominus}(Br_2/Br^-)<\varphi^{\ominus}(Cl_2/Cl^-)<\varphi^{\ominus}(MnO_4^-/Mn^{2+})$$

如果选择 $KMnO_4$ 作氧化剂，由于 $\varphi^{\ominus}(MnO_4^-/Mn^{2+})$ 均大于 $\varphi^{\ominus}(I_2/I^-)$、$\varphi^{\ominus}(Br_2/Br^-)$、和 $\varphi^{\ominus}(Cl_2/Cl^-)$，在酸性介质中 $KMnO_4$ 能将 Cl^-、Br^-、I^- 氧化成 I_2、Br_2、Cl_2。而选用 $Fe_2(SO_4)_3$ 作氧化剂则能符合上述要求。

在实践中常会遇到这样一种情况，在某一水溶液中同时存在着多种离子（如 Fe^{2+}、Cu^{2+}），这些都能和所加入的还原剂（如 Zn）发生氧化还原反应：

$$Zn(s)+Fe^{2+}(aq)\rightleftharpoons Zn^{2+}(aq)+Fe(s)$$
$$Zn(s)+Cu^{2+}(aq)\rightleftharpoons Zn^{2+}(aq)+Cu(s)$$

上述两种离子是同时被还原剂还原，还是按一定的次序先后被还原呢？从标准电极电势数据看：$\varphi^{\ominus}(Zn^{2+}/Zn)=-0.7631V$；$\varphi^{\ominus}(Fe^{2+}/Fe)=-0.447V$；$\varphi^{\ominus}(Cu^{2+}/Cu)=+0.3419V$。$Fe^{2+}$、$Cu^{2+}$ 都能被 Zn 所还原。但是，由于 $E_2^{\ominus}>E_1^{\ominus}$，因此应是 Cu^{2+} 首先被还原。随着 Cu^{2+} 被还原，Cu^{2+} 浓度不断下降，从而导致 $\varphi(Cu^{2+}/Cu)$ 不断减小。当下式成立时，Fe^{2+}、Cu^{2+} 将同时被 Zn 还原。

$$\varphi^{\ominus}(Cu^{2+}/Cu)+\frac{0.0592}{2}\lg[Cu^{2+}]=\varphi^{\ominus}(Fe^{2+}/Fe)$$

根据上述关系式可以计算出当 Fe^{2+}、Cu^{2+} 同时被还原时 Cu^{2+} 的浓度：

$$\lg[Cu^{2+}]=\frac{2}{0.0592}\{\varphi^{\ominus}(Fe^{2+}/Fe)-\varphi^{\ominus}(Cu^{2+}/Cu)\}=-26.74$$
$$[Cu^{2+}]=1.8\times10^{-27}mol \cdot L^{-1}$$

通过计算可以看出，当 Fe^{2+} 开始被 Zn 还原时，Cu^{2+} 实际上已被还原完全。

由上例分析可知，在一定条件下，氧化还原反应首先发生在电极电势差值最大的两个电对之间。

当体系中各氧化剂（或还原剂）所对应电对的电极电势相差很大时，控制所加入的还原剂（或氧化剂）的用量，可以达到分离体系中各氧化剂（或还原剂）的目的。例如，在盐化工生产上，从卤水中提取 Br_2、I_2 时，就是用 Cl_2 作氧化剂来先后氧化卤水中的 Br^- 和 I^-，并控制 Cl_2 的用量以达到分离 I_2 和 Br_2 的目的。

8.3.3　确定氧化还原反应的平衡常数

从理论上讲，任何氧化还原反应都可以用来构成原电池，在一定条件下，当电池的电动势或者说两电极电势的差等于零时，电池反应达到平衡，也就是组成该电池的氧化还原反应达到平衡。

$$E=\varphi_+-\varphi_-=0$$

例如：Cu-Zn 原电池的电池反应为：

$$Zn(s)+Cu^{2+}(aq)\rightleftharpoons Zn^{2+}(aq)+Cu(s)$$

平衡常数为：$K^\ominus=\dfrac{[Zn^{2+}]}{[Cu^{2+}]}$

这个反应能自发进行。随着反应的进行，Cu^{2+} 浓度不断减小，而 Zn^{2+} 浓度不断增大。因而 $\varphi(Cu^{2+}/Cu)$ 的代数值不断减小，$\varphi(Zn^{2+}/Zn)$ 的代数值不断增大。当两个电对的电极电势相等时，反应进行到了极限，建立了动态平衡。

平衡时，$\varphi(Zn^{2+}/Zn)=\varphi(Cu^{2+}/Cu)$

即

$$\varphi^\ominus(Zn^{2+}/Zn)+\frac{0.0592}{2}\lg[Zn^{2+}]=\varphi^\ominus(Cu^{2+}/Cu)+\frac{0.0592}{2}\lg[Cu^{2+}]$$

$$\frac{0.0592}{2}\lg\{[Zn^{2+}]/[Cu^{2+}]\}=\varphi^\ominus(Cu^{2+}/Cu)-\varphi^\ominus(Zn^{2+}/Zn)$$

$$\lg\{[Zn^{2+}]/[Cu^{2+}]\}=\frac{2}{0.0592}\{\varphi^\ominus(Cu^{2+}/Cu)-\varphi^\ominus(Zn^{2+}/Zn)\}$$

即：$\lg K^\ominus=\dfrac{2}{0.0592}\{\varphi^\ominus(Cu^{2+}/Cu)-\varphi^\ominus(Zn^{2+}/Zn)\}$

$$=\frac{2}{0.0592}[0.342-(-0.763)]=37.3$$

$$K^\ominus=[Zn^{2+}]/[Cu^{2+}]=2.9\times10^{37}$$

平衡常数 2.9×10^{37} 很大，说明这个反应进行得非常完全。推广到一般反应，氧化还原反应的平衡常数$K^\ominus$可由能斯特方程式从有关电对的标准电极电势求得：

$$\lg K^\ominus=\frac{n}{0.0592}\{\varphi^\ominus(+)-\varphi^\ominus(-)\}=\frac{nE^\ominus}{0.0592} \tag{8-10}$$

氧化还原反应的通式为：

$$n_2\ 氧化剂_1+n_1\ 还原剂_2\rightleftharpoons n_2\ 还原剂_1+n_1\ 氧化剂_2$$

氧化剂和还原剂两个电对的电极电势分别为

$$\varphi_1(\mathrm{Ox/Red})=\varphi_1^{\ominus}(\mathrm{Ox/Red})+\frac{0.0592}{n_1}\lg\frac{[\text{氧化剂 }1]^{n_2}}{[\text{还原剂 }1]^{n_2}}$$

$$\varphi_2(\mathrm{Ox/Red})=\varphi_2^{\ominus}(\mathrm{Ox/Red})+\frac{0.0592}{n_2}\lg\frac{[\text{氧化剂 }2]^{n_1}}{[\text{还原剂 }2]^{n_1}}$$

式中，$\varphi_1^{\ominus}$、$\varphi_2^{\ominus}$ 分别为氧化剂、还原剂两个电对的电极电势；n_1、n_2 为氧化剂、还原剂中的电子转移数。反应到达平衡时，$\varphi_1=\varphi_2$，即

$$\varphi_1^{\ominus}+\frac{0.0592}{n_1}\lg\frac{[\text{氧化剂 }1]^{n_2}}{[\text{还原剂 }1]^{n_2}}=\varphi_2^{\ominus}+\frac{0.0592}{n_2}\lg\frac{[\text{氧化剂 }2]^{n_1}}{[\text{还原剂 }2]^{n_1}}$$

整理得到

$$\lg K^{\ominus}=\lg\frac{[\text{还原剂 }1]^{n_2}\times[\text{氧化剂 }2]^{n_1}}{[\text{氧化剂 }1]^{n_2}[\text{还原剂 }2]^{n_1}}=\frac{n(\varphi_1^{\ominus}-\varphi_2^{\ominus})}{0.0592} \tag{8-11}$$

式中，n 为 n_1、n_2 的最小公倍数。从上式可以看出，氧化还原反应平衡常数的大小，与$\varphi_1^{\ominus}-\varphi_2^{\ominus}$ 的差值有关，差值越大，K 值越大，反应进行得越完全。可见，如引用条件电极电势，求得的是条件平衡常数。

例 8-13 计算下列反应的平衡常数：

$$\mathrm{Cu(s)+2Fe^{3+}(aq)=\!=\!=2Fe^{2+}(aq)+Cu(s)}$$

解： $\varphi_1^{\ominus}=\varphi^{\ominus}(\mathrm{Fe^{3+}/Fe^{2+}})=0.771\mathrm{V}$，$\varphi_2^{\ominus}=\varphi^{\ominus}(\mathrm{Cu^{2+}/Cu})=0.3419\mathrm{V}$

$$\lg K^{\ominus}=\frac{2\times(\varphi_1^{\ominus}-\varphi_2^{\ominus})}{0.0592}=\frac{2\times(0.771-0.3419)}{0.0592}=14.50$$

$$K^{\ominus}=3.2\times10^{14}$$

例 8-14 计算下列反应

$$\mathrm{Ag^+(aq)+Fe^{2+}(aq)\rightleftharpoons Ag(s)+Fe^{3+}(aq)}$$

① 在 298.15K 时的平衡常数$K^{\ominus}$；

② 如果反应开始时，$c_{\mathrm{Ag^+}}=1.0\mathrm{mol\cdot L^{-1}}$，$c_{\mathrm{Fe^{2+}}}=0.10\mathrm{mol\cdot L^{-1}}$，求达到平衡时的 Fe^{3+} 浓度。

解： $\varphi_1^{\ominus}=\varphi^{\ominus}(\mathrm{Ag^+/Ag})=0.7996\mathrm{V}$，$\varphi_2^{\ominus}=\varphi^{\ominus}(\mathrm{Fe^{3+}/Fe^{2+}})=0.771\mathrm{V}$

因 $n_1=n_2=1$，所以 $\lg K^{\ominus}=\dfrac{n\times(\varphi_1^{\ominus}-\varphi_2^{\ominus})}{0.0592}=\dfrac{0.7996-0.771}{0.0592}=0.483$

故$K^{\ominus}=3.04$

设达到平衡时 $c_{\mathrm{Fe^{3+}}}=x$

	$\mathrm{Ag^+(aq)}$	$\mathrm{+Fe^{2+}(aq)}$	$\mathrm{\rightleftharpoons Ag(s)+Fe^{3+}(aq)}$
初始浓度/$(\mathrm{mol\cdot L^{-1}})$	1.0	0.10	0
平衡浓度/$(\mathrm{mol\cdot L^{-1}})$	$1.0-x$	$0.10-x$	x

$$K^{\ominus}=\frac{c_{\mathrm{Fe^{3+}}}}{c_{\mathrm{Ag^+}}\times c_{\mathrm{Fe^{2+}}}}=\frac{x}{(1.0-x)(0.10-x)}=3.04$$

$$c_{\mathrm{Fe^{3+}}}=x=0.074\mathrm{mol\cdot L^{-1}}$$

通过上述讨论，由电极电势的相对大小能够判断氧化还原反应自发进行的方向、次序和程度。

当把氧化还原反应应用于滴定分析时，要使反应完全程度达到99.9%以上，$\varphi_1^{\ominus}{}'$和$\varphi_2^{\ominus}{}'$应相差多大呢？滴定反应为：

$$n_2\,氧化剂_1 + n_1\,还原剂_2 \rightleftharpoons n_2\,还原剂_1 + n_1\,氧化剂_2$$

此时 $\left\{\dfrac{c(还原剂_1)}{c(氧化剂_1)}\right\}^{n_2} = \left(\dfrac{99.9}{0.1}\right)^{n_1} \geqslant 10^{3n_2}$，同理$\left\{\dfrac{c(氧化剂_2)}{c(还原剂_2)}\right\}^{n_1} \geqslant 10^{3n_1}$

如$n_1 = n_2 = 1$时，代入式(6-11)，得

$$\lg K' = \lg\frac{[氧化剂_1]\times[氧化剂_2]}{[还原剂_1]\times[还原剂_2]} = \frac{n_1 n_2\times(\varphi_1^{\ominus} - \varphi_2^{\ominus})}{0.0592} \geqslant \lg(10^3\times10^3) = \lg 10^6$$

所以

$$\varphi_1^{\ominus}{}' - \varphi_2^{\ominus}{}' = \frac{0.0592}{n_1 n_2}\lg K' \geqslant \frac{0.0592}{1}\times 6 \approx 0.35\text{V}$$

当两个电对的条件电极电势之差大于0.4V时，这样的反应才能用于滴定分析。

8.3.4 计算$K_{sp}^{\ominus}$、$K_a^{\ominus}$（或$K_b^{\ominus}$）或配合物的稳定平衡常数

1. 计算$K_{sp}^{\ominus}$

用化学分析方法很难直接测定难溶物质在溶液中的离子浓度，所以很难应用离子浓度来计算$K_{sp}^{\ominus}$。但可以通过测定电池的电动势来计算$K_{sp}^{\ominus}$数值。例如，要计算难溶盐AgCl的$K_{sp}^{\ominus}$，可设计如下电池

$$\text{Ag}|\text{AgCl(s)}|\text{Cl}^-(0.010\text{mol}\cdot\text{L}^{-1})\,\|\,\text{Ag}^+(0.010\text{mol}\cdot\text{L}^{-1})|\text{Ag}$$

由实验测得该电池的电动势为0.34V。

$$\varphi(+) = \varphi^{\ominus}(\text{Ag}^+/\text{Ag}) + \frac{0.0592}{1}\lg[\text{Ag}^+]$$

$$\varphi(-) = \varphi^{\ominus}(\text{Ag}^+/\text{Ag}) + \frac{0.0592}{1}\lg[\text{Ag}^+] = \varphi^{\ominus}(\text{Ag}^+/\text{Ag}) + \frac{0.0592}{1}\lg\frac{K_{sp,\text{AgCl}}^{\ominus}}{[\text{Cl}^-]}$$

$$\varphi = \varphi_+ - \varphi_- = 0.0592\lg\frac{[\text{Ag}^+]_{正}}{[\text{Ag}^+]_{负}} = 0.0592\lg\frac{0.010\times0.010}{K_{sp,\text{AgCl}}^{\ominus}} = 0.34\text{V}$$

所以$K_{sp,\text{AgCl}}^{\ominus} = 1.7\times10^{-10}$

许多化合物的$K_{sp}^{\ominus}$都是用这种方法测定的。

2. 计算弱酸、弱碱的$K_a^{\ominus}$（或$K_b^{\ominus}$）和电离度

例如，设某H^+浓度未知的氢电极为：

$$\text{Pt}|\text{H}_2(101.325\text{kPa})|\text{H}^+(0.10\text{mol}\cdot\text{L}^{-1}\,\text{HX})$$

计算弱酸HX溶液的H^+浓度，可将它和标准氢电极组成电池，测得电池的电动势，即可求得H^+浓度。测得电池电动势为0.168V，即

$$E = \varphi_+ - \varphi_- = \varphi_{\text{H}^+/\text{H}_2}^{\ominus} - \varphi_{未知} = 0.0000 - \varphi_{未知} = 0.168\text{V}$$

$$\varphi_{(未知)} = -0.168 = \frac{0.0592}{2}\lg\frac{c_{\text{H}^+}^2}{p_{\text{H}_2}/p^{\ominus}} = 0.0592\lg c_{\text{H}^+} = -0.0592\text{pH}$$

求得 pH＝2.84，则$c_{H^+}=1.4\times10^{-3}\,mol\cdot L^{-1}$。

$$K_a^{\ominus}=\frac{[H^+][X^-]}{[HX]}=\frac{(c_{H^+})^2}{0.10}=\frac{(1.4\times10^{-3})^2}{0.10}=1.96\times10^{-5}$$

$$电离度\ \alpha=\frac{1.4\times10^{-3}}{0.10}=1.4\%$$

3. 计算平衡常数

现有原电池：$Cu|Cu^{2+}(1.0mol\cdot L^{-1})||AuCl_4^-(0.1mol\cdot L^{-1}), Cl^-(0.01mol\cdot L^{-1})|Au$ 已知：$\varphi^{\ominus}(Au^{3+}/Au)=1.50V$，$\varphi^{\ominus}(AuCl_4^-/Au)=1.00V$，$\varphi^{\ominus}(Cu^{2+}/Cu)=0.34V$。

（1）写出两极反应和电池反应；（2）原电池的电动势；（3）求电池反应的$\Delta G^{\ominus}$和平衡常数$K^{\ominus}$；（4）求 $AuCl_4^-$ 的$K_f^{\ominus}$数。

解：（1）正极：$AuCl_4^-+3e^-=3Au+4Cl^-$

负极：$Cu-2e^-=Cu^{2+}$

电池反应：$2AuCl_4^-+3Cu=3Cu^{2+}+2Au+8Cl^-$

（2）$\varphi_+=\varphi^{\ominus}(AuCl_4^-/Au)+\frac{0.0592}{3}\lg\{[AuCl_4^-]/[Cl^-]^4\}=1.14V$

$$E=\varphi_+-\varphi_-=1.14-0.34=0.80(V)$$

（3）$\lg K^{\ominus}=nE^{\ominus}/0.0592=6\times(1.00-0.34)/0.0592=67$

$$K^{\ominus}=10^{67}$$

$\Delta_r G^{\ominus}=-nE^{\ominus}F=-6\times(1.00-0.34)\times96485=-382080J=-382.080kJ\cdot mol^{-1}$

（4）

$$Au^{3+}+3e^-=Au \quad (1)$$

$$AuCl_4^-+3e^-=Au+4Cl^- \quad (2)$$

（1）－（2）得

$$Au^{3+}+4Cl^-=AuCl_4^- \quad (3)$$

可以构成下列一个新的原电池：

$$(-)Au|AuCl_4^-(1.0mol\cdot L^{-1}),Cl^-(1.0mol\cdot L^{-1})||Au^{3+}(1.0mol\cdot L^{-1})|Au(+)$$

$$E^{\ominus}=\varphi_+-\varphi_-=1.50-1.00=0.50V$$

$$\lg K_f^{\ominus}(AuCl_4^-)=\frac{nE^{\ominus}}{0.0592}=\frac{3\times(1.50-0.50)}{0.0592}=25.337838$$

$$K_f^{\ominus}(AuCl_4^-)=2.34\times10^{25}$$

8.4 元素电极电势图及其应用

许多元素可以有多种氧化值，经常用电极电势图讨论它们各种氧化值的物质在水溶液中稳定性及氧化还原能力。

8.4.1 元素电势图

同一元素的不同氧化态物质的氧化或还原能力是不同的。为了突出表示同一元素各不同氧化态物质的氧化还原能力以及它们相互之间的关系，拉蒂莫尔（W. M. Latimer）建议把同一元素的不同氧化态物质，按照其氧化值降低的顺序如下排列，并在两种氧化态物质之间的连线上标出对应电对的标准电极电势的数值。

例如：$\varphi_A^{\ominus}/V \quad Fe^{3+} \xrightarrow{0.77} Fe^{2+} \xrightarrow{-0.44} Fe$

$$\varphi_B^{\ominus}/V \quad ClO_4^- \xrightarrow{0.36} \underbrace{ClO_3^- \xrightarrow{0.33} ClO_2^- \xrightarrow{0.66} ClO^- \xrightarrow{0.40} Cl_2 \xrightarrow{1.36} Cl^-}_{0.62}$$

这种表示元素各种氧化态物质之间电极电势变化的关系图，叫做元素标准电极电势图，简称元素电势图。它清楚地表明了同种元素的不同氧化态和还原态物质氧化、还原能力的相对大小。其中 A 代表在酸性介质（pH=0），B 代表在碱性介质（pH=14）。

8.4.2　元素电势图的应用

1. 判断能否发生歧化反应

歧化过程（disproportionation）是一种自身氧化还原反应。例如：

$$2Cu^+ = Cu + Cu^{2+}$$

在这一反应中，一部分 Cu^+ 被氧化为 Cu^{2+}，另一部分被还原为单质 Cu。当一种元素处于中间氧化态时，它一部分向高氧化态变化（即被氧化），另一部分向低氧化态变化（即被还原），这类反应称为歧化反应。

铜的元素电势图：$$\underbrace{Cu^{2+} \xrightarrow{0.153} Cu^+ \xrightarrow{0.52} Cu}_{0.3419}$$

因为 $\varphi^{\ominus}(Cu^+/Cu)$ 大于 $\varphi^{\ominus}(Cu^{2+}/Cu^+)$，即 $\varphi^{\ominus}(Cu^+/Cu) - \varphi^{\ominus}(Cu^{2+}/Cu^+) = 0.521 - 0.153 = 0.368V > 0$，所以 Cu^+ 在水溶液中能自发歧化为 Cu^{2+} 和 Cu。

一般地，歧化反应发生的规律是：电势图中 $E_{右}^{\ominus} > E_{左}^{\ominus}$ 时，介于中间的氧化态能发生歧化反应：

$$2M^+ \rightleftharpoons M^{2+} + M$$

反之，当 $E_{右}^{\ominus} < E_{左}^{\ominus}$ 时，M^+ 虽处于中间氧化值，不能发生歧化反应，而逆向反应则是可以进行的，即发生如下反应：

$$M^{2+} + M = 2M^+$$

2. 计算标准电极电势

利用元素电势图，根据相邻电对的已知标准电极电势，可以求算任一未知电对的标准电极电势。假如有下列元素电势图：

$$\underbrace{A \xrightarrow[n_1]{\varphi_1^{\ominus}} B \xrightarrow[n_2]{\varphi_2^{\ominus}} C}_{E^{\ominus},\ n}$$

有：
$$nE^{\ominus} = n_1\varphi_1^{\ominus} + n_2\varphi_2^{\ominus}$$

则，
$$E^{\ominus} = \frac{n_1\varphi_1^{\ominus} + n_2\varphi_2^{\ominus}}{n} \tag{8-12}$$

据此，可以求出其他未知的元素电对的电势。

例 8-15 根据下面列出的碱性介质中溴的电势图，求$\varphi^{\ominus}(BrO_3^-/Br^-)$和$\varphi^{\ominus}(BrO_3^-/BrO^-)$。

$$\varphi_B^{\ominus}/V \qquad BrO_3^- \text{———} BrO^- \xrightarrow{0.45} Br_2 \xrightarrow{1.09} Br^- \quad (BrO_3^- \text{ 至 } Br_2: 0.52)$$

解：根据公式(8-12)：

$$\varphi^{\ominus}(BrO_3^-/Br^-)=\frac{\varphi^{\ominus}(BrO_3^-/Br_2)\times5+\varphi^{\ominus}(Br_2/Br^-)\times1}{6}$$

$$=\frac{0.52\times5+1.09\times1}{6}=0.62(V)$$

$$\varphi^{\ominus}(BrO_3^-/Br_2)\times5=\varphi^{\ominus}(BrO_3^-/BrO^-)\times4+\varphi^{\ominus}(BrO^-/Br_2)\times1$$

$$\varphi^{\ominus}(BrO_3^-/BrO^-)=\frac{\varphi^{\ominus}(BrO_3^-/Br_2)\times5-\varphi^{\ominus}(BrO^-/Br_2)\times1}{4}$$

$$=\frac{0.52\times5-0.45\times1}{4}=0.54\ (V)$$

3. 了解元素的氧化还原特性

根据元素电势图，不仅可以阐明某元素的中间氧化态能否发生歧化反应，还可以全面地描绘出某一元素的一些氧化还原特性。例如，金属铁在酸性介质中的元素电势图为：

$$\varphi_A^{\ominus}/V \qquad Fe^{3+}\xrightarrow{0.77}Fe^{2+}\xrightarrow{-0.44}Fe$$

利用此电势图，可以预测金属铁在酸性介质中的一些氧化还原特性。因为$\varphi^{\ominus}(Fe^{2+}/Fe)$为负值，而$\varphi^{\ominus}(Fe^{3+}/Fe^{2+})$为正值，故在稀盐酸或稀硫酸等非氧化性稀酸中，Fe 主要被氧化为 Fe^{2+} 而非 Fe^{3+}：

$$Fe+2H^+\rightleftharpoons Fe^{2+}+H_2$$

但是在酸性介质中 Fe^{2+} 是不稳定的，易被空气中的氧所氧化。

$$Fe^{3+}+e^-\rightleftharpoons Fe^{2+} \qquad \varphi^{\ominus}(Fe^{3+}/Fe^{2+})=0.771V$$

$$O_2+4H^++4e^-\rightleftharpoons 2H_2O \qquad \varphi^{\ominus}(O_2/H_2O)=1.229V$$

所以

$$4Fe^{2+}+O_2+4H^+\rightleftharpoons 4Fe^{3+}+2H_2O$$

由于$\varphi^{\ominus}(Fe^{2+}/Fe)<\varphi^{\ominus}(Fe^{3+}/Fe^{2+})$，$Fe^{2+}$ 不会发生歧化反应，却可以发生反歧化反应：

$$Fe+2Fe^{3+}\rightleftharpoons 3Fe^{2+}$$

因此，在 Fe^{2+} 盐溶液中，加入少量金属铁，能避免 Fe^{2+} 被空气中的氧气氧化为 Fe^{3+}。由此可见，在酸性介质中铁最稳定的离子是 Fe^{3+} 而非 Fe^{2+}。

8.5 氧化还原反应的速率及其影响因素

前面讨论了标准电极电势及条件电极电势，由此可以判断氧化还原反应进行的方向、次序和程度，但这只是说明了氧化还原反应进行的可能性，并不能指出反应快慢。实际上，由于氧化还原反应的机理比较复杂，各种反应的反应速率差别是很大的。有的反应速率较快，有的反应速率较慢，有的反应，虽然从理论上看是可以进行的，但实际上几乎察觉不到反应的进行，例如：

$$O_2 + 4H^+ + 4e^- \longrightarrow 2H_2O \qquad \varphi^\ominus(O_2/H_2O) = 1.229V$$

$$Sn^{4+} + 2e^- \longrightarrow Sn^{2+} \qquad \varphi^\ominus(Sn^{4+}/Sn^{2+}) = 0.151V$$

从标准电极电势来看，可以发生下列反应

$$2Sn^{2+} + O_2 + 4H^+ \longrightarrow 2Sn^{4+} + 2H_2O$$

实际上，Sn^{2+}在水溶液中有一定的稳定性，说明它与水中溶解氧之间的反应是很慢的。因此，对于氧化还原反应，不仅要从反应的平衡常数来判断反应的可能性，还要从反应速率来考虑反应的现实性。在将氧化还原反应应用于滴定分析中时，要求反应能快速进行，所以必须考虑氧化还原反应的速率。

8.5.1　氧化还原反应的复杂性

氧化还原反应是电子转移的反应，电子的转移往往会遇到阻力，例如溶液中的溶剂分子和各种配位体的阻碍，物质之间的静电作用力等。而且发生氧化还原反应后，因价态发生变化，不仅原子或离子的电子层结构发生变化，而且化学键的性质和物质组成也会发生变化，例如，$Cr_2O_7^{2-}$ 被还原为 Cr^{3+} 时，从原来是带负荷的含氧酸根转化为简单的带正电荷的水合离子，结构发生了很大改变，这可能是造成氧化还原反应速率缓慢的一种主要原因。

另外，氧化还原反应的历程比较复杂，例如，MnO_4^- 和 Fe^{2+}的反应

$$MnO_4^- + 5Fe^{2+} + 8H^+ \longrightarrow Mn^{2+} + 5Fe^{3+} + 4H_2O$$

这个反应式，只表示了反应的最初状态和最终状态，实际上反应是分步进行的。在这一系列的反应中，只要有一步反应是慢的，反应的总速率就会受到影响。因为一定要有关分子或离子相互碰撞后，反应才能发生，而碰撞的概率和参加反应的分子或离子数有关，所以反应有快慢之分。例如，反应

$$Fe^{2+} + Ce^{4+} \longrightarrow Fe^{3+} + Ce^{3+}$$

是二分子反应，在 Fe^{2+} 和 Ce^{4+} 相互碰撞后，就可能发生反应，反应的概率比较大。而三分子反应，如：

$$2Fe^{3+} + Sn^{2+} \longrightarrow 2Fe^{2+} + Sn^{4+}$$

要求 2 个 Fe^{3+} 和 1 个 Sn^{2+} 同时碰撞后才可能发生反应，它们在空间某一点上碰撞的概率要比二分子反应小得多，而更多分子和离子之间同时碰撞而发生反应的概率更小。

8.5.2　氧化还原反应速率的影响因素

1. 浓度

根据质量作用定律，反应速率与反应物浓度的乘积成正比。但是许多氧化还原反应是分步进行的，整个反应的速率由最慢的一步决定，所以不能笼统地按总的氧化还原反应式中各反应物的计量数来判断其浓度对反应速度的影响程度。但一般说来，增加反应物浓度可以加

速反应进行。例如用 $K_2Cr_2O_7$ 标定 $Na_2S_2O_3$ 溶液。反应如下：

$$Cr_2O_7^{2-}+6I^-+14H^+ \xlongequal{} 2Cr^{3+}+3I_2+7H_2O \quad (慢)$$

$$I_2+2S_2O_3^{2-} \xlongequal{} 2I^-+S_4O_6^{2-} \cdots\cdots\cdots\cdots (快)$$

反应以淀粉为指示剂，用 $Na_2S_2O_3$ 溶液滴定到析出 I_2 与淀粉生成的蓝色消失为止。但因有 Cr^{3+} 存在，干扰终点颜色的观察。所以最好在稀溶液中滴定，但不能过早冲稀，因第一步反应较慢，必须在较浓的 $Cr_2O_7^{2-}$ 溶液中，使反应较快进行，经一段时间第一步反应进行完全后，再将溶液冲稀，以 $Na_2S_2O_3$ 滴定。对于有 H^+ 参加的反应，提高酸度也能加速反应。例如，$K_2Cr_2O_7$ 在酸性溶液中与 KI 的反应，此反应本身速率较慢，提高 I^- 和 H^+ 的浓度，可加速反应。

2. 温度

温度对反应速率的影响是比较复杂的。对大多数反应来说，升高温度可以提高反应速率。例如，在酸性溶液中，MnO_4^- 和 $C_2O_4^{2-}$ 的反应：$2MnO_4^-+5C_2O_4^{2-}+16H^+ \xlongequal{} 2Mn^{2+}+10CO_2+8H_2O$

在室温下，反应速率很慢，加热能加速此反应，但温度不宜过高，因 $H_2C_2O_4$ 在高温时分解，通常将溶液加热至 75～85℃。所以在增加温度来加快反应速率时，更应注意其他一些不利因素。例如 I_2 有挥发性，加热溶液会引起挥发损失；有些物质如 Fe^{2+}、Sn^{2+} 等加热时会促进它们被空气中的 O_2 所氧化，从而引起误差。

3. 催化剂

催化剂对反应速率有很大的影响。例如在酸性介质中，用过二硫酸铵氧化 Mn^{2+} 的反应。

$$2Mn^{2+}+5S_2O_8^{2-}+8H_2O \xrightarrow{Ag^+} 2MnO_4^-+10SO_4^{2-}+16H^+$$

必须有 Ag^+ 作催化剂，反应才能迅速进行。还有如 MnO_4^- 与 $C_2O_4^{2-}$ 之间的反应，Mn^{2+} 的存在也能催化反应迅速进行，Mn^{2+} 是反应的生成物之一，这种反应称为自催化反应（self-catalyzed reaction）。此反应在开始时，由于一般 $KMnO_4$ 溶液中 Mn^{2+} 含量极少，虽然加热到 75～85℃，反应进行得仍较为缓慢，MnO_4^- 褪色很慢。但反应开始后，溶液中产生了 Mn^{2+}，之后的反应大为加速。

4. 诱导反应

在氧化还原反应中，不仅催化剂能影响反应速率，有时还会遇到一些在一般情况下自身进行很慢的反应，由于另一个反应的发生，使它加速进行，这种反应称为诱导反应（induced reaction）。

例如，下一反应是在强酸性条件下进行的

$$MnO_4^-+5Fe^{2+}+8H^+ \xlongequal{} Mn^{2+}+5Fe^{3+}+4H_2O \quad (诱导反应)$$

如果反应是在盐酸溶液中进行，就需要消耗较多 $KMnO_4$ 溶液，这是由于发生如下反应：

$$2MnO_4^-+10Cl^-+16H^+ \xlongequal{} 2Mn^{2+}+5Cl_2+8H_2O \quad (受诱反应)$$

当溶液中不含 Fe^{2+} 而是含其他还原剂如 Sn^{2+} 等时，MnO_4^- 和 Cl^- 的反应进行得非常缓慢，实际上可以忽略不计。但当有 Fe^{2+} 存在，Fe^{2+} 和 MnO_4^- 之间的氧化还原反应可以加速此反应。Fe^{2+} 和 MnO_4^- 之间的反应称为诱导反应，MnO_4^- 和 Cl^- 的反应称受诱反应。Fe^{2+} 称为诱导体，MnO_4^- 称为作用体，Cl^- 称为受诱体。

诱导反应与催化反应不同。在催化反应中，催化剂参加反应后恢复其原来的状态。而在诱导反应中，诱导体（如上例中 Fe^{2+}）参加反应后变成了其他物质。诱导反应的发生，是由于反应过程中形成的不稳定的中间产物具有更强的氧化能力。例如 $KMnO_4$ 氧化 Fe^{2+} 诱导了 Cl^- 的氧化，是由于 MnO_4^- 氧化 Fe^{2+} 的过程中形成了一系列的锰的中间产物 Mn(Ⅵ)、Mn(Ⅴ)、Mn(Ⅳ)、Mn(Ⅲ) 等，它们能与 Cl^- 起反应，因而出现诱导反应。

如果在溶液中加入过量的 Mn^{2+}，Mn^{2+} 能使 Mn(Ⅶ) 迅速转变为 Mn(Ⅲ)，而此时又因溶液中有大量 Mn^{2+}，降低了 Mn(Ⅲ)/Mn(Ⅱ)电对的电势，从而使 Mn(Ⅲ) 只能与 Fe^{2+} 起反应而不与 Cl^- 起反应，这样就可防止 Cl^- 对 MnO_4^- 的还原反应。

因此，为了使氧化还原反应能按所需方向定量、迅速地进行完全，选择和控制适当的反应条件（包括温度、酸度和添加某些试剂等）是十分重要的。

8.6 氧化还原滴定法

氧化还原滴定法（redox titration）是以氧化还原反应为基础的滴定分析法。它的应用很广泛，可以用来直接测定氧化剂和还原剂，也可用来间接测定一些能和氧化剂或还原剂定量反应的物质。

8.6.1 氧化还原滴定曲线

氧化还原滴定中的氧化态和还原态的浓度逐渐改变，有关电对的电极电势也随之变化。以溶液的电极电势为纵坐标，加入的标准溶液为横坐标作图，得到的曲线称为氧化还原滴定曲线。

图 8-5 是以 0.1000mol·L^{-1} $Ce(SO_4)_2$ 溶液在 1mol·L^{-1} H_2SO_4 溶液中滴定 0.1000mol·L^{-1} Fe^{2+} 溶液的滴定曲线。

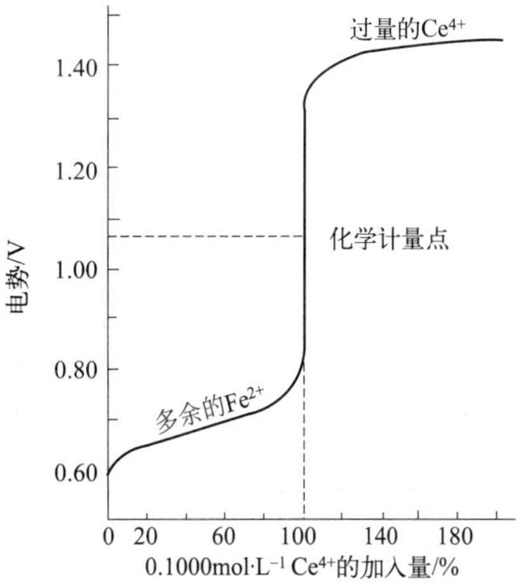

图 8-5　0.1000mol·L^{-1} Ce^{4+} 溶液滴定 0.1000mol·L^{-1} Fe^{2+} 溶液的滴定曲线

滴定反应方程式为：

$$Ce^{4+} + Fe^{2+} \xlongequal{} Ce^{3+} + Fe^{3+}$$

未滴定前，溶液中只有 Fe^{2+}，因此无法利用能斯特方程式计算电极电势。

滴定开始后，溶液中存在两个电对，根据能斯特方程式，两个电对电极电势分别为

$$\varphi(Fe^{3+}/Fe^{2+}) = \varphi^{\ominus\prime}(Fe^{3+}/Fe^{2+}) + 0.0592\lg\frac{[Fe^{3+}]}{[Fe^{2+}]}$$

$$\varphi(Ce^{4+}/Ce^{3+}) = \varphi^{\ominus\prime}(Ce^{4+}/Ce^{3+}) + 0.0592\lg\frac{[Ce^{4+}]}{[Ce^{3+}]}$$

其中，$\varphi^{\ominus\prime}(Fe^{3+}/Fe^{2+})=0.68V$　　$\varphi^{\ominus\prime}(Ce^{4+}/Ce^{3+})=1.44V$

在滴定过程中，每加入一定量滴定剂，反应达到一个新的平衡，此时两个电对的电极电势相等。因此，溶液中各平衡点的电势可选用便于计算的任何一个电对来计算。

化学计量点前，溶液中存在过量的 Fe^{2+}，滴定过程中电极电势的变化可根据 Fe^{3+}/Fe^{2+} 电对计算，此时 $\varphi(Fe^{3+}/Fe^{2+})$值随溶液中 $c'(Fe^{3+})/c'(Fe^{2+})$[1]的改变而变化。当 $c'(Fe^{3+})/c'(Fe^{2+})$剩余 0.1%时

$$\varphi=\varphi^{\ominus\prime}(Fe^{3+}/Fe^{2+})+0.0592\lg\frac{[Fe^{3+}]}{[Fe^{2+}]}$$
$$=0.68+0.0592\lg(99.9/0.1)=0.68+0.18=0.86(V)$$

化学计量点后，加入了过量的 Ce^{4+}，因此可利用 Ce^{4+}/Ce^{3+} 电对来计算，当 Ce^{4+} 过量 0.1%时

$$\varphi=\varphi^{\ominus\prime}(Ce^{4+}/Ce^{3+})+0.0592\lg\frac{[Ce^{4+}]}{[Ce^{3+}]}$$
$$=1.44+0.0592\lg(0.1/100)=1.26(V)$$

化学计量点时两电对的电势相等，令化学计量点时的电势为 φ_{sp}，则

$$\varphi_{sp}=\varphi^{\ominus\prime}(Fe^{3+}/Fe^{2+})+0.0592\lg\frac{[Fe^{3+}]}{[Fe^{2+}]}=\varphi^{\ominus\prime}(Ce^{4+}/Ce^{3+})+0.0592\lg\frac{[Ce^{4+}]}{[Ce^{3+}]} \tag{8-13}$$

又令　　$\varphi^{\ominus\prime}=\varphi^{\ominus\prime}(Fe^{3+}/Fe^{2+})$　　$\varphi^{\ominus\prime}=\varphi^{\ominus\prime}(Ce^{4+}/Ce^{3+})$

由式(8-13) 可得

$$n_1\varphi_{sp}=n_1\varphi_1^{\ominus\prime}+0.0592\lg\frac{[Ce^{4+}]}{[Ce^{3+}]}$$
$$n_2\varphi_{sp}=n_2\varphi_2^{\ominus\prime}+0.0592\lg\frac{[Fe^{3+}]}{[Fe^{2+}]}$$

将上面两式相加得

$$(n_1+n_2)\varphi_{sp}=n_1\varphi_1^{\ominus\prime}+n_2\varphi_2^{\ominus\prime}+0.0592\lg\frac{[Ce^{4+}]}{[Ce^{3+}]}\frac{[Fe^{3+}]}{[Fe^{2+}]}$$

根据前述滴定反应式，当加入 Ce^{4+} 的物质的量与 Fe^{2+} 的物质的量相等时，

$[Ce^{4+}]=[Fe^{2+}]$；$[Ce^{3+}]=[Fe^{3+}]$；此时 $\lg\dfrac{[Ce^{4+}]}{[Ce^{3+}]}\dfrac{[Fe^{3+}]}{[Fe^{2+}]}=0$

故
$$\varphi_{sp}=\frac{n_1E_1^{\ominus\prime}+n_2E_2^{\ominus\prime}}{n_1+n_2} \tag{8-14}$$

上式即化学计量点电势的计算式，适于电对的氧化态和还原态的系数相等时使用。对于 $Ce(SO_4)_2$ 溶液滴定 Fe^{2+}，化学计量点时的电极电势为：

$$\varphi_{sp}=\frac{\varphi^{\ominus\prime}(Ce^{4+}/Ce^{3+})+\varphi^{\ominus\prime}(Fe^{3+}/Fe^{2+})}{2}=\frac{0.68+1.44}{2}=1.06(V)$$

---

[1] $c'(Fe^{3+})$ 和 $c'(Fe^{2+})$ 分别表示 Fe^{3+} 和 Fe^{2+} 的总浓度。

由上面的计算可知，从化学计量点前 Fe^{2+} 剩余 0.1% 到化学计量点后 Ce^{4+} 过量 0.1%，溶液的电极电势值由 0.86V 增加至 1.26V，改变了 0.4V，这个变化称为滴定电势突跃。电势突跃的大小和氧化剂与还原剂两电对的条件电极电势的差值有关。条件电极电势相差较大，突跃较大；反之较小。电势突跃的范围是选择氧化还原指示剂的依据。

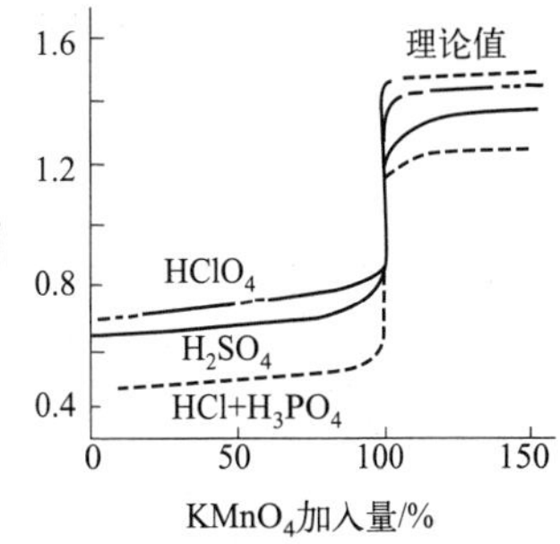

图 8-6 $KMnO_4$ 溶液在不同介质中的滴定 Fe^{2+} 的滴定曲线

氧化还原滴定曲线，常因滴定介质的不同而改变其位置和突跃的大小。这主要是由于在不同介质（主要是酸）条件下，相关电极的条件电极电势改变了。例如图 8-6 是用 $KMnO_4$ 溶液在不同介质中滴定 Fe^{2+} 的滴定曲线。

8.6.2 氧化还原指示剂

在氧化还原滴定中，可以用仪器测定电势的变化来确定终点，但经常用的还是利用指示剂在化学计量点附近时颜色的改变来指示终点。常用的指示剂有以下几类。

1. 氧化还原指示剂

氧化还原指示剂本身是具有氧化还原性质的有机化合物，它的氧化态和还原态具有不同颜色，能因氧化还原作用发生而颜色变化。例如常用的氧化还原指示剂二苯胺磺酸钠，它的氧化态呈红紫色，还原态是无色的。当用 $K_2Cr_2O_7$ 溶液滴定 Fe^{2+} 到化学计量点时，稍过量的 $K_2Cr_2O_7$，即将二苯胺磺酸钠由无色的还原态氧化为红紫色的氧化态，指示终点的到达。

如果用 In_{Ox} 和 In_{Red} 分别表示指示剂的氧化态和还原态；氧化还原指示剂的半反应可用下式表示：

$$In_{Ox}+ne \rightleftharpoons In_{Red}$$

$$\varphi=\varphi_{In}^{\ominus}+\frac{0.0592}{n}\lg\frac{[In_{Ox}]}{[In_{Red}]}$$

式中，$\varphi_{In}^{\ominus}$ 为指示剂的标准电极电势。当溶液中氧化还原电对的电势改变时，指示剂的氧化态和还原态的浓度比也会发生改变，因而使溶液的颜色发生变化。

与酸碱指示剂的变化情况相似，当 $c_{(In)_{Ox}}/c_{(In)_{Red}}\geqslant 10$ 时，溶液呈现氧化态的颜色，此时

$$\varphi\geqslant\varphi_{In}^{\ominus}+\frac{0.0592}{n}\lg 10=\varphi_{In}^{\ominus}+\frac{0.0592}{n}$$

当 $c_{(In)_{Ox}}/c_{(In)_{Red}}\leqslant 1/10$ 时，溶液呈现还原态的颜色，此时，

$$\varphi\leqslant\varphi_{In}^{\ominus}-\frac{0.0592}{n}\lg 10=\varphi_{In}^{\ominus}-\frac{0.0592}{n}$$

故指示剂变色的电势范围为：$\varphi_{In}^{\ominus}\pm\frac{0.0592}{n}$

实际工作中，采用条件电极电势比较合适，得到指示剂变色的电势范围为：$\varphi_{In}^{\ominus'}\pm\frac{0.0592}{n}$(V)

当 $n=1$ 时，指示剂变色的电势范围为 $\varphi_{In}^{\ominus'}\pm 0.0592$(V)；$n=2$ 时，为 $\varphi_{In}^{\ominus'}\pm 0.0296$V。由于此范围甚小，一般可用指示剂的条件电极电势来估量指示剂变色的电势范围。表 8-3 列出了一些重要的氧化还原指示剂的条件电极电势及颜色变化。

表 8-3　一些氧化还原指示剂的条件电极电势及颜色变化

指示剂	$\varphi_{In}^{\ominus'}$/V [c_{H^+} =1mol·L^{-1}]	颜色变化	
		氧化态	还原态
亚甲基蓝	0.53	蓝	无色
二苯胺	0.76	紫	无色
二苯胺磺酸钠	0.84	紫红	无色
邻苯氨基苯甲酸	0.89	紫红	无色
邻二氮杂菲-亚铁	1.06	浅蓝	红

2. 自身指示剂

有些标准溶液或被滴定物质本身有很深的颜色，而滴定产物无色或颜色很淡，在滴定时，滴定剂稍一过量就很容易被察觉，该试剂本身起着指示剂的作用，叫做自身指示剂。例如 $KMnO_4$ 本身显紫红色，而被还原的产物 Mn^{2+} 则几乎无色，所以用 $KMnO_4$ 来滴定无色或浅色还原剂时，一般不必另加指示剂，化学计量点后，MnO_4^- 过量 2×10^{-6}mol·L^{-1}，即可使溶液呈粉红色。

3. 专属指示剂

有些物质本身并不具有氧化还原性，但它能与滴定剂或被测物产生特殊的颜色，因而可指示滴定终点。例如，可溶性淀粉与 I_3^- 生成深蓝色吸附配合物，反应特效而灵敏，蓝色的出现与消失可指示终点。又如，以 Fe^{3+} 滴定 Sn^{2+} 时，可用 KSCN 为指示剂，当溶液出现红色，即生成 Fe(Ⅲ) 的硫氰酸配合物时，即为终点。

8.6.3 氧化还原滴定前的预处理

在氧化还原滴定中如果被滴定的某一物质同时存在不同氧化态，必须在滴定前进行预处理，使不同氧化态组分转变为可被滴定的同一氧化态，才能进行测定和定量计算。

1. 预处理氧化剂或还原剂的选择

所选择的预处理剂必须符合以下条件：(1) 反应速度快；(2) 必须将预测组分定量地氧化或还原；(3) 反应应具有一定的选择性；(4) 过量的预处理剂易于除去。

除去过量预处理的方法有：(1) 加热分解。如 $(NH_4)_2S_2O_8$、H_2O_2，可借加热煮沸分解除去。(2) 过滤。如 $NaBiO_3$ 不溶于水，可借过滤除去。(3) 利用化学反应。如用 $HgCl_2$ 可除去过量 $SnCl_2$，其反应为

$$SnCl_2 + 2HgCl_2 = SnCl_4 + Hg_2Cl_2$$

Hg_2Cl_2 沉淀不被一般滴定剂氧化，不必过滤除去。

2. 常用的预氧化剂及预还原剂

常用的预氧化剂和预还原剂列于表 8-4 及表 8-5。

表 8-4　预氧化时常用的氧化剂

氧化剂	反应条件	主要作用	除去方法
$NaBiO_3$ $NaBiO_3(s)+6H^++2e^-=Bi^{3+}+Na^++3H_2O$ $\varphi^\ominus=1.80V$	室温 HNO_3、H_2SO_4 介质	$Mn^{2+}\longrightarrow MnO_4^-$ $Ce^{4+}\longrightarrow Ce^{3+}$	过滤
$(NH_4)_2S_2O_8$ $S_2O_8^{2-}+2e^-=2SO_4^{2-}$ $\varphi^\ominus=2.01V$	酸性 Ag 作催化剂	$Ce^{4+}\longrightarrow Ce^{3+}$ $Mn^{2+}\longrightarrow MnO_4^-$ $Cr^{3+}\longrightarrow Cr_2O_7^{2-}$ $VO^{2+}\longrightarrow VO_3^-$	煮沸分解
H_2O_2 $HO_2^-+H_2O+2e^-=3OH^-$ $\varphi^\ominus=0.88V$	NaOH 介质 HCO_3^- 介质 碱性介质	$Cr^{3+}\longrightarrow CrO_4^-$ $Co^{2+}\longrightarrow Co^{3+}$ $Mn^{2+}\longrightarrow Mn^{4+}$	煮沸分解，加少量 Ni^{2+} 或I^- 作催化剂， 加速H_2O_2 分解
高锰酸盐	焦磷酸盐和氟化物 Cr^{3+} 存在时	$Ce^{3+}\longrightarrow Ce^{4+}$ $VO^{2+}\longrightarrow VO_2^+$	叠氮化钠或亚硝酸钠
高氯酸	热、浓 $HClO_4$	$V^{4+}\longrightarrow V^{5+}$ $Cr^{3+}\longrightarrow Cr^{6+}$	迅速冷却至室温，用水稀释

表 8-5　预还原时常用的还原剂

还原剂	反应条件	主要作用	除去方法
SO_2 $SO_4^{2-}+4H^++2e^-=SO_2+2H_2O$ $\varphi^\ominus=0.200V$	$1mol\cdot L^{-1}H_2SO_4$ （有SCN^-共存，加速反应）	$Fe^{3+}\longrightarrow Fe^{2+}$ $As^{5+}\longrightarrow As^{3+}$ $Sb^{5+}\longrightarrow Sb^{3+}$ $Cu^{2+}\longrightarrow Cu^+$	煮沸，通 CO_2
$SnCl_2$ $Sn^{4+}+2e^-=Sn^{2+}$ $\varphi^\ominus=0.151V$	酸性，加热	$Fe^{3+}\longrightarrow Fe^{2+}$ $Mo^{4+}\longrightarrow Mo^{5+}$ $As^{5+}\longrightarrow As^{3+}$	快速加入过量的 $HgCl_2$ $Sn^{2+}+2HgCl_2=Sn^{4+}+Hg_2Cl_2+2Cl^-$
锌-汞齐还原剂	H_2SO_4 介质	$Cr^{3+}\longrightarrow Cr^{2+}$ $Fe^{3+}\longrightarrow Fe^{2+}$ $Ti^{4+}\longrightarrow Ti^{3+}$ $V^{5+}\longrightarrow V^{3+}$	

3. 有机物的除去

试样中存在的有机物常常干扰氧化还原滴定，应在滴定前先除去。常用方法有干法灰化和湿法灰化等。干法灰化是在高温下将有机物氧化破坏。湿法灰化是加入氧化性酸如 HNO_3、H_2SO_4 或 $HClO_4$ 等将有机物分解除去。

8.7　常用氧化还原滴定方法

氧化还原反应很多，但能用于氧化还原滴定的还是有限的，常见的主要有重铬酸钾法、高锰酸钾法、碘量法、铈量法、溴酸钾法等，下面重点介绍三种最常见的氧化还原滴定方法。

8.7.1 重铬酸钾法

1. 概述

在酸性条件下 $K_2Cr_2O_7$ 是一种常用的氧化剂。酸性溶液中与还原剂作用，$Cr_2O_7^{2-}$ 被还原成 Cr^{3+}：

$$Cr_2O_7^{2-}+14H^++6e^-=\!=\!=2Cr^{3+}+7H_2O \quad \varphi^{\ominus}=1.33V$$

实际上，$Cr_2O_7^{2-}/Cr^{3+}$ 电对的条件电极电势比标准电极电势小得多。例如在 $c_{HClO}=1.0mol\cdot L^{-1}$ 的高氯酸溶液中，$\varphi'(Cr_2O_7^{2-}/Cr^{3+})=1.025V$；在 $c_{HCl}=1.0mol\cdot L^{-1}$ 的盐酸溶液中，$\varphi'(Cr_2O_7^{2-}/Cr^{3+})=1.00V$，因此重铬酸钾法需在强酸条件下使用，能测定许多无机物和有机物。此法具有一系列优点：

(1) $K_2Cr_2O_7$ 易于提纯，可以直接准确称取一定质量干燥纯净的 $K_2Cr_2O_7$ 准确配制成一定浓度的标准溶液；

(2) $K_2Cr_2O_7$ 溶液相当稳定，只要保存在密闭容器中，浓度可长期保持不变；

(3) 不受 Cl^- 还原作用的影响，可在盐酸溶液中进行滴定。

重铬酸钾法有直接法和间接法之分。对一些有机试样，在硫酸溶液中，常加入过量重铬酸钾标准溶液，加热至一定温度，冷后稀释，再用硫酸亚铁铵标准溶液返滴定。这种返滴定方法可以用于腐植酸肥料中腐植酸的分析、电镀液中有机物的测定。

应用 $K_2Cr_2O_7$ 标准溶液进行滴定时，常用氧化还原指示剂，例如二苯胺磺酸钠或邻苯氨基苯甲酸等。使用 $K_2Cr_2O_7$ 时应注意废液处理，以免污染环境。

2. 应用示例

(1) 铁的测定　重铬酸钾法测定铁利用下列反应：

$$6Fe^{2+}+Cr_2O_7^{2-}+14H^+=\!=\!=6Fe^{3+}+2Cr^{3+}+7H_2O$$

试样（铁矿石等）一般用 HCl 溶液加热分解后，将铁还原为亚铁，常用的还原剂为 $SnCl_2$，其反应方程为：

$$2Fe^{3+}+Sn^{2+}=\!=\!=2Fe^{2+}+Sn^{4+}$$

过量 $SnCl_2$ 用 $HgCl_2$ 氧化（为了避免汞的污染现常用无汞测铁法。）：

$$SnCl_2+2HgCl_2=\!=\!=SnCl_4+Hg_2Cl_2$$

适当稀释后用 $K_2Cr_2O_7$ 标准溶液滴定。

滴定时需要采用氧化还原指示剂，如二苯胺磺酸钠作指示剂。终点时溶液由绿色（Cr^{3+} 颜色）突变为紫色或紫蓝色。已知二苯胺磺酸钠变色时的 $\varphi^{\ominus'}=0.84V$。如 $\varphi^{\ominus'}(Fe^{3+}/Fe^{2+})=0.68V$ 计算，则滴定至 99.9%时的电极电势为：

$$\varphi(Fe^{3+}/Fe^{2+})=\varphi^{\ominus'}(Fe^{3+}/Fe^{2+})+0.0592\lg\frac{c_{Fe^{3+}}}{c_{Fe^{2+}}}=0.68+\lg\frac{99.9}{0.1}=0.86V$$

可见，当滴定进行至 99.9%时，电极电势已超过指示剂变色的电势（>0.84V），此时滴定终点将过早到达。为了减小终点误差，可在试液中加入 H_3PO_4，使 Fe^{3+} 生成无色的稳定的$[Fe(HPO_4)_2]^-$配阴离子，降低 Fe^{3+}/Fe^{2+} 电对的电势。例如在 $1mol\cdot L^{-1}$ HCl 与 $0.25mol\cdot L^{-1}$ H_3PO_4 溶液中 $\varphi^{\ominus'}(Fe^{3+}/Fe^{2+})=0.51V$，从而避免了过早氧化指示剂。

（2）Ba^{2+}和Pb^{2+}的测定　Ba^{2+}和Pb^{2+}与$Cr_2O_7^{2-}$反应，定量地沉淀为$BaCrO_4$和$PbCrO_4$沉淀，经过滤、洗涤、溶解后，用标准Fe^{2+}溶液滴定试液中的$Cr_2O_7^{2-}$，由滴定所消耗的Fe^{2+}的量计算Ba^{2+}和Pb^{2+}的量。

8.7.2 高锰酸钾法

1. 概述

高锰酸钾是强氧化剂。在强酸性溶液中，$KMnO_4$还原为Mn^{2+}：

$$MnO_4^- + 8H^+ + 5e^- \rightleftharpoons Mn^{2+} + 4H_2O \qquad \varphi^\ominus = 1.507V$$

在中性或碱性溶液中，还原为MnO_2：

$$MnO_4^- + 2H_2O + 3e^- \Longrightarrow MnO_2 + 4OH^- \qquad \varphi^\ominus = 0.595V$$

反应后生成棕褐色MnO_2沉淀，妨碍滴定终点的观察，这个反应在定量分析中很少应用。所以高锰酸钾法一般都在强酸条件下使用。但$KMnO_4$氧化有机物在强碱性条件下反应速率比在酸性条件下更快，所以用$KMnO_4$法测定甘油、甲醇、甲酸、葡萄糖、酒石酸等有机物时，一般适宜在碱性条件下进行。在NaOH浓度大于$2mol \cdot L^{-1}$的碱性溶液中，很多有机物与$KMnO_4$反应。此时MnO_4^-被还原为MnO_4^{2-}：

$$MnO_4^- + e^- \Longrightarrow MnO_4^{2-} \qquad \varphi^\ominus = 0.57V$$

可用直接滴定法测定Fe(Ⅱ)、H_2O_2、草酸盐等还原性物质的含量。

可用返滴定法测定一些氧化性物质（如MnO_2、PbO_2、Pb_3O_4、$K_2Cr_2O_7$、H_3VO_4等）的含量。如：测定软锰矿中的MnO_2含量时，先用H_2SO_4将样品酸化，然后加入一定量过量的还原性物质$Na_2C_2O_4$或$FeSO_4$等，将样品完全还原后，再用$KMnO_4$标准溶液返滴定。

可用间接滴定法测定Ca^{2+}含量。Ca^{2+}虽无氧化还原性，也不能直接与$KMnO_4$溶液作用，但能与$C_2O_4^{2-}$定量反应生成CaC_2O_4，经稀H_2SO_4酸化后，用$KMnO_4$标准溶液滴定溶液中的$C_2O_4^{2-}$，即可间接求得Ca^{2+}含量。显然，凡是能与$C_2O_4^{2-}$定量地沉淀为草酸盐的金属离子（如Sr^{2+}、Ba^{2+}、Ni^{2+}、Cd^{2+}、Zn^{2+}、Cu^{2+}、Pb^{2+}、Hg^{2+}、Ag^+、Bi^{3+}、Ce^{3+}、La^{3+}等）都能用该法测定。

$KMnO_4$法利用化学计量点后稍微过量的MnO_4^-本身的粉红色指示终点，具有自身指示剂的作用。

$KMnO_4$法的优点是氧化能力强，应用广泛，但因能与很多还原性物质发生作用，选择性差，因此，滴定时要严格控制条件（如酸度、温度等），$KMnO_4$试剂常含少量杂质，其标准溶液也不够稳定，已标定的$KMnO_4$溶液放置一段时间后，要重新标定。

$KMnO_4$溶液可用还原剂如$H_2C_2O_4 \cdot H_2O$、$Na_2C_2O_4$、$FeSO_4(NH_4)_2 \cdot 6H_2O$等作基准物标定。其中，$Na_2C_2O_4$不含结晶水，容易提纯，是标定$KMnO_4$溶液最常用的基准物质。

在H_2SO_4溶液中，MnO_4^-与$C_2O_4^{2-}$的反应为：

$$2MnO_4^- + 5C_2O_4^{2-} + 16H^+ \Longrightarrow Mn^{2+} + 10CO_2 + 8H_2O$$

为了使该反应能定量且较迅速地进行，应注意下述滴定条件。

（1）温度　在室温下此反应缓慢，须将反应液加热至 75～85℃；但温度不宜过高，否则部分 $H_2C_2O_4$ 在酸性溶液中发生分解：

$$H_2C_2O_4 = CO_2 + CO + H_2O$$

（2）酸度　一般滴定开始时的最适宜酸度约为 $c_{H^+} = 1mol \cdot L^{-1}$。若酸度过低，$MnO_4^-$ 会部分被还原为 MnO_2 沉淀；酸度过高，又会促使 $H_2C_2O_4$ 分解。为了防止诱导氧化 Cl^- 的反应发生，应当在 H_2SO_4 介质中进行。

（3）滴定速度　由于 MnO_4^- 与 $C_2O_4^{2-}$ 的反应是自催化反应，滴定开始时，加入的第一滴 $KMnO_4$ 溶液褪色很慢，所以开始滴定时要进行得慢些，在 $KMnO_4$ 红色未褪去之前，不要加入第二滴。当溶液中产生 Mn^{2+} 后，反应速度才逐渐加快，即使这样，也要等前面滴入的 $KMnO_4$ 溶液褪色之后，再滴加，否则部分加入的 $KMnO_4$ 溶液来不及与 $C_2O_4^{2-}$ 反应，此时在热的酸性溶液中会发生分解，导致标定结果偏低：

$$4MnO_4^- + 12H^+ = 4Mn^{2+} + 6O_2 + 6H_2O$$

终点后稍微过量的 MnO_4^- 使溶液呈现粉红色，从而指示终点的到达。该终点不太稳定，是由于空气中的还原性气体及尘埃等落入溶液中能使 $KMnO_4$ 缓慢分解，使粉红色消失，因此经过半分钟不褪色，即可认为到达终点。

2. 应用示例

（1）H_2O_2 的测定　在酸性溶液中，H_2O_2 定量地被 MnO_4^- 氧化，其反应为：

$$2MnO_4^- + 5H_2O_2 + 6H^+ = 2Mn^{2+} + 5O_2 + 8H_2O$$

反应在室温下进行。反应开始速度较慢，由于 H_2O_2 不稳定，受热易分解，因此不能加热。随着反应进行，生成的 Mn^{2+} 起到了催化作用，反应速率增加。

H_2O_2 不稳定，工业上使用的 H_2O_2 中常加入一些有机化合物（如乙酰苯胺等）作为稳定剂，这些有机化合物大多能与 MnO_4^- 反应，干扰测定。此时，最好用碘量法测定 H_2O_2 含量。生物化学中，过氧化氢酶能使 H_2O_2 分解。故可用适量的 H_2O_2 与过氧化氢酶作用，剩余的 H_2O_2 在酸性条件下用 $KMnO_4$ 标准溶液滴定，以此间接测定过氧化氢酶的含量。

（2）Ca^{2+} 的测定　一些金属离子能与 $C_2O_4^{2-}$ 生成难溶草酸盐沉淀，若将生成的草酸盐沉淀溶于酸中，再用 $KMnO_4$ 标准溶液滴定 $H_2C_2O_4$，就可间接测定这些金属离子含量。钙离子测定就用此法。

在沉淀 Ca^{2+} 时，如果将沉淀剂 $(NH_4)_2C_2O_4$ 加到中性或氨性的 Ca^{2+} 溶液中，此时生成的 CaC_2O_4 沉淀颗粒很小，难于过滤，而且含有碱式草酸钙和氢氧化钙，所以，必须适当地选择沉淀 Ca^{2+} 的条件。

正确沉淀 CaC_2O_4 的方法是在 Ca^{2+} 的试液中先以盐酸酸化，然后加入 $(NH_4)_2C_2O_4$，由于 $C_2O_4^{2-}$ 在酸性溶液中大部分以 $HC_2O_4^-$ 存在，$C_2O_4^{2-}$ 的浓度很小，此时即使 Ca^{2+} 浓度相当大，也不会生成 CaC_2O_4 沉淀。如果在加入 $(NH_4)_2C_2O_4$ 后把溶液加热至 70～80℃，滴入稀氨水，由于 H^+ 逐渐被中和，$C_2O_4^{2-}$ 浓度缓缓增加，结果可以生成粗颗粒结晶的 CaC_2O_4 沉淀。最后应控制溶液的 pH 值在 3.5 至 4.5 之间（甲基橙呈黄色）并继续保温约 30min 使沉淀陈化。这样不仅可避免其他不溶性钙盐的生成，而且所得 CaC_2O_4 沉淀又便于过滤和洗涤。放置冷却后，过滤，洗涤，将 CaC_2O_4 溶于稀硫酸中，即可用 $KMnO_4$ 标准溶液滴定热溶液中与 Ca^{2+} 定量结合的 $H_2C_2O_4$。

(3) 铁的测定　将试样溶解后（通常使用盐酸溶解），生成的 Fe^{3+}（实际上是 $[FeCl_4]^-$、$[FeCl_6]^{3-}$ 等配离子）应先用还原剂还原为 Fe^{2+}，然后用 $KMnO_4$ 标准溶液滴定。滴定前，还应加入硫酸锰、硫酸及磷酸的混合液，其作用是：

① 避免 Cl^- 的存在所发生的诱导反应。

② 使 Fe^{3+} 生成无色的 $[Fe(HPO_4)_2]^-$ 配离子，使终点易于观察。

(4) 测定某些有机化合物　在强碱性溶液中，MnO_4^- 与有机化合物反应，生成绿色的 MnO_4^{2-}，利用该性质可以用高锰酸钾法测定某些有机化合物。

例如测定甘油，在试液中先加入一定量过量的 $KMnO_4$ 标准溶液，并用氢氧化钠将溶液调至碱性

$$\begin{matrix} H_2C-CH-CH_2 \\ | \quad\;\; | \quad\;\; | \\ OH\,OH\;\; OH \end{matrix} + 14MnO_4^- + 20OH^- = 3CO_3^{2-} + 14MnO_4^{2-} + 14H_2O$$

待反应完成后，将溶液酸化，用 Fe^{2+} 标准溶液滴定溶液中所有的高价锰离子，使之还原为 Mn(Ⅱ)，记录消耗的 Fe^{2+} 标准溶液的物质的量。用同样的方法，测出在碱性溶液中反应前一定量的 $KMnO_4$ 标准溶液相当于 Fe^{2+} 标准溶液的用量。根据两者之差，计算出该有机物的含量。此法可用于测定甲酸、甲醇、柠檬酸、酒石酸等。

8.7.3 碘量法

1. 概述

碘量法是利用 I_2 的氧化性和 I^- 的还原性来进行滴定的分析方法。由于固体 I_2 在水中的溶解度很小（$0.00133mol \cdot L^{-1}$），实际应用时通常将 I_2 溶解在 KI 溶液中，此时 I_2 在溶液中以 I_3^- 形式存在：$I_2 + I^- = I_3^-$

半反应为：$I_3^- + 2e^- = 3I^-$　　　　$\varphi^{\ominus'}(I_2/I^-) = 0.5338V$

这一电对的条件电极电势处在电极电势表中间，可见 I_2 是一较弱的氧化剂，即凡是电极电势小于 $\varphi^{\ominus'}(I_2/I^-)$ 的还原性物质都能被 I_2 氧化，都有可能用 I_2 标准溶液进行滴定。这种方法称为直接碘量法（direct iodimetry），也称碘滴定法。例如钢铁中的硫的测定，将试样在 1300℃ 的燃烧管中通 O_2 燃烧，使硫转化为 SO_2 后，再用 I_2 标准溶液滴定：

$$I_2 + SO_2 + 2H_2O = 2I^- + SO_4^{2-} + 4H^+$$

用 I_2 标准溶液直接滴定的直接碘量法还可以测定如 Sn(Ⅱ)、Sb(Ⅲ)、As_2O_3、S^{2-}、SO_3^{2-}、H_2S、维生素 C 等。由于 I_2 的氧化能力不强，所以能被 I_2 氧化的物质有限。而且直接碘量法的应用受溶液中 H^+ 浓度的影响较大，例如在较强的碱性溶液中就不能用 I_2 溶液滴定，当 pH 较高时，发生如下的副反应：

$$3I_2 + 6OH^- = IO_3^- + 5I^- + 3H_2O$$

这样就会给测定带来误差。在酸性溶液中，只有少数还原能力强、不受 H^+ 浓度影响的物质才能发生定量反应。所以，直接碘量法的应用受到一定的限制。

另一方面 I^- 为一中等强度的还原剂，能被氧化剂（如 $K_2Cr_2O_7$、$KMnO_4$、H_2O_2、KIO_3 等）定量氧化而析出 I_2，例如：

$$2MnO_4^- + 10I^- + 16H^+ = 2Mn^{2+} + 5I_2 + 8H_2O$$

析出的 I_2 用还原剂 $Na_2S_2O_3$ 标准溶液滴定：

$$I_2+2S_2O_3^{2-} = 2I^-+S_4O_6^{2-}$$

因而可间接测定氧化性物质，这种方法称为间接碘量法（indirect iodometry）。

凡能与 KI 作用定量地析出 I_2 的氧化性物质都可用间接碘量法测定。

碘量法可能产生误差的来源有：①I_2 具有挥发性，容易挥发损失；②I^- 在酸性溶液中易为空气中氧所氧化。

$$4I^-+4H^++O_2 = 2I_2+2H_2O$$

此反应在中性溶液中进行极慢，但随着溶液中 H^+ 浓度增加而加快，若受阳光照射，反应速率增加更快。所以碘量法一般在中性或弱酸性溶液中及低温（<25℃）下进行。I_2 溶液应保存于棕色密闭的试剂瓶中。在间接碘量法中，氧化所析出之 I_2 必须在反应完毕后立即进行滴定，滴定最好在碘量瓶中进行。为了减少 I^- 与空气的接触，滴定时不应过度摇荡。

碘量法的终点常用淀粉指示剂来确定。在有少量 I^- 存在下，I_2 与淀粉反应形成蓝色吸附配合物，根据蓝色的出现或消失来指示终点。

淀粉溶液应用新鲜配制的，若放置过久，则与 I_2 形成的配合物不呈蓝色而呈紫色或红色。这种红紫色吸附配合物再用 $Na_2S_2O_3$ 滴定时褪色慢，终点不敏锐。

此外，碘量法也可利用 I_2 溶液的黄色作自身指示剂，但灵敏度差。

2. I_2 与硫代硫酸钠的反应

I_2 和 $Na_2S_2O_3$ 的反应是碘量法中最重要的反应，如果酸度和滴定速度控制不当，会由于发生副反应而产生误差。I_2 和 $Na_2S_2O_3$ 的反应须在中性或弱酸性溶液中进行。因为在碱性溶液中，会同时发生如下反应，而使氧化还原过程复杂化

$$Na_2S_2O_3+4I_2+10NaOH = 2Na_2SO_4+8NaI+5H_2O$$

因此在用 $Na_2S_2O_3$ 溶液滴定 I_2 之前，溶液应先中和成中性或弱酸性。

如果需要在弱碱性溶液中滴定 I_2，应用 $NaAsO_2$ 代替 $Na_2S_2O_3$。

3. 硫代硫酸钠标准溶液的配制与标定

市售硫代硫酸钠常含有少量杂质，如 Na_2SO_4、Na_2CO_3、NaCl 等，同时还容易风化、潮解，故不能直接配制标准溶液，只能先配制一个近似浓度再进行标定。$Na_2S_2O_3$ 溶液不稳定，容易分解。例如：

（1）水中 CO_2 的影响（pH<4.6 的稀酸溶液中）

$$Na_2S_2O_3+H_2CO_3 = NaHCO_3+NaHSO_3+S\downarrow$$

（2）空气中 O_2 的影响

$$2Na_2S_2O_3+O_2 = 2Na_2SO_4+2S\downarrow$$

（3）细菌的影响

$$Na_2S_2O_3 \xrightarrow{\text{细菌}} Na_2SO_3+S\downarrow$$

因此，配制 $Na_2S_2O_3$ 标准溶液时，为了除去溶解于溶液中的 CO_2、O_2 并杀死细菌，应使用新煮沸并冷却的蒸馏水，并加入少量 Na_2CO_3 维持溶液微碱性。Na_2CO_3 不仅可以抑制细菌繁殖，还可以抑制反应（1）的进行。为了避免日光对 $Na_2S_2O_3$ 的分解作用，溶液应置于阴暗处，保存在棕色瓶中，数日后再标定。

标定 $Na_2S_2O_3$ 溶液的基准物质有 KIO_3、$KBrO_3$、$K_2Cr_2O_7$、Cu（纯）等，这些物质均能与过量 I^- 定量反应析出 I_2。

$$Cr_2O_7^{2-}+6I^-+14H^+ = 2Cr^{3+}+3I_2+7H_2O$$

$$IO_3^-+5I^-+6H^+ = 3I_2+3H_2O$$

$$BrO_3^-+6I^-+6H^+ = 3I_2+3H_2O+Br$$

$$2Cu^{2+}+4I^- = 2CuI\downarrow+I_2$$

析出的 I_2 用 $Na_2S_2O_3$ 标准溶液滴定，滴定反应为

$$2S_2O_3^{2-}+I_2 = S_4O_6^{2-}+2I^-$$

标定时应注意以下几点：

（1）基准物（如 $K_2Cr_2O_7$）与 KI 反应时，溶液的酸度越大，反应速率越快，但酸度太大时，I^- 容易被空气中的 O_2 氧化，所以在开始滴定时酸度一般以 $0.5\sim1.0mol\cdot L^{-1}$ 为宜。

（2）$K_2Cr_2O_7$ 与 KI 的反应速率慢，应将溶液放置在暗处一定时间（5min）。待反应完全后，反应液应加水稀释，降低溶液的酸度，否则，过高的酸度影响 $Na_2S_2O_3$ 与 I_2 的定量反应进行，Cr^{3+} 的绿色变浅（终点颜色变化敏锐）。再用 $Na_2S_2O_3$ 溶液滴定析出的 I_2（KIO_3 与 KI 的反应速率快，不需放置）。

（3）把握好加入淀粉指示剂的时间。应先以 $Na_2S_2O_3$ 溶液滴定至溶液呈浅黄色，即大部分 I_2 已被还原，再加入淀粉溶液，继续用 $Na_2S_2O_3$ 溶液滴定至蓝色恰好消失，溶液呈现亮绿色即为终点。淀粉指示剂不宜加入过早，否则，与淀粉结合生成蓝色配合物的一部分 I_2 不易与 $Na_2S_2O_3$ 反应，滴定产生误差。

滴定至终点后，再经过几分钟，溶液又会出现蓝色，这是由空气中的 O_2 氧化 I^- 引起的，不影响测定结果。

4. 应用示例

（1）硫酸铜中铜的测定　二价铜盐与 I^- 的反应如下：

$$2Cu^{2+}+4I^- = 2CuI\downarrow+I_2$$

碘再用 $Na_2S_2O_3$ 标准溶液滴定，就可计算出铜的含量。

为了促使反应实际上趋于完全，必须加入过量的 KI，但 KI 浓度太高会妨碍终点观察。同时由于 CuI 沉淀强烈地吸附 I_2 使测定结果偏低。如果接近终点时加入 KSCN，使 CuI 转化为溶解度更小的 CuSCN 沉淀：

$$CuI+KSCN = CuSCN\downarrow+KI$$

这样不仅可以释放出被吸附的 I_2，而且反应时再生出来的 I^- 可再与未作用的 Cu^{2+} 反应。在这种情况下，使用较少的 KI 能使反应进行得更完全。但 KSCN 只能在接近终点时加入，否则 SCN^- 直接还原 Cu^{2+} 使结果偏低：

$$6Cu^{2+}+7SCN^-+4H_2O = 6CuSCN\downarrow+SO_4^{2-}+HCN+7H^+$$

为了防止 Cu^{2+} 水解，反应必须在酸性溶液中进行（一般控制 pH 值在 3～4 之间）。酸度过低，反应速度慢，终点拖长；酸度过高，则 I^- 被空气氧化为 I_2 的反应被 Cu^{2+} 催化而加速，使结果偏高。由于 Cu^{2+} 易与 Cl^- 形成配位化合物，因此应用 H_2SO_4 而不用 HCl 控制酸度。

也可应用碘量法测定矿石（铜矿等）、合金、炉渣或电镀液中的铜。用适当的溶剂将矿石等固体试样溶解后，再用上述方法测定。但应注意防止其他共存离子的干扰，例如试样常含有 Fe^{3+}，能氧化 I^-：$2Fe^{3+}+2I^- = 2Fe^{2+}+I_2$

故干扰铜的测定，使结果偏高。若加入 NH_4HF_2，可使 Fe^{3+} 生成稳定的 $[FeF_6]^{3-}$ 配离子，降低了 Fe^{3+}/Fe^{2+} 电对的电势，从而防止了氧化 I^- 的反应。NH_4HF_2 还可控制溶液的酸度，维持 pH 约为 3～4。

（2）S^{2-} 或 H_2S 的测定　在酸性溶液中 I_2 能氧化 S^{2-}

$$S^{2-}+I_2 = S+2I^-$$

测定不能在碱性溶液中进行，因为在碱性溶液中会发生如下反应：

$$S^{2-}+4I_2+8OH^- = SO_4^{2-}+8I^-+4H_2O$$

同时，I_2 也会发生歧化反应。

测定硫化物时，可以用标准 I_2 溶液直接测定，也可以加入过量标准碘溶液，再用 $Na_2S_2O_3$ 标准溶液滴定过量的 I_2。

（3）葡萄糖含量的测定　葡萄糖分子中所含的醛基，能在碱性条件下用过量 I_2 氧化成羧基，反应如下：$I_2+2OH^- = IO^-+I^-+H_2O$

$$CH_2OH(CHOH)_4CHO+IO^-+OH^- = CH_2OH(CHOH)_4COO^-+I^-+H_2O$$

剩余的 IO^- 在碱性溶液中歧化成 IO_3^- 和 I^-：

$$3IO^- = IO_3^-+2I^-$$

溶液经酸化后又析出 I_2，反应为：

$$IO_3^-+5I^-+3H^+ = 3I_2+3H_2O$$

最后以 $Na_2S_2O_3$ 标准溶液滴定析出的 I_2。

另外很多具有氧化性的物质都可以用碘量法测定，如过氧化物、臭氧、漂白粉中的有效氯等。

8.7.4 氧化还原滴定结果的计算

氧化还原滴定结果的计算主要依据氧化还原反应式中的化学计量关系。

例 8-16　用 30.00mL $KMnO_4$ 溶液恰能氧化一定质量的 $KHC_2O_4 \cdot H_2O$，同样质量 $KHC_2O_4 \cdot H_2O$ 又恰能被 25.20mL 0.2000mol·L^{-1} KOH 溶液中和。$KMnO_4$ 溶液的浓度是多少？

解：$KMnO_4$ 与 $KHC_2O_4 \cdot H_2O$ 反应为

$$2MnO_4^-+5C_2O_4^{2-}+16H^+ = 2Mn^{2+}+10CO_2\uparrow+8H_2O$$

所以
$$n_{KMnO_4}=\frac{2}{5}n_{KHC_2O_4 \cdot H_2O}$$

$KHC_2O_4 \cdot H_2O$ 与 KOH 反应为

$$HC_2O_4^-+OH^- = C_2O_4^{2-}+H_2O$$

$$n_{KHC_2O_4 \cdot H_2O}=n_{KOH}$$

因两个反应中 $KHC_2O_4 \cdot H_2O$ 质量相等，所以有

$$n_{KMnO_4}=\frac{2}{5}n_{KOH}$$

故
$$c_{KMnO_4}=\frac{2V_{KOH}c_{KOH}}{5V_{KMnO_4}}=0.06720\text{mol} \cdot \text{L}^{-1}$$

例 8-17　有一 $K_2Cr_2O_7$ 标准溶液的浓度为 0.01683mol·L^{-1}，求其对 Fe 和 Fe_2SO_3 的滴定度。称取含铁矿样 0.2801g，溶解后将溶液中 Fe^{3+} 还原为 Fe^{2+}，然后用上述 $K_2Cr_2O_7$ 标准溶液滴定，用去 25.60mL。求试样中含铁量，分别以 $w(\text{Fe})$ 和 $w(Fe_2SO_3)$ 表示。

解：$K_2Cr_2O_7$ 滴定 Fe^{2+} 的反应为

$$Cr_2O_7^{2-}+6Fe^{2+}+14H^+=2Cr^{3+}+6Fe^{3+}+7H_2O$$

$$n_{K_2Cr_2O_7}=\frac{1}{6}n_{Fe}$$

则
$$T_{K_2Cr_2O_7/Fe}=\frac{m_{Fe}}{V_{K_2Cr_2O_7}}=\frac{6c_{K_2Cr_2O_7} \cdot V_{K_2Cr_2O_7} \cdot M(\text{Fe})}{V_{K_2Cr_2O_7}}$$

$$=\frac{6\times0.01683\text{mol} \cdot \text{L}^{-1}\times0.001\text{L}\times55.85\text{g} \cdot \text{L}^{-1}}{1\text{mL}}$$

$$=5.640\times10^{-3}\text{g} \cdot \text{mL}^{-1}$$

$$T_{K_2Cr_2O_7/Fe_2SO_3}=\frac{m_{Fe_2SO_3}}{V_{K_2Cr_2O_7}}=\frac{3c_{K_2Cr_2O_7} \cdot V_{K_2Cr_2O_7} \cdot M_{Fe_2SO_3}}{V_{K_2Cr_2O_7}}$$

$$=\frac{3\times0.01683\text{mol} \cdot \text{L}^{-1}\times0.001\text{L}\times159.70\text{g} \cdot \text{L}^{-1}}{1\text{mL}}$$

$$=8.063\times10^{-3}\text{g} \cdot \text{mL}^{-1}$$

因此

$$w(\text{Fe})=\frac{T_{K_2Cr_2O_7/Fe} \cdot V_{K_2Cr_2O_7}}{m}=\frac{5.640\times10^{-3}\times25.60}{0.2801}=51.55\%$$

若含铁量以 Fe_2SO_3 表示，则

$$w(Fe_2SO_3)=\frac{T_{K_2Cr_2O_7/Fe_2SO_3} \cdot V_{K_2Cr_2O_7}}{m}=\frac{8.063\times10^{-3}\times25.60}{0.2801}=73.69\%$$

例 8-18　25.00mL KI 用稀盐酸及 10.00mL 0.05000mol·L^{-1} KIO_3 溶液处理，煮沸以挥发除去释出的 I_2，冷却后，加入过量的 KI 溶液使之与剩余 KIO_3 的反应。释出的 I_2 需用 21.14mL 0.1008mol·L^{-1}$Na_2S_2O_3$ 溶液滴定，计算 KI 溶液的浓度。

解：加入的 KIO_3 分两部分分别与待测 KI（1）和以后加入的 KI（2）起反应

$$IO_3^-+5I^-+6H^+=3I_2+3H_2O \qquad (1)$$

$$IO_3^- + 5I^- + 6H^+ \xlongequal{\quad} 3I_2 + 3H_2O \tag{2}$$

第（2）步反应生成的 I_2 又被 $Na_2S_2O_3$ 滴定：

$$I_2 + 2S_2O_3^{2-} \xlongequal{\quad} 2I^- + S_4O_6^{2-}$$

反应（1）消耗的 KIO_3 为总的 KIO_3 量减去反应（2）所消耗的 KIO_3 量，即

$$n_{KIO_3(1)} = n_{KIO_3(总)} - n_{KIO_3(2)} = n_{KIO_3(总)} - \frac{1}{3}n_{I_2} \tag{3}$$

$$= n_{KIO_3(总)} - \frac{1}{6}n_{Na_2S_2O_3}$$

而
$$n_{KI(1)} = 5\,n_{KIO_3(1)} = 5(n_{KIO_3(总)} - \frac{1}{6}n_{Na_2S_2O_3})$$

所以
$$c_{KI} = \frac{5(c_{KIO_3}V_{KIO_3} - \frac{1}{6}c_{Na_2S_2O_3}V_{Na_2S_2O_3})}{V_{KI}}$$

$$= \frac{5\times(10.00\times0.05000 - \frac{1}{6}\times21.14\times0.1008)}{25.00}$$

$$= 0.02897(mol\cdot L^{-1})$$

习　题

扫码查看习题答案

8-1　选择题（给出的 4 个选项中仅有 1 个正确答案）

1. 水溶液中不能大量共存的一组物质为（　　）

A. Mn^{2+}，Fe^{3+}　　B. CrO_4^{2-}，Cl^-　　C. MnO_4^-，MnO_2　　D. Sn^{2+}，Fe^{3+}

2. 298K，$p_{O_2}=100kPa$ 条件下，$O_2+4H^++4e^- \xlongequal{\quad} 2H_2O$ 的电极电势为（　　）

A. $\varphi=\varphi^\ominus+0.0592pH$　　B. $\varphi=\varphi^\ominus-0.0592pH$

C. $\varphi=\varphi^\ominus+0.0148pH$　　D. $\varphi=\varphi^\ominus-0.0148pH$

3. 电极电势与溶液的酸度无关的电对为（　　）

A. O_2/H_2O　　B. $Fe(OH)_3/Fe(OH)_2$

C. MnO_4^-/MnO_4^{2-}　　D. $Cr_2O_7^{2-}/Cr^{3+}$

4. 根据 $\varphi^\ominus(Cu^{2+}/Cu)=0.34V$，$\varphi^\ominus(Zn^{2+}/Zn)=-0.76V$，可知反应 $Cu+Zn^{2+}(1\times10^{-5}mol\cdot L^{-1})=Cu^{2+}(0.1mol\cdot L^{-1})+Zn$ 在 298K 时平衡常数约为（　　）

A. 10^{37}　　B. 10^{-37}　　C. 10^{42}　　D. 10^{-42}

5. 已知 $K_{sp}^\ominus(CuI)<K_{sp}^\ominus(CuBr)<K_{sp}^\ominus(CuCl)$，则 $\varphi^\ominus(Cu^{2+}/CuI)$，$\varphi^\ominus(Cu^{2+}/CuBr)$，$\varphi^\ominus(Cu^{2+}/CuCl)$ 由低到高的顺序为（　　）

A. $\varphi^\ominus(Cu^{2+}/CuI)<\varphi^\ominus(Cu^{2+}/CuBr)<\varphi^\ominus(Cu^{2+}/CuCl)$

B. $\varphi^\ominus(Cu^{2+}/CuBr)<\varphi^\ominus(Cu^{2+}/CuI)<\varphi^\ominus(Cu^{2+}/CuCl)$

C. $\varphi^{\ominus}(Cu^{2+}/CuCl)<\varphi^{\ominus}(Cu^{2+}/CuI)<\varphi^{\ominus}(Cu^{2+}/CuBr)$

D. $\varphi^{\ominus}(Cu^{2+}/CuCl)<\varphi^{\ominus}(Cu^{2+}/CuBr)<\varphi^{\ominus}(Cu^{2+}/CuI)$

6. 根据 $\varphi^{\ominus}(Cu^{2+}/Cu)=0.34V$，$\varphi^{\ominus}(Fe^{3+}/Fe^{2+})=0.77V$，标准态下能将 Cu 氧化为 Cu^{2+}、但不能氧化 Fe^{2+} 的氧化剂对应电对的 $\varphi^{\ominus}$ 值应是（　　）

A. $\varphi^{\ominus}<0.77V$　　B. $\varphi^{\ominus}>0.34V$

C. $0.34V<\varphi^{\ominus}<0.77V$　　D. $\varphi^{\ominus}<0.34V$，$\varphi^{\ominus}>0.77V$

7. 铜元素的标准电势图为

$$Cu^{2+}\xrightarrow{0.16V}Cu^{+}\xrightarrow{0.52V}Cu$$

下面说法正确的是（　　）

A. Cu^{+} 在水溶液中能稳定存在　　B. 水溶液中 Cu^{2+} 与 Cu 不能共存

C. Cu^{+} 在水溶液中会发生歧化反应　　D. Cu^{+} 的歧化产物是 Cu^{2+}

8. 在硫酸-磷酸介质中，用 $K_2Cr_2O_7$ 标准溶液滴定 Fe^{2+} 试样时，其化学计量点电势为 0.86V，则应选择的指示剂为（　　）

A. 亚甲级蓝（$\varphi^{\ominus}=0.36V$）　　B. 二苯胺磺酸钠（$\varphi^{\ominus}=0.84V$）

C. 邻二氮菲亚铁（$\varphi^{\ominus}=1.06V$）　　D. 二苯胺（$\varphi^{\ominus}=0.76V$）

9. 某氧化还原指示剂，$\varphi^{\ominus}=0.84V$，对应的半反应为 $Ox+2e^{-}\longrightarrow Red$，则其理论变色范围为（　　）

A. 0.87～0.81V　　B. 0.74～0.94V

C. 0.90～0.78V　　D. 1.84～0.16V

10. 测定维生素 C 可采用的分析方法是（　　）

A. EDTA 法　　B. 酸碱滴定法　　C. 重铬酸钾法　　D. 碘量法

11. 用碘量法测定铜盐中铜的含量。滴定至临近终点时加入 KSCN，溶液的蓝色加深，这是由于（　　）

A. SCN^{-} 直接置换出 I_2　　B. SCN^{-} 氧化 I^{-}

C. CuI 转化为 CuSCN，释放出 I_3^{-} 和 I^{-} 继续还原 Cu^{2+}

D. 淀粉吸附 I^{-}

12. 碘量法中，为了增大单质 I_2 的溶解度，通常采取的措施是（　　）

A. 增强酸性　　B. 加入有机溶剂　　C. 加热　　D. 加入过量 KI

13. 在选择氧化还原指示剂时，指示剂变色的（　　）应落在滴定的突跃范围内，至少也要部分重合。

A. 电极电势　　B. 电势范围　　C. 标准电极电势　　D. 电势

14. 间接碘量法加入淀粉指示剂的最佳时间是（　　）

A. 滴定开始前　　B. 接近终点时　　C. 碘的颜色完全褪去　D. 很难选择

8-2 填空题

1. 标出带 * 元素的氧化数：$Na_2\overset{*}{S}_4O_6$____，$(NH_4)_2\overset{*}{S}_2O_8$____，$K_2\overset{*}{Cr}_2O_7$____。

2. 原电池中，发生还原反应的电极为____极，发生氧化反应的电极为______极，原电池可将________能转化为______ 能。

3. 用离子电子法配平下列反应式

① $CuS(s)+NO_3^- \longrightarrow Cu^{2+}+NO+S$ ________________

② $PbO_2+Mn^{2+}+H^+ \longrightarrow Pb^{2+}+MnO_4^-$ ________________

③ $MnO_4^{2-} \longrightarrow MnO_2+MnO_4^-$ ________________

④ $S_2O_8^{2-}+Mn^{2+} \longrightarrow SO_4^{2-}+MnO_4^-$ ________________

⑤ $Cr(OH)_4^-+HO_2^-+OH^- \longrightarrow CrO_4^{2-}+H_2O$ ________________

⑥ $KMnO_4+H_2C_2O_4+H_2SO_4 \longrightarrow MnSO_4+CO_2\uparrow$ ________________

4. $KMnO_4$在酸性、近中性、强碱性介质中，还原产物分别为________、________、________。

5. 在$FeCl_3$溶液中，加入KI溶液，有I_2生成，在溶液中加入足量NaF后，溶液中的I_2消失。其原因为________________。

6. 由$\varphi^{\ominus}_{Co^{3+}/Co^{2+}}=1.92V$，$\varphi^{\ominus}_{O_2/H_2O}=1.23V$可知，$Co^{3+}$是极强的氧化剂，能将水中氧氧化为$O_2$，而$Co^{2+}$在水溶液中很稳定。若在$Co^{2+}$的溶液中加入$NH_3$，生成的$Co(NH_3)_6^{2+}$很快被空气氧化为$Co(NH_3)_6^{3+}$。其原因是________。由此推断$\varphi^{\ominus}_{Co(NH_3)_6^{3+}/Co(NH_3)_6^{2+}}$比$\varphi^{\ominus}_{O_2/H_2O}$________（填大、小），$Co(NH_3)_6^{3+}$比$Co(NH_3)_6^{2+}$的稳定性________（填高、低）。

7. 用$Na_2C_2O_4$标定$KMnO_4$溶液时，选用的指示剂是________，最适宜的温度是________，酸度为________；开始滴定时的速度________。

8. 用重铬酸钾法测Fe^{2+}时，常以二苯胺磺酸钠为指示剂，在H_2SO_4-H_3PO_4混合酸介质中进行。其中加入H_3PO_4的作用有两个，一是________，二是________。

9. 称取$Na_2C_2O_4$基准物时，有少量$Na_2C_2O_4$撒在天平台上而未被发现，则用其标定的$KMnO_4$溶液浓度将比实际浓度________；用此$KMnO_4$溶液测定H_2O_2时，引起____误差（填正、负）。

10. 利用电极电势简单回答下列问题：

① HNO_3的氧化性比KNO_3强；

② 配制$SnCl_2$溶液时，除加盐酸外，通常还要加入Sn粒；

③ Ag不能从HCl溶液中置换出H_2，但它能从HI溶液中置换出H_2；

④ $Fe(OH)_2$比Fe^{2+}更易被空气中的氧气氧化；

⑤ 标准状态下，MnO_2不能与稀HCl反应产生Cl_2，但可与浓盐酸（$10mol\cdot L^{-1}$）作用制取Cl_2；

⑥ 已知下列元素电势图：

$$\varphi^{\ominus}_A \quad Hg^{2+} \xrightarrow{0.90V} Hg_2^{2+} \xrightarrow{0.80V} Hg,$$

$$HClO \xrightarrow{1.61V} Cl_2 \xrightarrow{1.36V} Cl^-$$

$$\varphi^{\ominus}_A \quad ClO^- \xrightarrow{0.52V} Cl_2 \xrightarrow{1.36V} Cl^-$$

根据电势图判断哪些物质在水溶液中易发生歧化，写出相应的反应式。若在酸性介质中，使Hg_2^{2+}转化为Hg(Ⅱ)，应分别采用什么方法？举例说明。

⑦ 已知锰和碘的元素电势图为

$$\varphi^{\ominus}_A \quad MnO_4^- \xrightarrow{1.679V} MnO_2 \xrightarrow{1.224V} Mn^{2+}$$

$$\varphi_B^{\ominus} \quad IO_3^- \xrightarrow{1.195V} I_2 \xrightarrow{0.535V} I^-$$

写出酸性溶液中，下列条件下 $KMnO_4$ 与 KI 反应的方程式：

① $KMnO_4$ 过量　　② KI 过量

11. 在下列情况下，铜锌原电池的电动势是增大还是减小？（1）向 $CuSO_4$ 溶液中加入一些 NaOH 浓溶液____；（2）向 $CuSO_4$ 溶液中加入一些 NH_3 浓溶液____。

12. 在原电池中，φ 值大的电对是____极，发生的是____反应，φ 值小的电对是____极，发生的是____反应，φ 值越大的电对，其氧化型得电子能力越____、____越____；φ 值越小的电对，其还原型失电子能力越________、________越________。

8-3 简答题

1. 利用电极电位简要描述以下现象的原因：标准态下，反应 $2Fe^{3+} + 2I^- \longrightarrow I_2 + 2Fe^{2+}$ 正向进行，但若在反应系统中加入足量的 NH_4F，则反应逆向自发进行。

2. 根据铬元素电势图：$\varphi_A^{\ominus}/V \quad Cr_2O_7^{2-} \xrightarrow{1.23V} Cr^{3+} \xrightarrow{-0.40V} Cr^{2+} \xrightarrow{-0.89V} Cr$

① 计算 $\varphi^{\ominus}(Cr_2O_7^{2-}/Cr^{2+})$和 $\varphi^{\ominus}(Cr^{3+}/Cr)$；

② 判断在酸性介质，$Cr_2O_7^{2-}$ 还原产物是 Cr^{3+} 还是 Cr^{2+}？

8-4 计算题

1. 已知：298K 时，下列原电池的电动势 $E=0.17V$，计算负极溶液中 H^+ 的浓度。

(－)Pt，H_2(100kPa)|H^+($x$mol·L^{-1})‖H^+(1.0mol·L^{-1})| H_2(100kPa),Pt(＋)

2. 已知(－)Cu|Cu^{2+}(0.10mol·L^{-1})‖ClO_3^-(2.0mol·L^{-1})，H^+(5.0mol·L^{-1})，Cl^-(1.0mol·L^{-1})|Pt(＋)，

① 写出原电池反应。

② 计算 298K 时电池电动势 E，判断反应方向。

③ 计算原电池反应的平衡常数 $K^{\ominus}$。

已知 $\varphi^{\ominus}(Cu^{2+}/Cu)=0.34V$，$\varphi^{\ominus}(ClO_3^-/Cl^-)=1.45V$。

3. 已知原电池(－)Ag | Ag^+(0.010mol·L^{-1})‖Ag^+(0.10mol·L^{-1}) | Ag(＋)，向负极加入 K_2CrO_4，使 Ag^+ 生成 Ag_2CrO_4 沉淀，并使 $c(CrO_4^{2-})=0.10mol\cdot L^{-1}$，298K 时，$E=0.26V$。计算$K_{sp}(Ag_2CrO_4)$。

4. 一硝酸汞溶液（浓度为 c_0）与汞组成电极 A，另一硝酸汞溶液（浓度为 0.1 c_0）与汞组成电极 B，将 A、B 两电极组成原电池，测其电动势为 0.03V（298K）。

① 写出原电池的电池符号；

② 判断水溶液中亚汞离子的存在形式是 Hg_2^{2+}，还是 Hg^+？

5. 往 0.10mmol AgCl 沉淀中加少量 H_2O 及过量 Zn 粉，使溶液总体积为 1.0mL。试计算说明 AgCl 能否被 Zn 全部转化为 Ag(s)和 Cl^-。

6. 计算在 1.0mol·L^{-1} HCl 溶液中，用 Fe^{3+} 溶液滴定 Sn^{2+} 溶液时化学计量点的电势，并计算滴定至 99.9%和 100.1%时的电势。为什么化学计量点前后，电势变化不相同？滴定时应选用何种指示剂指示终点？($\varphi^{\ominus'}(Fe^{3+}/Fe^{2+})=0.68V$，$\varphi^{\ominus'}(Sn^{4+}/Sn^{2+})=0.14V$)

7. 用 30.00mL $KMnO_4$ 恰能完全氧化一定质量的 $KHC_2O_4\cdot H_2O$，同样质量的 $KHC_2O_4\cdot H_2O$ 又恰能被 25.20mL 0.2000mol·L^{-1}KOH 溶液中和。计算 $KMnO_4$ 溶液的浓度。

8. 某土壤试样 1.000g，用重量法测得试样中 Al_2O_3 及 Fe_2O_3 共 0.500 0g，将该混合氧化物用酸溶解并使铁还原为 Fe^{2+} 后，用 $0.03333mol \cdot L^{-1}$ $K_2Cr_2O_7$ 标准溶液进行滴定，用去 25.00mL $K_2Cr_2O_7$。计算土壤中 Fe_2O_3 和 Al_2O_3 的质量分数。

9. 将含有 PbO 和 PbO_2 的试样 1.234g，用 20.00mL $0.2500mol \cdot L^{-1}$ $H_2C_2O_4$ 溶液处理，将 Pb(Ⅳ) 还原为 Pb(Ⅱ)。溶液中和后，使 Pb^{2+} 定量沉淀为 PbC_2O_4，并过滤。滤液酸化后，用 $0.04000mol \cdot L^{-1}$ $KMnO_4$ 溶液滴定剩余的 $H_2C_2O_4$，用去 $KMnO_4$ 溶液 10.00mL。沉淀用酸溶解后，用同样的 $KMnO_4$ 溶液滴定，用去 $KMnO_4$ 溶液 30.00mL。计算试样中 PbO 及 PbO_2 的质量分数。

10. 1.000g 钢样中铬氧化成 $Cr_2O_7^{2-}$，加入 $0.100\ 0mol \cdot L^{-1}$ 的 $FeSO_4$ 标准溶液 25.00mL，然后用 $0.018\ 0mol \cdot L^{-1}$ $KMnO_4$ 标准溶液 7.00mL 回滴过量的 $FeSO_4$。计算钢样中铬的质量分数。

11. 用碘量法测定钢中的硫时，先使硫燃烧为 SO_2，再用含有淀粉的水溶液吸收，最后用碘标准溶液滴定。现称取钢样 0.500g，滴定时用去 $0.0500mol \cdot L^{-1}$ I_2 标准溶液 11.00mL。计算钢样中硫的质量分数。

12. 今有 25.00mL KI 溶液，用 $0.0500mol \cdot L^{-1}$ 的 KIO_3 溶液 10.00mL 处理后，煮沸溶液以除去 I_2。冷却后，加入过量 KI 溶液使之与剩余的 KIO_3 反应，然后将溶液调至中性。析出的 I_2 用 $0.1008mol \cdot L^{-1}$ $Na_2S_2O_3$ 标准溶液滴定，用去 21.14mL。计算 KI 溶液的浓度。

13. 测定样品中丙酮的含量时，称取试样 0.1000g 于盛有 NaOH 溶液的碘量瓶中，振荡，准确加入 $0.05000mol \cdot L^{-1}$ I_2 标准溶液 50.00mL，盖好。待反应完成后，加 H_2SO_4 调节溶液至微酸性，立即用 $0.1000mol \cdot L^{-1}$ $Na_2S_2O_3$ 标准溶液滴定，用去 10.00mL。计算试样中丙酮的质量分数。

$$(CH_3COCH_3 + 3I_2 + 4NaOH = CH_3COONa + 3NaI + 3H_2O + CHI_3)$$

14. 为了测定溶度积，设计原电池：(−) Pb | $PbSO_4$ | SO_4^{2-} ($1.00mol \cdot L^{-1}$) ‖ Sn^{2+} ($1.00mol \cdot L^{-1}$) | Sn(+)，在 298K 时测得电池电动势 $E^{\ominus} = 0.22V$，求 $PbSO_4$ 的溶度积常数。已知：$\varphi^{\ominus}(Pb^{2+}/Pb) = -0.126V$，$\varphi^{\ominus}(Sn^{2+}/Sn) = -0.136V$

15. 下面是用 $0.1250mol \cdot L^{-1}$ NaOH 滴定 50.00mL 某一弱酸溶液的数据：

V/mL	pH	V/mL	pH
0.00	2.40	39.92	6.51
4.00	2.86	40.00	8.25
8.00	3.21	40.08	10.00
20.00	3.81	40.80	11.00
36.00	4.76	41.60	11.24
39.20	5.50		

① 用二阶微商法计算滴定终点体积；② 计算试样中弱酸的浓度；③ 计算该弱酸的解离常数。

16. 在 25℃时，电导电极的面积为 $1.25cm^2$，电极间的距离是 1.50cm，将电极插入 $0.01mol \cdot L^{-1}$ 某溶液后测得的电阻为 1092Ω，求 (1) 电导池常数；(2) 该溶液的电导率和摩尔电导率。

扫码查看重难点

第 9 章 配位化合物、配位平衡和配位滴定法

9.1 配位化合物

9.1.1 基本概念

配位化合物是含有配位单元的化合物，其中配位单元指的是由中心离子（或原子）与一定数目的具有孤对电子的配体（中性分子或阴离子）以配位键相结合而成的复杂分子或离子。配位键是一种特殊的化学键，具有一定的强度。典型的配合物中，中心阳离子或原子与配体的结合是比较稳定的，从而展现出与其单独存在时所完全不同的化学性质。例如在 $[Cu(NH_3)_4]SO_4$ 溶液中滴加稀 NaOH 溶液时，并不会看到有蓝色的 $Cu(OH)_2$ 沉淀生成，原因在于此时溶液中的 Cu 主要以配离子 $[Cu(NH_3)_4]^{2+}$ 的形式存在，只有极其少数以 Cu^{2+} 的形式存在，并不足以生成 $Cu(OH)_2$ 沉淀。因此，配位化合物也被形象地称为络合物，这里的“络”是“网络”的意思。

配合物中的配位单元也称为配合物的内界，书写时一般会放在方括号 [] 内，表示是一个整体。配合物中配位单元以外的部分称为配合物的外界。例如，在上面的例子中，$[Cu(NH_3)_4]^{2+}$ 是配合物的内界，SO_4^{2-} 是配合物的外界。另外，对于配合物的内界，在表示浓度或热力学常数时，书写时常常省略方括号。如表示溶液中 $[Cu(NH_3)_4]^{2+}$ 的浓度时，可直接用 $[Cu(NH_3)_4^{2+}]$。

配合物的内界由中心离子（或原子）和配体（也称为配位体）两部分组成。中心离子（或原子）位于配位单元的中心，最常见的是带正电荷的阳离子，如 Cu^{2+}、Zn^{2+}、Fe^{3+}、Al^{3+} 等，也可以是电中性的原子或带负电荷的阴离子，如金属羰基化合物 $[Ni(CO)_4]$ 中的 Ni 是电中性的原子，$H_2Fe(CO)_4$ 中的 Fe 的氧化数是 −2。与中心离子（或原子）结合的分子或阴离子称为配体。空间上配体一般围绕中心离子（或原子）对称排列。配体中能够提供孤对电子与中心离子（或原子）形成配位键的原子称为配位原子。例如，水溶液中的金属离

子一般以水合离子形式存在，这个水合离子就是我们这里所说的配合物，金属离子是配合物的中心离子，水分子是配体，具体地，水分子中的氧原子提供 1 对孤对电子跟金属离子配位，即配体 H_2O 中的配位原子是 O。

对于配体来说，根据与中心离子（或原子）配位时所能同时形成的配位键的最大数目，可以分为单齿配体和多齿配体。表 9-1 中列出了一些常见的单齿配体和多齿配体。需要注意的是，虽然有些配体有不止 1 个配位原子，但仍然是单齿配体，原因在于由于空间位置关系的限制，这些配位原子不能同时跟中心离子（或原子）配位。例如虽然 NO_2^- 中的所有 3 个原子都可以作为配位原子，但如果要求它的 N 原子和其中的一个 O 原子同时形成配位键的话，则 N 原子、O 原子和中心离子（或原子）在空间上会形成一个三元环，但是根据环的张力学说，三元环和四元环具有很大的张力，很不稳定，因此实际上不会发生。同理，如果要求它的两个 O 原子都同时形成配位键的话，则会形成一个四元环，仍然不会发生，因此 NO_2^- 仍然是单齿配体。另外，对于一个单齿配体中具有多个配位原子的情况，在形成配合物时配体名称由使用的配位原子决定，在分子式的书写上也有所区别。例如上面的 NO_2^- 中，当使用 N 原子配位时，配体称为“硝基”，书写为“NO_2^-”；而当使用 O 原子配位时，配体称为“亚硝酸根”，书写为“ONO^-”。这样的例子常见的还有硫氰酸根 SCN^- 和异硫氰酸根 NCS^-。

对于多齿配体，当多个配位原子同时形成配位键时，配合物中会有一个或多个环出现。例如当乙二胺同时形成两个配位键时，配合物中存在一个“－中心原子－N－C－C－N－”的五元环，而根据环的张力学说，五元及以上的环张力较小，可以稳定存在。这样的环状结构形态上类似螃蟹以双螯钳住中心离子（或原子），因此这类化合物也称为螯合物。形成螯合物时，如前所述，三元环和四元环很不稳定，而环较大（超过六个原子）时，形成第二个配位键即关环的这一步较为困难，原因在于此时首先需要第二个配位原子和中心离子（或原子）在空间上足够接近。然而，环越大，则意味着成环之前的链越长，链两端的距离分布的平均值越大，两端距离较近的概率越小，故螯合物中的环一般为五元环或六元环。显然螯合物中配体的齿数越多，形成的五元环或六元环的数目越多，配合物越稳定。例如 EDTA 作为六齿配体，与大多数金属离子都可以形成比较稳定的配合物。

表 9-1　常见的单齿配体和多齿配体

单齿配体								
分子式	名称	配位原子	分子式	名称	配位原子	分子式	名称	配位原子
H_2O	水	O	NH_3	氨	N	CO	羰基	C
CH_3NH_2	甲胺	N	F^-	氟	F	Cl^-	氯	Cl
Br^-	溴	Br	I^-	碘	I	OH^-	羟基	O
CN^-	氰基	C	$S_2O_3^{2-}$	硫代硫酸根	S	NO_2^-	硝基	N
ONO^-	亚硝酸根	O	SCN^-	硫氰酸根	S	NCS^-	异硫氰酸根	N

多齿配体		
	分子式	名称
双齿配体	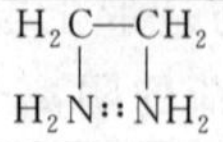	乙二胺(en)
	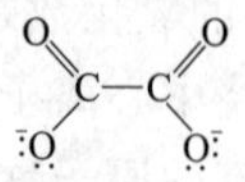	草酸根(ox)

续表

多齿配体		
	分子式	名称
双齿配体	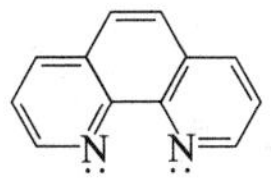	邻菲咯啉(o-phen)
	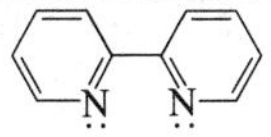	联吡啶(bpy)
六齿配体	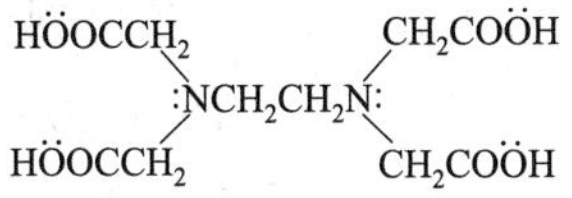	乙二胺四乙酸(EDTA)

一个配合物中，配体与中心离子（或原子）形成的配位键的总数称为配位数（coordination number）。对于单齿配体所形成的配合物，配位数就等于配体个数，而对于有多齿配体参与的配合物，需要乘以配体的齿数。例如配合物 $[Cu(NH_3)_4]SO_4$ 中，NH_3 是单齿配体，Cu^{2+} 的配位数就是 4；而配合物 $[Co(en)_3]Cl_3$ 中，en 是双齿配体，故 Co^{3+} 的配位数是 6。

中心离子一般具有特征的配位数，多为 2、4、6。具体情况如表 9-2 所示。

表 9-2　常见金属离子（M^{n+}）的配位数 n

M^+	n	M^{2+}	n	M^{3+}	n	M^{4+}	n
Cu^+	2,4	Cu^{2+}	4,6	Fe^{3+}	6	Pt^{4+}	6
Ag^+	2	Zn^{2+}	4,6	Cr^{3+}	6		
Au^+	2,4	Cd^{2+}	4,6	Co^{3+}	6		
		Pt^{2+}	4	Sc^{3+}	6		
		Hg^{2+}	4	Au^{3+}	4		
		Ni^{2+}	4,6	Al^{3+}	4,6		
		Co^{2+}	4,6				

中心离子的配位数一般受下列因素影响：

（1）中心离子的氧化数。中心离子的氧化数越高，吸引配体中孤对电子的能力越强，配位数也越高。例如表 9-2 中，一价离子的配位数一般是 2 和 4，二价离子则为 4 和 6，三价及以上离子则以 6 为主。

（2）中心离子的半径。一般来说中心离子半径越大，它周围所能容纳的配体也越多，配位数越大。例如 Al^{3+} 和 B^{3+} 都可以跟 F^- 形成配离子，但由于 $r_{Al^{3+}} > r_{B^{3+}}$，前者形成的是六配位的 $[AlF_6]^{3-}$，后者只能形成四配位的 $[BF_4]^-$。但若中心离子的半径过大，则它对配体的吸引力减弱，配位数反而减小。例如 Hg^{2+} 只能形成四配位的配离子（如 $[HgCl_4]^{2-}$ 和 $[HgI_4]^{2-}$）。

（3）配体的半径。一般来说配体的半径越大，中心离子周围所能容纳的配体越少，配位数越小。例如 F^- 和 Cl^- 都可以与 Al^{3+} 形成配离子，但由于 $r_{F^-} < r_{Cl^-}$，前者可以形成六配位的 $[AlF_6]^{3-}$，后者只能形成四配位的 $[AlCl_4]^-$。

（4）配体的电荷。一般来说配体所带负电荷越多，虽然配体跟中心离子的吸引力增强，但是配体和配体之间的排斥力也增强，因此配位数反而越小。例如 $[SiO_4]^{4-}$ 中 Si 的配位数比 $[SiF_6]^{2-}$ 中的小。

9.1.2 命名

1. 配合物内界的命名

配合物内界的命名次序是先配体后中心离子（或原子）。配体前用汉字标明配体的数目，配体和中心离子（或原子）之间加一个“合”字，中心离子的后面用罗马数字标明其氧化数，并加（ ）。例如：

$[Ag(NH_3)_2]^+$　　二氨合银(Ⅰ)离子

$[Cu(NH_3)_4]^{2+}$　　四氨合铜(Ⅱ)离子

$[Fe(CN)_6]^{3-}$　　六氰合铁(Ⅲ)离子

当配离子中含有多种配体时，配体之间用“·”隔开，配体之间列出的次序按照如下规则依次进行比较：

(1) 先无机配体，后有机配体。例如：

$[CoCl_2(en)_2]^+$　　二氯·二(乙二胺)合钴(Ⅲ)
（Cl^-是无机配体，en是有机配体）

(2) 先阴离子，后中性分子。例如：

$[PtCl_2(NH_3)_2]$　　二氯·二氨合铂(Ⅱ)
（Cl^-是阴离子，NH_3是中性分子）

(3) 同类配体中，先后次序遵从配位原子元素符号的英文字母顺序。例如：

$[Co(NH_3)_5H_2O]^{3+}$　　五氨·一水合钴(Ⅲ)离子
（N字母序在O之前）

(4) 配位原子也相同时，靠前的是含有较少原子数的配位。例如：

$[Pt(OH^-)_2(ONO^-)_2]^{2-}$　　二羟基·二硝酸根合铂(Ⅱ)离子
（OH^-总原子数2，ONO^-总原子数3）

(5) 配位原子和配体中原子总数都相同时，按照配体结构式中与配位原子相连的原子的英文字母顺序排列。

另外需要说明的是，书写配离子的时候也应当按照配体命名时的先后次序进行书写，例如将$[CoCl_2(en)_2]^+$写成$[Co(en)_2Cl_2]^+$是不正确的。

2. 配合物的命名

(1) 含配阳离子的配合物

若配合物的外界是简单阴离子，如Cl^-，则称“某化某”；若配合物的外界是复杂阴离子，如SO_4^{2-}，则称“某酸某”。例如：

$[CoCl(NH_3)_5]Cl_2$　　二氯化一氯·五氨合钴(Ⅲ)

$[Cu(NH_3)_4]SO_4$　　硫酸四氨合铜(Ⅱ)

(2)含配阴离子的配合物

若配合物的外界是H^+，则称“某酸”；若配合物的外界是其他阳离子，则称“某酸某”。例如：

$H[BF_4]$　　四氟合硼(Ⅲ)酸

$K_3[Fe(CN)_6]$　　六氰合铁(Ⅲ)酸钾

(3) 同时含有配阳离子和配阴离子的配合物

命名为“配阴离子名”＋“酸”＋“配阳离子名”。例如：

$[Cu(NH_3)_4][PtCl_4]$　　四氯合铂(Ⅱ)酸四氨合铜(Ⅱ)

(4) 无外界的配合物

直接写配离子内界的名字即可。例如：

$[Fe(CO)_5]$　　五羰基合铁

9.2 配位化合物的化学键理论

配合物的化学键理论是研究中心离子（或原子）和配体之间如何成键的理论。通过配合物的化学键理论，可以阐明配合物的配位数、空间构型、稳定性以及颜色、磁性等性质。目前主要的配合物理论有价键理论、晶体场理论、配位场理论和分子轨道理论等。本书中主要介绍价键理论和晶体场理论。

9.2.1 价键理论

1931 年，鲍林（Pauling）在杂化轨道理论的基础上，提出了配合物的价键理论。该理论的要点如下：

(1) 配合物的中心离子（或原子）与配体之间以配位键相结合。配体是电子对给予体，中心离子（或原子）是电子对接收体。配体中配位原子的孤对电子进入中心离子（或原子）的空轨道形成配位键。

(2) 为了形成稳定的配合物，中心离子（或原子）的价层轨道首先杂化，再与配体形成配位键。杂化轨道的类型由中心离子（或原子）的价层电子构型、配体数和配体配位能力的强弱决定。

(3) 中心离子（或原子）杂化轨道的类型决定了配离子的空间构型，具体情况如表 9-3 中所示。需要注意的是，在书写杂化类型时，若有次外层轨道参与杂化，则需要先写次外层参与杂化的轨道所属的亚层。例如杂化类型 dsp^2 指的是次外层的 1 个 d 轨道和外层的 1 个 s 轨道、1 个 p 轨道进行杂化。同理，杂化类型 d^2sp^3 中参与杂化的 6 个轨道分别是：2 个 $(n-1)$d 轨道、1 个 ns 轨道和 3 个 np 轨道。而杂化类型 sp^3d^2 中参与杂化的 6 个轨道则是：1 个 ns 轨道、3 个 np 轨道和 2 个 nd 轨道。两者完全不同。

表 9-3　配离子的空间构型

配位数	杂化类型	空间构型	示例
2	sp	直线形 	$[Ag(NH_3)_2]^+$
3	sp^2	平面三角形 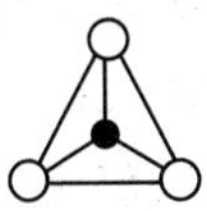	$[CuCl_3]^{2-}$

续表

配位数	杂化类型	空间构型	示例
4	sp^3	正四面体 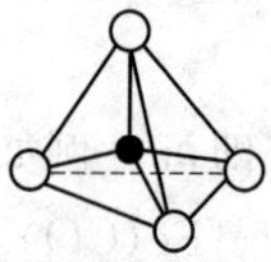	$[ZnCl_4]^{2-}$
	dsp^2	平面正方形 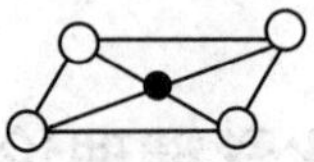	$[PtCl_4]^{2-}$
5	dsp^3	三角双锥 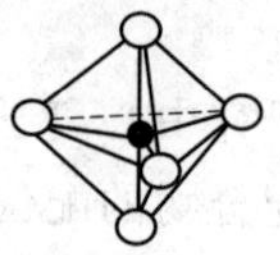	$[Fe(CO)_5]$
6	sp^3d^2	正八面体 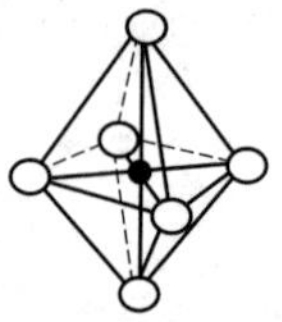	$[FeF_6]^{3-}$
	d^2sp^3		$[Fe(CN)_6]^{3-}$

1. 内轨型配合物和外轨型配合物

中心离子（或原子）的价层轨道在进行杂化时，可以分为两大类情况：一类是有部分次外层轨道[如$(n-1)$d]参与杂化，这类配合物称为内轨型配合物；另一类是完全由外层轨道进行杂化，这类配合物称为外轨型配合物。表 9-3 中，中心离子（或原子）的杂化类型为 dsp^2、dsp^3、d^2sp^3 时，配合物为内轨型配合物，其余情况为外轨型配合物。

中心离子（或原子）在形成配合物时，采取内轨型杂化还是外轨型杂化跟中心离子（或原子）的价层电子构型和配体的配位能力都有关系。

（1）当价层电子构型为 $d^{9\sim10}$ 时，如 Cu^+、Cu^{2+}、Zn^{2+} 等，它们$(n\sim1)$d 中所有轨道都被填满，因此只能形成外轨型配合物。

（2）当价层电子构型为 $d^{1\sim3}$ 时，如 V^{2+}、Cr^{3+} 等，它们$(n-1)$d 中本身就有空轨道，因此形成内轨型配合物。

（3）当价层电子构型为 $d^{4\sim8}$ 时，如 Ni^{2+}、Fe^{2+}、Fe^{3+}、Co^{3+} 等，它们既可以次外层的 d 电子不发生重组，形成外轨型配合物，也可以$(n-1)$d 中电子先进行重组，形成内轨型配合物。当配体的给电子能力比较弱时，往往会形成外轨型配合物；当配体的给电子能力比较强，则容易形成内轨型配合物。例如配体 F^- 中，配位原子 F 的电负性很大，自身吸引电子非常强，因此给电子能力较弱，容易形成外轨型配合物；而配体 CN^- 中，配位原子 C 的电负性较小，自身吸引电子较弱，因此给电子能力较强，容易形成内轨型配合物。

相比外轨型配合物，内轨型配合物参与杂化的是相对 nd 轨道能量较低的$(n-1)$d 轨道，因此杂化后所得轨道能量也较低，形成的配合物更为稳定。例如内轨型配合物 $[Fe(CN)_6]^{3-}$ 的稳定平衡常数（详见 9.3.1 节）的对数值为 52.6，而外轨型配合物 $[FeF_6]^{3-}$ 的稳定平衡常数的对数值仅为 14.3，前者的稳定性显著强于后者。

2. 配合物的磁矩

在实验上可以通过测定配合物的磁矩确定配合物是内轨型还是外轨型。磁矩（μ）是反映物质磁性大小的物理量，与物质的未成对的单电子数目 n 存在以下近似关系：

$$\mu \approx \sqrt{n(n+2)}\mu_B$$

式中，μ_B 是磁矩单位玻尔磁子（即单个电子的自旋磁矩，也记为 B. M.），为了书写方便常省略不写。对于磁矩不为零（即 $\mu>0$）的物质，分子具有沿着外磁场方向定向排列的趋势，从而使得磁场增强，也称为顺磁性物质。对于磁矩为零（即 $\mu=0$）的物质，电子绕核运动所形成的电流与外磁场的相互作用总是使得磁场减弱，因此也称为反磁性物质或抗磁性物质。下面以 Fe^{3+} 为例说明如何通过配合物的磁矩判断其类型。

如下所示，Fe^{3+} 的价层电子构型为 $3d^5$，形成六配位的配位物时，若 3d 不发生重组，形成杂化类型为 sp^3d^2 的外轨型配合物，此时配合物中有 5 个未成对的单电子，磁矩 $\mu \approx \sqrt{5\times7}\mu_B=5.92\mu_B$；若 3d 发生重组，则形成杂化类型为 d^2sp^3 的内轨型配合物，此时配合物中只有 1 个未成对的单电子，磁矩 $\mu \approx \sqrt{1\times3}\mu_B=1.73\mu_B$。实测配合物 $[FeF_6]^{3-}$ 的磁矩 $\mu=5.88\mu_B$，与 $5.92\mu_B$ 的数值接近，说明此时配合物中有 5 个未成对的单电子，是外轨型配合物。实测配合物 $[Fe(CN)_6]^{3-}$ 的磁矩 $\mu=2.3\mu_B$，与 $1.73\mu_B$ 的数值接近，说明此时配合物中只有 1 个未成对的单电子，是内轨型配合物。从上述分析中也可以发现，当形成内轨型配合物时，3d 电子会发生重组，重组的结果总是使得未成对的电子数目较少，因此内轨型配合物也称为低自旋配合物，外轨型配合物也称为高自旋配合物。

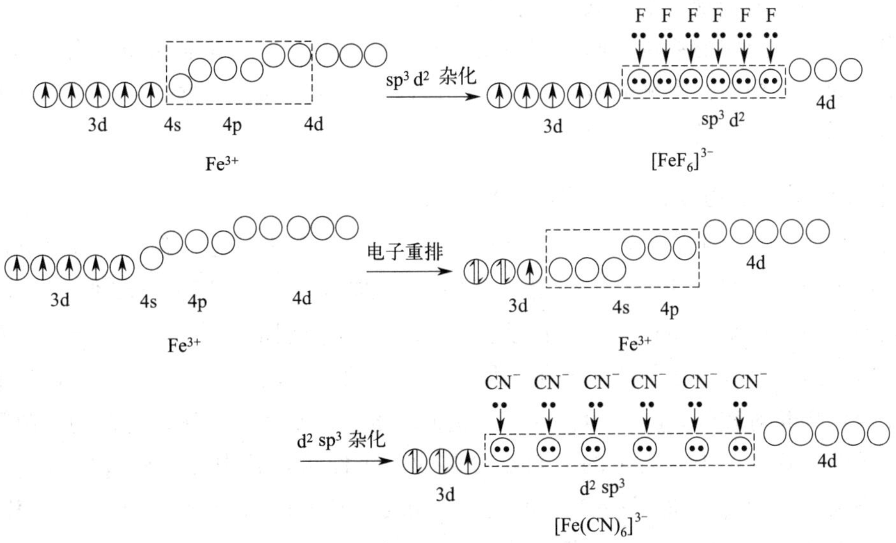

例 9-1　实验测得 $[Fe(H_2O)_6]^{2+}$ 和 $[Co(NH_3)_6]^{3+}$ 磁矩分别是 $5.30\mu_B$ 和 0，试根据价键理论推测配离子的空间构型、中心离子所采用的杂化类型和内、外轨类型。

解： $[Fe(H_2O)_6]^{2+}$ 和 $[Co(NH_3)_6]^{3+}$ 都是六配位的化合物，因此空间构型均为正八面体。利用公式 $\mu \approx \sqrt{n(n+2)}\mu_B$，可以倒推得出磁矩 $\mu=5.30\mu_B$ 对应的 $n=4$，磁矩 $\mu=0$

对应的 $n=0$。

Fe^{2+} 的价层电子构型为 $3d^6$，有 4 个未成对的单电子，这说明形成 $[Fe(H_2O)_6]^{2+}$ 时 3d 没有发生重组，因此 Fe^{2+} 采用的杂化类型是 sp^3d^2，配合物是外轨型配合物。

Co^{3+} 的价层电子构型也为 $3d^6$，有 4 个未成对的单电子，但 $[Co(NH_3)_6]^{3+}$ 磁矩测试结果说明配合物中没有未成对的单电子，这说明在形成配合物之前，Co^{3+} 的 6 个 3d 电子归并进入 3 个 3d 轨道，空出来 2 个 3d 轨道与 4s 及 4p 轨道进行杂化，因此 Co^{3+} 采用的杂化类型是 d^2sp^3，配合物是内轨型配合物。

9.2.2 晶体场理论

晶体场理论（crystal field theory）由 H. Bethe 和 J. H. VanVleck 先后在 1929 年和 1932 年分别提出，并在 20 世纪 50 年代以后得到了广泛的应用。该理论的基本要点如下。

（1）在配合物中，中心离子与带负电的配体之间的相互作用为静电作用，不考虑任何形式的共价键；

（2）中心离子 5 个能量相同的 d 轨道由于受周围配体负电场不同程度的排斥作用，能级发生分裂，有些轨道能量降低，有些轨道能量升高；

（3）由于中心离子 d 轨道能级的分裂，d 轨道上的电子重新分布，体系能量降低，变得比原来稳定，即给配合物带来了额外的稳定化能。

不同配合物中配体的数目不同，配体的空间构型也不一样，在晶体场理论中称为中心离子处于不同的晶体场中，常见的有八面体场、四面体场和平面正方形场。下面以八面体场为主，对晶体场理论进行进一步介绍。

1. 中心离子 d 轨道在正八面体场中的分裂情况

在自由离子中，五个 d 轨道的能量是相同的，是一组简并轨道。但是这 5 个 d 轨道的取向不同，如下所示，其中 $d_{x^2-y^2}$ 轨道沿 x 轴和 y 轴伸展，d_{z^2} 轨道沿 z 轴伸展，d_{xy}、d_{yz}、d_{xz} 分别沿 x、y、z 轴的夹角平分线伸展。当 6 个配体分别沿 $\pm x$、$\pm y$、$\pm z$ 轴方向接近中心离子时，这 5 个 d 轨道的能量不再相同。$d_{x^2-y^2}$ 和 d_{z^2} 轨道的电子云与配体负电荷迎头相遇，排斥作用相对较强，d_{xy}、d_{yz} 和 d_{xz} 轨道的电子云则插入配体负电荷的空隙间，排斥作用相对较弱。这样，中心离子的 d 轨道分裂为两个能级，其中能量较高的 $d_{x^2-y^2}$ 和 d_{z^2} 简并轨道记为 d_γ(或 e_g)，能量较低的 d_{xy}、d_{yz} 和 d_{xz} 简并轨道记为 d_ε(或 t_{2g})。其中 d_γ 和 d_ε 是光谱学符号，e_g 和 t_{2g} 是群论符号。

分裂后的 d_γ 和 d_ε 轨道能量的差值称为分裂能（division energy)，用 Δ_o 表示：

$$\Delta_o = E_{d_\gamma} - E_{d_\varepsilon}$$

式中，E_{d_γ} 和E_{d_ε} 分别为分裂后的 d_γ 和 d_ε 轨道的能量，单位为 $kJ \cdot mol^{-1}$。Δ_o 中的下标 o 代表正八面体（octahedral)。相应地，中心离子 d 轨道在正四面体场中也会分裂为两个能级，但此时能量较高的是 d_{xy}、d_{yz} 和 d_{xz} 简并轨道，仍然记为 d_ε（或 t_2），能量较低的是 $d_{x^2-y^2}$ 和 d_{z^2} 简并轨道，记为 d_γ（或 e)，此时分裂能用 Δ_t 表示，下标 t 代表正四面体

(tetrahedral)。对于平面正方形场，中心离子 d 轨道会分裂为四个能级，具体能量情况为：$d_{yz}=d_{xz}<d_{z^2}<d_{xy}<d_{x^2-y^2}$，此时分裂能 Δ_s 为分裂后 $d_{x^2-y^2}$ 轨道和 d_{yz} 轨道能量的差值，下标 s 代表平面正方形（square）。

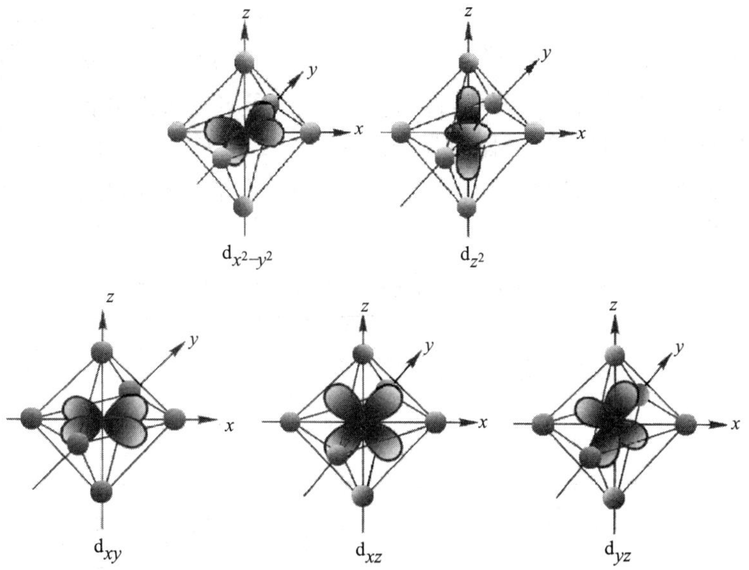

为便于计算，通常将八面体场分裂能的 1/10 作为一个能量单位，用符号 D_q 表示，即 $D_q=\Delta_o/10$ 或 $\Delta_o=10D_q$。按照量子力学原理，分裂前后轨道的总能量应保持不变，容易得到在八面体场中，分裂后 d_γ 的能量上升了 $6D_q$，d_ε 的能量下降了 $4D_q$。需要注意的是，D_q 不是一个固定的能量单位。

2. 影响分裂能的因素

分裂能的大小可以通过光谱实验测得。大量测定结果表明，分裂能的大小与配合物的空间构型、中心离子的电荷以及该元素所在的周期、配体的性质有关。

(1) 空间构型的影响：不同构型的配合物分裂能不同。一般而言关系如下：

平面正方形($17.42D_q$)>八面体($10D_q$)>四面体($4.44D_q$)。

(2) 中心离子的影响：相同构型的配合物，若配体相同，中心离子的周期数越大，离子半径越大，越容易在晶体场的作用下改变其能量，其配合物的分类能值也越大。另外中心离子价数越高，与配体的相互作用就越强，分裂能值也越大。

(3) 配体的影响：配体的配位能力越强，分裂能越大。根据光谱实验数据，常见配体的配位能力强弱次序为：

$$I^-<Br^-<S^{2-}<SCN^-<Cl^-<F^-<OH^-<C_2O_4^{2-}<H_2O<NCS^-<EDTA<NH_3<en<NO_2^-<CN^-<CO$$

这个顺序称为“光谱化学序列”。位于序列后面的一些配位体（如 CN^-、CO 等）称为强场配体，分裂能较大；位于序列前面的配位体（如 X^-、S^{2-} 等）称为弱场配体，分裂能较小；介于二者之间的配位体称为中等强度配体。

3. 中心离子 d 轨道的电子排布

中心离子 d 轨道发生能级分裂后，电子的排布仍然要遵循 7.3.3 节中讲到的三条基本原则。其中洪特规则指出电子分布在能量相同的简并轨道时，总是以自旋相同的方式分别占据各个简并轨道，原因在于当轨道中已经有了一个电子之后，要再继续填入第二个电子需要克服它们之间的相互排斥作用，其所需能量称为电子成对能，因此其实质仍然是能量最低原理。现在，对于八面体场中配合物中心离子的电子排布，就存在两种选择，新增加的电子既可以选择克服电子成对能进入能量较低但已存在电子的 d_ε 轨道，也可以选择进入能量较高但无需克服电子成对能的 d_γ 空轨道。显然，最终结果取决于电子成对能（P）和分裂能（Δ_o）的相对大小。当配体为弱场配体时，$\Delta_o < P$，电子将尽可能分占 d_ε 和 d_γ 轨道，单电子数多，形成高自旋配合物；当配体为强场配体时，$\Delta_o > P$，电子将优先占据能量较低的 d_ε 轨道，单电子数少，形成低自旋配合物。表 9-4 中给出了正八面体配合物中 d 电子在不同场强时的排布情况。

表 9-4　中心离子 d 电子在正八面体场中的排布

d 电子数	弱场			强场		
	$d_\varepsilon(t_{2g})$	$d_\gamma(e_g)$	单电子数	$d_\varepsilon(t_{2g})$	$d_\gamma(e_g)$	单电子数
d^1	↑		1	↑		1
d^2	↑ ↑		2	↑ ↑		2
d^3	↑ ↑ ↑		3	↑ ↑ ↑		3
d^4	↑ ↑ ↑	↑	4	↑↓ ↑ ↑		2
d^5	↑ ↑ ↑	↑ ↑	5	↑↓ ↑↓ ↑		1
d^6	↑↓ ↑ ↑	↑ ↑	4	↑↓ ↑↓ ↑↓		0
d^7	↑↓ ↑↓ ↑	↑↑	3	↑↓ ↑↓ ↑↓	↑	1
d^8	↑↓ ↑↓ ↑↓	↑↑	2	↑↓ ↑↓ ↑↓	↑ ↑	2
d^9	↑↓ ↑↓ ↑↓	↑↓↑	1	↑↓ ↑↓ ↑↓	↑↓ ↑	1
d^{10}	↑↓ ↑↓ ↑↓	↑↓↑↓	0	↑↓ ↑↓ ↑↓	↑↓ ↑↓	0

可以注意到，只有当中心离子的电子构型为 $d^{4\sim7}$ 时，电子有两种排布方式，在强场中形成低自旋配合物，在弱场中形成高自旋配合物。

4. 晶体场稳定化能

由于配体所形成的晶体场的存在，中心离子的 d 轨道发生能级分裂，这样当中心离子的 d 电子从分裂前的轨道进入分裂后的轨道时，产生的能量变化值称为晶体场稳定化能（crystal field stabilization energy），用 CFSE 表示。显然，八面体配合物的稳定化能可以按照下式进行计算：

$$CFSE = x \times (-4D_q) + y \times 6D_q + \Delta n \times P$$

式中，x 为 $d_\varepsilon(t_{2g})$ 能级上的电子数，y 为 $d_\gamma(e_g)$ 能级上的电子数，Δn 是形成配合物前后 d 轨道上电子对总数的变化。

例 9-2　计算 $[Fe(CN)_6]^{3-}$ 和 $[CoF_6]^{3-}$ 配离子的晶体场稳定化能。

解： $[Fe(CN)_6]^{3-}$ 中，中心离子 Fe^{3+} 有 5 个 d 电子，配体 CN^- 是强场配体，形成低自旋配合物，由表 9-4 可知 d_ε 能级上电子数为 5，d_γ 能级上电子数为 0，形成配合物之前 d 轨道上没有电子成对，而形成配合物之后 d_ε 能级上有 2 对成对电子，因此稳定化能为：

$$CFSE=5\times(-4D_q)+0\times 6D_q+(2-0)\times P=-20D_q+2P$$

$[CoF_6]^{3-}$中，中心离子Co^{3+}有6个d电子，配体F^-是弱场配体，形成高自旋配合物，由表9-4可知d_ε能级上电子数为4，d_γ能级上电子数为2，形成配合物之前d轨道上有1对成对电子，而形成配合物之后d_ε能级上有1对成对电子，d_γ能级上没有电子成对，因此稳定化能为：

$$CFSE=4\times(-4D_q)+2\times 6D_q+(1-1)\times P=-4D_q$$

5. 晶体场理论的应用

(1) 解释配合物的磁性和稳定性

通过晶体场稳定化能的计算可以判断形成配离子之后中心离子中d电子的排布方式，从而推测出配离子中单电子的数目，进而推知配合物的磁性强弱。另外，稳定化能的大小也直接说明了配合物的稳定性。稳定化能越大，说明配体和中心离子的相互作用越强，结合越紧密，配合物的稳定性也越高。例如配离子$[FeF_6]^{3-}$中，配体F^-是弱场配体，形成高自旋化合物，通过计算可知其稳定化能$CFSE=0$，而对于配离子$[Fe(CN)_6]^{3-}$，例9-2中计算过它的稳定化能$CFSE=-20D_q+2P$，因此$[Fe(CN)_6]^{3-}$应该更为稳定。事实上，实验测得这两者的稳定平衡常数（具体概念见下节）分别为：$K^{\ominus}_{稳}([Fe(CN)_6]^{3-})=1.0\times10^{42}$，$K^{\ominus}_{稳}([FeF_6]^{3-})=1.0\times10^{16}$，这与上面稳定化能的计算结果是一致的，$[Fe(CN)_6]^{3-}$的确更为稳定。

(2) 解释配合物的颜色

过渡金属形成的配离子常常具有鲜明的颜色，如$[Cu(NH_3)_4]^{2+}$呈深蓝色，$[Fe(SCN)_6]^{3-}$呈血红色，$[Cr(H_2O)_6]^{3+}$呈绿色。晶体场理论认为，这些颜色出现的原因是中心离子中的d电子发生了d-d跃迁。具体来说，由于晶体场中中心离子的d轨道发生能级分裂，因此当有光照射配离子时，中心离子中的d电子有可能从能量较低的d轨道跃迁到能量较高的d轨道，即发生了d-d跃迁。例如，正八面体场中，电子从$d_\varepsilon(t_{2g})$轨道跃迁到$d_\gamma(e_g)$轨道。显然，在这一跃迁过程中，配离子所需要吸收的能量就是配离子的分裂能。通常分裂能的大小为$2\times10^{-15}\sim6\times10^{-15}$J，对应于波长$\lambda$在330～1000nm的光子所具有的能量，而可见光的波长范围是380～750nm，因此配合物经常对可见光区有吸收，从而呈现其互补色。例如$[Cu(NH_3)_4]^{2+}$主要吸收橙光（波长600～650nm），从而呈现其互补色——深蓝色。

显然，若中心离子d轨道处于全空（d^0）或全满（d^{10}）时，不可能发生上面所说的d-d跃迁，因此形成的配合物基本都是无色的。例如$[Zn(NH_3)_4]^{2+}$、$[Ag(NH_3)_2]^+$等均为无色配合物。此外，量子力学中还指出，若跃迁过程中电子的自旋方向发生了改变，则这样的跃迁发生的概率很低，称为“自旋禁阻”。例如，对于Mn^{2+}来说，价层电子构型为$3d^5$，当形成六配位的配合物时，由表9-4可知，若与弱场配体配位，5个d电子均匀分布在5个d轨道中，此时由于自旋禁阻的原因，d-d跃迁很难发生；而若与强场配体配位，则5个d电子只分布在能量较低的3个d_ε轨道中，d-d跃迁是自旋允许的。实际上，Mn^{2+}与弱场配体H_2O形成的配合物$[Mn(H_2O)_6]^{2+}$呈极淡的粉红色，而与强场配体CN^-形成的配合物$[Mn(CN)_6]^{4-}$呈蓝紫色。

9.3 配位平衡及其影响因素

9.3.1 配位化合物的稳定平衡常数

配合物是中心离子（或原子）与配体通过配位键形成的化合物，每一个配位键的形成都对应于一个化学反应的发生。因此，配合物的形成过程包含一系列的化学反应，相应的，存在一系列的化学平衡，这些平衡也称为配位平衡，对应的平衡常数称为配合物的逐级稳定常数$K^{\ominus}_{稳}$。例如对于配离子$[Cu(NH_3)_4]^{2+}$，形成过程包含下列四个反应，相应的平衡常数为$K^{\ominus}_{稳1}\sim K^{\ominus}_{稳4}$，称为一级稳定常数，…，四级稳定常数：

$$Cu^{2+}+NH_3 \longrightarrow [Cu(NH_3)]^{2+} \qquad K^{\ominus}_{稳1}=\frac{[Cu(NH_3)^{2+}]}{[Cu^{2+}][NH_3]}=10^{4.31}$$

$$[Cu(NH_3)]^{2+}+NH_3 \longrightarrow [Cu(NH_3)_2]^{2+} \qquad K^{\ominus}_{稳2}=\frac{[Cu(NH_3)_2^{2+}]}{[Cu(NH_3)^{2+}][NH_3]}=10^{3.67}$$

$$[Cu(NH_3)_2]^{2+}+NH_3 \longrightarrow [Cu(NH_3)_3]^{2+} \qquad K^{\ominus}_{稳3}=\frac{[Cu(NH_3)_3^{2+}]}{[Cu(NH_3)_2^{2+}][NH_3]}=10^{3.04}$$

$$[Cu(NH_3)_3]^{2+}+NH_3 \longrightarrow [Cu(NH_3)_4]^{2+} \qquad K^{\ominus}_{稳4}=\frac{[Cu(NH_3)_4^{2+}]}{[Cu(NH_3)_3^{2+}][NH_3]}=10^{2.3}$$

总反应为：

$$Cu^{2+}+4NH_3 \longrightarrow [Cu(NH_3)_4]^{2+} \qquad K^{\ominus}_{稳}=\frac{[Cu(NH_3)_4^{2+}]}{[Cu^{2+}][NH_3]^4}=K^{\ominus}_{稳1}K^{\ominus}_{稳2}K^{\ominus}_{稳3}K^{\ominus}_{稳4}=10^{13.32}$$

可以注意到，随着配位数的增加，逐级稳定常数逐渐减小，即有：

$$K^{\ominus}_{稳1}>K^{\ominus}_{稳2}>\cdots$$

由于上述一系列配位反应的存在，原则上当处于配位平衡时，除$[Cu(NH_3)_4]^{2+}$外，溶液中还应当存在其他各级配离子。但是根据$K^{\ominus}_{稳4}$的表达式，有：

$$\frac{[Cu(NH_3)_4^{2+}]}{[Cu(NH_3)_3^{2+}]}=K^{\ominus}_{稳4}[NH_3]$$

在实际工作中，往往加入过量的配位剂，显然此时溶液中$[Cu(NH_3)_3^{2+}]$比$[Cu(NH_3)_4^{2+}]$小，同理，$[Cu(NH_3)_2^{2+}]$和$[Cu(NH_3)^{2+}]$更小，即金属离子绝大多数处于最高配位数，配位数较低的其它各级配离子的浓度可以忽略。

另一方面，如果考虑上面这一系列反应的逆反应，则对应于配离子的逐步解离过程，相应的平衡常数称为配合物的逐级不稳定常数。$[Cu(NH_3)_4]^{2+}$的解离过程可分为 4 步，相应的平衡常数为$K^{\ominus}_{不稳1}\sim K^{\ominus}_{不稳4}$，称为一级不稳定常数，…，四级不稳定常数。显然稳定平衡常数$K^{\ominus}_{稳}$和相应的不稳定平衡常数$K^{\ominus}_{不稳}$互为倒数，但是需要注意下标的对应关系。例如，对于$[Cu(NH_3)_4]^{2+}$有：

$$K^{\ominus}_{稳1}K^{\ominus}_{不稳4}=K^{\ominus}_{稳2}K^{\ominus}_{不稳3}=K^{\ominus}_{稳3}K^{\ominus}_{不稳2}=K^{\ominus}_{稳4}K^{\ominus}_{不稳1}=1$$

另外，各逐级稳定常数的乘积称为各级累积稳定常数β_i。仍然以$[Cu(NH_3)_4]^{2+}$为例，有：

$$\beta_1=K^{\ominus}_{稳1}=\frac{[Cu(NH_3)^{2+}]}{[Cu^{2+}][NH_3]}$$

$$\beta_2=K^{\ominus}_{稳1}K^{\ominus}_{稳2}=\frac{[Cu(NH_3)_2^{2+}]}{[Cu^{2+}][NH_3]^2}$$

$$\beta_3=K^{\ominus}_{稳1}K^{\ominus}_{稳2}K^{\ominus}_{稳3}=\frac{[Cu(NH_3)_3^{2+}]}{[Cu^{2+}][NH_3]^3}$$

$$\beta_4=K^{\ominus}_{稳1}K^{\ominus}_{稳2}K^{\ominus}_{稳3}K^{\ominus}_{稳4}=\frac{[Cu(NH_3)_4^{2+}]}{[Cu^{2+}][NH_3]^4}$$

显然，最高级的累积稳定常数β_n 等于配离子的总稳定常数$K^{\ominus}_{稳}$。$K^{\ominus}_{稳}$的数值一般比较大，在各种数据手册中往往用对数形式表示。利用$K^{\ominus}_{稳}$可计算配离子处于配位平衡时各有关离子的浓度。

例 9-3 将 0.1mol·L^{-1} $AgNO_3$ 和 2mol·L^{-1} 的氨水等体积混合，计算平衡时溶液中 Ag^+的浓度。已知$[Ag(NH_3)_2]^+$的$K^{\ominus}_{稳}=1.12\times10^7$。

解： 写出 Ag^+与氨水反应生成银氨离子的反应方程式，然后按照第二章的方法进行平衡计算即可。不妨设平衡时 Ag^+的浓度为 x mol·L^{-1}，则有：

	Ag^+	+ $2NH_3$	══ $[Ag(NH_3)_2]^+$
初始浓度/mol·L^{-1}	0.05	2	0
平衡浓度/mol·L^{-1}	x	$2-2\times(0.05-x)$	$0.05-x$

$$K^{\ominus}_{稳}=\frac{[Ag(NH_3)_2^+]}{[Ag^+][NH_3]^2}=\frac{0.05-x}{x(1.9+2x)^2}=1.12\times10^7$$

由于 x 很小，做近似处理 $1.9+2x\approx1.9$，$0.05-x\approx0.05$，解得 $x=1.2\times10^{-9}$。显然 x 的确很小，该近似处理是合理的。故平衡时$[Ag^+]=1.2\times10^{-9}$ mol·L^{-1}。

9.3.2 配位平衡的移动

在第二章中讨论过浓度、压力、温度等因素对化学平衡的影响。配位平衡作为化学平衡中的一种，也同样受到各种因素的影响，是一种动态平衡。下面将从外界条件变化所引起的配位剂或中心离子浓度变化的角度进行讨论。

1. 溶液酸度的影响

溶液酸度的变化对配位剂或中心离子的浓度都有可能造成影响。对于 F^-、CN^-、SCN^-、NH_3 等配体，由于自身是弱碱，因此当溶液酸度增大时，配体易接受质子变为相应的共轭酸，从而导致溶液中配体浓度下降，平衡逆向移动，即配位平衡向解离方向移动。另一方面，配合物中的中心离子往往为过渡金属离子，容易生成一系列羟基配合物或氢氧化物沉淀，因此当溶液酸度降低，OH^- 浓度增加时，金属离子会跟 OH^- 发生反应，配位平衡也会向解离方向移动。例如，对于配离子 $[Cu(NH_3)_4]^{2+}$，增加酸度会发生反应：$NH_3+H_3O^+ \longrightarrow NH_4^+ + H_2O$，而酸度过低会发生金属离子的水解反应：$Cu^{2+}+2OH^- \longrightarrow Cu(OH)_2$，因此要形成稳定的配离子，常常需要控制适当的 pH 范围。

2. 沉淀剂的影响

当向一个配位平衡系统中加入能与中心离子生成难溶物的沉淀剂时，显然溶液中中心离子的浓度降低，配位平衡向解离方向移动。例如在含有 $[Ag(NH_3)_2]^+$ 的溶液中加入 KBr 溶液，则会生成淡黄色的 AgBr 沉淀，即发生了下述反应：

$$[Ag(NH_3)_2]^+ \longrightarrow Ag^+ + 2NH_3 \qquad K_1^\ominus = K_{不稳}^\ominus = \frac{1}{K_{稳}^\ominus} = \frac{[Ag^+][NH_3]^2}{[Ag(NH_3)_2^+]}$$

$$Ag^+ + Br^- \longrightarrow AgBr \qquad K_2^\ominus = \frac{1}{K_{sp,AgBr}} = \frac{1}{[Ag^+][Br^-]}$$

总反应为：$[Ag(NH_3)_2]^+ + Br^- \longrightarrow AgBr\downarrow + 2NH_3$

$$K^\ominus = K_1^\ominus K_2^\ominus = \frac{K_{不稳}^\ominus}{K_{sp,AgBr}} = \frac{1}{K_{稳}^\ominus K_{sp,AgBr}}$$

该沉淀生成反应的平衡常数为 $1/(K_{稳}^\ominus K_{sp,AgBr})$，显然反应方向既跟配合物的稳定性有关，也跟难溶物的难溶程度有关。银氨离子的 $K_{稳}^\ominus=1.12\times10^7$，而 AgBr 的 $K_{sp,AgBr}=5.35\times10^{-13}$，因此上述沉淀反应的 $K^\ominus=1/(K_{稳}^\ominus K_{sp,AgBr})=1.67\times10^5$，较大，容易生成 AgBr 沉淀。而 Ag^+ 与 CN^- 形成的配离子 $[Ag(CN)_2]^-$ 的 $K_{稳}^\ominus=1.26\times10^{21}$，因此，继续加入 KCN 溶液后，溶液中沉淀溶解，此时发生的反应为：

$$AgBr + 2CN^- \longrightarrow [Ag(CN)_2]^- + Br^- \qquad K^\ominus = K_{稳}^\ominus K_{sp,AgBr} = 6.74\times10^8$$

从上述例子中可以看出，可以通过配合物的 $K_{稳}^\ominus$ 和难溶物的 $K_{sp,AgBr}$ 的数值大小情况，大致地对反应的方向进行判断。当然，准确结果需要通过定量计算得出。

(1) 判断加入沉淀剂后是否有沉淀生成

例 9-4 向 1L 0.1mol·L^{-1} 的 $[Cu(NH_3)_4]^{2+}$ 溶液（含有 1mol·L^{-1} 的 NH_3）中滴加 1 滴（0.05mL）0.1mol·L^{-1} 的 Na_2S 溶液，是否有 CuS 沉淀生成？已知 $[Cu(NH_3)_4]^{2+}$ 的 $K_{稳}^\ominus=1.70\times10^{13}$，CuS 的 $K_{sp,CuS}^\ominus=1.27\times10^{-36}$。

解：可以先跟例 9-2 一样，计算溶液中 Cu^{2+} 的浓度，然后根据溶度积规则判断是否有沉淀生成。不妨设滴加 Na_2S 前溶液中 Cu^{2+} 的平衡浓度为 x mol·L^{-1}，则有：

	Cu^{2+}	$+4NH_3 \longrightarrow$	$[Cu(NH_3)_4]^{2+}$
初始浓度/mol·L^{-1}	0	1	0.1
平衡浓度/mol·L^{-1}	x	$1+4x$	$0.1-x$

$$K_{稳}^\ominus = \frac{[Cu(NH_3)_4^{2+}]}{[Cu^{2+}][NH_3]^4} = \frac{0.1-x}{x(1+4x)^4} = 1.70\times10^{13}$$

由于 x 很小，做近似处理 $1+4x\approx1$，$0.1-x\approx0.1$ 之后，解得 $x=5.88\times10^{-14}$，近似合理。

再计算溶液中 S^{2-} 的浓度：$[S^{2-}]=\frac{0.05mL}{1000mL+0.05mL}\times 0.1mol\cdot L^{-1}=5.0\times 10^{-6}mol\cdot L^{-1}$

显然此时溶液中的离子积 $Q=[Cu^{2+}][S^{2-}]>K_{sp,CuS}$，有 CuS 沉淀生成。

（2）判断加入配位剂之后沉淀是否完全溶解

例 9-5 试通过计算说明，能否将 0.1mol AgCl 完全溶解在 1L 1mol·L^{-1} 的氨水。已知 $[Ag(NH_3)_2]^+$ 的 $K^{\ominus}_{稳}=1.12\times 10^7$，AgCl 的 $K^{\ominus}_{sp,AgCl}=1.77\times 10^{-10}$。

解：可用两种方法进行计算：

方法 1：计算溶解所需要的氨水的最低浓度，然后与题目中所给的数值进行比较即可。

不妨设所需氨水的最低浓度为 x mol·L^{-1}，则有：

$$AgCl+2NH_3 \rightleftharpoons [Ag(NH_3)_2]^+ + Cl^-$$

初始浓度/mol·L^{-1}	x	0	0
平衡浓度/mol·L^{-1}	$x-0.2$	0.1	0.1

$$K^{\ominus}=\frac{[Ag(NH_3)_2^+][Cl^-]}{[NH_3]^2}=K^{\ominus}_{稳}K^{\ominus}_{sp,AgCl}=1.98\times 10^{-3}$$

代入浓度数据有：$\frac{0.1\times 0.1}{(x-0.2)^2}=1.98\times 10^{-3}\Rightarrow x=2.45>1$，故不能完全溶解。

方法 2：计算题目条件下的氨水最多可以溶解多少摩尔的 AgCl。

不妨设最多可以溶解 $x$mol 的 AgCl，则有：

$$AgCl + 2NH_3 \rightleftharpoons [Ag(NH_3)_2]^+ + Cl^-$$

初始浓度/mol·L^{-1}	1	0	0
平衡浓度/mol·L^{-1}	$1-2x$	x	x

于是：$\frac{x^2}{(1-2x)^2}=1.98\times 10^{-3}\Rightarrow x=0.041<0.1$，故不能完全溶解。

3. 氧化剂或还原剂的影响

同样地，若加入氧化剂或还原剂后，配位剂或中心离子发生了氧化还原反应，则原有的配位平衡仍然向解离方向移动。例如 Fe^{3+} 与 SCN^- 的配离子 $[Fe(SCN)_6]^{3-}$ 呈血红色，当向含有 $[Fe(SCN)_6]^{3-}$ 的溶液中加入还原剂 $SnCl_2$ 后，溶液的血红色消失，原因在于 Fe^{3+} 被还原成 Fe^{2+}，浓度降低，促使配离子 $[Fe(SCN)_6]^{3-}$ 解离。

此外，从氧化还原反应的角度来说，配位剂的加入可能会大大地降低了金属离子的浓度，从而使得氧化还原电对 M^{n+}/M 的电极电势出现大幅变化，反应的方向发生变化。例如 $\varphi^{\ominus}_{Fe^{3+}/Fe^{2+}}=0.771V>\varphi^{\ominus}_{I_2/I^-}=0.5355V$，因此通常情况下 Fe^{3+} 可以氧化 I^-，但向溶液中加入适量 CN^- 后，由于配离子 $[Fe(CN)_6]^{3-}$ 的形成，溶液中 Fe^{3+} 浓度下降，虽然其还原产物 Fe^{2+} 也会受到生成配离子 $[Fe(CN)_6]^{4-}$ 的影响，但由于高价离子的配位能力更强，因此 $\varphi^{\ominus}_{[Fe(CN)_6]^{3-}/[Fe(CN)_6]^{4-}}=\varphi^{\ominus}_{Fe^{3+}/Fe^{2+}}+0.0592lg\frac{K^{\ominus}_{稳}([Fe(CN)_6]^{4-})}{K^{\ominus}_{稳}([Fe(CN)_6]^{3-})}=0.3566V<\varphi^{\ominus}_{I_2/I^-}$

=0.5355V，即可发生 I_2 氧化 Fe^{2+} 的逆反应。

4. 其他配位剂或中心离子的影响

与 7.2.3 节中沉淀的转化类似，当向含有配离子的溶液中加入其他配位剂或中心离子时，也会发生配离子之间的转化。如在 $[Ag(NH_3)_2]^+$ 溶液中，加入 CN^-，则会发生下面的配离子转化的反应：

$$[Ag(NH_3)_2]^+ + 2CN^- = [Ag(CN)_2]^- + 2NH_3$$

$$K^\ominus = \frac{[Ag(CN)_2^-][NH_3]^2}{[Ag(NH_3)_2^+][CN^-]^2} = \frac{K^\ominus_{稳}([Ag(CN)_2]^-)}{K^\ominus_{稳}([Ag(NH_3)_2]^+)} = \frac{1.26\times10^{21}}{1.12\times10^{7}} = 1.13\times10^{14}$$

平衡常数很大，该转化反应可以进行得比较完全。

类似地，若 6.7.2 节中所述，在 $[Ni(CN)_4]^{2-}$ 溶液中，加入 Ag^+ 时，会发生下面的配离子转化的反应：

$$[Ni(CN)_4]^{2-} + 2Ag^+ = 2[Ag(CN)_2]^- + Ni^{2+}$$

$$K^\ominus = \frac{[K^\ominus_{稳}([Ag(CN)_2]^-)]^2}{K^\ominus_{稳}([Ni(CN)_4]^{2-})} = \frac{(1.26\times10^{21})^2}{2.0\times10^{31}} = 7.9\times10^{10}$$

平衡常数很大，即 Ag^+ 可以定量置换出 Ni^{2+}。

扫码查看习题答案

习　题

9-1A　选择题

1. 下列配离子中具有平面正方形空间构型的是（　　）

A. $[NiCl_4]^{2-}$，μ=2.8B. M.　　B. $[HgCl_4]^{2-}$，μ=0B. M.

C. $[Zn(NH_3)_4]^{2+}$，μ=0B. M.　　D. $[Ni(CN)_4]^{2-}$，μ=0B. M.

2. 下列配离子中磁矩最大的是（　　）

A. $[Fe(CN)_6]^{4-}$　　B. $[FeF_6]^{3-}$　　C. $[Fe(CN)_6]^{3-}$　　D. $[CoF_6]^{3-}$

3. 下列配体中，与过渡金属离子只能形成高自旋八面体配合物的是（　　）

A. F^-　　B. NH_3　　C. CN^-　　D. CO

4. 某金属离子在八面体弱场中磁矩为 4.90B. M.，在八面体强场中磁矩为 0B. M.，该离子应为（　　）

A. Mn(Ⅲ)　　B. Cr(Ⅲ)　　C. Co(Ⅲ)　　D. Fe(Ⅲ)

5. 下列各组离子在强场八面体和弱场八面体中，d 电子分布方式均相同的是（　　）

A. Cr^{3+} 和 Fe^{3+}　　B. Co^{3+} 和 Fe^{2+}　　C. Co^{3+} 和 Ni^{2+}　　D. Cr^{3+} 和 Ni^{2+}

6. 配合物 $K_3[Fe(CN)_5CO]$ 的中心离子杂化类型为（　　）

A. sp^3d^2　　B. dsp^3　　C. d^2sp^3　　D. sp^3d

7. 实验证实，$[Co(NH_3)_6]^{3+}$ 配离子中无单电子，由此推论 Co^{3+} 采取的杂化轨道是（　　）

A. sp^3　　B. d^2sp^3　　C dsp^2　　D. sp^3d^2

8. 在$[Pt(en)_2]^{2+}$中，Pt 的氧化数和配位数为（　　）

A. +2 和 2　　B. +4 和 4　　C. +2 和 4　　D. +4 和 2

9. 金属离子 M^{n+} 形成分子式为 $[M^{n+}]^{(n-4)+}$ 的配离子，式中 L 为二齿配体，则 L 携带的电荷是（　　）

A. +2　　B. 0　　C. −1　　D. −2

10. 下列配合物能在强酸介质中稳定存在的为（　　）

A. $[Ag(NH_3)_2]^+$　　B. $[FeCl_4]^-$　　C. $[Fe(C_2O_4)_3]^{3-}$　　D. $[Ag(S_2O_3)_2]^{3-}$

11. 已知 $[Co(NH_3)_6]^{3+}$ 的磁矩 $\mu=0$B. M.，则关于该配合物的杂化方式及空间构型叙述正确的是（　　）

A. sp^3d^2，正八面体　　B. d^2sp^3，正八面体

C. sp^3d^2，三方棱柱　　D. d^2sp^2，四方锥

12. 以金属离子为中心体形成八面体构型的配合物，可以出现高自旋和低自旋两类配合物的是（　　）

A. Al^{3+}　　B. Cr^{2+}　　C. Cr^{3+}　　D. Ni^{2+}

13. 下列关于配位数的描述正确的是（　　）

A. 多数离子的特征配位数等于其氧化数

B. 配位数是指配体的数目

C. 配位数是与中心离子按配位键结合的配位原子数

D. 配位数等于中心离子中所存在的未成对电子数

14. 下列配合物中，含有多齿配体的是（　　）

A. $K[PtCl_3(NH_3)]$

B. $[Ni(NH_3)_6]Cl_2$

C. $[Cr(OH)(C_2O_4)(en)]$

D. $[Cu(NH_3)_6]Cl_2$

15. 价键理论认为，决定配合物空间构型的主要是（　　）

A. 配体对中心离子的影响与作用

B. 中心离子对配体的影响与作用

C. 中心离子（原子）的原子轨道杂化

D. 配体中配位原子对中心原子的作用

9-2A　填空题

1. 根据配合物的晶体场理论，$[Co(CN)_6]^{4-}$ 较 $[Co(H_2O)_6]^{2+}$ 的还原性____，因为 CN^- 是____配体，H_2O 是____配体，$[Co(CN)_6]^{4-}$ 配离子的中心离子 d 电子排布为______，电子______失去，而 $Co(H_2O)_6]^{2+}$ 配离子的中心离子 d 电子排布为________，电子______失去。

2. 按照晶体场理论，在晶体场中 $(n-1)$d 轨道分裂能的大小主要由配合物中配体______和________，中心体的______和 d 轨道的________来决定的。在八面体场中，5 个简并的 d 轨道分裂成__组，分别用符号_____来表示。对于 d^6 电子构型的配合物在八面体强场中，$CFSE=$________，在八面体弱场中，$CFSE=$________。

3. $[Fe(H_2O)_6]^{2+}$ 的磁矩为 5.2B. M.，这个配离子中 Fe^{2+} 所采用的杂化方式是__________，配离子的几何构型是________，配合物是________（内轨型或外轨型）配合物，配

合物的晶体场稳定化能 $CFSE=$________。

4. 根据晶体场理论，在电子构型为 $d^1\sim d^{10}$ 的过渡金属离子中，当形成六配位的八面体配合物时，其高自旋和低自旋配合物的电子排布不相同的中心离子的电子构型为________，其高自旋配合物的晶体场稳定化能 $CFSE$ 比低自旋的________，过渡金属配离子往往具有一定颜色，这是由于中心离子能产生________跃迁所致。

5. 在$[Ag(NH_3)_2]Cl$中，存在配合平衡：$[Ag(NH_3)_2]^+ \rightleftharpoons Ag^+ + 2NH_3$，分别加入：

(1) 盐酸，由于______，平衡向________移动；

(2) 氨水，由于__________，平衡向____移动；

(3) Na_2S 溶液，由于________，平衡向____移动。

6. 配位平衡的平衡常数，可写成不同的表达式。配离子的解离常数，又称__________，表示配离子__________；配离子的生成常数，又称__________，表示配离子________；解离常数与生成常数之间的关系________。配离子的累积稳定常数，又称配离子的__________，表示配离子在配位试剂的存在下，____。配离子的累积稳定常数不同于逐级稳定常数，两者的主要区别在于：累积稳定常数是指______________________________________，逐级稳定常数是指配离子______________________________________，两者仅在______是相同的。

7. 在配合物 $K_3[Fe(CN)_6]$中，中心离子是________，配位体是________，配位数是_______，K^+ 与$[Fe(CN)_6]^{3-}$以______ 相结合，Fe^{3+} 与 CN^- 以________相结合，该配合物的名称为____________。

8. 在配合物$[Cu(NH_3)_4][PtCl_4]$中，中心离子是________，配位体是________，配位原子是________，配位数是____。

9. 配合物 $K_3[Fe(CN)_6]$是_________轨型配合物，具有_________磁性，名称为________，配离子的空间构型为__________，中心离子的杂化类型为________。

10. 配合物 $PtCl_4\cdot 2NH_3$ 的水溶液不导电，加入硝酸银不产生沉淀，滴加强碱也无氨气放出，所以它的化学式为______________，命名为__________________。

11. 钴离子 Co^{3+} 与 4 个氨分子、2 个氯离子生成配离子，它的氯化物化学式为____________________，命名为__________________________。

12. $K[CrCl_4(NH_3)_2]$的名称是____________，Cr 的氧化数为____，配位数为______；配离子$[PtCl(NO_2)(NH_3)_4]^{2+}$中心原子的氧化数为____，配位数为__，名称为__________。

13. 由于$K^{\ominus}_{稳}[Fe(CN)_6^{3-}] > K^{\ominus}_{稳}[Fe(CN)_6^{4-}]$，所以电对$[Fe(CN)_6^{3-}]/[Fe(CN)_6^{4-}]$的标准电极电位比电对 Fe^{3+}/Fe^{2+} 的标准电极电位______（大，小，相等）。

14. 某含铜的配合物，测其磁矩为零，则铜的氧化态为________。

15. 螯合物的稳定性比简单配合物高，是因为____，而且____越多，螯合物越稳定。

16. $CrCl_3$ 和氨能形成两种配合物，组成相当于 $CrCl_3\cdot 6NH_3$ 及 $CrCl_3\cdot 5NH_3$。$AgNO_3$ 从第一种配合物水溶液中能将几乎所有的氯沉淀为 AgCl，而从第二种配合物水溶液中仅能沉淀出组成中含氯量的 2/3。由此可推断出两种配合物的化学式为：____________，____________。

9-3A 简答题

1. 在 $ZnSO_4$ 溶液中加入 NaOH 溶液，生成白色 $Zn(OH)_2$ 沉淀，将沉淀分成三份，分别加入 HCl 溶液、过量 NaOH 溶液及氨水，沉淀都能溶解，写出沉淀溶解的三个反应式。

2. 将 KSCN 加入 $NH_4Fe(SO_4)_2 \cdot 12H_2O$ 溶液中，溶液呈血红色，但加到 $K_3[Fe(CN)_6]$溶液中并不出现红色，这是为什么？

9-4A　计算题

1. 0.40mol·L^{-1} 氨水溶液 20mL 与 0.20mol·L^{-1} HCl 溶液 20mL 混合后，加入等体积的 0.20mol·L^{-1} $[Cu(NH_3)_4]Cl_2$ 溶液。问混合溶液中有无 $Cu(OH)_2$ 沉淀生成？已知：$K^{\ominus}_{sp,Cu(OH)_2}=2.2\times10^{-20}$，$K^{\ominus}_{f,[Cu(NH_3)_4^{2+}]}=2.09\times10^{13}$，$K^{\ominus}_{b,NH_3}=1.8\times10^{5}$。

2. 如果在 0.1mol·L^{-1} $[Ag(CN)_2]^-$ 溶液中加入 KCN 固体，使 CN^- 的浓度为 0.1mol·L^{-1}，然后再加入下述两种固体：(1) KI 固体，使 I^- 的浓度为 0.1mol·L^{-1}；(2) Na_2S 固体，使 S^{2-} 的浓度为 0.1mol·L^{-1}。问是否都产生沉淀？已知 $K^{\ominus}_{f,[Ag(CN)_2]^-}=1.26\times10^{21}$；$K^{\ominus}_{sp,AgI}=8.3\times10^{-17}$；$K^{\ominus}_{sp}(Ag_2S)=6.3\times10^{-50}$。

3. 向 1mL 含 0.1mgNi 的镍盐溶液中加入 1mL 1mol·L^{-1}KCN，试计算$[Ni(CN)_4^{2-}]$、$[Ni^{2+}]$和$[CN^-]$。已知 Ni 的原子量为 58.7，$K^{\ominus}_{f,[Ni(CN)_4]^{2-}}=3.3\times10^{15}$。

4. 计算 100mL 0.50mol·L^{-1} $Na_2S_2O_3$ 溶液可溶解多少克固体 AgBr。已知 $K^{\ominus}_{f,[Ag(S_2O_3)_2]^{3-}}=2.88\times10^{13}$；$K^{\ominus}_{sp,AgBr}=5.35\times10^{-13}$，$M_{AgBr}=187.8g\cdot mol^{-1}$。

5. 要将 0.10mol 的 AgCl（s）完全溶解，至少需要氨水 1.0L，计算此氨水的浓度。已知：

$K^{\ominus}_{f,[Ag(NH_3)_2]^+}=1.12\times10^{7}$；$K^{\ominus}_{sp,AgCl}=1.77\times10^{-10}$。

9.4　EDTA 及其配合物

配位滴定法（complexometry）是在金属离子与配位剂之间发生配位反应的基础上建立的滴定分析方法。由于无机配位剂与金属离子的配位普遍较弱，且无机配位剂多为单齿配体，存在逐级配位现象，溶液中存在多种形式的配离子，难以确定反应的计量关系和滴定终点。因此配位滴定中，通常使用一个分子中具有多个配位原子的有机配位剂。接下来将以最重要的一个有机配位剂——乙二胺四乙酸（EDTA）为例，学习配位滴定法的相关原理和应用。

9.4.1　EDTA 和 EDTA 的解离平衡

EDTA 的结构式：

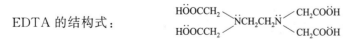

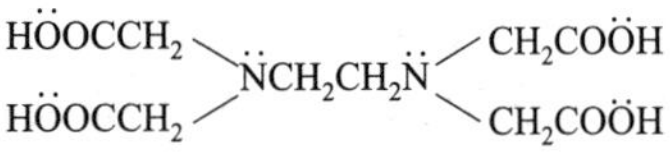

分子中含有氨羧基团$[-N(CH_2COOH)_2]$，这类有机配位剂也称为氨羧类配位剂。氨羧基团中的 N 原子和羧酸基中的 O^- 原子都有配位能力，因此 EDTA 一共具有 6 个配位原子，是六齿配体。EDTA 本身是一个四元弱酸，通常用 H_4Y 表示，在水溶液中，EDTA 分

子中 2 个羧基上的氢会转移到氮原子上，形成如下的双偶极离子：

$$\begin{matrix} ^-OOCH_2C & & CH_2COOH \\ & N^+H-CH_2-CH_2-N^+H & \\ HOOCH_2C & & CH_2COO^- \end{matrix}$$

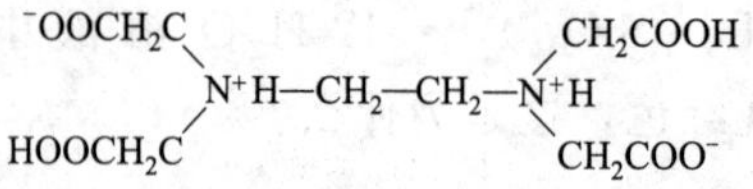

该离子显然还可以再接受两个 H^+，形成 H_6Y^{2+}。故 EDTA 溶于水后，一共有 7 种存在形式：H_6Y^{2+}，H_5Y^+，H_4Y，H_3Y^-，H_2Y^{2-}，HY^{3-}，Y^{4-}。根据 6.3 节中的知识，可通过计算绘制出 EDTA 各种存在形式的分布曲线，如图 9-1 所示。

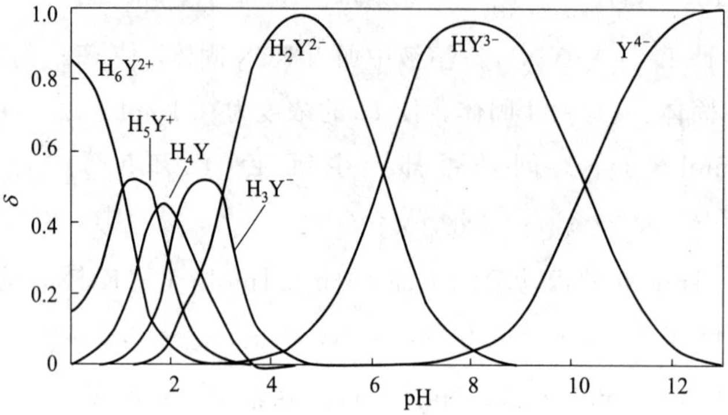

图 9-1　EDTA 各种存在形式的分布曲线

需要注意的是，EDTA 的这 7 种存在形式中，除 Y^{4-} 以外的 6 种存在形式也可看作是 Y^{4-} 与 H^+ 配位后的产物，即 EDTA 配位时，H^+ 与金属离子之间存在相互竞争，溶液中 H^+ 浓度越高（pH 越低），则 EDTA 跟金属离子的配位能力越弱，这一现象称为 EDTA 的酸效应，在 9.5.1 节中详细讨论。

9.4.2　EDTA 与金属离子的配合物

EDTA 分子具有 6 个配位原子，当它与金属离子 M^{n+} 配位时，可以按照 1∶1 的配位比形成具有如下结构的螯合物：

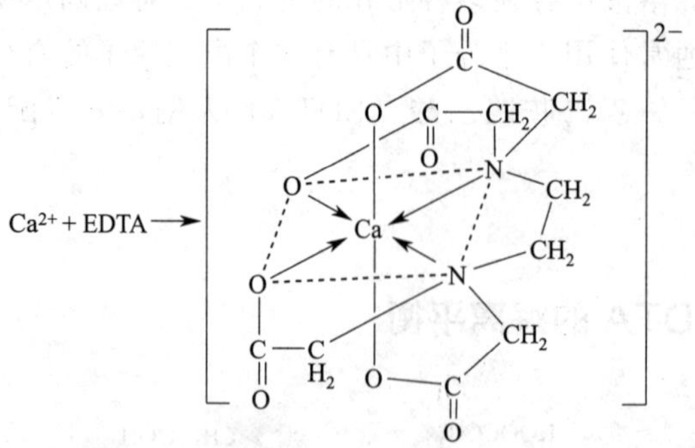

图 9-2　EDTA 与金属离子 Ca^{2+}（M^{n+}）形成的螯合物结构

该配位反应的反应方程式一般可简写为：$M+Y \rightleftharpoons MY$。相应地，配合物稳定常数的表达式为：$K_{MY}^{\ominus} = \dfrac{[MY]}{[M][Y]}$。EDTA 与常见金属离子形成的配位化合物的稳定常数如表 9-5

所示。从表中可以看出，得益于六配位的螯合物结构，EDTA 与除碱金属离子之外的大多数金属离子都能形成稳定的配位化合物。

表 9-5　常见金属-EDTA 配合物的稳定常数

离子	$\lg K^{\ominus}_{MY}$	离子	$\lg K^{\ominus}_{MY}$	离子	$\lg K^{\ominus}_{MY}$
Ag^{+}	7.32	Fe^{2+}	14.33	Cd^{2+}	16.46
Mg^{2+}	8.69	Fe^{3+}	25.10	Hg^{2+}	21.80
Ca^{2+}	10.69	Co^{2+}	16.31	La^{3+}	15.50
Sr^{2+}	8.73	Co^{3+}	36	Al^{3+}	16.13
Sc^{3+}	23.1	Ni^{2+}	18.62	Sn^{2+}	22.11
Cr^{3+}	23.4	Cu^{2+}	18.80	Pb^{2+}	18.04
Mn^{2+}	13.87	Zn^{2+}	16.50	Bi^{3+}	27.94

另外，金属离子跟 EDTA 形成配合物之后，若金属离子本身无色，则配合物仍然无色，但若金属离子具有颜色，则形成配合物之后一般颜色会加深，例如：

NiY^{2-}	CuY^{2-}	CoY^{2-}	MnY^{2-}	CrY^{-}	FeY^{-}
蓝	深蓝	紫红	紫红	深紫	黄

此时在使用 EDTA 滴定时，应控制其浓度，不要过大，否则会影响滴定终点时对指示剂颜色变化的观察。

9.5　配合物的条件稳定常数

9.5.1　配位反应中的副反应和副反应系数

在用 EDTA 滴定金属离子 M^{n+} 的过程中，溶液中除了进行金属离子 M^{n+} 和 Y^{4-} 的主反应外，还存在着如下所示的诸多副反应（忽略电荷）：

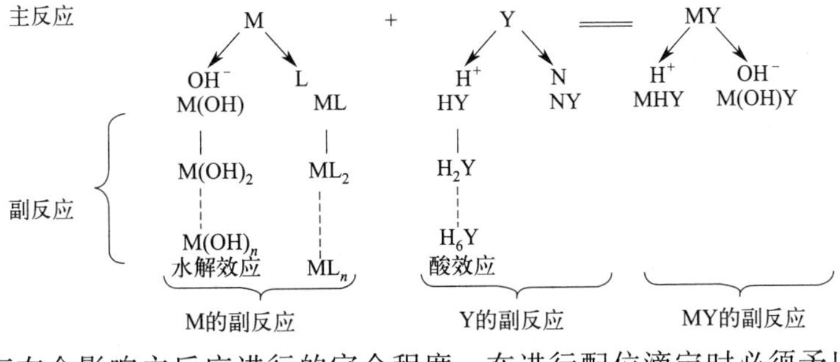

副反应的存在会影响主反应进行的完全程度，在进行配位滴定时必须予以考虑。如上所示，副反应可分为 EDTA 的副反应、金属离子 M 的副反应和配合物 MY 的副反应三类。一般来说，MY 的副反应比较弱，下面将对 EDTA 和金属离子的副反应分别进行讨论。

1. EDTA 的副反应——酸效应

前面提到，EDTA 与金属离子配位能力受到溶液中氢离子浓度的影响，原因在于水溶液中 EDTA 的 7 种存在形式中真正跟金属离子发生配位的是 Y^{4-}，其分布系数 $\delta_{Y^{4-}}$ 与溶液的 pH 有关，酸度越高，$[Y^{4-}]$ 越低，EDTA 的配位能力越弱。这种由于 H^{+} 的存在使得

EDTA 配位能力下降的现象称为 EDTA 的酸效应。

具体来说，溶液的酸度对 EDTA 配位能力的影响可以用 EDTA 的酸效应系数$\alpha_{Y(H)}$ 来定量描述，其定义为：$\alpha_{Y(H)}=\frac{1}{\delta_{Y^{4-}}}=\frac{[Y]_{总}}{[Y^{4-}]}$，注意这里的$[Y]_{总}$是未与金属离子配位的 EDTA 的各种存在形式的总浓度，显然$\alpha_{Y(H)}\geqslant 1$。根据分布系数的知识可知，溶液的$[H^+]$越大，pH 越小，$\delta_{Y^{4-}}$ 也越小，$\alpha_{Y(H)}$ 越大，EDTA 的副反应越严重，具体计算公式为：

$$\alpha_{Y(H)}=1+\frac{[H^+]}{K^{\ominus}_{a_6}}+\frac{[H^+]^2}{K^{\ominus}_{a_5}K^{\ominus}_{a_6}}+\frac{[H^+]^3}{K^{\ominus}_{a_4}K^{\ominus}_{a_5}K^{\ominus}_{a_6}}+\frac{[H^+]^4}{K^{\ominus}_{a_3}K^{\ominus}_{a_4}K^{\ominus}_{a_5}K^{\ominus}_{a_6}}+\frac{[H^+]^5}{K^{\ominus}_{a_2}K^{\ominus}_{a_3}K^{\ominus}_{a_4}K^{\ominus}_{a_5}K^{\ominus}_{a_6}}+\frac{[H^+]^6}{K^{\ominus}_{a_1}K^{\ominus}_{a_2}K^{\ominus}_{a_3}K^{\ominus}_{a_4}K^{\ominus}_{a_5}K^{\ominus}_{a_6}}$$

根据上式，可以计算得到不同 pH 时 EDTA 的酸效应系数$\alpha_{Y(H)}$，由于 pH 较低时，$\alpha_{Y(H)}$ 的数值很大，因此通常以 $\lg\alpha_{Y(H)}$ 表示，结果如表 9-6 所示。进一步地，可以绘制 EDTA 的酸效应曲线，如图 9-3 所示。曲线中横坐标是溶液的 pH，纵坐标是 $\lg\alpha_{Y(H)}$。

表 9-6 不同 pH 时的$\lg\alpha_{Y(H)}$

pH	$\lg\alpha_{Y(H)}$	pH	$\lg\alpha_{Y(H)}$	pH	$\lg\alpha_{Y(H)}$
0.00	23.64	3.40	9.70	6.80	3.55
0.40	21.32	3.80	8.85	7.00	3.32
0.80	19.08	4.00	8.44	7.50	2.78
1.00	18.01	4.40	7.64	8.00	2.26
1.40	16.02	4.80	6.84	8.50	1.77
1.80	14.27	5.00	6.45	9.00	1.29
2.00	13.51	5.40	5.69	9.50	0.83
2.40	12.19	5.80	4.98	10.00	0.45
2.80	11.09	6.00	4.65	11.00	0.07
3.00	10.60	6.40	4.06	12.00	0.01

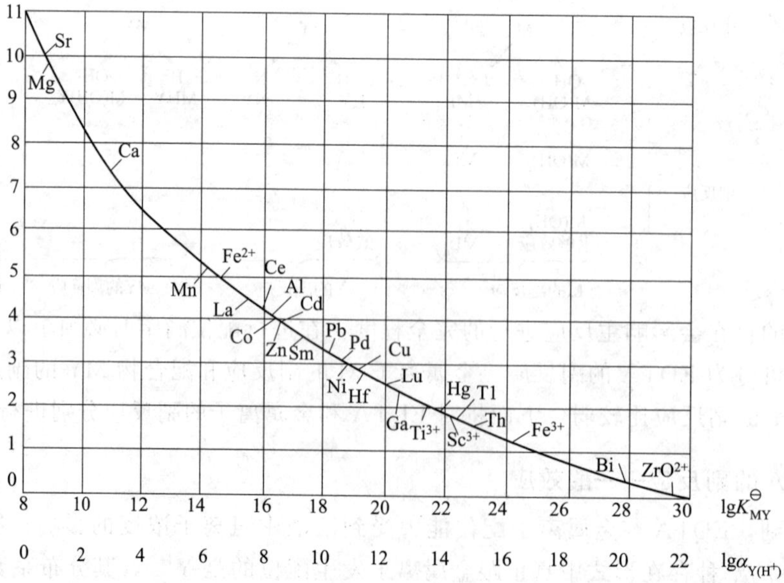

图 9-3 EDTA 的酸效应曲线（金属离子的浓度 $0.01mol\cdot L^{-1}$）

2. 金属离子的副反应

类似地，配位滴定中金属离子的副反应可以用副反应系数来定量描述，其定义为：

$$\alpha_M = \frac{[M]_{总}}{[M]}$$

式中，$[M]_{总}$是未与 EDTA 配位的金属离子的各种存在形式的总浓度。显然$\alpha_M \geqslant 1$，α_M 越大，金属离子的副反应越严重。

具体来说，配位滴定中金属离子的副反应可分为以下两类。

（1）羟基配位效应

羟基配位效应指的是金属离子与羟基（OH^-）反应生成一系列配合物，从而使得金属离子参与主反应的能力下降的现象，也称为金属离子的水解效应。羟基配位效应的大小可以用羟基配位效应系数$\alpha_{M(OH)}$ 表示，具体定义如下：

$$\alpha_{M(OH)} = \frac{[M]_{总}}{[M]} = \frac{[M]+[M(OH)]+\cdots+[M(OH)_n]}{[M]}$$

注意这里的$[M]_{总}$是未与 EDTA 配位的金属离子及其与羟基形成的各种配合物的总浓度，利用配位平衡的相关知识，可得：

$$\alpha_{M(OH)} = 1+\beta_1[OH^-]+\cdots+\beta_n[OH^-]^n$$

式中，β_1，…，β_n 是 M 与羟基形成的配合物的累积稳定常数。

显然，$\alpha_{M(OH)}$ 也与溶液的 pH 有关，但与$\alpha_{Y(H)}$ 酸效应系数相反，pH 越高，$[OH^-]$越大，$\alpha_{M(OH)}$ 也越大，金属离子水解越严重。因此金属离子与 EDTA 配位时，往往需要在一个合适的 pH 区间内进行，pH 太低，EDTA 的酸效应太强，pH 太高，则金属离子的水解越严重，都对主反应不利。$\alpha_{M(OH)}$ 随 pH 的变化见表 9-7。

表 9-7　不同 pH 下的金属离子的 $\lg\alpha_{M(OH)}$

M^{n+}	pH													
	1	2	3	4	5	6	7	8	9	10	11	12	13	14
Al^{3+}					0.4	1.3	5.3	9.3	13.3	17.3	21.3	25.3	29.3	33.3
Bi^{3+}	0.1	0.5	1.4	2.4	3.4	4.4	5.4							
Ca^{2+}													0.3	1
Cd^{2+}									0.1	0.5	2	4.5	8.1	12
Co^{2+}								0.1	0.4	1.1	2.2	4.2	7.2	10.2
Cu^{2+}								0.2	0.8	1.7	2.7	3.7	4.7	5.7
Fe^{2+}									0.1	0.6	1.5	2.5	3.5	4.5
Fe^{3+}			0.4	1.8	3.7	5.7	7.7	9.7	11.7	13.7	15.7	17.7	19.7	21.7
Hg^{2+}			0.5	1.9	3.9	5.9	7.9	9.9	11.9	13.9	15.9	17.9	19.9	21.9
La^{3+}										0.3	1	1.9	2.9	3.9
Mg^{2+}											0.1	0.5	1.3	2.3
Mn^{2+}										0.1	0.5	1.4	2.4	3.4
Ni^{2+}									0.1	0.7	1.6			
Pb^{2+}							0.1	0.5	1.4	2.7	4.7	7.4	10.4	13.4
Th^{4+}				0.2	0.8	1.7	2.7	3.7	4.7	5.7	6.7	7.7	8.7	9.7
Zn^{2+}									0.2	2.4	5.4	8.5	11.8	15.5

（2）辅助配位效应

辅助配位效应指的是金属离子与辅助配位剂 L 发生配位，从而使得金属离子参与主反应的能力下降的现象。辅助配位效应的大小可以用辅助配位效应系数$\alpha_{M(L)}$ 表示，具体定义如下：

$$\alpha_{M(L)}=\frac{[M]_{总}}{[M]}=\frac{[M]+[ML]+\cdots+[ML_n]}{[M]}$$

这里的$[M]_{总}$是未与 EDTA 配位的金属离子及其与辅助配位剂 L 形成的各种配合物的总浓度。同样地，利用配位平衡的相关知识，可得：

$$\alpha_{M(L)}=1+\beta_1[L]+\cdots+\beta_n[L]^n$$

式中，β_1，…，β_n 是 M 与辅助配位剂 L 形成的配合物的累积稳定常数。

当金属离子同时存在上述两种副反应时，从定义出发不难得出：

$$\alpha_M=\alpha_{M(OH)}+\alpha_{M(L)}-1$$

9.5.2 配合物的条件稳定常数

当用 EDTA 作为滴定剂滴定溶液中的金属离子 M 时，关注的是主反应的进行情况，由于副反应的存在，此时直接用配合物 MY 的标准稳定常数$K^{\ominus}_{MY}=\frac{[MY]}{[M][Y]}$来进行计算是不方便的。若按照下式定义条件稳定常数（不考虑配合物 MY 的副反应），则可使得计算变得方便：

$$K'_{MY}=\frac{[MY]}{[M]_{总}[Y]_{总}}$$

注意上式中的$[M]_{总}$和$[Y]_{总}$都不包括主反应产物——配合物 MY 的浓度。利用上一节中关于副反应系数的知识，有：

$$K'_{MY}=\frac{[MY]}{[M]_{总}[Y]_{总}}=\frac{[MY]}{[M][Y]}\frac{[M]}{[M]_{总}}\frac{[Y]}{[Y]_{总}}=\frac{K^{\ominus}_{MY}}{\alpha_{Y(H)}\alpha_M}$$

或者等式两边取对数，有：$\lg K'_{MY}=\lg K^{\ominus}_{MY}-\lg\alpha_{Y(H)}-\lg\alpha_M$。

若不考虑金属离子的副反应系数，则有：$\lg K'_{MY}=\lg K^{\ominus}_{MY}-\lg\alpha_{Y(H)}$。显然条件稳定常数$K'_{MY}$在大小上不可能超过$K^{\ominus}_{MY}$，即$K'_{MY}\leqslant K^{\ominus}_{MY}$，在一定的 pH 条件下，还不可能超过$K^{\ominus}_{MY}/\alpha_{Y(H)}$，即$K'_{MY}\leqslant K^{\ominus}_{MY}/\alpha_{Y(H)}$。

例 9-6 计算 pH 为 2.0 和 5.0 时的 $\lg K'_{ZnY}$。

解： 查表 9-5 得 $\lg K^{\ominus}_{ZnY}=16.50$

查表 9-6 得：pH=2.0 时，$\lg\alpha_{Y(H)}=13.51$，pH=5.0 时，$\lg\alpha_{Y(H)}=6.45$

所以有：pH=2.0 时，$\lg K'_{ZnY}=\lg K^{\ominus}_{ZnY}-\lg\alpha_{Y(H)}=16.50-13.51=2.99$

pH=5.0 时，$\lg K'_{ZnY}=\lg K^{\ominus}_{ZnY}-\lg\alpha_{Y(H)}=16.50-6.45=10.05$

9.6 滴定曲线

9.6.1 滴定曲线的绘制

在用 EDTA 标准溶液滴定金属离子（M）的过程中，随着滴定剂的加入，溶液中的自

由金属离子浓度 [M] 逐渐减小，以金属离子浓度 [M] 的负对数 pM＝－lg [M] 对加入的滴定剂体积或滴定分数作图，即可绘制出滴定曲线。

下面以 EDTA 标准溶液滴定同浓度的 Ca^{2+} 为例进行讨论。设 Ca^{2+} 溶液和 EDTA 的浓度均为 $c_{Ca}=c_Y=c=0.02000mol \cdot L^{-1}$，$Ca^{2+}$ 溶液的体积 $V_{Ca}=20.00mL$，加入的 EDTA 标准溶液的体积为 $V_Y mL$，滴定在 pH＝10.00 的氨性缓冲溶液中进行。同样地，分 4 个阶段分别计算溶液中的 Ca^{2+} 浓度。

1）滴定开始前，即 $V_Y=0$ 时。此时溶液就是浓度为 $0.02000mol \cdot L^{-1}$ 的 Ca^{2+} 溶液：

$$[Ca^{2+}]=0.02000mol \cdot L^{-1}, pCa=-\lg[Ca^{2+}]=1.70$$

2）滴定开始至化学计量点前，即 $V_Y<V_{ca}$ 时。这时溶液中的 Ca^{2+} 来源于跟 EDTA 配位后过量的部分：

$$[Ca^{2+}]=\frac{c(V_{Ca}-V_Y)}{V_{Ca}+V_Y}$$

化学计量点前 0.1%时，$V_Y=0.999V_{Ca}$，因此：

$$[Ca^{2+}]=\frac{c(V_{Ca}-0.999V_{Ca})}{V_{Ca}+0.999V_{Ca}}=\frac{c}{1999}=1.001\times10^{-5}mol \cdot L^{-1}, pCa=5.00$$

3）化学计量点，即 $V_Y=V_{ca}$ 时。此时溶液是浓度为 $c_{sp}=c/2=0.01000mol \cdot L^{-1}$ 的 CaY 溶液，Ca^{2+} 来源于配合物 CaY 的解离：$K'_{CaY}=\frac{[CaY]}{[Ca]_总[Y]_总}$。由于 $\lg K'_{CaY}=\lg K^{\ominus}_{CaY}-\lg\alpha_{Y(H)}=10.69-0.45=10.24$，较大，故 $[CaY]=\frac{c}{2}$，又由于 EDTA 和 Ca 的配位比是 1∶1，故 $[Ca]_总=[Y]_总$，于是 $[Ca]_总=\sqrt{[CaY]K'_{CaY}}$。对于 Ca^{2+} 来说，此滴定条件下不存在副反应，因此 $[Ca]_总$ 就是 $[Ca^{2+}]$，这样：

$$pCa=-\lg[Ca^{2+}]=\frac{1}{2}(pc_{sp}+\lg K'_{CaY})=\frac{1}{2}(2+10.24)=6.12$$

4）化学计量点后，即 $V_Y>V_{ca}$ 时。这时滴定剂过量，溶液中 $[Y]_总$ 的数量等于过量的 EDTA 的数量，Ca^{2+} 的数量仍然需要通过配位平衡进行计算：

$$K^{\ominus'}_{CaY}=\frac{[CaY]}{[Ca]_总[Y]_总}$$

$$[CaY]=\frac{cV_{Ca}}{V_{Ca}+V_Y}, [Y]_总=\frac{c(V_Y-V_{Ca})}{V_{Ca}+V_Y}$$

$$于是：[Ca^{2+}]=[Ca]_总=\frac{1}{K^{\ominus'}_{CaY}}\frac{V_{Ca}}{V_Y-V_{Ca}}, pCa=\lg K^{\ominus'}_{CaY}-\lg\frac{V_{Ca}}{V_Y-V_{Ca}}$$

化学计量点后 0.1%时，$V_Y=1.001V_{Ca}$：

$$pCa=\lg K^{\ominus'}_{CaY}-\lg\frac{V_{Ca}}{1.001V_{Ca}-V_{Ca}}=\lg K^{\ominus'}_{CaY}-3=7.24$$

上述计算结果表明，在化学计量点前后 0.1%时，pCa 存在一个从 5.00 到 7.24 的剧烈变化，这就是滴定过程中的滴定突跃现象，5.00～7.24 为该配位滴定中 pCa 的突跃范围。根据以上各阶段的计算公式，可绘制出该滴定过程的滴定曲线，如图 9-4 所示。

显然，pH 越高，滴定突跃越大，化学计量点的 pCa 也越大。

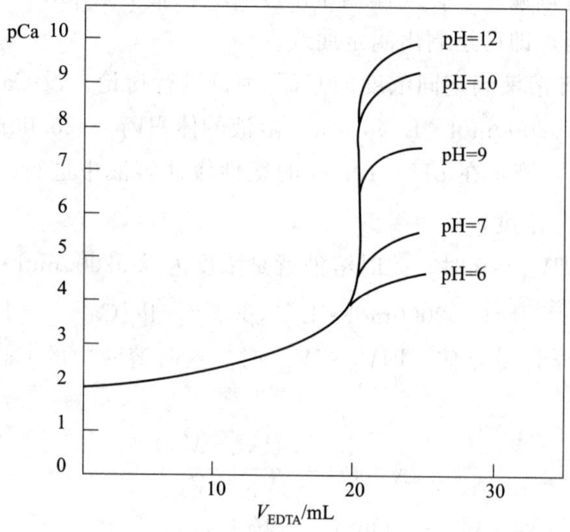

图 9-4 不同 pH 条件下 EDTA 滴定Ca^{2+}的滴定曲线

($c_{EDTA}=c_{Ca^{2+}}=0.02000mol\cdot L^{-1}$，$V_{Ca^{2+}}=20.00mL$)

9.6.2 影响滴定突跃的主要因素

回顾上一节中的计算过程，可以发现在金属离子不存在副反应的情况下，化学计量点前 0.1%时的 $pM=-\lg c+3.30=-\lg c_{sp}+3$，而化学计量点后 0.1%时的 $pM=\lg K_{CaY}^{\ominus'}-3$。显然滴定突跃的大小既跟金属离子的浓度 c 有关，又跟条件稳定常数 $\lg K_{CaY}^{\ominus'}$ 有关。金属离子的浓度 c 越大，化学计量点前 0.1%时的 pM 越小，滴定突跃范围越大；浓度 c 每增大 1 个数量级，滴定突跃范围扩大 1 个 pM 单位。同样地，配合物 MY 的条件稳定常数 $\lg K_{CaY}^{\ominus'}$ 越大，化学计量点后 0.1%的 pM 越大，滴定突跃范围越大；$\lg K_{CaY}^{\ominus'}$ 每增大 1 个数量级，滴定突跃范围同样扩大 1 个 pM 单位。

当金属离子存在副反应时，计算化学计量点前后 0.1%的 pM 时，需要在前面公式的基础上加上 $\lg\alpha_M$，因此上述结论仍然不变，但需注意的是$K_{CaY}^{\ominus'}$ 本身与α_M 有关 [$\lg K_{CaY}^{\ominus'}=\lg K_{MY}^{\ominus}-\lg\alpha_{Y(H)}-\lg\alpha_M$]。

9.6.3 准确滴定单一金属离子的条件

滴定分析中，滴定突跃范围的大小始终是判断能否准确滴定的根本标准。若允许误差为 0.1%，要求的滴定突跃范围 $\Delta pM\geqslant 0.2$，根据上节知识有：

$$\lg K_{CaY}^{\ominus'}-3-(-\lg c_{sp}+3)\geqslant 0.2$$

即要求：$\lg c_{sp}K_{CaY}^{\ominus'}\geqslant 6.2$

但是之前在推导计算公式时，默认条件稳定常数的数值$K_{CaY}^{\ominus'}$ 较大，主配位反应进行得比较完全，在此基础上做了一些近似处理，显然若$K_{CaY}^{\ominus'}$ 的数值不够大，则上述近似处理不成立。通过更为准确的计算可以得出，上述条件下，金属离子能被准确滴定的条件为：$\lg c_{sp} K_{CaY}^{\ominus'} \geqslant 6$。

当使用配位滴定分析金属离子浓度时，典型浓度$c_{sp}=0.01\text{mol}\cdot\text{L}^{-1}$左右，此时准确滴定条件为：$\lg K_{CaY}^{\ominus'} \geqslant 8$。显然若$\lg K_{MY}^{\ominus} < 8$，则该金属离子无论如何也不可能被EDTA准确滴定，如碱金属离子和Ag^+等，若$\lg K_{MY}^{\ominus} \geqslant 8$，则$\lg K_{CaY}^{\ominus'}$有可能$\geqslant 8$，可以被EDTA准确滴定，此时的关键是要控制副反应进行的程度。

对于所有的金属离子来说，滴定时都需要考虑EDTA的酸效应，于是有：

$$K_{CaY}^{\ominus'} = \lg K_{MY}^{\ominus} - \lg\alpha_{Y(H)} - \lg\alpha_{M} \leqslant \lg K_{MY}^{\ominus} - \lg\alpha_{Y(H)}$$

结合准确滴定条件，可得$\lg K_{MY}^{\ominus} - \lg\alpha_{Y(H)} \geqslant 8 \Rightarrow \lg K_{MY}^{\ominus} \geqslant \lg\alpha_{Y(H)} + 8$

因此将EDTA的酸效应曲线中的横坐标的数值加上8，即可得到不同pH条件下金属离子能被EDTA准确滴定时$\lg K_{MY}^{\ominus}$所需达到的最小数值，该曲线也称为林邦曲线。另一方面，若知道了金属离子的$\lg K_{MY}^{\ominus}$，则该点在林邦曲线上的纵坐标所对应的pH值正好使得$\lg\alpha_{Y(H)} = \lg K_{MY}^{\ominus} - 8$，显然当pH大于等于这个数值时，该金属离子都能被EDTA准确滴定。林邦曲线上标注了常见金属离子的位置，其横坐标的数值对应于该金属离子的$\lg K_{MY}^{\ominus}$，纵坐标则对应了该金属离子能被EDTA准确滴定的最低pH条件。

此外，选择滴定的pH条件时还需要综合考虑金属离子的水解和指示剂所适用的pH范围。

例 9-7 用$0.02000\text{mol}\cdot\text{L}^{-1}$的EDTA标准溶液滴定同浓度的$Pb^{2+}$溶液时，适宜的pH范围是多少?

解：从林邦曲线上可查得滴定Pb^{2+}的$pH_{min}=3.3$。

接下来计算Pb^{2+}不发生水解时的pH条件：$[Pb^{2+}][OH^-]^2 \leqslant K_{sp}(Pb(OH)_2)$

$$[OH^-] \leqslant \sqrt{\frac{K_{sp}(Pb(OH)_2)}{[Pb^{2+}]}} = \sqrt{\frac{1.6\times10^{-17}}{0.02}} = 2.8\times10^{-8}$$

即$pH_{max}=7.5$

若采用二甲酚橙（XO）为指示剂，因为XO的使用条件为$pH<6.3$，因此适宜的pH范围为3.3～6.3，通常通过酸碱缓冲溶液将溶液pH控制在5～6即可。

9.7 金属指示剂

9.7.1 金属指示剂及其作用原理

金属指示剂本身也是一种配位剂，它在被金属离子配位前后颜色会发生变化，从而可以反映出化学计量点附近pM的变化，进而指示滴定终点。下面以EDTA在pH8～11时滴定溶液中的Mg^{2+}，用铬黑T（EBT）作指示剂为例，简述金属指示剂的使用办法及其作用原理。

滴定开始前先加一定量的指示剂，此时铬黑T与溶液中的Mg^{2+}配位生成红色配合物Mg-EBT。开始滴定后，随着EDTA的加入，Mg^{2+}与EDTA配位生成无色的MgY配合物，在化学计量点附近时，溶液中Mg^{2+}浓度急剧下降，此时会发生配合物转化的反应，即

EDTA 夺取配合物 Mg-EBT 中的 Mg^{2+}，继续生成 MgY 配合物，并释放出游离的 EBT，而这些未参与配位的 EBT 呈蓝色，这就使得溶液的颜色发生了变化（红⟶蓝），从而可以指示滴定终点的到来。

9.7.2 金属指示剂的使用条件

从以上分析可知，在滴定过程中，金属指示剂参与了下面两个配位反应：

$$M + In \longequal MIn$$

$$MIn + Y \longequal MY + In$$

根据金属指示剂的作用原理，可知使用金属指示剂时需满足以下条件：

（1）指示剂 In 和指示剂-金属离子配合物 MIn 的颜色应显著不同；

（2）配合物 MIn 的生成和解离反应能快速完成；

（3）配合物 MIn 具有一定的稳定性。

条件 1 是显然的，但使用时需要注意的是金属指示剂多为有机弱酸，本身还是酸碱指示剂，其颜色会随溶液的 pH 变化而变化，因此每一种金属指示剂都有其适宜的 pH 范围。例如铬黑 T（EBT）是三元酸，其 pK_{a_2} 和 pK_{a_3} 分别是 6.3 和 11.6，在水溶液中存在下列解离平衡：

$$\underset{\substack{(\text{红色})\\ pH<6}}{H_2In^-} \rightleftharpoons H^+ + \underset{\substack{(\text{蓝色})\\ pH=8\sim11}}{HIn^{2-}} \rightleftharpoons H^+ + \underset{\substack{(\text{橙色})\\ pH>12}}{In^{3-}}$$

这里面 H_2In^- 为红色，In^{3-} 为橙色，都与金属离子与 EBT 的配合物 M-EBT 的红色差别不大，只有当 EBT 主要以蓝色的 HIn^{2-} 形式存在时，终点才存在显著的颜色变化（蓝→红），相应的，此时溶液的 pH 应控制在 8～11 之间。

对于条件 2，若配合物 MIn 的相关反应速率很慢，会造成指示剂的僵化现象。具体来说，如果 MIn 解离反应的速率很慢，那么滴定到达化学计量点附近时，EDTA 从 MIn 中夺取金属离子并释放出游离指示剂的速度也会很慢，这会使得指示剂颜色变化的时间推迟。这种由于动力学原因导致滴定终点延后的现象称为指示剂的僵化。一些动力学手段可以尽量避免指示剂僵化现象的出现：例如加热或加入适当的有机溶剂等。这里加入有机溶剂的作用是增加指示剂的溶解度，将反应由只能在表面进行的速率较慢的固相反应变为速率较快的液相反应。同时还可以在接近终点时更加缓慢地滴定，同时剧烈振荡。

对于条件 3，若 MIn 的稳定性太差，则即使滴定尚未到达化学计量点，但由于 [M] 的下降，[MIn] 也可能自行发生分解，导致溶液颜色发生变化，终点提前来到。而若 MIn 的稳定性太高，则会造成指示剂的封闭现象，即当滴定到达滴定终点时，由于 MIn 过于稳定，EDTA 不能及时从 MIn 中夺取金属离子并释放出游离指示剂。这种由于热力学原因导致滴定终点延后的现象称为指示剂的封闭。例如在 pH＝10 的条件下以 EBT 为指示剂滴定钙镁离子时，若溶液中含有 Al^{3+}，则会发生指示剂的封闭现象，即 Al^{3+} 与 EBT 形成的配合物非常稳定，从而导致终点时 EDTA 不能及时地从配合物 Al-EBT 中把 EBT 替换出来，引起溶液颜色的变化。对于指示剂的封闭问题，一个常见的方法是加入掩蔽剂，如上述例子中可以加入三乙醇胺，三乙醇胺与 Al^{3+} 可以形成更为稳定的配合物，这样就相当于在溶液中掩

蔽了 Al^{3+} 的存在，不再对指示剂形成干扰。

最后，金属指示剂大多为含双键的有色化合物，在空气中容易氧化变质。因此使用时可制成固体，如钙指示剂等；或配成水溶液时加入还原剂，如 EBT 等。但即使如此，也不应长期存放，最好现用现配。

9.7.3　常用金属指示剂

表 9-8 中列出了一些常用的金属指示剂。

表 9-8　常用金属指示剂

指示剂	颜色变化		pH 范围	适用离子	配制方法	备注
	In	MIn				
铬黑 T（EBT）	蓝	酒红	8～11	Pb^{2+}、Mg^{2+}、Zn^{2+}、Cd^{2+}等	1∶100NaCl	Fe^{3+}、Al^{3+}、Cu^{2+}、Ni^{2+}等封闭指示剂
二甲酚橙（XO）	黄	紫红	<6.3	Bi^{3+}、Zn^{2+}、Pb^{2+}、Cd^{2+}、Hg^{2+}及稀土	0.5%水溶液	Fe^{3+}、Al^{3+}、Ni^{2+}、Ti^{4+}等封闭指示剂
PAN	黄	紫红	1.9～12.2	Cu^{2+}、Bi^{3+}、Ni^{2+}、Th^{4+}等	0.1%乙醇溶液	
钙指示剂	蓝	酒红	12～13	Ca^{2+}	1∶100NaCl	Fe^{3+}、Al^{3+}、Cu^{2+}、Co^{2+}、Ti^{4+}、Mn^{2+}等封闭指示剂
磺基水杨酸	无	紫红	1.5～2.5	Fe^{3+}	2%水溶液	FeY 为黄色

需要指出，由于有些金属离子 M 及其与 EDTA 形成的配合物 MY 都有颜色，因此终点时的颜色变化不完全是 In 到 MIn 的变化，还需要考虑 M 和 MY 的颜色，因此终点时的颜色是几种颜色叠加后的结果。

9.8　配位滴定的应用

9.8.1　标准溶液的配制与标定

配位滴定中，常有的标准溶液既有配位剂的，也有金属离子的。下面介绍用得最多的 EDTA 标准溶液的配制与标定方法，其他配位剂及金属离子的配制方法请自行查阅相关文献。

在配制 EDTA 标准溶液时，由于 EDTA 的溶解度很小（室温下，每 100mL 水仅能溶解 0.02g EDTA），因此一般用其二钠盐（$Na_2H_2Y \cdot 2H_2O$）进行配制，一般也称为 EDTA。EDTA 二钠在水中溶解度较大（室温下，每 100mL 水可以溶解 11.1g），其饱和溶液的浓度约为 0.3mol·L^{-1}，浓度通常配制为 0.01～0.05mol·L^{-1}。标定时可以选择的基准物质很多，如金属锌、铜、铋以及 ZnO、$CaCO_3$、$MgSO_4·7H_2O$ 等。例如以 ZnO 为基准物，加 HCl 溶解后，在 pH=10 氨性缓冲溶液中以 EBT 为指示剂，滴定至溶液颜色由紫红变为纯蓝即可。

需要说明的是，使用的水的质量是否符合要求，是配位滴定应用中十分重要的问题。配制样品时所用的水中若含有杂质离子，则会额外消耗 EDTA，使得滴定结果偏高，同时有些杂质离子还可能造成指示剂的封闭。除使用更高质量的蒸馏水外，测定条件和滴定条件尽量保持一致，使用被测元素的纯物质或化合物作为基准物质进行标定也能在一定程度减轻杂质所造成的影响。

9.8.2 混合离子的选择性滴定

9.6.3 中讨论了单一金属离子准确滴定的条件，但是 EDTA 对多种离子都有很强的配位能力，而实际分析的对象中常常含有多种离子，因此使用 EDTA 进行配位滴定时，这些离子往往会互相干扰。如何消除离子间的互相干扰，对混合溶液中的离子进行选择性滴定是配位滴定在应用中需要解决的一个重要问题。通常有以下两种解决方法。

1. 控制溶液的 pH 进行分步滴定

当溶液中的两种金属离子 M 和 N 与 EDTA 的配位能力具有明显差别时，就有可能通过控制溶液 pH 的方法进行分步滴定。具体来说，若允许误差为±0.1%，要求的滴定突跃范围 ΔpM>0.2，经推导（推导过程较为复杂，本书中略过不讲，有兴趣的同学可自行参阅相关教科书）可以得出滴定金属离子 M 时，N 不形成干扰的条件为：$c_M K_{MY}^{\ominus'}/K_{NY}^{\ominus'} \geq 10^6$；若允许误差为±0.5%，则条件为：$c_M K_{MY}^{\ominus'}/c_N K_{NY}^{\ominus'} \geq 10^5$。若 $c_M = c_N$，且只考虑 EDTA 的酸效应，则条件等价于：$K_{MY}^{\ominus'}/K_{NY}^{\ominus'} \geq 10^6$ 或 $K_{MY}^{\ominus}/K_{NY}^{\ominus} \geq 10^5$。通常以后者作为两种金属离子能否利用控制酸度进行分步滴定的条件，即：$\Delta \lg K_{MY}^{\ominus} \geq 5$。

2. 使用掩蔽的方法进行分步滴定

对于不能通过控制酸度进行分步滴定的情况，则需要采用掩蔽的方法。在混合溶液中加入可以与干扰离子 N 反应的掩蔽剂，使得溶液中 [N] 降低，N 对 M 的干扰作用也减小乃至消除，这种方法称为掩蔽法。按照掩蔽剂与干扰离子反应类型的不同，又可分为配位掩蔽法、沉淀掩蔽法和氧化还原掩蔽法。

（1）配位掩蔽法

配位掩蔽法中掩蔽剂与干扰离子之间发生的反应是配位反应。例如测定溶液中 Pb^{2+}、Zn^{2+} 含量时，两种离子与 EDTA 形成的配合物稳定常数相近，不能用过控制酸度的方法分步滴定。此时，可以先用 KCN 掩蔽 Zn^{2+}{生成稳定配合物$[Zn(CN)_4]^{2-}$}，即可单独滴定 Pb^{2+}。若想继续测得溶液中 Zn^{2+} 含量，既可采用解蔽的方法继续测定，也可以采用在最开始不加掩蔽剂，直接测量 Pb^{2+}、Zn^{2+} 总量的方法。这里的解蔽指的是通过加入解蔽剂，把干扰离子释放出来。对于上面的离子，可以使用甲醛作为解蔽剂。常用的配位掩蔽剂如表 9-9 所示。

表 9-9 常用的配位掩蔽剂

掩蔽剂	被掩蔽的例子	pH
三乙醇胺[1]	Al^{3+},Fe^{3+},Sn^{4+},TiO_2^{2+}	10
氟化物	Al^{3+},Sn^{4+},TiO_2^{2+},Zr^{4+}	>4
乙酰丙酮	Al^{3+},Fe^{3+}	5～6
邻二氮菲	Zn^{2+},Cu^{2+},Co^{2+},Ni^{2+},Cd^{2+},Hg^{2+}	5～6
氰化物[2]	Zn^{2+},Cu^{2+},Co^{2+},Ni^{2+},Cd^{2+},Hg^{2+},Fe^{2+}	10
2,3-二巯基丙醇	Zn^{2+},Pb^{2+},Bi^{3+},Sb^{3+},Sn^{4+},Cd^{2+},Cu^{2+}	10
硫脲	Hg^{2+},Cu^{2+}	弱酸性
碘化物	Hg^{2+}	

1：三乙醇胺使用时应在酸性溶液中加入，再调节 pH 到 10。否则金属离子易水解，影响掩蔽效果。

2：氰化物必须在碱性溶液中使用，否则会生成剧毒的 HCN 气体。使用完后，应当加入过量的 $FeSO_4$，使之生成 $[Fe(CN)_6]^{4-}$，防止污染环境。

（2）沉淀掩蔽法

沉淀掩蔽法中加入的掩蔽剂能与干扰离子生成沉淀，并且可以在沉淀存在下直接进行配位滴定。例如测定溶液中 Ca^{2+}、Mg^{2+} 含量时，可以加 NaOH 将溶液的 pH 调到 12 左右，此时 Mg^{2+} 生成 $Mg(OH)_2$ 沉淀，不再干扰 Ca^{2+} 的测定。常用的沉淀掩蔽剂如表 9-10 所示。

表 9-10 常用的沉淀掩蔽剂

掩蔽剂	被掩蔽离子	被滴定离子	pH	指示剂
氢氧化物	Mg^{2+}	Ca^{2+}	12	钙指示剂
碘化钾	Cu^{2+}	Zn^{2+}	5-6	PAN
氟化物	Ba^{2+},Sr^{2+},Ca^{2+},Mg^{2+}	Zn^{2+},Cd^{2+},Mn^{2+}	10	EBT
硫酸盐	Ba^{2+},Sr^{2+}	Ca^{2+},Mg^{2+}	10	EBT
硫化钠	Hg^{2+},Pb^{2+},Bi^{3+},Cu^{2+},Cd^{2+}	Ca^{2+},Mg^{2+}	10	EBT

（3）氧化还原掩蔽法

即通过加入氧化剂或还原剂，使得干扰离子发生氧化还原反应以消除干扰的方法。例如测定溶液中 Bi^{3+}、Fe^{3+} 含量时，两种离子跟 EDTA 配位能力相近，互相形成干扰。此时可以用还原剂将 Fe^{3+} 还原为 Fe^{2+}，由于 Fe^{2+} 与 EDTA 配位能力远弱于 Fe^{3+}（$\lg K_{MY}^{\ominus}$ 从 25.10 减小到 14.33），因此不再对 Bi^{3+} 的测定形成干扰，可以通过控制酸度的方法分步滴定。

另外，当缺乏合适的掩蔽剂时，则需要考虑采用分离干扰离子、更换配位剂等方法进行测定。

9.8.3 应用实例

1. 自来水硬度的测定

水的硬度指的是水中碱土金属离子的总浓度，主要为钙、镁离子，可以采用直接滴定法进行测定。方式是先在 pH≈10 的氨性缓冲溶液条件中，以 EBT 为指示剂，用 EDTA 滴定钙、镁离子的总量。然后另取试液，加 NaOH 调溶液 pH>10，此时 Mg^{2+} 被沉淀掩蔽，以钙指示剂为指示剂，用 EDTA 滴定钙离子的含量。再通过前后两次测定的差值，即可得到镁离子的含量。

2. Al^{3+} 的测定

Al^{3+} 与 EDTA 的反应速率较低，并且会对指示剂产生封闭作用，所以不能运用直接滴定法测定。对于 Al^{3+} 的测定，通常采用返滴定法。方法是在 pH≈3.5 的条件下先加入过量的 EDTA 标准溶液，加热煮沸溶液使得 EDTA 与 Al^{3+} 充分反应，冷却后调节溶液 pH 在 5～6 之间，以 XO 为指示剂用 Zn^{2+} 标准溶液滴定过量的 EDTA，即可测得溶液中 Al^{3+} 的含量。

3. Ag^{+} 的测定

Ag^{+} 与 EDTA 的形成的配合物不够稳定（$\lg K^{\ominus}_{MY}=7.32$），不满足准确滴定的条件，但可以采用置换滴定法进行配位滴定。方法是在 pH≈10 的条件下加入过量的 $[Ni(CN)_4]^{2-}$，则发生如下置换反应：

$$2Ag^{+}+[Ni(CN)_4]^{2-} = 2[Ag(CN)_2]^{-}+Ni^{2+}$$

该反应的平衡常数很大，反应进行得很完全。然后以紫脲酸铵为指示剂用 EDTA 滴定溶液中的 Ni^{2+}，即可测得溶液中 Ag^{+} 的含量。

4. K^{+} 的测定

K^{+} 与 EDTA 不能形成稳定的配合物，但可以采用间接滴定法进行配位滴定。方法是在溶液中加入亚硝酸钴钠作为沉淀剂，生成沉淀 $K_2NaCo(NO_2)_6 \cdot 6H_2O$，将沉淀过滤洗涤溶解后，再用 EDTA 滴定其中的 Co^{3+}，即可测得 K^{+} 的含量。

习　题

扫码查看习题答案

9-1B　选择题

1. 对配位反应的条件稳定常数 $K^{\ominus\prime}_{MY}$ 而言，下列说法正确的是（　　）

A. $K^{\ominus\prime}_{MY}$ 是常数，不受任何条件限制

B. $K^{\ominus\prime}_{MY}$ 的大小完全是由 $K^{\ominus}_{MY}$ 决定的

C. $K^{\ominus\prime}_{MY}$ 的大小表示有副反应发生时主反应进行的程度

D. $K^{\ominus\prime}_{MY}$ 的大小只受溶液酸度的影响

2. 用指示剂（In），以 EDTA(Y)滴定金属离子 M 时，常加入掩蔽剂（X）消除某干扰离子（N）的影响。不符合掩蔽剂加入条件的是（　　）

A. $K^{\ominus}_{NX}<K^{\ominus}_{NY}$　　B. $K^{\ominus}_{NX}\gg K^{\ominus}_{NY}$　　C. $K^{\ominus}_{MX}<K^{\ominus}_{MY}$　　D. $K^{\ominus}_{MIn}>K^{\ominus}_{MX}$

3. 在氨性缓冲溶液中，用 EDTA 标准溶液滴定 Zn^{2+}。滴定到达化学计量点时，下述关系式成立的是（　　）

A. $p[Zn^{2+}]=pY$　　B. $p[Zn^{2+}]'=pY-\lg\alpha_Y$

C. $pY'=p[Zn^{2+}]$　　D. $p[Zn^{2+}]'=pY+\lg\alpha_Y$

4. 在 EDTA 配位滴定中，Fe^{3+}，Al^{3+} 对铬黑 T 指示剂有（　　）

A. 僵化作用　　B. 氧化作用　　C. 沉淀作用　　D. 封闭作用

5. 在EDTA配位滴定中，下列关于酸效应的叙述正确的是（　　）

A. $\alpha_{Y(H)}$ 越小，配合物稳定性越小

B. $\alpha_{Y(H)}$ 越大，配合物稳定性越大

C. pH越高，$\alpha_{Y(H)}$越小

D. $\alpha_{Y(H)}$ 越小，配位滴定曲线的pM突跃范围越小

6. EDTA在不同pH4，6，8，10时的酸效应系数 $\lg\alpha_{Y(H)}$ 分别是8.44，4.65，2.27，0.45，已知 $\lg K^{\ominus}_{MgY}=8.7$，设无其他副反应，确定用EDTA直接准确滴定 Mg^{2+} 的酸度为（　　）

A. pH＝4　　B. pH＝6　　C. pH＝8　　D. pH＝10

7. 将0.56g含钙试样溶解成250mL试液。移取25mL试液，用 $0.02mol\cdot L^{-1}$ EDTA标准溶液滴定，耗去30mL。试样中CaO（M为 $56g\cdot mol^{-1}$）含量约为（　　）

A. 3%　　B. 60%　　C. 12%　　D. 30%

8. 下列金属离子必须采用EDTA返滴定法测定的是（　　）

A. Fe^{3+}　　B. Ca^{2+}　　C. Al^{3+}　　D. Mg^{2+}

9. 用EDTA滴定金属离子M，若要求相对误差0.1%，则滴定的酸度条件必须满足（　　）

A. $c_M K^{\ominus}_{MY}\geqslant 10^6$　　B. $c_M K^{\ominus'}_{MY}/\alpha_{Y(H)}\leqslant 10^6$

C. $c_M K^{\ominus}_{MY}/\alpha_{Y(H)}\geqslant 10^6$　　D. $c_M\alpha_{Y(H)}/K^{\ominus}_{MY}\geqslant 10^6$

10. 用 $CaCO_3$ 标定EDTA溶液时，加入NaOH的目的是（　　）

A. 消除 Mg^{2+} 的干扰　　B. 加快反应速率

C. 使溶液的微量 Fe^{3+} 沉淀完全　　D. 以上均不对

11. 用EDTA滴定 Zn^{2+} 时，加入的氨性缓冲溶液无法起到的作用是（　　）

A. 控制溶液酸度　　B. 防止 Zn^{2+} 水解

C. 防止指示剂僵化　　D. 保持 Zn^{2+} 可滴定状态

12. 为了测定水中 Ca^{2+}、Mg^{2+} 的含量，以下消除少量 Fe^{3+}、Al^{3+} 干扰的方法中正确的是（　　）

A. 于pH＝10的氨性缓冲溶液中直接加入三乙醇胺

B. 于酸性溶液中加入KCN，然后调至pH＝10

C. 于酸性溶液中加入三乙醇胺，然后调至pH＝10的氨性溶液

D. 加入三乙醇胺时，不需要考虑溶液的酸碱性

13. 叙述 Na_2H_2Y 溶液的分布系数时，说法正确的是（　　）

A. 随酸度的增大而增大　　B. 随pH的增大而减小

C. 随pH的增大而增大　　D. 与pH的大小无关

14. 现测定 Bi^{3+}、Pb^{2+} 混合液中的 Bi^{3+}，为消除 Pb^{2+} 的干扰，下列哪种方法最简便（　　）

A. 控制酸度　　B. 络合掩蔽　　C. 沉淀分离　　D. 氧化还原掩蔽

15. $\alpha_{M(L)}=1$ 表示（　　）

A. M与L没有副反应　　B. M与L副反应相当严重

C. M的副反应较小　　D. [M]＝[L]

9-2B 填空题

1. 由于某些金属离子的存在，即使加入过量的 EDTA 滴定剂，指示剂也无法指示终点的现象称为______。故被滴定溶液中应事先加入____剂，以克服这些金属离子的干扰。

2. 用 EDTA 测 Ca^{2+}、Mg^{2+} 总量时，以______作指示剂，控制 pH 为____，滴定终点时，溶液由____色变成____色。

3. EDTA 的化学名称为________，每个 EDTA 分子中含有__个__和__个__配位原子；EDTA 在水溶液中存在的型体有__种，它们分别是________________________________。

4. EDTA 配合滴定中，介质的 pH 越低，$\alpha_{Y(H)}$ 值越__，K'_{MY}值越__，滴定的 pM 突跃越____。

5. 通过加热、加有机溶剂等方法可以消除金属指示剂的____现象。

6. 中、弱碱性溶液中用 EDTA 滴定 Zn^{2+} 常使用 NH_3-NH_4^+ 溶液，其作用是

(1) __________________，(2) ____________________。

7. EDTA 长期存放于软玻璃容器中会溶解 Ca^{2+}，如果用长期储存的 EDTA 标准溶液滴定 Bi^{3+}，则测得的 Bi^{3+} 质量分数结果会____（偏高、偏低、无影响）。

8. 由于 EDTA 具有____和____两种配位能力很强的配位原子，所以它能和许多金属离子形成稳定的______。

9. 配位滴定所用的滴定剂本身是碱，容易接受质子，因此酸度对滴定剂的副反应是严重的。这种由于______的存在，而使配体参加______能力降低的现象称为酸效应。

10. EDTA 与金属离子形成配合物的过程中，因有______放出，应加______控制溶液的酸度。

11. 配合滴定必须控制溶液的酸度，若酸度过大，________________________。酸度过小常用________来控制酸度。

12. 当 EDTA 和被测金属离子 M 的浓度均增大 10 倍时，pM 突跃增大____个 pM 单位。

13. 由于 Fe^{3+} 与铬黑 T 形成的配合物的稳定性比 Fe^{3+} 与 EDTA 形成的配合物的稳定性大，所以 Fe^{3+} 对铬黑 T 有____作用。

14. 当配位滴定反应和误差要求已确定时，则该滴定反应的 pM 突跃范围大小取决于滴定反应物的____和滴定反应的__________。

15. 酸度对 EDTA 配合物的稳定性有很大影响，酸度愈高，配合物愈________，条件稳定常数$K^{\ominus'}_{MY}$ 愈________。

9-3B 简答题

1. 若配制 EDTA 溶液用的水中含有 Ca^{2+}，试说明在下列情况下对测定结果有何影响。

(1) $CaCO_3$ 为基准物质，以二甲酚橙为指示剂标定 EDTA，用以测定试液中 Zn^{2+} 含量；

(2) 金属 Zn 为基准物质，以二甲酚橙为指示剂标定 EDTA，用以测定试液中 Ca^{2+} 含量；

(3) 金属 Zn 为基准物质，以铬黑 T 为指示剂标定 EDTA，用以测定试液中 Ca^{2+} 含量。

9-4B 计算题

1. 有一水样，取一份 100mL，调节 pH = 10，以铬黑 T 为指示剂，用

0.0100mol·L^{-1}EDTA 标准溶液滴定到终点，用去 25.40mL；另取一份 100mL 水样，调节 pH=12，用钙指示剂，用去 0.0100mol·L^{-1}EDTA 标准溶液 14.25mL。求每升水样中所含 Ca 和 Mg 的质量。已知原子量：Ca40.08，Mg24.30。

2. 测定铅锡合金中 Sn、Pb 含量时，称取试样 0.2000g，用 HCl 溶解后，准确加入 50.00mL 的 0.0300mol·L^{-1}EDTA 和 50mL 水。加热煮沸 2 分钟，冷却后，用六亚甲基四氨将溶液调节至 pH=5.5，使锡铅离子定量配合。以二甲酚橙作指示剂，用 0.0300mol·L^{-1} $Pb(Ac)_2$ 标准溶液回滴 EDTA，用去 3.00mL。然后加入足量 NH_4F，加热至 40℃左右，再用上述 Pb^{2+} 标准溶液滴定，用去 35.00mL，计算试样中 Pb 和 Sn 的百分含量。

3. 测定无机盐中的 SO_4^{2-} 含量，称取试样 3.000g，溶解后，用容量瓶稀释至 250mL，用移液管吸取 25.00mL 试液，加入 0.05000mol·L^{-1} $BaCl_2$ 溶液 25.00mL，过滤后，用 0.05000mol·L^{-1}EDTA17.50mL 滴定剩余的 Ba^{2+}，求 SO_4^{2-} 的质量分数。

4. 称取 1.032g 氧化铝试样，溶解后移入 250mL 容量瓶中稀释至刻度，吸取 25.00mL，加入滴定度 $T_{Al_2O_3/EDTA}=1.505mg \cdot mL^{-1}$（即每 1mLEDTA 相当于 1.505mg$Al_2O_3$）的 EDTA 标准溶液 10.00mL，以二甲酚橙为指示剂，用 $Zn(Ac)_2$ 标准溶液进行返滴定至红紫色终点，消耗 $Zn(Ac)_2$ 溶液 12.20mL，已知 1mL$Zn(Ac)_2$ 溶液相当于 0.6812mLEDTA 溶液，求试样中 Al_2O_3 的质量分数。

5. 分析含铜锌镁合金时，称取 0.5000g 试样，溶解后用容量瓶配成 100.00mL 试液。吸取 25.00mL，调至 pH=6，用 PAN 作指示剂，用 0.05000mol·L^{-1}EDTA 标准溶液滴定铜和锌，用去 37.30mL(V_1)。另取 25.00mL 试液，调至 pH=10，加 KCN 掩蔽铜和锌，用同浓度的 EDTA 标准溶液滴定镁，用去 4.10mL(V_2)。然后再滴加甲醛解蔽锌，继续用 EDTA 标准溶液滴定，用去 13.40mL(V_3)，计算试样中铜、锌、镁的质量分数。已知原子量：Mg24.305，Zn65.39，Cu63.546。

扫码查看重难点

第 10 章

s 区元素

s 区元素包括ⅠA 族元素和ⅡA 族元素。其外层电子排布为：ns^{1-2}。失去价电子后形成具有稀有气体电子结构的稳定离子。碱金属具有稳定的+1 氧化态，碱土金属具有稳定的+2 氧化态。ⅠA 族元素和ⅡA 族元素的许多性质变化存在一定的规律。例如，在同一族内，从上到下原子半径依次增大，电离能和电负性依次减小，金属性逐渐增强。

元素周期系的ⅠA 族包括锂（lithium，Li）、钠（sodium，Na）、钾（potassium，K）、铷（rubidium，Rb）、铯（caesium，Cs）、钫（francium，Fr）6 种金属元素，其金属氢氧化物均为强碱，故称为碱金属。元素周期系的ⅡA 族元素包括铍（beryllium，Be）、镁（magnesium，Mg）、钙（calcium，Ca）、锶（strontium，Sr）、钡（barium，Ba）、镭（radium，Ra）6 种。该族元素（如：钙、锶、钡）的氧化物性质介于“碱性的”碱金属氧化物和“土性的”氧化铝之间，故称为碱土金属。在 s 区元素中，钠、钾、镁、钙均为生命必需元素。镁是叶绿素的重要组成成分，在植物的光合作用中，镁发挥着十分重要的作用；镁也是许多酶的激活剂，DNA 的复制和蛋白质的合成都需要镁的参与。钙是组成动物牙齿和骨骼的重要成分。

钠、钾、镁、钙、锶、钡在地壳中的含量丰富。钙元素的丰度在地球上排第 5 位，钠的丰度排第 6 位，镁的丰度排第 7 位，钾的丰度排第 8 位。锂、铍、铷、铯含量很低，为稀有金属。钫和镭位于元素周期表中的第七周期，是放射性元素，本章不作讨论。

锂的重要矿物为锂辉石（$LiAlSi_2O_6$）和磷铝石[$LiAl(F,OH)PO_4$]。锂在地壳中的质量分数为 $2.0\times10^{-3}\%$。1817 年，瑞典人阿尔费德森（Arfvedson）在斯德哥尔摩发现了锂。锂能用来制造低密度的锂合金和锂电池，Li_2CO_3 是一种医疗药物，用来治疗狂躁型抑郁症，有机锂化合物是有机合成的重要试剂。

海水中存在大量的钠，海水中氯化钠含量约为 1.05%。钠的矿物主要有钠长石（$NaAlSi_3O_8$）、岩盐（NaCl）、硝石（$NaNO_3$）等。钠在地壳中的质量分数为 2.3%。食盐是人们日常生活的必需品，也是无机化学工业的重要原料。

钾的矿物主要有光卤石（$KCl \cdot MgCl_2 \cdot 6H_2O$）、天然氯化钾（KCl）、钾长石（$KAlSi_3O_8$）。钾在地壳中的质量分数为 2.1%。钾是植物生长的必需元素，钾盐大部分用来作肥料。KNO_3 和 $KClO_4$ 用于生产炸药。钠和钾由英国人戴维（Davy）于 1807 年在伦敦分别用电解熔融的氢氧化钠和氢氧化钾的方法分离出来。

铷与其他矿物共生。例如，在生产锂的某些副产物中含有铷。铷与锂、钾等元素混生，在地壳中的质量分数为 9.0×10^{-3}%，铯的主要存在形式为铯榴石 [$(Cs, Na)_4Al_4Si_9O_{26} \cdot H_2O$]，生产锂的副产物也是铯的主要来源。铯在地壳中的质量分数为 3.0×10^{-4}%。铷由德国人本生（Bunsen）和德国人基尔霍夫（Kirchhoff）于 1861 年在德国的海德堡大学发现，在此之前一年，他们发现了铯。这两种元素都是借助他们发明的原子光谱技术发现的。金属铯的第一电能极小，可用来制作光电管的阴极。

钫由法国女科学家佩里（Perey）于 1939 年在法国的巴黎发现，元素钫“Francium”是以她的祖国法国“France”命名的。

铍由法国人沃克兰（Vauquelin）于 1798 年发现，其最重要矿物是绿柱石（$Be_3Al_2Si_6O_{18}$），若其中含有 2%的 Cr 即为祖母绿——一种极名贵的宝石。铍在地壳中的质量分数为 2.6×10^{-4}%。铍的主要用途是与铜和镍形成高强度合金。

1808 年，戴维首先分离出单质镁。镁在地壳中的质量分数为 2.3%。镁的矿物极其丰富，如白云石（$MgCO_3 \cdot CaCO_3$）、菱镁矿（$MgCO_3$）、泻盐（$MgSO_4 \cdot 7H_2O$）、光卤石（$KCl \cdot MgCl_2$）等。镁主要用作轻质合金，镁合金在航天器材、汽车发动机、光学设备的生产制造等方面都有重要应用；有机镁是有机合成的重要试剂。

钙亦由戴维于 1808 年分离出来。钙在地壳中的质量分数为 4.1%。钙的重要矿物有方解石（$CaCO_3$）、石膏（$CaSO_4 \cdot 2H_2O$）、萤石（CaF_2）、磷灰石[$Ca_5(PO_4)_3F$]，珊瑚、贝壳和珍珠的主要成分也是 $CaCO_3$。

锶由爱尔兰人克劳福德（Crawford）于 1790 年发现，1808 年由戴维分离出来。锶在地壳中的质量分数为 3.7×10^{-2}%，其最重要的矿物是天青石（$SrSO_4$）和菱锶矿（$SrCO_3$）。

钡由戴维于 1808 年分离出来。钡在地壳中的质量分数为 5.0×10^{-2}%。钡的重要矿物有重晶石（$BaSO_4$）和毒重石（$BaCO_3$）。

1898 年，居里夫妇发现具有强放射性的元素镭。1902 年，他们从若干吨沥青铀矿中分离出极少量的纯 $RaCl_2$ 和金属 Ra。镭是一种放射性元素，产生于铀的衰变过程中，丰度极低，与铀共生，且在共生矿中含量也极低，处理 10t 矿石只能获得 1mg 镭。

10.1　碱金属与碱土金属的单质

10.1.1　物理性质

1. 对于碱金属，由于其半径较大，且只有一个价电子，形成的金属键相对较弱，因此，碱金属的硬度、密度和熔点都比较低。其中 Li 为最轻的金属，Na 与 K 的密度也小于水的密度，Cs 的熔点低于人的体温（见表 10-1）。

表 10-1 碱金属与碱土金素单质的硬度、密度和熔点变化规律

元素	Li	Na	K	Rb	Cs
莫氏硬度	0.6	0.4	0.5	0.3	0.2
密度/g·cm^{-3}	0.534	0.97	0.86	1.53	1.88
熔点/℃	181	97	63	39	28
元素	Be	Mg	Ca	Sr	Ba
莫氏硬度		2.0	1.5	1.8	
密度/g·cm^{-3}	1.85	1.74	1.54	2.6	3.51
熔点/℃	1289	650	842	769	729

2. 碱土金属的原子半径比同周期碱金属的小，且有两个价电子，金属键比较强，所以其熔点、硬度比碱金属大得多。但是其密度仍然比较小，属于轻金属。

3. 碱金属与碱土金属均为银灰色金属，具有良好的导电性、导热性。其中 Cs 的电离能最小，在受到光照时，电子可获得能量从金属表面逸出产生光电流，所以 Cs 常用来制造光电管的阴极。

4. 碱金属之间极易形成液态合金，比较重要的有钠钾合金，组成为含 77.2% 的 K 和 22.8% 的 Na，其熔点为 -12.6℃，由于具有较高的比热容，常用作核反应堆的冷却剂。

5. 碱金属溶解于金属 Hg 中，形成的合金称为汞齐。Na、K 用作还原剂时，常因其反应活性太强，反应速率太快而难以控制，若采用钠汞齐则反应比较平缓，所以钠汞齐常用作有机反应中的还原剂。

10.1.2 化学性质

1. 与 H_2 反应生成离子型氢化物

碱金属和碱土金属在加热或高压条件下可与 H_2 直接反应，生成离子型氢化物，在离子型氢化物中，H 的氧化态为 -1。

$$2Na + H_2 \xrightarrow{300\sim1000℃} 2NaH$$

$$2Li + H_2 \xrightarrow{700℃} 2LiH$$

Be 的活泼性相对较差，不能与 H_2 直接反应生成氢化物。

2. 与 H_2O 反应生成氢氧化物

碱金属与碱土金属中，除了 Be 和 Mg 与冷水反应时因表面生成致密的氧化物膜或难溶的氢氧化物而阻止反应进行外，其他单质都能与 H_2O 直接发生反应，生成相应的氢氧化物和氢气，并放出大量的热。

$$2Na + 2H_2O \xlongequal{} 2NaOH + H_2\uparrow \quad \Delta_r H_m^{\ominus} = -281.8kJ\cdot mol^{-1}$$

$$Ca + 2H_2O \xlongequal{} Ca(OH)_2 + H_2\uparrow \quad \Delta_r H_m^{\ominus} = -414.4kJ\cdot mol^{-1}$$

Na、K、Rb、Cs 由于生成的氢氧化物溶解度大，且反应放出的热量能使其熔化为液态，故反应相当激烈，不但能引起燃烧，量大时还可能发生爆炸。

Li、Ca、Sr、Ba 由于生成的氢氧化物溶解度相对较小，而且其熔点相对较高，故反应程度较为平缓。

Be、Mg 可与高温水蒸气反应，生成氧化物和氢气

$$Mg + H_2O \xlongequal{\triangle} MgO + H_2\uparrow$$

3. 与 O_2 反应

碱金属与碱土金属在空气中燃烧时发生以下三种反应。

(1) 生成普通氧化物

金属 Li、Be、Mg、Ca、Sr、Ba 在空气中燃烧，主要产物为氧化物。

$$4Li + O_2 = 2Li_2O\text{(白色)}$$

$$2Ca + O_2 = 2CaO\text{(白色)}$$

(2) 生成过氧化物

金属 Na 在空气中燃烧，生成浅黄色的 Na_2O_2。

$$2Na + O_2 = Na_2O_2\text{(浅黄色)}$$

过氧离子 O_2^{2-} 是 O_2 分子得到两个电子后生成的。在一定条件下，过氧离子 O_2^{2-} 仍具有夺取电子的能力。因此，Na_2O_2 在碱性条件下是常用的氧化剂之一。

(3) 生成超氧化物

金属 K、Rb、Cs 在空气中燃烧，产物为超氧化物。

$$K + O_2 = KO_2\text{(红色)}$$

超氧离子 O_2^- 是 O_2 分子得到一个电子后生成的，与过氧离子 O_2^{2-} 相比，超氧离子 O_2^- 的氧化能力更强。

4. 与非金属反应

碱金属与碱土金属均可直接与大多数非金属反应，生成相应的化合物，如硫化物、卤化物、氮化物等。

5. 离子的焰色反应

除了 Be 和 Mg，其他碱金属和碱土金属离子在灼烧时都能产生特征的火焰，称为焰色反应，可用来定性地检验这些元素离子的存在。

例如，Li 盐灼烧时产生的火焰为深红色，Na 盐为黄色，K 盐为紫色，Rb 盐为红紫色，Cs 盐为蓝色，Ca 盐为橙红色，Sr 盐为深红色，Ba 盐为绿色。

6. 碱金属与液氨反应

碱金属可溶于液氨中，生成一种还原性很强的蓝色液体。

$$2Na + 2NH_3 = 2NaNH_2 + H_2\uparrow$$

10.1.3 单质的制备

碱金属与碱土金属的活泼性很高，一般的还原剂无法将其还原为单质。工业上常用电解其熔点相对较低的无水氯化物的方法制取碱金属和碱土金属单质。

1. 电解法制备金属 Na

为了降低 NaCl 的熔点，防止生成的金属 Na 挥发，在电解槽中加入 $CaCl_2$，使混合物的熔点由 801℃降低至 600℃。因为混合熔融物的密度比金属 Na 大，所以可使生成的 Na 浮在表面，易于收集。电解槽中的反应主要有：

阳极　　$2Cl^- = Cl_2 + 2e^-$

阴极　　$2Na^+ + 2e^- = 2Na$

电解反应　　$2NaCl \xrightarrow{电解} 2Na + Cl_2\uparrow$

2. 热还原法制备金属 K

工业上不用电解熔融 KCl 的方法制金属 K，其原因主要是：① 金属 K 在 KCl 熔融液中的溶解度大，产率低；② 在熔盐温度下，金属 K 易挥发，遇空气中的 O_2会发生爆炸。用金属 Na 还原熔融的 KCl 生产金属 K。

$$Na + KCl = NaCl + K\uparrow$$

Na 的沸点为 881.4℃，而 K 的沸点只有 756.5℃，只要将温度控制在 800℃左右，就可以收集到 K 蒸气，而 Na 仍处于熔融状态。

3. 热还原法制备金属 Mg

首先将自然界中的含镁矿石［如菱镁矿（$MgCO_3$）等］转化成 MgO，然后用焦炭在高温电弧炉中还原 MgO 制备金属 Mg。

$$MgO + C \xrightarrow{1800℃} CO\uparrow + Mg\uparrow$$

4. 碱土金属单质的制备

碱土金属的活泼性比碱金属略差。除了用电解氯化物法制备其单质外，还可以用其他还原性稍强的物质通过置换反应制备碱土金属单质。例如：

$$BeCl_2 + Mg = MgCl_2 + Be$$

$$MgO + CaC_2 = Mg + CaO + 2C$$

$$6CaO + 2Al = 3Ca + 3CaO \cdot Al_2O_3$$

$$3BaO + Si = BaSiO_3 + 2Ba$$

10.2　碱金属与碱土金属的重要化合物

10.2.1　氧化物

1. 普通氧化物

s 区元素的氧化物大都呈现碱性，只有 BeO 为两性。

大多数 S 区元素的氧化物可由其碳酸盐或硝酸盐加热分解得到，但 Na_2O、K_2O 一般只能用过量的金属 Na 或 K 与其过氧化物、超氧化物或硝酸盐反应得到：

$$Na_2O_2 + 2Na = 2Na_2O$$

$$2KNO_3 + 10K = 6K_2O + N_2\uparrow$$

碱金属氧化物由 Li 到 Cs，颜色逐渐加深，Li_2O（白色）、Na_2O（白色）、K_2O（淡黄色）、Rb_2O（亮黄色）、Cs_2O（橙红色）。

碱土金属氧化物均为白色。

在碱金属氧化物中，Li_2O 的熔点最高，为 1700℃，Na_2O 在 1275℃时升华，其他氧化物在 400℃以上发生分解。

碱土金属氧化物熔点较高，BeO 的熔点为 2530℃，MgO 的熔点为 2852℃，常用作耐火材料，煅烧过的 BeO 和 MgO 不溶于水。但其他碱土金属氧化物则与水发生剧烈反应，放出大量的热。例如：

$$CaO + H_2O = Ca(OH)_2 \quad \Delta_r H_m^{\ominus} = -65.2 kJ \cdot mol^{-1}$$

2. 过氧化物

碱金属与碱土金属中，除了 Be 的过氧化物难以制备外，其他元素的过氧化物都已成功合成。其中最具实用价值的为 Na_2O_2。过氧化物与冷水反应，可生成相应的氢氧化物，并产生 H_2O_2 或 O_2。

$$Na_2O_2 + 2H_2O = 2NaOH + H_2O_2$$

过氧化物容易吸收 CO_2，生成相应的碳酸盐，并放出 O_2。

$$2Na_2O_2 + 2CO_2 = 2Na_2CO_3 + O_2$$

Na_2O_2 常用作纺织品、麦秆、羽毛等物品的漂白剂和急救供氧试剂，也可用于潜水艇的 CO_2 吸收剂。分析化学中，Na_2O_2 常用作分解矿样的氧化剂。

$$2Fe(CrO_2)_2 + 7Na_2O_2 \xrightarrow{\triangle} 4Na_2CrO_4 + Fe_2O_3 + 3Na_2O$$
$$Cr_2O_3 + 3Na_2O_2 = 2Na_2CrO_4 + Na_2O$$
$$MnO_2 + Na_2O_2 = Na_2MnO_4$$

在酸性介质中，Na_2O_2 遇到 $KMnO_4$ 时呈还原性，O_2^{2-} 被氧化为 O_2。

$$5Na_2O_2 + 2KMnO_4 + 8H_2SO_4 = 2MnSO_4 + 5O_2\uparrow + 8H_2O + 5Na_2SO_4$$

3. 超氧化物

因为 O_2^- 中有一个未成对的电子，所以超氧化物具有顺磁性，并呈现出一定的颜色，如 KO_2 为橙黄色，RbO_2 为深棕色，CsO_2 为深黄色。超氧化物均为强氧化剂，与水剧烈反应，放出 O_2 和 H_2O_2：

$$2KO_2 + 2H_2O = 2KOH + H_2O_2 + O_2$$

超氧化物还可除去 CO_2，并再生出 O_2，可以用于急救器、潜水和登山供氧，等。

$$4KO_2 + 2CO_2 = 2K_2CO_3 + 3O_2$$

10.2.2 氢氧化物

1. 通性

碱金属与碱土金属的氢氧化物均为白色固体。在空气中放置，可吸收水分和 CO_2，所以固体 $NaOH$ 和 $Ca(OH)_2$ 是碱性干燥剂。

碱金属的氢氧化物易溶于水和醇类。碱土金属的氢氧化物的溶解度相对较低。其中，$Be(OH)_2$ 和 $Mg(OH)_2$ 为难溶氢氧化物。

以上所有氢氧化物中，只有 $Be(OH)_2$ 呈两性：

$$Be(OH)_2 + 2OH^- = Be(OH)_4^{2-}$$

2. 化学性质

（1）与两性元素单质反应

$$2Al+2NaOH+6H_2O \xlongequal{} 2Na[Al(OH)_4]+3H_2\uparrow$$

$$2Zn+2NaOH+6H_2O \xlongequal{} 2Na[Zn(OH)_4]+3H_2\uparrow$$

$$2B+2NaOH+6H_2O \xlongequal{} 2Na[B(OH)_4]+3H_2\uparrow$$

$$Si+2NaOH+H_2O \xlongequal{} Na_2SiO_3+2H_2\uparrow$$

（2）与酸性或两性氧化物反应

$$2NaOH+CO_2 \xlongequal{} Na_2CO_3+H_2O$$

$$2NaOH+SiO_2 \xlongequal{} Na_2SiO_3+H_2O$$

少量 NaOH 溶液应用塑料瓶贮存。当用玻璃瓶盛放时，一定要用橡皮塞，而不能用玻璃塞，否则会因反应生成的 Na_2SiO_3 将瓶口黏结后无法打开。

（3）与某些非金属单质发生歧化反应

$$P_4+3NaOH+3H_2O \xlongequal{} PH_3+3NaH_2PO_2$$

$$4S+6NaOH \xlongequal{} 2Na_2S+Na_2S_2O_3+3H_2O$$

$$Cl_2+2NaOH \xlongequal{} NaCl+NaClO+H_2O$$

3. 典型氢氧化物简介

（1）NaOH 和 KOH

NaOH 的熔点（591 K）较低，具有熔解金属氧化物与非金属氧化物的能力。因此，在工业生产和分析化学中常用于矿物原料和硅酸盐试样的分解。

NaOH 和 KOH 均具有极强的腐蚀性，分别称为苛性钠（烧碱）和苛性钾，对皮肤、玻璃、金属、陶瓷等有强烈的腐蚀性，使用时一定要多加注意。

Fe、Ni、Ag 制容器对 NaOH 有一定的抗腐蚀性，因此在熔融或蒸发含有 NaOH 的样品时常用 Fe、Ni 容器。分析化学中，常用 Ag 坩埚在 NaOH 存在下熔融分解试样。

NaOH 中常含有 Na_2CO_3，实验室中配制较纯的 NaOH 溶液时，首先将其配制成浓度很高的溶液，Na_2CO_3 在其中的溶解度较小，放置一段时间后可沉淀下来。取其上清液稀释，可得到相对较纯的 NaOH 溶液。

（2）$Mg(OH)_2$

$Mg(OH)_2$ 加热至 350℃即脱水分解：

$$Mg(OH)_2 \xlongequal{\triangle} MgO+H_2O$$

$Mg(OH)_2$ 易溶于酸或铵盐溶液：

$$Mg(OH)_2+2HCl \xlongequal{} MgCl_2+2H_2O$$

$$Mg(OH)_2+2NH_4Cl \xlongequal{} MgCl_2+2NH_4OH$$

将海水与廉价的石灰乳反应，可以得到 $Mg(OH)_2$ 沉淀，也称氧化镁乳。

$$Mg^{2+}+Ca(OH)_2 \xlongequal{} Mg(OH)_2+Ca^{2+}$$

$Mg(OH)_2$ 的乳状悬浊液在医药上用作抗酸药和缓泻剂。

（3）$Ca(OH)_2$

$Ca(OH)_2$ 为疏松的白色粉末，微溶于水。在水中的溶解度为 $0.0103mol\cdot L^{-1}$（293K）。$Ca(OH)_2$ 的溶解度随温度升高而减小。例如，293 K 时，每 100g 水溶解 0.076g$Ca(OH)_2$；

273 K时，溶解量为0.085g。

$Ca(OH)_2$有较强的碱性，属于强碱，其溶液吸收空气中的CO_2后生成$CaCO_3$沉淀。

在工业上，$Ca(OH)_2$俗称熟石灰或消石灰，其澄清的饱和溶液称为石灰水。$Ca(OH)_2$与水组成的乳状悬浊液称为石灰乳，可用于消毒杀菌。

$Ca(OH)_2$价格低廉，来源充足，并具有较强的碱性，生产上常用来调节溶液的pH或沉淀分离某些物质。

(4) $Ba(OH)_2$

$Ba(OH)_2$为白色固体，溶于水，有毒。从水溶液中析出的结晶为$Ba(OH)_2 \cdot 8H_2O$白色晶体，熔点为78℃，密度为$2.18g \cdot cm^{-3}$。

在碱土金属氢氧化物中，$Ba(OH)_2$的碱性是最强的，属于强碱，极易与空气中的CO_2反应生成$BaCO_3$。

$$Ba(OH)_2 + CO_2 \xlongequal{} BaCO_3 \downarrow + H_2O$$

$Ba(OH)_2$可用作定量分析的标准碱。

10.2.3 盐类

1. 碱金属盐类的通性

碱金属盐类大多数为离子型晶体，只有Li的某些化合物为共价型，因为Li^+具有强烈的极化能力。

碱金属的大多数盐类可溶于水，只有Li的化合物溶解度较小，如LiF、Li_2CO_3、Li_3PO_4等。

Na的难溶化合物较少，常见的主要有六羟基合锑（Ⅴ）酸钠$Na[Sb(OH)_6]$、乙酸铀酰锌钠$NaZn(UO_2)_3(Ac)_9 \cdot 6H_2O$，利用上述性质可以鉴定$Na^+$。

K、Rb、Cs的难溶盐主要有钴亚硝酸盐$M_3[Co(NO_2)_6]$、四苯硼化物$MB(C_6H_5)_4$、高氯酸盐$MClO_4$及氯铂酸盐$M_2[PtCl_6]$。

碱金属与弱酸形成的盐在溶液中水解呈碱性。所以，许多可溶性碱金属弱酸盐常被当作碱使用，如Na_2CO_3、Na_2S、Na_3PO_4、Na_2SiO_3等。

碱金属盐类有形成水合物的倾向，且金属离子的半径越小，形成水合盐的倾向越大。Li盐多为水合物，在空气中的吸潮性极强。Na盐也有吸潮性。制造炸药的原料一般不用$NaNO_3$，而采用KNO_3，就是为了防止因吸潮而导致炸药失效。

碱金属盐类具有较高的热稳定性。其卤化物受热只挥发，而不易分解。其碳酸盐中，只有Li_2CO_3受热时易分解为Li_2O和CO_2，其余均不易发生分解。只有硝酸盐受热可分解为亚硝酸盐并放出O_2

$$2KNO_3 \xlongequal{\triangle} 2KNO_2 + O_2 \uparrow$$

碱金属盐具有形成复盐的能力，主要有光卤石类（如$MCl \cdot MgCl_2 \cdot 6H_2O$）和矾类[如$M(Ⅰ)M(Ⅲ)(SO_4)_2 \cdot 12H_2O$]。

2. 碱土金属盐类的通性

与碱金属盐类不同，大多数碱土金属的盐类难溶于水，只有其氯化物、硝酸盐是可溶的。其他盐类（如碳酸盐、磷酸盐、硫酸盐等）大多不溶。典型的难溶盐主要有 $CaCO_3$、$CaSO_4$、CaC_2O_4、$BaSO_4$、$BaCrO_4$ 等。$SrCrO_4$ 的溶解度较大，可以溶于 HAc 中，而 $BaCrO_4$ 溶解度小，不溶于醋酸。

可溶性 Be 盐、Ba 盐有剧毒，致死量约为 0.8g。

$CaCl_2$ 常用作制冷剂。$CaCl_2 \cdot 6H_2O$ 与冰水按 1.444 ：1（质量比）配制的混合物平衡温度为－55℃。冬天在道路上喷洒 $CaCl_2$ 溶液，可防止路面结冰。$BeCl_2$ 和 $MgCl_2$ 的水合物受热时可水解为相应的氧化物和 HCl。

$$BeCl_2 \cdot 4H_2O \xlongequal{\triangle} BeO + 2HCl + 3H_2O$$

10.3 对角线规则

对比周期系中元素的性质发现，有些元素的性质常同其右下方相邻的另一元素类似，这种关系叫对角线规则。周期系第二、三周期只有三对元素的对角关系表现最为明显，即下面用斜线相连的三对元素比其同族元素的性质更为相近：

Li　Be　B　C

Na　Mg　Al　Si

1. 锂与镁的相似性

（1）单质在过量氧气中燃烧时，均只生成正常氧化物。

（2）氢氧化物均为中强碱，而且在水中的溶解度都不大。

（3）氟化物、碳酸盐、磷酸盐等均难溶于水。

（4）氯化物都能溶于有机溶剂（如乙醇）中。

（5）碳酸盐在受热时，均能分解成相应的氧化物（Li_2O、MgO）和二氧化碳。

2. 铍与铝的相似性

（1）单质均为活泼金属，其标准电极电势相近。

$$\varphi^{\ominus}(Be^{2+}|Be) = -1.85V; \varphi^{\ominus}(Al^{3+}|Al) = -1.706V$$

（2）单质均为两性金属，既能溶于酸也能溶于强碱。

（3）单质都能被冷、浓硝酸钝化。

（4）氯化物均为双聚物，并显示共价性，可以升华，易溶于有机溶剂。

（5）碳化物属于同一类型，水解后产生甲烷。

$$Be_2C + 4H_2O \longrightarrow 2Be(OH)_2\downarrow + CH_4\uparrow$$

$$Al_4C_3 + 12H_2O \longrightarrow 4Al(OH)_3\downarrow + 3CH_4\uparrow$$

3. 硼与硅的相似性

硼和硅的某些性质对比见表 10-2。

表 10-2 硼和硅的某些性质对比

性质		硼(B)	硅(Si)
单质（晶态）		原子晶体	原子晶体
单质与碱作用		置换出氢	置换出氢
含氧酸	酸性	很弱($K_a^\ominus=5.7\times10^{-10}$)	很弱($K_{a1}^\ominus=2.5\times10^{-10}$)
	稳定性	很稳定	稳定
形成多酸和多酸盐		形成链状或环状多酸盐	形成链状或环状多酸盐
重金属	颜色	有特征颜色	有特征颜色
含氧酸盐	溶解度	较小	较小
氢化物的稳定性		不稳定，在空气中即自燃	不稳定，在空气中即自燃
卤化物水解性		极易水解	极易水解

对角关系主要是从化学性质总结出来的经验规律，可以用离子极化观点粗略地加以说明：处于对角的三对元素性质上的相似性是由于它们的离子极化力相近。从 Li 到 Mg(或从 Be 到 Al、从 B 到 Si）电荷增多，但半径增大，对极化力产生两种相反的影响，前者使极化作用增强，而后者使极化作用减弱，由于两种相反的作用抵消了，使处于对角的三对元素 Li 与 Mg、Be 与 Al、B 与 Si 性质相近。

10.4 氢

在宇宙中，氢元素的含量最丰富。在自然界中，氢元素主要以水和烃类化合物的形式存在，大气中氢气的含量极低。

氢的电子构型为 $1s^1$，失去一个电子后成为 H^+；氢也可以得到一个电子成为 H^-。氢在元素周期表中的位置：有人将它排在Ⅶ A 族，但氢的电离性能（I）和电子亲和能（A）均与碱金属元素显示出一致的变化趋势，在低温高压下，氢气可以转变成黑色晶体-金属氢，因而，一般将氢排在周期表 IA 族的第一个位置。

10.4.1 氢的制备、性质和用途

1. 氢的制备

氢气既是重要的工业原料，又是新的能源，其制备方法可分为工业、实验室和能源法三类。

（1）工业上大量制氢

① 由天然气或煤制氢

工业上制氢最常用的是以天然气（主要成分 CH_4）或煤为原料，用水蒸气通过炽热的煤层或同天然气作用得到氢气，反应如下：

$$C(s)+H_2O(g)\xrightarrow{1273K}CO(g)+H_2(g)$$

$$CH_4(g)+H_2O(g)\xrightarrow[催化剂]{1073\sim1173K}CO(g)+3H_2(g)$$

② 电解水制氢

电解 15%～20% NaOH 或 KOH 溶液，阴极上放出氢气，阳极上放出氧气：

阴极 $$2H^+ + 2e^- \longrightarrow H_2\uparrow$$

阳极 $$4OH^- - 4e^- \longrightarrow 2H_2O + O_2\uparrow$$

阴极上产生的氢气纯度可达 99.99%～99.999%，但耗电量高，效率低。每生产 1 kg 氢需要耗电 57kW·h，总转化率还不到32%，比用天然气制氢的成本要高 2～3 倍。在氯碱工业中，电解 NaCl 水溶液制取 NaOH 和氯气时也可制得氢气。

$$NaCl + H_2O \xrightarrow{\text{电解}} NaOH + H_2\uparrow + Cl_2\uparrow$$

(2) 实验室制备氢气

最常用的方法是锌与稀硫酸反应：

$$Zn + H_2SO_4 \longrightarrow ZnSO_4 + H_2\uparrow$$

用此法制得的氢气不纯，含有 H_2S、SO_2、AsH_3 等杂质。通常用 $Pb(NO_3)_2$溶液除去 H_2S，用 KOH 溶液除去 SO_2，用 Ag_2SO_4溶液除去 AsH_3。

单质硅或两性金属单质（如：锌、铝等）与碱溶液反应，能得到纯度高的氢气。如：

$$Si + 2NaOH + H_2O \longrightarrow Na_2SiO_3 + 2H_2\uparrow$$

在野外作业需少量纯氢时，除用上述方法外，也可采用某些金属氢化物与水发生反应得到氢气。如：

$$CaH_2 + 2H_2O \longrightarrow Ca(OH)_2 + 2H_2\uparrow$$

(3) 能源法制氢

工业上制氢气的方法不仅要消耗能量，而且还离不开化石原料（煤、天然气、石油等）。将氢气用作能源显然不划算。考虑到地球上最大的能源是太阳能，而且水的储量极大，目前认为利用太阳光解水产生氢气是最理想的途径，尚处于研究阶段，大致有三种方法：光电化学电池分解水、光配位催化分解水和生物法分解水。

2. 氢气的性质和用途

在常温下，氢气是无色无味无臭的气体。它的摩尔质量是所有气体中最小的，也是所有气体中最轻的，因此常用于填充气球，以携带仪器作高空探测。氢气的扩散性大、导热性强、熔沸点极低，可以利用液氢获得极低温度，液氢是超低温制冷剂，可以使除 He 以外的所有气体冷冻为固体。氢气在水中的溶解度很小，以体积计，273K 时仅能溶解 2%，但它却能大量溶解于 Ni、Pd、Pt 等金属中，例如，一体积 Pd 能溶解 700 体积氢气。这为氢气的储存提供了一条崭新的途径，当然 Pd 是贵金属，从实用的观点来看是不经济的。近年来人们已发现过渡金属的合金型氢化物有很好的储氢性能，例如 Ti-Fe，Ti-Ni，La-Fe，Ti-Ni，La-Mg，La-Ni-Mg，$LaNi_5$等储氢材料。如每立方米 $LaNi_5$可储存约 88 kg 氢气，相当于 $LaNi_5$ 本身体积的1000 倍以上。而一个 40L 的钢瓶只能装 0.5kg 氢气。一旦储氢难题得到解决，作为清洁能源，氢气将发挥重要作用。

氢分子中的 H—H 键能（$436kJ\cdot mol^{-1}$）较大，在常温常压下氢分子很稳定，通常要在加热或增压甚至需催化剂参与下才能同其他物质发生化学反应。在高温下氢气可以将许多金属氧化物还原，得到高纯度的金属单质，如：

$$WO_3 + 3H_2 \longrightarrow W + 3H_2O$$

氢气常用于粉末冶金，也用于不饱和烃、植物油的加氢、不饱和脂肪酸的氢化等。

常压下，当空气中氢气的体积分数为 4%～74%时，一经点燃，将以极快速度进行链式反应而发生爆炸。因此，点燃氢气时要保证氢气的纯度，使用氢气的厂房要严禁烟火，加强通风。

10.4.2 氢化物

氢与某元素所生成的二元化合物叫氢化物。

1. 离子型氢化物

s 区元素（除 Be、Mg 外）在受热与加压下能与氢气直接化合，生成离子型化合物。

$$2M+H_2 \longrightarrow 2M^+H^- \quad (M=\text{碱金属})$$

$$M+H_2 \longrightarrow M^{2+}H_2^{2-}$$

这类氢化物均呈白色或无色，实验证明此类化合物中含有金属正离子和氢负离子 H^-。它们都是离子晶体，故称为离子型氢化物，又叫做盐型氢化物。

离子型氢化物的热稳定性大多较差，加热不到熔点就分解成金属和氢。实验测到的分解温度，LiH 为 1123K，NaH 为 698K，Ca 约为 1273K。

离子型氢化物具有强还原性，在水溶液中 $H_2 | H^-$ 电对的标准电极电势 $\varphi^{\ominus}=-2.23V$，H^- 是最强的还原剂之一，能同含活泼氢（氢原子上有部分正电荷）的化合物（如 H_2O、NH_3 等）反应放出氢气。

$$MH+HCl \longrightarrow MCl+H_2\uparrow$$

$$MH+H_2O \longrightarrow MOH+H_2\uparrow \quad (\text{碱金属})$$

$$MH+NH_3 \longrightarrow MNH_2+H_2\uparrow$$

$$MH+ROH(\text{醇}) \longrightarrow MOR+H_2\uparrow$$

离子型氢化物也能将金属氧化物或卤化物还原成金属。

$$2LiH+TiO_2 \longrightarrow Ti+2LiOH$$

$$2CaH_2+ZrO_2 \longrightarrow 2CaO+Zr+2H_2\uparrow$$

$$4NaH+TiCl_4 \longrightarrow Ti+4NaCl+2H_2\uparrow$$

与卤素离子一样，负氢离子也是配位体，它在非质子溶剂中与 B、Al、Ga 等缺电子原子化合物反应形成配位化合物，如四氢铝锂（$Li[AlH_4]$）和硼氢化钠（$Na[BH_4]$）。在乙醚中用 LiH 与无水 $AlCl_3$ 反应可生成 $Li[AlH_4]$。

$$4LiH+AlCl_3 \xrightarrow{\text{乙醚}} Li[AlH_4]+3LiCl$$

$Li[AlH_4]$ 具有强烈的还原性，在无机合成及有机合成中是常用的优良还原剂。例如

$$Li[AlH_4]+SiCl_4 \longrightarrow LiCl+AlCl_3+SiH_4$$

Na 可用偏硼酸钠、氢气和金属铝在高压容器中合成：

$$3NaBO_2+4Al+6H_2 \longrightarrow 3Na[BH_4]+2Al_2O_3 (373\ K,\ 6.1\ MPa)$$

$Na[BH_4]$ 是一种白色晶状固体，能溶于水、醚类、胺类和多元醇等。$Na[BH_4]$ 也是一种强还原剂，如 $Na[BH_4]$ 可同三氟化硼乙醚溶液反应定量地释放出乙硼烷：

$$3Na[BH_4]+BF_3 \longrightarrow 3NaF+2B_2H_6$$

2. 共价型氢化物

共价型氢化物是最常见的氢的化合物，自然界中的氢基本上都是以共价型氢化物形式存在的。如 p 区元素（除稀有气体、In、Tl 外）与氢形成的化合物都是共价型氢化物。固态共价型氢化物是分子晶体，又称为分子型氢化物。这类氢化物的特点是熔点、沸点较低，在通常条件下为气体，性质差别较大。

3. 金属型氢化物

氢与过渡金属、s 区的 Be、Mg 和 p 区 的 In、Tl 可生成金属型氢化物。这类氢化物的组成大多不固定，通常不是整比化合物，例如：$TaH_{0.76}$、$LaH_{2.76}$、$LaH_{5.7}$、$TiH_{1.73}$、$PdH_{0.85}$ 等。对这类氢化物曾有两种看法：

（1）氢原子间充于金属晶体中的间隙位置而形成间充化合物。

（2）氢溶在金属中形成固熔体，氢原子在晶格中占据与金属原子相应的位置。

现已证明这些金属型氢化物都有明确的物相，其晶体结构与原金属的晶体结构完全不同。

金属型氢化物大多数为脆性固体（金属氢化后变脆，称为氢脆），具有深色或类似金属的外貌，基本上保留着金属的一些物理性质，如都具有类似于金属的导电性和磁性等，但是它们的密度比相应的金属低。

过渡金属的氢化物常常在加压和中等温度条件下直接由金属与氢化合而成，温度再升高就会分解，利用这种可逆反应可以制备出非常纯净的氢气。因而，金属氢化物的一个十分有意义的潜在应用就是作为轻便的和相对安全的贮氢材料。

拓展阅读

锂电池简介

随着科学技术的发展，在很多领域内需要体积小、寿命长、电压高、能在各种环境中使用的电池。传统的电池如锌-碳-氯化铵电池，锌-碳-氯化锌及碱性二氧化锰电池显然不能满足这些要求，锂电池便应运而生。

锂是最轻的固体金属，它的电极电势的负值很大，因而是一种很好的电池用阳极材料。与其他电池相比，锂做电极材料的电池具有体积小、质量轻、能量大等优良性能。锂的化学性质活泼，易与水反应，因而锂电池也采用非水体系，这使它的电压可高于 2V（有的锂电池电压高达 3.6V），其温度使用范围也大大加宽。如 $Li/SOCl_2$ 电池可在 −55～150℃的温度范围内使用。目前市场上的锂电池的类型及其性能归纳见表 10-3。

表 10-3　锂电池的类型及基本性能

电池	阴极材料	能量 /$W \cdot h \cdot kg^{-1}$	电压 /V	使用温度 /℃	寿命 /年	应用范围
$Li/SOCl_2$	$SOCl_2$	700	3.6	−55～150	15～20	工业、商业
Li/SO_2	SO_2	260	2.8	−55～70	5	军事、航空
Li/MnO_2	MnO_2	330	3.1	−20～6	5	民用
$Li/(CF)_x$	$(CF)_x$	310	2.8	−20～6	5	民用
Li/I_2	I_2	230	2.7	0～7	10	医疗器械

锂电池应用范围广，尤其是在远距离传感器中，如地震仪、深井探油仪、海洋浮标、无线电高空探测仪及生物远距离探测仪中应用广泛。一些小型照相机中也常用锂电池。

习　题

扫码查看习题答案

10-1　选择题

1. 下列化合物中最稳定的是（　　）

A. Li_2O_2　　B. Na_2O_2　　C. K_2O_2　　D. Rb_2O_2

2. 可以将 Ba^{2+} 和 Sr^{2+} 分离的一组试剂是（　　）

A. H_2S 和 HCl　　B. $(NH_4)_2CO_3$ 和 $NH_3.H_2O$

C. K_2CrO_4 和 HAc　　D. $(NH_4)_2CO_3$ 和 HAc

3. 下列碳酸盐中最易分解为氧化物的是（　　）

A. $CaCO_3$　　B. $BaCO_3$　　C. $MgCO_3$　　D. $SrCO_3$

4. 和水反应得不到 H_2O_2 的为（　　）

A. K_2O_2　　B. Na_2O_2　　C. KO_2　　D. K

5. Na_2O_2 与稀 H_2S 反应的产物是（　　）

A. Na_2SO_4 和 H_2O_2　　B. Na_2SO_4、O_2 和 H_2O

C. Na_2SO_4 和 H_2O　　D. Na_2SO_3

6. 下列难溶钡盐中不溶于盐酸的是（　　）

A. $BaCO_3$　　B. $BaSO_4$　　C. $BaCrO_4$　　D. $BaSO_3$

7. 过氧化钠（Na_2O_2）吸收 CO_2 后，将会产生（　　）

A. CO　　B. Na_2O+O_2　　C. $Na_2CO_3+O_2$　　D. Na_2O

10-2　填空题

1. 由于锂的离子半径特别小，故许多锂盐是很难溶的，其中典型的有____________、____________、____________等。碱金属元素与氧反应，可以生成____________、____________、____________和____________。在碱金属氧化物中，最重要的和最常用的氧化剂是________。在熔融或蒸发 NaOH 溶液时，以使用________制或______制坩埚为最好，它对 NaOH 有较强的抗腐蚀性能。碱土金属硫酸盐中，分解温度最低的__________。镁条在空气中燃烧的反应产物是____________和______________________。钙的情况与镁____________。

2. 盛 $Ba(OH)_2$ 溶液的瓶子，在空气中放置一段时间后内壁蒙有一层白色薄膜，这层薄膜（成分的分子式）是____________，这层薄膜可采用____________清洗。

3. 船舶锅炉中的水垢，通常用加入____________试剂一次性除去，其原理用反应方程式表示为________________________________。

4. 在 s 区元素中，处于对角线位置且性质相似的两种元素是______和________，它们在氧气中燃烧都生成________，与氮气直接化合生成______物。在它们的盐类中，________、________和__________都难溶于水。

5. $Ca(H_2PO_4)_2$、$CaHPO_4$、$Ca_3(PO_4)_2$ 在水中溶解度由小到大的顺序为____________，其中，____________作为磷肥肥料使用。选择该化合物作磷肥的原因是____。

10-3　完成并配平下列反应的化学方程式

1. $Na+H_2O$ ══
2. $H_2+Ca \xrightarrow{250\sim300℃}$
3. $2Na+2NH_3$（l）=
4. $TiCl_4+Mg$(熔融)══
5. $K+KNO_3$ ══
6. $Na_2O_2+H_2O$ ══
7. $Fe_2O_3+Na_2O_2$（熔融）══
8. $Na_2O_2+KMnO_4+H^+$ ══
9. KO_2+H_2O ══
10. KO_3+H_2O ══
11. $LiNO_3 \xrightarrow{\triangle}$
12. $KOH+O_3$ ══

10-4　分离、提纯与鉴别

1. 设计一实验方案，除去粗食盐溶液中的 Mg^{2+}、Ca^{2+} 和 SO_4^{2-} 离子。

2. 如何除去 $BaCl_2$ 溶液中的少量 $FeCl_3$ 杂质？

3. 鉴别下列各组物质：

① Be（OH）$_2$、Mg（OH）$_2$　　② Na_2CO_3、$NaHCO_3$、NaOH

③ Ca（OH）$_2$、CaO、$CaSO_4$

4. 某白色粉末状固体，可能是 Na_2CO_3，$NaNO_3$，Na_2SO_4，NaCl 或 NaBr 中的一种，试设计实验方案鉴别之。

10-5　用方程式解释实验现象

1. 向 $KMnO_4$ 溶液中加入少许的过氧化钠，溶液的紫色褪去。

2. 向酸化的亚硝酸钾溶液中滴加 $CoCl_2$ 溶液，析出黄色沉淀。有红棕色的气体生成。

3. 向 $MgCl_2$ 溶液中加入氨水，先生成白色沉淀；向沉淀中加入固体 NH_4Cl 后，沉淀溶解。

10-6　简答题

含钾的硝酸盐比含钠的硝酸盐高，为何配制黑火药时使用 KNO_3，而不使用 $NaNO_3$？此外，实验室钾的高锰酸盐和重铬酸盐常见，为何其钠盐少见？

10-7　推理判断

1. s 区某金属 A 与水反应激烈，生成的产物之一 B 溶液呈碱性，B 与溶液 C 反应可得到中性溶液 D，D 在无色火焰中的焰色反应呈黄色，在 D 中加入 $AgNO_3$ 溶液有白色沉淀 E 生成，E 可溶于氨水。一淡黄色粉末物质 F 与金属 A 反应，生成 G，G 溶于水得到 B 溶液，F 溶于水则得到 B 和 H 的混合溶液，H 的酸性溶液可使 $KMnO_4$ 溶液褪色，并放出气体 I，试确定各字母所代表物质的化学式，写出有关反应方程式。

2. 某碱土金属（A）在空气中燃烧时火焰呈橙红色，反应产物为（B）和（C）的固体混合物。该混合物与水反应生成（D）溶液，并放出气体（E），（E）可使红色石蕊试纸变蓝。将 CO_2 气体通入（D）溶液中有白色沉淀（F）生成。试给出物质 A～F 的化学式，并用化学反应方程式表示上述各步的转化过程。

3. 现有一固体混合物，其中可能含有 $MgCO_3$、Na_2SO_4、$Ba(NO_3)_2$ 和 $CuSO_4$。将其置于水中得到无色溶液和白色沉淀，此白色沉淀可溶于稀盐酸并冒气泡。而无色溶液遇盐酸无反应，其火焰反应呈黄色。试判断在此混合物中，哪些物质一定存在？哪些物质一定不存在？说明理由。

第11章

扫码查看重难点

p区元素

p区元素包括：硼族元素（硼、铝、镓、铟、铊）、碳族元素（碳、硅、锗、锡、铅）、氮族元素（氮、磷、砷、锑、铋）、氧族元素（氧、硫、硒、碲、钋）、卤族元素（氟、氯、溴、碘、砹），下面分别予以介绍。

11.1 硼族元素

ⅢA族包括硼（boron，B）、铝（aluminum，Al）、镓（gallium，Ga）、铟（indium，In）、铊（thallium，Tl）五种元素，统称为硼族元素。除了硼为非金属元素外，铝、镓、铟、铊均为金属元素，其金属性随原子序数的增大而增强。硼族元素的价电子层结构为 ns^2np^1，主要氧化态为+3和+1。

硼在地壳中的丰度为 $1.0\times10^{-3}\%$，主要以各种硼酸盐形式存在。最常见的硼化合物为硼砂（$Na_2B_4O_7\cdot10H_2O$），还有方硼矿（$2Mg_3B_8O_{15}\cdot MgCl_2$）、白硼石矿（$Ca_2B_6O_{11}\cdot3H_2O$）等，我国辽宁等地有硼镁矿（$Mg_2B_2O_5\cdot H_2O$）。

Al在地壳中的丰度为8.2%，其丰度排第3位，仅次于氧和硅。在所有金属元素中位居第一位，比Fe几乎多了一倍，是Cu的近千倍。铝单质是德国人维勒（Wöhler）于1827年通过金属钾还原无水氯化铝制得的。Al的主要存在形式为铝矾土矿，如：水合氧化铝矿（$Al_2O_3\cdot xH_2O$）；其次，还有冰晶石矿（$Na_3[AlF_6]$），再就是为数众多的硅铝酸盐矿。

Ga、In、Tl无单独的富矿床，多以杂质形式共生于其他元素的矿物中。Ga在地壳中的丰度约为 $5\times10^{-4}\%$，以极低含量分散在铝矾土矿和某些硫化物矿中，如Ga与Cu共生的硫化物 $GaCuS_2$，锗石中含0.1%～0.85%的Ga。Ga还容易和Ge共存于煤中。燃烧剩下的烟道灰中含有微量的Ga和Ge。In共生于闪锌矿中。Tl则常与Pb的硫化物共生，如：铊

石的组成为 $TlPbAs_5S_9$。

硼族元素的价轨道数为 4（1 个 s 轨道和 3 个 p 轨道），而价电子数为 3，小于价轨道数，因此，硼族元素又称为缺电子元素。在形成正常的化合物后，还剩有 1 个空的价轨道，因此，硼族元素化合物仍有很强的继续接受电子的能力。这种能力表现在分子的自聚合以及与电子对给予体形成稳定配位化合物的趋向。

氧化数为 +3 的硼族元素，具有相当强的形成共价键的倾向。特别是 B 原子，其原子半径小，电负性较大，具有极强的极化能力，决定了 B 的化合物大多为共价化合物。

$$F_3B + NH_3 = F_3B \leftarrow NH_3$$

$$BF_3 + F^- = [BF_4]^-$$

Al 及其以下的元素，虽然皆为金属，但 +3 这一较高的氧化数，以及 Ga、In、Tl 的 18 电子层结构，产生较为强烈的极化能力，使原子之间易形成极性共价键。如 Al_2X_6：

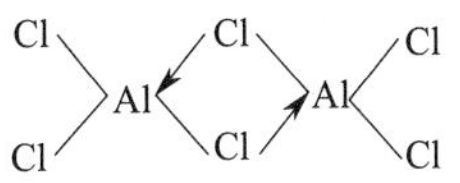

在 Al_2Cl_6 分子中，每个 Al 原子以 sp^3 杂化轨道与四个 Cl 原子成键，呈四面体结构。中间两个氯原子形成桥式结构，它除与一个 Al 原子形成正常共价键外，还与另一个 Al 原子形成配位键，这种结构也是由 $AlCl_3$ 的缺电子性造成的。

Tl 为第六周期元素，Tl 原子具有全充满的 4f 和 5d 轨道。4f 和 5d 轨道电子云相对较为分散，对原子核的屏蔽作用较小，6s 电子又有较大的穿透作用，导致 6s 轨道的能量显著降低，使 6s 电子成为“惰性电子对”不容易失去。因此，Tl 通常只失去 p 轨道上的 1 个电子，表现为较活泼的金属元素。Tl^{3+} 不稳定，为强氧化剂。具有惰性电子对效应的元素，与 Tl 处于同一周期的还有 Pb 和 Bi，其最高价态的化合物如 Pb(Ⅳ)、Bi(Ⅴ) 均具有强氧化性。

11.1.1　硼族元素的单质

1. 硼单质及其性质

单质硼有多种同素异形体，无定形硼为棕色粉末，晶态硼呈灰黑色。晶态硼的硬度近似于金刚石，有很高的电阻，但其电导率却随着温度的升高而增大，说明单质硼与单质硅类似，具有半导体特性。

单质硼的化学性质主要表现在以下几个方面。

（1）与非金属反应

高温下 B 可与 N_2、O_2、X_2、S 等单质反应。例如，可在空气中燃烧，生成 B_2O_3 和少量 BN；在室温下能与 F_2 发生反应，但不与 H_2 反应。

$$4B + 3O_2 = 2B_2O_3$$

$$2nB + nN_2 = (BN)_{2n}$$

$$2B + 3F_2 = 2BF_3$$

（2）与氧化物反应（强烈的亲氧性）

B 能从许多稳定的氧化物（如 SiO_2、P_2O_5、H_2O）中夺取 O，通常用作还原剂。例如，在赤热条件下，B 与水蒸气反应生成硼酸 $B(OH)_3$和 H_2。

$$2B+6H_2O(g) \longrightarrow 2B(OH)_3+3H_2\uparrow$$

（3）与酸反应

B 不与 HCl 反应，但可与热浓 H_2SO_4、热浓 HNO_3反应。

$$2B+3H_2SO_4(浓) \longrightarrow 2B(OH)_3+3SO_2\uparrow$$

$$B+3HNO_3(浓) \longrightarrow B(OH)_3+3NO_2\uparrow$$

（4）与强碱反应

在氧化剂存在下，B 与强碱共熔生成偏硼酸盐。

$$2B+2NaOH+3KNO_3 \xrightarrow{\triangle} 2NaBO_2+3KNO_2+H_2O$$

（5）与金属反应

高温下，B 几乎能与所有的金属反应生成金属硼化物，大多为一些非整数比化合物。其组成中 B 原子数目越多，结构越复杂。

无定形硼用于生产硼钢。硼钢的抗冲击性能好。又因为 B 具有吸收中子的特性，硼钢不仅是制造喷气式发动机的优质钢材，还用于制造原子反应堆的控制棒。

2. Al 单质及其性质

Al 是一种银白色金属，密度为 $2.7g\cdot cm^{-3}$，熔点为 930K，沸点为 2740K。铝具有良好的导电性和延展性，可代替 Cu 用于制造电线、高压电缆等各类导电材料。

Al 单质的主要化学性质如下。

（1）典型的两性元素

与 Cu、Zn、Cr 等元素类似，Al 既能溶于稀酸，也能溶于强碱溶液中。铝易溶于稀酸，可从稀酸中置换出 H_2。但 Al 与 HCl 反应比与 H_2SO_4更快，与碱反应的速率比与酸反应的速率要快。

$$2Al+3H_2SO_4 \longrightarrow Al_2(SO_4)_3+3H_2\uparrow$$

$$2Al+2NaOH+6H_2O \longrightarrow 2Na[Al(OH)_4]+3H_2\uparrow$$

Al 在冷的浓 HNO_3和浓 H_2SO_4中，因表面钝化而不能进一步反应，但在热的浓 H_2SO_4中可以发生如下反应：

$$2Al+6H_2SO_4(热,浓) \longrightarrow Al_2(SO_4)_3+3SO_2\uparrow+6H_2O$$

（2）亲氧性

Al 接触空气，其表面生成一层致密的氧化膜，进而阻止内层的 Al 继续氧化，使 Al 在空气中有较高的稳定性。

Al 与 O 在高温下反应，并放出大量的热

$$4Al+3O_2 \longrightarrow 2Al_2O_3$$

利用该反应，Al 常被用来从其他金属氧化物中置换金属，该方法称为铝热法。例如

$$2Al+Fe_2O_3 \longrightarrow 2Fe+Al_2O_3$$

反应中放出的热量可将反应混合物加热至很高的温度（3273 K），使生成的金属熔化而与 Al_2O_3熔渣分层。铝热法常被用来还原某些难以还原的金属氧化物，如 MnO_2、Cr_2O_3等。所以，Al 是冶金工业上常用的还原剂之一。

（3）与其他非金属反应

在高温下，Al 容易与其他非金属反应，生成硫化物、卤化物等。

$$2Al+3S = Al_2S_3$$

$$2Al+N_2 = 2AlN$$

$$2Al+3X_2 = 2AlX_3$$

$$4Al+3C = Al_4C_3$$

3. Ga 单质及其性质

Ga 为银白色软金属，硬度与 Pb 相近。密度为 $5.91g \cdot cm^{-3}$，熔点为 302.78K（29.78℃），沸点为 2676K，熔点、沸点相差之大是所有金属中独一无二的。Ga 凝固时体积会发生膨胀，这一点与其他金属不同。

液态 Ga 的蒸气压较低，在 1273K 时只有 0.1333Pa，适用于真空装置中的液封。Ga 与 Al、Zn、Sn、In 等形成低熔合金，与 V、Nb、Zr 形成的合金具有超导性。

Ga 的化学活泼性比 Al 弱，也是一种两性金属元素。化合物的氧化态有+1 和+3。Ga 的主要化学性质如下。

（1）常温下 Ga 不与 O_2 和 H_2O 反应。高温时，Ga 与 O_2、S 等反应，生成+3 价的氧化物和硫化物。

$$4Ga+3O_2 = 2Ga_2O_3$$

$$2Ga+3S = Ga_2S_3$$

（2）与卤素在常温下反应（与碘反应需要加热）生成 GaX_3 或 GaX。

$$2Ga+3X_2 = 2GaX_3$$

（3）Ga 与稀酸作用缓慢，易溶于热的 HNO_3、浓的 HF 和热的浓 $HClO_4$ 及王水中。

$$Ga+4HNO_3 = Ga(NO_3)_3+NO\uparrow+2H_2O$$

$$2Ga+12HF = 2H_3[GaF_6]+3H_2\uparrow$$

$$2Ga+6HClO_4 = 2Ga(ClO_4)_3+3H_2\uparrow$$

（4）Ga 与 NaOH 溶液反应，类似于 Al 与 NaOH 溶液的反应，生成镓酸盐并放出 H_2。

$$2Ga+2NaOH+6H_2O = 2Na[Ga(OH)_4]+3H_2\uparrow$$

（5）Ga 及其氧化物、氢氧化物均为两性，反应与 Al 类似。

Ga 的熔点、沸点相差悬殊，可制作高温温度计，用于测量炼钢炉、原子能反应堆的高温。液态 Ga 常代替汞，用于各种高温真空泵或紫外线灯泡。

利用 Ga 熔点低的特性，将 Ga 与 Zn、Sn、In 制成低熔点合金，用于自动救火水龙头的开关。一旦发生火灾，温度升高，低熔合金开关保险熔化，水龙头自动喷水灭火。Ga 与 As、Sb、P 等生成的砷化镓、锑化镓、磷化镓等都是优良的半导体材料。磷化镓为半导体发光材料，能够发射出红光或绿光。

低温时，Ga 有良好的超导性。在接近 0 K 时，电阻几乎为零。钒三镓合金为超导材料。

应当注意的是，Ga 及其化合物都有毒，其毒性远远超过 Hg 与 As。Ga 可以损伤肾脏，破坏骨髓，沉积在软组织中，造成神经、肌肉中毒。

4. In 单质及其性质

In 为银白色略带淡蓝色的金属，熔点为 430 K，沸点为 2353 K，密度为 $7.31g \cdot cm^{-3}$，延展性好，比铅软。

常温下，In与空气中的 O_2反应缓慢，表面形成极薄的氧化膜。加热时能与 O_2、S、卤素、Se、Te、P等非金属反应，还能与许多金属形成合金。

大块金属In不易与沸水和碱反应，但粉状In可以与水反应，生成 $In(OH)_3$。

In与稀酸作用缓慢，易溶于热的 HNO_3或乙酸、乙二酸中。

In的主要用途是作为金属包覆层或制成合金，以增强金属材料的耐腐蚀性，特别是在发动机轴承中，可以减轻油的腐蚀，提高润滑性。In有优良的反射性能，可用来制作反射镜。铟合金可作为反应堆控制棒，其低熔合金可用于玻璃与玻璃、玻璃与金属的封接。

5. Tl单质及其性质

Tl为灰白色重而软的金属，熔点为576.7K，沸点为1730K，密度为 $11.85g\cdot cm^{-3}$。

室温下，Tl可与空气中的 O_2 反应，失去光泽变得灰暗，生成 Tl_2O 膜。Tl与 O_2 反应还可生成 Tl_2O_3。

室温下，Tl与卤素反应易生成TlX。TlX_3 不稳定，$TlBr_3$ 和 TlI_3 难以生成，原因是+3价Tl具有强氧化性。

高温时，Tl能与S、Se、P等非金属反应，生成相应的+1价化合物。

Tl不溶于碱，与HCl反应较慢，但能迅速溶解在 HNO_3、稀 H_2SO_4 中，生成+1价可溶性的Tl盐。

Tl的某些化合物对红外辐射特别敏感，或者在红外区有光传导性，被用于红外探照灯、红外照相技术、军事光学仪器等。Tl的某些化合物，还可用作有机合成的催化剂。

Tl及其化合物对人体和生物体都有毒，可用于制杀鼠药、杀虫剂，食入少量的Tl盐可使毛发脱落。工业废水中不允许含Tl。空气中Tl的最高容许量为 $0.1\mu g\cdot L^{-1}$，致死量为1.75g Tl_2SO_4。

11.1.2 硼族元素的重要化合物

1. 硼的氢化物

B可以生成一系列的共价氢化物，其性质类似于烷烃，故称为硼烷。其中，最简单的为乙硼烷（B_2H_6）。自然界中不存在甲硼烷（BH_3）。

类似于C的氢化物，硼烷分为 B_nH_{n+4} 和 B_nH_{n+6} 两大类，如 B_2H_6、B_5H_9、B_6H_{10} 和 B_3H_9、B_4H_{10}、B_5H_{11} 等。

B的缺电子性使硼烷具有较为复杂的结构。本章只讨论乙硼烷的结构与性质。

（1）乙硼烷的结构

B复杂的成键特征无法用一般化学键理论解释。直到20世纪60年代初，美国科学家利普斯科姆（Lipscomb）提出多中心键理论以后，人们才对 B_2H_6 的分子结构有了正确的认识。多中心键理论补充了价键理论的不足，大大促进了硼结构化学的发展。利普斯科姆也因为这一成就荣获1976年的诺贝尔（Nobel）化学奖。他根据B原子的缺电子特点，归纳出了B原子在各种硼烷中表现出的五种成键类型（见图11-1-1）。①端梢的两中心两电子硼氢键 B—H，即正常的共价键。②三中心两电子的氢桥键。③两中心两电子的 B—B 键，即正常的共价键。④开口的三中心两电子硼桥键。⑤闭合的三中心两电子硼键。

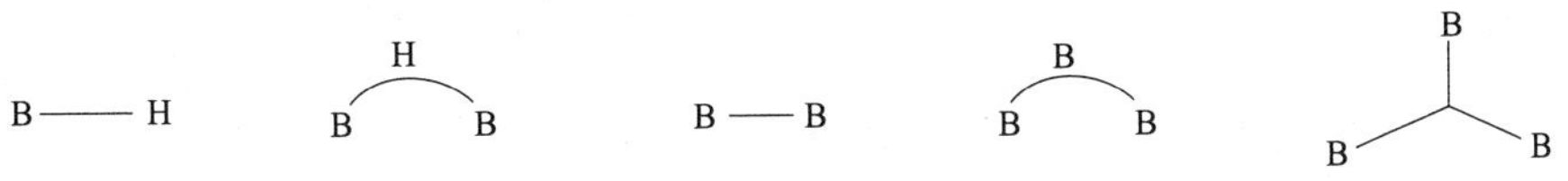

图 11-1-1　B_2H_6 的成键结构示意图

B_2H_6 中有四个正常的 B—H 键和两个三中心两电子氢桥键（见图 11-1-2）。

图 11-1-2　B_2H_6 的成键结构

（2）B_2H_6 的性质

B_2H_6 常温下为有毒的气体，性质不稳定。

① B_2H_6 非常活泼，暴露于空气中易燃或爆，并放出大量的热。

$$B_2H_6 + 3O_2 \xlongequal{} B_2O_3 + 3H_2O \quad \Delta_r H_m^{\ominus} = -2166\text{kJ} \cdot \text{mol}^{-1}$$

② B_2H_6 能与强氧化剂（如卤素）发生反应，生成 BX_3。

$$B_2H_6 + 3X_2 \xlongequal{} BX_3 + 6HX$$

③ B_2H_6 易水解，释放出 H_2，生成 H_3BO_3，并放出大量的热。

$$B_2H_6 + 6H_2O \xlongequal{} 2H_3BO_3 + 6H_2\uparrow \quad \Delta_r H_m^{\ominus} = -4184\text{kJ} \cdot \text{mol}^{-1}$$

④ B_2H_6在 373 K 以下稳定，高于此温度则分解放出 H_2，转变为高硼烷。B_2H_6的热解产物很复杂，控制不同条件，可得到不同的主产物。

⑤ B_2H_6在乙醚中与 LiH 反应，生成还原性比 B_2H_6更强的硼氢化锂 $LiBH_4$。

$$B_2H_6 + 2LiH \xlongequal{} 2LiBH_4$$

$LiBH_4$ 溶于水或乙醇，无毒，化学性质稳定，广泛用于有机合成中。

2. 硼酸

（1）H_3BO_3的结构

在 H_3BO_3晶体中，每个 B 原子以 sp^2杂化轨道与 O 原子结合，生成平面三角形结构。每个 O 原子通过氢键与另一个 H_3BO_3中的 H 原子结合而连成层片状结构，层与层之间以微弱的范德华力相吸引。因此，H_3BO_3晶体为片状，有滑腻感，可作润滑剂。

（2）H_3BO_3的性质

① H_3BO_3微溶于水，273 K 时每 100mL 水中可溶解 6.35gH_3BO_3，加热时，晶体中的部分氢键断裂导致溶解度增大，373 K 时，每 100mL 水中可溶解 27.6g H_3BO_3。

② H_3BO_3为一元弱酸，$K_a^{\ominus} = 5.8 \times 10^{-10}$。$H_3BO_3$ 也可以写成 B（OH）$_3$。H_3BO_3 的弱酸性并不是自身电离出 H^+ 产生的，而是由于 B 为缺电子原子，利用未参与成键的空价轨道，加合 H_2O 电离出的 OH^- 而释放出 H^+，见图 11-1-3。

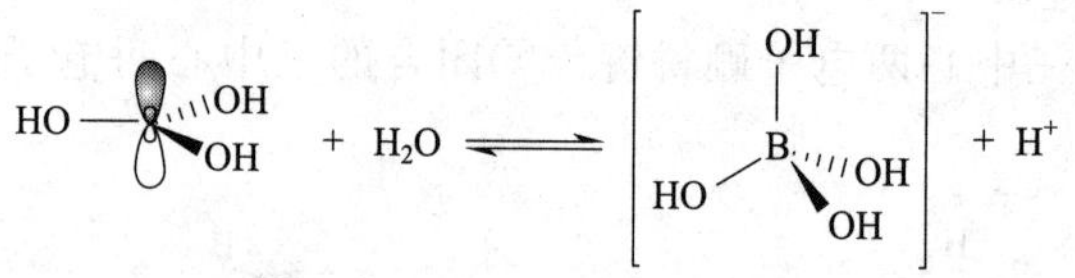

图 11-1-3 H_3BO_3 加合H_2O电离出的OH^-释放出H^+的示意图

③ H_3BO_3 的电离方式表现出硼化合物的缺电子特点。H_3BO_3 是典型的路易斯酸，其酸性可通过加入甘油（丙三醇）或甘露醇而大为增强。例如，H_3BO_3 溶液的 pH＝5.12，加入甘油后，$K_a^{\ominus}=3.0\times10^{-7}$，表现出一元酸的性质（见图 11-1-4），可用强碱滴定。

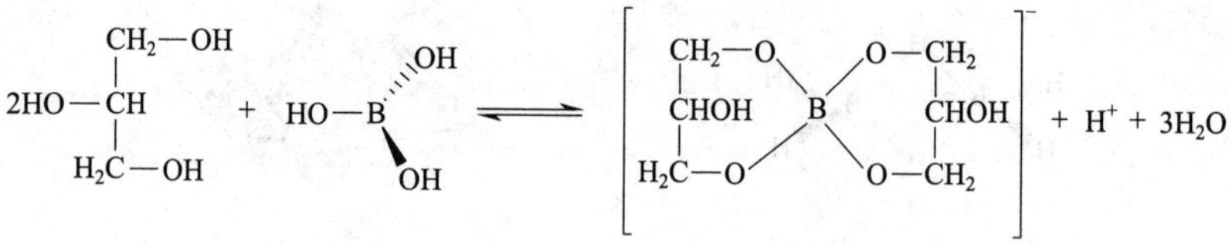

图 11-1-4 加入甘油后H_3BO_3 表现出一元酸性质的成因

④ H_3BO_3 与甲醇或乙醇在浓 H_2SO_4 存在条件下生成硼酸酯。

$$H_3BO_3+3CH_3CH_2OH \xlongequal{} B(CH_3CH_2O)_3+3H_2O$$

硼酸酯在高温下燃烧，产生特有的绿色火焰。此反应可用于鉴别 H_3BO_3、硼酸盐等化合物。

⑤ H_3BO_3 在加热脱水分解过程中，先转变为偏硼酸 HBO_2，继续加热变成 B_2O_3。B_2O_3 是酸性氧化物。在熔融的条件下，B_2O_3 与金属氧化物（如：CuO、Fe_2O_3、MnO、NiO）化合，冷却至室温后得到有特征颜色的偏硼酸盐熔珠，例如：

$$CuO+B_2O_3 \xrightarrow{\text{熔融}} Cu(BO_2)_2 \quad \text{蓝色} \qquad MnO+B_2O_3 \xrightarrow{\text{熔融}} Mn(BO_2)_2 \quad \text{紫色}$$

$$NiO+B_2O_3 \xrightarrow{\text{熔融}} Ni(BO_2)_2 \quad \text{绿色} \qquad Fe_2O_3+B_2O_3 \xrightarrow{\text{熔融}} Fe(BO_2)_3 \quad \text{黄色}$$

⑥ 在与酸性较强的氧化物（如 P_2O_5 或 As_2O_5）或酸反应时，H_3BO_3 则表现出弱碱性。

$$B(OH)_3+H_3PO_4 \xlongequal{} BPO_4+3H_2O$$

3. 硼砂

（1）硼砂的组成

H_3BO_3 可以缩合为多硼酸，多硼酸在溶液中不稳定，而多硼酸盐很稳定。其中最重要的为四硼酸钠盐 $Na_2B_4O_7\cdot10H_2O$，也称为硼砂。

（2）硼砂的性质

① 硼砂为无色半透明晶体或白色结晶粉末。在空气中容易风化失水，加热到 650K 左右失去全部结晶水成无水盐，在 1150K 熔为玻璃态。

② 熔融的硼砂可发生硼砂珠反应，能溶解一些金属氧化物，并依金属的不同而显出特征的颜色。例如

$$Na_2B_4O_7+CoO \xlongequal{} 2NaBO_2\cdot Co(BO_2)_2$$

此反应可用于定性分析及焊接金属时的除锈过程。

③ 硼砂为强碱弱酸盐，其水溶液具有缓冲作用（pH＝9.182，25℃），可以配成标准缓冲溶液，也能作为标定 HCl 浓度的一种基准物质。

$$B_4O_7^{2-}+5H_2O+2H^+ = 4H_3BO_3 (pH=5.12)$$

4. Al_2O_3

Al_2O_3 有多种晶形，其中最常见的是 α-Al_2O_3 和 γ-Al_2O_3，为不溶于水的白色粉末。

（1）α-Al_2O_3

自然界中的刚玉为 α-Al_2O_3，属于六方紧密堆积晶体结构，6 个 O 原子构成一个八面体，在整个晶体中，有 2/3 的八面体空隙为 Al 原子所占据。由于这种紧密堆积结构晶格能大，因此 α-Al_2O_3 的熔点（2288.15K）和硬度（8.8）都很高。常温下不溶于酸或碱，耐腐蚀，且绝缘性好。常用作球磨机中的磨料，也可以制成刚玉坩埚和其他耐火材料。

（2）γ-Al_2O_3

加热使 $Al(OH)_3$ 脱水，在较低的温度下生成 γ-Al_2O_3。其晶体属于面心立方紧密堆积结构，Al 原子不规则地排列在由 O 原子构成的八面体和四面体空隙中，这种结构使 γ-Al_2O_3 的密度不高。具有较大的表面积，生成的颗粒也较小，具有较高的吸附能力和催化活性，性质比 α-Al_2O_3 活泼，具有典型的两性，既可溶于酸，又可溶于碱，称为活性 Al_2O_3。

5. $Al(OH)_3$

向铝盐溶液中加入 $NH_3 \cdot H_2O$ 或碱，可沉淀出蓬松的白色 $Al(OH)_3$ 沉淀，$Al(OH)_3$ 为两性氢氧化物，碱性略强于酸性，属于弱碱。$Al(OH)_3$ 不溶于氨水中，与 NH_3 不生成配合物。然而，锌盐、铜盐均溶于氨水，生成氨的配合物，据此利用氨水可以从锌盐、铜盐中分离出 $Al(OH)_3$。$Al(OH)_3$ 与 Na_2CO_3 共溶于 HF 中，可生成冰晶石 $Na_3[AlF_6]$。

$$Al(OH)_3+OH^- = [Al(OH)_4]^-$$

$$2Al(OH)_3+12HF+3Na_2CO_3 = 2Na_3[AlF_6]+3CO_2\uparrow+9H_2O$$

6. $AlCl_3$

（1）$AlCl_3$ 的制备

① 熔融态 Al 与氯气反应：

$$2Al+3Cl_2 = 2AlCl_3$$

② 向红热的 Al_2O_3 与焦炭的混合物中通入氯气：

$$Al_2O_3+3C+3Cl_2 \xlongequal[\triangle]{} 2AlCl_3+3CO$$

利用溶液反应只能得到 $AlCl_3 \cdot 6H_2O$。

（2）$AlCl_3$ 的结构

在气相或非极性溶剂中，$AlCl_3$ 以二聚体形式存在。因为 $AlCl_3$ 为缺电子分子，Al 原子有空的价轨道，Cl 原子有孤对电子。Al 原子采取 sp^3 杂化成键，形成四面体结构。两个 $AlCl_3$ 分子以 Cl 桥键结合，形成 Al_2Cl_6 分子，这种 Cl 桥键与 B_2H_6 的 H 桥键结构相似，但成键机理完全不同。

（3）$AlCl_3$ 的性质

无水 $AlCl_3$ 在常温下为白色固体，遇水发生强烈水解并放热

$$AlCl_3 + H_2O \longrightarrow Al(OH)Cl_2 + HCl$$

$AlCl_3$ 是逐级水解的，水解的终产物为 $Al(OH)_3$ 沉淀。碱式氯化铝 $Al(OH)_2Cl$ 是一种高效净水剂，是由介于 $AlCl_3$ 和 $Al(OH)_3$ 之间的一系列中间水解产物聚合而成的高效无机高分子化合物，其组成式为 $[Al_2(OH)_nCl_{6-n}]_m$，$1 \leqslant n \leqslant 5$，$m \leqslant 10$，为多羟基多核配合物，是通过羟基架桥聚合而成的。

$AlCl_3$ 易溶于乙醚等有机溶剂中，这表明它是一种共价型化合物。$AlCl_3$ 也是有机合成中常用的酸性催化剂。

7. 硫酸铝与明矾

无水 $Al_2(SO_4)_3$ 为白色粉末。由水溶液结晶得到的 $Al_2(SO_4)_3 \cdot 18H_2O$ 为无色针状晶体。$Al_2(SO_4)_3$ 易与 K^+、Rb^+、Cs^+、NH_4^+、Ag^+ 等一价金属离子的硫酸盐结合，形成复盐，称为矾，其通式为 $MAl(SO_4)_2 \cdot 12H_2O$（M 代表一价金属离子）。$KAl(SO_4)_2 \cdot 12H_2O$ 俗称明矾。$Al_2(SO_4)_3$ 与明矾均易溶于水，并发生水解，其水解产物 $Al(OH)_3$ 为胶状沉淀，吸附和凝聚作用好。因此，$Al_2(SO_4)_3$ 与明矾常用作净水剂或絮凝剂。

8. 铝盐

在水溶液中，Al^{3+} 强烈水解使溶液显酸性。向铝盐溶液中加入碱性盐（如：Na_2CO_3 或 Na_2S），会发生双水解反应。

$$2Al^{3+} + 3CO_3^{2-} + 3H_2O \longrightarrow 2Al(OH)_3 \downarrow + 3CO_2 \uparrow$$

$$2Al^{3+} + 3S^{2-} + 6H_2O \longrightarrow 2Al(OH)_3 \downarrow + 3H_2S \uparrow$$

9. 铝酸盐

Al_2O_3 与碱熔融得偏铝酸盐：

$$Al_2O_3 + 2NaOH \longrightarrow 2NaAlO_2 + H_2O$$

偏铝酸盐水解使溶液显碱性，向其溶液中通入 CO_2 气体，可得到 $Al(OH)_3$：

$$2NaAlO_2 + 3H_2O + CO_2 \longrightarrow 2Al(OH)_3 \downarrow + Na_2CO_3$$

工业上利用该反应，可由铝矾土矿得到 $Al(OH)_3$，再通过热解制备 Al_2O_3。

习　题

扫码查看习题答案

11-1-1　填空题

1. 硼族元素的原子都是________电子原子，在硼的化合物中，硼原子的最大配位数是______。B 能从许多稳定的氧化物（如 SiO_2、P_2O_5、H_2O）中夺取________，通常用作还原剂。因此，硼和铝都是亲________元素。

2. 在 Al_2Cl_6 分子中，每个 Al 原子以________杂化轨道与四个 Cl 原子成键，呈______结构。中间两个原子形成桥式结构，它除与一个 Al 原子形成正常__________键外，还与另一个 Al 原子形成________键，这种结构由 $AlCl_3$ 的____________造成的。

3. Tl 为第六周期元素，由于 6s 电子的穿透作用强，导致 6s 轨道的能量显著降低，使 6s 电子成为____________不易失去。因此，Tl 元素的稳定价态为__________价。

4. 硼砂的化学式为____________________，其水溶液呈________性，由于其中含有等物质的量的__________和____________，故硼砂的水溶液可作为__________缓冲溶液使用。此外，硼砂也可用作标定 HCl 的基准物质。

5. 在 BX_3 和 H_3BO_3 分子中，B 采用________杂化轨道成键，BX_3 的分子构型为________形，在 BF_4^- 和 $[B(OH)_4]^-$ 中，B 采用__________杂化轨道成键，这两种离子的空间构型为____形。

6. BF_3 水解的方程式为__________________________________，BCl_3 水解的方程式为______________________________________。

7. H_3BO_3 为______元弱酸，不能用 NaOH 直接滴定，但是，加入________后，可用强碱滴定。H_3BO_3 与乙醇在浓 H_2SO_4 存在的条件下生成硼酸酯的化学方程式为______________________________。该化合物在高温下燃烧，产生特有的________火焰，可用于鉴别 H_3BO_3。

8. 许多铝盐可作净水剂或絮凝剂，较为常见的有________、__________、__________、等。

11-1-2　完成并配平下列反应方程式

1. $Al+NaOH+H_2O =\!=\!=$
2. $Al_2O_3+NaOH =\!=\!=$
3. $NaAlO_2+H_2O+CO_2 =\!=\!=$
4. $Al^{3+}+CO_3^{2-}+H_2O =\!=\!=$
5. $Al^{3+}+S^{2-}+H_2O =\!=\!=$
6. $Al_2O_3+C+Cl_2 =\!=\!=$
7. $Al(OH)_3+HF+Na_2CO_3 =\!=\!=$
8. $Na_2B_4O_7+CoO =\!=\!=$
9. $H_3BO_3+H_3PO_4 =\!=\!=$
10. $B_2H_6+LiH =\!=\!=$
11. $B_2H_6+X_2 =\!=\!=$
12. $F_3B+NH_3 =\!=\!=$
13. $Ga+HF =\!=\!=$
14. $Tl_2(SO_4)_3+FeSO_4(aq) =\!=\!=$
15. $Tl(NO_3)_3+SO_2+H_2O =\!=\!=$
16. $NaBO_2+H_2O_2 =\!=\!=$
17. $Ca+NaOH+H_2O =\!=\!=$

11-1-3　如何鉴定下列物质

1. 硼酸

2. MnO 和 NiO 均为绿色，试鉴定之。

11-1-4　解释下列实验现象

1. $AlCl_3$ 溶液和 Na_2S 溶液混合产生了白色沉淀和有刺激性气味的气体。

2. B 单质与 500℃的熔融 NaOH 不反应，但有 KNO_3 存在时，能与 NaOH 共融。

11-1-5　推理判断

某金属（A）溶于盐酸生成物质（B）的溶液，若溶于氢氧化钠则生成物质（C）的溶液，两个反应均有气体（D）生成。向（C）溶液中通入CO_2，有白色沉淀（E）析出，（E）不溶于氨水。较低的温度下加热（E）有（F）生成，（F）易溶于盐酸，也溶于氢氧化钠溶液；但在高温下灼烧（E）后生成的（G）既不溶于盐酸，也不溶于氢氧化钠溶液。试给出物质 A～G 的化学式，并用化学反应方程式表示各步的转化过程。

11.2 碳族元素

碳族元素位于周期表中的ⅣA族，由碳（carbon，C）、硅（silicon，Si）、锗（germanium，Ge）、锡（tin，Sn）和铅（lead，Pb）5种元素组成。其中，碳和硅为非金属元素，锗、锡和铅为金属元素。我国商代时就有镀锡的铜器，并使用过铅的化合物。

碳在自然界中分布很广，在地壳中的丰度为$2.7\times10^{-2}\%$。游离态的碳有金刚石和石墨，化合态的碳存在的形式多样，不仅以有机化合物存在于煤炭、石油、天然气、动植物体中，还有石灰石、白云石中的无机碳酸盐，以及空气中的二氧化碳，本章仅介绍含碳的无机化合物。

硅元素在地壳中的丰度为27.7%，其丰度仅次于氧，在元素中位居第2位。如果说碳元素靠C—C键构成了有机界，那么硅元素则以Si—O—Si键几乎构成了整个矿物界的化合物，地壳中含量最多的元素O与Si结合形成的SiO_2占地壳总质量的87%。自然界不存在单质Si，单质硅是瑞典人贝采里乌斯（Berzelius）于1823年用金属钾还原四氟化硅（SiF_4）首次制得的。自然界中的Si主要以硅酸盐矿或石英矿等形式存在。

Ge在地壳中的丰度为$7\times10^{-7}\%$。德国人温克勒（Winkler）于1886年从硫银锗矿中分离出锗并确认了该元素。为了纪念他的祖国德国（Germany），温克勒将该元素命名为锗“Germanium”，正是1869年门捷列夫所预言的“类硅”元素。锗在自然界中以矿物形式存在，不过至今还没有发现工业开采规模的富集Ge矿。大量的Ge以分散状态存在于各种金属的硅酸盐矿和硫化物矿以及各种类型的煤中。如：低温闪锌矿、锗石矿（$Cu_2S\cdot FeS\cdot GeS_2$）、硫银锗矿$4Ag_2S\cdot GeS_2$等。Ge在各类煤中的含量为0.001%～0.01%，相当于1t煤中含有10gGe，而烟道灰中的含Ge量通常比煤中高出100～1000倍，因此，可以说Ge是烟道灰中的“宝贝”。

Sn在地壳中的丰度为$4\times10^{-3}\%$，Sn主要以锡石矿SnO_2的形式存在于自然界中。此外，还有少量Sn的硫化物矿，我国Sn的储藏量居世界第一位，云南个旧是闻名于世的“锡都”。

Pb约占地壳质量的$1.6\times10^{-5}\%$。Pb主要以方铅矿PbS、白铅矿$PbCO_3$和硫酸铅矿$PbSO_4$存在。此外，许多天然放射性元素（如U、Th、Ra、Ac、Fr、At、Po等）最终都蜕变成稳定的Pb。Pb有四种稳定同位素：^{204}Pb、^{206}Pb、^{207}Pb、^{208}Pb，此外还有20多种放射性同位素。

碳族元素基态原子的价电子层结构为ns^2np^2，最高氧化数为+4。在锗、锡、铅中，随着原子序数的增大，稳定氧化态逐渐由+4变为+2。由于$6s^2$的惰性电子对效应的缘故，Pb(Ⅳ)呈现强氧化性。

11.2.1 碳单质及其化合物

1. 碳的同素异形体

（1）金刚石

金刚石是典型的原子晶体，为立方晶系，其莫氏硬度为 10，在所有物质中，其硬度最高。以金刚石的硬度为 10 来度量其他物质的硬度，金属 Cr 的硬度为 9、Fe 为 4.5、Pb 为 1.5、Na 为 0.4 等。在所有单质中，金刚石熔点最高，达 4440℃（12.4GPa）。

金刚石的每个 C 原子以 sp^3 杂化轨道与其他 C 原子形成共价键。金刚石晶体中 C—C 键很强，所有价电子都参与了共价键的形成，无自由电子。因此，金刚石不仅硬度大，熔点高，而且不导电。

室温下，金刚石对所有的化学试剂都显惰性。然而，在空气中加热到 1100K 左右时，金刚石燃烧成 CO_2。

金刚石俗称钻石，价格极其昂贵。除用作装饰品外，金刚石主要用于制造钻探用的钻头和磨削工具。

（2）石墨

石墨的莫氏硬度为 1，是最软的晶体之一。其密度比金刚石小，熔点比金刚石略低，3825℃升华。在石墨晶体中，C 原子以 sp^2 杂化轨道与其他 C 原子形成共价单键，构成平面的六角网状 sp^2 结构（见图 11-2-1a）。

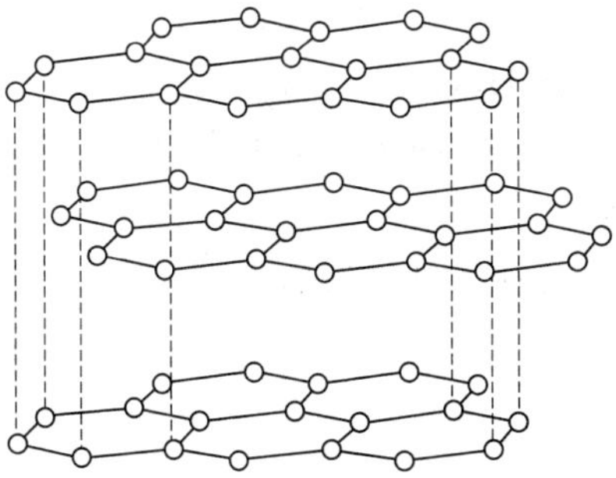

图 11-2-1a 石墨的晶体结构

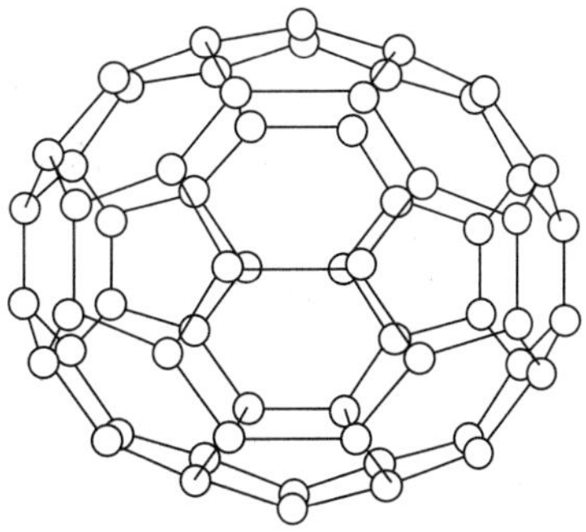

图 11-2-1b C_{60} 结构的示意图

网状层中，每个 C 原子均剩余一个未杂化的单电子 p 轨道，m 个单电子 p 轨道相互重叠，形成一个 m 中心 m 电子的大 π 键。这些离域 π 键电子可以在整个网状层中活动，所以石墨具有层向的良好导电、导热性质。石墨的层与层之间是以分子间力结合的。因此，石墨容易沿着与层平行的方向滑动；石墨能导电，具有一定的化学惰性，耐高温，易于机械加工，大量用于制作电极、高温热偶、坩埚、电刷、润滑剂和铅笔芯等。

无定形碳实际为具有石墨结构的微晶碳，常见的有木炭、焦炭、炭黑。无定形碳，如木炭、焦炭等实际上都具有石墨结构。以特殊方法制备的多孔状炭黑称为活性炭，具有较强的吸附、脱色能力。在制药、制糖工中常用作脱色剂，在有机合成工业中用作催化剂载体。

（3）碳原子簇

20 世纪 80 年代中期，人们发现了碳单质还存在第三种晶体形态。其式 C_n 中，n 一般小于 200，称为碳原子簇。在种类繁多的碳簇分子中，人们对 C_{60} 研究得较为深入。C_{60} 分子中的 60 个碳原子构成近似于球形的三十二面体，即由 12 个正五边形和 20 个正六边形组成的截角正二十面体。图 11-2-1b 给出了 C_{60} 结构的示意图。

C_{60} 每个碳原子以近似于 sp^2 杂化轨道与相邻 3 个碳原子相连，参加杂化的 p 轨道在 C_{60} 的球面形成大 π 键。由于 C_{60} 的形状酷似足球，故称足球烯。建筑学家巴克明斯特 · 富勒（Buckminster Fuller）曾用五边形和六边组成过类似结构，故 C_{60} 有时也称为富勒烯。将 C_{60} 称为足球烯、富勒烯，是因为 C_{60} 中有类似于烯烃的双键。C_{60} 是碳的一种单质，而是化合物，不是烯烃。

2. 碳单质的还原性

碳单质最重要的化学性质是它的还原性。碳在空气中完全燃烧生成 CO_2；当氧气不充足时，生成 CO。CO 与氧气能继续反应，生成 CO_2。

焦炭是冶金工业的重要还原剂，常用来将金属氧化物或矿物中的金属还原以冶炼金属，例如：

$$Fe_2O_3 + 3C \xrightarrow{\text{高温}} 2Fe + 3CO(g)$$

3. 碳的氧化物

（1）一氧化碳

一氧化碳（CO）是碳在氧气不充足的条件下燃烧的产物。在实验室中制 CO 气体经常采用的方法有两种。一种是将甲酸滴加到热浓硫酸中，CO 气体在水中的溶解度很小，从水中逸出：

$$HCOOH \xrightarrow{\text{热浓}H_2SO_4} CO\uparrow + H_2O$$

另一种方法是将草酸晶体与浓硫酸共热，生成 CO_2、CO 和水。将生成的混合气体通过固体 NaOH，吸收掉 CO_2 和少量的水汽，就可得到纯净的 CO。

工业上生产大量的 CO 气体，是将空气和水蒸气交替通入红热炭层完成的。通入空气时的反应

$$2C + O_2 \xrightarrow{\text{点燃}} 2CO$$

通入水蒸气时的反应

$$C + H_2O \xrightarrow{\text{红热}} CO + H_2$$

这是一个吸热反应，得到的气体的体积组成为：$V(CO):V(CO_2):V(H_2)=40:5:50$，这种混合气体称为水煤气。

CO 可以还原水溶液中的二氯化钯，使溶液的颜色由粉红色变为黑色：

$$CO + PdCl_2 + H_2O = CO_2 + 2HCl + Pd\downarrow$$

该反应十分灵敏，可用来检验 CO。

CuCl 在酸性介质中与 CO 的反应进行得很完全，可以用来定量吸收 CO：

$$CO + CuCl + 2H_2O \xrightarrow{H^+} Cu(CO)Cl \cdot 2H_2O$$

在高温下，CO 能与许多过渡金属反应生成金属羰基配位化合物，例如

$$Fe + 5CO \xrightarrow{\text{高温}} [Fe(CO)_5]$$

羰基配位化合物一般有剧毒。一氧化碳的毒性也很大，它能与血红素中的铁结合成羰基

配位化合物，从而使血液失去输送氧的作用。

（2）二氧化碳

CO_2 是直线形分子，中心原子 C 采用 sp 杂化，C 和 O 之间存在一个 σ 键和一个 π 键。常温常压下，CO_2 为无色气体，当降温或加压时，CO_2 较容易变成液体或固体。高压钢瓶中的 CO_2 是以液态存在的。从钢瓶中取出 CO_2 使用时，液态 CO_2 迅速汽化使温度骤降，将生成固态 CO_2，即干冰。干冰可以升华，常用来作制冷剂。

CO_2 的工业生产是通过煅烧石灰石生产生石灰的过程中实现的。

$$CaCO_3 \xrightarrow{\text{煅烧}} CaO + CO_2\uparrow$$

CO_2 的实验室制备是通过用碳酸盐与盐酸反应，在启普发生器中制备的。

$$CaCO_3 + 2HCl \longrightarrow CaCl_2 + H_2O + CO_2\uparrow$$

CO_2 气体能使澄清的石灰水变浑浊，常用此性质来鉴定 CO_2，其反应方程式如下：

$$CO_2 + Ca(OH)_2 \longrightarrow CaCO_3\downarrow + H_2O$$

在工业上，CO_2 是生产纯碱（Na_2CO_3）、小苏打（$NaHCO_3$）和碳酸氢铵（NH_4HCO_3）等的重要原料。

（3）碳酸

CO_2 与水反应生成 H_2CO_3。在 H_2CO_3 分子中，中心碳原子以 sp^2 杂化，与端基氧原子之间形成 1 个 σ 键和 1 个 π 键，与 2 个羟基氧原子之间各形成 1 个 σ 键，H_2CO_3 分子呈平面三角形。H_2CO_3 是一个二元弱酸，其 $pK_{a1}^{\ominus}$ 和 $pK_{a2}^{\ominus}$ 分别是 6.38 和 10.25。

11.2.2 硅单质及其化合物

1. Si 的物理性质

Si 分为晶态和无定形两种同素异形体。晶态 Si 又分为单晶 Si 和多晶 Si，均具有金刚晶格。晶体硬而脆，具有金属光泽，能导电，但电导率不及金属，且随温度升高而增加，具有半导体性质。晶态 Si 的熔点为 1683K，沸点为 2628K，密度为 $2.32 \sim 2.34g \cdot mL^{-1}$。

单晶 Si 是目前世界上制备出的最纯净的物质之一。一般半导体器件要求 Si 的纯度达到六个 9 以上。大规模集成电路对 Si 的纯度要求必须达到 99.9999999%。目前，人们已经能制造出纯度为 99.999999999%的单晶 Si。单晶 Si 是现代科技中不可缺少的材料之一。

2. Si 的化学性质

在常温下 Si 不活泼，其主要化学性质如下。

（1）与非金属反应

常温下，Si 只能与 F_2 反应，在 F_2 中瞬间燃烧，生成 SiF_4；加热时，能与其他卤素反应生成 SiX_4。

$$Si + 2X_2 \longrightarrow SiX_4 (X = F、Cl、Br、I)$$

Si 与 O_2 反应生成 SiO_2：

$$Si + O_2 \longrightarrow SiO_2$$

在高温下，Si 与 C、N_2、S 等非金属单质化合，分别生成 SiC、Si_3N_4、SiS_2 等。

$$Si+C = SiC$$

$$3Si+2N_2 = Si_3N_4$$

SiC 和 Si_3N_4 是新型耐高温材料，具有较高的硬度。

（2）与酸反应

Si 与 HF 反应，生成 SiF_4 和 H_2，还可与 HF 和 HNO_3 的混合酸反应，与其他酸不反应：

$$Si+4HF = SiF_4+2H_2\uparrow$$

$$3Si+4HNO_3+18HF = 3H_2SiF_6+4NO\uparrow+8H_2O$$

（3）与碱反应

无定形 Si 能与碱发生剧烈反应，生成可溶性硅酸盐，并放出 H_2。

$$Si+2NaOH+H_2O = Na_2SiO_3+2H_2\uparrow$$

3. 单质硅的生产

利用粗硅生产高纯度硅的方法：首先，在加热的条件下使硅与氯气反应，把粗硅转化成液态的 $SiCl_4$：

$$Si+2Cl_2 \xlongequal{\triangle} SiCl_4$$

或使粗硅转化成三氯氢硅：

$$Si+3HCl \xrightarrow{\triangle} SiHCl_3+H_2$$

然后通过精馏来提纯 $SiCl_4$ 和 $SiHCl_3$，最后用活泼金属锌或镁还原 $SiCl_4$ 得到纯度较高的硅，例如：

$$SiCl_4+2Zn \xrightarrow{\triangle} Si+2ZnCl_2$$

当 Zn 或 Mg 的纯度不高时，将导致产物 Si 的不纯，故现已更新为使用超纯 H_2 作还原剂：

$$SiCl_4+2H_2 \xrightarrow{>1100℃} Si+4HCl$$

$$SiHCl_3+H_2 \xrightarrow{1100℃} Si+3HCl$$

4. 硅的氧化物

（1）SiO_2

SiO_2 是以 Si—O 键形成的原子晶体。晶体中，每个 Si 原子采用 sp^3 杂化轨道与 O 原子结合，形成 Si—O 四面体基本结构单元。从总体上看，Si∶O＝1∶2，但与 CO_2 不同，SiO_2 并非表示单个分子。SiO_2 为原子晶体，具有较高的熔点和硬度，其化学性质不活泼，高温下不与 H_2 反应，但能够被 C、Mg、Al 还原为单质 Si。

$$SiO_2+2Mg = 2MgO+Si$$

$$SiO_2+2C = Si+2CO\uparrow$$

除 HF 外，SiO_2 不与其他酸反应。SiO_2 遇 HF 气体或溶液，生成 SiF_4 或易溶于水的 H_2SiF_6。

$$SiO_2+4HF = SiF_4+2H_2O$$

$$SiO_2+6HF = H_2SiF_6+2H_2O$$

SiO_2 为酸性氧化物，能溶于热的强碱或熔融的 Na_2CO_3 中，生成可溶硅酸盐。

$$SiO_2+2NaOH \longrightarrow Na_2SiO_3+H_2O$$

$$SiO_2+Na_2CO_3 \longrightarrow Na_2SiO_3+CO_2\uparrow$$

石英加热至 1900K 左右，熔化为黏稠液体，内部的 Si－O 四面体结构变为杂乱排列，冷却时因黏度大不易再结晶，故其结构呈无定形状，形成石英玻璃。石英玻璃具有许多特殊性质，如热膨胀系数小、可以耐受温度的剧变等，用于制造耐高温的玻璃仪器。

石英可拉成具有很高强度和弹性的丝，是制作光导纤维的原料。水晶可以制作镜片或光学仪器，玛瑙和碧玉可作装饰宝石。硅藻土为多孔性物质，可作工业用吸附剂和保温隔音材料。

SiO_2 还有一类与石英、石英玻璃等极不相同的存在形式——硅胶。向一定浓度的 Na_2SiO_3 溶液中加酸，当体系的 pH 降低时，硅氧四面体（SiO_4）单元之间开始缩合，生成硅酸胶体溶液和盐。将胶体静置老化 24h，使缩合反应进行完全，形成凝胶。然后用热水洗去反应生成的盐，将洗净的凝胶在低于 100℃的条件下烘干，脱去与二氧化硅结合的水以及硅氧骨架空隙间的水，即得到多孔性硅胶。从组成上，硅胶属于 SiO_2，只是内部的硅氧四面体（SiO_4）是杂乱无序的。

在 300℃下活化后，硅胶就成为一种具有物理吸附作用的吸附剂。硅胶吸水后，可以加热脱水再生反复使用。

硅胶是一种稍透明的白色固态物质。硅胶内有很多微小的孔隙，比表面积很大（每克硅胶比表面积可达 800～900m^2）。由于硅胶比表面大，吸附性能强，可做吸附剂、干燥剂和催化剂的载体。实验室常用的干燥剂变色硅胶是在硅胶中加入 $CoCl_2$，它在无水时呈蓝色，含水时呈粉红色（此时为水合二氯化钴 $CoCl_2\cdot 6H_2O$），氯化钴颜色的变化可指示硅胶的吸湿情况。

（2）硅酸与硅酸盐

硅酸的形式很多，其组成（常用 $xSiO_2\cdot yH_2O$ 来表示）随形成的条件而异。表 11-2-1 是几种常见的硅酸。

表 11-2-1　几种常见的硅酸

硅酸名称	化学式	x	y	硅酸名称	化学式	x	y
正硅酸	H_4SiO_4	1	2	三偏硅酸	$H_4Si_3O_8$	3	2
偏硅酸	H_2SiO_3	1	1	焦硅酸	$H_6Si_2O_7$	2	3
二偏硅酸	$H_2Si_2O_5$	2	1				

表 11-2-1 中 $x\geqslant 2$ 的硅酸统称为多硅酸。因为在各种硅酸中，以偏硅酸的组成最简单，所以常以 H_2SiO_3 代表硅酸。偏硅酸为二元酸，$K_{a_1}^{\ominus}=1.7\times 10^{-10}$，$K_{a_2}^{\ominus}=1.6\times 10^{-12}$。偏硅酸的酸性很弱，其钠盐在水溶液中强烈水解呈碱性。当加入 NH_4Cl 时，SiO_3^{2-} 溶液发生完全水解，生成 H_2SiO_3 沉淀，同时释放出氨：

$$SiO_3^{2-}+2NH_4^+ +2H_2O \longrightarrow H_2SiO_3\downarrow +2NH_3\cdot H_2O$$

实验室里制备偏硅酸是通过盐酸与可溶性硅酸盐作用得到：

$$SiO_3^{2-}+2H^+ \longrightarrow H_2SiO_4$$

尽管硅酸在水中溶解度不大，但它刚形成时并不一定立即沉淀，这是因为开始生成的单分子硅酸可溶于水，这些单分子硅酸会逐步缩合成硅酸溶胶：

$$HO-\overset{\overset{\displaystyle OH}{|}}{\underset{\underset{\displaystyle OH}{|}}{Si}}-\boxed{O H+HO}-\overset{\overset{\displaystyle OH}{|}}{\underset{\underset{\displaystyle OH}{|}}{Si}}-OH \longrightarrow HO-\overset{\overset{\displaystyle OH}{|}}{\underset{\underset{\displaystyle OH}{|}}{Si}}-O-\overset{\overset{\displaystyle OH}{|}}{\underset{\underset{\displaystyle OH}{|}}{Si}}-OH+H_2O$$

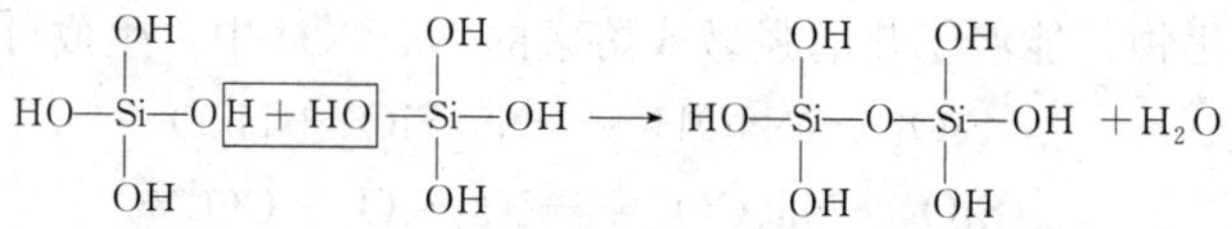

若向稀的硅酸溶胶中加入电解质，或者在适当浓度的硅酸盐溶液中加酸，则生成硅酸胶状沉淀（硅酸凝胶）。硅酸凝胶为多硅酸，其含水量高，软而透明，有弹性。如果将硅酸凝胶中大部分水脱去，就可得到硅酸干胶（即硅胶）。

二氧化硅与不同比例的碱性氧化物共熔，可得到若干确定组成的硅酸盐，其中最简单的是偏硅酸盐和正硅酸盐。例如，可得到碱金属的硅酸盐：

$$SiO_2 + M_2O \longrightarrow M_2SiO_3$$

$$SiO_2 + 2M_2O \longrightarrow M_4SiO_4$$

所有硅酸盐中，仅碱金属的硅酸盐可溶于水，其余金属的硅酸盐均难溶于水，而且许多金属的硅酸盐具有特征颜色。

可溶性硅酸盐溶液俗称水玻璃，按正离子不同，有锂水玻璃、钠水玻璃、钾水玻璃和铵水玻璃，最常用的是钠水玻璃，所以，一般所说的水玻璃就是钠水玻璃。工业上将石英砂与碳酸钠熔融制得水玻璃，又称泡花碱。市售的水玻璃中 SiO_2 与 Na_2O 的物质的量之比（称为模数）一般为 3.3，所以，水玻璃实际上为多硅酸钠。水玻璃可用作黏合剂，木材、织物防火处理剂，肥皂的填充剂、发泡剂等。

天然硅酸盐有正长石、高岭土、白云母、石棉、泡沸石等，在分子骨架中一般有铝存在，所以称为硅铝酸盐，例如，泡沸石（$Na_2O \cdot Al_2O_3 \cdot 2SiO_2 \cdot nH_2O$），它是一种天然分子筛。

天然硅铝酸盐结构复杂，一般写成氧化物形式，它以硅氧四面体和铝氧四面体为结构单元，构成巨阴离子。天然硅铝酸盐有三种结构，如石棉中的链状巨阴离子，云母中的层状巨阴离子，分子筛中的立体形巨阴离子（见图 11-2-2）。

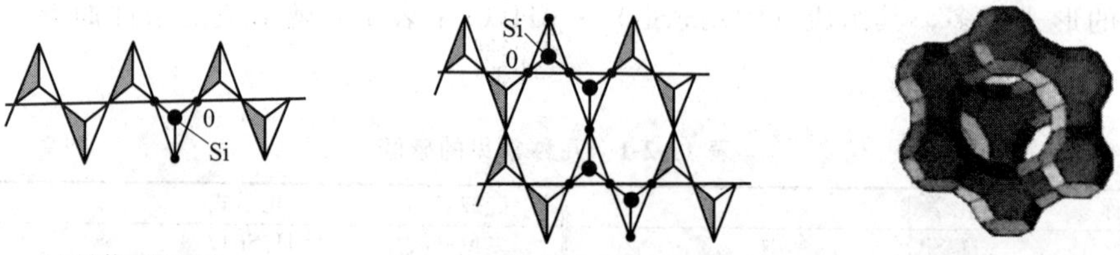

(a) 链状巨阴离子　　　　(b) 层状巨阴离子　　　　(c) 立体形巨阴离子

图 11-2-2　硅铝酸盐的巨阴离子

5. 硅的氢化物

硅的氢化物仅有为数不多的几种，硅的氢化物又称硅烷。其化学式通式符合：Si_nH_{2n+2}。硅与氢不能形成烯烃、炔烃类的不饱和化合物。最简单的硅烷是甲硅烷 SiH_4，它是无色无味的气体，制备方法如下：

$$SiCl_4 + LiAlH_4 \longrightarrow SiH_4 + LiCl + AlCl_3$$

硅烷的化学性质远比相应的碳烷活泼，可以自燃，并且具有强还原性、极易水解，加热分解。

$$SiH_4 + 2O_2 \longrightarrow SiO_2 + 2H_2O$$

$$SiH_4 + 2KMnO_4 \longrightarrow 2MnO_2 + K_2SiO_4 + H_2O + H_2$$

$$SiH_4+(n+2)H_2O \longrightarrow SiO_2 \cdot nH_2O+4H_2$$

$$SiH_4 \xrightarrow{500℃} Si+2H_2$$

6. 硅的卤化物

硅的卤化物用 SiX_4 表示。常温下，SiF_4 是无色气体，$SiCl_4$ 和 $SiBr_4$ 是无色液体，SiI_4 是固体。

SiF_4 极易水解，在潮湿空气中发烟，但是干燥的 SiF_4 很稳定，不腐蚀玻璃。在溶液中，SiF_4 与 HF 形成稳定的氟硅酸 $H_2[SiF_6]$，其酸性与硫酸相似。

$$SiF_4+3H_2O \longrightarrow H_2SiO_3+4HF$$

$$SiF_4+2HF \longrightarrow H_2[SiF_6]$$

$SiCl_4$ 可以用下列反应制得：

$$Si+2Cl_2 \longrightarrow SiCl_4$$

$$SiO_2+2C+2Cl_2 \longrightarrow SiCl_4+2CO$$

与 SiF_4 一样，$SiCl_4$ 也极易水解，它同样在潮湿空气中发烟：

$$SiCl_4+4H_2O \longrightarrow H_4SiO_4+4HCl$$

$SiCl_4$ 是制备有机硅化合物的重要原料。

11.2.3 锡、铅及其化合物

1. 锡、铅的单质

锡是银白色、低熔点金属，质软、延展性好，在空气中不易被氧化。马口铁是锡镀在铁皮上的产物，是制造食品罐头盒的材料。锡还用于生产焊锡（Sn-Pb 合金）和青铜（(Cu-Sn 合金）。铅也是较软的金属，常温下表面成一层碱式碳酸铅保护膜。铅主要用于电缆、铅蓄电池、耐酸设备、低熔合金和 X 射线的屏蔽材料。但是，铅及其化合物均有毒，进入人体后不易排出，且很难治疗，因此，不用铅制造水管及食具。

锡与酸、碱反应如下：

$$Sn+4HCl(浓) \xrightarrow{\triangle} H_2[SnCl_4]+H_2\uparrow$$

$$4Sn+10HNO_3(稀) \longrightarrow 4Sn(NO_3)_2+NH_4NO_3+3H_2O$$

$$Sn+4HNO_3(浓) \longrightarrow \underset{(\beta\text{-锡酸})}{H_2SnO_3}+4NO_2\uparrow+H_2O$$

$$Sn+2OH^-(浓)+4H_2O \xrightarrow{\triangle} [Sn(OH)_6]^{2-}+2H_2\uparrow$$

铅与稀盐酸、稀硫酸几乎不反应，与 HNO_3 反应生成可溶性铅盐，与热、浓碱反应与锡类同。

2. 锡和铅的氧化物和氢氧化物

锡和铅有两类氧化物（MO、MO_2）和相应的氢氧化物 $M(OH)_2$、$M(OH)_4$，都是两性，其中高氧化数的 MO_2 和 $M(OH)_4$ 以酸性为主，低氧化数的 MO 和 $M(OH)_2$ 以碱性为主。

PbO 有红、黄两种变体，主要用以制备铅白粉 $\{Pb(OH)_2(CO_3)_2\}$ 及油漆中的催干剂。PbO_2 是褐色固体，有强氧化性，酸性介质中可把 Mn^{2+} 氧化为紫红色的 MnO_4^-。

$$2Mn^{2+}+5PbO_2+4H^+ = 2MnO_4^-+5Pb^{2+}+2H_2O$$

铅的氧化物除了 PbO、PbO_2 外，还有常见的“混合氧化物”鲜红色的 Pb_3O_4（铅丹），它是氧化铅和二氧化铅的“混合氧化物”（$2PbO \cdot PbO_2$）。铅丹和稀硝酸反应如下：

$$Pb_3O_4+4HNO_3 \longrightarrow 2Pb(NO_3)_2+PbO_2\downarrow(\text{褐色})+2H_2O$$

可见，Pb_3O_4 中的铅具有两种不同的氧化数。铅丹的化学性质较稳定，可用做防漆。它与亚麻仁油混合成水暖工常用的红油，涂在管子的衔接处防止漏水。

由于 MO、MO_2 都难溶于水，相应的 $M(OH)_2$、$M(OH)_4$ 是用 M(Ⅱ)、M(Ⅳ) 的盐溶液与碱溶液相作用而成的。例如，用碱金属的氢氧化物处理 Sn(Ⅱ) 盐和 Pb(Ⅱ) 盐，有白色的 $M(OH)_2$ 沉淀析出。

$$M^{2+}+2OH^- \longrightarrow M(OH)_2\downarrow(M=Sn、Pb)$$

Sn(Ⅱ) 和 Pb(Ⅱ) 的氢氧化物既溶于酸又溶于碱。

$$M(OH)_2+2H^+ \longrightarrow M^{2+}+2H_2O$$

$$M(OH)_2+2OH^- \longrightarrow [M(OH)_4]^{2-}$$

在锡(Ⅳ) 化合物的溶液中加入碱金属氢氧化物，可生成白色胶状沉淀 $Sn(OH)_4$，是两性略偏酸性的氢氧化物。正锡酸易失水变成偏锡酸 H_2SnO_3，最后得酐（SnO_2）。SnO_2 与 NaOH 共熔生成偏锡酸钠（Na_2SnO_3）

$$SnO_2+2NaOH \xrightarrow{\text{熔融}} Na_2SnO_3+H_2O$$

Na_2SnO_3 是 Sn(Ⅳ) 的稳定化合物，在它的溶液中加入适量的盐酸，可得到凝胶 α-锡酸（$SnO_2 \cdot xH_2O$），它能溶于过量的浓盐酸及碱溶液。锡酸的另一种变体叫做 β-锡酸。β-锡酸是由浓硝酸和锡反应得到的白色粉末，既难溶于酸，也难溶于碱。α-锡酸是不稳定的无定形体，而 β-锡酸是稳定的晶体。长时间放置，α-锡酸向 β-锡酸转变。

3. 锡和铅的盐类

锡和铅均有氧化数为＋2 和＋4 的盐类。下面是锡和铅的元素电势图：

$\varphi_A^\ominus/V$

$$Sn^{4+} \xrightarrow{0.15} Sn^{2+} \xrightarrow{-0.1364} Sn$$

$$PbO_2 \xrightarrow{1.455} Pb^{2+} \xrightarrow{-0.126} Pb$$

$\varphi_B^\ominus/V$

$$[Sn(OH)_6]^{2-} \xrightarrow{-0.09} [Sn(OH)_4]^{2-} \xrightarrow{-0.79} Sn$$

$$PbO_2 \xrightarrow{0.28} PbO \xrightarrow{-0.58} Pb$$

可以看出，Sn(Ⅱ) 无论在酸性或碱性介质中都有还原性，在碱性介质中还原性更强。在碱性溶液中，$HSnO_2^-$ 可以将 Bi^{3+} 还原成黑色的金属铋，这是鉴定铋盐的一种方法。

$$2Bi^{3+}+9OH^-+3HSnO_2^-+3H_2O \longrightarrow 2Bi\downarrow+3[Sn(OH)_6]^{2-}$$

锡(Ⅱ) 盐和含氧酸盐均易水解生成碱式盐和氢氧化亚锡沉淀。

$$Sn^{2+}+Cl^-+H_2O \longrightarrow Sn(OH)Cl\downarrow+H^+$$

$$SnO_2^{2-}+2H_2O \longrightarrow Sn(OH)_2\downarrow+2OH^-$$

配制 $SnCl_2$ 溶液时，通常把 $SnCl_2$ 固体溶在浓盐酸中，待完全溶解后，加水稀释至刻度。由于 Sn^{2+} 盐在空气中容易被氧化，配制 $SnCl_2$ 溶液时，常加一些锡粒。

$$2Sn^{2+}+O_2+4H^+ \longrightarrow 2Sn^{4+}+2H_2O$$

$$Sn^{4+} + Sn \longrightarrow 2Sn^{2+}$$

$SnCl_2$ 具有强的还原性，Fe^{3+} 和 I_2 均能将其氧化。$SnCl_2$ 可以把 $HgCl_2$ 还原为 Hg_2Cl_2 白色沉淀，$SnCl_2$ 过量时，可以进一步将 Hg_2Cl_2 还原为黑色单质 Hg，反应如下：

$$2HgCl_2 + SnCl_2 = SnCl_4 + Hg_2Cl_2 \downarrow \text{(白色)}$$

$$Hg_2Cl_2 + SnCl_2 = SnCl_4 + 2Hg \downarrow \text{(黑色)}$$

该反应可用于鉴定 Hg^{2+} 和 Sn^{2+}。

$SnCl_4$ 遇水强烈水解，在潮湿空气中会冒白烟（HCl）。

Pb(Ⅳ) 在酸性条件下具有很强的氧化性，这与惰性电子对效应有关。

$$5PbO_2 + 2Mn^{2+} + 4H^+ \longrightarrow 5Pb^{2+} + 2MnO_4^- + 2H_2O$$

Pb(Ⅱ) 水解不显著。$PbCl_4$ 极不稳定，易分解为 $PbCl_2$ 和 Cl_2。

$$PbO_2 + 2Cl^- + 4H^+ \longrightarrow Pb^{2+} + Cl_2 + 2H_2O$$

绝大多数铅化合物难溶于水。卤化铅中以金黄色的 PbI_2 溶解度最小，但它能溶于沸水、KI 溶液中：

$$PbI_2 + 2KI(\text{浓}) \longrightarrow K_2[PbI_4]$$

$PbCl_2$ 难溶于冷水，易溶于热水和浓盐酸中。

$$PbCl_2 + 2HCl(\text{浓}) \longrightarrow H_2[PbCl_4]$$

$PbSO_4$ 难溶于水，但易溶于浓 H_2SO_4，也能在 NH_4Ac（醋酸铵）溶液中溶解，反应如下：

$$PbSO_4 + H_2SO_4(\text{浓}) \longrightarrow Pb(HSO_4)_2$$

$$PbSO_4 + 2Ac^- \longrightarrow Pb(Ac)_2 + SO_4^{2-}$$

可溶性 Pb(Ⅱ) 盐如 $Pb(NO_3)_2$ 和 $Pb(Ac)_2$（俗称铅糖）有毒，这是由于 Pb^{2+} 能和蛋白质分子中半胱氨酸的巯基（—SH）反应。

4. 锡和铅的硫化物

锡和铅能生成 MS 和 MS_2 两类硫化物。用硫化氢作用于相应的盐溶液可得到硫化物沉淀，即：SnS（棕色）、SnS_2（黄色）和 PbS（黑色）。由于铅(Ⅳ) 的强氧化性，故不存在 PbS_2。

上面三种硫化物不溶于水和稀酸。与氧化物类似，高氧化数的硫化物显酸性，低氧化数的硫化物显碱性，同时具有一定的还原性。SnS_2 与碱金属硫化物（或硫化铵）反应，由于生成硫代酸盐而溶解：

$$SnS_2 + S^{2-} \longrightarrow SnS_3^{2-}$$

因 SnS、PbS 呈碱性，故不溶于碱金属硫化物中，但是，若碱金属硫化物（或硫化铵）中含有多硫离子（如 S_2^{2-}），SnS 则被氧化，生成硫代酸盐而溶解，例如

$$SnS + S_2^{2-} \longrightarrow SnS_3^{2-}$$

PbS 不被氧化，因此不能溶解。硫代酸盐不稳定，遇酸则按下式分解：

$$SnS_3^{2-} + 2H^+ \longrightarrow SnS_2 \downarrow + H_2S \uparrow$$

由于氧化和配位效应，PbS 能溶于稀硝酸和浓盐酸中：

$$3PbS + 8H^+ + 2NO_3^- \longrightarrow 3Pb^{2+} + 3S \downarrow + 2NO \uparrow + 4H_2O$$

$$PbS + 4HCl(\text{浓}) \longrightarrow H_2[PbCl_4] + H_2S \uparrow$$

5. 铅蓄电池介绍

铅蓄电池是工业上和实验室用得最多的一种蓄电池，主要用于启动交通工具。电池极板用铅锑合金制作的栅状框架，正极填充 PbO_2，负极填充灰铅。正负极板交替排列，并浸泡在30%硫酸溶液中（密度 $1.2g \cdot mL^{-1}$）中。铅蓄电池放电的电池反应如下：

正极（PbO_2）　$PbO_2(s) + SO_4^{2-} + 4H^+ + 2e^- \longrightarrow PbSO_4(s) + 2H_2O$

负极（灰铅）　$Pb(s) + SO_4^{2-} - 2e^- \longrightarrow PbSO_4(s)$

电池反应　$PbO_2(s) + Pb(s) + 2H_2SO_4 \longrightarrow 2PbSO_4(s) + 2H_2O$

在放电过程中，若硫酸溶液密度低于 $1.05g \cdot mL^{-1}$，铅蓄电池就该重新充电。充电时电极反应恰好为放电反应的逆反应。

习　题

扫码查看习题答案

11-2-1　选择题

1. 下列物质能共存于同一溶液的是（　　）

A. Pb^{2+}、NO_3^-、Na^+、Cl^-、SO_4^{2-}　B. Sn^{2+}、H^+、$Cr_2O_7^{2-}$、K^+、Cl^-

C. $Sn(OH)_3^-$、Bi^{3+}、$Sn(OH)_6^{4-}$、Sb^{3+}　D. $Al(OH)_3$、Cl^-、$NH_3 \cdot H_2O$、NH_4^+

2. 在铅蓄电池充电时，阳极发生的反应是（　　）

A. $PbSO_4 + SO_4^{2-} + 2H_2O = PbO_2 + 2H_2SO_4 + 2e^-$

B. $Pb + SO_4 = PbSO_4 + 2e^-$

C. $Pb = Pb^{2+} + 2e^-$

D. $Pb^{2+} + SO_4^{2-} = PbSO_4$

3. 下列热溶液反应能生成铅盐沉淀的是（　　）

A. $Pb(NO_3)_2$ 与 NaOH　B. $Pb(NO_3)_2$ 与稀 HCl

C. $Pb(NO_3)_2$ 与 NH_4Ac　D. $Pb(NO_3)_2$ 与 $K_2Cr_2O_7$

4. 用硝酸盐热分解制备 NO_2 时，应选择（　　）

A. $Pb(NO_3)_2$　B. $NaNO_3$　C. NH_4NO_3　D. KNO_3

5. $PbSO_4$ 难溶于水，但易溶于试剂（　　）（选择下述选项中的两项）

A. HCl　B. HNO_3　C. 浓 H_2SO_4　D. NH_4Ac

6. 富勒烯（C_{60}）是碳单质的一种，每个碳原子与相邻3个碳原子以近似于（　　）杂化轨道参与成键。

A. sp　B. sp^2　C. sp^3　D. sp^3d^2

11-2-2　填空题

1. 碳的同素异形体主要有________、__________、__________。其中，金刚石中的每个C原子以________杂化轨道与其他C原子形成共价键。在石墨晶体中，C原子以______杂化轨道与其他C原子形成共价单键，构成平面的________________结构。C_{60} 每个碳原子以近似于________杂化轨道与相邻3个碳原子相连，参加杂化的p轨道在 C_{60} 的球面形成________键。

2. CO可以还原水溶液中的________，使溶液的颜色由______色变为______色，其反应方程式________利用该反应可用来检验 CO。此外，在酸性介质中，利用________与 CO 的反应，可以定量吸收 CO。其反应方程式________。

3. H_2CO_3 分子呈________，中心碳原子以________杂化，与端基氧原子之间成 1 个________键和 1 个________键，与 2 个羟基氧原子之间各成 1 个________键。

4. 除 HF 外，SiO_2 不溶于其他酸，SiO_2 溶于 HF 的反应方程式为：________，SiO_2 溶于熔融的 Na_2CO_3 中的方程式为：________。

5. 变色硅胶________为________色，吸水后变为________色，是________的颜色，据此，可以判断硅胶的吸水程度。

11-2-3　完成并配平下列化学反应方程式

1. $PbS+H^{+}+NO_3^{-}$ ══
2. $PbS+HCl$(浓)══
3. $SnS+S_2^{2-}$ ══
4. $PbO_2+Mn^{2+}+H^{+}$ ══
5. $PbO_2+Cl^{-}+H^{+}$ ══
6. $Bi^{3+}+OH^{-}+[Sn(OH)_4]^{2-}$ ══
7. $Sn^{2+}+Cl^{-}+H_2O$ ══
8. $Mn^{2+}+PbO_2+H^{+}$ ══
9. $CO+Fe \xrightarrow{\text{高温}}$
10. $CO+CuCl+H_2O \xrightarrow{H^{+}}$
11. $Mg^{2+}+CO_3^{2-}+H_2O$ ══
12. $Si+F_2$ ══
13. $SiO_2+Mg \xrightarrow{\text{高温}}$
14. $SiCl_4+H_2O$ ══
15. SiH_4+H_2O ══
16. $Sn+HNO_3$(极稀)══
17. $Pb+HCl$(浓)══

11-2-4　制备与解释

1. 实验室中如何配制稳定的氯化亚锡溶液？
2. $PbSO_4$ 难溶于水，但易溶于浓 H_2SO_4，也能溶于 NH_4Ac 溶液中。
3. 解释变色硅胶的变色原理。
4. 解释铅蓄电池的工作原理。
5. 如何鉴定 $SnCl_2$？
6. 用简便方法鉴定+3 价铋盐的存在？

11-2-5　推理题

1. 灰黑色固体单质（A），在常温下不与酸反应，与浓 NaOH 溶液作用时生成无色溶液（B）和气体（C）。气体（C）在灼热的条件下可以将一黑色的氧化物还原成红色金属（D），（A）在很高的温度下与氧气作用的产物为白色固体（E）。（E）与氢氟酸作用时能产生一无色气体（F）。（F）通入水中时生成白色沉淀（G）及溶液（H）。（G）用适量的 NaOH 溶液处理得到溶液（B）。给出物质 A～H 的化学式，并用化学方程式表示上述各步转化过程。

2. 某白色固体（A），置于水中生成白色沉淀（B），再加入盐酸时，（B）溶解形成无色溶液（C）。将 $AgNO_3$ 溶液加入溶液（C），析出白色沉淀（D），（D）溶于氨水得溶液（E）。向（E）中加入 KI，生成浅黄色沉淀（F），再加入 NaCN 时，沉淀（F）溶解。酸化溶液（E），又产生白色沉淀（D）。将 H_2S 通入溶液（C），产生灰色沉淀（G）。（G）溶于 Na_2S_2，形成溶液。酸化该溶液时得一黄色沉淀（H）。少量溶液（C）加入 $HgCl_2$ 溶液得白色沉淀（I），继续加入溶液（C），沉淀（I）逐渐变灰，最后变为黑色沉淀（J）。给出物质 A～J 的化学式，并用化学方程式表示上述各步转化过程。

11.3 氮族元素

氮族元素价电子构型为 ns^2np^3，位于周期表中ⅤA 族，包括氮（nitrogen，N）、磷（phosphorus，P）、砷（arsenic，As）、锑（antimony，Sb）和铋（bismuth，Bi）5 种元素。氮族元素的 np 轨道为半充满，其第一电离能大于同周期右侧相邻的元素，电子亲和能较小，化学活性相应较低。氮族元素在地壳中的质量分数分别为氮 0.46%、磷 0.118%、砷 1.5×10^{-4}%、锑 2.0×10^{-5}%、铋 4.8×10^{-6}%。

1772 年，苏格兰人卢瑟福（D. Rutherford）在爱丁堡发现了氮；1669 年，瑞典人布兰特（H. Brandt）在德国的汉堡发现了磷；早在 1250 年前后，德国人玛格耐斯（A. Magnus）分离出砷。大约在公元前 1600 年，人类将辉锑矿与木炭一起煅烧制得金属锑。1753 年，杰弗鲁瓦（Geoffroy）对从辉铋矿还原所得的金属进行了仔细研究，确认它为一种新金属，并将之命名为铋。

氮族元素从上至下金属性增强，N 和 P 是典型的非金属元素，As 为准金属元素，Sb 和 Bi 过渡为金属元素。氮族元素单质的熔点，从 N、P 到 As 依次升高，As 的熔点升高十分显著，这是晶型转变的结果。N 和 P 为分子晶体，而 As 为金属晶体。金属键随原子半径的增大而减弱，故从 As、Sb 到 Bi，熔点越来越低，Bi 为低熔点金属。

氮族元素常见的氧化态有：+1、+3 和+5。除+5 价的 P 不具有氧化性外，其它的氧化数为+5 的氮族化合物在酸性溶液中都具有氧化性。HNO_3 和 Bi_2O_5 都是强氧化剂。由于氮的价层没有 d 轨道，价电子不能向 d 轨道跃迁，因此，不能形成 5 个共价键，而其他的氮族元素均可形成 5 个共价键。由于“惰性电子对”效应，元素 Bi 的两个 6s 电子能量很低，不参与成键。因此，Bi 易失去 3 个 6p 轨道电子，稳定价态为+3 价。在酸性条件下，+5 价铋（如：$NaBiO_3$）的氧化性很强，能将 Mn^{2+} 氧化成 MnO_4^-。

氮主要以单质形式存在于大气中，占大气体积的 78.1%。除土壤中含有一些铵盐、硝酸盐（如 KNO_3）外，氮很少以无机化合物存在于自然界。南美洲智利北部有自然界最大硝酸盐矿（硝石，$NaNO_3$）。氮普遍存在于有机体中，是构成动植物体蛋白质和核酸的重要部分。

磷在自然界主要以磷酸盐的形式存在，如磷酸钙矿 {$Ca_3(PO_4)_2\cdot H_2O$} 和磷灰石 {$Ca_5(PO_4)_3(F,Cl,OH)$} 等。这两种矿物是制造磷肥和大多数含磷化合物的重要原料。

砷、锑、铋的原子半径相对较大，容易形成硫化物，故称为亲硫元素，这些元素主要以硫化物矿存在。如雌黄（As_2S_3）、雄黄（As_4S_4）、砷化铁矿（$FeAs_2$）、辉锑矿（Sb_2S_3）、锑硫镍矿（NiSbS）、辉铋矿（Bi_2S_3）等。砷、锑、铋还存在少量的氧化物矿，如砒霜（As_2O_3）、锑华（Sb_2O_3）和铋华（Bi_2O_3）。我国锑的蕴藏量占世界第一位，是锑的主要供应国。

11.3.1　氮及其化合物

1. 氮气

氮是最重要的生命必需元素之一，在人体内的质量分数超过 5%，是组成氨基酸、蛋白质、核酸的主要元素，也是植物生长的必需元素。常温、常压下，氮气是一种无色无味、无臭的气体。标准状况下，氮气的密度为 $1.25g \cdot L^{-1}$，熔点 63K，沸点 75K。临界温度 126K，氮气较难液化，基本不溶于水。

N_2 为双原子分子，含有一个 σ 键和两个 π 键，三个键的总键能为 $941.69kJ \cdot mol^{-1}$。因为键能较大，在通常情况下相对稳定，曾被称为惰性气体。目前还没有找到在常温下能使 N_2 发生反应的催化剂。N 的化合物需要在高温和高压条件下合成。氮气主要用于合成氨，再以氨为原料生产硝酸、化肥（碳酸氢铵、硫酸铵、尿素）和炸药等。由于在常温下的化学惰性，氮气常被用来作保护气，液氨可以作为制冷剂。

工业所用的大量 N_2 是通过分馏液化的空气制备的。由空气分馏得到的 N_2 纯度约为 99.7%，不纯物主要为少量 O_2 和稀有气体。若要求纯度更高的 N_2，可将分馏的 N_2 通过灼热的铜丝，除去其中少量的 O_2。工业上常以 $1.52 \times 10^7 Pa$ 的压力将氮气压入钢瓶后再进行运输和使用。盛装 N_2 的钢瓶为黑色。

在高温、高压并有催化剂存在的条件下，氮气与氢气反应生成氨，该反应曾被详细研究过，现已应用于工业化生产。

$$N_2 + 3H_2 \xrightarrow{\text{高温、高压、催化剂}} 2NH_3$$

在放电条件下氮气也能直接与氧化合，生成 NO。

$$N_2 + O_2 \xrightarrow{\text{放电}} 2NO$$

N 原子可以获得 3 个电子达到稀有气体的电子结构，但获得 3 个电子需要吸收较多的能量。因此，N 只能与电离能小的ⅠA 族和ⅡA 族的金属形成离子型氮化物，如黑色的 Li_3N 和黄色的 Mg_3N_2 等。

$$6Li + N_2 \xrightarrow{\triangle} 2Li_3N$$

$$3Mg + N_2 \xrightarrow{\triangle} Mg_3N_2$$

金属与氮气作用时的反应条件不同，锂在常温下就能与氮气直接反应，但反应速率很慢，有实际意义的反应温度为 250℃。ⅡA 族金属需在加热的条件下才能与氮气化合，如 Ca 与 N_2 的反应温度为 410℃，Sr 与 N_2 反应温度为 380℃，硼与硅与氮气反应所需的温度更高，要在 1200℃以上才能反应。

2. NH_3

（1）NH_3 的性质

常温常压下，NH_3 是一种无色、有强烈刺激性气味的恶臭气体。常压下，NH_3 的熔点为-77.75℃，沸点-33.5℃。氨气能灼伤皮肤、眼睛、呼吸器官的黏膜，人吸入过多，能引起肺肿胀，以至死亡。NH_3 的临界温度和临界压力分别为：132.4℃和 11.2MPa。在常温下通过加压可使氨气液化。液氨的气化热较高，为 $23.35kJ \cdot mol^{-1}$，可以作为冷冻机的制冷剂。NH_3 为极性分子，在水中的溶解度非常大。273K 时，1L 水能溶解 $1200LNH_3$。通常把溶有 NH_3 的水溶液称为氨水。市售 28%的浓氨水密度为 $0.91g \cdot mL^{-1}$，32%的浓氨水密度为 $0.88g \cdot mL^{-1}$。由于分子极性和氢键的存在，液氨是一个很好的溶剂，在许多物理性质方面与 H_2O 非常相似。

NH_3 和 H_2O 相比，差别在于：NH_3 是比 H_2O 更强的亲质子试剂，是更好的电子对给予体；NH_3 放出质子 H^+ 的倾向弱于 H_2O 分子。

液氨能够溶解碱金属，这种碱金属液氨溶液能导电，并缓慢分解放出 H_2，还原性极强。碱金属液氨溶液显蓝色，是因为在溶液中生成“氨合电子”。NH_3 的化学性质主要表现在以下几个方面：

① 良好的配位体

NH_3 分子中，由于 N 原子上孤对电子的存在，可与许多金属离子或缺电子元素形成配位键，生成各种形式的氨合物。例如，$[Ag(NH_3)_2]^+$、$[Cu(NH_3)_4]^{2+}$、$[Ni(NH_3)_6]^{2+}$、$F_3B \leftarrow NH_3$ 等均为以 NH_3 为配体的配合物。

② 弱碱性

NH_3 在水中形成的主要水合物有 $NH_3 \cdot H_2O$ 与 $2NH_3 \cdot H_2O$。在这些水合物中，既不存在 NH_4^+ 与 OH^-，也不存在 NH_4OH 分子，分子通过氢键（键长为 276pm）与 H_2O 相连。298.15K 时，$0.1mol \cdot L^{-1}NH_3$ 溶液中只有 1.34%的 NH_3 发生了解离。因此，NH_3 呈弱碱性，NH_3 的 $K_b^{\ominus}=1.8\times10^{-5}$，与酸反应生成相应的铵盐：

$$NH_3+HCl = NH_4Cl$$

③ 取代反应

NH_3 分子中的 H 可以被其他原子或基团取代。例如：

$$COCl_2(\text{光气})+4NH_3 = CO(NH_2)_2(\text{尿素})+2NH_4Cl$$

$$SOCl_2+4NH_3 = SO(NH_2)_2(\text{亚硫胺})+2NH_4Cl$$

$$HgCl_2+2NH_3 = Hg(NH_2)Cl\downarrow(\text{氨基氯化汞})+NH_4Cl$$

这些取代反应实际上是 NH_3 参与的复分解反应，类似于水解反应，所以这类反应也常称为氨解反应。

④ 还原性

NH_3 分子中，N 的氧化数为-3，因此可在一定条件下失去电子而显还原性。例如

$$4NH_3+3O_2 = 6H_2O+2N_2$$

在催化剂（铂网）的作用下，NH_3 可氧化为 NO：

$$4NH_3+5O_2 = 4NO+6H_2O$$

常温条件下，NH_3 遇到氧化剂，如：Cl_2、Br_2、CuO、H_2O_2、$KMnO_4$ 时，可被氧化

为 N_2：

$$2NH_3+3Cl_2 \xlongequal{} 6HCl+N_2$$

$$2NH_3+3CuO(热) \xlongequal{} 3Cu+3H_2O+N_2\uparrow$$

NH_3 与 H_2O_2 或高锰酸盐反应，均可被氧化为 N_2。

$$2NH_3+3H_2O_2 \xlongequal{} 6H_2O+N_2\uparrow$$

$$2NH_3+2MnO_4^- \xlongequal{} 2MnO_2+2OH^-+2H_2O+N_2\uparrow$$

当氧化剂（Cl_2、Br_2）过量时，则发生取代反应，生成 NCl_3：

$$NH_3+3Cl_2 \xlongequal{} NCl_3+3HCl$$

（2）NH_3 的制备

实验室常采用铵盐（如：$(NH_4)_2SO_4$、NH_4Cl）与强碱反应，制备少量氨气。

$$(NH_4)_2SO_4+2NaOH \xlongequal{} Na_2SO_4+2NH_3\uparrow+2H_2O$$

3. 铵盐

NH_4^+ 与 Na^+ 为等电子体，因此，NH_4^+ 具有+1 价金属离子的性质。NH_4^+ 的半径（148pm）与 K^+ 的半径（133pm）近似，它们与阴离子形成的盐的溶解度相似。铵盐易溶于水，其颜色主要由阴离子的颜色决定。铵盐的化学特性主要表现在以下几个方面。

（1）水解性

NH_3 呈弱碱性，铵盐在水溶液中会发生水解，强酸铵盐的水溶液呈弱酸性。

$$NH_4^++H_2O \xlongequal{} NH_3\cdot H_2O+H^+$$

（2）热稳定性

铵盐的热稳定性差，固态铵盐受热易分解，生成 NH_3，如：夏天在农田施用氨肥时闻到有氨的气味。

$$NH_4HCO_3 \xlongequal[\triangle]{} NH_3+CO_2\uparrow+H_2O$$

$$NH_4Cl \xlongequal[\triangle]{} NH_3+HCl$$

$$(NH_4)_2SO_4 \xlongequal[\triangle]{} NH_3+NH_4HSO_4$$

当氨与氧化性酸（如：硝酸、氯酸等）形成的铵盐在受热时，发生氧化还原反应，氨被氧化生成 N_2 或 N_2O，并放出大量的热，若此过程是在密闭容器中进行，则可引起爆炸。因此，此类铵盐常用来制造炸药。例如，NH_4NO_3、NH_4ClO_3 等与硫黄或木炭的混合物为常见的黑火药。

$$NH_4NO_3 \xlongequal{\triangle} N_2O+2H_2O$$

$$2NH_4ClO_3 \xlongequal{\triangle} N_2\uparrow+O_2\uparrow+Cl_2\uparrow+4H_2O$$

$$(NH_4)_2Cr_2O_7 \xlongequal{\triangle} N_2\uparrow+Cr_2O_3+4H_2O$$

（3）铵盐的鉴定

向热的铵盐溶液中加入强碱，释放出 NH_3，可以检验铵盐的存在，该法称为气室法。

$$NH_4^++OH^- \xrightarrow{\triangle} NH_3\uparrow+H_2O$$

鉴定铵盐的另一种方法是向含有 NH_4^+ 的溶液中加入奈斯勒（Nessler）试剂（$K_2[HgI_4]$ 的 KOH 溶液），生成红褐色沉淀。

$NH_4^+ + 2[HgI_4]^{2-} + 4OH^- \longrightarrow$ 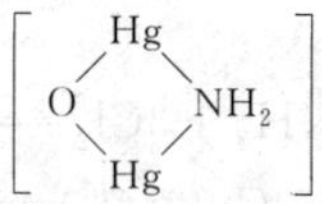 $I(s) + 7I^- + 3H_2O$

当溶液中含有过渡金属离子时，由于过渡金属离子本身有颜色，当溶液中含有过渡金属离子时，会因有色沉淀的生成干扰 NH_4^+ 的鉴定。

4. 氮的氧化物

N 与 O 能形成多种氧化物（如：N_2O、NO、N_2O_3、NO_2、N_2O_5 等），这些氧化物中，N 的氧化数从+1 变到+5，比较重要的氧化物为 NO 和 NO_2。

（1）N_2O

N_2O 是一种无色、有甜味、能溶于水的气体，不与水作用。过去曾用作麻醉剂，俗称"笑气"。NH_4NO_3 加热分解可产生 N_2O，但加热温度不宜高于 300℃。当温度过高时，N_2O 分解为 N_2 和 O_2。

$$NH_4NO_3 \xlongequal{\triangle} N_2O\uparrow + 2H_2O(463 \sim 573K)$$

（2）NO

NO 为无色气体，微溶于水，不与水反应。NO 有还原性，常温下遇 O_2 迅速反应，生成红棕色的 NO_2。

$$2NO + O_2 \xlongequal{} 2NO_2$$

NO 为顺磁性分子。易与卤素加合反应，生成卤化亚硝酰：

$$2NO + Cl_2 \xlongequal{} 2NOCl$$

NO 也可以作为配体与过渡金属离子生成配位化合物。在硝酸盐、亚硝酸盐溶液中加入少量固体 $FeSO_4$，小心加入浓硫酸，在浓硫酸与溶液的界面上出现棕色环。该反应可鉴定 NO_3^-、NO_2^-。鉴定 NO_2^- 可加入 HAc，以与 NO_3^- 区别。其反应方程式：

$$3Fe^{2+} + NO_3^- + 4H^+ \xlongequal{} 3Fe^{3+} + NO + 2H_2O\text{（浓硫酸介质中 } NO_3^- \text{ 被}Fe^{2+}\text{还原）}$$

$$Fe^{2+} + NO_2^- + 2H^+ \xlongequal{} Fe^{3+} + NO + H_2O\text{（乙酸介质中 } NO_2^- \text{ 被 }Fe^{2+}\text{还原）}$$

生成的 NO 与 Fe^{2+} 配位形成亚硝酰棕色配合物，称为"棕色环反应"。

$$NO + FeSO_4 \xlongequal{} [Fe(NO)]SO_4\text{（棕色）}$$

（3）NO_2

NO_2 是一种红棕色有刺激性气味的有毒气体，是一种奇电子分子，显顺磁性。分子构型为 V 形，低温时易聚合成无色的 N_2O_4。

$$2NO_2 \xlongequal{} N_2O_4$$

NO_2 易溶于水，并与水作用，生成 HNO_3 和 NO。

$$2NO_2 + H_2O \xlongequal{} HNO_3 + NO$$

NO_2 通入碱溶液中，生成硝酸盐与亚硝酸盐的混合物：

$$2NO_2 + 2NaOH \xlongequal{} NaNO_3 + NaNO_2 + H_2O$$

NO_2 可通过 Cu 与浓 HNO_3 反应得到：

$$Cu + 4HNO_3\text{(浓)} \xlongequal{} Cu(NO_3)_2 + 2NO_2\uparrow + 2H_2O$$

5. HNO_2 及其盐

亚硝酸盐与稀冷的盐酸作用，或将等物质的量的 NO 和 NO_2 溶于水，可得 HNO_2 溶液：

$$NaNO_2 + HCl(稀,冷) \longrightarrow NaCl + HNO_2$$

$$NO + NO_2 + H_2O \longrightarrow 2HNO_2$$

HNO_2 不稳定，仅存在于冷的稀溶液中，微热甚至常温下便会分解为 NO、NO_2 和 H_2O。亚硝酸盐广泛用于涂料工业及建筑工业。在有机合成中用于制备重氮化合物。

在酸性溶液中，NO_2^- 与对氨基苯磺酸和 α-萘胺反应，生成有特征的浅粉红色溶液，可检验低浓度的 NO_2^-。

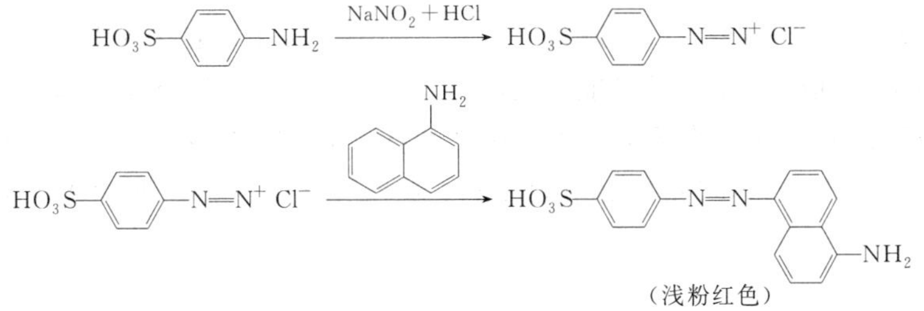

（浅粉红色）

HNO_2 及其盐的性质主要表现在以下几个方面。

（1）弱酸性

HNO_2 是一元弱酸，其解离常数为 $K_a^\ominus = 5.1\times10^{-4}$（25℃），略强于 HAC（$K_a^\ominus = 1.75\times10^{-5}$）酸性。与碱反应可生成相应的亚硝酸盐。

（2）氧化性

HNO_2 及其盐既有氧化性，又有还原性，但以氧化性为主。在稀的酸性溶液中，其氧化能力比 NO_3^- 强，这一点通过其在酸性溶液中的标准电极电势值可以得出。

$$HNO_2 + H^+ + e^- \longrightarrow NO + H_2O \qquad \varphi^\ominus = 0.99V$$

$$HNO_3 + 3H^+ + 3e^- \longrightarrow NO + 2H_2O \qquad \varphi^\ominus = 0.96V$$

在稀酸性溶液中，HNO_2 能将 I^- 氧化成 I_2，而 NO_3^- 则不能。

$$2HNO_2 + 2H^+ + 2I^- \longrightarrow 2NO\uparrow + I_2 + 2H_2O$$

（3）还原性

在酸性溶液中，HNO_2 有较强的氧化性。然而，一旦遇到更强的氧化剂（如 $KMnO_4$、Cl_2）时，HNO_2 显示出还原性，经氧化后的产物为硝酸盐。

$$5NO_2^- + 2MnO_4^- + 6H^+ \longrightarrow 5NO_3^- + 2Mn^{2+} + 3H_2O$$

$$NO_2^- + Cl_2 + H_2O \longrightarrow NO_3^- + 2H^+ + 2Cl^-$$

在碱性溶液中，NO_2^- 表现为还原性，空气中的 O_2 能将 NO_2^- 氧化为 NO_3^-：

$$NO_2^- + H_2O + e^- \longrightarrow NO + 2OH^- \qquad \varphi^\ominus = -0.46V$$

$$O_2 + 2H_2O + 4e^- \longrightarrow 4OH^- \qquad \varphi^\ominus = 0.401V$$

$$2NO_2^- + O_2 \longrightarrow 2NO_3^-$$

利用 HNO_2 及其盐的还原性，可区分 NO_2^- 和 NO_3^-。

（4）良好的配位体

NO_2^- 中的 N 和 O 原子上均有孤对电子，分别能与许多过渡金属离子形成配位化合物，如 $[Co(NO_2)_6]^{3-}$ 与 $[Co(NO_2)(NH_3)_5]^{2+}$ 等。

通过 $[Co(NO_2)_6]^{3-}$ 与 K^+ 反应生成黄色沉淀，可鉴定 K^+ 存在：

$$3K^+ + Na_3[Co(NO_2)_6] \longrightarrow K_3[Co(NO_2)_6]\downarrow(黄色) + 3Na^+$$

（5）热稳定性

HNO_2 不稳定，易分解。然而，亚硝酸盐的热稳定性却很高，受热时一般不分解。因此，可在高温下以金属还原硝酸盐制备亚硝酸盐：

$$Pb(粉)+NaNO_3 \xlongequal{\triangle} PbO+NaNO_2$$

除浅黄色的 $AgNO_2$ 微溶于水外，一般亚硝酸盐都易溶于水。

（6）亚硝酸盐的毒性

所有的亚硝酸盐均有毒。亚硝酸盐能把血红蛋白中 Fe(Ⅱ) 氧化为 Fe(Ⅲ)，使血红蛋白丧失载氧功能。据文献报道，亚硝酸钠能与蛋白质反应，生成致癌物质亚硝基胺（$R_2N—N═O$）。制作咸菜、酸菜、泡菜的容器下层会产生亚硝酸盐，食用前需要洗净。亚硝酸钠常用于鱼、肉制品加工过程中的防腐和保鲜剂，但用量过多会引起中毒；长期食用含亚硝酸盐食物可致癌。

6. 硝酸及其盐

（1）HNO_3

纯 HNO_3 为无色透明油状液体，熔点−42℃，沸点 83℃，能与水互溶。市售浓 HNO_3 质量分数为 68%～70%，密度为 $1.42g\cdot mL^{-1}$，浓度相当于 $15\sim16mol\cdot L^{-1}$。市售发烟硝酸的质量分数 93%，密度 $1.5g\cdot mL^{-1}$，相当于 $22mol\cdot L^{-1}$。硝酸容易挥发，见光或受热易分解。

$$4HNO_3 \xlongequal{} 2H_2O+4NO_2\uparrow+O_2\uparrow$$

久置的硝酸因含 NO_2 而发黄，因此，硝酸应用棕色瓶保存并置于阴凉处。

除强酸性外，HNO_3 的化学性质主要表现在强氧化性。作为氧化剂，HNO_3 的还原产物十分复杂，根据 HNO_3 浓度不同、还原剂的还原能力不同，其还原产物可以是 NO_2、NO、N_2O、N_2 甚至 NH_4^+。

① 与非金属反应

非金属中除 Cl_2、O_2、稀有气体外，都能被 HNO_3 氧化为相应的氧化物或含氧酸。

$$4HNO_3+3C \xlongequal{} 3CO_2+4NO\uparrow+2H_2O$$

$$5HNO_3+3P+2H_2O \xlongequal{} 3H_3PO_4+5NO\uparrow$$

$$2HNO_3+S \xlongequal{} H_2SO_4+2NO\uparrow$$

$$10HNO_3+3I_2 \xlongequal{} 6HIO_3+10NO\uparrow+2H_2O$$

② 与金属反应

除少数金属（Au、Pt、Ir、Rh、Ru、Ti、Nb 等）外，所有金属几乎都可以被 HNO_3 氧化，生成硝酸盐。例如：

$$4HNO_3+Cu \xlongequal{} Cu(NO_3)_2+2NO_2\uparrow+2H_2O$$

$$4HNO_3+Hg \xlongequal{} Hg(NO_3)_2+2NO_2\uparrow+2H_2O$$

Fe、Al、Cr 等金属与冷的浓 HNO_3 接触被钝化，其表面生成一层致密的氧化物薄膜，能够阻止 HNO_3 对金属的进一步氧化。因此，Al 或 Fe 制容器可以用来盛装浓 HNO_3。

稀 HNO_3 的氧化能力也较强，不同于浓 HNO_3 之处在于：稀 HNO_3 的氧化能力要弱一些，反应速率慢，被氧化物质不能达到最高氧化态。例如：

$$Cu+4HNO_3(浓) = Cu(NO_3)_2+2NO_2\uparrow+2H_2O$$
$$3Cu+8HNO_3(稀) = 3Cu(NO_3)_2+2NO\uparrow+4H_2O$$
$$Zn+4HNO_3(浓) = Zn(NO_3)_2+2NO_2\uparrow+2H_2O$$
$$3Zn+8HNO_3(稀\ 1:2) = 3Zn(NO_3)_2+2NO\uparrow+4H_2O$$
$$4Zn+10HNO_3(较稀,2mol\cdot L^{-1}) = 4Zn(NO_3)_2+N_2O\uparrow+5H_2O$$
$$4Zn+10HNO_3(很稀,1:10) = 4Zn(NO_3)_2+NH_4NO_3+3H_2O$$

与金属反应时，反应产物与硝酸的浓度、金属活泼性有关。浓 HNO_3 的还原产物一般为 NO_2，稀硝酸一般为 NO。HNO_3 越稀，金属性越活泼，还原产物的氧化数越低。

③ 王水

浓 HCl 和浓 HNO_3 按 3∶1 的体积比组成的混合物称为王水。其氧化性比浓 HNO_3 更强，在浓 HNO_3 中不溶的 Au 和 Pt，可溶于王水。这与浓硝酸的氧化性和氯离子的强配位能力有关。例如：

$$Au+HNO_3+4HCl = H[AuCl_4]+NO+2H_2O$$
$$3Pt+4HNO_3+18HCl = 3H_2[PtCl_6]+4NO+8H_2O$$

在王水中，起氧化作用的仍是浓硝酸，但是，浓盐酸的存在使生成的金属离子与 Cl^- 形成稳定的配合物，大大降低了金属的电极电势，相对提高了浓 HNO_3 的氧化性。

(2) 硝酸盐

与其他含氧酸盐不同，几乎所有硝酸盐都是可溶于水的，而且易于结晶，硝酸盐的热稳定性比其他含氧酸盐差得多。硝酸盐中阳离子的不同，硝酸盐的分解产物也不同。以金属活动顺序表为例，主要可分为以下几种类型。

① 比 Mg 活泼的金属的硝酸盐分解为亚硝酸盐和 O_2。例如

$$2NaNO_3 \xrightarrow{\triangle} 2NaNO_2+O_2\uparrow$$

② Mg～Cu 的硝酸盐分解为金属氧化物、NO_2 和 O_2。例如

$$2Pb(NO_3)_2 \xrightarrow{\triangle} 2PbO+4NO_2\uparrow+O_2$$

③ Cu 之后的金属硝酸盐分解为金属单质、NO_2 和 O_2。例如

$$2AgNO_3 \xrightarrow{\triangle} 2Ag+2NO_2\uparrow+O_2\uparrow$$
$$Hg(NO_3)_2 \xrightarrow{\triangle} Hg+2NO_2\uparrow+O_2\uparrow$$

许多硝酸盐带有结晶水，受热时，若金属离子易水解，则有可能首先发生水解反应，因为 HNO_3 为挥发性酸，水解生成的 HNO_3 挥发掉后促使水解进行。例如：

$$Mg(NO_3)_2\cdot 6H_2O \xrightarrow{402.5K} Mg(OH)NO_3+HNO_3+5H_2O$$
$$Cu(NO_3)_2\cdot 6H_2O \xrightarrow{443K} Cu(OH)NO_3+HNO_3+5H_2O$$

在试管中加入少量硝酸盐的稀溶液，再加入少量 $FeSO_4$ 的酸性溶液，然后沿试管壁滴加几滴浓 H_2SO_4，观察到浓 H_2SO_4 和试液的界面上形成一棕色环，此棕色环可证明 NO_3^- 的存在：

$$NO_3^-+3Fe^{2+}+4H^+ = 3Fe^{3+}+NO+2H_2O$$
$$Fe^{2+}+NO+SO_4^{2-} = [Fe(NO)]SO_4(棕色)$$

11.3.2 磷及其化合物

1. 单质磷

(1) 单质磷的物理性质

磷有多种同素异形体，常见的有白磷、红磷和黑磷。

白磷是由 P_4 分子组成的分子晶体，为四面体构型。分子中 P-P 键长为 221pm，键角∠PPP 为 60°。

在 P_4 分子中，P 原子以三个 p 轨道与另外三个 P 原子的 p 轨道形成三个 σ 键，这种纯 p 轨道间形成的键角应为 90°，实际上却为 60°，所以 P_4 分子中的键有张力，这种张力使每个 P—P 键的键能减弱，易于断裂，因此白磷在常温下有很高的化学活性。

纯白磷为无色透明晶体，遇光逐渐变为黄色，所以又称黄磷。黄磷有剧毒，误食 0.1g 就能致死。误服少量白磷或者白磷不慎沾到皮肤上可用硫酸铜溶液解毒。

白磷不溶于水，易溶于 CS_2。与空气接触缓慢氧化，部分反应能量以光能的形式放出，这就是白磷在暗处发光的原因，称为“磷光”。当白磷在空气中缓慢氧化，表面上积聚的热量使温度达到 313K 时，便发生自燃。因此，白磷一般要储存在水下，以隔绝空气，防止氧化。

将白磷隔绝空气，在 673K 加热数小时，可转化为红磷。红磷为暗红色的粉末，不溶于水、碱和 CS_2 中，无毒性。红磷的结构为长链状大分子结构。

黑磷最稳定。将白磷在高压下或在常压用 Hg 作催化剂，并以小量黑磷作“晶种”，在 493～643K 长时间加热，可得到黑磷。黑磷具有石墨状的结构并可导电，所以黑磷有“金属磷”之称。

(2) 单质磷的化学性质

在空气中自燃为氧化物：

$$P_4 + 3O_2(\text{不足}) = P_4O_6$$

$$P_4 + 5O_2(\text{过量}) = P_4O_{10}$$

在 Cl_2 中燃烧为氯化物：

$$P_4 + 6Cl_2(\text{不足}) = 4PCl_3$$

$$P_4 + 10Cl_2(\text{足量}) = 4PCl_5$$

被浓 HNO_3 氧化为 H_3PO_4：

$$3P_4 + 20HNO_3 + 8H_2O = 12H_3PO_4 + 20NO$$

在浓碱（NaOH）中发生歧化反应：

$$P_4 + 3NaOH + 3H_2O = PH_3\uparrow + 3NaH_2PO_2(\text{次磷酸钠})$$

白磷还可将 Au、Ag、Cu 与 Pb 从其盐中取代出来。例如，白磷与热的铜盐反应生成 Cu_3P；在冷溶液中则析出单质 Cu。

$$11P + 15CuSO_4 + 24H_2O \xrightarrow{\triangle} 5Cu_3P + 6H_3PO_4 + 15H_2SO_4$$

$$P_4 + 10CuSO_4 + 16H_2O = 10Cu + 4H_3PO_4 + 10H_2SO_4$$

磷的成键特征如下：

① 以 P 的形式与活泼金属离子形成离子型化合物，如 Na_3P、Zn_3P_2 等。

② 以不同的杂化状态形成共价化合物，如 $PH_3(sp^3)$、$H_3PO_4(sp^3)$、$PCl_5(sp^3d)$ 等。

③ 磷最稳定的存在形式是 PO_4^{3-} 四面体。

2. 磷化氢

PH_3 是一种无色有臭味的剧毒气体，稳定性和碱性均低于 NH_3，常温时 100 体积水只能溶解 26 体积 PH_3。PH_3 可通过金属磷化物水解或单质磷溶于碱制得。

$$Ca_3P_2+6H_2O = 3Ca(OH)_2+2PH_3$$

$$P_4+3NaOH+3H_2O \xlongequal{\triangle} PH_3+3NaH_2PO_2$$

3. 磷的氧化物

常见的磷的氧化物有 P_4O_6 和 P_4O_{10}（或写为 P_2O_3 和 P_2O_5）两种，它们都是白色固体。单质磷与不足量氧气反应生成 P_4O_6，当氧气过量时则生成 P_4O_{10}。P_4O_6 是亚磷酸的酸酐，溶于冷水生成亚磷酸（二元酸）；溶于热水则发生歧化反应，生成磷酸和磷化氢。

$$P_4O_6+6H_2O(冷) = 4H_3PO_3$$

$$P_4O_6+6H_2O(热) = PH_3+3H_3PO_4$$

P_4O_{10} 是正磷酸的酸酐，但溶于水时常常生成聚偏磷酸 $(HPO_3)_4$，在 HNO_3 存在时煮沸才转变成 H_3PO_4：

$$P_4O_{10}+6H_2O \xrightarrow{HNO_3，煮沸} 4H_3PO_4$$

P_4O_{10}（或 P_2O_5）是最强的干燥剂之一，甚至可以夺取 H_2SO_4 中的 H_2O：

$$P_2O_5+3H_2SO_4 = 3SO_3+2H_3PO_4$$

4. 磷的含氧酸及其盐

磷的含氧酸数目众多，有次磷酸（H_3PO_2）、亚磷酸（H_3PO_3）、偏磷酸（HPO_3）、正磷酸（H_3PO_4）、焦磷酸（$H_4P_2O_7$）、三磷酸（$H_5P_3O_{10}$）等，这些含氧酸中磷原子均采用 sp^3 杂化。

（1）次磷酸（H_3PO_2）

次磷酸是无色易潮解的固体，由它的结构（图 11-3-1）可知，它是一元酸（$K_a^\ominus=1.0\times10^{-2}$），因其分子中有 P—H 键，易被氧原子进攻，具有还原性。从电势图可知，在碱性介质中，次磷酸及其盐的还原性很强，可使 Ag^+、Hg^{2+}、Cu^{2+} 等金属离子还原。如

$$H_2PO_2^-+2Cu^{2+}+6OH^- = PO_4^{3-}+2Cu+4H_2O$$

所以，次磷酸盐可用于化学电镀。

图 11-3-1　H_3PO_2 和 $H_2PO_2^-$ 的结构

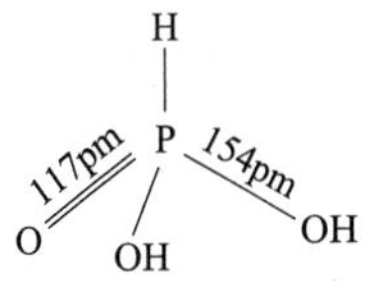

图 11-3-2　亚磷酸的结构

（2）亚磷酸（H_3PO_3）

亚磷酸是白色易潮解固体，由其结构（图 11-3-2）可知，它是二元酸（$pK_{a_1}^\ominus=1.51$，

$pK_{a2}^{\ominus}=6.78$)，也具有还原性。纯的亚磷酸和它的浓溶液受热发生歧化反应：

$$4H_3PO_3 = 3H_3PO_4 + PH_3$$

所以，亚磷酸的制备需要在冷的溶液中用 P_4O_6 和水反应。

（3）偏磷酸与焦磷酸

1 分子磷酸脱去 1 分子水的产物叫做偏磷酸（HPO_3），P_2O_5 溶于水时主要产物为：聚偏磷酸 [$(HPO_3)_4$]。2 分子磷酸脱去 1 分子水的产物称为焦磷酸（$H_4P_2O_7$）。3 个磷酸分子受热脱去 2 分子水形成三磷酸。3 分子磷酸脱去 3 分子水形成三偏磷酸。由几个单分子脱水，通过氧联成多酸的作用，称为缩合作用。以上的多酸均属缩合磷酸，故磷酸没有自身的沸点。磷酸的酸性随其缩合程度的增加而增强。

PO_4^{3-}、$P_2O_7^-$ 和 PO_3^- 可以用 $AgNO_3$ 区别和鉴定。$AgNO_3$ 与它们分别生成 Ag_3PO_4 黄色沉淀、$Ag_4P_2O_7$ 和 $AgPO_3$ 白色沉淀，通过沉淀的颜色可以鉴定 PO_4^-，PO_3^- 能使蛋白水溶液凝聚产生白色沉淀，从而可以鉴定 PO_3^-。

（4）正磷酸（H_3PO_4）

纯的正磷酸是一种无色晶体，熔点为 42.35℃，易溶于水。市售分析纯的正磷酸的质量分数为 85%，密度为 $1.7g \cdot mL^{-1}$，浓度相当于 $15mol \cdot L^{-1}$，是一种黏稠的难挥发的溶液。在 H_3PO_4 分子中磷原子周围的氧原子排列近似于正四面体（见图 11-3-3）。

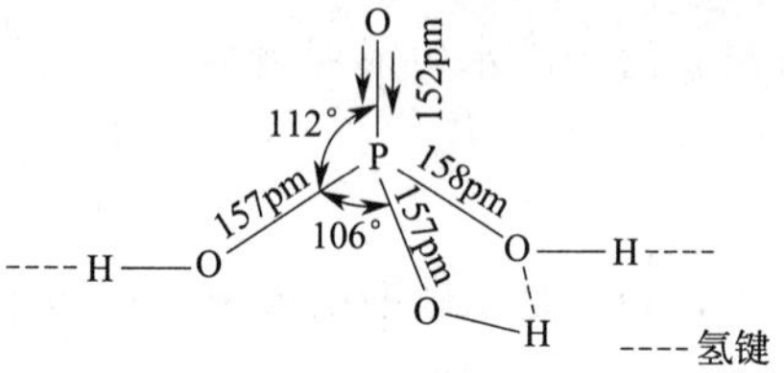

图 11-3-3　正磷酸的结构

磷酸是一种中强酸，无氧化性和挥发性。磷酸的三级解离常数分别为：

$$pK_{a_1}^{\ominus}=2.12;\ pK_{a_2}^{\ominus}=7.20;\ pK_{a_3}^{\ominus}=12.32$$

H_3PO_4 的工业来源有两种主要途径：①用 76%左右的 H_2SO_4 分解磷酸钙矿；②通过浓硝酸氧化单质磷。

$$Ca_3(PO_4)_2 + 3H_2SO_4 = 3CaSO_4 + 2H_3PO_4$$

$$3P_4 + 20HNO_3(\text{浓}) + 8H_2O = 12H_3PO_4 + 20NO\uparrow$$

磷酸能与许多金属离子形成配合物。分析化学中为了掩蔽 Fe^{3+}，常加 H_3PO_4，与 Fe^{3+} 生成无色可溶性配合物 $H_3[Fe(PO_4)_2]$、$H[Fe(HPO_4)_2]$ 等。

在浓硝酸介质中，将 PO_4^{3-} 与过量的钼酸铵 $(NH_4)_2MoO_4$ 混合，加热，可慢慢析出黄色的磷钼酸铵沉淀。此反应用于鉴定 PO_4^{3-} 存在。

$$PO_4^{3-} + 12MoO_4^{2-} + 24H^+ + 3NH_4^+ = (NH_4)_3PO_4 \cdot 12MoO_3 \cdot 6H_2O(\text{黄色})\downarrow + 6H_2O$$

H_3PO_4 受强热时脱水，依次生成焦磷酸、三磷酸和多聚偏磷酸。三磷酸为链状结构，多聚偏磷酸为环状结构。

（5）磷酸盐

磷酸盐按组成可分成 3 种：一种正盐（M_3PO_4）和两种酸式盐（MH_2PO_4、$MHPO_4$）。磷酸二氢盐多易溶于水，而 M_3PO_4、M_2HPO_4 中除 K^+、Na^+、NH_4^+ 盐外，多难溶于水，如 Ag_3PO_4、Li_3PO_4、$Ca_3(PO_4)_2$、$CaHPO_4$ 等。向磷酸盐溶液中加入 Ag^+ 时，只生成 Ag_3PO_4 黄色沉淀：

$$PO_4^{3-} + 3Ag^+ = Ag_3PO_4\downarrow$$

$$HPO_4^{2-} + 3Ag^+ = Ag_3PO_4\downarrow + H^+$$

$$H_2PO_4^- + 3Ag^+ = Ag_3PO_4\downarrow + 2H^+$$

磷酸是三元中强酸，因此磷酸盐在水中会发生水解（MH_2PO_4 则发生 $H_2PO_4^-$ 的电离），下列 3 种磷酸盐溶液的 pH 分别为：

NaH_2PO_4　$[H^+]=\sqrt{K_{a_1}^{\ominus}K_{a_2}^{\ominus}}=2.07\times10^{-5}$，$pH=4.68$

Na_2HPO_4　$[H^+]\approx\sqrt{K_{a_2}^{\ominus}K_{a_3}^{\ominus}}=1.73\times10^{-10}$，$pH=9.76$

Na_3PO_4　由$[OH^-]\approx\sqrt{cK_{b_1}^{\ominus}}$，得 $pH\approx12.68(c=0.1mol\cdot L^{-1})$

NaH_2PO_4/Na_2HPO_4 是一重要缓冲体系，人体血液 pH＝7.35～7.45 就是靠它与 $H_2CO_3/NaHCO_3$ 缓冲体系共同维持的。

磷酸的正盐对热十分稳定，一氢盐受热分解为焦磷酸盐，二氢盐分解为三聚偏磷酸盐，在更高温度下，形成链状多聚偏磷酸盐玻璃体，又称格式盐：

$$2Na_2HPO_4 \xlongequal{\triangle} Na_4P_2O_7+H_2O$$

$$3NaH_2PO_4 \xrightarrow{673\sim773K} (NaPO_3)_3+3H_2O$$

$$xNaH_2PO_4 \xrightarrow{973K} (NaPO_3)_X+xH_2O$$

（6）复杂磷酸盐

常见的复杂磷酸盐如图 11-3-4 所示。

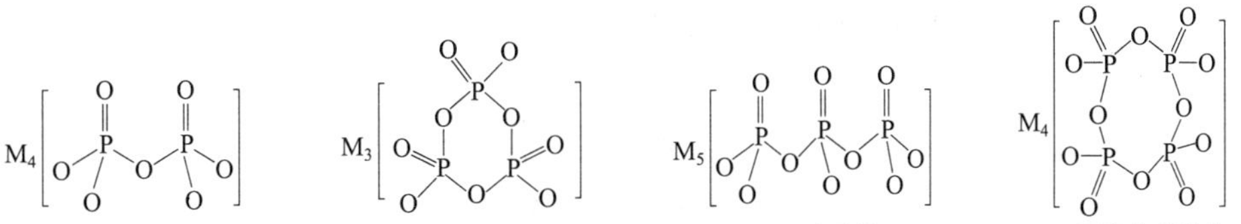

焦磷酸盐　三聚偏磷酸盐　三磷酸盐　四聚偏磷酸盐

图 11-3-4　复杂磷酸盐的结构

5. 化肥与农药

农作物正常生长必需的 16 种营养元素为：N、P、K、C、H、O、Ca、Mg、S、Fe、Mn、Cu、Zn、B、Mo、Cl，其中 N、P、K 称为肥料三要素。如果这 3 种元素天然供应不足，就需要经常施肥以补充。

工业氮肥主要指氨水、硫酸铵、碳酸氢铵、氯化铵、硝酸铵和磷酸铵等，另外还有由氨和二氧化碳合成的尿素：

$$2NH_3(aq)+CO_2(g)=\!=\!=CO(NH_2)_2(s)+H_2O(g)$$

磷肥包括各种磷酸盐。磷酸二氢钙和硫酸钙的混合物称为过磷酸钙，不含硫酸钙的磷肥称为重过磷酸钙，其成分为 $Ca(H_2PO_4)_2$。

当前颇有发展前途的化肥是同时能提供两种以上营养元素的复合肥料，如磷酸氢二铵 $[(NH_4)_2HPO_4]$、磷酸二氢铵（$NH_4H_2PO_4$）、磷酸二氢钾（KH_2PO_4）等，以及按特定比例配置的各种专用化肥。

农药是指防治农林作物病虫害以及调节植物生长的药物，包括杀虫剂、杀菌剂、除草剂、杀鼠剂和植物生长调节剂等多种类型。杀虫剂是产量最大、用途最广的农药，硫黄、硫酸铜、磷化锌等无机物可以直接用于杀伤有害生物，而许多效果良好的有机杀虫剂是化学合成的含氯或含磷的有机化合物。

曾经广泛使用的“六六六”“滴滴涕”等含氯有机杀虫剂因残毒严重，已经在世界各国禁止或限制使用。

有机磷杀虫剂是一类化学组成为 $(RO)_2P(O)X$ 或 $(RO)_2P(S)X$ 的磷酸酯衍生物，其中 R 是甲基或乙基，X 则是各种不同的有机取代基。这类杀虫剂品种多，药效高，容易被植物分解，分解产物又是植物生长所需要的肥料，不会有积累中毒现象。常用的有机磷杀虫剂有：

敌百虫	$(CH_3O)_2P(O)—CHOHCCl_2$
敌敌畏	$(CH_3O)_2P(O)OCH{=}CCl_2$
磷胺	$(CH_3O)_2P(O)O(CH_3)C{=}CClC(O)N(C_2H_5)_2$
对硫磷	$(C_2H_5O)_2P(S)OC_6H_4NO_2$
乐果	$(CH_3O)_2P(S)SCH_2C(O)NHCH_3$

磷胺和对硫磷都是高毒农药，国家已规定不得将它们用于蔬菜、果树、茶叶和中草药。草甘膦，化学名称为 *N*-(磷酸甲基)甘氨酸，化学式为：$P(OH)_2(O)CH_2NHCH_2COOH$，是一种内吸传导型广谱灭生性除草剂。

11.3.3 砷、锑、铋及其化合物

1. As、Sb、Bi 的氧化物及其含氧酸盐

(1) 制备

As、Sb、Bi 的单质或硫化物在空气中燃烧，生成+3 价的氧化物：

$$4As + 3O_2 = As_4O_6$$

$$2As_2S_3 + 9O_2 = As_4O_6 + 6SO_2$$

除少量矿物含有 As_2O_3 外，As_2O_3 的主要来源为含 As 硫化物燃烧后的烟道灰。用升华法把 As_2O_3 从烟道灰中提出，其蒸气经冷凝后形成透明的玻璃状固体，放置，逐渐变为不透明瓷状物。

与 P_4O_6 一样，As、Sb 的+3 价氧化物以 As_4O_6 和 Sb_4O_6 形式存在，其结构类似于 P_4O_6。

As、Sb 的单质或+3 价氧化物经浓 HNO_3 氧化后，可得相应的+5 价含氧酸，将其加热脱水可得+5 价的氧化物：

$$3As + 5HNO_3(浓) + 2H_2O = 3H_3AsO_4 + 5NO\uparrow$$

$$3As_2O_3 + 4HNO_3(浓) + 7H_2O = 6H_3AsO_4 + 4NO\uparrow$$

$$2H_3AsO_4 = As_2O_5 + 3H_2O$$

+5 价 Bi 的氧化物和含氧酸尚未制得，只有+5 价 Bi 的含氧酸盐，以 $NaBiO_3$ 最为常见。+3 铋经含有氯气的强碱性溶液氧化后，可得到 $NaBiO_3$。

$$Bi(OH)_3 + Cl_2 + 3NaOH = NaBiO_3 + 2NaCl + 3H_2O$$

(2) 性质

As_2O_3 为两性偏酸的氧化物，微溶于水，味略甜，在弱酸性介质中溶解度最小。可与强酸或强碱反应，生成相应的砷化物或亚砷酸盐。Sb_2O_3 为两性略偏碱性的氧化物，而 Bi_2O_3 则为碱性氧化物，只溶于酸不溶于碱。

$$As_2O_3 + 6HCl(浓) = 2AsCl_3 + 3H_2O$$

$$As_2O_3+6NaOH = 2Na_3AsO_3+3H_2O$$

$$Sb_2O_3+6HCl = 2SbCl_3+3H_2O$$

$$Bi_2O_3+6HCl = 2BiCl_3+3H_2O$$

+3 价氧化物中，Sb_2O_3 的还原性大于 As_2O_3。第六周期 6s 的“惰性”电子对效应，使+3 价 Bi 的还原性很弱。只有在碱性条件下，可被强氧化剂（如 NaClO）氧化为+5 价：

$$NaH_2AsO_3+4NaOH+I_2 = Na_3AsO_4+2NaI+3H_2$$

$$NaSbO_2+2NaOH+2AgNO_3 = NaSbO_3+2Ag\downarrow+2NaNO_3+H_2O$$

+5 价 As、Sb 的氧化物及含氧酸均为酸性，与碱反应可生成相应的盐。锑酸不是三元酸，而是一元弱酸，其结构为 $H[Sb(OH)_6]$，而不是 H_3SbO_4。

在酸性条件下，+5 价 As、Sb、Bi 的氧化性依次增强，H_3AsO_4 能将 I^- 氧化为 I_2，$H[Sb(OH)_6]$ 能将 Cl^- 氧化为 Cl_2，而+5 价铋盐可将 Mn^{2+} 氧化为 MnO_4^-。

$$H_3AsO_4+2HI = H_3AsO_3+I_2+H_2O\text{(加碱,反应逆向进行)}$$

$$H[Sb(OH)_6]+2HCl = H[Sb(OH)_4]+Cl_2+2H_2O$$

$$4MnSO_4+10NaBiO_3+14H_2SO_4 = 4NaMnO_4+5Bi_2(SO_4)_3+3Na_2SO_4+14H_2O$$

2. As、Sb、Bi 的硫化物

As、Sb、Bi 均可生成难溶于水的硫化物。其中 As_2S_3、As_2S_5 为黄色，Sb_2S_3、Sb_2S_5 为橙色，Bi_2S_3 为黑色，由于+5 价 Bi 的氧化能力非常强，而硫离子又具有强还原性，因此，不存在 Bi_2S_5。

+3 价 As、Sb、Bi 的硫化物在加热时与 O_2 反应，得到相应的氧化物，放出 SO_2：

$$2M_2S_3+9O_2 = 2M_2O_3+6SO_2\text{(M=As、Sb、Bi)}$$

+3 价硫化物的酸碱性与其相应的氧化物相似。As_2S_3 为酸性，不溶于酸。Sb_2S_3 为两性，可溶于酸与碱。Bi_2S_3 为碱性，不溶于碱，只溶于酸：

$$As_2S_3+6NaOH = Na_3AsO_3+Na_3AsS_3+3H_2O$$

$$Sb_2S_3+12HCl\text{(浓)} = 2H_3[SbCl_6]+3H_2S\uparrow$$

$$Sb_2S_3+6NaOH = Na_3SbO_3+Na_3SbS_3+3H_2O$$

$$Bi_2S_3+8HCl\text{(浓)} = 2H[BiCl_4]+3H_2S\uparrow$$

反应中生成的 Na_3AsS_3 称为硫代亚砷酸钠，Na_3SbS_3 为硫代亚锑酸钠。

+3 价 As 和 Sb 的硫化物与+3 价氧化物相似，都具有还原性，可与具有氧化性的过硫化物反应：

$$As_2S_3+3Na_2S_2 = 2Na_3AsS_4+S$$

$$Sb_2S_3+3(NH_4)_2S_2 = 2(NH_4)_3SbS_4+S$$

酸性 As_2S_3 与两性 Sb_2S_3 溶于 Na_2S 或 $(NH_4)_2S$ 中：

$$As_2S_3+3Na_2S = 2Na_3AsS_3$$

$$Sb_2S_3+3(NH_4)_2S = 2(NH_4)_3SbS_3$$

Bi_2S_3 不溶于碱及可溶性硫化物。

与氧化物相似，As_2S_5 和 Sb_2S_5 的酸性+3 价硫化物强，因此更易溶于 Na_2S 或 $(NH_4)_2S$ 中：

$$As_2S_5+3Na_2S = 2Na_3AsS_4$$

$$Sb_2S_5+3Na_2S = 2Na_3AsS_4$$

所有的硫代酸盐与硫代亚酸盐都只存在于中性或碱性介质中，遇酸分解为相应的硫化物并放出 H_2S：

$$2Na_3AsS_3 + 6HCl = As_2S_3 + 3H_2S\uparrow + 6NaCl$$

$$2Na_3SbS_4 + 6HCl = Sb_2S_5 + 3H_2S\uparrow + 6NaCl$$

通过这种方法可以得到纯度较高的+3 价或+5 价的硫化物。

3. As、Sb、Bi 的卤化物

常见的 As、Sb、Bi 卤化物为 $AsCl_3$（无色液体）、$SbCl_3$、$BiCl_3$。可由单质与 Cl_2 反应制备，也可通过+3 价氧化物与 HCl 反应得到。

As、Sb、Bi 的+3 价盐都会发生水解，但水解产物不同。$AsCl_3$ 的水解与 PCl_3 相似，不过水解能力稍弱：

$$AsCl_3 + 3H_2O = H_3AsO_3 + 3HCl$$

+3 价 Sb 和 Bi 的碱性强于 As，故水解能力比+3 价 As 弱，$SbCl_3$ 和 $BiCl_3$ 水解不完全，生成难溶于水的氯化锑酰和氯化铋酰：

$$SbCl_3 + H_2O = SbOCl\downarrow + 2HCl$$

$$BiCl_3 + H_2O = BiOCl\downarrow + 2HCl$$

习　题

扫码查看习题答案

11-3-1　选择题

1. 下列各组硫化物，均难溶于稀盐酸，但其中能溶于浓盐酸的是（　　）

A. Bi_2S_3 和 CdS　B. ZnS 和 PbS　C. CuS 和 Sb_2S_3　D. As_2S_3 和 HgS

2. 下列盐属于正盐的是（　　）

A. NaH_2PO_2　B. NaH_2PO_3　C. NaH_2PO_4　D. Na_2HPO_4

3. 向下列溶液中加入 $AgNO_3$ (aq)，析出褐色沉淀的是（　　）

A. H_3PO_4　B. NaH_2PO_4　C. H_3PO_2　D. $Na_2H_2P_2O_7$

4. 目前对人类环境造成危害的酸雨，主要是由下列哪种气体污染造成的（　　）

A. CO_2　B. H_2S　C. SO_2　D. CO

5. 已知反应 $N_2O_4 \rightleftharpoons 2NO_2$ 的 $\Delta_r H_m^{\ominus} > 0$，在一定温度和压强下，体系达平衡后，如果条件发生如下变化，使 N_2O_4 解离度增大的是（　　）

A. 体积减少一半

B. 保持体积不变，加入氩气，使压力增大一倍

C. 保持压力不变，加入氩气，使体积增大一倍

D. 升高体系的温度

6. 下列反应能放出 O_2 的是（　　）

A. 铵盐受热　B. 硝酸盐受热　C. Cu 与 HNO_3　D. 金与王水

7. 白磷需保存在（　　）

A. 煤油中　B. 空气　C. 酒精中　D. 浸在水中

8. 下列气体中不是无色气体的是（　　）

A. NO　　B. NO_2　　C. N_2　　D. N_2O_4

9. As_2O_3 是（　　）氧化物

A. 偏酸性　　B. 偏碱性　　C. 两性偏酸性　　D. 两性偏碱性

10. 贮运大量的冷浓硫酸、浓硝酸采用（　　）容器

A. 铝制　　B. 铁制　　C. 铜制　　D. 锌制

11. 磷的含氧酸酸性强弱的次序为（　　）

① $H_4P_2O_7$　　② H_3PO_2　　③ H_3PO_3　　④ H_3PO_4

A. ①②③④　　B. ④③②①　　C. ④①②③　　D. ①③②④

12. $Cu(NO_3)_2$ 的热分解产物是（　　）

A. $CuO+NO$　　B. $CuO+NO_2$　　C. $CuO+NO_2+O_2$　　D. $Cu(NO_2)_2+O_2$

11-3-2　填空题

1. 氮族元素的电负性比同周期卤素、氧族元素的电负性______，它的非金属性比同周期的卤素和氧族元素________，磷比氮的非金属性________，比砷的非金属性_________。

2. As_2O_3 为两性偏______，Sb_2O_3 为两性略偏________性，Bi_2O_3 为________性氧化物，不溶于______只溶于__________。

3. 氨很容易加压______，是因为氨分子之间容易形成______，所以氨可作制冷剂。氨分子中的________可以与其他分子或离子形成________，如：______、________、________等。

4. ________和________的混合物（体积比）称为王水，能溶解 HgS 等难溶的金属硫化物。

5. 纯硝酸是______色透明的油状液体，市售的硝酸浓度约为______$mol \cdot L^{-1}$。发烟硝酸呈________色，是溶解了过量的________的缘故。

6. 与金属（如锌）反应时，硝酸的还原产物与其浓度有关。浓硝酸的主要还原产物是________；稀硝酸（1∶2）的主要还原产物为__________；浓度约为 $2mol \cdot L^{-1}$ 的较稀硝酸的还原产物__________；浓度低于 $1.5mol \cdot L^{-1}$ 的硝酸的还原产物是________________。

7. 硝酸盐的热分解产物的规律是：碱金属与碱土金属的硝酸盐热分解产物是____________________________；金属活性介于镁与铜（包括锂和铍）之间的硝酸盐热分解产物是_______________________________；金属活性比铜弱的金属的硝酸盐热分解产物是_________________________。

11-3-3　完成下列化学反应方程式

1. $NH_3+CuO(热) =\!=\!=$

2. $NH_3+H_2O_2 =\!=\!=$

3. $NH_3+MnO_4^- =\!=\!=$

4. $NH_4NO_3 \xrightarrow{\triangle}$

5. $NH_4ClO_3 \xrightarrow{\triangle}$

6. $(NH_4)_2Cr_2O_7 \xrightarrow{\triangle}$

7. $HNO_3+C =\!=\!=$

8. $HNO_3+P+H_2O =\!=\!=$

9. $HNO_3+S =\!=\!=$

10. $HNO_3 + I_2$ ══
11. $Au + HNO_3 + HCl$ ══
12. $Pt + HNO_3 + HCl$ ══
13. $Mg(NO_3)_2 \cdot 6H_2O \xrightarrow{402.5K}$
14. $Cu(NO_3)_2 \cdot 3H_2O \xrightarrow{443K}$
15. $NO_3^- + Fe^{2+} + H^+$ ══
16. $Fe^{2+} + NO + SO_4^{2-}$ ══
17. $AsCl_3 + H_2O$ ══
18. $As_2S_5 + Na_2S$ ══
19. $Sb_2S_5 + Na_2S$ ══
20. $Na_3AsS_3 + HCl$ ══
21. $Na_3SbS_4 + HCl$ ══
22. $As_2S_3 + NaOH$ ══
23. $Sb_2S_3 + HCl$ ══
24. $Sb_2S_3 + NaOH$ ══
25. $Bi_2S_3 + HCl$ ══
26. $As_2S_3 + Na_2S_2$ ══
27. $Sb_2S_3 + (NH_4)_2S_2$ ══
28. $As_2S_3 + Na_2S$ ══
29. $Sb_2S_3 + (NH_4)_2S$ ══
30. $H_3AsO_4 + HI$ ══
31. $H[Sb(OH)_6] + HCl$ ══
32. $MnSO_4 + NaBiO_3 + H_2SO_4$ ══
33. $As_2O_3 + 6HCl$ ══
34. $As_2O_3 + NaOH + H_2O$ ══
35. $Sb_2O_3 + HCl$ ══
36. $Bi_2O_3 + HCl$ ══
37. $NaH_2AsO_3 + NaOH + I_2$ ══
38. $NaSbO_2 + NaOH + AgNO_3$ ══
39. $P_4 + HNO_3 + H_2O$ ══
40. $P_4 + NaOH + H_2O$ ══
41. $P_4 + CuSO_4 + H_2O \xrightarrow{\triangle}$
42. $P_4 + CuSO_4 + H_2O$ ══
43. $Ca_3P_2 + H_2O$ ══
44. $H_2PO_2^- + Cu^{2+} + OH^-$ ══

11-3-4 鉴定、解释与归纳

1. 例举两种鉴定铵盐的方法，并用化学方程式表示之。当溶液中铵盐含量较低且含有一定量的 Fe^{3+} 时，怎样用光度法检出铵盐含量？

2. 如何鉴定水体中是否存在 NO_3^-、NO_2^-？

3. 有一种磷酸盐，可能是 PO_4^{3-}、$P_2O_7^{-}$ 和 PO_3^- 中的一种，如何鉴定之。

4. PO_4^{3-} 是水体重要污染物之一，如何鉴定以及对 PO_4^{3-} 定量？写出相关反应方程式。

5. 向磷酸盐（如磷酸二氢钠、磷酸氢二钾、磷酸钠）的溶液中滴加硝酸银，为何只生成一种 Ag_3PO_4 黄色沉淀。

6. 在 H_3PO_2、H_3PO_3 和 H_3PO_4 分子中都含有 3 个 H，为什么 H_3PO_2 为一元酸，H_3PO_3 为二元酸，而 H_3PO_4 为三元酸？

7. 归纳总结金属硝酸盐热分解产物。

8. 总结不同的硝酸浓度与单质锌反应，得到还原产物的规律。

11-3-5　完成下列物质转化的反应方程式并给出反应条件

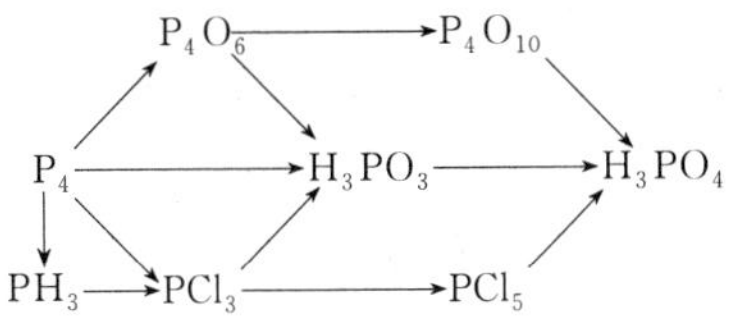

11-3-6　解释下列现象

1. 加热 KNO_3 晶体没有棕色气体生成，但若 KNO_3 晶体混有 $CuSO_4$，加热就产生了棕色气体。

2. 向 Na_3PO_4 溶液中滴加 $AgNO_3$ 溶液时生成黄色沉淀，但向 $NaPO_3$ 溶液中滴加 $AgNO_3$ 溶液时却生成白色沉淀。

3. 向 Na_2HPO_4 溶液中加入 $CaCl_2$ 溶液产生白色沉淀，而向 NaH_2PO_4 溶液加入 $CaCl_2$ 溶液无沉淀生成。

4. 向 $FeCl_3$ 溶液中逐滴滴加 Na_3PO_4 溶液，先出现黄色沉淀，随后沉淀减少，最后沉淀完全消失，得到一无色溶液。

5. 向含有 Bi^{3+} 和 Sn^{2+} 的澄清溶液中加入 KOH 溶液，有黑色沉淀生成。

6. NaOH 溶液与 $BiCl_3$ 溶液充分混合后，出现白色沉淀，若向其中滴加液态 Br_2，沉淀转为黄棕色。

11-3-7　推理题

1. 无色晶体（A）受热得到无色气体（B），将（B）在更高的温度下加热后再恢复到原来的温度，发现气体体积增加了 50%。晶体（A）与等物质的量 NaOH 固体共热得无色气体（C）和白色固体（D）。将（C）通入 $AgNO_3$ 溶液先有棕黑色沉淀（E）生成，（C）过量时则（E）消失得到无色溶液。固体（D）受热得无色气体（F）和白色固体（G），用浓硝酸处理固体（G）有棕色气体生成。试给出物质 A～G 的化学式，并用反应方程式表示上述各步的转化过程。

2. 化合物（A）溶于稀盐酸得无色溶液，再加入 NaOH 溶液得到白色沉淀（B）。（B）溶于过量 NaOH 溶液得到无色溶液（C）。将（B）溶于盐酸后蒸发、浓缩后又析出（A）。向（A）的稀盐酸溶液加入 H_2S 溶液生成橙色沉淀（D）。（D）与 Na_2S_2 可以发生氧化还原反应，反应产物之间作用得到无色溶液（E）。将（A）投入水中生成白色沉淀（F）。试给出物质 A～F 的化学式，并用反应方程式表示上述各步的转化过程。

11.4 氧族元素

氧族元素位于周期系的Ⅵ族，包括氧（oxygen，O）、硫（sulfur，S）、硒（selenium，Se）、碲（tellurium，Te）、钋（polonium，Po）五种元素。该族元素的价电子层结构为 ns^2np^4，有 6 个价电子，它们都能结合两个电子形成氧化数为－2 的阴离子，达到 8 电子稳定电子层结构，从而表现出非金属元素特征。氧族元素的原子结合两个电子不如卤素原子结合一个电子那么容易，因此氧族元素的非金属活泼性弱于卤素。

氧是地壳中分布最广和含量最多的元素。它遍及岩石层、水层和大气层，氧约占地壳总质量的 47.4%。在岩石层中，氧存在主要形式是二氧化硅、硅酸盐、其他氧化物和含氧酸盐等。海水中，氧占海水质量的 89%。大气层中的氧元素以单质状态存在，以质量分数计约占 23%，以体积分数计约占 21%。1773 年，瑞典人舍勒（Scheele）分解硝酸盐、碳酸盐、氧化物制得氧气；1774 年英国人普利斯特里（Priestley）加热分解氧化汞制得氧气。这两项工作是各自独立完成的，均属于首创性的工作，而后拉瓦锡（Lavoisier）正式宣布这种气体是一种新元素，并取名为氧。

硫在自然界中分布很广，占地壳的质量分数为 2.6×10^{-2}%，存在形式有硫化物、硫酸盐和单质硫。天然单质硫主要存在于火山岩或沉积岩中。人们最早接触和认识的硫元素就是天然硫。含硫矿物包括黄铁矿（FeS_2）、方铅矿（PbS）、朱砂（HgS）、闪锌矿（ZnS）、黄铜矿（$CuFeS_2$）、石膏（$CaSO_4\cdot2H_2O$）、重晶石（$BaSO_4$）等。此外，蛋白质中含 0.8%～2.4%的化合态硫，煤中含 1%～1.5%的硫，石油和天然气中也含有硫。我国有大量的硫化物和硫酸盐矿，单质硫矿少。

硒和碲是稀有分散元素，地壳中所占的质量分数低，分别为 5×10^{-6}%和 5×10^{-7}%，这两种元素与硫化物矿共生。煅烧硫化物矿时，硒和碲常富集在烟道灰中；硫酸吸收塔底的淤泥或电解精炼铜的阳极泥中也含有硒和碲。1818 年瑞典人贝采里乌斯（Berzelius）从硫酸厂铅室底部的红色黏性沉淀物中发现硒。1782 年奥地利人缪勒（F. J. Muller）从金矿中首次提炼出单质碲。

除氧以外，硫、硒、碲在价电子层中都存在空的 d 轨道，当同电负性大的元素结合时，也参与成键，所以，硫、硒、碲的价态可显＋2、＋4、＋6 氧化态。本章只介绍氧和硫元素的相关性质。

11.4.1 氧及其化合物

1. 氧的成键特征

(1) 一般键型

① 离子键

氧原子可以得到 2 个电子形成 O^{2-} 阴离子，与活泼金属的阳离子以离子键键合，形成离子型氧化物。如碱金属氧化物和大部分碱土金属氧化物。

② 共价键

通过共用电子对，氧原子与本身或其他原子形成共价键。氧原子之间形成含有非极性键 O_2，含有极性键的 O_3；与电负性比氧大的氟化合生成 OF_2 时，氧可呈＋2 氧化态，与电负性比氧小的元素（如氢、硫等）化合时，氧的氧化态为－2，在过氧化物（如：H_2O_2）中，氧的氧化数为－1。

（2）离域 π 键

氧原子未参与杂化的 p 轨道的电子与多个原子形成多中心离域 π 键，如 π_3^4（O_3，SO_2，NO_2^-），π_3^5（ClO_2），π_4^6（SO_3，NO_3^-，CO_3^{2-}）等。

（3）配键

氧原子 p 轨道的电子对可以向其他原子的 s 空轨道配位，形成 σ 配键，如：离子 H_3O^+。氧原子 p 轨道的电子对可以向另一原子空的 p 轨道配位，形成 π 配键，如 CO 分子中就存在 O→C 的 π 配键。

氧原子的电子经重排后空出的 p 轨道，可以接受其他原子的电子对的配位成 σ 配键，如 H_3PO_4、H_2SO_4、$SOCl_2$ 等分子的中心原子与端基氧之间都有这种 σ 配键。

氧原子 p 轨道的电子对可以向中心原子的 d 轨道配位，形成 d-pπ 配键，也称为反馈 π 键，在 H_2SO_4、H_3PO_3、H_3PO_4、$HClO_3$、P_4O_{10}、$SOCl_2$ 等分子中，端基氧与中心原子间都有 d-pπ 配键。

（4）以分子为基础的化学键

O_2 分子结合一个电子，形成超氧化物，如：KO_2、RbO_2，等；分子结合或共用两个电子，形成过氧化物，如 Na_2O_2、BaO_2、H_2O_2、$K_2S_2O_8$ 等；分子失去一个电子，生成二氧基阳离子（O_2^+）的化合物，如 O_2^+［PtF_6］等；O_2 分子可以用孤电子对向金属离子配位，形成 O_2 分子配位化合物，如 O_2 分子向血红素的中心离子 Fe^{2+} 配位。

臭氧分子 O_3 可结合一个电子，形成臭氧化物，如 KO_3、CsO_3 等。

2. 氧的单质

（1）氧

O_2 的轨道电子排布式是 $[KK(\sigma_{2s})^2(\sigma_{2s}^*)^2(\sigma_{2p_x})^2(\pi_{2p_y})^2(\pi_{2p_z})^2(\pi_{2p_y}^*)^1(\pi_{2p_z}^*)^1]$。键极为 2，由于在 π 轨道中存在不成对的单电子，所以，O_2 具有顺磁性。氧元素电势图如下。

在酸性溶液中：

$$O_3 \overset{2.08\text{V}}{\text{———}} O_2 \overset{0.694\text{V}}{\text{———}} H_2O_2 \overset{1.76\text{V}}{\text{———}} H_2O$$

$$\underbrace{O_2 \text{———————} H_2O}_{1.229\text{V}}$$

在碱性溶液中：

$$O_3 \overset{1.247\text{V}}{\text{———}} O_2 \overset{-0.065\text{V}}{\text{———}} HO_2^- \overset{0.867\text{V}}{\text{———}} OH^-$$

$$\underbrace{O_2 \text{———————} OH^-}_{0.401\text{V}}$$

在室温下，氧气在酸性介质或碱性介质中都显示出一定的氧化性，其标准电极电势如下：

$$O_2 + 4H^+ + 4e^- \xlongequal{\quad} 2H_2O \qquad \varphi^\ominus_{O_2/H_2O} = 1.229\text{V}$$

$$O_2 + 2H_2O + 4e^- \xlongequal{\quad} 4OH^- \qquad \varphi^\ominus_{O_2/OH^-} = 0.401\text{V}$$

由此可见，氧气在酸性溶液中的氧化性比在碱性溶液中强。

氧为非极性分子，在极性分子水中溶解量少。20℃时，1L水中仅能溶解30mL氧气，尽管溶解度很小，却是水中生物赖以生存的物质基础。

氧在高温时有较高的化学活性，能直接与除Pt、Au、Ag、Hg和稀有气体以外的其他元素化合，形成氧化物，遇活泼金属还可以形成过氧化物（如Na_2O_2）和超氧化物（如KO_2）。在室温条件下，氧气可以氧化$\varphi^{\ominus}<0.6V$的还原剂（如S^{2-}、SO_3^{2-}、Cr^{3+}等）。

氧气可以由空气或某些含氧化合物制备。少量氧气可通过分解含氧化合物（如：HgO）制备。例如，实验室常用MnO_2为催化剂，通过加热分解$KClO_3$的方法制备少量氧气。

工业上制备氧气的原理是利用氧气、氮气的沸点不同，通过物理方法液化空气，然后分馏制氧。将得到的液态氧压入高压钢瓶，便于运输和使用。氧在工业上用途广，H_2SO_4、HNO_3、H_3PO_4、Na_2O_2、PbO的生产均离不开氧气；炼钢中常常用以除去Na、P等；液态氧与联胺N_2H_4一起用作火箭燃料；生物界利用氧气参与同化或异化作用。

（2）臭氧

氧的同素异形体是臭氧O_3。实验室中，280K时，对氧气进行无声放电，就可得到浓度达10%O_3。大气中的雷电火花，也能产生少量O_3。

臭氧分子呈三角形结构［见图11-4-1(a)］。中间氧原子采取sp^2杂化［见图11-4-1(b)］，与其他两个配位原子结合。中心原子利用本身两个未成对电子分别与其他两个氧原子中的一个未成对电子结合，占据两个杂化轨道，形成两个σ键，第三个杂化轨道占据一对孤对电子。三个氧原子间还有一组互相平行的p轨道，它们形成一个离域π键，垂直于分子平面。π键中，中心氧原子提供2个电子，两个配位氧原子各提供一个电子。离域π键用符号π_3^4表示，见图11-4-1(c)。

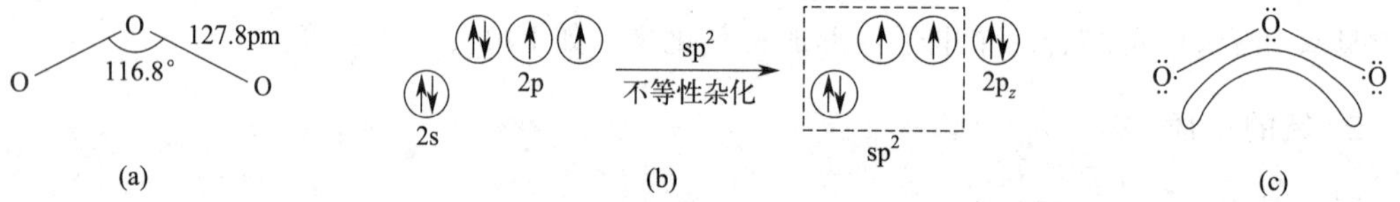

图11-4-1　臭氧分子的杂化与离域π键的形成

比较O_3和O_2的结构可知，O_3具有抗磁性。臭氧是浅蓝色气体，有鱼腥味。161K时，可液化成蓝色液体；80K时，变成蓝色固体。臭氧不稳定，常温下缓慢分解。当温度升至473K以上时分解加速，并放出热量。

$$2O_3 \xlongequal{} 3O_2 \qquad \Delta H^{\ominus} = -143kJ \cdot mol^{-1}$$

分解过程中，Pt、Ag_2O或MnO_2起催化作用。

从电势图可知，臭氧的氧化性比氧更强。在通常条件下，就能将I^-、PbS和一些不活泼单质如Hg、Ag、S等氧化。例如：

$$PbS + 2O_3 \xlongequal{} PbSO_4 + O_2$$

$$2Ag + 2O_3 \xlongequal{} Ag_2O_2 + 2O_2$$

利用臭氧能迅速且定量氧化I^-成I_2，此反应被用来鉴定O_3和测定O_3含量。

$$O_3 + 2I^- + H_2O \xlongequal{} I_2 + O_2 + 2OH^-$$

利用O_3的氧化性以及分解产物是O_2的特性，O_3可用于杀菌、消毒、漂白、脱色、除臭、强氧化剂等。大气层中的臭氧层可防止地球表面的生物免受过量紫外线照射伤害。高层大气中存在着臭氧和氧相互转化的动态平衡，消耗太阳辐射到地球能量的 5%，所以臭氧提供了一个保护生命机体不受辐射灼伤的防御屏障。

3. 氧的氧化物

以氧化数为−2 的氧原子为成键基础的二元氧化物。按氧化物的酸碱性可将其分成 4 类：①酸性氧化物，如 SO_2、SO_3、CO_2、SiO_2、B_2O_3 等；②碱性氧化物，如 Li_2O、Na_2O、K_2O、CaO、MgO 等；③两性氧化物，如 Al_2O_3、ZnO、SnO_2、TiO_2、Cr_2O_3 等。④既不属于酸性也不属于碱性的氧化物，如 CO、NO 和 N_2O 等。

有些元素，尤其是过渡元素，有几种不同氧化数的氧化物。在酸性条件下，酸度越高，同一元素的高价氧化物氧化性越强，如 Mn_2O_7 与 H_2O 作用生成酸性很强的高锰酸（$HMnO_4$）；其低价氧化物的碱性较强，如 MnO 难溶于水而易溶于酸。

此外还有一类混合价态的氧化物，是由低价氧化物和高价氧化物组成的，例如 Fe_3O_4 和 Pb_2O_3，Fe_3O_4 可以看成是 $FeO \cdot Fe_2O_3$ 的混合物，Pb_2O_3 可以看成是 $PbO \cdot PbO_2$ 的混合物。

按氧化物的化学键特征可将其分成两类：低氧化数的典型的金属氧化物属于离子型氧化物，如 Na_2O、MgO 等。许多高氧化数的金属氧化物和非金属氧化物属于共价型氧化物，如 SO_2、Al_2O_3 等。

4. H_2O_2

过氧化氢（H_2O_2），又称双氧水。在自然界仅以微量存在于雨雪和某些植物的汁液中。市售的分析纯试剂是其 30%的水溶液，将其配成 3%的水溶液可用于医疗上消毒用。

（1）H_2O_2 的分子结构

H_2O_2 的分子结构见图 11-4-2。过氧化氢分子中有一个过氧链（—O—O—），它的成键作用与水分子一样，链中的每个氧原子均采用不等性的 sp^3 杂化，每个氧原子有两个孤电子对。两个氧原子间由单电子的 sp^3 杂化轨道重叠形成 σ 键，每个氧原子各用另一个单电子的 sp^3 杂化轨道同氢原子的 1s 轨道重叠形成 H−Oσ 键。由于孤电子对的排斥作用，键角由 109°28′压缩至 93°51′。过氧链位于两平面的交线上，而两个氢原子分别位于两平面内。

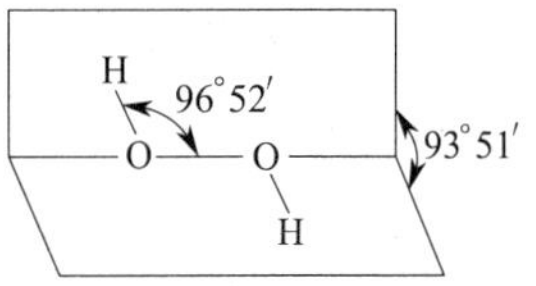

图 11-4-2 H_2O_2 的分子结构

（2）H_2O_2 的制备与生产

在实验室中，制备过氧化氢的方法是将过氧化钠滴加至冷的稀硫酸或稀盐酸甚至冷水中，其方程式如下：

$$Na_2O_2 + H_2SO_4 + 10H_2O = Na_2SO_4 \cdot 10H_2O + H_2O_2$$

工业上采用如下 3 种方法生产过氧化氢。

① 异丙醇氧化法

在温度 90～140℃、压力 1.5～2.0MPa 的条件下，异丙醇经多步空气液相氧化，生成丙酮和 H_2O_2，选择性为 80%。

$$CH_3CH(OH)CH_3 + O_2 = CH_3COCH_3 + H_2O_2$$

② 电化学氧化法

电解-水解过程制取过氧化氢。例如，以铂片作电极，电解饱和的 NH_4HSO_4 溶液，得

到 $(NH_4)_2S_2O_8$。

$$2HSO_4^- \xrightarrow{\text{电解}} H_2 + S_2O_8^{2-}$$

然后加入适量硫酸以水解过二硫酸铵，得到 H_2O_2。反应式如下：

$$(NH_4)_2S_2O_8 + 2H_2SO_4 \longrightarrow H_2S_2O_8 + 2NH_4HSO_4$$

$$H_2S_2O_8 + 2H_2O \longrightarrow H_2O_2 + 2H_2SO_4$$

生成的硫酸氢铵可循环使用。

③ 蒽醌法

1953 年，美国杜邦公司采用蒽醌法成功生产出过氧化氢。该法以 2-乙基蒽醌和钯为催化剂，通过氢气和氧气直接化合得到过氧化氢：

$$H_2 + O_2 \xrightarrow{\text{2-乙基蒽醌，Pd}} H_2O_2$$

此过程中，2-乙基蒽醌在 Pd 的催化下被氢气还原为 2-乙基蒽醇：

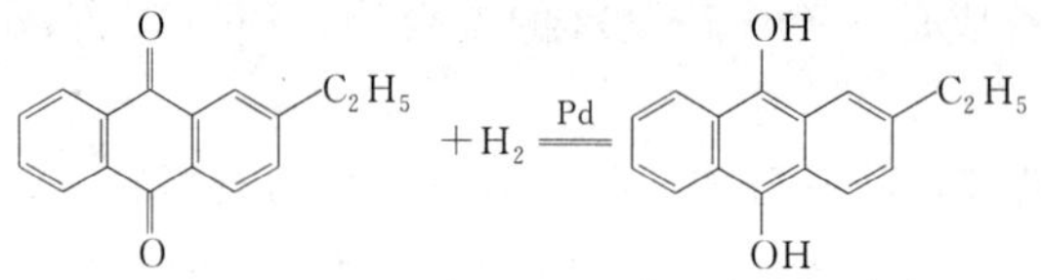

2-乙基蒽醇与氧气反应即得过氧化氢，同时，生成的 2-乙基蒽醌可以循环使用。

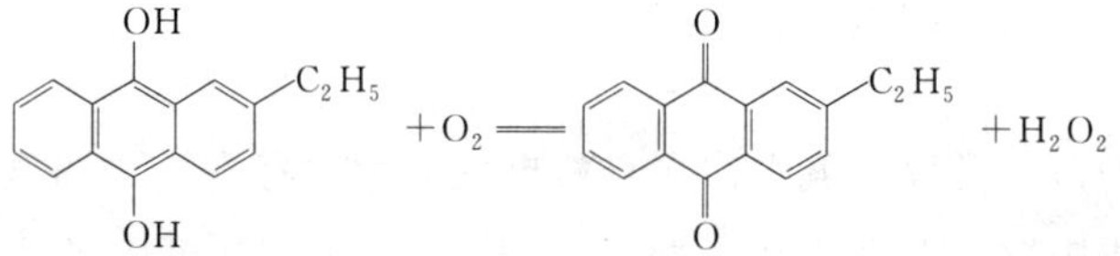

可见，上述循环反应过程消耗的只是氢气和氧气，是典型“零排放”的“绿色化学工艺”。反应的催化剂 2-乙基蒽醌可以用 2-叔丁基蒽醌、2-叔戊基蒽醌和 2-仲戊基蒽醌替代，钯也可以用镍替代。

上述各法生产出的过氧化氢仅为其稀溶液。若通过减压蒸馏，可得质量分数为 20%～30%的过氧化氢溶液。若在减压下进一步分级蒸馏，可得到质量分数 98% H_2O_2，再冷冻分级结晶后，可得纯过氧化氢晶体。

(3) H_2O_2 的性质

纯的过氧化氢是一种淡蓝色的黏稠液体，极性很强，H_2O_2 分子之间发生强烈的缔合作用，比水缔合程度还大，所以它的沸点远比水高，为 150.2℃。但其熔点 −0.43℃ 与水接近。H_2O_2 能与水以任何比例互溶。H_2O_2 的特征化学性质是氧化性和不稳定性。

① H_2O_2 的弱酸性

H_2O_2 是一种二元弱酸（$pK_{a_1}^{\ominus}=11.2$，$pK_{a_2}^{\ominus}>14$），有两种形式的弱酸根：HO_2^- 和 O_2^{2-}，其酸性比水稍强，但较 HCN（$K_a^{\ominus}=4.9\times10^{-9}$）弱，不能使蓝色石蕊溶液变红，可与碱反应，例如：

$$H_2O_2 + Ba(OH)_2 \longrightarrow BaO_2 + 2H_2O$$

在酸性溶液中，H_2O_2 能使重铬酸盐生成过氧化铬。

$$4H_2O_2 + K_2Cr_2O_7 + H_2SO_4 \longrightarrow 2CrO(O_2)_2 + 5H_2O + K_2SO_4$$

CrO_5 中的 Cr 的氧化态仍为 +6，该物质在水溶液中不稳定，在冷乙醚溶液或戊醇溶液中较稳定，显蓝色。此反应可用来检验 H_2O_2，也可以检验 $Cr_2O_7^{2-}$ 或 CrO_4^{2-}。

② H_2O_2 的氧化和还原性

H_2O_2 在溶液中氧化能力的大小通过其标准电极电势数值体现出：

$$H_2O_2 + 2H^+ + 2e^- \longrightarrow 2H_2O \qquad \varphi_A^\ominus = 1.763V$$

$$HO_2^- + H_2O + 2e^- \longrightarrow 3OH^- \qquad \varphi_B^\ominus = 0.867V$$

可见，H_2O_2 在酸、碱性溶液中都是较强的氧化剂。以下是定性检出和定量测定 H_2O_2 或过氧化物的常用反应：

$$H_2O_2 + 2I^- + 2H^+ \longrightarrow I_2 + 2H_2O$$

在碱性条件下，H_2O_2 能把 Cr^{3+} 氧化成 CrO_4^{2-}：

$$2[Cr(OH)_4]^- + 3H_2O_2 + 2OH^- \longrightarrow 2CrO_4^{2-} + 8H_2O$$

利用 H_2O_2 的氧化性，可漂白毛、丝织物和油画。例如油画的染料含 Pb，长时间与空气中的 H_2S 作用，因生成黑色的 PbS 而发暗，用 H_2O_2 涂刷使 $PbSO_4$ 变白，油画得以翻新。其化学反应为：

$$PbS + 4H_2O_2 \longrightarrow PbSO_4 + 4H_2O$$

与 O_3 一样，H_2O_2 也可作为消毒杀菌剂使用。纯 H_2O_2 还可用作火箭燃料的氧化剂。

有时，H_2O_2 也可以表现出还原性，下面是 H_2O_2 在酸性或碱性条件下表现出的还原性的电极电势：

$$O_2 + 2H^+ + 2e^- \longrightarrow H_2O_2 \qquad \varphi_A^\ominus = 0.695V$$

$$O_2 + H_2O + 2e^- \longrightarrow HO_2^- + OH^- \qquad \varphi_B^\ominus = -0.069V$$

可见，在酸性溶液中，H_2O_2 的主要化学性质表现为氧化性，只有遇到强氧化剂（如 $KMnO_4$）时，才表现出还原性。在碱性溶液中，H_2O_2 是一种中等强度的还原剂，可以还原 Ag(Ⅰ)：

$$H_2O_2 + Ag_2O \longrightarrow 2Ag + O_2\uparrow + H_2O$$

在工业上，利用 H_2O_2 的还原性除氯：

$$H_2O_2 + Cl_2 \longrightarrow 2Cl^- + O_2 + 2H^+$$

H_2O_2 是一种较理想的、常用的氧化（还原）剂，因为它在反应中本身的产物只有 H_2O 或 O_2，同时，过量的 H_2O_2 又很容易受热分解为 H_2O 和 O_2，不会给反应体系引入杂质，是一种“清洁友好的”氧化（还原）剂。不过，需要注意的是，使用高浓度的 H_2O_2 水溶液会灼伤皮肤。

③ H_2O_2 的不稳定性

$$\varphi_A^\ominus/V \qquad O_2 \xrightarrow{0.695} H_2O_2 \xrightarrow{1.763} H_2O$$

$$\varphi_B^\ominus/V \qquad O_2 \xrightarrow{-0.069} HO_2^- \xrightarrow{0.867} OH^-$$

从元素电势图上看，$\varphi_{右}^\ominus > \varphi_{左}^\ominus$，$H_2O_2$ 在两种介质中均不稳定，会发生歧化分解。

$$2H_2O_2(l) \longrightarrow 2H_2O(l) + O_2(g) \qquad \Delta_rG_m^\ominus = -233.4kJ \cdot mol^{-1}$$

H_2O_2 在较低温度和高纯度时分解的速率较慢，受热到 153℃ 以上便猛烈分解。H_2O_2 在碱性介质中的分解速率远比在酸性介质中快。波长为 320～380nm 的紫外光也促使 H_2O_2 的分解。电极电势介于 1.763V 和 0.695V 之间的电对，其氧化型和还原型物质都将成为 H_2O_2 分解反应的催化剂，如 Fe^{3+}、Fe^{2+}、MnO_2、Mn^{2+}、$Cr_2O_7^{2-}$、Cr^{3+} 等杂质的存在都会大大加速 H_2O_2 的分解。

设某电对 Ox/Red，其标准电极电势介于 1.763V 和 0.695V 之间。若氧化型物质 Ox 作为杂质混入 H_2O_2 溶液中，则 H_2O_2 被氧化，发生反应：

$$Ox + H_2O_2 \longrightarrow Red + O_2 \uparrow \tag{1}$$

生成的还原型物质 Red 将还原 H_2O_2，发生反应：

$$Red + H_2O_2 \longrightarrow Ox + H_2O \tag{2}$$

反应(1) 和 (2) 不断交替进行，促进 H_2O_2 分解：

$$2H_2O_2 = O_2 \uparrow + 2H_2O$$

为了阻止 H_2O_2 的分解，必须针对热、光、介质、重金属离子四大因素采取措施。在实验室里一般将过氧化氢存放在阴凉处，置于棕色瓶内保存。有时，还需要加入如微量的锡酸钠（Na_2SnO_3）、焦磷酸钠($Na_4P_2O_7$)或 8-羟基喹啉等稳定剂，通过吸附或配位等方式抑制所含杂质的催化作用。

11.4.2 硫及其化合物

1. 硫的单质

自然界中的单质硫主要存在于火山附近。每次火山爆发都会把地下大量的硫带到地面。

(1) 硫的同素异形体

分子式为 S_8 的单质硫最稳定，S_8 为环状结构（见图 11-4-3），类似皇冠状。在环状分子中，每个 S 原子均以不等性的 sp^3 杂化轨道与相邻的两个 S 原子形成共价单键相联结，S—S 键长 206pm，∠SSS 为 108°，两个面之间的二面角为 98.3°。

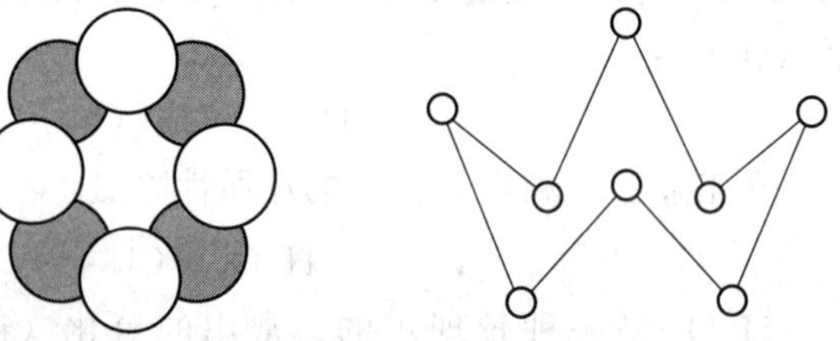

图 11-4-3　S_8 分子的结构

以 S_8 环在空间的不同排列得到几种单质硫的同素异形体，最常见的是正交硫（斜方硫、菱形硫）和单斜硫。正交硫的 $\Delta_f H_m^\ominus = 0$，$\Delta_f G_m^\ominus = 0$，是室温下唯一最稳定的硫单质存在形式。当加热至 95.3℃ 时，正交硫直接转变为单斜硫；当温度低于 95.3℃时，单斜硫会缓慢地转变成稳定的正交硫。正交硫与单斜硫均能溶于苯、甲苯、二硫化碳等非极性溶剂。

加热固体硫，熔化后气化前开环形成长链。这时迅速冷却，可得具有长链结构的有拉伸性的弹性硫。

(2) 硫的制备和性质

单质硫主要从天然气、石油、石油化工产品中提取，还有来自黄铁矿等硫化物矿的冶炼以及硫化氢、油砂、石膏和含硫的烟道气。

以黄铁矿为原料提取硫时，将矿石和焦炭的混合物放在炼硫炉中，在有限空气中燃烧，可以得到硫：

$$3FeS_2 + 12C + 8O_2 \xrightarrow{\text{燃烧}} Fe_3O_4 + 12CO + 6S$$

① 硫与单质的作用

除铂、金外，加热时硫几乎能与所有的金属（如：Pb、Fe、Zn、Hg 等）直接化合，生成金属硫化物如：PbS、FeS、ZnS、HgS。

硫能与 C、O_2 等非金属化合，生成 CS_2、SO_2 等硫化物。

② 硫与酸、碱的反应

硫能被氧化性的酸（如浓硝酸和浓硫酸）氧化，例如：

$$S+2HNO_3(浓) = H_2SO_4+2NO\uparrow$$

$$S+2H_2SO_4(浓) = 3SO_2\uparrow+2H_2O$$

在碱性溶液中，硫被歧化成 S^{2-}、SO_3^{2-}，加热时歧化反应速率更快：

$$3S+6NaOH = 2Na_2S+Na_2SO_3+3H_2O$$

单质硫主要用于生产硫酸，也用于制造 SO_2、SO_3、CS_2、P_2S_5 等化合物，以及含硫混凝土、炸药、烟花、火柴、纸张、橡胶硫化剂、油灰（石膏和油的混合物）、硫系染料与药物等。

2. H_2S

(1) H_2S 的制备

H_2S 可由硫蒸气与氢气直接合成，也可以通过金属硫化物与酸作用得到，例如：

$$FeS+H_2SO_4(稀) = H_2S\uparrow+FeSO_4$$

$$Na_2S+H_2SO_4(稀) = H_2S\uparrow+Na_2SO_4$$

(2) H_2S 或氢硫酸的性质

H_2S 是一种无色、有毒、有腐蛋臭气味的气体（熔点 198K，沸点 213K）。当空气中 H_2S 浓度超过 0.1%时就能使人中毒。蛋白质中含有约 0.3～2.5%的硫，蛋白质腐败时会产生 H_2S 气体。H_2S 在空气中燃烧，产生蓝色火焰。

$$2H_2S+O_2(不足) = 2S+2H_2O$$

$$2H_2S+3O_2(过量) = 2SO_2+2H_2O$$

H_2S 微溶于水，通常条件下，1 体积水能溶 2.6 体积 H_2S，饱和 H_2S 水溶液的浓度约为 $0.1mol \cdot L^{-1}$，其水溶液又称为氢硫酸，是一种二元弱酸（$pK_{a_1}^{\ominus}=7.05$，$pK_{a_2}^{\ominus}=12.92$），能与 Zn，Mg 作用释放出 H_2，同时产生相应的金属硫化物。

硫化氢中硫的氧化态为−2，是硫的最低氧化态，因此，H_2S 具有强还原性。将 H_2S 的水溶液置于空气中时，溶液逐渐变浑浊，这正是 H_2S 被氧化成单质 S 的缘故。H_2S 能被许多氧化剂（如：卤素、SO_2、Fe^{3+}、$KMnO_4$、浓 H_2SO_4、HNO_3）氧化。

$$H_2S+4Cl_2+4H_2O = H_2SO_4+8HCl$$

$$Br_2+H_2S = 2HBr+S(s)$$

$$I_2+H_2S = 2HI+S(s)$$

$$SO_2+2H_2S = 2H_2O+3S(s)$$

$$2Fe^{3+}+H_2S = 2Fe^{2+}+S(s)+2H^+$$

$$2KMnO_4+5H_2S+3H_2SO_4 = K_2SO_4+2MnSO_4+8H_2O+5S(s)$$

$$H_2SO_4(浓)+H_2S = SO_2(g)+2H_2O+S(s)$$

因此，H_2S 是一种非常强的还原剂。此外，它也可以作为沉淀剂，将溶液中 M^{n+} 离子以硫化物的形式沉淀下来。

由于 H_2S 有毒且气味难闻，实验室中常用硫代乙酰胺替代 H_2S 作沉淀剂，因为前者在酸性溶液中水解产生 H_2S，在碱性溶液中水解产生 S^{2-}。

$$H_3C—C(S)—NH_2+2H_2O \rightleftharpoons CH_3COO^-+NH_4^++H_2S$$

$$H_3C—C(S)—NH_2+3OH^- \rightleftharpoons CH_3COO^-+NH_3+H_2O+S^{2-}$$

3. 硫化物和多硫化物

（1）硫化物

金属与硫直接反应或氢硫酸与金属盐溶液反应均能形成硫化物。在硫化物中，除铵盐和钠盐的硫化物能完全溶于水外，一些硫化物如：Al_2S_3 和 Cr_2S_3，遇水发生复分解反应，完全水解成金属氢氧化物和硫化氢。

$$Al_2S_3+6H_2O = 2Al(OH)_3+3H_2S$$

$$Cr_2S_3+6H_2O = 2Cr(OH)_3+3H_2S$$

大多数金属离子与硫离子或氢硫酸形成的硫化物难溶于水，其固体常常呈现出特征颜色。如：ZnS（白色），$K_{sp}^{\ominus}=2.93\times10^{-25}$；CdS（黄色），$K_{sp}^{\ominus}=1.4\times10^{-29}$；MnS（淡粉红色），$K_{sp}^{\ominus}=4.65\times10^{-14}$；CuS（黑色），$K_{sp}^{\ominus}=1.27\times10^{-36}$；HgS(黑色)，$K_{sp}^{\ominus}=1.6\times10^{-52}$，等。多数金属硫化物难溶于水，根据 $K_{sp}^{\ominus}$ 以及在酸中的溶解性能，大致可以分为以下几类：

① 能溶于 $0.3mol\cdot L^{-1}$ HCl 的金属硫化物如：FeS、ZnS、MnS、NiS 等。

② 不溶于 $0.3mol\cdot L^{-1}$ HCl，但可溶于浓盐酸的硫化物，如：PbS、CdS、SnS 等。

③ 不溶于 HCl，但可溶于浓 HNO_3 的硫化物，如：Ag_2S、CuS 等。

④ 不溶于 HNO_3，但溶于王水的硫化物，如：HgS。

酸性或两性硫化物多溶于碱性硫化物溶液（如：Na_2S、Sb_2S_3、Sb_2S_5、As_2S_3、As_2S_5、SnS_2 等）中。这类反应相当于酸性氧化物与碱性氧化物的成盐的反应。

$$CO_2+CaO = CaCO_3 \quad \text{成盐}$$

$$As_2S_3+3Na_2S(aq) = 2Na_3AsS_3 \quad \text{硫代亚砷酸钠}$$

HgS 能溶于 Na_2S 溶液，是由于形成了配位化合物。

$$HgS+Na_2S(aq) = Na_2[HgS_2]$$

SnS 显碱性，不溶于硫化物溶液，但可溶于多硫化物溶液中。其溶于多硫化物的反应可以看成由两步完成，首先发生氧化还原反应：

$$SnS+Na_2S_2(aq) = SnS_2+Na_2S$$

再生成硫代酸盐：

$$SnS_2+Na_2S(aq) = Na_2SnS_3$$

SnS 呈碱性，SnS_2 呈酸性，这与氧化物酸碱性规律一致。但硫化物的碱性弱于相同价态的氧化物。

（2）金属离子的选择性沉淀与溶解

根据金属硫化物在不同水溶液中的溶解性差异，在分离科学中对某些金属离子进行选择性的分离和沉淀。例如：某酸性溶液中含有 Fe^{2+}、Zn^{2+}、Mn^{2+}，可以设计如下方案加以分离。①向酸性溶液中滴加 H_2O_2，搅拌，将溶液的酸度调节至 pH＝3.0，微热，滤除 $Fe(OH)_3$ 沉淀。②调节盐酸介质的酸度并通入 H_2S 至饱和，使 Zn^{2+} 完全转化为 ZnS 沉淀，并滤除沉淀。③将滤液酸度调至 pH 5～6，并继续通入 H_2S 至饱和，使 Mn^{2+} 完全转化为

MnS 沉淀。这样，Fe^{2+}、Zn^{2+}、Mn^{2+} 三种离子就得到了很好的分离。

(3) 多硫化物

将硫化氢通入含有悬浮的碱性硫化物溶液中，就会形成黄色多硫化物 S_x^{2-}。

$$S_8 + S^{2-} \longrightarrow S_9^{2-} \xrightarrow{S^{2-}} 2S_5^{2-}$$

将硫化物与硫作用，也能生成多硫化物。如：Na_2S_x（$x=2\sim6$）

$$Na_2S + (x-1)S = Na_2S_x$$

$$(NH_4)_2S + (x-1)S = (NH_4)_2S_x$$

随 x 增加，多硫化物的颜色变化为无→黄→橙→红。其离子具有链状结构，硫原子通过共用电子对相连成硫链。它在酸性溶液中不稳定，发生歧化反应，析出单质硫，并释放出 H_2S。

$$S_x^{2-} + 2H^+ = H_2S + (x-1)S$$

多硫化物分子中存在过硫链，类似于过氧化物中的过氧链，与过氧化物类似，具有氧化性。它能将 SnS、As_2S_3、Sb_2S_3 等氧化为硫代酸盐，如：

$$SnS + (NH_4)_2S_2 = (NH_4)_2SnS_3$$

在工农业生产中，多硫化物是一种常用的试剂。例如：在制革工业中，Na_2S_2 用于原皮的脱毛。在硫酸工业中，黄铁矿 FeS_2 是一种重要原料。在农业上，“石灰硫” CaS_4 作为一种杀虫剂使用。

4. 硫的氧化物

硫有一系列氧化物，其中以 SO_2、SO_3 最为重要。

(1) SO_2

① SO_2 的结构

SO_2 分子中的中心原子硫为 sp^2 杂化，SO_2 分子中键角∠OSO 近似为 120°，S—O 键长为 143.1pm。S 原子与两个氧原子除了以 σ 键结合外，还形成一个三中心四电子的离域 π 键 Π_3^4。

② SO_2 的性质

SO_2 是一种有强烈刺激性气味的无色气体，密度是空气的 2.26 倍。SO_2（熔点 −75.5℃，沸点 −10.05℃）是极性分子，较易液化。SO_2 易溶于水，在通常情况下，1L 水中能溶解 40L 的 SO_2。SO_2 中的 S 的氧化态为 +4，为中间价态，既有氧化性，也有还原性。例如，SO_2 能将 H_2S 氧化成单质 S。在高温和铝矾土催化下，SO_2 能将 CO 氧化成 CO_2。当遇到较强的氧化剂时，SO_2 被氧化成 SO_4^{2-}。

$$SO_2 + I_2 + 2H_2O = H_2SO_4 + 2HI$$

③ SO_2 的制备

SO_2 的制备归纳起来分为还原法、氧化法、置换法三种。

还原法：使用碳与硫酸钙在高温下煅烧，或者使用浓硫酸将较活泼金属氧化。

$$2CaSO_4 + C = 2CaO + 2SO_2\uparrow + CO_2\uparrow\text{(高温)}$$

$$2H_2SO_4\text{(浓)} + Zn = ZnSO_4 + SO_2\uparrow + 2H_2O$$

氧化法：使用氧气将单质 S 或含硫的化合物氧化成 SO_2。工业上通过煅烧硫铁矿 FeS_2 生产 SO_2。

$$4FeS_2 + 11O_2 \xrightarrow{煅烧} 2Fe_2O_3 + 8SO_2$$

置换法：反应过程中 S 的氧化数不变，采用 $Na_2S_2O_3$ 或 Na_2SO_3 制取 SO_2。

$$Na_2S_2O_3 + 2HCl \xlongequal{} SO_2\uparrow + S\downarrow + 2NaCl + H_2O$$

目前，煤的燃烧是构成 SO_2 的主要污染源，SO_2 可导致形成酸雨，酸雨的危害面广，会导致土壤肥力下降，江、河、湖水体酸化，鱼虾死亡，加快建筑物的腐蚀速率。SO_2 主要用于硫酸和亚硫酸盐的生产，在消毒剂、防腐剂和漂白剂等方面也得到广泛应用。

(2) SO_3

① SO_3 的结构

SO_3 结构复杂，有 α 型、β 型、γ 型三种聚合体。其中，α 型（熔点 290K）具有环形结构；β 型（熔点 305.3K）是不太稳定的类似羽毛状的晶体，可由 α 型加热至 298K 时获得；γ 型（熔点 335.7K）比较稳定，结构像石棉状链条。常见的 SO_3 是 α 型和 γ 型的混合物（熔点 318.1K）。

② SO_3 的制备与性质

SO_3 是 SO_2 经氧气在 V_2O_5 作催化剂的条件下氧化而成，它是一种无色、易挥发性的固体，热稳定性较差，极易溶于水形成 H_2SO_4，并放出大量的热。SO_3 氧化性强，高温时可将 HBr、P_4、I^- 分别氧化为 Br_2、P_4O_{10} 和 I_2。

$$10SO_3 + P_4 \xrightarrow{高温} 10SO_2 + P_4O_{10}$$

$$SO_3 + 2KI \xrightarrow{高温} K_2SO_3 + I_2$$

SO_3 在工业上主要用于制造 H_2SO_4，此外，也用于烷基苯的磺化反应。十二烷基苯磺酸是一类阴离子表面活性剂，用作洗涤剂中活性添加剂。

5. 硫的含氧酸及其盐

(1) 亚硫酸及其盐

亚硫酸（H_2SO_3）是一个二元中强酸（$pK_{a_1}^{\ominus}=1.89$，$pK_{a_2}^{\ominus}=7.20$），是 SO_2 溶于水形成的。亚硫酸溶于水主要以物理溶解为主，生成简单的水合分子 $SO_2 \cdot xH_2O$，H_2SO_3 的含量少。亚硫酸很不稳定，只存在于水溶液中。亚硫酸受热发生歧化反应，生成 S 和 H_2SO_4；亚硫酸盐受热发生歧化反应的产物为 S^{2-} 和 SO_4^{2-}。

亚硫酸与碱反应可形成正盐和酸式盐，如 Na_2SO_3 和 $NaHSO_3$。除碱金属及铵的亚硫酸盐极易溶于水外，其他亚硫酸盐均难溶或微溶于水，但它们都能溶于强酸。亚硫酸氢盐的溶解度大于相应的正盐。

亚硫酸化合物中硫的氧化数为+4，介于−2 与+6 之间，既有氧化性又有还原性，但以还原性为主，只有遇到强还原剂时才表现出氧化性。

无论在酸性还是碱性介质中，S(Ⅳ) 的还原性都强，亚硫酸盐比亚硫酸具有更强的还原性。I_2、Fe^{3+} 等中等强度氧化剂均能使亚硫酸及其盐氧化。

$$I_2 + H_2SO_3 + H_2O \xlongequal{} H_2SO_4 + 2HI$$

$$2Fe^{3+} + H_2SO_3 + H_2O \xlongequal{} H_2SO_4 + 2Fe^{2+} + 2H^+$$

只有当亚硫酸遇到更强的还原剂时，才能显示出氧化性。例如：

$$H_2SO_3 + 2H_2S \xlongequal{} 3S\downarrow + 3H_2O$$

H_2SO_3（或 SO_2）能与一些有机色素结合成无色有机化合物，例如 H_2SO_3（或 SO_2）

能使品红溶液褪色。H_2SO_3（或 SO_2）可用于纸张、草编制品等漂白剂，不过，这种漂白作用与漂白粉的氧化漂白作用不同。亚硫酸盐用途广泛，如 $Ca(HSO_3)_2$ 大量用于造纸工业，用它溶解木质素来制造纸浆。Na_2SO_3 和 $NaHSO_3$ 大量用于染料工业，用作漂白织物时的去氯剂。

$$Na_2SO_3+Cl_2+H_2O = Na_2SO_4+2HCl$$

（2）硫酸及其盐

① 硫酸的物理性质

工业上采用黄铁矿（FeS_2）煅烧或硫黄燃烧制备 SO_2，然后在 V_2O_5 催化下将 SO_2 氧化为 SO_3，生成的 SO_3 用浓 H_2SO_4 吸收，制成发烟硫酸，发烟硫酸经水稀释即可得到任意浓度的 H_2SO_4。之所以用浓 H_2SO_4 吸收 SO_3 而不采用水吸收 SO_3，是因为 SO_3 吸水能力非常强，在空气中冒烟，并放出大量的热，此热量使水蒸发，产生的水蒸气与 SO_3 化合为硫酸酸雾，而酸雾却再难以被水吸收，随尾气排放后，不仅降低产率，还会污染环境。实际工业生产采用质量分数为 98.3%的浓硫酸吸收 SO_3，成为含部分 SO_3 的发烟酸，再用 92.5%的硫酸将其稀释成 98.3%的浓硫酸。

纯 H_2SO_4 为无色油状液体，凝固点 10.3℃，沸点 337℃。质量分数为 98%的硫酸，密度 $1.84g \cdot mL^{-1}$，物质的量浓度 $18.4mol \cdot L^{-1}$。由于硫酸能形成分子间的氢键，所以，硫酸的沸点高。硫酸是强酸，能从易挥发性酸和较弱酸的盐中置换出这些酸，如：HCl、HF、HAc 等，此外，硫酸能溶解一些金属及其氧化物。

由于浓 H_2SO_4 溶于水时放出大量的热，因此，在稀释浓 H_2SO_4 时，只能在搅拌条件下将浓 H_2SO_4 缓慢地倾入水中，而不能相反。若不小心将水倾入浓 H_2SO_4 中，短时间内产生巨大的热量使浮在硫酸上面的水瞬间沸腾，导致酸液向四周飞溅，危险时甚至会引起爆炸。

H_2SO_4 是化学工业最常见、最重要的产品之一，其用途相当广泛。H_2SO_4 大量用于制造磷肥、过磷酸钙、硫酸铵、炸药及染料、颜料等。

② 硫酸的化学性质

a. 强酸性　H_2SO_4 为二元强酸，在稀溶液中，它的第一步是完全解离的，第二步电离程度较低：

$$HSO_4^- \rightleftharpoons H^+ + SO_4^{2-} \qquad K_{a_2}^{\ominus}=1.0\times10^{-2}$$

b. 强吸水性和脱水性　浓 H_2SO_4 为 SO_3 的水合物，有强烈的吸水性，是工业和实验室中最常用的干燥剂，可用于干燥不与其发生化学反应的物质（如：Cl_2、H_2、CO_2 等）。浓 H_2SO_4 不但能吸收游离的水分，还能使一些含氧有机化合物脱水，使其炭化。例如，蔗糖、淀粉或纤维素经浓 H_2SO_4 脱水后生成炭黑：

$$C_{12}H_{22}O_{11} \xrightarrow{\text{浓硫酸}} 12C+11H_2O$$

因此，浓 H_2SO_4 可严重破坏动植物的组织、损坏衣服、灼伤皮肤，使用时需注意安全。

c. 强氧化性　浓 H_2SO_4 的氧化性很强，加热时的氧化性更显著。在氧化金属与非金属时，一般被还原为 SO_2，但遇到强还原剂时，可被还原为单质硫甚至 H_2S：

$$C+2H_2SO_4(\text{浓}) = CO_2\uparrow+2SO_2\uparrow+2H_2O$$

$$Cu+2H_2SO_4(\text{浓}) = CuSO_4+SO_2\uparrow+2H_2O$$

$$Zn+2H_2SO_4(浓)=\!=\!=ZnSO_4+SO_2\uparrow+2H_2O$$
$$3Zn+4H_2SO_4(浓)=\!=\!=3ZnSO_4+S+4H_2O$$
$$8NaI+9H_2SO_4(浓)=\!=\!=4I_2+8NaHSO_4+H_2S+4H_2O$$

加热时，浓 H_2SO_4 也不与 Au、Pt 反应。此外，冷的浓 H_2SO_4（93%以上）可使 Fe、Al 等金属钝化，使其表面生成致密的氧化膜，阻止反应的进一步进行。所以，可用 Fe、Al 器皿盛放浓 H_2SO_4。

稀硫酸的氧化能力很弱，甚至不如稀亚硫酸，如亚硫酸能氧化硫化氢而稀硫酸却不能。稀 H_2SO_4 具有一般酸的通性，即能与金属活泼性排在 H 以前的金属（如 Zn 等）反应放出 H_2：

$$H_2SO_4+Fe=\!=\!=FeSO_4+H_2\uparrow$$

③ 硫酸盐

a. 溶解性　H_2SO_4 与碱反应可生成正盐与酸式盐，与碱金属元素 Na 和 K 可形成稳定的酸式盐，与其他金属离子则生成稳定的正盐。酸式硫酸盐及大多数硫酸盐可溶于水，只有 Ca、Sr、Ba、Pb、Ag 及 Hg 的硫酸盐是难溶或微溶的。其中溶解度最小的是 $BaSO_4$，可用来检验 SO_4^{2-} 的存在。

大多数硫酸盐结晶时，常带有结晶水，具有工业价值的硫酸盐主要有芒硝 $Na_2SO_4\cdot10H_2O$、皓矾 $ZnSO_4\cdot7H_2O$、明矾 $KAl(SO_4)_2\cdot12H_2O$、石膏 $CaSO_4\cdot2H_2O$、重晶石 $BaSO_4$、胆矾 $CuSO_4\cdot5H_2O$、绿矾 $FeSO_4\cdot7H_2O$、泻盐 $MgSO_4\cdot7H_2O$ 等。

许多硫酸盐有极其重要的用途。例如：$Al_2(SO_4)_3$ 是净水剂、造纸充填剂和媒剂；$CuSO_4\cdot5H_2O$ 是消毒剂和农药；$FeSO_4\cdot7H_2O$ 是农药、治疗贫血的药剂和造蓝黑墨水的原料；$Na_2SO_4\cdot10H_2O$ 是重要化工原料等。

b. 热稳定性　加热条件下，硫酸盐的变化可分为以下三种情况。

碱金属及碱土金属硫酸盐（除 Li、Be 外）直接加热时不发生分解，必须添加还原剂(如焦炭等)，才能还原为硫化物。

大多数其他金属硫酸盐（如：$MgSO_4$）受热可分解为金属氧化物与 SO_3。分解温度与金属离子化能力有关，极化能力越大，越容易分解。

Ag_2SO_4、$HgSO_4$ 受热可分解为金属单质、SO_3、SO_2 和 O_2，其原因是，由硫酸盐分解产生的金属氧化物在分解温度下可继续分解，生成 O_2 与金属单质。

$$4Ag_2SO_4\xrightarrow{\triangle}8Ag+2SO_3\uparrow+2SO_2\uparrow+3O_2\uparrow$$

（3）焦硫酸及其盐

以浓 H_2SO_4 溶解 SO_3，可得到组成为 $H_2SO_4\cdot xSO_3$ 的发烟 H_2SO_4，当 $x=1$ 时，称为焦硫酸 $H_2S_2O_7$。焦硫酸的氧化性比浓 H_2SO_4 的氧化性更强，其吸水性、腐蚀性也比 H_2SO_4 强。焦硫酸是良好的磺化剂，用于制些染料、炸药和有机磺酸化合物。

焦硫酸是指两个硫酸分子脱去一分子 H_2O 后形成的酸。焦硫酸盐一般可用金属硫酸盐与 SO_3 在密闭容器中反应制备，碱金属焦硫酸盐则可用其酸式盐加热分解得到：

$$2KHSO_4=\!=\!=K_2S_2O_7+H_2O$$

在更高的温度下，焦硫酸盐可分解为硫酸盐并放出 SO_3，用于熔融金属氧化物矿样。焦硫酸盐在分析化学中的一个重要用途是与一些难溶的碱性或两性氧化物（如 Fe_2O_3、Al_2O_3 等）共熔，生成可溶性的硫酸盐：

$$Fe_2O_3 + 3K_2S_2O_7 \xrightarrow{\triangle} 3K_2SO_4 + Fe_2(SO_4)_3$$

$$Cr_2O_3 + 3K_2S_2O_7 \xrightarrow{\triangle} 3K_2SO_4 + Cr_2(SO_4)_3$$

$$Al_2O_3 + 3K_2S_2O_7 \xrightarrow{\triangle} 3K_2SO_4 + Al_2(SO_4)_3$$

（4）硫代硫酸及其盐

硫代硫酸（$H_2S_2O_3$）可以看作是 H_2SO_4 分子中一个端基氧原子被硫原子代而得的产物。硫代硫酸 $H_2S_2O_3$ 非常不稳定，易分解出 SO_2 及 S 沉淀，但硫代硫酸盐相对比较稳定。市售硫代硫酸钠 $Na_2S_2O_3 \cdot 5H_2O$ 俗称“海波”或“大苏打”，为无色透明晶体，易溶于其水溶液显弱碱性。$Na_2S_2O_3$ 在中性或碱性溶液中很稳定，在酸性（pH≤4.6）溶液中分解成 SO_2 及 S 沉淀。

$$Na_2S_2O_3 + 2HCl = 2NaCl + S\downarrow + H_2O + SO_2\uparrow$$

利用该反应可以定性鉴定 $S_2O_3^{2-}$。

$S_2O_3^{2-}$ 具有与 SO_4^{2-} 类似的结构，均为四面体结构。可以看成是 SO_4^{2-} 中的一个 O 原子取代 S 的结果。其中一个 S 的氧化态为+4，另一个为 O，平均氧化态为+2。因此，其酸盐具有一定的还原性。

除还原性外，$S_2O_3^{2-}$ 还是很好的配位体，可以与许多金属离子形成稳定的配合物。从电极电势值看，$Na_2S_2O_3$ 为中等强度的还原剂。

$$S_4O_6^{2-} + 2e^- = 2S_2O_3^{2-} \qquad \varphi^{\ominus} = 0.08V$$

I_2 可将 $Na_2S_2O_3$ 氧化为连四硫酸钠 $Na_2S_4O_6$

$$2Na_2S_2O_3 + I_2 = 2NaI + Na_2S_4O_6$$

如果遇到较强的氧化剂（如 Cl_2、Br_2 等），则 $Na_2S_2O_3$ 被氧化为 Na_2SO_4。因此在纺织和造纸工业中，可用 $Na_2S_2O_3$ 作脱氯剂：

$$Na_2S_2O_3 + 4Cl_2 + 5H_2O = 8HCl + Na_2SO_4 + H_2SO_4$$

不溶于水的 AgX（X=Cl、Br）可溶于 $Na_2S_2O_3$ 溶液，形成稳定的配离子：

$$AgBr + 2Na_2S_2O_3 = Na_3[Ag(S_2O_3)_2] + NaBr$$

$Na_2S_2O_3$ 溶于水，但重金属硫代硫酸盐难溶于水，并且不太稳定。例如：

$$Ag_2S_2O_3 + H_2O = H_2SO_4 + Ag_2S\downarrow\text{（黑色）}$$

（5）过硫酸及其盐

过硫酸可认为是 H—O—O—H 的衍生物，H—O—O—H 分子中一个 H 被磺基-HSO_3 取代的产物称为过一硫酸，若两个 H 都被—HSO_3 取代则称为过二硫酸。

在过硫酸中，过氧键—O—O—中 O 原子的氧化数为−1，S 原子的氧化数仍然是+6。过二硫酸为无色晶体，338K 时熔化并分解。

所有过二硫酸及其盐在酸性介质中均为强氧化剂，其标准电极电势为

$$S_2O_8^{2-} + 2e^- = 2SO_4^{2-} \qquad \varphi^{\ominus}_{S_2O_8^{2-}/SO_4^{2-}} = 2.01V$$

过二硫酸盐可将金属 Cu 氧化为 $CuSO_4$：

$$Cu + K_2S_2O_8 = CuSO_4 + K_2SO_4$$

在 Ag^+ 的催化作用下，过二硫酸盐可将 Mn^{2+} 氧化为 MnO_4^-：

$$5S_2O_8^{2-} + 2Mn^{2+} + 8H_2O \xrightarrow{Ag^+} 10SO_4^{2-} + 2MnO_4^- + 16H^+$$

如果没有 Ag^+ 的催化作用，过二硫酸盐只能将 Mn^{2+} 氧化为 $MnO(OH)_2$ 棕色沉淀。

$$S_2O_8^{2-}+Mn^{2+}+3H_2O=2SO_4^{2-}+MnO(OH)_2\downarrow+4H^+$$

过二硫酸盐受热易分解：

$$2K_2S_2O_8\xrightarrow{\triangle}2K_2SO_4+2SO_3\uparrow+O_2\uparrow$$

（6）连二亚硫酸钠

连二亚硫酸钠 $Na_2S_2O_4$，俗称“保险粉”，是一种白色粉状固体，用 Zn 粉还原 $NaHSO_3$，或用钠汞齐与干燥的 SO_2 反应可得到 $Na_2S_2O_4$

$$2NaHSO_3+Zn=\!=\!=Na_2S_2O_4+Zn(OH)_2$$

$$2Na[Hg]+2SO_2=\!=\!=Na_2S_2O_4+2Hg$$

$Na_2S_2O_4$ 的还原性很强，上述反应必须在无氧的条件下进行，在热水中或受热时便可歧化分解。

$$2S_2O_4^{2-}+H_2O=\!=\!=S_2O_3^{2-}+2HSO_3^-$$

$$2Na_2S_2O_4\xrightarrow{\triangle}Na_2S_2O_3+Na_2SO_3+SO_2\uparrow$$

$Na_2S_2O_4$ 溶液在空气中放置，可被氧化为亚硫酸盐或进一步生成硫酸盐。

$$2Na_2S_2O_4+O_2+2H_2O=\!=\!=4NaHSO_3$$

因此，$Na_2S_2O_4$ 常用来除去 O_2。由于其强还原性，可还原多种有机染料，使其转为无色，因此，在印染工业、染料合成、造纸、食物保存等行业得到了广泛应用。

习 题

扫码查看习题答案

11-4-1 选择题

1. 干燥 H_2S 气体通常用（　　）

A. P_2O_5　　B. 浓 H_2SO_4　　C. NaOH　　D. $CaCl_2$

2. 下列各组硫的化合物中，均不具有还原性的是（　　）

A. $K_2S_2O_7$，$Na_2S_2O_3$　　B. H_2SO_3，Na_2SO_4

C. $(NH)_2S_2O_7$，$Na_2S_2O_8$　　D. $Na_2S_2O_3$，$Na_2S_2O_4$

3. 下列各组硫化物中，均难溶于稀 HCl，但能溶于浓 HCl 的是（　　）

A. Bi_2S_3 和 CdS　　B. ZnS 和 PbS

C. CuS 和 Sb_2S_3　　D. As_2S_3 和 HgS

4. H_2O 的沸点是 100℃，H_2Se 的沸点是 −42℃，这种现象可用下列（　　）理论解释

A. 范德华力；　　B. 共价键；　　C. 离子键；　　D. 氢键

5. 将 H_2O_2 加入 H_2SO_4 酸化的高锰酸钾溶液时，H_2O_2 起（　　）作用

A. 氧化剂；　　B. 还原剂；　　C. 催化剂　　D. 分解成氢和氧

6. 下列硫化物不溶于 HNO_3 的是（　　）

A. ZnS　　B. FeS　　C. CuS　　D. HgS

7. 下列硫化物中，难溶于水的白色沉淀是（　　）

A. PbS　　B. ZnS　　C. CuS　　D. Ag_2S

8. 目前对人类环境造成危害的酸雨主要是由下列的（　　）造成的。

A. CO_2　　B. H_2S　　C. SO_2　　D. CO

9. 在微酸性条件下，通入 H_2S 都能生成硫化物沉淀的是（　　）

A. Be^{2+} 和 Al^{3+}　　B. Sn^{2+} 和 Pb^{2+}　　C. Be^{2+} 和 Sn^{2+}　　D. Al^{3+} 和 Pb^{2+}

10. H_2O_2 分子是二面体结构，每个氧原子的杂化方式为（　　）

A. sp　　B. sp^2　　C. sp^3　　D. dsp^2

11. 工业上使用的皓矾是一种硫酸盐，其化学式为（　　）

A. $Na_2SO_4 \cdot 10H_2O$　　B. $ZnSO_4 \cdot 7H_2O$

C. $FeSO_4 \cdot 7H_2O$　　D. $MgSO_4 \cdot 7H_2O$

11-4-2　填空题

1. Cl_2O 和 ClO_2 分子均有 V 形的结构。其中 Cl_2O 分子中的 O 采用______杂化轨道成键，ClO_2 分子中的 Cl 采用______杂化轨道成键且含有______键。若比较键角大小，则 Cl_2O______ClO_2，若比较键的长短，则 Cl_2O______ClO_2。

2. H_3O^+ 的中心原子 O 采用________杂化，其中有______个 σ 单键和______个 σ 配键，该离子的几何构型为__________。

3. 乙炔是直线形分子，分子中有______个 σ 键和______个 π 键，两个碳原子采用______杂化轨道以______的方式形成 σ 键，而 π 键是两个碳原子的______轨道以______的方式形成的。

4. 氧的单质有两种同分异构体，即 O_2 和 O_3。其中，O_2 为______磁性，O_3 为______磁性。O_3 呈_________结构，中间氧原子以______杂化。

5. H_2O_2 分子中有一个________链，链中每个氧原子采用__________杂化。H_2O_2 分子为______________结构。

6. 实验室制备 H_2O_2 的方程式为______________________________________。工业法制备 H_2O_2 有三种方法。分别为_____________________、_____________________和_____________________。

7. 实验室中常用__________________代替 H_2S 作沉淀剂，前者在酸性溶液中水解产生 H_2S 的化学方程式为__________________________。

8. 在制革工业中，Na_2S_2 用于原皮的脱毛，实验室可通过__________与______按 1∶1 的摩尔比反应制取 Na_2S_2。

11-4-3　完成下列反应方程式

1. $NaHSO_3 + Zn =\!=\!=$

2. $Na[Hg] + SO_2 =\!=\!=$

3. $S_2O_4^{2-} + H_2O =\!=\!=$

4. $Na_2S_2O_4 \xrightarrow{\triangle}$

5. $Na_2S_2O_4 + O_2 + H_2O =\!=\!=$

6. $Cu + K_2S_2O_8 =\!=\!=$

7. $S_2O_8^{2-} + Mn^{2+} + H_2O \xrightarrow{Ag^+}$

8. $K_2S_2O_8 \xrightarrow{\triangle}$

9. $Na_2S_2O_3 + I_2 =\!=\!=$

10. $Na_2S_2O_3+Cl_2+H_2O =\!=\!=$

11. $Na_2S_2O_3+AgNO_3 =\!=\!=$

12. $Ag_2S_2O_3+H_2O =\!=\!=$

13. $Fe_2O_3+K_2S_2O_7 \xrightarrow{\triangle}$

14. $Cr_2O_3+K_2S_2O_7 \xrightarrow{\triangle}$

15. $Al_2O_3+K_2S_2O_7 \xrightarrow{\triangle}$

16. $C+2H_2SO_4$(浓)$=\!=\!=$

17. $Cu+H_2SO_4$(浓)$=\!=\!=$

18. $Zn+H_2SO_4$(浓,不足)$=\!=\!=$

19. $Zn+H_2SO_4$(浓,过量)$=\!=\!=$

20. $NaI+H_2SO_4$(浓)$=\!=\!=$

21. $I_2+H_2SO_3+H_2O =\!=\!=$

22. $Fe^{3+}+H_2SO_3+H_2O =\!=\!=$

23. $CaSO_4+C \xrightarrow{高温}$

24. H_2SO_4(浓)$+Zn =\!=\!=$

25. $FeS_2+O_2 \xrightarrow{煅烧}$

26. $HgS+Na_2S(aq) =\!=\!=$

27. $SnS+Na_2S_2(aq) =\!=\!=$

28. $SnS+(NH_4)_2S_2 =\!=\!=$

29. $H_3C-C(S)-NH_2+2H_2O \rightleftharpoons$

30. $H_3C-C(S)-NH_2+3OH^- \rightleftharpoons$

31. $Al_2S_3+H_2O =\!=\!=$

32. $Cr_2S_3+H_2O =\!=\!=$

33. $[Cr(OH)_4]^-+HO_2^- =\!=\!=$

34. $PbS+H_2O_2 =\!=\!=$

35. $H_2O_2+K_2Cr_2O_7+H_2SO_4 =\!=\!=$

36. $Na_2O_2+H_2SO_4+H_2O =\!=\!=$

37. $CH_3CH(OH)CH_3+O_2 =\!=\!=$

38. $(NH_4)_2S_2O_8+H_2SO_4 =\!=\!=$

39. $H_2S_2O_8+H_2O =\!=\!=$

40. $PbS+O_3 =\!=\!=$

41. $Ag+O_3 =\!=\!=$

42. $O_3+I^-+H_2O =\!=\!=$

11-4-4 制备与鉴定

1. 简要说明“蒽醌法”生产 H_2O_2 的步骤。

2. 某溶液中可能含有 $Cr_2O_7^{2-}$ 或 CrO_4^{2-}，试用简便方法鉴别之。

3. 现有 4 瓶失落标签的无色溶液，分别为 Na_2SO_3、$Na_2S_2O_3$ 和 Na_2SO_4、Na_2S，试

加以鉴别。

4. 有一黑色固体，可能是 FeS、PbS 和 CuS 中的一种，请鉴别之。

5. 某溶液可能含有 Cl^-、S^{2-}、SO_3^{2-}、$S_2O_3^{2-}$、SO_4^{2-} 等离子，根据下列实验现象判断该溶液肯定存在哪几种离子？肯定不存在哪几种离子？哪几种离子可能存在？请说明理由。

① 加过量 $AgNO_3$ 溶液，有白色沉淀产生。

② 加入 $BaCl_2$ 溶液，生成白色沉淀。

③ 加入溴水，溴水不褪色。

11-4-5　解释下列实验现象

1. 向 $Pb(NO_3)_2$ 溶液中通入 H_2S，有黑色沉淀析出，黑色沉淀经 H_2O_2 处理后逐渐转为白色沉淀。

2. 室温下稀 H_2O_2 溶液分解较慢，但加入少量硫酸亚铁溶液后分解速度加快。

3. 少量 $Na_2S_2O_3$ 溶液和 $AgNO_3$ 溶液反应生成白色沉淀，沉淀逐渐变黄变棕色，最后变成黑色。白色沉淀溶于过量 $Na_2S_2O_3$ 溶液，而黑色沉淀不溶于过量 $Na_2S_2O_3$ 溶液。

4. 将 H_2S 通入 $MnSO_4$ 溶液中无 MnS 沉淀生成，若 $MnSO_4$ 溶液中含有氨水，再通入 H_2S，即有沉淀析出。

5. 将少量酸性 $MnSO_4$ 溶液与 $(NH_4)_2S_2O_8$ 溶液混合后水浴加热，很快生成棕黑色沉淀；但在加热前加入几滴 $AgNO_3$ 溶液，混合溶液逐渐变红。

11-4-6　推理判断

1. 一白色固体，溶于水后，①用铂丝蘸少量液体在火焰上灼烧，火焰呈黄色；②用酸化后的 $KMnO_4$ 处理，得一无色溶液，该溶液与 $BaCl_2$ 作用，生成不溶于稀 HNO_3 的白色沉淀；③加入硫粉共热，硫溶解，溶液呈无色，该溶液能使 KI_3^- 溶液褪色，也能将 AgBr 溶解。若向与硫粉共热得到的无色溶液加入 HCl 酸化，产生乳白色或浅黄色沉淀。写出白色固体的化学式，并用相关化学反应方程式表述上述试验过程。

2. 无色钠盐溶于水，得无色溶液（A），用 pH 试纸检验，（A）显酸性。向紫红色的 $KMnO_4$ 溶液中滴加无色溶液（A），溶液褪色，（A）被氧化为（B）。向（B）的溶液中加入经硝酸酸化的 $BaCl_2$ 溶液，生成白色沉淀（C）。向（A）中加入稀盐酸，放出无色气体（D），将（D）通入 KI_3^- 溶液，得到无色（B）。向含有淀粉的 KIO_3 溶液中通入少许（D），溶液立即变蓝，说明有（E）生成，当通入的（D）过量时，蓝色消失。试给出物质 A～E 的化学式，并用化学反应方程式表示上述各步的转化过程。

3. 一种盐（A）溶于水后加入稀硫酸，有刺激性气体（B）和乳白色沉淀（C）生成。气体（B）溶于 Na_2CO_3 溶液则转化为（D）并放出气体（E）。（A）溶液与碘水作用则转化为（F），同时碘水褪色。（A）溶液加入氯水则转化为溶液（G），（G）与钡盐作用，即产生不溶于强酸的白色沉淀（H）。（C）与（D）溶液混合后煮沸，则又缓慢转化为（A）。试给出物质 A～H 的化学式，用化学反应方程式表示上述各步的转化过程。

4. 无色晶体（A）易溶于水。（A）的溶液与酸性 KI 溶液作用溶液变黄，说明有（B）生成。（A）的溶液煮沸一段时间后加入 $BaCl_2$ 溶液有白色沉淀（C）生成，（C）不溶于强酸。（A）的溶液与 $MnSO_4$ 混合后加稀硝酸和几滴 $AgNO_3$ 溶液，加热，溶液变红，说明有（D）生成。（A）溶液与 KOH 混合后加热，有气体（E）放出。气体（E）通入 $AgNO_3$ 溶液则有棕黑色沉淀（F）生成，（E）通入过量则沉淀溶解为无色溶液。试给出物质 A～F 的化学式，并用反应方程式表示上述各步的转化。

11.5 卤族元素

元素周期表中ⅦA 族包括氟（fluorine，F）、氯（chlorine，Cl）、溴（bromine，Br）、碘（iodine，I）、砹（astatine，At）5 种元素，因它们均易成盐，故称为卤族元素，简称卤素（halogen）。自然界中氟、碘只有一种同位素，氯和溴各有两种同位素，分别为^{35}Cl(75.77%)、^{37}Cl(24.23%)和^{79}Br (50.54%)、^{81}Br (49.46%)。自然界中无游离态的氟，氟的化合物主要分散于其他矿物如：萤石（CaF_2）、冰晶石（Na_3AlF_6）和氟磷灰石｛$Ca_5F(PO_4)_3$｝中，氟在地壳中的质量分数约为 9.5×10^{-2}%。自然界中也不存在单质氯。在海洋、盐湖、盐井中，氯元素主要以 NaCl 形式存在；在矿物中，氯元素主要以 KCl、光卤石（$KCl\cdot MgCl_2\cdot 6H_2O$）的形式存在。氯在地壳中的质量分数约为 1.3×10^{-2}%。溴是第一个从海水中提取的元素，海水中溴的含量相当于氯的 1/300，在地壳中溴的质量分数约为 3.7×10^{-3}%。在海水中，碘通常以碘化物形式存在，且因被海藻类植物所吸收而富集。此外，碘也存在于开采石油所溢出的咸水中和盐井中。南美洲智利硝石含有少许的碘酸钙。碘占地壳的质量分数约为 1.4×10^{-5}%。砹是放射性元素，直至 20 世纪 40 年代才被制得。本节只讨论前 4 种元素的性质及其应用。

卤素基态原子的价电子层结构是 ns^2np^5，有 7 个价电子，卤素原子都有获得一个电子形成氧化数为－1 的负离子的倾向。与同周期其他元素的原子相比，卤素原子具有较大的电离能、电子亲和能和电负性。同族中，从氟到碘，电离能、电子亲和能、电负性逐渐减小，但由于氟的原子半径太小，电子云密度大，因此氟的电子亲和能反而低于氯。

除氟以外，氯、溴、碘原子在价电子层中都存在空的 d 轨道，同电负性大的元素的原子结合时，它们也参加成键，所以氯、溴、碘可显＋1、＋3、＋5、＋7 氧化态，它们的最高氧化数与其族数一致。

11.5.1 单质

1. 物理性质

卤素是同周期元素中原子半径最小、电子亲和能和电负性最大的元素，它们的非金属性是周期表中最强的。卤素单质均为双原子分子，固态时为非极性分子晶体。常温常压下，氟是浅黄色气体，氯是黄绿色气体，溴是红棕色液体，碘是紫黑色带有金属光泽的固体。随着卤素原子半径的增大和核外电子数目的增多，卤素分子之间的色散力逐渐增大，卤素单质的熔点、沸点、气化热和密度等物理性质按 F→Cl→Br→I 顺序依次增大。20℃、压力超过 6.6atm（$1atm=101.325\times10^3Pa$）时，气态氯可转变为液态氯。利用该性质，可将氯液化装在钢瓶中储运。固态碘具有高的蒸气压，加热时产生升华现象。利用该性质，可对粗碘进行精制。卤素单质的部分物理性质见表 11-5-1。

表 11-5-1　卤素单质的物理性质

性质	氟	氯	溴	碘
聚集状态	气	气	液	固
颜色	浅黄	黄绿	红棕	紫黑
熔点/℃	−219.6	−101	−7.2	113.5
沸点/℃	−188	−34.6	58.78	184.3
气化热/kJ·mol^{-1}	6.32	20.41	30.71	46.61
溶解度/g·(100g)$^{-1}$H$_2$O		0.732	3.580	0.029
密度/(g·cm^{-3})	1.11(l)	1.57(l)	3.12(l)	4.93(s)

F_2 遇水发生剧烈反应，并释放出氧气。

$$2F_2 + 2H_2O = 4HF + O_2$$

因此，水中不可能存在 F_2。其他卤素单质在水中的溶解度不大。常压下，1dm^3 水中可溶解约 2.3dm^3 的 Cl_2，浓度约为 0.103mol·dm^{-3}；Br_2 在水中的溶解度最大，每 100g 水可溶解 $Br_2$3.580g，浓度约为 0.224mol·dm^{-3}；I_2 在水中的溶解度最小，每 100g 水只溶解 0.029g I_2，浓度约为 0.001mol·dm^{-3}。不过，I_2 能形成多碘化物，如 KI$_3$。所以，I_2 可较好地溶解在 KI 水溶液中。其中，I_3^- 是直线形离子，呈黄色。实验室中进行单质碘的实验时，所用的碘水就是 I_2 的 KI 溶液。在溶液中，I_2 的浓度越大，溶液的颜色越深。

Cl_2、Br_2 和 I_2 的水溶液分别称为氯水、溴水和碘水，前二者的颜色与它们气态分子的颜色相同，分别为黄绿色和红棕色，说明它们在水中以自由分子状态存在；后者的颜色有所改变，说明 I_2 可与水结合，形成溶剂化分子。

Br_2 和 I_2 在有机溶剂中的溶解度较大，它们溶解在 CCl$_4$ 中分别呈现自由分子状态的红棕色和紫红色。碘在 CCl$_4$ 中的溶解度是水中的 86 倍。在二硫化碳、苯、甲苯等溶剂中，Br_2 和 I_2 的溶解度也较大。利用碘在有机溶剂中的易溶性，通过萃取分离，可对它进行纯化。

卤素均有毒，刺激眼、鼻、气管的黏膜，若不慎吸入一定量的氯气，会引起窒息、呼吸困难，此时应立即去户外，也可以吸入少量氨气解毒，情况严重的需要及时送医救治。液溴对皮肤造成难以痊愈的灼伤，若溅到身上，应立即用大量水冲洗，然后用 5%NaHCO$_3$ 溶液淋洗再敷上油膏。

2. 卤素的成键特征

根据卤素的原子结构和性质，卤素的成键特征如下：

（1）结合一个电子成为负离子 X$^-$，存在于和活泼金属形成的离子型化合物中，如 LiF、NaCl、KCl、CaCl$_2$ 等。

（2）提供一个成单 p 电子与其他可提供成单电子的原子形成共价单键，如：HF、HCl、Cl_2、I_2 等。

（3）以 X 的形式作为配位体形成配合物，如 [AlF$_6$]$^{3-}$、[CuCl$_4$]$^{2-}$、[HgI$_4$]$^{2-}$ 等。

（4）原子本身的价层轨道杂化后与其他原子半径小的卤素原子形成共价型化合物，如 ClF$_3$、BrF$_5$ 等。

（5）X 采取 sp^3 杂化形成含氧酸。X 与氧原子形成 σ 键，非羟基氧原子上的 2p 电子又反馈给 X 的价层 d 轨道形成 p-d π 键。除高碘酸外，卤素形成的含氧酸共有 4 种形式：HOX、HXO$_2$、HXO$_3$、HXO$_4$。F 原子由于无价层 d 轨道，所以只有 HOF。

3. 化学性质

卤素的电势图见图 11-5-1。

$\varphi_A^\ominus/V$

$$\frac{1}{2}F_2 \xrightarrow{+3.076} HF$$

$$ClO_4^- \xrightarrow{+1.19} ClO_3^- \xrightarrow{+1.21} HClO_2 \xrightarrow{+1.64} HClO \xrightarrow{+1.63} \frac{1}{2}Cl_2 \xrightarrow{+1.358} Cl^-$$

$$BrO_4^- \xrightarrow{+1.76} BrO_3^- \xrightarrow{+1.50} HBrO \xrightarrow{+1.60} \frac{1}{2}Br_2(l) \xrightarrow{+1.065} Br^-$$

$$H_5IO_6 \xrightarrow{+1.70} IO_3^- \xrightarrow{+1.13} HIO \xrightarrow{+1.45} \frac{1}{2}I_2 \xrightarrow{+0.535} I^-$$

$\varphi_B^\ominus/V$

$$\frac{1}{2}F_2 \xrightarrow{+2.87} F^-$$

$$ClO_4^- \xrightarrow{+0.36} ClO_3^- \xrightarrow{+0.33} ClO_2^- \xrightarrow{+0.66} ClO^- \xrightarrow{+0.401} \frac{1}{2}Cl_2 \xrightarrow{+1.358} Cl^-$$

$$BrO_4^- \xrightarrow{+0.92} BrO_3^- \xrightarrow{+0.54} BrO^- \xrightarrow{+0.451} \frac{1}{2}Br_2(l) \xrightarrow{+1.065} Br^-$$

$$H_3IO_6^{2-} \xrightarrow{+0.70} IO_3^- \xrightarrow{+0.145} IO^- \xrightarrow{+0.445} \frac{1}{2}I_2(s) \xrightarrow{+0.535} I^-$$

图 11-5-1　卤素的电势图

卤素单质化学活泼性高、氧化能力强。氟气是最强的氧化剂。氟能氧化所有金属以及除氮、氧以外的非金属单质（包括某些稀有气体）。卤素的氧化能力由 F→I 顺序减弱。卤素的氧化性反应主要表现为以下几方面：

（1）与非金属反应

F_2 能与除 He、Ne、Ar、Kr、O_2、N_2 之外的所有非金属直接反应，生成相应的共价化合物；Cl_2、Br_2 能与多数非金属直接反应生成相应的共价化合物；I_2 只能与少数非金属直接反应生成共价化合物，如：PI_3。

F_2 与 H_2 在冷暗处即可产生爆炸；Cl_2 与 H_2 需要光照或加热才能反应；Br_2 和 I_2 需要在较高的温度下才能与 H_2 进行反应，而且同时存在 HBr 和 HI 的分解。

（2）与金属反应

F_2 能与所有金属直接反应生成离子型化合物；Cl_2 能与多数金属直接反应生成相应的化合物；Br_2 和 I_2 只能与较活泼的金属直接反应生成相应的化合物。干燥时，F_2 使 Cu、Ni 钝化，Cl_2 使 Fe 钝化，这些金属制品可以用来制备、储存、运输 F_2 和 Cl_2。

（3）与水反应

卤素与水反应有两种方式：

① 氧化反应　　$2X_2 + 2H_2O \longrightarrow 4H^+ + 4X^- + O_2$

② 歧化反应　　$X_2 + H_2O \longrightarrow H^+ + X^- + HXO$

卤素的标准电极电势 $\varphi^\ominus_{X_2/X^-}$ 值分别为 F_2 2.87V、Cl_2 1.358V、Br_2 1.065V、I_2 0.5355V，而 $\varphi^\ominus_{O_2/H_2O}$ 值与水溶液的 pH 有关。

$$O_2 + 4H^+ + 4e \rightleftharpoons 2H_2O \qquad \varphi^\ominus_{O_2/H_2O} = 1.229V$$

$$\frac{1}{2}O_2 + 2H^+(10^{-7}mol \cdot L^{-1}) + 2e \rightleftharpoons H_2O \qquad \varphi^\ominus_{O_2/H_2O} = 0.815V$$

$$O_2+2H_2O+4e \rightleftharpoons 4OH^- \qquad \varphi^{\ominus}_{O_2/OH^-}=0.401V$$

尽管从热力学上讲，F_2、Cl_2、Br_2 都能与水（pH=7）发生氧化反应，但从反应速率看只有 F_2 是可行的，且反应激烈。Cl_2、Br_2、I_2 都发生上述式(2) 的歧化反应，而且反应程度依次减弱。歧化反应的产物还与酸度、温度及反应速率有关。

当水溶液呈碱性时，BrO^-、IO^- 会进一步歧化生成 BrO_3^- 和 IO_3^-，而且随温度升高，歧化程度加强。在实验室条件下主要反应如下：

$$Cl_2+2OH^- = Cl^-+ClO^-+H_2O \qquad （室温）$$

$$3Cl_2+6OH^- = 5Cl^-+ClO_3^-+3H_2O \qquad （>75℃）$$

$$Br_2+2OH^- = Br^-+BrO^-+H_2O \qquad （室温）$$

$$3Br_2+6OH^- = 5Br^-+BrO_3^-+3H_2O \qquad （>50℃）$$

$$3I_2+6OH^- = 5I^-+IO_3^-+3H_2O \qquad （常温）$$

（4）与某些化合物反应

Cl_2、Br_2、I_2 可以将硫化氢中低价态的硫氧化成硫单质，例如

$$Br_2+H_2S = 2HBr+S$$

Cl_2，Br_2 与 CO 反应，会得到碳酰卤，例如 200℃时 Cl_2 在活性炭催化下 CO 反应，形成无色高毒性气体——碳酰氯，俗称光气：

$$CO+Cl_2 = COCl_2$$

F_2 在一定温度下与硫酸盐作用生成硫酰氟，例如

$$Na_2SO_4+2F_2 = SO_2F_2+2NaF+O_2 \qquad （300℃）$$

F_2、Cl_2、Br_2 在一定条件下均可以将氨氧化

$$3X_2+8NH_3 = 6NH_4X+N_2$$

卤素单质还可与有机化合物反应，如与烷烃反应，形成取代产物；与烯或炔烃反应，形成加成产物。

氟主要用来制造有机氟化物，也可在原子能工业中制造六氟化铀。SF_6 的热稳定性好，可作为理想的气体绝缘材料。

氯气或氯氧化物可用于漂白或杀菌，如用于造纸的纸浆漂白、纤维物漂白等，同时 Cl_2 可起到杀菌作用。单质氯还常作为氧化剂和取代试剂，广泛用于有机化学的合成反应中。氯乙烯（$CH_2=CHCl$）自身可以聚合，形成聚氯乙烯（PVC），大量用于制造塑料。

溴主要用于制备有机溴化物，这些有机溴化物可用作杀虫剂，在农业生产广泛使用。此外，溴还用于制备颜料和化学中间体。溴可与氯配合使用，应用于水处理与杀菌。与氯类似，溴也具有漂白作用。溴还可用于制备汽油抗爆剂、照相感光剂、药剂（镇静剂），在军事上用于制备催泪性毒剂。

碘广泛用于制药、照相、橡胶制造、有机碘代物的制备等方面。有机碘的化合物在有机化学中占有重要地位。为避免甲状腺疾病，可在食盐中添加少量的碘化合物。碘仿（CH_3I）用作防腐剂。碘的碘化钾溶液或碘的乙醇溶液，具有消毒和杀菌作用，常用来处理皮外组织创伤。

4. 卤素单质的制备

（1）F_2

F_2 是最强的氧化剂，不能采用氧化 F^- 的方法制备单质氟。单质氟通常通过电解法制

备。电解法制备 F_2，是通过电解氟化氢钾（KHF_2）与氟化氢（HF）的熔融混合物来实现的。在混合物中经常加入少量 LiF 或 AlF_3，以降低混合物的熔点和增强导电性能。在蒙铜（一种铜的高镍合金）制作电解槽中，以容器壁为阴极，用浸透过铜的焦炭为阳极，聚四氟乙烯作电绝缘材料，在 373K 左右进行电解。

阳极 $2F^- - 2e^- = F_2$

阴极 $2HF_2^- + 2e^- = H_2 + 4F^-$

总反应 $2KHF_2 = 2KF + F_2\uparrow + H_2\uparrow$

以多孔蒙铜管为隔板，将电解产生的两种气体及时导出，且严格分开，以防止爆炸。对阳极电解得到的 F_2 加压，并灌入镍制的特种钢瓶中以储藏和运输。

在实验室中，常用热分解含氟化合物来制单质氟，例如

$$BrF_5 \xrightarrow{\triangle} BrF_3 + F_2\uparrow$$

这种方法所用原料（BrF_5）是用单质 F_2 制取的，它是 F_2 的重新释放。所以，BrF_5 是 F_2 的储存材料。1986 年，美国人克理斯特（K. Christe）成功以化学方法制备出单质氟。

克里斯特使用 $KMnO_4$、$SbCl_5$、HF、KF、H_2O_2 先制得 SbF_5 和 $K_2[MnF_6]$：

$$2KMnO_4 + 2KF + 10HF + 3H_2O_2 = 2K_2[MnF_6] + 3O_2\uparrow + 8H_2O$$

$$SbCl_5 + 5HF = SbF_5 + 5HCl$$

进一步制得 MnF_4 和 F_2

$$K_2[MnF_6] + 2SbF_5 \xrightarrow{423K} 2K[SbF_6] + MnF_4$$

$$MnF_4 = MnF_3 + \frac{1}{2}F_2\uparrow$$

氟单质非常活泼，实验室制取的少量 F_2 可用聚四氟乙烯材质的容器盛装。

（2）Cl_2

氯气的制备条件没有氟气那样苛刻，既可用电解法，也可用化学法制备。工业上大量用到的氯，主要是通过电解饱和食盐水实现的。石墨作阳极，铁网作阴极，中间用石棉隔膜分开。电解反应方程式如下：

阳极 $2Cl^- - 2e^- = Cl_2$

阴极 $2H_2O + 2e^- = H_2 + 2OH^-$

总反应 $2NaCl + 2H_2O = 2NaOH + Cl_2\uparrow + H_2\uparrow$

实验室中制备氯气是用二氧化锰或高锰酸钾氧化浓盐酸或氯化物来实现的：

$$MnO_2 + 4HCl \xlongequal[\triangle]{} MnCl_2 + Cl_2\uparrow + 2H_2O$$

$$2KMnO_4 + 16HCl = 2KCl + 2MnCl_2 + 5Cl_2\uparrow + 8H_2O$$

（3）Br_2

工业提溴是将 Cl_2 通入 pH=3.5 的新鲜浓缩后的卤水中，生成单质溴：

$$Cl_2 + 2Br^- = Br_2 + 2Cl^-$$

利用空气将形成的 Br_2 吹出，用 Na_2CO_3 溶液吸收并加以浓缩，再经酸处理：

$$3Br_2 + 3CO_3^{2-} = 5Br^- + BrO_3^- + 3CO_2\uparrow$$

$$5Br^- + BrO_3^- + 6H^+ = 3Br_2 + 3H_2O$$

然后加热蒸出溴，储存于陶瓷罐。

（4）I_2

在我国四川地下天然卤水中含有丰富的碘化物（每升含碘 0.5～0.7g），向这种卤水通氯气，即可把碘置换出来。此法制碘应避免氯气通入过量，因为过量的氯气能将碘进一步氧化为碘酸：

$$I_2 + 5Cl_2 + 6H_2O \longrightarrow 2IO_3^- + 10Cl^- + 12H^+$$

智利硝石的母液中含有碘酸钠约 $6g \cdot dm^{-3}$。工业上曾以此为原料制备单质碘。先用亚硫酸氢钠（$NaHSO_3$）将浓缩液中的 $NaIO_3$ 还原成 I^-：

$$2IO_3^- + 6HSO_3^- \longrightarrow 2I^- + 6SO_4^{2-} + 6H^+$$

然后加入适量碘酸根（IO_3^-），在酸性条件下，使其发生逆歧化反应，得到单质碘：

$$5I^- + IO_3^- + 6H^+ \longrightarrow 3I_2 + 3H_2O$$

实验室制备少量单质碘的方法与实验室制备单质溴相似：

$$NaI + MnO_2 + 3H_2SO_4 \longrightarrow I_2 + MnSO_4 + 2NaHSO_4 + 2H_2O$$

$$8NaI + 5H_2SO_4\text{（浓）} \xrightarrow{\triangle} 4Na_2SO_4 + 4I_2 + H_2S\uparrow + 4H_2O$$

值得注意的是，用浓硫酸作氧化剂时，在单质溴和单质碘的制备过程中，还原产物不同。

$$2NaBr + 2H_2SO_4\text{（浓）} \xrightarrow{\triangle} Na_2SO_4 + Br_2 + SO_2\uparrow + 2H_2O$$

11.5.2　卤化氢与氢卤酸

1. 物理性质

HX 的气体分子或纯 HX 液体，称为卤化氢，它们的水溶液称为氢卤酸。纯的卤化氢液体不导电，说明氢与卤素之间的化学键为共价键。常温常压下，卤化氢均为具有强刺激性气味的无色气体。卤化氢极易溶解于水，可与空气中的水蒸气结合，形成白色酸雾。卤化氢的主要物理性质见表 11-5-2。

表 11-5-2　卤化氢的主要物理性质

性质	HF	HCl	HBr	HI
熔点/℃	−83.1	−114.8	−88.5	−50.8
沸点/℃	19.54	−84.9	−67	−35.38
$\Delta_f H_m^\ominus/(kJ \cdot mol^{-1})$	−271.1	−92.3	−36.4	25.9
键能/$(kJ \cdot mol^{-1})$	568.6	431.8	365.7	298.7
气化热/$(kJ \cdot mol^{-1})$	30.31	16.12	17.62	19.77
分子偶极矩 $\mu/(10^{-30}C \cdot m)$	6.40	3.61	2.65	1.27
表观解离度$(0.1mol \cdot L^{-1}, 18℃)/\%$	10	93	93.5	95
溶解度/$[g \cdot (100g)^{-1} H_2O]$	35.3	42	49	57

卤化氢的熔沸点按 HCl、HBr、HI 的顺序依次升高。HF 的熔沸点是本族氢化物中最高的，这是因为在 HF 分子间存在氢键，而氢键分子之间的作用力大于范德华力。

卤化氢都是极性分子，在水中有很大的溶解度。HF 分子极性最大，可与水以任意比互溶。常压下蒸馏氢卤酸，溶液的沸点随着其组成的变化在不断地改变。从某一时刻起溶液的组成和沸点恒定不变，形成恒沸溶液。因为此时从溶液蒸出的气相，其组成和液相的组成相同，所以达到恒沸温度时，水和卤化氢按一定的比例共同蒸出，溶液的组成保持恒定，故沸点不再改变。例如，HCl 水溶液恒沸点为 108.58℃，恒沸溶液含 20.22%氯化氢。

2. 化学性质

(1) 酸性

盐酸、氢溴酸与氢碘酸都是强酸，而且酸性依次增强。氢氟酸是一种弱酸，这是因为氢键导致的缔合状态影响了电离作用。但当其浓度大于 $5mol \cdot L^{-1}$ 时，酸度反而增强，原因是 HF 可结合溶液中的 F^- 形成较稳定的缔合离子 HF_2^-，使 H^+ 浓度增大，其酸性比 HF 强。

$$HF \rightleftharpoons H^+ + F^- \qquad K^{\ominus} = 6.3 \times 10^{-4}$$

$$HF + F^- \rightleftharpoons HF_2^- \qquad K^{\ominus} = 5.2$$

(2) 还原性

卤化氢的还原性依 HF→HCl→HBr→HI 顺序增强。HI 溶液可被空气中的氧气氧化成碘单质，而 HBr 和 HCl 水溶液不被空气中的氧气氧化，迄今尚未发现可将 HF 氧化的氧化剂。

$$4HI(aq) + O_2 \xlongequal{} 2I_2 + 2H_2O$$

同时，可通过卤化物与浓硫酸受热作用的产物，对 X 还原性的强弱进行比较：

$$NaCl + H_2SO_4(浓) \xrightarrow{\triangle} NaHSO_4 + HCl\uparrow$$

$$2NaBr + 3H_2SO_4(浓) \xlongequal{} SO_2\uparrow + Br_2 + 2NaHSO_4 + 2H_2O$$

$$8NaI + 9H_2SO_4(浓) \xlongequal{} H_2S\uparrow + 4I_2 + 8NaHSO_4 + 4H_2O$$

NaCl 与浓硫酸作用后的产物是 HCl，不可能得到 Cl_2；NaBr 与浓硫酸作用后得到的产物是 Br_2，浓硫酸被还原为 SO_2；NaI 与浓硫酸作用后得到的产物是 I_2，浓硫酸被还原为 H_2S。

为了得到氯气，只能用更强的氧化剂 $KMnO_4$ 氧化 HCl。此外，唯有 I^- 能被 Fe^{3+} 氧化，而 Br^-、Cl^- 不被 Fe^{3+} 氧化。

$$16HCl + 2KMnO_4 \xlongequal{} 2KCl + 2MnCl_2 + 8H_2O + 5Cl_2\uparrow$$

$$2NaI + 2FeCl_3 \xlongequal{} 2FeCl_2 + 2NaCl + I_2$$

(3) HF 的特殊性

无论是 HF 气体还是氢氟酸溶液，都对玻璃有强的腐蚀作用：

$$4HF(g) + SiO_2 \xlongequal{} 2H_2O + SiF_4(g)$$

$$6HF(aq) + SiO_2 \xlongequal{} 2H_2O + H_2SiF_6(aq)$$

用 HF 气体刻蚀玻璃得到的是毛玻璃，用氢氟酸溶液刻蚀玻璃得到平滑的刻痕。无论是 HF 气体还是氢氟酸溶液均必须用塑料质或内涂石蜡的容器储存。

(4) 热稳定性

卤化氢的热稳定性是指其受热是否易分解为单质：

$$2HX \xrightarrow{\triangle} H_2 + X_2$$

卤化氢的热稳定性大小可由生成焓来衡量。从表 11-5-2 数据看出，卤化氢的标准生成焓从 HF 到 HI 依次增大，它们的热稳定性急剧下降。HI(g)加热到 200℃左右就明显分解，而 HF(g)在 1000℃还能稳定存在。

3. 卤化氢的制备与应用

卤化氢的制备通常有以下四种方法。

（1）高沸点难挥发的酸与卤化物作用

$$NaCl + H_2SO_4 \xlongequal{\triangle} NaHSO_4 + HCl\uparrow$$

因 Br^-、I^- 有一定的还原性，而浓硫酸氧化性较强，故不能用 H_2SO_4 制备 HBr 和 HI，但可用浓 H_3PO_4 替代 H_2SO_4 来制备。

$$NaBr + H_3PO_4 \xlongequal{\triangle} NaH_2PO_4 + HBr\uparrow$$

$$NaI + H_3PO_4 \xlongequal{\triangle} NaH_2PO_4 + HI\uparrow$$

（2）卤素单质直接与氢气反应

该法适用于氯化氢的生产，产生的氯化氢经水吸收后就成了盐酸：

$$Cl_2 + H_2 \xrightarrow{\text{光照}} 2HCl$$

由于 F_2 与 H_2 反应过于剧烈而无法控制，因此，该法不能用于 HF 的制备。Br_2、I_2 与 H_2 反应需要高温，而温度较高又会导致 HBr、HI 分解，影响其产率，所以该法不能用于 HBr、HI 的制备。

（3）非金属卤化物（实验室常用方法）水解，或在有水存在时磷和卤素单质反应制备 HBr 和 HI

$$PBr_3 + 3H_2O = H_3PO_3 + 3HBr$$

$$2P + 3Br_2 + 6H_2O \xlongequal{\triangle} 2H_3PO_3 + 6HBr\uparrow$$

$$PI_3 + 3H_2O = H_3PO_3 + 3HI$$

$$2P + 3I_2 + 6H_2O \xlongequal{\triangle} 2H_3PO_3 + 6HI\uparrow$$

（4）烃类化合物卤化

F_2、Cl_2、Br_2 与饱和烃或芳香烃发生取代反应时，生成卤代烃和相应卤化氢。例如

$$C_2H_6 + Br_2 = C_2H_5Br + HBr$$

盐酸是一种重要的工业原料和化学试剂，在皮革工业、焊接、电镀、搪瓷和医药部门得到广泛应用。浓盐酸的质量分数为 37%，密度为 $1.19g\cdot mL^{-1}$，浓度为 $12mol\cdot L^{-1}$。氢氟酸可用于测定矿物或钢样中 SiO_2 的含量，还广泛应用于玻璃器皿加工。

11.5.3 卤化物

1. 卤化物的键型

金属元素和多数非金属元素都可形成卤化物。按键型可将卤化物分为离子型卤化物和共价型卤化物。这里的离子型或共价型是指离子键成分或共价键成分大于 50%。卤化物的键型取决于金属离子的极化力与卤离子 X^- 的变形性，极化力小的金属离子（如：碱金属、碱土金属以及低价态的镧系和锕系金属离子）与变形性小的 X^-（如：F^-）形成离子型卤化物。例如，除 Li^+、Be^{2+} 外，ⅠA 和ⅡA 族的金属离子都与 X^- 形成离子型化合物。对同一金属离子，X^- 的半径越大，变形性越大，键型的共价成分也越大。例如，AlF_3 为离子型，而 $AlCl_3$ 为共价型。非金属的卤化物和多数高氧化态金属的卤化物为共价型卤化物如：BCl_3、$AlCl_3$、$FeCl_3$、CCl_4、$SnCl_4$、$TiCl_4$、PCl_5 等，这是高氧化态阳离子的强极化力与 X^- 之间产生强极化作用的结果。随着 X^- 半径的增大，阴离子的变形性也随之增大，如果

这些变形性较大的卤离子与极化作用较强的阳离子（通常是高价态的阳离子、外层电子为18电子构型或18+2电子构型）结合，正、负离子的电子云有所重叠，从而化学键由离子键向共价键转化。大多数金属的氯化物、溴化物和碘化物是易溶的，若氯化物可溶，则其溴、碘化物也可溶，且溶解度更大；若氯化物不溶，则其溴、碘化物更难溶。如：AgX 的 $K_{sp}^{\ominus}$ 分别为：1.77×10^{-10}（AgCl）、5.35×10^{-13}（AgBr）、8.51×10^{-17}（AgI）。Ag(Ⅰ)、Pb(Ⅱ)、Hg(Ⅰ)、Cu(Ⅰ)、Tl(Ⅰ)、Pt(Ⅱ）的卤化物都难溶，这正是变形性大的 Cl^-、Br^-、I^- 在极化能力强的金属离子作用下，化学键由离子键向共价键转化的结果。共价键的特征主要体现在：物质的颜色加深，在水中的溶解度降低，熔沸点降低。

2. 卤配离子

卤素离子能与许多金属离子形成配离子。例如

$$M^{3+}+6F^- \longrightarrow MF_6^{3-} \quad M^{3+}+4Cl^- \longrightarrow MCl_4^- \quad (M=Al,Fe)$$

$$M^{2+}+4Cl^- \longrightarrow MCl_4^{2-} \quad (M=Cu,Zn,Mn,Pb)$$

一些难溶卤化物能在过量 X^- 存在下或 HX（酸）中溶解。例如

$$AgX+(n-1)X^- \longrightarrow [AgX_n]^{(n-1)-} \quad (X=Cl,Br,I;n=2,3,4)$$

$$PbCl_2+2Cl^- \longrightarrow [PbCl_4]^{2-}$$

$$HgI_2+2I^- \longrightarrow [HgI_4]^{2-}$$

金属铜能在浓 HCl 中置换出 $H_2(g)$，溶度积很小的 HgS 能溶于氢碘酸，这些都与形成卤配离子有关

$$2Cu+6HCl \longrightarrow 2[CuCl_3]^{2-}+4H^++H_2\uparrow$$

$$HgS+2H^++4I^- \longrightarrow [HgI_4]^{2-}+H_2S\uparrow$$

由此可见，可通过形成配离子的方法使某些难溶物溶解，但当用 X^- 作为沉淀剂沉淀某些金属离子时，X^- 必须适量。例如，用 Cl^- 沉淀 Ag^+，当 $[Cl^-]>10^{-3}mol\cdot L^{-1}$ 时，AgCl 开始转化为 $AgCl_2^-$、$AgCl_3^{2-}$，使 Ag^+ 沉淀不完全。

11.5.4 卤素的含氧酸及其盐

除高碘酸外，卤素形成的含氧酸共有 4 种形式：HOX、HXO_2、HXO_3、HXO_4，依次称为次某酸、亚某酸、某酸、高某酸，其中 X 均以 sp^3 杂化与氧原子形成 σ 键，非羟基氧原子上的 2p 电子又反馈给 X 的价层 d 轨道形成 p-d π 键。F 原子由于无价层 d 轨道，所以只能得到 HOF。卤素含氧酸的酸性随卤素氧化数的增高而增强；对同一氧化数的卤素，其酸性按 Cl→Br→I 的顺序而减弱。图 11-5-2 为卤素含氧酸根的分子构型。

卤素的含氧酸不稳定，大多数只能存在于水溶液中。

由卤素电势图（图 11-5-1）可知：

(1) 在 $\varphi_A^{\ominus}$ 图中，几乎所有电对的电极电势都为较大的正值，说明在酸性介质中各种含氧酸均有较强的氧化性，其还原产物一般为 X^-。

(2) 在碱性介质中，各种含氧酸的氧化性大大降低（ClO^- 外）。

(3) 许多中间氧化态物质由于 $\varphi^{\ominus}$(右) $>$ $\varphi^{\ominus}$(左)，存在着发生歧化反应的可能性。

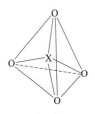

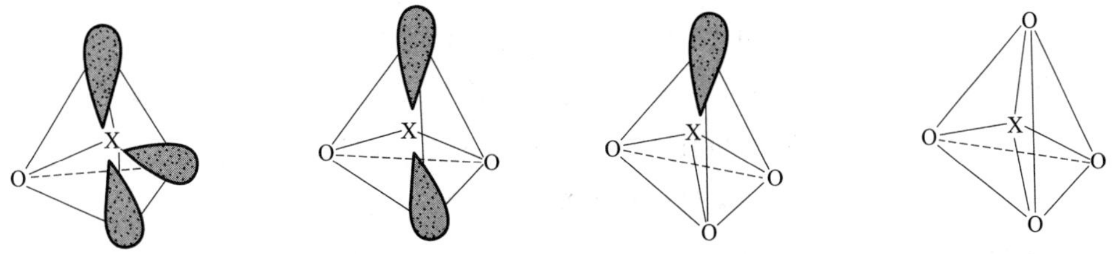

XO^-(直线形)　　XO_2^-(V形)　　XO_3^-(三角锥形)　　XO_4^-(正四面体)

图 11-5-2　卤素含氧酸根的分子构型

1. 次卤酸及其盐

次卤酸都是弱酸，HClO、HBrO、HIO 的电离常数 $K_a^\ominus$ 在 25℃时分别为 2.90×10^{-8}、2.82×10^{-9}、3.16×10^{-11}，酸性依次减弱，稳定性依次降低。次碘酸已呈两性，且其碱性较强，可看成是氢氧化碘：

$$K_a^\ominus=\frac{[H_3O^+][IO^-]}{[HIO]}=3.16\times10^{-11}\qquad K_b^\ominus=\frac{[I^+][OH^-]}{[HIO]}=3.2\times10^{-10}$$

次卤酸有较强的氧化能力，在酸性介质中氧化性更强。目前还未制得纯的次卤酸，得到的只是它们的水溶液，例如

$$Cl_2+H_2O = HClO+HCl$$

此反应为可逆反应，所得次氯酸的浓度很低。如果往氯水中加入和 HCl 作用的物质，则可得到浓度较大的次氯酸溶液，例如

$$2Cl_2+CaCO_3 = Ca(ClO)_2+CaCl_2+CO_2\uparrow$$

$$2Cl_2+Ag_2O+H_2O = 2AgCl\downarrow+2HClO$$

$$2Cl_2+2HgO+H_2O = HgO\cdot HgCl_2+2HClO$$

经常用次氯酸盐在碱性溶液中作氧化剂，制备一些重要的氧化性物质如 PbO_2：

$$NaClO+Pb(Ac)_2+2OH^- \xrightarrow{\triangle} PbO_2\downarrow+2Ac^-+NaCl+H_2O$$

又如制备 $NiO(OH)_2$，可先在碱性介质中生成绿色的 $Ni(OH)_2$

$$Ni^{2+}+2OH^- = Ni(OH)_2\downarrow$$

接着向其中加入 NaClO 溶液，立刻得到 $NiO(OH)_2$ 黑色沉淀

$$NaClO(aq)+Ni(OH)_2 = NiO(OH)_2+NaCl$$

最为常见的次卤酸盐是次氯酸钙，它是漂白粉的主要成分。漂白粉是通过熟石灰与 Cl_2 反应而得到的混合物：

$$2Cl_2+2Ca(OH)_2 = Ca(ClO)_2+CaCl_2+2H_2O$$

漂白粉的漂白作用主要是基于次氯酸的氧化性。漂白粉在空气中长期存放时会吸收 CO_2、H_2O，生成 HClO 分解而失效。

次卤酸盐的稳定性高于次卤酸，但至今也未制得纯的次卤酸盐。

2. 卤酸及其盐

$HClO_3$、$HBrO_3$ 是强酸，HIO_3 是中强酸 $K_a^\ominus=1.69\times10^{-1}$(25℃)。$HIO_3$ 稳定性最高，可得到其固体产品，而 $HClO_3$、$HBrO_3$ 只存在于溶液中，最高浓度分别为 40%、50%(25℃)。高于上述浓度将会分解，甚至爆炸。卤酸都是强氧化剂，例如：

$$HClO_3 + 5HCl = 3Cl_2\uparrow + 3H_2O$$
$$2HClO_3 + I_2 = 2HIO_3 + Cl_2\uparrow$$

碱性介质中，X_2 或 XO^- 均可发生歧化反应生成 XO_3^-

$$3X_2 + 6OH^- = XO_3^- + 5X^- + 3H_2O$$
$$3XO^- = XO_3^- + 2X^-$$

XO_3^- 也可发生歧化反应，例如：

$$4ClO_3^- = 3ClO_4^- + Cl^-$$

卤酸盐的稳定性高于卤酸，常见的卤酸盐有 $KClO_3$ $NaIO_3$ 等。$KClO_3$ 的分解有两种方式：

$$① \ 4KClO_3 = 3KClO_4 + KCl \quad (>400℃,无催化剂)$$

$$② \ 2KClO_3 \xrightarrow{MnO_2} 2KCl + 3O_2 \quad (200℃，有催化剂)$$

无催化剂时，在较高的温度下，反应①是主要的；但有 MnO_2 催化剂时，在较低温度下，以反应②为主。

固体 $KClO_3$ 是一种强氧化剂，在工业上有重要用途，如制备火柴、卷烟纸、火药、信号弹、焰火等，还可用作除草剂。$KBrO_3$、KIO_3 在分析化学中都被用作氧化剂。氯酸盐通常在酸性溶液中显氧化性。例如：$KClO_3$ 在中性溶液中不能氧化 KI，但酸化后即可将 I^- 氧化为 I_2。

$$ClO_3^- + 6I^- + 6H^+ = 3I_2 + Cl^- + 3H_2O$$

3. 高卤酸及其盐

与前述卤素含氧酸相比，高卤酸的稳定性相对较高，但也只能存在于水溶液中，在酸性溶液中有较强的氧化性。

$HClO_4$ 是最强的无机含氧酸。市售试剂是 60% 的溶液，浓度太大时不稳定，冷的稀酸无明显氧化性。遇有机物撞击容易爆炸，本身也容易分解：

$$4HClO_4 = 2Cl_2 + 7O_2 + 2H_2O$$

高氯酸盐的稳定性高于氯酸盐，用 $KClO_4$ 制成的炸药称为“安全炸药”。高氯酸盐多数难溶于水，常见的难溶盐有 $KClO_4$、NH_4ClO_4、$RbClO_4$、$CsClO_4$ 等。据此，可用于钾的定量测定。

ClO_4^- 的配位能力极小，在化学研究中常用高氯酸盐恒定溶液的离子强度。

$HBrO_4$ 的稳定性低于 $HClO_4$，溶液中允许的最高浓度为 55%，$HBrO_4$ 也是极强的无机酸，但酸性低于 $HClO_4$。

高碘酸（H_5IO_6）不同于其他高卤酸，是五元弱酸（$K_{a_1}^{\ominus} = 5.1 \times 10^{-4}$，$K_{a_2}^{\ominus} = 9 \times 10^{-9}$）。在真空中脱水生成偏高碘酸 HIO_4。H_5IO_6 中 I 采取 sp^3d^2 杂化，分子的空间构型为八面体。H_5IO_6 在碱性介质中氧化能力较弱，在酸性介质中是强氧化剂［$\varphi_A^{\ominus}(HIO_5/HIO_3) = 1.70V$］，可定量地将 Mn^{2+} 氧化成 MnO_4^-。

$$5H_5IO_6 + 2Mn^{2+} = 2MnO_4^- + 5HIO_3 + 6H^+ + 7H_2O$$

11.5.5 拟卤素

某些由两个或多个非金属元素的原子构成的－1 价离子，在形成离子型或共价型化合物时，表现出与卤素阴离子相似的性质。这些离子被称为拟卤离子。当它们以与卤素单质相同的形式组成中性分子时，其性质也与卤素单质相似，具有挥发性，故称之为拟卤素或类卤素。拟卤素主要包括氰 $(CN)_2$、硫氰 $(SCN)_2$、氧氰 $(OCN)_2$、硒氰 $(SeCN)_2$ 等。拟卤素与卤素的相似性表现在以下几个方面：

（1）易挥发，具有特殊的刺激性气味。

（2）氧化还原性。如：单质 Br_2 可以氧化 AgSCN，氧气可以将 $(CN)_2$ 氧化。阴离子具有还原性。按还原能力大小与卤素离子一起排列成如下序列：

$$Cl^- < OCN^- < Br^- < CN^- < SCN^- < I^-$$

$$Br_2 + 2AgSCN \xrightarrow{\text{乙醚}} (SCN)_2 + 2AgBr$$

$$O_2 + (CN)_2 \xrightarrow{\text{燃烧}} 2CO + N_2$$

（3）氢化物溶于水都呈酸性。除 HCN 是弱酸外，余者都是强酸。

（4）在水中或碱性介质中易发生歧化，例如

$$(CN)_2 + H_2O = HCN + HOCN$$

$$(CN)_2 + 2OH^- = CN^- + OCN^- + H_2O$$

（5）与金属化合成盐，其中 Ag(Ⅰ)、Hg(Ⅰ)、Pb(Ⅱ) 盐难溶于水。

（6）配位能力强，与许多金属离子形成配合物。例如，$[Ag(CN)_2]^-$、$[Au(CN)_4]^-$、$[Hg(SCN)_4]^{2-}$、$[Fe(SCN)_n]^{3-n}$（血红色）等。KSCN 是检验 Fe^{3+} 的灵敏试剂，生成血红色的 $Fe(SCN)_n^{3-n}$。

$$n SCN^- + Fe^{3+} = Fe(SCN)_n^{3-n}$$

拟卤素都有剧毒，使用时应注意。例如，工业废水中氰化物的排放标准为小于 $0.05 mg \cdot L^{-1}$，利用 CN^- 的强配合性和还原性，可以对含氰废水进行处理。在废水中加入 $FeSO_4$ 和消石灰，可将氰化物转化为无毒的亚铁氰化物

$$Fe^{2+} + 6CN^- = [Fe(CN)_6]^{4-}$$

$$[Fe(CN)_6]^{4-} + 2Ca^{2+} = Ca_2[Fe(CN)_6] \downarrow$$

$$[Fe(CN)_6]^{4-} + 2Fe^{2+} = Fe_2[Fe(CN)_6] \downarrow$$

也可用氯气氧化废水中的氰化物

$$2CN^- + 8OH^- + 5Cl_2 = 2CO_2 \uparrow + N_2 \uparrow + 10Cl^- + 4H_2O$$

习 题

扫码查看习题答案

11-5-1　选择题

1. 制备 F_2 可以采用下列哪个方法来实现（　　）

A. 电解 HF　　　　B. 电解 CaF_2　　　C. 电解 KHF_2　　　D. 电解 NH_4F

2. 能产生氯气的是（　　）

A. NaCl 与浓硫酸　B. NaCl 与 MnO_2　C. $KMnO_4$ 与浓 HCl　D. NaCl 与浓 HNO_3

3. 在 NaOH 溶液中不发生歧化反应的是（　　）

A. F_2　　　　　　B. Cl_2　　　　　　C. Br_2　　　　　　D. I_2

4. 下列反应中，不可能按方程式进行的是（　　）

A. $2NaNO_3+H_2SO_4$(浓)$=\!=\!=Na_2SO_4+2HNO_3$

B. $2NaI+H_2SO_4$(浓)$=\!=\!=Na_2SO_4+2HI$

C. $CaF_2+H_2SO_4$(浓)$=\!=\!=CaSO_4+2HF$

D. $2NH_3+H_2SO_4=\!=\!=(NH_4)_2SO_4$

5. 下列含氧酸中，酸性最弱的是（　　）

A. HClO　B. HIO　C. HIO_3　D. $HBrO_3$

6. 下列含氧酸中，酸性最强的是（　　）

A. $HClO_3$　B. HClO　C. HIO_3　D. HIO_4

7. 下列酸中，酸性由强至弱的排列顺序正确的是（　　）

A. HF＞HCl＞HBr＞HI　B. HI＞HBr＞HCl＞HF

C. $HClO>HClO_2>HClO_3>HClO_4$　D. $HIO_4>HClO_4>HBrO_4$

8. 下列有关卤素的论述不正确的是（　　）

A. 溴可由氯作氧化剂制得　B. 卤素单质都可由电解熔融卤化物得到

C. 单质碘是最强的还原剂　D. 氟气是最强的氧化剂

9. 下列含氧酸的氧化性递变规律顺序不正确的是（　　）

A. $HClO_4>H_2SO_4>H_3PO_4$　B. $HBrO_4>HClO_4>H_5IO_6$

C. $HClO>HClO_2>HClO_3$　D. $HBrO_3>HClO_3>HIO_3$

10. 下列物质中，关于热稳定性，判断正确的是（　　）

A. HF＜HCl＜HBr＜HI　B. HI＜HBr＜HCl＜HF

C. $HClO>HClO_2>HClO_3>HClO_4$　D. $HCl>HClO_4>HBrO_4>HIO_4$

11-5-2 填空题

1. 电解法制备单质氟是通过电解________与________的熔融混合物来实现的。实验室制取的少量 F_2 可用________材质的容器盛装。无论是 HF 气体还是氢氟酸溶液，均必须用________或内涂______的容器储存。

2. Br_2 和 I_2 溶解在 CCl_4 中分别呈现________色和________色。实验室中所用的碘水是 I_2 溶于______溶液形成的。

3. 为了防止甲状腺肿大，可向食用盐中加入________。

4. 卤化氢的还原性依________________顺序增强。

5. 卤素含氧酸的酸性随卤素______的增高而增强；对同一氧化数的卤素，其酸性按________________的顺序而减弱。

6. 漂白粉是通过熟石灰与__________反应而得到的混合物，其反应方程式可表示如下：________________。

7. 卤素形成的含氧酸共有 4 种形式：______、______、______、______，依次称为______、______、______、______。其中 X 均以______杂化与氧原子形成 σ 键，非羟基氧原子上的 2p 电子又反馈给 X 的价层____轨道形成____键。

8. H_5IO_6 中 I 采取________杂化，分子的空间构型为________。H_5IO_6 在酸性介质中可定量地将______氧化成 MnO_4^-。

11-5-3 完成下列反应方程式

1. $SCN^-+Fe^{3+}=\!=\!=$

2. $Fe^{2+} + CN^- =\!=\!=$
3. $[Fe(CN)_6]^{4-} + Ca^{2+} =\!=\!=$
4. $[Fe(CN)_6]^{4-} + Fe^{2+} =\!=\!=$
5. $CN^- + OH^- + Cl_2 =\!=\!=$
6. $B_2 + AgSCN \xrightarrow{\text{乙醚}}$
7. $O_2 + (CN)_2 \xrightarrow{\text{燃烧}}$
8. $(CN)_2 + H_2O =\!=\!=$
9. $(CN)_2 + OH^- =\!=\!=$
10. $HClO_4$(分解)$=\!=\!=$
11. $H_5IO_6 + Mn^{2+} =\!=\!=$
12. $ClO_3^- + I^- + H^+ =\!=\!=$
13. $HClO_3 + I_2 =\!=\!=$
14. $HClO_3 + HCl =\!=\!=$
15. $X_2 + OH^- =\!=\!=$
16. $KClO_3 \xrightarrow{MnO_2,\triangle}$
17. $Cl_2 + CaCO_3 =\!=\!=$
18. $Cl_2 + Ag_2O + H_2O =\!=\!=$
19. $Cl_2 + HgO + H_2O =\!=\!=$
20. $NaClO + Pb(Ac)_2 + OH^- \xrightarrow{\triangle}$
21. $Cl_2 + Ca(OH)_2 =\!=\!=$
22. $CO + Cl_2 =\!=\!=$
23. $Na_2SO_4 + F_2 \xrightarrow{300℃}$
24. $X_2 + NH_3 =\!=\!=$
25. $MnO_2 + HCl$(浓)$\xrightarrow{\triangle}$
26. $KMnO_4 + HCl =\!=\!=$
27. $I_2 + Cl_2 + H_2O =\!=\!=$
28. $NaI + MnO_2 + H_2SO_4 =\!=\!=$
29. $NaI + H_2SO_4$(浓)$\xrightarrow{\triangle}$
30. $NaBr + H_2SO_4$(浓)$\xrightarrow{\triangle}$
31. $NaCl + H_2SO_4$(浓)$\xrightarrow{\triangle}$
32. $NaI + FeCl_3 =\!=\!=$
33. $NaBr + H_3PO_4 \overset{\triangle}{=\!=\!=}$
34. $NaI + H_3PO_4 \overset{\triangle}{=\!=\!=}$
35. $P + Br_2 + H_2O \overset{\triangle}{=\!=\!=}$
36. $P + I_2 + H_2O \overset{\triangle}{=\!=\!=}$

37. $Cu+HCl$(浓)$===$

38. $HgS+H^++I^-===$

11-5-4 制备、鉴别与解释

1. 简述工业制备溴水、碘单质的方法，并用方程式表示各过程。

2. 将浓 HCl 置于金属铜中释放出 $H_2(g)$。

3. HgS 能溶于氢碘酸。

4. 分别向 $FeCl_2$ 和 $NaHCO_3$ 溶液中加入碘水，碘水均不褪色。当向二者的混合液中加入碘水，则碘水的颜色消失。

5. Fe^{3+} 可将 I^- 氧化成单质 I_2，但如果向 Fe^{3+} 溶液中先加入一定量 NH_4F，再加入 I^-，就不会有单质 I_2 生成。

11-5-5 推理题

1. 在淀粉碘化钾溶液中加入少量 NaClO 时，得到蓝色溶液，说明生成了（A）；当加入过量的 NaClO 时，蓝色褪去，溶液变为无色，说明有（B）生成；将溶液酸化后，再加入少量固体 Na_2SO_3，溶液的蓝色复原；而加入过量 Na_2SO_3 时，蓝色又褪去，变成无色溶液，说明有（C）生成；再加入 KIO_3 溶液，溶液的蓝色又出现。写出物质 A、B 和 C 化学式，并用反应方程式描述以上各过程转化。

2. 有一易溶于水的钠盐（A），加入浓 H_2SO_4 并微热，有气体（B）生成；将气体（B）通酸化的 $KMnO_4$ 溶液有气体（C）生成；将气体（C）通入 H_2O_2 溶液，生成气体（D）；将气体（D）与 PbS 在高温下作用有气体（E）生成；将气体（E）通入 $KClO_3$ 的酸性溶液中，得到极不稳定的黄绿色气体（F）；气体（F）浓度高时发生爆炸分解成气体（C）和（D）。试给出物质 A～F 的化学式，并用反应方程式表示上述各步的转化。

3. 白色固体（A）与油状无色液体（B）反应生成（C）。纯净的（C）为紫黑色固体，微溶于水，易溶于（A）的溶液中，得到红棕色溶液（D）。将（D）分成两份，一份中加入无色溶液（E），另一份中通入黄绿色气体单质（F），两份均褪色成无色透明溶液。无色溶液（E）遇酸生成淡黄色沉淀（G），同时放出无色气体（H）。将气体（F）通入溶液（E），在所得溶液中加入 $BaCl_2$，有白色沉淀（I）生成，（I）不溶于 HNO_3。试给出物质 A～I 的化学式，并用反应方程式表示上述各步的转化。

第 12 章

扫码查看重难点

过渡族元素选论

广义的过渡元素（transition element）是指第四～七周期中从ⅢB至Ⅷ族、ⅠB至ⅡB族以及f区的所有元素，过渡元素都是金属元素。就元素分区而言，ⅢB～Ⅷ族元素为d区元素，ⅠB～ⅡB族元素为ds区元素。第六周期中的镧系和第七周期中的锕系属于f区，称为内过渡元素（inner transition element）。通常将过渡元素分为第一过渡系（从钪到锌）、第二过渡系（从钇到镉）以及第三过渡系（从镧到汞）。其中，第一过渡系（第四周期）的元素无论是单质或化合物都具有许多优良的理化性能，是现代科技发展的重要材料，广泛应用于能源、生命及材料科学等领域。本章讨论第一过渡系以及铜族和锌族元素。

12.1 过渡元素的特征

12.1.1 电子层结构

过渡元素的价电子不仅包括最外层s电子，还包括次外层d电子，其价电子构型通式为$(n-1)d^{x}ns^{1-2}$（$x=1\sim10$），其中，Pd（$4d^{10}5s^{0}$）例外。过渡元素不仅s电子参与金属键的形成，而且d电子也参与成键。

第一过渡系元素由Sc至Zn的电子构型分别是Sc$3d^{1}4s^{2}$、Ti$3d^{2}4s^{2}$、V $3d^{3}4s^{2}$、Cr $3d^{5}4s^{1}$、Mn $3d^{5}4s^{2}$、Fe $3d^{6}4s^{2}$、Co $3d^{7}4s^{2}$、Ni $3d^{8}4s^{2}$、Cu $3d^{10}4s^{1}$、Zn $3d^{10}4s^{2}$。其中Cr与Cu的3d电子层分别达半充满与全充满，较稳定。在第二、第三过渡系中不符合上述规律的元素数较多，如：Nb $4d^{4}5s^{1}$、Ru $4d^{7}5s^{1}$、Rh $4d^{8}5s^{1}$、Pd $4d^{10}5s^{0}$、W $5d^{4}6s^{2}$与Pt $5d^{9}6s^{1}$。

12.1.2 多变的氧化数

过渡元素的氧化数多变（见表 12-1）。

表 12-1　第一过渡系元素的主要氧化数

Sc	Ti	V	Cr	Mn	Fe	Co	Ni	Cu	Zn
(+2)			$\underline{+2}$	$\underline{+2}$	$\underline{+2}$	$\underline{+2}$	$\underline{+2}$	$\underline{+1}$	$\underline{+2}$
$\underline{+3}$	+3	+3	$\underline{+3}$	+3	$\underline{+3}$	+3	(+3)	$\underline{+2}$	
	$\underline{+4}$	+4		$\underline{+4}$					
		+5							
			$\underline{+6}$	+6					
				$\underline{+7}$					

注：表中划线的氧化数是稳定氧化数；有括号的表示不稳定氧化数。

过渡元素的最高氧化数常与它们所在的族序数相同，但这一规律在Ⅷ族、ⅠB 族、ⅡB 族中并不完全适用。

第二、第三系列过渡元素中的ⅧB 族元素的最高氧化数可以达到+8，与其所在的族数相同，如 Ru（+8）、Os（+8）。其中，+8 是 Os 的稳定氧化数。当 d 电子数超过 6 以后，随着轨道中的成单电子数逐渐减少，氧化态以低价态稳定。由于 Zn、Cd、Hg 的 d 电子为全满状态，不再参与成键。过渡元素的低氧化态常以简单离子的形式存在，如 Cr^{3+}、Mn^{2+} 等，高氧化态常以含氧酸根的形式存在，如 CrO_4^{2-}、MnO_4^- 等。d 区元素还能形成氧化数为 O，甚至负数的化合物，如在 $Fe(CO)_5$ 中 Fe 的氧化数为 0；在 Na［$Co(CO)_4$］中 Co 的氧化数为−1。

多变的过渡元素氧化态，导致氧化还原性成为它们的一个重要特征。常见的氧化剂有 $KMnO_4$、MnO_2、$K_2Cr_2O_7$、$FeCl_3$、Co_2O_3、$Ni(OH)_3$ 等，常见的还原剂有 $TiCl_3$、$(NH_4)_2Fe(SO_4)_2 \cdot 7H_2O$ 等。

12.1.3 化合物的颜色

形成有色化合物是大多数过渡金属元素的一个重要特征。表 12-2 列出了第一过渡系元素电子构型、未成对电子数以及水合金属离子的颜色。

表 12-2　第一过渡系元素电子构型、未成对电子数以及水合金属离子的颜色

电子构型	阳离子	未成对电子数	水合离子颜色
$3d^0$	Sc^{3+}	0	无色
	Ti^{4+}	0	无色
$3d^1$	Ti^{3+}	1	紫色
$3d^2$	V^{3+}	2	绿色
$3d^3$	V^{2+}	3	紫色
	Cr^{3+}	3	紫色
$3d^4$	Mn^{3+}	4	红色
	Cr^{2+}	4	蓝色
$3d^5$	Mn^{2+}	5	粉色
	Fe^{3+}	5	浅紫色

续表

电子构型	阳离子	未成对电子数	水合离子颜色
$3d^6$	Fe^{2+}	4	浅绿色
$3d^7$	Co^{2+}	3	粉红色
$3d^8$	Ni^{2+}	2	绿色
$3d^9$	Cu^{2+}	1	蓝色
$3d^{10}$	Zn^{2+}	0	无色

水合金属离子呈色现象可用 d-d 跃迁来解释。在水分子配位场的影响下，过渡金属离子的 d 轨道产生能级分裂。当水溶液中的金属离子接收外界能量时，d 轨道中的电子吸收与分裂能相同能量的可见光后，由低能态激发到高能态，也就是所谓的 d-d 跃迁。不同元素的金属离子，发生 d-d 跃迁所需的能量不同，选择性吸收可见光的波长范围存在差异，进而呈现不同的颜色。一般来说，d 轨道为全满（Zn^{2+}、Cd^{2+}、Cu^{+}、Ag^{+}）或全空（Sc^{3+}）状态的金属离子，不发生 d-d 跃迁，其水合离子为无色。当 d 轨道电子数在 1～9 时，水合金属离子（如 Cu^{2+}、Cr^{3+}、Co^{2+}、Ni^{2+}、Fe^{3+} 等）均有颜色。如：紫色（Ti^{3+}）、绿色（V^{3+}）、蓝紫色（Cr^{3+}）、粉色（Mn^{2+}）、浅绿色（Fe^{2+}）、粉红色（Co^{2+}）、绿色（Ni^{2+}）；蓝色（Cu^{2+}）。Mn^{2+}（d^5）中的 d-d 跃迁是自旋禁阻的，故 $[Mn(H_2O)_6]^{2+}$ 的颜色极淡。配位体不同，能级分裂值不同，也将导致颜色不同。例如：CN^- 的场强比 F^- 大，d 轨道的能级分裂大，产生 d-d 跃迁所需能量就大。d 电子吸收光的波长向短波方向移动，配合物的颜色移向长波方向。例如：$[FeF_6]^{3-}$ 颜色近乎无色，而 $[Fe(CN)_6]^{3-}$ 为血红色。

12.1.4　磁性

由于多数过渡金属的原子或离子含有未成对电子，所以具有顺磁性。未成对的 d 电子越多，磁矩 μ 越大。铁系金属（Fe、Co、Ni）和它们的合金具有铁磁性，铁磁性物质和顺磁性物质内部均含有未成对电子，能被磁铁吸引。铁磁性物质与磁场间的相互作用要比顺磁性物质大几千到几百万倍，当外磁场移走后，铁磁性物质仍可保留很强的磁场，而顺磁性物质磁性消失。

12.1.5　形成配合物

过渡金属原子和离子不仅有空轨道，而且 $(n-1)$d、ns、np 轨道的能量比较接近，利于形成各种成键能力较强的杂化轨道，以接受配体提供的电子对，因此，具备形成配合物的基本条件。同时，过渡金属离子的半径小、核电荷数较高，中心原子对配位体的极化作用较强，使其比主族元素更易形成配合物。

12.1.6　单质的物化性质差异大

除ⅢB 族外，同一族的过渡元素都是自上而下活性降低，这是由于同族元素自上而下原子半径变化不大，而核电荷数却增加较多。有效核电荷数增加，增强了原子核对外层电子的吸引力，导致第二和第三过渡系元素的活泼性急剧下降。尤其是镧系收缩的结果，导致第二、三过渡系元素的原子半径近乎相等，这给 Zr 和 Hf、Nb 和 Ta、Mo 和 W 的分离带来了巨大的挑战。

由于自由电子的存在和金属晶体的紧密堆积结构，金属晶体普遍具有金属光泽以及良好的导电性、导热性和延展性。但是，过渡元素的金属单质熔、沸点差异悬殊。钨的熔点最高达 3410℃，汞的熔点最低仅为－38.87℃。硬度与密度也存在较大差异。莫氏硬度最高的金属是铬(Cr)，达 9；单质密度最大的是锇（Os），为 22.48g·cm^{-3}。

过渡元素的化学活泼性差别大。第一过渡系元素相对较为活泼，一般都可以从非氧化性酸（如稀 HCl）中置换出 H_2（有些金属如 Ti、V、Cr 由于表面生成氧化膜变为钝态，观察不到气体放出），而第二和第三过渡系元素（如 Ru、Os 等）呈化学惰性，甚至不与王水反应。

12.2 过渡元素与人类的关系

过渡金属离子的价态不同，对人类的身体健康的影响是不同的。如：人体中的 Cr 主要以＋3 氧化态形式存在，正常健康人血浆中 Cr(Ⅲ) 浓度为 0.14mg·L^{-1}，低铬会引起动脉粥样硬化。然而，铬(Ⅵ) 可引起贫血、肾炎，并有致癌作用。

Mn 是生物体的必需元素。Mn(Ⅲ) 参与多种酶促反应，Mn(Ⅲ) 缺乏会导致动脉硬化、食道癌等病症发生，在人体中 Mn 的含量为 10～20mg。

Fe 参与生物体蛋白质的组成。人体的骨髓、红细胞、肝中均有铁检出。血红蛋白是 Fe^{2+} 的六配位配合物，承担着运送氧的使命；钴是维生素 B_{12} 的重要组分，对促进红细胞增质和肌肉蛋白的合成发挥着重要作用。Ni^{2+} 是构成生物体血清白蛋白的重要成分，具有维持生理结构、刺激生血、影响酶活性等方面的作用。

Cu 在生物体中的含量仅次于 Fe 和 Zn，位居第三位，一个成年人体内约含 100～150mg 的铜。铜也是构成酶和蛋白质的重要组成成分。一旦人体内缺铜就会引起贫血，还会引发头发变白、白癜风等病症。

人体中约有 18 种锌酶，Zn 在人体内发挥的主要生理功能包括促进生长发育、改善味觉、增强免疫力、维持皮肤健康、保护眼睛等。缺锌会损害骨骼的发育，减弱糖类和蛋白质的代谢，导致发育不良、智力低下等疾病。

Cd 是一种对生物体有害元素，能明显损伤肝脏。镉与锌为同族元素，化学性质相似，在生物体内 Cd^{2+} 能强烈地置换出许多锌酶中的 Zn^{2+}，导致锌酶失活。

Hg 对生物体是有毒的元素。单质汞和有机汞均易挥发，有高扩散性和脂溶性，引起蛋白质变性。

12.3 钛、钒、铬、锰

钛、铬、锰位于第四周期，属 d 区元素。钛元素符号为 Ti，位于ⅣB 族，价电子构型

为 $3d^24s^2$；钒元素符号为 V，位于ⅤB 族，价电子构型为 d^34s^2；铬元素符号为 Cr，位于ⅥB 族，价电子构型为 $3d^54s^1$；锰元素符号为 Mn，位于ⅦB 族，价电子构型为 $3d^52s^2$。四种元素的 3d 轨道均未充满，因此，除最外层的 s 电子参与成键外，次外层的 3d 电子也可部分或全部参与成键，故有多种氧化数。

12.3.1　钛

在自然界中，钛(titanium，Ti) 的存在较为分散且提取不易，被认为是一种稀有金属。实际上，钛在地壳中蕴藏量的相对丰度（0.62%）在所有元素中位居第十，比常见的锌、铅、锡、铜等要高得多。钛蕴藏量不但丰富，而且分布面广。地壳中含钛的矿物多达 140 多种，但有开采价值的不过 10 余种。钛的重要矿物有金红石 TiO_2、钛铁矿 $FeTiO_3$、钙钛矿 $CaTiO_3$、钛磁铁矿 Fe_3O_4（Ti）和钒钛铁矿等。我国四川攀枝花和西昌的钛(主要为钒钛铁矿）蕴藏量丰富，约占世界已探明储量的一半。

钛的最高和最稳定的氧化数为＋4，其次是＋3、＋2，低氧化数有＋1、0、－1 等。较低氧化值的物质很容易被空气、水或其他试剂氧化成为 Ti(Ⅳ)。水溶液中 Ti^{4+} 以羟基水合离子的形式存在，如：$Ti(OH)_2(H_2O)_4$ 和 $Ti(OH)_4(H_2O)_2$，可简写成 TiO^{2+}（钛氧离子)。

钛的元素电势图如下：

$$\varphi_A^\ominus/V \quad TiO^{2+} \underline{\ +0.1\ } Ti^{3+} \underline{\ -0.9\ } Ti^{2+} \underline{\ -1.6\ } Ti$$

$$\varphi_B^\ominus/V \quad TiO^{2+} \underline{\ -1.38\ } Ti_2O_3 \underline{\ -1.95\ } TiO \underline{\ -2.13\ } Ti$$

1. 钛的单质

金属钛呈银白色，有光泽，粉末钛呈灰色。单质钛的熔点（1660℃)、沸点（3287℃）高，密度小，耐磨、耐低温、延展性好，并具有优越的抗腐性能。强度和硬度与钢相近。同铝相比，尽管铝的密度比钛小，但机械强度却比钛差得多。因此，钛兼有钢（强度高）和铝(质地轻）的优点。纯净的钛可塑性好，其韧性是纯铁的两倍以上，在国防、军事、航空航天等领域有重要的作用。

钛是一种较为活泼的金属，但其在常温或低温下是不活泼的，这是因为它的表面生成了一层薄的致密氧化膜，在室温下这种氧化膜不会与酸或碱发生作用。不过，钛能缓慢地溶解在热的浓盐酸、浓硫酸中，生成 Ti^{3+}；亦可溶于热的浓硝酸中，生成 $TiO_2\cdot nH_2O$；溶于氢氟酸中生成 $[TiF_6]^{2-}$ 配离子。

在常温下，钛不与氧气、水、卤素等反应。当温度升高时，钛与大多数非金属直接反应，如 H_2、O_2、N_2、C、B、Si、S 等。高温时钛与 O_2 和 N_2 作用生成氧化物和氮化物，钛是冶金中的消气剂。

金属钛无毒，可用于制造人造关节和接骨，故有“生命金属”之称。钛的抗阻尼性好，可作音叉、医学上的超声粉碎机振动元件和高级音响扬声器的振动薄膜等。钛的耐热性能好，新型钛合金能在 600℃或更高的温度下长期使用。钛的耐低温性能也很好，避免了金属的冷脆性，是低温容器等设备的理想材料。液体钛几乎能溶解所有的金属，将钛加入钢中，形成的钛钢坚韧而有弹性。将钛与铁、铝、钒或钼等其他金属熔成合金，不仅强度高，而且质量轻，在宇宙火箭和导弹中得到了应用。钛-铁合金具有贮氢功能，在氢气分离、净化、贮存及运输、制造以氢为能源的热泵和蓄电池等方面应用前途广泛。

目前钛的制备，是先将金红石（TiO_2）矿或钛铁($FeTiO_3$）矿在氯气流下加热到900℃，得到挥发性的$TiCl_4$。$TiCl_4$沸点为136℃，通过分馏纯化除去$FeCl_3$，然后在800℃于氩气气氛下（因钛容易与氮、氧化合）用镁或钠还原四氯化钛，得到多孔金属（又称海绵钛）。

$$TiO_2(s)+2C(s)+2Cl_2(g)=\!=\!=TiCl_4(l)+2CO(g)$$

$$TiCl_4(g)+2Mg(l)\xrightarrow{800\sim900℃}Ti(s)+2MgCl_2(s)$$

少量金属钛的实验室制取方法如下：以金红石为原料，在氩气氛或真空条件下，在钼制容器中通过以下反应实现：

$$TiO_2+2CaH_2\xrightarrow{900℃}Ti+2CaO+2H_2\uparrow$$

2. 钛的主要化合物

(1) 氧化物

TiO_2是钛最常见的化合物，自然界中TiO_2有金红石、锐钛矿和板钛矿三种晶型，其中最常见的是金红石。TiO_2的化学性质不活泼，且覆盖能力强、折射率高，用于制备高质量白色颜料。在工业上，纯净的TiO_2又称钛白或钛白粉，熔点1843℃，兼有锌白(ZnO）的持久性和铅白［$PbCO_3\cdot Pb(OH)_2$］的遮盖性，其最大优点是无毒。在高级化妆品中，TiO_2用作增白剂。TiO_2也可用作高级铜版纸的表面覆盖剂，以及陶瓷制品的耐酸剂。

据报道，世界钛矿开采量的90%以上用于钛白生产。工业制备TiO_2的方法主要有硫酸法和氧化法两种。目前，我国制备TiO_2多用硫酸法，其主要反应如下：

$$FeTiO_3(钛铁矿)+2H_2SO_4(浓)\xrightarrow{煮沸}FeSO_4+TiOSO_4(硫酸氧钛)+2H_2O$$

将滤液冷却、除去$FeSO_4$，再加热至沸，沉淀出钛酸：

$$TiOSO_4+2H_2O\xrightarrow{煮沸}2H_2TiO_3\downarrow+H_2SO_4$$

将沉淀滤出并烘干，于900～950℃下焙烧，可得产品TiO_2：

$$H_2TiO_3\xrightarrow{焙烧}TiO_2+H_2O$$

氧化法是将干燥的氧气与$TiCl_4$进行气相反应，得到TiO_2：

$$TiCl_4+O_2\xrightarrow{650\sim750℃}TiO_2+2Cl_2\uparrow$$

无水TiO_2为白色粉末，不溶于水和稀酸，但能缓慢溶解在氢氟酸和热的浓硫酸中：

$$TiO_2+6HF=\!=\!=H_2TiF_6+2H_2O$$

$$TiO_2+H_2SO_4（浓、热）=\!=\!=TiOSO_4+H_2O$$

TiO_2不溶于碱性溶液，但与熔融的强碱（如KOH或NaOH）作用生成偏钛酸盐：

$$TiO_2+2KOH=\!=\!=K_2TiO_3+H_2O$$

可见，TiO_2是两性偏碱氧化物。

(2) 卤化物

钛(Ⅳ）的卤化物有TiF_4、$TiCl_4$、$TiBr_4$、TiI_4，熔点分别为284℃、－24℃、39℃、150℃。除TiF_4为离子化合物外，其余皆为共价化合物。$TiCl_4$为反磁性化合物，是制备一系列钛化合物、金属钛的重要原料。

在常温下，$TiCl_4$ 是一种无色、易挥发、有刺激性气味的发烟液体。$TiCl_4$ 的熔、沸点分别为−24℃和 136.4℃，易溶于有机溶剂。工业上，$TiCl_4$ 通常由 TiO_2、氯气和焦炭在高温下反应制得。

$$TiO_2 + 2C + 2Cl_2 \xrightarrow{1123K} TiCl_4 + 2CO$$

$TiCl_4$ 也可以用 TiO_2 经 $COCl_2$、$SOCl_2$、$CHCl_3$、CCl_4 等氯化得到。例如，770K 时 TiO_2 与 CCl_4 反应如下：

$$TiO_2 + CCl_4 \longrightarrow TiCl_4 + CO_2 (770K)$$

$TiCl_4$ 极易水解，若暴露在潮湿空气中会冒白烟，部分水解生成钛酰氯，完全水解生成偏钛酸：

$$TiCl_4 + H_2O \longrightarrow TiOCl_2 + 2HCl\uparrow$$

$$TiCl_4 + 3H_2O \longrightarrow H_2TiO_3 + 4HCl\uparrow$$

利用 $TiCl_4$ 的水解性可制作烟幕弹。

与 $SnCl_4$ 类似，$TiCl_4$ 也是一种易水解、可蒸馏的液体。$TiCl_4$ 属于路易斯酸，与电子给予体形成相似的分子加合物，如 $[TiF_6]^{2-}$、$[TiCl_6]^{2-}$、$[SnF_6]^{2-}$、$[SnCl_6]^{2-}$ 等。如：$TiCl_4$ 在浓盐酸中与 Cl^- 反应，生成六氯合钛(Ⅳ)酸：

$$TiCl_4 + 2HCl(浓) \longrightarrow H_2[TiCl_6]$$

向该酸的溶液中加入 NH_4^+，则析出黄色晶体$(NH_4)_2[TiCl_6]$。

钛的其他卤化物（如 $TiBr_4$）是通过 $TiCl_4$ 与相应的卤化氢（HBr）发生置换反应制取的。

$TiCl_3$ 一般由 Ti 和 $TiCl_4$ 在高温下还原制得。$TiCl_3$ 水溶液为紫红色。将 $TiCl_3$ 水溶液缓慢加热能析出紫色晶体$[Ti(H_2O)_6]Cl_3$。$TiCl_3 \cdot 6H_2O$ 晶体有两种异构体，紫色的 $[Ti(H_2O)_6]Cl_3$ 和绿色的$[Ti(H_2O)_4Cl_2]Cl \cdot 2H_2O$。

$TiCl_3$ 还原性较强$[\varphi^{\ominus}(TiO^{2+}/Ti^{3+}) = 0.10V]$，极易被空气或水氧化，遇水与空气即分解，在流动的空气中，能自燃，冒火星。因此，$TiCl_3$ 必须贮存在 CO_2 等惰性气体之中。$TiCl_3$ 主要用作还原剂和 α-烯烃聚合的催化剂，用于比色法测定铜、铁、钒等含量。

Ti^{3+} 的还原性常用于钛含量分析。例如：在测定硫酸钛含量时，可先在隔绝空气的条件下，加入还原剂（如 Zn 或 Al），使 TiO^{2+} 还原为 Ti^{3+}，然后以 NH_4SCN 溶液为指示剂，用 $FeCl_3$ 标准溶液为滴定剂，滴定至溶液呈血红色，即 $[Fe(SCN)_n]^{3-n}$（$n=1\sim6$）的颜色，用以指示终点。

$$3TiO^{2+} + Al + 6H^+ \longrightarrow 3Ti^{3+} + Al^{3+} + 3H_2O$$

$$Ti^{3+} + Fe^{3+} + H_2O \longrightarrow TiO^{2+} + Fe^{2+} + 2H^+$$

Ti(Ⅳ) 的极化力很强，不能从水溶液中得到其含氧酸根的正盐，只能得到水解产物 TiO^{2+} 水合物。

(3) 钛酸、偏钛酸及其盐

二氧化钛的水合物 $TiO_2 \cdot nH_2O$，常写成 H_2TiO_3(偏钛酸)或 $Ti(OH)_4$(钛酸)。将 TiO_2 与浓硫酸作用，加热、煮沸，得到不溶于酸、碱的水合二氧化钛(β-钛酸)。当把碱加入新制备的酸性钛盐溶液时，所得水合二氧化钛则被称为 α-钛酸。α-钛酸比 β-钛酸的活性大，既能溶于稀酸，也能溶于浓碱。溶于 NaOH 溶液得到钛酸钠水合物 $Na_2TiO_3 \cdot nH_2O$ 结晶。

将 TiO_2 与 $BaCO_3$ 一起熔融（加 $BaCl_2$ 或 Na_2CO_3 作助溶剂）得到偏钛酸钡：

$$TiO_2 + BaCO_3 \xlongequal{} BaTiO_3 + CO_2\uparrow$$

$BaTiO_3$ 是性能极其优异的无机功能粉体材料，含 $BaTiO_3$ 的陶瓷具有强的铁电性、高的介电常数以及压电效应等特性，广泛应用于电子元器件的制造，是“电子工业的支柱”。

钛氧盐的代表是硫酸氧钛（$TiOSO_4$）。在含 Ti(Ⅳ) 的溶液中加入 H_2O_2，在不同条件下可生成不同颜色的产物。例如，在强酸性溶液中呈红色，在稀酸性或中性溶液中，则生成较稳定的橙色配合物 $[TiO(H_2O_2)]^{2+}$：

$$TiO^{2+} + H_2O_2 \longrightarrow [TiO(H_2O_2)]^{2+}\text{（橙色）}$$

该反应用在比色分析法中测定钛或过氧化氢含量。

总之，TiO_2 及钛系化合物作为精细化工产品，附加值高。钛合金及钛化合物的优良性能促使人类迫切需要它们。然而，高的生产成本限制了其应用和推广。随着钛的冶炼技术不断改进与提高，可期全面推进钛、钛合金及钛的化合物的应用。

12.3.2 钒

钒是 1830 年由瑞典人塞夫斯特伦（N. G. Sefström）在用酸溶解铁的残渣中发现的，因其化合物色彩鲜艳，被誉以神话中斯堪的纳维亚女神“nadis”的名字命名。在地壳中，钒元素的质量分数为 0.0160%，主要以绿硫钒石（VS_4），钒铅矿 $\{Pb_5(VO_4)_3Cl\}$ 等形式存在于自然界。

钒位于元素周期表中的ⅤB族，属于稀有金属。钒的价电子层构型为 $3d^34s^2$，+5 是其最高氧化态，也是最稳定的价态。此外，钒还可以形成+4、+3、+2 等氧化态。钒元素的氧化还原性质通过以下电势图可以体现出来。

$$\varphi_A^{\ominus}/V \qquad VO_2^+ \;\underline{+1.00}\; VO^{2+} \;\underline{0.36}\; V^{3+} \;\underline{-0.25}\; V^{2+} \;\underline{-1.2}\; V$$

1. 钒的单质

单质钒呈灰白色、有金属光泽，熔点为 1910℃。纯净的金属钒硬度低、延展性好。金属钒主要用于制造合金和特种钢。钒钢强度大、弹性好、抗磨损、抗冲击，是汽车和飞机制造业的特别重要材料。

钒金属性质活泼。但是，表面因形成致密的氧化膜而呈钝态。常温下，金属钒的化学活性较低。块状的钒能抵抗空气的氧化和海水的腐蚀。钒不与空气、水、碱以及除 HF 以外的非氧化性酸反应。

钒与氢氟酸反应是因为生成了 $[VF_6]^{3-}$ 配合物

$$2V + 12HF(aq) \xlongequal{} 2H_3[VF_6] + 3H_2\uparrow$$

尽管钒不与非氧化性酸反应，但是，能溶于浓硫酸、硝酸等氧化性的酸中，如：

$$V + 8HNO_3 \xlongequal{} V(NO_3)_4 + 4NO_2\uparrow + 4H_2O$$

在有氧存在时，钒也能溶于熔融的强碱。

高温下，钒的反应活性很高。钒与氧气共热时，得到不同氧化数的氧化物，如 VO 灰黑色、V_2O_3 黑色、VO_2 蓝黑色等，当温度高（如 660℃）时，得到橙黄色的 V_2O_5：

$$4V + 5O_2 \xlongequal{} 2V_2O_5$$

钒与卤素共热可得到无色液体 VF_5，亮红色液体 VCl_4，黑绿色（黑色）固体 VBr_3 等卤化物。

一定的温度条件下，钒与一些非金属单质通过直接化合生成相应的二元化合物，如 VB、VC、VP 等。

2. 钒的氧化物

V_2O_5 是钒的最重要氧化物，呈橙黄色，无臭、无味、有毒，微溶于水。V_2O_5 可通过金属钒在空气中加热制得，也可以经黄色的偏钒酸铵受热分解得到。

$$2NH_4VO_3 \xrightarrow{>400℃} V_2O_5 + 2NH_3\uparrow + H_2O$$

黄色的三氯氧钒与水作用，也可得到 V_2O_5：

$$2VOCl_3 + 3H_2O = V_2O_5\downarrow + 6HCl$$

V_2O_5 是以酸性为主的两性氧化物，既溶于碱，也能溶于酸。例如：

$$V_2O_5 + 6NaOH(aq) = 2Na_3VO_4 + 3H_2O$$

$$V_2O_5 + H_2SO_4\text{（稀）} = (VO_2)_2SO_4 + H_2O$$

V_2O_5 的氧化性较强，可将浓盐酸氧化成 Cl_2：

$$V_2O_5 + 6HCl(\text{浓}) = 2VOCl_2 + Cl_2\uparrow + 3H_2O$$

VO_2 为蓝黑色粉末，是一种两性氧化物，通过 C、CO、SO_2 等还原 V_2O_5 得到。VO_2 溶于酸得到蓝色的 VO_2^{2+}（VO^{2+}），溶于碱生成 VO_4^{4-}。

V_2O_3 为黑色粉末，属于微碱性氧化物，不溶于碱，可溶于硝酸和氢氟酸，不溶于其他酸。通过 V_2O_5 在氢气流中加热可以得到 V_2O_3：

$$V_2O_5 + 2H_2 \xrightarrow{\text{加热}} V_2O_3 + 2H_2O$$

VO 是一种灰黑色晶体，具有氯化钠型结构，通过强还原剂如 H_2、K 等还原高价态的氧化钒得到。VO 不溶于水，是一种碱性氧化物。

VSO_4 中的 V(Ⅱ) 可被 $KMnO_4$ 氧化成 V(Ⅲ)：

$$6VSO_4 + 2KMnO_4 + H_2O = 2V_2(SO_4)_3 + V_2O_3\downarrow + 2MnO_2\downarrow + 2KOH$$

3. 钒的含氧酸盐

V(Ⅴ) 在溶液中的存在形式与其浓度和溶液的酸度有关。当钒的浓度很低时，钒(Ⅴ)以单聚的形式存在。在强碱性溶液中，以单聚的正钒酸根 VO_4^{3-} 形式存在。随着溶液的 pH 降低，VO_4^{3-} 会逐步发生聚合，生成二聚物、四聚物、五聚物等。一般规律是 pH 越大，聚合度越低，pH 越小，聚合度越高。当 pH>13 时，以单聚钒酸根 VO_4^{3-} 形式存在；当 pH 降低，经二聚、四聚、五聚……聚合度逐渐升高；当 pH=2 时，可析出橙黄色的 V_2O_5；当 pH≤1 时，其溶液中主要以黄色的 VO_2^+ 形式存在。

在酸性介质中，VO^{2+} 是稳定的，V(Ⅴ) 有氧化性，V^{3+} 和 V^{2+} 有还原性。不同氧化态的钒离子的特征颜色如下：VO_2^+ 黄色、VO^{2+} 蓝色（或深蓝色）、V^{3+} 绿色、V^{2+} 紫色。

VO_4^{3-} 中的氧能被过氧链取代。依溶液的酸度不同，向钒酸盐溶液中加入 H_2O_2 得到不同的产物。如在碱性、中性、弱酸性的溶液中，生成黄色的二过氧钒酸根 $[VO_2(O_2)_2]^{3-}$，在强酸中，得红棕色的二过氧钒 $[V(O_2)_2]^+$。

在酸性溶液中，许多还原性物质如 H_2S、SO_2、Fe^{2+}、HCOOH、$H_2C_2O_4$ 等能将正

钒盐还原成蓝色的 VO^{2+}。例如：

$$2H_3VO_4+H_2S+4H^+ = 2VO^{2+}+6H_2O+S\downarrow$$

$$2H_3VO_4+HCOOH+4H^+ = 2VO^{2+}+CO_2\uparrow+6H_2O$$

在酸性溶液中，锌、铝等活泼金属可以将正钒（Ⅴ）逐步还原成蓝色的 VO^{2+}、绿色的 V^{3+}，最后得到紫色的 V^{2+}。反应式为：

$$2VO_2^++3Zn+8H^+ = 2V^{2+}+3Zn^{2+}+4H_2O$$

不同氧化态的钒离子的特征颜色，在用 $KMnO_4$ 溶液滴定 V^{2+} 的过程中均可以观察到。体系由 V^{2+} 的紫色，到 V^{3+} 的绿色，到 VO^{2+} 的蓝色，最后到 VO_2^+ 的黄色。各步的反应如下：

$$5V^{2+}+MnO_4^-+8H^+ = 5V^{3+}+Mn^{2+}+4H_2O$$

$$5V^{3+}+MnO_4^-+H_2O = 5VO^{2+}+Mn^{2+}+2H^+$$

$$5VO^{2+}+MnO_4^-+H_2O = 5VO_2^++Mn^{2+}+2H^+$$

4. 钒的卤化物

钒的卤化物可以作为合成钒的其他化合物的起始原料。在各种氧化态的钒的卤化物中，只有 VF_5 能稳定存在，VF_5 为无色液体。同一氧化态时，随着卤素原子量的增加，卤化物的稳定性降低。钒的卤化物能发生歧化反应或热分解反应。例如：

$$2VCl_3 \xrightarrow{\triangle} VCl_4+VCl_2$$

$$2VCl_4 \xrightarrow{\triangle} 2VCl_3+Cl_2\uparrow$$

钒的卤化物对氧和潮湿气氛十分敏感，所有的卤化物都有吸潮性，并会水解，且其水解趋势随着氧化态升高而增加。

12.3.3 铬

铬(chromium，Cr) 由法国人沃克兰（Vauquelin）于 1797 年用木炭还原三氧化铬得到。铬在地壳中的丰度为 $1\times10^{-2}\%$。自然界中无游离态的铬，铬主要以铬铁矿（$FeCr_2O_4$，即 $FeO\cdot Cr_2O_3$），以及为数不多的铬铅矿（$PbCrO_4$）和铬赭石矿（Cr_2O_3）的形式存在。世界上铬铁矿资源主要分布在南非、津巴布韦、哈萨克斯坦、印度、巴西等地。我国铬矿的资源相对较为贫乏，主要分布于西藏。

单质铬是一种银白色、有光泽的重金属，熔点（1857℃）、沸点（2672℃）高，硬度（莫氏硬度 9）大。在所有的金属中，铬的硬度最大，极耐磨损。铬的表面容易形成一层钝化膜。经钝化的铬化学性质稳定，耐腐蚀性能很强。常温下，即使是王水和硝酸，也不能溶解钝化的铬。鉴于铬的众多优良性能，它常用于刀具、钻头、不锈钢（含 Cr 约 14%）、高速钢和镀铬的工艺中。

铬是一种微量元素。铬(Ⅲ) 为人体所必需，在天然食品中的含量较低。铬(Ⅵ) 有毒。人类对无机铬的吸收利用率不到 1%，对有机铬的利用率因人而异，利用率低的人群仅 10%，利用率高的人群可达 25%。

铬对调节体内糖代谢、维持体内正常的葡萄糖耐量起重要作用；铬影响肌体的脂肪代谢，降低血中胆固醇和甘油三酯的含量，可预防心血管病；铬是核酸类（DNA 和 RNA）的稳定剂，可防止细胞内某些基因物质的突变并预防癌症；人体每日膳食中补充 500μg 以上的有机铬，利于糖尿病的治疗，每日膳食中补充 200μg 以上的有机铬，利于高脂血症的医治。

铬的元素电极电势图如下：

$$\varphi_A^{\ominus}/V \quad Cr_2O_7^{2-} \underline{\ 1.33\ } Cr^{3+} \underline{\ -0.424\ } Cr^{2+} \underline{\ -0.90\ } Cr$$

$$\varphi_B^{\ominus}/V \quad CrO_4^{2-} \underline{\ -0.13\ } Cr(OH)_3 \underline{\ -0.80\ } Cr(OH)_2 \underline{\ -1.4\ } Cr$$

由铬的元素电势图可知，在酸性介质中，Cr^{3+} 较稳定，不易被氧化；$Cr_2O_7^{2-}$ 的氧化性较强；在碱性介质中，$Cr(OH)_4^-$ 还原性较强，CrO_4^{2-} 无氧化性。

1. 单质铬

室温下，铬的化学性质稳定，在潮湿的空气中不被腐蚀。但是，随着温度的升高，铬的化学活性增强，能与多种非金属反应生成层间化合物或非整比化合物。纯度很高的铬，硝酸和王水会使其发生钝化，能抵御稀酸的腐蚀；金属铬能缓慢溶于稀盐酸，先生成蓝色的 $CrCl_2$，再迅速氧化成绿色的 $CrCl_3$。

金属铬可以由焦炭还原铬铁矿 $FeCr_2O_4$ 制取，得到铬铁合金：

$$FeCr_2O_4 + 4C = Fe + 2Cr + 4CO\uparrow$$

该合金可用作制取不锈钢的原料。

如果要制备不含铁的铬单质，可将铬铁矿与碳酸钠强热，得到水溶性 CrO_4^{2-} 盐，产物经水浸取、酸化后析出重铬酸盐。重铬酸盐经焦炭还原为 Cr_2O_3，最后经铝热法还原，得到金属铬。

$$4FeCr_2O_4 + 8Na_2CO_3 + 7O_2 = 2Fe_2O_3 + 8Na_2CrO_4 + 8CO_2\uparrow$$

$$Na_2Cr_2O_7 + 2C = Cr_2O_3 + Na_2CO_3 + CO\uparrow$$

$$Cr_2O_3 + 2Al = 2Cr + Al_2O_3$$

此外，也可以用 Si 还原 Cr_2O_3 制取铬单质。

2. 铬的化合物

(1) 铬(Ⅲ) 的化合物

氧化铬(Cr_2O_3) 是深绿色固体，熔点 2330℃，难溶于水，是冶炼及制备其他铬化合物的原料。它也常用作绿色颜料，俗称铬绿，广泛应用于陶瓷、玻璃、涂料、印刷等工业。

Cr_2O_3 与 Al_2O_3 同晶，具有两性，既溶于酸，又溶于碱。溶于硫酸生成蓝色的 $Cr_2(SO_4)_3$，溶于 NaOH 生成亮绿色的亚铬酸钠 Na[$Cr(OH)_4$]（或写成 $NaCrO_2$）：

$$Cr_2O_3 + 3H_2SO_4 = Cr_2(SO_4)_3 + 3H_2O$$

$$Cr_2O_3 + 2NaOH + 3H_2O = 2Na[Cr(OH)_4]$$

经高温灼烧过的 Cr_2O_3 对酸和碱均呈惰性，通过与 $K_2S_2O_7$ 或 $KHSO_4$ 共熔，才能转化为可溶盐：

$$Cr_2O_3 + 3K_2S_2O_7 \xrightarrow{熔融} Cr_2(SO_4)_3 + 3K_2SO_4$$

$$Cr_2O_3 + 6KHSO_4 \xrightarrow{熔融} Cr_2(SO_4)_3 + 3K_2SO_4 + 3H_2O$$

氢氧化铬 $Cr(OH)_3$ 也是两性氢氧化物，溶于酸形成蓝紫色的水合铬离子 Cr

$(H_2O)_6]^{3+}$，溶于碱生成亮绿色的亚铬酸根 $[Cr(OH)_4]^-$：

$$Cr(OH)_3+3H^+ = Cr^{3+}+3H_2O$$

$$Cr(OH)_3+OH^- = [Cr(OH)_4]^-（或写成 CrO_2^-+2H_2O）$$

在溶液中，$Cr(OH)_3$ 存在如下平衡：

$$Cr^{3+}（紫色）+3OH^+ \rightleftharpoons Cr(OH)_3（灰蓝色）\rightleftharpoons H^+ +CrO_2^-（亮绿色）+H_2O$$

向 Cr^{3+} 盐溶液中加入 NaOH 溶液时，由于生成 $Cr(OH)_3$ 沉淀的同时，也有部分 $[Cr(OH)_4]^-$ 生成，观察到的沉淀为蓝绿色或灰绿色。若将沉淀与溶液分离，才观察到 $Cr(OH)_3$ 沉淀真实的颜色为灰蓝色。

在碱性溶液中，$[Cr(OH)_4]^-$ 还原性较强。

$$CrO_4^{2-}+4H_2O+3e^- \rightleftharpoons Cr(OH)_3+5OH^- \qquad \varphi^{\ominus}(CrO_4^{2-}/[Cr(OH)_4]^-)=-0.13V$$

在碱性溶液中，Cr(Ⅲ) 很容易被 H_2O_2、I_2 等氧化：

$$2Cr(OH)_3+3I_2+10OH^- = 2CrO_4^{2-}+6I^-+8H_2O$$

$$2[Cr(OH)_4]^-+3H_2O_2+2OH^- = 2CrO_4^{2-}+8H_2O$$

在酸性溶液中，Cr(Ⅲ) 还原性差：

$$Cr_2O_7^{2-}+14H^++6e^- = 2Cr^{3+}+7H_2O \qquad \varphi^{\ominus}(Cr_2O_7^{2-}/Cr^{3+})=1.36V$$

只有强氧化剂才能在酸性溶液中将 Cr(Ⅲ) 氧化成 $Cr_2O_7^{2-}$，例如：

$$2Cr^{3+}+3PbO_2+H_2O = 3Pb^{2+}+Cr_2O_7^{2-}+2H^+$$

$$2Cr^{3+}+3S_2O_8^{2-}+7H_2O = Cr_2O_7^{2-}+6SO_4^{2-}+14H^+$$

常见的铬(Ⅲ) 盐有：氯化铬、硫酸铬和铬钾矾，这些盐均带有一定量的结晶水，如：$CrCl_3\cdot6H_2O$、$Cr_2(SO_4)_3\cdot18H_2O$（紫色）、$K_2SO_4\cdot Cr_2(SO_4)_3\cdot24H_2O$（紫色）。

$CrCl_3\cdot6H_2O$ 是配位化合物，由于含配体不同而有不同颜色，如 $[Cr(H_2O)_6]Cl_3$ 为蓝紫色、$[Cr(H_2O)_5Cl]Cl_2\cdot H_2O$ 为浅绿色、$[Cr(H_2O)_4Cl_2]Cl\cdot2H_2O$ 为暗绿色。若 $[Cr(H_2O)_6]^{3+}$ 内界中的 H_2O 逐步被 NH_3 取代，颜色由蓝紫色逐渐变红色、橙红色，最后变成黄色的 $[Cr(NH_3)_6]^{3+}$。

Cr^{3+} 易水解。与 Na_2S、Na_2CO_3 溶液发生双水解反应，生成 $Cr(OH)_3$ 沉淀：

$$2Cr^{3+}+3S^{2-}+6H_2O = 2Cr(OH)_3\downarrow+3H_2S$$

$$2Cr^{3+}+3CO_3^{2-}+3H_2O = 2Cr(OH)_3\downarrow+3CO_2\uparrow$$

(2) 铬(Ⅵ) 的化合物

铬(Ⅵ) 的主要化合物有 CrO_3、K_2CrO_4、$K_2Cr_2O_7$。铬(Ⅵ) 的化合物均有毒，且毒性较大。

向 $K_2Cr_2O_7$ 的饱和溶液中加入过量浓硫酸，析出 CrO_3 暗红色的晶体：

$$K_2Cr_2O_7+H_2SO_4(浓) = 2CrO_3\downarrow+K_2SO_4+H_2O$$

CrO_3 是针状晶体，熔点 196℃，当受热温度超过熔点时，即分解释放出 O_2：

$$4CrO_3 = 3O_2\uparrow+2Cr_2O_3$$

CrO_3 氧化能力较强，易溶于水。溶于水后生成铬酸（H_2CrO_4），CrO_3 又称铬酐，大量用于电镀工业。

最重要的铬酸盐和重铬酸盐是其钾盐。K_2CrO_4 为黄色晶体，熔点 975℃。$K_2Cr_2O_7$ 为不含结晶水的橙红色晶体，熔点 398℃。它是一种重要的氧化剂，易提纯，常用于碘量法的基准物，用以标定 $Na_2S_2O_3$ 溶液浓度：

$$Cr_2O_7^{2-}+6I^-+14H^+ = 2Cr^{3+}+3I_2+7H_2O$$

$$I_2+2S_2O_3^{2-} = 2I^-+S_4O_6^{2-}$$

也可以用来测定 Fe^{2+} 的含量：

$$Cr_2O_7^{2-}+6Fe^{2+}+14H^+ = 2Cr^{3+}+6Fe^{3+}+7H_2O$$

向 $Cr_2O_7^{2-}$ 溶液中加入碱，溶液的颜色由橙色转变为黄色，说明 $Cr_2O_7^{2-}$ 转化为 CrO_4^{2-}；向 CrO_4^{2-} 溶液中加入酸，溶液的颜色由黄色变为橙色，表明 CrO_4^{2-} 转化为 $Cr_2O_7^{2-}$。CrO_4^{2-} 或 $Cr_2O_7^{2-}$ 溶液中存在如下平衡：

$$2CrO_4^{2-}(\text{黄色})+2H^+ \rightleftharpoons Cr_2O_7^{2-}(\text{橙色})+H_2O$$

CrO_4^{2-} 和 $Cr_2O_7^{2-}$ 的相互转化取决于溶液的酸度。酸性溶液中，$Cr_2O_7^{2-}$ 占优势；碱性溶液中，CrO_4^{2-} 占优势。

向上述溶液中加入 Ba^{2+}、Pb^{2+}、Ag^+，得到的产物是铬盐沉淀，而不是重铬酸盐沉淀，主要是因为重铬酸盐的溶度积远大于铬酸盐的溶度积，即使生成重铬酸盐的沉淀，最终平衡也会向生成 CrO_4^{2-} 盐沉淀的方向移动：

$$Cr_2O_7^{2-}+2Ba^{2+}+H_2O = 2BaCrO_4\downarrow(\text{柠檬黄})+2H^+$$

$$Cr_2O_7^{2-}+2Pb^{2+}+H_2O = 2PbCrO_4\downarrow(\text{黄色})+2H^+$$

$$Cr_2O_7^{2-}+4Ag^++H_2O = 2Ag_2CrO_4\downarrow(\text{砖红色})+2H^+$$

因此，无论是在酸性介质还是碱性介质，加入 Ba^{2+}、Pb^{2+}、Ag^+ 等生成的沉淀均为铬酸盐的沉淀物。如要用 CrO_4^{2-} 检验 Pb^{2+}，只能在弱酸介质或弱碱介质中进行，这是因为 $PbCrO_4$ 既溶于酸又溶于碱：

$$2PbCrO_4+2H^+ = 2Pb^{2+}+Cr_2O_7^{2-}+H_2O$$

$$PbCrO_4+4OH^- = Pb(OH)_4^{2-}+CrO_4^{2-}$$

$PbCrO_4$ 在盐酸和硫酸介质中转化为另一种沉淀：

$$2PbCrO_4+2H_2SO_4(aq) = 2PbSO_4+Cr_2O_7^{2-}+2H^++H_2O$$

$$2PbCrO_4+4HCl(aq) = 2PbCl_2+Cr_2O_7^{2-}+2H^++H_2O$$

同理，Ag_2CrO_4 溶于硝酸，在盐酸、硫酸和 NaOH 溶液中发生沉淀转化，例如：

$$2Ag_2CrO_4+4HCl(aq) = 4AgCl+Cr_2O_7^{2-}+2H^++H_2O$$

$$Ag_2CrO_4+2OH^- = Ag_2O+CrO_4^{2-}+H_2O$$

$BaCrO_4$ 溶于硝酸和盐酸，但在硫酸中发生沉淀转化：

$$2BaCrO_4+2H_2SO_4(aq) = 2BaSO_4+Cr_2O_7^{2-}+2H^++H_2O$$

因此，使用盐酸溶液，可区分 $PbCrO_4$ 和 $BaCrO_4$。

饱和的重铬酸钾溶液与浓硫酸混合后，即为铬酸洗液。铬酸洗液具有非常强的氧化性，常用于实验室中玻璃器皿上附着的油污的清洗。经多次使用后的洗液的颜色由暗红转为亮绿或绿色，说明 Cr(Ⅵ) 已转变为 Cr(Ⅲ)，洗液失效。

在 CrO_4^{2-} 酸性溶液中加入双氧水，生成过氧化铬 $CrO(O_2)_2$：

$$CrO_4^{2-}+2H_2O_2+2H^+ = CrO(O_2)_2+3H_2O$$

过氧化铬是蓝色的，含过氧键，其结构为：

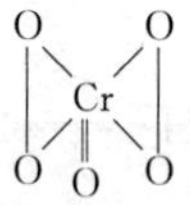

过氧化铬在水中很不稳定，易分解：

$$4CrO(O_2)_2+12H^+ \xlongequal{} 4Cr^{3+}+7O_2\uparrow+6H_2O$$

为了提高其稳定性，需向体系中加入乙醚或戊醇萃取，含 CrO_5 的有机层呈蓝色，该反应可用于 CrO_4^{2-} 和 H_2O_2 的鉴定。

由于含铬的废水有毒，铬(Ⅵ) 化合物的毒性更大。如果将含铬废水直接排放在下水道、江河、农田中，不仅会污染地下水源，还会破坏水体生态环境，因此，含铬的废水经过处理达标后才能排放。

12.3.4 锰

锰元素在地壳中丰度为 0.095%。锰主要以氧化物的形式存在，如软锰矿 MnO_2、黑锰矿 Mn_3O_4、方锰矿 MnO 等。我国锰矿资源储量位居世界第 3 位，主要分布在广西、湖南等地，但富锰矿较少。锰的另一个重要来源是锰结核，含有大量锰、铁、铜、镍、钴等元素的矿石。锰结核大量存在于世界各大洋之中，是海洋中最有价值的矿产。

锰在自然界分布较广泛，但在人体中的总量仅 10～20mg，分布于肝、肾、胰、脑及骨骼等器官中。人体中的锰来源于植物类食物的摄取。锰是生物的必需元素，是构成多种酶的成分之一。体外实验证明，上百种酶（如水解酶、脱羧酶、激酶、转移酶、肽酶等）的活性均需要锰元素的激活才能完成。锰的生理功能主要体现在：促进骨骼正常生长发育，保护线粒体完整，保持正常脑功能，维持正常的糖代谢和脂代谢，改善肌体的造血功能等。若成年人缺锰，可能导致食欲不振、体重下降、影响生育能力，使后代先天性畸形；儿童缺锰，出现生长停滞、骨骼畸形或软骨病。另外，锰的缺乏，还能引起神经衰弱综合征，影响智力发育等。

锰元素的电子构型为 $3d^54s^2$，其氧化数较多，能形成氧化数由 −3 到 +7 的化合物，其中以氧化数为 +2、+4、+7 的化合物最为重要。关于锰元素的价态及其氧化还原性质，通过如下的元素电势图可以体现出来。

$$\varphi_A^{\ominus}/V \quad MnO_4^- \underline{\ 0.558\ } MnO_4^{2-} \underline{\ 2.27\ } MnO_2 \underline{\ 0.95\ } Mn^{3+} \underline{\ 1.545\ } Mn^{2+} \underline{\ -1.185\ } Mn$$

$$\varphi_B^{\ominus}/V \quad MnO_4^- \underline{\ 0.564\ } MnO_4^{2-} \underline{\ 0.62\ } MnO_2 \underline{\ 0.15\ } Mn_2O_3 \underline{\ -0.25\ } Mn(OH)_2 \underline{\ -1.56\ } Mn$$

在酸性介质中，MnO_4^{2-} 和 Mn^{3+} 均易歧化；Mn^{2+} 较稳定；MnO_4^- 和 MnO_2 有强氧化性。在碱性介质中，$Mn(OH)_2$ 不稳定，易被空气中的氧气氧化成 $MnO(OH)_2$；尽管 MnO_4^{2-} 也能发生歧化反应，但反应不如在酸性介质中进行得彻底。

1. 锰的单质

锰是银白色金属，熔点 1246℃，沸点 2061℃，粉末状的锰为灰色。纯锰可通过铝热反应用铝还原 MnO_2 或 Mn_3O_4 制备。

纯金属锰用途较少，主要用于钢铁工业中，在高温炉中用于还原氧化铁和氧化锰的混合物生产合金。在炼钢过程中添加金属锰，能脱去氧和硫，改进钢材强度，锰能用于制造铁路钢轨所需的锰合金钢。

锰单质较活泼，在热空气中被氧气氧化成 Mn_3O_4；高温下，锰单质可与碳、硫、磷、卤素作用；锰与冷水基本不发生化学反应，但遇热水时生成 $Mn(OH)_2$，并放出 H_2。

2. 锰的化合物

(1) 锰(Ⅱ) 的化合物

在酸性介质中，锰的最稳定氧化态是 Mn^{2+}，由于最外层电子构型为半充满的 $3d^5$ 结构，只有遇到很强的氧化剂［如：PbO_2、$NaBiO_3$、H_5IO_6、$(NH_4)_2S_2O_8$］时，才能将其氧化成紫红色的 MnO_4^-：

$$2Mn^{2+}+5NaBiO_3+14H^+ = 2MnO_4^-+5Bi^{3+}+5Na^++7H_2O$$

$$2Mn^{2+}+5S_2O_8^{2-}+8H_2O = 2MnO_4^-+10SO_4^{2-}+16H^+$$

上述反应常用于 Mn^{2+} 的鉴定。鉴定 Mn^{2+} 时，Mn^{2+} 浓度不宜过大，用量也不宜过多，否则，过量的 Mn^{2+} 与已生成的 MnO_4^- 反应生成棕褐色的沉淀 MnO_2：

$$3Mn^{2+}+2MnO_4^-+2H_2O = 5MnO_2\downarrow+4H^+$$

在碱性溶液中，Mn^{2+} 以白色的 $Mn(OH)_2$ 沉淀存在，易被空气中氧气快速氧化，转变成棕色的 MnO $(OH)_2$。

$$2Mn(OH)_2+O_2 = 2MnO(OH)_2\downarrow$$

该反应在水质分析中用于测定水中的溶解氧。

$MnCO_3$、MnS、MnC_2O_4 的沉淀在空气中久置或受热，都会被空气中的氧气氧化成棕色的 MnO $(OH)_2$。

锰(Ⅱ) 盐受热分解时，若酸根（如：NO_3^-、ClO_4^-）有氧化性，则 Mn(Ⅱ) 被氧化成 MnO_2，例如：

$$Mn(NO_3)_2 \xrightarrow{\triangle} MnO_2+2NO_2$$

$$Mn(ClO_4)_2 \xrightarrow{\triangle} MnO_2+Cl_2\uparrow+3O_2\uparrow$$

(2) 锰(Ⅳ) 的化合物

锰(Ⅳ) 最重要的化合物中是 MnO_2，是软锰矿的主要成分，呈黑色或黑棕色晶体或无定形粉末状。在通常情况下，MnO_2 不溶于水、稀酸和稀碱。MnO_2 是两性化合物，可与浓酸和浓碱缓慢反应：

$$2MnO_2+2H_2SO_4 \xrightarrow{\triangle} 2MnSO_4+2H_2O+O_2\uparrow$$

$$2MnO_2+4KOH+O_2 \xrightarrow{\text{共热}} 2K_2MnO_4+2H_2O$$

在酸性介质中，MnO_2 有较强的氧化性：

$$MnO_2+4H^++2e^- = Mn^{2+}+2H_2O \qquad \varphi^{\ominus}(MnO_2/Mn^{2+})=1.23V$$

例如，能将浓盐酸中的 Cl^- 氧化成 Cl_2：

$$MnO_2+4HCl(\text{浓}) \xrightarrow{\triangle} MnCl_2+2H_2O+Cl_2\uparrow$$

该反应常用于实验室制取 Cl_2。MnO_2 还可以将 I^- 氧化成 I_2，将 Fe^{2+} 氧化成 Fe^{3+}。

在碱性介质中，MnO_2 与 NaOH 隔绝空气共熔，生成亚锰酸盐：

$$MnO_2+2NaOH \xrightarrow{\triangle} Na_2MnO_3+H_2O$$

MnO_2 与碱混合后，再加入氯酸钾、硝酸钾等氧化剂（或利用空气中的 O_2）加热熔融，可被氧化成 Mn(Ⅵ)，例如

$$3MnO_2+6KOH+KClO_3 \xrightarrow{熔融} 3K_2MnO_4+KCl+3H_2O$$

$$2MnO_2+4KOH+O_2 \xrightarrow{熔融} 2K_2MnO_4+2H_2O$$

MnO_2 具有多种重要的用途。MnO_2 广泛用于电池、玻璃、陶瓷、橡胶、印染等行业，可作为干电池去极剂，玻璃和陶瓷工业的着色剂、消色剂、脱铁剂等；在冶金工业中，MnO_2 用于制造金属锰、特种合金、锰铁铸件、防毒面具和电子材料铁氧体等；在医疗和美容领域，MnO_2 用于消毒、止痒、防腐；在环境保护方面，MnO_2 用于水的净化和除铁，以及作为某些烟火和火柴的助燃剂；在化学反应中，二氧化锰作为催化剂以提高反应速率。MnO_2 也是制备 $KMnO_4$ 等锰的化合物的原料。

（3）锰(Ⅵ) 化合物

锰(Ⅵ) 比较稳定的化合物是 K_2MnO_4，暗绿色晶体，溶于水。MnO_4^{2-} 在弱碱性、中性及酸性条件下均发生歧化，只有在强碱（pH＞14）中才稳定。

$$3MnO_4^{2-}+4H^+ = 2MnO_4^-+MnO_2\downarrow+2H_2O$$

$$3MnO_4^{2-}+2H_2O = 2MnO_4^-+MnO_2\downarrow+4OH^-$$

向 K_2MnO_4 溶液中加入大量水，溶液立即变为紫红色并有棕色沉淀生成，说明加入大量水时，体系中碱的浓度大幅下降，锰酸钾发生歧化，生成了 MnO_4^- 和 MnO_2。

（4）锰(Ⅶ) 化合物

$KMnO_4$ 是锰(Ⅶ) 最重要的化合物。$KMnO_4$ 为暗紫色晶体，易溶于水，水溶液的颜色与其浓度有关，按浓度由低到高依次为粉红色、红色、紫红色、紫色、紫黑色。$KMnO_4$ 溶液具有不稳定性和强氧化性。

在酸性溶液中，高锰酸钾溶液明显分解；在中性或微碱性溶液中，也会缓慢分解：

$$4MnO_4^-+4H^+ = 4MnO_2\downarrow+3O_2\uparrow+2H_2O$$

$$4MnO_4^-+4OH^- = 4MnO_4^{2-}+O_2\uparrow+2H_2O$$

$KMnO_4$ 对热不稳定，当温度升至 200℃以上时发生分解：

$$2KMnO_4 \xrightarrow{\triangle} K_2MnO_4+MnO_2+O_2\uparrow$$

该反应可用于实验室中制取少量氧气。

光对高锰酸钾的分解起催化作用。因此，高锰酸钾溶液应储存在棕色瓶中。由于高锰酸钾溶液的不稳定性，其浓度会随时间而变化，所以，高锰酸钾标准溶液在使用前要重新标定。

$KMnO_4$ 是最重要和最常用的氧化剂之一，其氧化能力因介质的酸碱性不同而异。

在酸性溶液中

$$MnO_4^-+8H^++5e^- = Mn^{2+}+4H_2O \qquad \varphi^\ominus(MnO_4^-/Mn^{2+})=1.51V$$

在中性或弱碱性溶液中

$$MnO_4^-+2H_2O+3e^- = MnO_2+4OH^- \qquad \varphi^\ominus(MnO_4^-/MnO_2)=0.588V$$

在强碱溶液中

$$MnO_4^-+e^- = MnO_4^{2-}+4OH^- \qquad \varphi^\ominus(MnO_4^-/MnO_4^{2-})=0.564V$$

在酸性溶液中，$KMnO_4$ 能将 Cl^-、Cr^{3+}、I^-、Fe^{2+}、SO_3^{2-}、$H_2C_2O_4$、$C_2O_4^{2-}$、I_2、

H_2O_2 等物质氧化：

$$6MnO_4^- + 10Cr^{3+} + 11H_2O = 6Mn^{2+} + 5Cr_2O_7^{2-} + 22H^+$$

$$2MnO_4^- + I_2 + 4H^+ = 2Mn^{2+} + 2IO_3^- + 2H_2O$$

$$2MnO_4^- + 6H^+ + 5H_2C_2O_4 = 2Mn^{2+} + 10CO_2\uparrow + 8H_2O\text{(用于标定 }KMnO_4\text{ 浓度)}$$

$$2MnO_4^- + 10Cl^- + 16H^+ = 2Mn^{2+} + 5Cl_2\uparrow + 8H_2O\quad\text{(用于实验室制取氯气)}$$

$$MnO_4^- + 5Fe^{2+} + 8H^+ = Mn^{2+} + 5Fe^{3+} + 4H_2O\text{(用于 }Fe^{2+}\text{ 定量)}$$

$$2MnO_4^- + 5H_2O_2 + 16H^+ = 2Mn^{2+} + 5O_2 + 8H_2O\text{(用于 }H_2O_2\text{ 含量测定)}$$

在酸性介质中，$KMnO_4$ 溶液能将有机化合物中的双键和叁键氧化：

$$R_1—C(CH_3)═CH—R_2 \xrightarrow{KMnO_4} R_1—C(CH_3)═O + R_2—COOH$$

$$CH_3CH_2C≡CH \xrightarrow{KMnO_4,\triangle} CH_3CH_2COOH + CO_2$$

在弱碱性或强碱溶液中，$KMnO_4$ 将碳碳双键（C═C）氧化为顺式邻二醇，将碳碳叁键（C≡C）氧化为邻二酮（末端炔烃除外）：

$$R_1—CH═CH—R_2 \xrightarrow{KMnO_4} R_1—CH(OH)—CH(OH)—R_2$$

$$R_1—CH≡CH—R_2 + KMnO_4 \xrightarrow{\text{室温},pH7.5} R_1—C(O)—C(O)—R_2$$

以下是不同的反应介质中 $KMnO_4$ 氧化 S（Ⅳ）得到的反应产物：

酸性　$$2MnO_4^- + 5H_2SO_3 = 2Mn^{2+} + 5SO_4^{2-} + 4H^+ + 3H_2O$$

中性　$$2MnO_4^- + H_2O + 3SO_3^{2-} = 2MnO_2\downarrow + 3SO_4^{2-} + 2OH^-$$

碱性　$$2MnO_4^- + 2OH^- + SO_3^{2-} = 2MnO_4^{2-} + SO_4^{2-} + H_2O$$

在容量分析中，$KMnO_4$ 常被用作氧化还原反应的滴定剂。如：在酸性溶液中 MnO_4^- 被还原成 Mn^{2+}。在滴定过程中，稍过量的 MnO_4^- 使溶液变为淡红色，而稀的 Mn^{2+} 溶液基本无色，不影响终点的判断。滴定剂（$KMnO_4$ 溶液）还起着自身指示剂的作用。作为一种氧化剂，$KMnO_4$ 常用于许多有机化合物的制备反应中，也可以用于消毒、处理饮用水和工业用水。

习　题

扫码查看习题答案

12-3-1　写出下列化学式

1. 金红石　2. 钛铁矿　3. 钙钛矿　4. 钛磁铁矿
5. 绿硫钒石　6. 钒铅矿　7. 铬铁矿　8. 铬铅矿
9. 铬赭石矿　10. 软锰矿　11. 黑锰矿　12. 方锰矿
13. 锰结核　14. 铬酸洗液

12-3-2　完成并配平下列反应方程式

钛副族

1. $Ti + H_2SO_4$（浓）$\xrightarrow{\triangle}$

2. $Ti + Cl_2 \xrightarrow{高温}$

3. $TiO_2 + MgO \xrightarrow{熔融}$

4. $TiO_2 + H_2SO_4$（浓，△）$=\!=\!=$

5. $TiCl_4 + Ti \xrightarrow{800℃}$

6. $FeTIO_3 + H_2SO_4 \xrightarrow{\triangle}$

7. $H_2TiO_3 \xrightarrow{煅烧}$

8. $TiCl_4 + H_2$（800℃）$=\!=\!=$

9. $TiO^{2+} + Al + 6H^+ =\!=\!=$

10. $Ti^{3+} + Fe^{3+} + H_2O =\!=\!=$

钒副族

11. $V + O_2 \xrightarrow{高温}$

12. $V + Cl_2 \xrightarrow{高温}$

13. $NH_4VO_3 \xrightarrow{>400℃}$

14. $VSO_4 + KMnO_4 + H_2O =\!=\!=$

15. $V_2O_5 + HCl$（浓）$=\!=\!=$

16. $V_2O_5 + NaOH$（aq）$=\!=\!=$

17. $V_2O_5 + H_2SO_4$（稀）$=\!=\!=$

18. $H_3VO_4 + HCOOH =\!=\!=$

19. $V_2O_5 + H_2 \xrightarrow{熔融}$

20. $VO_2^+ + Zn + H^+ \longrightarrow$

铬副族

21. $CrCl_2 + HCl$（aq）$+ O_2 =\!=\!=$

22. $FeCr_2O_4 + C \xrightarrow{高温}$

23. $FeCr_2O_4 + Na_2CO_3 + O_2 \xrightarrow{高温}$

24. $Na_2Cr_2O_7 + C \xrightarrow{高温}$

25. Cr_2O_3（粉）$+ Al$（粉）$\xrightarrow{点燃}$

26. $Cr^{3+} + CO_3^{2-} + H_2O =\!=\!=$

27. $Cr^{3+} + S^{2-} + H_2O =\!=\!=$

28. $Cr^{3+} + PbO_2 + H_2O =\!=\!=$

29. $Cr(OH)_3 + I_2 + OH^- =\!=\!=$

30. $[Cr(OH)_4]^- + H_2O_2 + OH^- =\!=\!=$

31. $Cr_2O_7^{2-} + H_2S + H^+ =\!=\!=$

32. $Cr_2O_7^{2-} + Fe^{2+} + H^+ =\!=\!=$

33. $Cr_2O_7^{2-} + I^- + H^+ =\!=\!=$

34. $Ba^{2+} + Cr_2O_7^{2-} + H_2O =\!=\!=$

35. $Pb^{2+} + Cr_2O_7^{2-} + H_2O =\!=\!=$

36. $PbCrO_4 + H^+ =\!=\!=$

37. $PbCrO_4 + OH^- =\!=\!=$

38. $PbCrO_4 + HCl$（aq）$=\!=\!=$

锰副族

39. $Mn^{2+} + PbO_2 + H^+ =\!=\!=$

40. $Mn^{2+} + NaBiO_3 + H^+ =\!=\!=$

41. $Mn(OH)_2 + O_2 =\!=\!=$

42. $MnCO_3 + O_2 + H_2O \xrightarrow{\triangle}$

43. $Mn^{2+} + MnO_4^- + H_2O =\!=\!=$

44. $MnO_2 + H_2SO_4$（浓）$\xrightarrow{\triangle}$

45. $MnO_2 + HCl$（浓）$\xrightarrow{\triangle}$

46. $MnO_2 + KOH + O_2 \xrightarrow{\text{熔融}}$

47. $MnO_4^{2-} + Cl_2 =\!=\!=$

48. $MnO_4^{2-} + H_2O =\!=\!=$

49. $MnO_4^{2-} + H^+ =\!=\!=$

50. $MnO_4^- + SO_3^{2-} + H_2O =\!=\!=$

51. $MnO_4^- + Cr^{3+} =\!=\!=$

52. $MnO_4^- + I_2 + H^+ =\!=\!=$

53. $MnO_4^- + H_2C_2O_4 + H^+ =\!=\!=$

54. $MnO_4^- + H^+ =\!=\!=$

55. $MnO_4^- + OH^- =\!=\!=$

56. $KMnO_4 + H_2SO_4$（浓）$\xrightarrow{\text{低温}}$

12-3-3　书写并配平下列反应方程式

钛与钒副族

1. 金属钛溶于热的氢氟酸中。
2. 高温下，金属钛与氧气作用。
3. 金属镁在氩气氛中还原四氯化钛。
4. 将四氯化钛加到氢氧化钠溶液中。
5. 四氯化钛在浓盐酸中水解。
6. 金属锌与四氯化钛的盐酸溶液作用。
7. 金属钒与氢氟酸反应。
8. 钒溶于硝酸溶液中。
9. 五氧化二钒在添加有 NaCl 的空气中焙烧。
10. 中性高锰酸钾溶液氧化硫酸钒（Ⅱ）。

11. 三氯氧钒水解。
12. 五氧化二钒溶于浓盐酸。
13. 正钒酸盐在酸性条件下氧化甲酸。
14. 向酸性的正钒酸盐中通入硫化氢。
15. 三氯化钒受热歧化分解。
16. 四氯化钒受热分解。

铬与锰副族

1. 盐酸缓慢溶解金属铬。
2. 焦炭还原铬铁矿（$FeCr_2O_4$）。
3. 三氧化二铬与氯酸钾共熔融。
4. 过氧化氢在碱性条件下氧化氢氧化铬。
5. 次氯酸盐在碱性条件下氧化氢氧化铬。
6. 向+3价铬离子溶液中加入碳酸钠溶液。
7. 高温下三氧化二铬与硅反应。
8. 铬酸钠与焦炭共热。
9. 将重铬酸钾加到氢溴酸中。
10. 重铬酸钾与氯化钾混合后，滴加浓硫酸并加热。
11. 向铬酸铅中加入氢氧化钠。
12. 向铬酸银加入HCl。
13. 二氧化锰被金属Al还原。
14. 单质锰与热水反应。
15. 碳酸锰放置在空气中。
16. 硝酸锰晶体受热。
17. 高氯酸锰受热分解。
18. 二氧化锰、氢氧化钾与氯酸钾混合后高温熔融。
19. 硫酸锰溶液与高锰酸钾溶液混合并充分反应。
20. 高锰酸钾晶体在200℃温度下分解。
21. 高锰酸根在酸性溶液中与亚硫酸盐作用。
22. 用草酸钠标定高锰酸钾溶液。
23. 高锰酸钾与浓硫酸作用。

12-3-4 合成与制备

1. 从钛铁矿（$FeTiO_3$）制取钛白粉。
2. 以金红石为原料生产纯金属钛。
3. 以铬铁矿为主要原料制备重铬酸钾。
4. 以软锰矿为主要原料制备高锰酸钾。
5. 用化学反应方程式表示下图中与Cr相关物质的相互转化

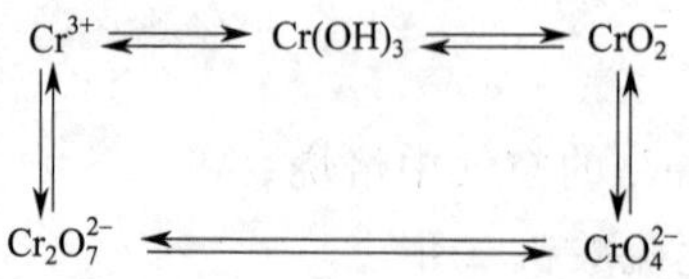

6. 用化学反应方程式表示下图中与 Mn 相关物质的相互转化

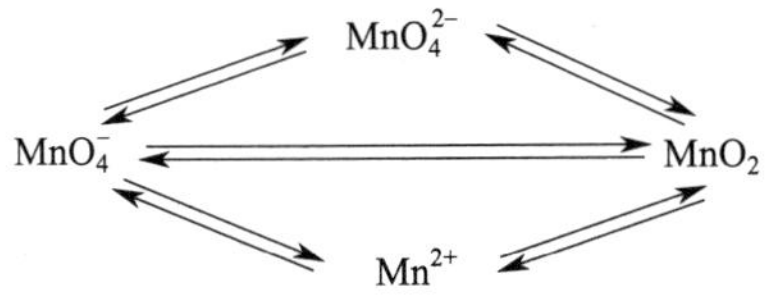

12-3-5 分离与鉴定

1. 一灰白色金属，可能是 Ti 或 V，试鉴别之。

2. 一紫色溶液，可能是 $TiCl_3$ 溶液或 $KMnO_4$ 溶液，试鉴别之。

3. 一黄色固体，可能是 $PbCrO_4$ 或 $BaCrO_4$，试鉴别之。

4. 写出 $(NH_4)_2S_2O_8$、PbO_2、$NaBiO_3$ 鉴定 Mn^{2+} 的化学反应方程式。

5. 鉴定下列各对物质

① MnO_2 和 CuO　　② MnO_2 和 PbO_2

③ $MnSO_4$ 和 $ZnSO_4$　　④ 分离 Cr^{3+} 和 Mn^{2+}。

12-3-6 解释实验现象

1. 金属钛缓慢溶于热的浓盐酸，生成紫色溶液；室温下向该溶液滴入经酸化的高锰酸钾水溶液，溶液迅速褪色。

2. 打开 $TiCl_4$ 试剂的玻璃瓶塞，冒白烟。

3. 在酸性介质中，足量金属锌加入到钒（Ⅴ）的溶液中，溶液由黄色溶液逐渐变为蓝色、绿色，最后变成紫色。

4. 向 VSO_4 溶液中缓慢滴加 $KMnO_4$ 溶液，体系的颜色由紫色，到绿色，再到蓝色，最后变为黄色。

5. 金属铬缓慢溶于稀盐酸，生成蓝色溶液，后又转化为绿色溶液。

6. 向 $MnSO_4$ 溶液中加入 NaOH 溶液，生成白色沉淀；该白色沉淀暴露在空气中则逐渐变成棕黑色；加入稀硫酸后，棕黑色沉淀不溶解，加入过氧化氢后沉淀消失。

7. 将 MnO_2、$KClO_3$、KOH 固体混合后用煤气灯加热，得绿色固体；用大量水处理绿色固体得到紫色溶液和棕黑色沉淀，再通入过量 NO_2，则颜色和沉淀消失，得到无色溶液。

8. 向 $KMnO_4$ 的酸性、中性、碱性溶液中分别加入 Na_2SO_3 溶液，观察到下列现象：①紫色褪去，得到无色溶液；②紫色褪去，有棕褐色沉淀析出；③紫色转为深绿色。

12-3-7 简答

1. 分析钛试样中的钛含量时，先将样品溶于热的 H_2SO_4-$(NH_4)_2SO_4$ 混合物中，冷却后稀释；在隔绝空气条件下用金属铝将 TiO^{2+} 还原为 Ti^{3+}，以 KSCN 为指示剂，$FeCl_3$ 为滴定剂，滴至溶液转为微红色，即为终点。请写出有关反应方程式，并说明定量依据。

2. 钒具有下列几种氧化态，其还原电势可用 $c_{H^+}=1mol\cdot dm^{-3}$时的元素电势图表示：

$$\varphi_A^{\ominus}/V \qquad VO_2^+ \ \underline{\ 1.00\ }\ VO^{2+}\ \underline{\ 0.34\ }\ V^{3+}\ \underline{\ -0.26\ }\ V^{2+}\ \underline{\ -1.13\ }\ V$$

① 钒如能溶解在稀酸中，将以何种氧化态存在，试写出反应方程式。

② 求 V^{3+}/V 电对的电势。

③ 在这些不同氧化态物质间能否发生歧化反应？如能发生，请写出反应方程式。

3. 已知：$MnO_4^-\ \underline{\ 0.558V\ }\ MnO_4^{2-}\ \underline{\qquad}\ MnO_2\ \underline{\qquad}\ Mn^{3+}\ \underline{\ 1.51\ }\ Mn^{2+}$

（MnO_4^- 至 MnO_2：1.70V；MnO_2 至 Mn^{2+}：1.23）

① 计算$\varphi^{\ominus}(MnO_4^{2-}/MnO_2)$和$\varphi^{\ominus}(MnO_2/Mn^{3+})$；

② MnO_4^{2-}能否歧化？写出相应的反应方程式，并计算该反应的$\Delta G_m^{\ominus}$与$K^{\ominus}$。

③ 还有哪些物种能发生歧化？

4. 试分析$[Ti(H_2O)_6]^{2+}$、$[Ti(H_2O)_6]^{4+}$、$[Ti(H_2O)_6]^{3+}$在水溶液中能否存在？

12-3-8 推理判断

1. 无色液体（A）与干燥氧气在高温下反应，生成不溶于水的白色粉末（B），（B）和锌粉混合后与盐酸缓慢作用，最后得到紫红色溶液，说明有化合物（C）生成。向（C）的溶液中加入$CuCl_2$溶液得白色沉淀（D）。紫色化合物（C）溶于过量硝酸得无色溶液（E）。将溶液（E）蒸干后，在较高温度下加热又得到（B）。（A）与铝粉混合，在高温下反应有化合物（C）生成。试给出物质A～E的化学式，并用反应方程式表示上述各步的转化过程。

2. 浅黄色晶体（A）受热分解生成棕黄色粉末（B）和无色气体（C）。（B）不溶于水，与浓盐酸作用放出强刺激性气体（D）。将气体（C）通入$CuSO_4$溶液有淡蓝色沉淀（E）生成，（C）过量则沉淀溶解得到深蓝色溶液（F）。（B）溶于稀硫酸后，加入适量草酸，经充分反应得到蓝色溶液（G）。向溶液（G）中入足量金属Zn，最终生成紫色溶液（H）。试给出物质A～H的化学式，并用反应方程式表示上述各步的转化过程。

3. 红色固体（A）受热后生成深绿色的固体（B）和无色的气体（C），（C）能与镁反应生成固体（D）。固体（B）与NaOH共熔后溶于水生成绿色的溶液（E），在（E）中加适量H_2O_2则生成黄色溶液（F）。将（F）酸化变为橙色的溶液（G），在（G）中加$BaCl_2$溶液，得黄色沉淀（H）。在（G）的浓溶液中加KCl固体，反应完全后蒸发、浓缩后冷却有橙红色晶体（I）析出。（I）与浓硫酸作用，生成的固体产物中含有（B）。试给出物质A～H的化学式，并用反应方程式表示上述各步的转化过程。

4. 红色固体（A）溶于热浓盐酸放出气体（B），溶液经冷却后析出绿色晶体（C）。少量（B）通入KI溶液中则溶液变黄。向（C）的水溶液中加入Na_2CO_3溶液生成沉淀（D）。将（D）溶于KOH溶液后加入H_2O_2溶液得到黄色溶液（E）。用稀硫酸酸化溶液（E）后，经蒸发、浓缩后冷却，析出橘红色晶体（F）。（F）与浓硫酸作用能够得到（A）。试给出物质A～F的化学式，并用反应方程式表示上述各步的转化过程。

5. 白色粉末（A）溶于水后与NaOH溶液作用生成白色沉淀（B）。（B）与H_2O_2溶液作用转化为棕黑色沉淀（C）。（C）与KOH、$KClO_3$共熔，得到绿色化合物（D）。将（D）溶于水KOH溶液后加入氯水生成紫色的（E）。向（E）的水溶液中通入过量的SO_2得到无色溶液，再进行蒸发、浓缩后冷却析出水合晶体（F）。将（F）小心加热又生成白色粉末（A）。试给出物质A～F的化学式，并用反应方程式表示上述各步的转化过程。

6. 绿色固体（A）易溶于水，其水溶液中通入CO_2即得棕黑色固体（B）和紫红色溶液（C）。（B）与浓HCl溶液共热时得黄绿色气体（D）和近乎无色溶液（E）。将溶液（E）和溶液（C）混合能生成沉淀（B）。将气体（D）通入（A）的溶液，可得（C）。试给出物质A～E的化学式，并用反应方程式表示上述各步的转化过程。

12.4 铁、钴、镍

铁在地壳中丰度为 4.1%，在所有的元素中位列第 4 位。铁的矿物有赤铁矿（Fe_2O_3）、磁铁矿（Fe_3O_4）、褐铁矿（$Fe_2O_3 \cdot 3H_2O$）、菱铁矿（$FeCO_3$）。黄铁矿（FeS_2）含硫量高，不适宜冶铁，是生产硫酸的重要原料。我国是世界上最大的钢铁生产国，国内最主要的铁矿产地在辽宁和湖北，但这些铁矿中的含铁量并不是很高，且又含杂质。高品位的铁矿依赖从巴西、澳大利亚等国进口。钴、镍在地壳中丰度相对较低，我国硫化物型镍矿资源相对丰富。

铁、钴、镍的价电子构型分别为 $3d^64s^2$、$3d^74s^2$ 和 $3d^84s^2$。它们的最外层 4s 轨道都有 2 个电子，只是次外层的 3d 电子数不同，而且原子半径又十分相近，性质相似，故又称铁系元素。通常情况下，铁常见的氧化数为＋2、＋3，由于 Fe^{3+} 的 3d 轨道为半充满结构，故氧化数为＋3 的化合物最稳定；钴常见的氧化数为＋2，在配合物中 Co(Ⅲ) 稳定；镍常见的氧化数为＋2。

12.4.1 单质

铁、钴、镍的单质均为银白色、有光泽的金属，都有强磁性，铁、钴、镍的许多合金是很好的磁性材料。铁和镍的延展性很好，而钴则硬而脆。铁、钴、镍熔点依次降低，分别为 1538℃、1495℃、1455℃。原子半径依次略有减小，密度略有增大。

铁是用途最为广泛的金属，它的用途很大程度上取决于它的纯度。纯度很高的铁延展性好，质地柔软，用途小。纯度低的铸铁脆性高，是重要的结构材料。单质铁通常由碳在高温条件下还原铁的氧化物得到，也可用氢还原高纯度的氧化铁、或直接热分解五羰基合铁制取。

钴主要用于制造特种钢和磁性材料。钴的化合物广泛用作颜料和催化剂。维生素 B_{12} 含有钴，可作防治恶性贫血病的药物。金属钴的制取通常要经过两个步骤，即先用还原剂（如碳或铝）将其氧化物在高温下还原，然后，再经电解纯化。

镍主要用于其他金属的保护层或耐腐蚀的合金钢、硬币及耐热元件。镍是一种优良的催化剂，常用于不饱和有机物的氢化反应、及水蒸气中 CH_4 裂解生成 CO 和 H_2 等反应的催化。镍的生产一般从硫化物矿开始，经分离富集的硫化镍焙烧后转变为氧化镍，再用碳将氧化镍还原成粗金属镍，进而可以用电解法进行进一步的提纯。

铁、钴、镍为中等活泼的金属，活泼性按铁、钴、镍顺序递减。块状铁、钴、镍的纯单质在空气中和纯水中是稳定的，但极细的铁粉在空气中可能迸发火光。在潮湿的空气中，含有杂质的铁缓慢锈蚀，生成结构疏松的棕色铁锈（$Fe_2O_3 \cdot nH_2O$）。经过浓硝酸等处理过的铁表面，形成了一层致密的氧化膜，可以保护铁表面免受潮湿空气的进一步浸湿。钴和镍经空气氧化后，生成一层薄而致密的膜，能起到保护金属不被继续腐蚀的作用。加热条件下，钴可与空气中的氧气作用，若温度较低时被氧化为 Co_3O_4；当温度达 900℃ 以上时，Co_3O_4 被分解成 CoO。镍与氧在受热条件下只得到一种产物 NiO。

在常温下，铁不与卤素反应，但在红热情况下，铁与硫、氯、溴等发生剧烈反应。200～300℃时，铁与卤素反应生成 FeF_3、$FeCl_3$、$FeBr_3$ 及 FeI_2。由于 Fe^{3+} 的氧化性以及 I^- 的还原性，不可能生成 FeI_3。强热时，铁与水蒸气作用的产物是 Fe_2O_3 和 H_2。Co 与氟气作用生成 CoF_3，与其他卤素反应只能得到 Co(Ⅱ) 的卤化物。Ni 与氟反应生成氟化物的保护膜，阻止反应进一步进行。因此，可以使用镍制干锅进行氟代反应。

铁系元素难与强碱反应，尤以镍的稳定性最高，可使用镍制坩埚熔融强碱。此外微细的镍粉吸收分子氢的能力强，可用作贮氢材料。

12.4.2 主要化合物

1. 氧化物和氢氧化物

铁系元素都能形成氧化数为+2 和+3 的氧化物：

FeO（黑色）	CoO（灰绿色）	NiO（暗绿色）
Fe_2O_3（砖红色）	Co_2O_3（黑色）	Ni_2O_3（灰黑色）

这些氧化物呈碱性，与酸反应生成盐。氧化数为+3 的氧化物有一定的氧化性，它们的氧化能力按 Fe-Co-Ni 顺序增强，除 Fe_2O_3 外，Co_2O_3、Ni_2O_3 与酸反应均生成 M(Ⅱ) 盐：

$$Fe_2O_3 + 6HCl \xlongequal{} 2FeCl_3 + 3H_2O$$

$$Co_2O_3 + 6HCl \xlongequal{} 2CoCl_2 + Cl_2\uparrow + 3H_2O$$

$$Ni_2O_3 + 6HCl \xlongequal{} 2NiCl_2 + Cl_2\uparrow + 3H_2O$$

铁和钴与氧气可以形成 Fe_3O_4 和 Co_3O_4。Fe_3O_4 的导电性良好，其结构为 $Fe(FeO_2)_2$，将其溶于稀盐酸中，得到 $FeCl_2$ 和 $FeCl_3$ 的混合物，Co_3O_4 的结构与之类似。

分别向 Fe^{2+}、Co^{2+}、Ni^{2+} 的无氧水溶液中加碱，可得白色的 $Fe(OH)_2$、粉红色的 $Co(OH)_2$ 和绿色的 $Ni(OH)_2$ 沉淀。亚铁盐在空气中或溶液中遇到氧化剂如：O_2、Cl_2、Br_2、HNO_3 等很容易氧化成 Fe^{3+}。但是，其复盐 $(NH_4)_2Fe(SO_4)_2 \cdot 6H_2O$（俗称摩尔盐）在空气中较稳定，可用于氧化还原的滴定剂。

向二价钴盐或二价镍盐的水溶液中逐滴滴加氢氧化钠，先观察到碱式盐的沉淀，后观察到氢氧化钴或氢氧化镍的沉淀。例如，向粉红色的 $CoCl_2$ 水溶液中逐步滴加氢氧化钠时，先出现蓝色的 Co(OH) Cl 沉淀，后出现粉红色的 $Co(OH)_2$ 的沉淀。在碱性条件下或在空气中，$Co(OH)_2$ 很容易氧化成 $Co(OH)_3$。在酸性条件下，$Co(OH)_3$ 的氧化性非常强，能将盐酸中的氯离子氧化为氯气，自身被还原成 Co^{2+}。

$Fe(OH)_2$ 易被空气中的氧气氧化生成红棕色的 $Fe(OH)_3$：

$$4Fe(OH)_2 + O_2 + 2H_2O \xlongequal{} 4Fe(OH)_3$$

在相同的条件下，$Fe(OH)_2$ 的还原能力比 $Co(OH)_2$ 强，在空气中，$Co(OH)_2$ 只能缓慢氧化成棕色的 $Co(OH)_3$；$Ni(OH)_2$ 在空气中很稳定，只有在强氧化剂存在的条件下，才能将其氧化为 $Ni(OH)_3$。

$$2Ni(OH)_2 + ClO^- + H_2O \xlongequal{} 2Ni(OH)_3\downarrow + Cl^-$$

$$2Ni(OH)_2 + Br_2 + 2OH^- \xlongequal{} 2Ni(OH)_3\downarrow + 2Br^-$$

新沉淀出来的 $Fe(OH)_3$，略呈两性，易溶于酸。$Fe(OH)_3$ 在热的浓强碱溶液中，能部分溶解，生成 $[Fe(OH)_6]^{3-}$：

$$Fe(OH)_3+3OH^- \xrightarrow{\triangle} [Fe(OH)_6]^{3-}$$

$$Fe(OH)_3+3HCl = FeCl_3+3H_2O$$

$Co(OH)_3$ 和 $Ni(OH)_3$ 均为强氧化剂，氧化能力 $Ni(OH)_3>Co(OH)_3$，与 HCl 作用释放出 Cl_2：

$$2Co(OH)_3+6HCl = 2CoCl_2+Cl_2\uparrow+6H_2O$$

$$2Ni(OH)_3+6HCl = 2NiCl_2+Cl_2\uparrow+6H_2O$$

2. 盐类

(1) M(Ⅱ) 盐

氧化数为+2 的铁、钴、镍盐的硝酸盐和氯化物都易溶于水，从溶液中结晶时，常常带有一定数目的结晶水，如 $FeSO_4\cdot 7H_2O$、$CoSO_4\cdot 7H_2O$、$Fe(NO_3)_2\cdot 6H_2O$ 和 $CoCl_2\cdot 6H_2O$。它们的水合离子和化合物均呈一定的颜色，如 $[Fe(H_2O)_6]^{2+}$（浅绿色）、$[Co(H_2O)_6]^{2+}$（粉红色）、$[Ni(H_2O)_6]^{2+}$（淡绿色）。

硫酸亚铁($FeSO_4\cdot 7H_2O$)，俗称绿矾，蓝绿色晶体，通过稀硫酸与铁屑制得，易溶于水。放置在空气中易风化，经缓慢氧化后绿色晶体表面出现铁锈色斑点：

$$4FeSO_4+O_2+2H_2O = 4Fe(OH)SO_4$$

为防止水溶液中的 $FeSO_4$ 被氧化，需加入足量的 H_2SO_4 和 Fe 粒。

在农业上，$FeSO_4$ 用作杀虫剂、除草剂和农药；在工业上，$FeSO_4$ 用作鞣革剂、媒染剂，也可用于木材防腐；医药上，$FeSO_4$ 用作补血剂和局部收敛剂。

$CoCl_2$ 是常见的钴盐，其颜色随配合物内界含 H_2O 分子数目的不同而不同：

$$\underset{(粉红色)}{CoCl_2\cdot 6H_2O} \xrightleftharpoons{52.25℃} \underset{(紫红色)}{CoCl_2\cdot 2H_2O} \xrightleftharpoons{90℃} \underset{(蓝紫色)}{CoCl_2\cdot H_2O} \xrightleftharpoons{120℃} \underset{(蓝色)}{CoCl_2}$$

根据这一特性将其用作干湿指示剂，以检定某些物质的含水情况。如制备硅胶时加入 $CoCl_2$，经烘干后（通常 120℃通风干燥 2 小时以上）硅胶呈蓝色。当干燥硅胶吸水后，逐渐由蓝色变为粉红色，再经烘干脱水又逐渐呈蓝色。据此可指示硅胶的含水情况。

氯化钴可用作制备其他钴化合物和电解制备金属钴的原料，也用作油漆催干剂和陶瓷着色剂。

硫酸镍（$NiSO_4$）是工业上重要的镍的化合物。将 NiO 或 $NiCO_3$ 溶于稀硫酸中，在室温下可析出绿色的 $NiSO_4\cdot 7H_2O$ 晶体。$NiSO_4$ 主要用于电镀、制造镍镉电池和媒染剂等。

(2) M(Ⅲ) 盐

在铁系元素中，M(Ⅲ) 盐以铁(Ⅲ) 盐较多，钴和镍的 M(Ⅲ) 盐不稳定，这是由它们的离子氧化性不同引起的。

$$Fe^{3+}+e^- \rightleftharpoons Fe^{2+} \qquad \varphi^{\ominus}_{Fe^{3+}/Fe^{2+}}=0.771V$$

$$Co^{3+}+e^- \rightleftharpoons Co^{2+} \qquad \varphi^{\ominus}_{Co^{3+}/Co^{2+}}=1.92V$$

$$Ni^{3+}+e^- \rightleftharpoons Ni^{2+} \qquad \varphi^{\ominus}_{Ni^{3+}/Ni^{2+}}>1.92V$$

可见，氧化数为+3 铁系离子的氧化性按 Fe^{3+}—Co^{3+}—Ni^{3+} 顺序增强。Ni^{3+} 的氧化性太强，在水溶液中不可能存在。Co^{3+} 也因氧化性过强，易被还原成 Co^{2+}。

在酸性介质中，Co(Ⅲ) 能把 Mn^{2+} 氧化成 MnO_4^-：

$$5Co^{3+}+Mn^{2+}+4H_2O=5Co^{2+}+MnO_4^-+8H^+$$

Co(Ⅲ) 也可以将 H_2O 中的氧氧化，故其在水中不能存在：

$$4Co^{3+}+2H_2O=4Co^{2+}+4H^++O_2\uparrow$$

Fe^{3+} 氧化性最弱，但遇强还原剂时表现出一定的氧化性：

$$2Fe^{3+}+Sn^{2+}=2Fe^{2+}+Sn^{4+}$$

$$2Fe^{3+}+H_2S=2Fe^{2+}+S\downarrow+2H^+$$

$FeCl_3\cdot 6H_2O$ 是重要的 Fe(Ⅲ) 盐，可由 Cl_2 与 Fe 加热反应制得，主要用作净水化、止血剂、有机合成的催化剂，在印刷电路和印花滚筒上作蚀刻剂。

Fe^{3+} 电荷数高，半径较小，极化力强，易水解，其盐的水溶液显强酸性。$FeCl_3$ 溶液与氨水、碳酸盐作用，均生成 $Fe(OH)_3$ 沉淀。

硫酸铁 $Fe_2(SO_4)_3$ 也是一种常见的 Fe(Ⅲ) 盐，通过 $FeSO_4$ 氧化或 Fe_2O_3 与硫酸反应制得。主要用作氧化铁颜料的生产原料，与硫酸铵形成的复盐铁铵矾 $\{NH_4Fe(SO_4)_2\cdot 12H_2O\}$，用于鞣革，也是佛尔哈德法测定银离子、卤素离子的一种指示剂。

向 Fe(Ⅲ) 盐的溶液中加入磷酸，溶液由黄色转为无色，这是由于生成了无色的 $[Fe(HPO_4)_3]^{3-}$ 和 $[Fe(PO_4)_3]^{6-}$ 配离子。为此，在 Fe(Ⅱ) 盐的滴定分析中，加入磷酸可以达到提高分析的灵敏度和准确性效果。

3. 配合物

铁系元素都是典型的配合物形成体。本节主要讨论在水溶液中较稳定的配合物。

(1) 与卤离子形成的配合物

铁系元素中的 M(Ⅱ) 盐与卤离子形成的配合物不稳定，而 M(Ⅲ) 盐中的 Fe^{3+}、Co^{3+} 却能与 F^- 形成稳定的配合物，如 $[FeF_6]^{3-}$、$[CoF_6]^{3-}$。由于 $[FeF_6]^{3-}$ 较稳定，在分析化学中，为了消除 Fe^{3+} 的干扰，常向含有 Fe^{3+} 的混合溶液中，加入 NaF 或 NH_4F，将 Fe^{3+} 转化成无色的 $[FeF_6]^{3-}$，以掩蔽 Fe^{3+}。

(2) 氨配合物

Co^{2+} 和 Ni^{2+} 均能与氨形成配离子，其稳定性按 Co^{2+}—Ni^{2+} 的顺序依次增强。Co^{2+} 与过量氨水反应形成黄色的 $[Co(NH_3)_6]^{2+}$，该配离子在空气中被缓慢氧化成更稳定的红褐色 $[Co(NH_3)_6]^{3+}$：

$$4[Co(NH_3)_6]^{2+}+O_2+2H_2O=4[Co(NH_3)_6]^{3+}+4OH^-$$

尽管水溶液中 Co^{3+} 氧化性很强，但 $[Co(NH_3)_6]^{3+}$ 非常稳定，通过以下电对的标准电极电势得到证明：

$$[Co(H_2O)_6]^{3+}+e^-=[Co(H_2O)_6]^{2+} \quad \varphi^{\ominus}_{Co^{3+}/Co^{2+}}=1.92V$$

$$[Co(NH_3)_6]^{3+}+e^-=[Co(NH_3)_6]^{2+} \quad \varphi^{\ominus}[Co(NH_3)_6]^{3+}/[Co(NH_3)_6]^{2+}=0.1V$$

由此可见，Co^{3+} 的氨配合物非常稳定。

在过量的氨水中，Ni^{2+} 可生成 $[Ni(NH_3)_4]^{2+}$ 和 $[Ni(NH_3)_6]^{2+}$ 两种配离子，都呈蓝色，Ni^{2+} 的氨配合物较为稳定。

向 Ni^{2+} 的氨性溶液中加入丁二酮肟，产生鲜红色的镍-丁二酮肟配合物，用于 Ni^{2+} 的鉴定。图 12-1 是 Ni^{2+} 与丁二酮肟的反应方程式。

向 Fe^{3+} 溶液中加入氨水，生成 $Fe(OH)_3$ 沉淀，即使氨水过量，沉淀也不会溶解。这是由于 Fe^{3+} 在 pH=3 的条件下就完全转化成 $Fe(OH)_3$ 沉淀，而氨水呈碱性，故不能形成 $[Fe(NH_3)_6]^{3+}$ 的配合物。

(3) 氰配合物

Fe^{2+}、Co^{2+}、Ni^{2+}、Fe^{3+} 均能与 CN^- 生成稳定的配合物，Fe^{2+} 和 Fe^{3+} 的氰合物为 $K_4[Fe(CN)_6]$ 和 $K_3[Fe(CN)_6]$，其俗名分别为黄血盐和赤血盐。

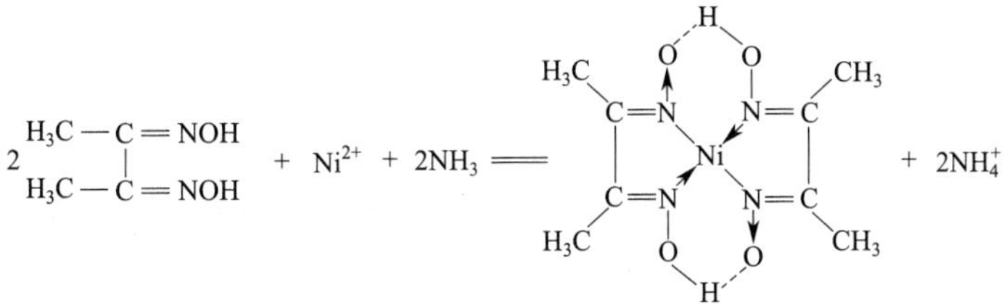

图 12-1 Ni^{2+} 与丁二酮肟的反应方程式

$K_4[Fe(CN)_6]$ 为黄色晶体，在水溶液中很稳定，遇 Fe^{3+} 生成蓝色沉淀，俗称普鲁士蓝：

$$xFe^{3+} + xK^+ + x[Fe(CN)_6]^{4-} = [KFe(CN)_6Fe]_x(s)$$

该反应可鉴定 Fe^{3+} 存在。

$K_3[Fe(CN)_6]$ 为红褐色晶体，在溶液中遇 Fe^{2+} 生成蓝色沉淀，俗称滕氏蓝：

$$xFe^{2+} + xK^+ + x[Fe(CN)_6]^{3-} = [KFe(CN)_6Fe](s)$$

该反应可鉴定 Fe^{2+} 存在。

事实上，普鲁士蓝和滕氏蓝的结构相同，均为 $[KFe(CN)_6Fe]$(s)。

Co^{2+} 与 CN^- 反应先生成氰化亚钴的红棕色沉淀，当 CN^- 过量时即可析出紫红色晶状的 $K_4[Co(CN)_6]$，若向 Ni^{2+} 溶液中加入过量的 CN^-，则生成橙黄色的 $[Ni(CN)_4]^{2-}$。

(4) 硫氰配合物

Fe^{3+} 与 SCN^- 反应，生成血红色的 $Fe(SCN)_n]^{3-n}$

$$Fe^{3+} + nSCN^- = [Fe(SCN)_n]^{3-n} \qquad (n=1\sim6)$$

n 值随溶液中的 SCN^- 浓度和酸度而定，该反应十分灵敏，常用来鉴定 Fe^{3+}。

Co^{2+} 与 SCN^- 反应生成宝蓝色的 $[Co(SCN)_4]^{2-}$：

$$Co^{2+} + 4SCN^- = [Co(SCN)_4]^{2-}$$

$[Co(SCN)_4]^{2-}$ 在水溶液中不稳定，但在有机溶剂（如丙酮或戊酮）中非常稳定。向上述溶液中加入丙酮，观察到溶液呈蓝色。该反应用于鉴定 Co^{2+} 的存在。

需要说明的是，当溶液中存在 Fe^{3+} 和 Cu^{2+} 时，对 Co^{2+} 的鉴定产生干扰，可加入 NaF 掩蔽 Fe^{3+}，加入少许硫脲以掩蔽 Cu^{2+}。

(5) 邻二氮菲配合物

Fe^{2+} 与 1,10-二氮菲（phen）等多齿配体在水溶液中形成稳定的螯合物（见图 12-2）。

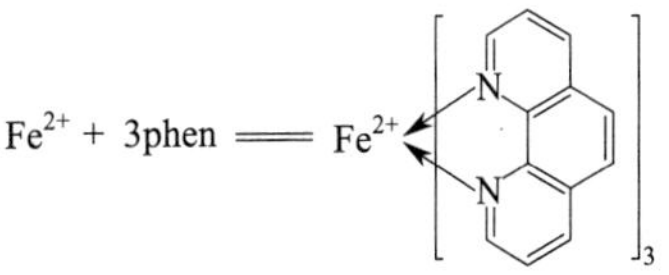

图 12-2 Fe^{2+} 与 1,10-二氮菲的反应

$[Fe(phen)_3]^{2+}$ 在水溶液中为橘红色，经氧化后，转化为蓝色 $[Fe(phen)_3]^{3+}$，利用这种颜色的变化，可作

为氧化还原滴定的指示剂。值得一提的是：$[Fe(phen)_3]^{2+}$ 的稳定性比 $[Fe(phen)_3]^{3+}$ 高。为此，在分光光度法测定试样中总铁含量时，先用盐酸羟胺在酸性条件下将 Fe^{3+} 还原成 Fe^{2+}，然后依次加入醋酸钠、邻二氮菲（phen）的溶液，经显色后再比色测定。

（6）硝基配合物

$Na_3[Co(NO_2)_6]$ 能溶于水，而黄色的 $K_3[Co(NO_2)_6]$ 在水中微溶，据此向水溶液中加入 $Na_3[Co(NO_2)_6]$ 可沉淀水溶液中的 K^+：

$$Na_3[Co(NO_2)_6]+3K^+ \!=\!=\!= K_3[Co(NO_2)_6]\downarrow(\text{黄色})+3Na^+$$

该反应用于鉴定 K^+ 的存在。

（7）生物配位化合物

铁系元素的配合物在生命过程中发挥着非常重要的作用。血红蛋白（Hb）是一种蛋白质，在血液中担负着运输氧气以及排出二氧化碳的作用。血红蛋白由球蛋白与血红素结合而成。血红素是由 Fe^{2+} 与配体卟啉衍生物结合而成的，其结构见图 12-3。

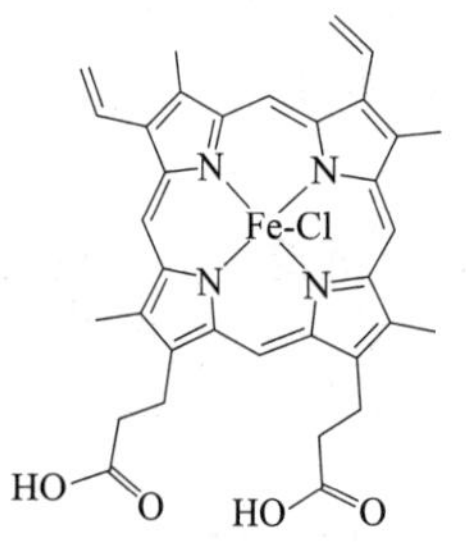

图 12-3 血红素的结构

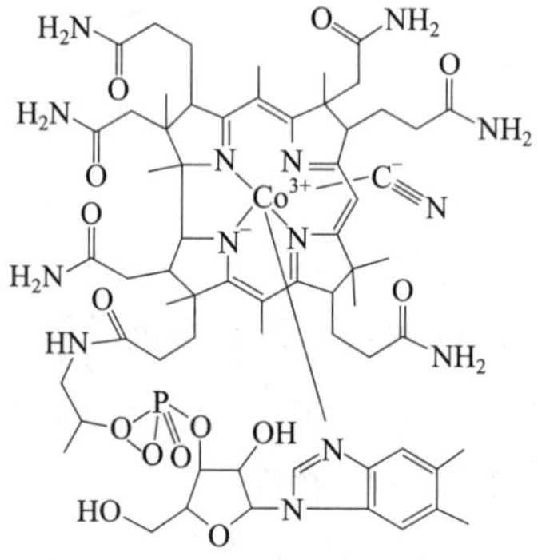

图 12-4 维生素B_{12} 的结构

血红蛋白中的中心体 Fe^{2+} 与 O_2 疏松结合，形成氧合血红蛋白（HbO_2）。这种氧合作用在氧分压高时容易进行，氧分压低时易于解离。血红蛋白结合和携带 O_2 的过程，不会将 Fe^{2+} 氧化为无携带 O_2 能力的 Fe^{3+}。CO 属于强场配体，对 Hb 的亲和力远大于 O_2，与 Hb 结合成 HbCO 后，Hb 便丧失了运输 O_2 和 CO_2 的能力，这就是一氧化碳中毒。铁元素还具有许多重要的生理功能。但是，如果亚铁盐摄入量过大，人体会出现慢性或急性铁中毒，甚至导致死亡。维生素 B_{12} 是钴与咕啉形成的配合物，其结构见图 12-4。

值得一提的是：尽管含钴的维生素 B_{12} 具有治疗贫血症的功能，但是简单的无机钴盐是有毒性的，因此，不能盲目地使用简单的钴盐治疗上述疾病。否则，会引起钴中毒，出现心力衰竭、心脏受损等症状。

习　题

扫码查看习题答案

12-4-1　写出下列物质的化学式

① 赤铁矿　② 磁铁矿　③ 褐铁矿　④ 菱铁矿　⑤ 绿矾
⑥ 莫尔盐　⑦ 铁铵矾　⑧ 黄血盐和赤血盐　⑨ 普鲁士蓝

12-4-2　完成并配平下列化学反应方程式

1. $Fe^{3+}+Cu$ ══

2. $Fe^{3+}+H_2S$ ══

3. $FeSO_4+Br_2$ ══

4. $Fe^{2+}+NO_3^-+H^+$ ══

5. $Co^{3+}+H_2O$ ══

6. $Co^{3+}+Mn^{2+}$ ══

7. $Co(OH)_3+HCl$ (aq) ══

8. $NiO(OH)+HCl$ (aq) ══

9. $Fe(OH)_2+O_2+2H_2O$ ══

12-4-3　完成并配平下列化学反应方程式

1. 氢氧化亚铁沉淀置于空气中。

2. 铁与水蒸气在赤热的条件下反应。

3. 将四氧化三铁溶于稀盐酸。

4. 向三氯化铁溶液中加入过量的碳酸钠。

5. 向三氯化铁溶液中滴加碘化钾溶液。

6. 向黄血盐溶液中滴加三氯化铁溶液。

7. 将四氧化三钴溶于盐酸。

8. 向二氯化镍 $NiCl_2$ 溶液中加入氢氧化钠溶液和溴水。

12-4-4　生产、合成与制备

1. 由 $FeSO_4 \cdot 7H_2O$ 制备 $K_3[Fe(C_2O_4)_3] \cdot 3H_2O$。

2. 以单质钴为原料经二氯化钴制备三氯化六氨合钴（Ⅲ）。

3. 以粗镍为原料制备高纯镍。

4. 在不引入杂质离子前提下，选择适当方法完成下列转化：将 $FeCl_3$ 溶液转变为 $FeCl_2$ 溶液；将 $FeCl_2$ 溶液转变为 $FeCl_3$ 溶液。

12-4-5　简答题

1. 简述硅胶的变色原理。

2. 分别向 $FeSO_4$、$CoSO_4$、$NiSO_4$ 溶液中滴加氨水，观察到怎样的实验现象？写出相关反应方程式。

3. 为什么 $K_4[Fe(CN)_6] \cdot 3H_2O$ 可由 $FeSO_4$ 溶液与 KCN 混合直接制备，而 $K_3[Fe(CN)_6]$ 却不能由 $FeCl_3$ 溶液与 KCN 直接混合制备？如何制备 $K_3[Fe(CN)_6]$？

4. 如何鉴定 Co^{3+}？溶液中哪些常见离子会干扰鉴定？怎样处理才能消除这些干扰？

5. 在用稀硫酸清洗被 $Co(OH)_3$ 和 $MnO(OH)_2$ 污染的玻璃器皿时，为什么要加入一些过氧化氢溶液？

6. 比较 $[Co(NH_3)_6]^{2+}$ 与 $[Co(NH_3)_6]^{3+}$ 配位化合物的稳定性，并说明原因。

12-4-6　分离纯化与鉴定

1. 如何鉴定分别含有 Fe^{3+}、Co^{2+}、Ni^{2+} 离子的溶液？

2. 在不引进杂质的情况下，如何除去粗 $ZnSO_4$ 溶液中含有的 Fe^{2+}、Fe^{3+}、Cu^{2+} 杂质？

12-4-7 解释实验现象

1. 向 $FeSO_4$ 溶液加入碘水，碘水不褪色，再加入 $NaHCO_3$ 后，碘水褪色。

2. 向 $FeCl_3$ 溶液加入 KSCN 溶液，溶液立即变红，加入适量 $SnCl_2$ 后溶液变成无色。

3. 将 $CoCl_2$ 与 NaOH 作用所得的沉淀久置，再用 HCl 酸化时，有刺激性气体产生。

4. 向 $[Co(NH_3)_6]SO_4$ 溶液中滴加稀盐酸先生成蓝绿色沉淀，后沉淀溶解，生成粉红色溶液。

5. 向 $FeCl_3$ 溶液中通入 H_2S，并没有硫化物沉淀生成。

12-4-8 推理判断

1. 化合物（A）为棕褐色不溶于水的固体，将（A）溶解在浓盐酸中，得到溶液（B）和黄绿色气体（C），（C）通过热氢氧化钾溶液，被吸收后生成溶液（D），（D）用酸中和并以 $AgNO_3$ 溶液处理，生成白色沉淀（E），（E）不溶于硝酸，但可溶于氨水。若在（B）溶液中加入氢氧化钠溶液，得到粉红色沉淀（F），将（F）用 H_2O_2 处理，则又得到（A）。若将（B）用 KNO_2 的醋酸溶液处理，则生成黄色沉淀（G）和气体（H），将（H）通过 $FeSO_4$ 溶液，则溶液变为暗棕色，但没有沉淀生成。写出 A～H 的化学式，用反应方程式表示上述相应的转化过程。

2. 某淡绿色晶体（A）可溶于水，在无氧条件下，将 NaOH 溶液加入（A）中，即有使红色石蕊试纸变蓝的气体（B）放出，同时溶液中有白色沉淀（C）析出。（C）在空气中迅速变为灰绿色、黑色，最后变为红棕色沉淀（D）。（D）溶于稀盐酸中生成棕黄色溶液（E）。在（E）溶液中滴加 KI 溶液，先有褐色沉淀（F）析出，随后变为红棕色溶液（G）。若在滴加 KI 溶液之前先加入过量 KI 溶液，则无此现象。在（D）的浓 NaOH 悬浮液中通入氯气，可得到紫红色溶液（H）。在（A）溶液和（H）溶液中分别滴加 $BaCl_2$，均可析出沉淀，但前者是白色沉淀（I），后者是紫红色沉淀（J）。（I）不溶于 HNO_3，但（J）遇 HNO_3 即分解并放出气体（K）。写出 A～K 的化学式，用反应方程式表示上述相应的转化过程。

3. 某金属（A）缓慢地溶于稀盐酸生成绿色溶液，从中可以结晶出绿色物质（B）。向绿色溶液中加入 NaOH 得绿色沉淀（C），（C）不溶于过量 NaOH 溶液，但在大量 NH_3 存在时可溶于氨水生成蓝色溶液（D）。用气体（E）处理刚生成的沉淀（C），沉淀颜色逐渐加深，最后转化为黑棕色的（F）。（F）与盐酸作用得绿色溶液并放出气体（E）。气体（E）与金属（A）共热生成黄色固体物质（G）。试给出物质 A～G 的化学式，并用化学反应方程式表示上述各步的转化过程。

12.5 铜、银、金

铜(copper)、银（silver)、金（gold）在自然界中可以以单质存在，是最早为人们所熟悉的 3 种金属，历史上曾铸造成钱币，又称货币金属。铜在地壳中的含量约为 0.01%。在自然界中，单质铜含量稀少，铜多以铜矿石存在。自然界的铜主要以两种形式存在：①硫化物矿，主要有辉铜矿 Cu_2S、黄铜矿 $CuFeS_2$ 或 $Cu_2S \cdot Fe_2S_3$ 等；②含氧矿物，主要有赤铜矿 Cu_2O、黑铜矿 CuO、孔雀石 $CuCO_3 \cdot Cu(OH)_2$、胆矾 $CuSO_4 \cdot 5H_2O$ 等。铜矿的含铜量一般在 2%～10%，但富矿高达 20%，贫矿则低于 0.6%。我国的铜矿分布广泛，主要分布于江西、西藏和云南 3 个省区，已探明的储量位居世界第 3 位。

银在地壳中的丰度较低，主要以硫化物形式存在，如闪银矿（Ag_2S），Ag_2S 常与方铅矿（PbS）共存。我国含银的铅锌矿十分丰富。金以金单质形式存在于自然界中，主要散布在石英石中的岩脉金和沙砾中的冲积金中。

铜、银、金的价电子构型为 $(n-1)d^{10}ns^1$，位于 IB 族，属 ds 区，又称铜族元素。铜的常见氧化态为+1、+2，银为+1，金为+1、+3。

12.5.1 单质

铜副族元素为重金属元素，均具有金属光泽。铜为红色，银为银白色，金为黄色。它们是所有金属中导电性和导热性最好的，银占首位，铜次之。此外，这三种金属的延展性很好，铜在电子工业和航天领域中得到了广泛应用。

铜副族元素之间、铜副族元素与其他金属之间均易形成合金，尤以铜合金居多，常见的铜合金分为黄铜、青铜和白铜三种。其中，黄铜又分为普通黄铜和特种黄铜两种。普通黄铜仅由铜和锌形成；特种黄铜是添加少量其他元素如铅或铝形成的合金，如铅黄铜、铝黄铜。铜锡合金为青铜；无论是否含锡，由铜和铝、硅等形成的合金统称为特种青铜。由铜镍（含镍 13%～15%）形成的合金称为白铜，由于其抗腐蚀性和便于机械加工，在工业上应用很广。

铜、银不活泼。铜在干燥空气中比较稳定，几乎不与水反应，但在含有 CO_2 的潮湿空气中，表面逐渐生成一层绿色铜锈（又称铜绿）：

$$2Cu + O_2 + H_2O + CO_2 \longrightarrow Cu_2(OH)_2CO_3$$

铜绿可防止铜进一步腐蚀。银活性差，不发生上述反应，如果银与含有 H_2S 气体的空气接触，其表面很快生成一层黑色 Ag_2S 薄膜，从而使银失去银白色光泽。银对 S 与 H_2S 非常敏感。

由于铜、银的活性排在氢后，它们都不与稀盐酸或稀硫酸作用，放出氢气，但遇到氧化性酸如硝酸或热的浓硫酸，则会成盐：

$$Cu + 4HNO_3(\text{浓}) \longrightarrow Cu(NO_3)_2 + 2NO_2\uparrow + 2H_2O$$

$$3Cu + 8HNO_3(\text{稀}) \longrightarrow 3Cu(NO_3)_2 + 2NO\uparrow + 4H_2O$$

$$Cu + 2H_2SO_4(\text{浓}) \xrightarrow{\triangle} CuSO_4 + SO_2\uparrow + 2H_2O$$

$$2Ag + 2H_2SO_4(\text{浓}) \xrightarrow{\triangle} Ag_2SO_4 + SO_2\uparrow + 2H_2O$$

金的金属活泼性最差，只能溶于王水中：

$$Au + HNO_3(\text{浓}) + 4HCl(\text{浓}) \longrightarrow H[AuCl_4] + NO\uparrow + 2H_2O$$

红热的铜与空气中的氧气反应生成黑色的 CuO，高温时又分解为红色的 Cu_2O。金与银的活性较差，不被高温空气中的氧气氧化。

当水溶液中存在强场配体时，铜与其作用放出 H_2，例如

$$2Cu+8CN^-+2H_2O \longrightarrow 2[Cu(CN)_4]^{3-}+2OH^-+H_2\uparrow$$

当水溶液中存在弱场配体（如 NH_3）时，需要有氧气的存在才能发生下述反应。

铜溶于氨水生成深蓝色的 $[Cu(NH_3)_4]^{2+}$：

$$2Cu+8NH_3+O_2+2H_2O \longrightarrow 2[Cu(NH_3)_4]^{2+}(\text{深蓝色})+4OH^-$$

在有氧气存在时，银和金单质也可以与水溶液中的强场配体作用，例如

$$4Ag+8CN^-+2H_2O+O_2 \longrightarrow 4[Ag(CN)_2]^-+4OH^-$$

$$4Au+8CN^-+2H_2O+O_2 \longrightarrow 4[Au(CN)_2]^-+4OH^-$$

铜在生命系统中发挥着重要作用，人体内含有铜的蛋白质和酶多达30余种。血浆铜几乎全部结合在铜蓝蛋白中，铜蓝蛋白具有亚铁氧化酶的功能，影响铁的代谢。有些动物通过铜蓝蛋白传递 O_2，它们的血液呈蓝色。

单质铜主要来源于黄铜矿 $CuFeS_2$ 提取与冶炼。首先将矿石粉碎，然后再经过浮选、焙烧、熔炼，得到含铜98%的粗铜，最后，采用电解法将粗铜精炼，进一步除去杂质。

以游离态和化合态存在的银先采用 NaCN 浸取，再经锌等活泼金属将 $[Ag(CN)_2]^-$ 中的 Ag 还原，若要得到纯度更高的银单质，还需要用电解法进行精炼。

从矿石中炼金有两种方法，即汞齐法和氰化法。汞齐法是将矿粉与汞混合，形成金汞齐，然后加热将汞挥发掉，可得单质金。由于汞严重污染环境，这种炼金法已被明令禁止。

氰化法炼金，首先将矿粉用氰化钠溶液浸取，溶出金，再用金属锌置换出 $[Au(CN)_2]^-$ 中的金。或者电解 $Na[Au(CN)_2]$ 溶液，金从阴极析出。金的精制是通过电解完成的，先以纯度较低的金为阳极，被氧化进入电解液，然后在阴极上沉积。经精制后的金纯度可达99.95%～99.98%。

12.5.2 主要化合物

在铜的化合物中，Cu(Ⅰ)、Cu(Ⅱ) 较为常见，两种价态间还能相互转化。Ag(Ⅰ) 是银的常见氧化态。金的氧化态以+3为主。

1. Cu(Ⅰ)化合物

Cu(Ⅰ) 的化合物一般为共价化合物，难溶于水，在气态、高温固态和某些配离子中较稳定。在水溶液中 Cu(Ⅰ) 易被氧化为 Cu(Ⅱ)。

Cu_2O 为红色固体，熔点为1235℃，不溶于水。由于晶粒大小不同呈现出不同颜色，如黄色、橘黄色、鲜红色或深棕色。它本身有毒，主要在玻璃、搪瓷工艺中用作红色染料。

Cu_2O 为自然界中赤铜矿的主要成分，实验室可由 CuO 高温分解得到：

$$4CuO \xrightarrow{\text{高温}} 2Cu_2O+O_2\uparrow$$

在碱性介质中，以葡萄糖为还原剂能将 Cu(Ⅱ) 还原成红色 Cu_2O：

$$2[Cu(OH)_4]^{2-}+CH_2OH(CHOH)_4CHO \longrightarrow Cu_2O\downarrow+CH_2OH(CHOH)_4COO^-+4OH^-+2H_2O$$

医学上用该反应检测尿样中的血糖含量，以帮助诊断糖尿病。

$$\varphi_A^\ominus/V \quad Cu^{2+} \underline{\ 0.159\ } Cu^{+} \underline{\ 0.521\ } Cu$$

由铜的元素电势图可知，Cu_2O 溶于稀酸后立即歧化为 Cu 和 Cu^{2+}

$$Cu_2O+2H^+ = Cu^{2+}+Cu+H_2O$$

Cu_2O 也能溶于氨水

$$Cu_2O+4NH_3+H_2O = 2[Cu(NH_3)_2]^+ +2OH^-$$

$[Cu(NH_3)_2]^+$ 是一种无色化合物，不稳定，遇到空气就被氧化成深蓝色的 $[Cu(NH_3)_4]^{2+}$，利用这个性质可除去气体中的痕量 O_2：

$$4[Cu(NH_3)_2]^+ +O_2+8NH_3+2H_2O = 4[Cu(NH_3)_4]^{2+}+4OH^-$$

Cu_2O 与盐酸反应生成难溶的 CuCl 沉淀：

$$Cu_2O+2HCl = 2CuCl\downarrow +H_2O$$

硫化亚铜(Cu_2S) 是黑色物质，难溶于水。Cu_2S 只能溶于浓、热硝酸或氰化钠（钾）溶液中：

$$3Cu_2S+16HNO_3(浓) \xrightarrow{\triangle} 6Cu(NO_3)_2+3S+4NO\uparrow +8H_2O$$

$$Cu_2S+4CN^- = 2[Cu(CN)_2]^- +S^{2-}$$

CuCl、CuBr、CuI 都是难溶于水的白色化合物，溶解度依次减小。这三种化合物可以通过 Cu^{2+} 在相应的卤离子存在时被卤离子还原得到，例如：

$$2Cu^{2+}+4I^- = 2CuI\downarrow +I_2$$

生成的单质碘，用硫代硫酸钠标准溶液滴定。本法可用于对 Cu^{2+} 定量。

在热的浓盐酸溶液中，用铜粉还原 $CuCl_2$，生成 $[CuCl_2]^-$：

$$Cu^{2+}+Cu+4Cl^-(浓) \xrightarrow{\triangle} 2[CuCl_2]^-$$

上述溶液经水稀释后，生成难溶的 CuCl 沉淀：

$$[CuCl_2]^- \xrightarrow{稀释} CuCl\downarrow +Cl^-$$

CuCl 难溶于硫酸、稀硝酸，但溶于氨水、浓盐酸及碱金属的氯化物溶液。

Cu(Ⅰ) 可以和许多配体形成配合物，不同配体配合物的稳定性按下列次序增大：

$$Cl^- < Br^- < I^- < SCN^- < NH_3 < S_2O_3^{2-} < CN^-$$

CuCl 的盐酸溶液能吸收 CO 气体形成氯化碳酰亚铜 $Cu(CO)Cl\cdot H_2O$，利用此性质对 CO 定量。

2. Cu(Ⅱ) 化合物

Cu(Ⅱ) 化合物主要有 CuO、$Cu(OH)_2$、$CuSO_4$、$CuCl_2$ 等。

CuO 是黑色粉末，不溶于水，溶于酸。当温度大于 1000℃时，CuO 分解成 Cu_2O，由此可见，在高温时，Cu(Ⅰ) 比 Cu(Ⅱ) 稳定。

氧化铜可以通过硝酸铜热分解或铜粉与反应制取。

在 Cu^{2+} 溶液中加入强碱，即有淡蓝色 $Cu(OH)_2$ 沉淀析出。$Cu(OH)_2$ 显两性，既能溶于酸，又能溶于热的浓碱溶液：

$$Cu(OH)_2+2OH^- \xrightarrow{\triangle} [Cu(OH)_4]^{2-}$$

$Cu(OH)_2$ 能溶于氨水，生成铜氨络离子：

$$Cu(OH)_2+4NH_3\cdot H_2O = [Cu(NH_3)_4]^{2+}+2OH^- +4H_2O$$

$CuSO_4 \cdot 5H_2O$ 是实验室中最常见的含氧酸的铜盐，蓝色的 $CuSO_4 \cdot 5H_2O$ 俗称胆矾，可用铜屑或氧化物溶于硫酸中制得。在不同温度下，$CuSO_4 \cdot 5H_2O$ 逐步失水，最后生成无水 $CuSO_4$ 为白色粉末。吸水性强，吸水后出现水合铜离子的特征蓝色，这一性质被用来检验一些有机物（如乙醇、乙醚等）中的微量水分。无水 $CuSO_4$ 也可以作干燥剂，除去有机物中少量水分。

在工业上，$CuSO_4$ 常用作电镀液或电解液。$CuSO_4$ 有杀菌作用，在游泳池、储水池中添加 $CuSO_4$ 可防止藻类生长。在农业上，$CuSO_4$ 与石灰水混合配制的波尔多液，用于消灭植物病虫害。

无水 $CuCl_2$ 为棕黄色固体，是共价化合物，其结构为：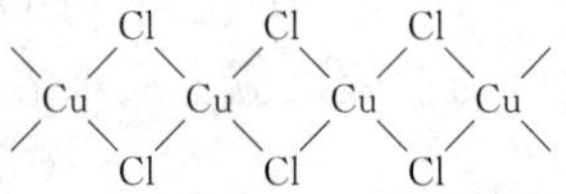

$CuCl_2$ 易溶于水，浓溶液呈绿色（$CuCl_2$ 的颜色），稀溶液呈蓝色（$[Cu(H_2O)_4]^{2+}$ 的颜色），两者并存时呈绿色。$CuCl_2$ 也易溶于乙醇和丙酮，说明 $CuCl_2$ 具有较强的共价性。在很浓的 $CuCl_2$ 溶液或 Cl^- 浓度很高的溶液中，溶液呈黄色（$[CuCl_4]^{2-}$ 配离子的颜色）。

$$Cu^{2+} + 4Cl^- = [CuCl_4]^{2-}$$

$CuCl_2 \cdot 2H_2O$ 受热时，按下式分解：

$$2CuCl_2 \cdot 2H_2O \xrightarrow{\triangle} Cu(OH)_2 \cdot CuCl_2 + 2HCl\uparrow + 2H_2O$$

由于脱水时发生水解，制备无水 $CuCl_2$ 时，要在 HCl 气流保护下进行。无水 $CuCl_2$ 进一步受热，则发生下面的反应：

$$2CuCl_2 \xrightarrow{\triangle} 2CuCl + Cl_2\uparrow$$

在中性或稀酸溶液中，向 Cu^{2+} 溶液中加入 $K_4[Fe(CN)_6]$ 溶液，生成红棕色的 $Cu_2[Fe(CN)_6]$ 沉淀

$$2Cu^{2+} + [Fe(CN)_6]^{4-} = Cu_2[Fe(CN)_6]\downarrow$$

该反应可用于鉴定 Cu^{2+}。

$Cu_2[Fe(CN)_6]$ 沉淀溶于氨性缓冲液中，生成蓝色 $[Cu(NH_3)_4]^{2+}$，与强碱作用时，被分解成蓝色的 $Cu(OH)_2$ 沉淀。

3. Cu（Ⅰ）与 Cu（Ⅱ）的相互转化

从铜的元素电势图可知，Cu(Ⅰ) 在酸中能歧化为 Cu(Ⅱ) 和 Cu 的趋势很大，反应进行得很彻底，如：

$$Cu_2O + H_2SO_4(稀) = CuSO_4 + Cu + H_2O$$

若要使 Cu^{2+} 转化为 Cu(Ⅰ)，在有还原剂存在的同时，还需有 Cu(Ⅰ) 的沉淀剂或配位剂，使之生成难溶物或配离子以降低 Cu^+ 的浓度，如

$$Cu^{2+} + Cu + 2Cl^- = 2CuCl\downarrow$$

Cu 是还原剂，Cl^- 既是沉淀剂又是配位剂。向 CuCl 沉淀中加入过量的浓盐酸，生成 $[CuCl_2]^-$ 配离子，沉淀溶解。

同理，在热的 Cu^{2+} 溶液中加入 KCN，得到白色 CuCN 沉淀，继续加过量的 KCN，沉淀又发生溶解，生成无色 $[Cu(CN)_n]^{1-n}$ 配离子。CN^- 既是还原剂，又是沉淀剂和配位剂：

$$2Cu^{2+} + 4CN^- = 2CuCN\downarrow + (CN)_2$$

$$CuCN + (n-1)CN^- = [Cu(CN)_n]^{1-n}\ (n=2\sim4)$$

4. Ag（Ⅰ）的化合物

Ag_2O 是共价化合物，不溶于水。Ag^+ 与强碱作用生成白色 AgOH 沉淀，极不稳定，立即脱水变成棕黑色 Ag_2O。

Ag 的许多化合物都难溶于水，卤化银的溶解度按 AgCl-AgBr-AgI 依次减小，这是因为 Ag^+ 极化作用很强，而从 Cl^- 到 I^-，阴离子半径依次增大，变形性依次增大，使卤化银由离子键逐步过渡为共价键，因此在水中的溶解度逐步减小，颜色依次加深。

卤化银都有感光分解的性质。照相底片上涂有含 AgBr 胶体粒子的明胶凝胶，胶粒中的 AgBr 在光的作用下分解成"银核"（银原子）：

$$2AgBr \xrightarrow{h\nu} 2Ag + Br_2$$

将感光后的底片用氢醌等显影剂处理，使含有银粒的 AgBr 被还原为金属而变成黑色，这就是显影。最后用 $Na_2S_2O_3$ 等定影液溶解掉未感光的 AgBr：

$$AgBr + 2S_2O_3^{2-} = [Ag(S_2O_3)_2]^{3-} + Br^-$$

难溶卤化银等能和相应的卤离子形成溶解度较大的配离子：

$$AgX + (n-1)X^- = [AgX_n]^{1-n}\ (X=Cl、Br、I;n=2\sim4)$$

因此，用卤离子沉淀 Ag^+ 进行分离时，必须注意卤离子用量不能过量太多，否则沉淀不完全。

Ag_2S 是黑色物质，溶度积非常小，而 Ag^+ 各种配合物的稳定常数又不够大，不足以使其溶解，必须借助氧化还原反应才能使之溶解：

$$3Ag_2S + 8HNO_3 = 6AgNO_3 + 2NO\uparrow + 3S\downarrow + 4H_2O$$

此外，也可以用氰化物使银离子生成配合物：

$$Ag_2S + 4CN^- = 2[Ag(CN)_2]^- + S^{2-}$$

易溶于水的 Ag（Ⅰ）化合物有 $AgNO_3$、AgF、$AgClO_4$ 等。

$AgNO_3$ 熔点（209℃）较低，加热到 440℃ 即分解，微量的有机物或见光后均可使 $AgNO_3$ 分解析出 Ag。因此 $AgNO_3$ 常保存在棕色瓶中。

$$2AgNO_3 \xrightarrow{\triangle} 2Ag + 2NO_2\uparrow + O_2\uparrow$$

$AgNO_3$ 是一种强氧化剂，可被有机物还原为黑色的 Ag。$AgNO_3$ 可使蛋白质凝固成黑色的蛋白银，故对皮肤有腐蚀作用。10% $AgNO_3$ 稀溶液在医药上可用作杀菌剂。

向 $AgNO_3$ 溶液中加入氨水，生成 $[Ag(NH_3)_2]^+$，$[Ag(NH_3)_2]^+$ 可被 80～100℃ 的葡萄糖溶液还原，析出单质银，该反应可用于制造保温瓶和镜子镀银：

$$2[Ag(NH_3)_2]^+ + RCHO + 3OH^- = 2Ag\downarrow + RCOO^- + 4NH_3\uparrow + 2H_2O$$

该反应称为银镜反应，常用来鉴定醛。

AgCl 可以很好地溶解在氨水中，AgBr 能很好地溶解在 $Na_2S_2O_3$ 溶液中，而 AgI、Ag_2S 可以溶解在 KCN 溶液中。

5. 金的化合物

在 200℃时，金与氯气作用生成反磁性的 $AuCl_3$ 红色固体。无论在固态还是在气态下，该化合物均有二聚体结构单元，且具有氯桥结构。$AuCl_3$ 溶于盐酸，得到 $[AuCl_4]^-$，同样将 $AuBr_3$ 溶于氢溴酸可以得到 $[AuBr_4]^-$。

用 $Mg(OH)_2$ 沉淀 $[AuCl_4]^-$，可以得到棕色氢氧化金沉淀，在140℃下脱水可得 Au_2O_3。$AuCl_3$ 加热到160℃分解成 AuCl 和 Cl_2，继续升高温度，生成单质金。

扫码查看习题答案

习 题

12-5-1 给出下列物质的化学式

① 黄铜矿　② 辉铜矿　③ 赤铜矿　④ 黑铜矿

⑤ 孔雀石　⑥ 胆矾　⑦ 青铜、黄铜和白铜　⑧ 斐林试剂

12-5-2 完成并配平下列方程式

1. $Cu + HNO_3$(稀)$=\!=\!=$
2. $Cu + HNO_3$(浓)$=\!=\!=$
3. $Cu_2S + HNO_3$（浓）$\xrightarrow{\triangle}$
4. $Cu_2S + CN^- =\!=\!=$
5. $CuCl_2 \cdot 2H_2O \xrightarrow{\triangle}$
6. $Ag_2S + NaCN(aq) =\!=\!=$
7. $Ag_2S + HNO_3$（稀）$=\!=\!=$
8. $Ag_2O + NH_3 + H_2O =\!=\!=$
9. $[Ag(NH_3)_2]^+ +$葡萄糖$+ OH^- =\!=\!=$
10. $Cu + CN^- + H_2O =\!=\!=$
11. $Au + CN^- + H_2O + O_2 =\!=\!=$

12-5-3 完成并配平下列反应方程式

1. 铜与含有二氧化碳的潮湿空气接触，表面生成铜绿。
2. 银与氰化钠溶液反应。
3. 四羟合铜(Ⅱ）配阴离子与葡萄糖的反应。
4. 氧化亚铜溶于氨水。
5. 醋酸二氨合铜(Ⅰ）溶液吸收使催化剂中毒的一氧化碳。
6. 氢氧化铜在有铵离子存在的条件下溶于氨水。
7. +1 价银离子与强碱溶液作用生成棕黑色物质。
8. 溴化银见光分解。
9、向二硫代硫酸根合银（Ⅰ）配阳离子的溶液中通入 H_2S 气体。
10. 银镜反应。

12-5-4 生产、合成与制备

1. 叙述氰化法炼金的过程。
2. 以金属 Cu 为原料合成下列各物质：①CuCl　②CuO　③CuI。

3. 以金属 Ag 为主要原料制取硝酸银、氯化银、碘化银和硫化银。

12-5-5　解释实验现象

1. $[Ag(NH_3)_2]Cl$ 遇到硝酸时析出沉淀。

2. 稀释 $CuCl_2$ 浓溶液时，体系的颜色由黄色经绿色变为蓝色。

3. 将 SO_2 通入 $CuSO_4$ 和浓的 KCl 混合溶液，生成白色沉淀。

4. 单质铁能使 Cu^{2+} 还原，单质铜却能使 Fe^{3+} 还原。

5. 用 H_2SO_4 酸化 $CuSO_4$ 溶液，之后通入 H_2S，可以得到黑色的 CuS 沉淀。

6. 铜与 NaCN 溶液作用放出 H_2；在有氧气存在时，铜能溶于浓氨水。

7. 铜可溶于硝酸，而金只能溶于王水。

8. CuCN 不溶于水，但可以溶于 KCN 水溶液。

12-5-6　分析说明题

1. 试比较 Cu(Ⅰ) 和 Cu(Ⅱ) 的稳定性，有利于 Cu(Ⅱ) 向 Cu(Ⅰ) 转化的条件是什么？

2. 电解法精炼铜的过程中，阳极的粗铜溶解，纯铜在阴极上沉积。为什么粗铜中的 Ag、Au、Pt 等杂质不溶解，而沉于电解槽底部形成阳极泥？为什么 Ni、Fe、Zn 等杂质与粗铜一起溶解，却不在阴极上沉积出来？

12-5-7　推理判断

1. 化合物（A）的溶液为绿色，将铜丝与其共煮渐渐生成土黄色溶液（B）。用大量的水稀释（B）得到白色沉淀（C）。（C）溶于稀硫酸得到蓝色溶液（D）和红色单质（E）。向蓝色溶液（D）中不断滴入氨水，先有蓝色沉淀（F）生成，最后得到深蓝色溶液（G）；红色单质（E）不溶于稀硫酸和稀氢氧化钠溶液，但可溶于浓硫酸生成蓝色溶液（D）和无色气体（H）。试给出物质 A～H 的化学式，并用化学反应方程式表示上述各步的转化过程。

2. 化合物 A 为一种黑色固体，不溶于水、稀乙酸和稀碱溶液中，但易溶于热盐酸中，生成绿色溶液 B。若将 B 溶液与铜丝共沸，则溶液逐渐变为土黄色溶液 C。将溶液 C 以大量水稀释则产生白色沉淀 D。D 可溶于氨水中形成无色溶液 E，E 暴露于空气中逐渐变为蓝色溶液 F。向 F 溶液中加入氰化钾溶液时，蓝色消失，生成无色溶液 G。向 G 中加入锌粉，生成暗红色沉淀 H，H 不溶于稀酸和稀碱，但可溶于硝酸中生成蓝色溶液 L。L 溶液中滴加苛性钠溶液则生成天蓝色沉淀 J。加热 J 又生成化合物 A。试确定 A～J 各为何物，写出相关的化学反应方程式。

3. 化合物（A）是一种红色固体，它不溶于水，与稀硫酸反应生成蓝色的溶液（B）和暗红色沉淀（C）。往（B）中加入氨水，生成（D）的深蓝色溶液，再加入适量 KCN，得无色溶液，说明有（E）生成。（C）与浓硫酸反应生成（B），同时放出有刺激性气味的气体（F）。试给出物质 A～F 的化学式，并用化学反应方程式表示上述各步的转化过程。

4. 某白色固体 A 难溶于冷水，但可溶于热水，得无色溶液，在该溶液中加入 $AgNO_3$ 溶液生成白色沉淀 B，B 溶于 $2mol \cdot L^{-1}$ $NH_3 \cdot H_2O$ 中，得无色溶液 C，在 C 中加入 KI 溶液生成黄色沉淀 D。A 的热溶液与 H_2S 反应生成黑色沉淀 E，E 可溶于浓 HNO_3 生成无色溶液 F、白色沉淀 G 和无色气体 H，在溶液 F 中加入 $2mol \cdot L^{-1}$ NaOH 溶液，生成白色沉淀 I，继续加入 NaOH 溶液则 I 溶解得到溶液 J，在 J 中通入 Cl_2 有棕黑色 K 生成，K 可与浓 HCl

反应生成A和黄绿色气体L，L能使KI-淀粉试纸变蓝，试确定各字母所代表物种的化学式，并写出相关反应方程式。

12.6 锌、镉、汞

Zn为人体必需的微量元素之一，正常成年人体内锌含量一般为2～3g。锌参与体内100多种酶的形成，在生命活动过程中起着转运物质和交换能量的作用。人体严重锌缺乏会引发一系列健康问题，比如儿童缺锌致使食欲缺乏、味觉不灵敏、生长迟缓，孕妇缺锌会导致胎儿畸形，成人缺锌会出现免疫力下降、性成熟推迟以及学习和记忆功能下降等情况。动物性食物（如牛肉、瘦猪肉、肝脏等）中锌含量高，且具有高生物活性，是人体最容易摄取和利用锌的重要途径。

锌在自然界中多以硫化物矿形式存在，主要有：闪锌矿ZnS、菱锌矿$ZnCO_3$以及红锌矿ZnO。锌矿常与铅、铜、镉等共存，如铅锌矿。镉在自然界中比较稀有，硫化镉矿以微量共存于闪锌矿中。汞在自然界中分布极少，被认为是稀有金属，多以硫化合物形式存在，常见的有朱砂HgS、氯硫汞矿、硫锑汞矿等。

锌、镉、汞均属于重金属。与其它过渡金属相比，锌副族元素的一个重要特点是熔、沸点低，其原因是锌副族元素的原子半径大，且次外层d轨道为全充满状态，不参与金属键的形成，故金属键较弱。

锌、镉、汞的价电子构型为$(n-1)d^{10}ns^2$，位于元素周期表中ⅡB族，属ds区，称为锌族元素。锌、镉、汞的主要氧化数为+2，汞的氧化数有+1和+2。

12.6.1 单质

纯锌为银白色金属，在空气中锌与水、二氧化碳和氧气起反应，生成一层极薄的灰蓝色碱式碳酸锌薄膜：

$$2Zn + O_2 + H_2O + CO_2 \longrightarrow Zn_2(OH)_2CO_3$$

该薄膜可保护锌不再锈蚀，据此原理，常用锌来镀薄铁板，通称白铁皮，用作包装材料。大量锌片用于电池外壳和银-锌电池的电极材料。

在加热条件下，Zn可以与大多数非金属反应。例如，Zn在空气中燃烧生成白色的ZnO；与卤素、P、S直接反应生成卤化锌（ZnX_2）、磷化锌（Zn_3P_2）与硫化锌（ZnS）等：

和Al相似，Zn也是两性金属，既能溶于酸，又能溶于强碱，溶于碱时生成锌酸盐。Zn与Al区别在于Al不溶于氨水，而Zn能溶于氨水形成锌氨配离子：

$$Zn + 2NaOH + 2H_2O \longrightarrow Na_2[Zn(OH)_4] + H_2\uparrow$$

$$Zn + 4NH_3 + 2H_2O \longrightarrow [Zn(NH_3)_4](OH)_2 + H_2\uparrow$$

Zn是一种较强的还原剂，能将多种氧化性物质还原。例如，Zn可将溶液中的Cu^{2+}还原为单质Cu。锌也能使Fe^{3+}还原为Fe^{2+}：

$$Zn + 2Fe^{3+} \longrightarrow 2Fe^{2+} + Zn^{2+}$$

Cd为银灰色金属，熔点低，多数低熔点合金中均含有Cd。在Cu中混入少量的Cd，能增加韧性，但Cu的导电性不会降低。在Fe、Al合金中掺入Cd，能降低合金的膨胀系数。由Cd与Cu、Mg形成的合金是制造轴承的良好材料。

与Zn类似，Cd也是常用的电镀材料。由于Cd的化学活性比Zn差，因此镀镉的材料更耐碱的腐蚀。在航空、航海及用于湿热带的产品零件中，大多采用镀镉。

在原子反应堆中，由于Cd吸收中子的效率高，是制造原子反应堆控制棒的理想材料。

Cd对人体有害而无益。尽管金属Cd本身无毒，但Cd的化合物毒性较大。人、畜食用含Cd的食物或饮用含Cd的水，会在人体中富集，Cd能取代骨骼中的Ca，造成以骨骼损伤为主的中毒病症“骨痛病”，Cd能取代蛋白质或酶中的Zn，引发缺锌症。为此，必须处理含Cd化合物的废水。

在加热条件下，Cd可以与大多数非金属反应。例如，Cd在空中燃烧生成棕灰色的CdO；高温下，Cd与卤素、P、S、Se等反应，分别生成卤化镉（CdX_2）、磷化镉（Cd_3P_2）、硫化镉（CdS）、硒化镉（CdSe）等：

与Zn不同，Cd非两性金属。不溶于碱，但能溶于HNO_3、HAc中，在稀HCl与H_2SO_4中缓慢溶解，分别生成$CdCl_2$与$CdSO_4$，同时放出H_2。

Cd可将硝酸盐还原为亚硝酸盐，将SO_2还原为S^{2-}：

$$Cd + KNO_3 = KNO_2 + CdO$$

$$2Cd + 2SO_2 = CdSO_4 + CdS$$

Hg是室温下唯一呈液态的金属，俗称“水银”。这是由于汞原子6s轨道上的两个电子非常惰性，金属键非常弱，导致其熔点在所有金属中最低。汞有流动性，在−20～300℃范围内，液态汞体积膨胀系数均匀，且不润湿玻璃，常被用作水银温度计。Hg的密度很大，室温下的蒸气压极低，宜于制作气压计、血压计等。Hg蒸气在电弧中能导电，并辐射出高强度的可见光和紫外线，可制作太阳灯用于医疗领域。

Hg常称为“金属溶剂”，能与其他金属形成汞齐。汞齐在化学、化工和冶金中有重要用途。如钠汞齐在有机化学中作较温和的还原剂；利用Hg能溶解Au、Ag的性质，在冶金中曾用汞提取这些贵金属。Fe不与Hg反应，可以用铁制容器储存Hg。

Hg及其化合物大多有毒，Hg元素对人类属于有害元素。Hg的有机化合物能对水域造成严重的污染，饮用含Hg的水或食用被Hg污染的水，Hg在人体内累积，破坏人的中枢神经系统，带来不可治愈的伤害。

Hg的挥发性很强，超过任何一种金属。储藏Hg须密封，应在液面上覆盖一层10% NaCl溶液或乙二醇、甘油等。如果不慎吸入Hg蒸气，会引起人体慢性中毒，出现牙齿松动、毛发脱落、神经错乱等。因此，使用Hg时，要防止Hg洒落。如果洒落，务必尽量收集，对于遗留在缝隙处的Hg，应撒上硫黄粉，将Hg转化为难溶的HgS。

Hg的化学活泼性较差，与轻元素亲O不同，Hg亲S。Hg与硫黄研磨可直接生成HgS。而Hg与O_2反应需要在加热的条件下进行。例如：在加热至沸腾时，Hg在空气中可生成红色的HgO，当温度高于500℃时，HgO又分解为Hg，并放出O_2。

Hg不溶于稀酸，只与热的浓H_2SO_4和浓HNO_3反应。

当浓H_2SO_4过量时，得到$HgSO_4$，Hg过量时得到亚汞盐：

$$Hg + 2H_2SO_4(浓) = HgSO_4 + SO_2\uparrow + 2H_2O$$

$$2Hg + 2H_2SO_4(浓) = Hg_2SO_4 + SO_2\uparrow + 2H_2O$$

Hg 与浓 HNO_3 反应，得到硝酸汞：

$$3Hg+8HNO_3(浓)=3Hg(NO_3)_2+2NO\uparrow+4H_2O$$

Hg 具有一定的还原性，与 $HgCl_2$ 作用可制得 Hg_2Cl_2：

$$Hg+HgCl_2=Hg_2Cl_2$$

12.6.2 主要化合物

1. 锌的重要化合物

向 Zn^{2+} 溶液中加入适量的碱，可生成 $Zn(OH)_2$ 白色的沉淀，若加入的碱过量，$Zn(OH)_2$ 沉淀溶解，生成无色的 $[Zn(OH)_4]^{2-}$：

$$Zn(OH)_2+2OH^-=[Zn(OH)_4]^{2-}$$

$Zn(OH)_2$ 还可溶于氨水，生成 $[Zn(NH_3)_4]^{2+}$，而 $Al(OH)_3$ 不溶于氨水：

$$Zn(OH)_2+4NH_3=[Zn(NH_3)_4]^{2+}+2OH^-$$

据此性质，可以分离 Al^{3+} 和 Zn^{2+}。

$Zn(OH)_2$ 受热脱水，生成白色的 ZnO。ZnO 在工业上主要用于橡胶的生产，能缩短橡胶硫化的时间。ZnO 俗称“锌白”，是一种白色颜料，遇 H_2S 气体生成 ZnS。由于 ZnS 也为白色，所以颜料颜色不会变化。加热时，ZnO 可由白、浅黄逐渐变为柠檬黄色，冷却后，黄色褪去。利用该性质，将 ZnO 掺入油漆或加入温度计中，制成变色油漆或变色温度计。在医药上，ZnO 常调制成各种软膏使用，是利用其具有一定的收敛性和杀菌性能。此外，ZnO 还可用作催化剂。

Zn 或 ZnO 与 HCl 反应均可得到 $ZnCl_2$ 溶液。经浓缩冷却，可析出 $ZnCl_2 \cdot xH_2O$ 晶体。若将溶液直接蒸干，无法得到 $ZnCl_2$ 的晶体，这是因为 $ZnCl_2$ 水解成 Zn (OH) Cl 的缘故。

$$ZnCl_2+H_2O=Zn(OH)Cl+HCl$$

若要制备无水 $ZnCl_2$，通常要在干燥的 HCl 气氛中加热脱水。无水 $ZnCl_2$ 是一种白色易潮解的固体，在固体盐中 $ZnCl_2$ 的溶解度最大。在 -10℃ 时，每 100g 水中可溶解 $ZnCl_2$ 333g。$ZnCl_2$ 的吸水性很强，常用作有机化学中的去水剂。

$ZnCl_2$ 浓溶液因水解而呈酸性，能溶解部分金属氧化物，如 FeO：

$$FeO+2H[Zn(OH)Cl_2]=Fe[Zn(OH)Cl_2]_2+H_2O$$

$ZnCl_2$ 的浓溶液通常被称为焊药水，在焊接金属时，利用它能溶解、清除金属表面的氧化物，且不损害金属表面的性质，以保证焊接质量。

$ZnCl_2$ 水溶液还能用于木材防腐。淀粉、丝绸与纤维素能溶于浓的 $ZnCl_2$ 溶液，因此，其溶液不可用滤纸过滤。

$ZnCl_2$ 的糊状物也常用作牙科黏合剂，这是利用了 $ZnCl_2$ 水解生成 Zn(OH)Cl 快速硬化的特性。

将 Zn 与 S 共热，或向锌盐溶液中加入 $(NH_4)_2S$ 溶液，均可生成白色 ZnS：

$$Zn+S\xrightarrow{\triangle}ZnS$$

$$ZnCl_2+(NH_4)_2S=ZnS+2NH_4Cl$$

此外，向锌盐溶液中通入 H_2S 气体也可得到 ZnS，但 ZnS 沉淀不完全。在沉淀过程中，

随着 H^+ 浓度增加，阻碍了 ZnS 沉淀进一步生成：

$$ZnCl_2 + H_2S \xlongequal{} ZnS + 2HCl$$

ZnS 可作白色颜料，与 $BaSO_4$ 共沉淀得到的混合物 $ZnS \cdot BaSO_4$ 称为锌钡白，俗称“立德粉”，是一种优良的白色颜料。

由于 Zn^{2+} 为 $3s^23p^63d^{10}$ 的 18 电子层结构，极化力很强，具有较强生成配合物的倾向。Zn^{2+} 与 $NH_3 \cdot H_2O$ 作用，生成稳定无色的 $[Zn(NH_3)_4]^{2+}$；Zn^{2+} 与 KCN 生成的 $[Zn(CN)_4]^{2-}$ 也很稳定。

过去，Zn^{2+} 的氰配合物多用作 Zn 的电镀液，用于镀锌。尽管镀锌效果好，但其电镀液毒性太大，正被新的配合物所取代。

在弱碱性条件下，二苯硫腙（C_6H_5—NH—NH—C(S)—N═N—C_6H_5）与 Zn^{2+} 反应，双硫腙分子中的与苯环相连的第一个氮上的活泼氢原子被金属所取代，氮原子与金属离子形成配位键，生成粉红色的配合物，反应非常灵敏，用于 Zn^{2+} 的鉴定。锌与双硫腙形成配合物的方程式见图 12-5。

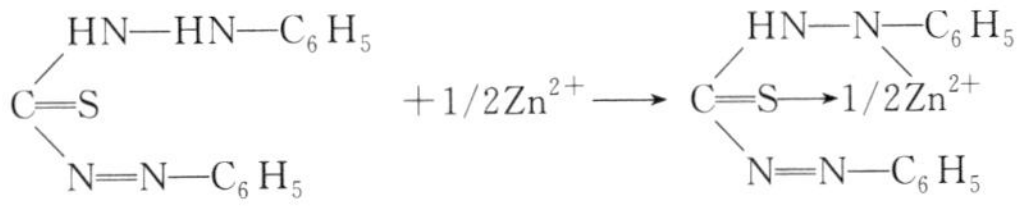

图 12-5 锌与双硫腙形成配合物的方程式

2. 镉的重要化合物

向 Cd^{2+} 溶液中加入碱，可析出白色的 $Cd(OH)_2$ 沉淀。$Cd(OH)_2$ 为碱性不溶于碱，只溶于酸，但能溶于氨水生成 $[Cd(NH_3)_4]^{2+}$：

$$Cd(OH)_2 + 4NH_3 \xlongequal{} [Cd(NH_3)_4]^{2+} + 2OH^-$$

$Cd(OH)_2$ 受热脱水，生成棕色的 CdO。

向 Cd^{2+} 溶液中通入 H_2S 气体，得黄色 CdS 沉淀。CdS 的溶度积（8.0×10^{-27}）比 ZnS（2.5×10^{-22}）小，通过控制溶液的酸度，可实现 Zn^{2+} 与 Cd^{2+} 分离。

CdS 不溶于稀酸，但能溶于浓 HCl、浓 H_2SO_4 和热的稀 HNO_3 中。

$$CdS + 2H^+ + 4Cl^- \xlongequal{} [CdCl_4]^{2-} + H_2S$$

$$3CdS + 8HNO_3 \xlongequal{} 3Cd(NO_3)_2 + 2NO\uparrow + 3S\downarrow + 4H_2O$$

CdS 俗称“镉黄”，耐光、耐热、耐碱性能好，可用作绘画和油漆颜料等。向 CdS 中添加 CdSe、ZnS、HgS 等，可得到由浅黄到深红的色彩鲜艳的颜料，其纳米级产品能用于生产彩色透明玻璃。高纯度的 CdS 是一种良好的半导体材料，用于太阳能电池的生产。

Cd^{2+} 与 Zn^{2+} 的外层电子构型均为 18 电子结构，由于 Cd^{2+} 比 Zn^{2+} 多一层电子，其极化力更强，有更强的生成配合物的倾向。Cd^{2+} 与 $NH_3 \cdot H_2O$ 作用生成稳定无色的 $[Cd(NH_3)_4]^{2+}$；与 CN^- 反应生成稳定的 $[Cd(CN)_4]^{2-}$。

3. 汞的主要化合物

向 Hg^{2+} 溶液中加入强碱时，析出的不是 $Hg(OH)_2$，而是黄色的 HgO 沉淀。

$$Hg^{2+} + 2OH^- \xlongequal{} HgO\downarrow + H_2O$$

向 $Hg(NO_3)_2$ 溶液中加入 Na_2CO_3，得到沉淀物为 HgO。

$$Hg(NO_3)_2 + Na_2CO_3 = HgO\downarrow + CO_2\uparrow + 2NaNO_3$$

若将 $Hg(NO_3)_2$ 晶体加热，分解得到的产物是红色的 HgO。在低于 300℃时，对黄色的 HgO 加热，可转变为红色的 HgO。两者的晶体结构相同，黄色的晶粒细小，红色的晶粒较大。

HgO 为共价型化合物，不稳定，受热易分解，当温度高于 300℃时，分解为单质 Hg 和 O_2：

$$2HgO = 2Hg + O_2\uparrow$$

HgO 为碱性氧化物，只溶于酸，不溶于碱，是制备多种汞盐的原料，还可用作医药制剂、分析试剂、陶瓷颜料等。

$HgCl_2$ 有剧毒，内服 0.2～0.4g 就可致死。$HgCl_2$ 为共价化合物，氯原子以共价键与汞原子结合成直线形 Cl—Hg—Cl 分子。$HgCl_2$ 熔点较低，易升华，俗称升汞。$HgCl_2$ 的稀溶液有杀菌及防腐作用，外科上用作消毒剂。

在酸性溶液中，$HgCl_2$ 可被 $SnCl_2$ 还原为白色的 Hg_2Cl_2 沉淀，过量的 $SnCl_2$ 能将 Hg_2Cl_2 进一步还原为黑色的金属 Hg，该反应可用于鉴定 Hg^{2+} 或 Sn^{2+}

$$2HgCl_2 + SnCl_2 = SnCl_4 + Hg_2Cl_2\downarrow$$

$$Hg_2Cl_2 + SnCl_2 = SnCl_4 + 2Hg\downarrow$$

$HgCl_2$ 与氨水反应，生成白色的氨基氯化汞沉淀：

$$HgCl_2 + 2NH_3 = Hg(NH_2)Cl\downarrow + NH_4Cl$$

Hg_2Cl_2 是一种白色粉末，难溶于水，Hg_2Cl_2 又称甘汞，用来制造甘汞电极。电极反应为：

$$Hg_2Cl_2(s) + 2e^- = 2Hg + 2Cl^-$$

Hg_2Cl_2 见光逐渐分解，生成毒性很大的 $HgCl_2$ 及 Hg：

$$Hg_2Cl_2 \xrightarrow{h\nu} HgCl_2 + Hg$$

因此，Hg_2Cl_2 应贮存在棕色瓶中。

Hg_2Cl_2 与氨水反应，可歧化生成白色的氨基氯化汞和黑色单质汞，所得沉淀呈灰黑，该反应用于检验 Hg_2^{2+}：

$$Hg_2Cl_2 + 2NH_3 = Hg(NH_2)Cl\downarrow + Hg\downarrow + NH_4Cl$$

向 Hg_2^{2+} 溶液中加入强碱时，析出的是 HgO 和 Hg 混合物

$$Hg_2^{2+} + 2OH^- = HgO\downarrow + Hg\downarrow + H_2O$$

向 Hg^{2+}、Hg_2^{2+} 的溶液中分别加入适量 Br^-、SCN^-、I^-、S^{2-} 时，分别生成难溶于水的 Hg(Ⅱ) 盐和 Hg(Ⅰ) 盐。但是，很多难溶的 Hg(Ⅰ) 盐不稳定，见光或受热容易歧化成 Hg(Ⅱ) 的难溶盐和单质汞。例如，在 Hg_2^{2+} 溶液中加入 I^- 时，首先析出难溶于水的灰绿色的 Hg_2I_2

$$Hg_2^{2+} + 2I^- = Hg_2I_2\downarrow$$

Hg_2I_2 见光容易歧化为金红色的 HgI_2 和黑色的单质汞：

$$Hg_2I_2(s) = HgI_2\downarrow + Hg\downarrow$$

HgI_2 可溶于过量的 KI 溶液中，生成 $[HgI_4]^{2-}$ 配离子：

$$HgI_2 + 2I^- = [HgI_4]^{2-}$$

$[HgI_4]^{2-}$ 与 KOH 的混合液，又称奈斯勒（Nessler）试剂，是检验 NH_4^+ 的灵敏试剂。

$$NH_4^+ + [HgI_4]^{2-} + 4OH^- \rightleftharpoons$$
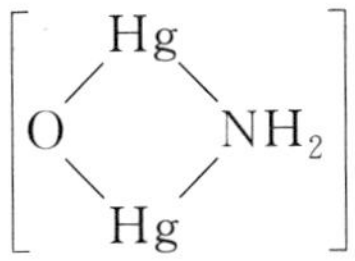
$$I(s) + 7I^- + 3H_2O$$

接下来讲解 Hg(Ⅰ) 和 Hg(Ⅱ) 的相互转化

在酸性介质中，汞的元素电势图如下：

$$\varphi_A^{\ominus}/V \qquad Hg^{2+} \ \underline{\ 0.920\ } \ Hg_2^{2+} \ \underline{\ 0.7973\ } \ Hg$$

因 $\varphi_{右}^{\ominus} < \varphi_{左}^{\ominus}$，故 Hg_2^{2+} 能稳定存在于溶液中，不发生歧化。

$$Hg^{2+} + Hg = Hg_2^{2+}$$

$$K^{\ominus} = \frac{[Hg_2^{2+}]}{[Hg^{2+}]} = 120$$

由于上述反应的平衡常数较大，平衡强烈偏向于 Hg_2^{2+} 一方。若要将 Hg(Ⅰ) 转化为 Hg(Ⅱ)，可以设法降低 Hg(Ⅱ) 的浓度。例如，加入一种试剂，使其与 Hg(Ⅱ) 生成沉淀或配合物，使平衡向左移动：

$$Hg_2^{2+} + 2OH^- = HgO\downarrow + Hg\downarrow + H_2O$$

$$Hg_2^{2+} + S^{2-} = HgS\downarrow + Hg\downarrow$$

$$Hg_2^{2+} + CO_3^{2-} = HgO\downarrow + Hg\downarrow + CO_2\uparrow$$

$$Hg_2^{2+} + 4I^- = [HgI_4]^{2-} + Hg\downarrow$$

HgS 是溶度积最小的硫化物，即使在浓硝酸中也不能溶解，HgS 可溶于过量的浓 Na_2S 溶液或 KI 溶液中：

$$HgS + Na_2S(浓) = Na_2[HgS_2]$$

$$HgS + 2H^+ + 4I^- = [HgI_4]^{2-} + H_2S\uparrow$$

实验室里常用王水将其溶解：

$$3H_gS + 12Cl^- + 8H^+ + 2NO_3^- = 3[H_gCl_4]^{2-} + 3S\downarrow + 2NO\uparrow + 4H_2O$$

这一反应，除了 HNO_3 能把 HgS 中的 S^{2-} 氧化成 S 外，生成的 $[HgCl_4]^{2-}$ 配离子也是促使 HgS 溶解的动力学因素之一。可见，HgS 的溶解是氧化还原反应和配位反应共同作用的结果。

习　题

扫码查看习题答案

12-6-1　给出下列物质的化学式

① 闪锌矿	② 菱锌矿	③ 红锌矿	④ 朱砂	⑤ 锌白
⑥ 立德粉	⑦ 镉黄	⑧ 甘汞	⑨ 升汞	⑩ 奈斯特试剂

12-6-2　完成并配平下列方程式

1. $Zn + NaOH + H_2O =$

2. $HgO \xrightarrow{\triangle}$

3. $Hg+HNO_3$（浓）$==$

4. $HgS+Na_2S$（浓）$==$

5. $ZnCl_2 \cdot H_2O \xrightarrow{\triangle}$

6. $Hg_2Cl_2 \xrightarrow{h\nu}$

7. $HgS+H^++I^- ==$

12-6-3　完成并配平下列反应方程式

1. 过量的单质汞与冷的浓硝酸反应。
2. 单质锌溶于氨水。
3. 奈斯勒试剂检验铵离子。
4. 碘化汞溶解于过量的碘化钾溶液中。
5. 硫化汞溶于浓的碘化钾酸性溶液。
6. 向氨水中滴加甘汞溶液。
7. 硫化汞溶于王水。
8. 分别向硝酸银、硝酸铜、硝酸汞和硝酸亚汞溶液中加入过量的碘化钾，各得何种产物？写出化学反应方程式。

12-6-4　生产、合成与制备

1. 以含有杂质 CdS 的闪锌矿（ZnS）提炼金属。
2. 以辰砂（HgS）为原料制取高纯汞。
3. 以金属 Zn 为主要原料制取硝酸锌、氯化锌和硫化锌。
4. 以金属 Hg 为主要原料制取硝酸汞、硝酸亚汞、碘化汞、碘化亚汞和硫化汞。

12-6-5　解释实验现象

1. 水合二氯化锌与亚硫酰氯共热。
2. 向 $[Zn(OH)_4]^{2-}$ 溶液中不断滴加盐酸，先有白色沉淀生成，继而沉淀溶解。
3. 焊接铁制品时，常用浓氯化锌溶液处理焊接表面。
4. 配制硝酸汞溶液时要先将其溶解在稀硝酸中。
5. 向 $Hg_2(NO_3)_2$ 溶液中不断滴加 KI 溶液，先有黄色沉淀生成，继而沉淀颜色加深，最后得到黑色沉淀和无色溶液。
6. 硫化汞可溶于王水和硫化钠溶液中。

12-6-6　简答题

1. 试填写汞的硝酸盐与某些试剂反应的主要产物，并说明实验现象。

	$Hg_2(NO_3)_2$	$Hg(NO_3)_2$
KOH		
$NH_3 \cdot H_2O$		
H_2S		
$SnCl_2$		
KI		

2. 向含 Zn^{2+} 的水溶液中加入 Na_2CO_3，得到的沉淀为 $ZnCO_3 \cdot Zn(OH)_2$，若加入 $NaHCO_3$，则沉淀为 $ZnCO_3$。试用化学反应方程式描述以上过程，并解释其原因。

3. HCl 和 HI 溶液都是强酸，Hg 不能从 HCl 溶液中置换出 H_2，却能从 HI 溶液中置换出 H_2。

4. 试根据汞的元素电势图回答问题：

$$Hg^{2+} \ \underline{\ 0.920\ }\ Hg_2^{2+} \ \underline{\ 0.7973\ }\ Hg$$

① 在酸性介质中 Hg_2^{2+} 能否发生歧化反应？

② 计算反应 $Hg+Hg^{2+} \rightleftharpoons Hg_2^{2+}$ 的平衡常数$K^{\ominus}$

③ 拟使 Hg(Ⅰ) 歧化为 Hg(Ⅱ) 和 Hg，应该怎样操作？试举两个实例加以说明。

5. 试用两种方法除去 $AgNO_3$ 晶体中的少量 $Cu(NO_3)_2$ 杂质。

12-6-7 推理判断

1. 白色固体（A）不溶于水和氢氧化钠溶液，溶于盐酸形成无色溶液（B）和气体（C）。向溶液（B）中滴加氨水先有白色沉淀（D）生成，而后（D）又溶于过量氨水中形成无色溶液（E）；将气体（C）通入 $CdSO_4$ 溶液中得黄色沉淀，若将（C）通入溶液（E）中则析出固体（A）。试给出物质 A～E 的化学式，并用化学反应方程式表示上述各步的转化过程。

2. 一白色固体溶于水后得无色溶液 A。向 A 溶液中加入氢氧化钠溶液得黄色沉淀 B。B 难溶于过量的氢氧化钠溶液，但溶于盐酸又生成 A 溶液。向 A 溶液中滴加少量氯化亚锡溶液，有白色沉淀 C 产生。用过量的碘化钾溶液处理 C 得黑色沉淀 D 和无色溶液 E。向 E 溶液中通入硫化氢气体得到黑色沉淀 F。F 难溶于硝酸，但可溶于王水中产生乳白色沉淀 G、无色溶液 H 和无色气体 I。I 可使酸性高锰酸钾溶液褪色。试确定 A～I 各为何物，写出相关的化学反应方程式。

3. 无色晶体 A 易溶于水，见光或受热易分解。向 A 溶液中加入盐酸得白色沉淀 B。B 溶于氨水得无色溶液 C。向 C 中加入盐酸又生成 B。向 A 的水溶液中加入少量海波溶液立即生成白色沉淀 D。D 很快由白变黄、变棕，最后变为黑色沉淀 E。E 难溶于盐酸或大苏打溶液，但可溶于硝酸得到 A 的溶液、乳白色沉淀 F 和无色气体 G。G 遇空气变为红棕色气体 H。试确定 A～H 各为何物，写出相关的化学反应方程式。

扫码查看重难点

第 13 章

吸光光度法

吸光光度法是以物质对光的选择性吸收为基础的分析方法，包括比色法和分光光度法。前者是通过比较有色溶液颜色深浅来确定有色物质的含量；后者是根据物质对一定波长单色光的选择性吸收来测定物质的含量。根据物质所吸收光的波长范围，分光光度法又可分为紫外、可见及红外分光光度分析法。

13.1 光的基本性质

光是一种电磁波，具有波动性和微粒性。光在空间传播过程中发生的干涉、衍射、折射等现象就突出表现了光的波动性。描述波动性的重要参数是波长（λ）和频率（ν），它们之间的关系为：$\nu=c/\lambda$（c 为光速）。粒子性是指光是由大量光子组成的聚集体，光子的能量（E）取决于光的频率或波长：$E=h\nu=hc/\lambda$（h 为普朗克常量）。由上述关系可知，波长越小，光能越大，所以短波能量高，长波能量低。

根据波长的不同，光可分为红外光、可见光、紫外光、X 光等。人眼能够感觉到的光称为可见光，它不过是电磁波中的一段很窄的波段（400～750nm），也就是我们日常所见的日光（又称为白光）。光可分为单色光与复合光。理论上，将仅具有某一波长的光称为单色光，单色光由具有相同能量的光子所组成。由不同波长的光组成的光称为复色光。单色光其实只是一种理想的单色，实际上常含有少量其他波长的色光。日光是由 400～750nm 等多种单色光组成的复色光。日光通过三棱镜时，分解为红、橙、黄、绿、青、蓝、紫等七色光，这种现象称为光的色散。相反，由多种不同颜色的光按一定比例混合，可得到白光。若某两种波长的光按一定的强度比例混合也可得到白光，将这两种光称为互补色光。如图 13-1 所示，成直线关系的两种单色光混合后成为白光，如绿色光和紫色光，黄色光和蓝色光为互补色光。

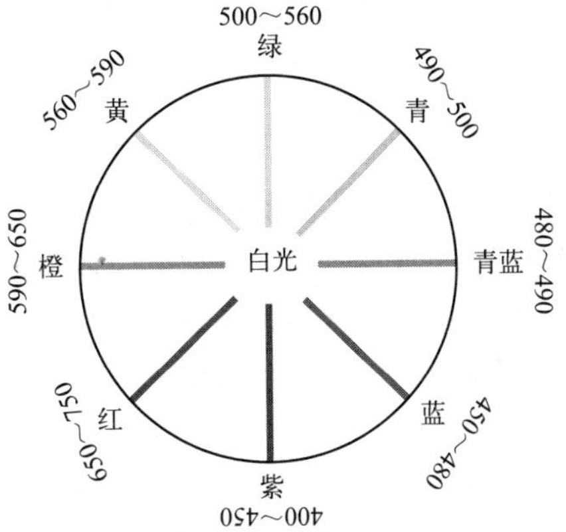

图 13-1 光的互补色

13.2 物质对光的选择性吸收

13.2.1 物质的颜色与吸收光的关系

颜色是物质对不同波长光的吸收特性表现在人视觉上所产生的反应。一种物质呈现何种颜色，与入射光的组成和物质本身的性质有关。当光束照射到物体上时，由于不同物质对于不同波长的光的吸收、透射、反射、折射的程度不同而呈现不同的颜色。溶液呈现不同的颜色是由溶液中的质点（离子或分子）对不同波长的光具有选择性吸收而引起的。当白光通过某一有色溶液时，该溶液会选择性地吸收某些波长的色光而让那些未被吸收的色光透射过去，溶液呈现透射光的颜色，亦即呈现的是它吸收光的互补色的颜色。例如：$KMnO_4$ 溶液选择吸收了白光中的绿色光，与绿色光互补的紫色光因未被吸收而透过溶液，则溶液呈紫色。$CuSO_4$ 溶液选择吸收了白光中的黄光，其互补色光蓝色光为透过的光，溶液呈蓝色。若溶液对白光中各种颜色的光都不吸收，则溶液为透明无色；反之则呈黑色。可见，物质之所以呈现不同的颜色，是与它对互补色光的选择性吸收有关。表 13-1 列出了物质的颜色与吸收光颜色以及波长的关系。

表 13-1 物质颜色与吸收光颜色和波长的关系

物质颜色(互补色)	吸收光	
	颜色	波长/nm
黄绿	紫	400～450
黄	蓝	450～480
橙	绿蓝	480～490
红	蓝绿	490～500
紫红	绿	500～560
紫	黄绿	560～580
蓝	黄	580～600
绿蓝	橙	600～650
蓝绿	红	650～750

13.2.2 吸收光谱

1. 吸收光谱

当一束平行单色光照射到任何均匀、非散射的介质（固体、液体或气体），例如溶液时，光的一部分被介质吸收，一部分透过溶液、一部分被器皿的表面反射（见图 13-2）。

如果入射光的强度为I_0，吸收光的强度为I_a，透过光的强度为I_t，反射光的强度为I_r，则它们之间的关系为

$$I_0 = I_r + I_a + I_t \tag{13-1}$$

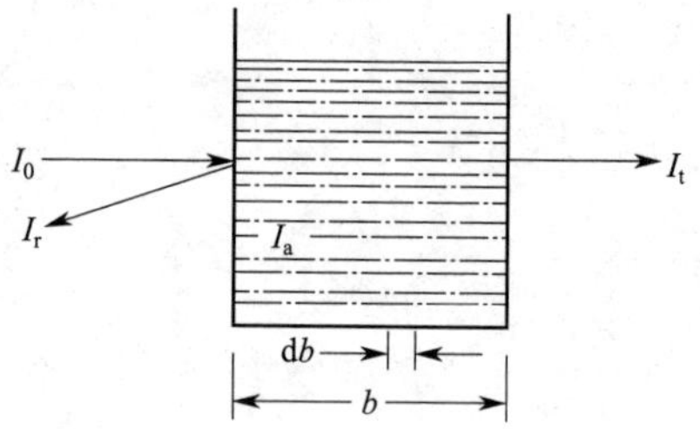

图 13-2　光吸收示意图

在分光光度测定中，盛溶液的比色皿都是采用相同质量的光学玻璃制成的，反射光的强度基本不变（一般约为入射光强度的 4%），其影响可以互相抵消，于是，可以简化为

$$I_0 = I_a + I_t \tag{13-2}$$

透过光强度（I_t）与入射光强度（I_0）之比（I_t/I_0），表示了入射光透过溶液的程度，称为透光度（以%表示时为透光率），用 T 表示。

$$T = I_t/I_0 \tag{13-3}$$

lg（I_0/I_t）表明了溶液对光的吸收程度，定义为吸光度，并用符号 A 表示。

$$A = -\lg T = \lg(I_0/I_t) \tag{13-4}$$

当依次将各种波长的单色光通过某一有色溶液，测量每一波长下有色溶液对该波长光的吸收程度（吸光度 A），然后以波长为横坐标，吸光度为纵坐标作图，得到一条曲线，称为该溶液的吸收曲线，亦称为吸收光谱。$KMnO_4$ 溶液的吸收曲线见图 13-3。

图 13-3 描述了物质对不同波长光的吸收能力。同一种物质对不同波长光的吸光度不同，吸光度最大处对应的波长称为最大吸收波长（λ_{max}）。不同浓度的同一种物质，吸收曲线形状相似，最大吸收波长相同。不同物质，它们的吸收曲线形状和λ_{max} 均不同，根据吸收曲线形状和最大吸收波长可进行物质的初步定性。同一物质，浓度越大，吸光度越大，曲线上移。在图 13-3 中，$c_1 < c_2 < c_3 < c_4$。根据吸光度与被测物浓度的线性关系，可对被测物含量进行定量。由于在最大吸收波长处吸光度随浓度变化的增幅最大，灵敏度最高，所以，测定某一物质含量时，一般选择最大吸收波长。

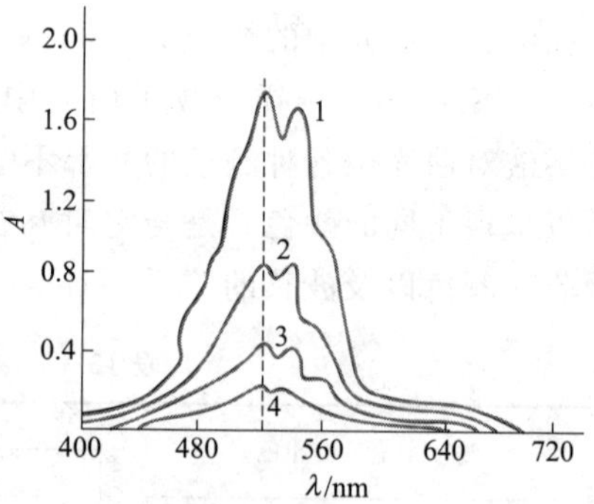

图 13-3　$KMnO_4$ 溶液的吸收光谱

2. 吸收光谱产生的机理

吸收光谱一般有原子吸收光谱和分子吸收光谱。原子吸收光谱是由原子外层电子选择性地吸收某些波长的电磁波产生跃迁而引起的。分子吸收光谱是分子中的价电子在分子轨道间跃迁产生的。在分子中，除了电子相对于原子核的运动之外，还有原子核的相对运动，分子

作为整体围绕其重心的转动、分子的平动，以及原子之间的相对振动和分子中基团间的内旋转运动。因此，在分子中，除了电子运动能E_e，原子的核能E_n，分子转动能E_r 和分子平动能E_t 外，还有原子间的相对振动能E_v 和基团间的内旋转能E_i 等。当不考虑各种运动之间的相互作用时，可近似地认为分子的总能量为：

$$E = E_e + E_n + E_t + E_i + E_v + E_r \tag{13-5}$$

由于在一般化学实验条件下，E_n 不发生变化，E_t 和 E_i 又比较小，所以一般只需考虑电子运动能量、振动能量和转动能量：

$$E = E_e + E_v + E_r \tag{13-6}$$

而这三种能量又都是量子化的，对应有一定的能级。在同一电子能级内，分子的能量还因振动能量的不同而分成若干分级，称为振动能级。当分子处于某一电子能级中某一振动能级时，分子的能量还会因转动能量的不同再分为若干分级，称为转动能级。显然，电子运动能的能量差 ΔE_e、振动能级的能量差 ΔE_v 和转动能级的能量差 ΔE_r 的相对大小关系为：

$$\Delta E_e > \Delta E_v > \Delta E_r \tag{13-7}$$

当分子吸收了外来辐射的能量就从一个能量较低的能级跃迁到一个能量较高的能级。因此，每一跃迁都对应着吸收一定的能量辐射。物质的电子结构不同，所能吸收光的波长也不同，这就构成了物质对光的选择性吸收。分子的转动能级能量差一般在 0.005～0.05eV，产生此能级的跃迁，需吸收波长约为 250～25μm 的远红外光，这种光谱称为转动光谱或远红外光谱。分子的振动能级能量差一般在 0.05～1eV，需吸收波长约为 25～1.25μm 的红外光才能产生跃迁。分子的电子能级能量差约 1～20eV，比分子振动能级差要大几十倍，所吸收光的波长约为 1.25～0.06μm，主要在真空紫外到可见光区，相应形成的光谱，称为电子光谱或紫外可见光谱。

吸光光度法就是基于这种物质对可见光的选择性吸收的特性而建立起来的，它属于分子吸收光谱。分子吸收光谱形成中所吸收的能量与电磁辐射的频率成正比，符合普朗克定律：

$$\Delta E = E_2 - E_1 = h\nu = hc/\lambda \tag{13-8}$$

式中，ΔE 是吸收的能量；h 为普朗克常数（6.626×10^{-34} J·s）；ν 是辐射频率；c 是光速；λ 为波长。分子的电子能级能量差比分子的转动能级能量差和分子振动能级差要大几十倍，分子的电子能级跃迁必定伴随着振动能级和转动能级的跃迁，因此所得的可见吸收光谱常常不是谱线或窄带，而是由大量谱线重叠而成的连续的吸收带。

13.3 光吸收的基本定律

13.3.1 朗伯-比尔定律

1760 年，朗伯（Lamber）指出，当单色光通过浓度一定的、均匀的吸收溶液时，该溶液对光的吸收程度与液层厚度 b 成正比。这种关系称为朗伯定律，数学表达式为：

$$A \propto k_1 b \tag{13-9}$$

1852 年，比尔（Beer）指出，当单色光通过液层厚度一定的、均匀的吸收溶液时，该溶液对光的吸收程度与溶液中吸光物质的浓度 c 成正比。这种关系称为比尔定律，数学表达式为：

$$A \propto k_2 c \tag{13-10}$$

如果同时考虑溶液浓度与液层厚度对光吸收程度的影响，即将朗伯定律与比尔定律结合起来，则可得：

$$A = -\lg T = \lg(I_0/I_t) = kbc \tag{13-11}$$

该式称为朗伯-比尔定律的数学表达式。上述各式中I_0、I_t分别为入射光强度和透射光强度；b为光通过的液层厚度，cm；c为吸光物质的浓度，$mol \cdot L^{-1}$；k_1、k_2和k均为比例常数，与吸光物质的性质、入射光波长及温度等因素有关。

上式的物理意义为：当一束平行的单色光通过均匀的某吸收溶液时，溶液对光的吸收程度A与吸光物质的浓度和光通过的液层厚度的乘积成正比。

应用该定律时应注意以下几点：

(1) 朗伯-比尔定律不仅适用于有色溶液，也适用于其他均匀非散射的吸光物质（包括液体、气体和固体）。

(2) 该定律应用于单色光时，既适用于可见光，也适用于红外光和紫外光，是各类吸光光度法的定量依据。

(3) 吸光度具有加和性，是指溶液的总吸光度等于各吸光物质的吸光度之和。根据这一规律，可以进行多组分的测定及某些化学反应平衡常数的测定。这个性质对于理解吸光光度法的实验操作和应用都有着极其重要的意义。

13.3.2 吸光系数和摩尔吸光系数

朗伯-比尔定律的数学表达式中的比例常数k值随c、b所用单位不同而不同，如果液层厚度(b)的单位为cm，浓度(c)的单位为$g \cdot L^{-1}$，则常数k可用a表示，a称为吸光系数，其单位是$L \cdot g^{-1} \cdot cm^{-1}$，则朗伯-比尔定律可写为：

$$A = abc \tag{13-12}$$

如果液层厚度(b)的单位仍为cm，但浓度(c)的单位为$mol \cdot L^{-1}$，则常数k可用ε表示，ε称为摩尔吸光系数，其单位是$L \cdot mol^{-1} \cdot cm^{-1}$，此时朗伯-比尔定律可写为：

$$A = \varepsilon bc \tag{13-13}$$

吸光系数（a）和摩尔吸光系数（ε）是有色化合物的重要特性，也是鉴别光度法灵敏度的重要标志。它与入射光的波长、溶液的性质和温度、仪器的质量有关，而与溶液的浓度和液层的厚度无关。同一物质与不同显色剂反应，生成不同的有色化合物时具有不同的ε值，同一化合物在不同波长处的ε也可能不同。在最大吸收波长处的摩尔吸光系数常以ε_{max}表示。ε值越大，该有色物质对入射光的吸收能力越强，显色反应越灵敏。所以，可根据不同显色剂与待测组分形成有色化合物的ε值的大小，比较它们对测定该组分的灵敏度。以前曾认为$\varepsilon > 1 \times 10^4 L \cdot mol^{-1} \cdot cm^{-1}$的反应即为灵敏反应。随着近代高灵敏显色反应体系的不断发展，现在通常认为$\varepsilon \gg 6 \times 10^4 L \cdot mol^{-1} \cdot cm^{-1}$的显色反应才属灵敏反应，$\varepsilon < 2 \times 10^4 L \cdot mol^{-1} \cdot cm^{-1}$已属于不够灵敏的显色反应。目前甚至已有许多$\varepsilon \gg 1 \times 10^5 L \cdot mol^{-1} \cdot cm^{-1}$的高灵敏显色反应可供选择。

应该指出的是，ε值仅在数值上等于浓度为$1 mol \cdot L^{-1}$，液层厚度为1cm时有色溶液的吸光度，在分析实践中不可能直接取浓度为 $1mol \cdot L^{-1}$ 的有色溶液测定 ε 值，而是根据低浓度时的吸光度，通过计算求得。还应指出的是，上例求得的 ε 值是把待测组分看作完全转变为有色化合物计算的。实际上，溶液中的有色物质浓度常因副反应和显色反应平衡的存在，并不完全符合这种化学计量关系，因此，求得的摩尔吸光系数称为表观摩尔吸光系数。

例 13-1　Fe^{2+} 浓度为 $500mg \cdot L^{-1}$ 的溶液，与邻二氮菲反应生成橙红色配合物三邻二氮菲合铁，其在波长 510nm，比色皿厚度为 2cm 时测得吸光度为 0.19，计算三邻二氮菲合铁在此波长的摩尔吸光系数。

解：Fe 的原子量为 55.85，$c_{(Fe^{2+})}=500\times10^{-6}\div55.85=8.95\times10^{-6}$ $(mol \cdot L^{-1})$

根据 $A=\varepsilon bc$，则 $\varepsilon=0.19/(2\times8.95\times10^{-6})=1.1\times10^{4}(L \cdot mol^{-1} \cdot cm^{-1})$

例 13-2　一有色化合物的 0.0010% 水溶液在 2cm 比色皿中测得透过率 52.2%。已知它在 520nm 处的摩尔吸光系数为 $2.24\times10^{3}L \cdot mol^{-1} \cdot cm^{-1}$。求此化合物的摩尔质量。

解：$A=-\lg T=\varepsilon bc=\varepsilon b\times[(0.0010/M_r)\times(1000/100)]$

$M_r=\varepsilon b\times0.010/(-\lg T)=2.24\times10^{3}\times2\times0.010/(-\lg0.522)=159(g \cdot mol^{-1})$

13.4　偏离朗伯-比尔定律的原因

定量分析时，通常液层厚度是相同的，按照朗伯-比尔定律，浓度与吸光度之间的关系应该是一条通过直角坐标原点的直线。但在实际工作中，往往会偏离线性而发生弯曲（尤其当溶液浓度较高时），这种现象称为对朗伯-比尔定律的偏离（见图 13-4）。

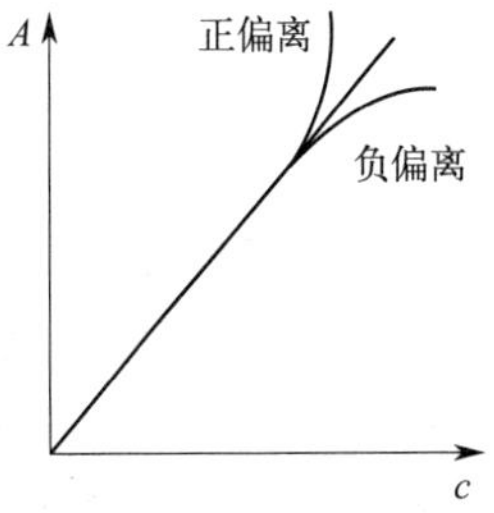

图 13-4　朗伯-比尔定律的偏离

引起这种偏离的因素有以下两大类：一类是物理性因素，主要包括非单色光引起的偏离；另一类是化学性因素，主要包括溶液中吸光质点的相互作用和化学平衡的移动。

13.4.1　物理性因素

朗伯-比尔定律是建立在均匀、非散射的溶液这个基础上的。如果介质不均匀，呈胶体、乳浊、悬浮状态，则入射光除了被吸收外，还会有反射、散射的损失，因而实际测得的吸光度增大，导致对朗伯-比尔定律的偏离。此外，入射光不是垂直通过比色皿，导致光束的平均光程大于吸收池的厚度，实际测得的吸光度将大于理论值。

朗伯-比尔定律的偏离主要还是由入射光是非单色光引起的。朗伯-比尔定律的前提条件之一是入射光为单色光。但是分光光度计难以获得真正的纯单色光，只能获得近乎单色的狭窄光带，即入射光还含有其他波长的杂色光。不同波长光的吸收程度不同，因此这些杂色光将导致朗伯-比尔定律的偏离。例如：λ_1、λ_2 两种波长的光分别透过溶液时

对于λ_1的光，其吸光度

$$A_1=-\lg T=\lg(I_{0,1}/I_{t,1})=\varepsilon_1 bc$$

或写成
$$I_{t,1}=I_{0,1}\times 10^{\varepsilon_1 bc}$$

对于λ_2的光，其吸光度

$$A_2=-\lg T=\lg(I_{0,2}/I_{t,2})=\varepsilon_2 bc$$

或写成
$$I_{t,2}=I_{0,2}\times 10^{\varepsilon_2 bc}$$

若复合光的入射光强度为$I_{0,1}+I_{0,2}$，透射光强度为$I_{t,1}+I_{t,2}$，则总的吸光度

$$A=\lg(I_0/I_t)=\lg[(I_{0,1}+I_{0,2})/(I_{t,1}+I_{t,2})]$$
$$=\lg[(I_{0,1}+I_{0,2})/(I_{0,1}\times 10^{\varepsilon_1 bc}+I_{0,2}\times 10^{\varepsilon_2 bc})]$$

显然$\varepsilon=\varepsilon_1=\varepsilon_2$，上式可得$A=-\lg T=\varepsilon bc$，吸光度（$A$）与浓度（$c$）成直线关系；若$\varepsilon_1\neq\varepsilon_2$，吸光度（$A$）与浓度（$c$）不成直线关系，即发生偏离。$\varepsilon_1$与$\varepsilon_2$的差值越大，偏离越严重。

为了减小非单色光引起的偏离，首先应选择比较好的单色器，提供更纯的单色光。此外还应将入射波长选定在待测物质的最大吸收波长处。因为最大吸收波长附近的吸收曲线较平坦，不同波长光的ε_1与ε_2的差值较小。图 13-5(a)为吸收曲线与选用谱带的关系。

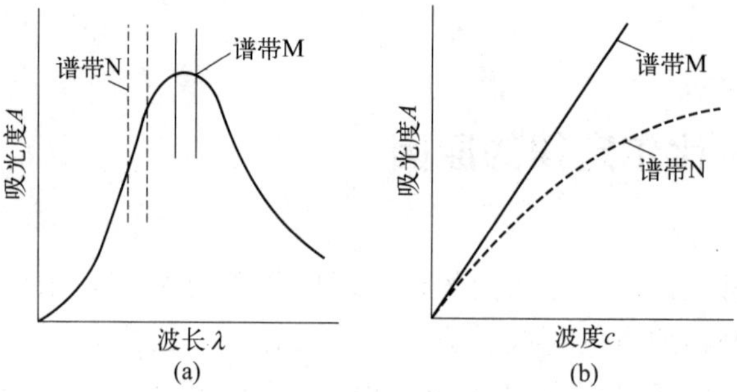

图 13-5　非单色光对朗伯-比尔定律的影响

若入射波长选定在待测物质的最大吸收波长且吸收曲线较平坦处（如 M 处），由于不同波长光的ε的变化小，引起的偏离也比较小，吸光度A与待测物质浓度c基本成直线关系。若入射波长不选定在待测物质的最大吸收波长处（如 N 处），由于不同波长光的ε差值较大，偏离较严重，吸光度A与待测物质浓度c不成直线关系。

13.4.2　化学性因素

根据朗伯-比尔定律的假定，所有的吸光质点之间不发生相互作用。当被测溶液为稀溶液（$c<10^{-2}\,mol\cdot L^{-1}$）时，吸光质点是独立的吸光中心，彼此间影响很小。浓溶液（$c>10^{-2}\,mol\cdot L^{-1}$）时，吸光质点之间距离小，相互影响大，这会改变其吸光性能（比如改变折射率等），从而改变吸光系数，引起偏离朗伯-比尔定律（标准曲线发生弯曲）。在图 13-5(b)中，A-c曲线上部高浓度区弯曲严重，而低浓度区吸光度A与待测物质浓度c基本成线性关系。故朗伯-比尔定律只适用于稀溶液。

此外，当溶液中存在着解离、聚合、互变异构、配合物的形成等化学平衡时，溶液浓度

改变，化学平衡也会移动，吸光质点的浓度发生变化，吸光度与浓度的比例关系便发生变化，导致偏离朗伯-比尔定律。例：铬酸盐或重铬酸盐溶液中存在下列化学平衡：

$$Cr_2O_7^{2-}（橙色）+H_2O \rightleftharpoons 2CrO_4^{2-}（黄色）$$

测得一定浓度 $Cr_2O_7^{2-}$ 溶液的吸光度后将溶液稀释一倍时，则 $Cr_2O_7^{2-}$ 的浓度不只降低了一半，而是平衡右移，浓度降低了一半还多，故引起朗伯-比尔定律的偏离。

13.5 比色法和分光光度法及其仪器

吸光光度法是一种历史久远的分析手段，具有灵敏度高、准确度和稳定性较好、适用范围广、所需仪器简单价廉等优点。它通常用于微量组分的测定，业已广泛应用于各个领域的分析测试，包括比色法和分光光度法。

13.5.1 比色法

用眼睛观察、比较溶液颜色深浅以确定物质含量的分析方法称为目视比色法，简称为比色法。常用的比色法采用标准系列法，这种方法是使用一套由同种材料制成、大小形状相同的平底玻璃管（称为比色管），分别加入一系列不同量的标准溶液和待测溶液，在实验条件相同的情况下，再加入等量的显色剂和其他试剂，稀释至一定刻度，然后从管口垂直向下观察，比较待测溶液与标准溶液颜色的深浅。若待测液与某一标准溶液颜色一致，则说明两者浓度相等；若待测液颜色介于两标准溶液之间，则取其算术平均值作为待测液的浓度。

比色法的主要缺点是准确度不高，如果待测液中存在第二种有色物质，就无法进行测定。另外，由于许多有色溶液颜色不稳定，标准系列不能久存，经常需在测定时配制，比较麻烦。虽然可采用某些稳定的有色物质（如重铬酸钾、硫酸铜和硫酸钴等）配制永久性标准系列，或利用有色塑料、有色玻璃制成永久标准系列，但由于它们的颜色与试液的颜色往往有差异，也需要进行校正。

比色法的优点是仪器简单，操作简便，适用于大批试样的分析，灵敏度较高。因为是在白光下进行测定，故某些显色反应不符合朗伯-比尔定律时，仍可用该法进行测定。因而它广泛用于准确度要求不高的常规分析中，例如土壤和植株中氮、磷、钾的速测等。

13.5.2 分光光度法

分光光度法是借助分光光度计测定溶液的吸光度，根据朗伯-比尔定律确定物质溶液的浓度。吸光光度法与目视比色法在原理上并不完全一样，吸光光度法是比较有色溶液对某一波长单色光的吸收情况，目视比色法则是比较透过光的强度。例如，测定溶液中 $KMnO_4$ 的含量时，吸光光度法测量的是 $KMnO_4$ 溶液对黄绿色光的吸收情况，目视比色法则是比较 $KMnO_4$ 溶液透过红紫色光的强度。

分光光度法的特点是因入射光是纯度较高的单色光，故偏离朗伯-比尔定律的情况大为减少，标准曲线直线部分的范围更大，分析结果的准确度较高。因可任意选取某种波长的单色光，故利用吸光度的加和性，可同时测定溶液中两种或两种以上的组分。由于入射光的波长范围扩大了，许多无色物质，只要它们在紫外或红外光区域内有吸收峰，都可以用吸光光度法进行测定。

13.5.3 分光光度计

分光光度法中利用分光光度计来测量溶液的透光率或吸光度。分光光度计一般按工作波长范围分为紫外-可见分光光度计、红外分光光度计。紫外-可见分光光度计主要应用于无机物和有机物含量的测定，红外分光光度计主要用于结构分析。分光光度计又可分为单光束和双光束两类。分光光度计通常由下列五个基本部件组成：

光源 → 单色器 → 样品室 → 检测器 → 显示仪或记录仪

测定原理是光源发射的复合光经单色器获得所需的单色光，再透过吸收池中的吸光物质，透射光照射到检测器（光电池或光电管）上，所产生的光电流大小与透射光的强度成正比。通过测量光电流的大小即可得到吸光物质的透光率或吸光度。

1. 光源

在吸光度的测量中，光源的作用是提供分析所需的复合光，要求光源在整个紫外光区或可见光区可以发射连续光谱，具有足够的辐射强度、较好的稳定性、较长的使用寿命。在可见光区测量时，一般采用钨灯作光源，其辐射波长范围约 350～800nm。钨灯辐射强度与其温度有关。温度升高，辐射总强度增大，但同时会减少灯的寿命，钨灯工作温度一般为 2600～2870K。近紫外区，一般采用氘灯为光源。氘灯在低压下通过气体放电产生连续光谱，其辐射波长范围约 190～400nm。另外，为保持光源的稳定性，还需配有很好的稳压电源。

2. 单色仪

单色器的作用是将光源发出的复合光分解为按波长顺序排列的单色光，并能通过出射狭缝分离出某一波长单色光。图 13-6 是单色仪工作原理示意图。

单色仪由入射和出射狭缝、聚焦装置、准光装置和色散元件组成。①入射狭缝，光源的光由此进入单色器；②准光装置，利用透镜或反射镜使入射光成为平行光束；③色散元件，利用棱镜或光栅可将复合光分解成单色光；④聚焦装置，利用透镜或凹面反射镜将分光后所得单色光聚焦至出射狭缝；⑤出射狭缝，单色光由此射入样品室→吸收池→检测显示系统。

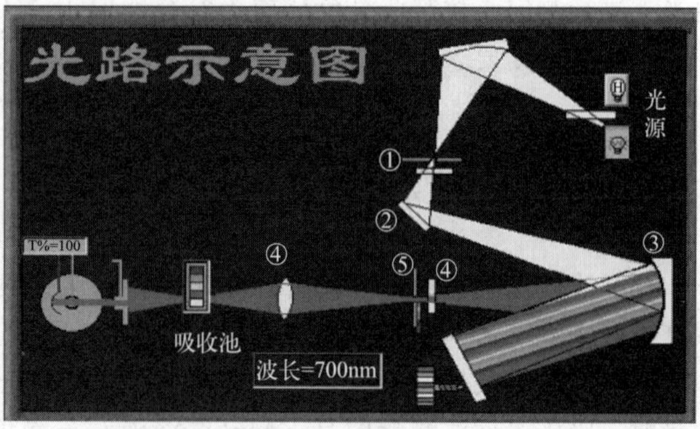

图 13-6 单色仪工作原理示意图

单色光的纯度取决于色散元件的色散特性和出射狭缝的宽度。常用的色散元件有棱镜和衍射光栅。棱镜由玻璃或石英玻璃制成。玻璃棱镜用于可见光区，石英棱镜用于紫外和可见光区。复合光通过棱镜时，由于棱镜材料对不同波长光的折射率不同而产生折射。对一般的棱镜材料，在紫外-可见光区内，折射率与波长之间的关系可用科希经验公式表示：

$$n = A + \frac{B}{\lambda} + \frac{C}{\lambda^2}$$

式中，n 为波长为 λ 的入射光的折射率；A、B、C 均为常数。所以，当复合光通过棱镜的两个界面，发生两次折射，根据折射定律，波长小的偏向角大，波长大的偏向角小，故能将复合光色散成不同波长的单色光。

光栅有多种，光谱仪中多采用平面闪耀光栅。它由高度抛光的表面（如铝）上刻画许多根平行线槽而成，一般为 600 条/mm、1200 条/mm，多的可达 2400 条/mm，甚至更多。当复合光照射到光栅上时，光栅的每条刻线都产生衍射作用，而每条刻线所衍射的光又会互相干涉而产生干涉条纹。不同波长的入射光产生的干涉条纹的衍射角不同，波长长的衍射角大，波长短的衍射角小，从而使复合光色散成按波长顺序排列的单色光。

3. 样品室

样品室包括吸收池架和吸收池。吸收池（又称比色皿）由玻璃或石英玻璃制成，用于盛放试液。有不同厚度规格的吸收池，玻璃吸收池只能用于可见光区，而石英池既可用于可见光区，亦可用于紫外光区。使用时应注意保持清洁、透明，避免磨损透光面。

4. 检测器

检测器是一种光电转换元件，其作用是将透过吸收池的光信号强度变成可测量的电信号强度进行测量。目前，在可见-紫外分光光度计中多用光电管和光电倍增管。光电管是一个真空二极管，阳极为一金属丝，阴极是金属做成的半圆筒，内侧涂有光敏物质。根据光敏物质的性能不同，有红敏和紫敏两种。红敏光电管阴极表面涂有银和氧化铯，适用波长范围为 625～1000nm；紫敏光电管是阴极表面涂有锑和铯，适用波长为 200～625nm。光电倍增管是利用二次电子发射放大光电流的一种真空光敏器件。它由一个光电发射阴极、一个阳极以及若干级倍增极所组成。

5. 结果显示记录系统

结果显示记录系统是把放大的信号以 A 或 T 的方式显示或记录下来的装置。早期的分光光度计多采用检流计、微安表作显示装置，直接读出吸光度或透过率。近代的分光光度计则多采用数字电压表等显示和用 X-Y 记录仪直接绘出吸收（或透射）曲线，并配有计算机数据处理台。

13.6 显色反应及其影响因素

13.6.1 显色反应

有些物质的溶液是有色的，例如 $KMnO_4$ 溶液呈紫红色，$K_2Cr_2O_7$ 水溶液呈橙色，本身具有吸收可见光的性质，可直接进行分光光度法测定。但许多物质的溶液本身是无色或浅色的，在可见光区没有吸收或摩尔吸光系数很小，不能直接进行光度法测定。因此，需要将这些物质与某些试剂发生反应后生成有色化合物，再进行测定。在分光光度分析中，将试样中被测组分转变成有色化合物的反应叫显色反应。例如 Fe^{2+} 与邻二氮菲生成红色配合物。显色反应可分两大类，即络合反应和氧化还原反应，络合反应是最主要的显色反应。与被测组分化合成有色物质的试剂称为显色剂。同一组分常可与若干种显色剂反应，生成若干有色化合物，其原理和灵敏度亦有差别。

13.6.2 显色反应的选择标准

1. 灵敏度要足够高

由于吸光光度法一般是测定微量组分的，灵敏度高的显色反应有利于微量组分的测定。灵敏度的高低可从摩尔吸光系数值的大小来判断，ε 值大，灵敏度高。一般 $\varepsilon > 10^4 L \cdot mol^{-1} \cdot cm^{-1}$ 可认为灵敏度较高。但应注意，灵敏度高的显色反应，并不一定选择性就好，对于高含量的组分不一定要选用灵敏度高的显色反应。

2. 选择性好

所用的显色剂仅与被测组分显色而与其它共存组分不显色，或者显色剂与被测组分和干扰离子生成的有色化合物的吸收峰相隔较远。通常在满足灵敏度要求的前提下，常选用选择性高的显色剂。如邻二氮杂菲与 Fe^{2+} 显色反应，其灵敏度（$\varepsilon = 10^4 L \cdot mol^{-1} \cdot cm^{-1}$）不是很高，但其选择性高，因此，已成为 Fe^{2+} 定量的常用显色剂。

3. 有色配合物的组成恒定，稳定性好

显色剂与被测物质的反应要定量进行，生成有色配合物的组成要恒定。有色配合物有较大的稳定常数，化学性质稳定，不易受外界环境条件的影响，亦不受溶液中其它化学因素的影响。显色反应的条件易控制，有较好的重现性。

4. 色差大

如果显色剂有颜色，有色配合物与显色剂之间的颜色差别要大，这样试剂空白小，显色时颜色变化才明显。一般，有色配合物与显色剂的最大吸收波长的差值要求在 60nm 以上。

13.6.3 显色剂

显色剂有无机显色剂和有机显色剂两种。许多无机显色剂能与金属离子起显色反应，如 Cu^{2+} 与氨水形成深蓝色的配离子 $[Cu(NH_3)_4]^{2+}$，SCN^- 与 Fe^{3+} 形成红色的配合物 $[Fe(SCN)]^{2+}$ 或 $[Fe(SCN)_6]^{3-}$ 等。但是多数无机显色剂的灵敏度和选择性都不高，其中性能较好、目前还有实用价值的有硫氰酸盐、钼酸铵、氨水和过氧化氢等。

有机显色剂能与金属离子形成金属螯合物。大部分金属螯合物都呈现鲜明的颜色，摩尔吸光系数大于 $10^4 L \cdot mol^{-1} \cdot cm^{-1}$，因而测定的灵敏度很高。金属螯合物都很稳定，一般解

离常数都很小，而且能抗辐射。另外，绝大多数有机螯合剂选择性强。在一定条件下，只与少数或其一种金属离子配位，而且同一种有机螯合剂与不同的金属离子配位时，生成具有特征颜色的螯合物。因此，有机显色剂是光度分析中应用最多最广的显色剂。

有机显色剂及其产物的颜色与其分子结构有密切关系。分子中含有一些不饱和键的有机化合物，往往是有颜色的，能吸收波长大于 200nm 的光，这些基团称发色团（或生色团），如偶氮基（—N═N—），羰基（>C═O），硫羰基（>C═S），亚硝基（—N═O）等基团都是生色团。另外，含有孤对电子的基团，如胺基（$—NH_2$、—NRH 或$—NR_2$）、羟基（—OH）、巯基（—SH）、卤素原子（—Cl、—Br）等，与生色团上的不饱和键相互作用，影响有色化合物对光的吸收，可以使颜色加深，这些基团称为助色团。有机显色剂的种类繁多，本书仅介绍较为常用的几类显色剂。

1. 偶氮类显色剂

偶氮类显色剂为 ON 型螯合显色剂，含有生色团偶氮基（ —N═N— ），本身是有色物质。当偶氮基与芳烃碳原子相连，且其邻位有配位基团（—OH、$—SO_3H$、$—AsO(OH)_2$、—COOH）时，此类化合物与金属离子作用生成配合物后，能改变生色团的电子云结构，使颜色发生明显变化。根据偶氮基相连的芳香基团以及配位基团的不同，可以得到品种繁多的偶氮类显色剂。

偶氮类显色剂具有显色反应灵敏度高、选择性好、性质稳定、对比度大等优点，是目前应用最广泛的显色剂。其中偶氮胂Ⅲ，2,2′-[1,8-二羟基-3,6-二磺基萘-2,7-双偶氮]-二苯胂酸，特别适用于 Th、Zr、Hf、U、Pa 等元素以及稀土元素总量的测定，其衍生物偶氮氯膦Ⅲ是目前我国测定微量稀土元素的常用试剂。PAR[4-(2-吡啶偶氮)-间苯二酚]可以和多种金属离子形成红色或紫红色可溶性配合物，广泛应用于 Ag、Hg、Ga、U 及钢铁中 Nb、V、Sb 等元素的测定。图 13-7 给出了偶氮胂Ⅲ和 PAR 两种偶氮类显色剂的结构。

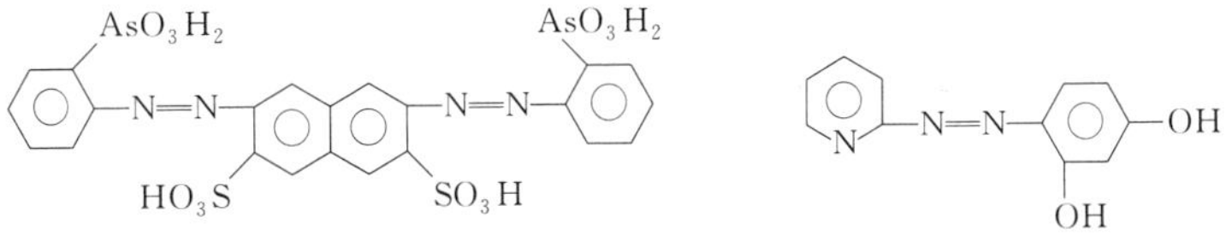

图 13-7　偶氮胂Ⅲ（左）和 PAR（右）

2. 三苯甲烷类显色剂

三苯甲烷类显色剂为 O—O 型螯合显色剂，该类显色剂应用广泛，种类繁多。如铬天蓝（菁）S、二甲酚橙、结晶紫和罗丹明 B 等。

铬天蓝（菁）S[3″-磺酸-2,6″-二氯-3,3′-二甲基-4-羟基品红酮-5,5′-二羟酸]简称 CAS，其结构式见图 13-8。在比色分析中，CAS 的三钠盐二水合物最常用，能与 Al^{3+}、Be^{2+}、Co^{2+}、Cu^{2+}、Fe^{3+} 及 Ga^{3+} 等金属离子形成蓝色、蓝紫色或紫色配合物，选择性高。当加入一定量的表面活性剂时，灵敏度会进一步得到提高，ε 可达 $10^4 \sim 10^5 L \cdot mol^{-1} \cdot cm^{-1}$。目前，铬天蓝（菁）S 是测定铍和铝较好显色剂。当测 Al 的含量时，将缓冲溶液 pH 控制 5～5.8 显色，

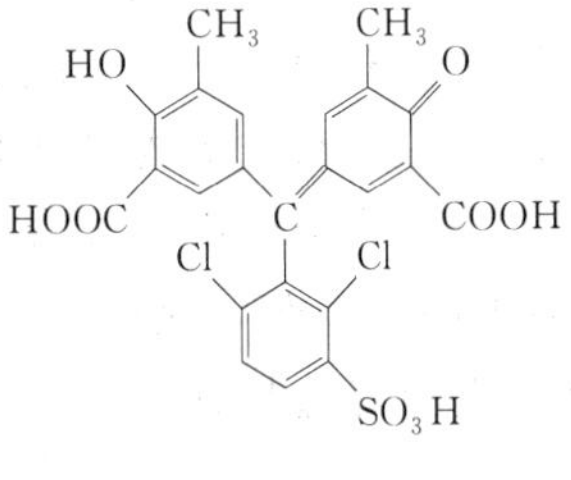

图 13-8　铬天蓝的结构式

$\lambda_{max}=530nm$，$\varepsilon=5.9\times10^4 L\cdot mol^{-1}\cdot cm^{-1}$，具有显色快、选择性高等特点。

3. 其他有机显色剂

丁二酮肟（结构式见图 13-9）为 NN 型螯合显色剂，是测定镍的较好试剂。在 NaOH 碱性溶液中以及过硫酸铵等氧化剂存在时，丁二酮肟与 Ni^{2+} 作用生成可溶性红色配合物，$\lambda_{max}=470nm$，$\varepsilon=1.3\times10^4 L\cdot mol^{-1}\cdot cm^{-1}$。邻菲咯啉又称 1,10-二氮杂菲，其结构式见图 13-9。邻菲咯啉也是一种 NN 型螯合显色剂，特别适用于 Fe^{2+} 的定量。当用于铁元素总量的测定时，通常先用盐酸羟胺将 Fe^{3+} 还原为 Fe^{2+}，再用缓冲溶液控制 pH3～9 之后显色，此时 Fe^{2+} 与邻菲罗啉生成稳定的橙红色配合物 $[Fe(Phen)_3]^{2+}$，显色快、选择性高，$\lambda_{max}=508nm$，$\varepsilon=1.18\times10^4 L\cdot mol^{-1}\cdot cm^{-1}$。

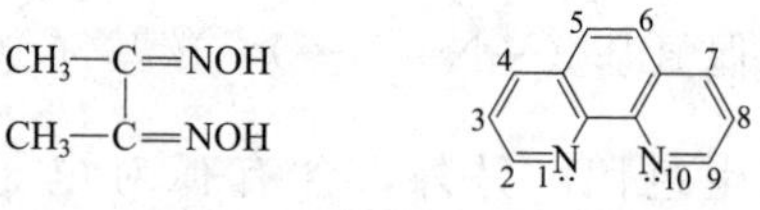

图 13-9 丁二酮肟（左）和邻菲咯啉（右）的结构式

13.6.4 显色反应条件的选择

1. 显色剂用量

显色反应就是将被测组分转变成有色化合物，反应式表示：

$$M+R \rightleftharpoons MR \tag{13-14}$$

M 为试液中的待测物，R 为显色剂，MR 为生成的有色配合物。反应在一定程度上是可逆的。为了减少反应的可逆性，保证显色反应完全，根据同离子效应，加入过量的显色剂是必要的，但也不能过量太多，否则会引起副反应，从而影响测定。确定显色剂用量的方法是：保持其他条件不变时，仅改变显色剂用量，分别测定其吸光度，绘制吸光度 A 与显色剂用量 c_R 的关系曲线，有如图 13-10 所示的几种情况。

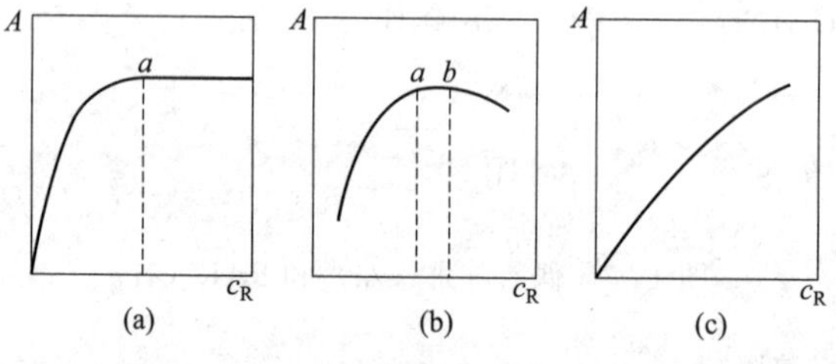

图 13-10 显色剂用量与吸光度的关系

图 13-10(a)表明当显色剂浓度 c_R 在 0～a 范围内时，显色剂用量不足，待测离子没有完全转变为有色配合物，随着显色剂浓度的增加，吸光度不断增大；当显色剂浓度 c_R 大于 a 时曲线较平直，吸光度变化不大，因此可在显色剂浓度 c_R 大于 a 范围内选择显色剂用量。这类反应生成的有色配合物稳定，显色剂可选的浓度范围较宽，适用于光度分析。图 13-10(b)中曲线表明，显色剂过多或过少都会使吸光度变小，因此必须严格控制 c_R 的大小。显色剂浓度只能选择在吸光度大且较平坦的区域（a～b 段）。如硫氰酸盐与钼的反应就属于这种情况。

$$[Mo(SCN)_3]^{2+}(浅红) \rightleftharpoons [Mo(SCN)_5](橙红) \rightleftharpoons [Mo(SCN)_5]^-(浅红)$$

图 13-10(c)中，吸光度随着显色剂浓度的增加而增大。例如 SCN^- 与 Fe^{3+} 反应生成逐

级配合物 $[Fe(SCN)_n]^{3-n}$，n=1、2、3…6，SCN^- 浓度增大，将生成颜色深的高配位数配合物。在这种情况下必须非常严格地控制显色剂的用量。

2. 溶液的酸度

溶液酸度对显色反应的影响很大，这是由于溶液的酸度直接影响着金属离子和显色剂的存在形式以及有色配合物的组成和稳定性。因此，控制溶液适宜的酸度，是保证光度分析获得良好结果的重要条件之一。

（1）酸度对被测物质存在状态的影响。大部分高价金属离子都容易水解，当溶液的酸度降低时，会产生一系列羟基配离子或多核羟基配离子，同时还发生各种类型的聚合，最终将导致沉淀的生成。显然，金属离子的水解，对显色反应的进行是不利的，故溶液的酸度不能太低。

（2）酸度对显色剂浓度和颜色的影响。光度分析中所用的大部分显色剂都是有机弱酸，显色反应进行时，首先是显色剂发生解离，其次才是配阴离子与金属离子配位。

$$M + HR \longequal MR + H^+ \tag{13-15}$$

从反应式可以看出，溶液的酸度影响着显色剂的解离，并影响着显色反应的完全程度。溶液酸度对显色剂解离程度影响的大小，也与显色剂的解离常数（$K_a^{\ominus}$）有关，$K_a^{\ominus}$ 大时，允许的酸度可大；$K_a^{\ominus}$ 很小时，允许的酸度就要小些。许多显色剂本身就是酸碱指示剂，当溶液酸度改变时，显色剂本身就有颜色变化。如果显色剂在某一酸度时，配位反应和指示剂反应同时发生，两种颜色同时存在，就无法进行光度测定。例如、二甲酚橙在溶液的 $pH>6.3$ 时呈红色，在 $pH<6.3$ 时呈柠檬黄色，在 $pH=6.3$ 时，呈中间色，故 $pH=6.3$ 时，是它的变色点。而二甲酚橙与金属离子的配合物却呈现红色。因此，二甲酚橙只有在 $pH<6.3$ 的酸性溶液中可作为金属离子的显色剂。如果在 $pH>6.3$ 的酸度下进行光度测定，就会带来很大误差。

（3）酸度对配合物组成和颜色的影响。对于某些逐级形成配合物的显色反应、在不同的酸度时，生成不同配位比的配合物。例如铁与水杨酸的配位反应，当 $pH<4$ 时，生成组成为 1∶1 的紫色配合物 $[Fe^{3+}(C_7H_4O_3)^{2-}]^+$；当 $pH=4\sim9$ 时，生成组成为 1∶2 的红色配合物 $[Fe^{3+}(C_7H_4O_3)_2^{2-}]^-$；当 $pH>9$ 时，生成组成为 1∶3 的黄色配合物 $[Fe^{3+}(C_7H_4O_3)_3^{2-}]^{3-}$。

因此，只有控制合适的酸度，才可获得好的分析结果。通常选择适宜酸度的方法是，在相同实验条件下，分别测定不同 pH 值条件下显色溶液的吸光度，得到吸光度与 pH 的关系曲线（见图 13-11），选择吸光度较大且平坦区域对应的 pH 范围。

3. 显色温度

多数显色反应在室温下即可快速反应完成，但也有少数显色反应需要加热到较高温度才能较快反应。这时需注意显色剂或有色配合物在较高温度下的分解褪色问题。此外温度对光的吸收及颜色深浅也有影响，要求标准溶液和被测溶液在测定过程中温度一致。适宜的温度需要通过实验确定。具体方法是绘制吸光度-温度关系曲线，根据曲线来确定适宜的温度。

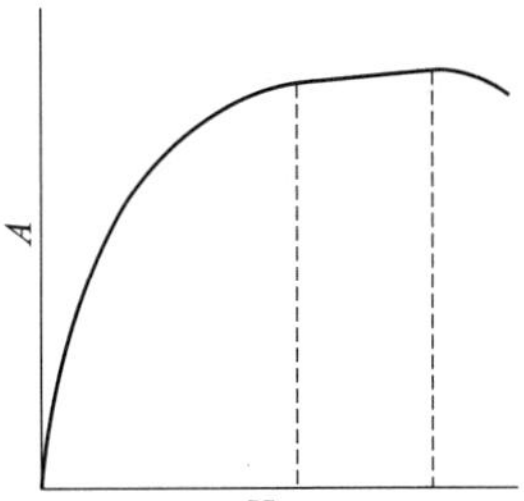

图 13-11 pH 对吸光度的影响

4. 显色时间

显色反应的速度有快有慢。有些显色反应几乎是瞬间即可完成，显色很快达到稳定状态，并且能保持较长时间。大多数显色反应速度较慢，需要一定时间，溶液的颜色才能达到稳定程度。有些有色化合物放置一段时间后，由于空气的氧化，试剂的分解或挥发，光的照射等原因，颜色减退。因此需从显色时间和有色溶液稳定程度等两方面综合考虑时间对显色反应的影响。一方面要保证足够的时间使显色反应进行完全，对于反应速率较小的显色反应，显色时间需长一些。另一方面测定必须在有色配合物稳定的时间内完成。对于较不稳定的有色配合物，应在显色反应已完成且吸光度下降之前尽快测定。确定适宜的显色时间同样需通过实验来确定。具体方法是配制一份显色溶液，从加入显色剂开始计算时间，每隔几分钟测定一次吸光度，绘制吸光度-时间关系曲线。在该曲线的吸光度较大且恒定的平坦区域所对应的时间范围内尽快完成测定是最适宜的。

5. 共存离子的干扰及消除

若共存离子有色或共存离子与显色剂形成的配合物有色将干扰待测组分的测定，有以下几种类型：

(1) 与试剂生成有色配合物。如用硅钼蓝光度法测定钢中硅时，磷也能与钼酸铵生成配合物，同时被还原为钼蓝，使结果偏高。

(2) 干扰离子本身有颜色。如 Co^{2+} (红色)、Cr^{3+} (绿色)、Cu^{2+} (蓝色)。

(3) 与试剂结合成无色配合物消耗大量试剂而使被测离子配位不完全。如用水杨酸测 Fe^{3+} 时，Al^{3+}、Cu^{2+} 等有影响。

(4) 与被测离子结合成解离度小的另一化合物。如用 SCN^- 测定 Fe^{3+} 时，F^- 能与 Fe^{3+} 以 $[FeF_6]^{3-}$ 形式存在，不会生成 $[Fe(SCN)_n^{3-n}]$，因而无法进行测定。

通常，消除干扰的方法有以下三种：

(1) 控制酸度。控制显色溶液的酸度，是消除干扰的简便而重要的方法。许多显色剂是有机弱酸，控制溶液的酸度就可以控制显色剂 R 的浓度，这样就可以使某种金属离子显色，使另外一些金属离子不能生成有色配合物。当溶液的情况比较复杂，或各种常数值不清楚，则溶液最适合的 pH 值须通过实验方法来确定。

(2) 加入掩蔽剂。如光度法测定 Ti^{4+}，可加入 H_3PO_4 作掩蔽剂，使共存的 Fe^{3+} (黄色) 生成无色的 $[Fe(PO_4)_2]^{3-}$，消除 Fe^{3+} 干扰。又如用铬天蓝 S 光度法测定 Al^{3+}，加入抗坏血酸作掩蔽剂，将 Fe^{3+} 还原为 Fe^{2+}，从而消除 Fe^{3+} 的干扰。选择掩蔽剂的原则是：掩蔽剂不与待测组分反应；掩蔽剂本身及掩蔽剂与干扰组分的反应产物不干扰待测组分的测定。

(3) 分离干扰离子。在不能掩蔽的情况下，一般可采用沉淀、有机溶剂萃取、离子交换和蒸馏挥发等分离方法除去干扰离子，其中以有机溶剂萃取在分光光度法中应用最多。另外，选择适当的测量条件（如合适的波长与参比溶液等）也能在一定程度上消除干扰离子的影响。

13.7 吸光度测量条件的选择

光度分析法的误差来源有两方面，一方面是各种化学因素所引入的误差，另一方面是仪器精度不够，测量不准。仪器测量误差主要是指光源的发光强度不稳定，光电效应的非线性，电位计的非线性、杂散光的影响、滤光片或单色器的质量差（谱带过宽），比色皿的透过率不一致，透光率与吸光度的标尺不准等。因此，在实际测定中，除了需从试样的角度选择合适的显色反应和显色条件外，还需从仪器的角度选择适宜的测定条件，以保证测定结果的准确度。

13.7.1 入射光波长的选择

通常根据被测组分的吸收光谱，选择最强吸收带的最大吸收波长（λ_{max}）为入射波长。这不仅使测定的灵敏度高，而且能够减少或消除由非单色光引起的对朗伯-比尔定律的偏离。但是当选用λ_{max}有干扰时，应改选既能避开干扰又能使吸光度尽可能大的入射光。例如图13-12中，测MnO_4^-时原则上选择A-λ曲线上对应的最大吸收波长（λ_{max}）525nm为测定波长。但在λ_{max}处有共存离子$Cr_2O_7^{2-}$的干扰，将影响测定结果的准确度。因此，应选择545nm为入射波长，在此波长下灵敏度虽有所下降，却可以消除干扰，从而提高了测定的准确度和选择性。

此外，测定高浓度组分，当最强吸收峰的峰形比较尖锐时，往往选用吸收稍低、峰形稍平坦的次强峰进行测定。例如，测某有色物的吸收光谱图见图13-13所示。原则上选择A-λ曲线上A最大处a所对应的波长；但a处波长范围很窄，A易随λ变化而产生较大误差，工作条件难以控制准确一致，将影响测定结果的精密度和准确度。采用b处波长测定则易于控制工作条件，从而减小测量误差。

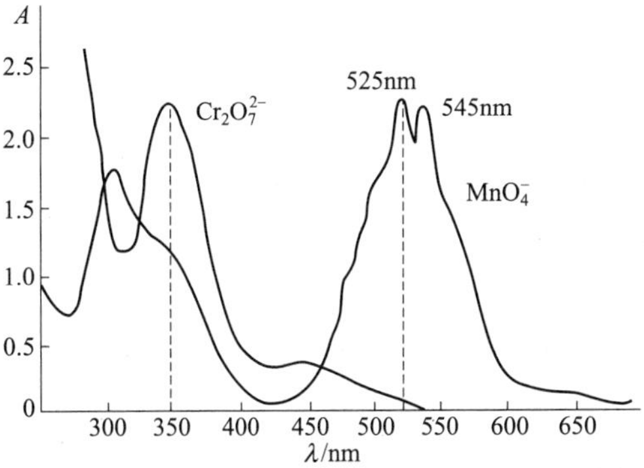

图13-12 $Cr_2O_7^{2-}$及MnO_4^-吸收曲线图

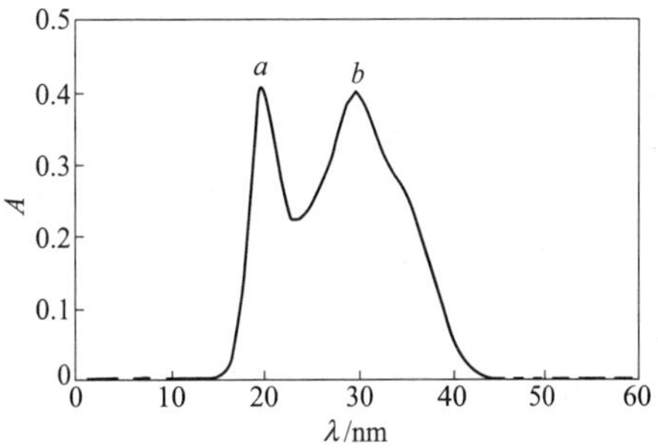

图13-13 某有色物的吸收光谱

13.7.2 参比溶液的选择

在分光光度法测定中，需先用参比溶液调节仪器零点，以消除其它成分、吸光池和溶剂等对光的反射和吸收带来的测定误差，真实地反映待测溶液的吸光强度。即测定前，先将入射光通过参比溶液，调节仪器，使仪器显示的吸光度值为$A=0$（即$T=100\%$），以此为基准，测定标准溶液和试液的吸光度。

如显色反应：

$$M+R \rightleftharpoons MR \tag{13-16}$$

M 为试液中的被测离子，R 为显色剂，MR 为生成的有色化合物。为控制反应酸度，常加缓冲溶液；为掩蔽干扰离子，常加入掩蔽剂。缓冲溶液和掩蔽剂统称为试剂，以区别于显色剂。可见，为使测得的吸光度仅为 MR 产生的吸光度，需用合适的参比溶液扣除试液、试剂和显色剂产生的吸光度。若参比溶液选得不适当，则对测量读数准确度的影响较大。

参比溶液选择的原则是：

（1）若只有被测物生成的有色化合物 MR 在测定波长处有吸收，试液、试剂、显色剂等其它所加试剂均无吸收时，只考虑消除溶剂与吸收池等因素，可选纯溶剂（如蒸馏水）作参比溶液，称为溶剂空白。

（2）若试液无色，试剂和显色剂有色，即除 MR 吸光外，试剂（缓冲液、掩蔽剂等）和显色剂 R 也有吸收。可选不加试液，但加同量试剂和显色剂的溶液作参比溶液，调节仪器指示值为零点，从而扣除试剂和显色剂产生的吸光度，称为试剂空白。

（3）若试液有色，试剂和显色剂无色，可选不加显色剂（但加同量其他试剂）的试液作参比溶液，调节仪器指示值为零点，从而扣除试液产生的吸光度，称为样品空白。

（4）若显色剂和试液均有吸收，可取一份试液加入适当的掩蔽剂，将待测组分掩蔽起来，使之不再与显色剂反应，然后加相同量显色剂和其它试剂，以所得的溶液作参比溶液。

13.7.3 吸光度读数范围的选择

对给定的光度计来说，透光率或吸光度的读数的准确度是仪器精度的主要指标之一，也是衡量测定结果准确度的重要因素。测定结果的精度（$|E_r|$）常用浓度的相对误差（$\Delta c/c$）表示。由朗伯-比耳定律可知：

$$A=-\lg T=\varepsilon bc$$

对透光率 T 和浓度 c 微分，得

$$d(\lg T)=0.434(\ln T)=0.434dT/T=-\varepsilon bdc \tag{13-17}$$

两式相除，得

$$dc/c=0.434/(T\cdot\lg T)dT \tag{13-18}$$

以有限值表示，得到

$$\Delta c/c=0.434/(T\cdot\lg T)\Delta T \tag{13-19}$$

式中，浓度测量值的相对误差（$\Delta c/c$），不仅与仪器的透光度误差 ΔT 有关，而且与其透光度读数 T 的值也有关。对一给定的分光光度计，其透光率读数误差 ΔT 是一定的（一般为±0.2%～±2%）。但由于透光率与浓度的非线性关系，在不同的透光率读数范围内，同样大小的 ΔT 所产生的浓度误差 Δc 是不同的。假设仪器的 $\Delta T=\pm1\%$，将不同 T 值代入式(13-19)，可绘出浓度测量相对误差 $\Delta c/c$ 与透光率 T 的关系曲线，如图 13-14 所示。

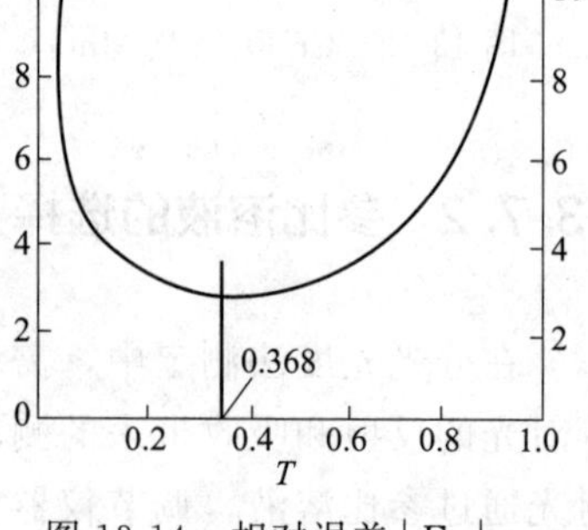

图 13-14　相对误差 $|E_r|$ 与其透光度 T 的关系曲线图

由图可见，T 在 65%～15%（A＝0.2～0.8）范围，相对误差较小。当吸光度 A＝0.434（或透光率 T＝36.8%）时，测量的相对误差最小。因此，在实际测定时，使透光率或吸光度的读数落在误差较小的范围（一般吸光度控制在 0.15～0.7 之间），从而使测量的准确度较高。为此，可控的办法有：(1) 计算而且控制试样的称出量，含量高时，少取样，或稀释试液；含量低时，可多取样，或萃取富集。(2) 如果溶液已显色，则可通过改变比色皿的厚度来调节吸光度大小。

例 13-3　某显色剂与 Co^{2+} 形成的有色配合物，在 λ_{max}＝598nm 处测得吸光度 A 为 0.58，则透光率 T 是多少？某显色剂与 Cu^{2+} 形成有色配合物，在 λ_{max}＝540nm 处测得透光率 T＝70.0%，其吸光度 A 是多少？若使用的仪器测量误差（ΔT）为±0.5%，上述两结果由仪器测量引起的浓度相对误差分别为多少？

解：(a)　$A=-\lg T$，则 $T=10^{-A}=10^{-0.58}=26.3\%$

$$\frac{\Delta c}{c}=\frac{0.434\times\Delta T}{T\lg T}=\frac{0.434\times(\pm0.5\%)}{26.3\%\times\lg26.3\%}=\pm1.42\%$$

(b)　$A=-\lg T=-\lg0.7=0.155$

$$\frac{\Delta c}{c}=\frac{0.434\times\Delta T}{T\lg T}=\frac{0.434\times(\pm0.5\%)}{70.0\%\times\lg70.0\%}=\pm2.0\%$$

13.8　分光光度法的应用

吸光光度法主要用于微量单组分和多组分含量的测定，也可以用于高含量组分和痕量组分的测定、研究化学平衡和配合物的组成等。

13.8.1　微量组分含量的测定

1. 单组分的含量测定

(1) 比较法

比较法是先配制与被测试液浓度相近的标准溶液 c_s，与被测试液（c_x）在相同条件下显色后，测其相应的吸光度，为 A_s 和 A_x，根据朗伯-比尔定律：

$$A_s=\varepsilon bc_s$$

$$A_x=\varepsilon bc_x$$

两式相比，得

$$\frac{A_s}{A_x}=\frac{\varepsilon b_s c_s}{\varepsilon b_x c_x}$$

则得：

$$c_x=\frac{A_x}{A_s}\times c_s \tag{13-20}$$

应当注意，进行计算时，只有当c_x与c_s相近时，结果才可靠，否则，会有较大误差。

（2）标准曲线法

其方法是先配制一系列浓度不同的标准溶液，用选定的显色剂进行显色，在一定波长下分别测定它们的吸光度 A。以 A 为纵坐标，浓度 c 为横坐标，绘制 A-c 曲线，若符合朗伯-比尔定律，则得到一条通过原点的直线，称为标准曲线。然后用完全相同的方法和步骤测定被测溶液的吸光度（A_x），便可从标准曲线上找出对应的被测溶液浓度或含量（c_x），这就是标准曲线法（见图 13-15）。

在仪器、方法和条件都固定的情况下，标准曲线可以多次使用而不必重新制作。因此，标准曲线法适用于大量的经常性的工作。

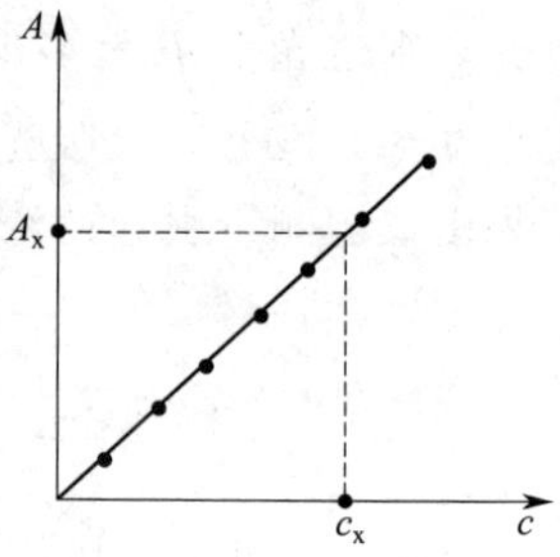

图 13-15　标准曲线

采用标准曲线法时应注意的问题：

① 使用标准溶液浓度的范围应当使 A 与 c 之间保持直线关系。一般使 A 在 0.20～0.80 之间为宜，最好参照仪器的使用说明书，以保证足够的准确度。

② 须用不含被测元素的空白溶液作参比，用于仪器调零，以便从试样的吸光度中扣除本底空白值。

③ 所有操作条件（光源、单色器、检测器等）在整个分析过程中必须保持恒定。

2. 混合试样的含量测定

若试样中含有两种或两种以上的被测组分，利用吸光度的加和性，不经分离可直接测定各个组分的含量。现假设溶液中存在 a 和 b 两种组分，则根据吸收曲线的重叠情况讨论如下。

（1）各组分的吸收曲线互不重叠，此时可在各自最大吸收波长处分别进行测定，与单组分测定无区别，两组分互不干扰，可分别在$\lambda_{max,a}$和$\lambda_{max,b}$时测定组分 a 和 b，见图 13-16（左）。

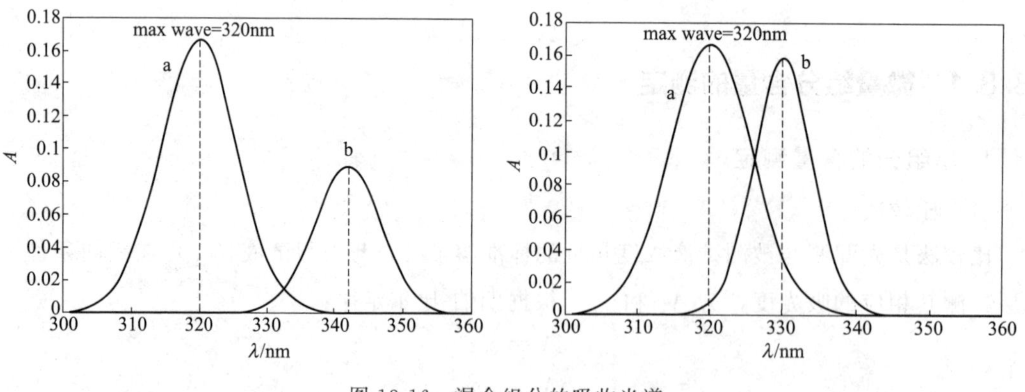

图 13-16　混合组分的吸收光谱

（2）各组分的吸收曲线互有重叠，可根据吸光度的加合性求解，联立方程组得出各组分的含量。如图 13-16（右）所示，在$\lambda_{max,a}$和$\lambda_{max,b}$处，a 组分和 b 组分均有吸收，可分别测出$\lambda_{max,a}$和$\lambda_{max,b}$处的总吸光度。

根据多组分体系的吸光度具有加和性

$$A = A_1 + A_2 + A_3 + \cdots + A_n = \varepsilon_1 bc_1 + \varepsilon_2 bc_2 + \varepsilon_3 bc_3 + \cdots + \varepsilon_n bc_n$$

可得：

$$A_{\lambda_1}=\varepsilon_{a,\lambda_1}bc_a+\varepsilon_{b,\lambda_1}bc_b$$
$$A_{\lambda_2}=\varepsilon_{a,\lambda_2}bc_a+\varepsilon_{b,\lambda_2}bc_b$$

式中，c_a、c_b 为 a 组分和 b 组分的浓度，mol•L^{-1}；$\varepsilon_{a,\lambda_1}$、$\varepsilon_{a,\lambda_2}$ 为 a 组分在波长λ_1 和λ_2 处的摩尔吸光系数；$\varepsilon_{b,\lambda_1}$、$\varepsilon_{b,\lambda_2}$ 为 b 组分在波长λ_1 和λ_2 处的摩尔吸光系数。将以上两个等式建立联立方程组并求解，则可得出各组分的含量。

例 13-4　NO_2^- 在 355nm 处$\varepsilon_{355}=23.3$L•mol^{-1}•cm^{-1}，302nm 处$\varepsilon_{302}=9.32$L•mol^{-1}•cm^{-1}；NO_3^- 在 355nm 处的吸收可以忽略，在波长 302nm 处$\varepsilon_{302}=7.24$L•mol^{-1}•cm^{-1}。今有一含 NO_2^- 和 NO_3^- 的试液，用 1cm 比色皿测得$A_{302}=1.010$，$A_{355}=0.730$。计算试液中 NO_2^- 和 NO_3^- 的浓度。

解：设 NO_2^- 的物质的量浓度为c_x，NO_3^- 的物质的量浓度为c_y

由吸光度的加和性得：

$$1.010=9.32\times c_x+7.24\times c_y$$
$$0.730=23.3\times c_x$$

解得：

$$c_x=0.0313\text{mol}\cdot\text{L}^{-1}$$
$$c_y=0.099\text{mol}\cdot\text{L}^{-1}$$

13.8.2　高含量组分的测定——示差分光光度法

1. 测定原理

普通分光光度法一般只适于测定微量组分。当待测组分含量较高时，常常偏离朗伯-比尔定律。即使不偏离，由于吸光度太大，也超出了准确读数的范围，即使把分析误差控制在5%以下，对高含量成分也是不符合要求的，将产生较大的误差。如果采用示差法，就能克服这一缺点，也能使测定误差降到±0.5%以下。示差法与普通光度法的主要区别在于它采用的参比溶液不同，它采用浓度稍低于待测溶液的标准溶液（A_s）作参比溶液，调节仪器透光率为 100%（或吸光度 $A=0$），然后测定待测溶液（A_x）的吸光度，该吸光度为相对吸光度A_r，对应的透光度为相对透光度T_r。

根据朗伯-比尔定律有：

$$A_s=-\lg T_s=\varepsilon bc_s$$
$$A_x=-\lg T_x=\varepsilon bc_x$$

示差法实际测得的吸光度（A_r）相当于普通法中待测溶液与标准溶液的吸光度之差（ΔA）。

$$A_r=\Delta A=A_x-A_s=\varepsilon b(c_s-c_x)=\varepsilon b\Delta c \quad (13\text{-}21)$$

式中，Δc 为待测溶液与标准溶液的浓度之差，即 $\Delta c=c_s-c_x$。可见，待测溶液与标准溶液的吸光度差 ΔA 与它们浓度差 Δc 呈线性（正比）关系，这就是应用示差法测定待测溶液浓度的依据。

2. 测定方法

（1）示差标准曲线法

配置一系列标准溶液c_s、c_1、c_2、c_3…c_s，然后以标准溶液 c_s 作参比溶液，调节仪器透光度为100%（或吸光度 $A=0$），在相同条件下依次测定标准溶液c_s、c_1、c_2、c_3…c_s 的相对吸光度 ΔA。以 ΔA 为纵坐标，Δc 为横坐标，绘制 ΔA-Δc 工作曲线，即示差法的标准曲线（见图 13-17）。再在相同条件下测定待测溶液的相对吸光度 ΔA_x，从示差工作曲线中查出 Δc_x。根据$c_x=\Delta c_x+c_s$，则可计算待测溶液浓度c_x。

（2）示差比较法

示差比较法是先配制与被测试液浓度相近的标准溶液c_s 和标准溶液c_1，以及被测试液c_x。以标准溶液c_s 作参比，调节仪器透光率为100%（或吸光度 $A=0$），测标准溶液c_1 的吸光度 ΔA_1。在相同条件下再测未知液c_x 的吸光度 ΔA_x。根据朗伯-比尔定律：

$$\Delta A_1=\varepsilon b\Delta c_1$$

$$\Delta A_x=\varepsilon b\Delta c_x$$

两式相比，得：

$$\frac{\Delta A_1}{\Delta A_x}=\frac{\Delta c_1}{\Delta c_x}$$

所以

$$\Delta c_x=\frac{\Delta A_x}{\Delta A_1}\times\Delta c_1 \tag{13-22}$$

再根据$c_x=\Delta c_x+c_s$，则可计算待测溶液浓度c_x。

3. 示差吸光光度法的特点及测试条件

示差吸光光度法的优点是可以提高光度法的精确性，从而实现用吸光光度法对物质中某一含量较高或较低的组分的测定。例如对高含量成分的测定，有时可达到与重量法、滴定法同等的精确度。其降低分析误差的主要依据就是对刻度标尺的放大作用。例如，假定用普通光度法测量参比溶液的透光率为10%，试样溶液的透光率为7%，仅相差3%。若用示差法，将参比溶液的透光率调到100%，则试样溶液的透光率为70%，两者之差增为30%，相当于放大读数标尺10倍。从而相对地增大了这种测量方法的精确性（见图13-18）。

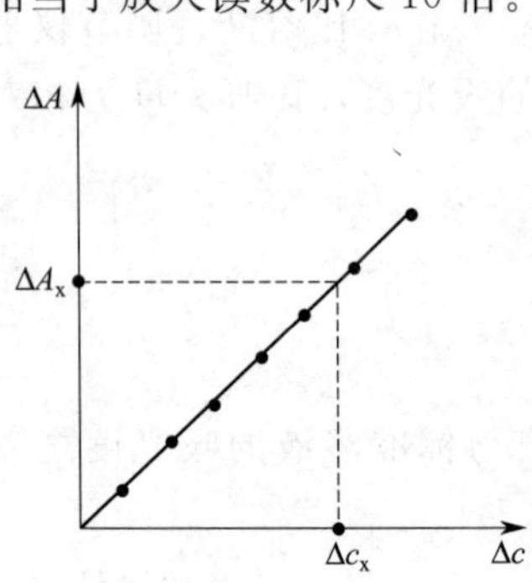

图 13-17　示差法标准曲线

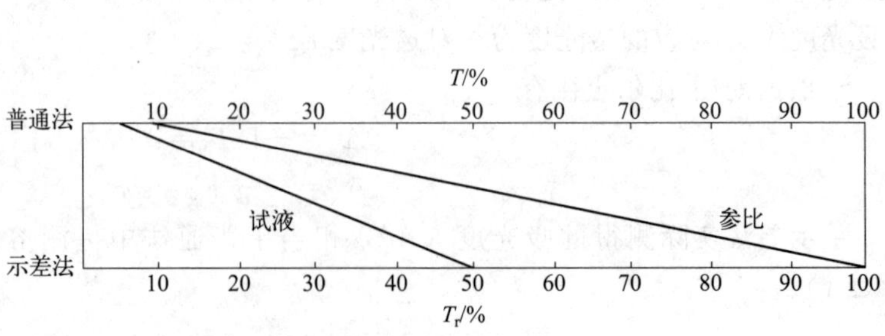

图 13-18　示差吸光光度法与普通光度法透光度的比较

例 13-5　以纯试剂调节透光率满度时（$T=100\%$），测出某试液$T_x=50\%$，假定仪器的 $\Delta T=\pm0.5\%$，问：①测定的相对误差（$\Delta c/c$）是多少？②若以$T_s=10\%$的标准液调满度，该试液的T_r是多少？测定的相对误差（$\Delta c/c$）是多少？

解：①
$$\frac{\Delta c}{c}=\frac{0.434\times\Delta T}{T\lg T}=\frac{0.434\times(\pm0.5\%)}{50\%\times\lg50\%}=\pm1.44\%$$

②
$$T_r=\frac{T_x}{T_r}=\frac{50\%}{10\%}=5\%$$

③
$$\frac{\Delta c}{c}=\frac{0.434\times\Delta T}{T_r\lg(T_rT_s)}=\frac{0.434\times(\pm0.5\%)}{5\%\times\lg(5\%\times10\%)}=\pm1.9\%$$

示差吸光光度法的测量中，要求合理选择参比溶液浓度。图 13-19 为假定仪器透光率读数的绝对误差 $\Delta T=\pm0.5\%$，用不同浓度的标准溶液作参比时，将其浓度的相对误差分别作出误差曲线图。由图可见，随着参比溶液浓度增加（即透光率 T_s 减小），浓度相对误差也就减小。若合理选择参比溶液浓度，示差法的准确度可接近于滴定分析法。此外，应用示差法时，要求光度计灵敏度可以控制或光源强度可以改变，以便调节示差法所用参比溶液的吸光度 $A=0$ 或透光率 $T=100\%$，故所用的仪器必须具有出射狭缝可以调节。

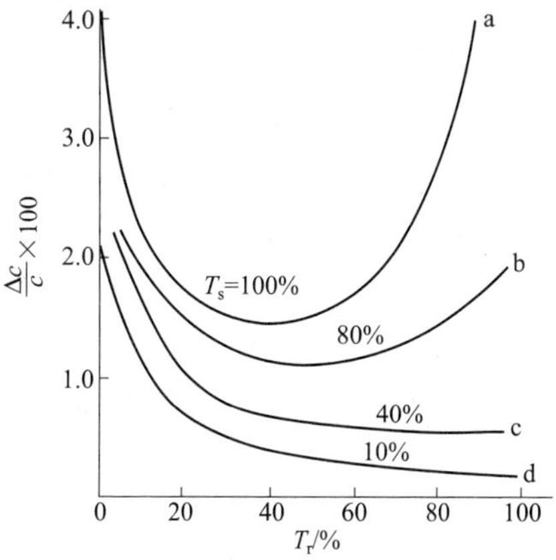

图 13-19　不同 T_s 的溶液作参比时的误差曲线

13.8.3　酸碱解离常数的测定

分光光度法可用于测定酸（碱）的解离常数。

设有一元弱酸 HB，按下式解离：$HB \rightleftharpoons H^+ + B^-$　　　$K_a^\ominus=[B^-][H^+]/[HB]$

先配制三种总浓度（$c=[HB]+[B^-]$）相等，而 pH 不同的 HB 溶液，用酸度计测定各溶液的 pH。

第一种溶液的 pH 在 $pK_a^\ominus$ 附近，此时溶液中 HB 与 B^- 共存，用 1cm 的吸收池在某一定的波长下，测量其吸光度A_{HB+B^-}。

第二种溶液是 pH 比 $pK_a^\ominus$ 低两个以上单位的酸性溶液，此时弱酸几乎全部以 HB 形式存在，在上述波长下测得吸光度A_{HB}。第三种溶液是 pH 比 $pK_a^\ominus$ 高两个以上单位的碱性溶液，此时弱酸几乎全部以 B^- 形式存在，在上述波长下测得吸光度A_{B^-}。根据吸光度值及朗伯-比尔定律以及缓冲溶液计算公式写出相应物质的浓度表达式，整理得：

$$pK_a^\ominus=pH+\lg\frac{A-A_{B^-}}{A_{HB}-A}\tag{13-23}$$

式中，A_{HB} 为高酸度下 HB 未发生解离时测得的吸光度；A_{B^-} 为 HB 在低酸度下完全解离成 B^- 时测得的吸光度；A 为 pH 在 $pK_a^\ominus$ 附近，即溶液中 HB 与 B^- 共存时的吸光度。

式(13-23)是光度法测定一元弱酸解离常数的基本公式。利用实验数据，代入式（13-23）即可求出弱酸的解离常数。

13.8.4 配合物组成及稳定常数的测定

摩尔比法也称饱和法，此法是根据在配合反应中金属离子 M 被显色剂 R 所饱和的原理来测定配合物的组成的。

如络合反应：$M+nR \longrightarrow MR_n$

在实验条件下，制备一系列体积相同的溶液。在这些溶液中，固定金属离子 M 的浓度，依次从低到高地改变显色剂 R 的浓度，然后测定每份溶液的吸光度 A，以吸光度 A 为纵坐标，以 c_R/c_M 为横坐标作图，可得图 13-20。

曲线前部分表示，随着 [R] 的加大，形成配合物的浓度 [MR_n] 也不断增加，吸光度 A 也不断增加。当 [R] ∶ [M] $=n$ 时，[MR_n] 最大，吸光度也应最大。这时 M 被 R 饱和，若再增大 [R]，吸光度 A 不再明显增加。可见，图中两条直线的交点（若配合物易解离，则曲线转折点不敏锐，应采用直线外推法求交点）所对应的横坐标 c_R/c_M 的值，就是 n 的值，配合物的配位比为 1∶n。此法适用于解离度小的配合物的组成测定，尤其适用于配位比高的配合物组成的测定。

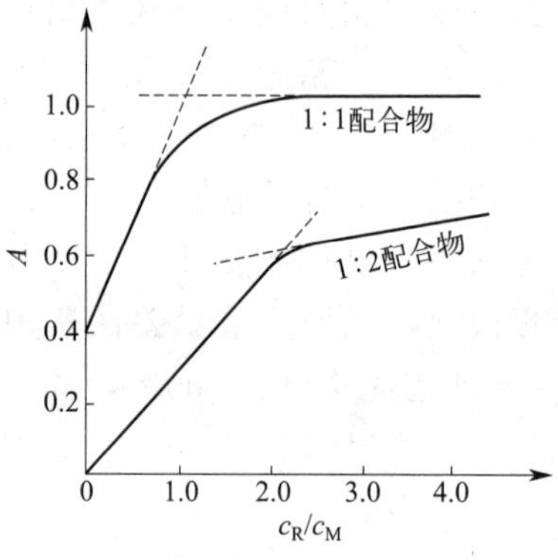

图 13-20 摩尔比法曲线图

用摩尔比法可以求配合物 MR_n 的稳定常数 $K^{\ominus}_{f,MR_n}$。根据配位反应式，可得

$$K^{\ominus}_{f,MR_n}=[MR_n]/([M][R]^n)$$

当金属离子 M 有一半转化为配合物 MR_n 时，即 [MR_n] = [M]，则 $K^{\ominus}_{f,MR_n}=1/([R]^n)$。因此，只要取摩尔比法曲线的最大吸光度的一半所对应的 [R]，并将已求得的 n 代入，即可求得配合物的稳定常数 $K^{\ominus}_{f,MR_n}$。

例 13-6 Mn^{2+} 与配位剂 R^- 反应生成有色配合物，用摩尔比法测定其组成及配合物的稳定常数。固定 Mn^{2+} 的浓度为 $2.0\times10^{-4}\ mol\cdot L^{-1}$，而改变 R^- 的浓度。用 1cm 比色皿在 525nm 处测得如下数据：

$[R^-]/(\times10^{-4}mol\cdot L^{-1})$	0.500	0.750	1.00	2.00	2.50	3.00	3.50	4.00
A	0.112	0.162	0.216	0.372	0.449	0.463	0.470	0.470

求：（1）配合物的组成；（2）配合物在 525nm 处的摩尔吸光系数 ε；（3）配合物的 $K^{\ominus}_{f,MR_n}$。

解：（1）根据题中数据，整理出表 13-2。

表 13-2 c_R/c_M 与吸光度 A 的关系

c_R/c_M	0.25	0.375	0.50	1.00	1.25	1.50	4.75	2.00
A	0.112	0.162	0.216	0.372	0.449	0.463	0.470	0.470

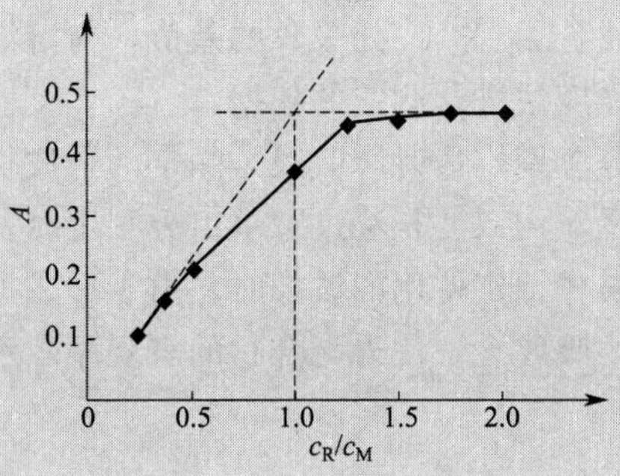

图 13-21 摩尔比法曲线图

以c_R/c_M 为横坐标，吸光度 A 为纵坐标，作图，得到图 13-21。由外推法确定配合物的组成为 MnR^+，即配合物的化学式为 MnR^+。

(2) 配合物在 525nm 处的摩尔吸光系数

$$\varepsilon = A/c_M = 0.470/(2.0\times10^{-4}) = 2.35\times10^3 (\mathrm{L\cdot mol^{-1}\cdot cm^{-1}})$$

(3) $K^{\ominus}_{稳} = \dfrac{[\mathrm{ML}]}{[\mathrm{M}]\ [\mathrm{L}]} = \dfrac{[\mathrm{ML}]}{(c_M - [\mathrm{ML}])\ (c_L - [\mathrm{ML}])} = \dfrac{A/\varepsilon_{ML}}{(c_M - A/\varepsilon_{ML})\ (c_L - A/\varepsilon_{ML})}$

利用上式，分别求出不同浓度比对应的稳定常数

$A = 0.216$ 时，　$K^{\ominus}_{稳} = 1.55\times10^5$

$A = 0.162$ 时，　$K^{\theta\ominus}_{稳} = 0.862\times10^5$

$A = 0.112$ 时，　$K^{\ominus}_{稳} = 1.36\times10^5$

取以上数据的平均值得到配合物 MnR^+ 的稳定常数，即$K^{\ominus}_{稳} = 1.0\times10^5$。

13.8.5 双波长分光光度法

由于传统的单波长吸光光度测定法要求试液本身透明，不能有混浊，因而当试液在测定过程中慢慢产生混浊时就无法正确测定。单波长测定法对于吸收峰相互重叠的组分或背景很深的试样，也难以得到正确的结果。此外，试样池和参比池之间不匹配，试液与参比液组成不一致均会给传统的单波长吸光光度法带来较大的误差。如果采用双波长技术，就可以从分析波长的信号中减去来自参比波长的信号，从而消除上述影响，提高方法的灵敏度和选择性，简化分析手续，扩大吸光光度法的应用范围。

双波长吸光光度法是将光源发射出来的光线，分别经过两个可以调节的单色器，得到两束具有不同波长（λ_1、λ_2）的单色光，利用斩光器使这两束光交替照射到同一吸收池，然后测量并记录它们之间吸光度的差值 ΔA。若使交替照射的两束单色光λ_1 和λ_2 强度都等于 I_0，则

$$\lg(I_0/I_1)=A_{\lambda_1}=\varepsilon_{\lambda_1}bc+A_s$$
$$\lg(I_0/I_2)=A_{\lambda_2}=\varepsilon_{\lambda_2}bc+A_s$$

A_s 为光散射或背景吸收，若λ_1 和 λ_2 相距不远时，A_s 可视为相等，则

$$\lg(I_2/I_1)=A_{\lambda_2}-A_{\lambda_1}=(\varepsilon_{\lambda_2}-\varepsilon_{\lambda_1})bc$$

上式说明，试样溶液在波长 λ_1 和 λ_2 处吸收的差值，与溶液中待测物质的浓度呈正比关系。这就是应用双波长吸光光度法进行测定的依据。

双波长测定法对混合组分分别定量时，一般是测定两个波长处的吸光度差，因此方法本身不能提高测定灵敏度。但是，用双波长法进行单组分测定时，如果选择显色剂的极大吸收波长和配合物的极大吸收波长作测定使用的波长时，由于形成配合物而降低显色剂的吸收值直接加合在所形成的配合物的吸收上，使得配合物的表观摩尔吸光系数显著增加，导致测定的灵敏度有所提高。

习　题

扫码查看习题答案

13-1　选择题

1. 单色光是指（　　）

A. 单一颜色的光　　B. 单一波长的光

C. 波长范围较窄的光　　D. 波长较短的光

2. 被测定溶液浓度增大，则其最大吸收波长（　　）

A. 向长波长方向移动　　B. 向短波长方向移动

C. 保持不变　　D. 条件不同，波长变化的方向不同

3. 测定吸光度时应该使读数在 0.2 到 0.8 之间的原因是（　　）

A. 容易读数　　B. 由读数造成的误差较小

C. 没有读数误差　　D. 因为仪器设计的要求

4. 某物质的吸收曲线的形状主要取决于（　　）

A. 物质的本性　　B. 溶剂的种类

C. 溶液浓度的大小　　D. 参比溶液的种类

5. 空白溶液的作用是（　　）

A. 减少干扰　　B. 扣除溶剂、显色剂等的吸光度

C. 作为对照　　D. 用于校准仪器

6. 吸光度和透光率的关系是（　　）

A. $A=(\lg 1/T)$　　B. $A=(\lg T)$　　C. $A=1/T$　　D. $T=(\lg 1/A)$

7. 显色时，显色剂的用量应该是（　　）

A. 过量越多越好　　B. 按方程计量要求即可

C. 只要显色即可　　D. 适当过量

8. 比较法测量时，选择的标准溶液与被测溶液浓度接近，能减小误差的原因是（　　）

A. 吸收系数变化小　　B. 干扰小

C. 吸光度变化小　　D. 透光率变化小

13-2 填空题

1. 朗伯-比尔定律中，吸光度 A 与溶液浓度 c 及液层厚度 b 的关系为__________，ε 称为__________，一般认为 $\varepsilon=$__________显色反应属低灵敏度，$\varepsilon=$__________属中等灵敏度，$\varepsilon=$__________属高灵敏度。

2. 被测溶液的吸光度越大，则溶液的浓度越________，透光率越________，溶液的颜色越________。

3. 物质对光的吸收具有________，取决于物质的________，吸光后物质处于_________态，然后迅速返回________。

4. 在光度分析中，溶剂、试剂、试液、显色剂均无色，应选择________作参比溶液；试剂和显色剂均无色，被测试液中存在其他有色离子，应选________作参比溶液。

5. 分光光度计的基本组成部分为________、________、________、________、________。

13-3 简答题

1. 什么是吸收曲线？怎样根据吸收曲线去选择合适的定量测定波长？

2. 分光光度法测定时，为什么常要使用显色剂？为什么可以通过测定显色后的产物的吸光度来确定被测物质的浓度？

3. 影响显色反应的因素有哪些？如何选择合适的显色剂？

4. 如何使由于读数而产生的测定误差最小？

5. 如何消除由试剂和溶剂产生的吸光度？

6. 确定一种新的吸光分析方法，应该从哪几个方面去确定分析条件？

7. 为什么要使用标准溶液？什么是标准曲线法？

8. 如何利用分光光度法来测定混合物中的各组分？

13-4 计算题

1. 将下列吸光度值换算为透光率。

(1) 0.01　　(2) 0.05　　(3) 0.30　　(4) 1.00　　(5) 1.70

2. 质量分数为 0.002% 的 $KMnO_4$ 溶液在 3.0cm 的吸收池中的透光率为 22%，若将溶液稀释一倍后，该溶液在 1.0cm 的吸收池的透光率为多少？

3. 用丁二酮肟光度法测定镍，若显色后有色物质的浓度为 $1.7\times10^{-5}\,mol\cdot L^{-1}$，用 2.0cm 的吸收池在 470nm 波长处测得透光率为 30.0%，计算此有色物质在该波长下的摩尔吸收系数。

4. 欲使某试样溶液的吸光度在 0.2～0.8 之间，若吸光物质的摩尔吸收系数为 $5.0\times10^{5}\,L\cdot mol^{-1}\cdot cm^{-1}$，则试样溶液的浓度范围为多少？已知吸收池 $b=1.0cm$。

5. 称取 1.0000g 土壤，经消解处理后制成 100.00mL 溶液。吸取该溶液 10.00mL，同时取 4.00mL 质量浓度为 $10.0\mu g\cdot mL^{-1}$ 的磷标准溶液分别于两个 50.00mL 容量瓶中显色、定容。用 1.0cm 吸收池测得标准溶液的吸光度为 0.260，土壤试液的吸光度为 0.362，计算土样中磷的质量分数。

6. 用邻二氮菲显色法测定 Fe，称取试样 0.5000g，处理显色后，在 510nm 处测得吸光度为 0.430，若将溶液稀释 1 倍后，其透光率为多少？

7. 两份不同浓度的同一有色配合物的溶液，在同样的吸收池中测得某一波长下的透光率分别为 65.0% 和 41.8%，求两份溶液的吸光度。若第一份溶液的浓度为 6.5×10^{-4} $mol\cdot L^{-1}$，求第二份溶液的浓度。

8. 一化合物的分子量为 125，摩尔吸收系数为 $2.5\times10^{5}L\cdot mol^{-1}\cdot cm^{-1}$，今欲配制 1.0L 该化合物溶液，稀释 200 倍后，于 1.0cm 吸收池中测得的吸光度为 0.600，那么应称取该化合物多少克？

9. 已知一种土壤含 0.4%P_2O_5，它的溶液显色后的吸光度为 0.32。在同样的条件下，测得未知土样的溶液显色后的吸光度为 0.20，求该土样中 P_2O_5 的质量分数。

10. 当分光光度计的透光率测量的读数误差 $\Delta T=0.01$ 时，测得不同浓度的某吸光溶液的吸光度为：0.01，0.100，0.200，0.434，0.800，1.20。利用吸光度与浓度成正比以及吸光度与透光率的关系，计算由仪器读数误差引起的浓度测量的相对误差。

扫码查看重难点

第 14 章

常用的分离方法

一个理想的化学分析方法，应满足对试样中某一待测组分进行直接定性或定量分析，即所选用的方法具有高度的选择性和专一性，其他组分不干扰待测组分的测定。然而，在实际工作中，遇到的体系往往较为复杂，其他组分常常干扰待测组分的定性或定量。这不仅关系到评价结果的准确性，有时甚至使评估结果完全失真。为此，在对样品进行定性或定量前，应选择适当的方法以消除干扰组分的影响。

消除干扰最简便的方法是控制分析条件（如控制体系酸度、显色剂用量、显色温度和时间、测定波长等）或使用掩蔽剂将干扰组分掩蔽。然而，经过上述简单的操作仍无法消除干扰组分的影响，在这种情况下，就需要事先对样品进行预处理，以实现干扰组分与被检组分分离。分离是消除干扰最彻底的方法。如果被测组分含量极微，低于测定方法的检测限，在分离的同时还需将被测组分进行富集与浓缩，使其含量提高到分析方法的检测线上，这样就提高了测定方法的灵敏度。因此，分离的过程同时含有富集的意义。对于痕量组分的测定，有时尽管无干扰组分，但仍需先分离对组分进行富集，才能给出准确结果。

分离的原则是：干扰组分含量应降至不影响被测组分的定量；在分离过程中，待测组分的损失要尽可能少，甚至小到可以忽略不计。对此，常用分离度、回收率、富集倍数来评价分离方法的有效性。

某一试样的分析是否需要分离或选用何种方法进行分离，很大程度上取决于最后选用的分析方法、试样的性质与数量、待测组分的含量、对分析时间的要求以及对分析结果准确度的要求。随着现代科技的日新月异，分离从一种“技术”逐渐发展形成一门新兴学科——“分离科学”，在工农业生产和科学研究方面得到了广泛应用。

14.1 萃取分离法

萃取（extraction）分离法是将样品中的目标化合物选择性地转移到另一相中或者选择性地保留在原来的相中（转移非目标化合物），从而使目标化合物与原来的复杂基体相互分离的方法。萃取（extraction）分离根据所用萃取相（有机溶剂、固体物质、超临界流体）不同，又可分为液-液、固-液和气-液萃取等。近年来发展起来的微乳相（microemulsion ase）萃取主要包括液膜萃取、胶团萃取、双水相萃取、三相萃取等。在这些萃取方法中，液-液萃取分离法应用最广泛。液-液萃取又称溶剂萃取，其原理是用与水互不相溶的有机溶剂将待测物或干扰组分定量地从水相转移至有机相，从而达到待测物与干扰物分离的目的。

溶剂萃取能用于大量元素的分离，也适合微量元素的分离与富集。如果被萃取物有颜色，还可以直接在有机相中比色测定，灵敏度和选择性较高。因此，溶剂萃取分离法在微量分析中具有举足轻重的作用。

14.1.1 萃取分离的基本原理

1. 萃取过程的本质

对于无机物的溶剂萃取，是将被萃取物从水相转移到有机相的过程。由于无机盐溶于水后形成了水合离子，如：$[Al(H_2O)_6]^{3+}$、$[Zn(H_2O)_4]^{2+}$、$[Fe(H_2O)_2Cl_4]$ 等，这些水合离子易溶于水，难溶于有机溶剂，表现出亲水性。而一些有机物（如油脂、萘、蒽等）难溶于水，易溶于有机溶剂，表现出疏水性。如果要将某些无机离子从水相转移到有机溶剂，就应设法先将水合离子中的水分子脱去，然后中和其所带电荷，使其成为弱极性、易溶于有机溶剂的化合物，也就是说，使原来的亲水性的无机离子转变成亲油性的被萃物。为了实现该目标，通常加入某类能与被萃的金属离子作用的试剂，进而形成一种不带电、易溶于有机溶剂的分子，即被萃物，再通过有机溶剂将被萃物萃入有机相。所添加的试剂称为萃取剂。可见，萃取过程的本质是将被萃取物质由亲水性转化为疏水性的过程。例如，Ni^{2+} 在水溶液中是以 $[Ni(H_2O)_6]^{2+}$ 形式存在的，较亲水。若在氨性溶液加入丁二酮肟（萃取剂），就形成了一种不带电且疏水的丁二酮肟合镍螯合物，再加入有机溶剂（如氯仿），充分混合后，丁二酮肟合镍螯合物即可转入有机相。

如果要将有机相中的溶质转入水相，该过程即为反萃取。如向上述有机相中加入 $0.5\sim1.0mol\cdot L^{-1}$ HCl，丁二酮合镍螯合物的结构遭到破坏，Ni^{2+} 恢复亲水性，返回至水相。这里所加入的盐酸为反萃取剂。萃取和反萃取的配合使用极大地提高了分离的选择性。

2. 萃取分离的基本参数

（1）分配平衡系数

萃取过程是被萃取物质在两种互不相溶的两相中的分配过程。若溶质在两相中存在的分子形态相同，则 A 就按溶解度的不同分配在两相中：

$$A_{aq} \rightleftharpoons A_{org}$$

1891 年 Nernst 提出了溶剂萃取定律：在一定温度下，某溶质在互不相溶的两种溶剂中达到分配平衡时，该溶质在两相中的浓度之比为一常数。即：

$$K_D = \frac{[A]_{org}}{[A]_{aq}} \tag{14-1}$$

式中，K_D 为分配系数（distribution coefficient），与溶质和溶剂的性质及温度等因素有关。

（2）分配比

分配系数只适用于溶质在两相中存在的形态相同，没有解离、缔合、配位等副反应情况，然而，实际萃取中可能伴随上述多种化学作用，溶质在两相中可能存在多种形态（如氨基酸在水相中就存在 A^+、$A^\pm$、A^- 三种形态），因此不能简单地用分配系数来说明整个萃取过程的平衡问题。对分析工作而言，最重要的是要知道溶质在两相间的分配以及在每一相中的总量。因此，常把溶质 A 在两相中各种存在形态的总浓度之比称为分配比（distribution ratio），用 D 表示：

$$D = \frac{c_{org}}{c_{aq}} \tag{14-2}$$

D 表示萃取体系达到平衡时，溶质在两相中的实际分配情况。分配比 D 与 pH 值、萃取剂的种类、溶剂的种类和盐析剂有关。当两相的体积相等时，若 $D>1$，则说明溶质进入有机相的量比留在水相中的量多。

（3）萃取率

在实际工作中，常用萃取率（Extraction efficiency，$E\%$）表示在一定条件下被萃溶质进入有机相中的量，以 $E\%$表示：

$$E\% = \frac{\text{被萃物在有机相中的总量}}{\text{被萃物在两相中的总量}} \times 100$$

设被萃物在有机相和水相中的总浓度分别为 c_{org} 和 c_{aq}；两相的体积分别为 V_{org} 和 V_{aq}，则萃取率 $E\%$可表示如下：

$$E\% = \frac{c_{org}V_{org}}{c_{org}V_{org} + c_{aq}V_{aq}} \times 100 \tag{14-3}$$

分子、分母同除以 $c_{aq}V_{org}$，得

$$E\% = \frac{c_{org}/c_{aq}}{c_{org}/c_{aq} + V_{aq}/V_{org}} = \frac{D}{D+1/R} = \frac{DR}{DR+1} \tag{14-4}$$

式中，V_{org}/V_{aq} 又称相比 R。

可见，D 越大，$E\%$越高。如果固定 D，提高相比 R，可提高萃取率，但取得的效果并不显著。而且，增大有机溶剂用量，降低了萃取后有机相中的溶质浓度，对下一步定量显然不利。在实际工作中，对于分配比 D 不是很高的萃取体系，通常采用少量多次的萃取方法以提高萃取率。

经一次萃取后，残存于水相中的溶质浓度可表示为：

$$c_1 = c_0 \times \frac{1}{DR+1} \tag{14-5}$$

可推导经 n 次萃取后，残存于水相中溶质的平衡浓度 c_n 为：

$$c_n = c_0 \times \left[\frac{1}{DR+1}\right]^n \tag{14-6}$$

进而可推算出经 n 次萃取后溶质的总萃取率 E_n（%）：

$$E_n(\%) = (1 - \left[\frac{1}{DR+1}\right]^n) \times 100 \tag{14-7}$$

例 14-1 在 pH=7.0 时，用 8-羟基喹啉氯仿溶液，从水溶液中萃取 La^{3+}。已知 La^{3+} 在两相中的分配比 $D=43$。今取含 La^{3+} 的水溶液（$1.00mg \cdot mL^{-1}$）20.0mL，使用 12.0mL 萃取液，试分别计算用萃取剂一次萃取和分三次萃取的萃取率。

解：用 12.0mL 萃取液一次萃取的萃取率：

$$E\% = \frac{DR}{DR+1} = \frac{43 \times (12/20)}{43 \times (12/20) + 1} \times 100 = 96.3$$

每次用 4.0mL 萃取液连续三次萃取的萃取率：

$$E_3(\%) = \left(1 - \left[\frac{1}{DR+1}\right]^3\right) \times 100 = \left(1 - \left[\frac{1}{43 \times (4/20) + 1}\right]^3\right) \times 100 = 99.89$$

可见，相同剂量的有机溶剂分多次萃取的萃取率比单次萃取的效率高。但是萃取次数增加，会增加劳动强度。通常根据萃取率的要求决定萃取次数，而萃取率的要求则由被萃物的量或浓度高低以及评估及方法准确度所决定。

（4）分离因子

当水相中同时存在两种以上的溶质时，若它们在两相中的分配比不同，经过萃取操作后，它们在两相中的相对含量就会发生改变。为了达到分离目的，不仅要求萃取率高，而且要考虑共存组分间的分离效果好。两组分间的分离效果可用分离因数（separation factor）β 表示：

$$\beta_{A,B} = \frac{D_A}{D_B} = \frac{c^A_{org}/c^A_{aq}}{c^B_{org}/c^B_{aq}}$$

式中，D_A、D_B 分别为组分 A 和共存组分 B 的分配比。

若 D_A 和 D_B 相差很大，则 β 值很大或很小，表示两组分可以定量分离，即萃取选择性好；反之，若 β 接近于 1 时，两组分就不能完全分离。

14.1.2 萃取体系的分类和萃取条件的选择

无机物质中只有少数共价分子（如：HgI_2、$HgCl_2$、$GeCl_4$、$AsCl_3$、SbI_3 等），可以直接用有机溶剂萃取。在水溶液中大多数无机物解离成离子，与水分子结合成水合离子，不能用与水不相溶的非极性或弱极性的有机溶剂萃取。为了使无机离子能顺利转入上述有机相，需要加入萃取剂，使无机物与萃取剂结合成电中性、疏水性的萃合物。

根据萃合物分子性质的差异，将萃取体系分为以下几类。

1. 螯合物萃取体系

该萃取体系在分离科学中应用最广泛，主要用于金属离子的萃取，适用于少量或微量组分的萃取分离，灵敏度高。所用的萃取剂一般为有机弱酸或弱碱。例如：8-羟基喹啉，可与

Pd^{2+}、Tl^{3+}、Fe^{3+}、Ga^{3+}、In^{3+}、Al^{3+}、Co^{2+}、Zn^{2+}等离子生成难溶于水的螯合物，用氯仿等有机溶剂萃取。再如：乙酰丙酮 $CH_3-CO-CH_2-CO-CH_3$，形成互变异构体后可与 Al^{3+}、Be^{2+}、Cr^{3+}、Co^{2+}、Th^{4+}、Sc^{3+}等离子生成难溶于水的螯合物，用氯仿、四氯化碳、苯、二甲苯等有机溶剂萃取，也可用乙酰丙酮萃取，此时，乙酰丙酮既是萃取剂，又是溶剂。

此外，如铜铁试剂（即 *N*-亚硝基苯胲铵）、二乙基二硫代氨基甲酸钠（铜试剂）、二苯硫腙（Pb^{2+}试剂）、丁二酮肟（Ni^{2+}试剂）等都是常用的萃取剂。

这类萃取剂如以 HR 表示，它们与金属离子螯合以及萃取与反萃取过程见图 14-1。

萃取剂 HR 越易解离，其与金属离子形成的螯合物 MR_n 越稳定；螯合物在有机相中的分配系数越大，在水相中的分配系数越小，则萃取越容易进行，萃取率也就越高。

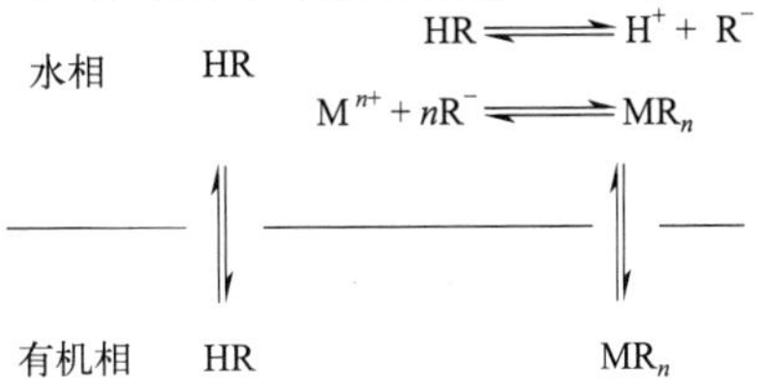

图 14-1　萃取剂与金属离子螯合及萃取与反萃取过程

在实际工作中，萃取条件的选择应考虑以下几个因素：

（1）萃取剂（即螯合剂）的选择

萃取剂与金属离子生成的螯合物越稳定，萃取率就越高；作为萃取剂应至少含有一个萃取功能基团（如 N、O、S、P），通过功能基团与被萃溶质形成萃合物，如与被萃金属离子形成螯合物。同时，萃取剂还应具备足够的疏水性。含有相当长度烷烃或芳香烃的配体，其疏水性保证萃取剂难溶于水而易溶于有机相，使萃合物在两相中有足够大的分配比。

（2）有机溶剂的选择

一般选择不含氧的惰性溶剂，与水有一定的密度差，密度介于 $0.6\sim1.5g\cdot mL^{-1}$ 之间，黏度和表面张力小，利于分相。若有机溶剂的密度与水接近，就不利于分相。

（3）溶液的酸度

在确保金属离子不水解的前提下，尽可能在低酸度条件下进行，以提高萃取的选择性。

2. 离子缔合萃取体系

离子缔合物是阳离子和阴离子通过静电引力缔合而成的电中性疏水性化合物，它易被有机溶剂萃取。这类萃取体系的特点是萃取容量大，可用于分离常量组分。

选用的萃取剂不同，形成的缔合物类型就不同，选用𬭩盐和铵盐缔合物萃取的居多。

（1）形成𬭩盐缔合物

含氧的活性有机萃取剂，如醚类、醇类、酮类和酯类等，它们的氧原子含有孤对电子，能与 H^+ 或其他阳离子结合形成𬭩离子，与金属配离子缔合成疏水性的𬭩盐，进而被有机溶剂萃取。

例如，从含有 Ti^{4+} 和 Fe^{3+} 的 $6mol\cdot L^{-1}$ HCl 溶液中分离 Fe^{3+} 的实验，选用乙醚为萃取剂，乙醚可与水溶液中的 H^+ 结合成阳离子，$[FeCl_4]^-$ 配阴离子与上述阳离子缔合，形成中性分子的𬭩盐：

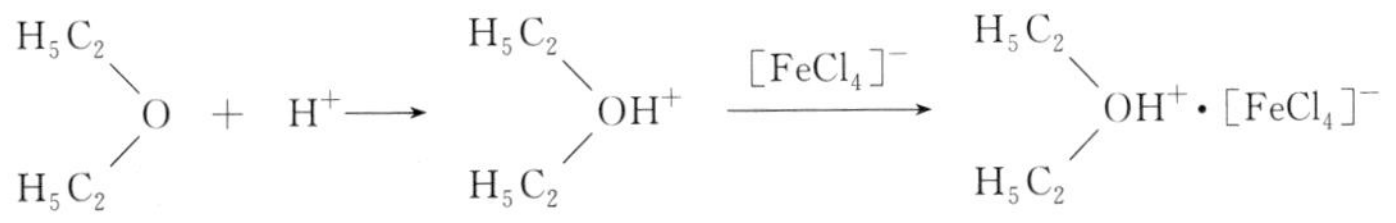

烊盐具疏水性，可被有机溶剂乙醚萃取，而 Ti^{4+} 因不被乙醚萃取而保留在水相中，从而达到了分离的效果。在这类萃取体系中，乙醚既是溶剂又是萃取剂。

（2）形成铵盐缔合物

含$-NH_2$基的碱性染料或高分子胺（含碳 6 个以上）在酸性介质中结合 H^+ 后成为阳离子，与金属配阴离子缔合后形成铵盐，易被有机溶剂萃取。

例如，在稀 H_2SO_4 溶液中萃取硼，硼与 F^- 形成配阴离子$[BF_4]^-$；在酸性条件下亚甲基蓝与 H^+ 形成大阳离子，再与$[BF_4]^-$缔合成铵盐,可被二氯乙烷萃取。

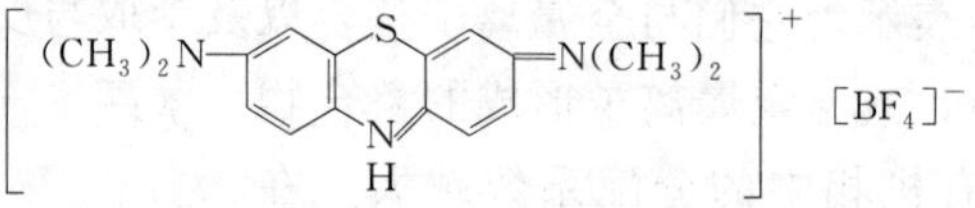

$$\left[(CH_3)_2N \cdots N(CH_3)_2 \right]^+ \quad [BF_4]^-$$

（3）形成钟盐（R_4As^+）、鏻盐（R_4P^+）等其他缔合物

如：氯化四苯砷与 MnO_4^- 结合的离子缔合物易被苯或甲苯萃取：

$$(C_6H_5)_4As^+ + MnO_4^- \longrightarrow (C_6H_5)_4As^+ \cdot MnO_4^-$$

再如，用磷酸三丁酯（简称 TBP）从 HNO_3 介质中萃取 UO_2^{2+} 的机理：以中性配合物的形式被萃取。TBP 中的 $P \rightarrow \overset{\cdot}{O}$：的氧原子配位能力强，能取代$[UO_2(H_2O)_6]^{2+}$水合离子中的水分子,形成溶剂化离子，再分别与两个 NO_3^- 中的两个氧原子结合成疏水性的 $UO_2(NO_3)_2 \cdot 2TBP$，从而被 TBP 萃取。

在离子缔合物萃取体系中，加入与被萃取物具有相同阴离子的盐类（或酸），能显著提高萃取率，这种现象称为盐析作用。加入的盐类称为盐析剂。如在 HNO_3 溶液中用 TBP 萃取 UO_2^{2+} 时，加入 NH_4NO_3 大大提高了 TBP 对 UO_2^{2+} 的萃取率。

离子缔合体系的选择原则如下：

① 萃取剂和溶剂。对于盐的萃取，萃取剂和溶剂多选用含氧的有机溶剂（如乙醚），对于其他萃取体系，溶剂多选用苯、甲苯、氯仿、二氯甲烷等。

② 溶液的酸度。选用高酸度条件以确保缔合物的形成。

③ 盐析剂。通常选用与原水相中相同的阴离子盐作为盐析剂，常用的有铵盐、镁盐、铝盐和铁盐。一般来讲，阳离子的价态越高，半径越小，盐析效果越好。

3. 协同萃取体系

选用两种或两种以上的萃取剂同时萃取某一溶质时，若其分配比显著大于相同浓度下各单一萃取剂的分配比之和，该类萃取体系就具有协同效应。例如：单独使用二（2-乙基己基）磷酸（D2EHPA，P_{204}）和三辛基氧磷（TOPO）萃取 UO_2^{2+} 时，其分配比分别为 135 和 0.06，而采用与上述萃取剂相同浓度混合萃取剂萃取 UO_2^{2+} 时，分配比提高至 3500，协同萃取系数 R 提高了 24.9 倍。协同萃取体系具有选性好、灵敏度高的特点，是未来萃取分离的一个研究热点。

14.2　色谱分离法

色谱分离法（chromatography），又称色层法或层析法，是一种物理化学分离和分析方

法，由俄国物学家茨维特（Tswett）于 1906 年在分离植物色素中的胡萝卜素、叶黄素、叶绿素 a、b 时系统提出的。当时，将所用的玻璃管称为色谱柱（chromatographic column）；管内的填充物为固定相（stationary phase）；淋洗液称为流动相（mobile phase）或淋洗剂（eluent）。

色谱分离的原理是利用混合物各组分间的理化性质差异，将各组分不同程度地分布于固定相和流动相中。流动相带着试样流经固定相，由于各组分受固定相作用所产生的阻力以及受流动相作用所产生的推动力存在差异，因迁移速率不同，各组分得到分离。固定相既可以是固体的吸附剂，也可以是附载在惰性固体物质（载体、担体）上的固定液。流动相可以是气体，也可以是液体。以气体（如氮气、空气、氢气）作流动相的称为气相色谱，以液体作流动相（如水、甲醇、乙腈、四氢呋喃）的为液相色谱。液相色谱分析又分为柱色谱、纸色谱、薄层色谱、凝胶色谱、高压液相色谱等。本节重点介绍柱色谱和纸色谱。

色谱分离法分离的试样量可大可小，具有分离效率高、操作简单等特点，既适用于实验室复杂样品的分离，也适用于生物、医药等工业产品的精制。如果与相关的分析检测仪器（如液相色谱连接的紫外-可见分光光度计（UV-vis）、示差折光检测器（RI）、阴离子脉冲电化学检测器；气相色谱连接的 TCD、FID、FPD、ECD）联用，可组成各种自动分离且监测的仪器。

14.2.1　柱色谱

1. 原理

柱色谱（column chromatography），又称柱层析，它有吸附色谱和分配色谱两种。实验室里最常用的是吸附色谱。吸附色谱根据吸附剂的性质又可分为正向色谱（吸附剂的极性较大）和反向色谱（吸附剂的极性较小）两类。其原理均是利用混合物中各组分在互不相溶的两相（即流动相和固定相）中的吸附和解吸能力不同，也就是说在两相中的分配系数不同，当试样随流动相流过固定相时，会发生反复多次的吸附和解吸，从而使混合物分离成两种或两种以上的单一纯组分。

为了进一步理解色谱原理，下面就正向柱色谱的分离过程予以简单介绍。正向柱色谱常用的吸附剂有氧化铝、硅胶。先将溶解好的试样加入到已填充好的色谱柱中，然后，用洗脱剂（也称为流动相或展开剂）淋洗。由于样品中的各组分在吸附剂（固定相）上的吸附和解析能力不同，极性大的吸附能力强，极性小的吸附能力弱。当用洗脱剂淋洗时，各组分在洗脱剂中的溶解能力也存在差异。根据“相似相溶”原理，极性组分易溶于极性洗脱剂中，非极性组分易溶于非极性洗脱剂中。通常洗脱的原则是：先用非极性洗脱剂淋洗。当样品加入后，无论是极性组分还是非极性组分均被固定相吸附（作用力为范德华力），加入洗脱剂后，非极性组分在固定相（吸附剂）中吸附能力弱，在流动相（洗脱剂）中溶解度大，先被解吸出来，被解吸出来的非极性组分随着流动相继续向下移动，与新的吸附剂接触再次被固定相吸附。随着洗脱剂向下流动，被吸附的非极性组分再次与新的洗脱剂接触，并再次被解吸出来随流动相向下流动。然而，对于极性组分而言，固定相对其吸附能力强，且在洗脱剂中溶解度又小，因此不易被解吸，在流动相移动的速度要比非极性组分慢得多（或根本不移动）。经过一定次数的吸附和解吸后，如果试样中的各组分有颜色，会在色谱柱中形成一段、一段的色带。随着洗脱过程的进行，各组分在不同的时间段里从柱底端流出。每一段色带均代表一个组分，分别收集不同的色带，再将洗脱剂蒸发，就可获得单一纯净的产品。

2. 吸附剂

选择合适的吸附剂为固定相对于柱色谱非常重要。常用的吸附剂有硅胶、氧化铝、氧化镁、碳酸钙和活性炭等。实验室使用氧化铝或硅胶居多。在这两种吸附剂中，氧化铝的极性更大一些。氧化铝是一种高活性和强吸附的极性物质。市售的氧化铝可分为中性、酸性和碱性三种。酸性氧化铝适用于分离酸性有机物质；碱性氧化铝适用于分离生物碱等碱性有机物质；中性氧化铝应用最广，适用于醛、酮、酯、醌等中性物质的分离。市售的硅胶略带酸性。由于样品被吸附到吸附剂表面上，因此选择颗粒大小均匀、比表面积大的吸附剂分离效率为佳。比表面积越大，组分在流动相和固定相之间达到平衡就越快，色带也越窄。通常使用的吸附剂颗粒大小以 100～150 目为宜。

化合物的吸附性与它们的极性成正相关，氧化铝对各种化合物的吸附按下列次序递减：酸和碱＞醇、胺、硫醇＞酯、醛、酮＞芳香族化合物＞卤化物、醚＞烯烃＞饱和烃。

3. 洗脱剂

在柱色谱分离中，洗脱剂的选择也是一个非常关键的因素。洗脱剂一般通过薄层色谱实验确定。具体方法：先用少量溶解好的标样，在已制备好的薄层板上样，用少量展开剂展开，观察各组分点在薄层板上的位置，并计算 R_f 值。能将样品中各组分完全分开的展开剂，即可作为柱色谱的洗脱剂。有时，单纯一种展开剂无法满足所要求的分离效果，可考虑选用混合展开剂。

洗脱剂选择的另一个原则是：洗脱剂的极性不能大于样品中各组分的极性，否则会因洗脱剂被固定相吸附，使样品一直保留在流动相中。在这种情况下，组分在柱中移动非常快，无法建立分离所要达到的化学平衡，分离效果差。

此外，所选择的洗脱剂必须能将样品中各组分完全溶解，且不能与被分离组分竞争吸附到固定相上。如果洗脱剂不能完全溶解被分离的组分，那么各组分就会牢固地吸附在固定相上，导致不流动或下行速率很慢。

有时一种洗脱剂不能将各组分完全分开，此时可采用混合洗脱剂或分步淋洗的方法进行分离。使用分步淋洗时，应先使用极性小的洗脱剂将最容易脱附的组分分离。然后加入由不同比例的极性溶剂配成的混合洗脱剂将极性大的化合物淋洗下来。常用洗脱剂的极性按如下次序递增：己烷、石油醚＜环己烷＜四氯化碳＜三氯乙烯＜二硫化碳＜甲苯＜苯＜二氯甲烷＜氯仿＜乙醚＜乙酸乙酯＜丙酮＜丙醇＜乙醇＜甲醇＜水＜吡啶＜乙酸。

常用的混合洗脱剂的极性按如下次序递增：氯仿＜环己烷-乙酸乙酯(80∶20)＜二氯甲烷-乙醚(60∶40)＜环己烷-乙酸乙酯(20∶80)＜乙醚＜乙醚-甲醇(99∶1)＜乙酸乙酯＜四氢呋喃≤正丙醇＜乙醇＜甲醇。

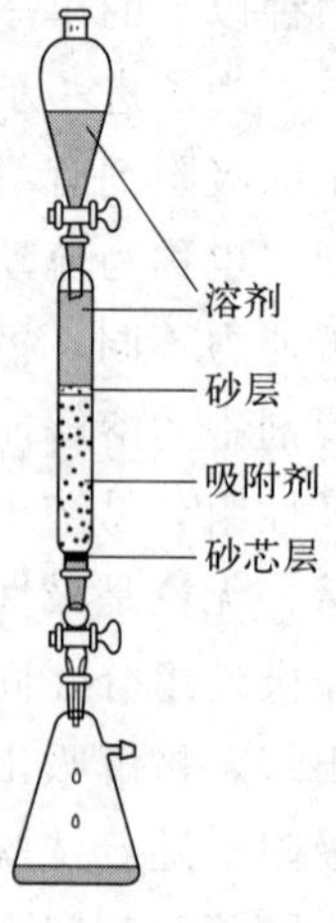

图 14-2 常用的柱色谱

4. 柱色谱装置

色谱柱是一根带有下旋塞或无下旋塞的玻璃管，如图 14-2 所示。一般来说，吸附剂的质量应是待分离物质质量的 25～30 倍，所用柱的高度和直径比应为 10∶1～4∶1。

5. 操作方法

（1）装柱

装柱前应先将色谱柱洗干净，进行干燥。在柱底铺一小块脱脂棉，再铺约 0.5cm 厚的石英砂，然后进行装柱。装柱有湿法装柱和干法装柱两种，由于干法装柱难以保证装填均匀性，故多采用湿法装柱。

湿法装柱的方法如下：用洗脱剂中极性最低的洗脱剂将吸附剂（氧化铝或硅胶）调成糊状，在柱内先加入约 3/4 柱高的洗脱剂，然后将调好的吸附剂边倒入边敲打入柱中，同时，打开下旋活塞，用洁净且干燥的锥形瓶或烧杯接收洗脱剂。当装入的吸附剂达到一定高度时，洗脱剂下流速度变慢，待全部装完所用吸附剂后，用接收的洗脱剂转移残留的吸附剂，并将柱内壁残留的吸附剂淋洗下来。此过程中应不断敲打色谱柱，以保证色谱柱填充均匀且无气泡。填充完柱子后，在吸附剂上端覆盖一层约 0.5cm 厚的石英砂。覆盖石英砂的目的是：使样品均匀地流入吸附剂表面；也可以防止吸附剂表面遭破坏。在整个装柱过程中，柱内洗脱剂的高度始终不能低于吸附剂最上端，否则柱内会出现裂痕或气泡。

（2）样品的加入与色谱带的展开

装柱完毕后，当溶剂下降到吸附剂表面时停止排液，将液体样品逐步滴加至色谱柱中（如待分离的样品是固体，要用展开色谱的第一洗脱剂先溶解）。加完样品后，打开下旋活塞，使液体样品进入石英砂层，再加入少量洗脱剂将壁上的样品洗下来，待这部分液体进入石英砂层后，再加入洗脱剂进行淋洗，直至所有的色带被展开。色谱带的展开过程也就是样品的分离过程。此操作过程中应注意以下几点：

① 洗脱剂应连续平稳地加入且不中断。当试样量少时，可用滴管逐滴加入。分离的样品量大时，用滴液漏斗作储存洗脱剂的容器，控制好滴加速度，能取得更好的效果。

② 在洗脱过程中，先用极性最小的洗脱剂淋洗，然后逐渐加大洗脱剂的极性，使洗脱剂的极性在柱中形成梯度，以形成不同的色带环。也可以分步淋洗，先将极性小的组分分离出来，再逐步加大洗脱剂的极性，将极性较大的组分依次分离出来。

③ 在洗脱过程中，样品在柱内的下移速度既不能太快，也不能太慢（甚至过夜），因为吸附表面活性较大，时间太长会破坏某些成分，使谱带扩散。通常淋洗液的流出速度为每分钟 5～10 滴，若洗脱剂下移速度太慢，可用水泵适当减压。

④ 当色谱带出现拖尾时，可适当提高洗脱剂极性，以提高组分的下行速度。柱色谱的填充、加样、洗脱的示意图见图 14-3。

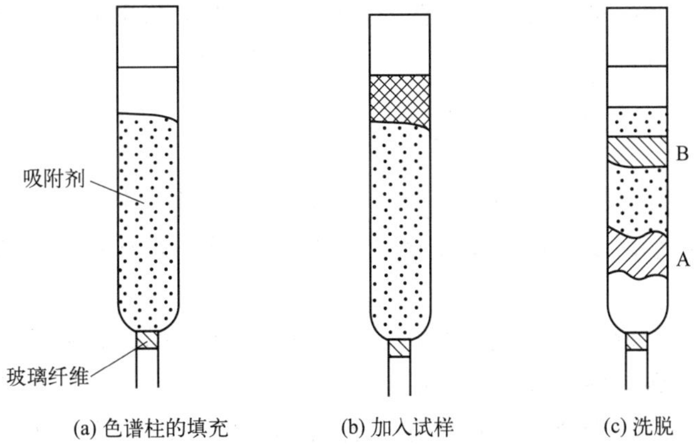

图 14-3 柱色谱分离示意图

(3) 试样中各组分的收集

样品中各组分如果有颜色，应用锥形瓶分别收集不同的色带，然后，进行浓缩，得到相对纯的组分。然而，绝大多数有机物是无色的，可采用等分收集的方法，即：将收集瓶编好号，根据使用吸附剂的量和样品分离情况来进行收集，一般用50g吸附剂，每份洗脱剂的收集体积约为50mL。如果洗脱剂的极性增加或样品中组分的结构相近时，每份收集量应适当减小。将每份收集液浓缩后，以残留在烧瓶中物质的质量为纵坐标，收集瓶的编号为横坐标绘制曲线图，确定样品中的组分数。还可以在吸附剂中加入磷光体指示剂，用紫外线照射来确定。用薄层色谱进行监控也不失为一种非常有效的方法。

14.2.2 纸色谱

纸色谱（paper chromatography）是分配色谱的一种。它以吸附在滤纸上的水或有机溶剂为固定相，以被水饱和过的有机溶剂为流动相（展开剂），根据样品中各组分在两种溶剂中的分配系数不同而分离各组分。纸色谱具有操作简单、分离效能高、所需仪器与设备廉价、应用范围广等特点，在有机化学、分析化学、生物化学等方面得到了广泛应用。纸色谱主要用于化合物的分离和鉴定，尤其适用于亲水性较强的糖、酚、氨基酸组分的分离与鉴定。其缺点是耗时长，这主要是由于：溶剂的上升速度随着展开过程的高度增加而放慢。纸色谱的操作过程与薄层色谱类似，具体操作步骤如下。

1. 选择滤纸

滤纸厚薄应均匀，全纸平整无折，滤纸纤维松紧适合。将滤纸切成纸条，大小自行选择，一般约为3cm×15cm，5cm×20cm，5cm×30cm或8cm×50cm。操作时手只允许接触纸的顶端。在距滤纸一端1cm处用铅笔画一条终点线，在距滤纸另一端2cm处轻轻画起点线和点样标记，靠其外缘约1cm再画一条剪纸线[见图14-4（a）]。

2. 选择流动相

根据被分离物质的性质选择合适的展开剂。展开剂应能完全溶解被分离的物质，被分离的物质在展开剂中的溶解度既不能太大，也不能太小。溶解度太大，被分离的溶质随展开剂跑到前沿；溶解度太小，被分离物质留在原点附近。此外，展开剂的选择也与固定相有关。选择展开剂时应考虑到以下几个因素。

对于能溶于水的组分，可直接用滤纸作固定相，以能溶于水的有机溶剂（如醇类等）作展开剂。

对于难溶于水的极性组分，选择非水溶性的极性溶剂为固定相，如 N,N-二甲基甲酰胺等，以不与固定相混溶的非极性化合物为流动相，如环己烷、苯、四氯化碳、氯仿等。

对于不溶于水的非极性组分，选择非极性溶剂如液体石蜡、α-溴萘等为固定相，以极性剂如水、含水的醇、含水的酸等为流动相。

以上几点只是选择展开剂的一般原则。合适流动相的选择需查阅相关文献，并通过实验验证。

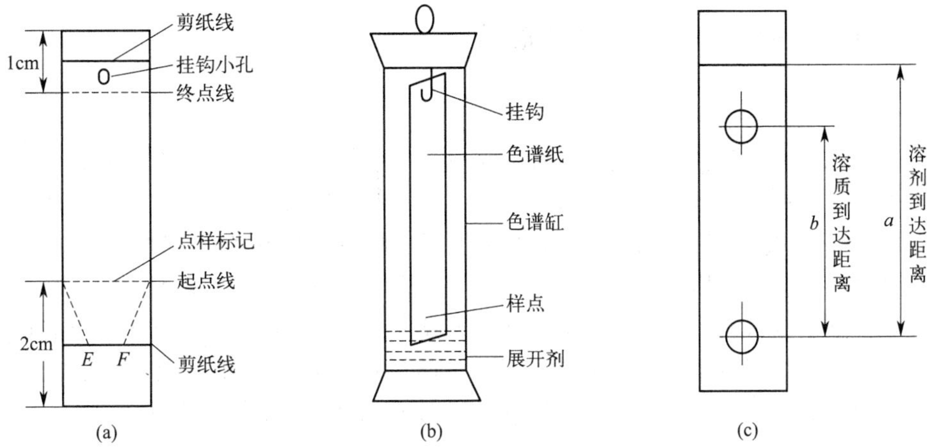

图 14-4 纸色谱的装置

3. 点样、展开、显色及 R_f 值的计算

取少量试样，用水或易挥发的有机溶剂（如乙醇、丙酮、乙醚等）将其完全溶解，配制成 1%的溶液。用毛细管吸取少量试样溶液，在滤纸上按点样标记分别点样，控制点样直径在 2mm 左右，每个样点相距 10～20mm。如果溶液太稀，一次点样不够，可重复几次，但重复样时，必须待已点样品的溶剂完全挥发，并点在同一位点的中心上。然后将其晾干或在红外灯下烘干。等样点干燥后，沿图 14-4（a）中的 EF 线剪去下端部分，并沿虚线剪去两斜角。

向色谱缸中注入展开剂，将点样后的滤纸（色谱用滤纸）悬挂在色谱缸中，让展开剂蒸气饱和 10min。再将点有试样的一端浸入展开剂液面约 0.6cm 处，但试样斑点的位置必须在展开剂液面上，见图 14-4（b）。当展开剂到达前沿线时，停止展开，取下滤纸。

若待分离的组分本身有颜色，可直接观察到斑点；若待分离的组分本身无色，可在紫外灯下观察有无荧光斑点，也可在溶剂蒸发后，用合适的显色剂喷雾显色，用铅笔画出斑点的位置。对未知样品显色剂的选择，可先取样品溶液一滴，点在滤纸上，而后滴加显色剂，观察有无色点生成。

R_f 值的计算方法：

$$R_f=\frac{\text{样品中某组分（溶质）移动离开原点的距离}}{\text{展开剂（溶剂）前沿距原点中心的距离}}$$

14.3 离子交换分离法

离子交换分离法是利用离子交换剂（固定相）与溶液中的离子发生交换进行分离的方法。该方法分离效率很高，适用于所有无机离子以及带电性的有机物的分离，广泛应用于微量和痕量组分的富集与分离、高纯物质的制备以及对生物活性成分包括蛋白质、核酸、酶等的纯化。离子交换法既适用于小量样品的分离，也能用于规模化生产，是一种重要且有效的分离方法。离子交换法设备简单，操作也不复杂，树脂经再生后可反复使用。不过，分离周期较长。

14.3.1 离子交换剂的种类与性能指标

1. 种类

离子交换剂可分为无机离子交换剂和有机离子交换剂两大类。典型的无机离子交换剂是通过化学方法把交换活性基团键合在硅胶的$-OH$上；典型的有机离子交换剂离子交换树脂(ion exchange resin)，是通过化学方法在聚苯乙烯、酚醛、聚甲基丙烯酸等聚合物的网状骨架结构上键合具有交换作用的官能团。这些聚合物有的呈凝胶态，有的呈大孔态固相，不溶于水、酸、碱和多数有机溶剂，不与弱氧化剂或还原剂作用。与外界离子发生交换的仅是键合的活性官能团。根据可被交换的活性基团的不同，离子交换树脂可分为阳离子交换树脂、阴离子交换树脂、两性离子交换树脂和特殊性能的离子交换树脂等，详见表 14-1。

表 14-1 离子交换树脂的类型

名称	官能团性质	官能团	名称	官能团性质	官能团
阳离子交换树脂	强酸性	磺酸基	两性离子交换树脂	强碱-弱酸性	季铵基＋羧酸基
阳离子交换树脂	弱酸性	羧酸基、磷酸基	两性离子交换树脂	弱酸-弱碱性	伯胺基＋羧酸基
阴离子交换树脂	强碱性	季铵基	螯合性离子交换树脂	配位	胺羧基
阴离子交换树脂	弱碱性	伯、仲、叔胺基	氧化还原性交换树脂	电子转移	硫醇基、对苯二酚基

(1) 阳离子交换树脂

该类树脂的活性交换基团是酸性基团，其中的H^+可与阳离子交换，因此又称 H 型阳离子交换树脂。根据活性基团酸性的强弱，可分为强酸型阳离子交换树脂和弱酸型阳离子交换树脂两类。强酸型阳离子交换树脂含有磺酸基($-SO_3H$)，浸在水中时磺酸基上的H^+与试样中的其他阳离子发生交换。交换过程是可逆的，已交换过的树脂用盐酸处理后可恢复原状，该过程称为树脂的再生。该树脂在酸性、中性或碱性溶液中均可使用，交换反应速度快，应用范围广。弱酸型阳离子交换树脂含有羧基($-COOH$)或酚羟基($-OH$)，其中的H^+不易解离，因此，在酸性溶液中不能使用。羧基在$pH>4$，酚羟基在$pH>9.5$时才具备离子交换能力，不过，该类树脂选择性好，吸附至树脂上的组分易被酸洗脱，常用于分离不同强度的碱性氨基酸和有机碱。

(2) 阴离子交换树脂

该类树脂含有与阴离子发生交换作用的碱性基团，经水化后所连接的羟基能与溶液中的其他阴离子发生交换。阴离子交换树脂可分为强碱型阴离子交换树脂和弱碱型阴离子交换树脂两类。强碱型阴离子交换树脂含有季铵基[$-N^+(CH_3)_3$]，当浸没在水中时，与水发生作用形成羟基(OH^-)：

$$R-N^+(CH_3)_3+H_2O \longrightarrow R-N^+(CH_3)_3OH^-+H^+$$

其中的OH^-再与其他阴离子发生交换，该类树脂在酸性、中性或碱性溶液中均可与强酸根、弱酸根发生交换反应。

弱碱型阴离子交换树脂含有胺基($-NH_2$)、仲胺基[$-NH(CH_3)$]或叔胺基[$-N(CH_3)_2$]，经水化后所连接的OH^-不易解离，在碱性溶液中失去交换能力。

(3) 螯合树脂

在离子交换树脂中引入能与金属离子螯合的特殊活性基团称为螯合树脂。该类树脂能选择性地交换某种金属离子，具有高度的选择性。例如，含有氨基二乙酸基[$-N(CH_2COOH)_2$]的树脂对 Cu^{2+}、Co^{2+} 的分离选择性高；再如，含有二硫腙活性基团的树脂对 Hg^{2+} 和 Zn^{2+} 有高选择性。

2. 性能指标

（1）交换容量

交换容量（capacity of exchange）是指每克干树脂能交换离子的物质的量（mmol），其大小取决于树脂网状结构中活性基团的数目。树脂的交换容量一般为 $3\sim6mmol\cdot g^{-1}$，是评价树脂品质的重要指标。

（2）交联度

离子交换树脂中所含交联剂的质量分数称为该树脂的交联度（degree of cross-linking），一般树脂的交联度为 8%～12%。交联度也是树脂的重要性质之一。交联度的大小直接影响树脂的孔隙度。交联度越大，网状结构越紧密，体积较大的离子难于扩散到树脂内部，交换反应速率慢，对水的溶胀性能差，但机械强度和选择性好。在实际工作中，应根据分离的对象合理选用合适交联度的树脂。例如，氨基酸的分离选用交联度为 8%的树脂，对于分子量相对较大的多肽，选用交联度 2%～4%的树脂为宜。在不影响分离的前提下，交联度较大的树脂对离子分离的选择性较好。

14.3.2　离子交换反应和离子交换亲和力

在常温下、稀溶液中，树脂对不同离子的亲和力有如下经验规则。

1. 强酸型阳离子交换树脂

对同价态阳离子的亲和力随原子序数增大而增大（有例外），如：

$$Li^+ < H^+ < Na^+ < NH_4^+ < K^+ < Rb^+ < Cs^+ < Tl^+ < Ag^+$$

$$Mg^{2+} < Ca^{2+} < Sr^{2+} < Ba^{2+} < Fe^{2+} < Co^{2+} < Ni^{2+} < Cu^{2+} < Zn^{2+}$$

对不同价态阳离子的亲和力随电荷数增高而增大，如：

$$Na^+ < Ca^{2+} < Fe^{3+} < Th^{4+}$$

对稀土元素的亲和力随原子序数增大而减小。

2. 强碱型阴离子交换树脂

$$F^- < OH^- < Ac^- < HCOO^- < H_2PO_4^- < Cl^- < NO_2^- < CN^- < Br^-$$

$$< C_2O_4^{2-} < NO_3^- < HSO_4^- < I^- < ClO_4^- < CrO_4^{2-} < SO_4^{2-} < \text{柠檬酸根}$$

3. 弱酸、弱碱型树脂

弱酸型树脂对 H^+ 亲和力极高，弱碱型树脂对 OH^- 亲和力极高。

由于树脂对离子的亲和力不同，当溶液中存在多种同浓度离子时，离子交换反应具有一定的选择性，亲和力大的离子先交换后洗脱，亲和力小的离子先洗脱后交换，达到各种离子分离的效果。离子交换分离正是基于离子交换树脂对各种离子的亲和力不同。

4. 螯合性离子交换树脂

螯合性离子交换树脂对离子的交换作用是由于其活性基团具有配位螯合物阳离子的作用，使离子形成螯合物被分离。但螯合物稳定性一般随 pH 值变化而改变，通过改变洗脱剂 pH 值，可使螯合物解离而被洗出。

14.3.3 离子交换的分离操作

离子交换分离一般采用流动法，其操作方法与吸附色谱柱分离法基本相同。待分离混合液由柱上口缓缓加入进行交换反应，再用同酸度溶剂洗涤未交换离子，最后加洗脱剂洗脱分离出交换离子。

操作中应注意离子交换剂的选择。一般来讲，若分离物质是金属离子或有机碱，选用阳离子交换剂；若分离物质是无机阴离子或有机酸，选用阴离子交换剂。对金属离子可先用配位剂与之形成配阴离子，再用阴离子交换剂实施分离。

1. 树脂的选择和处理

根据分离的对象和要求，选择适当类型和粒度的树脂。市售树脂需经处理，包括晾、研磨、过筛，筛取所需粒度范围的树脂，用水浸泡使其溶胀，再用 $4\sim6\text{mol}\cdot\text{L}^{-1}$ 稀盐酸浸泡 1～2 天除去杂质，最后用水漂洗至中性，浸于去离子水中备用。此时阳离子树脂已被处理成 H 型，阴离子树脂已被处理成 OH 型。

2. 装柱

根据用量选择离子交换柱的直径和高度。柱下端塞以玻璃纤维，以防树脂流出。装柱时，应在柱中充满水的情况下，把处理好的树脂装入柱中，并始终保持液面浸过树脂，以防树脂干涸产生气泡。树脂的高度一般约为柱高的 90%。装好柱后，最好在树脂层顶部盖一层玻璃纤维，以防加入溶液时掀动树脂。

3. 柱上操作

(1) 交换

将待分离试液缓慢倾入柱内，控制适当的流速自上而下流经交换柱。交换完成后，用洗涤液洗去残留的试液和树脂中被交换下来的离子。洗涤液常是水或不含试样的“空白溶液”。合并流出液和洗涤液，分析测定其中的离子。

(2) 洗脱

将交换到树脂上的离子，用洗脱剂（淋洗剂）置换下来，洗脱是交换的逆过程。阳离子树脂常用 HCl 溶液作洗脱剂；阴离子树脂常用 NaCl 溶液或 NaOH 溶液作洗脱液。对于无色的组分，可以在洗脱液中测定交换的组分含量。

常用于洗脱分离的方法有以下四种。① 利用亲和力差异分离。鉴于被交换结合的各种离子与交换剂的亲和力不同，经洗脱剂洗脱时，先分离出亲和力小的离子，随着洗脱剂浓度的逐渐增大，依次洗脱出与交换剂亲和力由小到大的离子。例如，以二价乙二胺阳离子为洗脱剂对二价和三价金属阳离子进行分离，在 $0.1\text{mol}\cdot\text{L}^{-1}$ 浓度下，二价离子依次被洗脱而得到分离，在 $0.5\text{mol}\cdot\text{L}^{-1}$ 浓度下，三价离子依次被洗脱。② 改变洗脱剂酸度分离。通过改变洗脱剂的 H^+ 或 OH^- 浓度，使结合到树脂上的离子发生逆向交换而被洗脱。对于螯合性或氧化还原性交换剂，通过洗脱剂的 pH 值变化，使原发生交换反应的产物稳定性下降甚至发生分解，将待分离的离子洗脱出。例如，α-羟肟螯合树脂在 pH=3.5 的醋酸介质中交换螯合溶液的 Cu(Ⅱ)，用 $0.1\text{mol}\cdot L^{-1}$ 酸洗脱时，螯合物被分解释放出 Cu(Ⅱ)。③ 配位剂洗脱分离。许多有机酸和无机酸对金属离子有选择性配位作用，可形成稳定性不同的配合物离子，当其稳定性大于被交换结合的离子稳定性时，利用配位剂为洗脱剂就可以将交换到树脂上的离子洗脱出来，与配位剂形成最稳定配合物的离子优先被洗脱。例如，利用 $0.1\sim0.6\text{mol}\cdot L^{-1}$ HBr 与金属离子形成配合物的稳定性不同，可依次洗脱出 Hg(Ⅱ)、Bi(Ⅲ)、Zn(Ⅱ) 和 Cu(Ⅱ)，而其他阳离子则仍留在交换树脂上。具有配位功能的无机酸有 HF、HCl、HBr、HI、HSCN 和 H_2SO_4，而大多数有机酸都具有配位作用。④ 使用有机溶剂增强洗脱性能。与水相比，有机溶剂大大提高了金属离子与配位剂形成配合物的稳定性，利于离子的有效分离。例如，用稀盐酸洗脱时，逐步将丙酮的浓度由 40% 提高至 95%，可在阳离子交换柱中依次洗脱出 Zn(Ⅱ)、Fe(Ⅱ)、Co(Ⅱ)、Cu(Ⅱ) 和 Mn(Ⅱ)，这是因为金属阳离子与无机阴离子在有机溶剂中形成的配合物要比在水中容易且稳定得多。

(3) 树脂再生

使树脂恢复到交换前的形式，以便再次使用。一般洗脱过程就是树脂的再生过程。

习　题

扫码查看习题答案

1. 取 $0.0500\text{mol}\cdot L^{-1}$ I_2 溶液 25.0mL，加入 20.0mL CCl_4 振荡，达平衡后，静置分层，取 10.0mL CCl_4 溶液，用 $0.0500\text{mol}\cdot L^{-1}$ $Na_2S_2O_3$ 溶液滴定，用去 23.60mL，试计算碘在 CCl_4 相和水相的分配比 D。

2. 已知单质 I_2 在 CCl_4 相和水相的分配比 $D=85$，今有 1.0mg 含 I_2 的水溶液 10mL，欲用 12mL CCl_4 按以下两种方式萃取：(1) 一次萃取；(2) 分三次萃取，每次用 4.0mL。试分别求出经两种方法萃取后，水相中残余 I_2 的质量，并比较两种方法萃取单质 I_2 的 $E\%$。

3. 某一弱酸 HA 的 $K_a^{\ominus}=2.0\times10^{-5}$，它在某有机溶剂和水中的分配系数为 30.0，当水溶液的 (1) pH=1.0；(2) pH=5.0 时，分配比各为多少？当用等体积的有机溶剂一次萃取上述两种酸度下的弱酸时，萃取率各是多少？

4. 用纸色谱分离 A、B 两组分时，得到 R_f (A) =0.32，R_f (B) =0.70，欲使分开后的 A、B 两物质斑点中心的距离为 4.0cm，那么纸色谱应至少截取色谱用滤纸的长度多少 cm？

5. 称取 KNO_3 试样 0.2786g，溶于水后让其通过强酸型阳离子交换树脂，流出液用 $0.1075\text{mol}\cdot L^{-1}$ NaOH 标准溶液滴定，以甲基橙为指示剂，用去 NaOH 溶液 23.85mL，试计算 KNO_3 的纯度。

6. 某强酸型阳离子交换树脂的交换容量为 $4.70\text{mmol}\cdot g^{-1}$，试计算 4.00g 干树脂可以吸附多少毫克 Ca^{2+}，多少毫克 Na^+。

附　录

扫码查看重难点

附录 1　常见物质的标准热力学数据 $\Delta_f H_m^{\ominus}$、$\Delta_f G_m^{\ominus}$ 和 $S_m^{\ominus}$ (298.15K)

物质	$\Delta_f H_m^{\ominus}$/(kJ·mol^{-1})	$\Delta_f G_m^{\ominus}$/(kJ·mol^{-1})	$S_m^{\ominus}$/(J·mol^{-1}·K^{-1})
Ag(s)	0.0	0.0	42.55
Ag^+(aq)	105.58	77.12	72.68
$[Ag(NH_3)_2]^+$(aq)	−111.3	−17.2	245
AgCl(s)	−127.07	−109.80	96.2
AgBr(s)	−100.4	−96.9	107.1
Ag_2CrO_4(s)	−731.74	−641.83	218
AgI(s)	−61.84	−66.19	115
Ag_2O(s)	−31.1	−11.2	121
Ag_2S(s,α)	−32.59	−40.67	144.0
$AgNO_3$(s)	−124.4	−33.47	140.9
Al(s)	0.0	0.0	28.33
Al^{3+}(aq)	−531	−485	−322
$AlCl_3$(s)	−704.2	−628.9	110.7
α-Al_2O_3(s)	−1676	−1582	50.92
Ba(s,β)	0.0	0.0	5.86
B_2O_3(s)	−1272.8	−1193.7	53.97
BCl_3(g)	−404	−388.7	290.0
BCl_3(l)	−427.2	−387.4	206
B_2H_6(g)	35.6	86.6	232.0
Ba(s)	0.0	0.0	62.8

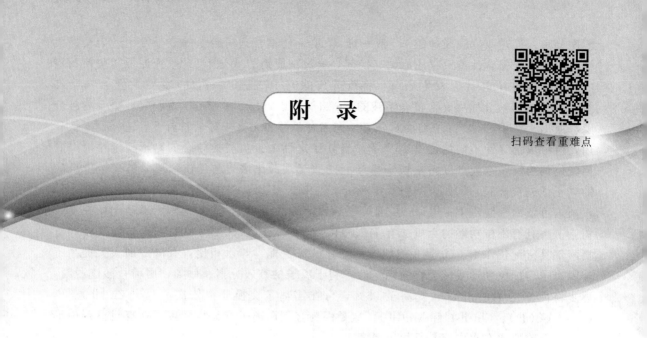

续表

物质	$\Delta_f H_m^\ominus$/(kJ·mol^{-1})	$\Delta_f G_m^\ominus$/(kJ·mol^{-1})	$S_m^\ominus$/(J·mol^{-1}·K^{-1})
Ba^{2+}(aq)	−537.64	−560.74	9.6
$BaCl_2$(s)	−858.6	−810.4	123.7
BaO(s)	−548.10	−520.41	72.09
$Ba(OH)_2$(s)	−944.7	—	—
$BaCO_3$(s)	−1216	−1138	112
$BaSO_4$(s)	−1473	−1362	132
Br_2(l)	0.0	0.0	152.23
Br^-(aq)	−121.5	−104.0	82.4
Br_2(g)	30.91	3.14	245.35
HBr(g)	−36.40	−53.43	198.59
HBr(aq)	−121.5	−104.0	82.4
Ca(s)	0.0	0.0	41.2
Ca^{2+}(aq)	−542.83	−553.54	−53.1
CaF_2(s)	−1220	−1167	68.87
$CaCl_2$(s)	−795.8	−748.10	105
CaO(s)	−635.09	−604.04	39.75
$Ca(OH)_2$(s)	−986.09	−898.56	83.39
$CaCO_3$(s,方解石)	−1206.9	−1128.8	92.9
$CaCO_4$(s,无水石膏)	−1434.1	−1321.9	107
C(石墨)	0.0	0.0	5.74
C(金刚石)	1.987	2.90	2.38
C(g)	716.68	671.21	157.99
CO(g)	−110.52	−137.15	197.56
CO_2(g)	−393.51	−394.36	213.6
CO_3^{2-}(aq)	−667.14	−527.90	−56.9
HCO_3^-(aq)	−691.99	−586.85	91.2
CO_2(aq)	−413.8	−386.0	118
H_2CO_3(aq,非电离)	−699.65	−623.16	187
CCl_4(l)	−135.418	−65.2	216.4
CH_3OH(l)	−238.7	−166.4	127
C_2H_5OH(l)	−277.7	−174.9	161
HCOOH(l)	−424.7	−361.4	129.0
CH_3COOH(l)	−484.5	−390	160
CH_3COOH(aq,非电离)	−485.76	−396.6	179
CH_3COO^-(aq)	−486.01	−369.4	86.6
CH_3CHO(l)	−192.3	−128.2	160
CH_4(g)	−74.81	−50.75	186.15
C_2H_2(g)	226.75	209.20	200.82
C_2H_4(g)	52.26	68.12	219.5
C_2H_6(g)	−84.68	−32.89	229.5
C_3H_8(g)	−103.85	−23.49	269.9
C_4H_6(g,1,2-丁二烯)	165.5	201.7	293.0
C_4H_8(g,1-丁烯)	1.17	72.04	307.4
n-C_4H_{10}(g)	−124.73	−15.71	310.0
Hg(g)	61.32	31.85	174.8
HgO(s,红)	−90.83	−58.53	70.29
HgS(s,红)	−58.2	−50.6	82.4
$HgCl_2$(s)	−224	−179	146

续表

物质	$\Delta_f H_m^{\ominus}$/(kJ·mol^{-1})	$\Delta_f G_m^{\ominus}$/(kJ·mol^{-1})	$S_m^{\ominus}$/(J·mol^{-1}·K^{-1})
Hg_2Cl_2(s)	−265.2	−210.78	192
I_2(s)	0.0	0.0	116.14
I_2(g)	62.44	19.36	260.6
I^-(aq)	−55.19	−51.59	111
HI(g)	25.9	1.30	206.48
K(s)	0.0	0.0	64.18
K^+(aq)	−252.40	−283.3	103
KCl(s)	−436.75	−409.2	82.59
KI(s)	−327.90	−324.89	106.32
KOH(s)	−424.76	−379.1	78.87
$KClO_3$(s)	−397.7	−296.3	143
$KMnO_4$(s)	−837.2	737.6	171.7
Mg(s)	0.0	0.0	32.68
Mg^{2+}(aq)	−466.85	−454.8	−138
$MgCl_2$(s)	−641.32	−591.83	89.62
$MgCl_2·6H_2O$(s)	−2499.0	−2215.0	366
MgO(s,方镁石)	−601.70	−569.44	26.9
$Mg(OH)_2$(s)	−924.54	−833.58	63.18
$MgCO_3$(s,菱镁石)	−1096	−1012	65.7
$MgSO_3$(s)	−1285	−1171	91.6
Mn(s,α)	0.0	0.0	32.0
Mn^{2+}(aq)	−220.7	−228.0	73.6
MnO_2(s)	−520.03	−465.18	53.05
MnO_4^-(aq)	−518.4	−425.1	189.9
$MnCl_2$(s)	−481.29	−440.53	118.2
Na(s)	0.0	0.0	51.21
Na^+(aq)	−240.2	−261.89	59.0
NaCl(s)	−411.15	−384.15	72.13
Na_2O(s)	−414.2	−375.5	75.06
C_6H_6(g)	82.93	129.66	269.2
C_6H_6(l)	49.03	124.50	172.8
Cl_2(g)	0.0	0.0	222.96
Cl^-(aq)	−167.16	−131.26	56.5
HCl(g)	−92.31	−95.30	186.80
ClO_3^-(aq)	−99.2	−3.3	162
Co(s)(α,六方)	0.0	0.0	30.04
$Co(OH)_2$(s)	−539.7	−454.4	79
Cr(s)	0.0	0.0	23.8
Cr_2O_3(s)	−1140	−1058	81.2
$Cr_2O_7^{2-}$(aq)	−1490	−1301	262
CrO_4^{2-}(aq)	−881.2	−727.9	50.2
Cu(s)	0.0	0.0	33.15
Cu^+(aq)	71.67	50.00	41
Cu^{2+}(aq)	64.77	65.52	−99.6
$[Cu(NH_3)_4]^{2+}$(aq)	−348.5	−111.3	274
Cu_2O(s)	−169	−146	93.14
CuO(s)	−157	−1308.0	42.63
Cu_2S(s)	−79.5	−86.2	121

续表

物质	$\Delta_f H_m^\ominus$/(kJ·mol^{-1})	$\Delta_f G_m^\ominus$/(kJ·mol^{-1})	$S_m^\ominus$/(J·mol^{-1}·K^{-1})
CuS(s)	−53.1	−53.6	66.5
$CuSO_4$(s)	−771.36	−661.9	109
$CuSO_4\cdot5H_2O$(s)	−2279.7	−1880.06	300
F_2(g)	0.0	0.0	202.7
F^-(aq)	−332.6	−278.8	−14
F(g)	78.99	61.92	158.64
Fe(s)	0.0	0.0	27.3
Fe^{2+}(aq)	−89.1	−78.87	−138
Fe^{3+}(aq)	−48.5	−4.6	−316
Fe_2O_3(s,赤铁矿)	−822.2	−741.0	87.40
H_2(g)	0.0	0.0	130.57
H^+(aq)	0.0	0.0	0.0
H_3O^+(aq)	−285.85	−237.19	69.96
NaOH(s)	−426.73	−379.53	64.45
Na_2CO_3(s)	−1130.7	−1044.5	135.0
NaI(s)	−287.8	−286.1	98.53
Na_2O_2(s)	−513.2	−447.69	94.98
HNO_3(l)	−174.1	−80.79	155.6
NO_3^-(aq)	−207.4	−111.3	146
NH_3(g)	−46.11	−16.5	192.3
$NH_3\cdot H_2O$(aq,非电离)	−366.12	−263.8	181
NH_4^+(aq)	−132.5	−79.37	113
NH_4Cl(s)	−314.4	−203.0	94.56
NH_4NO_3(s)	−365.6	−184.0	151.1
$(NH_4)_2SO_4$(s)	−901.9	—	187.5
N_2(g)	0.0	0.0	191.5
NO(g)	90.25	86.57	210.65
NOBr(g)	82.17	82.42	273.5
NO_2(g)	33.2	51.30	240.0
N_2O(g)	82.05	104.2	219.7
N_2O_4(g)	9.16	97.82	304.2
N_2H_4(g)	95.40	159.3	238.4
N_2H_4(l)	50.63	149.2	121.2
NiO(s)	−240	−212	38.0
O_3(g)	143	163	238.8
O_2(g)	0.0	0.0	205.03
OH^-(aq)	−229.99	−157.29	−10.8
H_2O(l)	−285.83	−237.18	69.94
H_2O(g)	−241.82	−228.4	188.72
H_2O_2(l)	−187.8	−120.4	—
H_2O_2(aq)	−191.2	−134.1	144
P(s,白)	0.0	0.0	41.09
P(红)(s,三斜)	−17.6	−12.1	22.8
PCl_3(g)	−287	−268.0	311.7
PCl_5(s)	−443.5	—	—
Pb(s)	0.0	0.0	64.81
Pb^{2+}(aq)	−1.7	−24.4	10
PbO(s,黄)	−215.33	−187.90	68.70

续表

物质	$\Delta_f H_m^\ominus$/(kJ·mol^{-1})	$\Delta_f G_m^\ominus$/(kJ·mol^{-1})	$S_m^\ominus$/(J·mol^{-1}·K^{-1})
PbO_2(s)	−277.40	−217.36	68.62
Pb_3O_4(s)	−718.39	−601.24	211.29
H_2S(g)	−20.6	−33.6	205.7
H_2S(aq)	−40	−27.9	121
HS^-(aq)	−17.7	12.0	63
S^{2-}(aq)	33.2	85.9	−14.6
H_2SO_4(l)	−813.99	−690.10	156.90
HSO_4^-(aq)	−887.34	−756.00	132
SO_4^{2-}(aq)	−909.27	−744.63	20
SiF_4(g)	−1614.9	−1572.7	282.4
$SiCl_4$(l)	−687.0	−619.90	240
$SiCl_4$(g)	−657.0	617.01	330.6
Sn(s,白)	0.0	0.0	51.5
Sn(s,灰)	−2.1	0.13	44.3
SnO(s)	−286	−257	56.5
SnO_2(s)	−580.7	−519.7	52.3
$SnCl_4$(s)	−511.3	−440.2	259
Zn(s)	0.0	0.0	41.6
Zn^{2+}(aq)	−153.9	−147.0	−112
ZnO(s)	−348.3	−318.2	43.64
$ZnCl_2$(aq)	−488.19	−409.5	0.8
ZnS(s,闪锌矿)	−206.0	−201.3	57.5

引自:Robert C West. CRC Handbook Chemistry and Physics. 69ed. 1988～1989,D50～93,D96～97。

注:已换算成 SI 单位。

附录 2　一些弱酸、弱碱的标准解离平衡常数(298.15K)

弱酸

化学式	名称	$K_a^\ominus$	$pK_a^\ominus$
H_3AsO_4	砷酸	$K_{a_1}^\ominus$ 6.5×10^{-3}	2.19
		$K_{a_2}^\ominus$ 1.15×10^{-7}	6.94
		$K_{a_3}^\ominus$ 3.2×10^{-12}	11.50
H_3AsO_3	亚砷酸	6.0×10^{-10}	9.22
HBrO	次溴酸	2.82×10^{-9}	8.55
H_3BO_3	硼酸	5.8×10^{-10}	9.24
$H_2B_4O_7$	焦硼酸	$K_{a_1}^\ominus$ 1.00×10^{-4}	4.00
		$K_{a_2}^\ominus$ 1.00×10^{-9}	9.00
H_2CO_3	碳酸	$K_{a_1}^\ominus$ 4.2×10^{-7}	6.38
		$K_{a_2}^\ominus$ 5.6×10^{-11}	10.25
HCN	氢氰酸	6.17×10^{-10}	9.21
HClO	次氯酸	3.98×10^{-8}	7.40
$HClO_2$	亚氯酸	1.15×10^{-2}	1.94
H_2CrO_4	铬酸	$K_{a_1}^\ominus$ 1.80×10^{-1}	0.74
		$K_{a_2}^\ominus$ 3.20×10^{-7}	6.49

续表

化学式	名称	$K_a^\ominus$	$pK_a^\ominus$
HF	氢氟酸	6.31×10^{-4}	3.20
HIO	次碘酸	3.16×10^{-11}	10.5
HIO_3	碘酸	1.66×10^{-1}	0.78
H_5IO_6	高碘酸	$K_{a_1}^\ominus$ 2.82×10^{-2}	1.55
		$K_{a_2}^\ominus$ 5.40×10^{-9}	8.27
H_2MnO_4	锰酸	7.1×10^{-11}	10.15
HNO_2	亚硝酸	5.62×10^{-4}	3.25
H_2O_2	过氧化氢	2.4×10^{-12}	11.62
H_3PO_4	磷酸	$K_{a_1}^\ominus$ 6.92×10^{-3}	2.16
		$K_{a_2}^\ominus$ 6.23×10^{-8}	7.21
		$K_{a_3}^\ominus$ 4.80×10^{-13}	12.32
$H_4P_2O_7$	焦磷酸	$K_{a_1}^\ominus$ 1.23×10^{-1}	0.91
		$K_{a_2}^\ominus$ 7.94×10^{-3}	2.1
		$K_{a_3}^\ominus$ 2.00×10^{-7}	6.7
		$K_{a_4}^\ominus$ 4.79×10^{-10}	9.32
HSCN	硫氰酸	1.41×10^{-1}	0.85
H_2S	氢硫酸	$K_{a_1}^\ominus$ 8.9×10^{-8}	7.05
		$K_{a_2}^\ominus$ 1.2×10^{-13}	12.9
H_2SO_3	亚硫酸	$K_{a_1}^\ominus$ 1.29×10^{-2}	1.89
		$K_{a_2}^\ominus$ 6.3×10^{-2}	7.2
H_2SO_4	硫酸	$K_{a_2}^\ominus$ 1.2×10^{-2}	1.92
$H_2S_2O_3$	硫代硫酸	$K_{a_1}^\ominus$ 2.50×10^{-1}	0.6
		$K_{a_2}^\ominus$ 1.82×10^{-2}	1.74
H_2SiO_3	偏硅酸	$K_{a_1}^\ominus$ 1.70×10^{-10}	9.77
		$K_{a_2}^\ominus$ 1.58×10^{-12}	11.8
HCOOH	甲酸	1.7×10^{-4}	3.75
CH_3COOH	乙酸	1.75×10^{-5}	4.76
$H_2C_2O_4$	草酸	$K_{a_1}^\ominus$ 5.6×10^{-2}	1.25
		$K_{a_2}^\ominus$ 5.1×10^{-5}	4.29
C_6H_5OH	苯酚	1.12×10^{-10}	9.95
C_6H_5COOH	苯甲酸	6.2×10^{-5}	4.21
$C_6H_4(COOH)_2$	邻苯二甲酸	$K_{a_1}^\ominus$ 1.12×10^{-3}	2.95
		$K_{a_2}^\ominus$ 3.91×10^{-6}	5.41
$HOOC(CHOH)_2COOH$	酒石酸	$K_{a_1}^\ominus$ 9.1×10^{-4}	3.04
		$K_{a_2}^\ominus$ 4.3×10^{-5}	4.37
$HO-C(CH_2COOH)_2COOH$	柠檬酸	$K_{a_1}^\ominus$ 7.4×10^{-4}	3.13
		$K_{a_2}^\ominus$ 1.7×10^{-5}	4.76
		$K_{a_3}^\ominus$ 4.0×10^{-7}	6.40
$O{=}C-(HO)HC{=}CH(OH)-CH-C(OH)-CH_2OH$ (环：C—O—CH)	抗坏血酸	$K_{a_1}^\ominus$ 5.0×10^{-5}	4.30
		$K_{a_2}^\ominus$ 1.5×10^{-10}	9.82

弱碱

化学式	名称	$K_b^\ominus$	$pK_b^\ominus$
NH_3	氨	1.79×10^{-5}	4.75
CH_3NH_2	甲胺	4.20×10^{-4}	3.38

续表

化学式	名称	$K_b^\ominus$	$pK_b^\ominus$
$C_2H_5NH_2$	乙胺	4.30×10^{-4}	3.37
$(CH_3)_2NH$	二甲胺	5.90×10^{-4}	3.23
$(C_2H_5)_2NH$	二乙胺	6.31×10^{-4}	3.2
$C_6H_5NH_2$	苯胺	3.98×10^{-10}	9.4
$H_2NCH_2CH_2NH_2$	乙二胺	$K_{b_1}^\ominus$ 8.32×10^{-5}	4.08
		$K_{b_2}^\ominus$ 7.10×10^{-8}	7.15
$HOCH_2CH_2NH_2$	乙醇胺	3.2×10^{-5}	4.49
$(HOCH_2CH_2)_3N$	三乙醇胺	5.8×10^{-7}	6.24
C_5H_5N	吡啶	1.80×10^{-9}	8.74
$(CH_2)_6N_4$	六亚甲基四胺	1.35×10^{-9}	8.87

附录3 常见难溶电解质的溶度积常数$K_{sp}^\ominus$（298.15K，离子强度$I=0$）

难溶电解质	$K_{sp}^\ominus$	难溶电解质	$K_{sp}^\ominus$
AgCl	1.77×10^{-10}	$Fe(OH)_2$	4.87×10^{-17}
AgBr	5.35×10^{-13}	$Fe(OH)_3$	2.64×10^{-39}
AgI	8.51×10^{-17}	FeS	1.59×10^{-19}
Ag_2CO_3	8.45×10^{-12}	Hg_2Cl_2	1.45×10^{-18}
Ag_2CrO_4	1.12×10^{-12}	HgS(黑)	6.44×10^{-53}
Ag_2SO_4	1.20×10^{-5}	$MgCO_3$	6.82×10^{-6}
$Ag_2S(\alpha)$	6.69×10^{-50}	$Mg(OH)_2$	5.61×10^{-12}
$Ag_2S(\beta)$	1.09×10^{-49}	$Mn(OH)_2$	2.06×10^{-13}
$Al(OH)_3$	2×10^{-33}	MnS	4.65×10^{-14}
$BaCO_3$	2.58×10^{-9}	$Ni(OH)_2$	5.47×10^{-16}
$BaSO_4$	1.07×10^{-10}	NiS	1.07×10^{-21}
$BaCrO_4$	1.17×10^{-10}	$PbCl_2$	1.17×10^{-5}
$CaCO_3$	4.96×10^{-9}	$PbCO_3$	1.46×10^{-13}
$CaC_2O_4\cdot H_2O$	2.34×10^{-9}	$PbCrO_4$	1.77×10^{-14}
CaF_2	1.46×10^{-10}	PbF_2	7.12×10^{-7}
$Ca_3(PO_4)_2$	2.07×10^{-33}	$PbSO_4$	1.82×10^{-8}
$CaSO_4$	7.10×10^{-5}	PbS	9.04×10^{-29}
$Cd(OH)_2$	5.27×10^{-15}	PbI_2	8.49×10^{-9}
CdS	1.40×10^{-29}	$Pb(OH)_2$	1.6×10^{-17}
$Co(OH)_2$(桃红)	1.09×10^{-15}	$SrCO_3$	5.60×10^{-7}
$Co(OH)_2$(蓝)	5.92×10^{-15}	$ZnCO_3$	3.44×10^{-7}
$CoS(\alpha)$	4.0×10^{-21}	$ZnCO_3$	1.19×10^{-10}
$CoS(\beta)$	2.0×10^{-25}	$Zn(OH)_2(\gamma)$	6.68×10^{-17}
$Cr(OH)_3$	7.0×10^{-31}	$Zn(OH)_2(\beta)$	7.71×10^{-17}
CuI	1.27×10^{-12}	$Zn(OH)_2(\alpha)$	4.12×10^{-17}
$Cu(OH)_2$	2.2×10^{-20}	ZnS	2.93×10^{-25}
CuS	1.27×10^{-36}		

附录 4　常见氧化还原电对的标准电极电势（298.15K）

酸性介质

电对	电极反应	$E^{\ominus}/V$
H^+/H_2	$2H^+ + 2e^- \rightleftharpoons H_2$	0.0000
H_2/H^-	$1/2H_2 + e^- \rightleftharpoons H^-$	−2.23
Li^+/Li	$Li^+ + e^- \rightleftharpoons Li$	−3.0401
Na^+/Na	$Na^+ + e^- \rightleftharpoons Na$	−2.71
K^+/K	$K^+ + e^- \rightleftharpoons K$	−2.931
Cs^+/Cs	$Cs^+ + e^- \rightleftharpoons Cs$	−3.026
Mg^{2+}/Mg	$Mg^{2+} + 2e^- \rightleftharpoons Mg$	−2.372
Ca^{2+}/Ca	$Ca^{2+} + 2e^- \rightleftharpoons Ca$	−2.868
Sr^{2+}/Sr	$Sr^{2+} + 2e^- \rightleftharpoons Sr$	−2.89
Ba^{2+}/Ba	$Ba^{2+} + 2e^- \rightleftharpoons Ba$	−2.912
Al^{3+}/Al	$Al^{3+} + 3e^- \rightleftharpoons Al$	−1.662
$CO_2/H_2C_2O_4$	$2CO_2 + 2H^+ + 2e^- \rightleftharpoons H_2C_2O_4$	−0.481
Sn^{2+}/Sn	$Sn^{2+} + 2e^- \rightleftharpoons Sn$	−0.1375
Sn^{4+}/Sn^{2+}	$Sn^{4+} + 2e^- \rightleftharpoons Sn^{2+}$	0.151
PbO_2/Pb^{2+}	$PbO_2 + 4H^+ + 2e^- \rightleftharpoons Pb^{2+} + 2H_2O$	1.455
$PbO_2/PbSO_4$	$PbO_2 + SO_4^{2-} + 4H^+ + 2e^- \rightleftharpoons PbSO_4 + 2H_2O$	1.691
$PbSO_4/Pb$	$PbSO_4 + 2e^- \rightleftharpoons Pb + SO_4^{2-}$	−0.3588
Pb^{2+}/Pb	$Pb^{2+} + 2e^- \rightleftharpoons Pb$	−0.1262
$PbCl_2/Pb$	$PbCl_2 + 2e^- \rightleftharpoons Pb + 2Cl^-$	−0.2675
NO_3^-/N_2O_4	$2NO_3^- + 4H^+ + 2e^- \rightleftharpoons N_2O_4 + 2H_2O$	0.803
HNO_2/NO	$HNO_2 + H^+ + e^- \rightleftharpoons NO + H_2O$	0.996
NO_3^-/HNO_2	$NO_3^- + 3H^+ + 2e^- \rightleftharpoons HNO_2 + H_2O$	0.934
NO_3^-/NO	$NO_3^- + 4H^+ + 3e^- \rightleftharpoons NO + 2H_2O$	0.957
NO_3^-/NH_4^+	$NO_3^- + 10H^+ + 8e^- \rightleftharpoons NH_4^+ + 3H_2O$	0.87
H_3AsO_4/H_3AsO_3	$H_3AsO_4 + 2H^+ + 2e^- \rightleftharpoons H_3AsO_3 + H_2O$	0.560
O_3/O_2	$O_3 + 2H^+ + 2e^- \rightleftharpoons O_2 + H_2O$	2.07
H_2O_2/H_2O	$H_2O_2 + 2H^+ + 2e^- \rightleftharpoons 2H_2O$	1.776
O_2/H_2O	$O_2 + 4H^+ + 4e^- \rightleftharpoons 2H_2O$	1.229
O_2/H_2O_2	$O_2 + 2H^+ + 2e^- \rightleftharpoons H_2O_2$	0.695
$S_2O_8^{2-}/SO_4^{2-}$	$S_2O_8^{2-} + 2e^- \rightleftharpoons 2SO_4^{2-}$	2.01
SO_4^{2-}/H_2SO_3	$SO_4^{2-} + 4H^+ + 2e^- \rightleftharpoons H_2SO_3 + H_2O$	0.172
H_2SO_3/S	$H_2SO_3 + 4H^+ + 4e^- \rightleftharpoons S + 3H_2O$	0.4497
$S_2O_3^{2-}/S$	$S_2O_3^{2-} + 6H^+ + 4e^- \rightleftharpoons 2S + 3H_2O$	0.5
S/H_2S	$S + 2H^+ + 2e^- \rightleftharpoons H_2S(aq)$	0.142
F_2/F^-	$F_2 + 2e^- \rightleftharpoons 2F^-$	2.87
F_2/HF	$F_2(g) + 2H^+ + 2e^- \rightleftharpoons 2HF$	3.50
Cl_2/Cl^-	$Cl_2(g) + 2e^- \rightleftharpoons 2Cl^-$	1.359
ClO_4^-/Cl_2	$2ClO_4^- + 16H^+ + 14e^- \rightleftharpoons Cl_2 + 8H_2O$	1.39
ClO_3^-/Cl^-	$ClO_3^- + 6H^+ + 6e^- \rightleftharpoons Cl^- + 3H_2O$	1.451
ClO_3^-/Cl_2	$ClO_3^- + 6H^+ + 5e^- \rightleftharpoons 1/2Cl_2 + 3H_2O$	1.47
$HClO_2/HClO$	$HClO_2 + 2H^+ + 2e^- \rightleftharpoons HClO + H_2O$	1.645
$HClO/Cl_2$	$2HClO + 2H^+ + 2e^- \rightleftharpoons Cl_2 + 2H_2O$	1.611
$HClO/Cl^-$	$HClO + H^+ + 2e^- \rightleftharpoons Cl^- + H_2O$	1.482

续表

电对	电极反应	$E^{\ominus}/V$
Br_2/Br^-	$Br_2(l)+2e^- \rightleftharpoons 2Br^-$	1.066
BrO_3^-/Br_2	$2BrO_3^-+12H^++10e^- \rightleftharpoons Br_2+6H_2O$	1.482
$HBrO/Br_2$	$2HBrO+2H^++2e^- \rightleftharpoons Br_2+2H_2O$	1.596
H_5IO_6/IO_3^-	$H_5IO_6+H^++2e^- \rightleftharpoons IO_3^-+3H_2O$	1.601
IO_3^-/HIO	$IO_3^-+5H^++4e^- \rightleftharpoons HIO+2H_2O$	1.14
IO_3^-/I_2	$2IO_3^-+12H^++10e^- \rightleftharpoons I_2+6H_2O$	1.195
I_2/I^-	$I_2+2e^- \rightleftharpoons 2I^-$	0.5355
I_3^-/I^-	$I_3^-+2e^- \rightleftharpoons 3I^-$	0.536
TiO^{2+}/Ti^{3+}	$TiO^{2+}+2H^++e^- \rightleftharpoons Ti^{3+}+H_2O$	−0.10
Ti^{3+}/Ti	$Ti^{3+}+3e^- \rightleftharpoons Ti$	−1.63
VO^{2+}/V^{3+}	$VO^{2+}+2H^++e^- \rightleftharpoons V^{3+}+H_2O$	0.34
$Cr_2O_7^{2-}/Cr^{3+}$	$Cr_2O_7^{2-}+14H^++6e^- \rightleftharpoons 2Cr^{3+}+7H_2O$	1.38
Cr^{3+}/Cr^{2+}	$Cr^{3+}+e^- \rightleftharpoons Cr^{2+}$	−0.407
Cr^{3+}/Cr	$Cr^{3+}+3e^- \rightleftharpoons Cr$	−0.744
MnO_4^-/MnO_4^{2-}	$MnO_4^-+e^- \rightleftharpoons MnO_4^{2-}$	0.558
MnO_4^-/MnO_2	$MnO_4^-+4H^++3e^- \rightleftharpoons MnO_2+2H_2O$	1.679
MnO_4^-/Mn^{2+}	$MnO_4^-+8H^++5e^- \rightleftharpoons Mn^{2+}+4H_2O$	1.51
MnO_2/Mn^{2+}	$MnO_2+4H^++2e^- \rightleftharpoons Mn^{2+}+2H_2O$	1.224
Mn^{3+}/Mn^{2+}	$Mn^{3+}+e^- \rightleftharpoons Mn^{2+}$	1.545
Mn^{2+}/Mn	$Mn^{2+}+2e^- \rightleftharpoons Mn$	−1.185
Fe^{3+}/Fe^{2+}	$Fe^{3+}+e^- \rightleftharpoons Fe^{2+}$	0.771
Fe^{3+}/Fe	$Fe^{3+}+3e^- \rightleftharpoons Fe$	−0.037
Fe^{2+}/Fe	$Fe^{2+}+2e^- \rightleftharpoons Fe$	−0.447
Co^{3+}/Co^{2+}	$Co^{3+}+e^- \rightleftharpoons Co^{2+}$	1.92
Co^{2+}/Co	$Co^{2+}+2e^- \rightleftharpoons Co$	−0.28
Ni^{3+}/Ni^{2+}	$Ni^{3+}+e^- \rightleftharpoons Ni^{2+}$	1.840
Ni^{2+}/Ni	$Ni^{2+}+2e^- \rightleftharpoons Ni$	−0.257
Cu^{2+}/Cu^+	$Cu^{2+}+e^- \rightleftharpoons Cu^+$	0.153
Cu^{2+}/Cu	$Cu^{2+}+2e^- \rightleftharpoons Cu$	0.34
Cu^+/Cu	$Cu^++e^- \rightleftharpoons Cu$	0.521
Cu^{2+}/CuI	$Cu^{2+}+I^-+e^- \rightleftharpoons CuI$	0.864
$Cu^{2+}/[Cu(CN)_2]^-$	$Cu^{2+}+2CN^-+e^- \rightleftharpoons [Cu(CN)_2]^-$	1.103
Ag_2SO_4/Ag	$Ag_2SO_4+2e^- \rightleftharpoons 2Ag+SO_4^{2-}$	0.654
Ag^+/Ag	$Ag^++e^- \rightleftharpoons Ag$	0.7996
$AgCl/Ag$	$AgCl+e^- \rightleftharpoons Ag+Cl^-$	0.2223
$AgBr/Ag$	$AgBr+e^- \rightleftharpoons Ag+Br^-$	0.0713
AgI/Ag	$AgI+e^- \rightleftharpoons Ag+I^-$	−0.152
$AgCN/Ag$	$AgCN+e^- \rightleftharpoons Ag+CN^-$	−0.017
Ag_2S/Ag	$Ag_2S+2e^- \rightleftharpoons 2Ag+S^{2-}$	−0.691
Au^{3+}/Au^+	$Au^{3+}+2e^- \rightleftharpoons Au^+$	1.41
Au^{3+}/Au	$Au^{3+}+3e^- \rightleftharpoons Au$	1.498
$[AuCl_4]^-/Au$	$[AuCl_4]^-+3e^- \rightleftharpoons Au+4Cl^-$	1.002
Zn^{2+}/Zn	$Zn^{2+}+2e^- \rightleftharpoons Zn$	−0.7618
Cd^{2+}/Cd	$Cd^{2+}+2e^- \rightleftharpoons Cd$	−0.4030
Hg_2^{2+}/Hg	$Hg_2^{2+}+2e^- \rightleftharpoons 2Hg$	0.7973
Hg^{2+}/Hg	$Hg^{2+}+2e^- \rightleftharpoons Hg$	0.851
Hg^{2+}/Hg_2^{2+}	$2Hg^{2+}+2e^- \rightleftharpoons Hg_2^{2+}$	0.920
Hg_2Cl_2/Hg	$Hg_2Cl_2+2e^- \rightleftharpoons 2Hg+2Cl^-$	0.268

碱性介质

电对	电极反应	$E^{\ominus}$/V
$Ca(OH)_2/Ca$	$Ca(OH)_2+2e^- \rightleftharpoons Ca+2OH^-$	−3.02
$Mn(OH)_2/Mn$	$Mn(OH)_2+2e^- \rightleftharpoons Mn+2OH^-$	−1.56
$[Zn(CN)_4]^{2-}/Zn$	$[Zn(CN)_4]^{2-}+2e^- \rightleftharpoons Zn+4CN^-$	−1.34
ZnO_2^{2-}/Zn	$ZnO_2^{2-}+2H_2O+2e^- \rightleftharpoons Zn+4OH^-$	−1.215
$[Sn(OH)_6]^{2-}/HSnO_2^-$	$[Sn(OH)_6]^{2-}+2e^- \rightleftharpoons HSnO_2^-+3OH^-+H_2O$	−0.93
SO_4^{2-}/SO_3^{2-}	$SO_4^{2-}+H_2O+2e^- \rightleftharpoons SO_3^{2-}+2OH^-$	−0.93
$HSnO_2^-/Sn$	$HSnO_2^-+H_2O+2e^- \rightleftharpoons Sn+3OH^-$	−0.909
H_2O/H_2	$2H_2O+2e^- \rightleftharpoons H_2+2OH^-$	−0.8277
$Cd(OH)_2/Cd$	$Cd(OH)_2+2e^- \rightleftharpoons Cd+2OH^-$	−0.809
$Ni(OH)_2/Ni$	$Ni(OH)_2+2e^- \rightleftharpoons Ni+2OH^-$	−0.72
AsO_4^{3-}/AsO_2^-	$AsO_4^{3-}+2H_2O+2e^- \rightleftharpoons AsO_2^-+4OH^-$	−0.71
SO_3^{2-}/S	$SO_3^{2-}+3H_2O+4e^- \rightleftharpoons S+6OH^-$	−0.59
$SO_3^{2-}/S_2O_3^{2-}$	$2SO_3^{2-}+3H_2O+4e^- \rightleftharpoons S_2O_3^{2-}+6OH^-$	−0.571
$Fe(OH)_3/Fe(OH)_2$	$Fe(OH)_3+e^- \rightleftharpoons Fe(OH)_2+OH^-$	−0.56
S/S^{2-}	$S+2e^- \rightleftharpoons S^{2-}$	−0.476
NO_2^-/NO	$NO_2^-+H_2O+e^- \rightleftharpoons NO+2OH^-$	−0.46
$[Ag(CN)_2]^-/Ag$	$[Ag(CN)_2]^-+e^- \rightleftharpoons Ag+2CN^-$	−0.31
$CrO_4^{2-}/[Cr(OH)_4]^-$	$CrO_4^{2-}+4H_2O+3e^- \rightleftharpoons Cr(OH)_4^-+4OH^-$	−0.13
O_2/HO_2^-	$O_2+H_2O+2e^- \rightleftharpoons HO_2^-+OH^-$	−0.076
$MnO_2/Mn(OH)_2$	$MnO_2+2H_2O+2e^- \rightleftharpoons Mn(OH)_2+2OH^-$	−0.05
NO_3^-/NO_2^-	$NO_3^-+H_2O+2e^- \rightleftharpoons NO_2^-+2OH^-$	0.01
$S_4O_6^{2-}/S_2O_3^{2-}$	$S_4O_6^{2-}+2e^- \rightleftharpoons 2S_2O_3^{2-}$	0.08
$[Co(NH_3)_6]^{3+}/[Co(NH_3)_6]^{2+}$	$[Co(NH_3)_6]^{3+}+e^- \rightleftharpoons [Co(NH_3)_6]^{2+}$	0.108
IO_3^-/IO^-	$IO_3^-+2H_2O+4e^- \rightleftharpoons IO^-+4OH^-$	0.15
$Mn(OH)_3/Mn(OH)_2$	$Mn(OH)_3+e^- \rightleftharpoons Mn(OH)_2+OH^-$	0.15
$Co(OH)_3/Co(OH)_2$	$Co(OH)_3+e^- \rightleftharpoons Co(OH)_2+OH^-$	0.17
ClO_3^-/ClO_2^-	$ClO_3^-+H_2O+2e^- \rightleftharpoons ClO_2^-+2OH^-$	0.33
Ag_2O/Ag	$Ag_2O+H_2O+2e^- \rightleftharpoons 2Ag+2OH^-$	0.342
$[Fe(CN)_6]^{3-}/[Fe(CN)_6]^{4-}$	$[Fe(CN)_6]^{3-}+e^- \rightleftharpoons [Fe(CN)_6]^{4-}$	0.358
ClO_4^-/ClO_3^-	$ClO_4^-+H_2O+2e^- \rightleftharpoons ClO_3^-+2OH^-$	0.36
O_2/OH^-	$O_2+2H_2O+4e^- \rightleftharpoons 4OH^-$	0.401
MnO_4^-/MnO_2	$MnO_4^-+2H_2O+3e^- \rightleftharpoons MnO_2+4OH^-$	0.595
BrO_3^-/Br^-	$BrO_3^-+3H_2O+6e^- \rightleftharpoons Br^-+6OH^-$	0.61
BrO^-/Br^-	$BrO^-+H_2O+2e^- \rightleftharpoons Br^-+2OH^-$	0.761
ClO^-/Cl^-	$ClO^-+H_2O+2e^- \rightleftharpoons Cl^-+2OH^-$	0.81
H_2O_2/OH^-	$H_2O_2+2e^- \rightleftharpoons 2OH^-$	0.88
O_3/OH^-	$O_3+H_2O+2e^- \rightleftharpoons O_2+2OH^-$	1.24

参 考 文 献

[1] 魏琴．无机及分析化学教程．第二版．北京：科学出版社，2018.

[2] 宋天佑，徐家宁，程功臻，等．无机化学．第三版．下册，北京：高等教育出版社，2015.

[3] 傅洵，许泳吉，解从霞．基础化学教程（无机与分析化学）．北京：科学出版社，2011.

[4] 马志领，李志林，周国强，等．无机及分析化学．北京：化学工业出版社，2014.

[5] 陈若愚，朱建飞．无机与分析化学．第二版．大连：大连理工大学出版社，2013.

[6] 南京大学《无机及分析化学》编写组．无机及分析化学．第五版．北京：高等教育出版社，2015.

[7] 商少明，刘瑛，高世萍．无机及分析化学教程．第二版．北京：高等教育出版社，2020.

[8] 张开诚．化学实验教程．武汉：华中科技大学出版社，2013.

元素周期表

IUPAC 2013

95 Am 镅ᴧ $5f^77s^2$ 243.06138(2)✦ (+2 +3 +4 +5 +6)	
95	原子序数
Am	元素符号(红色的为放射性元素)
镅ᴧ	元素名称(注ᴧ的为人造元素)
$5f^77s^2$	价层电子构型
243.06138(2)✦	以 ^{12}C=12为基准的原子量(注✦的是半衰期最长同位素的原子量)
+2 +3 +4 +5 +6	氧化态(单质的氧化态为0，未列入；常见的为红色)

s区元素　p区元素　d区元素　ds区元素　f区元素　稀有气体

族/周期	1 ⅠA	2 ⅡA	3 ⅢB	4 ⅣB	5 ⅤB	6 ⅥB	7 ⅦB	8 ⅧB(Ⅷ)	9 ⅧB(Ⅷ)	10 ⅧB(Ⅷ)	11 ⅠB	12 ⅡB	13 ⅢA	14 ⅣA	15 ⅤA	16 ⅥA	17 ⅦA	18 ⅧA(0)	电子层
1	−1 +1 1 H 氢 $1s^1$ 1.008																	2 He 氦 $1s^2$ 4.002602(2)	K
2	+1 3 Li 锂 $2s^1$ 6.94	+2 4 Be 铍 $2s^2$ 9.0121831(5)											+3 5 B 硼 $2s^22p^1$ 10.81	−4 +2 +4 6 C 碳 $2s^22p^2$ 12.011	−3 −2 −1 +1 +2 +3 +4 +5 7 N 氮 $2s^22p^3$ 14.007	−2 −1 8 O 氧 $2s^22p^4$ 15.999	−1 9 F 氟 $2s^22p^5$ 18.998403163(6)	10 Ne 氖 $2s^22p^6$ 20.1797(6)	L K
3	−1 +1 11 Na 钠 $3s^1$ 22.98976928(2)	+2 12 Mg 镁 $3s^2$ 24.305											+3 13 Al 铝 $3s^23p^1$ 26.9815385(7)	−4 +2 +4 14 Si 硅 $3s^23p^2$ 28.085	−3 −2 +1 +3 +5 15 P 磷 $3s^23p^3$ 30.973761998(5)	−2 +2 +4 +6 16 S 硫 $3s^23p^4$ 32.06	−1 +1 +3 +5 +7 17 Cl 氯 $3s^23p^5$ 35.45	18 Ar 氩 $3s^23p^6$ 39.948(1)	M L K
4	−1 +1 19 K 钾 $4s^1$ 39.0983(1)	+2 20 Ca 钙 $4s^2$ 40.078(4)	+3 21 Sc 钪 $3d^14s^2$ 44.955908(5)	−1 0 +2 +3 +4 22 Ti 钛 $3d^24s^2$ 47.867(1)	0 ±1 +2 +3 +4 +5 23 V 钒 $3d^34s^2$ 50.9415(1)	−3 0 ±1 ±2 +3 +4 +5 +6 24 Cr 铬 $3d^54s^1$ 51.9961(6)	−2 0 ±1 +2 ±3 +4 +5 +6 +7 25 Mn 锰 $3d^54s^2$ 54.938044(3)	−2 0 +1 +2 +3 +4 +5 +6 26 Fe 铁 $3d^64s^2$ 55.845(2)	0 ±1 +2 +3 +4 +5 27 Co 钴 $3d^74s^2$ 58.933194(4)	0 ±1 +2 +3 +4 28 Ni 镍 $3d^84s^2$ 58.6934(4)	+1 +2 +3 +4 29 Cu 铜 $3d^{10}4s^1$ 63.546(3)	+1 +2 30 Zn 锌 $3d^{10}4s^2$ 65.38(2)	+1 +3 31 Ga 镓 $4s^24p^1$ 69.723(1)	+2 +4 32 Ge 锗 $4s^24p^2$ 72.630(8)	−3 +3 +5 33 As 砷 $4s^24p^3$ 74.921595(6)	−2 +2 +4 +6 34 Se 硒 $4s^24p^4$ 78.971(8)	−1 +1 +3 +5 +7 35 Br 溴 $4s^24p^5$ 79.904	+2 +4 36 Kr 氪 $4s^24p^6$ 83.798(2)	N M L K
5	−1 +1 37 Rb 铷 $5s^1$ 85.4678(3)	+2 38 Sr 锶 $5s^2$ 87.62(1)	+3 39 Y 钇 $4d^15s^2$ 88.90584(2)	+1 +2 +3 +4 40 Zr 锆 $4d^25s^2$ 91.224(2)	0 ±1 +2 +3 +4 +5 41 Nb 铌 $4d^45s^1$ 92.90637(2)	0 ±1 ±2 +3 +4 +5 +6 42 Mo 钼 $4d^55s^1$ 95.95(1)	0 ±1 +2 +3 +4 +5 +6 +7 43 Tc 锝ᴧ $4d^55s^2$ 97.90721(3)✦	0 +1 ±2 +3 +4 +5 +6 +7 +8 44 Ru 钌 $4d^75s^1$ 101.07(2)	0 ±1 +2 +3 +4 +5 +6 45 Rh 铑 $4d^85s^1$ 102.90550(2)	0 +1 +2 +3 +4 46 Pd 钯 $4d^{10}$ 106.42(1)	+1 +2 +3 47 Ag 银 $4d^{10}5s^1$ 107.8682(2)	+1 +2 48 Cd 镉 $4d^{10}5s^2$ 112.414(4)	+1 +3 49 In 铟 $5s^25p^1$ 114.818(1)	+2 +4 50 Sn 锡 $5s^25p^2$ 118.710(7)	−3 +3 +5 51 Sb 锑 $5s^25p^3$ 121.760(1)	−2 +2 +4 +6 52 Te 碲 $5s^25p^4$ 127.60(3)	−1 +1 +3 +5 +7 53 I 碘 $5s^25p^5$ 126.90447(3)	+2 +4 +6 +8 54 Xe 氙 $5s^25p^6$ 131.293(6)	O N M L K
6	−1 +1 55 Cs 铯 $6s^1$ 132.90545196(6)	+2 56 Ba 钡 $6s^2$ 137.327(7)	57~71 La~Lu 镧系	+1 +2 +3 +4 72 Hf 铪 $5d^26s^2$ 178.49(2)	0 ±1 +2 +3 +4 +5 73 Ta 钽 $5d^36s^2$ 180.94788(2)	0 ±1 ±2 +3 +4 +5 +6 74 W 钨 $5d^46s^2$ 183.84(1)	0 ±1 +2 +3 +4 +5 +6 +7 75 Re 铼 $5d^56s^2$ 186.207(1)	0 +1 +2 +3 +4 +5 +6 +7 +8 76 Os 锇 $5d^66s^2$ 190.23(3)	0 ±1 +2 +3 +4 +5 +6 77 Ir 铱 $5d^76s^2$ 192.217(3)	0 +2 +3 +4 +5 +6 78 Pt 铂 $5d^96s^1$ 195.084(9)	+1 +2 +3 +5 79 Au 金 $5d^{10}6s^1$ 196.966569(5)	+1 +2 +3 80 Hg 汞 $5d^{10}6s^2$ 200.592(3)	+1 +3 81 Tl 铊 $6s^26p^1$ 204.38	+2 +4 82 Pb 铅 $6s^26p^2$ 207.2(1)	−3 +3 +5 83 Bi 铋 $6s^26p^3$ 208.98040(1)	−2 +2 +3 +4 +6 84 Po 钋 $6s^26p^4$ 208.98243(2)✦	±1 +5 +7 85 At 砹 $6s^26p^5$ 209.98715(5)✦	+2 86 Rn 氡 $6s^26p^6$ 222.01758(2)✦	P O N M L K
7	+1 87 Fr 钫ᴧ $7s^1$ 223.01974(2)✦	+2 88 Ra 镭 $7s^2$ 226.02541(2)✦	89~103 Ac~Lr 锕系	104 Rf 𬬻ᴧ $6d^27s^2$ 267.122(4)✦	105 Db 𬭊ᴧ $6d^37s^2$ 270.131(4)✦	106 Sg 𬭳ᴧ $6d^47s^2$ 269.129(3)✦	107 Bh 𬭛ᴧ $6d^57s^2$ 270.133(2)✦	108 Hs 𬭶ᴧ $6d^67s^2$ 270.134(2)✦	109 Mt 鿏ᴧ $6d^77s^2$ 278.156(5)✦	110 Ds 𫟼ᴧ 281.165(4)✦	111 Rg 𬬭ᴧ 281.166(6)✦	112 Cn 鿔ᴧ 285.177(4)✦	113 Nh 鿭ᴧ 286.182(5)✦	114 Fl 𫓧ᴧ 289.190(4)✦	115 Mc 镆ᴧ 289.194(6)✦	116 Lv 𫟷ᴧ 293.204(4)✦	117 Ts 鿬ᴧ 293.208(6)✦	118 Og 鿫ᴧ 294.214(5)✦	Q P O N M L K

	57	58	59	60	61	62	63	64	65	66	67	68	69	70	71
★ 镧系	+3 La★ 镧 $5d^16s^2$ 138.90547(7)	+2 +3 +4 Ce 铈 $4f^15d^16s^2$ 140.116(1)	+3 +4 Pr 镨 $4f^36s^2$ 140.90766(2)	+2 +3 +4 Nd 钕 $4f^46s^2$ 144.242(3)	+3 Pm 钷ᴧ $4f^56s^2$ 144.91276(2)✦	+2 +3 Sm 钐 $4f^66s^2$ 150.36(2)	+2 +3 Eu 铕 $4f^76s^2$ 151.964(1)	+3 Gd 钆 $4f^75d^16s^2$ 157.25(3)	+3 +4 Tb 铽 $4f^96s^2$ 158.92535(2)	+3 +4 Dy 镝 $4f^{10}6s^2$ 162.500(1)	+3 Ho 钬 $4f^{11}6s^2$ 164.93033(2)	+3 Er 铒 $4f^{12}6s^2$ 167.259(3)	+2 +3 Tm 铥 $4f^{13}6s^2$ 168.93422(2)	+2 +3 Yb 镱 $4f^{14}6s^2$ 173.045(10)	+3 Lu 镥 $4f^{14}5d^16s^2$ 174.9668(1)

	89	90	91	92	93	94	95	96	97	98	99	100	101	102	103
★ 锕系	+3 Ac★ 锕 $6d^17s^2$ 227.02775(2)✦	+3 +4 Th 钍 $6d^27s^2$ 232.0377(4)	+3 +4 +5 Pa 镤 $5f^26d^17s^2$ 231.03588(2)	+2 +3 +4 +5 +6 U 铀 $5f^36d^17s^2$ 238.02891(3)	+3 +4 +5 +6 +7 Np 镎 $5f^46d^17s^2$ 237.04817(2)✦	+3 +4 +5 +6 +7 Pu 钚 $5f^67s^2$ 244.06421(4)✦	+2 +3 +4 +5 +6 Am 镅ᴧ $5f^77s^2$ 243.06138(2)✦	+3 +4 Cm 锔ᴧ $5f^76d^17s^2$ 247.07035(3)✦	+3 +4 Bk 锫ᴧ $5f^97s^2$ 247.07031(4)✦	+2 +3 +4 Cf 锎ᴧ $5f^{10}7s^2$ 251.07959(3)✦	+2 +3 Es 锿ᴧ $5f^{11}7s^2$ 252.0830(3)✦	+2 +3 Fm 镄ᴧ $5f^{12}7s^2$ 257.09511(5)✦	+2 +3 Md 钔ᴧ $5f^{13}7s^2$ 258.09843(3)✦	+2 +3 No 锘ᴧ $5f^{14}7s^2$ 259.1010(7)✦	+3 Lr 铹ᴧ $5f^{14}6d^17s^2$ 262.110(2)✦